2019年2月26日，中央农办主任，农业农村部党组书记、部长韩长赋到中国农业科学院调研指导国家作物种质库项目建设情况，实地考察了项目建设现场

2019年4月20日，中央农办副主任，农业农村部党组副书记、副部长韩俊出席2019中国农业展望大会并作主旨报告

2019年11月16日，农业农村部副部长张桃林出席研究生教育改革发展暨中国农业科学院研究生院建院40周年交流会

2019年2月22日，中央纪委委员、中央纪委国家监委驻农业农村部纪检监察组组长、农业农村部党组成员吴清海出席中国农业科学院2019年全面从严治党工作会议并讲话

2019年1月16日，科学技术部副部长、党组成员、国家外国专家局局长张建国出席中国农业科学院2019年工作会议并致辞

2019年4月24日，农业农村部党组成员、中国农业科学院院长唐华俊赴基层联系点四川省简阳市贾家镇快乐村调研，强调要充分发挥科技支撑作用，继续巩固脱贫攻坚成果，有机衔接乡村振兴战略实施，全力助推农村主导产业发展

2019年1月18日，中国农业科学院党组书记张合成赴院新乡综合试验基地察看科研工作情况，看望慰问一线工作人员

2019年10月28日，中国农业科学院党组副书记、副院长吴孔明到新乡基地调研基地建设情况，并就科学家精神展览馆建设和加强基地党建工作召开座谈会

2019年8月5日，中国农业科学院副院长冯忠武出席全国西瓜甜瓜绿色发展观摩研讨会暨全国西瓜甜瓜生产协作活动60周年大会

2019年5月13—16日，中国农业科学院纪检组组长李杰人出席中国农业科学院在河南兰考焦裕禄干部学院举办的2019年纪检监察干部培训班并讲话

2019年11月20日，农业科技成果对接会在南京市召开。中国农业科学院副院长王汉中出席会议并讲话

2019年5月13日，中国农业科学院副院长万建民出席中国农业科学院2019年国家重点实验室工作研讨会并讲话

2019年5月5日，营养型农业产业发展论坛暨国家营养型农业科技创新联盟成立大会在成都市召开。中国农业科学院副院长、国家农业科技创新联盟秘书长梅旭荣出席会议并讲话

2019年10月24日，中国农业科学院副院长孙坦会见了来访的国际盐碱农业研究中心主任伊斯玛罕·埃洛阿菲（Ismahane Elouafi）一行

2019年11月26日，中国农业科学院2019年基本建设工作会在武汉市召开。中国农业科学院副院长刘现武出席会议

2019年10月28日，中国农业科学院2019年新入职人员岗前培训班在北京市举行。院党组成员、人事局局长陈华宁主持开班仪式

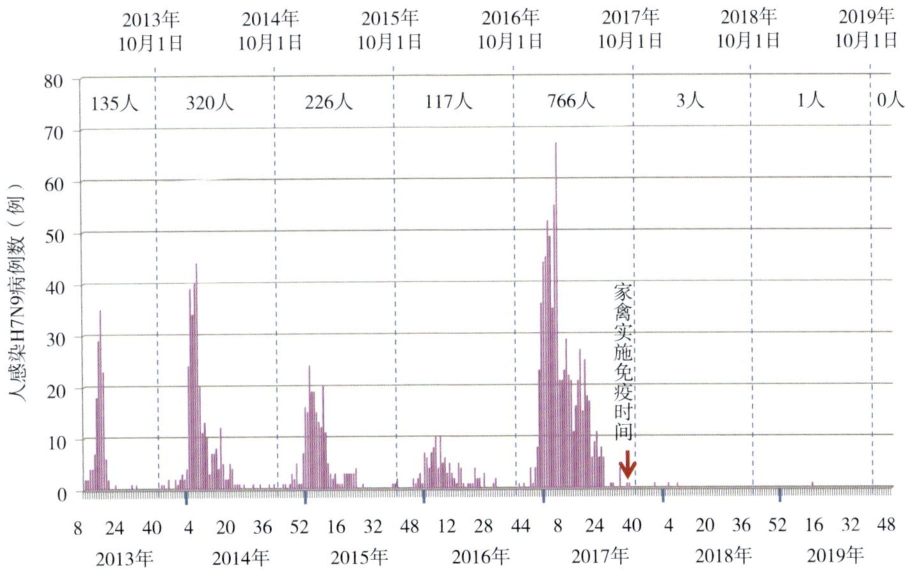

中国农业科学院哈尔滨兽医研究所陈化兰院士团队牵头完成的“动物流感病毒跨种感染人及传播能力研究”获2019年度国家自然科学奖二等奖

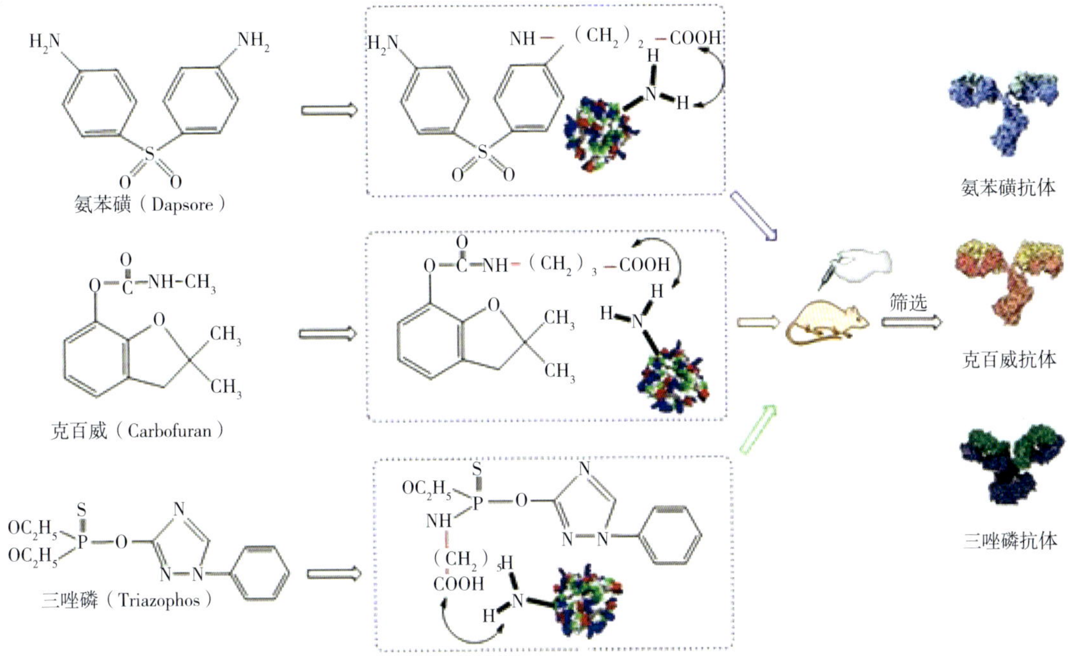

中国农业科学院农业质量标准与检测技术研究所王静研究员团队牵头完成的“农产品中典型化学污染物精准识别与检测关键技术”获国家技术发明奖二等奖

主要智能饲喂设备

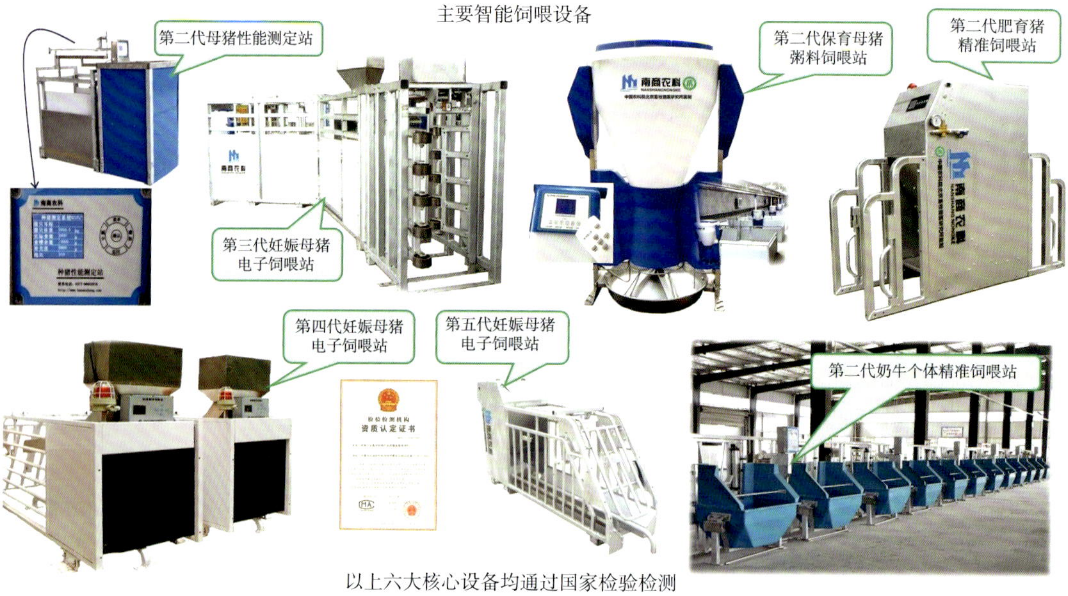

以上六大核心设备均通过国家检验检测

中国农业科学院北京畜牧兽医研究所熊本海研究员团队牵头完成的“家畜养殖数字化关键技术与智能饲喂装备创制及应用”获国家科技进步奖二等奖

中国农业科学院作物科学研究所黄长玲团队牵头完成的“耐密高产广适玉米新品种中单808和中单909培育与应用”获国家科技进步奖二等奖

割去韭菜　　覆膜　　揭膜　　浇水缓苗

韭蛆100%死亡　　蜗牛100%死亡　　除去杂草

中国农业科学院蔬菜花卉研究所张友军研究员团队牵头完成的“重大蔬菜害虫韭蛆绿色防控关键技术创新与应用”获国家科技进步奖二等奖

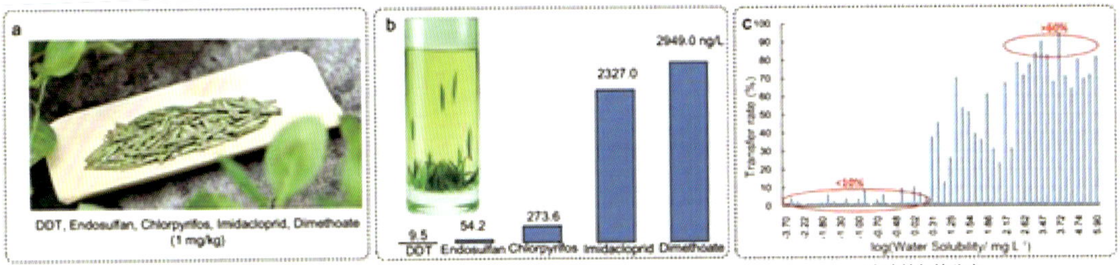

茶叶中的农药残留　　茶汤中的农药残留　　水溶性与转移率

中国农业科学院茶叶研究所陈宗懋院士团队完成的“茶叶中农药残留和污染物管控技术体系创建及应用”获国家科技进步奖二等奖

中国农业科学院作物科学研究所赵广才研究员团队完成的“优质专用小麦生产关键技术百问百答”获国家科技进步奖（科普类）二等奖

2019年10月9—10日，中国农业科学院第三次人才工作会在成都市召开。会上发布了推进干部人才年轻化、统筹四支队伍建设的“30条措施”

钱　前

姚　斌

胡培松

李培武

2019年，中国农业科学院钱前研究员当选中国科学院院士，姚斌研究员、胡培松研究员、李培武研究员当选中国工程院院士。42人次入选各类国家级人才计划。全院农科英才331人，农科英才规模较2018年增长12%

2019年，中国农业科学院研究生院举办“研究生教育改革发展暨中国农业科学院研究生院建院40周年交流会”，全面回顾了建院40年的办学历程，系统梳理了中国农业科学院在招生规模、教育质量、学科建设、师资队伍、社会服务等方面取得的瞩目成就

2019年，中国农业科学院研究生院加快推进“一流学科”和“一流研究生院”建设，稳步增加规模，提高教育质量，强化内部管理，推动研究生教育事业实现新的发展。2019年共招收各类研究生1 717名，其中硕士生1 161名、博士生394名、中外合作办学项目学生40名、来华留学生118名。国内学历研究生招生规模较2018年增长4.6%

2019年，中国农业科学院主办2019（首届）全国农业科技成果转化大会，打开中国农业科学院及全国成果转化新局面

2019年，中国农业科学院成果转化工作会议在成都市召开，全面总结分析了全院科技成果转化的成绩与问题，将中国农业科学院科技成果转化工作推向新阶段

2019年，中国农业科学院与四川、湖南、湖北3个省，以及深圳市、潍坊市、广安市、金华市、博尔塔拉蒙古自治州等地市（州）政府签署了战略合作协议，面向现代农业主战场，按照区域发展重大科技需求，深化科技合作，搭建成果转化平台

2019年，中国农业科学院构建起“3+N”扶贫工作体系，大力开展全方位科技帮扶活动，为脱贫攻坚和乡村振兴提供强有力的科技支撑。全院累计642批扶贫专家团队、2 896人次科技人员奋战在不同区域扶贫的主战场，累计帮扶2.8万人次，在贫困地区实施各类项目321个，建立示范基地255个，集成展示辐射面积27.5万亩；推广新品种377个，推广面积5 674.87万亩；推广新产品187个，推广面积1 623.5万亩

2019年，中国农业科学院全年开展送科技下乡6.5万人次，举办科技培训和技术咨询8 100多场次，培训技术人员、种养大户、新型农民等80万人次，发放技术资料75万份。推广新品种377个、新产品731个、新技术392项，推广总面积4.2亿亩，推广畜禽10.3亿头（羽），为我国现代农业发展和乡村振兴战略实施提供了强有力的科技支撑

2019年，中国农业科学院围绕国家“三农”工作重点和外交战略，持续优化农业科技国际合作布局，积极融入全球创新网络，不断加强创新资源对接，深度参与国际农业科技治理，推动中国农业科学院创新发展，为“两个一流”建设提供有力支撑

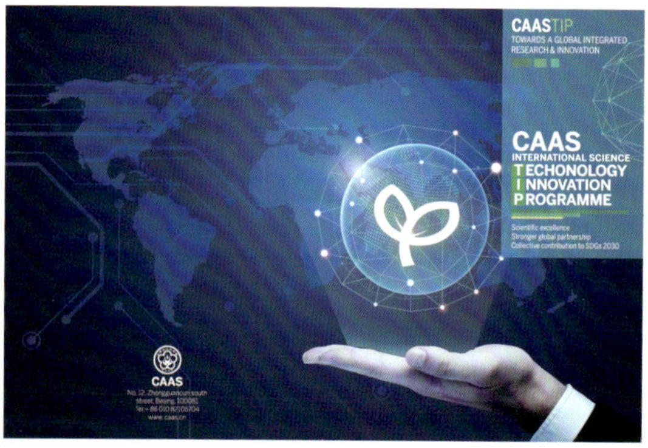

2019年，中国农业科学院着力推进高水平对外开放，打造国际合作新亮点。成功举办第六届国际农科院院长高层研讨会（GLAST），发起国际农业科学计划；全年新增国际合作项目107项，新增经费总额1.09亿元；在华举办各类国际学术会议40场次；新增17个联合实验室等国际合作平台。服务国家外交战略，推进“一带一路”沿线国家农业科技创新合作，国际影响力进一步增强

2019年，中国农业科学院加快推进国家成都中心等重大布局落地与前期谋划。全年获得国家投资39 569万元，是2018年的1.68倍；18个建设项目竣工验收，新建成近10万平方米科研设施条件，新增固定资产3.7亿元

2019年，中国农业科学院扎实落实习近平总书记"三个面向"重要指示精神，聚焦"服务中心、建设队伍"两大核心任务，全面推进创新工程、全面支撑乡村振兴和脱贫攻坚，以优异的成绩庆祝中华人民共和国成立70周年

2019年，农业农村部举办“我和我的祖国”庆祝中华人民共和国成立70周年歌咏大会。中国农业科学院100多名职工共同唱响《中国农业科学院院歌》《在希望的田野上》等歌曲

2019年，中国农业科学院农业资源与农业区划研究所呼伦贝尔站荣获“全国青年文明号”称号

2019年，中国农业科学院农业信息研究所海外农业与国际情报创新团队荣获“全国巾帼文明岗”称号

2019年，中国农业科学院油料作物研究所芝麻种质资源课题组荣获“全国巾帼文明岗”称号

2019年，农业农村部环境保护科研监测所农田有机污染生物消减创新团队获“全国巾帼建功先进集体”称号

2019年，中国农业科学院蔬菜花卉研究所金黎平获“全国巾帼建功标兵”

2019年，中国农业科学院油料作物研究所胡琼获“全国巾帼建功标兵”

2019年，中国农业科学院召开构建农业科研特色监督体系工作交流会

中国农业科学院年鉴

2019

中国农业科学院办公室　编

中国农业科学技术出版社

图书在版编目（CIP）数据

中国农业科学院年鉴．2019 / 中国农业科学院办公室编．--北京：中国农业科学技术出版社，2021.10
ISBN 978-7-5116-5495-3

Ⅰ.①中… Ⅱ.①中… Ⅲ.①中国农业科学院-2019-年鉴 Ⅳ.①S-242

中国版本图书馆 CIP 数据核字（2021）第 185748 号

责任编辑 史咏竹
责任校对 李向荣
责任印制 姜义伟 王思文

出 版 者 中国农业科学技术出版社
北京市中关村南大街 12 号 邮编：100081
电　　话 (010)82105169(编辑室)
(010)82109702(发行部)
(010)82109709(读者服务部)
传　　真 (010)82106626
网　　址 http://www.castp.cn
经 销 者 各地新华书店
印 刷 者 北京地大彩印有限公司
开　　本 185 mm×260 mm 1/16
印　　张 59.5 插页 24 面
字　　数 1 339 千字
版　　次 2021 年 10 月第 1 版 2021 年 10 月第 1 次印刷
定　　价 268.00 元

《中国农业科学院年鉴 2019》

编 辑 委 员 会

目　录

一、总　类

二、科研创新与创新工程

三、科技兴农与脱贫攻坚

四、国际合作与交流

五、人事管理与人才建设

六、计划财务管理与条件建设

七、研究生教育与管理

八、综合政务管理

九、党的建设、思想政治和党风廉政工作

十、人物介绍

十一、大事记

十二、附　　录

一、总　类

深入贯彻落实“三个面向”重要指示 加快新时代农业科技创新改革发展步伐

——中国农业科学院2019年工作会议报告

农业农村部党组成员、中国农业科学院院长　唐华俊

2019年1月16日

同志们：

2018年是全面贯彻党的十九大精神开局之年，也是深入学习贯彻习近平总书记“三个面向”贺信精神一周年，我院农业科技创新改革发展取得新突破新进展新成效。今天，我们召开2019年中国农业科学院工作会议，主要任务是，以习近平新时代中国特色社会主义思想为指导，深入贯彻党的十九大和十九届二中、三中全会以及中央经济工作会议、中央农村工作会议和全国农业农村厅局长会议精神，以习近平总书记“三个面向”指示精神为总方向、总目标、总任务、总要求、总抓手，分析总结2018年工作，研究部署2019年重点任务，扎实推进创新工程，加快“两个一流”建设步伐。

一、2018年工作回顾

2018年，我院全体科技人员和广大干部职工深入学习贯彻习近平新时代中国特色社会主义思想和党的十九大精神，在习近平总书记贺信精神指引下，在农业农村部①党组的坚强领导下，认真贯彻落实中共中央、国务院和农业农村部工作部署，树牢“四个意识”，坚定“四个自信”，坚决做到“两个维护”，以高度政治责任感，团结一心，奋力拼搏，全面完成2018年院工作会提出的各项工作任务。

——农业基础研究取得新进展。揭示了亚洲栽培稻的起源和群体基因组变异结构，剖析了水稻核心种质资源的基因组遗传多样性，研究成果发表在《自然》（*Nature*）上。阐明了自私基因在维持植物基因组稳定性和促进新物种形成中的分子机制，探讨了毒性和解毒分子机制在水稻杂种不育上的普遍性，有望解决水稻杂种不育难题，研究成果发表在《科学》（*Science*）上。揭示了番茄果实的营养和风味物质在驯化和育种过程中的变化，发现了调控这些物质的重要遗传位点，为植物代谢物的分子机理研究提供了源头

① 中华人民共和国农业农村部，全书简称农业农村部。

大数据和方法创新，研究成果发表在《细胞》（*Cell*）上。全年共发表论文 5 323 篇，其中 SCI/EI 收录论文 2 858 篇，比 2017 年增长 13.6%，以第一署名单位在 CNS 等顶级期刊发表论文 22 篇，充分证明我院基础研究取得的快速进展，有力彰显了国家队的地位。

——战略性重大技术创新取得新突破。围绕国家重大需求，持续开展科技攻关，取得一批突破性成果。家禽疫苗免疫成功阻断人感染 H7N9 病毒，中畜草原白羽肉鸭新品种通过国家审定，一类抗球虫新兽药沙咪珠利研制成功并实现产业化生产，油菜毯状苗机械化高效移栽技术引领育苗移栽方式转变，水稻叠盘出苗育秧技术破解机插育秧瓶颈，“中棉所 641”与“宽早优”植棉新技术集成农机农艺融合新模式，日晒高温覆膜防治韭蛆新技术实现标准化产业化应用。全年认定、登记农作物新品种 388 个，培育家禽新品种 1 个，获新兽药、农药、肥料、饲料添加剂新产品证书 29 项，获发明专利 732 件，植物新品种保护权 99 件，国外专利 17 件，出版科技著作 272 部，8 项成果获得国家奖。其中，“黄瓜基因组和重要农艺性状基因研究”获自然科学奖二等奖，“小麦与冰草属间远缘杂交技术及其新种质创制”等 2 项成果获技术发明奖二等奖，“大豆优异种质挖掘、创新与利用”等 5 项成果获科技进步奖二等奖。获得中国专利奖银奖 1 项，中国专利奖优秀奖 7 项。3 人获中华农业英才奖。遴选推出中国农业学科院 2018 年十大科技进展，评出 10 项杰出科技创新奖、5 项青年科技创新奖，为培育重大科技成果打下基础。16 份咨询报告获党和国家领导人重要批示，为农业农村经济发展提供了有力的决策支撑。

——乡村振兴和精准脱贫支撑工作取得新成效。乡村振兴科技支撑行动开局良好，启动了江苏东海、河南兰考、江西婺源、四川邛崃 4 个乡村振兴示范县建设。推进水稻、玉米、油菜等 16 个产业绿色发展技术模式集成示范，种植业每亩①节本增效 448 元，养殖业节本增效 32%，示范推广前景良好。全面推进科技精准脱贫，派出 650 多个专家团队、3 300 名科研人员在环京津地区、秦巴山区、武陵山区以及“三区三州”开展脱贫攻坚，实施各类科技项目 150 多个，构建了科技脱贫“安康模式”“阜平模式”。援疆援藏工作创造了 4.2 亿元的经济社会效益。国家农业科技创新联盟取得可喜进展，20 个标杆创新联盟实施任务 108 项，创新集成和示范了 97 套技术模式，新建示范基地 117 个，开展技术培训 4 000 多人次；奶业、棉花、优质蜂产品等联盟创建了自主的标准和标识，探索农业高质量发展的“联盟范式”。

——研究生教育和人才培养水平再上新台阶。全年招收各类研究生 1 711 人，招生规模再创新高。全年授予博士学位 223 人、硕士学位 872 人，为我国农业发展培养了大批高层次农业科技人才。全年招收留学生 191 人，在校留学生达 523 人，来自全球 57 个国家，博士留学生数位于全国农林高校首位。博士后新进站 140 人，出站 109 人，博士后在站人数也创新高。

① 1 亩≈667 平方米，15 亩=1 公顷，全书同。

回顾过去一年，这些成果来之不易，这些成绩来之不易，这些影响力也来之不易。一年来，院属各单位各部门和同志们履职尽责，担当作为，重点抓了以下几个方面工作。

一是深入学习贯彻习近平总书记贺信精神。5月26日习近平总书记贺信发表一周年之际，胡春华副总理亲临我院视察指导并召开座谈会，明确要求深入学习贯彻习近平总书记贺信精神，坚持把农业科技创新摆到农业农村发展的核心位置，加快提升农业科技进步和创新水平，引领现代农业发展，特别是要变“研学产”为“产学研”。2018年，我院围绕学习贯彻习近平总书记贺信精神，落实胡春华副总理座谈会要求，研究策划了一系列重大活动。成立贺信精神理论学习研究组，开展了4次集体研讨，深入领会习近平总书记科技创新重要论述的八个核心要义，对标“三个面向”，谋划了我院发展战略和重点工作。举办了改革开放四十周年农业科技改革发展报告会等“1+5”系列庆祝活动，全面总结梳理全国和我院改革开放40年来农业农村科技历史性成就和主要贡献。深入开展管理效益年活动，院、所两级围绕中央和部院党组决策部署落实情况等四个方面查摆问题，由院领导带队组成10个督导组，深入院属各单位检查督导。制修订了《中国农业科学院工作规则》《中共中国农业科学院党组工作规则》等一批规章制度，启用了研究所评价信息系统和智慧农科出入国（境）管理系统等，进一步提升了工作效率和服务质量。

二是持续发挥创新工程的统领作用。创新工程实施5年来，我院建立以“三个面向”为导向的三级学科体系，创新科研组织模式，形成以稳定支持为核心的科研投入机制、以联合攻关为特征的协同创新机制、以科研产出为导向的绩效管理机制、以建设一流院所为目标的现代院所制度的“六大管理机制”，显著提升了人才保障能力、平台支撑能力、创新引领能力、国际学术影响力，获得了“十大前沿理论发现”“十大关键技术突破”“十大核心产品”。5年来，全院共获国家奖33项，同比增长22%，发表SCI/EI论文是前5年的2.5倍，品种、专利等成果倍增。2018年，我院继续强化科技创新工程的引领地位和撬动作用，加强科技项目申报，国家科技计划立项再获丰收，全院共新增主持各类课题2 840项，比2017年增长27.8%，年度留所总经费比2017年增长27.9%。其中主持国家重点研发计划项目18项、国家自然科学基金项目342项。作科所、植保所、资划所连续5年在研究所评价中排名前三；在创新工程系统考评中，作科所、植保所、蔬菜所、哈兽研、牧医所、资划所、加工所、环发所等8个研究所评估优秀，105个科研团队中期评估优秀。

三是扎实推进人才强院战略。没有一流的人才，就没有一流的创新。2018年再次召开人才工作会议，夯实全院抓第一资源的思想共识，总结经验，研究问题，部署工作，巩固院所两级抓人才的工作格局。坚持精准引才，从美国冷泉港、德国马普等机构引进青年英才22名，柔性引进高层次人才35名。不唯“帽子”评价人才，探索人才分类评价机制，新遴选的30名农科英才领军人才，都是没有各类“帽子”，但业绩、能力突出的科研人员。深化职称制度改革，全部下放副高评审权限，开辟35岁以下评选副高、40 岁以下评选正高绿色通道，助推优秀青年人才脱颖而出。刚刚结束的 2017 年度职称评审中，40 岁以下晋升正高、35 岁以下晋升副高的比例大大提高。健全办事机构，挂牌成立深圳人才交流服务中心、院士工作办公室。稳步推进干部队伍建设，认真践行新时代党的组织路线，全面谋划高素质干部队伍建设新举措，着力加强优秀年轻干部选拔培养，全年完成 3 个单位的行政班子和 6 个研究所党委换届，任免部、院管理干部 67 人次。深化干部人事制度改革，建立院领导联系研究所制度，调整院机关正处级干部管理权限。优化干部成长路径，选派 30 名优秀干部到乡村振兴和脱贫攻坚一线挂职锻炼。

四是不断提升支撑保障和服务能力。经费保障更加有力。2018 年全院部门预算总收支规模 79.2 亿元，在国家财政总盘子持续收紧的前提下实现新的增长；争取 2019 年创新工程预算再增 1 亿元，总规模达 9.5 亿元，加上基本科研业务费增量，稳定支持力度进一步加大。研究提出进一步落实“放管服”改革、服务科研的 6 项具体措施，完善差旅、会议等经费管理，简化科研仪器设备采购和处置管理，探索审计监督新方式。大力推进财务管理信息化。持续加强科研条件平台建设。强力推进国家作物种质库建设，项目报告得到习近平总书记、韩正副总理、胡春华副总理、刘鹤副总理 4 位中央领导批示，成为我院贯彻总书记贺信精神、落实总书记“下决心把民族种业搞上去”重要指示的标志性工程；建成国家农业科研数据网络体系，首批国家农业科学观测实验站挂牌；国家成都农业科技中心一期工程 10 万平方米全部开工，西部农业研究中心总体规划获得批复，北方水稻中心建设成功立项，农产品风险监测与预警实验室体系建设项目全部建成。不断提升科技平台运行效能。国家工程技术研究中心在科技部①评估中获得 3 个优秀、2 个良好的历史最好成绩；在国家首次中央级科研机构大型设施设备开放共享考评中，2 个研究所获评优秀，5 个研究所获评良好，共获得后补助经费 665 万元。全面提升院区综合管理服务水平。打造美丽院区、平安院区、幸福院区。拆除整改危旧房屋 2 000 多平方米，补植增植绿地近 4 000 平方米，圆满完成平房区居民搬迁，加大交通、养犬、单车等管治力度，我院首获“中央国家机关基层平安建设优秀单位”称号。职工食堂增加特设窗口、外卖服务，幼儿园获评“海淀区示范园”。

五是构建面向全球的科技创新合作体系。成功接待英国首相特蕾莎·梅、朝鲜劳动党委员长金正恩、吉尔吉斯斯坦总统热恩别科夫、马来西亚总理马哈蒂尔、索马里总统穆罕默德、萨尔瓦多总统桑切斯等多位外国元首和 30 多位外国正部级以上官员来访，数量之多规格之高前所未有，有力彰显了国家队地位，扩大了国际影响力，农业科技创新合作已成为国家靓丽名片。牵头成立了全国农业科技“走出去”联盟。启动实施创新工程国际合作任务——“推动农业科技‘走出去’协同创新与集成示范研究”；援助哈萨克斯坦的“中哈农业科学联合实验室”完成工程验收和培训；哈兽研在印度尼西亚投资建设的帝斯公司厂房建设基本完成，部分产品获得了生产许可；棉花所在乌兹别

① 中华人民共和国科学技术部，全书简称科技部。

克斯坦建立4个试验示范基地。策划召开重要国际学术会议30多个，全院签署对外合作协议111份，新建国际合作平台25个。成功召开“国际大科学计划宣讲研讨会”，成为我院探索主导国际大科学计划项目的先行示范。

六是全面加强党的领导和党风廉政建设。党的建设全面强化。以党的政治建设为统领，持续强化理论武装，切实把思想和行动统一到中央决策部署上来。以“深入学习习近平科技创新重要论述加快新时代农业科技创新改革步伐”为主题，举办全院主题党课报告会，准确把握“三个面向”核心要义，清醒认识差距与挑战，提出新时代农业科技创新与改革发展的战略举措；以“习近平总书记‘三个面向’重要指示引领全院党员干部思想行动”为主题，举办全院党委书记、纪委书记培训班，全面加强党的领导和党的建设，确保“三个面向”指示精神落地落实。不断夯实基层组织建设，启动实施“红旗党支部”创建行动，探索具有农业科研特色的基层党建制度，把党的领导落实到科研团队。深入推进精神文明创建和创新文化建设，加强群团统战工作，作科所、植保所荣获农业农村部文明单位称号，陈化兰院士当选全国妇联副主席，陆宴辉同志获“中国青年五四奖章”、魏灵玲同志获“全国三八红旗手”、刘春明同志获“中国侨界贡献奖一等奖”。全面从严治党政治责任更加压实。坚定不移深化政治巡视工作，分4批对全院20个单位开展巡视，完成全覆盖。创新开展纪委书记现场述职，强化院属单位纪委的责任担当，切实推动“两个责任”向基层延伸。把纪律教育挺在前面，通报典型案例，强化警示教育，筑牢领导干部和科研人员的规矩意识、纪律意识。深化五个领域专项整治，对部分院所办企业开展第三方审计，推动规范管理，加强风险防控。持续抓好科研经费、房屋和土地等国有资产监管、干部选拔任用等重点领域监督。运用“四种形态”，注重抓早抓小，加大谈话函询工作力度，红脸出汗，防微杜渐。对违纪行为坚决处理，维护纪律的严肃性。

2018年的成绩来之不易，主要得益于中央政策方针的正确指引，得益于农业农村部党组的坚强领导，得益于中组部①、科技部、财政部②等部门的大力支持，是全院广大干部职工的共同努力取得的。在此，我代表中国农业科学院，向长期关心支持我院发展的各级领导、各界朋友、新闻媒体的同志们，以及付出辛勤汗水的全院广大干部职工，表示衷心的感谢和崇高的敬意！

二、农业科技面临的新形势和新任务

刚刚结束的中央农村工作会议、全国农业农村厅局长会议，总结交流各地实施乡村振兴战略的实践经验，对明后两年“三农”工作硬任务和2019年农业农村工作进行了明确部署。我们要深刻领会中共中央对重大形势的科学判断、对重大任务的决策部署、

---

① 中国共产党中央委员会组织部，全书简称中组部。

② 中华人民共和国财政部，全书简称财政部。

对农业农村和科技创新的战略要求，进一步明确农业科技创新的新形势新任务。

（一）“三个面向”方针对农业科技提出新要求

习近平总书记贺信“三个面向”“两个一流”和“整体跃升”的重要指示，是党中央对中国农业科学院的殷切希望，也是对全国农业科技工作者的明确要求，更是建设农业科技强国的时代号召。但是，当前农业科技发展中的一些体制机制问题仍然制约着创新步伐，不少科研机构没有认真研究国内外农业科技发展趋势，没有分析“三个面向”的科技需求，没有按照“三个面向”开展针对性的科技布局，很多科技人员满足于发论文、争奖项、戴帽子，农业企业科技投入不足，农业科技创新与产业“两张皮”问题尚未真正解决。

对标“三个面向”要求，新时代农业科技创新既要“顶天”，面向世界科技前沿，致力于未来发展；又要“立地”，面向国家战略需求，赢得战略主动；还要“惠民”，面向现代农业建设主战场，促进农业增效农民增收农村增绿。一要坚持面向世界农业科技前沿，推动原始创新，夯实农业科技创新的根基。要尽快优化基础研究和战略高技术的发展布局，重点突破“农业合成生物学技术、作物高光效育种理论与技术、马铃薯二倍体育种技术、动物干细胞与生殖调控技术、立体农业技术、农业大数据与云计算技术”等前沿技术，努力跻身世界前列，建成若干世界农业科学中心。二要坚持面向国家重大需求，强化战略导向，引领农业供给侧结构性改革，围绕农业增效、农民增收、农村增绿，加强科技创新引领，调整农业科技创新方向和重点，在我国农业由粗放型发展转变为节约型高质量发展的过程中，发挥关键性支撑作用。三要坚持面向现代农业建设主战场，将我们的科研成果同国家需要、人民要求、市场需求相结合，通过增加科技供给，促进科技和经济结合，提升和支撑农业产业发展，培育农业农村现代化发展新动能，在乡村振兴、脱贫攻坚等国家战略任务中发挥新的更大作用。

（二）农业农村形势变化对农业科技提出新要求

2018 年，农业农村发展稳中有进。粮食生产保持稳定，总产量达到 13 158 亿斤①，又是一个丰收年。农民收入持续较快增长，预计超过 14 600 元，增速有望继续保持“两个高于”。农业现代化迈出新步伐，预计农业科技进步贡献率达到 58.3%，主要农作物耕种收综合机械化率超过 67%。农业绿色发展有新突破，主要农产品质量安全监测合格率保持在 97%以上。但是，农业农村发展中的一些问题依然突出，如农业农村基础薄弱，农产品供给结构性矛盾，绿色高品质农产品供给不足，产品链条短、产销衔接弱、质量效益低，农民增收难度加大等。当前世界面临前百年未有之大变局，变局中

① 1 斤=0.5 千克，全书同。

危和机同生并存。中央农村工作会议强调，农业和农村是整个社会稳定发展的基本盘、压舱石和战略后院，在经济下行压力加大、外部环境发生深刻变化的复杂形势下，做好“三农”工作对有效应对各种风险挑战、确保经济持续健康发展和社会大局稳定具有重大意义。新形势下，以农业供给侧结构性改革为主线，大力推进农业创新发展、绿色发展、高质量发展，已成为“三农”工作主要任务。

长期以来，我国农业科技创新以高产为导向，支撑农业高质量发展、绿色发展等方面的原始创新和技术供给严重不足，农业科技成果供需结构性矛盾突出。顺应农业由量到质转变的大趋势，农业科技必须以农业供给侧结构性改革为主线，加快调整创新方向，实现由量到质、由高产向高质量发展的转变。要深入实施质量兴农战略，加快研发一批提高农产品质量的新技术、新品种、新装备，大力推进农业优质化、标准化、品牌化发展。要深入实施绿色兴农战略，持续推进减肥控药、农业清洁绿色投入品、农业废弃物资源化利用、节水农业技术与装备等关键技术研发，为农业绿色发展提供综合解决方案。

（三）脱贫攻坚和乡村振兴对农业科技提出新要求

今明两年是全面建成小康社会关键时期，也是打赢脱贫攻坚战和实施乡村振兴战略的历史交汇期。对标全面建成小康社会“三农”工作必须完成的硬任务，要把打赢脱贫攻坚战、保障粮食安全、抓好农村人居环境整治、实现农民收入翻番等硬任务，摆到突出位置。要全力做好科技扶贫工作，发挥科技、人才支撑作用，聚焦贫困地区的营养健康、特色产业发展、生态环境治理保护等问题，加快先进适用技术的集成转化、示范推广，为打赢脱贫攻坚战作出应有贡献。要紧紧围绕乡村振兴战略实施，对照“产业兴旺、生态宜居、乡风文明、治理有效、生活富裕”总要求，按照习近平总书记指出的“五个振兴”，深入研究乡村振兴的科技需求，探索科技支撑农业农村发展的突破口。

当前，农业科技在支持产业兴旺方面具有较好基础，但在生态宜居、乡风文明、治理有效、生活富裕等方面的科技研发还远远不够，是科技短板。农业科技要尽快由“一农”科技转变为“三农”科技，创新领域要从农业向农村、农民领域拓展。要加强乡村二三产业发展、乡村环境治理、乡村建设领域的关键技术研发，积极探索不同地区“三产”融合、“三生”融合、城乡融合的现代乡村发展模式。要加强农业农村政策、管理体制机制等软科学研究，为乡村振兴提供决策咨询和制度支撑。特别需要强调的是，农村人居环境整治是实施乡村振兴战略的重点任务，也是“三农”工作的硬任务，迫切需要加强关键技术研发，当前要重点加强农村厕所革命、生活垃圾和污水处理、畜禽养殖废弃物资源化利用，以及村庄清洁行动等方面的科技支撑。

（四）应对复杂国际环境对农业科技提出新要求

"中兴事件"给我们敲响了警钟，核心技术不能受制于人。不掌握核心技术，迟早会被别人"卡脖子"。长期以来，我国农业科技投入总量相对不足，且工作重心主要在应用与开发研究上，对作为创新源头、引领学科发展的农业基础研究投入不够，对重要领域基础研究和前沿技术研究不够，在水土质量、农业生态观测监测等基础性长期性工作上积累不够、底数不清，难以带动催生颠覆性技术，支撑重大技术创新和产业变革。大动物育种、设施园艺品种、信息技术、大型智能装备以及满足绿色发展的核心关键技术等很多方面受制于人。如生猪、蛋鸡等畜禽养殖量位居世界第一，但核心种源 80%依赖进口，白羽肉鸡种源 100%依赖进口。现代农机装备落后，定位变量、智能控制、农机农艺配套和联合复式作业机具尤其缺乏；畜禽水产养殖、农业资源环境、废弃物循环利用等技术储备不足，亟须加大创新力度。

中美贸易摩擦也倒逼我们必须加大创新力度。要加强评估、预警和应对，系统梳理各领域"卡脖子"关键核心技术及供应链风险，组织攻关突破；围绕有优势或潜力的战略领域，培育"杀手锏"技术，把创新的主动权、发展的主动权牢牢掌握在自己手中。重点要在重大育种价值的关键基因挖掘、主要园艺作物优质品种国产化育种、畜禽核心种质育种、新化学实体农药兽药创制、新型肥料与化肥替代、农业传感器、智能化大型农机装备研发等方面加快突破，实现技术创新优势和产业安全自主可控。在这里，我还要强调两件事，一是粮食安全问题，二是非洲猪瘟问题。保障国家粮食安全始终是农业发展的首要任务，这根弦任何时候都不能松，当前形势下尤为重要；非洲猪瘟防控形势依然严峻，既无"药"也无"苗"。必须把"藏粮于技"和防控非洲猪瘟等工作放到优先位置，加强基础研究，加大关键技术联合攻关力度，为稳住农业基本盘作出应有贡献。

对照"三农"发展新形势、新任务、新要求，我们必须清醒认识到，虽然 2018 年的工作取得了很大成绩，但还存在着一系列问题。一是人才结构老化。院属单位领导班子中，45 岁以下仅占 6.5%；正处级干部中，40 岁以下仅占 4.5%。创新团队首席科学家平均年龄 52 岁，未来 5 年将有近四成首席退休，40 岁以下担任首席的不足 7%。二是争取竞争性重大项目的主动性积极性不足。国家自然基金人才类项目、重点重大项目、重大科学研究计划项目等偏少。最近几年获得国家奖数量不少，但一等奖偏少。三是束缚创新活力的体制机制问题还未有效缓解。事业单位分类改革和拟转企研究所问题至今未能解决，由于投入不足，不少所当前运行困难。在北京市严控增量背景下，新增建设需求难以满足，京区土地总体规划推进艰难，国家农作物表型鉴定设施、农业重大气象灾害模拟舱等重大工程无法落地。四是创新工程实施中还存在不少问题。个别研究所定位不清，研究方向交叉，部分学科优化调整行动缓慢。部分科研团队聚焦"三个面向"不够，融合不够，研究任务分散、研究内容重复，整体性有待加强。部分协同创新任务组织管理和实施效果欠佳。五是有些研究所领导担当意识不足。科研“放管服”未能深入落地，必须依靠体制机制改革创新加以解决。

三、2019 年重点工作任务

2019 年，我院要以习近平新时代中国特色社会主义思想为指导，全面贯彻落实党的十九大和十九届二中、三中全会及中央经济工作会议、中央农村工作会议精神，坚持稳中求进总基调，落实农业农村优先发展总方针，牢牢坚持“三个面向”，以建设“两个一流”为目标，聚焦重点任务，抓紧抓实抓细科技创新工程，强化体制机制创新、条件平台建设和人才队伍培育，在核心关键技术创新上取得明显进展，在服务乡村振兴和脱贫攻坚上取得扎实成效，为稳住“三农”基本盘、完成全面建成小康社会硬任务提供强大科技支撑。

总的要求是，一要认真学习贯彻习近平总书记系列重要指示精神及中央各项决策部署，充分认识做好当前“三农”工作的特殊重要性，落实农业农村优先发展的政策导向，围绕农业农村部重点工作，确保“三农”工作硬任务在全院贯彻落实；二要扎实推进农业科技创新工程，深入思考和领会“三个面向”如何全面落实到创新方向和创新任务上，更好地发挥国家战略科技力量的作用；三要服务现代农业建设主战场，保障“三农”工作硬任务落实，重点抓好稳定粮食生产、脱贫攻坚、农村人居环境整治和非洲猪瘟防控四项重点任务的科技支撑；四要进一步为科研人员减负松绑，推进科研“放管服”改革落地，营造有利于科技创新的宽松环境；五要加强党的领导和全面从严治党，动员各级党组织在全力保障创新工程等重点任务落实落地方面发挥重要作用。要以加强党的建设为保障，切实担负起全面从严治党的主体责任。重点要做好以下工作。

（一）全面推进创新工程，进一步提升引领作用

2019 年中央财政在压缩一般性支出的形势下，增加我院创新工程经费实属不易，院所两级必须进一步增强使命感和绩效意识，采取更加切实有效的措施，确保创新工程取得更大成效。强化考评结果运用，加快调整优化科研团队。对 5 年考核和全面推进期中期评估获得优秀的研究所和科研团队进行表彰奖励，在预算分配、职称评审、评优评先、专家推荐、招生资格、资源配置等方面予以优先保障。按照管理办法，对中期评估排在后 10%的科研团队，要下决心调整，每个研究所都要动真格。鼓励研究所在尚未布局的新兴学科、短板技术等急需领域，加快组建新兴交叉学科团队。加强科研团队组织管理，充分保证团队首席科学家的各项权利，通过学术引领、岗位管理、资源配置等手段，打造定位明确、任务聚焦、合作紧密的科研团队。对标“三个面向”，强化团队任务实施管理。各研究所要高度重视团队任务的顶层设计和整体布局，按照新的学科体系，组织科研团队重新梳理和优化调整科研选题，凝练完善重点任务，并对团队任务进

行学术把关，确保任务聚焦到“三个面向”上来。要加强竞争性科技计划项目谋划，瞄准国家重大科技计划项目、重大科技基础设施，开展前瞻性、全局性和关键性战略研究，组织团队进行选题谋划、凝练与争取，确保“十四五”占位优势。抓好国家自然科学基金申报立项工作，尤其是重大项目的谋划，杰青项目①、优青项目②的申报。加强基本科研业务费全过程管理，抓好国家科学计划牵头项目的全周期、精细化管理。强化重大科技问题联合攻关，力争尽快取得突破。建立完善协同攻关机制，针对国家重大需求和农业农村主战场需要，组织优势科研力量，加大经费和条件投入，积极主动开展协同攻关，加快破解技术难题。落实好“藏粮于技”战略，重点攻克农作物分子聚合育种、农作物高通量表型精准鉴定、农作物育种核心材料高效创制等技术瓶颈，加快培育推广优质高产新品种、绿色高效生产新技术，保障好小麦、水稻、玉米、大豆、油菜五大作物稳产高产。实施好非洲猪瘟防控科技攻关联合行动，统一指挥、明确分工、各展所长、协同作战，以疫苗研制为重点，加快推进诊断、消毒、灭虫等技术与产品研发，力争尽快取得突破。强化重大科技成果培育，提升产出水平。以此次考核评估为契机，凝练一批重大科学发现、重大技术创新、重大产品创制任务，形成创新工程重大成果培育清单，力争在短期内有大的突破。做好国家奖改革政策跟踪、全院成果挖掘和2019年国家奖分渠道推荐工作，提升我院申报成果的竞争力。

（二）深入推进人才强院战略，建设高素质科技创新人才队伍

创新人才制度体系，促进人才全面发展。继续召开第三次院人才工作会，统筹推进四支队伍建设，在坚持做好科研队伍建设基础上，进一步加强管理、支撑、转化队伍建设。实施好农科英才特殊支持政策，加强科研团队首席助理配备和接班人培养，培养一批45岁左右的团队首席、40岁左右的正高级人才、35岁左右的副高级人才，推动优秀青年人才脱颖而出。加强工作统筹，做好院士增选。落实“三个面向”要求，组织创新团队首席科学家轮训，着力解决“三不两没有”问题。坚决贯彻新时代党的组织路线，召开全院推进优秀年轻干部选拔培养工作会议，出台培养选拔优秀年轻干部政策，抓好院属单位领导班子换届，培养一批50岁以下的正所级干部、45岁以下的副所级干部、35岁以下的处级干部。推进挂职锻炼、轮岗交流，增强干部才干，提高管理效能。稳妥推进绩效工资改革，落实以增加知识价值为导向的分配政策，让作出贡献的人拥有获得感。进一步做好老干部工作，听取老同志意见，关心他们的身心健康，真正做到老有所依、老有所助、老有所为。深化研究生教育改革，多渠道扩大博士生招生规模，全面实施教育质量保障体系，全面落实导师立德树人职责，加强师资队伍培训和师德师风建设，提高教育教学质量。创新教育管理体制，大力推进“国际教育学院”“深圳研究

---

① 国家杰出青年科学基金项目，全书简称杰青项目或杰青。

② 优秀青年科学基金项目，全书简称优青项目或优青。

生院”建设。倡导毕业生到基层和西部艰苦地区工作。

（三）抓好重大条件平台建设，大力提升科技创新能力

全力抓好国家作物种质库建设。作为我院“两个一流”建设的标志性工程，要倒排工序，快速推进，确保2019年年底结构封顶，2020年年底投入使用，筑牢现代种业之基。加速推进区域性战略布局落地。按照成都中心2019年年底交付使用、西部中心综合楼基本建成、北方水稻中心开工建设的目标，统筹谋划，有序推进，以平台建设带动全院学科布局、区域布局。统筹推进平台谋划与争取立项。加强战略研究，统筹谋划平台类科技项目和资源，超前部署和储备若干重大科学装置；推动国家实验室、国家重点实验室、国家野外科学观测研究站等选题立项，加快国家工程技术研究中心、国家工程实验室调转整合；争取农业基因组学研究中心立项成功。进一步强化运行管理。研究制定全院统一的观测试验研究网络推进方案，进一步推进科研设施与仪器开放共享，探索建设院公共实验室，构建支撑人才队伍，创新评价机制。组织召开全院基本建设、基地管理等专项工作会议，加强部署，完善与创新工程的对接支撑关系，持续提升平台支撑和引领科技创新的工作效能。

（四）谋划国际合作重点任务，不断提升国际化水平

制定我院中长期国际合作战略发展路线图。围绕国际发展前沿、国家战略和产业发展需求，积极发挥国家队作用，制定农业科技国际合作发展整体规划，为谋划我院国际化战略夯实基础。积极推进农业科技“走出去”。依托全国农业科技“走出去”联盟，当好全国农业科技对外合作的“领头羊”，加快农业科技“走出去”步伐。积极参与组织和主导农业国际大科学计划的培育，提高创新工程对外开放水平，促进基础研究与产业发展有机融合。扎实推进国际合作重点任务。组织筹备第六届国际农科院院长高层研讨会、顾问委员会会议和CGIAR理事会会议。继续强化海外农业科技布局，集中力量完善、新建一批联合研发中心。瞄准“两个一流”，持续推动与发达国家科技合作。以创新工程国际合作任务等项目为抓手，推动与“一带一路”沿线国家合作，争取南南合作项目取得更大的突破和进展。发挥联合国粮食及农业组织（FAO）、国际农业研究磋商组织（CGIAR）等国际机构的平台作用，讲好中国农业科技故事。着力打造国际化人才工程。探索引进国际科研机构顶尖人才，拓展青年科学家定期出国合作研究渠道，培养具有国际视野、熟知国际规则的科研和管理人才队伍。

（五）加快体制机制创新，营造良好的创新环境

深化科研放管服改革，松绑科研管理，释放科研人员新动能。发布《进一步给科

研人员做好服务和松绑减负的实施方案》并督促落实。各部门和各单位要尊重规律、守住底线、敢于担当，鼓励研究所领导干部在经费管理、成果转化等方面放开手脚、大胆探索。院监察局要对“放管服”落实情况进行督查。创新成果转化机制。切实提高推进成果转化工作的思想意识，深刻认识成果转化是科研院所提升竞争力、体现自身价值和利益的重要方式。按照权责一致、利益共享、激励与约束并重、公平公开的原则，建立科技成果转化收入分配激励和奖励方案。建立成果转化奖励机制，对成果转化作出突出贡献的单位和个人进行表彰奖励。加强创新文化建设。深入开展“弘扬爱国奋斗精神 建功立业新时代”活动，发挥先进典型引领作用。广泛开展学术活动，形成促进思想碰撞、激发创新灵感、营造学术争鸣的良好氛围。加强科研诚信建设。贯彻落实《中国农业科学院科研诚信与信用管理暂行办法》，牢固树立“科研诚信是科技创新的基石”这一理念，加强正面引导，让科研人员严守科研诚信。对学术造假、抄袭剽窃、篡改侵吞他人学术成果、师德失范等行为，发现一起严肃查处一起，及时公开查处的严重违背科研诚信行为的重大案例。

（六）加强科技成果转化推广，全面支撑乡村振兴和脱贫攻坚

全面开展乡村振兴科技支撑行动。结合院地合作、科技扶贫和绿色发展技术集成示范，全面推进东海、兰考、婺源、邛崃 4 个示范县建设，打造示范样板，探索整建制推进的模式和机制，推动落实“三农”硬任务。面向基层农技人员、新型职业农民，定期开展培训和技术指导，培育“一懂两爱”的“三农”工作队伍。成立中国农业科学院乡村振兴学院。深化实施科技精准帮扶行动。推进环京津地区、秦巴山区、武陵山区以及“三区三州”脱贫攻坚，重点抓好阜平、桦川、紫阳、临潭 4 个帮扶示范县建设，集成应用一批精准帮扶模式和技术体系，打造科技扶贫、精准脱贫的引领示范区。积极选派优秀干部参与援疆援藏援青、博士服务团等扶贫挂职，择优选派专业型干部到重点地区和乡村振兴示范县挂职。强化支撑农业高质量发展。继续推进 16 个产业的绿色发展技术集成模式研究与示范，发挥综合技术模式的引领作用，构建起激励协同创新、联合成果转化的新机制。加速全国农业科技成果转移服务中心建设，推进农业科技成果展示、推荐和交易，发挥好平台作用。继续推进科技产业发展壮大，开展所办企业集中统一监管试点，推进所办企业清理规范，强化院所办企业监管，控制经营风险，提升经营效益。加强试验基地建设管理，表彰一批在基地建设方面作出突出成绩的先进集体、先进个人，提升基地的支撑能力。做实国家农业科技创新联盟。加强联盟顶层设计，推动出台指导意见，争取政策支持，完善管理细则，健全准入和退出制度。瞄准“藏粮于技”战略、乡村人居环境整治、解决“厕所问题”、农业绿色发展、区域可持续发展等重大问题，开展协同攻关和技术集成，推动资源向重点产区和典型生态区聚焦发力，打造一批标杆联盟。加快联盟实体化进程，通过共建研发中心、示范基地、产品品牌，联合研发新产品、新技术、新工艺等，打通产业链各环节，实现产学研深度融

合，激发企业主体参与积极性。加强农业农村战略与政策研究。聚焦农业农村优先发展、“三农”发展硬任务和农业农村改革三大领域的战略和政策研究，为农业农村现代化提供智力支持。推进战略研究机构建设，整合全院研究力量，组建专门专家团队，强化人财物保障。畅通智库成果上报和发布渠道，真正把研究成果转化为国家政策和重要建议，在理论创新、政策支持、舆论引导及社会服务等方面发出自己的声音，不断提升决策支撑力、学术研究引领力和社会舆论影响力，将我院打造成具有国际影响力的农业高端智库。

（七）持续加强党的建设和党风廉政工作，为“两个一流”建设提供坚强政治保证

加强党对科技工作的全面领导，把“三农”工作硬任务落到实处。充分发挥党的政治优势和组织优势，强化“三级书记”抓创新工程和乡村振兴科技支撑行动的制度保障，选优配强干部队伍，优化资金投入，把必须完成的硬任务作为资源配置的优先领域。充分发挥党支部的战斗堡垒作用和党员的先锋模范作用，加强典型宣传引领，激励广大干部职工勇挑重担、勇攀高峰，踊跃投身科技创新、乡村振兴和脱贫攻坚主战场。以党的政治建设为统领，推动基层党组织全面进步、全面过硬。全面贯彻新时代党的建设总要求，把党的政治建设摆在首位，落实《中国共产党支部工作条例（试行）》，加强党支部标准化、规范化建设，持续推进党支部建在科研团队，把“三个面向”指示要求落实到科研团队。强化创新理论武装，扎实开展“不忘初心　牢记使命”主题教育和“红旗党支部”创建行动。加强党对群团统战工作的领导，充分发挥民主党派和党外人士作用。谋划开展“与时代同发展　与祖国共奋进”庆祝中华人民共和国成立70周年系列主题活动。构建宽严相济、信任与监督相统一的工作机制，营造纪律严明、环境宽松的良好氛围。中国农业科学院作为国家级科研单位，在落实中央八项规定方面没有例外，不仅没有特殊性，还要作出表率。要坚持不懈严明纪律，落实中央八项规定精神，驰而不息纠“四风”、树“新风”。加强经常性纪律教育，筑牢各级领导干部和科研人员廉洁从业的底线、红线意识。要加强重点领域监督，完善风险防控，确保党风廉政建设全覆盖，维护良好政治生态。要监督推动“放管服”政策落实落地，探索容错纠错机制，为干事创业的干部撑腰鼓劲，努力营造潜心科研的宽松环境。要推动建立符合我院特点的、扎实有效的监督机制，压实各单位党委纪委和各支部纪检小组的教育监督责任，强化履职担当，把纪律保障工作做到团队中去，做到科研人员身边，为院所事业和科技创新快速发展系上安全带。继续做好巡视工作，坚持重点巡视内容不缺项、不弱化，注重把坚持党的领导与贯彻落实中央决策要求和部院党组重大工作部署相结合，明确整改落实的主体责任，层层传导压力，在研究所形成促进和监督整改的氛围。

同志们，2019年是中华人民共和国成立70周年，是全面建成小康社会关键之年。

我们要紧密团结在以习近平同志为核心的党中央周围，坚持“三个面向”方针，坚定信心，勇于担当，扎实工作，勇攀高峰，加快“两个一流”建设，推动我院创新改革发展取得新成效，为决胜全面建成小康社会作出新的更大贡献，用实际行动向中华人民共和国成立70周年献礼！

中国农业科学院党组书记张合成在中国农业科学院 2019 年工作会议上的总结讲话

2019 年 1 月 16 日

同志们：

今天，2019 年院工作会议的各项任务完成得非常顺利，会议开得很成功，内容很丰富、安排很紧凑、效率很高。下面，我从三方面对这次会议做一个总结。

一、圆满完成了院工作会的预定任务

第一，科技部领导到会讲话。科技部张建国副部长到会讲话，就学习习近平关于科技创新重要论述的丰富内涵，贯彻落实中央科技发展部署，大幅提升农业科技创新能力和发展水平等三方面发表了看法，充分肯定了我院 2018 年工作，从优化人才结构，激发人才活力、扩大开放合作，建设科技强国、提升创新能力，保障粮食生产等方面，对全国，尤其是我院作为国家队肩负的历史使命提出了要求。我们将认真研究，按照上级部门的要求，扎实做好各项工作。

第二，隆重表彰了优秀成果和先进人物。大会通报了研究所评价结果，发布了 2018 年中国农业科学院十大科技进展，公布了国际奖成果、高水平论文、重大品种与产品名单，宣读了对中国农业科学院 2018 年度科学技术成果奖、2016—2017 年度先进集体和先进工作者的表彰决定，通报了党建方面获得的省部级以上的荣誉、2018 年院平安建设优秀单位和先进个人。鼓励了先进，激励了优秀，弘扬了为国家、为“三农”，为全院改革和发展增光添彩的优秀精神。

第三，完成了对院领导班子、各研究所、机关各局的考核测评。会议对领导班子、各研究所、各局工作进行了全面审查和全面测评，特别安排了 12 个研究所进行现场述职，并要求 3 年时间内，每个研究所在全院分别述职一次，接受院领导班子的点评。今天述职的 12 位所长准备的很认真，态度很端正，发言很聚焦，重点很突出，讲成绩，讲问题，讲信心。各位分管院领导点出了成绩、指出了不足，对研究所下一步改革发展提出了明确要求，华俊院长对 8 个述职研究所改革发展中存在的重点问题也提出了明确要求。

第四，对 2019 年各项工作提出了明确要求。华俊院长做的工作报告，全面体现了党的十九大和十九届二中、三中全会以及中央经济工作会议精神、中央农村工作会议精神和全国农业农村厅局长会议精神，充分体现了农业农村部重点工作的落实和部署。工作报告全面总结了2018年的工作，肯定了2018年的成绩，分析了我院发展面临的新形势、新任务、新挑战，对2019年的工作提出了五方面总体要求和七方面系统安排。五方面总要求：一是以习近平新时代中国特色社会主义思想为指导，贯彻落实好中央农村工作会议和全国农业农村厅局长会议精神，确保“三农”工作各项硬任务在全院贯彻落实；二是以科技创新工程为引领，将“三个面向”全面落实到创新方向和创新任务上，更好发挥农业科技战略力量的作用；三是以服务现代农业建设主战场为宗旨，在乡村振兴、脱贫攻坚、人居环境等重大硬任务落实上，切实作出我院应有的贡献；四是以推进科研“放管服”改革为抓手，进一步为科研人员减负松绑，全力营造有利于科技创新的宽松环境；五是以加强党的建设为保障，以严和实的精神切实担负起全面从严治党主体责任，全力保障创新工程等重点任务落地落实。七方面系统安排：一要全面推进创新工程，进一步提升引领作用；二要深入推进人才强院战略，建设高素质科技创新人才队伍；三要抓好重大条件平台建设，大力提升科技创新能力；四要谋划国际合作重点任务，不断提升国际化水平；五要加快体制机制创新，营造良好的创新环境；六要加强科技成果转化推广，全面支撑乡村振兴和脱贫攻坚；七要持续加强党的建设和党风廉政工作，为“两个一流”建设提供坚强政治保证。

二、全面深入贯彻落实院工作会议精神

（一）要全面系统传达落实院工作报告

春节前各研究所要召开一次领导班子扩大会议，全面传达院工作会议精神，重点传达院工作报告，以我院2018年取得的成绩来鼓舞大家，以农业科技面临的新形势和新任务来引导大家，以2019年全院工作的五大要求来指导大家，围绕2019年七大系统安排，部署工作，安排任务。研究所要加大宣传力度，弘扬先进集体、先进人物精神，树榜样、立标杆，激励广大科研人员科技创新的积极性和工作热情。

（二）要高度重视院领导对述职研究所提出的建议

各位主管院长对述职研究所点评中提出的意见和建议，是院相关部门经过认真研究，结合实地调查、质量效益年督察和巡视工作提出来的，各研究所要深入研究，认真传达，积极落实。华俊院长对点评的8个研究所提出了有针对性的建议和要求，要进行专题传达，并将落实情况报院办。没有现场述职的研究所，要根据院领导提出的建议和要求，认真研究，主动对号入座，进行整改。

（三）要认真研究解决创新工程实施中存在的问题

1. 切实将思想和行动统一到贯彻落实“三个面向”的要求和目标上来

全院各级党组织和广大党员干部要有责任感、紧迫感，要将落实“三个面向”作为全院最大的政治任务，把“三个面向”的指示精神落在每一个处室，每一个创新团队，每一项科技成果上。广大科研人员要把握国际前沿，聚焦聚力攻关，要瞄准重大需求，力争解决农业农村最基础、最突出、最“卡脖子”的关键科技问题。要走出研究所、走出实验室，走进农户家庭和田间地头，把生产实际困难凝练成科学问题，从实际行动上落实“三个面向”。

2. 切实把创新工程当做我院的一号工程、头等任务

科技创新工程是国家给予中国农业科学院和少数几个国家科研单位的特殊政策，必须要交出满意的答卷。创新工程没有固定模式，一定要进行机制创新，没有新机制、新模式我们交不了账。各研究所要大胆创新，为全院创新工程的发展，树立新典型，打造新模式，提供新经验。创新工程也一定要有新成绩，要出大成果，有大产出，实现大突破，切实发挥创新工程的引领作用。各研究所、各科研团队每年要有科研新进展，要定期上报科研成果和研究突破。要采取有效措施，避免因为创新工程的稳定支持，降低申请竞争性项目积极性的情况发生。

3. 切实将科研和成果转化工作作为院所发展的两大基石

科研工作和成果转化工作同等重要，各研究所要高度重视科研转化工作，充分把握当前科技成果转化的好时期、好政策、好机会，把成果转化搞上去。通过成果转化，增强我院的发展实力，提高我院科技创新成果在实体经济中的贡献份额，建立科技创新与成果转化并重的科研评价机制。

4. 发挥好全体共产党员在创新工程中的先锋模范作用

在推进创新工程工作中，大力抓好党建工作，要把党支部建在科研团队上，充分发挥党支部的战斗堡垒作用，在科研团队中，一个党员就是一面旗帜，树立团队意识，强化协同创新。全院党员要增强党员意识，牢记初心使命，在创新工程中，充分发挥先锋模范作用。“三级书记”一定要保障创新工程顺利实施，为科研工作保驾护航。

5. 构建心无旁骛的科研环境，让科研人员一心一意搞科研

要建立完善以信任为前提的科研管理机制，但信任不能代替监督，信任是前提，监督是保证，严管是厚爱，做到“四严四宽”，即“对私要严、对公要宽，对领导干部关键少数要严、对专家学者要宽，作风建设要严、学术氛围要宽，重点人重点事上要严、面上要宽”，构建宽严相济、信任激励与监督保障相统一的机制。为科研人员松绑、减负、撑腰、说话、担责，构建心无旁骛的科研创新环境，实现纪律严明、环境宽松的创新目标。

三、组织安排好春节前的重要工作

第一，抓好安全保密工作。2018 年我院的安全保密工作是零事故，这是最好的成绩。春节前，院机关各部门、院属各单位要严格履行职责，认真梳理各类问题，全面排查安全隐患，避免发生事故。

第二，做好走访慰问工作。做好节前的走访慰问工作，安排走访慰问一线职工，比如重要实验室的锅炉工等，他们工作平凡，但肩负安全责任重大。要关心挂职干部、拜访离退休的老同志、慰问有困难的干部和职工等。

第三，落实好八项规定，严防“四风”反弹。节日期间，严格落实中央八项规定精神，坚决执行纪律要求，纠正“四风”问题，防止“节日腐败”。确保过一个政治安全、风清气正、欢乐祥和的节日。

第四，梳理好 2018 年各项任务的落实情况。要全面梳理 2018 年年初制订的各项科研工作目标、业务工作目标、党建工作目标等，全面清查，认真盘点，确认是否完成。该总结的总结、该汇报的汇报、该交账的要认认真真交账，尤其对脱贫攻坚等重大工作任务等，要保质保量交出完美答卷。

第五，组织好 2019 年机关工作专题会。最近，院领导决定春节后召开 2019 年机关工作专题会议，要求院机关各部门在对推动全院发展方面，研究改革发展新举措。节后，院主要领导要听取院机关各部门在抓好重点工作、改善工作作风、提升院所服务质量、推动全院发展等方面的一些战略举措，各局办要提前做好准备，认真研讨。

同志们，新春佳节将至，我代表院党组，代表华俊院长，代表院领导班子，向在座的各位表示新春的问候，向全院干部职工和离退休老干部拜个早年，祝大家阖家欢乐、万事如意。

谢谢大家！

中国农业科学院关于发布2019年研究所评价结果的通知

农科院办〔2020〕5号

院机关各部门、院属各单位：

中国农业科学院2020年第一次常务会议审议通过了2019年研究所评价结果。2019年全院发展实力进一步增强，各所发展实力（不含管理水平）总分比2018年增长16.19%；发展速度进一步加快，各所平均发展速度从19.42%提高到24.74%；人均实力进一步提升，各所人均实力从2.72分增长至3.07分。

现将2019年研究所评价结果及评价方案印发给你们，希望各研究所再接再厉、奋勇争先，坚决贯彻落实好“三个面向”总要求，加快建设世界一流学科和一流科研院所，为实现乡村全面振兴和农业农村现代化提供坚强有力的科技支撑。

中国农业科学院

2020年1月7日

中国农业科学院 2019 年研究所评价结果

发展实力排名		得分	发展速度排名		比前三年增长率（%）	人均实力排名		得分	总体排名（试行）		总体得分（试行）
1	作科所	2 283. 26	1	基因组所	138. 97%	1	植保所	7. 62	1	作科所	2 333. 26
2	植保所	1 874. 04	2	果树所	87. 31%	2	作科所	6. 25	2	植保所	1 969. 04
3	资划所	1622. 54	3	郑果所	79. 99%	3	资划所	5. 43	3	资划所	1 677. 54
4	蔬菜所	1 105. 43	4	烟草所	54. 82%	4	质标所	4. 98	4	蔬菜所	1 155. 43
5	牧医所	1 052. 02	5	麻类所	44. 88%	5	蔬菜所	4. 88	5	牧医所	1 127. 02
6	水稻所	1 019. 67	6	质标所	39. 42%	6	牧医所	4. 66	6	水稻所	1 019. 67
7	油料所	993. 22	7	农经所	38. 54%	7	环发所	4. 26	7	油料所	983. 22
8	棉花所	930. 33	8	蔬菜所	33. 04%	8	加工所	4. 10	8	棉花所	955. 33
9	哈兽研	862. 07	9	水稻所	30. 48%	9	饲料所	3. 96	9	哈兽研	897. 07
10	环发所	820. 79	10	营养所	30. 20%	10	郑果所	3. 67	10	加工所	862. 78
11	郑果所	801. 91	11	油料所	30. 09%	11	油料所	3. 57	11	郑果所	811. 91
12	加工所	782. 78	12	茶叶所	29. 50%	12	农经所	3. 15	12	环发所	795. 79
13	基因组所	651. 62	13	资划所	28. 71%	13	生物所	3. 14	13	兰兽研	678. 23
14	兰兽研	648. 23	14	环发所	24. 80%	14	兰兽研	2. 98	14	基因组所	671. 62
15	茶叶所	602. 12	15	饲料所	24. 68%	15	基因组所	2. 98	15	茶叶所	637. 12
16	生物所	559. 71	16	植保所	24. 11%	16	茶叶所	2. 88	16	生物所	564. 71
17	饲料所	545. 04	17	作科所	23. 42%	17	蜜蜂所	2. 85	17	质标所	551. 95
18	质标所	516. 95	18	生物所	22. 72%	18	水稻所	2. 83	18	饲料所	545. 04
19	麻类所	512. 84	19	信息所	21. 75%	19	麻类所	2. 78	19	烟草所	541. 21
20	烟草所	506. 21	20	棉花所	21. 36%	20	营养所	2. 66	20	麻类所	527. 84

（续表）

发展实力排名		得分	发展速度排名		比前三年增长率（%）	人均实力排名		得分	总体排名（试行）		总体得分（试行）
21	农机化所	489.66	21	牧医所	17.02%	21	环保所	2.60	21	农机化所	469.66
22	环保所	469.20	22	加工所	15.22%	22	上兽研	2.35	22	环保所	464.20
23	农经所	450.84	23	特产所	11.67%	23	棉花所	2.19	23	农经所	455.84
24	蜜蜂所	446.39	24	兰兽研	7.88%	24	烟草所	2.16	24	蜜蜂所	431.39
25	特产所	431.75	25	哈兽研	4.17%	25	沼科所	2.14	25	信息所	361.93
26	信息所	386.93	26	沼科所	3.20%	26	哈兽研	2.12	26	沼科所	307.06
27	沼科所	342.06	27	蜜蜂所	1.95%	27	农机化所	1.47	27	上兽研	300.94
28	上兽研	335.94	28	环保所	-3.22%	28	兰牧药	1.33	28	特产所	296.75
29	兰牧药	332.43	29	农机化所	-3.80%	29	果树所	1.29	29	果树所	266.29
30	果树所	331.29	30	灌溉所	-5.79%	30	草原所	1.22	30	兰牧药	257.43
31	草原所	247.18	31	上兽研	-18.99%	31	特产所	1.03	31	草原所	182.18
32	灌溉所	233.43	32	草原所	-20.10%	32	信息所	0.91	32	灌溉所	148.43
33	营养所	187.15	33	兰牧药	-21.57%	33	灌溉所	0.76	33	营养所	137.15
	都市所	129.70		都市所	—		都市所	—		都市所	—

注：都市所暂不参与排名。

二、科研创新与创新工程

中国农业科学院
2019 年科研进展情况报告

2019 年，在农业农村部党组和中国农业科学院党组的领导下，中国农业科学院认真贯彻习近平总书记“三个面向”“两个一流”重要指示精神，强化科技创新，全院广大科技人员求实奋进、勤勉工作，全面完成了承担的各级各类科技计划项目任务，科研立项与重大成果产出再获丰收，自主创新与产业支撑能力进一步提升。全院共主持各级各类科技计划项目（课题）5 325 项，年度合同总经费 79.5 亿元，其中新增主持项目（课题）3 049 项，同比增长 7.4%，合同经费 15.3 亿元。国家自然科学基金获资助项目 297 项，直接费用 1.89 亿元，其中创新研究群体项目、杰青优青项目实现双突破。国家重点研发计划资助项目新增 13 项，转基因重大专项新增重大任务 2 项。全年共获各类科技成果 157 项，其中获奖成果 137 项。以第一完成单位获国家奖 7 项，其中自然科学奖二等奖 1 项，技术发明奖二等奖 1 项，科技进步奖二等奖 5 项；获得省部级一等奖 35 项，其中，中华农业科技奖一等奖 11 项、创新团队奖 10 项；全国农牧渔业丰收奖一等奖 5 项、合作奖 4 项；中国专利银奖 1 项、优秀奖 4 项；院科技成果奖 14 项。全年共发表科技论文 6 429 篇，其中 SCI/EI 收录论文 3 094 篇，在《科学》（*Science*）、《自然》（*Nature*）、《细胞》（*Cell*）、《美国科学院院报》（*PNAS*）发表高水平论文 11 篇。审定新品种 346 个，其中国审品种 208 个，获得植物新品种权 89 项，新兽药登记证书 14 个，出版著作 280 部，26 篇农业农村发展政策建议得到党和国家领导人重要批示。

一、基础研究与基础性工作

围绕主要农作物品质、抗逆等重要功能性状基因挖掘和调控机制解析，农业重要病虫害致病机理、结构解析，重要畜禽营养代谢和重要性状形成调控规律，农机作业机理和基础数据库的构建上开展基础研究和前沿探索，取得了一些重要突破，提升了农业高质量发展的源头创新能力。

构建水稻无融合生殖体系。利用 CRISPR/Cas9 基因编辑技术在春优 84 中同时敲除 *PAIR*1、*REC*8、*OSD*1 和 *MTL* 四个内源基因，获得了可以发生无融合生殖的 Fix 材料，得到杂交稻的克隆种子，实现了杂交水稻无融合生殖从无到有的关键突破，建立了水稻无融合生殖体系。

新型 CRISPR/Cas 介导的农作物等位基因替换系统。首次发现在植物细胞中 RNA

转录本可作为修复模板介导 DNA 同源重组修复；实现了水稻 OsALS 等位基因替换，获得无转基因抗除草剂水稻。在国际上首次建立了 CISPR/Cas 介导、分别以 DNA 和 RNA 转录本作为修复模板的等位基因替换体系，突破了基因片段替换的技术瓶颈。

水稻单碱基编辑技术开发技术。基于 CRISPR/Cas9 系统和各种核酸脱氨酶建立了一系列水稻单碱基编辑技术，并应用于水稻抗病的分子生物学研究和分子育种，创制了多个水稻抗病相关靶基因的功能获得型突变体和新种质材料。

建立新型脱靶检测技术“GOTI”。可以检测到原有脱靶检测手段无法发现的完全随机脱靶位点，研究发现了造成 DNA 单碱基编辑工具脱靶效应的原理，并提出能够有效降低 RNA 脱靶并保留了单碱基 DNA 编辑效率的方法。

第三代测序数据组装算法开发技术。开发出了第三代测序数据组装算法“Wtdbg2”，兼具高效率和高容错的优点，相比于美国加州大学圣地亚哥分校开发的“Flye”算法分析速度提升了 5 倍，也首次将数据组装分析时间缩短到少于测序数据产出的时间。

以人工神经网络模型预测作物基因表达。以基因家族代替单个基因为单位随机分配训练集和测试集数据，成功建立了预测二元化基因表达量（Binary gene expression levels）的卷积神经网络模型；获得了调控基因表达的关键 DNA 基序，成功预测了同源基因相对表达量。

揭示染色体倒位在陆地棉群体分化中的作用机制。揭示了携带倒位杂合子的棉花材料中减数分裂重组在倒位区间受到强烈的抑制作用，首次揭示了倒位调控陆地棉遗传多样性，及倒位对陆地棉群体分化的影响。

油料作物功能基因组与分子生物学研究进展显著。在国际上首次克隆油菜细胞质效应相关基因并阐明调控油脂合成的作用机制；利用 Cas9 基因编辑技术成功获得油菜多拷贝 *MAX*1 基因的缺失突变体；首次明确提出了将角果数分解为花器官数目和结角率两个子性状，发现了花器官数目的差异是角果数自然变异的主要原因；构建了油菜泛基因组，阐明了油菜基因组在遗传多样性、结构变异、性状选择位点、转录和表观调控等多层次的关系。

植物共同祖先陆地化机制研究取得突破。证明了从双星藻纲早期分化出来的一种陆生生活单细胞绿藻是所有陆地植物最近缘的共同祖先，证明绿色植物共同祖先其起源于一次从土壤细菌中来的水平基因转移事件，首次报道了陆地植物共同祖先在 5 亿年前突破干旱适应成功登陆的分子机制。

解析植物避荫反应中的调控机制。发现光信号转导的重要因子 FHY3 和 FAR1 这两个蛋白在植物面临遮阴时生长和防御的平衡过程中发挥着重要作用；首次揭示了植物在遮阴环境下通过融合光敏色素信号途径与茉莉酸信号途径来平衡生长和防御反应的分子机制。

首次解析叶绿素合成关键酶三维结构。解析了光依赖型原叶绿素酸酯氧化还原酶（LPOR）的三维晶体结构，揭开了光合作用终极能量来源的生物学转化“阀门”真实结构，阐明了光驱动酶的结构学基础和光依赖型还原酶的动力学机制。

解析植物液泡无机磷外排的调控机制。解析了 SDEL-SPX4-PHR2 的蛋白互作调控网络，明确了该网络调控植物应答外界磷素变化及维持体内磷素平衡的分子机制；鉴定了陆生植物液泡无机磷输出的转运体 VPE 家族蛋白，发现其介导液泡储存的无机磷输出至胞质缓冲细胞磷素需求。

揭示黄瓜果实生长的精确调控机制。首次揭示了组蛋白去乙酰化表观修饰通过调控多个激素（包括乙烯）关键基因，精确控制细胞分裂和黄瓜果实伸长；解析了葫芦科作物特异的 E3 泛素连接酶调控乙烯合成限速酶的蛋白水平，精细调控乙烯剂量的遗传和分子机制。

普通菜豆重要农艺性状全基因组关联分析。完成了核心资源的全基因组重测序，明确了普通菜豆种质资源的基因组变异，阐明了普通菜豆种质资源的遗传多样性和群体结构，构建了首张包含 480 万个 SNP 的高密度、精确的单倍型图谱，全基因组关联分析鉴定到 505 个涉及开花期、生长习性、籽粒特性、病虫害等性状的位点/基因。

组装完成高质量苹果基因组并解析苹果果皮红色性状调控机制。利用三代测序技术进行全基因组测序，组装完成高质量苹果基因组，其组装水平可与水稻基因组相媲美；通过比较基因组学，揭示一个 Gypsy 反转座子充当增强子（命名 redTE）控制苹果着色。

深度解读桃驯化和改良的分子机制。完成了 480 份桃基因组重测序，涵盖了 1 410 份种质 95%以上的遗传多样性，构建了目前世界上最大的桃多类型变异组数据库；发掘了与 35 个重要农艺性状关联的 203 个基因组位点；鉴定了人工选择修饰桃基因组的区段，解析了桃果实大小、风味、肉质、糖酸及多酚含量的演化规律；阐明了低需冷量育种选择的基因组片段及东西方培育品种风味差异的原因。

全基因组变异图谱揭示甜瓜驯化历史及重要农艺性状形成基因位点。分析了 1 175 份甜瓜种质资源的基因组变异，构建了世界上第一个甜瓜全基因组变异图谱，首次发现甜瓜可能发生过三次独立的驯化事件；定位了 200 余个与甜瓜苦味、酸味、果实大小、果肉颜色等重要农艺性状相关的候选基因和位点；系统阐释了甜瓜的复杂驯化历史及重要农艺性状形成的遗传基础。

揭示植物类胡萝卜素合成调控机制。克隆了控制类胡萝卜素合成关键调控基因 WP1，研究发现 WP1 通过与 bHLH 家族蛋白 MtTT8 和 WD40 家族蛋白 MtWD40-1 形成转录激活复合体，协同调控蒺藜苜蓿类胡萝卜素生物合成。

首次全面解析非洲猪瘟病毒的三维精细结构。揭示了非洲猪瘟病毒独有的 5 层结构特征，是目前解析近原子分辨率结构的最大病毒颗粒；新鉴定出非洲猪瘟病毒多种结构蛋白，搭建了主要衣壳蛋白 p72 等原子模型，揭示了非洲猪瘟病毒多种潜在的保护性抗原和关键抗原表位信息，阐述了结构蛋白复杂的排列方式和相互作用模式，提出了非洲猪瘟病毒可能的组装机制。

H7N9 禽流感病毒适应哺乳动物宿主机制研究。发现了 H7N9 禽流感病毒的 PA 基因是决定其是否发生 PB2/E627K 突变的关键基因；发现了 H7N9 禽流感病毒在哺乳动物细胞上的复制能力高度依赖于宿主因子 ANP32A 蛋白的表达；深入阐释了 H7N9 禽流感病毒感染人后迅速获得 PB2/E627K 突变而导致病毒对人类宿主适应能力和致病力增强的分子机制。

反刍动物系统进化关系研究。对 6 个科 44 种反刍动物的基因组进行了测序、组装和全基因比较分析，构建了目前可信度最高的反刍动物物种进化树，明确了叉角羚科和长颈鹿科是互为姐妹群的关系；发现了反刍动物代谢和免疫过程相关基因在进化中发生的变化。

反刍动物角的起源进化及鹿茸快速生长机制研究。对 221 个牛科和鹿科动物的转录组进行分析，发现羊角和鹿茸具有相似的基因表达模式，首次提出反刍动物的角具有相同的细胞起源——头部神经脊干细胞；生物信息学分析表明肿瘤发生和神经发生相关的途径可能介导鹿角快速再生。

鸡种质资源创新利用的分子基础。挖掘鉴定了 USP7 等影响鸡先天免疫和抗病力的功能基因并鉴定了其作用机制；开展了抗病选择系的基因组重测序，挖掘鉴定到了突变位点和候选抗病基因。

熊蜂蜂王肠道微生物研究。首次成功应用黑腹果蝇转基因系统研究蜜蜂基因功能，证实熊蜂 *IRP*30 基因能显著促进果蝇卵巢发育，并提高产卵量；筛选出了熊蜂蜂王在产卵与未产卵状态下 microRNA 表达水平检测的稳定内参基因；明确了熊蜂卵黄原蛋白受体基因功能。

编撰《中国畜禽绦虫与棘头虫形态分类彩色图谱》。图书共收录了寄生于我国家畜家禽的绦虫和棘头虫 168 种，包括绦虫成虫 144 种、中绦期幼虫 12 种和棘头虫 12 种，收录的虫种数超过我国已记载的家畜家禽绦虫和棘头虫种类数的 90%。

饲料原料调制与挤压膨化加工的基础研究。构建了饲料原料加工特性数据库；完成了棉籽蛋白、乙醇梭菌蛋白、亚麻籽、大豆浓缩蛋白和不同淀粉源对低淀粉水产膨化饲料成型特性、家禽饲料调制制粒特性及动物生长性能影响机理研究，获得了不同原料在调制、挤压膨化加工过程中物料熔融体和黏弹性的变化规律。

厌氧微生物资源保藏。从德国、日本引进厌氧微生物模式菌株 114 株，自行分离 106 株，发表新种 1 个，获得待鉴定新科 3 个、新属 3 个、新种 4 个；累计收集厌氧微生物模式菌株 337 种，资源保藏总量达到 721 株，资源数量及物种多样性均位居全国第一、全球第四。

揭示抗菌肽高抗菌低耐药机制。首次揭示了 MP 肽及 CPP 偶联肽等网格蛋白介导、巨胞饮和脂筏依赖的入胞机制；阐明了抗菌肽破坏金黄色葡萄球菌和沙门氏菌的细胞质膜、干扰细胞成分合成、结合基因组 DNA 并干扰细胞周期等杀菌机制。

真菌免疫调节蛋白高通量鉴定与抗肿瘤机制探索。搭建了 FIPs 蛋白快速挖掘、制备和筛选平台，完成了 3 种新型特异性 FIPs 蛋白的鉴定与系统评价，对其中一种具有广谱抗肿瘤活性的 FIP-nha 蛋白开展了深入的机制研究，发现了其抗肿瘤机制。

构建了我国高精度数字土壤基础数据库。基本构建完成我国目前精度最高、范围最广的数字土壤基础数据库，包括1 600余个县的高精度数字土壤图、500余个县的中等精度数字土壤图及剖面数据，共计剖面6万余个，土壤类型包括土类、亚类、土属、土种，土种共计约43 000个；剖面土壤质量基础数据包括土壤母质、剖面分层厚度、土壤结构、质地、有机质、酸碱度、全氮、有效磷、速效钾含量等。

破译入侵生物入侵机制。构建了高质量的苹果蠹蛾基因组，分析了其化学感受和抗药性基因家族的进化，鉴定了与化学农药抗性相关基因的突变；揭示了苹果蠹蛾在全球入侵过程中的寄主适应性进化和抗药性的分子机制。

高质量完成畜禽养殖业产排污量测算和地膜污染核算。在全国建立了214个畜禽养殖业产排污系数定位监测点，开展了周年监测，获得了一套畜禽养殖业产排污系数；提出了规模畜禽养殖和规模以下养殖产排污量核算方法；开展了以县域为基本单位的地膜数据普查、农户抽样调查以及残留污染的原位监测工作，第一次全面系统地核算全国地膜投入量、回收量和残留量。

黄曲霉毒素合成调控机理及防控基础。解析了在花生和玉米上温度和水活度对黄曲霉毒素合成的调控机制，初步揭示了Fus3-MAPK蛋白激酶、CreA磷酸化调控黄曲霉毒素合成的分子机制；揭示了植物乳杆菌、肉桂醛、茉莉酸甲酯、乙醇等抑制黄曲霉生长和黄曲霉毒素合成的生化和转录调控机制；解析了黄曲霉毒素的微生物代谢降解机制，明确了黄曲霉毒素降解酶及其基因。

油料脂质分子修饰和营养研究。证实了油料活性物质褪黑素（MLT）可通过抑制脑胰岛素抵抗保护老年个体认知功能；创建了绿色、高效的脂质乳液“酶反应工厂”，揭示了脂肪酶在皮克林乳液微环境下的“界面激活”催化机制，解决了效率低和有机溶剂污染等油脂酶法修饰的共性难题。

大宗果蔬采后品质劣变及其调控机理研究。收集不同品种苹果资源300份，构建了苹果营养品质基础数据库1个，制定了综合保鲜方案；明确了赤霉素、茉莉酸等外源激素对采后桃果实乙烯释放和冷害的影响；研究了低温贮藏期马铃薯还原糖积累的调控机制，鉴定了该过程的关键调控基因和转录因子。

构建食品级CRISPR/lcCas9基因编辑系统。通过解码lcCas9所识别的PAM序列，激活其“基因剪刀”功能，基于该蛋白构建了一种食品级CRISPR/lcCas9基因编辑系统；对所有干酪乳杆菌CRISPR系统进行多样性分析，已得到一个有效的PAM序列。

油菜毯状苗高速切块栽插机理研究与机构优化。创新设计了反旋耕整开沟起垄装置，设计了可适应不同硬度地表高质镇压的侧推土式镇压装置，优化了自动感应式限深装置，实现了移栽过程缺苗率的实时监测；探明了移栽过程秧苗易倒伏的原因，获得辅助立苗机构的最优参数组合。

大蒜半喂入切根作业机理研究及机构优化。构建了特征大蒜株系三维空间几何模型，分析了动态输送状态下根系群空间分布规律；构建了大蒜鳞茎碰撞恢复系数测试平台，探明了大蒜机械碰撞过程接触损伤和耗能机制研究。

二、核心关键技术研发

围绕主要作物精准育种与性状改良、重大农业害虫防治、重要畜禽疾病防控、农业区划、主食加工、装备研发等，突破一批核心关键技术，为确保国家粮食安全、农产品有效供给和农业绿色发展提供了重要技术支撑。

基因编辑创制玉米籽粒淀粉代谢途径目标突变体与高效育种技术。构建了同时靶向玉米 *WX* 与 *SH2* 基因的 CRISPR/Cas9 基因编辑系统，在后代中高效分离 *SH2* 与 *WX* 单基因与双基因突变的突变系，实现超甜玉米与糯玉米材料的高效创制；利用玉米单交种特性将双隐性突变系与单隐性突变杂交，验证了超甜与糯性复合型玉米育种途径。

新一代作物精准育种技术“加速器”IMGE。成功将单倍体诱导与 CRISPR/Cas9 基因编辑技术结合，实现两者优势互补，运用此技术已在两代内创制性状改良且 Transgene-free 的商业化玉米品种双单倍体，大大加速作物育种的进程。

“六高”油菜绿色高效发展技术。通过集成示范高油高产多抗适机化油菜品种中油杂 19、油菜精量联合直播技术、油菜全营养缓释专用肥、油菜病虫草害绿色高效综合防控技术、油菜分段联合收获技术、油菜机播机收适度管理技术、功能型菜籽油 7D 产地绿色高效加工技术等 7 项国内油菜最新科技成果，创建了“六高”——高产、高油、高抗、高品质、高维 C 和高效益绿色高效发展技术模式。

果树病毒快速检测与脱除技术。研发了 43 种（套）苹果和葡萄病毒快速检测技术，鉴定明确病毒病原及其基因变异特点；集成了苹果和葡萄病毒高效脱除技术体系，整合了苹果和葡萄病毒脱除技术，构建了苹果和葡萄无病毒苗木培育标准体系，培育 38 个苹果和 35 个葡萄优新品种无病毒原种。

梨绿色提质增效栽培技术。集成创新了以配套新品种为核心的梨高光效简约树形塑造技术、平衡施肥技术、病虫害绿色防控技术、“高效高改”技术等多个单项关键技术，入选农业农村部 2019 年农业主推技术。

西部地区西瓜绿色高效栽培技术。研发集成测土配方施肥、水肥一体化、种子处理、病虫害飞防等绿色高效单项技术 10 余项，集成西瓜绿色高效栽培技术模式 2 套，制定地方标准 2 项，在新疆①昌吉国家农业科技园区通过实施西瓜绿色高效栽培模式。

葡萄同步全营养配方肥研发技术。绘制出欧美杂种葡萄矿质营养的年需求规律图，确定了葡萄园同步全营养配方肥的配方，与对照园相比，中试园化学肥料减施 20%～60%，品质指数增加 32.6%～106.0%。

烟草全基因组模块化育种技术。构建了两套以 K326 为底盘品种的烟草全基因组模块库，获得了农艺模块、抗病模块和品质模块等不同目标模块 20 余份，筛选出综合性状表现优于 K326 的分子模块材料 175 个。

---

① 新疆维吾尔自治区，全书简称新疆。

非洲猪瘟专用消毒剂和虫媒防控技术。研制了高效、环保型兽用二氧化氯消毒剂和新型兽用复方季铵盐发泡消毒剂；确定了我国重点地区软蜱的分布与区系，建立了媒介生物感染和携带非洲猪瘟病毒情况监测规范，制定了媒介生物灭杀技术规范。

幼龄山羊培育技术。研究了早期补饲对幼龄山羊消化代谢、器官发育及瘤胃微生物区系建立的调控作用及其机制；测定了波杂羔羊生长性能数据，开展了幼龄山羊“代乳粉+开食料”补饲模式的示范应用；研发羔羊育肥精补料及发酵饲料配方各1个，建立了“整体生产效率评估模型”。

梅花鹿健康养殖产业关键技术。明确了钙、磷、精氨酸等营养元素适宜添加量，建立了常见疾病ELISA诊断技术；建立了鹿茸生物标记物和质量标记物检测方法，明确了鹿茸传统等级划分标准；开发了怀古颗粒、鹿血肽冻干粉等中试产品8种，提取梅花鹿骨钙素、鹿茸内源肽、鹿茸多肽等活性成分5个。

以仿生酶法为基础的鸭饲料酶水解能评价技术。建立了肉鸭高效低排饲料配制技术体系，获得了肉鸭常用饲料原料仿生酶解消化能数据库，建立了体外法评价肉鸭饲料能量高效利用技术参数，制定了《肉鸭酶水解能值测定技术规程》企业标准，形成多层立体笼养下肉鸭低蛋白日粮配制技术工艺。

重大入侵害虫草地贪夜蛾防控技术。筛选出了甲维盐、氯虫苯甲酰胺、茚虫威等新型高效低毒农药作为应急防控的首选农药并在生产中推广应用；研发出1%氯虫苯甲酰胺和0.4%氯虫苯甲酰胺球形颗粒和相应的无人机施药技术，可节药30%~50%；明确了种子处理技术对苗期草地贪夜蛾的控制效果；建立完善了天敌蠋蝽扩繁生产线，累计扩繁蠋蝽70万头，在云南、贵州等地释放天敌评价防效。

蔬菜根结线虫高效生物防治技术。系统分析了野生抗线虫刺角黄瓜根围微生物组的组成，发现根际和根表、根内区域富集了大量具有线虫生防活性的芽孢杆菌属细菌，集成创新的蔬菜根结线虫绿色防控技术，被农业农村部列为2019年主推技术。

茶园有害生物高效绿色防控技术。研发出可同时诱捕灰茶尺蠖、茶毛虫的性诱芯，优化茶树重要鳞翅目害虫茶蚕性诱剂配方，建立了聚集信息素稀释1 000万倍与农药混喷的茶棍蓟马防治方法，初步建立了“秋季监测入园动态、喷施农药减少越冬虫量”的绿盲蝽秋控方法，建立了弥雾机喷施联苯菊酯的茶网蝽防治方法。

茶园化肥减施增效技术。分茶类制定适宜的氮磷钾肥用量、有机肥替代部分化肥，制定了具有针对性的茶园化肥减施增效技术，总结凝练了适宜于全国推广应用的茶园化肥减施技术体系，入选2019年度农业农村部农业主推技术。

烟草化学肥料减施增效技术。集成了以饼肥替代、生物有机肥与生物质炭利用、新型增效肥料、烟草—绿肥种植、水肥一体化为主的烟草化学肥料减施增效技术，建立了东南、黄淮烟区化学减施增效模式，实现化学肥料平均减少27%以上，肥料利用率平均提高15%。

角蛋白“菌—酶”生物耦合肥料转化技术。获得了一种高多肽蛋白和高氨基酸的氨基酸液体肥料生产技术，构建了“发酵—酶解”二级生物耦合转化技术，构建了

25～500 升高效角蛋白降解菌扩培体系和年产 100 吨氨基酸液肥中试生产线。

畜禽废弃物无害化处理与资源化利用新技术。开发了基于超高温预处理的粪便好氧发酵工艺，使堆体温度提高 8～12℃，堆肥周期缩短 1/3；发现了全新的产碱杆菌菌株，在好氧条件下将污水中氨氮直接转化为氮气，实现短程高效脱氮；研究提出了厌氧膜生物反应器—生物脱氮—O_3/UV 深度处理工艺，对 COD、氮去除达到 90%～99%。

规模猪场粪污达标（减负）处理技术。集成组配了自主研发的“浓稀分流—厌氧—好氧”工艺与超滤—反渗透工艺，进行了工程应用示范，出水 COD、SS、NH_3-N、TN、TP 不仅能达到《畜禽养殖业污染物排放标准》（GB 18596）的排放要求，而且达到了《城镇污水处理厂污染物排放标准》（GB 18918—2002）一级 B 标准。

粮食主产区主要气象灾变过程及减灾保产调控关键技术。基于 13 个粮食主产省三大粮食作物关键期生育期的农业气象灾害指标，建立了一套区域性灾害指标体系，制作完成了灾害动态发生演变规律专题图谱，完成了农业气象灾害灾变过程的技术框架设计。

林果水旱灾害监测预警与风险防范技术。完成了长时间序列的我国林果灾害综合数据库及其管理系统架构设计和数据收集；初步建立了苹果葡萄主要生育期水旱特征分析方法，确定了主要水旱灾害及其伴生灾害的农业气象等级指标；初步构建了基于综合指数法的林果干旱监测模型，揭示了灾害影响及果树对水分胁迫的响应机制。

草原火灾应急管理技术。研制了卫星遥感草原火情快速监测技术、草地可燃物量遥感快速监测技术、草原火险短期预报技术等 10 多项草原火灾应急管理轻简化技术；研制出大、中、小系列新型高效灭火机械设备，研制新型高效经济环保型草原火灾灭火剂及 2 种生产配套工艺；整合构建了草原火灾应急控制决策支持系统。

草原旱灾监测技术。研究监测土壤水分、养分、矿化速率，采集分析土壤样品 1 584 份；揭示了干旱灾害对于典型草原土壤水热动态的影响、不同季节、不同程度的干旱对典型草原草地生态系统土壤和植被的影响，确定了 30～40 个干旱脆弱性评价指标。

再生水灌溉风险因子识别与管控技术。初步建立了再生水中各类污染物的识别和定量方法，为毒理学指标（重金属、抗生素等）和生物学指标（病原菌和抗生素抗性基因）相结合的风险评价体系奠定基础；提出了作物全生育期内隔沟交替灌和生育期分阶段畦灌作为再生水适宜的灌溉方式。

菜籽加工与高值化利用技术。编制完善 7D 功能型菜籽油生产系统操作规程，促进制备技术推广与应用；开发出食品添加剂、动物饲料添加剂和植物用生物菌剂三大类产品，实现了菜籽饼粕的多元化和高值化利用。

热鲜肉超快速冷却与冰温保鲜技术。揭示了僵直前期丙酮酸激酶 157 位苏氨酸磷酸化负向调控酶活抑制宰后僵直进程、肌联蛋白去磷酸化利于 μ-钙蛋白酶识别促进其降解的热鲜肉保鲜机制；发明了热鲜肉超快速冷却保鲜技术，宰后 4 小时内将畜禽胴体快速冷却至-1℃，可最大限度地保持宰后肌肉处于热鲜肉的品质状态。

基于高水分挤压的新型植物蛋白肉高效绿色制备技术。革新设计了加工工艺，明确了挤压能量输入对花生蛋白纤维结构形成的影响，揭示了挤压过程中花生蛋白纤维结构形成的分子机制；构建了高水分挤压过程中蛋白质多尺度结构变化与纤维结构形成可视化平台；开发符合中国人消费习惯的新型植物蛋白肉新产品 10 余个。

马铃薯主食产品保鲜技术。明确了引起马铃薯馒头内瓤和表皮变质的微生物分别为芽孢杆菌和霉菌；优化了复合芽孢萌发剂配方，成功构建“芽孢萌发剂+表面抑菌”保鲜技术模式，马铃薯馒头的常温货架期由 2 天延长至 10 天。

果蔬系列保鲜与加工技术。研发了果蔬鲜切加工系列装备，针对性解决果蔬鲜切加工环节的技术难点；发现适宜的 O_2 和 CO_2 气调配比能延长特色苹果果实贮藏和货架期；制定了鲜切马铃薯的综合保鲜方案，将 4℃贮藏马铃薯保鲜期延长至 25 天；开发了西兰花加工副产物萝卜硫素抗癌产品；开发了柑橘纤维粉、小分子低酯柑橘果胶和柑橘膳食纤维微胶囊 3 种功能产品。

功能性乳蛋白粉清洁生产关键技术。建立了酪蛋白胶束粉、乳蛋白分离物、乳清蛋白、乳糖、乳钙等非变性、高活性乳基配料制备关键技术；自主研发、设计和创制了脱脂乳成分分级分离成套膜设备、乳清回收膜设备及减少酸碱排放的 CIP 废液回收净化设备；开发出不同类别、功能显著、加工特性优越的酶解乳清益生菌粉、酶改性干酪粉、低苦味活性肽等高附加值功能性产品。

烟草有益功能成分综合利用技术。明确了烟草种子油含有丰富的蛋白质、氨基酸，能显著降低大鼠血糖、总胆固醇和低密度脂蛋白胆固醇，并具有一定的抗氧化作用；研制成烟草西柏烷二萜植物源农药；成功育成零烟碱材料，探索了烟叶作为饲料的可行性。

农产品有害微生物防控技术。针对具有抑制有害生物群落结构的生物菌剂（BvR001）开展改性研究，从大丽轮枝菌中筛选出具有抑菌活性（激发免疫反应）的免疫子 3 个；通过枯草芽孢杆菌表面展示系统对 BvR001 进行改性研究，成功获得了在 BvR001 细胞膜表面展示免疫子（糖苷水解酶）的新型菌株。

粮油危害因子混合污染检测技术。建立了基于桥连抗体的新型免疫层析检测技术，研发出基于桥连抗体黄曲霉毒素 M1 与三聚氰胺的同步检测试剂盒，提高检测灵敏度 20 倍以上；研发了多色微球标记技术，研制出真菌毒素混合污染多色试纸条检测技术，能同时检测 3 种真菌毒素；构建了黄曲霉毒素生物合成通路碎片离子树文库，首创了黄曲霉菌毒素生物合成通路同步监测技术。

生物质荧光碳点检测技术。研发了无机盐离子和有机农药的生物质荧光碳点速测技术，已制备获得以猕猴桃为本底的碳量子点（Q-CX），具有较强荧光量子产率，可有效避免实际应用中因基质效应造成的荧光信号干扰，提高检测结果的精准度。

茶叶农药残留速测关键技术。利用壳聚糖、硅藻土和氧化石墨烯为原料，创制了新型壳聚糖/氧化石墨烯/硅藻土复合材料为填料的固相萃取净化柱，研发了基于微流控纸芯片酶抑制法和免疫金速测茶叶中 7 种农药快速分析方法。

微卫星 DNA 指纹图谱比对技术。研发了基于 DNA 分子标记技术的猪牛肉产品溯源鉴定技术和配套产品，开发了一套简单易行可靠的微卫星 DNA 指纹图谱比对技术，筛选确定了用于我国肉牛、猪个体溯源的微卫星标记，建立起贯穿于“动物饲养—屠宰—加工—销售”的全链条 DNA 溯源系统。

植物光配方数据库构建及 LED 智慧管控系统。建立了基于植物表型和营养品质与光环境精准需求的植物光配方数据库；建立了针对不同植物及不同生育期的 LED 智能调控策略，研发出光强与光质可精准调控的专用 LED 光源及其智能控制系统，显著提升 LED 光效、能效和智能化仿生调控水平。

水稻长秧龄大苗插秧机熟化。系统分析了水稻长秧龄大苗株高、茎宽、根系等关键形态参数，创新研制了非圆齿轮大苗分插机构，研制成功 2ZDM-6 型水稻大苗高速插秧机，显著提高了插秧机最大苗高适应范围，填补了水稻长秧龄大苗机械化移栽技术空白。

窄雾滴谱航空离心雾化喷嘴关键部件研制。研发了专用窄雾滴谱宽专用喷嘴，采用有限元模型模拟分析转杯沟槽内部及出口处流场，得到了各种沟槽结构喷嘴内部和出口处雾滴流速分布；在植保专用风洞条件下进行性能测试，明确了沟槽结构、离心转速、喷洒流量等因素对喷洒雾滴沉积、飘移性能的影响规律。

GF-6 卫星宽幅相机作物类型精细识别与制图技术。完成了七大研究区的 GF-6 数据收集整理以及预处理工作，并在先期模拟数据技术实验的基础上对 GF-6 卫星影像进行了最优数据选择，完成了对七大研究区作物种植区/非种植区快速识别以及作物类型精细识别、验证与制图等工作，实现了海量 GF-6 数据的快速筛选以及基于深度学习的云检测云修复。

基于机器视觉技术的谷物破碎含杂率在线检测技术。开发出在线检测传感器，构建了完整、便于检索的小麦样本图像特征信息数据库；探明了小麦破碎籽粒和杂质的空间分布规律，揭示了小麦样本破碎籽粒及杂质像素比和样本破碎、含杂率之间的耦合关系，构建了小麦破碎、含杂率在线预测模型，实现在线检测。

数据驱动的茭白品质自动视觉分级关键技术。构建了用于茭白品质分级的大规模图像数据集合，训练出了茭白茎自动品质分级模型；设计研制了流水线串行作业式茭白自动分级与包装智能装备，实现了从茭白上料、传输、分级到最后包装成箱的全流程无人化作业。

基于机器视觉的生猪身份识别关键技术。构建了标准化的生猪检测与识别图像数据库，研发出用于生猪检测的深度学习模型，实现了生猪脸部和身体的实时检测，其检测精度达到 90%；基于生猪检测与身份识别核心算法，开发出生猪检测追踪与身份识别软件系统。

畜禽生理信息精准感知关键技术。设计了奶牛行为智能监测项圈，积累了奶牛行为标注数据，构建了奶牛行为的准确判别模型；研究了基于边界脊线识别的群养猪粘连图像分割方法，实现群养猪数量自动盘点和猪只个体行为智能识别。

NSTL 下一代开放知识服务平台总体设计及关键技术。开展了基于深度学习的科技论文语步标注技术工具、基于词向量的术语发现及词表构建方法、基于科技文本大数据的术语知识获取等关键技术研究，初步建立了融合知识组织体系及机器学习的下一代知识服务平台原型系统，实现了以精准检索和泛在发现为核心的系统服务功能。

认知搜索与知识发现关键技术。面向科技人员、研究生、知识服务机构等多种类型用户，研发了认知搜索与知识发现系统，实现对主要知识库文献元数据的主题分析、知识及主题演化分析、观点提取、文献计量学分析等功能。

基于遥感的农业收入保险关键技术。突破了基于历史遥感产量与市场价格耦合的农作物收入风险评估技术，自主研发了“农业遥感移动采样平台”，并在太平洋财产保险股份有限公司落地应用，科学有效地支撑了收入保险的精确承保与精准理赔。

都市农业社区模型研发。综合艺术设计、建筑、市场理论、都市农业食物系统等领域的方法和基本原理，融合商业化的思维，建立了未来都市农业社区模型及其支撑体系，突破了过去模型设计仅停留在几何层面的局限。

三、重大产品创制

选育出水稻、小麦、玉米、大豆、马铃薯等一批主要粮食作物新品种，油菜、黄瓜、棉花、烟草等一批经济作物新品种，创制了一批新型化学农药与天敌昆虫、畜禽疫苗、农业投入品、营养功能食品、农业机械装备等重大新产品。

轮选 166 等 3 个小麦新品种通过省审。轮选 166 于 2019 年通过国家黄淮南片审定，该品种具有穗多、穗大、粒大，丰产性突出、综合抗性好的特点，有望成为黄淮冬麦区南片的主栽品种之一；轮选 145 于 2019 年通过河北省审定，该品种具有亲本济麦 22 高产、稳产和适应性强的特点，同时比济麦 22 早熟、抗倒，有望成为黄淮北片小麦更新换代的主栽品种；轮选 45 于 2019 年通过河北省审定，该品种品质和白度较好，适合做面条和馒头，有望成为黄淮北片小麦更新换代的主栽品种。

一批水稻新品种在生产中广泛应用并取得了显著的社会影响。杂交稻华占系列 2019 年推广面积超 2 000 万亩，居杂交稻推广排名前列；中浙优 8 号年推广面积 183 万亩，列全国杂交稻第 12 位；中浙优 1 号年推广面积 81 万亩，列全国杂交稻 34 位；中早 39 推广面积超百万亩。

中黄 902 等 4 个大豆新品种通过国审。中黄 902、中黄 301、中黄 70、中黄 74 共计 4 个高产优质大豆新品种通过国审。中黄 902 是适宜东北北部大豆主产区种植的北方春大豆早熟品种，高产、抗倒、宜机收，抗灰斑病；中黄 301 是适宜黄淮海南部大豆主产区种植的高产、优质、抗病、抗倒、广适、宜机收品种；中黄 70 是适宜黄淮海中部种植的高产品种，平均亩产 192. 3 千克；中黄 74 是分别适宜黄淮海中部和北部区域种植的高产品种，平均亩产 219. 0 千克。

高叶酸玉米新品种培育。利用分子标记辅助选择开展了高叶酸鲜食玉米新品种的分子育种，培育了 5 个叶酸含量较高的甜加糯玉米新材料；叶酸强化玉米在首届全国农业科技成果转化大会上以 345 万元/万亩的推广许可权拍出，实现了我国营养型农业产业发展的零突破。

成功培育长绒优质棉花新品系。利用现代农业生物技术成功聚合海岛棉和陆地棉高产优质基因，培育出长绒优质棉花新品系（种），纤维品质跨越“双 35”，并成功在新疆进行大面积的示范种植。

高产优质油料作物新品种选育。共审定（登记）油料作物新品种 33 个，其中油菜新品种 19 个，大豆 4 个，芝麻 5 个，花生 5 个；高油酸品种中花 26 在主产区实现成果转让并创造夏播亩产 450 千克高产纪录；创制出株型紧凑耐密、短节间密蒴、抗裂蒴、高蛋白、高芝麻素、抗逆、观赏葵等特异新种质、新材料 30 余份，选育成适宜机械化新品种中芝 75 和中芝麻 78。

选育全球首个硒高效菜用油菜杂交种硒滋圆 1 号。率先发现了“硒高效”现象，在不添加外源硒的环境下生产出鲜重硒含量大于 0.01 毫克/千克的富硒油菜薹，成功育成硒滋圆 1 号。该品种有极强的硒富集能力，在全国多个非富硒土壤种植硒含量在 0.01~0.07 毫克/千克，并具有高钙、高维生素 C、高氨基酸和高锌等特性。

选育优质抗逆马铃薯新品种。育成优质、丰产和抗病马铃薯新品系 30 余个，获授权发明专利 2 项，登记新品种 4 个，获得新品种权 2 个。建立了 6 套绿色增效技术集成模式，在主产区建立综合示范基地 9 个，核心面积 5 300 余亩；利用基因组编辑技术，对控制马铃薯自交不亲和的核糖核酸酶基因进行定点突变，获得了自交亲和且不含有外源 DNA 片段的马铃薯新材料，提出了克服自交衰退的方法，实现二倍体马铃薯育种。

育成我国首个抗番茄斑点萎蔫病毒甜椒新品种中椒 115。创制了甜椒优异骨干亲本“0516Tsw”，选育出丰产、优质、多抗适合南菜北运种植的中早熟甜椒新品种中椒 115 号，为我国首个高抗番茄斑点萎蔫病毒病甜椒品种，已逐步在各大主产区示范推广，填补了国内外甜辣椒自交系和品种抗番茄斑点萎蔫病毒病的空白。

口感型黄瓜新品种选育。选育出适合国内各地种植、具有自主产权的口感型黄瓜新品种中农脆玉 1 号、中农脆玉 2 号、中农脆玉 3 号，以及中农脆绿 1 号、中农脆绿 2 号。这些品种口感香、甜、脆且产量高，综合抗病性好，非常适合采摘园、高档商超、大型农场。

培育系列优质大果耐贮运油桃、蟠桃、油蟠桃新品种。培育的系列硬脆型油桃新品种果实成熟全红后仍可留树 15 天以上，且留树及采后果实均不变软，缓解了果农及物流销售压力；培育的系列蟠桃、油蟠桃品种果个大、外观美、果肉厚、不裂顶、风味佳、耐贮运，较好地解决了限制蟠桃品种规模化发展的关键问题。入选“2019 中国农业农村十项重大新产品”。

主要花卉种质资源评价与新品种选育。“秾苑国色”等 6 个牡丹新品种获国家植物新品种权、“秾苑麦香”等 8 个牡丹新品种 2019 年获国际登录认证；初步挖掘出一批与月季、菊花 ABA 信号传导，抗冻蛋白，以及糖转运相关基因；获得了一批优异新种质。

青叶型低纤维饲用苎麻新品种选育及饲料应用。选育了青叶型低纤维饲用苎麻新品种青饲苎1号，解析了青叶和粗纤维性状遗传基础及其驯化机制，研发了生产机械装备，建立与农机相融合的农艺栽培技术；以饲用苎麻为原料替代豆粕蛋白，研发了颗粒精饲料。

庐山云雾茶系列专用新品种完成登记。完成了庐云1号、庐云2号、庐云3号3个庐山云雾茶专用新品种的登记，结束了庐山云雾茶没有本地无性系茶树良种的历史。

中烟300等烟草重大品种选育。育成兼抗TMV、CMV、PVY三种病毒病的烤烟中烟300，育成抗病与优质兼顾的烤烟新品种中川208，通过审定；育成抗赤星病红花大金元、玫瑰香特征香韵新品系、高蔗糖酯改良K326等烤烟新品种（系），通过田间鉴评。

阿什旦牦牛新品种获得国家畜禽新品种证书。培育的阿什旦牦牛通过国家畜禽遗传资源委员会审定，获得国家畜禽新品种证书。阿什旦牦牛是中华人民共和国成立以来我国自主培育的第十个肉牛新品种，是世界上第二个培育牦牛新品种，填补了牦牛无舍饲化品种的空白。

非洲猪瘟疫苗研发取得重大突破。成功分离了我国第一株非洲猪瘟病毒，阐明了流行毒株的基因组特点和进化关系。利用病毒国内分离株构建了若干单基因、双基因和多基因缺失候选疫苗株，其中2个基因缺失疫苗候选株在SPF猪上具有良好的生物安全性和免疫原性，实验室研究工作取得成功，具备产品中间试制和临床试验条件。

猪瘟基因工程活疫苗通过初审。研制了猪瘟基因工程活疫苗rAdV-SFV-E2株，具有和猪瘟兔化弱毒疫苗C株相当的安全性和免疫原性，疫苗免疫不受猪瘟母源抗体干扰，与伪狂犬疫苗及蓝耳病疫苗同时免疫时互不干扰，且具有标记特性。2019年度完成该疫苗在黑龙江、北京和广州的临床试验，目前已通过新兽药注册初审。

获得表达猪瘟病毒E2重组PRRSV载体疫苗候选株。成功获得表达猪瘟病毒E2蛋白重组猪繁殖与呼吸综合征病毒载体疫苗候选株，保护仔猪抵抗HP-PRRSV和CSFV攻击，免疫后不会向体外散毒，在猪体内不发生毒力返强，不受到母源抗体影响，免疫持续期较长。目前已完成转基因生物安全所要求的各项试验。

布鲁氏菌基因缺失活疫苗通过初审。以马耳他布鲁氏菌疫苗株M5-90为亲本，利用同源重组技术研制出了布鲁氏菌基因缺失活疫苗，既具备传统疫苗的安全和有效性，又具备鉴别诊断的功能。目前该疫苗已完成临床试验，并通过中国兽药评审中心的初审。

禽流感重组鸭瘟病毒载体活疫苗通过初审。研制了禽流感重组鸭瘟病毒载体活疫苗，可解决鸭的带毒问题，已完成临床试验，申报新兽药注册并通过初审，目前正根据药证评审专家意见补充鸭瘟效检及鸭瘟阳性血清纯净性检验相关研究试验。

鸡马立克氏病基因缺失疫苗通过初审。构建了鸡马立克氏病新型基因缺失疫苗（rMDV-MS-Δmeq株），可有效预防强毒株、超强毒株以及流行毒株攻击，免疫保护指数高于现有疫苗，疫苗对鸡安全，无不良影响。目前已经获得农业转基因生物安全证书

(生产应用)，已通过新兽药注册初审。

口蹄疫 O 型、A 型双价灭活疫苗广泛应用。首次利用自主创建的口蹄疫病毒毒株库技术筛选确定了疫苗毒种，率先创制了战略储备口蹄疫 O 型、A 型双价灭活疫苗；建立了风险评估和免疫净化综合防控技术方案，前瞻性地储备了我国由控制、净化直至消灭口蹄疫各阶段所需要的关键技术。

口蹄疫病毒表位缺失负标记疫苗获新兽药证书。研制成功 O 型与 A 型 3B 表位缺失标记毒株（O/rV-1 株+A/rV-2 株）），病毒复制性能好，能够很好地区分标记疫苗免疫动物与自然感染动物，可以简化疫苗抗原的纯化程序，降低疫苗生产成本。获农业农村部颁发的新兽药证书。

猪口蹄疫 O 型、A 型二价三组分灭活疫苗获生产批文。成功创制猪口蹄疫 O 型、A 型二价三组分灭活疫苗（O/MYA98/BY/2010 株+O/PanAsia/TZ/2011 株+Re-A/WH/09 株)，可同时预防猪 O 型、A 型口蹄疫，获得三类新兽药证书 1 项并已获得生产批文。

创制具有靶向免疫活性的纳米疫苗制剂。创制了纳米微囊剂、纳米固体分散体等环保型纳米农药新剂型，减少农药用量 30%以上，延长持效期 3~4 倍；创制了具有靶向免疫活性的纳米疫苗制剂，突破了传统疫苗免疫效果不全、持续期短、毒副作用大等瓶颈问题。

四个产品获得奶牛用新兽药证书。开发并研制出国家二类新药头孢洛宁原料药及乳房注入剂（干乳期)、国家二类新药加米霉素原料药，研制出有效预防奶牛乳房炎病原微生物感染的国家三类新药碘甘油混合液，4 个产品均获得新兽药证书。奶牛乳房炎防治用抗菌肽完成Ⅰ期临床试验。

防治羔羊腹泻中兽药“乌锦颗粒”获国家新兽药证书。研制出防治羔羊痢疾的安全、高效、低毒、无残留中兽药颗粒剂—乌锦颗粒，具有不易产生耐药性及适应性广的特点，平均治愈率为 83.10%，总有效率为 95.40%，获得国家三类新兽药证书。

动物专用新化学实体药物创制。研制出具有自主知识产权的 NCE 药物，解决不断发展的细菌和球虫耐药性控制技术瓶颈和有效防治药物匮乏问题；起草了 AEE 原料药质量标准草案，完成了 AEE 的中试生产，建立 AEE 原料药 GMP 中试生产线 1 条。

畜禽无抗养殖用复合制剂系列产品获产业认可。研发出了含有葡萄糖氧化酶、动物干扰素等有效成分的无抗生素养殖复合制剂，开展了产业化生产和应用；开创了以家蚕为载体的新型表达系统，实现了家蚕源猪、鸡干扰素的低成本、高效表达及规模化生产，成本仅为同类产品的 10%。

天敌昆虫产品实现系列化应用。大规模扩繁出捕食性、寄生性系列化天敌产品，在蔬菜、烟草、果树等核心产区大面积应用；防治烟青虫、斜纹夜蛾等重大害虫的蠋蝽类产品在国家烟草专卖局全面推广，面积达 15 万亩；蚜茧蜂、瓢虫等综合配套技术防控设施蔬菜害虫，在京津冀地区推广应用，入选农业农村部 2019 年农业主推技术。

稻田减施增效农药缓释颗粒剂创制。设计构建了基于有害生物为害时空规律的剂量传递与分布调控的缓释颗粒剂型，可有效控制从插秧到抽穗期间的稻瘟病、纹枯病、稻纵卷叶螟等水稻病虫害，可减少用药 2 次，增产 9.61%，已完成 10 项水稻秧盘处理缓释颗粒剂新产品登记。

研制电热蒸发重金属速测仪工程化样机。研制了电热蒸发重金属速测仪，并完成了工程化样机，无需消解处理，对土壤中汞、镉等重金属的检出限可以达到 0.01 毫克/千克，分析时间小于 10 分钟。

创制两类防控病原菌的微生物酶制剂。获得了一批群体感应通讯信号淬灭菌、降解酶及抑制剂等群体淬灭制剂，创制了两类能够防控病原菌的微生物酶制剂，获得安全许可并进入产业化应用，解决了减弱毒力防治重要革兰氏阴性病原微生物难以实际应用的问题。

研发低成本可控全生物降解超薄地膜。改进降解原料的改性、配方及加工工艺，研发出适宜玉米、烟草、番茄、花生、马铃薯等的系列地膜，分别在山西、辽宁、新疆等地开展试验和示范。

成功研发适宜马铃薯面团发酵的多菌种复合发酵剂。筛选出适合马铃薯馒头发酵的老面 1 种，明确了老面的微生物组成，发现其中的优势酵母菌为酿酒酵母，优势乳酸菌为植物乳杆菌；优化了植物乳杆菌与酿酒酵母间的复配比例，成功研发多菌种复合发酵剂。

创制出高附加值的营养改善型粉末脂质功能产品。开发了适合于少年儿童、孕产妇及中老年等人群的 DHA 蛋白粉及复合脂质多肽固体饮料，产品在武汉森澜生物科技有限公司和普赛尔（无锡）精准营养科技有限公司转化应用。

瓶盖即饮茶产品填补市场空缺。利用微热流共振和温差膨化等物理加工技术，创制出瓶盖型冷泡（绿）茶 1 种和 Beyond cap 即饮茶 6 种，比市售同类产品有效成分浸出率提高 1 倍以上，5 分钟内实现冷水即泡即饮，弥补了即泡即饮的市场空缺。

实现我国饲料基体标准物质“零的突破”。研制国家有证标准物质 29 项，国家一级标准物质 9 项，包括 5 种纯度的司帕沙星、氟罗沙星、盐酸洛美沙星、诺氟沙星和替硝唑，鸡蛋液、鸡肉粉等 4 种基体中恩诺沙星、环丙沙星等 9 种药物及药物残留分析用国家一级标准物质，其中“鱼配合饲料中粗蛋白、粗脂肪、粗灰分成分分析标准物质”实现了我国饲料基体标准物质“零的突破”。

研发出中蜂蜂蜜真实性检测快速检测产品。构建了中蜂蜂蜜的真实性评价技术，研发出中蜂蜂蜜检测试剂盒和试纸条，灵敏度满足食品安全国家标准方法要求，适合原料收购和产品上市前后质量监控的现场检测。

成功研制油料转基因快速检测产品。基于纳米材料信号放大作用和高灵敏电化学检测技术，成功研制油料转基因作物电化学现场定量仪，易于携带、操作简易、快速精确，能够在 30 分钟内完成田间地头的现场检测，是国内首个成功研制的转基因现场定量仪。

烟草质量安全分析技术和产品创制。研制了“烤烟中水溶性糖、总植物碱等 6 种成分”“烤烟中烟碱、降烟碱、假木贼碱、新烟草碱 4 种成分”“新植二烯”3 项国家标准样品；建立了烟叶及烟田环境中吡虫啉、多菌灵、甲霜灵等农药残留检测方法，初步研制了 5 种快速检测试纸条产品。

研制便携式花生加工品质速测仪。可实现同时检测 28 个加工特性指标高通量、实时快速近红外定量检测，准确率大于 96.65%，检测效率是国标法的 300 倍，费用仅为其 1/52。成果获“2019 中国农业农村十大新装备”。

统收式棉花收获机完成小批量生产。完善了刷辊式采棉机和指刷式采棉机的性能和结构参数，实现 4MZ-3 型刷辊式采棉机、4MZ-3 型刷辊式采棉机技术成果转让，完成了刷辊式采棉机小批量生产。

智能化油料作物收获技术与装备研发。研发了油菜清选监测传感器，研发了开放式通用型多通道工作参数实时监控平台，实现了脱粒滚筒转速、拨禾轮转速自动检测和工作状态下的自动调节；发明了适于花生多垄收获变幅随行自动限深起秧技术，实现随行对垄收获、挖深一致，花生联合收获作业参数自动检测和多变量故障诊断。

蔬菜智能化精细生产技术与装备研发。创制了穴盘育苗定形纸钵基质生产与精量播种复合作业生产线及穴盘苗补苗装备；突破了蔬菜小苗的视觉信息感知技术，解决了种苗自动有序定植和缺苗补偿问题；突破了叶类蔬菜油电双动力驱动和有序收获、根茎类蔬菜减阻降耗仿生收获等技术，实现了蔬菜高效、低损机械化采收。

农用航空作业关键技术研究与装备研发。熟化了高精度自动导航、超低空增稳仿地飞行等关键技术，实现按预定航线精准飞行；创立了植保无人飞机农药飘移预测与利用率定量评价模型，创制系列专用喷洒部件，优化植保无人飞机精量化施药参数；开发了远程监管系统，从基础、技术、应用、管理 4 个方面构建了行业技术标准体系。

成功研制退化草原切根松土施肥一体机。成功研制 9THQG-2.8 型退化草原切根松土施肥一体机，在作业效率、刀盘转速、配套动力等方面均有较大幅度提高，适用于退化根茎禾草草原和土壤物理性质恶化的草甸草原。

微灌复合过滤装置样机试制成功。研发了一种能将不同过滤精度的筛网有效集中在同一壳体内的微灌多级复合网式过滤器以及配套的多级滤网清洗刷体和控制装置，成功试制微灌复合过滤装置样机，解决了微灌过滤器组占据空间大、连接件多、清洗不便等问题。

区域智慧农业大数据云平台落地应用。研发了区域智慧农业大数据云平台，面向农业农村、经济、资源、产业、基础设施、政策等需求提供一站式的数据抽取、加工、转换、装载和分析服务，洞察农村治理的优劣势，支撑农村治理决策制定。

农业对外合作公共信息服务平台完成优化重构。对农业对外合作公共信息服务平台进行改造和升级，海外农业信息资源总量稳步增长至 30 余万篇，700 多万页，并研发推出了“海外农业信息库”“国家与行业动态报告”“国家精品报告”“农机行业专题门户”多个新产品，为用户提供多元化的信息服务。

全院科研人事一体化信息系统试点上线。完成全院科研人事财务“纵向一条龙，横向一张网”一体化顶层设计蓝图，顺利完成科研人事一体化系统一期建设任务，完成全院基础数据中心、院所两级创新工程管理、研究所所内横向一体化基础功能开发，实现了科研、人事管理一体化流程衔接，目前已在信息所试点实施。

四、软科学研究

粮食政策研究、水稻产销对策建议报告等一系列调研报告获中央和部门领导批示，在农业资源高效利用、国际农业贸易、农业科技进步评价等方面开展持续研究并发布系列报告，为国家农业农村政策制定提供了决策参考。

粮食政策研究取得重大成果。调研了豫鄂两省五县（市）的夏粮生产，发现粮食市场主体利益交错，过去“打补丁”式地出台政策已无法有效解决粮食产业面临的问题和挑战。报告提出要以习近平新时代中国特色社会主义思想和国家粮食安全战略为指导，深化改革，重新梳理各方利益关系，系统重塑中国粮食政策体系。研究成果获李克强总理批示。

水稻生产等一系列调研报告获省部级领导批示。《当前水稻产销中的突出问题及对策建议》上报农业农村部，韩长赋部长、余欣荣副部长和张桃林副部长先后批示；浙江省专题报告《当前我省稻谷产销突出问题及措施建议》《关于加强我省梯田保护与开发利用的建议》和《关于进一步促进种粮大户产加销一体化经营的建议》先后获得浙江省省长批示。

统筹设计农村生活污水处理与生态补偿协同推进路线图。聚焦农村绿色生活与生态补偿协同推进，探讨了推动供给要素导入的精准化靶向农村生活污水处理的生态补偿关键环节，提出了农村绿色生活与生态补偿结合的体制机制创新方向与制度框架构建建议，相关研究结果以政策建议形式上报国家主管部门，获得中央常委领导、国务院领导以及农业农村部领导的重要批示。

四川农业强省跨越相关研究获重要批示。开展了四川向农业强省跨越的宏观挑战存在的问题研究，明确了目标定位与思路路径，提出跨越发展的十条建议，旗帜鲜明地树立四川作为国家重要农业大省的战略地位，相关研究成果获得了中共四川省委书记重要批示。

农业保险政策理论研究和智库建设。对报送中央深改委①审议文件《加快农业保险高质量发展指导意见》开展第三方评价；主笔完成《海南省天然橡胶生产和保险的调研报告》《广西壮族自治区糖料蔗生产和保险的调研报告》《新疆维吾尔自治区棉花收入保险的调研报告》，均获国务院副总理批示；研究发布《中国农业保险保障研究报告2019》及《各省农业保险保障图览》，获中央和多位部省级领导批示5项。

发布《中国农业绿色发展报告2018》。从生产、生活和生态等多角度，以客观、权

① 中国共产党中央全面深化改革委员会，全书简称中央深改委。

威数据为支撑，系统分析评价了近年来（2012—2017 年）我国农业绿色发展的总体水平、重大行动、重要进展和典型模式。这是我国首部农业绿色发展皮书，具有开创性、权威性和系统性，多家中央级媒体对本报告出版给予了积极报道，引起社会各界广泛关注。

科技情报战略分析研究获广泛关注。构建并完善了面向国家农业重大战略决策的情报分析指标及方法体系，从科技产出能力、影响力、国际合作力、前沿贡献力、引领度等多个维度度量分析了我国农业的全球科技创新位势；形成了相对稳定的情报产品创制机制与流程，发布了《2019 全球农业研究热点前沿》《2019 中国农业论文与专利全球竞争力分析》《2019 中国农业重大进展》报告，受到了业界的广泛关注及认可。

6 份公约谈判对案建议报告均被采纳。为配合中国代表团参与气候变化国际谈判工作并提供技术支撑，重点开展《巴黎协定》实施细则研判，提出服务中国气候外交大格局并符合国家利益的长期方案和近期对策；研究适应委员会相关方法学、最不发达国家相关问题和损失损害等相关议题的谈判重点，设计并推动相关议题实现符合中国国家利益的谈判对案。6 份谈判建议报告均已被采纳。

新版食物营养纲要重大问题前期研究进展顺利。《关于启动 2021—2035 年国家食物与营养发展纲要规划立项与编制前期研究的建议》得到国家相关部委认可，正式列入国家“十四五”重点规划。组织召开纲要研究编制启动会，赴 10 省份开展纲要实施效果典型调研，全面了解了落实现行纲要的有关情况。

持续开展粮食收储制度研究。以东北地区为对象，在跟踪分析粮食收储制度改革在东北地区不同区域落实情况及对农户种粮收入的影响的基础上，从质量和数量变化两个层面动态研究粮食收储制度改革对农户种植决策行为的影响。

长江中下游种植模式资源效率与生态经济评价取得重要进展。系统研究了不同水稻种植模式、技术方式对我国水稻生产温室气体排放及作物产量的影响；系统分析了 2004—2017 年我国主要农作物温室气体和活性氮排放总量、结构以及空间分布的变化特征；比较分析了双季稻和稻麦两种种植模式经济及生态效益，提出了基于农户视角的种植模式调整与优化的方案及实现路径。

蔬菜价格时空传导机理及异地关联预警研究取得突破。研发了基于多源数据融合的蔬菜价格信息管理系统，进行蔬菜价格的数据清洗、自动识别、智能分析、决策判断等；融合统计模型、空间分析模型等，定量研究蔬菜价格传导关系、路径、强度等；运用可视化三维展示技术，仿真模拟蔬菜价格的异地传导及关联预警。

形成纤饲两用苎麻产业 10 年经济分析报告。报告总结了 2008—2018 年苎麻产业发展的基本情况，提供了面积、分布、价格、供需、政策等变动情况，对产业存在的问题和亟须突破的关键技术给出了建议。

深入研究农村人居环境整治多元投入机制。总结并分析了农村人居环境整治可持续发展模式、系统工程治理模式、PPP 治理模式、技术特色治理模式、示范带动治理模式与全民参与治理模式六类具有代表性的我国农村人居环境整治资金投入模式，提出了相关对策建议。

农业农村财政创新与金融创新研究进展顺利。梳理总结农村闲置资源和沉睡资产盘活的模式，探索经济薄弱地区乡村建设资金投入创新模式，结合农村土地改革、农村集体产权制度改革和新型经营主体培育的政策和实践等，提出农村财政金融体制机制改革增加农户和村集体收入的政策建议。

“一带一路”倡议背景下的国际农业经贸潜力与实现途径研究取得进展。研究了中国与“一带一路”沿线国家粮食贸易演变趋势及其虚拟耕地资源流量，指出“一带一路”主要畜产品相对优势生产国的增产提效潜力较大，研究了“一带一路”农业合作需要处理好五大关系。

助推 GIAHS 研究初步实施。中国小农与国际市场接轨的全球重要农业文化遗产（GIAHS）是联合国粮食及农业组织（FAO）牵头发起的大型项目，开展了 GIAHS 系列实地调研活动和理论实证研究，为中国参与 GIAHS 贡献智慧方案。

中非农业技术转移机制及效果评估研究取得显著进展。针对援非农业技术示范中心的建设、运行、农业技术转移工作及面临的问题展开了深入调查，完成调研报告 4 份；针对印度、日本、美国及欧盟对非洲进行的农业技术转移开展了国别研究，对坦桑尼亚当地农户对中国农业技术转移接受程度和意愿展开了深入调研，为机理机制分析提供了一手的调查数据。

县域农业农村现代化监测评价研究持续推进。收集整理 30 多万个数据，分析比较了 1 000 余项农业农村发展相关指标，构建了县域农业农村现代化评价指标体系，包括农业现代化、农村现代化、农民现代化和城乡融合 4 个一级指标和 34 个具体指标。

农业科技进步评价持续开展。科学评价我国农业科技进步水平，研究通过优化测算模型，提高了模型稳定性和参数准确性，使农业科技进步水平的测定及评价更加科学、可靠，完成 2019 年度全国农业科技进步评价研究。

私人部门参与农业科技创新机制研究取得进展。从公共和私人部门两部门划分角度，分析了双方在农业科技创新中的作用与定位，提出建立公私合作的农业科技创新体系；基于公私伙伴关系、创新价值链和机制设计理论，提出了私人部门参与农业科技创新的 PPP—IVC 理论路径。

中国农业科学院 2019 年科技成果统计表

（单位：项）

总计	国家奖			省部级奖				院级奖		
	小计	一等奖	二等奖	小计	一等奖	二等奖	三等奖	小计	杰出奖	青年奖
106	7	0	7	85	38	27	20	14	9	5

注：同一成果获不同级别奖励，只统计高级别奖。

中国农业科学院 2019 年获奖成果

一、获国家奖成果

序号	项目名称	第一完成人	第一完成单位	奖励类别	奖励等级
1	动物流感病毒跨种感染人及传播能力研究	陈化兰	哈兽研	自然科学奖	二等奖
2	农产品中典型化学污染物精准识别与检测关键技术	王　静	质标所	技术发明奖	二等奖
3	耐密高产广适玉米新品种中单 808 和中单 909 培育与应用	黄长玲	作科所	科技进步奖	二等奖
4	家畜养殖数字化关键技术与智能饲喂装备创制及应用	熊本海	牧医所	科技进步奖	二等奖
5	重大蔬菜害虫韭蛆绿色防控关键技术创新与应用	张友军	蔬菜所	科技进步奖	二等奖
6	茶叶中农药残留和污染物管控技术体系创建及应用	陈宗懋	茶叶所	科技进步奖	二等奖
7	《优质专用小麦生产关键技术百问百答》	赵广才	作科所	科技进步奖（科普类）	二等奖

二、获省部级奖成果

序号	项目名称	第一完成人	第一完成单位	奖励类别	奖励等级
1	黄淮海麦茬夏大豆免耕覆秸栽培技术体系构建与示范	韩天富	作科所	北京市科学技术奖	一等奖
2	北京油鸡新品种培育与产业升级关键技术研发应用	陈继兰	牧医所	北京市科学技术奖	一等奖

（续表）

序号	项目名称	第一完成人	第一完成单位	奖励类别	奖励等级
3	奶牛提质增效饲养技术集成与推广应用	卜登攀	牧医所	北京市农业技术推广奖	一等奖
4	油菜种质资源收集保存、评价挖掘与创新利用	伍晓明	油料所	湖北省科技进步奖	一等奖
5	畜禽炎症性疾病中兽医药防治研究与应用	李建喜	兰牧药	甘肃省科技进步奖	一等奖
6	茸鹿优质种质创新与产业化开发	邢秀梅	特产所	吉林省科技进步奖	一等奖
7	畜禽养殖粪污沼气化处理模式及技术体系	邓良伟	沼科所	四川省科技进步奖	一等奖
8	草原火灾应急管理技术	刘桂香	草原所	内蒙古自治区科技进步奖	一等奖
9	耐热高产优质小麦新品种中麦 895 的选育与应用	何中虎	作科所	神农中华农业科技奖	一等奖
10	玉米优异种质资源规模化发掘与利用	王天宇	作科所	神农中华农业科技奖	一等奖
11	玉米温光资源定量优化增产增效技术与应用	赵　明	作科所	神农中华农业科技奖	一等奖
12	主要粮食作物养分资源高效利用关键技术	周　卫	资划所	神农中华农业科技奖	一等奖
13	大白菜高效育种技术及中白系列新品种选育与应用	孙日飞	蔬菜所	神农中华农业科技奖	一等奖
14	奶牛专用安全高效新兽药创制与应用	李秀波	饲料所	神农中华农业科技奖	一等奖
15	奶及奶制品安全控制与质量提升关键技术	王加启	畜牧所	神农中华农业科技奖	一等奖
16	新型饲用抗生素替代品创制及应用	王建华	饲料所	神农中华农业科技奖	一等奖
17	饲料质量安全与高效加工关键技术研究与应用	秦玉昌	畜牧所	神农中华农业科技奖	一等奖

（续表）

序号	项目名称	第一完成人	第一完成单位	奖励类别	奖励等级
18	花生加工适宜性评价与提质增效关键技术产业化应用	王　强	加工所	神农中华农业科技奖	一等奖
19	中国农业科学院玉米栽培与生理创新团队	李少昆	作科所	神农中华农业科技奖	优秀创新团队奖
20	水稻品质遗传改良团队	唐绍清	水稻所	神农中华农业科技奖	优秀创新团队奖
21	棉花基因组育种创新团队	宋国立	棉花所	神农中华农业科技奖	优秀创新团队奖
22	农药应用与风险控制创新团队	郑永权	植保所	神农中华农业科技奖	优秀创新团队奖
23	土壤培肥与改良创新团队	徐明岗	资划所	神农中华农业科技奖	优秀创新团队奖
24	中国农业科学院黄羽肉鸡遗传育种创新团队	文　杰	畜牧所	神农中华农业科技奖	优秀创新团队奖
25	中国农业科学院农产品加工研究所肉品加工与综合利用创新团队	张德权	加工所	神农中华农业科技奖	优秀创新团队奖
26	农业农村部环境保护科研监测所养殖业污染防治创新团队	张克强	环保所	神农中华农业科技奖	优秀创新团队奖
27	中国农业科学院甘蓝遗传育种创新团队	杨丽梅	蔬菜所	神农中华农业科技奖	优秀创新团队奖
28	奶产品质量与风险评估创新团队	王加启	畜牧所	神农中华农业科技奖	优秀创新团队奖
29	我国三大粮食作物主产区丰产高效技术体系创建与示范推广	赵　明	作科所	全国农牧渔业丰收奖	一等奖
30	畜禽养殖中未知添加物筛查与控制新技术及推广应用	杨署明	质标所	全国农牧渔业丰收奖	一等奖
31	中苜2号高产苜蓿新品种的推广应用	杨青川	牧医所	全国农牧渔业丰收奖	一等奖

（续表）

序号	项目名称	第一完成人	第一完成单位	奖励类别	奖励等级
32	植保无人飞机减施增效关键技术集成与产业化推广应用	薛新宇	农机化所	全国农牧渔业丰收奖	一等奖
33	茶园生产机械化作业技术集成应用	肖鸿儒	农机化所	全国农牧渔业丰收奖	一等奖
34	东北北部食用大豆优质高效技术集成与推广	韩天富	作科所	全国农牧渔业丰收奖	推广合作奖
35	玉米密植高产全程机械化绿色生产技术研究与应用	李少昆	作科所	全国农牧渔业丰收奖	推广合作奖
36	奶牛绿色提质增效技术集成生产模式研究与示范推广	张军民	牧医所	全国农牧渔业丰收奖	推广合作奖
37	规模养殖场粪污治理技术示范与推广	张克强	环保所	全国农牧渔业丰收奖	推广合作奖
38	无（个人）	李　强	茶叶所	全国农牧渔业丰收奖	贡献奖
39	小麦抗旱节水种质创制与利用	景蕊莲	作科所	神农中华农业科技奖	二等奖
40	玉米抗主要病虫鉴定评价技术体系创建及应用	王晓鸣	作科所	神农中华农业科技奖	二等奖
41	设施蔬菜土传病害防控关键技术与应用	李宝聚	蔬菜所	神农中华农业科技奖	二等奖
42	非耕地园艺作物生态高效生产技术集成与示范	蒋卫杰	蔬菜所	神农中华农业科技奖	二等奖
43	粮食主产区农田土壤障碍消减与挖潜增效关键技术及应用	曾希柏	环发所	神农中华农业科技奖	二等奖
44	温室太阳能主动截获及轻简化关键技术研发与应用	张　义	环发所	神农中华农业科技奖	二等奖
45	抗螨—高产蜜蜂配套系的培育与应用	石　巍	蜜蜂所	神农中华农业科技奖	二等奖
46	生物饲料添加剂新产品研发与应用	丁宏标	饲料所	神农中华农业科技奖	二等奖

（续表）

序号	项目名称	第一完成人	第一完成单位	奖励类别	奖励等级
47	农田温室气体监测体系创建与稳产减排技术应用	王立刚	资划所	神农中华农业科技奖	二等奖
48	棉花“三系”育种技术体系创建及强优势杂交种选育	邢朝柱	棉花所	神农中华农业科技奖	二等奖
49	高产优质多抗大豆新品种的培育与应用	周新安	油料所	神农中华农业科技奖	二等奖
50	油菜绿色高产高效生产模式与关键栽培技术	张春雷	油料所	神农中华农业科技奖	二等奖
51	夏秋茶提质增效关键技术与应用	杨亚军	茶叶所	神农中华农业科技奖	二等奖
52	食品工业专用茶及制品高值化加工关键技术与产业化	尹军峰	茶叶所	神农中华农业科技奖	二等奖
53	烟草主要病虫害发生规律及监测预警技术	王凤龙	烟草所	神农中华农业科技奖	二等奖
54	液态乳品质提升及质量控制关键技术研究与示范应用	吕加平	加工所	北京市科学技术奖	二等奖
55	抗枯萎病早熟优质甘蓝新品种的培育与推广	杨丽梅	蔬菜所	北京市农业技术推广奖	二等奖
56	貉貂资源收集、标准化养殖及主要疫病防治研究与示范	徐　超	特产所	吉林省科技进步奖	二等奖
57	强优势杂交棉品种中棉所66与中棉所63选育及应用	杨代刚	棉花所	江西省科技进步奖	二等奖
58	西瓜甜瓜新种质创制及设施专用品种选育应用	徐永阳	郑果所	河南省科技进步奖	二等奖
59	猪瘟病毒感染的分子调控机制及防控理论创新	仇华吉	哈兽研	黑龙江省自然科学奖	二等奖
60	牛羊功能性营养舔砖的研制与推广应用	王胜义	兰牧药	甘肃省技术发明奖	二等奖
61	麻育秧膜水稻机插育秧技术推广应用	王朝云	麻类所	全国农牧渔业丰收奖	二等奖

（续表）

序号	项目名称	第一完成人	第一完成单位	奖励类别	奖励等级
62	苹果集约矮化栽培技术研究与示范推广	程存刚	果树所	全国农牧渔业丰收奖	二等奖
63	羊绿色提质增效技术集成模式创新与应用	杨博辉	兰牧药	全国农牧渔业丰收奖	二等奖
64	黄淮海夏玉米机械粒收关键技术研究与应用	王克如	作科所	全国农牧渔业丰收奖	二等奖
65	烟草抗病毒病分子标记开发及 K326 抗 TMV、CMV、PVY 聚合育种	杨爱国	烟草所	国家烟草专卖局科技进步奖	二等奖
66	小麦蚜虫灾变规律与绿色防控技术	陈巨莲	植保所	神农中华农业科技奖	三等奖
67	甘薯高值化加工与综合利用关键技术及应用	木泰华	加工所	神农中华农业科技奖	三等奖
68	水稻机插育秧质量控制技术及物化产品研发	欧阳由男	水稻所	神农中华农业科技奖	三等奖
69	梅花鹿高效繁育关键技术集成及应用	魏海军	特产所	神农中华农业科技奖	三等奖
70	农产品产地重金属污染阻控与修复关键技术及应用	孙约兵	环保所	神农中华农业科技奖	三等奖
71	现代农村沼气产业化关键技术研发与应用	梅自力	沼科所	神农中华农业科技奖	三等奖
72	边坡与废弃地生态修复关键技术及应用	吴燕民	生物所	神农中华农业科技奖	三等奖
73	引黄灌区农业绿色高效用水技术模式创建与应用	齐学斌	灌溉所	神农中华农业科技奖	三等奖
74	北方干旱半干旱区棉花节水控盐高效用水关键技术与应用	刘　浩	灌溉所	河南省科技进步奖	三等奖
75	引黄灌区农业高效用水绿色发展模式创建与应用	齐学斌	灌溉所	河南省科技进步奖	三等奖

（续表）

序号	项目名称	第一完成人	第一完成单位	奖励类别	奖励等级
76	棉花优良品种中棉所 76 和 sGK 中 3017 的选育技术与应用	王红梅	棉花所	河南省科技进步奖	三等奖
77	南方青饲料（饲用苎麻）联合收割机研制与农艺融合技术研究与应用	唐守伟	麻类所	湖南省科技进步奖	三等奖
78	环境友好型双水相体系萃取分离生物活性物质的研究	谭志坚	麻类所	湖南省自然科学奖	三等奖
79	藏药抗寄生虫活性成分及作用机理研究	尚小飞	兰牧药	甘肃省自然科学奖	三等奖
80	灵芝新品种选育及规范化配套栽培技术研究与产品开发	闫梅霞	特产所	吉林省科技进步奖	三等奖
81	北乌头等珍稀药用植物引种驯化栽培关键技术研究	邵　财	特产所	吉林省科技进步奖	三等奖
82	航天诱变及耐旱草品种选育和推广	杨红善	兰牧药	甘肃省科技进步奖	三等奖
83	天然成熟蜂蜜优质高产技术的示范与推广	赵亚周	蜜蜂所	北京市农业技术推广奖	三等奖
84	蛋鸡健康的抗氧化营养调控技术集成与示范	武书庚	饲料所	北京市农业技术推广奖	三等奖
85	液态乳品质提升及质量控制关键技术研究与示范应用	吕加平	加工所	北京市科技进步状	三等奖

三、获中国农业科学院科学技术成果奖成果

序号	成果名称	完成单位	主要完成人员	奖励类别
1	水稻广谱抗白叶枯病基因 *Xa23* 的发掘与应用	作科所	赵开军	杰出科技创新奖
2	酱卤肉制品加工关键技术创新与应用	加工所	张春晖	杰出科技创新奖

（续表）

序号	成果名称	完成单位	主要完成人员	奖励类别
3	草牧业发展经济政策研究及应用	农经所	王明利	杰出科技创新奖
4	主要粮食作物化肥减施增效关键技术	资划所	周　卫	杰出科技创新奖
5	花生高油种质发掘创制与新品种培育	油料所	姜慧芳	杰出科技创新奖
6	优质、广适系列梨新品种选育及配套高效栽培技术创建与应用	果树所	姜淑苓	杰出科技创新奖
7	马传染性贫血弱毒疫苗致弱及免疫保护机制研究	哈兽所	王晓钧	杰出科技创新奖
8	口蹄疫病毒反向遗传操作技术体系建立及应用	兰兽所	刘在新	杰出科技创新奖
9	油菜毯状苗机械高效移栽技术与装备	农机化所	吴崇友	杰出科技创新奖
10	农药高效对靶沉积和释放调控机制研究与应用	植保所	曹立冬	青年科技创新奖
11	温室太阳能主动截获及轻简化关键技术研发与应用	环发所	张　义	青年科技创新奖
12	农业干旱监测关键参数定量遥感反演方法研究	资划所	段四波	青年科技创新奖
13	高品质菜籽油制备关键技术与应用	油料所	万楚筠	青年科技创新奖
14	水貂品种选育与配套养殖关键技术研究	特产所	荣　敏	青年科技创新奖

中国农业科学院 2019 年获奖科技成果简介

一、国家级奖

1. 动物流感病毒跨种感染人及传播能力研究

主要完成单位 中国农业科学院哈尔滨兽医研究所

主要完成人员 陈化兰，施建忠，邓国华，杨焕良，李雁冰

起 止 时 间 2009 年 1 月—2015 年 12 月

获 奖 情 况 2019 年国家自然科学奖二等奖

内 容 提 要 除 H5 和 H7 高致病性流感病毒可引起禽流感暴发外，动物流感病毒最令人关注的危害是其跨越动物和人的种间屏障、感染人并引起人的流感大流行。本项目发现：①H7N9 病毒在人体内复制后可获得关键突变使其致病力和传播能力增强，发现活禽市场是 H7N9 病毒感染人的主要场所；②H5N1 病毒与 2009 年 H1N1 甲型流感病毒重组后会产生多种具有呼吸道飞沫传播能力的 H5N1 病毒；③发现 2009 年 H1N1 甲流病毒高效传播的关键分子机制并揭示欧亚类禽 H1N1 猪流感病毒的大流行潜力。上述系统研究揭示了它们的跨种感染和传播能力，以及引起人流感大流行的潜力，为动物流感的防控和人流感的预警预报以及防控政策制定提供了重要科学依据。在 *Science*、*PNAS* 等杂志发表 8 篇 SCI 论文，被他引 993 次，其中被 SCI 论文他引 758 次。项目第一完成人陈化兰被 *Nature* 评为“2013 年全球十大科学人物”，2016 年获“全国杰出科技人才奖”和“世界杰出女科学家成就奖”，2017 年当选为中国科学院院士。

2. 农产品中典型化学污染物精准识别与检测关键技术

主要完成单位 中国农业科学院农业质量标准与检测技术研究所

主要完成人员 王 静，何方洋，金茂俊，佘永新，金 芬，杨 鑫

起 止 时 间 2004 年 1 月—2015 年 1 月

获 奖 情 况 2019 年国家科学技术发明奖二等奖

内 容 提 要 针对实现农产品中化学污染物精准检测仍存在前处理特异性差、核心识别材料制备难、检测通量低及灵敏度不高等难题，经 10 余年系统研究，以检得准、检得快、检得多为目标，在分子印迹设计、核心识别材料创制、免疫检测增敏等核心技术上取得了以下突破：①发明了双模板及虚拟模板分子印迹纳米微球（MIP）制备技术，创制了 14 类具特异性和高选择性的 MIP 固相萃取产品，解决了样品前处理“类特

异性”差和假阳性的技术难题。②发明了亲脂链臂半抗原设计和化学发光免疫检测增敏技术，开发出 56 种稳定准确的试剂盒（试纸条），攻克了竞争免疫检测敏感性低和核心识别材料制备难的技术难题。③创建了模块化样品前处理技术，研发了 34 套高通量确证检测技术，突破了化学污染物检测通量低的技术难题。获授权发明专利 83 项（含美国、澳大利亚 2 项），制定国家/行业标准 25 项，获国家/北京新产品证书 11 个，发表论文 162 篇，其中 SCI 94 篇。该项目应用于全国 31 省（区、市）2 600 家单位，产品远销美国、德国、意大利等 15 个国家，为保障农产品消费和贸易安全作出了重要贡献。

3. 耐密高产广适玉米新品种中单 808 和中单 909 培育与应用

主要完成单位　中国农业科学院作物科学研究所，中国农业大学

主要完成人员　黄长玲，刘志芳，李新海，吴宇锦，李绍明，王红武，李少昆，胡小娇，李　坤，谢传晓

起 止 时 间　1993 年 1 月—2015 年 12 月

获 奖 情 况　2019 年国家科技进步奖二等奖

内 容 提 要　针对我国西南和黄淮产区玉米品种产量低、耐密抗逆性差、适应性窄等关键问题取得以下突破：①确立高密度、高穗粒重、高结实率、抗倒伏、抗病、抗旱（三高三抗）育种新思路，创建高效育种技术体系。选育 NG5、CL11、HD568 等 15 个新自交系。②育成全国农业主导品种中单 808 和中单 909，解决了玉米“密植与大穗”“密植与抗倒伏”的矛盾，实现了耐密高产广适品种新突破。中单 808 克服了大穗品种不耐密的矛盾，实现单株产量与耐密抗逆性的协同改良，引领大穗密植育种方向。中单 909 克服了密植和抗倒伏的矛盾，实现群体产量和耐密抗逆性的协同改良。③创建中单 808 和中单 909 高效种子生产和精准栽培推广技术体系，实现大面积应用。创建环境评价、品种认知、精细区划的品种精准栽培推广技术体系。中单 808 连续 9 年被遴选为全国农业主导品种；中单 909 连续 5 年为全国农业主导品种。至 2018 年品种累计推广 1. 004 亿亩，增收粮食 53. 1 亿千克，社会经济效益显著。

4. 家畜养殖数字化关键技术与智能饲喂装备创制及应用

主要完成单位　中国农业科学院北京畜牧兽医研究所（中国动物卫生与流行病学中心北京分中心），北京农学院，江苏省农业科学院，河南南商农牧科技股份有限公司，无锡市富华科技有限责任公司，温氏食品集团股份有限公司，北京大北农科技集团股份有限公司

主要完成人员　熊本海，蒋林树，杨　亮，胡肄农，罗清尧，罗远明，曹　沛，温志芬，高华杰，郑姗姗

起 止 时 间　1990 年 1 月—2015 年 12 月

获 奖 情 况　2019 年国家科技进步奖二等奖

内 容 提 要 该项目主要针对我国家畜精细养殖全面数字化的需求取得以下突破性成果：①建成了功能完整的中国饲料数据库及饲料实体库，促进了饲料科技数据的全行业共享；②构建了主要家畜营养精准调控技术体系，引领我国精准养殖数字化技术发展；③创制了主要家畜智能精准饲喂设备，形成了我国主要家畜智能养殖精准饲喂技术体系；④研制了家畜专用 RFID 芯片、生命体征感知系统和主要畜产品溯源系统。总之，实现了主要家畜养殖数字化与智能化的理论与技术创新。

5. 重大蔬菜害虫韭蛆绿色防控关键技术创新与应用

主要完成单位 中国农业科学院蔬菜花卉研究所，全国农业技术推广服务中心，山东省农业科学院植物保护研究所，天津市植物保护研究所，山东农业大学，长江大学，甘肃农业大学

主要完成人员 张友军，魏启文，于 毅，吴青君，薛 明，刘 峰，魏国树，许国庆，刘长仲，史彩华

起 止 时 间 2001 年 1 月—2015 年 12 月

获 奖 情 况 2019 年国家科技进步奖二等奖

内 容 提 要 韭蛆是为害韭菜根部的毁灭性害虫，严重威胁我国蔬菜质量安全和人民身心健康、制约产业发展。项目深入开展了韭蛆防控理论与技术研究。①首次系统阐明了韭蛆种群发展的关键生物学特性；发现成虫主要在地表下 10 厘米内活动，卵、幼虫及蛹则分布于土壤 0~5 厘米深度，成虫飞行能力弱；明确成虫对黑色和韭菜挥发物成分有强烈趋性，可用于韭蛆诱杀技术研发。②率先解析了韭蛆发生为害规律与暴发成灾机制；首次发现高温抑制韭蛆种群发展。③开拓性地创建了利用太阳光能，使地表下 5 厘米处土壤升温达到 42℃、3 小时，从而 100%杀灭韭蛆的“日晒高温覆膜”防治新技术，研发了黑色粘板和食诱剂、臭氧水及防虫网等系列绿色防控配套新技术。该体系已在韭菜主产区累计推广应用 1 537 万亩次、增收节支 97. 5 亿元，示范区韭菜合格率从 30%提高到了 97%，经济、社会、生态效益巨大。项目获发明专利 14 件，制定技术规程 3 套，出版著作 2 部，发表论文 108 篇（SCI 收录 23 篇）。

6. 茶叶中农药残留和污染物管控技术体系创建及应用

主要完成单位 中国农业科学院茶叶研究所，农业部[①]农药检定所，浙江大学

主要完成人员 陈宗懋，罗逢健，周 利，楼正云，郑尊涛，张新忠，赵 颖，孙荷芝，杨 梅，王新茹

起 止 时 间 1982 年 1 月—2015 年 12 月

获 奖 情 况 2019 年国家科学技术进步奖二等奖

① 中华人民共和国农业部，全书简称农业部。2018 年 3 月国务院机构改革，将农业部的职责整合，组建中华人民共和国农业农村部。

内　容　提　要　针对影响我国茶叶饮用安全、出口安全和产业安全的农药和污染物残留重大问题，项目首创了茶汤“有效风险量”决定原则，揭示了水溶解度是有效风险量的决定因素，重构了茶叶中农药最大残留限量标准制定的国际规范，制修订国际MRLs标准6项，实现了我国农产品中国际MRLs限量制定零的突破；探明了残留量的关键控制点，研发了农药安全选用、合理使用和污染物源控制的技术手段，如“农药消解半衰期、蒸汽压、水溶解度、ADI值和大鼠急性致死中量”5个关键因子的农药安全量化指标和选用技术；建立了施药浓度、使用次数和安全间隔期为参数的农药使用技术；揭示重大污染物的发生规律和污染源等。成果的推广应用提高了我国标准制订的国际话语权，保障了茶叶产品的消费安全和出口安全，推动了我国茶产业绿色发展的科技进步。三年创造经济效益19.9亿元，经济、社会和生态效益显著。

7.《优质专用小麦生产关键技术百问百答》

主要完成单位　中国农业科学院作物科学研究所

主要完成人员　赵广才，常旭虹，王德梅，杨玉双，陶志强，王艳杰，吕修涛，马少康，杨天桥，舒　薇

起　止　时　间　2004年1月—2018年12月

获　奖　情　况　2019年国家科学技术进步奖二等奖（科普类）

内　容　提　要　针对小麦生产者和技术人员对科学种麦知识的需求、优质专用小麦生产滞后的问题，团队创作完成《优质专用小麦生产关键技术百问百答》，内容包括：小麦基本知识、小麦品质与栽培措施的关系、小麦高产优质实用栽培技术、麦田常见病虫害防治技术、麦田调查记载和测定方法、优质高产品种及栽培技术要点。作品坚持读者至上的创作理念，根据目标受众的知识水平、阅读习惯和思维方式设置科普内容和表现形式，采用基础知识与实用技术相辅相成的模块化设计，以及符合读者阅读习惯的设问设答形式，图文并茂地介绍了优质小麦生产知识及关键技术，使读者一看就懂、一学就会。作品再版3次，印刷17次，累计发行15.3万册，被评为国家重点图书及“三农”优秀图书。团队建立了图、文、影、音、网等多重形式相结合的现代化传播途径，全方位、立体化、多渠道普及宣传，主要内容通过中央/地方电视台、中央/地方广播电台、各级培训班、生产一线及互联网等平台宣讲150余次，使观众及听众一听就明、一用就灵。作品内容受众广泛、普及面国内领先，社会效益显著，示范作用明显，对提高农技人员和麦农的科技素质，推动优质专用小麦生产、农业科普事业发展以及保障国家口粮安全具有重要作用。

二、省部级奖

1. 黄淮海麦茬夏大豆免耕覆秸栽培技术体系构建与示范

主要完成单位　中国农业科学院作物科学研究所，东北农业大学，河南省农业科学

院经济作物研究所，河北省农林科学院粮油作物研究所，济宁市农业科学研究院，宿州市农业科学院，江苏徐淮地区徐州农业科学研究所，安徽省农业科学院作物研究所，阜阳市农业科学院，安徽省新田农业机械制造有限公司

主要完成人员 韩天富，陈海涛，吴存祥，纪文义，卢为国，张孟臣，李素真，沈维良，王　幸，张　磊，于　伟，孙　石，徐彩龙，徐庆辉，乔金友

起止时间 2007 年 11 月—2017 年 12 月

获奖情况 2019 年北京市科学技术奖一等奖

内容提要 针对黄淮海特别是京津冀地区麦茬大豆播种困难、出苗率低，封闭除草效果差，秸秆焚烧污染环境等突出问题，发明了以全田均匀秸秆覆盖为核心的麦茬免耕覆秸精播技术；研发了与之相配套的关键部件及成套播种机具；筛选培育出一批耐密抗倒适合全程机械化作业的大豆新品种和新材料；集成创新了黄淮海麦茬夏大豆免耕覆秸栽培技术体系。项目获授权专利 9 项，审定大豆新品种 6 个，成果核心技术自 2012 年以来连续 7 年被农业农村部列为主推技术，项目研制的 2BMFJ 系列免耕覆秸精播机入选《2017 中国农业农村新技术新产品和新装备》。自 2009—2018 年，技术累计应用面积 1 857. 10 万亩，增产大豆 34. 15 万吨，节本增效 27. 35 亿元，为杜绝秸秆就地焚烧、粮豆持续均衡高产、农民增产增收提供了可靠技术途径。

2. 北京油鸡新品种培育与产业升级关键技术研发应用

主要完成单位 中国农业科学院北京畜牧兽医研究所，华中农业大学，北京百年栗园生态农业有限公司，山东农业大学，广西参皇养殖集团有限公司，北京市畜牧总站，湖北欣华生态畜禽开发有限公司

主要完成人员 陈继兰，文　杰，龚炎长，孙研研，李显耀，李冬立，杨福剑，吴文平，陈　余，麻　慧，罗清尧，贾亚雄，任海义，刘冉冉

起止时间 2000 年 1 月—2017 年 12 月

获奖情况 2019 年北京市科学技术奖一等奖

内容提要 深入解析了北京油鸡重要性状调控机制，挖掘了有效分子标记，创制了 18 个专门化品系，培育了 3 个国审新品种，建立了新品种产业化升级关键技术体系；在保证外观特征和肉、蛋品质基础上，新品种年产蛋数从 150 个增加到 210 个以上，饲料转化效率提高 10. 1%。解决了品质与效率矛盾突出问题。新品种推广到 22 个省（区、市）6 000 余万只，蛋鸡占北京同类 60%以上，直接效益 5. 23 亿元，间接效益 30. 41 亿元。提高了北京油鸡资源利用率和良种自给率，推动了育种和产业技术进步，强化了北京“种业之都”影响力。获发明专利授权 5 项，行业标准 1 项，出版专著 5 部，在国内外发表论文 91 篇。

3. 奶牛提质增效饲养技术集成与推广应用

主要完成单位　中国农业科学院北京畜牧兽医研究所，北京中地畜牧科技有限公司，北京农学院，北京首农畜牧发展有限公司，北京市畜牧总站，北京市饲料监察所，中国奶业协会，中国畜牧业协会，北京东方天合生物技术有限责任公司

主要完成人员　卜登攀，赵连生，王继彤，马　露，马　莹，张晓峰，张　超，王　丽，陈雅坤，李寰旭，张　跃，崔　彪，郭凯军，赵　有，席　库，周振峰，郭雨佳，范伯帅，白飞英，解冰辉

起止时间　2016 年 1 月—2019 年 6 月

获奖情况　2017—2019 年北京市农业技术推广奖一等奖

内容提要　针对北京奶牛养殖优质粗饲料供需矛盾、热应激和围产期奶牛健康问题突出等产业难题取得以下突破：①建立了“奶牛提质增效饲养技术体系”，集成以加工调制、质量评价和高效利用为一体的优质全株玉米青贮生产技术。②构建了“倒金字塔型”多元支撑技术推广模式。③该成果在京津冀规模奶牛场推广应用，2016 年以来，累计推广规模 91.6 万头奶牛，北京市累计推广规模 29.2 万头，覆盖率达 85%以上，泌乳期奶牛饲料转化率达到 1.5，每千克奶饲料成本低于 1.95 元，成母牛单产提高 10%以上，乳脂率和乳蛋白率分别提高至 3.6%和 3.2%以上，累计获得经济效益 35 123.06 万元，取得了显著的经济社会生态效益。

4. 油菜种质资源收集保存、评价挖掘与创新利用

主要完成单位　中国农业科学院油料作物研究所

主要完成人员　伍晓明，涂义秋，王茂林，陈碧云，李　莓，雷建明，罗莉霞，张冬青，闫贵欣，许　鲲，高桂珍，乔江伟，李利霞，李　锋，汪　念

起止时间　1989 年 7 月—2017 年 12 月

获奖情况　2019 年湖北省科技进步奖一等奖

内容提要　针对优异种质匮乏、基因挖掘利用技术落后、育种效率低等科学难题，项目历经 30 年攻关取得以下突破：①构建了世界上数量最多、信息量最大的油菜种质库，探明了全球油菜种质遗传多样性。②通过全基因组变异和关联分析等手段，系统解析了油菜种质资源的遗传基础。③利用项目挖掘与创新的优异种质及分子辅助选择技术育成油菜新品种 48 个，取得显著社会经济效益。为全国育种单位提供利用优异种质 22 965 份次，育成新品种 48 个，其中沣油 737 和青杂 5 号分别排冬、春油菜区第一，新品种累计推广面积 1.27 亿亩，社会经济效益 125.3 亿元，2016—2018 年累计推广面积 3 824.62 万亩，社会经济效益 37.1 亿元。项目发表论文 100 篇，其中 SCI 论文 38 篇，制定标准 1 项，获发明专利 4 项、软件著作权 2 项，著作 2 部；育成适合机械化等新品种 14 个。攻克了优异种质匮乏、基因挖掘利用技术落后、育种效率低等难题，

为推动行业科技进步和产业发展作出了突出贡献。

5. 畜禽炎症性疾病中兽医药防治研究与应用

主要完成单位 中国农业科学院兰州畜牧与兽药研究所

主要完成人员 李建喜，辛蕊华，罗永江，王贵波，张　凯，王　磊，张景艳，张　康，王学智，李锦宇，王旭荣，仇正英，郑继方，罗超应，杨志强

起 止 时 间 2014 年 1 月—2018 年 12 月

获 奖 情 况 2019 年甘肃省科技进步奖一等奖

内 容 提 要 针对鸡、牛、犬 3 种动物的重要炎症性疾病，项目开展新型中兽药的研究与应用。成功筛选出 2 个防治鸡传染性支气管炎和传染性喉气管炎的中药组方，临床效果显著；建立防治奶牛乳房炎药物细胞筛选平台，筛选出 4 种植物精油和 1 个由黄芩、赤芍等组成的中药组方，具有较强抑制炎症作用；开展了传统方剂生脉饮新用途研究；建立了心肌细胞损伤炎症模型筛药平台，筛选出 4 种具有心肌保护作用的活性成分等。项目授权发明专利 5 件，发表科技论文 30 篇，创制新产品 4 个，获得三类新兽药证书 2 个，建立示范推广基地 8 个，培训技术人员 1 000 余人次。在甘肃、山东等地开展技术示范推广，规模达 6 217. 3 万只羽肉鸡、3 114. 5 万只羽蛋鸡，在甘肃、陕西、宁夏等地开展田间试验，规模达 102. 54 万头次奶牛。

6. 茸鹿优质种质创新与产业化开发

主要完成单位 中国农业科学院特产研究所

主要完成人员 邢秀梅，曲凤采，吴　琼，韩欢胜，陶　玉，魏海军，刘汇涛，胡鹏飞，李　洋，王　峰，杨　颖，张然然，王天骄，陈秀敏

起 止 时 间 2001 年 1 月—2018 年 12 月

获 奖 情 况 2019 年吉林省科技进步奖一等奖

内 容 提 要 为了有效促进茸鹿资源的合理保护和科学利用，项目组历时 18 年，取得以下成果：①在国际上首次将梅花鹿基因组组装到染色体上，scaffold N50 为 78Mb，挂载率达 99. 24%。②收集和保存濒危吉林梅花鹿资源 247 份，明确了我国家养梅花鹿的母系和父系类型。③集成了茸鹿品种、生产性能测定、饲料加工、性别控制、规模化养殖场疫病防治等关键技术标准和规程（规范）。发现寒区马鹿繁殖规律。④“鹿茸胶囊”和“金天格胶囊”获国家药品注册批件。项目获发明专利 4 项，软件著作权和其他专利 13 项；颁布国家标准、行业和地方标准 5 项；制定标准和规程 31 个；获国家药品注册 2 个，4 个鹿深加工产品规模化生产。发表论文 153 篇（SCI24 篇）；出版书籍 7 部；培养研究生 23 名。成果已在吉林、黑龙江、辽宁、内蒙古[①]、河

① 内蒙古自治区，全书简称内蒙古。

北、新疆、陕西等 67 家养殖场和生产企业示范推广。据近 3 年不完全统计，累计新增产值 15.68 亿元，经济和社会效益显著。

7. 畜禽养殖粪污沼气化处理模式及技术体系

主要完成单位　农业农村部沼气科学研究所

主要完成人员　邓良伟，王文国，蒲小东，刘　刈，郑　丹，王　兰，雷云辉，王智勇，宋　立，张云红

起 止 时 间　2009 年 4 月—2018 年 4 月

获 奖 情 况　2018 年四川省科技进步奖一等奖

内 容 提 要　项目针对猪场粪污处理利用中存在的沼气发酵冬季产气效率低、沼液完全利用难、达标处理费用高等问题，取得以下突破：①创新了猪场粪污沼气发酵理论、技术与参数。②发明了沼气无氧生物脱硫新技术。③创新开发了沼液生物砂滤池处理技术。④创建了沼液利用模式与技术。⑤发明了猪场粪污处理利用整体提升技术。项目共获发明专利授权 9 件，实用新型授权 9 件。制订行业标准 14 项。发表研究论文 84 篇，其中 SCI 收录期刊 32 篇（Top 期刊论文 17 篇，JCRQ1 区论文 23 篇），出版专著 1 部、编著 1 部，参编著作 7 部。成果已在全国 26 个省（区、市）500 多座粪污处理工程中得到了应用，近 3 年新增产值 2.55 亿元，新增利润约 2 000 万元，增收节支约 4 亿元，取得了显著的社会、环境和经济效益。

8. 草原火灾应急管理技术

主要完成单位　中国农业科学院草原研究所，农业部草原监理中心，东北师范大学，国家卫星气象中心，中国农业大学

主要完成人员　刘桂香，张继权，刘　诚，王顺喜，范博深，都瓦拉，运向军，刘慧娟，刘彩玲

起 止 时 间　2009 年 1 月 1 日—2017 年 8 月 31 日

获 奖 情 况　2019 年内蒙古自治区科技进步奖一等奖

内 容 提 要　建立了集草原火灾实时监测与预警、损失评估、风险评价、火灾快速扑救及应急管理对策于一体的应急管理理论和技术体系。取得了 10 多项草原火灾应急管理轻简化技术；成功研制大、中、小系列新型高效灭火机械设备 23 台（套）；研制新型高效经济环保型草原火灾灭火剂及生产配套工艺 2 种；建立起草原火灾应急管理数据库及决策平台。提供的关键技术、决策平台、机械设备等累计推广规模为 1 063.9 万公顷，可减少草原火灾潜在损失 200 元/公顷，生态效益及社会效益显著。获得发明专利 7 项；制定了草原火灾相关行业或国家标准（草案）6 项；研发了草原火灾应急管理决策支持系统等软件 5 套，登记软件著作权 5 项；在国内外发表学术论文 50 篇；出版著作 3 部；培养硕博士研究生 52 名、培训地方技术人员和农牧民 1 525 人次。

9. 耐热高产优质小麦新品种中麦 895 的选育与应用

主要完成单位 中国农业科学院作物科学研究所，中国农业科学院棉花研究所

主要完成人员 何中虎，阎 俊，赵志宏，张 勇，张文玲，闫俊良，邱 军，赵小峰，田宇兵，李会群，徐开杰，肖永贵，郝元峰，丁福云，王洪森，徐春英，曹双河，李思敏，夏先春，庄巧生

起止时间 2000 年 1 月—2016 年 11 月

获奖情况 2018—2019 年度神农中华农业科技奖一等奖

内容提要 针对黄淮冬麦区南片高温热害引起的千粒重不稳定、病害频发、面条品质差等三大突出问题，以提高灌浆速率为核心，综合应用分子标记选择、生理性状筛选、常规育种等技术，建立了包括粒重及其稳定性、平均灌浆速率、开花后 10 天茎秆可溶性糖含量相结合的耐热育种技术体系，育成的中麦 895 千粒重高又稳定，实现了耐热性与高产、抗病、优质的同步改良，2012 年通过黄淮南片国家审定。2013 至 2018 年累计推广 4 512 万亩。全面系统解析了中麦 895 耐热、高产、抗病、优质的遗传基础，首次命名耐热相关重要基因 5 个，开发验证育种可用标记 25 个。获新品种权 1 项、授权发明专利 6 项，制定地方标准 2 项，发表论文 32 篇。

10. 玉米优异种质资源规模化发掘与利用

主要完成单位 中国农业科学院作物科学研究所，黑龙江省农业科学院玉米研究所，新疆农业科学院粮食作物研究所，河南省农业科学院粮食作物研究所，重庆市农业科学院，四川省农业科学院作物研究所，广西壮族自治区农业科学院玉米研究所

主要完成人员 王天宇，黎 裕，石云素，扈光辉，刘 成，王振华，杨 华，杨俊品，程伟东，李永祥

起止时间 1996 年 9 月—2014 年 11 月

获奖情况 2018—2019 年度神农中华农业科技奖一等奖

内容提要 围绕玉米重要育种性状，研制规模化鉴定评价新技术，发掘抗旱、抗病、高配合力、早熟不早衰、坚秆抗倒等目标性状突出的资源 1 826 份；针对不同玉米生态区的育种需求，构建种质创新技术体系，创制杂种优势类群明确的各类优异种质 727 份；通过创建玉米种质资源高效共享利用体系解决研用衔接不紧密问题，推动项目组内外培育玉米新品种 77 个，累计种植面积达 3. 6 亿亩；获植物新品种权 22 项、国家发明专利 2 项，制定玉米抗旱鉴定地方标准 1 套，发表论文 132 篇（其中 SCI 论文 60 篇），完全他引 2 899 次。有力地推动了行业科技进步。

11. 玉米温光资源定量优化增产增效技术与应用

主要完成单位 中国农业科学院作物科学研究所，全国农业技术推广服务中心，青岛农业大学，河北农业大学，吉林省农业科学院，辽宁省农业科学

院，北京市农业技术推广站，天津市农业技术推广站，天津农学院

主要完成人员　赵　明，马　玮，周宝元，吕修涛，姜　雯，韩　伟，李从锋，李雁鸣，王永军，刘欣芳，裴志超，侯海鹏，孙雪芳，葛均筑，王大为，张　宾，丁在松，侯　帅

起止时间　2011 年 1 月—2015 年 12 月

获奖情况　2018—2019 年度神农中华农业科技奖一等奖

内容提要　首创以积温为主的玉米季节间（TDR）和季节内（DSR）分配率及温光生产潜力当量（TPPE）等资源配置与利用定量指标；构建了可计算、可应用的资源优化定量指标相应的技术途径；创新了玉米温光资源定量配置与水肥资源定量运筹等关键技术 5 项；创新集成了黄淮海与东北区域特色玉米资源高效技术模式。项目在黄淮海的山东、河北、河南和天津 4 省（市），在东北的辽宁、吉林、黑龙江和内蒙古 4 省（区）应用，取得显著的经济与社会效益。近 5 年累计推广 1.49 亿亩，总增产 81.87 亿千克，增收 148.68 亿元。获得国家专利 10 项，出版著作 2 部，在国内外发表论文 146 篇。

12. 主要粮食作物养分资源高效利用关键技术

主要完成单位　中国农业科学院农业资源与农业区划研究所

主要完成人员　周　卫，何　萍，艾　超，孙建光，黄绍文，王玉军，余喜初，孙静文，徐新朋，刘光荣，刘双全，刘孟朝，崔荣宗，张水清，乔　艳，罗尊长，仇少君，黄绍敏，王秀斌，梁国庆

起止时间　2006 年 1 月—2015 年 12 月

获奖情况　2018—2019 年度神农中华农业科技奖一等奖

内容提要　项目以水稻、小麦、玉米等主要粮食作物为对象，以化肥减施增效为目标，以“创建养分推荐方法—创新资源高效技术—研创新型肥料产品—集成减施增效模式”为研究主线，通过 10 余年系统研究，取得以下突破：①首次创建了基于产量反应和农学效率的推荐施肥新方法（NE）。②创新了养分资源高效利用技术。③建立了基于“NE 系统+”的化肥减施增效技术模式。集成了玉米、小麦和水稻基于“NE 系统+”有机替代、“NE 系统+”秸秆还田、“NE 系统+”养分增效技术模式 7 项，并规模化应用。研究成果在东北、华北和长江中下游粮食主产区近三年共推广应用 5 830 万亩，增产玉米、小麦和水稻 37.04 亿吨，减施化肥氮磷养分 28.70 万吨，增收节支 97.68 亿元。获授权发明专利 16 项，软件著作权 9 项；发表论文 109 篇，其中 SCI 论文 74 篇，出版著作 3 部；经第三方评价，成果达到国际领先水平，为国家化肥使用量零增长行动提供了重要科技支撑。

13. 大白菜高效育种技术及中白系列新品种选育与应用

主要完成单位　中国农业科学院蔬菜花卉研究所

主要完成人员 孙日飞，张淑江，武　剑，李　菲，章时蕃，张　慧，王晓武，钱　伟

起 止 时 间 1998 年 1 月—2016 年 12 月

获 奖 情 况 2018—2019 年神农中华农业科技奖一等奖

内 容 提 要 大白菜是我国蔬菜重要的种类之一，本成果针对我国大白菜育种效率低、杂种纯度难以保证、优质多抗丰产品种少等问题，取得以下突破：①国际首次获得了抗 TuMV、紫色和橘红心基因，开发了基于基因的分子标记，设计了基于二代测序的 In-Del 和 SNP 分子标记开发流程，发明了芸薹属蔬菜快速转育细胞质雄性不育系技术。②利用高效育种技术创制出优质、抗病新材料 24 份。③育成特色橘红心、优质耐储包尖及丰产叠抱新品种 9 个，其品质、产量和抗病性等方面优于国内外同类品种。发表论文 29 篇，其中 SCI 论文 14 篇。获发明专利 2 项，获植物新品种权 3 项，通过审定新品种 9 个。本成果将促进我国大白菜育种技术进步，为蔬菜产业发展提供有力科技支撑。

14. 奶牛专用安全高效新兽药创制与应用

主要完成单位 中国农业科学院饲料研究所，北京市畜牧总站，中牧实业股份有限公司，华秦源（北京）动物药业有限公司

主要完成人员 李秀波，路永强，刘义明，徐　飞，陈孝杰，石　波，赵炳超，马书宇，郭江鹏，任　康，杨宇泽，张正海，李　萌，王　峥，梁景乐

起 止 时 间 1997 年 1 月—2016 年 12 月

获 奖 情 况 2018—2019 年度神农中华农业科技奖一等奖

内 容 提 要 针对我国奶牛细菌性疾病防控中存在临床药物滥用、防控技术不健全及兽药产品缺乏等重大科技问题，项目通过 19 年持续攻关，在我国 22 个省（区、市）开展了奶牛重要细菌性疾病病原菌本底调查，为奶牛细菌性疾病防治和药物创制提供了研究基础和科学依据；筛选活性药物，创新原料制剂工艺，保障了奶牛专用药物高效、低成本优势；阐明了药物在奶牛体内代谢及残留消除规律，解决药物安全使用问题；创制了一批用于我国自主创新的奶牛专用的高效、安全、低残留、低成本的新兽药，填补了国内空白，打破国外进口药物垄断局面，为我国奶牛安全生产与奶业可持续发展提供了强有力的技术保障，取得了良好的社会经济效益。该成果已在北京、黑龙江、内蒙古、宁夏①等 22 个省（区、市）进行了推广应用，近 3 年累计覆盖牛群达 1 050 万头次，为本行业培训相关技术人员 45 万人次，新增经济效益 25. 7 亿元。

15. 奶及奶制品安全控制与质量提升关键技术

主要完成单位 中国农业科学院北京畜牧兽医研究所，唐山市畜牧水产品质量监测

① 宁夏回族自治区，全书简称宁夏。

中心，新疆农业科学院农业质量标准与检测技术研究所，山东省农业科学院农业质量标准与检测技术研究所，内蒙古蒙牛乳业（集团）股份有限公司，光明乳业股份有限公司，内蒙古伊利实业集团股份有限公司

主要完成人员　王加启，郑　楠，李松励，张养东，郑百芹，王　成，张树秋，杨志刚，赉　敏，黄小平，文　芳，李爱军，赵善仓，赵艳坤，马文丽，王惠铭，刘慧敏，李慧颖，赵圣国

起 止 时 间　2015 年 1 月—2016 年 12 月

获 奖 情 况　2018—2019 年度神农中华农业科技奖一等奖

内 容 提 要　围绕奶业重速度数量、轻安全质量的问题，项目取得以下突破：①构建了奶产品质量安全与营养品质基础数据库，揭示了霉菌毒素共存的危害机理。②研发出奶及奶制品中主要风险因子同步检测技术，开发出违禁添加物检测标准，制定了生产过程安全控制技术规范。③制定国际上首个复原乳鉴定标准，研发出奶及奶制品的品质评价方法。项目获省部级科技进步奖一等奖 2 项，长城食品安全科学技术奖特等奖 1 项、一等奖 1 项；制定国家、行业和地方标准 9 项；获得发明专利 13 项，软件著作权 13 项；出版专著 7 部，发表论文 91 篇（SCI 收录 69 篇，累计他引 627 次）；18 项（次）核心技术作为农业农村部主推技术得到应用。成果对政府监管、产业升级、消费引领发挥了重大技术支撑作用。

16. 新型饲用抗生素替代品创制及应用

主要完成单位　中国农业科学院饲料研究所，北京大北农科技集团股份有限公司，沈阳爱地生物科技有限公司

主要完成人员　王建华，滕　达，宋维平，王秀敏，毛若雨，吴子林，郝　娅，王莹莹，杨雅麟，魏凌云，田子罡，刘　滢，张　伟，管庆丰，刘　宾，王　潇，张　勇，张　乐，张　军，杨　娜

起 止 时 间　2000 年 1 月—2016 年 12 月

获 奖 情 况　2018—2019 年度神农中华农业科技奖一等奖

内 容 提 要　基于畜禽饲用抗生素大量使用与动物病原菌耐药性等行业难题，项目通过 16 年持续攻关，取得以下突破：①在国内率先建立抗菌肽高通量设计筛选、多靶点机理研究等技术体系，研究提出穿膜、入胞、结合靶分子三位一体高抗菌机制，创制 29 种新型抗菌肽，构建靶向抗菌肽保护有益微生物等；②创建抗菌肽高产制备及应用技术体系；③首创耐氧约氏乳杆菌、耐高温布拉酵母和基于贝类—植物—担子菌的三效寡糖特用培养基及复合微生态制剂；④构建发酵核心菌株库，创建两大胀气因子和三大致敏蛋白精准检测法。获新饲料添加剂证书 1 项，国家等重点新产品 5 项，制定行业标准 3 项，2005 年、2014 年、2017 年分别获北京市科学技术奖二等奖、三等奖、一等奖。共创制 37 种新产品，增产 6. 49 万吨，产值 4. 12 亿元，直接和间接效益分别 2. 01

亿元和300亿元，替代抗生素2.63万吨，在替代抗生素理论、产品与技术方面作出较大贡献。

17. 饲料质量安全与高效加工关键技术研究与应用

主要完成单位 中国农业科学院北京畜牧兽医研究所，中国农业科学院饲料研究所，中国农业大学，河南工业大学，中国农业科学院农业质量标准与检测技术研究所，北京市畜牧总站，北京大北农科技集团股份有限公司，四川铁骑力士实业有限公司

主要完成人员 秦玉昌，李军国，张军民，王红英，王卫国，李　俊，薛　敏，饶正华，陈　余，宋维平，冯光德，董颖超，谷　旭，赵青余，杨　洁，汤超华，牛力斌，贾亚雄，吕学泽

起止时间 2001年6月—2016年12月

获奖情况 2018—2019年度神农中华农业科技奖一等奖

内容提要 针对我国在饲料质量安全控制和加工技术方面总体水平较低、部分关键技术落后、精准生产管理和质量控制技术缺乏等问题，取得以下主要成果：①首次提出饲料中三聚氰胺限量值，制定饲料有毒有害成分检测方法，创建饲料及畜产品中β-受体激动剂监控技术，建立饲料质量快速评价检测技术。②揭示热敏性添加剂加工过程损失规律，发明高效调质低温制粒畜禽饲料生产新工艺，优化畜禽饲料加工工艺及参数，创新饲料原料挤压膨化预处理技术。③首次构建饲料加工基础数据库，创新饲料加工过程HACCP、可追溯管理技术，制定交叉污染防控技术规范。项目获发明专利11项、软件著作权7项，制定国家标准10项、行业标准5项，发表论文273篇，其中SCI收录31篇，出版著作6部，获神农中华农业科技奖科学研究类成果一等奖1项、中国农业科学院科学技术成果奖1项、中国粮油学会科学技术奖一等奖1项。成果累计为饲料生产企业和养殖企业创造了28.93亿元的经济效益，经济和社会效益十分显著。

18. 花生加工适宜性评价与提质增效关键技术产业化应用

主要完成单位 中国农业科学院农产品加工研究所

主要完成人员 王　强，刘红芝，石爱民，刘　丽，胡　晖，王传堂，高冠勇，黄纪念，宫旭洲，李启寨，姜元荣，郭　芹，孙　杰，陈　宁，杜祖波，李　秋，于宏威，唐月异，芦　鑫，胡东青

起止时间 2009年1月—2016年5月

获奖情况 2018—2019年度神农中华农业科技奖一等奖

内容提要 我国花生生产与加工长期存在原料混收混用、产品品质差、产业效益低的瓶颈问题。该项目取得以下突破：①揭示了原料关键指标与产品品质的关联机制，创建了花生加工适宜性评价理论体系与技术方法，实现了传统评价技术的革新。②自主创制了高通量快速检测新技术新设备，首次按加工用途进行科学分类并筛选出花

生加工专用品种，破解了混收混用的瓶颈问题。③创建了专用品种的专用加工工艺，首次研发出原生初榨花生油等系列新产品，显著提升了品质与效益。成果获发明专利32件（美国2件、日本1件）、软件著作权8件，制定农业行业标准2项，出版中英文专著5部，发表论文71篇（SCI收录24篇）。成果整体处于国际先进水平。在13家企业及国家花生产业体系应用，近两年累计新增销售额65.28亿元、利润4.98亿元。被选为国家“十二五”科技创新成就展参展成果，获中国商业联合会科学技术奖特等奖、神农中华农业科技奖优秀创新团队奖。

19. 中国农业科学院玉米栽培与生理创新团队

主要完成单位 中国农业科学院作物科学研究所

主要完成人员 李少昆，赵　明，谢瑞芝，王克如，董志强，马兴林，徐　江，周文彬，李从峰，马　玮，侯　鹏，丁在松，明　博，周宝元，阎　鹏

起止时间 2004年1月—2018年12月

获奖情况 2018—2019年度神农中华农业科技奖优秀创新团队奖

内容提要 玉米栽培与生理创新团队是中国农业科学院科技创新工程首批创新团队之一，于2004年组建，现有在职科研人员15名，其中研究员8名，副研究员3名，助理研究员4名，全部具有博士学位；享受国务院特殊津贴专家2人，全国优秀科技工作者2人，农业部全国农业科研杰出人才1人，现代农业产业技术体系栽培岗位专家2人。团队首席李少昆研究员2017年获得首届全国创新争先奖章。创新团队紧密围绕国家作物生产重大科技需求，以玉米高产高效栽培为目标，开展玉米栽培学和生理学的应用基础理论研究和重大关键技术创新、集成与示范，着力突破产量与品质形成机制、高产高效栽培技术、资源高效利用机制、作物生产信息技术等应用基础研究和关键技术，在理论创新、技术研发、人才培养和科普推广等方面取得长足进展。近5年来，创新团队主持和参加各类课题40余项，科研任务饱满。获得一批学术领先、技术创先、效益显著的重大科研成果，已经发展成为国内外具有较大影响的研究团队。

20. 水稻品质遗传改良团队

主要完成单位 中国水稻研究所

主要完成人员 唐绍清，胡培松，黄发松，魏祥进，罗　炬，谢黎虹，焦桂爱，邵高能，圣忠华，胡时开，葛燕萍

起止时间 1991年7月—2017年12月

获奖情况 2018—2019年度神农中华农业科技奖优秀创新团队奖

内容提要 该团队长期坚持以稻米品质遗传改良为研究方向，通过系列创新，突破了稻米品质改良技术难点，有效地加快了我国稻米品质改良进程。2011年入选农业部农业科研杰出人才创新团队，2013年入选国家创新人才推进计划重点领域创新团

队。获得国家科技进步奖二等奖 2 项，国家技术发明奖四等奖 1 项，1 项成果 2016 年获浙江省科技进步奖一等奖。审定品种 35 个，获得发明专利 17 项、品种权 15 项，制定农业部部颁标准 2 项；编著《优质稻米研究与利用》等专著 2 部，发表论文 90 余篇，其中 SCI 引用论文 38 篇。团队育成的系列优质稻品种，累计推广应用 1.5 亿亩以上，推动了优质稻的产业化开发，促进农民增收、企业增效约 50 亿元。新育成的米粉加工优质专用早稻中嘉早 17，集优质（专用）、高产、广适、抗逆、籽粒镉低积累、氮磷钾高效利用等显著特点于一身，年推广面积突破 1 000 万亩，成为南方稻区推广面积最大的水稻品种。

21. 棉花基因组育种创新团队

主要完成单位 中国农业科学院棉花研究所

主要完成人员 宋国立，严根土，王 宁，王延琴，左东云

起 止 时 间 1999 年 1 月至今

获 奖 情 况 2018—2019 年度神农中华农业科技奖优秀创新团队奖

内 容 提 要 该团队瞄准世界前沿，加强研究攻关，致力于科技创新，以基因组计划规划分子育种蓝图，以优异种质材料驱动品种遗传改良，在棉花基因组学研究、棉花优异种质创制、新品种培育等方面取得了一系列的重要突破。团队自成立以来，已出版著作 4 部，发表学术论文 70 余篇，其中 SCI 论文 23 篇。审定棉花新品种 10 个（国外审定 2 个），其中，主持培育的多抗稳产棉花新品种中棉所 49，2005 年入选农业农村部主导品种，至今仍然是全国种植面积最大的棉花品种，已连续 11 年列入国家棉花区试对照品种。获植物新品种权 5 项，国家授权专利 10 项，制定标准 16 项。团队先后荣获省部级以上成果奖励 10 项，其中团队成员作为第一完成人荣获国家科技进步奖二等奖 1 项，作为主要完成人荣获国家科技进步奖一等奖 1 项、二等奖 1 项。另外，在国家“一带一路”倡议指引下，主持培育的中棉所 44 和中棉所 59 分别于 2014 年和 2017 年通过了吉尔吉斯斯坦审定，这对于推进“农业走出去”、构建中亚国际棉花产业聚集带具有重要战略意义。

22. 农药应用与风险控制创新团队

主要完成单位 中国农业科学院植物保护研究所，农业农村部农药检定所，中国农业大学

主要完成人员 郑永权，张宏军，高希武，董丰收，袁会珠，蒋红云，黄啓良，刘 学，陶岭梅，吴进龙，陈 昶，芮昌辉，陈福良，刘新刚，梁 沛，林荣华，徐 军，杨代斌，张 兰，曹立冬

起 止 时 间 1998 年 10 月—2019 年 1 月

获 奖 情 况 2018—2019 年度神农中华农业科技优秀创新团队奖

内 容 提 要 团队成立于 1998 年，依托中国农业科学院植物保护研究所、农业

农村部农药检定所、中国农业大学等科研教学和管理单位组建，以农药有效成分、剂型设计、施药技术及风险管理为核心，设立了“选药、配药、施药、评价、管控”5 个研究单元。团队成立 20 多年以来，主持国家级项目 50 余项；累计发表 SCI 论文 300 余篇，主编或参编著作 15 部；获国家科技进步奖二等奖 4 项，其中主持完成 3 项，获省部级奖励 12 项；取得国家发明专利 23 项；制定国家标准 145 项。目前团队核心成员 20 余人，其中 85%具有博士学位，85%具有正高级职称。团队带头人郑永权为中国农业科学院植物保护研究所二级研究员、博士生导师、政府特贴专家。团队始终围绕农药科学应用与风险控制开展深入和系统研究，率先提出农药高效低风险理念，并构建技术体系和推广应用。研究水平和能力达到国际同类研究领先水平，是一支在国内外具有重要影响力的高素质队伍。

23. 土壤培肥与改良创新团队

主要完成单位　中国农业科学院农业资源与区划所，中国热带农业科学院南亚热带作物研究所

主要完成人员　徐明岗，卢昌艾，张文菊，张淑香，张会民，孙　楠，段英华，张建峰，蔡泽江，文石林，王　旭，石伟琦，刘红芳，李桂花，申华平，保万魁，马海洋，刘亚男，邬　磊

起 止 时 间　1996 年 3 月—2018 年 12 月

获 奖 情 况　2018—2019 年神农中华农业科技奖优秀创新团队奖

内 容 提 要　团队长期以来一直从事土壤培肥与改良研究，拥有 19 名成员，其中国家突出贡献专家 1 人、万人计划 1 人、青年英才 3 人，并拥有国家级平台 3 个、省部级平台 2 个。近 10 年主持国家及省部级科研项目 43 项，获省部级以上科技奖励 11 项，其中国家科技进步奖二等奖 2 项、省部级一等奖 3 项；发表论文 401 篇，其中 SCI 收录 159 篇；出版专著 11 部；获国家专利 15 项，其中发明专利 6 项；制定行业标准 8 项，在国内外具有重要影响。团队围绕土壤肥力提升的关键科技问题进行了长期的创新研究，主要标志性成果：①农田土壤有机质演变规律与提升技术，获 2015 年度国家科技进步奖二等奖。②我国典型红壤区农田酸化特征及防治关键技术构建，获 2018 年度国家科技进步奖二等奖。团队科技创新能力和学术引领作用强，牵头组织实施了多项国家重大科研项目，主办了多次重要国际会议，显著提升了我国在耕地质量建设方面的学术水平和国际影响力。依托单位平台条件良好，支持力度大，团队成果产业化应用面积大、影响广，经济、社会和生态效益显著。

24. 中国农业科学院黄羽肉鸡遗传育种创新团队

主要完成单位　中国农业科学院北京畜牧兽医研究所，广西金陵农牧集团有限公司，安徽农业大学

主要完成人员　文　杰，赵桂苹，陈继兰，耿照玉，郑麦青，刘冉冉，粟永春，

李庆贺，崔焕先，姜润深，沈前程，黄　超，黄　雄，孙研研，刘　丽，陈智武，胡祖义

起止时间　1997 年 1 月—2017 年 12 月

获奖情况　2018—2019 年度神农中华农业科技奖优秀创新团队奖

内容提要　团队聚焦优质、节粮、抗病等产业需求目标，开展了长期系统的基础研究、关键育种技术创新和新品种培育工作，取得了一批重要的创新性成果，形成了一支国内一流、国际上具有重大影响的黄羽肉鸡遗传育种创新队伍，引领了肉鸡产业的发展。文杰研究员作为团队负责人，是国家肉鸡产业技术体系首席科学家。现有主要成员 17 人，其中高级职称 10 人，平均年龄 44 岁。团队以肉质、抗病、饲料效率为主要研究方向，在肉质形成规律、抗病遗传机理等基础研究方面处于国际先进水平，创建的品质和抗病选育技术、节粮型配套系育种技术、基因组育种技术等引领了行业技术的发展。近 10 年来，完成国家和部省级科研项目 100 余项，发表 SCI 论文 91 篇，获授权发明专利 12 项，培育了 5 个黄羽肉鸡新品种，获 2016 年国家科技进步奖二等奖 1 项。团队为我国黄羽肉鸡种业的发展和育种技术水平的提高作出了重要贡献。

25. 中国农业科学院农产品加工研究所肉品加工与综合利用创新团队

主要完成单位　中国农业科学院农产品加工研究所

主要完成人员　张德权，张春晖，侯成立，李　欣，王振宇，李　侠，惠　腾，陈　丽，贾　伟，郑晓春，王　航，刘云鹤，丁　楷，穆国锋，杨海燕，崔银成，刘珊珊

起止时间　2003 年 1 月—2018 年 12 月

获奖情况　2018—2019 年度神农中华农业科技奖优秀创新团队奖

内容提要　团队 20 年来聚焦肉品保质保鲜、中式传统肉制品绿色制造、屠宰副产物高值化利用三大重点任务，取得以下突破：①首次系统解析我国羊肉加工特性，创建了适合我国饮食习惯的羊肉“分级分割—精深加工—综合利用”梯次加工技术。②首次揭示蛋白质磷酸化及微生物影响肉品品质的内外源机制，研建“冷藏/冰温/超冰温+”栅栏保质保鲜技术体系。③研发传统肉制品绿色制造技术装备，研制中式酱卤、腌腊、烧烤、风干、香肠等五大类新产品，实现工业化生产。④创建屠宰副产物高值化利用理论与技术体系。项目获 2018 年国家科学技术进步奖二等奖、2015 年中华农业科技奖一等奖、2015 年北京市科学技术奖二等奖等各种奖项 8 项。团队首席张德权研究员获国家“万人计划”科技创新领军人才、全国农业科研杰出人才等称号，带领团队共发表学术论文 247 篇，其中 SCI/EI 论文 135 篇；授权专利 129 件，其中发明专利 63 件；申请国际专利 7 件，其中授权 4 件；制定国家或行业标准 14 项，获软件著作权 16 件；出版专著 2 部、编著 6 部；指导企业建立示范线 55 条，成果转化收入达 1 950 万元，直接经济效益 164.3 亿元，为我国肉类产业发展提供了强有力的科技支撑。

26. 农业农村部环境保护科研监测所养殖业污染防治创新团队

主要完成单位　农业农村部环境保护科研监测所

主要完成人员　张克强，漆新华，杜连柱，丁永祯，王　风，杜会英，等

起 止 时 间　2007 年 7 月—2019 年 2 月

获 奖 情 况　2018—2019 年度神农中华农业科技奖优秀创新团队奖

内 容 提 要　团队建立于 2007 年，以规模化畜禽养殖污染防治为研究方向，针对我国集约化畜禽养殖过程中存在的环境污染问题，遵循“源头控制—过程减量—处理利用”全过程污染防治思路，重点围绕养殖场废弃物产生、收集贮存、处理和利用等环节进行整体设计，开展污染防治技术、设备和模式研究，提出污染防治整体解决方案。团队有在岗职工 19 人，其中正高级职称 4 人、副高级职称 7 人，博士/硕士研究生导师 9 人，具有博士学位 13 人，在站博士后、在读博士硕士研究生等共计 30 人。团队先后承担国家重点研发计划项目、公益性行业（农业）科研专项项目、国家科技支撑计划课题等项目/课题 51 项。成果获农牧渔业丰收奖一等奖 1 项、中国农业科学院科学技术成果奖二等奖 1 项、天津市科技进步奖二等奖 1 项、三等奖 3 项、云南省科技进步奖三等奖 1 项。发表学术论文 260 篇，SCI 论文 59 篇，EI/中文核心期刊 180 余篇；授权发明专利 25 项，实用新型专利 65 项；出版著作 6 部，参编 5 部，颁布标准 9 项。创新团队建设成效显著，推动了该领域学科发展，促进了我国畜禽养殖污染防治技术水平升级。

27. 中国农业科学院甘蓝遗传育种创新团队

主要完成单位　中国农业科学院蔬菜花卉研究所

主要完成人员　杨丽梅，方智远，刘玉梅，庄　木，张扬勇，孙培田，王晓武，吕红豪，王　勇，李占省，张合龙，高富欣，刘　伟，闫书鹏，李瑞云，杨宇红、卞春松

起 止 时 间　1970 年 7 月—2019 年 2 月

获 奖 情 况　2018—2019 年度神农中华农业科技奖优秀创新团队奖

内 容 提 要　团队建立于 20 世纪 70 年代，现有成员 17 人，老中青结合。团队搜集国内外甘蓝种质资源 3 000 余份，挖掘出优异种质 300 余份，创制出“01-20”“02-12”“21-3”等育成甘蓝新品种最多的骨干亲本。率先突破甘蓝自交不亲和系选育技术，在国内外首先发现甘蓝显性雄性不育源并创建了雄性不育育种技术体系，优化了小孢子培养技术，开发了与抗性、育性、品质等主要性状紧密连锁的分子标记。培育出我国第一个甘蓝杂交种“京丰一号”“中甘 11 号”“中甘 8398”“中甘 21”为代表的 4 代甘蓝新品种 30 余个，已在全国 30 个省市累计推广 1.0 亿亩以上，尤其在早熟春甘蓝、高原夏甘蓝占栽培面积的 60%以上，取得显著的社会经济效益。团队发表论文 150 余篇，其中 SCI 论文 50 余篇，他引 3 000 多次；出版著作 5 部；获发明专利 6 项，培养研究生 100 多名；获国家发明奖一等奖 1 项及国家科技进步奖二等奖 3 项。为促进我国

蔬菜产业发展、提高蔬菜科技水平发挥了重大作用。

28. 奶产品质量与风险评估创新团队

主要完成单位 中国农业科学院北京畜牧兽医研究所

主要完成人员 王加启，郑 楠，李松励，张养东，赵圣国，文 芳，郑姗姗，李慧颖

起 止 时 间 2013 年 1 月—2017 年 12 月

获 奖 情 况 2018—2019 年度神农中华农业科技奖优秀创新团队奖

内 容 提 要 团队进一步完善了“畜牧—兽医—质量安全与加工”学科群，将传统动物营养和遗传育种向畜产品质量安全延伸，应用元基因组学、代谢组学、蛋白质组学等技术取得了新成果。团队把“奶牛营养与饲料—牛奶品质形成—奶产品质量安全评估”3 个研究领域按照产业发展的新需求，有机整合为“奶产品质量与风险评估”研究方向，目前已经成为目标明确、内容丰富、填补我国奶业发展空白的新学科。同时，该团队在人工瘤胃等关键技术上取得突破；绘制了不同奶产品重要蛋白组的质量图谱；组织全国 47 家质检机构，开展奶产品危害因子评估研究，为实施《全国生鲜乳监测计划》发挥了重要支撑作用。2012 年获国家科技进步奖二等奖 1 项，2014 获河北省科技进步奖一等奖 1 项。

29. 我国三大粮食作物主产区丰产高效技术体系创建与示范推广

主要完成单位 中国农业科学院作物科学研究所

主要完成人员 赵 明，张 毅，李春喜，王永军，葛均筑，马 玮，雷昌云，高 军，张保安，信 欣，潘天遵，宋建军，吴孝军，翟中兵，杨永安，王庆革，夏书贞，皮楚舒，王俊艳，李玉珠，王富峰，朱腊民，朱圣贤，王 锐，刘力铭

起 止 时 间 2004 年 1 月—2015 年 12 月

获 奖 情 况 2018—2019 年度全国农牧渔业丰收奖一等奖

内 容 提 要 针对我国粮食生产出现“四个连年减少”，项目创新了三大平原三大作物的气候—土壤—作物协同的丰产高效关键技术并集成区域特色技术模式，构建了一体化技术扩散途径和全要素综合评价体系。创新了“双联动”机制、“双协同”机制和“双引导”机制的组织措施；构建了“双对接”“双驱动”“双配合”和“双参与”的“研究—示范—推广”一体化无缝衔接技术扩散新途径。利用分发《农村科技口袋书》和丰产技术明白纸等方式技术培训 5 000 余次，培训人员达 40 万余人次，发放纸质材料 3 000 余万份，有效提升了我国粮食生产科技及推广水平。2015—2017 年，累计推广 31 283. 1 万亩，增产 1 962. 1 万吨，每亩新增纯收益 101. 42 元，推广投资年均纯收益率 43. 4 元/元，总经济效益 5. 29 亿元。

30. 畜禽养殖中未知添加物筛查与控制新技术及推广应用

主要完成单位　中国农业科学院农业质量标准与检测技术研究所等

主要完成人员　杨曙明，邱　静，王黎文，陈慧华，黄士新，陈　刚，陈爱亮，李　林，姜晓霞，刘耀敏，陈伟伟，陆福元，栾兆双，张凤枰，原所晓，包金土，张书锋，胡建成，程　婷，刘　燕，张更弦，吴建东，潘学虎，周宏亮，黎兆宗

起 止 时 间　2007 年 7 月—2016 年 12 月

获 奖 情 况　2016—2018 全国农牧渔业丰收奖一等奖

内 容 提 要　针对我国畜禽养殖中不明添加物带来的高风险、缺乏检测技术、控制手段落后、监管上处于“事后应对”等问题，项目取得以下突破：①研发动物养殖中未知添加物筛查与确认系列技术，创制可筛查未知添加物的新型快速检测技术及产品，研发高分辨质谱结合化学计量学的未知物分析确认技术。核心技术获得中国农业科学院杰出科技创新奖。②一批检测技术标准已被颁布实施，未知添加物筛查和确认技术规程在农业农村部全国饲料预警监测得到广泛应用。③创建了覆盖动物养殖过程全链条的未知添加物预警信息报送、动态发布平台，超大型饲料生产+畜禽养殖联合体综合防控示范区，乡镇推广监测机构+省市检测机构联动联检等推广模式。④成果直接示范区饲料产销量占全国总量的 19.2%，赛庚叮等高风险添加物的检出率下加到零。协助公安等执法部门破获 8 起食品安全犯罪案件；连续五年在全国饲料预警监测进行应用。

31. 中苜 2 号高产苜蓿新品种的推广应用

主要完成单位　中国农业科学院北京畜牧兽医研究所，河北沧州渤海新区中捷产业园，内蒙古自治区草原工作站

主要完成人员　杨青川，康俊梅，张铁军，龙瑞才，赵景峰，赵忠祥，郑桂亮，刘月祥，王　霞，于合兴，刘和平，吕志岗，孟　勇，邱雪峰，高立强，李振国，徐玉鹏，王者勇，索亚林，甄富斌

起 止 时 间　2003 年 1 月—2018 年 12 月

获 奖 情 况　2016—2018 年全国农牧渔业丰收奖一等奖

内 容 提 要　中苜 2 号是以 101 份国内外苜蓿种质资源为亲本，选择分枝多、叶片大、植株高，没有明显主根的优良单株相互杂交，完成第一次混合选择，然后又经 3 代轮回选择获得高产苜蓿新品种。全国草品种审定委员会专家一致认为“该项研究成果居国内同类研究领先水平”。该品种具有高产、优质、适应性广和侧根发达等特点。在河北衡水地区雨养条件下创亩产 1 032.4 千克的苜蓿高产纪录，比中苜 1 号产量提高 14.5%。目前该品种已在我国 9 个省（区、市）的大面积推广应用，已成为我国黄淮海及华北地区的主推苜蓿品种。截至 2018 年年底，该品种累计推广面积 1 207 万亩，增产干草 9.89 亿千克，新增产值 16.42 亿元。新品种的推广应用，不仅增加了优质饲草产量，缓解蛋白饲料不足的矛盾，而且提高了中低产田利用率，产生了较好的经济、社

会和生态效益。

32. 植保无人飞机减施增效关键技术集成与产业化推广应用

主要完成单位 农业农村部南京农业机械化研究所，华南农业大学，等

主要完成人员 薛新宇，兰玉彬，袁会珠，王凤乐，杨宏伟，崔　军，等

起 止 时 间 2009 年 1 月—2018 年 12 月

获 奖 情 况 2016—2018 年度全国农牧渔业丰收奖一等奖

内 容 提 要 机械化植保是确保我国病虫害有效防控的必要支撑，传统植保机械作业效率低、成本高，特殊农田条件行走难等问题严重制约产业发展。项目组率先在我国开展植保无人飞机施药技术及装备攻关工作。历经 10 年，围绕植保无人飞机减施增效关键技术集成与产业化推广应用，在植保无人飞机超低空精准施药技术与装备，主要农作物精量化飞防应用技术，远程调度管理和信息统计技术等方面取得创新性突破。

33. 茶园生产机械化作业技术集成应用

主要完成单位 农业农村部南京农业机械化研究所，江苏农林职业技术学院，等

主要完成人员 肖宏儒，王润贤，冷　杨，宋志禹，丁文芹，韩　余，等

起 止 时 间 2008 年 1 月 1 日—2018 年 12 月 31 日

获 奖 情 况 2016—2018 年度全国农牧渔业丰收奖一等奖

内 容 提 要 成果系统地集成了“分形而治”“动力平台+”的茶园机械化生产技术模式，突破仿生耕作、立式螺旋深施肥、仿生采摘、负压捕虫等原创技术，适宜平、缓、陡茶园的通用动力底盘及全程作业机具，和差异化机具配备方案，形成了完备的茶园生产全程作业装备技术体系。

34. 东北北部食用大豆优质高效技术集成与推广

主要完成单位 中国农业科学院作物科学研究所，南京农业大学，黑龙江省农业科学院土壤肥料与环境资源研究所，黑龙江省农业科学院黑河分院，呼伦贝尔市农业科学研究所，吉林农业大学，黑河市爱辉区农业技术推广中心，黑龙江八一农垦大学，北安市农业技术推广中心，东北农业大学，嫩江县农业技术推广中心，大兴安岭农垦（集团）有限责任公司，中国科学院东北地理与农业生态研究所农业技术中心，中国农业大学，中国农业科学院农业资源与农业区划研究所，莫力达瓦旗农业技术推广中心，黑龙江省农垦总局九三农业科学研究所，阿荣旗农业技术推广中心，鄂伦春自治旗农业技术推广中心，黑龙江省农业科学院大豆研究所，逊克县农业技术推广中心，孙吴县农业技术推广中心，扎兰屯市农业技术推广中心

主要完成人员 韩天富，盖钧镒，魏　丹，鹿文成，孙宾成，于寒松，张凤琴，

张玉先，孙义春，宋雯雯，陈海涛，刘月辉，赵奎军，吴存祥，秦世宝，邹文秀，司　伟，贾鸿昌，李　俊，王　伟，江连洲，陈广平，赵晋铭，滕卫丽，孙　石，张安宏，李金龙，董　平，韩晓增，魏　峡，赵云彩，武婷婷，张立军，梁　昕，孙　昱

起 止 时 间　2011 年 1 月—2018 年 12 月

获 奖 情 况　2016—2018 年度全国农牧渔业丰收奖农业技术推广合作奖

内 容 提 要　2011 年以来，项目组针对我国东北北部大豆单产低、成本高、效益差、市场定位不准确等制约产业发展的突出问题，联合来自全国 13 家科研院所的不同领域专家及 9 个大豆主产县（场）农技推广人员，明确了东北北部大豆品质优势，提出了建设优质食用大豆基地的产业发展建议，得到地方政府采纳。筛选、培育出一批蛋白脂肪含量均衡、功能性成分丰富的食品专用大豆品种，实现了品种更新换代。集成轮作倒茬、连作障碍消减、肥沃耕层构建、病虫草害绿色防控及全程机械化精准作业等关键技术，形成优质食用大豆绿色高产高效技术模式，创造了万亩平均亩产超过 200 千克的高产典型，带动了服务区大豆面积的逆势扩展，巩固了东北北部作为我国食用大豆核心生产基地的优势地位。培养高素质农技推广人才，提升基层农技服务水平。打造优质食用大豆品牌，开发了“全籽粒、全营养、功能化和高值化”系列化大豆健康食品。2016—2018 年，累计推广应用 6 185.16 万亩，节本增收 28.2 亿元，社会经济效益显著。

35. 玉米密植高产全程机械化绿色生产技术研究与应用

主要完成单位　中国农业科学院作物科学研究所

主要完成人员　李少昆，赵冰梅，谢瑞芝，汤　松，毕显杰，徐　鸿，邱　军，侯　鹏，张新国，刘朝巍，张卫国，柴宗文，陈江鲁，赵如浪，勾　玲，孙多鑫，肖春花，杨京京，陈永生，张振国，刘新兰，徐喜俊，杨小霞，鲁镇胜，王宇飞，孔　融，周广顺，王康武，韩冬生，俞万兵

起 止 时 间　2011 年 1 月—2018 年 1 月

获 奖 情 况　2016—2018 年度全国农牧渔业丰收奖农业技术推广合作奖

内 容 提 要　玉米是粮、经、饲多用途的农产品，是我国第一大作物，但玉米单产水平不高、高产重演性差、产量突破途径不明、高产不高效及市场竞争力差等问题突出，需要现代玉米生产理念和技术的创新与推广普及。项目取得以下突破：①持续挖掘玉米高产潜力，构建完善以抗倒、防衰和提高群体整齐度为核心的玉米密植高质量群体调控栽培理论。②创新密植栽培、水肥一体化、机械粒收等关键技术。③构建玉米密植高产全程机械化绿色生产技术模式，2013—2016 年连续 4 年被农业部遴选为主推技术。④连续 6 次刷新全国高产纪录，制定并颁布了 9 项粒收生产技术标准。⑤多渠道推广示范应用，开展技术培训工作，加快现代玉米生产技术和理念普及。

36. 奶牛绿色提质增效技术集成生产模式研究与示范推广

主要完成单位 中国农业科学院北京畜牧兽医研究所，黑龙江省农垦科学院畜牧兽医研究所，宁夏回族自治区畜牧工作站，中国农业科学院草原研究所，西北农林科技大学，黑龙江省农业科学院畜牧兽医分院，黑龙江省农业科学院畜牧研究所，青岛市畜牧工作站，中国奶业协会，山东省畜牧总站，天津市畜牧兽医研究所，河北农业大学，河南省饲草饲料站，南阳市兽药监察所，内蒙古优然牧业有限责任公司，东营神州澳亚现代牧场有限公司，黑龙江省九三农垦鑫海奶牛养殖专业合作社，贺兰中地生态牧场有限公司，山东宝来利来生物工程股份有限公司，山东吉源农牧科技发展有限公司，北京永和荣达饲料有限公司，上海牧高生物科技有限公司

主要完成人员 张军民，卜登攀，马 莹，卫喜明，赵连生，温 万，赵青余，陶 雅，马 露，姚军虎，周庆民，史同瑞，吴宏达，王建华，亓美玉，邢海云，甘文平，邵怀峰，刘开东，柴士名，王 伟，陈丽丽，高艳霞，牛 岩，高慧军，王 典，杨 库，何 举，王俊贤，赵 勐，谷 巍，王 军，赵学军，陈雅坤，刘仕军

起止时间 2016年1月—2018年12月

获奖情况 2016—2018年度全国农牧渔业丰收奖农业技术推广合作奖

内容提要 针对我国优质奶源不足、奶牛生产效率和饲料转化率低等突出问题，项目组织22家单位开展了奶牛绿色提质增效技术集成生产模式研究与示范推广。合作单位间形成了科研院所出技术、推广部门组织推广、生产企业示范应用“三位一体”的合作机制；构建了“技术集成—示范推广—主产区应用”分层落实、紧密结合、稳固连续的“金字塔型”推广模式。采用“边研发、边集成、边示范”的方式，集成了18项共性与局域性关键主推技术。通过核心示范场应用，以点带面，辐射带动西北、华北和东北奶牛主产区应用推广，促进425万头奶牛提高单产、饲料转化率和生鲜乳质量安全水平，新增利润71 725.68万元，累计培训1.2万人次，取得了显著的经济社会效益。

37. 规模养殖场粪污治理技术示范与推广

主要完成单位 农业农村部环境保护科研监测所，天津市奶业发展服务中心，天津市环境保护科学研究院，天津市畜牧总站，全国畜牧总站，天津市畜牧兽医研究所，天津市宝坻区畜牧水产业发展服务中心，天津市蓟州区畜牧业发展服务中心，天津市静海区畜牧水产业发展服务中心，天津市武清区畜牧水产业发展服务中心

主要完成人员 张克强，王鸿英，杨 鹏，王 风，张 维，赵 润，王永颖，赵翌晨，高文萱，于海霞，宋文华，翟中葳，张盛南，梁军锋，

陈荣荣，沈丰菊，杨　平，周荣柱，李佳佳，张　蕾，任　妮，刘立群，郭　彬，张建华，陆作领，杨洪杰，陈紫剑，孙连波，申艳玲，潘建红，杜会英，朱克锋，王福文，黄保平，向世标

起止时间　2016 年 1 月—2018 年 12 月

获奖情况　2016—2018 年度全国农牧渔业丰收奖农业技术推广合作奖

内容提要　项目以破解规模化养殖业环境污染和资源浪费难题为目标，以实现养殖场粪污有效治理为出发点，通过长期合作，建立基于养殖生产全过程的技术创新，围绕源头减量、过程控制、末端利用的治理路径，创新研发了用于粪便收集和处理，粪便基质化、能源化、肥料化等高值转化的关键技术 5 项，创新研发了用于废水收集和处理，废水无害化处理和资源化利用等关键技术 5 项，集成了种养结合就地利用、集中处理异地利用、能源转化循环利用、基质转化综合利用、深度处理达标排放五大粪污处理模式，其中基质化粪便垫料回用模式已被纳入农业农村部《畜禽粪污资源化利用行动方案（2017—2020 年）》的主推技术。

38. 茶叶研究所李强获得全国农牧渔业丰收奖贡献奖

获奖情况　2016—2018 年全国农牧渔业丰收奖贡献奖（个人）

内容提要　李强，茶叶研究所高级农艺师，茶叶产业化定点服务项目负责人。自 2003 年起，为贵州等 17 个省（区、市）的 150 多家茶企业提供定点技术服务，累计直接服务“三品一标”（绿色食品、有机产品、无公害农产品及农产品地理标志）认证茶园面积 100 余万亩，20 余家接受服务的企业获得省级及以上农业产业化重点龙头企业和省级科技型农业企业称号。连续 15 年担任浙江革命老区缙云县科技特派员，通过创建科技部第一批轩辕黄贡星创天地，主持创建省级农业科技园区——缙云黄茶特色农业科技园区等，实现缙云黄茶从一个单株育成一个品种继而撑起一个新的富民产业。被授予浙江省突出贡献科技特派员、浙江省农业科技先进工作者、中国农业科学院脱贫攻坚和乡村振兴先进个人、丽水市劳动模范等荣誉称号 12 项。

39. 小麦抗旱节水种质创制与利用

主要完成单位　中国农业科学院作物科学研究所，西北农林科技大学，山西省农业科学院，洛阳农林科学院，河北省农林科学院旱作农业研究所

主要完成人员　景蕊莲，谢惠民，柴永峰，杨子光，刘新月，张俊灵，毛新国，张文英，吴少辉，奚亚军

起止时间　2006 年 12 月—2016 年 12 月

获奖情况　2018—2019 年度神农中华农业科技奖二等奖

内容提要　干旱缺水严重影响小麦生产，本项目取得以下突破：①创建小麦抗旱节水表型与基因型相结合的鉴定评价技术体系，突破制约抗旱节水基因型准确高效选择的技术瓶颈。②创制小麦遗传群体 26 个，创制适于多种生态条件的抗旱节水新种质

43份，拓宽遗传基础，实现抗旱节水种质资源发掘利用的原始创新。③创新集成小麦“水旱协调三步选育技术”，育成新品种31个，推广应用5 409万亩，在小麦增产增效中发挥重要作用。项目获省部级科技奖5项，发明专利9项，实用新型专利3项，植物新品种保护权10项，发表论文158篇，他引3 202次。成果攻克了旱地品种旱年产量低、丰年易倒伏、高产不优质的难题，整体提升了我国小麦抗旱节水高产优质种质创制与品种选育的研究水平和创新能力，为保障国家粮食安全、水资源安全及生态安全，农民节本增收作出了重大贡献。

40. 玉米抗主要病虫鉴定评价技术体系创建及应用

主要完成单位 中国农业科学院作物科学研究所，全国农业技术推广服务中心，河北省农林科学院植物保护研究所，四川省农业科学院植物保护研究所，辽宁省农业科学院，吉林省农业科学院，黑龙江省农业科学院植物保护研究所

主要完成人员 王晓鸣，李　晓，石　洁，孙世贤，徐秀德，王作英，张匀华，李　红，武小菲，崔丽娜，晋齐鸣，段灿星，郭　宁，何康来，郭　成

起止时间 2000年1月—2016年12月

获奖情况 2018—2019年度神农中华农业科技奖二等奖

内容提要 针对我国玉米生产中病虫害发生动态不明、抗病虫品种及抗源匮乏、抗性鉴定技术短缺问题，开展玉米抗主要病虫害鉴定评价技术体系构建与应用研究：①查明我国玉米各主产区主要病虫害种类，揭示重大病害发生动态与未来流行趋势，明确分阶段的玉米抗源筛选和各区域品种抗性鉴定目标。②研发玉米抗病虫鉴定技术，首创以产量损失衡量玉米抗病虫水平指标并制定农业行业标准13项，提出玉米品种最低病害抗性标准，创建玉米抗主要病虫鉴定评价技术体系。③玉米抗主要病虫鉴定评价技术体系为玉米抗源筛选、新品种选育、重大病虫害绿色防控提供了重要技术支撑，保障了国家玉米生产的安全。

41. 设施蔬菜土传病害防控关键技术与应用

主要完成单位 中国农业科学院蔬菜花卉研究所

主要完成人员 李宝聚，石延霞，马　艳，朱振林，谢学文，柴阿丽，王　勇，李文嘉，丁兆龙，戴祥宇，周玉忠，孟　威，石琳琪，高　苇，张　冰

起止时间 2000年8月—2016年12月

获奖情况 2018—2019年度神农中华农业科技奖二等奖

内容提要 针对土传病原菌种类本底不清，检测技术效率低，缺乏绿色高效防控产品和技术等突出问题，项目取得以下突破：①探明了我国设施蔬菜土传病害种类，

建立了国内最大的土传病害标本库和病原菌资源库。②研创了主要新成灾土传病原菌快速检测及风险预警技术。③研制出设施蔬菜土传病害绿色防控系列产品。④创建了 4 套设施果类蔬菜、叶类蔬菜土传病害综合防控技术方案，综合防效达 75%以上。项目授权发明专利 17 件、实用新型专利 4 件，培育砧木专用新品种 4 个，制定地方标准 4 个，发表论文 77 篇，其中 SCI 论文 38 篇。2005—2016 年累计应用 3 176 万亩，挽回蔬菜损失 2 603 万吨，每季减少常规化学药剂用量 30. 50%以上，新增销售额 312. 52 亿元、新增利润 187. 52 亿元，取得了显著经济、社会和生态效益。

42. 非耕地园艺作物生态高效生产技术集成与示范

主要完成单位　中国农业科学院蔬菜花卉研究所，甘肃农业大学等

主要完成人员　蒋卫杰，余宏军，吴玉霞，张西良，任爱民，周建伟，杨江山，谢　华，李　强，王　敏，耿佃峰，程玉琳，曹　瑾，贺　琪

起 止 时 间　2012 年 1 月—2016 年 12 月

获 奖 情 况　2018—2019 年度神农中华农业科技奖二等奖

内 容 提 要　我国人均资源极度匮乏，人均耕地只有世界平均水平的 1/3，而我国 85%以上的土地资源为非耕地资源，针对非耕地存在无土栽培基质和水资源匮乏，传统种植模式经济效益不高等问题。该项目以非耕地温室蔬菜、瓜果和食用菌为主要研究对象，以无土栽培基质、节水和高效种植模式为研究重点，系统研究、集成了非耕地主要园艺作物（蔬菜、葡萄、食用菌等）节水生态高效优质生产技术。项目获授权发明专利 12 项，实用新型专利 9 项，发表论文 64 篇，专著 1 部。2017—2018 年 2 年累计推广应用面积达 91. 29 万亩，创造利润 62. 62 亿元。在我国西北地区取得了显著的经济、社会和生态效益，实现了生态效益与经济效益的高度统一，对西北贫困地区的精准扶贫和国家生态环境安全都具有重要的战略意义。

43. 粮食主产区农田土壤障碍消减与挖潜增效关键技术及应用

主要完成单位　中国农业科学院农业环境与可持续发展研究所，中国科学院沈阳应用生态研究所，中国农业大学，黑龙江省农业科学院土壤肥料与环境资源研究所，河南省农业科学院植物营养与资源环境研究所，湖南省土壤肥料研究所，江西省农业科学院土壤肥料与资源环境研究所

主要完成人员　曾希柏，宇万太，林启美，迟凤琴，寇长林，邱才飞，罗尊长，刘孟朝，王亚男，孙　楠

起 止 时 间　2003 年 6 月—2016 年 12 月

获 奖 情 况　2018—2019 年度神农中华农业科技奖二等奖

内 容 提 要　我国主产区粮食总产量约占全国的 3/4、商品量占全国的 4/5，但因长期重种轻养、化肥不合理使用等，中低产田比例达 67%以上，严重制约了粮食增

产、农民增收。项目取得以下突破：①探明了粮食主产区农田土壤主要障碍因子的演变规律，明晰了障碍因子与作物产量的相互关联，计算了改良中低产田的粮食增产潜力。②创建了以“厚沃—扩容—阻盐—调酸—降渍”为重点的农田土壤障碍因子消减关键技术，研制出相应的物化产品。③集成创新了粮食主产区农田土壤障碍因子消减的综合技术模式，为农田土壤挖潜增效提供了技术样板。研发成果近 3 年在黑龙江、河北等 7 省累计推广 2.14 亿亩，新增粮食生产能力 218.24 亿千克、新增产值 150.67 亿元；物化产品在 8 家合作企业转化，企业增收 4.73 亿元。项目共获得知识产权 22 项，含国家发明专利 16 项，出版专著 4 部、发表论文 307 篇，3 篇建议报告被相关部门采用，研究成果对指导农田土壤障碍因子消减与地力提升、农业大面积均衡增产具有重要意义。

44. 温室太阳能主动截获及轻简化关键技术研发与应用

主要完成单位 中国农业科学院农业环境与可持续发展研究所，中国农业大学，北京理工大学，北京京鹏环球科技股份有限公司，北京阳光技研科技发展有限公司

主要完成人员 张　义，方　慧，赵淑梅，杨其长，郑宏飞，周增产，程瑞锋，伍　纲，吕　昊，李秀刚，马承伟，李　琨，仝宇欣，李　涛

起 止 时 间 2003 年 6 月—2016 年 12 月

获 奖 情 况 2018—2019 年度神农中华农业科技奖二等奖

内 容 提 要 日光温室作为我国独有的节能、低成本设施结构型式，面积已达 1 500 多万亩，为保障冬季蔬菜供给作出了重要贡献。项目团队历经 10 多年攻关，取得以下突破：①首次提出日光温室太阳辐射能主动截获与释放思想，实现了温室热能储存与利用技术的突破。②创建了基于主动蓄放热的调温除湿技术方法，温室夜间温度可提高 3.5~5℃，作物根际温度提高 4.3~5.9℃，相对湿度降低 14%以上。③创制出轻简保温墙体与主动蓄放热系统一体化结构的新型温室，施工时间和安装成本节省 30%，墙体厚度由传统的砖墙 0.5~0.6 米、土墙 6.0~8.0 米缩减到 0.2 米以内，显著提高了土地利用效率。项目获授权专利 49 项，发表论文 62 篇，形成了 6 个系列 12 种主动蓄放热装备产品。成果已在北京、山东、宁夏、辽宁、甘肃等 10 多个省（区、市）和部队系统的 100 多个基地推广应用，为日光温室技术革新与产业发展作出了重要贡献，经济、社会与生态效益显著。

45. 抗螨—高产蜜蜂配套系的培育与应用

主要完成单位 中国农业科学院蜜蜂研究所

主要完成人员 石　巍，刘之光，陈　超，陈　晓，王慧华，汤　娇，等

起 止 时 间 2001 年 1 月—2015 年 12 月

获 奖 情 况 2018—2019 年度神农中华农业科技奖二等奖

内 容 提 要 针对我国养蜂产业亟需优良抗螨蜂种的重大需求，项目开展了抗螨

蜂种的选育研究，创建了适应我国南北方饲养条件，兼顾抗螨—蜂蜜高产—高繁殖力的四系配套培育理论和不同生态条件下的个体行为抗螨、群体综合抗螨的抗螨评价技术体系。评价了全国 5 800 余群西方蜜蜂，获突变系一个，新资源 82 份。培育 4 个各具特色的专门化品系。育成了中蜜一号。创新以二水合柠檬酸钠等为主要成分的蜜蜂精液体外常温保存技术，28~32℃保存 90 天，精子成活率 80%以上。获农业部主导品种 1 个、主推技术 1 项；国家发明专利 2 项；发表论文 10 篇，其中单篇在 JAR 上被引用 143 次，在 MBE 上 5 年影响因子达 14. 558。至 2018 年 12 月已在 28 个省（区、市）累计推广 189 万群，占全国西方蜜蜂饲养总数的 36. 5%。平均每年能为社会增加 3. 19 亿元经济效益。

46. 生物饲料添加剂新产品研发与应用

主要完成单位　中国农业科学院饲料研究所，清华大学，浙江清华长三角研究院，广州立达尔生物科技股份有限公司，辽宁禾丰牧业股份有限公司，广东海大集团股份有限公司

主要完成人员　丁宏标，蔡辉益，张荣庆，吴庭鹤，高秀华，陶正国，邵彩梅，钱雪桥，徐广锐

起 止 时 间　2000 年 1 月—2016 年 12 月

获 奖 情 况　2018—2019 年度神农中华农业科技奖二等奖

内 容 提 要　项目针对饲料利用率低、腹泻发病率高、饲料添加剂产品国际竞争力弱等问题，取得以下突破：①创建生物添加剂关键生产技术。研发类胡萝卜素、叶黄素等功能性营养品，辣椒碱、酿酒酵母培养物等抗菌益生新产品，以及姜辣素等抗病毒新产品；研发半乳甘露寡糖、甘露聚糖酶；研发复合酶制剂等。②创建生物饲料营养理论。提出蛋白酶制剂、微生物发酵是降解植物蛋白原料中抗营养因子；揭示饲用酶提高消化能、粗蛋白生物利用率机理等。③创建生物饲料产业化生产体系。建立基于近红外光谱法、生物效价评定法及基于色谱、质谱、核磁共振技术的饲料营养素和新鲜度快速化学检测方法等。建成年产 5 000 吨酶制剂、3 000 吨饲用乳杆菌生产线；研制生产出 100 多种天然、有机、减量、减抗、功能性预混合和全价生物饲料产品，实现了年产 200 万吨精准高效猪禽用生物饲料标准化生产。经成果评价，研究成果整体达到国际先进部分国际领先水平。

47. 农田温室气体监测体系创建与稳产减排技术应用

主要完成单位　中国农业科学院农业资源与农业区划研究所

主要完成人员　王立刚，徐　慧，颜晓元，等

起 止 时 间　2011 年 1 月—2015 年 12 月

获 奖 情 况　2018—2019 年度神农中华农业科技奖二等奖

内 容 提 要　本项目针对我国农田温室气体监测体系缺乏、监测方法不规范、排

放特征不清晰、减排技术效果不明确等农业温室气体减排的关键问题，通过在全国主要农区规范布点、统一监测方法、连续系统监测，创建了全国农田温室气体监测体系，开展了不同种植模式 N_2O 和 CH_4 排放规律，稳产减排调控措施及其机制的研究，提出了不同农区典型种植模式稳产减排技术 4 大类共计 30 项，并在典型区域开展了示范推广。为我国农业温室气体排放清单的编制和农业绿色发展提供了基础数据与科技支撑，全面提升了我国农业温室气体的研究能力和减排技术水平。

48. 棉花“三系”育种技术体系创建及强优势杂交种选育

主要完成单位 中国农业科学院棉花研究所

主要完成人员 邢朝柱，吴建勇，郭立平，崔艳利，戚廷香

起 止 时 间 2002 年 11 月—2016 年 4 月

获 奖 情 况 2018—2019 神农中华农业科技奖二等奖

内 容 提 要 棉花强优势“三系”杂交种选育是一项世界性难题，国内外历经 60 多年未能选育出强优势杂交种，大面积应用于生产。主要难题是育种技术一直未能取得实质性突破，没有破解恢复系和不育系遗传基础狭窄、哈克尼西棉胞质负效应、恢复系恢复能力弱和配合力低等难题。本项目历经近 20 年攻关，创建了优异恢复系和不育系选育技术体系以及强优势杂交种选育方法，相继攻克了棉花“三系”应用研究领域的一系列技术难题。创制出 60 多份优异骨干恢复系和不育系，被全国主要棉花育种单位广泛引用；成功培育出 3 个强优势“三系”杂交种和 1 个强优势组合（2018 年国审），2011—2018 年累计推广 1 436.30 万亩，新增经济效益 23.55 亿元；制定了“三系”杂交棉制种技术操作规程，作为全国行业标准颁布设施。获得授权发明专利 3 项，软件著作权 4 项，植物新品种权 6 项，制定行业、地方标准 3 项，发表相关论文 44 篇，本成果极大地提升了我国“三系”杂交棉的育种水平，引领了我国杂交棉育种方向。

49. 高产优质多抗大豆新品种的培育与应用

主要完成单位 中国农业科学院油料作物研究所

主要完成人员 周新安，蔡淑平，陈海峰，杨中路，邱德珍，周 蓉，何艳琴，赵现伟，单志慧，刘 芳

起 止 时 间 1999 年 1 月—2016 年 12 月

获 奖 情 况 2018—2019 年度神农中华农业科技奖二等奖

内 容 提 要 本成果系统解析了大豆骨干亲本中豆 32 产量构成因子、抗倒伏、抗病等重要性状的遗传特征，率先在单株荚数、每荚粒数、抗倒伏、抗花叶病毒病、抗锈病等性状的遗传位点分析及基因功能鉴定上取得重要突破，为制定高产优质多抗的多基因聚合育种目标、合理选配亲本、高效选择后代材料等提供了坚实的理论基础。发明了大豆性状高效精准鉴定新技术 5 项，构建了“优异种质发掘+骨干亲本改造+生态穿梭育种+性状精准鉴定+分子标记辅选”的集成育种技术体系，创制出 16 份特异新种质，为培育突破性

品种提供了核心材料和关键技术支撑。培育出高产、优质、多抗、广适等创新性突出的大豆新品种5个，其中，天隆一号高产稳产（区试增产13.2%）、适应区域广、抗倒耐密植，已经多年作为国家区试对照品种；天隆2号是迄今国内外唯一具有六粒荚的高产品种；中豆41高产稳产多抗，创造了南方产区大面积亩产248.3千克的高产纪录。建立了新品种与南方地区耕作制度相配套的高产高效栽培技术。本成果发表论文46篇，获发明专利10项，植物新品种权3项。新品种累计推广2 469.3万亩，新增社会经济效益19.77亿元。本成果有力推动了我国大豆产业发展和行业科技进步。

50. 油菜绿色高产高效生产模式与关键栽培技术

主要完成单位 中国农业科学院油料作物研究所

主要完成人员 张春雷，马 霓，李 俊，陈 畅，刘丽欣

起 止 时 间 2001年1月—2017年12月

获 奖 情 况 2018—2019年度神农中华农业科技奖二等奖

内 容 提 要 油菜是我国优质食用植物油的主要来源，项目针对油菜机械化生产冠层结构不合理等关键问题，项目历时16年系统研究，取得以下突破：创新了油菜根—冠协同理论，揭示了适合机械化生产的高效冠层结构参数及调控机理，提出了适应油菜机械化生产的农艺指标及其配套技术，研制了油菜增产素等物化产品，突破了我国油菜生产向机械化生产方式转变中的技术瓶颈，优化建立了多种绿色高产高效模式，满足不同生态区域、不同种植制度的需要。发表研究论文68篇，获得5项发明专利，制定1项国家农业行业标准。在鄂、川、皖、赣等地试验示范油菜全程机械化生产技术、绿色高产高效生产模式及技术规程，累计推广应用面积1 608.1万亩，新增利润38.8亿元，达到国际先进水平。

51. 夏秋茶提质增效关键技术与应用

主要完成单位 中国农业科学院茶叶研究所，浙江大学

主要完成人员 杨亚军，林 智，陆建良，马立锋，尹军峰，陈 亮，梁月荣，吕海鹏，王开荣，谭俊峰

起 止 时 间 1996年1月—2014年12月

获 奖 情 况 2018—2019年度神农中华农业科技奖二等奖

内 容 提 要 针对制约我国茶产业发展的夏秋茶品种少、品质低、效益差的长期技术瓶颈，项目历经20多年系统研究，取得以下突破：①阐明了氨基酸含量低、茶多酚含量高是导致夏秋季绿茶滋味苦涩、品质低的主要原因，育成全茶季品质优异茶树新品种3个。发明了茶树氮素营养无损快速测定和控制方法，创建了“覆盖+氮素运筹”为核心的微域环境调控栽培新技术。②首创“鲜叶UV-B处理增香技术”，发明“蒸—炒结合”“远红外提香”茶叶加工新技术。③创立以功能茶—茶饮料—茶功能成分为中心的茶叶增值加工新技术体系。项目授权发明专利15件，通过国家和省级茶树新品种

审（鉴、认）定3个，发表论文31篇，其中SCI收录20篇，出版《茶资源综合利用》专著。成果整体处于同类研究国际先进水平。该项目技术在浙江、四川、湖北、湖南、江苏等主要产茶省累计推广应用面积141.5万亩次，新增产值92.22亿元，新增利润14.47亿元，取得了显著的社会、经济和生态效益。

52. 食品工业专用茶及制品高值化加工关键技术与产业化

主要完成单位 中国农业科学院茶叶研究所，婺源县聚芳永茶业有限公司，深圳市深宝华城科技有限公司，浙江茗皇天然食品开发股份有限公司，漳州天福茶业有限公司，绍兴御茶村茶业有限公司，杭州茗宝食品有限公司，易晓食品（衢州）有限公司，江苏鑫品茶业有限公司

主要完成人员 尹军峰，许勇泉，罗龙新，蔡烈伟，袁海波，陈建新，汪　芳，陈根生，傅秀花，吕闰强，邓余良，彭永华，何群仙，金寿珍

起止时间 2001年1月—2016年12月

获奖情况 2018—2019年度神农中华农业科技奖二等奖

内容提要 针对中低档茶叶苦涩味强、适口性差和品质不稳定、加工特性不佳以及花色品种单一等制约食品工业用茶及制品产业发展的技术瓶颈问题，项目持续16年研究，探明了茶汁“苦、涩、回甘”典型滋味形成及其转化机理，发明了茶叶热转化和超微化、茶汁复合酶转化、速溶茶高质化定向制备等食品工业用茶及制品提质加工关键技术，研发出关键装备8台，创制出饮料专用茶叶、食品专用超微茶粉（抹茶）、特色茶浓缩汁和高品质专用速溶茶四大类食品工业用茶及制品成套加工技术，构建了食品工业专用茶制品加工技术体系。项目获授权国家发明专利37件，实用新型专利12件，发表论文60篇（SCI论文20篇），整体达到国际先进、部分国际领先水平。主要技术已在浙江、云南、福建等9个省产业化应用，累计新增产值55.58亿元，新增利润9.86亿元，取得了显著经济和社会效益。

53. 烟草主要病虫害发生规律及监测预警技术

主要完成单位 中国农业科学院烟草研究所

主要完成人员 王凤龙，任广伟，秦西云，孔凡玉，张成省，王新伟，商胜华，杨金广，陈德鑫，丁　伟，李义强，李锡宏，顾　钢，李淑君，周本国

起止时间 2007年1月—2015年6月

获奖情况 2018—2019年获得神农中华农业科技奖二等奖

内容提要 该项目取得以下突破：①查明了全国烟区病虫害及天敌种类，阐明了主要病虫害发生规律。查明全国烟区病害85种、害虫749种、害虫天敌439种等。②构建了烟草主要病害检测技术体系。③揭示了主要害虫和病原物种群的遗传分化特

征。④构建了烟草病虫害监测预警体系。制定了预测预报工作规范以及赤星病、斜纹夜蛾等 11 种主要病虫害的测报调查技术规程，建立了烟草品种对 10 种病虫害的抗性评价技术体系；发布行业标准 14 项；研发中、长期预测模型 8 个，准确度达 85%～98%；创建了由 17 个省级站、85 个地市级站、267 个监测点构成的监测预警网络，覆盖全国烟区。项目技术在云南、贵州等 17 省（区）烟区得到广泛应用。全国每年发布病虫情报 600 余期，科学指导病虫害防治，近 3 年相关技术累计覆盖植烟面积 4 500 万亩以上，累计间接挽回经济损失 54 亿元以上，经济效益、社会效益显著。

54. 液态乳品质提升及质量控制关键技术研究与示范应用

主要完成单位　中国农业科学院农产品加工研究所，北京三元食品股份有限公司，南京卫岗乳业有限公司，江苏君乐宝乳业有限公司

主要完成人员　吕加平，张书文，逄晓阳，芦　晶，等

起止时间　2006 年 1 月—2017 年 12 月

获奖情况　2019 年北京市科学技术奖二等奖

内容提要　本项目针对国内液态乳品质酶促劣化及过度热加工等问题，立足国内液态乳产业现状和技术需求，探明了内源性及外源性酶对乳品酶促变质的机理，解析了耐热酶的变性动力学规律和机制；建立了乳品耐热酶残留酶活快速测定方法；开发了提升巴氏杀菌乳及 UHT 乳品质的加工关键技术；构建了基于原料乳品质的巴氏杀菌乳及 UHT 乳货架期预测模型。项目成果在北京三元食品股份有限公司等企业推广应用，已生产巴氏杀菌乳及 UHT 产品 24.2 万吨，实现销售收入 242 902 万元，获得项目利润 19 734 万元。项目的成功实施，对提升巴氏杀菌乳及 UHT 乳品质、降低产品质量缺陷、维护消费者利益等方面发挥了重要的示范推动作用。

55. 抗枯萎病早熟优质甘蓝新品种的培育与推广

主要完成单位　中国农业科学院蔬菜花卉研究所，中蔬种业科技（北京）有限公司

主要完成人员　杨丽梅，张扬勇，吕红豪，庄　木，方智远，刘玉梅，王　勇，李占省，商　磊，高富欣，张合龙，闫书鹏，许中棉，车寒梅，苏浴源

起止时间　2016 年 1 月—2019 年 6 月

获奖情况　2017—2019 年度北京市农业技术推广奖二等奖

内容提要　甘蓝是京津冀及周边省市主要蔬菜，但近年枯萎病危害日益严重，急需培育和推广抗枯萎病早熟优质新品种。项目取得以下突破：①创新了育种技术和优异种质，明确了北京及周边地区的甘蓝枯萎病菌为 1 号小种、枯萎病抗性符合显性单基因遗传；建立了甘蓝枯萎病苗期抗性鉴定技术体系；率先开发了与枯萎病抗性紧密连锁的分子标记 Frg13，用于辅助育种准确率达 95%。创制出 88-62、SG643 等抗枯萎病优

质早熟自交系材料。②培育出5个抗枯萎病早熟优质新品种。③多措并举加速了新品种示范推广。④取得显著经济、社会、生态效益，3年来，在京津冀、内蒙古等地累计推广应用106.6万亩，新品种覆盖率达37.5%，并辐射到甘肃、陕西等地区，显著减少了枯萎病的危害及化学农药用量，累计新增社会经济效益约3.2亿元。成果对提高甘蓝育种科技水平、保障京津冀蔬菜周年供应、增加农民收入、精准扶贫等发挥了重要作用。

56. 貉貂资源收集、标准化养殖及主要疾病防治研究与示范

主要完成单位 中国农业科学院特产研究所，辽宁出入境检验检疫局检验检疫技术中心，烟台金海药业有限公司

主要完成人员 徐　超，贾　赟，宋兴超，赵家平，栾浩麟，孙明君，李滋睿，赵成新

起止时间 2010年1月—2018年12月

获奖情况 2019年吉林省科技进步奖二等奖

内容提要 针对我国貉貂皮张质量、价格和养殖成活率远远落后于先进国家现状，项目取得以下突破：①收集貉、貂毛色突变资源9种600余份遗传资源，明确貉黑色突变为常染色体显性遗传；建立黑貉育种核心群，核心群已连续纯繁4代。②制定地方标准《乌苏里貉种貉》《貉生产性能测定技术规范》和行业标准《水貂病毒性肠炎检疫技术规范》。③开发貉貂不同功能专用消毒剂4种，开发抑制腹泻防结石复合有机酸化剂1种、能过胃肠溶和迅速溶解抗虫药物2种；在全国主产区建立5个快检站等。获授权发明专利2项，制定吉林省地方标准2项，行业标准1项，获得生产批号9种；撰写著作2部，发表研究论文13篇，其中SCI收录2篇；培养研究生2名。成果在吉林、黑龙江、河北、山东等省进行了广泛示范推广。累计推广规模200多万头以上，新增经济效益4 000万元，取得了显著的经济效益。

57. 强优势杂交棉品种中棉所66与中棉所63选育及应用

主要完成单位 中国农业科学院棉花研究所

主要完成人员 杨代刚，李　威，马雄风，唐淑荣，周晓箭，周　红

起止时间 2003年6月—2017年12月

获奖情况 2019年江西省科技进步奖二等奖

内容提要 项目通过鉴定出的优良种质和特色材料，经过多代复合杂交、回交和多环境培育出丰产、优质、多抗的优异亲本类群。利用分子鉴定、生理评价和双列杂交遗传效应分析评价杂交组合杂种优势，选育出中棉所66和中棉所63等两个杂种优势显著的国审杂交棉新品种。建立了亲本繁殖和杂交制种的标准化体系，解决了棉花品种退化难题；创新了杂交制种质量监测方法，确保杂交种制种质量；构建了杂交种绿色高效栽培标准化技术，在长江流域首次实现籽棉亩产超千斤，提高了生产效益。获得2个

植物新品种权和 5 项授权发明专利等自主知识产权，创新性强，累计推广 2 090 万亩，成果转化程度高，新增社会经济效益极显著。

58. 西瓜甜瓜新种质创制及设施专用品种选育应用

主要完成单位　中国农业科学院郑州果树研究所

主要完成人员　徐永阳，徐志红，赵光伟，贺玉花，王平勇，刘璐璐，孔维虎，张　健，郑明川，焦　荻

起 止 时 间　2006 年 1 月—2018 年 12 月

获 奖 情 况　2019 年河南省科技进步奖二等奖

内 容 提 要　针对设施西瓜甜瓜产业中存在的低温胁迫、病害多发、专用品种单一等问题，项目取得以下突破：①建立了设施专用西瓜甜瓜种质资源综合评价体系。②筛选特异种质 80 份，创制优异新种质 832 份，开发与甜瓜白粉病、霜霉病抗性基因连锁的分子标记 5 个。③育成抗病性强、综合性状优良、类型多样的设施西瓜甜瓜专用新品种 13 个，其中设施专用小果型西瓜新品种 6 个，设施专用甜瓜新品种 7 个。2009 年以来累计推广面积超过 50 万亩，总产值约 50 亿元，新增经济效益 5 亿元。本项目有效提升了我国设施西瓜甜瓜的育种水平，对推进农业供给侧结构性改革，实现农业增效、农民增收作出了重要贡献。

59. 猪瘟病毒感染的分子调控机制及防控理论创新

主要完成单位　中国农业科学院哈尔滨兽医研究所

主要完成人员　仇华吉，李　素，李永锋，李连峰，孙　元

起 止 时 间　2006 年 1 月—2016 年 12 月

获 奖 情 况　2019 年黑龙江省自然科学奖二等奖

内 容 提 要　猪瘟（CSF）是由猪瘟病毒（CSFV）引起的一种猪的烈性传染病。项目聚焦 CSFV 的复制周期以及 C 株适应家兔的分子基础，绘制了迄今最为完整的 CSFV 与宿主相互作用网络，进而阐明了 CSFV 入侵及其复制的分子调控机制；鉴定了 C 株适应家兔的关键基因，明确了 CSFV 感染宿主的主要分子事件，为设计抗病毒策略、挖掘抗病育种靶标、快速和精准致弱病毒等防控理论的创新提供了科学依据，可以从病毒、细胞和动物 3 个层面进行基因编辑和修饰，进而为从源头上有效防控 CSF 提供了全新视角。与本项目主要发现点有关的 SCI 收录论文 27 篇，他引总次数 611 次，其中 SCI 他引次数 360 次。

60. 牛羊功能性营养舔砖的研制与推广应用

主要完成单位　中国农业科学院兰州畜牧与兽药研究所

主要完成人员　王胜义，刘永明，王　慧，崔东安，齐志明

起 止 时 间　2010 年 4 月—2018 年 12 月

获奖情况 2019年甘肃省技术发明奖二等奖

内容提要 针对奶牛围产期钙磷代谢障碍引起的分娩前后突然瘫痪，项目研制出一种防治奶牛产前产后瘫痪的高钙营养舔砖，奶牛产前产后瘫痪的发病率由9%降低到0.5%；研制一种犊牛专用微量元素舔砖；研制出一种青藏地区奶牛专用营养舔砖；研制出一种用于防治祁连山地区放牧羊羔羊白肌病的专用微量元素舔砖，羔羊白肌病由试验前15.2%降至3.6%；研制出一种适用于西部地区放牧牛的富含锌元素的营养舔砖。成果在甘肃省张掖、武威、天水、甘南、定西，以及青海省海西州、海北州、祁连县和湟源县等地区推广应用，2016—2018年度，共推广奶牛46 100头次，肉牛271 700头次，肉羊608 270头次，新增经济效益35 554.94万元，取得了较好的经济效益和社会效益。

61. 麻育秧膜水稻机插育秧技术推广应用

主要完成单位 中国农业科学院麻类研究所，哈尔滨井竹农业科技有限公司，宁安市农业技术推广中心，黑龙江省友谊农场，黑龙江省农药管理检定站，衡东县农技中心粮油生产站，沅江市农业技术服务中心，镇赉县农业科技开发指导中心

主要完成人员 王朝云，易永健，周晚来，吕江南，汪洪鹰，刘　利，孙新功，高　山，魏　民，曹德刚，董柏平，李　强，郭　斌，褚孝渭，宋智慧，林晓娟，徐绳武，代　军，袁　清，赵建湘，王　新，李纯艳，胡晓莉，吴秀华，周传武

起止时间 2011年1月—2019年1月

获奖情况 2016—2018年度全国农牧渔业丰收奖二等奖

内容提要 实现水稻生产种植机械化势在必行。由于水稻机械插秧环节存在秧苗根系盘结差、难起秧、易散秧、秧苗素质不稳定等问题，严重影响机插作业效率和质量，成为制约我国水稻种植机械化的瓶颈。项目研究出的麻育秧膜水稻机插育秧技术有效解决了这一难题。本成果在全国水稻主产区开展技术培训、示范和推广应用，并建立了完善的销售与技术服务体系；在大面积的推广应用中展现出巨大的节本增效效果，得到了农业部等各级农业主管和技术推广部门的认可和支持；在推广中进一步形成了水稻机插育秧种膜片、麻膜育秧盘等创新产品。2011—2018年，累积示范区面积达35 000亩，开办技术培训1万余场，农民累计增收64.5亿元。本项目促进了我国水稻生产全程机械化发展和水稻生产绿色提质增效。

62. 苹果集约矮化栽培技术研究与示范推广

主要完成单位 中国农业科学院果树研究所

主要完成人员 程存刚，李　壮，赵德英

起止时间 2008—2018年

获 奖 情 况　2016—2018 年度全国农牧渔业丰收奖二等奖

内 容 提 要　针对苹果苗木繁育不规范与栽培模式落后、花果管理技术烦琐、土肥水管理粗放等产业问题，项目建立 M9T337 高效快繁和优质大苗培育技术体系，研发集约化果园建园规范和高光效树体管理技术，形成轻简化花果管理技术体系，制定现代果园土壤培肥技术规程，大面积推广“砧木压条快繁、优质苗木促分枝、矮砧果园定植与高光效树体管理、化学疏花疏果、规范化果实套袋、土壤有机质提升、化肥高效利用、水肥一体化、病虫害绿色防控”等技术。建立苗木繁育中心 23 个，繁育优质苗木 1 800 万株；建立标准园 1 689 个；2016—2018 年技术推广 230 万亩，新增纯收益 36.9 亿元；培训农技人员 5 600 人次、果农 12.5 万人次，经济、社会和生态效益显著。

63. 羊绿色提质增效技术集成模式创新与应用

主要完成单位　中国农业科学院兰州畜牧与兽药研究所，永昌县畜牧工作站，肃南裕固族自治县畜牧技术推广站等

主要完成人员　杨博辉，牛春娥，袁　超，郭婷婷，等

起 止 时 间　2007 年 1 月—2017 年 12 月

获 奖 情 况　2016—2018 全国农牧渔业丰收奖二等奖

内 容 提 要　本成果以甘肃省肃南县、天祝县、永昌县、金塔县、肃州区以及内蒙古巴彦淖尔市为示范基地，集成创新了羊良种选育、高效繁殖、营养调控、质量控制、废弃物利用等全产业链关键技术 22 项；创建羊绿色提质增效生产模式 4 个、营销模式 3 个、组织模式 1 个、推广模式 1 个；建立示范点 21 个，带动农牧民 1 058 户，示范规模 653.2 万只；牧区母羊繁殖率提高 20.0%~38.4%，草原载畜量降低 30.0%，日增重提高 103.0 克，产毛量提高 10.0%；农区肉羊繁殖率提高了 25.0%~30.0%，日增重提高 108.0 克；年处理羊粪、尾菜和秸秆等 20 余万吨，年减少高浓度废水 5.8 万立方米，减少 COD 排放 1 200 余吨；制定国标 5 项、行标 1 项，授权发明专利 13 项，软件著作权 5 项，出版著作 7 部，发表论文 42 篇。5 年累计新增经济效益 20.23 亿元，新增纯收益 5.06 亿元。有力促进了羊产业提质增效和绿色循环发展，社会经济生态效益非常显著。

64. 黄淮海夏玉米机械粒收关键技术研究与应用

主要完成单位　中国农业科学院作物科学研究所

主要完成人员　王克如，郭　栋，明　博，申　瀛，韦泽明，王春峰，宋青松，白卫卫，顾战涛，张新建，郭效红，赵国强，付　娜，张明璐，韩秀英，杨桂梅，赵廷伟，闫跃东，冯小丽，杨永民，刘怡云，景兴隆，郭雪莲，柴新珍，李继红

起 止 时 间　2013 年 1 月—2016 年 12 月

获 奖 情 况　2016—2018 全国农牧渔业丰收奖二等奖

内 容 提 要 针对黄淮海一年两熟、玉米季热量不足的难题，项目率先开展机械粒收技术研究与示范推广，明确了收获期籽粒含水率高是夏玉米破碎率高、制约粒收技术推广的根本原因。以机械粒收为核心的全程机械化技术和增密种植为核心的高产栽培融合，构建了全新的玉米栽培模式，实现高产高效协同。基于黄淮海热量资源分布特点提出机械粒收技术方案；筛选出一批低破碎率籽粒直收机型和京农科 728 等 42 个适合不同地区的宜机收玉米品种；制定了河南省标准 3 套。构建了以粒收技术为核心、以农民合作社为应用主体并能快速复制的产、学、研、推、用农机农艺融合技术推广模式 4 套。2016—2018 年在河南推广面积逐年倍增，3 年共计推广 1 494 万亩，累计新增经济效益 16.1 亿元，引领了全国玉米机械粒收技术的发展。

65. 烟草抗病毒病分子标记开发及 K326 抗 TMV、CMV、PVY 聚合育种

主要完成单位 中国农业科学院烟草研究所

主要完成人员 杨爱国，程立锐，刘 旦，王元英，蒋彩虹，任 民，文柳璎，张 玉，陈志强，潘旭浩，蒲文宣，刘万峰，陈 帅，李凤霞，罗成刚

起 止 时 间 2013 年 1 月—2017 年 12 月

获 奖 情 况 2019 年国家烟草专卖局科技进步奖二等奖

内 容 提 要 本项目取得以突破：①鉴定并创制多份优质抗病毒病新材料，打破了病毒病抗性与其他不利性状的连锁。②构建了一套包含 13 273 个SNP 标记，覆盖烟草全基因组的遗传图谱，该图谱是目前国内外已报道的标记数量最多、标记密度最大的遗传图谱。③开发了三种病毒病抗性选择分子标记，包括烟草 TMV 抗性分子标记 N-marker，PVY 抗性标记 PVY1，CMV 抗性分子标记 QTL1 和 QTL2，并将分子标记用于辅助选择育种。④建立了烟草分子标记辅助聚合育种技术体系。⑤对主栽品种 K326 进行抗病毒病定向改良，育成优质兼抗 3 种病毒病烤烟新品种中烟 300 通过全国烟草品种审定，病毒病抗性明显优于 K326，主要植物学性状、农艺性状、经济性状、品质性状等与 K326 基本一致。

66. 小麦蚜虫灾变规律与绿色防控技术

主要完成单位 中国农业科学院植物保护研究所，山东农业大学，安徽省科学技术研究院，河南省农业科学院植物保护研究所，北京市农林科学院，河南省植物保护植物检疫站

主要完成人员 陈巨莲，刘 勇，周海波，李克斌，张云慧，范 佳，蒋月丽，尹 姣，张 勇，王江蓉，赵春青，曹雅忠，孙京瑞，徐庆宣，谭晓玲

起 止 时 间 1994—2016 年

获 奖 情 况 2018—2019 年度神农中华农业科技三等奖

内 容 提 要　小麦蚜虫是我国小麦生产中的重大害虫，严重威胁着小麦产业的健康发展。项目组通过 20 多年的协作攻关，取得以下突破：①明确我国麦长管蚜生物型分化，并已形成 5 个生物型；揭示了小麦抗蚜性及蚜虫适应性的协同进化、小麦—蚜虫—天敌化学通讯分子生态机制。②研发了麦蚜精准预测模型，驱避剂缓释的行为操作技术。③建立小麦抗蚜性检测与评价技术规程与标准，构建了小麦蚜虫绿色综合防控的配套技术体系，平均降低化学农药用量 30%，小麦产量提高 8%~12%。④显著提高学术影响力与推广应用效果。该技术水平国内领先，获省科技进步奖二等奖 1 项；1 名国际专家获得中国政府友谊奖；发表论文 131 篇，其中 SCI 论文 40 篇；获国家专利 9 件；制定了行业标准 1 项；主编（或参编）著作 4 部。成果于 2016—2018 在山东省、河南省等地推广应用，累计 2 300.7 万亩次。

67. 甘薯高值化加工与综合利用关键技术及应用

主要完成单位　中国农业科学院农产品加工研究所，山东圣琪生物有限公司，河南工业大学，首都医科大学，新疆农业科学院农业质量标准与检测技术研究所，四川光友薯业有限公司，山东华强农业科技发展有限公司，河南天豫薯业股份有限公司，山西东宝薯业有限责任公司，北京市海乐达食品有限公司

主要完成人员　木泰华，吴允山，张　苗，陈井旺，孙红男，王彦波，李鹏高，何伟忠，马梦梅，邹光友，王步利，赵天学，郝宝宏，何海龙

起 止 时 间　2004 年 1 月—2016 年 12 月

获 奖 情 况　2018—2019 年度神农中华农业科技奖三等奖

内 容 提 要　针对我国甘薯淀粉加工产业长期存在的加工能耗高、提取率低，甘薯浆综合利用率低，甘薯渣附加值低等突出问题，项目开展了甘薯高值化加工与综合利用关键技术及应用，发明了高品质甘薯淀粉和蛋白生产新技术，在国内外首次实现了甘薯淀粉及蛋白的绿色高效生产，所得甘薯淀粉出粉率达 94%、白度达 92%以上、能耗降低约 30%、浆液蛋白浓度提高 40%以上，蛋白提取率达 86.91%，纯度达 85%以上；明确了薯渣中淀粉与膳食纤维分子间相互作用机制，创建了物理筛分与磷酸氢二钠法相结合生产甘薯膳食纤维和果胶新技术，使甘薯膳食纤维提取率和纯度分别达 83.18%和 81.25%，果胶提取率和纯度分别达 95.87%和 91.28%；揭示了不同生物酶复合对薯渣转化效率的影响规律，创建了复合生物酶法生产甘薯葡萄糖及酵母新技术，所得酵母发酵力达 760 毫升 CO_2/小时以上、活细胞率达 85%以上、保存率达 80%以上。相关成果已获国家授权发明专利 15 件，成果整体达国际先进水平。成果近两年累计新增销售收入 14.28 亿元，新增利润 2.40 亿元，新增税收 1.06 亿元，经济效益显著。

68. 水稻机插育秧质量控制技术及物化产品研发

主要完成单位　中国水稻研究所，浙江省农业科学院，河南农业大学

主要完成人员 欧阳由男，王艳丽，秦叶波，赵全志，孙国昌，叶淑珍，占小登，蒋玉根，汪向东，沈 波

起止时间 2012年1月—2017年12月

获奖情况 2018—2019年度神农中华农业科技奖三等奖

内容提要 项目围绕当前水稻机插栽培技术育秧环节中的秧苗素质差、备土及育秧管理难等关键技术问题，对水稻盘育秧技术理论基础进行了系统研究，并研发了系列秧苗质量控制物化产品，为水稻育秧技术体系的创新、盘育毯状秧苗质量的有效控制以及育秧过程的智能管理提供了方向性的理论指导和技术支持。共获得国际发明专利1项、国家发明专利5项和实用新型专利5项，发表相关学术论文10篇。累计应用面积1 622.6万亩、增收稻谷11.97亿千克，新增稻谷产值34.63亿元。水稻盘育毯状秧苗质量控制技术理论和物化产品研发上均居国际领先水平。

69. 梅花鹿高效繁育关键技术集成及应用

主要完成单位 中国农业科学院特产研究所

主要完成人员 魏海军，赵伟刚，杨镒峰，陈秀敏，许保增，常忠娟，薛海龙，曹新燕，刁云飞，李晓霞

起止时间 2009年1月—2015年7月

获奖情况 2018—2019年度神农中华农业科技奖三等奖

内容提要 本项目取得以下突破：①制定了统一的种鹿性能测定体系和遗传评估方法，优化了梅花鹿高效繁殖技术体系，建立了梅花鹿育种技术新体系。②阐明了梅花鹿繁殖期自然发情和同期发情卵巢卵泡波周期长度、数量，优势卵泡出现时间、发育、闭锁或排卵的动态变化规律。③对经同期发情处理的受体鹿进行腹腔镜胚胎移植手术，鲜胚移植成功率为40%，其中，改善供体鹿和受体鹿发情同步性后的受体鹿鲜胚移植成功率达到51.1%。④编制了茸鹿育种信息计算机管理系统和鹿病智能诊断专家系统。项目获国家专利授权15件，软件著作权3项；制定地方技术规程3项；出版著作5部；发表学术论文45篇，其中SCI刊源论文5篇。在100余家大中型鹿场进行了现代繁育技术示范推广，获取直接经济效益5 600余万元。

70. 农产品产地重金属污染阻控与修复关键技术及应用

主要完成单位 农业农村部环境保护科研监测所，农业农村部农业生态与资源保护总站，南开大学，天津天润益康环保科技有限公司

主要完成人员 孙约兵，郑顺安，徐应明，刘维涛，梁学峰，王 林，王 农，师荣光，张福合

起止时间 2007年1月—2016年12月

获奖情况 2018—2019年度神农中华农业科技奖三等奖

内容提要 项目阐明了我国产地环境重金属污染的现状、演化趋势及来源，明

确了全国主要产区土壤—作物重金属剂量效应关系和农产品安全生产阈值，构建多维安全指标评价体系；以农产品质量为核心，系统研究了重金属阻隔修复和提取修复技术与原理；深入揭示了重金属钝化修复机理、适用性和长效稳定性特征以及生态环境响应机制，构建了农产品产地重金属污染分区、分类、分级阻控修复技术模式。获得低积累作物 20 余种，筛选出超富集植物 5 种，研制高效钝化材料 20 余种，构建可复制、易推广重金属修复技术模式 10 余套；发表论 133 篇，其中 SCI 刊源论文 57 篇；申请专利 49 项，授权 24 项，制定行业标准 1 项，专（编）著 4 部；10 篇代表性论文被他引 950 余次，单篇最高他引 293 次；获省部级领导批示 4 份。在天津、湖南、云南等地进行了大规模推广应用，核心面积 10. 05 万亩，辐射推广 62. 2 万亩。实施后土壤重金属总量降低达 10%，有效态含量最大可降低 56. 3%，取得了显著的社会、环境和经济效益。

71. 现代农村沼气产业化关键技术研发与应用

主要完成单位　农业农村部沼气科学研究所

主要完成人员　梅自力，冉　毅，黄如一，罗　涛，席　江，刘晓风，孔垂雪，李　东，李冰峰，施国中

起 止 时 间　2016 年 1 月—2018 年 12 月

获 奖 情 况　2018—2019 年度神农中华农业科技奖三等奖

内 容 提 要　针对第二代沼气技术砖混结构户用沼气池和联户沼气集中供气工程的结构和工艺缺陷，项目取得以下突破：①突破第二代沼气技术砖混结构建池理论，建立了基于高分子复合材料和工程热力学的第三代沼气建池理论和技术体系。②突破了第二代沼气技术的有机降解理论，建立了第三代沼气发酵原料预处理技术体系和沼气动态发酵理论。③创新研发了生物脱硫和沼气检测技术。成果经济、环保、生态和社会效益显著，推动了我国沼气技术由第二代升级为第三代的跨越式发展，在脱贫攻坚工作和乡村振兴战略中发挥了技术支撑作用。

72. 边坡与废弃地生态修复关键技术及应用

主要完成单位　中国农业科学院生物技术研究所

主要完成人员　吴燕民，李金博，许建新，雷江丽，李诗刚，孙占敏，沈世华，周美亮，黎修东，吴彩琼，赵　亮，徐义炎，卢　漫，钱瑭璜，戴耀良

起 止 时 间　2007 年 8 月—2015 年 5 月

获 奖 情 况　2018—2019 年度神农中华农业科技奖三等奖

内 容 提 要　项目以边坡与废弃地生态治理为目标，筛选、选育出了一大批专用抗逆生态修复植物，建立了植物抗逆性综合评价体系，筛选出适应不同生态区乡土抗逆植物 130 余种，选育出了我国第一个草坪草与牧草兼用的白三叶新品种“V 型紫斑白三叶”和 5 个耐旱性好、长势优良的白三叶新品系；组建了三类植物群落配置技术体系；

建立了可持续发展的“土壤—植被”生态系统，开发了多用途的生物有机肥产品；首次创制了飘台种植槽快速生态修复新技术。成果已在广东、云南、贵州、湖北等22个省市推广应用。获授权专利62项；获得植物新品种1个，培育新菌株1株；制定标准6项，主编行标1项，参编国标1项；发表论文78篇，SCI刊源论文23篇；鉴定科研成果6项，2项居国际先进水平；获广东省科技进步奖二等奖。近两年，完成生态修复工程100余项，面积782.82万平方米，收入20.73亿元，利润6.25亿元，税收1.54亿元；减少土壤流失量82.48万吨/年，吸收 CO_2 50.16万吨/年，放出 O_2 36.61万吨/年，年滞尘量14 981.63吨，取得了极其显著的生态、经济和社会效益。

73. 引黄灌区农业绿色高效用水技术模式创建与应用

主要完成单位 中国农业科学院农田灌溉研究所，河南省农业科学院植物营养与资源环境研究所，河南农业大学

主要完成人员 齐学斌，李　平，黄仲冬，高　青，高胜国，梁志杰，武继承，林同保，巩文军，李思文

起 止 时 间 2004年1月—2016年12月

获 奖 情 况 2018—2019年度神农中华农业科技奖三等奖

内 容 提 要 项目针对引黄灌区存在的水资源配置布局不合理、田间节水技术落后、农业高效用水全路径“最后一公里”未彻底打通，严重制约农业农村可持续发展等突出问题，以灌区水土资源高效可持续利用与绿色发展为目标，历经10多年研究，率先在国内攻克了技术难题，并在灌区水资源优化配置理论与农业绿色高效用水技术集成模式研究上取得重大突破，创建了引黄灌区广义水资源时空动态优化分配方案、适宜渠井用水关键参数阈值与机井优化布局方案、节水节肥与养水调水高效用水协同管理模式、再生水灌溉绿色发展技术集成模式，以及农业高效用水绿色发展综合评价指标体系。项目成果获国家授权专利8项，其中发明专利5项，实用新型专利3项；获软件著作权7项；发表论文150余篇，其中SCI/EI刊源论文30篇；主编专著2部。成果已大规模应用于灌区节水技术改造与高标准农田建设，对于解决华北地区地下水超采问题，促进农业的绿色发展和乡村振兴具有重要意义。

74. 北方干旱半干旱区棉花节水控盐高效用水关键技术与应用

主要完成单位 中国农业科学院农田灌溉研究所

主要完成人员 刘　浩，王　峰，张俊鹏，申孝军，宋　妮，强小嫚，孙景生

起 止 时 间 2008年1月—2015年12月

获 奖 情 况 2019年河南省科技进步奖三等奖

内 容 提 要 项目历时8年持续开展棉田绿色节本高效栽培的理论创新、技术研发和集成示范与应用研究。首创了黄淮半干旱区麦后移栽棉轻简化高效灌溉技术。研制出轻简化移动式微喷灌溉装置；形成了麦后移栽棉节水高效灌溉技术操作规程。构建了

环渤海低平原区盐碱地棉花水盐综合调控技术。构建了“沟播覆膜+滴灌补灌”技术，探明了不同咸水灌溉棉田水盐运移规律，创建了保持棉花根区水盐补排平衡的咸水灌溉技术。创制了西北极端干旱区膜下滴灌棉花节水控盐高效用水技术。确定了典型盐渍化土壤适宜的盐分淋洗定额，创制出“秸秆覆盖+冬灌”的休闲期节水控盐技术，使土壤储水量和盐分淋洗率分别提高 29.1%和 27.6%；研创出基于 ETGage 模拟蒸散器膜下滴灌水肥一体化节水控肥技术。创建了适用于棉田自动灌溉的智能决策技术。构建了机采棉测墒传感器布设技术，测墒误差降至 5%以内，节约传感器成本 50%以上；首创了具有自动补水功能的便携式灌溉预警装置；构建了基于土壤、作物、大气等多源信息融合的灌溉决策模型，提高了灌溉决策的可靠性。

75. 引黄灌区农业绿色高效用水技术模式创建与应用

主要完成单位 中国农业科学院农田灌溉研究所，河南省农业科学院植物营养与资源环境研究所，河南农业大学

主要完成人员 齐学斌，李 平，黄仲冬，高 青，高胜国，梁志杰，武继承

起 止 时 间 2004 年 1 月—2017 年 6 月

获 奖 情 况 2019 年河南省科技进步奖三等奖

内 容 提 要 针对我国引黄灌区存在的水资源配置布局不合理、田间节水技术落后，严重制约农业可持续发展与乡村振兴等突出问题，项目以灌区水土资源高效可持续利用与绿色发展为目标，在灌区水资源优化配置理论与农业绿色高效用水技术集成模式研究上取得重大突破，创建了引黄灌区广义水资源时空动态调配方法及配水方案、构建了引黄灌区田间节水节肥综合 52 技术模式、构建了引黄灌区再生水灌溉绿色发展技术集成模式，从根本上解决了我国引黄灌区全通道农业绿色发展水土资源“瓶颈”制约问题。项目获国家发明专利 5 项，实用新型专利 2 项，软件著作权 4 项。先后在河南、陕西等地推广应用 390 余万亩，实现农业增收直接经济效益达 4.1 亿元，累计节约地下水开采 8 亿立方米，节约涵养淡水资源 3.4 亿立方米，取得了良好的经济社会及环境效益。

76. 棉花优良品种中棉所 76 和 sGK 中 3017 的选育技术与应用

主要完成单位 中国农业科学院棉花研究所

主要完成人员 王红梅，赵云雷，陈 伟，龚海燕，桑晓慧，崔艳利，宋 慧，李运海，赵 佩，薛中立

起 止 时 间 2001 年 1 月—2017 年 12 月

获 奖 情 况 2019 年河南省科技进步奖三等奖

内 容 提 要 针对我国现有棉花品种纤维品质类型单一、纤维强度偏低和抗病性差、抗病育种周期长、选择效率低等生产问题，开展高产、优质、抗病虫棉花品种选育技术研究，创制出优质亲本材料，实现了对棉花纤维品质的定向改良。解决了现有棉花

品种纤维品质类型单一，纤维强度偏低的问题。明确了棉花对黄萎病的抗性遗传规律，发明了棉花抗黄萎病分子鉴定及选择技术，实现了利用分子手段对抗病性的快速鉴定和对抗病基因型的直接选择。突破了棉花产量、品质、抗性难以同步提高的技术瓶颈，育成纤维品质优良、丰产性突出、抗病虫性好的 2 个棉花新品种中棉所 76 和 sGK 中 3017，创造了显著的经济效益和社会效益。研究建立了相应制种、高产高效栽培技术规程，有效保障了棉花生产，创造了显著的经济和社会效益。促进了两个品种在我国主产棉区推广种植，创造了显著的经济效益和社会效益：截至 2017 年，累计推广 285.9 万亩，新增经济效益为 2.49 亿元，获国家发明专利 3 件，植物新品种权 1 件，软件著作权 1 件，制定地方标准 2 项，发表论文 10 篇，其中 SCI 论文 3 篇。

77. 南方青饲料（饲用苎麻）联合收割机研制与农艺融合技术研究与应用

主要完成单位 中国农业科学院麻类研究所

主要完成人员 唐守伟，刘头明，刘　凯，魏仲珊，戴求仲，王延周，朱四元

起 止 时 间 2013 年 3 月—2018 年 12 月

获 奖 情 况 2019 年湖南省科技进步奖三等奖

内 容 提 要 针对制约饲用苎麻收获的瓶颈问题，项目开展了南方青饲料联合收割机研制与农艺融合技术的联合攻关，取得以下突破：①创制南方青饲料（饲用苎麻）联合收割机；首创旋刀鼓风组合式切碎装置；创新主搅龙与副搅龙割台联动，保证物料双向输出；采用履带自走式行走系统，适应南方丘陵地青饲料收割等。②配套联合收割机，发明了青饲料（饲用苎麻）中耕施肥一体机，施肥后被 2 厘米土层覆盖，实施了肥料深施和减少面源污染。③建立了适合机械化作业饲用苎麻宽窄行种植与收割模式，保证饲用苎麻亩有效蔸数在 2 000 蔸以上。④首次形成了湖南地区青饲料联合收割与农艺融合技术。项目获国家专利 10 项，其中发明专利 1 项；发表科研论文 6 篇，其中 SCI 2 篇；培养博士、硕士研究生 3 名；项目累计推广收割饲用苎麻、紫花苜蓿等其他青饲料作物达到 30 000 余亩，3 年累计青贮饲料 11.47 万吨，新增销售额达到 1.17 亿元，新增利润达到 2 636.4 万元。

78. 环境友好型双水相体系萃取分离生物活性物质的研究

主要完成单位 中国农业科学院麻类研究所，中南大学

主要完成人员 谭志坚，李芬芳，汪洪鹰，王朝云，易永健，周晚来

起 止 时 间 2010 年 1 月—2016 年 8 月

获 奖 情 况 2019 年湖南省自然科学奖三等奖

内 容 提 要 针对传统液—液萃取存在的问题，项目系统性地研究了采用 PEG/盐双水相体系、小分子醇/盐双水相体系、基于非离子表面活性剂的温度响应型双水相体系、离子液体/盐双水相体系应用于萃取和分离天然产物活性成分和手性药物对映体的分离。项目结果证明了环境友好型的双水相体系应用于萃取和分离生物

活性物质具有较大的应用前景，能够为双水相体系应用实现规模化生产提供理论和实践基础。本项目能够极大推动该“绿色”的化工分离新方法在生物活性物质分离过程中的应用。自 2011 年以来，相关研究成果陆续得到发表，并得到了本研究领域相关专家的广泛认可和高度评价，包括在 *Chemical Review* 等期刊上被评述或引用。代表性成果近几年被 SCI 他引 163 次。

79. 藏药抗寄生虫活性成分及作用机理研究

主要完成单位　中国农业科学院兰州畜牧与兽药研究所

主要完成人员　尚小飞，苗小楼，潘　虎

起 止 时 间　2006 年 1 月—2018 年 12 月

获 奖 情 况　2019 年甘肃省自然科学奖三等奖

内 容 提 要　项目建立了中、英、藏文版《中国藏兽医药数据库》，以蓝花侧金盏等藏药为对象，研究其抗动物体内外寄生虫活性成分及作用机理。阐明蓝花侧金盏杀螨活性成分为强心苷类，通过抑制 Na^+-K^+-ATP 酶活性致虫体死亡；首次阐明丁香酚通过与螨虫线粒体复合酶 Ⅰ 链 2 的 Phe198、Glu211、Lys288 结合而抑制酶活性，导致螨虫死亡，具有种属选择性；首次发现蓝雪醌和胡桃醌具有良好杀螨活性，作用机理与螨虫神经传导和运动功能有关；首次发现长松萝中松萝酸及骆驼蓬生物碱具有杀螨及抗球虫活性；首次发现甘草中甘草查尔酮 A 具有良好抗弓形虫活性，作用机理与脂代谢相关。项目对藏药抗动物体内外寄生虫活性成分及作用机理的研究已步入国际前沿；发表 SCI 论文 18 篇，总影响因子 64.13，引用次数 550 次；著作 3 部；授权发明专利 7 项，软件著作权 2 项；《中国藏兽医药数据库》纳入农业农村部科研信息共享平台，与多国学者建立藏药合作研究关系。

80. 灵芝新品种选育及规范化配套栽培技术研究与产品开发

主要完成单位　中国农业科学院特产研究所，吉林农业大学，延边大阳参业有限公司，中农康必硒（北京）生物技术研究所

主要完成人员　闫梅霞，刘晓龙，张　瑞，崔丽丽，侯　微，汪庭瑞，许世泉，王寿江

起 止 时 间　2006 年 6 月—2016 年 12 月

获 奖 情 况　2019 年吉林省科技进步奖三等奖

内 容 提 要　主要科技内容包括收集灵芝种质资源，建立评价体系，筛选多个优异种质；选育 2 个适宜长白山区气候和林下护育的灵芝新品种；制定林业行业标准 1 个，地方标准 2 个；重点开展灵芝林下仿生护育关键技术研究，确定了选址、菌种生产、段木灭菌、发菌、埋段、出芝管理、采收、产地加工等环节技术参数，并对单元技术进行集成配套，颁布实施林业行业标准 1 个，地方标准 1 个；以仿生护育灵芝为原料，开发系列产品，包括破壁灵芝孢子粉灵芝硒胶囊、野参芝茶、灵芝茶等。建立灵芝

种质资源评价体系。

81. 北乌头等珍稀药用植物引种驯化栽培关键技术研究

主要完成单位 中国农业科学院特产研究所

主要完成人员 邵　财，刘继永，张舒娜，张正海，关一鸣，潘晓曦，张　浩，张　悦

起止时间 2012 年 1 月—2018 年 12 月

获奖情况 2019 年吉林省科技进步奖三等奖

内容提要 围绕北乌头等珍稀药用植物驯化栽培过程中急需解决的关键技术，项目开展以下研究：①开展北乌头等珍稀药用植物种子繁殖技术研究。②开展北乌头等珍稀药用植物病害防治技术研究。③开展北乌头等珍稀药用植物养分需求规律研究，明确了北乌头、鹅不食草生长过程中 3 个养分需求高峰期。④开展北乌头等珍稀药用植物适宜采收期研究。项目成功驯化北乌头、白花延龄草、山兰、鹅不食草 4 种珍稀药用植物，建立种子繁殖技术体系；实现北乌头等珍稀药用植物野生变家种，为其迈向规范化、规模化生产提供技术支撑。2016—2018 年累计推广种植面积达 608 亩，产生直接经济效益 2 374.91 万元。获得国家发明专利 2 项，发表学术论文 16 篇，其中 SCI 收录 2 篇，制定生产技术操作规程 4 项，培养硕士研究生 1 名。

82. 航天诱变及耐旱草品种选育和推广

主要完成单位 中国农业科学院兰州畜牧与兽药研究所，天水市农业科学研究所，甘肃省航天育种工程技术研究中心，甘肃农业大学，甘肃陇穗草业有限公司

主要完成人员 杨红善，路　远，常根柱，段慧荣，张　茜，周学辉，柴小琴，包文生，师尚礼，张二喜，安玉明，刘　娟，赵　丽

起止时间 2002 年 2 月—2018 年 12 月

获奖情况 2019 年甘肃省科技进步奖三等奖

内容提要 立足西部干旱生态脆弱区，采用航天诱变育种、野生种栽培驯化和引进种驯化等技术，共培育出国家品种 2 个、省级品种 2 个、国家区试新品系 1 个，并对培育的新品种进行推广应用。通过返回式航天器神舟 3 号、8 号、10 号、11 号，天宫一号，实践十号等，分别搭载了 7 类 32 份牧草种子和 1 株紫花苜蓿组培苗；收集评价野生种质资源 106 份，主要是抗旱抗寒和耐盐碱材料。成果授权国家发明专利 3 项，登记科技成果 3 项，发表论文 26 篇，出版著作 2 部。新品种在甘肃、内蒙古等 7 省（区）推广种植 85 990 亩，产生经济效益 16 406.83 万元、生态效益 5 007.13 万元。将航天诱变技术成功应用到牧草育种研究，拓展和提高了我国草品种育种方法。

83. 天然成熟蜂蜜优质高产技术的示范与推广

主要完成单位　中国农业科学院蜜蜂研究所，北京天宝康高新技术开发有限公司，昌平区园林绿化局

主要完成人员　赵亚周，刘富海，韩胜明，吴黎明，田文礼，李彬之，罗　婷，刘　然，何佳亮，苏慧琦

起止时间　2016 年 1 月—2018 年 12 月

获奖情况　2017—2019 年度北京市农业技术推广奖三等奖

内容提要　项目主要涉及蜂群的春繁技术，通过开展对应的蜂群实验验证各技术环节、参数的合理性，在蜜源花期来临之前奠定强群基础，储备充足的适龄采集蜂；成熟蜂蜜生产技术，优化出合理的成熟蜂蜜生产和质量控制方法，同时建设成熟蜂蜜的室内生产线，为成熟蜂蜜的生产进一步提供保障；蜂群秋繁技术，优化出适宜北京地区地域和气候特点的秋繁技术体系，为蜂群的安全越冬以及第二年的荆条成熟蜜生产提供保障，以达到养蜂和成熟蜜生产的良性循环；成熟蜂蜜抑菌能力研究，发现蜂蜜中水分含量、淀粉酶活性和脯氨酸含量可在一定程度上表征蜂蜜的成熟度，蜂蜜普遍具有较强的抑菌能力，且随着成熟度的提高而增强。

84. 蛋鸡健康的抗氧化营养调控技术集成与示范

主要完成单位　中国农业科学院饲料研究所，北京华都峪口禽业有限责任公司，北京市畜牧总站，北京市农机鉴定推广站，北京市平谷区动物疫病预防控制中心，北京市延庆区畜牧技术推广站，北京市房山区动物疫病预防控制中心

主要完成人员　武书庚，刘爱巧，崔晓东，齐广海，张海军，王　晶，李文斌，禹振军，王志强，李亚鸽

起止时间　2016 年 1 月—2019 年 6 月

获奖情况　2019 年北京市农业技术推广奖三等奖

内容提要　项目基于“养未病”的营养调控理念，经过近 10 年来的研发和推广，建立了活体动物和体细胞模型、评价了 11 种抗氧化剂和具有抗氧化功能的添加剂；建立了蛋、肉禽在不同应激挑战下的抗氧化调控技术体系，联合京津冀地区饲料和养殖企业，开发了功能型饲料产品、定制抗氧化营养调控方案，协同推进家禽抗氧化营养调控技术集成及在养殖终端的示范应用。项目发表 SCI 文章 12 篇、中文核心期刊文章 28 篇；获得发明专利 2 项；出版书籍 4 部；出站博士后 1 名，毕业博士 3 名，硕士 14 名；获得奖励 1 项。成果已到达国际先进水平，对家禽健康维护及落实全面禁抗提供了技术支撑，具示范引领作用。2016—2018 年，该技术在北京地区覆盖产蛋鸡 3 139.35 万只，单位规模新增纯收益 23 211.69 万元，总经济效益 14 595.64 万元。项目实施后，提升了京津冀地区蛋品质量和只鸡单产，社会效益和生态效益明显，推广前景广阔。

85. 液态乳品质提升及质量控制关键技术研究与示范应用

主要完成单位 中国农业科学院农产品加工研究所，北京三元食品股份有限公司，南京卫岗乳业有限公司，江苏君乐宝乳业有限公司

主要完成人员 吕加平，张书文，逄晓阳，芦　晶，胡长利，乔为仓，刘　鹭，刘　浏，蒋彦森，龄南

起止时间 2006 年 1 月—2018 年 12 月

获奖情况 获 2019 年度北京市科技进步奖二等奖

内容提要 针对超高温灭菌乳（UHT）无菌性酶促变质经常发生、巴氏杀菌奶保质期短、液态奶品质评价指标体系缺乏等问题，构建了巴氏杀菌乳和 UHT 乳品质评价及质量安全控制体系，通过技术集成与示范，实现了巴氏杀菌乳及 UHT 乳提质增效的目标。①揭示了原料乳中内源性及污染微生物的外源性耐热酶等是引起巴氏杀菌乳及 UHT 乳变质的主要原因；建立了杀菌产品中微量残留酶活的快速测定方法；明确了耐热酶在加工过程中的变化规律；解析了耐热酶的变性动力学规律和机制。②明确了耐热酶及热处理对乳品品质的影响规律，揭示了不同热处理对牛奶热加工副产物生成及产品营养和风味的影响规律，有效指导工艺优化来降低加热副产物的形成，提升液态奶产品的营养和风味品质。③研发微滤除菌净化和超声辅助杀菌技术来提高产品品质及延长其货架期。微滤除菌率达到 99. 93%，超声杀菌也可杀死 90%以上，有效提高杀菌效果和货架期。④构建了依据原料乳品质的 UHT 乳货架期预测模型准确率高达 96. 8%，有效减少了产品酶促变质的发生，维护了企业形象和消费者利益。在北京三元食品股份有限公司等企业推广应用，已生产巴氏杀菌乳及 UHT 产品 24. 2 万吨，实现销售收入 242 902 万元，在提升巴氏杀菌乳及 UHT 乳品质、降低产品质量缺陷、维护消费者利益等方面发挥了重要的示范推动作用。

三、中国农业科学院科学技术成果奖

1. 水稻广谱抗白叶枯病基因 *Xa23* 的发掘与应用

主要完成单位 中国农业科学院作物科学研究所，广西大学，安徽省农业科学院水稻研究所，广西壮族自治区农业科学院水稻研究所，湖北省农业科学院粮食作物研究所，江苏（武进）水稻研究所

主要完成人员 赵开军，王春连，章　琦，刘丕庆，倪大虎，樊颖伦，张晓平，李道远，杨培忠，戚华雄，高　英，秦腾飞，郑崇珂，纪志远，江祺祥

起止时间 1987 年 1 月 1 日—2018 年 1 月 1 日

获奖情况 2019 年中国农业科学院杰出科技创新奖

内容提要 白叶枯病是水稻的重大病害之一，严重威胁水稻的安全生产。针对广谱高抗白叶枯病种质匮乏的问题，本项目取得以下突破：①挖掘出广谱抗白叶枯病野

生稻种质 RBB16，首次创制出超越 IRBB21 广谱抗性的栽培稻新种质 CBB23；②首次克隆了广谱高抗白叶枯病基因 *Xa*23 及病原菌中的互作基因 *avrXa*23，明确其广谱抗病分子机理；③育成一批水稻不育系、恢复系、新品种，驱动我国抗白叶枯病水稻品种升级换代。项目组培育出抗病水稻不育系 5 个、恢复系 10 个、杂交稻新品种 4 个，已推广 497.8 万亩。*Xa*23 基因资源及其分子标记已被 39 个单位利用，引用单位已育出含 *Xa*23 基因的抗病水稻不育系 5 个、恢复系 8 个、审定新品种 10 个，在解决我国抗白叶枯病水稻育种难题中发挥了重要作用。

2. 酱卤肉制品加工关键技术创新与应用

主要完成单位 中国农业科学院农产品加工研究所

主要完成人员 张春晖，张德权，张春江，李 侠，贾 伟，侯成立，王 航，张志伟，黄 峰，刘志斌，徐世明，施 明，刘云鹤，陈嘉宏，赵瑞连

起止时间 2005 年 1 月—2018 年 12 月

获奖情况 2019 年度中国农业科学院杰出科技创新奖

内容提要 长期以来酱卤肉制品工业化存在特色品质保真难、加工损耗高、核心加工装备缺乏等三大突出问题，项目取得以下突破：①创建了酱卤肉制品特色品质保持技术，解决了工业化加工风味失真/风味丢失的问题；②研发了酱卤肉制品加工损耗控制技术，破解了原料肉利用率低、卤煮损失大的瓶颈；③突破了酱卤肉制品工程化流程再造技术，发明了定量卤制核心装备，解决了费工耗能、效率低的难题。获授权国家专利 49 件（发明专利 29 件）、软件著作权 6 件；制定《酱卤肉制品》（GB/T 23586）等国家标准 2 项、行业与地方标准 5 项、团体标准 2 项；发表论文 57 篇（SCI/EI37 篇），出版专著 5 部；技术推广到酱卤肉制品生产前十强企业，在山东、江苏、内蒙古、湖南等地建立了 10 条工业化生产线，开发系列新产品 180 余种，2017—2018 年累计实现新增销售额 47.64 亿元，利税 10.81 亿元。项目整体技术居国际领先水平，获 2015 年度中国商业联合会科技进步奖一等奖，入选 2018 年全国农产品加工业十大科技创新推广成果。

3. 草牧业发展经济政策研究及应用

主要完成单位 农业经济与发展研究所，中国农业大学，北京农学院，河北农业大学，北京农业职业学院，赤峰市农牧业机械化研究推广服务中心

主要完成人员 王明利，张英俊，王济民，杨 春，胡向东，刘亚钊，王国刚，石自忠，周 慧，包利民，汪武静，崔 姹，高海秀，李延军，杨钰莹

起止时间 2008 年 5 月—2017 年 12 月

获奖情况 2019 年中国农业科学院杰出科技创新奖

内 容 提 要 本项目针对牧草产业经济研究的空白，首先围绕草牧业经济研究的基础——微观和宏观数据库创建以及先进适宜方法的引进和改造展开；在此基础上着力研究农民种草的比较效益和意愿，种草对粮食安全是否构成威胁，牧草产业的成本收益和国际竞争力，肉牛等草食畜产品生产和价格波动规律及调监控对策，草畜耦合发展模式、机制与绩效，环境要素对草食畜牧业发展经济效率影响等当前决策界关心的热点和重点问题，系统创建了牧草产业经济研究的宏微观数据库和理论方法体系；设计出农业结构向“粮+经+饲+草”四元结构调整的策略及实现路径，测算了牧草生产的科技进步贡献和国际竞争力；揭示了肉牛等草食畜产品生产和价格波动规律，测算了环保约束下草食家畜全要素生产率；创立了草畜耦合发展模式和综合效益评价方法，设计了我国牧草产业发展的可行方案。

4. 主要粮食作物化肥减施增效关键技术

主要完成单位 中国农业科学院农业资源与农业区划研究所、江西红壤研究所、江西农科院土壤肥料与资源环境研究所、黑龙江农科院土壤肥料与资源环境研究所、河北农林科学院农业资源与环境研究所、山东农科院农业资源与环境研究所、河南农科院植物营养与资源环境研究所、湖北农科院植保土肥研究所

主要完成人员 周 卫，何 萍，艾 超，孙建光，黄绍文，王玉军，等

起 止 时 间 2006 年 1 月—2015 年 12 月

获 奖 情 况 2019 年中国农业科学院杰出科技创新奖

内 容 提 要 本项目以水稻、小麦、玉米、大豆等主要粮食作物为对象，化肥减施增效标“创建养分推荐方法—创新资源高效技术—研创新型肥料产品—集成减施增效模式”为研究主线，通过 10 余年系统研究，首次创建了基于产量反应和农学效率的推荐施肥新方法（NE），创新了养分资源高效利用技术，建立了基于“NE 系统+”的化肥减施增效技术模式。研究成果在我国粮食主产区水稻、小麦、玉米和大豆上近 3 年共推广应用 6 090 万亩，增产粮食 37.95 亿吨，减施化肥氮磷养分 29.51 万吨，增收节支 100.42 亿元。获授权发明专利 16 项，软件著作权 11 项，发表论文 109 篇，其中 SCI 论文 74 篇，出版著作 3 部。为国家化肥使用量零增长行动提供了重要科技支撑。

5. 花生高油种质发掘创制与新品种培育

主要完成单位 中国农业科学院油料作物研究所

主要完成人员 姜慧芳，雷永，程增书，廖伯寿，李玉荣，等

起 止 时 间 2001 年 1 月—2018 年 12 月

获 奖 情 况 2019 年中国农业科学院杰出科技创新奖

内 容 提 要 我国花生和花生油产量居世界首位，榨油占花生总产 50%以上，花生油约占国产植物油产量的 25%，在食用油安全中举足轻重，培育和种植高油高

产花生品种非常必要。然而，长期以来我国生产上应用的花生品种含油量较低，优异高油种质匮乏、高油分子育种技术研发滞后、高油与高产协同改良难度大等是制约花生高油育种的主要科学难题。本项目取得以下成效：①对 7 640 份资源进行了大规模含油量鉴定评价，揭示了花生资源含油量的遗传分化，发掘含油量 55%以上的高油种质 31 份；②首次发现花生野生种的特异高油标记 2A5，创建了高效的高油分子标记辅助选择技术，创制一批优异新种质；③培育出中花 15、中花 16、冀花 10 号、漯花 4011 等 4 个高油高产花生新品种，被农业部和湖北省列为主导品种，新品种累计推广 2 372. 2 万亩，创社会经济效益 36. 95 亿元。获国家发明专利 3 件，新品种权 2 件，发表论文 49 篇。项目为推动花生生产发展和增加油脂供给提供了重要支撑，并具有广阔发展前景。

6. 优质、广适系列梨新品种选育及配套高效栽培技术研究与应用

主要完成单位　中国农业科学院果树研究所、甘肃省农业科学院林果花卉研究所

主要完成人员　姜淑苓，李红旭，欧春青，王　斐，赵明新，方成泉，王　玮，曹素芳，马　力，曹　刚，刘小勇，贾敬贤

起 止 时 间　1986—2018 年

获 奖 情 况　2019 年中国农业科学院杰出科技创新奖

内 容 提 要　培育出了优质、广适、不同熟期、特色、专用梨新品种 14 个，并研发出与之配套的高效栽培管理技术，制定了统一的梨新品种测试鉴定和苗木繁育标准，通过新品种新技术的示范推广和相关标准的颁布实施，带动了我国新品种的更新换代和栽培技术的变革，使梨苗木生产和新品种登记有据可依，经济和社会效益显著。

7. 马传染性贫血弱毒疫苗致弱及免疫保护机制研究

主要完成单位　中国农业科学院哈尔滨兽医研究所

主要完成人员　王晓钧，林跃智，王雪峰，杜　承，马　建，等

起 止 时 间　2010 年 1 月—2017 年 12 月

获 奖 情 况　2019 年中国农业科学院杰出科技创新奖

内 容 提 要　本项目以 EIAV 强弱毒为研究对象，从病毒致弱过程的基因组进化、天然免疫的激发、免疫应答的诱导以及宿主对其复制调控等方面进行了深入研究。系统阐明了 EIAV 弱毒疫苗致弱及免疫保护的关键因素。明确了多个调控 EIAV 复制的宿主分子及其调控机制，为其他慢病毒尤其是 HIV-1 免疫原的设计以及免疫保护理论提供有价值的参考。项目共发表 SCI 论文 29 篇，占 EIAV 研究领域 26. 6%（其中在国际病毒学顶尖杂志 *Journal of Virology* 发表 4 篇，占该刊本研究领域发文的 40%），累计影响因子 87. 782，被引用 276 次，他引 160 次；获得国家发明专利 3 项，主编《马传染性贫血》防控专著，参编《默克兽医手册》和《现代动物病毒学》等学术专著。

8. 口蹄疫病毒反向遗传操作技术体系建立及应用

主要完成单位 中国农业科学院兰州兽医研究所

主要完成人员 刘在新，李平花，白兴文，孙 普，卢曾军，包慧芳，马雪青，曹轶梅，付元芳，袁 红，李 冬，陈应理

起 止 时 间 2002 年 1 月—2017 年 12 月

获 奖 情 况 2019 年中国农业科学院杰出科技创新奖

内 容 提 要 口蹄疫是猪、牛、羊等畜种的烈性传染病，给我国造成了巨大的经济损失。有效防控该病需要厘清病原特性，研制与之匹配的疫苗。本项目在国内率先建立了口蹄疫病毒反向遗传操作技术体系，研究了病毒感染与免疫相关的分子机制，创制了便于感染与免疫鉴别诊断的标记疫苗。项目已获国家发明专利 4 项，一类新兽药注册证书 1 项；发表论文 33 篇，其中 SCI 收录 11 篇、中文核心 22 篇；培养博士生 4 名、硕士生 10 名。技术成果契合我国口蹄疫免疫无疫区建设之急需，将有力促进畜牧业的健康与持续发展。

9. 油菜毯状苗机械高效移栽技术与装备

主要完成单位 农业农村部南京农业机械化研究所，扬州大学，农业农村部农业机械化技术开发推广总站

主要完成人员 吴崇友，冷锁虎，汤 庆，杨 光，张 敏，左青松，等

起 止 时 间 2011 年 1 月—2015 年 12 月

获 奖 情 况 2019 年中国农业科学院科学技术成果杰出创新奖

内 容 提 要 针对稻茬田油菜移栽的适应性差、作业效率低两大技术难题，项目在世界上首次培育出密度高、素质好、盘根成毯适合机械切块插栽的油菜毯状苗，创制了油菜毯状苗育苗种子处理剂，制定了油菜毯状苗育苗技术规程。针对国内外现有旱地移栽机作业效率低，对黏重土壤适应性差的问题，首次提出油菜毯状苗切块取苗、对缝插栽的移栽方式，创制了高速全自动油菜毯状苗移栽机，破解了稻茬田黏重土壤油菜高效移栽难题，在世界上首次实现了多种土壤条件下的油菜高密度高效率移栽，创造了旱地移栽世界最快的栽植频率（300 次/分），是世界最先进旱地移栽机栽植频率的 1.8 倍。

10. 农药高效对靶沉积和释放调控机制研究与应用

主要完成单位 中国农业科学院植物保护研究所

主要完成人员 曹立冬，黄啟良，赵鹏跃，曹 冲，李凤敏

起 止 时 间 2015 年 1 月—2017 年 12 月

获 奖 情 况 2019 年中国农业科学院青年科技创新奖

内 容 提 要 农药对靶沉积和释放是一个复杂的剂量传输与分布过程，受到药剂特性、环境因素、有害生物为害规律、叶面结构等多重因素影响。本项目从药液性能和

载药颗粒两个方面进行农药高效对靶沉积调控。首次研究了农药雾滴在水稻和棉花叶面上的蒸发动力学；构建了不同粒径和界面化学修饰的介孔二氧化硅纳米载药（吡唑醚菌酯、咪鲜胺和嘧霉胺）体系；首次制备了苯醚甲环唑可分散油悬浮剂，叶面耐雨水冲刷能力提高 25%；构建了静电作用、载药颗粒结构和尺度调控的控制释放载药体系。项目获得 3 项国家发明专利，发表主要相关论文 20 余篇，其中 SCI 论文 13 篇，中文核心期刊 7 篇。项目发展的理论和方法应用前景广阔，可适用于同类农药新型制剂的开发，具有重要的经济效益、社会效益和推广应用前景，可推动我国农药研究和生产技术的进步。

11. 温室太阳能主动截获及轻简化关键技术研发与应用

主要完成单位 中国农业科学院农业环境与可持续发展研究所，中国农业大学，北京理工大学，北京京鹏环球科技股份有限公司，北京阳光技研科技发展有限公司

主要完成人员 张　义，方　慧，赵淑梅，杨其长，等

起 止 时 间 2006 年 1 月—2018 年 12 月

获 奖 情 况 2019 年中国农业科学院青年科技创新奖

内 容 提 要 项目以提升太阳辐射能截获与蓄积能力、主动调蓄白天热能用于夜晚增温并实现温室结构轻简化为目标，历经 10 多年攻关，首次提出日光温室太阳辐射能主动截获与释放思想，实现了温室热能储存与利用技术的突破；发明了基于水媒介质的日光温室主动蓄放热方法，创新研发出六代主动蓄放热技术产品；创建了基于主动蓄放热的调温除湿技术方法，实现日光温室气温、根温与湿度环境的节能调控；创制出轻简保温墙体与主动蓄放热系统一体化结构的新型温室，实现了日光温室结构轻简化与可装配化。项目成果已在北京、山东、宁夏、辽宁、甘肃等 10 多个省（区、市）和部队系统的 100 多个基地推广应用，间接经济效益 5. 9 亿元以上，为日光温室技术革新与产业发展作出了重要贡献，经济、社会与生态效益显著。

12. 农业干旱监测关键参数定量遥感反演方法研究

主要完成单位 中国农业科学院农业资源与农业区划研究所

主要完成人员 段四波，冷　佩，唐荣林，高懋芳，李召良

起 止 时 间 2009 年 1 月—2017 年 12 月

获 奖 情 况 2019 年中国农业科学院青年科技创新奖

内 容 提 要 本项目通过近 10 年的持续研究，在农业干旱监测关键参数定量遥感反演方面取得了重要进展，创新了农业干旱监测关键参数定量遥感反演方法，推动了农业干旱监测的发展。10 篇代表性论文分别发表在 RSE、IEEE-TGRS 等遥感领域权威刊物上，迄今他引 853 次，其中 SCI 他引 313 次。授权发明专利 9 项，出版专著 7 部。

13. 高品质菜籽油制备关键技术与应用

主要完成单位 中国农业科学院油料作物研究所

主要完成人员 万楚筠，李文林，刘昌盛，向　霞，周　琦，黄凤洪，郑　畅，许继取，邓乾春，郑明明

起 止 时 间 2008 年 1 月—2017 年 4 月

获 奖 情 况 2019 年中国农业科学院青年科技创新奖

内 容 提 要 菜籽为我国第一大国产植物油料，长期以来菜籽产地加工技术存在加工过程高温长时、油品质不稳定、生产效率低和功能脂质损失重等突出问题，未实现优质菜籽的优用，严重制约了油菜产业的健康可持续发展。本项目取得以下突破：①系统研究了油菜籽营养品质与加工特性，为产品的高值化利用与开发提供了理论支撑。②发明了菜籽油高品质制备关键单元技术，突破了菜籽绿色高效加工的技术瓶颈。③构建了具有自动控制与质量管理系统的高品质菜籽油制备技术，实现油菜产地加工技术的革新。项目获专利授权 12 项，其中发明专利 8 项；获软件著作权 2 项；发表相关科技论文 37 篇（SCI 收录 18 篇）；成果整体技术处于国际领先水平；技术成果已在湖北、湖南和江西等省油菜主产区应用，为油菜优质优用与可持续发展，农民增收和“三产”融合发展提供有力技术支撑。

14. 水貂品种选育与配套养殖关键技术研究

主要完成单位 中国农业科学院特产研究所，大连明华经济动物有限公司

主要完成人员 荣　敏，涂剑锋，王淑明，张志明，杨　颖，王洪亮，徐佳萍，刘汇涛，张然然

起 止 时 间 2003 年 1 月—2018 年 4 月

获 奖 情 况 2019 年中国农业科学院青年科技进步奖

内 容 提 要 水貂是一种小型珍贵的毛皮动物，目前我国已成为养貂大国，围绕水貂相关产业已达近千亿元规模，但并不是养殖强国，良种一直处于受制于欧洲、北美等地区国家的困境，另外配套养殖技术薄弱，造成种貂水平参差不齐，貂皮质量与国外相比皮张小、毛绒质量相对较差，市场竞争力非常弱。必须培育具有中国自主知识产权的水貂优良品种，提高配套养殖技术水平，才能使行业走上健康发展的道路。本成果针对水貂养殖业发展现状问题，开展水貂优良品种培育、构建配套高效健康养殖关键技术体系并应用，为水貂产业发展提供技术支撑。项目执行期间培育出明华黑色水貂新品种 1 个，获得授权实用新型专利 4 项、颁布地方标准 2 个，发表论文 25 篇，出版书籍 1 部。培养硕士研究生 2 名，项目成果已在吉林省、辽宁省、河北省等主产区进行了示范推广。促进了水貂养殖业的健康持续发展，经济和社会效益显著，应用前景广阔。

中国农业科学院 2019 年十大科技进展

一、创建新型 CRISPR/Cas 介导的农作物等位基因替换技术体系

作物科学研究所夏兰琴研究团队在国际上首次建立了 CISPR/Cas 介导、分别以 DNA 和 RNA 转录本作为修复模板的农作物等位基因替换体系，突破了基因片段替换的技术瓶颈，实现了水稻 OsALS 等位基因片段精准替换，获得无转基因抗除草剂水稻，相关研究结果发表于国际著名生物技术期刊《自然 · 生物技术》（*Nature Biotechnology*）。

二、建立杂交水稻无融合生殖体系

中国水稻研究所王克剑研究团队联合中国科学院遗传与发育生物学研究所首次建立了可固定杂种优势的水稻无融合生殖体系，成功获得杂交水稻的克隆种子，实现了杂交水稻无融合生殖从无到有的关键突破，该成果以封面故事发表在国际主流学术期刊《自然 · 生物技术》（*Nature Biotechnology*）。

三、破解二倍体马铃薯自交不亲和与自交衰退机制

深圳农业基因组研究所黄三文研究团队初步解析了马铃薯自交衰退的遗传基础，提出了克服自交衰退的方法。该研究为二倍体马铃薯育种提供理论基础，对马铃薯育种和繁殖方式进行颠覆性创新，开辟了马铃薯育种新途径。成果发表在国际主流学术期刊《自然 · 植物》（*Nature Plants*）和《自然 · 遗传学》（*Nature Genetics*）。

四、解析非洲猪瘟病毒结构及装配机制

哈尔滨兽医研究所步志高研究团队联合中国科学院生物物理研究所饶子和/王祥喜研究团队，首次全面解析了非洲猪瘟病毒全颗粒的三维精细结构，该病毒是目前世界上解析近原子分辨率结构的最大病毒颗粒，为揭示非洲猪瘟病毒入侵宿主细胞以及逃避和对抗宿主抗病毒免疫的机制提供了重要线索。

五、高产高油优质多抗油菜品种中油杂 19 大面积推广应用

油料作物研究所王汉中研究团队建立了以自育优质油菜品种中油杂 19 为核心的高产、高油、高抗、高品质、高维 C 和高效益的“六高”绿色高效发展技术模式，产量比当地主推品种增产 18.4%、实际产油量增加 20.8%，2019 年在长江流域种植 400 万亩，累计示范推广 2 000 万亩以上，推动了我国油菜产业高质量发展。

六、“阿什旦牦牛”新品种通过国家审定

兰州畜牧与兽药研究所闫萍研究团队与青海省大通种牛场合作培育的肉用型牦牛新品种阿什旦牦牛获国家畜禽新品种证书，填补了牦牛以无舍饲化主体品种的空白，为牦牛规模化、集约化和标准化饲养提供了差异化品种，其生产性能和综合品质达到了国内外同类型生态区牦牛的领先水平。

七、玉米密植高产机械粒收技术集成应用

作物科学研究所李少昆研究团队在国际上首次构建了亩产 1 500 千克的理想株型与群体结构，探明了玉米实现亩产 1 500 千克的高产机制，创新品种熟期脱水性能与积温定量匹配技术，实现了玉米低破碎籽粒收获。集成了“玉米密植高产全程机械化绿色生产技术体系”在全国大面积推广，创下了亩产 1 505 千克的全国最高产量，引领了我国现代玉米生产技术的发展。

八、畜禽用抗生素减替绿色新产品创制与应用

饲料研究所王建华研究团队突破减替抗关键产品抗菌肽创制和应用技术瓶颈，揭示了抗菌肽“源于胞内相近相容、高敏预警早期防御”高效入胞和“强穿膜、多靶点”低耐药机制，建立了 20 立方米规模制备工艺，和“SP 提纯—纳滤脱盐浓缩”高效纯化工艺，抗菌肽乳房灌注剂临床实验显示，可显著降低奶牛乳房炎患病组织中金黄色葡萄球菌、链球菌和大肠杆菌数量，有效缓解症状。

九、区域种养一体化农业增效减负关键技术与应用

农业环境与可持续发展研究所张晴雯研究团队联合中国科学院生态环境研究中心、滨州中裕食品有限公司创新了源头绿色化—过程系统化—末端资源化的农田增效减负与清洁生产技术，突破了区域种养一体化农业增效减负技术，构建了基于全产业链生态循

环的农业清洁流域构建模式，为重点流域粮食主产区农业面源污染控制和农业可持续生产“双赢”提供了可复制样板和系统解决方案。

十、重大入侵害虫草地贪夜蛾监测与防控

植物保护研究所吴孔明研究团队监测并确认了入侵我国的第一头草地贪夜蛾成虫，率先向农业农村部呈报草地贪夜蛾入侵的预警报告，明确了成虫迁飞、发生和为害的生物学规律，最先筛选出 5 种应急防控药剂，研发了 3 种自主知识产权的天敌昆虫产品，提出了“分区治理”的绿色防控技术方案，为有效控制草地贪夜蛾蔓延为害发挥了重要技术支撑和保障作用。

中国农业科学院
2019 年科技平台目录

一、科学研究平台

国家重大科技基础设施

序号	名称	依托单位
1	农作物基因资源与基因改良国家重大科学工程	作科所、生物所
2	国家农业生物安全科学中心	植保所
3	国家动物疫病防控高级别生物安全实验室	哈兽研

国家重点实验室

序号	实验室名称	依托单位
1	植物病虫害生物学国家重点实验室	植保所
2	动物营养学国家重点实验室	牧医所、中国农业大学
3	水稻生物学国家重点实验室	水稻所、浙江大学
4	兽医生物技术国家重点实验室	哈兽研
5	家畜疫病病原生物学国家重点实验室	兰兽研
6	棉花生物学国家重点实验室	棉花所、河南大学

省部共建国家重点实验室

序号	实验室名称	依托单位
1	特种经济动物分子生物学省部共建国家重点实验室	特产所

农业农村部综合性重点实验室

序号	实验室名称	依托单位
1	农业农村部作物基因资源与种质创制重点实验室	作科所
2	农业农村部麦类生物学与遗传育种重点实验室	作科所
3	农业农村部作物有害生物综合治理重点实验室	植保所
4	农业农村部园艺作物生物学与种质创制（蔬菜）重点实验室	蔬菜所
5	农业农村部薯类作物生物学与遗传育种重点实验室	蔬菜所
6	农业农村部农业环境重点实验室	环发所
7	农业农村部动物营养与饲料学重点实验室	牧医所
8	农业农村部农产品加工重点实验室	加工所
9	农业农村部农业基因组学重点实验室（北京）	生物所
10	农业农村部植物营养与肥料重点实验室	资划所
11	农业农村部农产品质量安全重点实验室	质标所
12	农业农村部水稻生物学与遗传育种重点实验室	水稻所
13	农业农村部棉花生物学与遗传育种重点实验室	棉花所
14	农业农村部油料作物生物学与遗传育种重点实验室	油料所
15	农业农村部兽用药物与诊断技术重点实验室	哈兽研
16	农业农村部动物病原生物学重点实验室	兰兽研
17	农业农村部农村可再生能源开发利用重点实验室	沼科所
18	农业农村部现代农业装备重点实验室	农机化所
19	农业农村部动物遗传育种与繁殖（家禽）重点实验室	牧医所
20	农业农村部特种经济动植物生物学与遗传育种重点实验室	茶叶所
21	农业农村部产地环境污染防控重点实验室	环保所
22	农业农村部农业遥感重点实验室	资划所

农业农村部专业性（区域性）重点实验室

序号	实验室名称	依托单位
1	农业农村部作物生理生态重点实验室	作科所
2	农业农村部北京大豆生物学重点实验室	作科所
3	农业农村部旱作节水农业重点实验室	环发所
4	农业农村部设施农业节能与废弃物处理重点实验室	环发所
5	农业农村部授粉昆虫生物学重点实验室	蜜蜂所
6	农业农村部饲料生物技术重点实验室	饲料所
7	农业农村部农业微生物资源收集与保藏重点实验室	资划所
8	农业农村部面源污染控制重点实验室	资划所
9	农业农村部农业信息服务技术重点实验室	信息所
10	农业农村部作物需水与调控重点实验室	灌溉所
11	农业农村部生物毒素检测重点实验室	油料所
12	农业农村部麻类生物学与加工重点实验室	麻类所
13	农业农村部园艺作物种质资源利用重点实验室	果树所
14	农业农村部果树育种技术重点实验室	郑果所
15	农业农村部兽用药物创制重点实验室	兰牧药
16	农业农村部动物寄生虫学重点实验室	上兽研
17	农业农村部牧草资源与利用重点实验室	草原所
18	农业农村部特种经济动物遗传育种与繁殖重点实验室	特产所
19	农业农村部烟草生物学与加工重点实验室	烟草所
20	农业农村部蚕桑遗传改良重点实验室	蚕业所
21	农业农村部农产品质量安全生物性危害因子（植物源）控制重点实验室（试运行）	植保所
22	农业农村部蔬菜质量安全控制重点实验室（试运行）	蔬菜所
23	农业农村部农膜污染防控重点实验室（试运行）	环发所
24	农业农村部休闲农业重点实验室（试运行）	环发所

（续表）

序号	实验室名称	依托单位
25	农业农村部牧草种质资源与育种重点实验室（试运行）	牧医所
26	农业农村部奶及奶制品质量安全控制重点实验室（试运行）	牧医所
27	农业农村部蜂产品质量安全控制重点实验室（试运行）	蜜蜂所
28	农业农村部农产品质量安全收贮运管控重点实验室（试运行）	加工所
29	农业农村部农业转基因生物安全评价（分子）重点实验室（试运行）	生物所
30	农业农村部草地资源监测评价与创新利用重点实验室（试运行）	资划所
31	农业农村部农业大数据重点实验室（试运行）	信息所
32	农业农村部节水灌溉工程重点实验室（试运行）	灌溉所
33	农业农村部油料加工重点实验室（试运行）	油料所
34	农业农村部茶叶质量安全控制重点实验室（试运行）	茶叶所
35	农业农村部兽用化学药物及制剂学重点实验室（试运行）	上兽研
36	农业农村部草地与农业生态遥感重点实验室（试运行）	草原所
37	农业农村部草地生态与修复治理重点实验室（试运行）	草原所
38	农业农村部经济动物疫病重点实验室（试运行）	特产所
39	农业农村部农产品质量安全环境因子控制重点实验室（试运行）	环保所
40	农业农村部农业基因数据分析重点实验室（试运行）	基因组所

农业农村部科学观测实验站

序号	实验站名称	依托单位
1	农业农村部新乡小麦高效育种技术科学观测实验站	作科所
2	农业农村部核辐射农业生物科学观测实验站	作科所
3	农业农村部锡林郭勒草原有害生物科学观测实验站	植保所

（续表）

序号	实验站名称	依托单位
4	农业农村部桂林有害生物科学观测实验站	植保所
5	农业农村部廊坊农作物有害生物科学观测实验站	廊坊基地
6	农业农村部蔬菜作物基因资源与种质创制北京科学观测实验站	蔬菜所
7	农业农村部寿阳农业环境与作物高效用水科学观测实验站	环发所
8	农业农村部兽用药物与兽医生物技术北京科学观测实验站	牧医所
9	农业农村部华北动物遗传资源与营养科学观测实验站	牧医所
10	农业农村部祁阳农业环境科学观测实验站	资划所
11	农业农村部呼伦贝尔农业环境科学观测实验站	资划所
12	农业农村部华北设施栽培与施肥科学观测实验站	德州实验站
13	农业农村部商丘农业环境科学观测实验站	灌溉所
14	农业农村部作物基因资源与种质创制浙江科学观测实验站	水稻所
15	农业农村部作物基因资源与种质创制辽宁科学观测实验站	果树所
16	农业农村部作物基因资源与种质创制河南科学观测实验站	郑果所
17	农业农村部草原畜牧业装备科学观测实验站	草原所
18	农业农村部大理农业环境科学观测实验站	环保所
19	农业农村部西南地区果树科学观测实验站	柑桔所

中国农业科学院重点开放实验室

序号	实验室名称	依托单位
1	中国农业科学院作物种质资源与生物技术重点开放实验室	作科所
2	中国农业科学院作物遗传改良与生物技术重点开放实验室	作科所
3	中国农业科学院粮棉油料作物生理与栽培重点开放实验室	作科所
4	中国农业科学院植物病虫害生物学重点开放实验室	植保所
5	中国农业科学院农药化学与应用技术重点开放实验室	植保所

（续表）

序号	实验室名称	依托单位
6	中国农业科学院生物入侵与生物防治重点开放实验室	植保所
7	中国农业科学院杂草鼠害生物学与治理重点开放实验室	植保所
8	中国农业科学院园艺作物遗传与生理重点开放实验室	蔬菜所
9	中国农业科学院农业环境与气候变化重点开放实验室	环发所
10	中国农业科学院旱作节水农业重点开放实验室	环发所
11	中国农业科学院动物营养学重点开放实验室	牧医所
12	中国农业科学院家养动物遗传资源与种质创新重点开放实验室	牧医所
13	中国农业科学院牧草遗传改良与利用重点开放实验室	牧医所
14	中国农业科学院授粉昆虫生物学重点开放实验室	蜜蜂所
15	中国农业科学院饲料生物技术重点开放实验室	饲料所
16	中国农业科学院农产品加工与质量控制重点开放实验室	加工所
17	中国农业科学院农作物分子生物学与生物技术重点开放实验室	生物所
18	中国农业科学院国家农业政策分析与决策支持系统重点开放实验室	农经所
19	中国农业科学院植物营养与养分循环重点开放实验室	资划所
20	中国农业科学院资源遥感与数字农业重点开放实验室	资划所
21	中国农业科学院土壤质量重点开放实验室	资划所
22	中国农业科学院智能化农业预警技术与系统重点开放实验室	信息所
23	中国农业科学院农产品质量与食物安全重点开放实验室	质标所
24	中国农业科学院农业水资源高效安全利用重点开放实验室	灌溉所
25	中国农业科学院水稻生物学重点开放实验室	水稻所
26	中国农业科学院棉花遗传改良重点开放实验室	棉花所
27	中国农业科学院油料作物生物学重点开放实验室	油料所
28	中国农业科学院茎纤维生物质与工程微生物重点开放实验室	麻类所

（续表）

序号	实验室名称	依托单位
29	中国农业科学院麻类遗传育种与生物加工重点开放实验室	麻类所
30	中国农业科学院果树种质资源与育种技术重点开放实验室	果树所
31	中国农业科学院果树生长发育与品质控制重点开放实验室	郑果所
32	中国农业科学院茶及饮料植物产品加工与质量控制重点开放实验室	茶叶所
33	中国农业科学院兽医生物技术重点开放实验室	哈兽研
34	中国农业科学院动物流感重点开放实验室	哈兽研
35	中国农业科学院人兽共患病重点开放实验室	哈兽研、兰兽研
36	中国农业科学院家畜疫病病原生物学重点开放实验室	兰兽研
37	中国农业科学院草食动物疫病重点开放实验室	兰兽研
38	中国农业科学院新兽药工程重点开放实验室	兰牧药
39	中国农业科学院动物寄生虫学重点开放实验室	上兽研
40	中国农业科学院兽药安全评价与兽药残留研究重点开放实验室	上兽研
41	中国农业科学院草地资源生态重点开放实验室	草原所
42	中国农业科学院特种经济动物种质资源遗传改良重点开放实验室	特产所
43	中国农业科学院农业环境与农产品安全重点开放实验室	环保所
44	中国农业科学院能源微生物重点开放实验室	沼科所
45	中国农业科学院农业机械重点开放实验室	农机化所
46	中国农业科学院烟草遗传改良与生物技术重点开放实验室	烟草所
47	中国农业科学院柑桔学重点开放实验室	柑桔所
48	中国农业科学院北方糖料作物资源与利用重点开放实验室	甜菜所
49	中国农业科学院蚕桑遗传改良与生物技术重点开放实验室	蚕业所

（续表）

序号	实验室名称	依托单位
50	中国农业科学院草地农业系统学重点开放实验室	草原生态所
51	中国农业科学院家禽遗传资源评价与繁育重点开放实验室	家禽所
52	中国农业科学院甘薯遗传改良重点开放实验室	甘薯所

农业农村部农产品质量安全风险评估实验室

序号	实验室名称	依托单位
1	农业农村部稻米产品质量安全风险评估实验室（杭州）	水稻所
2	农业农村部谷物产品质量安全风险评估实验室（北京）	作科所
3	农业农村部油料产品质量安全风险评估实验室（武汉）	油料所
4	农业农村部奶产品质量安全风险评估实验室（北京）	牧医所
5	农业农村部蔬菜产品质量安全风险评估实验室（北京）	蔬菜所
6	农业农村部果品质量安全风险评估实验室（郑州）	郑果所
7	农业农村部果品质量安全风险评估实验室（兴城）	果树所
8	农业农村部柑桔产品质量安全风险评估实验室（重庆）	柑桔所
9	农业农村部茶叶产品质量安全风险评估实验室（杭州）	茶叶所
10	农业农村部蜂产品质量安全风险评估实验室（北京）	蜜蜂所
11	农业农村部农产品质量安全生物性危害因子风险评估实验室（北京）	植保所
12	农业农村部农产品质量安全环境因子风险评估实验室（天津）	环保所
13	农业农村部农产品加工质量安全风险评估实验室（北京）	加工所
14	农业农村部棉花产品质量安全风险评估实验室（安阳）	棉花所
15	农业农村部烟草质量安全风险评估实验室（青岛）	烟草所
16	农业农村部畜产品质量安全风险评估实验室（兰州）	兰牧药
17	农业农村部微生物产品质量安全风险评估实验室（北京）	资划所

（续表）

序号	实验室名称	依托单位
18	农业农村部蚕桑产品及食用昆虫质量安全风险评估实验室（镇江）	蚕业所
19	农业农村部糖料产品质量安全风险评估实验室（哈尔滨）	甜菜所
20	农业农村部禽类产品质量安全风险评估实验室（扬州）	家禽所
21	农业农村部动物产品质量安全生物性危害因子风险评估实验室（上海）	上兽研
22	农业农村部动物产品质量安全环境因子风险评估实验室（北京）	环发所
23	农业农村部植物纤维产品质量安全风险评估实验室（长沙）	麻类所
24	农业农村部特种动植物产品质量风险评估实验室（长春）	特产所
25	农业农村部农产品质量与营养功能风险评估实验室（北京）	营养所
26	农业农村部农产品质量安全肥料源性因子风险评估实验室（北京）	资划所
27	农业农村部动物产品质量安全饲料源性因子风险评估实验室（北京）	饲料所
28	农业农村部农产品质量安全水环境因子风险评估实验室（新乡）	灌溉所
29	农业农村部草产品质量安全风险评估实验室（呼和浩特）	草原所
30	农业农村部生物质发酵产品质量安全风险评估实验室	沼科所

中国农业科学院农产品质量安全风险评估研究中心

序号	研究中心名称	依托单位
1	中国农业科学院谷物产品质量安全风险评估研究中心	作科所
2	中国农业科学院农产品农药残留与生物危害风险评估研究中心	植保所
3	中国农业科学院蔬菜产品质量安全风险评估研究中心	蔬菜所
4	中国农业科学院奶产品质量安全风险评估研究中心	牧医所

（续表）

序号	研究中心名称	依托单位
5	中国农业科学院蜂产品质量安全风险评估研究中心	蜜蜂所
6	中国农业科学院农产品加工质量安全风险评估研究中心	加工所
7	中国农业科学院食用菌质量安全风险评估研究中心	资划所
8	中国农业科学院稻米产品质量安全风险评估研究中心	水稻所
9	中国农业科学院棉花质量安全风险评估研究中心	棉花所
10	中国农业科学院油料产品质量安全风险评估研究中心	油料所
11	中国农业科学院麻类产品质量安全风险评估研究中心	麻类所
12	中国农业科学院兴城果品质量安全风险评估研究中心	果树所
13	中国农业科学院郑州果品质量安全风险评估研究中心	郑果所
14	中国农业科学院茶叶质量安全风险评估研究中心	茶叶所
15	中国农业科学院兰州畜产品质量安全风险评估研究中心	兰牧药
16	中国农业科学院特种经济动植物产品质量安全风险评估研究中心	特产所
17	中国农业科学院农产品产地环境风险评估研究中心	环保所
18	中国农业科学院烟草产品质量安全风险评估研究中心	烟草所
19	中国农业科学院柑桔质量安全风险评估研究中心	柑桔所
20	中国农业科学院蚕业产品质量安全风险评估研究中心	蚕业所
21	中国农业科学院农用水质量安全风险评估研究中心	灌溉所
22	中国农业科学院沼气及发酵产品质量安全风险评估研究中心	沼科所
23	中国农业科学院动物产品质量安全饲料源性因子风险评估研究中心	饲料所
24	中国农业科学院农产品质量安全肥料源性因子风险评估研究中心	资划所
25	中国农业科学院草业产品质量安全风险评估研究中心	草原所

二、技术创新平台

国家工程实验室

序号	实验室名称	依托单位
1	作物分子育种国家工程实验室	作科所
2	作物细胞育种国家工程实验室	蔬菜所
3	棉花转基因育种国家工程实验室	棉花所
4	耕地培育技术国家工程实验室	资划所
5	作物高效用水与抗灾减损国家工程实验室	环发所

国家工程技术研究中心

序号	研究中心名称	依托单位
1	国家昌平综合农业工程技术研究中心	中国农业科学院
2	国家饲料工程技术研究中心	中国农业大学、饲料所
3	国家油菜工程技术研究中心	华中农业大学、油料所
4	国家茶产业工程技术研究中心	茶叶所
5	国家柑桔工程技术研究中心	柑桔所

国家工程研究中心

序号	研究中心名称	依托单位
1	动物用生物制品国家工程研究中心	哈兽研
2	生物饲料开发国家工程研究中心	饲料所

中国农业科学院工程技术研究中心

序号	研究中心名称	依托单位
1	中国农业科学院粮食作物育种工程技术研究中心	作科所
2	中国农业科学院生物防治工程技术研究中心	植保所

（续表）

序号	研究中心名称	依托单位
3	中国农业科学院花卉工程技术研究中心	蔬菜所
4	中国农业科学院农业环境工程技术研究中心	环发所
5	中国农业科学院家畜品种改良与繁育工程技术研究中心	牧医所
6	中国农业科学院蜂产品工程技术研究中心	蜜蜂所
7	中国农业科学院饲料安全工程技术研究中心	饲料所
8	中国农业科学院农产品加工工程技术研究中心	加工所
9	中国农业科学院作物生物技术工程技术研究中心	生物所
10	中国农业科学院新型肥料工程技术研究中心	资划所
11	中国农业科学院农业监测预警与大数据工程技术研究中心	信息所
12	中国农业科学院农产品质量安全工程技术研究中心	质标所
13	中国农业科学院双蛋白工程技术研究中心	营养所
14	中国农业科学院节水灌溉工程技术研究中心	灌溉所
15	中国农业科学院超级稻工程技术研究中心	水稻所
16	中国农业科学院棉花工程技术研究中心	棉花所
17	中国农业科学院油料作物分子育种工程技术研究中心	油料所
18	中国农业科学院麻类工程技术研究中心	麻类所
19	中国农业科学院落叶果树工程技术研究中心	果树所
20	中国农业科学院果树瓜类种苗工程技术研究中心	郑果所
21	中国农业科学院茶叶加工工程技术研究中心	茶叶所
22	中国农业科学院动物疫病诊断技术工程技术研究中心	哈兽研
23	中国农业科学院草食动物疫病防控工程技术研究中心	兰兽研
24	中国农业科学院羊育种工程技术研究中心	兰牧药
25	中国农业科学院动物热带疫病防控技术研究中心	上兽研
26	中国农业科学院草原生产力保育工程技术研究中心	草原所

（续表）

序号	研究中心名称	依托单位
27	中国农业科学院特种动物饲养与饲料工程技术研究中心	特产所
28	中国农业科学院农产品产地环境保护与修复工程技术研究中心	环保所
29	中国农业科学院沼气工程技术研究中心	沼科所
30	中国农业科学院农作物收获装备工程技术研究中心	农机化所
31	中国农业科学院烟草工程技术研究中心	烟草所
32	中国农业科学院全基因组育种设计工程技术研究中心	基因组所

国家农作物、畜禽改良中心（分中心）

序号	改良中心（分中心）名称	依托单位
1	国家小麦改良中心	作科所
2	国家大豆改良北京分中心	作科所
3	国家蔬菜改良中心	蔬菜所
4	国家花卉改良中心	蔬菜所
5	国家马铃薯改良中心华北分中心	蔬菜所
6	国家畜禽分子育种中心	牧医所
7	国家牛奶质量改良中心	牧医所
8	国家水稻改良中心	水稻所
9	国家棉花改良中心	棉花所
10	国家油料作物改良中心	油料所
11	国家麻类作物育种中心	麻类所
12	国家苹果育种中心	果树所
13	国家桃、葡萄改良中心	郑果所
14	国家茶树改良中心	茶叶所
15	国家烟草改良中心	烟草所

（续表）

序号	改良中心（分中心）名称	依托单位
16	国家柑桔品种改良中心	柑桔所
17	国家糖料改良中心	甜菜所
18	国家蚕桑育种中心	蚕业所
19	国家禽类实验动物种子中心	哈兽研
20	国家牧草改良中心	草原所
21	国家食用菌改良中心	区划所
22	国家瓜果改良中心	郑果所

现代农业产业技术体系技术研发中心

序号	产业	研发中心名称	依托单位
1	水稻	国家水稻产业技术研发中心	水稻所
2	玉米	国家玉米产业技术研发中心	作科所
3	小麦	国家小麦产业技术研发中心	作科所
4	大豆	国家大豆产业技术研发中心	作科所
5	大麦青稞	国家大麦青稞产业技术研发中心	作科所
6	谷子糜子	国家谷子糜子产业技术研发中心	作科所
7	食用豆	国家食用豆产业技术研发中心	作科所
8	马铃薯	国家马铃薯产业技术研发中心	蔬菜所
9	油菜	国家油菜产业技术研发中心	油料所
10	棉花	国际棉花产业技术研发中心	棉花所
11	麻类	国家麻类产业技术研发中心	麻类所
12	茶叶	国家茶叶产业技术研发中心	茶叶所
13	食用菌	国家食用菌产业技术研发中心	资划所
14	大宗蔬菜	国家大宗蔬菜产业技术研发中心	蔬菜所
15	肉鸡	国家肉鸡产业技术研发中心	牧医所

（续表）

序号	产业	研发中心名称	依托单位
16	水禽	国家水禽产业技术研发中心	牧医所
17	蜂	国家蜂产品技术研发中心	蜜蜂所
18	绿肥	国家绿肥技术研发中心	资化所

现代农业产业技术体系功能研究室

序号	产业	研究室名称	依托单位
1	水稻	育种与繁育研究室	水稻所
2	水稻	栽培与土肥研究室	水稻所
3	小麦	病虫害防控研究室	植保所
4	玉米	病虫草害防控研究室	植保所
5	大豆	遗传改良研究室	油料所
6	大麦青稞	机械化研究室	农机化所
7	大麦青稞	加工研究室	质标所
8	大麦青稞	产业经济研究室	农经所
9	食用豆	病虫草害防控研究室	作科所
10	食用豆	机械化研究室	农机化所
11	食用豆	加工研究室	加工所
12	食用豆	产业经济研究室	信息所
13	马铃薯	栽培与土肥研究室	蔬菜所
14	马铃薯	产业经济研究室	资划所
15	甘薯	机械化研究室	农机化所
16	油菜	病虫草害防控研究室	油料所
17	油菜	机械化研究室	农机化所
18	油菜	加工研究室	油料所
19	花生	病虫草害防控研究室	油料所

（续表）

序号	产业	研究室名称	依托单位
20	花生	机械化研究室	农机化所
21	花生	加工研究室	加工所
22	特色油料	加工研究室	油料所
23	棉花	栽培与土肥研究室	棉花所
24	棉花	病虫草害防控研究室	植保所
25	麻类	遗传改良研究室	麻类所
26	麻类	机械化研究室	农机化所
27	麻类	加工研究室	麻类所
28	蚕桑	家蚕遗传改良与饲养研究室	蚕业所
29	蚕桑	病虫害防控研究室	蚕业所
30	茶叶	病虫草害防控研究室	茶叶所
31	茶叶	机械化研究室	农机化所
32	茶叶	产业经济研究室	茶叶所
33	食用菌	遗传改良研究室	资划所
34	食用菌	机械化研究室	农机化所
35	绿肥	病虫草害防控研究室	植保所
36	绿肥	机械化研究室	农机化所
37	绿肥	产业经济研究室	资划所
38	大宗蔬菜	遗传改良研究室	蔬菜所
39	大宗蔬菜	病虫害防控研究室	蔬菜所
40	特色蔬菜	病虫害防控研究室	蔬菜所
41	特色蔬菜	加工研究室	质标所
42	西甜瓜	栽培与土肥研究室	郑果所
43	西甜瓜	病虫草害防控研究室	植保所

（续表）

序号	产业	研究室名称	依托单位
44	西甜瓜	机械化研究室	农机化所
45	西甜瓜	产业经济研究室	农经所
46	苹果	遗传改良研究室	果树所
47	梨	加工研究室	果树所
48	葡萄	遗传改良研究室	郑果所
49	葡萄	栽培与土肥研究室	果树所
50	葡萄	病虫草害防控研究室	植保所
51	桃	栽培与土肥研究室	郑果所
52	牧草	遗传改良研究室	牧医所
53	牧草	产业经济研究室	农经所
54	奶牛	疾病防控研究室	兰牧药
55	奶牛	生产与环境控制研究室	牧医所
56	肉牛牦牛	遗传改良研究室	牧医所
57	肉羊	营养与饲料研究室	饲料所
58	肉羊	疾病防控研究室	兰兽医
59	肉羊	加工研究室	加工所
60	绒毛用羊	疾病防控研究室	兰兽医
61	蛋鸡	营养与饲料研究室	牧医所
62	蛋鸡	产业经济研究室	农经所
63	肉鸡	疾病防控研究室	哈兽研
64	肉鸡	生产与环境控制研究室	牧医所
65	肉鸡	产业经济研究室	农经所
66	蜂	遗传改良研究室	蜜蜂所
67	蜂	产业经济研究室	农经所

现代农业产业技术体系综合试验站

序号	产业	试验站名称	依托单位
1	水稻	祁阳综合试验站	资划所
2	小麦	德州综合试验站	资划所
3	麻类	沅江苎麻试验站	麻类所
4	苹果	葫芦岛综合试验站	果树所
5	葡萄	左家综合试验站	特产所
6	葡萄	豫西与黄土高原综合试验站	郑果所
7	桃	郑州综合试验站	郑果所
8	牧草	鄂尔多斯综合试验站	草原所

国家农产品加工技术研发中心（分中心）

序号	研发中心（分中心）名称	依托单位
1	国家农产品加工技术研发中心	加工所
2	国家油菜籽加工技术研发专业分中心	油料所
3	国家杂粮加工技术研发专业分中心	作科所
4	国家饲料加工技术研发专业分中心	饲料所
5	国家柑桔加工技术研发专业分中心	柑桔所
6	国家茶叶加工技术研发专业分中心	茶叶所
7	国家蜂产品加工技术研发专业分中心	蜜蜂所
8	国家人参鹿茸加工技术研发专业分中心	特产所

三、基础支撑平台

国家科技资源共享服务平台

序号	平台名称	依托单位
1	国家作物种质资源库	作科所

（续表）

序号	平台名称	依托单位
2	国家菌种资源库	资划所
3	国家家养动物种质资源库	牧医所
4	国家农业科学数据中心	信息所
5	国家园艺种质资源库	郑果所
6	国家禽类实验动物资源库	哈兽研

国家级野外台站

序号	野外台站名称	依托单位
1	河南新乡农作物种质资源国家野外科学观测研究站	作科所
2	北京昌平土壤质量国家野外科学观测研究站	资划所
3	湖南祁阳农田生态系统国家野外科学观测研究站	资划所
4	内蒙古呼伦贝尔草原生态系统国家野外科学观测研究站	资划所
5	河南商丘农田生态系统国家野外科学观测研究站	灌溉所

农业农村部野外科学观测试验站

序号	野外台站名称	依托单位
1	农业农村部迁西燕山生态环境重点野外科学观测试验站	资划所
2	农业农村部洛阳旱地农业重点野外科学观测试验站	资划所
3	农业农村部呼伦贝尔草甸草原生态环境重点野外科学观测试验站	资划所
4	农业农村部祁阳红壤生态环境重点野外科学观测试验站	资划所
5	农业农村部昌平潮褐土生态环境重点野外科学观测试验站	资划所
6	农业农村部德州农业资源与生态环境重点野外科学观测试验站	资划所
7	农业农村部长白山野生生物资源重点野外科学观测试验站	特产所
8	农业农村部杭州茶树资源重点野外科学观测试验站	茶叶所

（续表）

序号	野外台站名称	依托单位
9	农业农村部寿阳旱地农业重点野外科学观测试验站	环发所
10	农业农村部鄂尔多斯沙地草原生态环境重点野外科学观测试验站	草原所
11	农业农村部沙尔沁牧草资源重点野外科学观测试验站	草原所
12	农业农村部玉树高寒草原资源与生态环境重点野外科学观测试验站	草原所
13	农业农村部沅江麻类资源重点野外科学观测试验站	麻类所
14	农业农村部廊坊有害生物防治重点野外科学观测试验站	植保所
15	农业农村部锡林浩特草原有害生物防治重点野外科学观测试验站	植保所
16	农业农村部兴城北方落叶果树资源重点野外科学观测试验站	果树所
17	农业农村部武昌花生资源重点野外科学观测试验站	油料所
18	农业农村部商丘农业资源与生态环境重点野外科学观测试验站	灌溉所
19	农业农村部兰州黄土高原生态环境重点野外科学观测试验站	兰牧药
20	农业农村部昌平畜禽资源重点野外科学观测试验站	牧医所
21	农业农村部新乡矮败小麦重点野外科学观测试验站	作科所
22	农业农村部大理农业生态环境重点野外科学观测试验站	环保所
23	农业农村部镇江桑树资源重点野外科学观测试验站	蚕业所
24	农业农村部徐州甘薯资源重点野外科学观测试验站	甘薯所

中国农业科学院野外科学观测试验站

序号	野外台站名称	依托单位
1	中国农业科学院祁阳红壤生态环境野外科学观测试验站	资划所
2	中国农业科学院呼伦贝尔草甸草原生态环境野外科学观测试验站	资划所

（续表）

序号	野外台站名称	依托单位
3	中国农业科学院洛阳旱地农业野外科学观测试验站	资划所
4	中国农业科学院迁西燕山生态环境野外科学观测试验站	资划所
5	中国农业科学院昌平潮褐土生态环境野外科学观测试验站	资划所
6	中国农业科学院德州农业资源与生态环境野外科学观测试验站	资划所
7	中国农业科学院长白山野生生物资源野外科学观测试验站	特产所
8	中国农业科学院杭州茶树资源野外科学观测试验站	茶叶所
9	中国农业科学院寿阳旱地农业野外科学观测试验站	环发所
10	中国农业科学院鄂尔多斯沙地草原生态环境野外科学观测试验站	草原所
11	中国农业科学院沙尔沁牧草资源野外科学观测试验站	草原所
12	中国农业科学院玉树高寒草原资源与生态环境野外科学观测试验站	草原所
13	中国农业科学院沅江麻类资源野外科学观测试验站	麻类所
14	中国农业科学院廊坊有害生物防治野外科学观测试验站	植保所
15	中国农业科学院锡林浩特草原有害生物防治野外科学观测试验站	植保所
16	中国农业科学院兴城北方落叶果树资源野外科学观测试验站	果树所
17	中国农业科学院武昌花生资源野外科学观测试验站	油料所
18	中国农业科学院商丘农业资源与生态环境野外科学观测试验站	灌溉所
19	中国农业科学院兰州黄土高原生态环境野外科学观测试验站	兰牧药
20	中国农业科学院昌平畜禽资源野外科学观测试验站	牧医所
21	中国农业科学院新乡矮败小麦野外科学观测试验站	作科所
22	中国农业科学院大理农业生态环境野外科学观测试验站	环保所
23	中国农业科学院镇江桑树资源野外科学观测试验站	蚕业所

（续表）

序号	野外台站名称	依托单位
24	中国农业科学院徐州甘薯资源野外科学观测试验站	甘薯所
25	中国农业科学院新乡有害生物防治野外科学观测试验站	植保所
26	中国农业科学院天水有害生物防治野外科学观测试验站	植保所
27	中国农业科学院桂林有害生物防治野外科学观测试验站	植保所
28	中国农业科学院廊坊数字水肥野外科学观测试验站	资划所
29	中国农业科学院密云生态农业野外科学观测试验站	资划所
30	中国农业科学院鄂托克旗牧草资源与育种野外科学观测试验站	牧医所
31	中国农业科学院杭州水稻种质资源野外科学观测试验站	水稻所
32	中国农业科学院长江中下游棉花野外科学观测试验站	棉花所
33	中国农业科学院平安油菜育种野外科学观测试验站	油料所
34	中国农业科学院进贤红壤地区油料作物野外科学观测试验站	油料所
35	中国农业科学院汉川转基因油料作物环境安全野外科学观测试验站	油料所
36	中国农业科学院武清转基因生物农田生态系统影响野外科学观测试验站	环保所
37	中国农业科学院藁城农业生态环境野外科学观测试验站	环保所
38	中国农业科学院彭州农产品产地环境野外科学观测试验站	环保所
39	中国农业科学院南京农业机械野外科学观测试验站	农机化所
40	中国农业科学院郑州果树瓜类野外科学观测试验站	郑果所
41	中国农业科学院阿克苏果树瓜类野外科学观测试验站	郑果所
42	中国农业科学院青岛烟草资源与环境野外科学观测试验站	烟草所
43	中国农业科学院张掖牧草及生态农业野外科学观测试验站	兰牧药
44	中国农业科学院苏尼特温带荒漠草原资源与生态环境野外科学观测试验站	草原所

（续表）

序号	野外台站名称	依托单位
45	中国农业科学院太仆寺旗草地资源生态监测与评价野外科学观测试验站	草原所
46	中国农业科学院葫芦岛落叶果树生理生态及有害生物野外科学观测试验站	果树所
47	中国农业科学院新乡农业水土环境野外科学观测试验站	灌溉所
48	中国农业科学院廊坊蔬菜资源野外科学观测试验站	蔬菜所
49	中国农业科学院信息农业野外科学观测试验站	信息所
50	中国农业科学院数字化文献信息服务系统野外科学观测试验站	信息所
51	中国农业科学院岳阳农业环境野外科学观测试验站	环发所
52	中国农业科学院那曲高寒草原生态与气候变化野外科学观测试验站	环发所
53	中国农业科学院密云农业环境野外科学观测试验站	环发所
54	中国农业科学院共和农业环境野外科学观测试验站	环发所
55	中国农业科学院兰州农业环境野外科学观测试验站	环发所、兰牧药
56	中国农业科学院永宁农业环境野外科学观测试验站	环发所
57	中国农业科学院大荔农业环境野外科学观测试验站	环发所
58	中国农业科学院崇明农业环境野外科学观测试验站	环发所
59	中国农业科学院东营农业环境野外科学观测试验站	环发所
60	中国农业科学院西昌烟草资源与环境野外科学观测试验站	烟草所

国家农业科学观测实验站

序号	实验站名称	依托单位
1	国家农业科学土壤质量德州观测实验站	资划所
2	国家农业科学土壤质量祁阳观测实验站	资划所
3	国家农业科学土壤质量昌平观测实验站	资划所

（续表）

序号	实验站名称	依托单位
4	国家农业科学土壤质量洛龙观测实验站	资划所
5	国家农业科学植物保护甘谷观测实验站	植保所
6	国家农业科学种质资源管城观测实验站	郑果所
7	国家农业科学农业环境寿阳观测实验站	环发所
8	国家农业科学土壤质量西湖观测实验站	茶叶所
9	国家土壤质量呼伦贝尔观测实验站	资划所
10	国家农业环境商丘观测实验站	灌溉所
11	国家农业环境顺义观测实验站	环发所
12	国家农业环境那曲观测实验站	环发所
13	国家农业环境岳阳观测实验站	环发所
14	国家农业环境玉树观测实验站	草原所
15	国家土壤质量呼和浩特观测实验站	草原所
16	国家农业微生物鄂尔多斯观测实验站	草原所
17	国家植物保护廊坊观测实验站	植保所
18	国家植物保护锡林郭勒观测实验站	植保所
19	国家植物保护桂林观测实验站	植保所
20	国家植物保护临汾观测实验站	蔬菜所
21	国家植物保护西宁观测实验站	油料所
22	国家植物保护兴城观测实验站	果树所
23	国家农业环境大理观测实验站	环保所
24	国家农业微生物双流观测实验站	沼科所

国家农作物种质库

序号	种质库名称	依托单位
1	国家作物种质长期库	作科所
2	国家农作物种质保存中心	作科所

（续表）

序号	种质库名称	依托单位
3	农业农村部植物新品种保护办公室植物新品种保藏中心	作科所
4	国家蔬菜中期库	蔬菜所
5	国家水稻中期库	水稻所
6	国家棉花中期库	棉花所
7	国家油料作物中期库	油料所
8	国家麻类作物中期库	麻类所
9	国家西甜瓜中期库	郑果所
10	国家牧草中期库	草原所
11	国家烟草中期库	烟草所
12	国家甜菜中期库	甜菜所

国家农作物种质圃

序号	种质圃名称	依托单位
1	国家种质北京多年生小麦野生近缘植物圃	作科所
2	国家无性繁殖多年生蔬菜种质圃（北京）	蔬菜所
3	国家种质海南野生棉圃	棉花所
4	国家种质武昌野生花生圃	油料所
5	国家种质沅江苎麻圃	麻类所
6	国家果树种质兴城梨、苹果圃	果树所
7	国家果树种质郑州桃、葡萄圃	郑果所
8	国家种质杭州茶树圃	茶叶所
9	国家种质多年生牧草圃	草原所
10	国家种质左家山葡萄圃	特产所
11	国家果树种质重庆柑桔圃	柑桔所

（续表）

序号	种质圃名称	依托单位
12	国家种质镇江桑树圃	蚕业所
13	国家种质徐州甘薯试管苗库	甘薯所

国家农业检测基准实验室

序号	基准实验室名称	依托单位
1	国家农业检测基准实验室（农药残留）	环保所
2	国家农业检测基准实验室（生物毒素）	油料所
3	国家农业检测基准实验室（饲料非法添加物）	质标所
4	国家农业检测基准实验室（奶及奶制品污染物）	牧医所
5	国家农业检测基准实验室（重金属）	水稻所

国家质量监督检验中心

序号	检验中心名称	依托单位
1	国家饲料质量监督检验中心（北京）	质标所
2	国家化肥质量监督检验中心（北京）	资划所
3	国家植保机械质量监督检验中心	农机化所

农业农村部产品质量监督检验测试中心

序号	测试中心名称	依托单位
1	农业农村部谷物品质监督检验测试中心	作科所
2	农业农村部农药应用评价监督检验测试中心（北京）	植保所
3	农业农村部植物生态环境安全监督检验测试中心（北京）	植保所
4	农业农村部蔬菜品质监督检验测试中心（北京）	蔬菜所
5	农业农村部畜牧环境设施设备质量监督检验测试中心（北京）	环发所

（续表）

序号	测试中心名称	依托单位
6	农业农村部奶及奶制品质量监督检验测试中心（北京）	牧医所
7	农业农村部蜂产品质量监督检验测试中心（北京）	蜜蜂所
8	农业农村部农产加工品质量监督检验测试中心	加工所
9	农业农村部微生物肥料和食用菌菌种质量监督检验测试中心	资划所
10	农业农村部农产品质量安全监督检验测试中心	质标所
11	水利部节水灌溉设备质量检测中心	灌溉所
12	农业农村部稻米及制品质量监督检验测试中心	水稻所
13	农业农村部转基因植物环境安全监督检验测试中心（杭州）	水稻所
14	农业农村部棉花品质监督检验测试中心	棉花所
15	农业农村部转基因植物环境安全监督检验测试中心（安阳）	棉花所
16	农业农村部油料及制品质量监督检验测试中心	油料所
17	农业农村部转基因植物环境安全监督检验测试中心（武汉）	油料所
18	农业农村部麻类产品质量监督检验测试中心	麻类所
19	农业农村部果品及苗木质量监督检验测试中心（兴城）	果树所
20	农业农村部果品及苗木质量监督检验测试中心（郑州）	郑果所
21	农业农村部茶叶质量监督检验测试中心	茶叶所
22	农业农村部实验动物质量监督检验测试中心（哈尔滨）	哈兽研
23	农业农村部动物毛皮及制品质量监督检验测试中心（兰州）	兰牧药
24	农业农村部特种经济动植物及产品质量监督检验测试中心	特产所
25	农业农村部环境质量监督检验测试中心	环保所
26	农业农村部植物生态环境监督检验测试中心（天津）	环保所
27	农业农村部沼气产品及设备质量监督检验测试中心	沼科所
28	农业农村部烟草产业产品质量监督检验测试中心	烟草所
29	农业农村部植物及植物用微生物生态环境安全监督检验测试中心（北京）	生物所

（续表）

序号	测试中心名称	依托单位
30	农业农村部柑桔及苗木质量监督检验测试中心	柑桔所
31	农业农村部甜菜品质监督检验测试中心	甜菜所
32	农业农村部蚕桑产业产品质量监督检验测试中心（镇江）	蚕业所

国家参考实验室

序号	实验室名称	依托单位
1	国家牛传染性胸膜肺炎参考实验室	哈兽研
2	国家禽流感参考实验室	哈兽研
3	国家口蹄疫参考实验室	兰兽研
4	国家动物血吸虫病参考实验室	上海所
5	国家马鼻疽参考实验室	哈兽研
6	国家马传染性贫血参考实验室	哈兽研
7	国家动物包虫病专业实验室	兰兽研
8	国家非洲猪瘟专业实验室	哈兽研
9	国家非洲猪瘟区域实验室	兰兽研

获 OIE、FAO 认可的参考实验室、中心

序号	实验室名称	依托单位
1	OIE 禽流感参考实验室	哈兽研
2	OIE 马传染性贫血参考实验室	哈兽研
3	OIE 马流感 twinning 实验室	哈兽研
4	OIE 口蹄疫参考实验室	兰兽研
5	OIE 禽传染性法氏囊病 twinning 实验室	哈兽研
6	OIE 人兽共患病亚太区协作中心	哈兽研

（续表）

序号	实验室名称	依托单位
7	OIE 羊泰勒虫病参考实验室	兰兽研
8	FAO 动物流感参考中心	哈兽研
9	FAO 沼气技术研究培训参考中心	沼科所

唐华俊院长在中国农业科学院第八届学术委员会第四次全体会议上的讲话

2019 年 7 月 24 日

各位委员：

现在正是北京三伏天，一年中最闷热的季节，各位院士专家冒着酷暑前来参会，我们很感动。首先，我代表中国农业科学院向各位委员百忙之中前来参加中国农业科学院学术委员会会议表示热烈欢迎和衷心感谢。这是第八届学术委员会成立以来的第四次全体会议，这次会议主要是总结过去一年来学术委员会工作，向各位委员汇报我院学习贯彻党的十九大精神和习近平总书记贺信指示的成效与下一步安排，研讨推进创新工程团队任务管理和成果培育工作，听取各位委员的意见建议。

借此机会，向各位委员汇报一下我院科技创新工作。

一、深入贯彻落实党的十九大精神和习近平总书记贺信指示，在创新驱动脱贫攻坚乡村振兴上走在前做表率

积极推进创新驱动发展战略与乡村振兴战略深度融合，充分发挥科技创新在乡村振兴战略中的支撑作用，是中共中央提出的明确要求，也是践行习近平总书记“三农”重要论述的必然要求。经过 70 年的努力，农业科技进步贡献率达到 58.3%，科技为保障国家粮食安全、重要农产品有效供给、促进农民增收和农业绿色发展发挥了重要作用，已成为促进我国农业农村经济增长最重要的驱动力。当前，我国农业发展正处在世界新一轮科技革命和产业变革同我国转变发展方式的历史性交汇期，既面临千载难逢的历史机遇，又面临差距拉大的严峻挑战。我们比历史上任何时期都更需要建设现代化农业强国，比以往任何时候都更需要重视和依靠农业科技进步。

中国农业科学院自觉对标党的十九大精神、对标习近平总书记贺信指示、对标全面建成小康“三农”工作必须完成的硬任务，近期重点部署开展了几项工作。

一是启动实施乡村振兴科技支撑行动。进行了系统的规划设计，构建从“行动计划”到“支撑规划”再到“行动方案”的完整体系，明确我院至 2020 年和 2035 年的阶段性发展目标，以乡村振兴统领全院科技创新，着力推进科技前沿突破、关键核心技术跨域、科技精准扶贫、绿色投入品创新、标准体系创建等“十大行动”，通过政策引导、评价激励、支持保障等，加快形成一批引领和支撑乡村振兴的宏观战略成果、政策

制度、关键技术和典型模式，为我国农业农村高质量发展、绿色发展、融合发展和农业农村现代化提供科技支撑。

二是建立重大科技任务联合攻关机制。为深入贯彻落实习近平总书记贺信指示，更好发挥国家队引领带动作用，我院建立了重大科技任务联合攻关机制，将聚焦最紧迫最重大的国家需求，组织优势科研力量持续攻关，加快破解技术难题，引领农业农村高质量发展。2018 年年底，已紧急启动非洲猪瘟防控科技攻关任务，安排创新工程经费 1 200 万元，紧急开展疫苗、免疫机制、诊断检测、消毒、灭虫技术等科技攻关。2019 年初，又梳理凝练出“藏粮于技”、农业绿色发展、牛奶优质化、畜禽良种化 4 大攻关任务，编制了详细的实施方案，明确急需攻克的关键技术、研发目标任务、创新时间表和技术路线图等。“藏粮于技”科研计划集中力量突破高产关键核心技术，创制重大突破性新品种。畜禽良种化科研计划重点是打破畜禽良种 80%国外依存度的现状，努力提升猪、牛、羊、禽的良种国产化率。牛奶优质化科研计划重点提升奶牛日粮中非蛋白氮的转化率，提高牛奶乳脂乳蛋白的含量，从根本上提升牛奶品质和国际竞争力。农业绿色发展科研计划重点是围绕农业节水、耕地质量、减肥减药等八大痛点开展联合攻关，破解绿色发展技术难题。2019 年 6 月，紧急启动了草地贪夜蛾防控科技攻关任务，重点开展致灾机制、监测预警技术、防治技术等攻关，将草地贪夜蛾的危害损失降到最低，保障国家玉米等粮食生产安全。

三是聚焦“三个面向”，加快调整优化科技布局。习近平总书记致我院贺信两年来，全院上下持续对标“三个面向”查找差距与不足。对标世界农业科技前沿，我院在前沿学科和新兴交叉学科的布局动作缓慢；对标国家重大需求，部分学科设置与产业变迁、高质量发展的形势不相适应；对标现代农业建设主战场，产业导向和成果转化导向还未能全面落实到每个团队，亟待系统优化与调整全院科技创新战略布局。为此，2018 年我院根据新时代要求，对全院学科体系进行调整优化和前瞻布局，发布了《学科设置简表（2018 版）》，形成“9 大学科集群—57 个学科领域—302 个重点方向”的三级学科体系布局，进一步突出学科布局的科学性、引领性、独特性和延续性，强化了学科在科研力量布局调整、科技资源优化配置中的指挥棒作用。同时，根据产业需求，优化调整区域科研力量布局。通过院地合作，在一些地方政府的积极配合和大力支持下，建成或正在建设一批区域性综合研究中心。在新疆昌吉建立西部农业研究中心，按照“立足新疆、服务西部、连通中亚”的建设目标，打造具有公共平台特征的新型农业研究机构。在四川成都启动建设成都中心，面向西南特色农业和都市农业发展，打造综合型研究平台。在青岛谋划组建青岛科技创新中心，充分利用青岛的区位优势，提升我院和青岛市科技创新能力，打造农业科技集聚高地，支撑区域外向型农业发展。在海南三亚谋划建设南繁研究院。贯彻落实习近平总书记关于建设“南繁硅谷”的指示精神和农业农村部部署要求，在海南三亚谋划建设国家南繁研究院，帮助打造南繁育种创新引擎和全球种业科学中心。积极参与雄安新区建设。牵头建设国家农业科技创新中心，助力雄安新区打造国家农业科技创新高地。在深圳共建深圳市国际农业食品科学中心，在现代农业、食品科技、生态环境等领域开展科技合作，为粤港澳大湾区可持续发展和全球创新城市的整体建设贡献力量。在黑龙江建设北方水稻中心。面向东北规模化现代化农业和粮食主产区的主战场，重点开展水稻和特色作物育种、现代智能农机装备研制、农机农艺融合技术研发，保障国家粮食安全。当然，涉及体制问题，机构和人员编制不能动，无法根据发展需求及时调整机构和人员布局。

四是强化农业科技成果转化机制创新。积极贯彻落实中央促进科技成果转移转化工作部署，先后制定《鼓励科研人员创新　促进科技成果转化的实施办法》《进一步加强科技成果转化的意见》等文件，建立科技成果转化收入分配激励和奖励方案，对成果转化突出的个人和单位进行表彰奖励，充分激发全院创新创业创造热情，2018 年全院成果转化收入达到 6.18 亿元。组织召开首届全国农业科技成果转化大会，展出近 1 300 项科技成果，成果转化交易和科企战略合作签约额近 10 亿元。持续推进国家农业科技创新联盟建设，致力于打通产业链各环节技术梗阻，通过共建研发中心、示范基地、产品品牌，联合研发新产品、新技术、新工艺等，努力实现产学研深度融合。

二、大力推进创新工程 2.0，加快建设世界一流学科与一流院所研究所

2018 年，为深入贯彻落实新时代新要求和习近平总书记贺信重要指示，系统总结创新工程实施经验与成效，在财政部、农业农村部的指导下，中国农业科学院开展了创新工程 5 年考核与全面推进期中期评估工作。从外部专家评估意见和定量数据对比分析可以看出，5 年多来，中国农业科学院科技创新和院所发展取得了长足进步。实施创新工程这 5 年来，全院科研人员精神风貌为之一振，科技创新能力大幅提升，科技成果产出呈现量质双升的良好发展势头。国家奖同比增长 22%，SCI/EI 论文是前 5 年的 2.5 倍，在 CNS 主刊发表论文同比翻了一番，审定新品种同比增长 50%，获植物新品种权同比增长 270%，新农药、新肥料、新兽药同比增长 60%，获发明专利是前 5 年的 3 倍。2019 年，我院 7 个项目通过国家奖的会议初评，1 项杰青项目、2 项优青项目和 1 项创新研究群体项目通过国家自然基金委的会评答辩。

尽管创新工程实施取得明显成效，但与党中央的要求相比、与全国人民的期盼相比、与世界一流科研院所相比，中国农业科学院清醒认识到存在的差距与不足。各位院外委员受邀参加了研究所对团队评估、院对所考核和全面推进期院对所评估，给予了非常中肯的评价，提出许多有价值的、建设性的意见建议。我们认真吸收各位评委的意见建议，目前正在督促各研究所整改落实，目的是以党的十九大精神和习近平总书记贺信为指导，全面升级创新工程组织实施。简单来讲就是要实现，创新目标更加聚焦，院—所—团队三级任务更加明确；学科方向更加具体、团队边界更加清晰；经费支持更加精准、重点任务优先保障；岗位设置更加科学、团队管理更加高效；绩效激励更加充分，运行机制渐趋完善。通过持续努力，将中国农业科学院打造成为可信赖的农业科研国家

队，充分发挥战略科技力量作用。具体来看体现在以下几方面。

一是加强学科调整优化。对产业需求萎缩、力量分散、交叉重叠的学科领域进行归并整合，适应新时代科技需求，适度超前部署一批新兴前沿学科和支撑乡村振兴与农业绿色发展的学科领域。逐步建立“学科—团队”关联机制。

二是加强人才团队建设。对评估较差团队坚决予以淘汰，对评估优秀的团队加大支持力度，对新兴交叉学科方向加快组建科研团队。严格执行首席专家退休制度，加大人才引进和青年人才培育力度。

三是加强科技平台建设。做好国家重点实验室、国家野外科学观测研究站战略谋划与组织申报工作。引导建设一批院级公共实验室，支持开展共性、基础性实验方法研究与仪器设备开发，为基础问题解析等科学研究提供技术支撑。提升国家大型设施设备开放共享水平。

四是深化院所团队三级任务管理。实施院—所—团队三级任务管理模式和院所两级重大成果培育机制。将“藏粮于技”系列科研计划确定的重点科研任务，梳理查找的我院农业基础前沿、关键核心技术、重大品种与机械装备等几类科技短板问题充分融合，一一落实到科研团队的研究选题中，落实到研究所的重点研究任务中。我们希望通过抓任务促进团队建设、抓目标促进绩效产出，力争取得更多更有分量的重大科技成果，真正解决国家农业农村现代化发展进程中的重大科技问题。此次会议提交各位委员审议的材料就是这项工作。

五是深化机制创新与绩效激励。创新工程稳定支持不等于“大锅饭”，必须实行严厉的学术同行考核评估，强化绩效激励，最大限度激发创新潜能。要组织专家分类评定科研团队年度进展，准确评价科研进展的科学价值、技术价值、经济价值、社会价值。要深化科研选题机制改革，引入企业和用户参与选题凝练、进展评估、成效评价，确保科研选题始终符合产业需求。探索建立有竞争力的薪酬激励体系，对“高精尖缺”人才和承担关键攻关任务的团队，探索实行年薪、协议工资、项目工资等灵活多样的收入分配机制，对青年人员实行收入分配“托底”机制，缓解优秀青年人才后顾之忧。

三、加强学风和作风建设，营造优良学术环境

学术道德、学术精神和学术文化是科研单位的软实力。院学术委员会自觉加强作风和学风建设工作，倡导科研诚信和良好学风，努力营造风清气正、充满创新活力的学术氛围。

一是持续强化科研诚信建设。科研诚信是科技创新的基石，科研诚信是科技工作者的生命。我院认真贯彻落实中办国办《关于进一步加强科研诚信建设的若干意见》和近期印发的《关于进一步弘扬科学家精神加强作风和学风建设的意见》，高度重视科研诚信建设。将科研诚信纳入全面从严治党工作体系，明确研究所主要领导的第一责任。2018 年制定出台《中国农业科学院院科研诚信与信用管理暂行办法》和《学术道德与

学术纠纷问题调查认定办法》，编制学术领域风险防控指南，加强内部监督。将科研失信案例纳入《党风廉政警示教育案例选编》，开展警示教育。邀请原国家自然基金主任杨卫为全院团队首席讲授“为学有道　为人有德”科研道德讲座。

二是大力弘扬农科精神。长期以来，我国农业科学家初心不改、百折不挠、勇攀高峰、乐于奉献，在科研一线几十年如一日坐“冷板凳”，创造了“祁阳站精神”“中棉所精神”、李保国等一批先进典型，他们都是扎根基层的典范。现在，正值脱贫攻坚、全面小康的关键时期，更需要弘扬科学家精神，按照“一懂两爱”要求，切实增强科技创新服务“三农”的使命感、荣誉感。同时，我国农业科技整体水平还处在世界第二方阵，不少领域还处于“跟跑”“并跑”阶段，不少关键核心技术还受制于人。要解决这些问题，就需要农业科学家勇攀高峰，敢为人先，不畏挫折，在独创独有上下功夫，在解决受制于人的重大瓶颈问题上强化担当作为。为此，我院凝练提出“求真笃行，敬农致用”八字院训，反映了我院职工追求真理、热爱“三农”、科技报国的初心和使命。我们还举办了“两弹一星”精神等一系列弘扬科学家精神的先进事迹报告会。

三是推进“放管服”改革落地。我院认真学习贯彻习近平总书记两院院士大会讲话精神，积极推进科研管理规范化、轻简化，为科研人员松绑减负。深入一线开展系列调研，梳理出 48 个问题，其中有 15 个问题需要上级部门协调协助解决。对于一些能够自主解决的问题，坚持立行立改、长期整改。将创新工程年度监测与研究所综合评价、年终统计合并，在院层面数据共享。落实用人自主权，将高层次人才的引进遴选权限下放给院属单位。大大简化报销程序，规定报销不得超过 3 个环节。将科研经费预算调剂权限、500 万元以下科研仪器设备报废处置权限、出国（境）计划变更权限下放到研究所。对科研急需仪器可不进行招投标程序、随到随办。

四、加强自身建设，充分发挥学术委员会作用

中国农业科学院学术委员会是我院最高学术评议、评审和咨询机构，是我院建设世界一流学科和一流院所的重要依托。经过 60 多年发展，我院学术委员会制度不断完善，形成了 5 年按期换届、年度工作会议、专题学术会议、重大事项研讨、院所两级联动的工作机制，并探索实行了学部制，院外委员比例不断提高。第八届学术委员会于 2016 年组建，除了年度会议外，平时，不定期邀请各位委员尤其是院外委员参加各类咨询评议活动，为我院发展把脉问诊，发挥了非常好的指导作用。

前不久，我们对第八届学术委员会履职成效与问题进行了系统调研梳理，发现我院学术委员会存在职能定位偏弱、运行机制不健全、学部作用虚化、学术交流少、委员发挥作用不充分等问题，使得学术委员会的学术治理作用得不多充分发挥。

下一步，我院将进一步加强学术委员会建设。一是强化学术委员会职权。突出学术委员会在整个学术管理体系与组织架构中的核心和最高学术机构的地位，构建科学合理、运行规范、统一协调的学术管理体系与组织架构。二是强化学部作用发挥。赋予学

部统筹协调所属研究所相关学术事项的职权。支持学部组织策划重大学术交流活动，提出重大学术咨询建议等。三是健全运行与保障机制。完善管理制度和运行程序，提供必要支持条件，保证学术委员会独立开展评议咨询工作。四是保障委员权益。尊重并支持学术委员独立行使职权，加大宣传力度，充分调动委员积极性。

各位委员、同志们，学术委员会是我院十分重要的学术咨询、参谋、评议机构，希望大家以高度的责任感和求真务实的作风，认真履责，积极建言，为我院建设世界一流学科和世界一流农业科研院所，为我国农业科技事业的发展作出新的更大贡献。

谢谢大家！

中国农业科学院第八届学术委员会第四次全体会议工作报告

中国农业科学院副院长、
中国农业科学院第八届学术委员会主任委员　万建民

2019 年 7 月 24 日

各位委员、同志们：

上午好！今天我们在这里召开中国农业科学院第八届学术委员会第四次会议。首先，对各位委员长期以来给予中国农业科学院的大力支持表示衷心的感谢，对各位委员百忙之中前来参会表示热烈的欢迎！

下面，我向大家简要报告中国农业科学院学术委员会一年来的工作，请各位委员审议。

一、2018 年度学术委员会工作情况

一年来，学术委员会积极组织各位委员参与我院考核评估、咨询论证、战略研讨、学术交流等活动，为我院科技创新和学科发展把脉问诊，发挥了重要作用。

（一）充分发挥咨询评议作用，助推创新工程考核评估

创新工程从咨询论证到试点实施、再到试点期评估，现在全面推进期也快过半，每一个环节、每一项改革都凝聚了各位委员的辛勤汗水与聪明才智。为审视创新工程实施情况，于去年启动了中国农业科学院科技创新工程 5 年考核与全面推进期中期评估工作，系统总结了创新工程实施以来取得的成效与经验，凝练出可复制可推广的“六大管理机制”“四大创新能力”和十大前沿理论发现、十大关键技术突破、十大核心产品。根据工作需要，邀请了约 40 位委员参与考核评估工作，在考核评估的各项环节发挥了重要作用，为我院学科建设、人才培养、科技创新等提出了非常宝贵和有针对性意见建议，为更好实施创新工程贡献了智慧和力量。

（二）充分发挥参谋顾问作用，打造农业科技高端智库

在各位委员的支持下，我们瞄准乡村振兴、农业绿色发展、“一带一路”倡议等重

大需求，组织委员开展重大问题调研，起草了系列战略研究报告，凝练提出一批重大咨询建议，充分发挥了学术委员会“策源地”和“参谋部”作用。

构建乡村振兴科技支撑行动体系，统领全院科技创新。提交学术委员会审议了《中国农业科学院乡村振兴科技支撑行动规划（2018—2035 年）》等材料，编制完成《中国农业科学院乡村振兴科技支撑规划》和《中国农业科学院实施乡村振兴战略十大行动方案》，构建从“行动计划”到“支撑规划”再到“行动方案”的完整体系，以乡村振兴统领全院科技创新，为乡村振兴科技支撑行动的实施勾画了新蓝图。

服务国家需求，组织重大科技问题联合攻关。为深入贯彻落实习近平总书记贺信指示，更好发挥引领带动作用，我院建立了重大科技任务联合攻关机制，立足国家最紧迫的重大需求和我院使命定位、自身优势，梳理凝练出“藏粮于技”、农业绿色发展、牛奶优质化、畜禽良种化、非洲猪瘟防控、草地贪夜蛾防控六大攻关任务。经委员们多次咨询论证和修改讨论，编制了实施方案，明确了急需攻克的关键技术、研发目标任务、创新时间表和技术路线图。

瞄准新时代农业科技需求，开展农业未来科技战略研究。在《跨越 2030 农业科技发展战略》研究成果的基础上，着力开展《我国农业未来发展与科技需求研究》战略研究，系统分析我国农业科技竞争力现状，深度预测我国农业科技未来发展趋势和重点领域，提出重大工程建议，形成系列研究报告。组织委员参与起草面向 2035 年农业领域国家重点实验室规划战略研究报告，明确国家重点实验室重大战略方向、梳理现有国家重点实验室布局和优化调整思路，提出未来发展布局建议。

（三）充分发挥高端引领作用，调整完善全院学科体系

根据新时代新要求，分析农业科技发展趋势和我国农业农村发展需求，提交学术委员会审议了《一流学科对标机构清单及竞争力评价指标体系》等材料，对院学科体系进行优化完善和前瞻布局，发布《中国农业科学院学科设置简表（2018 版）》，形成“9 大学科集群—57 个学科领域—302 个重点方向”的三级学科体系布局，进一步突出了学科布局体系的科学性、系统性、引领性、独特性和延续性，强化了学科在科研力量布局调整、科技资源优化配置中的指挥棒作用，为一流学科建设提供科学指导。

（四）充分发挥评审把关作用，提升项目立项与成果培育质量

学术委员会坚持分类评价原则和科学严谨、客观公正的态度，充分发挥评审把关作用，不断提升我院项目立项与成果培育质量。

一是遴选重大产出科研选题。组织学术委员会围绕乡村振兴战略、农业供给侧结构性改革等重大部署，积极谋划提出一批重大科研选题。委员围绕选题定位、方向与内容进行了深入讨论，提出了许多建设性的意见，按照近期、中期、长期取得成果的预期，

提出了 17 项重大产出科研选题候选项目并排序。经征集筛选、咨询论证等程序，2018 年启动 8 项、2019 年启动 4 项重大产出科研选题，通过创新工程经费对选题进行全方位、持续性倾斜支持，力争 3~5 年内突破若干核心科学问题与关键技术，推动产出原创性、突破性重大科技成果。

二是评选年度“十大科技进展”和贯彻落实贺信“十大科技进展”。为集中宣传展示我院代表性科技进展与事件，强化重大科技成果培育导向，激发调动科研人员创新积极性，进一步扩大社会影响力，组织开展 2018 年度“十大科技进展”和“贯彻落实贺信十大科技进展”推荐提名与评选工作。各位委员在推荐提名、院士专家会议评审、领域专家通讯评审等环节均发挥了重要作用。

三是不断提升项目立项与成果培育质量。委员们密切跟踪国家科技体制改革进程，紧扣各类科技计划特点，提出非常实用的建议，在项目论证、答辩辅导等环节发挥了重要指导作用。在申报重点研发计划项目、国家自然基金重点重大类项目、提名国家奖项目过程中，委员们通过经验分享、指出不足、凝练创新点、提升材料水平等方式，为我院科研立项、成果培育贡献了智慧和力量。

四是评审院年度科学技术成果奖。每年全体会议期间，委员们本着“科学、公正、公平、公开”的评审原则，以求真务实的精神，评审中国农业科学院杰出科技创新奖和青年科技创新奖，提出进一步完善的建议，充分肯定了我院科研人员的辛勤劳动成果，也为进一步申报国家级重大成果奠定了基础。

（五）充分发挥监督指导作用，营造良好学术环境

为落实中办、国办《关于进一步加强科研诚信建设的若干意见》，2018 年 9 月，研究制定《中国农业科学院科研诚信与信用管理暂行办法》和《中国农业科学院学术道德与学术纠纷问题调查认定办法》，从预防、管理、惩治、保障等多个环节，对我院科研诚信和信用体系建设作出具体部署。办法出台后依规组织和协助开展学术不端行为的调查工作，评议和裁定学术道德问题，严肃查处学术不端问题，营造风清气正的科研环境，助推“两个一流”建设。

（六）充分发挥沟通协调作用，积极组织学术交流活动

一年来，以院、所学术委员会名义组织、发起了各种类型学术会议、学术报告活动等，多次邀请国内外知名专家开展专题学术讲座和咨询活动，为我院科研人员及时了解国内外农业科研动态、宣传促进我院的科研进展提供了交流平台。通过院、所两级学术委员会的共同努力，营造了浓厚的学术氛围，提升了学术治理水平。

在各位委员的大力支持和努力下，我院 2018 年和 2019 年上半年科技创新工作取得了不错的成绩。

一是科技创新工程实施取得突出成效。通过系统的考核评估发现，随着创新工程实施，中国农业科学院科技工作取得了长足进步。创新工程实施5年来，我院体制机制创新取得突破性进展。形成了以“三个面向”为导向的三级学科体系、以科研团队为主体的科研创新组织模式、以稳定支持为特征的科研投入机制、以跨所跨学科团队联合为特征的协同创新机制、以科研产出为导向的绩效管理机制，走出一条符合国情、农情的现代院所治理新路子。创新工程实施5年来，我院创新能力大幅提升。引进青年英才220余人，新培养4位院士和一批领军人才；三级三类科研平台体系和四大类基地体系日趋完善；深化国际合作交流层级，国际学术影响力持续提升；牵头国家农业科技创新联盟建设，联合全国科研力量解决重大产业和区域问题，引领能力不断增强。创新工程实施5年来，我院各项科研产出量质双升。共获国家奖33项，同比增长22%，获奖数量约占农业领域的20%。2018年又获得8项国家奖，达到2000年国家奖改革以来的最高水平。共发表科技论文25 690篇，其中SCI/EI论文10 000余篇，是前5年的2.5倍。在《科学》(*Science*)、《自然》(*Nature*)、《细胞》(*Cell*) 主刊发表论文12篇，同比翻了一番，处于国内领先地位。品种、专利等成果翻倍增长。共审定农作物新品种638个，同比增长50%。获植物新品种权234项，同比增长270%。创制新农药、新肥料、新兽药94个，同比增长60%。获发明专利2 931项，是前5年的3倍，其中获中国专利奖36项，占农业领域全国获奖总数的68%。预计到2020年，可超额完成全面推进期各项目标任务。这些成果为农业高质量发展、绿色发展、脱贫攻坚、乡村振兴提供了有力科技支撑。

二是科研立项保持良好势头。2018年新增主持各级各类课题2 840项，同比增27.8%，年度留所总经费8.59亿元，同比增27.9%。其中主持国家重点研发计划项目18项，留所经费1.3亿元；主持国家自然科学基金项目342项，留所经费0.8亿元，包括重点项目3项、优青项目2项、组织间国际合作研究等重大类项目8项。2019年上半年，我院有1项杰青项目、2项优青项目和1项创新研究群体项目顺利通过会评答辩，还有4项重点项目进入会议评审环节，4项社科基金项目获得立项公示，是近年来基金人才类项目立项的丰收之年。

三是科技创新加快推进。基础研究方面，在水稻起源、分类和驯化规律，水稻杂种不育难题，番茄果实的营养和风味物质在驯化和育种过程调控等方面的研究取得重要进展。全年共发表论文5 323篇，比上年增长2.2%，其中SCI/EI收录论文2 858篇，比上年增长13.6%。以第一署名单位在CNS等顶级期刊发表论文22篇。重大成果方面，2018年全院8项成果获得国家科学技术奖励，全年审定新品种388个，培育家禽新品种1个，获新兽药、农药、肥料、饲料添加剂新产品证书29项，获发明专利732件，植物新品种保护权99件，国外专利17件，出版科技著作272部。中国专利奖银奖1项，中国专利奖优秀奖7项。2019年，我院共7个项目通过国家奖会议初评。战略研究方面，提交的多篇战略研究报告得到党和国家领导人重要批示，为国家宏观决策发挥了积极作用。条件建设方面，国家工程技术研究中心在科技部评估中取得3个优秀、2

个良好的历史最好成绩。在国家首次中央级科研机构大型设施设备开放共享考评中，2个研究所获评优秀，5个研究所获评良好。国家作物种质库项目建设报告得到了习近平总书记、韩正副总理、胡春华副总理、刘鹤副总理4位中央领导批示；国家成都农业科技中心一期工程10万平方米全部开工建设，西部农业研究中心总体规划获得批复，成功立项北方水稻中心建设项目，首批国家农业科学观测实验站挂牌，农产品风险监测与预警实验室体系建设项目全部建成。

取得以上成绩，离不开各位委员的辛勤努力和无私付出，在此向各位委员表示衷心的感谢和崇高的敬意!

二、做好未来一年学术委员会各项工作，推动科技创新再上新台阶

当前，中国农业科学院正在深入贯彻落实党的十九大精神和习近平总书记贺信指示，加快推进科技创新与现代院所建设。院学术委员会要牢记报国为民的科研初心，勇担创新国家队的使命责任，充分发挥联系广泛、专家云集、学部齐全的优势，凝聚和带领广大农业科研人员，以习近平新时代中国特色社会主义思想为指导，以乡村振兴科技支撑行动为抓手，加快创新工程实施，力争取得更多更有分量的科技成果，支撑农业农村现代化发展。重点做好以下几个方面工作。

（一）为推进实施创新工程2.0提供学术指导

创新工程是财政部、农业农村部为中国农业科学院量身打造的国家工程。创新工程实施以来，已圆满完成试点期任务，全面推进期中期评估各项工作进展良好。2018年在各位委员的支持下，我们完成了创新工程考核评估工作，发现不少问题。下一步，要针对5年考核和全面推进期中期评估发现的问题，全面升级创新工程组织实施工作，在团队建设管理、重大任务实施、重大成果培育、重大机制改革上进行新探索、新实践，推动创新工程出成果、出经验、出影响。目前，各研究所正在制定整改方案。我们将充分依托学术委员会，邀请各位委员对学科方向调整、团队组建与首席遴选、团队任务与研究所任务、重大科研攻关计划等提出客观公正的咨询建议，进行严谨审查和科学把关。

今天下午，我们提请学术委员会对其中一项任务，《中国农业科学院创新工程团队重点任务与研究所重点任务》进行咨询评议，希望各位委员认真履职，帮我们对团队重点任务与研究所重点任务进行把关，科学确立团队研究任务与预期产出目标，将“三个面向”要求落实到研究所重点任务和科研团队研究选题上。

（二）为服务政策创设与规划制订献计献策

为我院科技发展规划制定、科技计划设计及组织实施等提出意见和建议，是我院学术委员会章程明确规定的工作职责。当前，我国发展的外部环境条件、科技竞争形势正在发生深刻变化，要站在新时代农业农村发展全局的高度，依托学术委员会组织开展重大问题调研，凝练提出重大咨询和政策建议，为政府有关部门农业宏观决策提供理论依据和科学支撑，充分发挥学术委员会"策源地"和"参谋部"作用。希望各位委员进一步聚焦农业农村优先发展、"三农"发展的硬任务和农业农村改革三大领域，加强宏观战略和政策研究，为农业农村现代化提供智力支持；积极参加科技部 2035 中长期科技发展规划战略研究和各类智库专题报告的编撰，不断提升我院战略研究成果的质量。

在此，也希望各位委员在理论创新、政策支持、舆论引导及社会服务等方面发出声音，共同呼吁加大农业科技投入，改革农业科技项目管理，深化科研领域"放管服"改革，赋予科研院所和领军人才更多自主权。希望各位委员积极参加重大科技规划和政策改革调研工作，努力把战略研究成果、把农业科技界的共识，转化为政策建议，为国家农业与科技政策制定提供决策支持，为我国农业科技发展和农业现代化建设建言献策。

（三）为加快我院一流学科建设做好咨询服务

习近平总书记在我院建院 60 周年的贺信上提出"加快建设世界一流学科"。近几年我们多次请学术委员会审议过《中国农业科学院学科体系优化方案》《一流学科对标机构清单及竞争力评价指标体系》等材料，各位委员提出了很多建设性的意见和建议。但"一流学科"建设内涵十分丰富，特别是学科发展战略研究是一项长期性、基础性工作，我院各学科领域具有宏观战略视野的科学家不多，长期开展学科战略研究的工作机制尚未形成，分散的研究、短期化的研究难以为一流学科建设提供战略支撑。我们前不久专门召开全院学科发展战略研讨会，就是希望全院上下重视学科发展战略研究工作。我们要依托学术委员会，开展未来农业发展趋势和农业颠覆性技术的预测分析，把握国家发展大势、农业产业发展趋势和农业科技前沿态势，找准关键领域，引领创新方向，超前谋划部署，争取主动权。要持续谋划我院学科体系布局，持续开展学科发展竞争力分析和发展态势评估，健全完善学科分类评价标准，科学评价我院学科发展水平、存在差距，不断改进学科发展布局，为一流学科建设提供科学指导。

（四）为谋划重大任务和产出重大成果提供智力支持

培育重大科技成果是科研院所的根本目标。学术委员会要组织开展高质量的学术咨询、评议、评价工作，齐心协力推动重大科技问题联合攻关，群策群力谋划重大科技项目，同心携手推动重大科技成果产出。

一是强化重大科技问题联合攻关。我院建立了重大科技问题攻关机制，针对国家重大需求和农业农村主战场需要，组织优势科研力量，积极主动开展联合攻关，加快破解技术难题。已启动了“藏粮于技”、非洲猪瘟防控、农业绿色发展、畜禽良种化、牛奶优质化、草地贪夜蛾联合攻关任务，编制了中长期实施方案，将粮食安全、食物安全、食品安全统一纳入研究框架，将产前、产中和产后一体化设计，明确了急需攻克的关键技术、研发目标任务、创新时间表和技术路线图，组建了总体组、领导小组和人才团队，将集中全院力量开展持续攻关，力争早日取得重大突破。下一步，还将继续梳理凝练，将食物营养健康、机械设施装备、智慧农业、新兴技术研发等重点任务纳入，形成以重点任务为牵引的科研任务实施体系，引导全院科研更加聚焦、更加高效。在科技任务凝练、重大任务咨询论证、协同攻关合作方面，我们将充分依托学术委员会各位委员力量。

二是积极谋划争取重大项目。目前我院存在争取竞争性重大项目的主动性和积极性不够，争取国家自然基金人才类项目、重点重大项目、重大科学研究计划项目偏少的问题。要进一步围绕农业农村发展中的重大科学和技术问题，从基础研究、前沿高新技术、产业发展核心技术、区域综合解决方案等方面，牢牢把握科技创新发展方向，组织凝练重点任务与主攻方向。要密切跟踪国家科技体制改革进程，加强国家竞争性科技项目谋划，紧扣各类科技计划特点，发挥学委会在项目论证、答辩辅导等环节的重要指导作用，组织科研团队开展选题策划与凝练与争取。目前我院正在配合主管部门做好“十四五”科技专项谋划工作，希望各位委员也能积极参与，共同谋划实施一批重大科技项目，提升我国农业农村科技支撑水平。

三是强化重大科技成果培育。目前，我院九成国家奖集中在作物遗传育种、畜牧兽医、资源环境 3 个学科领域，学科分布不平衡，突破性、标志性重大科技成果缺乏。今天下午，还要请各位委员审议研究所和科研团队的重大成果培育清单，希望各位委员认真审阅，严格把关，推动我院成果培育体系建设，力争未来能够在重大成果产出方面有所突破。

今天下午，部分委员要参加我院 2019 年科学技术成果奖的评审，请各位委员严格把握标准条件，坚持公平公正，确保奖励成果水平和竞争力。同时，希望委员们帮我们挖掘一些有苗头的科技成果，未来通过开展重点培育、主动帮扶指导等方式，产出高水平成果。

（五）加强学术委员会建设，完善现代院所治理体系

在现代院所治理结构中，学术委员会与院所行政管理体系同为院所治理体系的核心。与行政治理体系相比，我院学术治理体系相对较弱。院里高度重视学术委员会建

设，近期进行了系统调研总结发现，学术委员会在职能定位、运行机制、学部建设、学术交流、委员履职等方面，都存在不少问题。刚才，唐院长对学术委员会建设提出了要求，我们将认真研究落实。总体来讲，就是要强化学术委员会职权，明确院所两级学术委员会最高学术机构的地位，尊重并支持学术委员会独立行使职权，实现学术问题由学术专家决定，让学术委员会的权力落到实处。要充分发挥各学部作用，赋予学部统筹协调所属研究所相关学术事项的职权，充分调动委员履职积极性。要完善管理制度和运行程序，定期对院所两级学术委员会履职情况进行总结，保证学术委员会高效、顺利履行职责和独立开展评议咨询工作。

(六) 弘扬科学家精神，建设优良学风

近日，中办国办印发《关于进一步弘扬科学家精神　加强作风和学风建设的意见》，大力弘扬爱国、创新、求实、奉献、协同、育人的新时代科学家精神，营造风清气正的科研环境。各位委员都是我国农业科技界的知名专家，是中国农业科学院的形象“代言人”，无论是学术还是学风方面，都是科技界的楷模。希望各位委员以身作则，严把学术关、严把道德关，对科研任务、科技成果、发展规划等进行公平、公正的评议和评审，对一些倾向性、苗头性问题提出监管意见，指导和帮助广大农业科技工作者自觉维护学术道德；能够率先垂范，带头弘扬科学家精神，用自己高尚的品德和人格力量教育和感染广大科研人员，为促进学术规范、提升学术质量、提高学术水平起到模范作用。

同时，学术委员会要坚持加强作风与学风建设，通过加强学术道德与科研诚信相关的宣传教育，强化正向引领，提升科研诚信意识；通过完善科研诚信承诺制度、论文成果审核制度、科研过程追溯制度，强化科研产出管理，将学术不端行为发生的可能性降到最低；通过建立专业监督与风险预警机制、对国际期刊撤稿情况和网络舆论异常信息进行分析研判，强化内部监督制度和自查自纠机制建设，完善对科研诚信的监督管理；通过把科研信用作为申报项目、经费资助、职称评定、经费管理、考核和奖励的重要依据，强化学术不端“零容忍”，提高科研诚信违规成本。

各位委员，2019 年是中华人民共和国成立 70 周年，也是全面建成小康社会关键之年。我们将努力做好学术委员会工作，积极为各位委员创造条件、提供服务。希望各位委员认真履职尽责，积极建言献策，尽可能参加各项学术咨询活动，为我院加快“两个一流”建设贡献力量。

谢谢大家！

万建民副院长在中国农业科学院科研管理工作会议上的讲话

2019 年 10 月 31 日

同志们：

今天我们在苏州召开 2019 年全院科研管理工作会议，主要任务是深入贯彻落实习近平新时代中国特色社会主义思想和建院 60 周年贺信指示，以创新工程考核评估为契机，总结分析经验成效，检视剖析差距不足，按照“三个面向”指示，明确院、所、团队三级任务体系，聚焦实施院级重大科研任务，推动标志性科技成果产出，更好支撑现代农业高质量发展。根据会议安排，我讲三个方面的内容。

一、深入贯彻落实习近平总书记贺信指示，认真对照查找差距不足

2017 年 5 月 26 日，习近平总书记发来贺信，明确提出“三个面向”“两个一流”和“一个整体跃升”的要求。两年来，我院深入贯彻落实贺信精神，将“三个面向”作为全院科技创新的总方向、总目标、总任务、总要求、总抓手，不断创新体制机制，提升科技创新能力，科技创新与院所建设取得了长足进步。但我们也清醒认识到，在新时代新需求下，对标总书记提出的“三个面向”和“两个一流”要求，我们仍存在不少差距。

一是成果数量增幅较快，但有重大影响的成果偏少。创新工程稳定支持极大提高了科研团队的积极性和创新效率，成果产出倍增。2013—2018 年，全院共获国家奖 41 项，同比增长 24%，发表 SCI/EI 论文 12 900 篇，同比增长 150%。在《科学》《自然》《细胞》三大主刊发表论文 15 篇，同比翻了一番，处于国内领先地位。审定农作物新品种 840 个，同比增长 75%；获植物新品种权 353 项，同比增长 368%；创制新农药、新肥料、新兽药 123 个，同比增长 78. 3%；获发明专利 3 691 项，是前 5 年的 3. 6 倍，其中获中国专利奖 42 项，占农业领域全国获奖总数的 65%，生物技术领域和制药领域发明量全球第一。但由于对重大任务顶层设计不足，导致小成果多，重大有影响力的成果偏少，文章专利多，转化应用少，对经济社会发展的支撑力不足、贡献不突出。

二是对“卡脖子”技术部署不足。发达国家之所以有超过 80% 的农业科技进步贡献率，主要原因就是掌握了大部分农业关键核心技术。我国农业科技进步贡献率与国际

先进水平相差15~20年，特别是作物育种核心材料高效创制、畜禽核心种质创制和大动物育种、大型智能农业装备等若干领域核心技术受制于人。有技术分析表明，我国在国际技术竞争中处于相对落后阶段，总体技术水平相当于美国的68.4%；基础研究形成优势技术的能力低于美国、日本、德国等发达国家。真正的关键核心技术是引不进、买不来、讨不来的，只有攻克和掌握关键核心技术，才不会有被“卡脖子”的隐忧。我院在这些领域开展工作较晚，投入力度不大，还未见到明显效果。

三是前沿技术研究探索不足。当前，基因编辑、生物合成和全基因组选择等生物技术已经成为新的研究热点和竞争焦点。基因组编辑技术已广泛应用于主要农作物、农业动物、林木种质资源创制与性状改良。农业合成生物技术为细胞工厂、生物抗逆、光合作用、生物固氮和生物质转化等世界性农业生产难题提供了革命性解决方案。全基因组选择技术已经成为当前国际上农业生物育种领域的一项关键共性技术。以农业物联网、农业大数据、农业人工智能和农业机器人等为代表的智能/智慧农业技术已经成为世界农业科技发展的新方向和新趋势。从我院来看，很多前沿技术的研究还处于概念和起步阶段，与世界先进水平相差较大，在国内也不是领先地位。

四是前瞻性研究储备不足。当前农业科研无论是国家项目部署还是科研人员自主选题，基本还是在追踪热点问题、显性问题，导致一些前瞻性、储备性的研究缺失。例如，非洲猪瘟1921年在肯尼亚首次报道，2007年以来，在全球多个国家暴发，2017年俄罗斯远东地区发生非洲猪瘟疫情，但是没能及时引起重视，在机理研究和疫苗研发上也没有超前布局。草地贪夜蛾自2016年1月在非洲首次发现以来，仅用两年的时间就入侵到撒哈拉以南的44个非洲国家。2018年联合国粮农组织发出了草地贪夜蛾将会在亚洲快速传播的全球预警，但都没有引起国家有关部门足够的关注，导致草地贪夜蛾在我国的暴发。虽然我院相关科研团队在创新工程的稳定支持下开展了跟踪和前期研究，在非洲猪瘟和草地贪夜蛾防控方面率先作出应对，对稳定产业发展和社会关注发挥了积极作用，但对很多类似的前瞻性技术问题缺乏部署，没有技术储备，一旦发生问题，将造成不可挽回的重大损失和社会影响。

二、明确院所团队三级任务，加快解决重大科技问题

针对创新工程科研任务缺乏全院层面统一谋划，部分团队科研任务的国家目标导向及战略性、时代性、创新性不强，以及部分团队科研任务交叉重复等问题，院里决定加强创新工程的科研任务管理，打造“院—所—团队”三级任务管理模式，将科研攻关目标聚焦到前沿基础、产业重大需求、应急性任务上来，将科学家、科研团队、研究所以及中国农业科学院的创新目标与国家使命高度统一，提升全院创新绩效与影响力，加速推动重大成果产出。

在院级层面，谋划启动实施中国农业科学院重大科研计划，基于全院学科设置，经顶层设计与专家咨询，设立粮食安全、经济作物提质增效、优质动物产品有效供给、农

业重大疫病防控、农业绿色发展、农机装备与智慧农业、食物营养与健康、现代农业前沿、科技经济发展战略九大科研计划，每个计划分为基础前沿、产业需求和应急性三类，并提出若干动态调整的储备性项目，构建少而精、重点突出、目标聚焦的院级重大科研任务体系，使我院自主性科研经费及优势科技力量针对重大任务进行集聚，形成凝聚全院共识的重大科研任务的“使命清单”。同时，与国家科技发展战略规划和涉农相关领域发展规划进行对标，与国家相关科技计划形成互补，在成熟的基础上，适时向科技主管部门提出国家科技计划专项立项建议。

在研究所层面，由研究所根据学科定位、重大需求、预期重大培育性成果等进行顶层设计，提出所一级重点任务及其预期目标，举全所之力进行重点培育，并将团队承担所级重点任务情况及实施进展纳入所对团队绩效考评的指标，进行激励引导，调动创新团队积极性。

在团队层面，由团队首席组织团队成员，聚焦“三个面向”，重新梳理和研究凝练团队重点任务，明确发展目标，凝练团队预期重大产出。团队是各级任务实施主体，团队首席应确保团队任务方向不偏离，与研究所重点任务、院级重大任务方向一致。

院、所、团队三级任务管理，自上而下、联合攻关、重点突破。将任务管理作为抓手，通过抓任务促进团队建设、通过抓目标促进绩效产出，进一步提高全院科技创新效率，促进取得一批突破性成果，解决若干农业“卡脖子”技术难题，加快提升我院自主创新能力与产业引领能力，为早日实现“两个一流”建设目标提供有力支撑。

三、做好近期几项重点工作

（一）关于创新工程评估整改工作

2018 年，我们分院所两级对创新工程实施情况进行了全面系统的评估，2019 年第二次院常务会议审议通过了评估结果和调整方案，我们向各所反馈了整改内容，提出了整改要求。各研究所按照通知要求，认真组织开展了团队优化调整工作。目前，各研究所已将整改结果上报院里。各研究所对 39 个拟淘汰团队和 12 个首席已到退休年龄的团队进行了重点整改，对其余 280 个团队也进行了优化调整，调整措施包括调整团队研究方向、规范和调整团队名称、重新凝练科研选题和重点任务、调整团队首席、调整团队人员、优化团队管理运行机制等。总体上看，大部分研究所能够根据院里部署和要求，围绕“三个面向”“两个一流”，对科研团队进行整体优化和统筹部署，但也有个别研究所存在论证过程不严谨、团队名称调整随意、首席接续机制尚未建立、材料填报马虎等问题。

一是团队建设的主动性有待加强。部分研究所对于团队的优化调整，存在敷衍对付问题，未能主动剖析团队在学科方向、人才队伍、管理机制等方面的主要问题，并坚决围绕“三个面向”进行方向调整，缺乏主动性和创新性。

二是部分团队名称调整缺乏科学性。部分团队将名称扩大化，甚至调整为学科领域的名称，研究方向不明确，重点任务不聚焦，与优化改进要求相背离。

三是对首席年龄偏大问题的重视程度不够。除通知要求调整的12位已到退休年龄的首席外，还有20位首席在58岁以上，有几位现在已到退休年龄。按照院人才工作会议精神，为促进团队持续健康发展，院里将建立荣誉首席—首席—执行首席接续培养机制，即在首席55岁时，选配执行首席作为首席后备进行培养，首席58岁时转为荣誉首席继续指导团队工作，充分发挥传帮带作用，实现团队首席的平稳过渡。

科技局详细审核了每个研究所的整改方案，并组织院外专家进行评审。对于拟淘汰团队，重点看是否针对评估问题提出了有效整改措施，是否解决了中期评估提出的问题。经过半年整改未能取得显著成效的评估较差团队，将不再作为创新工程院级团队。对于调整首席的团队，首次聘任的首席，至少要任满一个5年聘期，不符合该项聘期条件的均不能聘为首席，延期退休的只能担任团队荣誉首席，研究所要重新组织遴选符合条件首席专家。对于新增团队，原则上严格控制团队数量，从严审核。如新增团队的研究方向确实属于院学科布局中需要新增的方向，与现有团队不存在交叉重复，首席具备领军人才的能力或潜力，团队研究基础好培育较为成熟，则由院常务会议审议确定。对于都市所新组建团队，成熟一个启动一个，可以随时申请启动。

（二）关于重大项目谋划立项

一要提前参与国家重大项目谋划。瞄准基金重点重大项目、重点研发计划“十四五”项目，组织科研团队开展前瞻性、全局性和关键性科技发展战略研究，抓好重大项目选题凝练与建议。积极参与科技部、农业农村部组织开展的科技发展战略与规划研究，争取将我院重大需求列入国家“十四五”指南建议。同时，各研究所也要强化学科发展战略研究，深入分析我们与世界同类学科的差距不足，聚焦国家战略需求，加强顶层设计，绘制好研究所未来科技发展蓝图。

二要及时跟踪国家重点研发计划申报动态。“十三五”末期竞争愈加激烈，再加上限项规定，我院能够牵头申报的研究所和专家减少，牵头申报项目数量越来越少，这是一个大问题。希望相关的研究所继续高度重视项目的牵头申报，提前做好组织协调、参加团队的沟通协商、协议签订、任务分工以及上下沟通汇报等工作。同时，“十三五”尚未牵头或申报项目的研究所，要充分调研立项需求，加强主动谋划，增强主动参与竞争的意识，对相关团队重点帮扶，争取尽早有所突破。

三要重视基金项目的申报立项。2019年我院共11项重大类项目获立项，包括群体项目1项、杰青项目1项、优青项目2项、重点项目4项、专项项目1项，国际合作交流重点项目2项，好于往年。但2019年我院国家基金项目立项数和立项率均呈现不同程度的下降，各所要深入查找原因。2020年度，自然科学基金申报立项的竞争将继续加剧、基金委管理改革将继续深化、单位之间的立项差距将进一步拉大，在这种严峻的大环境下，建议各所深入推进基金申报立项精细化管理和服务，在进一步做实做细各项规定动作外，做好对改革政策的把握和对申报指南的解读，力争全面提升 2020 年度全院基金立项的质和量。

（三）关于重大成果培育工作

国家科学技术奖是我国定位最高、最具权威性和影响力的科技奖励，是科技创新水平和科研单位工作水平的重要评价指标之一。2018 年以来，国家科学技术奖励制度以“提高质量、规范程序”为重点进行了全面改革。在竞争加剧、整体授奖数量减少的情况下，2018 年 8 个项目获得二等奖，数量创历史新高。2019 年 7 个项目通过会评，其中自然科学奖 1 项、技术发明奖 1 项、科技进步奖 5 项，很有希望实现连续两年“三大奖”全覆盖。但我院成果培育面临问题与挑战越来越突出。

一是急需集成提升培育国家奖一等奖。随着我院创新水平、经费水平和条件水平不断提升，如何充分凝聚和发挥科技资源优势，加快突破关键核心技术，解决行业、区域重大科技问题，产出具有全局性、颠覆性的高水平科技成果，冲击国家科学技术一等奖，是对全院成果培育工作的必然要求。我院已连续 3 年未获得一等奖，有必要院所合力加强培育。

二是国家奖竞争难度大幅提高。2018 年国家奖提名制度改革后，提名总数从之前的每年不到 900 项猛增至 2018 年的 1 446 项，2019 年进一步增加了 5.2%，达到 1 521 项。农业领域也从之前的 80 项左右增加到 2019 年的 167 项。我院提名项目数量，也从平均每年 15 项左右增长至近 30 项。

三是缺乏协同创新机制。不同研究所、不同团队间成果协同培育不够，学科齐全的优势无法发挥，难以形成大成果。

四是农业科技评价重点迅速转变。近年来，国家和行业对优质高效、产业链贯通、绿色发展等方面的要求不断提高，经济效益好的经济园艺作物品种选育、畜禽废弃物高效处理、养殖用抗生素替代等对农业农村产业转型升级有重要支撑作用的成果受到格外重视。

（四）关于重大平台布局建设

今年重点开展了面向 2035 年农业领域国家重点实验室规划战略研究，参与了农业领域国家野外站发展规划编制，积极申报国家重点实验室和国家野外站。首期启动 4 个院级专业公共实验室建设。特别是推动国家南繁研究院筹建取得阶段进展，目前我院已经与海南签订了共建国家南繁研究院的合作协议书，并与海南初步完成了建设用地和试验田用地对接，作物表型项目已经启动建设，种质资源库等项目正在加快推进。下一步，要围绕新时代国家农业科技重大需求和我院学科发展优势，以支撑一流学科和一流院所为目标，进一步加强重大平台的谋划、建设与管理。

一是要谋划提出重大平台建议。密切跟踪科技部工作动态，重点推进国家重点实验室和国家野外台站建设工作。

二是要持续推进国家南繁研究院建设。推进南繁院地方法人注册、建设土地划拨、高标准试验田建设，特别是表型基因型设施等基建项目的建设经费申请、项目开工等工作，落实运行经费。

三是要持续推进平台科研设施和仪器开放共享。密切跟踪科技部考核评估工作进展，做好优秀研究所扩大宣传和较差研究所整改落实与现场验收。依托院专业公共实验室和各所公共平台，统筹研究所仪器修购，强化共性关键技术研发以及公共性服务。

四是要进一步强化实验室安全生产管理。明晰实验室安全生产责任清单，落实各项管理制度、事故防范措施、事故应急预案和监督管理任务。

（五）关于创新联盟建设

积极推进联盟实体化、联盟一体化、科技资源共建共享和国家农业基础性长期性科技工作体系建设，加强制度化规范化建设，在支撑了农业提质增效、产业转型升级和区域农业发展等方面取得了一系列新进展、新成效。在农业高质量发展方面，以主要农产品提质增效为目标，加强了奶业、棉花、水稻、智慧农业等重点任务的协同创新。在乡村人居环境整治方面，以解决农业突出生态环境问题为目标，重点突破旱区寒区农村卫厕产品与技术的集成应用示范，并提出一系列适用于农村厕所革命的推广模式。修订完善了《国家农业科技创新联盟章程》，将联盟准入和退出机制制度化。组织开展了联盟成立以来的首次评估。依据评估结果，联盟理事会决定对 34 个联盟以农业部发文形式进行认定，对 14 个目标不聚焦、缺少联盟机制、缺少成果集成的联盟要求整改，对另外 14 个无明确目标、无协同机制、无攻关团队、无联盟动作、无成果成效的联盟予以淘汰。本次评估是联盟制度化管理实践的重要里程碑，为联盟指导了发展方向，优化了发展环境。下一步，要强化联盟机制创新，积极推广实体化运行、一体化协作、共建共享三大机制，着力构建产学研多主体紧密合作，研发、运营、服务多环节有机衔接的实体化法人机构，探索创新股权利益分配方式，激发联盟成员投入积极性和创新活力，增强联盟市场参与度。要持续推进农业基础性长期性工作网络体系的建设完善，加快推动农业科技基础性长期性工作的数据汇交、分析工作。

（六）关于学术治理与学风建设

在现代院所治理结构中，学术委员会与院所行政管理体系同为院所治理体系的核心。与行政治理体系相比，我院学术治理体系相对较弱。我院高度重视学术委员会建设，近期进行了系统调研总结发现，院所两级学术委员会在职能定位、运行机制、学术交流、委员履职等方面都存在不少问题。建设世界一流科研院所，必须充分发挥学术委员会这一国际通行的治理模式。要明确院所两级学术委员会最高学术机构的地位，尊重并支持学术委员会独立行使职权，实现学术问题由学术专家决定，让学术委员会的权力落到实处。要组织形式多样的学术活动，形成促进思想碰撞、激发创新灵感、营造学术争鸣的良好氛围。

科研诚信是科技创新的基石，是科技工作者的生命。我院高度重视学术道德建设，2018 年院里出台《科研诚信与信用管理暂行办法》和《学术道德与学术纠纷问题调查认定办法》，采用正面管理与负面惩戒相结合的方式加强管理，初步搭建起我院科研诚信的管理体系。院里印发科研诚信与信用管理办法后，有的研究所行动比较快，已经制定了相关办法细则，但很多研究所还没有行动起来。近期我们发现一批国际期刊撤稿论文，正在集中进行调查核实。各研究所一定要提高警惕，不要因为管理不力而造成系统性风险。因此，必须建立相关制度，包括科研诚信承诺制度、论文成果审核制度、科研过程追溯制度，加强内部监督和自查自纠，强化对科研产出的管理，将学术不端行为发生的可能性降到最低。

同志们，让我们把智慧和力量凝聚到落实习总书记贺信精神上来，凝聚到推动科技创新工程实施上来，凝聚到组织实施重大科研任务攻关上来，加快产出一批有影响力的重大科技成果，进一步提升我院显示度与影响力，为农业高质量发展和乡村振兴提供更好支撑。

谢谢大家！

国家农业科技创新联盟理事会 2019 年工作汇报

中国农业科学院副院长、国家农业科技创新联盟秘书长　冯忠武

2019 年 12 月 21 日

尊敬的张部长、唐院长，各位代表，同志们：

大家好！按照会议安排，我就国家农业科技创新联盟理事会 2019 年工作向大家作一简要汇报。

一年来，国家农业科技创新联盟认真贯彻落实习近平总书记关于做好“三农”工作的重要论述，紧紧围绕农业农村部党组中心工作部署，以推动重大任务落实为抓手，以标杆联盟建设为重点，强化机制创新，推进联盟各项工作顺利实施。

一是在完善管理上下功夫，努力把制度设计好。目前，组建的专业性、产业性和区域性三大类联盟共 82 个，虽然联盟在数量发展和工作开展上取得了积极成效，但依然存在发展水平参差不齐，观念认识不一等问题，特别是少数联盟出现开“联谊会”、圈“自留地”、成果“拼盘”等“假联合”现象，严重影响联盟整体发展。为进一步规范联盟运行管理，2019 年上半年，联盟秘书处委托中国科学院评估中心对国家农业科技创新联盟建设情况开展第三方评估。评估采用联盟自评、专家评议、交流评议和综合评议 4 个环节，评估结果分为认定、整改和退出 3 类，最终确定了包括 15 个标杆联盟在内的 34 个认定联盟，14 个建议整改联盟（黄牌），14 个建议退出联盟（红牌）。同时，联盟秘书处还制定了《国家农业科技创新联盟建设的指导意见》和《国家农业科技创新联盟下各子联盟建设运行管理办法》，修订了《国家农业科技创新联盟章程》。至此，联盟形成了包括指导意见、联盟章程和管理办法三个层级的建设和管理制度，完善了正向激励机制，保障了联盟今后运行的方向性、规范性和可持续性。

二是在机制创新上下功夫，努力把优势发挥好。联盟的本质就是通过机制创新释放科技发展活力。联盟实体化运行是科技创新联盟机制创新的主要途径，通过近两年的努力，各联盟共成立了 12 家实体。特别在 2019 年，在实体化方面取得了显著进展：奶业联盟成立了非营利法人天津市奶业科技创新协会，以及企业法人中优乳奶业研究院（天津）有限公司两个联盟实体，并依托实体发布了《特优级生乳》等 8 项团体标准，解决了联盟技术标准没有法律地位的难题。水稻商业化分子育种联盟采用法人股份和自然人股份混合的模式，由部分成员单位和部分联盟科学家自然人共同投资成立了上海中科荃银分子育种技术有限公司，构建起面向联盟需求的全新商业化育种体系及平台。渔

业装备联盟组建了第三个实体化公司——中创海洋科技股份有限公司，在新材料新能源渔船领域里构建了从设计、监理、监造、检测到供应链、金融、市场及政策信息一体化的社会化服务综合体和产业集群。可以看出，在科技创新的基础上，联盟通过机制创新，已经初步实现农业创新领域的“双轮驱动”。

三是在聚焦目标上下功夫，努力把产业服务好。一年来，联盟始终围绕产业目标导向，牢牢抓住产业发展的“牛鼻子”，走好科技产业协同创新的“先手棋”。棉花联盟创建“CCIA”国棉品牌，并围绕品牌建设打造从棉种、原棉、纱线到面料、服装、家纺等整个棉纺产品产业链。郑州棉花交易市场还专门建立了“CCIA”品牌原棉交易平台，配合联盟全力推动全产业链布局。高效复合肥料联盟打造包括“基础化核心试验—标准化核心示范—规模化示范推广”在内的贯穿整个产业链条的示范推广模式，各类新型肥料产品和高效应用技术累计示范推广 400 余万亩。天敌昆虫联盟以天敌产业链条为纽带，充分发挥产学研融合优势，创制了 23 种天敌昆虫产品，天敌年生产能力超过 1 万亿头，占我国天敌产品市场的 95%。智慧农业联盟突破了天空地一体化农业智能感知与诊断的关键技术，研发了一批数据驱动的智能作业装备，开展了数字大田和智慧果园技术系统、平台、装备的示范推广，联盟设计的“无人化农场”引领了未来农业生产数字化、作业无人化和装备智能化发展。可以说，这些联盟在获取产业信息、集聚产业人才、服务产业需求、和构建产业网络等方面发挥了前瞻性、开放性、基础性的平台作用，为实现各产业的整体跃升提供了创新生态。

虽然国家农业科技创新联盟在几年的发展中，取得了一些成效，树立了一批标杆，发挥了典型引领作用，但面对服务农业高质量发展、支撑乡村振兴战略、解决产业和区域重大问题等新使命，联盟亟须充分发挥自身独特优势，完成时代赋予的新任务。

一要积极投身乡村振兴科技支撑行动。联盟要进一步增强使命感和责任意识，在技术集成、模式创新、成果转化、整县推进等方面形成协同创新的合力，充分发挥联盟三级联动和科企合作的优势，为乡村振兴战略实施提供前沿引领、技术支撑、政策供给和典型示范。

二要持续推进重点任务落实。以增加优质安全农产品有效供给为目标，加强奶业、棉花、蔬菜、畜禽养殖、智慧农业等产业技术协同创新，支撑农业高质量发展。以解决农业突出环境问题为目标，持续推进农业废弃物循环利用、乡村环境综合治理、农田重金属污染治理和柑橘黄龙病、小麦赤霉病防控等技术和模式的协同创新，支撑农业绿色发展。以解决区域发展难题为目标，加强东北黑土地保护、华北节水保粮、石漠化山区综合治理等的区域协同创新。

三要继续深化机制创新。以激发联盟的创新活力和内生动力为核心，进一步加强体制机制创新，持续推进联盟实体化运行机制建设，积极吸引市场资本的注入，鼓励企业联合科研院所成立新型研发机构等创新联合体。积极争取国家稳定性财政支持，并撬动地方政府财政投入，为公益性、基础性联盟提供稳定经费来源。

四要发挥好牵头单位的组织服务作用。中国农业科学院将继续肩负联盟牵头单位的重任，整合各类创新资源，加大协同创新力度，做好联盟组织、管理和服务工作；联盟各单位也要充分发挥各自优势，在组织协调、运行监管、共建共享和条件保障等方面狠抓落实，作出表率。联盟要积极组织开展战略研究，并从多维度、多方位加强对牵头重点任务的各项支持，充分调动各参与主体的积极性，强化任务管理的科学性和严格性，推进联盟工作在生产中取得实效。

中国农业科学院办公室关于做好科技创新工程全面推进期调整改进工作的通知

农科办科〔2019〕23号

院属各研究所：

为系统梳理创新工程实施进展，推进创新工程早见成效，快见实效，2018年中国农业科学院组织开展了科技创新工程5年考核与全面推进期中期评估工作。评估结果及研究所和科研团队调整方案经中国农业科学院2019年第2次常务会审定。现将调整改进相关要求通知如下。

一、研究所针对评估中发现的问题进行整改

请各研究所高度重视创新工程推进工作，将此次评估作为推进研究所改革发展的重要契机，系统梳理此次评估中发现的问题，认真对照“三个面向”“两个一流”的总体要求，研究提出创新工程整改调整方案，报院科技局审定备案。

院对研究所中期评估的专家意见和建议由科技局逐一反馈各研究所，请研究所逐条提出有针对性的整改落实措施，纳入研究所总体整改方案中。反馈意见详见附件1。

研究所要利用此次整改机会进一步优化研究所发展定位，规划部署研究所学科方向布局和科研团队设置，明确发展重点和科研团队重点任务，提出预期3~5年内的发展目标和保障措施。

二、研究所对部分科研团队进行调整

科研团队中期评估由研究所组织开展，共评选出优秀团队105个、良好团队119个、一般团队72个，较差团队35个。评估结果详见附件2。按照《中国农业科学院科技创新工程绩效管理办法（试行）》及院常务会议决定，39个团队纳入拟淘汰名单，需要进行调整。

一是对评估较差的35个科研团队进行调整。请各研究所对本所评估排序后10%，列为较差档次的科研团队进行调整。

二是对3个首席专家不在岗的科研团队进行调整。请相关研究所对首席专家不在岗的科研团队进行调整。

三是对1个人数过少的科研团队进行调整。请相关研究所对人数严重过少的科研团

队进行调整。

四是对 12 个首席已到退休年龄的科研团队需要限期整改。有 12 个科研团队的首席专家已于 2018 年到退休年龄。请相关研究所对此类科研团队进行优化调整，按照要求完成首席遴选更换和团队优化调整工作，未完成的下一年度不再给予支持。

为了确保科研团队建设的严肃性和创新任务的延续性，便于研究所调整优化科研团队，2019 年度研究所科技创新工程经费预算按原科研团队规模下达。对科研团队方向与重点任务符合“三个面向”要求和《学科简表》、针对问题整改到位的科研团队，经院里组织专家评估，并报院常务会审议通过，下一年度持续支持；调整整改不到位的，下年度停止支持。

三、科研团队更名、方向调整和新增科研团队

本次评估中，个别研究所提出了科研团队更名、方向调整和新增科研团队的需求。请各研究所根据新制定的调整方案，按照“三个面向”总体要求和《学科简表 2018 版》确定的方向，统筹部署科研团队设置。确需更名、调整方向和新增科研团队的，请各研究所进行论证，提出相关申请，经院科技局审核后，报院常务会审议确定。按照院常务会的要求，全院科研团队总数基本保持不变。

四、时间安排

2019 年完成研究所和科研团队的调整优化。具体安排和要求如下。

4 月底前，研究所提交《研究所调整方案》。含科研团队更名、方向调整及培育组建新团队等事宜。电子版发送至创新办邮箱。

6 月底前，科技局组织专家对上述事宜进行审核，并报请院常务会审议。

8 月底前，研究所提交列入 39 个拟淘汰团队整改情况材料。包括首席已到退休年龄情况的团队，研究所完成新首席的遴选更换，提交新首席材料。电子版发送至创新办邮箱。

9 月底前，科技局组织专家对科研团队整改情况进行评估。

联系人：董照辉　冯晓赟
联系电话：010-82109416　010-82105526
邮箱地址：chuangxinban@ caas. cn

附件：1. 研究所全面推进期中期评估专家意见（略）
　　　2. 科研团队中期评估结果及调整建议（略）

中国农业科学院办公室
2019 年 2 月 14 日

中国农业科学院关于调整科技创新工程领导小组和领导小组办公室成员的通知

农科院科〔2019〕52 号

院机关各部门，院属各单位：

为加强科技创新工程的组织管理，适应新时期推进科技创新工程实施的要求，经 2019 年第二次院常务会审议通过，决定对科技创新工程领导小组和领导小组办公室成员进行调整，名单见附件。

附件：1. 中国农业科学院科技创新工程领导小组成员名单

2. 中国农业科学院科技创新工程领导小组办公室成员名单

中国农业科学院

2019 年 3 月 5 日

附件 1

中国农业科学院科技创新工程领导小组成员名单

组　长：唐华俊　农业农村部党组成员、中国农业科学院院长
　　　　张合成　中国农业科学院党组书记
副组长：万建民　中国农业科学院副院长
成　员：吴孔明　中国农业科学院党组副书记、副院长、直属机关党委书记
　　　　王汉中　中国农业科学院副院长、党组成员
　　　　梅旭荣　中国农业科学院副院长、党组成员
　　　　贾广东　中国农业科学院党组成员、人事局局长
　　　　高士军　中国农业科学院办公室主任
　　　　任天志　中国农业科学院科技管理局局长
　　　　陈金强　中国农业科学院财务局局长
　　　　贡锡锋　中国农业科学院国际合作局局长
　　　　王述民　中国农业科学院成果转化局局长

附件 2

中国农业科学院科技创新工程领导小组办公室成员名单

主　任：万建民　中国农业科学院副院长
副主任：任天志　科技管理局局长
　　　　陈金强　财务局局长
成　员：周国民　科技管理局副局长
　　　　熊明民　科技管理局副局长
　　　　李巨光　人事局副局长
　　　　张士安　财务局副局长
　　　　张蕙杰　国际合作局副局长
　　　　冯艳秋　成果转化局副局长
　　　　苗水清　科技管理局综合处处长
　　　　董照辉　创新工程管理中心办公室常务副主任
　　　　刘蓉蓉　科技管理局项目管理处处长
　　　　刘　涛　科技管理局科技平台处处长
　　　　刘振虎　科技管理局协同创新处处长
　　　　柯小华　国际合作局综合处处长
　　　　任庆棉　成果转化局科技推广处处长
　　　　胡铁华　科技管理局发展规划处副处长
　　　　姜成钢　财务局预算处副处长
　　　　王启现　成果转化局园区基地管理处副处长

关于做好中国农业科学院科技创新工程（2016—2018年）部级绩效评价工作的函

院属相关研究所：

按照财政部通知要求，于2019年12月至2020年1月对我院进行科技创新工程（2016—2018年）部级绩效评价工作。2020年1月评价专家组将抽取相关研究所进行绩效再评价工作，请各相关研究所高度重视，做好准备和配合工作，具体时间由绩效评价专家组与研究所协商决定。主要工作方案见附件。

附件：1. 中国农业科学院科技创新工程（2016—2018年）部级绩效评价工作方案
2. 中国农业科学院科技创新工程（2016—2018年）部级绩效评价指标表

中国农业科学院科技管理局
2019年12月20日

附件 1

中国农业科学院
科技创新工程（2016—2018 年）部级绩效评价工作方案

根据《中国农业科学院科技创新工程部级绩效考评规范》（以下简称《规范》）、《中国农业科学院科技创新工程绩效管理办法（试行）》等有关规定，为开展好中国农业科学院科技创新工程（2016—2018 年）部级绩效评价（以下简称“部级绩效评价”）工作，制定本方案。

一、评价范围与目的

部级绩效评价时间范围为 2016—2018 年实施的创新工程资金及实施效果，围绕提出的“开展全面推进期绩效评估与总结工作，校正优化创新工程目标任务，全面落实各项新型管理制度，推动科技创新、人才团队和创新平台建设、国际合作等各项工作，创新机制更具活力，创新能力显著增强，充分发挥中国农业科学院改革排头兵、创新国家队、决策智囊团的职能定位和作用，基本建成‘世界一流农业科研院所’”目标任务，重点考察 3 年科技创新工程组织实施情况，发现实施管理过程中存在的问题，提出加强和改进科技创新工程管理的意见建议，发挥绩效评价作用，助力中国农业科学院及早全面建成“世界一流农业科研院所”。

二、评价依据

《中共中央、国务院关于全面实施预算绩效管理的意见》

《国务院关于优化科研管理提升科研绩效若干措施的通知》（国发〔2018〕25 号）

《中央级科研事业单位绩效评价暂行办法》（国科发创〔2017〕330 号）

《农业农村部办公厅关于印发农业农村部全面实施预算绩效管理工作方案的通知》（农办计财〔2018〕84 号）

《农业农村部办公厅关于印发农业农村部预算绩效管理实施办法的通知》（农办计财〔2019〕32 号）

《中国农业科学院科技创新工程部级绩效考评规范》

《中国农业科学院科技创新工程实施方案》

《中央级农业科研机构绩效评价实施细则（暂行）》（农办科〔2018〕24 号）

《中国农业科学院科技创新工程绩效管理办法（试行）》

其他有关法律法规、制度及文件

三、评价原则

（一）坚持“三个面向”

评价农业科技创新工程实施绩效，应重点评估创新工程在学科团队建设、资金分配额度等方面，是否充分体现围绕面向世界农业科技前沿集中攻关、面向国家重大需求布局力量、面向农业农村经济主战场开展技术创新，发挥创新工程在全国农业科技创新中的引领示范作用。

（二）突出机制创新

设立科技创新工程，旨在推动农业科研组织方式、管理方式、支持方式转变，应当在课题立项机制、选人用人机制、组织实施机制、绩效考核机制、分配机制等方面作出创新，有利于提高科技创新效率、创新质量和资金使用效率。

（三）体现专项特点

科技创新工程作为农业科技领域的重点财政专项，既不同于履行中国农业科学院自身职能，也不同于一般的科研专项，既要体现农业科研活动规律与特点，也要体现集中力量办大事的制度优势，应重点评价突破性创新、标志性成果和全局性贡献。

四、评价内容

根据《规范》要求，对科技创新工程的体制机制创新、科技产出、创新效益进行全面评价。重点评价中国农业科学院实施科技创新工程以来，在农业相关前沿学科、基础学科、应用学科领域的影响，发现其在保障国家粮食安全、农产品有效供给和农业可持续发展方面的科技支撑引领作用，以及对科研体制机制创新、现代科研院所制度建设、重大政策和决策咨询建议等方面的有效探索和实践示范情况。

（一）目标任务

主要评价创新工程的目标分解和任务设置的合理性。重点评价科技创新活动与中国农业科学院职责定位的相符性；科技创新活动与国家、行业发展重大需求的一致性；科技创新活动与同领域国际科技创新发展趋势的相符性；项目目标分解与绩效指标设置的科学合理性等。

（二）制度管理

主要评价科研组织方式合理性、管理制度健全性、资金管理制度规范性，以及科技创新制度、用人制度、分配制度等。重点评价创新工程用人机制的灵活有效性，包括考核组建团队、首席专家作用发挥等情况，绩效考核制度和分配机制的实施情况，科研工作的组织管理形式、运行方式和制度建设及运作效能，以及资金使用安全性、合规性、合理性等情况。

（三）科技产出

主要评价科研创新成果、人才团队建设、科研平台建设、国际交流与合作等科技产出成果，以及科研成果产出效率。重点评价科技创新工程取得重大技术突破、团队建设、平台搭建、产品研发或技术及设备集成，了解人才培养、论文发表情况，能有效地反映中国农业科学院在国际国内相关行业领域或区域的科研能力水平，反映科研团队和科研平台建设、国际合作与交流情况。

（四）创新效益

主要评价创新工程实施以来支撑国家层面战略决策、深化农业相关行业科技服务和自身可持续发展等创新能力，以及创新环境建设和创新贡献情况。重点评价科技创新工程持续创新能力、行业发展决策支撑服务能力、科技创新环境与文化建设效果，以及相关科技成果转化产生的经济效益、社会效益和生态环境效益，了解科研人员对组织实施科技创新工程项目的满意度和意见建议。

五、组织与实施

（一）评价机构

委托农业农村部工程建设服务中心（以下简称工程中心）具体承担部级绩效评价工作。工程中心成立由分管副主任任组长、相关处室负责同志参加的绩效评价工作组，邀请科研规划、项目管理、绩效管理和财务管理专家组成绩效评价专家组，制定工作方案、研究编制绩效评价指标，开展现场评价。

（二）评价指标体系

根据绩效评价实施细则（暂行），中国农业科学院科技创新工程绩效评价结果实行计分制。绩效评价指标体系包括 4 个一级指标、9 个二级指标和 21 个三级指标，满分 100 分，90 分以上为优秀，75～89 分为良好，60～74 分为一般，60 分以下为较差。有关评价要点及评分标准详见部级绩效评价指标表（附件 2）。

（三）评价方式

在中国农业科学院绩效自评工作的基础上，按实施资金比例抽取 10%～15%的资金量赴有关研究所进行现场评价，每个所抽取 1～2 个团队，通过座谈、资料档案查阅、满意度调查等方式，按照绩效评价指标进行赋分，形成各研究所创新工程绩效评价分，各研究所得分的均值与中国农业科学院创新工程绩效自评复核分的平均值，即为中国农业科学院科技创新工程绩效评价得分。

（四）工作程序

1. 下达绩效评价通知

按照《规范》要求，农业农村部向中国农业科学院下达绩效评价通知，明确绩效评价的目的、范围、任务、指标、时间以及承担单位、评价要求等。

2. 提交绩效自评资料

中国农业科学院提交自评报告及相关工作资料等，具体包括以下材料。

（1）中国农业科学院科技创新工程绩效评价自评估报告，以及各研究所绩效自评报告。

（2）中国农业科学院已印发制定的科技创新工程相关制度。

（3）各相关研究所科技创新工程申报书、与创新工程财务收支和经济活动相关的重大事项决策、相关会议纪要等。

（4）中国农业科学院对相关研究所创新工程完成情况的检查报告。

（5）各相关研究所科技创新工程科研团队近 3 年的突出业绩及相关证明，包括专著、科技论文及其影响因子、国际国内专利、经省级以上鉴定的科技成果、国内外获奖和荣誉材料、国际国内同行认可的实验室和科研平台等。

（6）其他与绩效评价工作相关资料。

3. 审查院级绩效情况

专家组赴中国农业科学院召开座谈会并查阅文件资料，重点了解科技创新工程组织落实情况、绩效管理以及资金使用情况，以及中国农业科学院对各研究所的绩效评价情况。

4. 审查研究所绩效情况

按资金量随机抽取 10%~15%的研究所进行实地核查，每个所 1~2 个团队，召开座谈会，进行满意度调查访谈，听取研究所创新工程进展情况，重点是工作绩效及存在问题；了解所对科研团队（首席专家）、首席专家对团队成员评价情况介绍，科技创新工程绩效任务书目标完成情况和财务制度落实情况，以及有关优化完善改进科技创新工程项目管理的典型经验、意见和建议。专家组根据现场复核情况，对该所创新工程实施情况进行综合评判打分，院所有关人员回避。

5. 撰写绩效评价报告

在上述工作基础上，完成对各研究所开展相关工作绩效评价，分析梳理后形成中国农业科学院科技创新工程绩效评价得分表；同时，结合中国农业科学院整体实施情况评价，形成部级绩效评价报告。

六、进度安排

（一）2019 年 12 月底前

农业农村部向中国农业科学院下达部级绩效评价通知；中国农业科学院提交院、所两级相关科技创新工程工作资料和总结报告等。

（二）2020 年 1 月底前

评价专家组赴中国农业科学院开展现场评价工作；赴抽取的研究所就评价结果开展绩效再评价工作。

（三）2020 年 3 月上旬前

提交部级绩效评价报告。

附件 2

中国农业科学院科技创新工程（2016—2018 年）部级绩效评价指标表

一级指标	二级指标	三级指标	评分标准	分值	得分	备注
一、目标任务（15 分）	（一）目标设定（7 分）	1. 相符性评价	科技创新活动与中国农业科学院总体职责定位相符，履行了使命担当（符合，4 分；基本相符，1~3 分；不符，0 分）	4		
		2. 一致性评价	科技创新活动与国家、行业发展重大需求相一致，符合同领域国际科技创新发展趋势（一致性高，3 分；基本一致，1~2 分；不一致，0 分）	3		
	（二）任务设置（8 分）	3. 任务分解	任务符合创新工程总体设计，符合相关院所职责定位及学科特点，与创新工程专项经费的支出范围、方向、效果相匹配；要求明确，具体细化，合理可行；院、所、团队三级任务层次分明，与年度目标、中期目标、五年期综合目标有机结合、有序衔接（符合要求，4 分；基本符合要求，1~3 分；不符合要求，0 分）	4		
		4. 绩效指标设置	绩效指标与绩效目标密切相关，与科技创新任务相匹配，指标细化量化，定性与定量相结合，采用定性描述的，具有可衡量性。根据创新工程建设进度安排，对指标及其权重进行动态调整（符合要求，4 分；基本符合要求，1~3 分；不符合要求，0 分）	4		
二、制度管理（30 分）	（三）管理规范（8 分）	5. 科研组织	建立院为统领、所为基础、共建共管、分级负责的创新工程管理机制。科研组织方式整合优化、有效变更，打破原有小课题组的局面，建立紧密型科研组织和管理模式（组织整合优化，管理模式紧密，4 分；一般，1~3 分；较差，0 分）	4		

（续表）

一级指标	二级指标	三级指标	评分标准	分值	得分	备注
二、制度管理（30分）	（四）制度创新（22分）	6. 资金管理	制定了相关经费管理制度，并严格执行；资金执行进度较及时；资金支付程序规范、手续完备；未出现严重资金违规问题（制度健全，执行进度符合，程序规范，4分；制度相对健全，执行进度较为符合，程序较为规范，1～3分；制度不全，执行进度缓慢，出现严重资金违规问题，0分）	4		
		7. 科技创新制度建设	围绕世界一流农业科研院所目标和现代院所制度建设，建立科技创新管理、资源配置、学科布局、目标任务设定等系列制度（制度建设成效显著，4分；建设成效较好，2~3分；建设成效一般，0~1分）	4		
		8. 用人制度	建立“开放、竞争、流动”的创新人才聘用、培养、使用和激励制度，形成卓越高水平的创新团队（用人制度开放、竞争、流动，创新团队卓越，5~6分；用人制度较为开放、竞争、流动，创新团队较为卓越，2~4分；用人制度没有建立或效果较差，0~1分）	6		
		9. 分配制度	建立以科研能力和创新成果目标为导向的绩效考核制度和“定岗定酬、绩效激励”的分配机制，并有效实施（制度健全，落实有效，5~6分；制度相对健全，实施较为有效，2~4分；制度不全，实施不力，0~1分）	6		
		10. 绩效管理	科技创新工程各项工作措施有力，推进及时、有效，能够按时完成实施内容及绩效目标，并及时开展了绩效自评和应用（措施有力、推进及时有效，5~6分；推进较好，2~4分；推进一般，0~1分）	6		

（续表）

一级指标	二级指标	三级指标	评分标准	分值	得分	备注
三、科技产出（25分）	（五）产出成果（15分）	11. 科研创新成果	重大原创性成果、标志性成果等科技创新成果完成度，对照绩效目标指标进行考核，计算5年目标3年完成度（60%以上5分；30%以下不得分，其他情况按比例赋分）	5		
		12. 人才团队建设	建立多学科、多领域有机结合的科研团队，科研团队在国际、国内本领域或同行中具有很强竞争实力、影响力（竞争力强、影响力大，4~5分；竞争力、影响力较强，2~3分；竞争力、影响力一般，0~1分）	5		
		13. 科研平台建设	建立运转高效、开放共享的研发平台，为科技创新提供强大支撑（运转高效、开放共享，4~5分；运转较为高效、相对开放共享，2~3分；运转、开放共享一般，0~1分）	5		
	（六）转化与合作（10分）	14. 成果转化与应用	创新工程突破、创制、培育形成的技术或产品等成果转化与应用较实施前明显提高（成果转化收入提高20%以上，5分；成果转化收入提高5%~20%，2~4分；成果转化收入提高不明显或没有提高，0~1分）	5		
		15. 国际合作与交流	面向全球开展成果引进、联合研究、平台建设、成果吸收等，且成效显著（成效显著，4~5分；成效较好，2~3分；成效一般，0~1分）	5		

（续表）

一级指标	二级指标	三级指标	评分标准	分值	得分	备注
四、创新效益（30 分）	（七）创新能力（10 分）	16. 可持续创新能力	整体创新能力和水平显著提升，科技创新研究有持续较好的发展趋势（显著提升，4~5 分；较为提升，2~3 分；提升不明显，0~1 分）	5		
	（八）创新环境（10 分）	17. 决策支撑和服务能力	科研成果对产业发展起到重要支撑作用，有效解决和及时应对重大问题和突发事件。对国家宏观决策、农业和农业政策方面提供有重大影响的理论、方法、咨询和建议（支撑作用明显，4~5 分；支撑作用较高，2~3 分；支撑作用较差，0~1 分）	5		
		18. 创新环境与文化建设	科技创新环境与文化建设效果显著，创新氛围浓厚，团队合作高效，人文环境友好（好，5 分；较好，3~4 分；一般，0~2 分）	5		
	（九）综合效益（10 分）	19. 科研人员满意度	科研人员对科技创新工程项目实施组织满意度（满意度高，4~5 分；满意度较高，2~3 分；满意度较差，0~1 分）	5		
		20. 科技影响力	专家、团队和平台在国内外影响力显著提升，如引领国内外农业科研发展、主要学科入选 ESI 高被引学科数目、高被引学者榜单、重要学术论文发表等方面较基期显著提升（显著提升，4~5 分；略有提升：1~3 分；基本持平或者下降，0 分）	5		
		21. 经济社会和生态效益	科研成果推广应用以及成果转化对经济社会或生态综合效益显著（显著，4~5 分；一般，2~3 分；较差，0~1 分）	5		
合计				100		

中国农业科学院
关于科技创新工程全面推进期中期
评估科研团队调整结果的通知

农科院科〔2019〕229号

院属各单位：

为深入贯彻落实习近平总书记贺信精神，促进科研团队聚焦新时代新需求开展科技创新，依据创新工程绩效管理办法，全院于2018年下半年组织了全面推进期中期评估，按照研究所对科研团队评估、研究所自评估、院对研究所评估3个层级，自下而上进行。其中，研究所对团队评估由研究所自主开展，采用定量与定性结合的方式，组织所外专家对本所团队进行评估。全院33个研究所对331个科研团队的评估结果为：105个团队优秀，119个团队良好，72个团队一般，35个团队较差。

2019年第二次院常务会议审定了研究所对团队的评估结果并提出整改要求。各研究所依据《关于做好科技创新工程全面推进期调整改进工作的通知》要求，开展了团队优化调整工作，经所内研究和所外专家论证，形成了研究所中期评估整改方案。

全院整改方案在全面分析研究所整改方案基础上形成，经2019年第十四次院常务会议审议通过，现将团队调整情况与有关要求通知如下。

（1）评估较差团队原则上退出创新工程。院常务会议审议决定，26个评估较差团队和1个人数较少团队退出创新工程，9个评估较差团队2020年度经费减半。如研究所认为本次退出的团队方向确有必要保留，可在研究所层面继续培育，待成熟后再申请进入创新工程。对因承担长期性基础任务或主持重大科研项目等原因而保留的评估较差团队进行重点监测，如在全面推进期期满考核时仍被评为较差，则直接退出创新工程。

（2）严格执行首席年龄规定。对符合规定的团队首席调整申请均予以批准，但拟聘首席不满足年龄要求及出现首席空缺的团队，研究所须在本通知印发后半年内完成首席遴选，未完成首席遴选的团队将退出创新工程。

（3）关于新增团队。本次全面推进期中期评估整改重点是对现有团队进行优化调整，除都市所组建2个科研团队、院宏观战略研究中心组建1个科研团队外，其他研究所暂不新增团队。确有需要进行学科方向布局的，研究所可先自主培育，培育成熟后可申请进入创新工程。

（4）关于团队名称调整。为进一步规范团队研究方向和重点，原则同意研究所提出的团队名称调整申请。

科研团队是创新工程任务的基本实施单元，科研团队的整体实力和创新水平决定了创新工程的实施成效，请各研究所高度重视团队建设，紧紧围绕“三个面向”要求，不断凝练学科方向和科研选题，加快人才培养，优化团队管理，着力推进基础理论创新、核心关键技术突破和重大产品创制，为实现“两个一流”作出更大贡献。

各研究所的科研团队和首席调整结果详见附件。请按照调整后的团队填报团队人员信息表，于 12 月 16 日前报送至科技局发展规划处（邮箱：kjjghc@ caas. cn）。

附件：研究所创新工程全面推进期中期评估科研团队调整结果（略）

中国农业科学院

2019 年 12 月 10 日

中国农业科学院
关于印发《中国农业科学院基本科研业务费专项管理实施细则（修订版）》的通知

农科院科〔2019〕158 号

院属各单位、院机关各部门：

为贯彻落实习近平总书记“三个面向”“两个一流”和“整体跃升”重要指示精神，对标党中央、国务院进一步推进科技领域“放管服”改革要求，推动全院基本科研业务费专项聚焦支持重点、规范管理流程，持续提升基本科研业务费专项实施绩效，对现行《中国农业科学院基本科研业务费专项管理实施细则》进行修订。

现将《中国农业科学院基本科研业务费专项管理实施细则（修订版）》印发给你们，请遵照执行。原《中国农业科学院基本科研业务费专项管理实施细则》（农科院科〔2016〕314 号）同时废止。

附件：中国农业科学院基本科研业务费专项管理实施细则（修订版）

中国农业科学院
2019 年 9 月 5 日

附件

中国农业科学院基本科研业务费专项管理实施细则（修订版）

第一章　总　则

第一条（修订依据） 为规范中国农业科学院基本科研业务费专项（以下简称基本科研业务费专项）使用和管理，加强绩效管理，提高资金使用效益，贯彻落实党中央、国务院关于科技领域“放管服”改革的要求，根据《中央级公益性科研院所基本科研业务费专项资金管理办法》（财教〔2016〕268 号，以下简称财政部办法）、《关于进一步完善中央财政科研项目资金管理等政策的若干意见》（中办发〔2016〕50 号）、《国务院关于优化科研管理提升科研绩效若干措施的通知》（国发〔2018〕25 号）、《关于扩大高校和科研院所科研相关自主权的若干意见》（国科发政〔2019〕260 号）等有关文件要求，结合我院工作实际，制定本实施细则。

第二条（总体要求） 基本科研业务费专项要对标面向世界农业科技前沿、面向国家重大需求、面向现代农业建设主战场目标要求，紧紧围绕部、院、所年度重点工作进行组织、安排和部署，按照“稳定支持、长效机制；分类分档、动态调整；依托院所、突出重点；放管结合、注重绩效；专款专用、严格管理”的原则进行管理和使用，为形成全院持续发展、不断创新的长效机制提供经费支持。

第三条（支持对象） 基本科研业务费专项支持对象为院属预算单位，包括各直属研究所、研究生院及院本级（统称院属单位），资助对象一般为在编人员。鼓励青年科技人员牵头承担任务。每位科技人员只能牵头负责一项任务，包括已获支持尚未结题的任务。

第四条（分级管理） 基本科研业务费专项分“院级统筹”和“所级统筹”两部分，由院所两级法人分级管理、分级负责。充分发挥院所两级管理和使用的主体责任，扩大选题自主权。

第五条（支持重点） 依据财政部办法规定的基本科研业务费专项五大使用方向，结合我院实际，自主确定院所两级基本科研业务费专项支持重点，鼓励稳定支持，做到与国家科技计划、院科技创新工程等经费有效衔接、合理区分。

（一）“院级统筹”部分。重点支持主管部门提出的工作任务、院党组研究确定的重点任务和应急性科研任务。

（1）农业农村部下达的行业支撑性、应急性科研工作任务，包括利用农业农村部学科群重点实验室、国家农业科技数据中心等平台开展的基础性、支撑性、长期性科研任务和科技工作等。

(2) 院级层面统筹开展的重点科研任务，包括：乡村振兴科技支撑、国家农业科技创新联盟建设、学科建设与布局（含研究生培养学科体系建设）、重大科技平台提质升级、重大成果提升培育、科技国际合作创新、宏观战略研究等，支撑院各项年度重点科技工作的落实。

(3) 应急性科研任务。落实中央“三农”决策部署和部、院党组重要批示，围绕紧急和突发的产业重大科技需求，履行我院国家队职责，发挥基本科研业务费专项自主选题、快速决策机制优势，支持短期内国家科技计划难以资助的应急性科研任务。

（二）“所级统筹”部分。落实农业农村部提出的工作任务，与创新工程相区分，避免重复支持国家科技计划项目任务。由院属单位根据各自职能定位，围绕确立的学科方向自行确定支持重点，进行自主选题，开展符合基本科研业务费使用方向的研究工作。40 岁以下青年科技人员牵头负责科研工作的经费比例，不得低于本单位基本科研业务费年度预算的 30%。

第二章　机构与职责

第六条（院级管理职责） 院级层面，建立科技管理局和财务局牵头，相关业务局参与的局级联席工作机制，共同协商院级基本科研业务费专项使用和管理等事宜。

（一）科技管理局职责。科技管理局负责科研任务管理。牵头组建院级基本科研业务费咨询委员会，组织联席会议、编制任务需求、确定年度支持重点、开展任务组织立项、咨询评议，并提出“院级统筹”立项资助方案；指导院属单位确定“所级统筹”部分支持重点；协同财务局配合农业农村部开展全院周期性绩效评价，提出预算调整建议；负责“院级统筹”经费资助任务下达、任务书签订、实施跟踪、结题验收等工作；负责审核部门预算绩效目标、绩效运行监控、年度监测、年度绩效自评和绩效评价报告等与科研任务相关的绩效管理内容。

（二）财务局职责。财务局负责经费使用、预算管理及牵头组织预算绩效管理。汇总提出全院基本科研业务费预算细化方案，组织部门预算审核汇总上报、预算下达、预算执行管理、预算调整、决算编报等部门预决算管理及预算绩效管理，参与“院级统筹”经费资助任务预算支出部分审核、与结题验收合并进行的财务验收等经费预算管理，具体负责列入院本级的“院级统筹”资助任务资金核算管理。

（三）院机关相关业务局职责。院机关相关业务局职责通过局级联席工作机制参与基本科研业务费专项的组织实施；围绕职能定位，提出“院级统筹”部分年度支持重点和立项需求建议；在科技管理局的统筹安排下组织开展“院级统筹”部分年度相关任务的组织立项、咨询评议、实施跟踪、结题验收等工作。

第七条（院属单位职责） 院属各单位是基本科研业务费专项任务实施、管理和经费使用的责任主体，主要职责是：

（一）切实履行专项资金管理的法人主体责任，单位法定代表人对基本科研业务费负有第一责任，对本单位基本科研业务费（包括“所级统筹”和“院级统筹”部分）管理和使用的规范性与合理性负责，对本单位基本科研业务费预算绩效负责。

（二）组建所级基本科研业务费管理咨询委员会，健全相关管理制度体系。

（三）研究确定“所级统筹”部分年度重点支持方向。按照签订的法人任务书组织专项实施，履行任务书各项条款，落实配套条件，完成专项整体任务和绩效目标。

（四）协调使用好“所级统筹”部分经费，对资金申请、分配、使用、任务实施、人才及团队建设、检查监督和绩效评价等履行管理职责。

第八条（管理咨询委员会构成及职责） 基本科研业务费专项管理咨询委员会构成及职责：

（一）院级基本科研业务费专项管理咨询委员会。院级管理咨询委员会由农业农村部科技教育司和财务司相关负责人、院法定代表人、分管科研和财务工作的副院长、院学术委员会主任委员、院学术委员会各学部主任或副主任委员、院科技管理局、财务局及相关业务局局长、院属单位法定代表人等组成。管理咨询委员会设主任委员一名，由院法定代表人担任。管理咨询委员会根据实际工作需要定期或不定期调整。

院级管理咨询委员会负责瞄准国家重大战略需求和我院职能定位研究提出“院级统筹”重大任务建议；负责审议年度支持重点及立项方案；负责对“院级统筹”年度任务和全院基本科研业务费预算建议分配方案进行咨询审议；负责对“院级统筹”经费确需外拨的合作研究经费进行咨询。

（二）所级基本科研业务费专项管理咨询委员会。所级管理咨询委员会人员组成与职责参照院级管理咨询委员会。

第九条（任务负责人职责） 任务负责人是基本科研业务费管理的直接责任人，根据任务书中约定的研究内容、研究任务、研究目标开展科研工作，合理统筹安排经费支出，对经费使用的真实性、相关性、合规性和合理性负责，对预算绩效负责。

第三章　任务凝练与立项

第十条（任务类别） “院级统筹”部分设重大任务和一般任务，资助期限为 1 年到 3 年不等。重大任务为年度经费 60 万元及以上，或执行期内总经费 100 万元及以上的任务。“所级统筹”可参照执行，自行规定。

第十一条（“院级统筹”部分立项形式） “院级统筹”部分采取定向择优委托的方式确定科研任务与承担单位及团队。

（一）需求征集。围绕国家重大需求、产业发展需要和院中心工作，结合自身职能定位，科技管理局牵头组织院机关相关业务局在战略研究基础上提出任务建议和立项需求，组织院级管理咨询委员会研究提出重大科技任务建议。在此基础上，形成年度专项工作支持重点和立项需求。

（二）联席会议协商。科技管理局牵头组织院机关相关业务局召开局级联席会议，研究完善支持重点和立项需求，形成年度支持方案。

（三）管理咨询委员会咨询审议。科技管理局将年度支持方案报管理咨询委员会咨询审议。

（四）院常务会审定。科技管理局将年度支持方案报院常委会审定。

（五）任务凝练。根据院常务会审定通过的年度支持方案，科技管理局会同院机关相关业务局凝练提出科研任务，以定向择优委托的方式，明确承担单位和任务负责人。

第十二条（“院级统筹”年度任务组织立项） “院级统筹”部分年度任务组织立项工作包括组织编制任务书、任务书咨询评议、管理咨询委员会咨询审议、年度资助方案确定及公示、年度任务下达等工作环节。

（一）组织编制任务书。定向委托单位和任务负责人组建研究队伍，确定研究内容和实施方案，设定科学、合理、具体的绩效目标和考核指标，编制任务书。任务书编制时间原则上不少于30天。

（二）任务书咨询评议。科技管理局协同院机关相关业务局，统一组织开展任务书的咨询评议工作。咨询评议时应重点审核设定的绩效目标、结果指标的科学性、合理性，研究内容的创新性、研究方案的可行性等。重大类任务应进行会议汇报咨询评议。

（三）形成任务建议清单及预算建议方案。科技管理局负责对咨询评议结果进行监督，并在此基础上形成以优先序排序的年度拟资助任务建议清单及预算建议方案。

（四）管理咨询委员会咨询审议。院级管理咨询委员会对拟资助年度任务建议清单及预算建议方案进行咨询审议，须有2/3以上院管理咨询委员会委员参与咨询审议。

（五）年度资助方案确定及公示。根据部门预算“一下”控制数规模，财务局会同科技管理局将管理咨询委员会通过的拟资助任务建议清单及预算建议方案报院常务会审定。审定通过后在单位内部进行不少于5个工作日的公示（涉密任务除外）。公示无异议后，确定“院级统筹”部分年度资助方案。

第十三条（应急任务组织立项） 围绕临时性、突发性、应急性的重大科研需求，在“院级统筹”经费中设立应急任务。应急任务的组织立项程序包括：相关业务局或院属相关单位向科技管理局提出应急任务立项需求；科技管理局对应急任务立项需求进行汇总后，每季度一次报院常务会审定；审定通过的任务由科技管理局组织任务咨询评议、签订任务书并组织实施。应急任务原则上支持1年。

应急任务经费原则上通过预算调整程序报农业农村部、财政部批准后落实到相关单位。确需通过外拨方式安排时，在立项请示中明确提出合理理由，并在签订任务合同时，明确要求承担单位按照经费使用范围使用经费。

第十四条（“所级统筹”任务组织立项要求） “所级统筹”部分由院属各单位参照“院级统筹”部分的各个管理环节和要求进行组织立项。

第四章　管理与实施

第十五条（“院级统筹”任务年度工作任务书签订） 科技管理局向院属单位下达“院级统筹”任务，并与“院级统筹”任务承担单位、负责人正式签订任务年度工作任务书，明确研究内容、实施方案、总目标、绩效考核指标、参加人员和年度经费预算数（含科目预算）。一年期以上任务需每年签订任务书。重大任务由科技管理局与牵头单位签订工作任务书，牵头单位对任务的研究内容整体实施、绩效考核指标和经费预算整体安排负总责。按财政年度管理，建立长期稳定支持与动态调整相结合的管理机制。任务承担单位和负责人应根据咨询评议意见对工作任务书进行修改完善。修改不到位的任务将撤销立项，相应已安排经费由科技管理局协调院属单位再行统筹安排。

第十六条（“院级统筹”重大任务组织实施） “院级统筹”重大任务承担单位（包括任务牵头单位、课题承担单位等）应根据任务书确定的目标安排和分工安排，履行各自的责任和义务，共同完成任务总体目标。任务牵头单位和任务负责人应切实履行牵头责任，在任务书中明确工作方案、确定协同推进的具体方式，在任务实施过程中全面掌握进展情况。任务牵头单位和任务负责人可自行与课题承担单位和课题承担人签订课题任务书。课题承担单位应积极配合任务牵头单位组织开展的协调工作，及时报告研究进展、经费使用情况、重大事项等。

第十七条（年度法人工作任务书签订） 院级法人与所级法人签订年度法人工作任务书，明确“所级统筹”部分支持方向、重点工作、绩效目标、预算数、组织管理保障等。法人工作任务书中的绩效目标应与年度部门预算“二上”项目文本设定绩效目标有效衔接。院属单位提交的年度重点支持方向将作为年度专项法人任务书审核的重要依据。年度法人工作任务书由中国农业科学院法人签章。

第十八条（“所级统筹”工作任务书签订） “所级统筹”并自主安排的工作，由院属单位根据与院签订的法人工作任务书（含绩效目标），与负责人签订工作任务书。院属单位科技管理、财务管理部门要加强跟踪管理和经费使用管理。

第十九条（院外协同与院所协同） 院、所可使用基本科研业务费联合院（所）外单位共同开展研究工作。

与院以外单位开展联合研究的，合作研究经费一般不能拨至院所以外单位，确需外拨时，应按经费预算管理主体，经院或所级管理咨询委员会审议通过，并签订科研任务合同。

“院级统筹”任务中需院属单位之间开展联合研究工作的，由牵头单位与参加单位签订课题任务书，对合作研究内容及预期指标进行约定。经费在预算“一下”时直接细化到相应单位，不得拨付合作研究经费。

第二十条（研究方案自主调整） 工作执行中任务负责人可以在研究方向不变、不降低考核指标的前提下自主调整研究方案和技术路线。

第二十一条（任务负责人等变更） 工作执行中如需调整任务负责人、改变研究方向、内容或降低任务绩效目标的，由任务负责人提出变更申请，说明调整理由，所级统筹部分任务由院属单位审批，“院级统筹”部分任务经任务承担单位科研管理部门审核并加盖法人章后，报科技管理局批准。

第二十二条（工作报告制度） “院级统筹”任务实施周期一年以上的任务实行工作年度报告制度。“院级统筹”任务工作年度报告需要在翌年1月15日前提交科技管理局，主要包括工作实施情况、经费使用情况、问题与改进计划、下年度工作计划安排等内容。

第二十三条（落实放管服要求） 减少基本科研业务费专项任务实施周期内的各类评估、检查、审计等活动，结合年中预算绩效目标执行监控、统一巡视或审计等进行。“院级统筹”部分实施周期3年以下的任务以承担单位自我管理为主，不开展过程检查。“所级统筹”部分任务由院属单位自行开展实施管理。

第五章　预算管理

第二十四条（预算分配方案确定） 财务局会同科技管理局，根据”院级统筹”的工作需求和院属各单位上年度正式在编科技人员数量、年度部门预算规模和周期性绩效评价结果，并结合预算执行情况和科研信用记录，提出全院基本科研业务费年度预算分配方案，经院常务会审议后，核定院属各单位基本科研业务费年度预算。

第二十五条（预算编制） 院属单位预算编制要求。院属单位根据核定的年度预算编制基本科研业务费预算“一上”建议方案或“二上”草案，经财务局会同科技管理局组织审核、汇总后，按部门预算程序上报农业农村部。

第二十六条（预算编制） 任务预算编制要求：

（一）任务负责人依据立项资助任务、开支范围和预算科目，科学编制任务书预算，各科目预算不设比例限制。

（二）简化科目预算编制。除设备费预算需提供主要用途和理由等测算说明外，其他费用预算可以只提供基本测算说明、不提供明细。

第二十七条（预算下达） 财务局根据部门预算“二下”批复情况，下达院属单位基本科研业务费年度预算。年度预算（含绩效目标）一旦批复，执行过程中一般不予调整。

第二十八条（预算调整） 院属单位应强化基本科研业务费预算执行主体责任。单位确需增减年度预算总额的，为预算调整，应按预算调整程序于每年7月31日前报院财务局，经审核后按程序报农业农村部、财政部批准。

第二十九条（预算调剂程序） 院属单位年度预算总额不变，具体资助任务预算或科目预算需要增减的，为预算调剂。

（一）预算调剂由院属单位自行审批，及时办理预算调剂手续。

（二）设备费科目预算确需调剂增加的，院属单位应报上级部门审批。

（三）院本级承担任务预算确需调剂的，应报科技管理局和财务局审批。科目预算确需调剂的，由院机关各局自行审批，报院科技管理局和财务局备案。

第三十条（预算执行） 院属单位应加强预算执行管理，建立院属单位基本科研业务费预算细化安排与执行进度挂钩、与结转资金消化挂钩制度。

（一）预算细化安排与执行进度挂钩。对预算执行进度分 6 月、9 月两个时点进行考核：如无特殊原因，截至 6 月 30 日、9 月 30 日基本科研业务费预算执行进度低于农业农村部有关要求，将在下年度预算细化安排中相应核减预算。高于进度要求 10 个百分点（含）或达到序时进度的，将根据预算细化核减情况，适当调增安排下年度基本科研业务费预算。

（二）预算细化安排与结转资金消化挂钩。院属单位应统筹资金安排，推进结转资金消化。对结转资金比上年增加较多，或常年累计结转资金规模较大的任务承担单位，视情况在下年度预算细化时适当核减预算。

第三十一条（经费结余） 年度结束后，院属单位基本科研业务费未执行完经费可按规定结转下一年度，按原任务用途继续使用。年度预算批复后，连续两年未用完的，按财政结余资金规定办理。

第三十二条（纳入决算） 基本科研业务费收支情况应纳入院属单位年度决算统一编报。

第六章　经费管理

第三十三条（不得开支内容） 基本科研业务费专项支出范围为直接费用，不得开支本单位在职在编有工资性收入的人员工资、奖金、津补贴和福利支出，不得分摊本单位科研用房占用费、管理费用、与任务执行无关的水电暖消耗费用等公共管理和运行费用，不得开支罚款、捐赠、赞助、投资等，不得用于按照国家规定不得列支的其他支出，不得开支与任务执行无关的支出。

如遇国家调整政策，按调整后的政策执行。

第三十四条（自行明确可开支范围） 院属单位可以结合本单位实际情况确定具体可以开支范围，结合国家科技计划通用的设备费、材料费、测试化验加工费、燃料动力费、会议/差旅/国际合作交流费、出版/文献/信息传播/知识产权事务费、专家咨询费、劳务费以及其他相关直接支出费用预算科目，精简合并预算科目，按照确定的开支范围和预算科目合理支出。

第三十五条（单独核算专款专用） 基本科研业务费专项经费应纳入院所财务统一管理，单独核算，专款专用。

第三十六条（严控现金支付） 基本科研业务费的资金支付应按照国库集中支付制度有关规定执行，所发生的差旅费、会议费、劳务费、专家咨询费、小额材料费和测试化验加工费等支出，应当实行“公务卡”结算或通过银行转账方式结算，从严控制现金支付。

第三十七条（执行政府采购规定） 基本科研业务费的支出属于政府采购范围的，应当按照《政府采购法》及政府采购的有关规定执行。

第三十八条（执行国有资产管理规定） 使用基本科研业务费形成的固定资产、无形资产等属于国有资产，应当按照国家国有资产管理有关规定进行管理。

第七章　综合绩效评价

第三十九条（评价类型） 按照评价主体的不同，综合绩效评价分为两种：对任务的验收评价、对院属单位的绩效评价。

任务验收评价是对执行到期任务的任务完成情况和经费使用情况开展验收评价工作，分为“院级统筹”任务验收评价和“所级统筹”任务验收评价。“所级统筹”任务验收工作由院属单位参照“院级统筹”任务要求执行。所有任务的验收评价工作应在任务截止期限后的半年内完成。

院属单位的绩效评价是以提升院属单位科研创新能力和促进科研成果产出为导向，建立预算编制有目标、执行有监控、完成有评价、评价结果有应用的预算绩效管理运行机制，对院属单位专项的组织管理、绩效指标完成情况、科研进展与成效等进行综合评价。

第四十条（任务验收评价） “院级统筹”任务验收评价由院组织开展。重大任务由科技管理局会同财务局组织一次性的会议验收，一般任务由相关业务部门以验收报告审核方式开展验收工作。

（一）验收内容。“院级统筹”任务验收的主要内容为“院级统筹”工作任务书规定的研究任务、考核内容和指标以及经费使用情况。任务主持人须在执行期内完成任务书中约定的工作内容和考核指标后方能进行验收。

（二）验收报告报送。执行到期的所有任务（包括重大任务）均需填写任务验收报告，并附相关技术报告、论文论著、专利等材料。经任务承担单位科研管理部门与财务部门审核合格并签章后，统一报科技管理局。

（三）验收报告审核。工作任务审核应符合以下要求：完成任务书中规定的目标、任务和考核指标，相关证明材料齐全。资金使用情况审核应符合以下要求：任务单独核算、专款专用；经费资金使用符合相关管理办法规定；预算调剂履行调剂手续；经费实际执行差异简要说明。

（四）重大任务验收。重大任务由科技管理局会同财务局组织一次性的会议验收。重大任务任务牵头单位根据验收报告审核意见完成整改，自主选择入围科技部科研经费审计范围的第三方中介机构，以任务整体为单元统一进行结题财务审计，出具审计报告后，方可进行会议验收。

（五）验收结果。验收结论可分为“通过验收”“不通过验收”两档。通过验收的任务，科技管理局在验收报告上加盖局章，反馈院属单位，任务负责人应当在验收通过之日起 3 个月内及时办理完毕财务结账手续。不通过验收的任务，其任务负责人纳入院科研诚信系统，且自下年度起 3 年内不能申请基本科研业务费专项“院级统筹”任务；在细化安排结题验收下一年度任务承担单位预算时，核减相应预算。

（六）延期验收。未完成任务书约定内容或其他原因导致不能按期验收的，由任务负责人说明延期理由，经任务承担单位科研管理部门审核后，一式三份报科技管理局。任务延期原则上只能申请 1 次，延期时间原则上不超过 1 年。无故不验收或逾期未验收的按不通过验收处理。

（七）验收材料归档。任务完成验收后，院机关相关业务局与任务承担单位应做好任务书、年度报告、验收报告与相关技术文件的归档管理。

第四十一条（对院属单位的绩效评价） 绩效评价按院属单位组织开展，包括年度监测和周期性评价。年度监测每年进行，周期性绩效评价一般每 3 年开展一次。科技管理局会同财务局组织开展院属单位绩效评价，并提出年度监测和周期性绩效评价结果应用方案。院属单位组织自评价，配合院组织开展年度监测和周期性绩效评价，并对提交材料的真实性、完整性负责。院、所两级配合农业农村部开展周期性绩效评价。

（一）年度监测要求。年度监测主要通过年度任务支出绩效自评和年度报告的方式，监测院属单位基本科研业务费组织管理、绩效指标完成情况、科研进展与成效、优秀科研人才和团队培育、资金使用与科研信用情况、存在问题、改进措施与建议等。院属单位在下一年度的 1 月 31 日前，向科技管理局提交年度监测报告，科技管理局会同财务局汇总后形成全院年度经费使用情况报告，提交农业农村部。

（二）周期性评价要求。周期性绩效评价按照农业农村部的整体部署由科技管理局会同财务局组织，一般每 3 年开展一次，重点对院属单位基本科研业务费管理和使用绩效、支持形成有益于持续发展和不断创新的长效机制、科研信用情况、经费使用与管理情况等进行考核。科技管理局会同财务局制订评价工作计划，并制定针对院属单位的评价实施方案。周期性评价包括院属单位绩效自评和院对所绩效评价。

（1）单位自评价。院属单位对所统筹工作任务和承担的院统筹工作任务开展绩效自评。自评需总结基本科研业务费业务管理与财务管理情况，将实际绩效与绩效目标进行对比，对未实现绩效目标的情况加以分析和说明，对创新活动和代表性成果产生的影响与效果进行客观分析形成自评报告，报送科技管理局。

（2）院对所绩效评价。科技管理局根据评价实施方案，组建专家组，在核实、利用院属单位自评价信息的基础上，以定性为主、定量为辅的方式，分析评价形成初步结论。科技管理局将评价初步结论反馈院属单位，院属单位对评价初步结论提出反馈意见。科技管理局参考院属单位提出的反馈意见，研究形成评价报告，提交农业农村部。

（3）绩效评价结果分档及运用。根据周期性绩效评价结果，按照约 30%、50%和20%的比例，将院属单位评价结果分为优秀、良好、一般三档，评价工作情况与结果报院常务会审定。建立基本科研业务费分档支持标准，依据周期性绩效评价结果确定院属单位下一周期“所级统筹”部分年度预算分档，结合各单位预算执行进度、结转资金消化情况，对其“所级统筹”部分预算进行动态调整。院属单位应根据周期性绩效评价报告的意见和建议，提出加强学科、团队建设，提升条件保障水平，完善科研组织管理的具体措施，并加快各项措施的落实，不断提高创新绩效水平。

第八章 监督检查

第四十二条（经费信息公开） 基本科研业务费纳入院所科研经费信息公开内容，在一定范围内及时公开预算安排和执行情况，接受监督。

第四十三条（强化内控） 院及院属单位应加强内部控制，明确相关部门职责权限，履行科研管理部门职责，强化财务监督职能，在任务安排、经费分配、经费使用等方面建立管理与监督机制，运用财务信息化等手段，进行常态化的自查自纠。

第四十四条（纪检监察） 院所监察和财务审计部门对基本科研业务费实施监督和管理。基本科研业务费使用中如发现弄虚作假、截留、挪用、挤占等违反财经纪律的行为，视具体情况给予通报批评，责令限期整改，或调整相应院属单位有关年度预算；对情节严重的单位和人员，按有关规定严肃处理并追究责任。

第九章 附 则

第四十五条（数据资源开放共享） 基本科研业务费工作形成的科学数据、自然科技资源等，按照国家规定开放共享并提交科技报告。

第四十六条（成果标注） 基本科研业务费工作形成的论文和专著等科研成果须标注“中央级公益性科研院所基本科研业务费专项（工作编号）资助”字样，英文标注为“Central Public-interest Scientific Institution Basal Research Fund（No.）”

第四十七条（院属单位修订要求） 院属单位应根据财政部《中央级公益性科研院所基本科研业务费专项资金管理办法》和修订后的本实施细则，修订本单位的专项管理工作细则，报科技管理局、财务局备案。

第四十八条（解释部门） 本实施细则由科技管理局负责解释。

第四十九条（施行与废止） 本实施细则自印发之日起施行。《中国农业科学院基本科研业务费专项管理实施细则》（农科院科〔2016〕314号）同时废止。

三、科技兴农与脱贫攻坚

中国农业科学院 2019 年科技兴农工作总结

2019 年，在农业农村部的领导下，中国农业科学院认真贯彻落实习近平总书记“三个面向”“两个一流”“一个整体跃升”的指示精神，不忘初心，牢记使命，紧紧围绕农业农村部脱贫攻坚、保障国家粮食安全、农村人居环境整治、农民收入增加等硬任务开展了一系列卓有成效的技术咨询、科技培训、技术推广应用等科技兴农活动，为我国现代农业发展和乡村振兴战略实施提供了强有力的科技支撑。

全院全年开展送科技下乡 6.5 万人次，举办科技培训和技术咨询 8 100 多场次，培训技术人员、种养大户、新型农民等 80 万人次，发放技术资料 75 万份。推广新品种 377 个、新产品 731 个、新技术 392 项，推广总面积 4.2 亿亩，推广畜禽 10.3 亿头（羽）。

一、示范应用综合技术模式，推动绿色可持续发展

围绕我国区域农业绿色高质量发展的技术需求，继续推进水稻、玉米、小麦、大豆、油菜、马铃薯、棉花、蔬菜、茶叶、苹果、梨、西甜瓜、奶牛、肉羊、生猪、肉鸭 16 个产业绿色发展技术集成模式研究与示范，种植业平均增产 23%，节水 33%，节肥 20%，节省农药 30%，平均每亩节本增效 350 元；养殖业节本增效达 28%，为乡村振兴战略和脱贫攻坚提供了技术支持和技术储备。

（一）构建了一系列绿色发展综合技术模式

通过试验示范，16 个项目共集成国内外先进实用技术 211 项，构建适合不同区域农业绿色发展综合技术模式 57 套。在 25 个省（区、市）建立示范基地 176 个，面积 66 万亩，辐射带动 7 800 万亩，示范畜禽 1 200 多万头（只）。小麦项目与河北金沙河面业集团紧密合作，探索了从田间到车间全产业链绿色技术集成科企融合模式；肉鸭项目实现从“填鸭”到“免填”的革命性突破，从“水养”到“旱养”的颠覆性技术创新，得到领导专家的充分肯定，取得了良好的经济社会效益。

（二）进一步完善了协同攻关网络

组织院内 26 个单位、126 个团队、521 名科技人员协同攻关；院外有 260 个单位、

3 000 人加盟。通过广泛的协作，进一步整合了全院各研究所以及国内兄弟单位的成果、人才、平台等资源条件，完善了院内外协同攻关与成果转化机制，形成了覆盖全国主要产区的全国协同攻关网络，构建了一系列不同区域农业关键问题优化解决方案，提高了科技创新与成果转化能力。

（三）举办了一系列现场示范观摩会

在重点生态区举办各种形式和规模的现场示范展示观摩会 55 场。农业农村部有关部门领导、院属有关单位负责人、地方政府领导、农技推广人员、种养大户等 6 000 多人参加了观摩。通过现场观摩，充分展示了综合技术模式的引领作用，促进了科技与生产的对接，带动了区域农业的发展。

（四）开展技术咨询培训

结合研究与示范工作，组织专家团队开展了农业发展战略研究，向农业农村部等上级部门和地方政府提出了 15 份有关农业产业发展建议报告，为上级部门和地方政府农业发展决策提供科学依据。结合示范基地建设和现场观摩会，开展了一系列技术服务活动，举办各种技术培训 277 场，培训农技人员、新型农业生产主体、农民等 3 万多人，发放技术资料 5. 8 万多份，有效带动提高了区域农业生产技术水平。

二、强化科技支撑，助力脱贫攻坚

按照农业农村部的总体部署，提出“脱贫攻坚主战场在哪里，中国农业科学院专家团队就到哪里”的帮扶方针，集结全院优势科技力量，建立 3+N 工作机制，聚焦农业农村部定点扶贫县、“三区三州”国家级贫困县和院科技扶贫示范县等重点贫困地区，开展全方位科技帮扶活动，为脱贫攻坚提供强有力的科技支撑。我院获得 2019 年陕西省安康市“社会扶贫先进集体”荣誉称号，基因组研究所荣获“广东省脱贫攻坚工作突出贡献集体”，蔬菜花卉研究所金黎平研究员荣获“全国脱贫攻坚创新奖”，郑州果树研究所涂洪涛荣获“湖南省湘西州脱贫攻坚先进个人”。

（一）精准帮扶部定点扶贫县

根据农业农村部 5 个定点扶贫县资源条件，组建 26 个专家团队开展对口帮扶。每县选择 2~3 个特色产业作为主导帮扶产业，重点开展新品种推广、绿色集成技术使用和技术服务。针对湖南省龙山县百合产业，湖北省来凤县蜜蜂养殖业和农产品加工产业，湖南永顺县猕猴桃产业、蔬菜初加工及稻米产业，贵州省剑河县食用菌产业，湖北省咸丰县蜜蜂养殖业和油料作物等产业，中国农业科学院党组成员分别牵头负责一个县，带队深入调研指导，组织专家制定特色产业发展规划，建设示范基地，开展技术服务，培训技术人员，有力地支撑了当地的脱贫攻坚工作。

（二）结对帮扶“三区三州”深度贫困县

对“三区三州”全国脱贫攻坚的硬骨头，我院调动全院科技力量，把 89 个贫困县作为帮扶重点，引进示范新品种、新技术、新机械、新模式。进一步发挥院属单位在专业人才方面的优势，677 名专家组成的团队深入各县调研指导 101 次，选派 7 名干部挂职，搭建帮扶桥梁，提高了贫困地区农业产业发展的科技含量。不断强化科技服务，帮助贫困县制定农业产业规划 82 份，专家深入田间地头开展技术指导 8 113 人次，解决生产中的实际问题。举办技术培训 1 223 班次，培训 3.2 万人次。在贫困县实施各类项目 77 个，投入资金 2 741 万元，其中自筹资金 699.5 万元，带动其他单位投入经费 1 249 万元，通过项目的实施带动脱贫致富。大力推广实用科技成果，专家团队将实用技术及时送到重点帮扶地区，累计推广新品种 92 个 308.99 万亩，新产品 52 个 1 510.1 万亩，新技术 68 个 5.8 万亩。通过技术成果推广应用，帮扶企业、专业合作社、种养大户 1 115 个，促进增收 3.5 亿元，有效支撑了当地农业提质增效。

（三）实施科技项目带动帮扶示范县

全力开展阜平、临潭、桦川、紫阳 4 个科技扶贫示范县共建工作，共推广新品种 29 个 3 579 亩，新技术 29 个 6 743 亩。根据示范县不同产业的发展需求，牵头帮扶研究所组织相关专家，聚焦农业全产业链开展帮扶。组建 33 个团队 144 名专家进农户、下厂房、到地头，帮扶 1 204 人次。帮助示范县制定各类发展规划，做好县域农业发展总体布局，全面梳理产业现状和发展重点，组织实施各类项目 24 个并建立了示范基地，带动提升示范县农业产业发展科技水平。

三、加强共建合作，推动乡村振兴

根据农业农村部乡村振兴科技支撑行动部署，中国农业科学院年初在婺源召开了全院乡村振兴工作会议，部署安排乡村振兴科技支撑行动工作，重点启动了东海、兰考、婺源、邛崃 4 个乡村振兴示范县的共建工作，全院共有 220 个专家团队，3 300 多名科研人员投身乡村振兴科技支撑行动第一线，各项工作进展顺利，开局良好。

（一）开展战略咨询，谋划发展规划

充分发挥我院专家学者智力优势，开展战略咨询和指导，唐华俊院长等领导到邛崃示范县调研时，提出要打造乡村振兴科技支撑的“天府样板”，中国农业科学院先后组织专家编制完成《邛崃市畜禽粪污资源化利用整县推进实施方案》《兰考果菜花三产融合发展工程工作计划》《婺源县农业产业发展实施方案》《东海县实施乡村振兴战略总体规划》等，高标准高起点做好示范县顶层设计。

（二）加强调研指导，凝练主导产业

以产业兴旺为重点，先后组织中国农业科学院 10 余个研究所 200 余名专家学者多次赴示范县开展调研和指导，凝练主导产业与发展重点，着力提升示范县产业发展质量。提出打造兰考“蜜瓜、蜜桃、蜜薯、奶山羊”即“三蜜一奶”特色农业品牌战略；在婺源实施“四个一”工程，即建立一个农旅研究院、打造一个油菜博物馆、实现一种四季油菜花海模式，发展一个油菜花产业链；在邛崃发展种业、蔬菜、油料、茶叶及畜禽粪污资源化利用等优势产业提升工程；在东海重点发展粮食、蔬菜、花卉、果树等特色优势产业。

（三）强化示范引领，集成应用关键技术

在婺源建立了 5 个农旅结合科普示范基地，集成 10 余项绿色高产高效技术，首次在全国乃至世界范围内成功实现亚热带低海拔区秋季景观油菜花海的打造，当年实现景区收入同比翻番，工作成效得到了江西省委省政府和上饶市委市政府的充分肯定，中国日报、农民日报、凤凰网等多家权威媒体进行报道，引领了一股全国秋季油菜花赏花热潮；在兰考示范了适宜观光采摘桃、甜瓜、番茄、黄瓜新品种，集成了“一优二改三减四提高”技术模式；在邛崃示范乡村生活污水治理与厕所革命一体化技术，着力推进美丽乡村高品位建设；在东海建设智慧农业展示示范园，引进蔬菜新品种 50 个、观赏花卉品种 6 个。

（四）加强技术培训，提升内生发展动力

培养“一懂两爱”农业经营者队伍，先后在 4 个示范县，以及杭州、三亚等地举办了“东海县农村电商示范培育高级培训班”“兰考县乡村振兴示范县建设果树技术培训会”“邛崃市乡村振兴培训班”等各类培训班 9 期，对来自各示范县农村局、各乡镇干部及新型经营主体等共 2 200 余人次进行了培训，受到广泛好评，为示范县建设提供

智力人才支撑。

四、发挥科技优势，助力科技兴农

围绕农业农村部重点工作，组织开展了形式多样的科技培训、科技成果展览展示、农业信息化建设、农科开放日等一系列科技兴农活动，取得了显著的社会和经济效益。

（一）开展形式多样的科技服务活动

按照“实际、实用、实效”的原则，组织专家开展了一系列以提高企业和农民科技水平为目标的科技培训和技术服务活动。针对生产中存在的问题，专家团队以“三区三州”贫困地区、院乡村振兴与科技扶贫示范县等区域为重点，以蔬菜、瓜果、马铃薯、花生、养蜂等重点特色产业发展为核心，以当地的院校院所为平台，以试验基地为依托，以龙头企业合作为带动，以绿色发展模式为突破点，多渠道全方位开展了技术培训与咨询服务，培训各类基层技术人员和农牧民 80 万人次，培养了一批适应现代农业生产发展的技术骨干和新型农民，有效提高了基层农技人员的专业素质和生产技能。

（二）组织举办科技成果展览展示活动

强化科技成果的展览展示应用，服务现代农业建设主战场，全院各单位主办、协办和参加包括成果转化大会、高交会、开放日等各类成果展览展示交易活动 545 次，加强技术成果的转移转化。与成都市人民政府联合举办的 2019 首届全国农业科技成果转化大会，参会代表 5 000 多人，专题研讨活动 20 余场，展示成果 1 300 多项，成交额 2 903 万元，中央电视台综合频道、新华社、人民网等 250 家媒体进行了报道；在北京世界园艺博览会展示了中国农业科学院的 LED 植物工厂、纳米农药和原产中国的花卉等成果，受到广泛关注，产生广泛影响；结合庆祝第二届“中国农民丰收节”活动，组织举办了首届“农科开放日”活动，全国 13 个省市的 31 个研究所向全国大中小学生、社区居民、农民开放，开展科普解读、实验室参观、动手实验等活动，激发公众对农业科学研究的兴趣，培养讲科学、爱科学、学科学、用科学的精神，提升公众的科学素养；利用协办和参与深圳高交会、杨凌高交会、锦州农展会、廊坊农交会等大型农产品展销交易会之机，推动中国农业科学院科技成果示范、转化和推广，支撑服务现代农业发展。

（三）为国家决策提供智力支持和科学咨询

组织相关专家参加了国家发展改革委[①]、科技部、农业农村部等国家有关部门组织的重大问题调研，多角度分析研究粮食生产、产业发展、农民增收、城乡融合、脱贫攻坚、“一带一路”等重点热点问题研究，撰写和提供各类咨询报告和政策建议逾百项。撰写的《中美贸易摩擦对我国农业的影响及应对政策》为国务院研究室开展的相关政策研究和决策提供了重要参考和咨询。协助农业农村部编制完成《数字农业农村发展规划（2019—2025 年）》，研究构建了县域农业农村现代化评价指标体系。牵头设计并组织实施农产品质量安全风险评估、“瘦肉精”专项整治行动、2019 年国家动物疫病强制免疫计划、2019 年国家动物疫病监测与流行病学调查计划、非洲猪瘟病理研究等，为主管部门决策提供科学决策和智力支持。

（四）利用信息化助力农业结构调整

利用现代信息化手段助力农业农村现代化，开展了农业产业大数据社会化应用与服务研究，编制了智慧院所与数字农业科技平台实施方案，建设了远程视频监控、温室物联网、智能会议等硬件系统，整合了大型仪器设备管理系统，构建了农业信息化管理平台；推出了“农度易溯”“农科舆情”“农度资讯”“农度众伴”等系列产品，在农产品质量追溯、产业服务、农产品产业社交网络平台等方面发挥导向与引领作用；与阿里巴巴农村电商学院联合开展线上直播技术培训，通过网络新兴媒体形式，与终端用户实现点对点技术指导，2019 年线上网络直播培训 30 余次，覆盖终端用户 30 万人，有力促进农业生产的信息化发展和产业结构调整升级。

（五）强化重大宣传提升服务三农的社会影响力

通过中央电视台 1 套《中国粮的奇迹》、中央电视台 2 套《我们的征程》、中央电视台 7 套《大国农业》、中央电视台 9 套《影响世界的中国植物》、中央电视台 12 套《绝不掉队》等栏目，展现了中国农业科学院在确保国家粮食安全、种子资源保护利用和科技扶贫等领域服务三农的工作和成效。专家通过《三农早报》《乡村讲堂》等栏目指导农业技术人员和农民，通过多个微信工作群和远程授课指导等方式长期开展科技咨询服务，深受各地农业技术人员和广大农民的喜爱和好评。

---

① 中华人民共和国国家发展和改革委员会，简称国家发展改革委。

五、加快成果转化，支撑现代农业发展

为加快科技成果转化应用，用科技创新和成果转化带动产业发展，积极推广转化应用新品种、新产品和新成果等1 500多项，推广面积4.2亿亩。其中，有4项新技术、5项新产品和2项新装备入选2019年全国农业农村重大新技术、新产品和新装备，占比37%；19项技术被纳入2019年农业主推技术，占比26%。

（一）推广示范应用新品种

推广示范应用粮食、棉花、油料、蔬菜、瓜果、畜禽、等优质高产高效新品种377个，有力增加了农民收入。有49个优质水稻品种推广面积10万亩以上，其中包括400万亩晶两优华占，600万亩中嘉早17；节水、抗寒、强筋、中抗赤霉病的中麦5051入选2019年农业农村部十大新产品，高产广适的中麦895，当年创造经济效益7.01亿元；在首届全国农业科技成果转化大会上，叶酸强化玉米拍出每万亩345万元推广许可权，实现了我国营养型农业产业发展的零突破；在新疆兵团七师开展的多年“大比较、大展示、大筛选”试验示范中，5个优质高产稳产棉花品种凭借高品质、丰产性、抗病性、早熟性等综合指标优势，从数十个品种中脱颖而出，被列为2020年推荐品种；油菜中双9号、阳光2009、中双12、中双11、中油杂7819推广面积770万亩；在新疆等地示范推广IVF3302等加工番茄品种6万亩；为全国20余省（区）提供中薯18号、中薯20号和中薯5号等马铃薯新品种种薯40余吨；推广桃、苹果、葡萄、猕猴桃、梨、石榴、西甜瓜等瓜果新品种60余个73万亩，直接经济效益4.2亿元；推广中茶108、中茶302等茶叶新品种5万余亩；中新白羽肉鸭配套系通过国家畜禽遗传资源委员会审定，获新品种证书，荣获“全国农业农村10项重大新产品”荣誉；新配套系金陵黑凤鸡通过国家品种审定委员会审定，在西南地区推广1 000万只；阿什旦牦牛获得国家新品种证书，为牦牛规模化、集约化和标准化饲养提供了差异化品种。

（二）推广示范应用新技术

推广示范应用粮棉油、菜果、畜禽、植保等新技术392项，带动企业和农户增收致富。水稻大苗栽插与精量高效直播、机械除草与开沟等技术的应用，实现了水稻生产全程机械化；示范“碎秸整体均覆”“碎秸覆还调控”“碎秸行间集覆”全量秸秆机械化免耕播种技术近2 000万亩；绿肥—水稻轮作绿色栽培技术模式和稻鸭共育、稻鱼共生的生态种养模式，每亩增产150~250千克，增收500~800元；“基于物联网棉花长势自动监测技术”“的棉花智能化管理技术体系”在新疆等多个地区示范推广；示范“六高”油菜绿色高效发展技术模式8 000亩，产量增加18.4%，产油量增加20.8%；示范

推广设施果树生产、富硒果品生产等技术 77 万亩，新增效益 10.8 亿元；在广西①示范推广施硅和生物防治技术 1 万亩，减少农药用量 20%，亩增效益 104 元；示范水肥一体化和插入式地下滴灌等 9 项新技术 690 多万亩；新研制的 4QZ-2200 型履带自走式联合收割机，解决了切割、粉碎、自动装箱和卸料系列问题，并建立与农机相配套的种植栽培技术，产生效益 1.17 亿元；在湖北示范应用种源维护→母种筛选→良种良繁“三步法”，破解了金针菇生产的卡脖子问题，日产 92 万瓶，产能扩大了 30%，单产提高了 5%；在吉林示范推广“麻育秧膜及其在水稻机插育秧中的应用技术”680 万亩，每亩节本增收 110 元；家禽健康抗氧化调控技术在北京、河北地区推广应用，覆盖产蛋鸡 3 000 万只，新增纯收益 6.67 亿元；推广口蹄疫及重大动物疫病系列诊断试剂盒 21 145 个，经济效益 3 000 多万元。

（三）推广应用新产品

推广示范应用新型自主研发的新产品 731 个，有力促进产业结构转型升级。在全国 28 省（区、市）推广植物免疫诱导剂“阿泰灵”5 000 万亩，相关 12 个产品入选北京市 2019 年蔬菜病虫害绿色防控产品补贴名录和农作物病虫害绿色防控产品推荐名录；在黑龙江、新疆等 12 个省（区、市）推广转基因抗虫工程菌 G033A 超过 4 000 亩；在湖北等地推广复配油菜种子包衣剂 2 万亩，有效防治油菜苗期病虫危害；推广葡萄专用“DBY”“葡果豊”“红提大宝”，梨专用“梨果早优宝”，甜瓜专用“座瓜灵”等植物生长调节制剂 32.6 万亩，平均每亩增收 1 000 元，直接经济效益 3.86 亿元；示范推广 GB1 绿色生防菌剂 3 000 亩，对苹果腐烂病防控效果达 95%；示范推广“高蛋白全元生物菌肥”“翠果宝”“墨尔厚”“微补快”等小分子系列肥料 2 000 亩，减少化肥施用量 30%；示范全量秸秆地免耕播种系列装备 40 多万亩，节本增效 4 000 多万元，显著减少了各地秸秆焚烧现象；推广锌腐酸尿素、锌腐酸磷铵、海藻酸磷铵、海藻酸复合肥、聚氨锌复合肥等系列增值肥料近 100 万吨，应用面积 3 000 万亩，作物增产 18 亿千克；推广示范蒙黄芪专用肥料 6 000 余亩，直接经济效益 270 万元；在湖南应用新一代水稻降镉增产叶面肥 ZH421.1 万亩，稻米镉含量降低 30%；推广“智能水肥一体机”等 23 项新产品，提升了产品品质，增加了农民收入。

六、深化科技合作，搭建成果转化平台

（一）深化与地方政府务实合作

以支撑乡村振兴战略为抓手，面向现代农业主战场，按照区域发展重大科技需求，

① 广西壮族自治区，全书简称广西。

分别与四川、湖南、湖北3个省，以及深圳市、潍坊市、广安市、金华市、博尔塔拉州等地市（州）政府签署了战略合作协议。与深圳市人民政府在现代农业、食品和生态领域开展了科技合作，共同推动基因组所建设，共建高端人才培养基地和农业科技成果国际交易中心，共建大湾区食品谷，共同推进深圳市对口扶贫工作；水稻所为浙江省政府提供信息咨询服务，报送工作简报31期，专题报告3个，获得省部级领导批示6次。“当前浙江省稻谷产销突出问题及措施建议”“关于加强浙江省梯田保护与开发利用的建议”及“关于进一步促进种粮大户产加销一体化经营的建议”等专题报告，先后获得时任浙江省省长袁家军的批示，为省领导及时了解和掌握国内外粮食信息，研判发展形势，科学决策提供参考。

（二）科企合作助推成果转化应用

院属单位与360多家企业开展了卓有成效的科技合作。与中化集团、山东土地集团等企业在乡村振兴、智慧农业、种植技术等领域开展合作；作科所、加工所等与金沙河制粉企业合作，在河北省邢台市开展了小麦良种重大科研联合攻关，选育出济麦44、新麦26等一批精品强筋品种，加速了高质专用面粉开发，为推动农业供给侧结构性改革提供了技术支撑；北京畜牧兽医所与黑龙江、陕西、甘肃、内蒙古、山东、河南和广西等地的大型龙头企业合作，取得双赢和多赢的成效。

（三）积极参与“一带一路”建设

积极探索与“一带一路”沿线国家农业科技合作新模式，棉花所在乌兹别克斯坦实施了“1+3”科技示范园模式，采用棉花所栽培管理措施、农资、设备和乌方品种，全面开展棉花种植领域技术合作，示范园棉花每公顷产量达到4.5吨，提高1倍以上，灌溉用水仅为原来的1/3，有力提升了乌兹别克斯坦棉花生产能力，乌兹别克斯坦总统颁布总统令，在全国推广棉花所植棉技术；果树所与“一带一路”沿线国家协作，在表型及基因型研究等领域取得突破，果树种质安全保存技术不断向规范化、系统化发展，成为我国果树产业创新发展和成果转化的重要平台；信息所以云服务方式向“一带一路”沿线国家提供农业领域前沿资讯、学术文献、科技报告、科学数据、标准规范、科研项目以及成果专利等全方位、多样化的信息资源服务。

提高知识产权质量　推进创造保护运用

——中国农业科学院 2019 年知识产权管理工作总结

习近平总书记指出："加强知识产权保护是完善产权保护制度最重要的内容，也是提高我国经济竞争力的最大激励。"2019 年，中国农业科学院知识产权工作以提高知识产权质量、强化知识产权创造保护运用为宗旨，采取了以下措施。

一、强化顶层设计

在 2018 年制定印发《中国农业科学院关于进一步加强知识产权创造保护运用的若干意见》《中国农业科学院关于进一步加强科技成果转化工作的意见》的基础上，2019 年 4 月制定印发了《关于深化体制机制改革　全面提升成果转化能力的若干意见》，进一步明确将科技创新与成果转化作为院所发展的两大基石，一体化推进科技成果转化，从高质量成果供给、工作体系建立、创新工作机制等方面，为研究所提供具体问题解决思路和有力指导。2019 年 4 月 25 日，召开了中国农业科学院首届成果转化工作会议。农业农村部党组成员、中国农业科学院院长唐华俊出席会议并讲话，多位在家院领导以及研究所所长、书记等 150 余人与会。会议全面总结分析了全院科技成果转化的成绩与问题，并从人才团队建设到转化模式凝练等方面进行整体工作部署，将中国农业科学院科技成果转化工作推向新高度。

二、树立先进典型

制定《中国农业科学院 2018 年度成果转化贡献奖评选办法》，并在全院范围内评选出植物保护研究所等 5 个先进集体，以及作物科学研究所周阳等 5 名先进个人。在此基础上进一步制定了《中国农业科学院成果转化奖励办法（试行）》，已于 2020 年 1 月 6 日经院党组会议审议通过。设置了成果转化优秀团队奖与知识产权转化奖，通过科学设定评价指标和权重，严格评选过程，将充分调动创新团队和科技人员创新创业创造的积极性，发挥先进模范的带动和激励作用，该奖项将于 2020 年下半年首次评选。组织遴选院属研究所 6 项专利获得中国专利奖，其中畜牧兽医研究所获得 1 项银奖。

三、全方位宣讲培训

在创新工程首席科学家研修班上以《创新团队专利质量提升的思考与建议》为题进行汇报。根据质标所、草原所、沼科所、麻类所的具体需求，继续举办“知识产权服务科研一线”系列巡回培训。与深圳基因组所联合举办现代种业权益改革与农业知识产权培训研修班。与机关党委合作举办全院各所成果转化政策巡回宣讲活动。购买专利数据库 Patentics 软件为全院科研人员提供信息分析基础服务，并进行检索及分析视频培训。开展中国专利奖申报培训经验交流会，提高一线科研人员对成果转化政策的了解和知识产权保护运用能力及水平。

四、零距离服务团队

加大直接服务创新团队的力度，完成创新团队知识产权服务需求调研，有针对性地帮助创新团队解决知识产权创造、保护和运用中存在的实际问题。帮助水稻所王克剑团队完善申请材料并提交 PCT 专利；帮助生物技术所张春义团队联系山东种业集团并成功签署合作协议；帮助环发所崔海信团队争取到中关村管委会和北京市平谷区政府的支持，建设落地位于平谷的 3 432 平方米纳米兽药中试基地，免交租金 281 万元；在专利申请、布局等方面，为油料所、区划所、畜牧所、质标所、麻类所等创新团队首席和科研人员提供一对一服务。

五、多渠道推介展示

由中国农业科学院与成都市政府主办，全国农业科技成果转移服务中心和信息所共同承办，召开了 2019（首届）全国农业科技成果转化大会。大会包括 22 个专场活动（含农业知识产权培训专场活动）、2. 2 万平方米展览，8 位院士和 5 000 余代表参加了大会。大会展示原创性科技成果 1 300 多项，24 项科技成果进行了路演推介和拍卖。CCTV1、CCTV2、新华社、人民网等 250 家媒体均对大会进行了报道。其他展览展会和对接活动还包括，第二十一届中国国际高新技术交易会农业农村部展区，5 家科研院所、17 家企业、1 个国家农业开放发展综合试验区参展，展出了 96 项原创性科技成果，展区荣获优秀组织奖和优秀展示奖；与南京国家现代农业产业科技创新示范园区共同承办 2019 农业农村科技发展高峰论坛的重要活动——农业科技成果对接会，来自全国农业科研机构、高等院校、农业产业龙头企业的相关负责人近 300 人参加了对接会，重点发布了 11 项优秀科技成果和 5 家农业企业的技术需求，达成初步合作意向 20 余项；举办第六届国际农科院院长高层研讨会成果品鉴会、新疆昌吉种业科技成果推介暨供需对接会和中国农垦乳业联盟成员大会乳业科技创新与成果转化对接会等。

中国农业科学院 2019 年试验基地工作总结

2019 年，中国农业科学院试验基地以“三个面向”重要指示为指引，全面落实我院关于加强科研试验基地管理的若干意见和试验基地“十三五”发展规划，强化调研，创新方式，汇聚资源，推进了“建设一流基地、支撑科技创新、服务区域发展”工作。

一、进一步完善基地布局，为科研创新提供优良环境

截至 2019 年年底，全院共有科研试验基地 118 个，分布在除重庆、贵州、陕西、宁夏等以外的 27 个省（区、市），涉及 30 个研究所，总占地 9.12 万亩，其中产权土地 4.47 万亩，产权建设用地 5 802 亩。

（一）院级综合试验基地 5 个

院级综合试验基地 5 个，分别由院牵头管理、协调管理或委托管理。

院牵头管理综合试验基地 3 个。北京南口中试基地占地 844 亩，由作科所、蔬菜所、牧医所、环发所、蜜蜂所、饲料所、加工所、质标所 8 个研究所长期入驻科研工作，院牵头管理，后勤服务中心具体管理。河北廊坊园区占地 2 000 亩，由作科所、蔬菜所、畜牧所、饲料所、生物所、资划所、质标所、营养所、草原所、特产所 10 个研究所长期入驻开展科研工作，院牵头管理，后勤服务中心具体管理。河南新乡综合试验基地占地 4 347 亩，由作科所、植保所、环发所、灌溉所、郑州果树所 5 个研究所长期入驻开展科研工作，院牵头管理，灌溉所具体管理。

院协调管理综合试验基地 1 个。海南南繁综合试验基地位于海南省乐东、陵水、三亚等地区，占地 1 416 亩，由作科所、生物所、棉花所、水稻所 4 个研究所长期入驻开展科研工作，各所管理为主，院里提供政策协助。

院委托管理综合试验基地 1 个。新疆昌吉综合试验基地占地 2 050 亩，2019 年由作科所、植保所、蜜蜂所、加工所、生物所、灌溉所、棉花所、油料所、麻类所、果树所、郑果所、兰牧药、沼科所 13 个研究所的 28 个团队入驻开展科研工作，委托西部中心进行统一管理。

（二）研究所试验基地 113 个

研究所试验基地 113 个，由院属单位在有关规划和管理制度的指导下自主直接管理，2019 年研究所试验基地总数不变。

2019 年院批复新建研究所试验基地 2 个。牧医所新建中国农业科学院西部肉牛种质创新基地。基地位于甘肃省平凉市崆峒区白水镇打虎村，共占地 350 亩，其中建设用地 100 亩，农业用地 250 亩。以国家肉牛遗传评估中心和国家畜禽改良研究中心为平台，开展以平凉红牛品种选育为核心的科研工作。致力于加强平凉红牛的培育、保护与利用，利用全基因组选择等现代育种技术体系克服该种群生长速度较慢的缺点，在保持较好肉质的情况下对生长速度进行选育提高，增强其市场竞争力，对平凉红牛实施提纯复壮、选育提高，培育成平凉红牛新品系。重点提升平凉红牛生产高档肉的能力，使其具有高档雪花牛肉的能力。麻类所新建南方经济作物综合试验基地。基地位于长沙市望城区靖港镇，采用征地与租地相结合的办法获得 300 亩试验土地，其中建设用地 30 亩，农业用地 270 亩。该基地将成为国家农业科研机构在环洞庭湖区域的大型综合基地，重点开展南方经济作物、特色蔬菜、饲料、农业微生物等新品种选育与示范推广，开展麻类作物遗传育种栽培及多功能多用途研究、加强芦苇笋和功能蔬菜等综合利用开发和农产品加工研究工作。凸显“江湖农业、循环农业、都市观光农业”三大特色，突出“创新集成、展示放大、示范培训”三大功能，辐射及带动洞庭湖区域及长江中下游地区现代农业的快速发展。

2019 年核减基地 2 个。茶叶所的德宏基地核减，该基地 2019 年并入茶叶所普洱茶叶基地，统称为茶叶所芒市基地；环保所的湘阴基地核减，该基地的科研工作转移到环保所湘潭基地进行。

二、进一步改善基地设施条件，为科技创新与成果转化提供物质基础

2019 年，全院在试验基地共投入建设资金 5.08 亿元，在基地实施基本建设、修缮购置项目 29 个，立项金额 4.43 亿元；其他建设项目立项金额 0.65 亿元。全院基地新增建筑面积 2.8 万平方米，新增田间设施 3.27 万平方米，改造试验田 1 696 亩，购置农机具 83 台件，仪器设备 579 台（套）。

棉花所 2019 年在基地实施基建项目及修购项目经费共计 3 500 余万元。其中，在阿拉尔综合试验站开工实施基建项目，经费 2 800 万元，其中实验楼主体工程和智能温室工程已通过初步验收；另自筹资金，全面改造 7 号试验田滴灌系统，减轻农工劳动强度，提高试验田灌水和施肥的均匀度；进一步优化阿拉尔试验站全部试验田 639.01 亩滴灌系统，滴灌主管道出水口由单向改为双向，缩短灌溉距离，减小灌溉误差，提高试

验田施肥和灌水的精度，确保各项科学实验的需求。在新疆石河子综合试验站（含库尔勒试验站和胡杨河试验站）实施修购项目，经费 675 万元。对石河子站、胡杨河站和库尔勒站的田间围墙、田间观察道路和晒场等进行全面维修和建设。建成铁艺围栏 3 856.1 米；更新田间大门 9 个。油料所 2019 年在基地实施基建及修购项目经费共计 3 300 余万元。其中，在武昌试验基地南区建设项目立项金额 2 710 万元，2019 年执行金额 1 800 万元，新改造试验用地 300 亩。阳逻基地执行修购项目 1 项，实施项目金额 605 万元，新增建筑面积 1 008 平方米，新改造试验用地 20 亩。麻类所 2019 年在基地实施基建项目 3 300 余万元。其中，国家种质麻类资源圃建设项目经费 769 万元，改造试验用地 130 余亩，新增田间设施 17 000 余平方米，资源圃种质整体保存能力由 2 200 份提升到 7 000 份，年鉴定评价种质提升到 500 份以上。沅江试验基地基建项目批复金额 2 592 万元，2019 年已实施金额 1 402 万元，改造科研用房 4 706 平方米，研究生宿舍 536 平方米，机械试制车间 464 平方米，晒场 4 745 平方米，围墙 1 089 米，地面恢复改造 12 600 平方米、危房拆除 7 475 平方米，极大地改善了基地条件。

三、进一步实施重大项目，加速提升全院科技创新能力

2019 年，全院继续在基地共实施国家重点研发计划、国家自然科学基金、现代农业产业体系建设专项等科研项目。以基地科研数据为支撑，为科技创新提供坚实基础。

作科所各基地承担了国家重点研发计划、国家良种攻关、现代农业产业体系等各种项目累计 360 余项，获得省部级奖 12 项，向 23 个单位提供种质 2 300 余份，对科技创新与成果转化起到了强大的支撑作用。水稻所 2019 年试验基地正在承担实施的科研项目共计 95 项，合同经费 1.7 亿元，以在基地取得的科研数据为支撑，全年获中华农业科技三等奖 1 项、优秀团队奖 1 项。茶叶所在试验基地落地的科研项目立项取得新突破。全年新增主持科研项目/课题 32 项，其中新增国家自然科学基金 9 项，新增参加国家重点研发计划课题 4 项，到位留所资金 5 488 万元，全年发表论文 104 篇，主编科技著作 3 部，获得授权发明专利 12 件。以第一完成单位获国家科技进步二等奖 1 项，获 2018—2019 年度神农中华农业科技奖科学研究类成果二等奖 2 项。

四、进一步发挥科技示范推广作用，推动全院乡村振兴战略实施和科技扶贫工作

2019 年全院各试验基地结合自身特点，围绕新品种、新产品、新技术的示范推广，通过组织举办成果展示会、现场观摩会、科技培训、技术咨询以及基地开放日等形式，推广先进实用技术，培训基层管理和农业技术人员，服务区域“三农”发展，成效显著。

据不完全统计，2019 年全年在各基地共举办基地开放日 583 次，参加人员 2.5 万

人次；举办现场会、观摩会483次，参加人员2.5万人次；举办技术培训班793次，培训农民和技术人员4.7万人次；推广新品种529个，推广面积4 737万亩；新技术146个，推广成效达8 909万亩（头、羽）；新产品41个，推广成效达11.8万亩（头、羽）。

一是举办基地开放日活动。2018年年底，国家农业科技创新园、衡阳红壤实验站、新乡综合试验基地和万庄国际农业高新技术产业园4家单位入选“全国中小学生研学实践教育基地”。结合基地的研学活动及全院的科普日活动，2019年基地共举办开放日583次，参加人员2.5万人次。我院4个全国中小学研学实践教育基地圆满完成2019年研学任务，受益中小学生超过5 000人，既密切了院地联系，提升了基地服务社会能力，也培养了青少年创新探索精神和知农爱农敬农情怀，科技日报、农民日报、中国妇女报、新乡电视台、廊坊日报等媒体进行了广泛宣传。环发所顺义基地协助国家留学基金管理委员会举办“感知中国—首都行”活动，来自俄罗斯、英国、韩国等国家的50余名优秀来华留学生代表参加。灌溉所因研学工作被中国科学技术协会授予2019年全国科普日活动优秀组织单位荣誉称号。

二是开展实用技术培训。各基地发挥贴近生产、靠近农民的优势，开展实用技术培训，直接提升种养大户、家庭农场、农民专业合作社等科技水平，2019年全院基地举办现场会、观摩会483次，参加人员2.5万人次。资划所祁阳站开展各类培训班64场次，现场会12场次，调研13人次，技术咨询34人次；累积培训基层技术人员488人次，种粮大户1 914人次，农民6 137人次，发放各类培训资料59 150份，为推动地方农业绿色增产发挥了重要作用。郑果所2019年在新乡基地组织开展咨询与技术指导270余次，服务周边种植户、果农、合作社等8 500余人。其中新乡市林业局举办的各县区果农培训，郑果所苹果、桃、梨、葡萄等专家为前来参加培训近1 200名农户做了产业发展、品种优选、高效种植等内容的技术培训，发放技术资料1 200余份。

三是组织技术推广。各基地面向市场、面向产业，强化了技术集成与成果推广转化力度，切实使先进实用的农业科技成果以基地为载体落地生根。2019年全院各基地推广新品种529个，推广面积4 737万亩；新技术146个，推广成效达8 909万亩（头、羽）；新产品41个，推广成效达11.8万亩（头、羽）。棉花所2019年在石河子基地推广新品种新技术6个，推广面积累计达到1 600万亩，充分体现了基地作为创新技术成果的载体为新技术落地提供有利条件。

五、进一步加强开放共享，促进资源充分利用

作科所、植保所、蜜蜂所、饲料所、加工所、资划所、营养所、灌溉所、水稻所、棉花所、油料所、麻类所、果树所、郑果所、茶叶所、哈兽研16个研究所试验基地开放共享面积达3 739亩，共享仪器设备711台（套），促进了基地资源合理充分利用。

饲料所基地与北京农学院、无锡华诺威动物保健品有限公司、北京市水生野生动植

物救护中心等高校、公司、政府部门等 10 余家单位开展共建共享，共享设备 110 余台（套）。加工所主食加工技术研究院（哈尔滨）重视成果转化，目前已与哈尔滨昊伟农业发展有限公司达成合作意向，拟共同开发燕麦产品和大豆粉产品；与益海嘉里集团达成意向，拟共同开发玉米深加工系列产品；与全统永和达成意向，拟共同开发功能性营养粥系列产品；与一亩园达成意向，拟共同开发蒲公英深加工系列产品。烟草所依托西南基地，烟草所与四川省烟草公司凉山州公司共建了凉山州院企联创烟叶技术中心，共同设置了土壤和植物样品前处理、植物生理生化、质量检测分析、植物分子生物学、病虫害绿色防控等实验室以及烟草病虫草害展室，配备了气相色谱—质谱联用仪、高效液相色谱、光合仪、便携式光谱仪、紫外/可见分光光度仪、全自动定氮仪、近红外光谱分析仪、化学流动分析仪、冠层分析仪、智能烟叶烘烤实验箱等仪器设备 100 余台（套），基地试验保障能力得到不断提高。

六、进一步规范管理工作，推进全院试验基地支撑能力取得新提升

（一）院基地管理部门深入调研，加强谋划

成果转化局深入作科所、植保所、牧医所、油料所、烟草所调研，两次召集作科所、植保所、资划所、棉花所座谈会，研究提出了加强基地管理的总体思路与目标，提出了优化完善基地布局、加强基地条件建设、强化基地功能拓展、构建基地共享平台、提升组织管理水平 5 项重点任务，并从组织领导、队伍建设、经费投入 3 个方面提出了强化支持需求。

（二）研究所基地管理细化深化，继续创新发展

植保所基地管理实行站长负责制，由站长负责基地的日常管理，进一步推进基地管理市场化（公司化）运营，由中农研宾馆有限公司对基地后勤进行科学化管理，促进了基地管理市场化，使基地管理和服务水平不断提高。环发所基地注重学习和调研，基地人员赴日本鸟取大学米子基地、比利时烈日大学国家生物中心、中国农业科学院作科所顺义基地、中国水科院水资源所大兴基地等地调研交流，科研人员赴英国洛桑实验站学习，开阔了眼界，提高了服务意识和水平。加工所在人员管理上形成链状模式，为食品加工技术研究院定期派驻专业技术人员，协助研究院每年完成相应的研发技术或产品 10 余项，并将其最新科技成果介绍给食品（主食）工业园区企业，推荐适合当地应用的新品种、新技术，并协助甲方进行新产品开发、新技术、新工艺、新设备的推广应用。

充分发挥科技优势
全力打赢打好脱贫攻坚战

——中国农业科学院2016—2018年扶贫工作总结

党的十八大以来，脱贫攻坚成为全面建成小康社会的底线任务和标志性指标，纳入“五位一体”总体布局和“四个全面”战略布局，以前所未有的力度推进。习近平总书记站在全面建成小康社会、实现中华民族伟大复兴中国梦的战略高度，把脱贫攻坚摆到治国理政突出位置，提出一系列新思想新观点，为打赢打好脱贫攻坚战提供了根本遵循。农业农村部贯彻落实中央脱贫攻坚决策部署和习近平总书记脱贫攻坚重要战略思想，把产业扶贫作为农业农村经济工作的大事要事。中国农业科学院深入学习贯彻习近平总书记脱贫攻坚重要理论和中央脱贫攻坚决策部署，全院上下以“脱贫攻坚主战场在哪里，中国农业科学院专家团队就到哪里”的担当精神为引领，充分认识脱贫攻坚、产业扶贫、科技扶贫的重要意义，发挥创新、技术、成果、平台、人才等优势，立足于贫困地区农业农村经济发展的实际需求，切实做到党建、组织、制度、经费、人员等“五项保障”到位，确保科技服务、技能培训、成果转化、项目实施、主体带动、产业帮扶、基地建设、人才培养等“八项措施”落实，科技扶贫工作取得了显著成效。

一、加强学习，提高认识，勇挑科技扶贫重担

中国农业科学院党组始终将习近平总书记关于脱贫攻坚的重要论述作为开展科技扶贫工作的行动指南，不折不扣地落实中央和部党组决策部署。中共中央的脱贫攻坚决策部署和总书记就脱贫攻坚作出的重要指示，院党组都在第一时间传达学习。全院从政治和战略高度认识科技扶贫的重要性、必要性、艰巨性和紧迫性，增强政治意识、大局意识、核心意识、看齐意识，整合优势资源，聚焦精准发力，切实为贫困地区产业发展和脱贫致富贡献智慧和力量。

一是充分认识脱贫攻坚是全党的重要使命，是各级党组织的重要任务。脱贫攻坚是全党极为严肃、极其重大的政治任务。以习近平总书记提出的“要把扶贫开发同基层组织建设有机结合起来”为根本遵循，以党的坚强领导推动脱贫攻坚。强化党政一把手负总责的领导责任制，明确责任、尽锐出战。充分发挥党的政治引领作用，基层党组织的战斗堡垒作用，党员的模范带头作用。

二是充分认识产业扶贫是脱贫攻坚的根本之策、必由之路。总书记指出，“一个地

方必须有产业，有劳动力，内外结合才能发展”“要脱贫也要致富，产业扶贫至关重要。”在脱贫攻坚中把产业扶贫放在重要位置，切实通过产业发展提高贫困地区自我发展能力，保证脱贫效果可持续性。推动新阶段脱贫攻坚，必须把产业扶贫摆上更加突出重要的位置，加快把产业发展起来，尽快把贫困地区资源优势转化为产业优势、经济优势。

三是充分认识科技扶贫是脱贫攻坚的有力支撑、坚强保障。1986 年我国提出科技扶贫是开发扶贫的重要组成部分。科技扶贫是由单纯救济式扶贫向依靠科学技术开发式扶贫转变的一个重要标志。随着 21 世纪扶贫工作重心的转移，科技扶贫在整个扶贫工作中发挥着越来越重要的作用。通过科技扶贫使贫困劳动力转变观念、运用技术，改变落后面貌、达到致富目的已成为广泛共识。科技力量是稳定脱贫、长期致富的有力保障。

中国农业科学院始终贯彻总书记的“真扶贫、扶真贫、真脱贫”的扶贫思想，大力弘扬不忘初心、勇于担当的攻坚精神，扶贫济困、守望相助的大爱精神，自力更生、开拓进取的奋斗精神，敢想敢干、勇于探索的首创精神，提高认识、聚焦精准、深化帮扶、确保实效，全面打赢科技扶贫攻坚战。

二、高度重视，精心组织，切实做到“五项保障”到位

（一）抓好党建工作，加强政治保障

强化“党建+”理念，充分发挥党的政治优势、组织优势和群众工作优势，促进基层党建与脱贫攻坚深度融合，为全面打赢脱贫攻坚战提供坚强保障。全院形成了院党组、所党委和支部书记的“三级书记抓扶贫”的格局。各级党组织结合“两学一做”学习教育常态化制度化，不断创新学习教育活动方式，深化“院地共建支部　服务乡村振兴　助力脱贫攻坚”主题实践活动。全院近 50 个党支部与地方党组织结对共建，开展精准扶贫、科技下乡等活动，帮助农民解决生产实际问题，助力精准脱贫、乡村振兴。院成果转化局党支部和蜜蜂所科研一支部已被列为农业农村部结对帮扶共建支部，“院地共建支部　服务乡村振兴　助力脱贫攻坚”主题实践活动案例被中央和国家机关工作委员会评为 2017 年示范案例。

各级党组织还组织各类捐款捐物活动，资助贫困地区，近 3 年捐赠书籍、农资等物品共 14 多万份，价值 500 多万元。通过“抓党建、促扶贫”工作，充分发挥党建引擎作用，为实现高质量科技扶贫注入了强劲动力。

（二）建立工作机构，加强组织保障

科技扶贫是一项涉及专家队伍选派、技术成果应用、多家单位配合、地方政府协调

的系统工程。做好科技扶贫工作是农业科研单位责无旁贷的职责，也是一项重要的政治任务。中国农业科学院成立了扶贫工作领导小组，院长、党组书记任双组长，分管院领导任副组长，院机关有关部门主要负责人为成员，指导协调扶贫工作。中国农业科学院召开了20余次各类扶贫工作会，研究扶贫相关工作。院属36个单位分别成立了扶贫工作小组，组建了工作机构，所长、党委书记任双组长，分管所领导任副组长，相关部门、研究室、团队负责人为成员，明确具体任务，强化责任分工。各工作小组作为扶贫工作主体责任人，发挥各自优势，立足于贫困地区的实际需求，深入推进科技扶贫工作。

（三）制定规章计划，加强制度保障

科技扶贫工作具有艰巨性、复杂性的特点。为了扎实推进扶贫工作，中国农业科学院狠抓制度建设，院所两个层面出台了一系列制度。中国农业科学院印发了《中国农业科学院党组关于深入推进科技扶贫工作的意见》，作为全院科技扶贫工作的纲领性文件，涉及指导思想、基本原则、重点任务、工作机制等内容。《乡村振兴科技支撑行动实施方案（2018—2022年）》提出了“科技扶贫主线”，要求通过强化科技创新在驱动产业发展和精准扶贫实践中的支撑引领作用，增加农民收入，实现乡村振兴，专门计划和启动实施“农业科技精准扶贫行动”。《中国农业科学院关于干部援派挂职期间有关待遇实施细则》规定，在贫困地区挂职干部的补助高于非贫困地区，体现了我院对贫困地区挂职人员的关爱。在制度体系的框架下，中国农业科学院还根据科技扶贫的具体要求，制订了详尽的工作方案，明确了重点帮扶内容、任务分工、工作要求和保障措施。院属单位也根据本单位实际情况和帮扶重点制订了专项工作计划，落实责任分工，细化帮扶任务，明确了工作时间表，画好了扶贫“路线图”。

（四）筹措各项经费，加强经费保障

科技扶贫是“三农工作”中的重要任务，科研人员需要深入贫困地区，有的还需长期驻守，需要大量工作经费，但科研单位没有专项财政扶贫拨款。为确保扶贫工作稳步开展，院所两级在资金非常紧张的情况下，筹措各类资金，开展技术服务，举办技能培训，解决差旅支出。为了推动科技扶贫项目落地，扶持贫困农户发展，院属单位还发挥“技术整合资源”的优势，通过有力的技术支撑，带动其他单位帮扶资金统筹使用，形成“多个渠道引水，一个龙头放水”的帮扶资金投入格局。这些资金有的支持贫困地区农业产业园区建设，有的以项目的形式支持农业企业发展，有的用于贫困农户技能培训。通过中国农业科学院专家团队的帮助支持，促进了各类帮扶资金科学、高效的使用，提高了帮扶资金利用效率，发挥了帮扶资金最大效用。信息所先后在贵州铜仁、河北阜平等贫困市县开展项目示范应用，投入总经费750万元左右。其中，直接经费300

万元，支持智慧农业产品示范、促进贫困地区发展等；带动北京市侨联资金 450 万元，支持阜平贫困学生教育、菌菇产业发展等扶贫工作。灌溉所、沼科所在经费相对困难的情况下，投入自有资金近百万元，用于帮扶村改善生产生活设施、扶持农民创业、发展特色产业。近 3 年全院投入自有资金总计 4 509 万元，带动帮扶资金总计 5 874.84 万元。

（五）派出专家团队，加强人员保障

科技扶贫，人才是关键。贫困县大多缺乏科技人才，快速解决生产问题、具有实战经验的专家更是短缺。院属单位根据本单位专业特点和优势学科，结合承担的科技创新和成果转化工作，组织相关科研人员成立专业帮扶团队，按照贫困地区的区域特点和产业需求，开展精准帮扶工作，打造团队式、成建制的扶贫模式。院属单位选派了 654 个专家团队，共计 3 344 名科研人员奋战在科技扶贫的主战场。专家们深入田间地头、养殖基地、温室大棚、生产车间，对接农业企业、专业合作社、种养殖大户、家庭农场，参加扶贫工作达到 14 多万人次，其中院士们参加扶贫工作近百次。通过科研人员、专家团队的投入，进一步发挥院属单位在专业人才、科技成果、创新平台等方面的优势，提高了贫困地区农业产业发展的科技含量，实现了科技推动质量兴农、绿色兴农。院所两级选派 60 多名精干力量到科技帮扶县挂职，加大统筹协调力度，形成了科技帮扶的“桥梁”和“纽带”，成为贫困地区脱贫攻坚的重要科技力量，有力地推动了科技扶贫工作的顺利开展。挂职干部准确切入，主动把自己“摆进”党和国家发展的大局中，“摆进”脱贫攻坚的伟大事业中，为政府部门当好“参谋”，为专家团队当好“助手”。截至 2018 年年底，中国农业科学院还选派 37 名优秀博士参加中组部“博士服务团”，为贫困地区特色产业发展提供技术指导。

由于在扶贫工作中作出突出贡献，中国农业科学院多个个人、团队受到中央地方表彰。2017 年 6 月，资划所杨秀春同志获中共中央组织部、中共中央统战部、国家发展改革委、人社部①颁发的“全国科技支援新疆先进个人”荣誉称号。兰牧药所 2013 年、2015 年、2017 年被甘肃省委评为“优秀帮扶单位”，陈化琦同志荣获“优秀驻村帮扶工作队队长奖”，杨志强同志荣获兰州市七里河区人大“双联行动优秀人大代表”荣誉称号。2017 年 8 月，灌溉所驻村工作队被评为新乡市优秀驻村工作队，2018 年 4 月，灌溉所刘平同志被评为河南省优秀第一书记。油料所精准扶贫驻村工作队获得湖北省委省政府 2017 年度全省工作突出的驻村工作队的表彰，李俊同志获工作突出的第一书记表彰。

---

① 中华人民共和国人力资源和社会保障部，全书简称人社部。

三、突出重点，狠抓落实，科技扶贫成效显著

（一）加强科技服务，助力农业发展

推动贫困地区的农业发展，行之有效的做法就是提高贫困地区的科技服务水平。农业科研单位开展科技服务是法律赋予的重要职责，同时也是“三农”工作、脱贫攻坚的具体要求。院属单位开展了一系列的科技服务，据不完全统计，为贫困地区制定规划、开展咨询 3 347 次，现场指导农业生产 6 417 次，展览展示科技成果 419 次，为脱贫攻坚提供技术支撑。唐华俊院长多次到联系点四川省简阳市贾家镇快乐村深入调研，研究快乐村脱贫发展的工作思路，形成了专题报告，为快乐村脱贫致富提出了建设性意见。兰兽研专家组先后在甘肃合作、卓尼、肃南、张掖，新疆博乐、伊犁，青海海北州，陕西杨凌，湖北随州等地开展肉牛和牦牛寄生虫病的流行病学调查，现场指导养殖场和合作社养殖户开展春季肉牛牦牛驱虫技术、重大动物疫病防控和常发动物疫病处置技术的示范推广，手把手指导养殖户配药配料和分群饲喂技术。3 年来提供疫病诊断服务共计 60 余次，累计为畜牧兽医技术人员和养殖户提供服务 2 150 人次，给综合试验站和企业提供疫苗 5 万头份。作科所在燕山—太行山区河北省承德、平泉、井陉、赞皇、尚义等地，山区丘陵地区的重庆城口、甘肃庆城，以及西北地区的新疆阜康、清河等地，开展“企业—科研单位—农户”结合的科技服务，通过冀绿 13 号、冀红 16 号、绿豆/果树套种、膜下滴灌旱作栽培等新品种新技术的示范、培训和指导，实现贫困县市食用豆品种的更新，提高了种植效益，增加了农民收入。据测算，新品种、新技术示范面积 3.0 万亩，平均每亩增产 12 千克，新增产量 36 万千克，增收 288 万元。郑果所为西藏①有关部门起草了《国家青藏高原果树协同创新中心建设方案》《西藏昌都葡萄产业发展规划》，组织编制了《青藏高原果树绿色发展重大科技工程》项目可研报告。实施珠峰脚下种水果行动、林芝地区良种良法配套、西藏高原夏秋草莓生产、拉萨设施甜樱桃试种、山南乃东猕猴桃引种试种等一系列服务，稳步推进科技扶贫。西藏自治区坚参副主席赞扬该所“举全所之力，主动作为，积极作为，支撑西藏果业发展”。

（二）组织技能培训，提高内生动力

技能培训是促进贫困劳动力“稳定脱贫，绝不返贫”的根本举措。技能培训作为扶贫工作的“金钥匙”，也是我院科技扶贫的重要抓手。针对贫困地区农业技术支撑乏力的现状，中国农业科学院在“扶智”上狠下功夫。资划所专家在全国组织开展了测土配方施肥推广示范工作，先后赴吉林、内蒙古、新疆、四川、西藏、贵州、湖北、湖

① 西藏自治区，全书简称西藏。

南、山西、甘肃、宁夏等省（区、市）的贫困县乡和农垦、农场开展测土配方施肥技术现场培训及观摩指导。举办测土配方施肥技术培训班 16 期，培训技术骨干和生产一线人员 1 200 余人。植保所围绕土壤有害生物防控、植物病虫害防治等内容，组织技术交流、试验示范、田间咨询、现场观摩等各种培训，全国累计举办培训共 500 多场次，培训农民及专业技术人员共 150 多万人次。

结合农业农村部“为农民办实事”工作部署，全院组织专家开展培训活动 2 427 次，累计培训各类基层技术人员和农牧民 171 万人次，发放技术资料 315 万份。专家深入田间地头，走村进户，开展了面对面的技术指导和咨询，解决农业生产技术难题。通过技术培训，有效提高了基层农技人员的专业素质和生产技能，培养了一批适应现代农业生产发展的技术骨干和新型农民。

（三）转化科技成果，快速推广应用

中国农业科学院结合绿色提质增效技术集成研究与示范项目，围绕“一控二减三基本”发展战略和农业供给侧结构性改革的基本要求，持续推进水稻等 16 个产业绿色提质增效技术集成模式研究与示范工作，共集成 240 多项先进适用技术，构建了 48 套可复制可推广的综合技术生产模式。覆盖各类主产区和典型生态区 18 个省（区），院内有 19 个研究所、48 个团队、225 名科技人员参加，院外有 240 个单位、2 600 多人加盟攻关。茶叶所在四川广元引入本所选育的黄化特异茶树新品种中黄 1 号和中黄 2 号，两个品种的投产茶园亩均产值超过 3 万元，累计新增收入超过 3 亿元。建立黄茶专业合作社 3 个，带动农户超过 200 户，年人均增收 3 000 元，经济和社会效益显著，成为当地精准扶贫的重要抓手。以两个品种为依托打造的“广元黄茶”“广元纯黄茶”公共区域品牌获得国家地理标志证明商标，成为广元市茶产业发展的新名片和金字招牌。作科所发挥中麦 175 的品种优势，助力甘肃精准扶贫。作为甘肃省平凉地区精准扶贫和产业结构调整的重点品种，中麦 175 已连续 6 年作为主栽品种推广种植，2017 年当地夏收面积 30 万亩，平均亩产 500 千克，较当地品种每亩增产 70 千克。国家级贫困县甘肃灵台将中麦 175 作为 2016 年秋播科技扶贫的主推品种，向 260 户贫困户无偿提供种子，其中 1 500 亩平均亩产 410 千克，较当地品种每亩增产 60 千克，2017 年秋播面积约 17 万亩。国家级贫困县泾川向 436 户无偿提供中麦 175 种子，平均亩产 400 千克，较当地品种每亩增产 80 千克，户均收益 3 000 元，科技扶贫优势突显。

3 年来全院累计示范推广新品种 656 个、推广面积 2 975 万亩、73 万头；推广新产品 3 019 个，应用 20 031 万亩，效益达到 15 111 万元；新技术 646 个，推广 18 439. 8 万亩、77. 2 万头（只）、2 亿羽。围绕贫困地区产业和地方需求，通过科技成果的转化应用，提升了农业生产效率，提高了社会经济效益。

（四）实施科技项目，推动创新发展

作为农业科研的国家队，必须主动对接贫困地区的政府和农业管理部门，着眼区域经济发展，面向生产实际，开展科技合作，解决关键科技问题。针对贫困地区农业生产中的瓶颈问题，通过合作项目的实施，引领贫困地区科技创新，促进农业产业持续发展。全院 2016—2018 年在贫困地区实施了 429 个各类项目，涉及经费 13 654 万元。环发所在西藏实施“藏北高原草地生态修复利用与提质增效关键技术及应用”项目，项目获得经济效益 16.32 亿元，为社会创造经济效益 29.03 亿元，示范户增收 50%以上，惠及 8.34 万名牧民，显著提高了牧民收入，有力推进了西藏精准扶贫，为藏北高原及西藏与全国一道建成小康社会作出了重要贡献。哈兽研和乌鲁木齐市动物疾病控制与诊断中心、新疆畜牧科学院兽医研究所共同承担的“乌鲁木齐市人畜间结核病的流行病学研究与调查”“基于基因重组蛋白的牛结核病 ELISA 诊断方法的研究”，联合研究成果获 2014—2016 年全国农牧渔业丰收奖三等奖。和乌鲁木齐市动物疾病控制与诊断中心、新疆维吾尔自治区畜牧科学院兽医研究所、新疆医科大学联合研究成果“畜间结核病流行病学研究及预警模型的建立和应用”获新疆维吾尔自治区科技进步奖。发挥研发优势，通过共同实施科技项目，有力地推动了当地的科技创新。蔬菜所针对新疆和田地区的沙漠温室土壤环境不良、生产效益较差、存在严重生态威胁等问题，承担了北京市援疆和田指挥部“沙漠温室改土培肥技术”项目。在和田市团结新村等地累计建设改土培肥示范温室 215 个，辐射带动周边温室 500 个以上。探索实行沙漠温室公司全托管模式，每户贫困农户出劳力 1 人，年收益可达到近 20 000 元以上，公司和托管农户都取得了良好的收益，大大增强了科技扶贫和科技脱贫的信心。该项目作为北京市科委主展项目亮相 2017 年全国科技活动周，受到原国务院副总理刘延东和北京市领导的肯定。

（五）扶持帮扶对象，带动脱贫致富

培育新型生产经营主体，引领农业适度规模经营发展、带动农民就业增收、增强农业农村发展新动能，在脱贫攻坚工作中具有重要意义。全院共帮扶 7 974 个企业、专业合作社、种养大户、家庭农场等生产经营主体，引进龙头企业进驻贫困地区，推广股份合作、订单帮扶、生产托管等帮扶模式，让贫困农户分享产业发展红利。水稻所重点支持来自红色革命圣地赣州的江西红一种业科技股份有限公司，开展种质资源、栽培技术和人才培养等全方位合作，开发了万象优 111、万象优华占等系列米质优、口感好的优质稻品种，并积极支持品牌创建，开拓广东、深圳等高档籼米市场。2018 年该系列品种种植面积超过 100 万亩，稻谷加价收购，高于普通稻谷 20%以上，为当地农民直接增加收益 3 亿元以上。牧医所和内蒙古赤峰市宁城县的国家级龙头企业塞飞亚集团战略合

作，开展了“科研单位+国家级龙头企业+农户”肉鸭全产业链扶贫，启动了“肉鸭绿色提质增效协同创新行动”，推动内蒙古塞飞亚集团成功跻身于全国肉鸭行业十强、行业综合能力稳居全国前五。平均每年全国范围内推广雏鸭 5 000 万只，带动 160 多个养殖场，覆盖 2 000 多养殖户，为宁城县科技扶贫作出了巨大的贡献。依托京津冀农业科技创新联盟，开展专家和生产经营主体对接。武占会研究员等 9 位专家实现了“一对一”精准对接，签订 3 年服务协议，由责任专家组织服务团队开展精准服务，每个对接主体给予每年 5 万元经费支持，连续支持 3 年。开展技术指导 120 次、技术培训 30 次 470 人次，新品种引进 80 个，技术引进 60 项，带动 400 多农户脱贫致富，对接主体的科技能力得到进一步提升。3 年来，通过中国农业科学院的科技扶贫，企业、专业合作社、种养大户、家庭农场增收共计达到 52 亿元，帮扶成效显著。

（六）发展特色产业，助力精准脱贫

总书记强调“发展产业是实现脱贫的根本之策，把培育产业作为脱贫攻坚的根本出路”“要脱贫也要致富，产业扶贫至关重要”。坚持以市场为导向，以经济效益为中心，以产业发展为杠杆的产业扶贫，在贫困县支持发展特色产业，做大做强县域经济，以产业兴旺助力脱贫攻坚。全院围绕种养结合、链条延伸、功能拓展，支持贫困地区发展设施蔬菜、林果、西洋参、肉鸭、茶叶等特色产业，促进农业增效、农民增收。郑果所积极推动河北阜平县农业产业结构调整，大力发展晚熟桃、苹果、葡萄等优质、高效水果种植，趟出了一条产业扶贫的新路。目前，阜平县新发展林果 5.6 万亩，覆盖到 13 个乡镇 112 个行政村 1 万余户，其中贫困户 3 600 户。进入初果期的果树亩均增收达 4 000 元，预计丰果期后，可实现亩均增收 2 万元左右，户均年增收 2 000 元。阜平县林果产业的蓬勃发展得到国务院扶贫办和省市主要领导的充分认可，国家、省、市先后在阜平召开产业扶贫现场会，中央电视台《新闻联播》也进行了宣传报道。兰牧药所推动“大通牦牛”的示范推广，让牦牛成为脱贫致富的“摇钱树”。大通牦牛于 2005 年通过国家畜禽品种委员会的审定，目前已成为牦牛产区广泛推广应用的新品种，每年改良家牦牛约 30 万头，覆盖率达我国牦牛产区的 75%，对促进高寒地区少数民族聚集地，尤其是藏民族地区经济社会发展发挥了重要作用。

（七）建设示范基地，辐射带动脱贫

中国农业科学院结合院地合作、院企合作，加快集成展示基地布局建设，建立和完善了一批相对固定的集成展示基地。近年来全院在贫困地区建设 361 个基地，通过示范基地辐射带动产业扶贫。特产所 3 年来在吉林省汪清、大安、靖宇、和龙、镇赉、安图、龙井等县，建立示范基地 11 个，示范面积 5 000 多亩，辐射 10 万亩，带动数百乡镇。农机化所在四川凉山建立帮扶项目示范基地，推广茶园机械化作业技术，机械化作

业率达到85%。在湖北恩施、汉寿等地，建立4 000亩蔬菜生产机械化示范基地，辐射带动5万亩。烟草所在四川省西昌市大兴乡建设了224.14亩西南试验基地。依托西南试验基地，利用凉山的天然资源优势，开展了凉山山地原生态特色烟叶开发，提升凉山烟叶品牌效应，推进烟草行业转型升级，促进烟农持续收入。

（八）培育人才队伍，提高素质能力

稳定脱贫、长期致富的关键在于本地人才。为贫困地区培养留得住、用得好的各类技术人才，打造“不走的扶贫工作队”是扶贫工作的关键。中国农业科学院承担中组部“西部之光”访问学者和人社部少数民族特培学员的培养任务。截至2018年年底，已圆满完成了344名“西部之光”访问学者、29名西藏、新疆、内蒙古特培学员的培养工作。近3年培养“西部之光”访问学者、少数民族特培学员85名。中国农业科学院“西部之光”访问学者和少数民族特培工作得到上级部门充分肯定，在2016年举办的全国第五批新疆特培工作启动大会上，中国农业科学院作为培养单位代表作了典型发言。培养博士后研究人员是培养高级人才的重要手段，中国农业科学院帮助贫困地区培养博士后研究人员43人，人员来自甘肃等13个省份，涉及作物学、植物保护、畜牧学、生物学、草学、农业资源与环境等多个学科。中国农业科学院还通过举办专业人才培训班的形式为贫困地区培养人才，连续3年在西藏举办“高中级农牧科技人才培训班”，共为当地培训了296人次，有效促进了西藏地区农牧科技人才队伍建设。院属单位与地方开展全方位、多角度、多形式的合作，为贫困地区培养科技人才。棉花所与塔里木大学签订战略合作协议，合作共建我国首个集棉花学科建设、人才培养、科研服务于一体的“棉花科学学院”。该学院“立足南疆、面向中亚”，探索棉花可持续繁荣发展的资源高效利用模式。双方共同组建了棉花科学方向本科生实验班，共建实验班是塔大创新人才培养体制改革的一次新探索，也是校所协同培育区域专业人才的一个典范。目前已招收3届棉花实验班学生，共计培养本科、研究生100多人。

在农业农村部党组正确领导下，在院党组高度重视、统筹协调下，在全院科研人员凝心聚力、共同努力下，科技扶贫成效显著。在帮助贫困地区产业发展、脱贫致富的同时，中国农业科学院锻炼了一支技术过硬、贴近群众的科技扶贫中坚力量，凝练了一批制约贫困地区发展、亟须解决的科研选题，总结了一批特点鲜明、意义显著的典型案例，形成了一批具有中国农业科学院特色的扶贫模式，为进一步推进科技扶贫工作打下了坚实的基础。

四、问题导向，科技引领，坚决打赢脱贫攻坚战

2019年6月印发的《中共中央　国务院关于打赢脱贫攻坚战三年行动的指导意见》明确要求“动员全社会科技力量投入脱贫攻坚主战场，开展科技精准帮扶行动”。体现

了国家对科技扶贫的高度重视。作为农业科研单位，中国农业科学院倍感责任重大，使命光荣。中国农业科学院在分析存在问题的基础上，进一步提高思想认识，明确“五个一批”目标，突出“六项帮扶”措施，汇聚全院之力，整合优势资源，加大工作力度，聚焦精准脱贫，在坚决打赢脱贫攻坚战的实践中充分发挥科技的支撑和引领作用，为实现科技帮扶地区全面进入小康社会作出新的更大贡献。

（一）认真分析存在的问题

结合中国农业科学院科技扶贫工作开展的情况，分析目前还存在的问题，主要体现在三个方面。一是对扶贫工作的政治站位还不够高，对其复杂性长期性认识还不足。院党组对脱贫攻坚的重要性有充分的认识，始终要求广大干部职工、科研人员牢固树立“四个意识”，深入学习贯彻习总书记关于扶贫工作的重要论述以及中央各项决策部署。但不可否认，一些同志对脱贫攻坚的极端重要性认识仍不够高，没有认识到脱贫攻坚对于实现中国梦和乡村振兴的重大意义。对于短期脱贫目标和促进贫困地区长期发展的认识还有欠缺，扶贫措施的前瞻性、持续性还不够。对脱贫攻坚工作的复杂性认识不足，单兵作战现象仍然存在，团队协同扶贫还不到位。二是科研人员参与扶贫工作的积极性还需提升。虽然中央已出台相关政策，要求转变“唯论文、唯职称、唯学历、唯奖项”的人才评价导向，但政策落地还需细化的措施，对扶贫的专项激励机制也尚待健全。绝大多数科研人员具有较高的政治觉悟、较强的责任担当，但一线扶贫工作苦、累的事实不可回避，待遇保障低也会降低了科研人员扶贫的积极性。三是由于地域因素等原因，院属单位参与扶贫工作还不平衡。客观上讲，京外单位由于地处各省，对当地的经济发展水平、产业帮扶需求等有更多了解，对接更加便捷顺畅，帮扶更加持续有力。京内单位由于地处首都，更多关注科技创新，投入扶贫工作的精力相对较少。主观上讲，个别单位政治站位不够高，没有积极主动地开展科技扶贫工作，限制了我院在扶贫工作中发挥更大优势，取得更大成效。

认真分析中国农业科学院目前在科技扶贫工作中存在的问题，找准努力方向，牢固树立“四个意识”，不断提高政治站位，深入贯彻落实中央脱贫攻坚的决策部署和习近平总书记脱贫攻坚重要论述，切实增强干部职工、科研人员参与脱贫攻坚工作的积极性和主动性。

（二）明确“五个一批”目标

按照到2020年全面脱贫的战略目标，根据中国农业科学院科技扶贫行动实施方案（2018—2020），结合院乡村振兴战略科技支撑计划的实施，以“五个一批”为目标，深入开展科技扶贫工作，持续加大工作力度，提高贫困地区现代农业发展水平，促进农业农村经济的发展。一是建立一批特色主导产业。帮助贫困地区因地制宜发展一批具有区域特色、符合市场需求的产业。在每个贫困县至少培育3~5个重点产业，每个贫困村至少发展1个特色农产品，形成“一村一品”格局，通过发展壮大特色产业带动贫困村脱贫。二是突破一批关键技术。针对制约贫困地区农业产业发展的关键技术“瓶颈”，强化技术协同攻关，解决重大技术需求，形成一批自主知识产权的技术成果，为贫困地区脱贫致富提供科技支撑和技术储备。三是集成一批绿色高效技术模式。集成一批国内外先进的实用技术，构建50套适宜区域发展的可复制、可推广、可落地的综合农业生产技术模式。通过综合技术模式的构建和示范推广，辐射带动区域经济的发展。四是建设和完善一批示范推广基地。结合我院现有的基地布局，进一步完善和建设一批对脱贫攻坚有重要价值的新基地，构建布局合理、定位清晰、功能完善、运转高效、机制先进、开放共享的科技扶贫支撑平台体系。五是培训一批脱贫致富带头人。重点加强对贫困地区的农业企业、农民合作社、种养大户、家庭农场等农业生经营主体的服务，培训一批懂技术、会管理、善经营的农村实用人才，形成一批带动脱贫致富的主体。

（三）突出“六项帮扶”措施

根据农业农村部《环京津贫困地区发展特色农业扶贫共同行动》部署，以及推进贫困地区农业产业扶贫工作总体要求，在全面科技扶贫的基础上，以环京津地区的阜平、秦巴山区的紫阳、武陵山区的恩施、大兴安岭片区的桦川、“三区三州”的临潭为重点，突出“六项帮扶”措施，打赢科技扶贫硬仗，当好脱贫攻坚的“科技加速器”。一是突出科技帮扶。实施科技项目，集成先进技术，提升当地科技创新能力，带动提升产业的科技水平和产品的科技含量，构建支撑现代农业产业发展的综合技术体系，辐射带动区域现代农业的发展。二是突出精准帮扶。找准现代农业发展的关键技术问题，选用具有针对性的科技成果和技术方法，实施一对一“靶向”帮扶，提高帮扶的精准性、科学性、针对性和实效性。三是突出绿色帮扶。示范推广节水、节肥、节药等绿色农业生产技术，构建农业病虫害绿色防控综合技术体系，减少农业投入品使用量，构建种养循环、农牧结合的绿色产业发展技术体系，探索生态文明建设与经济发展相得益彰的脱贫致富新途径。四是突出产业帮扶。通过产业兴旺，带动区域经济的发展，实现脱贫致富。重点强化贫困地区特色产业和优势品牌建设，加强特色产业发展关键技术攻关，促进产业转型升级。通过扶持企业以及农民合作社、种养大户等新型生产经营主体，推动产业发展，带动贫困群众就业增收。五是突出全产业链帮扶。在产前、产中、产后各个环节开展科技帮扶，形成生产、加工、销售、消费的完整产业发展链条，拉长产业链，提升价值链，增加附加值。建立全产业绿色发展链，提升农产品的科技含量、品牌效应和内在品质，促进增收增效。六是突出产业融合发展帮扶。促进农牧结合、农林结合，推进农业与旅游、文化、休闲等产业深度融合，转变农业生产方式，实现绿色生态循环发展，优化农业产业结构，构建现代农业产业发展新体系，推进农业供给侧结构性改革，探索具有区域特色的现代农业产业融合发展之路。

典型案例 1

同心协力　扎实推进助力阜平精准脱贫
——中国农业科学院科技帮扶阜平工作情况

2013 年 5 月，中国农业科学院和国家深度贫困县河北省阜平县签署了战略合作协议，在合作实施科技示范项目、促进特色产业发展、联合培养科技人才等方面开展了一系列务实合作。2017 年 3 月，按照农业部环京津农业扶贫对接会议部署，双方又签署了科技帮扶协议，不断加强领导和统筹，聚集资源，在技术培训、规划制定、特色产业发展、人才支持等方面开展了一系列科技帮扶工作，拉开了科技精准扶贫的大幕。

一、加强组织领导，明确工作任务

为了把帮扶工作落到实处，院里多次召开专题会议，研究部署阜平的科技帮扶工作，要求院属各单位把科技帮扶工作作为一项重要的政治任务列入工作计划，确定了帮扶重点，明确了任务分工。

院里成立了科技帮扶工作领导小组，院长、党组书记任组长，分管副院长和研究生院院长任副组长，院机关有关部门和相关研究所主要负责人为成员。明确郑州果树研究所挂职阜平副县长的刘济伟同志任工作协调小组组长，成果转化局负责协调和组织管理工作。每个帮扶单位由党委书记牵头负责，一个团队具体执行，一位专家长期蹲点指导。

根据阜平县山区综合资源优势、优质生态环境优势和紧邻京津的地理优势，确定帮扶重点在林果业、生态型设施农业、食用菌生产与加工、生态畜牧业和蜜蜂饲养、农产品加工、农业休闲观光和乡村旅游、技术培训与实用人才培养等领域。

经过充分研究讨论，明确了任务分工和工作目标。林果业由郑州果树研究所牵头，重点开展大枣、核桃、桃、猕猴桃、西瓜等产业的技术扶持；设施农业由蔬菜花卉研究所牵头，重点开展小型节能温室建设，示范推广设施蔬菜生产技术；食用菌生产由资源区划研究所牵头，开展相关技术服务工作；农产品加工由农产品加工研究所牵头，组织开展食用菌、大枣等特色农产品加工技术研发与示范；种养循环农业由北京畜牧兽医研究所牵头，在规模饲养、有机肥开发利用等领域提供技术支撑与服务；蜜蜂饲养与蜂产品加工由蜜蜂研究所牵头，重点开发“红色蜜”品牌系列产品生产与加工技术；生态农业休闲旅游由都市农业研究所牵头，重点打造生态休闲农业园区；技术咨询培训由研究生院牵头，开展技术培训与咨询服务，培养实用人才。

二、开展调查研究，为阜平发展建言献策

为了摸清阜平县农业资源与生产情况，为帮扶工作进行顶层设计，陈萌山同志以及李金祥、雷茂良、吴孔明、王汉中等几任分管院领导先后多次带领院有关部门、院属有关研究所的负责人和专家到阜平调研，实地考察了重点乡村农业经济发展情况，与保定市、阜平县领导以及当地政府有关部门举行了深入的研究与探讨，为阜平的脱贫致富出谋划策。提出了要根据阜平发展现代农业的技术需求，通过合作打破限制发展的技术瓶颈；要明确发展定位，制定科学的发展规划；要充分考虑资源、生态、经济、社会的协调与可持续发展，用现代科学技术提高阜平农产品的市场竞争力和经济效益；要做好技术培训，把职业培训、田间学校、示范带动结合起来，培养一批技术能手，提高农民科技素质和自主发展能力；要大力发展优势特色产业，提升品牌效应，带动相关产业和周边地区的发展。

三、制订计划，强化精准帮扶

为了提高帮扶工作的科学性、规范性和可持续性，在全面调研对接的基础上，中国农业科学院研究制订了科技帮扶工作总方案，各牵头研究所也组织制定了不同产业的工作方案，进一步明确了工作任务。一是组织专家帮助阜平县设计现代农业科技示范园，完善特色农业发展规划；二是做大做强食用菌产业，为阜平县食用菌产业发展提供技术指导与服务；三是共建果树试验站，为果树品种更新换代和产业升级提供技术支持；四是合作推进种养循环示范项目，探索种养结合型的生态农业循环发展模式；五是共建农产品加工研究示范基地，拉长产业链，增加附加值；六是共同打造生态农业休闲旅游综合体，促进阜平现代农业提质增效；七是加强技术培训与咨询服务，提升阜平农业生产的科技水平；八是以挂任阜平县副县长为桥梁和纽带，推动各项帮扶工作落到实处。要求各单位要人员到位、对接到位、资金到位、协调到位、管理到位，建立起全新的帮扶工作机制，打造绿色高效可持续发展的帮扶新样板，争取 1 年初见成效，3 年有明显成效且可考核可评估，为到 2020 年全面实现脱贫提供强有力的科技支撑。

针对阜平资源条件和农业生产的技术需求，中国农业科学院还派出专家制订了《阜平环南山农林科技示范园区规划》和《阜平县林果业发展规划》，确定了在稳定发展阜平大枣的基础上，进一步发展核桃、板栗等干果结合苹果、桃、葡萄等特色水果产业的发展思路。

四、派驻挂职干部，建立帮扶工作纽带

为了加强科技帮扶工作，为参加帮扶工作的团队和科研人员提供更好的服务，院里

先后选派了郑州果树所刘济伟、草原所那日苏、成果转化局刘洁挂任阜平县副县长，组成了院帮扶阜平县工作协调小组，形成了科技帮扶的“桥梁”和“纽带”，加大统筹协调力度，有力地推动了科技帮扶工作的顺利开展。

五、积极筹措经费，为帮扶工作提供保障

为确保帮扶工作取得实效，调动参与帮扶工作人员的积极性，中国农业科学院在资金紧张的情况下，筹措自有资金 100 万元，专门用于阜平县科技帮扶工作，支持各帮扶单位开展技术服务、举办技术培训，解决帮扶人员的交通差旅等经费问题。各科技帮扶单位也筹措经费 380 多万元，用于产业帮扶项目，为帮扶计划的实施提供保障。

六、依托创新联盟，助力阜平脱贫

依托畜牧兽医研究所牵头的国家鸽业联盟和奶业联盟，启动了国家鸽业创新联盟助力阜平奔小康富民示范项目和国家奶业创新联盟帮扶阜平助学公益活动，通过技术帮扶、营养帮扶，助力阜平脱贫。鸽业项目在品种培育、饲料配制、设施建设、疾病防控、产品加工和文化的挖掘与传承等方面开展了技术研发；奶业项目充分体现了四个意识，弘扬了中华互帮互助的优秀传统，着力提高贫困地区青少年的健康水平。

七、支部结对，开展扎实帮扶

为了充分体现党组织在脱贫攻坚中的领导作用，院成果转化局党支部结对帮扶阜平县平阳镇白家峪村党支部，组织专家研究提出“以龙头养殖企业为核心，废弃物资源化为纽带，种植企业为载体”的种养结合多元发展模式，以奶牛等家畜高品质养殖、养殖废弃物综合处理、废弃食用菌棒综合利用等模式建立生态循环农业发展体系，推动农业绿色可持续发展。蔬菜花卉研究所免费提供 20 多种优质蔬菜种子，从源头提升蔬菜品质，帮助村委会争取北京科技帮扶项目。畜牧兽医研究所、环境发展研究所、草原研究所等单位的专家，对全村养殖户开展了养殖技术及粪污无害化处理技术服务，并按照“技术引领、集中处理、资源化利用”的方针，对 3 000 头奶牛规模养殖场建设项目进行技术指导，为实现生态养殖、废弃物“零”排放提供技术支撑。

八、发挥科技优势，工作不断取得实效

郑州果树研究所组织专家，为阜平县制定了 5~15 年林果产业发展规划。针对大枣裂果问题，组织专家开展研究，制定了技术措施，效果显著；引进了晚熟桃品种，指导栽培技术，供应京津冀市场；指导建设的葡萄示范园，示范优良品种 8 个，果实售价是

周边县市的10倍；建立了第一个礼品西瓜示范园，生产出的富硒礼品瓜，因品质好畅销北京、天津、山西等省市，每亩收益达4万元。为了解决大枣积压滞销问题，果品加工团队与阜平县龙门醋厂合作，研发出保健红枣醋等3种保健饮品，企业年增收30万元，并申请国家发明专利2项。开展了农产品产地环境质量调查与评估工作，检测土壤样品3 000多份，明确了等级，为阜平优化产业结构和绿色生产可持续发展提供科学依据。

畜牧兽医研究所帮扶团队，多次深入到企业和农户调研，提出了一系列解决制约产业发展技术瓶颈问题方案，指导建立了养殖场科学管理制度，提出了养殖废弃物综合治理方案，在台峪乡开展了“零”排放示范。按照自动化、智能化、规模化、设施化、信息化、生态化的模式，帮助鑫牧肉猪养殖基地建设1 200头新型智能工厂化养猪场，每年可出栏生猪2万~3万头，可带动年出栏500头以上养猪户100户。

农业资源与区划研究所食用菌创新团队，为阜平县引进了3个平菇品种，协助绿金生物公司调整产品结构，有效解决了公司产品单一和附加值低的问题。土壤与植物互作创新团队的专家指导台峪乡和白家峪乡制定了养殖业和循环生态产业规划，提出了农业废弃物综合处理及后期有机肥生产方案。

农产品加工研究所与太行山食用菌研究院联合开展了香菇冷链物流保鲜、香菇不控温保鲜技术研发，制定了《香菇冷藏保鲜技术规程》，确定了“不控温保鲜盒”“低温保鲜盒”技术方案，试制出了真空微波香菇脆片样品。

蜜蜂研究所帮扶专家团队对接当地政府、企业、合作社，开展技术服务，为300多养蜂户建档，向蜂农赠送专业技术书籍600多册，巢础300多包。专家重点深入到40户贫困养蜂户，赠送蜂箱400套，种蜂王30多只，改善了蜜蜂种群结构和饲养条件，有效提高了养蜂技术水平。

农业信息研究所专家团队制定了阜平县智慧农业发展规划，启动了智慧农业建设项目，重点建设农技云服务站，以实现农情信息定向快速采集、专家远程会诊、农技知识交流共享等，为农业生产提供服务。

研究生院以技术培训中心为依托，开展了以“扶智”为核心的帮扶活动，提高阜平县的自我发展能力，变“输血”式帮扶为“造血”式帮扶。首次把“农科讲堂”搬出农科院在阜平县举办，副院长吴孔明院士为阜平县100多名管理和技术干部讲授了现代农业发展问题，提高当地领导干部农业发展战略谋划能力。组织蔬菜花卉所、郑州果树所、畜牧兽医所、资源区划所、蜜蜂所、研究生院等单位先后举办了30多场专项技术培训，围绕食用菌栽培、设施蔬菜、林果发展、蜜蜂养殖、畜牧生态养殖等产业问题，从品种的选择到栽培技术，从病虫害综合防控到生产管理，开展了全方位技术培训和服务，培训农技人员、种养大户、企业技术人员、农民2 900多人次，发放资料8 600多份，有效解决了生产中存在的实际问题，提升了相关产业发展技术水平，受到广泛欢迎和一致好评。

典型案例 2

以科技支撑产业扶贫　助推乡村振兴
——茶叶所扶贫工作情况

茶叶研究所一直高度重视在贫困地区的科技扶贫工作，结合自身的科技优势和人才优势开展精准扶贫。在武陵山区、乌蒙山区、秦巴山区、滇桂黔石漠化区、滇西边境山区、罗霄山区、大别山区、新疆、西藏，以及浙江省的欠发达地区，茶叶所与 59 个产茶市（县）政府签订了促进茶产业发展战略合作协议，开展全方位的科技帮扶，对促进当地茶产业发展、茶农脱贫致富、乡村振兴作出了贡献；在浙江省的科技特派员工作多次获浙江省委省政府表彰，先后 9 次被评为“浙江省科技特派员工作先进单位”，3 名科技特派员被评为浙江省“有突出贡献特派员”，30 人次被评为省级优秀科技特派员，2 名被评为“功勋科技特派员”。现将茶叶所科技扶贫工作总结如下。

一、开展科技创新，为贫困地区产业发展提供技术支撑

茶叶所坚持创新驱动引领产业升级，围绕产业需求和市场需求，取得了一批原始创新技术突破。建所以来，共取得 225 项科研成果（第一完成单位），其中获奖成果 79 项（包括国家级科技奖 8 项、省部级奖 47 项），授权专利 231 项，发表论文 3 711 篇（SCI 收录 452 篇）、科技著作 100 多部。制（修）定国际标准 6 项、国家标准 39 项、行业标准 74 项。

育成了一批茶树良种，推动了贫困地区茶产业良种化进程。育成龙井 43、龙井长叶、中茶 102、中茶 108 等 9 个国家鉴（审）定品种，育成中黄 1 号、中黄 2 号等 5 个省级审（认）定品种，收集保存国内外茶树种质资源 3 259 份，拥有世界上遗传多样性最丰富的茶树资源。同时，通过建立良种繁育基地、示范茶园等措施，积极在贫困地区推广茶树优良新品种，推动茶树良种化进程和茶叶产品的结构调整。龙井 43、中茶 302、中茶 108、中黄 1 号、中黄 2 号成为贫困地区茶区的主推茶树品种，龙井 43 推广面积达到 150 万亩，中茶 108 50 万亩；中茶 302 在四川省的推广面积就达 10 万亩。

创新出一批茶叶绿色高效生产和质量安全控制技术与产品，促进贫困地区茶业绿色发展。提出了不同生产模式茶园适宜氮素用量控制指标、茶园养分最佳调控管理技术，研制出茶树系列专用肥；开发出数字化色板、天敌友好型 LED 杀虫灯、茶尺蠖、茶毛虫病毒制剂等绿色防控技术与产品。提出的茶园机械化双侧旋犁耕作配合施肥方法比人工施肥节本 50%，建立的灰茶尺蠖减药技术农药减施 100%，率先在浙江省开展了化肥、农药减施技术示范推广，实现化肥减施 25%～46%，茶叶增产 4%～35%。率先开展了茶叶农药残留研究，建立了茶叶中 519 种农药及相关化学品残留量的检测方法，制定

了“农药安全使用标准”“农药合理使用准则国家标准”，研究出“茶叶中农药残留预测技术”。2016—2018 年，在贫困地区生物农药推广使用面积 78 340 亩次；天敌友好型窄波 LED 杀虫灯示范推广面积 20 000 亩次；灰茶尺蠖性信息素推广 7 000 亩次。

研发出一批茶叶生产机械，促进了贫困地区茶叶生产机械化。研发出名优针（芽）形绿茶、扁形茶（龙井茶）、炒青绿茶（香茶）、工夫红茶等连续化自动化加工技术与装备，其中名优绿茶清洁化连续化生产线比传统手工或半机械加工提高工效 10~20 倍，节约加工成本 25%~50%，对贫困地区机械化水平提升，对茶产业转型升级起到了积极促进作用。

二、抓好科技服务，为贫困地区产业扶贫提供技术保障

茶叶所积极践行“把论文写在祖国的大地上，把科技成果应用在实现现代化的伟大事业中”使命，抓好成果转化与技术服务，在湖北鹤峰县设立了茶叶所武陵山区科技成果转移转化中心，以推动科技成果在西部的转化应用。2016—2018 年，派出 3 名科技人员赴湖北恩施、贵州贵定县和安徽婺源县挂职帮扶；茶叶所科技人员 2 287 人次深入贫困地区，帮助企业和茶农解决生产中的技术问题，把优良茶树品种、生物农药、茶树专用肥等科技产品，以及栽培、加工等先进实用技术送下乡，发放科技图书、资料等 16 942 份。

选派好科技特派员，助力科技扶贫。自 2003 年以来，连续 15 年向浙江省欠发达地区派出团队特派员和科技特派员达 156 人次，目前在岗省级个人科技特派员 12 位，团队科技特派员 8 个，法人科技特派员 1 个，分别在磐安、松阳、缙云等 14 个重点产茶县（市）开展科技服务。茶叶所也出台相关激励政策，支持、鼓励特派员做好科技帮扶工作。

10 余年来，茶叶所选派的科技特派员在浙江省欠发达地区积极开展科技服务，在帮助当地产业增效和茶农增收上实现了双突破。在磐安双溪乡，先后派出权启爱研究员和许勇泉副研究员，连续 15 年的技术服务，双溪乡从 2003 年的茶园面积不足 1 000 亩、人均茶叶收入 400 元、良种茶园覆盖率只有 10%，到 2017 年茶园面积已达 6 200 亩、人均茶叶收入超过 3 000 元、良种茶园覆盖率已超过 90%，成效显著。在缙云山区，李强高级农艺师扎根 13 年，为缙云茶产业发展出谋划策，缙云县茶园面积、产量和产值分别从 2007 年的 3.63 万亩、784 吨、7 324 万元提升至 2017 年的 5.92 万亩、1 565 吨、3.82 亿元，2017 年度缙云县荣获“全国重点产茶县”称号，李强同志事迹被缙云县委县政府拍摄成纪录片《大山之子》。在淳安文昌镇，通过建立优质高效生产示范茶园、标准化茶叶示范加工厂、扶持成立茶叶专业合作社等措施帮助发展茶产业，文昌镇已发展成为淳安县 9 个茶叶强乡镇之一，全镇茶叶收入从 2002 年的 554 万元增至 2017 年的 3 100 万元，茶叶产值约占农业总产值的 25%，带动当地农民增收致富明显。

开展“专家联县”和结对帮扶，助力乡村振兴。茶叶所 2012 年制订了《关于开展“专家联系服务产茶县”活动工作的指导意见》，成立“专家联县”工作办公室。先后与四川宜宾、广元、巴中、乐山，湖北恩施、宜昌，陕西汉中，甘肃陇南等贫困地区的 59 个产茶县政府建立科技合作关系，每一个合作产茶县确定一位“联县专家”，由“联县专家”组织服务团队，就当地的茶产业发展规划、新品种选育、茶园建设、茶叶加工技术提升等开展深度合作。

在湖北省鹤峰县，通过结对帮扶的 9 年努力，鹤峰县已成为全国产茶县中有机认证茶园面积（含有机转换）最大、认证企业数最多的产茶县。鹤峰县农民人均茶叶收入从 2013 年的 2 890 元提高到 2017 年的 4 680 元，占农民现金总收入的 50%以上，茶产业成为全县精准脱贫覆盖面最广、最稳定的产业。

在浙江省龙泉市塘上村等 10 个贫困村，连续 10 年开展帮扶，通过提供帮扶资金、派出帮扶团队培育优势特色产业、开展茶叶基地建设等措施，帮助结对村基本消除了低收入农户，先后 4 次被浙江省委省政府评为结对帮扶先进单位。

在四川省广元市，连续 20 年派出科技人员开展帮扶，通过引进中黄 1 号、中黄 2 号两个特异茶树新品种，广元已成为全国最大的黄化茶种植和生产基地，两个品种的投产茶园亩均产值超过 3 万元，累计新增收入超过 3 亿元，茶农年均收入超 4 000 元，是帮扶前的 50 倍。帮扶专家白堃元研究员被广元市授予“荣誉市民”称号。

服务好茶区，促进茶产业转型升级。大力开展科技成果的转化应用，2016—2018 年，在贫困地区推广新品种 7 个，新产品 12 个，新技术 49 项。服务好贫困地区的产茶县，推动茶产业发展，助力乡村振兴。

茶叶所从 2013 年开始作为技术支撑单位全面参与四川省巴中市茶产业“双百工程”，先后在平昌县、南江县指导建立了 3 个产业科技园，其中 2 个园区先后被评为四川省省级农业科技园、国家 4A 级景区，1 个园区被评为省级三产融合示范园区，平昌县科技园区所在村由当地著名贫困村发展为新农村建设示范村和国家科技部科技示范村。

湖南省古丈县是国家级贫困县，陈宗懋院士为助力古丈产业扶贫，根据自身专业优势，以推广茶树病虫害绿色防控技术为抓手，从保障茶叶质量安全，推动古丈茶产业健康发展。2018 年陈院士及其团队成员前往古丈县 6 次，从茶树病虫害发生情况调研、绿色防控方案设计、绿色防控方案落实推进、效果评估等方面全方位提供技术指导。

服务好茶企，助力茶农增收。茶叶所通过科技支持贫困地区的茶企，2016—2018 年服务贫困地区茶企 376 家，通过企业带动周边贫困户增收脱贫，推动当地茶产业发展。

云南双江勐库茶叶有限责任公司位于滇西边境临沧，2002 年还是个销售额不到 300 万元的小企业，茶叶所科技人员从 2003 年开始扎根临沧茶区提供技术服务，通过 15 年的努力，目前公司已成为农业产业化国家重点龙头企业，年产值 3 亿余元。通过茶叶所协助构建的“公司+协会+农户+基地”管理模式也已初见成效，带动了周边茶农脱贫致富。

陕西省紫阳县地处秦巴山区，为国家级贫困县，茶产业是紫阳县第一支柱产业。2016 年茶叶所开始为紫阳焕古庄园富硒茶业科技有限公司提供技术服务，帮助企业创新研发“硒香茶”系列产品。第二年企业就新增销售额 5 000 万元，不仅公司收购茶农的鲜叶价格每千克增长了 40~80 元，由于新产品效益好，公司还集中周边中小型加工企业合力生产“硒香茶”，使得周边茶农增收，也推动了当地茶产业的发展。

发挥智库作用，为政府决策献计献策。茶叶所为推动贫困地区茶产业发展，积极开展调研，撰写决策咨询报告，为政府宏观决策献计献策。2016—2018 年为西藏林芝市，贵州贵定县，湖北巴东县、镇巴县，四川乐山、夹江县、长阳县等市（县、镇）编制了 9 份茶产业发展规划。

典型案例 3

科技引领扶贫路　产业花开田凤坪
——油料所精准扶贫工作情况

油料所坚持贯彻“四个全面”战略和五大发展理念，按照党中央决胜全面建设小康社会的重大部署和湖北省委有关安排，成立驻村工作队开展精准扶贫工作，把精准扶贫工作作为落实习近平总书记“三个面向”“两个一流”贺信精神的重要举措、检验研究所责任担当的重要衡量标准、彰显农业科研“国家队”作用的重要抓手。

所领导班子第一时间深入精准扶贫对口驻点的湖北省恩施市田凤坪村实地调研，立足当地实际和油料所科技、人才、平台等优势，确定了科技帮扶与选育推广适合当地的品种和生产模式相结合、推进发展与人才培养相结合、整村推进与带动周边区域发展相结合、驻村帮扶与专家组团指导相结合的工作思路。

经过帮扶，至 2018 年 10 月该村实现村集体经济收入比上年翻一番，贫困户人均收入比上年增长三成，全村人均年收入增加 300 元，贫困户减少 112 户。驻村工作队连续两年获得湖北省委“工作突出的驻村工作队”称号，两名同志分别获得工作突出的第一书记和队员称号。

推广先进技术　优化产业结构

针对山区特点，整合新技术、新成果，大力集成推广“油菜树”“三超四省”“玉豆带状复合套种”等绿色高产高效种植技术，建设油料所试验示范基地，初步形成了油菜、大豆、马铃薯、油茶四大种植产业。通过规划种植区域、免费发放良种、自筹资金设立种植补贴、采用保护价收购，建立起产业帮扶的长效机制，引导全村发展了优质油菜 4 500 余亩、黑大豆 1 200 余亩，惠及 600 余户农民，其中贫困户近 200 户。先后邀请各领域农业专家开展各类技术培训 23 次，发放技术资料 2 000 余份，培训农户 1 000 余人次。通过开展病虫害防治，发放马铃薯、大豆病虫害防治农药，有效控制了马铃薯晚疫病和大豆根腐病的发生，为全村挽回约 100 余万元的直接经济损失。通过推广新种植技术，油菜最高亩产量达 300 千克以上，大豆单产增加 30%～50%，实现了当地油菜产量和大豆种植效益翻一番的目标，每亩地年增收可达到 1 000 元以上。

发展新业态　带动融合发展

针对田凤坪村村企数量少、发展缓慢等问题，带领村支两委到江苏句容、湖北武汉等地学习先进发展经验，制定村级产业鼓励奖补政策。通过引导和支持，开通了屯堡乡第一家村级快递服务中心，成立了油料、养殖等各类专业合作社 11 个、加工厂 1 个，成立了硒农牧业农村电子商务中心等电商平台和 3 家农家乐，成功注册商标 1 个，每天解决了近 50 人的就业问题，通过推进农业全产业链开发，实现了一二三产业融合发展。

利用田凤坪村丰富的自然景观和人文景观，推动农旅结合。通过免费给村民发放 5 万株牡丹和芍药苗，建设村口实景花园和“318”公路沿线牡丹花长廊。通过举办“油菜花旅游节”等活动，挖掘展示土家民俗文化，每年吸引到村里游客 3 000 余人次，增加经济收入 15 万元，壮大了村级经济基础。

加强销售帮扶　增加农民收入

针对田凤坪村油菜、番薯、马铃薯等优质农副产品分散、不集中、不成规模，导致农产品收购成本高、销售困难的问题，主动联系农产品收购公司企业，商定村企合作方案，签订保护价收购合同。目前，已与种子公司签订油菜、大豆中长期收购合同，对村里优质油菜、大豆分别以高于市场价 10% 的价格进行收购。已累计帮助村里销售油菜籽、大豆、马铃薯、大蒜等农产品 16. 9 万千克，鸡蛋 20 000 万余枚、土鸡 2 000 多只、土猪 30 多头、200 羊余头，为村里农户带来收益 160 余万元。

维护生态环境　建设美丽乡村

田凤坪村大坪组有约 100 余亩土地因煤矿开采、硫黄冶炼、石灰煅烧形成高低不平、重金属和有害物质超标的废弃地，严重影响周边居民生活和身体健康。通过申请环保项目资金，采用植物修复技术、废物循环利用技术进行修复，经过近 3 年的努力，100 亩废弃矿渣地变成了绿洲，既美化了村庄环境，又增加了村集体收入。同时，积极加强村级公路等基础设施建设，帮助解决养殖合作社禽畜粪便处理问题，村民用水、出行条件大幅改善，为推进美丽乡村建设、发展乡村旅游打下了坚实的基础。

典型案例 4

发挥联盟优势　助推产业脱贫
——全国马铃薯主食化产业联盟扶贫工作情况

自 2015 年全国马铃薯主食产业联盟成立以来，联盟秘书处中国农业科学院农产品加工研究所在部院领导的亲切关怀与大力支持下，深入贯彻落实中共中央关于精准扶贫和乡村振兴的指示精神，依托联盟平台优势，带动九省七市经济迅猛发展，以推进全国马铃薯主食化产业发展为抓手，促进贫困地区经济发展，农民增产增收，助力农村一二三产业融合发展。

一、充分发挥联盟平台资源优势，以开展联盟年会活动为契机，助力贫困地区引智引资，推动区域经济发展

联盟连续 4 年先后选定甘肃定西、黑龙江克山、陕西定边、山西岚县等贫困市县作为联盟年会活动举办地，通过开展联盟大会、马铃薯主食化产业“十大”评选、展览展示与招商引资、地域马铃薯产业现状发展考察、马铃薯产业发展高端论坛等丰富多彩的活动，汇集“产学研政银”各方优势资源齐聚贫困地区，为年会活动举办地马铃薯产业一二三产业融合发展献计献策。先后在甘肃定西、黑龙江克山、陕西定边、山西岚县等地建立了马铃薯主食化研发中心、专家工作站，助力当地马铃薯主食化产业水平提升。成功推动陕西金中昌信、甘肃巨鹏、秦皇岛原滋味等马铃薯主食化加工项目落地建设，投资总额超 10 亿元，延伸当地马铃薯产业链，提高产品附加值，促进企业增效，农民增收。

二、积极开展马铃薯产业调研，开展技术培训，制定地域马铃薯产业发展规划，助力区域技术创新能力提升

近年来，联盟秘书处积极组织加工所马铃薯主食加工专家前往甘肃、宁夏、陕西、山西、内蒙古、湖北、四川、云南、河北、广西等省（区）数十个县市开展马铃薯产业扶贫调研共计 150 余人次。加工所戴小枫所长、张泓研究员、胡宏海副研究员等先后前往定西、固原、恩施、定边、岚县、围场等马铃薯主产区开展马铃薯主食化产业发展培训数十次，培训相关人员 1 万余人，提升了当地政府、企事业单位、合作社、种植大户对马铃薯主食化战略的认识，拓宽了思路，凝聚了共识。加工所马铃薯主食化研发团队与陕西金中昌信、甘肃巨鹏、秦皇岛原滋味等马铃薯主食化加工企业建立长期战略合作协议，建设完成马铃薯原料基地、仓储设施以及马铃薯主食加工系列生产线，实现了

马铃薯全粉、马铃薯主食复配粉、谷物片、面条、烤馕、甜甜圈、牛角包等50余种马铃薯主食产品工业化、连续化、自动化生产，极大提升了马铃薯加工产业技术水平。与黑龙江齐齐哈尔、克山、固原、定边、岚县等地方政府开展战略合作，制定当地马铃薯产业发展规划，打造了定边旅游文化节、岚县土豆花开旅游文化月等一二三产业融合发展模式，推动地域经济发展，助力精准扶贫。

三、积极谋划开展马铃薯主食消费引导与宣传，推动马铃薯主食化品牌建设

在各大媒体对联盟大会活动进行了广泛报道宣传，提升定西、克山、定边、岚县等贫困市县马铃薯的知名度和美誉度。积极组织陕西金中昌信、甘肃巨鹏、薯香园、伊口香等贫困地区马铃薯主食加工企业参加首届中国农民丰收节、中国国际薯业博览会、中阿博览会、农交会、世界马铃薯大会等大型博览会，开展品牌推广宣传。组织相关企业参加全国马铃薯主食化产业“十大”遴选活动，多家企业入选马铃薯主食加工产业“十大领军企业”，获“十大品牌、十大主食、十大特色食品、十大休闲食品”等称号。在2018年举办的首届全国农民丰收节系列活动中成功举办中国最美食材品牌马铃薯展示推介活动，给各地马铃薯及其加工产品提供推介品牌产品、展示品牌魅力、实现品牌价值的大舞台，让小小的马铃薯从“救命薯变成温饱薯，从温饱薯变成致富薯，从致富薯变成健康薯”，对于促进新时期我国马铃薯产业发展过程起到深远影响。协助甘肃巨鹏公司成功通过海湾HALAL清真认证，与马来西亚、迪拜等国家签订合作协议，加强了与“一带一路”沿线国家的交流和战略合作。

今后，将继续按照习近平总书记“三个面向”“两个一流”和“一个整体跃升”指示精神，继续深化与贫困地区政府、科研院所、企业单位的合作，以马铃薯主食化为重要抓手，推动贫困地区马铃薯主食化产业发展，促进马铃薯主食加工技术升级，培育马铃薯主食产业龙头企业，带动区域经济发展，促进农民增产增收，助力精准扶贫与乡村战略实施。

典型案例 5

小蜜蜂助力宁夏泾源县精准脱贫
——蜜蜂所科技扶贫情况

宁夏泾源县地处六盘山区，植物品种多、花期长，拥有优越的蜜源植物资源和中华蜜蜂资源，是中蜂养殖的理想之地。但是长期以来由于养蜂技术落后，生态优势和资源优势得不到充分的利用和发挥。2016 年年初，当地政府规划出了依托发展中华蜜蜂养殖产业实现当地农民脱贫致富的发展目标，提出了与中国农业科学院蜜蜂研究所合作，共同推进六盘山区中华蜜蜂养殖产业的发展。蜜蜂所抓住这一契机，全所上下共同努力，撰写规划、专家指导、发放资料、示范培训、疫病防控、蜂场建设等各项任务都精心部署，各部门分工明确，各项工作落实到位，用两年的时间，帮助泾源县创收 3 200 万元，中蜂养殖户户均增收 2 万元左右，把蜂业科技的论文谱写在了宁夏六盘山区的大地上，走出了小蜜蜂助力宁夏泾源精准脱贫第一步。回顾两年来蜜蜂所依靠科技帮助泾源精准脱贫上的工作，有几点值得总结。

一、坚定信心，小蜜蜂在科技扶贫攻坚战中大有可为

为了加强双方在精准扶贫中的沟通和联络，更为了增强地方政府发展中华蜜蜂养殖产业的信心，受蜜蜂所的邀请，2016 年 3 月 21 日，时任泾源县政府马威虎县长一行 7 人来蜜蜂所调研和学习。双方在蜜蜂所举办了一次宁夏六盘山中蜂养殖可行性调研交流会。交流会上蜜蜂所所长王加启、副所长彭文君，以及科技管理处、各研究团队的专家 20 余人与代表团展开了热烈的讨论，蜜蜂所专家对泾源县中蜂养殖产业给予了充分的肯定，为泾源中蜂产业建言建议、献计献策。通过研讨，双方都增强了信心，一致认为，泾源县拥有中华蜜蜂养殖优势和生态优势，中国农业科学院蜜蜂所拥有国家最优秀的蜂业科技专家，通过双方的技术对接，可以切实帮助泾源县实现以中蜂养殖带动农民致富的精准脱贫目标。为了更好开展合作，2016 年 4 月 26 日，蜜蜂所 12 名专家赴宁夏泾源，实地调查了泾源县香山镇沙南村，新民乡先进村，泾河镇冶家村、六盘山镇半个山村、杨庄村、和尚堡村 3 个乡镇 6 个自然村中蜂饲养情况。同时，蜜蜂所专家受邀参加了六盘山（泾源）中蜂产业发展研讨会，泾源县委、县政府、人大、教科文卫、农业等各部门的领导，以及各乡镇负责人、蜂业合作社负责人及养殖大户代表 280 余人参加了研讨会。研讨会上，泾源县人民政府和蜜蜂所正式签署了合作协议，双方今后的合作对接任务更加明确。

二、顶层设计，帮助泾源科学制定中蜂养殖发展规划

经过近实地调研、专家论证，蜜蜂所与当地政府、主管部门共同制定了《泾源县中蜂产业发展规划》《泾源县中蜂产业发展实施方案》，在养殖户培育、蜜源基地建设、养殖帮带、技术指导、蜂产品研发销售、宣传推介、品牌打造等环节进行了科学了规划。通过规划明确了未来 5~10 年泾源县中华蜜蜂养殖产业发展目标，确保了科技助力精准脱贫目标的实现。在促进蜜蜂养殖产业发展壮大的同时，也对促进六盘山区维护生态环境、保持生态平衡作出了贡献。针对泾源县森林覆盖率达 48. 5%，植被覆盖率达 80%左右，境内无工厂、气候温凉、野生蜜源植物种类丰富，尤其是生长着 530 多种中药材的区位优势、环境优势、资源优势，提出了“蜜源固基础、技术促养殖、防疫做保障、市场争效益”的发展思路。在坚持“自繁为主、稳步推进”的发展原则的基础上，结合实际，提出了中蜂养殖合作社、养殖大户帮带养殖示范户的“大手拉小手”和 1 个示范户带动 10 户养蜂贫困户的“1+10”养殖模式，按照“专家+合作社+养殖户”发展机制，确保了中蜂产业的健康快速发展。规划实施两年来，泾源中蜂产业得到了强劲的发展，2016 年年底中蜂饲养规模就翻了一番，养殖户人均收入提高 1 倍以上。全县现有建档立卡户 5 328 户，其中参与中蜂养殖的 1 100 户，占 21%，建档立卡户中蜂养殖量占全县的 64. 5%。

三、所地对接，做蜂业科技扶贫的坚实后盾

为了更好地发挥科技在脱贫中的作用，蜜蜂所结合蜂产业技术体系、地方政府、农技推广部门、养殖能手等不折不扣为当地传授中蜂养殖技术。一是坚持实地调研，结合当地实际开展中蜂养殖。2016 年年初，蜜蜂所 12 名专家赴宁夏泾源，实地调查了泾源县香山镇沙南村，新民乡先进村，泾河镇冶家村、六盘山镇半个山村、杨庄村、和尚堡村 3 个乡镇 6 个自然村中蜂饲养情况、详细询问了当地中蜂饲养中存在的问题。通过实地调研，掌握第一手资料，坚持“问题从生产中来，技术到生产中去”的科学理念，为泾源中蜂产业发展把好技术关，以科技为支撑促进当地蜂业产业发展。二是由蜜蜂所牵头组建专家、县、乡、村四级技术服务团队，通过专家讲座，乡村集中培训和入场观摩培训，电话咨询、微信交流等方式“连帮带”、手把手指导蜂农开展中蜂养殖。三是坚持现场实地指导。为解决广大养殖户在生产中遇到的困难，蜜蜂所 5 名专家受聘为泾源县中蜂技术指导专家，为完成扶贫任务，专家做到了随叫随到，现场指导已经是常态化，与“泾源县中蜂管理服务中心”一道手把手向蜂农传授养蜂专业知识和技术，蜂农的养殖技术水平整体得到了大幅度提高。四是重点开展蜂病防治工作。针对目前中蜂囊状幼虫病频发、防治难等问题，蜜蜂所专家经过论证在当地建立了县级中蜂疫病监控站 1 个、乡级疫病监测点 4 个，通过大力推广抗病蜂种选育、饲养强群等综合技术，杜

绝了中蜂病害的大面积流行和暴发，为规模化饲养奠定了基础。五是重点规范中蜂养殖技术，总结饲养经验，共同编制了《中蜂养殖实用技术手册》，制定了《泾源县中蜂养殖地方规范》，印发了培训教材与技术服务明白卡，持续向贫困户普及养蜂技术，提高蜂农的技术水平，为中蜂产业发展提供坚强的技术支撑。六是定期举办蜜蜂饲养培训班。几年来与当地政府、农技部门合作举办蜜蜂病害防治技术培训班 20 余期，受训蜂农 3 000 余人次、农技术人员 100 余人次，结合国家蜂产业技术体系工作指导蜂农 1 000 余人次，发放技术资料 1 000 余册，均收到了良好的效果，得到了当地政府和广大蜂农的认可，许多蜂农也通过养殖中华蜜蜂实现了发家致富的梦想。

四、争创品牌，实现蜂产品产业化向纵深发展

为了更好地发挥当地资源优势，蜜蜂所专家提出了泾源要大力发展地标产品的建议。目前当地已经成功注册了“六盘山土蜂蜜”公用商标，申报了“泾源土蜂蜜”地理标志，通过加大“三品一标”[①] 认定使用管理力度，强化了中蜂系列产品制假售假打假执法检查处置。通过积极招引蜂产品加工企业，延伸产业发展链条，为中蜂产业发展提供了“兜底”保障。

五、所地合作，蜂业科技扶贫结硕果

经过 2016—2018 两年来的努力，蜜蜂所在泾源的科技扶贫工作结出了硕果，把蜂业科技的论文写在了大地上。目前，全县共建立中蜂饲养示范场 25 个，示范乡镇 3 个，培育中蜂养殖新型经营主体 42 个，其中合作社 38 家，发展中蜂养殖户 1 515 户，养殖中蜂 3.1 万箱，其中建档立卡养殖户 1 100 户养殖中蜂 2 万余箱，2017 年全年生产销售“泾源土蜂蜜”30 万千克以上，创收 3 200 万元，中蜂养殖户户均增收 2 万元左右。下一步，蜜蜂所将根据泾源县在中蜂扶贫产业发展中的具体需求做好对接，在精准扶贫、品牌培育、人才培养等方面明确目标、制定方案，利用蜜蜂所科技、人才、信息等方面优势结合泾源县资源优势共同推进产业科技创新和成果转化。在精准脱贫、精准扶贫攻坚阶段，蜜蜂所将尽最大努力为泾源县中蜂扶贫产业提供有力的科技支撑，实现共赢。

---

① “三品一标”指绿色食品、有机产品、无公害农产品及农产品地理标志。

典型案例 6

情满援疆路　绵绵农科缘
——第七批援疆干部杨秀春同志先进事迹

杨秀春，女，1975 年生，河北迁安人，博士，研究员，硕士生导师。自 2004 年到中国农业科学院农业资源与农业区划研究所工作起，杨秀春一直致力于草原科研工作，先后主持国家自然科学基金、国家国际合作项目课题等 30 多项。作为主要完成人，获省部级科技奖励一等奖 1 项，二等奖 1 项，发表论文 70 多篇，其中 SCI 论文 20 篇，著作 1 部，获国家发明专利 2 项、软件著作权 13 项。近 10 多年，她一直以草原生态研究为事业，为我国民族地区的草原生态建设和牧民生计的提高奉献着青春与热血。

2011 年 8 月至 2014 年 7 月，受中组部和农业部的委派，杨秀春作为中央国家机关第七批援疆干部的一员，怀着无比坚定的信念，毅然奔赴新疆兵团，担任新疆农垦科学院农田水利与土壤肥料研究所副所长。援疆以来，她的足迹遍及北疆和南疆大地，全身心地以自己所学的专业知识服务和奉献于新疆。

建言献策，积极为新疆现代畜牧业的发展服务

新疆是我国六大牧区之一，畜牧业在新疆社会经济发展中占有重要地位。援疆以来，杨秀春先后多次深入南疆四地州、东疆吐鲁番地区和北疆塔城地区调研，了解新疆不同地区畜牧业发展情况。她不畏酷热严寒与交通不便等诸多困难，深入到喀什等民族地区一线，大量走访调查，收集新疆各地畜牧业发展及其存在问题的第一手数据与资料。她克服重重困难，多方联络，广泛拜访各地畜牧局，走进维族村庄，深入到天山牧场，与当地基层领导以及维吾尔族、哈萨克族、蒙古族等农牧民面对面地深入交流，认真倾听当地干部群众对发展新疆畜牧业的意见和建议。

为了更好地了解和掌握新疆草原的基本情况，杨秀春于 2011 年和 2014 年先后两次组织由中国农业科学院、新疆畜牧科学院等单位组成的专家团队赴新疆乌昌地区、阿勒泰地区和伊犁地区考察，总历时 1 个多月，顶着烈日、不畏酷暑，克服路途的遥远，采集到大量珍贵的新疆草原地面样方数据，调研了新疆草原的现状及其退化状况。还冒着高温炎热甚至生命安全，穿越了古尔班通古特沙漠，了解荒漠草场的生态环境和生长状况。

上兵伐谋，规划先行。新疆现代畜牧业的发展与实现是非一日之功所能达成的，应先拿出必要的时间进行事先的系统思考与翔实规划，想明白了，理解透了，再付诸行动，才会起到事半功倍的效果。在深入调研和全面掌握新疆畜牧业发展第一手资料和真实情况的基础上，杨秀春组织并带领由中国农业科学院、中国科学院与新疆农垦科学院

等多家单位专家组成的高水平规划团队，先后编制完成了《乌苏市马吉克牧场生态养殖示范基地总体规划》《新疆特色优质牛羊繁育中心总体规划——喀什地区和昌吉地区》、《新疆喀什英吉沙县畜牧业产业发展规划》等现代畜牧业发展规划报告，为新疆当地畜牧业发展提供了重要的科学参考和决策支撑。正如新疆鑫阳光生物科技有限公司艾尼瓦尔·阿巴斯总经理所说："你们的规划给我们指引了方向，帮我们解决了很大的现实问题，以后我们有事情还会找你们。"维吾尔族企业家的无比信任和充分肯定让杨秀春充满了服务新疆、奉献新疆的信心和干劲。

为民务实，用高新技术解决生产中遇到的实际问题

援疆期间，杨秀春积极深入基层调研，了解新疆一线农牧民生产中遇到的实际问题，围绕新疆土壤盐渍化等难点问题与热点问题，多次到疆内及疆外等地调研，飞行里程多达 10 余万千米，汽车行程近 3 万千米。到农牧部门、走乡镇、进农户家，上田间地头，对新疆土壤盐渍化和干旱现状、严重性以及治理途径有了深入地认识和全面理解。先后申报并主持了兵团博士资金项目——"干旱区棉花膜下滴灌土壤水盐状况的遥感反演与模拟"以及科技支疆项目"干旱区土壤墒情遥感监测关键技术集成及系统研发与示范应用"。利用遥感、地理信息系统等先进的科学技术手段，监测新疆土壤水盐现状及其时空动态变化过程，采用先进的干旱遥感监测方法研究、评价与识别干旱的发生发展过程。杨秀春带领团队还研发出了"干旱区农田旱情遥感监测系统"，不仅可以快速反演地表温度，还可以监测新疆农田干旱的范围和程度，提供可视化的新疆干旱专题图，使新疆农田干旱情况能一目了然。在项目执行过程中，还带动新疆当地科研技术人员积极参与，多次进行野外调研和采样，以及室内样品测定、遥感影像处理和数据分析等工作，搞好传帮带，给年轻人创造更多的工作培训和实践机会。古话说得好：授人以鱼，不如授人以渔。通过援疆科研项目的开展，杨秀春已经为新疆受援单位带出来了一支能"拉得出来、能战斗"的遥感监测技术队伍。

交流合作，全方位地发挥援疆干部的桥梁纽带作用

援疆期间，杨秀春积极联系受援单位主要领导到中国农业科学院考察交流和座谈，就进一步加强科技合作进行深入探讨。为了加强研究所之间的联系，2013 年 3 月中国农业科学院科技援疆活动，新疆农垦科学院水土研究所与中国农业科学院资划所就项目申报、成果转化、人才培养、试验基地建设、农业规划等内容签署了合作协议，这次活动的举办，使两院的合作内容更加深入、合作领域更加广泛、合作渠道更加通畅、合作关系更加密切。杨秀春还积极发挥援疆干部的交流沟通优势、信息搜集优势、专家领导优势，帮助新疆农垦科学院专家申报农业部、科技部、兵团等科技项目，其中，2013 年杨秀春联合受援单位和选派单位申报的兵团科技支疆项目"干旱区土壤墒情遥感监

测关键技术集成及系统研发与示范应用”获批，项目具体由杨秀春组织团队，指导项目执行和实施。此外，为了扩大交流和宣传，杨秀春还积极邀请我国一流科技期刊编辑来院就科技论文的写作与投稿等开展讲座，为提升新疆受援单位的科研成果的水平提供服务。

情系新疆，援疆事“结”情“不断”

援疆工作一干就是3年，要做好援疆工作，必须舍“小家”而顾“大家”。尽管现代交通比较发达，但是新疆与北京毕竟相隔近4 000千米，责任感和援疆干部的形象也要求他们必须敬业守岗。在与不在，干与不干，有着天壤之别。杨秀春作为第七批农业部10位援疆干部中唯一的女性，从事援疆工作，3年期间大部分时间都留在了新疆兵团。远离家人和朋友，工作的劳累和繁杂让她白天充满了干劲和激情，然而，夜深人静的孤寂和对亲人的思念却常常拂之不去。孩子小升初的关键时期、母亲腰椎间盘突出和严重的关节炎等，当时因为身在新疆，都不能尽母亲之职、儿女之孝，但她只能把对父母、爱人和孩子深深的歉疚和自责留着心底，努力将之化作动力，用更好的援疆工作成绩来回报亲人们的关心、支持与厚爱。为了新疆的发展，为了祖国“大家”的繁荣与稳定，值得去奉献。

援疆时间上虽然结束了，但援疆的情谊还在延续，援疆的事业还在继续。杨秀春虽然不是新疆人，但通过援疆与新疆结下了深厚的情谊，她现在仍与新疆受援单位同事们保持着密切的联系，俨然成为了他们在京的“亲戚”。2014—2016年，杨秀春3次组队深入新疆西天山和乌昌地区野外考察，应用国产高分卫星数据，积极帮助新疆畜牧科学院草业研究所研发了“新疆草地资源环境高分载荷遥感监测评价子系统”，目前该系统已经投入使用，在新疆草原资源监测评价和生态保护中发挥着积极的作用。此外，在“十三五”重点研发计划中，新疆受援单位与杨秀春所在单位在项目申报和立项实施上仍保持着密切的合作。

党和国家也给了她巨大的荣誉，2014年中央民族工作会议暨国务院第六次全国民族团结进步表彰大会上，杨秀春同志被授予“全国民族团结进步模范个人”荣誉称号，这是农业部系统唯一一位获此殊荣的农业科技专家。3年援疆的宝贵经历，已经成为了她人生中无比珍贵的精神财富。不管以后她走到哪里，她都会骄傲地宣称：她是一名兵团人，她也是新疆的儿女！新疆的发展与稳定，将成为她一生的牵挂！

典型案例 7

太行深山区的“林果县长”
——中国农业科学院林果专家、阜平县挂职副县长刘济伟事迹

刘济伟，男，1958 年出生，中共党员，中国农业科学院郑州果树研究所林果专家、湖北省阜平县挂职副县长。2014 年 7 月，按照中共中央脱贫攻坚战略部署，中国农业科学院选派刘济伟同志到阜平县进行挂职帮扶，任阜平县政府副县长，协管农业、林业和扶贫产业（林果业），并负责县政府与中国农业科学院的对接联系、沟通协调工作。一年挂职期满后，由于工作表现出色，挂职时间又延期两年。

3 年时间里，刘济伟同志牢记组织嘱托，自觉担负使命，坚持把“挂职”当“任职”，把“异地”当“故乡”，全身心投入到阜平脱贫致富建小康的事业中，把自己专长与阜平实际有机结合，积极推动农业产业结构调整，大力发展晚熟桃、苹果、葡萄等优质、高效水果种植，蹚出了一条产业扶贫的新路。目前，阜平县新发展林果 53 000 余亩，进入初果期的果树亩均增收达 4 000 元，预计 2018 年丰果期后，可实现亩均增收 20 000 元左右。阜平林果产业的蓬勃发展得到国务院扶贫办和省市主要领导的充分认可，国家、省、市先后在阜平召开产业扶贫现场会，中央电视台《新闻联播》也进行了宣传报道，当地群众亲切地称刘济伟同志为“林果县长”。

“思路一变天地宽”

阜平为全山区县，人口 23.04 万人，山场面积 326 万亩，耕地面积仅 21.9 万亩，人均 0.96 亩，俗称“九山半水半分田”。过去种植玉米，亩产超不过 1 000 元；种植大枣，由于管理粗放、模式落后，效益低下。刘济伟到阜平挂职后，如何推进农业供给侧结构性改革，调整产业结构，使贫困群众早日脱贫致富，成为摆在他面前的首要难题。

为了深入了解当地林果产业发展现状，他白天深入乡镇、农村和群众座谈交流，晚上加班加点查阅资料，撰写总结报告，分析林果市场需求，经常两三个月不回家。到阜平半年时间里，刘济伟走遍了全县 13 个乡镇的 209 个行政村。

经过深入调研，刘济伟发现阜平县生态环境、土地和水资源条件良好，并且山地冷凉、昼夜温差大，具有发展高效林果产业得天独厚的自然条件。刘济伟向县委、县政府积极建言，先后多次主持召开专家评审论证会，集思广益，就阜平县产业结构调整思路进行讨论、分析、汇总，阜平县把发展林果业当作脱贫致富的重要产业，明确了“以发展苹果、晚熟桃、葡萄等为主的果树种植，全力打造京津冀地区优质特色果品生产供应基地”的产业发展定位，并确定了“集中建设西部高山苹果种植、中北部晚熟桃树

种植、东南部葡萄种植三条林果种植产业带”的发展目标。

为破解林果产业发展资金难题，在刘济伟的主导下，县政府制定出台了《阜平县林果产业发展扶持政策》，参与林果产业发展的企业、团体和个人均可享受金融惠农政策，获得贴息贷款；对新建果园并实行标准化管理种植的企业和个人，给予政策性补贴最高达 3 000 元/亩；凡阜平范围内的农户、家庭农场、农业专业合作社等均可参加农业保险，财政予以保费补贴，对因自然灾害、市场价格波动造成的成本损失，因产品质量安全造成伤亡和损失提供全方位保险保障。

明晰产业发展思路，出台扶持政策，为阜平县调整农业产业结构、推动林果产业快发展明确了方向。

“喊破嗓子不如干出样子”

发展“苹果、晚熟桃、葡萄”等水果种植，对于阜平县大多数农户来说是“新生事物”。为帮助群众转变传统种植观念，让“新型林果种植”在阜平落地生根，刘济伟亲自联系指导，在阜平县重点乡镇建设高标准瓜果种植示范园，用事实和成果来说话，打消群众对林果产业发展的顾虑。

2015 年 3 月，刘济伟指导阜平县固镇村建设葡萄种植示范园。从果园选址到现场施工，他都全程参与指导。按照设计好的园区定植图，帮工人一起拉线、撒灰、开沟、施肥，安装节水灌溉和电力设施。根据当前国内葡萄生产销售情况，挑选出 8 个优良葡萄品种，带领葡萄园负责人奔赴几百千米采购种苗。栽植、修剪、抹芽、吊蔓、掐尖，不错过任何一个环节，为工人讲解相应技术知识，同时严格要求按照技术标准操作。2016 年，葡萄首年挂果，亩产就达到 700 多千克。在周围县市葡萄批发价格只有每千克 3 元左右的情况下，阜平葡萄种植园产出的葡萄因品种优良、管理规范，品质极佳，售价高达每千克 20 元，供不应求。

2015 年，在刘济伟的指导下，阜平县辛庄村建立了第一个礼品西瓜种植示范园。短短 3 个月，示范园便成功种出了富硒礼品西瓜。该品种西瓜因其甜度高，品质好，很快打开了市场，畅销于北京、天津、山西等周边省市，每亩种植收益达到了 4 万元。与此同时，晚熟桃、苹果等果树种植示范园和两个晚熟桃种苗繁育基地，也成功建立起来。

种植园区的成功，激发了农民发展林果产业的热情，带动了阜平林果产业的迅猛发展。仅 2016 年，阜平县就新发展晚熟桃种植 4 400 余亩，苹果 4 600 余亩，葡萄 1 000 余亩，礼品西瓜 150 余亩，改接水果枣 10 000 余亩。其中，礼品西瓜当年总产值达到 600 万元；晚熟桃和葡萄预计 2017 年进入结果期，2018 年达到丰产后，晚熟桃、葡萄、苹果也将陆续进入结果期，未来带动当地群众收入户均可达 1.2 万元。

“门外汉”变成了“土专家”

随着阜平县林果产业发展规模的快速扩大，掌握种植技术，提高种植效益成为当务之急。

为尽快见到效益，经过实践探索，刘济伟将过去桃树的“三股六杈十二个头”树型改为“Y 形”树型栽培模式，通过增宽行距，缩短株距合理密植的方法使每亩地栽培数量比过去翻了一番，既增强了透光性便于机械化作业又使产出的果品优质，大大提高了种植效益。

除了先进栽培模式的推广，施肥、剪枝、病虫害防治、套袋等常规技术，刘济伟事必躬亲。他经常深入田间地头指导果农，不厌其烦地讲，手把手地教。刘济伟常说，技术服务，面对的是广大农民群众，只有扑下身子，帮助他们解决生产生活中遇到的困难和问题，才能赢得大家的理解和支持。刘济伟坚持自己能到的地方，就自己去；能在田间搞的培训，就不让群众跑腿到县城来；自己能解决的事情，就不劳烦别人。

刘济伟的大部分时间都交给了当地果农，很少顾及家人。“刘县长，果树是不是该剪枝了？”“刘县长，过来给指导指导，俺这样拉枝行不行啊？”……果农和农场场主的一个个咨询电话，成为这位县长的工作任务：不分白天黑夜，他总是随叫随到。

2015 年 11 月，正值阜平县果树秋冬季栽植的关键时期。一天，刘济伟正在阜平镇指导果农种植果树，突然接到电话，他爱人胳膊摔伤骨折需要手术，要他赶紧回去。在工作和家庭的两难选择中，刘济伟歉意地给爱人打电话：“我实在离不开，你先住院，我安排妥当了就回去。”令现场的果农和工作人员深受感动。

刘济伟抓紧时间安排好县里的事情后才回到了郑州，等爱人做完手术拆线后，就立刻带着爱人踏上了返回阜平的列车。就这样，刘济伟白天下乡指导，晚上照顾爱人，直到爱人痊愈。

随着阜平县林果产业的发展，刘济伟觉得单凭自己的力量无法满足果农的技术需求，他建议县委、县政府组建一支县级林果产业技术队伍。经过精心筹备，2016 年 6 月，该县成立了林果特色产业专家服务组，每种果树聘请 3 名实践经验丰富的果树专家，每天在县内巡回指导，为各个果园提供一对一的全方位技术服务，并定期组织果农进行技术培训，提升果农果树种植专业知识。

3 年的时间里，刘济伟走遍了阜平的山山水水，每处果园都留下了他忙碌的身影。“是刘县长让我们由种玉米变成了种果树，由果树管理‘门外汉’变成了掌握技术的‘土专家’，由亩收入不足千元变成了上万元。俺们脱贫致富奔小康的底气更足了！”广大果农从心眼里感激这位“林果县长”。

中国农业科学院
2019年脱贫攻坚工作总结

“打赢脱贫攻坚战，是今明两年必须完成的硬任务，要再接再厉，咬定目标，精准施策，精准发力，按时按质完成脱贫攻坚任务。”这是习近平总书记在2019年两会上向全党全国发出打赢脱贫攻坚战的总动员令，中国农业科学院党组认真贯彻落实，组织院属各单位、各级党组织、专家团队积极面向“三农”工作第一线，集结全院优势科技力量，聚焦农业农村部定点扶贫县、“三区三州”国家级贫困县和中国农业科学院重点帮扶扶贫县，大力开展全方位科技帮扶活动，为脱贫攻坚和乡村振兴提供强有力的科技支撑。全院广大科技人员坚持“脱贫攻坚主战场在哪里，中国农业科学院专家团队就到哪里”的担当精神，积极落实《中共农业农村部党组脱贫攻坚专项巡视整改方案》，全面推进《中国农业科学院科技扶贫行动实施方案（2018—2020）》，2019年全院科技扶贫工作取得了显著成效。

一、提高政治站位，加强政治责任，统一思想，增强脱贫攻坚工作的责任感和使命感

（一）院党组高度重视关于打赢脱贫攻坚战的理论学习

强化“党建+”理念，用好党建“指挥棒”，通过“理论中心组学习”“三会一课”“辅导报告会”和“两微一端”等多种形式平台，开展全方位宣传脱贫攻坚，充分发挥党在科技扶贫攻坚中的政治优势、组织优势、群众工作优势和战斗堡垒作用。结合“不忘初心、牢记使命”主题教育，不断创新党建活动方式，开展院地支部共建，深度助力脱贫攻坚。促进党建工作与脱贫攻坚深度融合，开展精准扶贫、科技下乡活动，帮助农民解决生产实际问题。在扶贫中强化“党建+”理念，形成了院党组、所党委和创新团队支部书记的“三级书记抓扶贫”的格局。全院有54个党支部与地方党支部结对共建，开展组织活动104次，党建成为科技扶贫工作的引领。

（二）院党组开好脱贫攻坚专项巡视整改落实民主生活会

2019年2月，院党组专题召开脱贫攻坚专项巡视整改专题民主生活会。围绕“为打赢脱贫攻坚战提供有力支撑”为主题，认真学习习近平总书记关于扶贫工作的重要

论述和中央脱贫攻坚重大决策部署精神，聚焦脱贫攻坚专项巡视中发现的整改问题，进行对照检查，细化整改落实的工作举措和工作方案，进一步提高对打赢脱贫攻坚战政治性、复杂性和艰巨性的认识，全面总结 2018 年扶贫工作，加强全体党员干部的担当，增强脱贫攻坚的责任感和使命感。

（三）开好“不忘初心、牢记使命”主题教育专题生活会

2019 年 6 月至 9 月，院党组组织院属单位党委开好“不忘初心、牢记使命”主题教育活动。认真组织全体党员原原本本学习习近平关于“不忘初心、牢记使命”和关于“三农”及扶贫工作的重要论述选编。把脱贫攻坚工作同党的主题教育活动融入扶贫攻坚工作中，通过学习研讨，做到入脑入心、知行合一，把思想和行动统一到中央的扶贫工作部署上来，坚定信念，用实际行动践行了党“不忘初心、牢记使命”的要求。

2019 年 4 月 24 日，部党组成员、唐华俊院长深入到四川省简阳市贾家镇快乐村开展扶贫调研，研究快乐村脱贫发展的工作思路，形成了专题报告，为快乐村脱贫致富提出了建设性意见。2019 年 6 月 20 日，院党组张合成书记赴甘肃临潭县结合“不忘初心、牢记使命”主题教育开展扶贫调研活动，广泛听取基层党员群众意见建议，加大对临潭县脱贫攻坚的科技支撑力度，努力打造中国农业科学院科技扶贫的“临潭样板”。

（四）谋划“结对帮扶”主题党日活动，手拉手开展帮扶

针对贫困县基层党组织开展扶贫短缺技术和党建活动单一的问题，院各所扶贫团队党组积极和贫困县基层党组结对帮扶，共同开展主题党日活动。全院 20 多个扶贫团队党支部通过提供资金物资、开展培训等多种形式向基层党支部帮扶，促进基层党建和脱贫攻坚深度融合。38 个党支部与贫困地区党支部开展了共建活动，如院成果转化局党支部与阜平县白家峪村党支部开展“谋划结对帮扶”主题党日活动，全体党员参加，提供共建资金 10 万元，组织各类专家规划白家峪村生态循环农业及后续发展，把先进的发展理念传递到了基层党支部。蜜蜂所扶贫团队通过临潭县基层组织向贫困农户捐赠价值 10 万余元的蜂箱 550 套，用实际行动支持基层支部扶贫建设。郑州果树所第五党支部与阜平县易家庄村党支部签订支部共建协议，深入开展现场技术指导与专家交流，赠送果树种植书籍和种子肥料，开展了富有成效的系列技术服务活动。

二、全面制定行之有效强有力的工作举措，全面推进科技扶贫工作上台阶

（一）制定切实可行的工作方案，集中优势科技力量，开展科技帮扶工作

全面推进《中国农业科学院科技扶贫行动实施方案（2018—2020）》《中国农业科学院科技帮扶重点贫困县工作方案》实施，优先部署农业农村部5个定点扶贫县、院4个重点示范县对接，每县安排1名院领导、1个机关部门、1个牵头研究所、多个产业指导专家组开展科技帮扶，构建“3+N”的扶贫工作体系；“三区三州”89个深度贫困县，每县安排1个牵头研究所和产业指导专家组开展科技帮扶。细化工作任务，明确责任目标，确保每项科技扶贫任务落地落实。根据《中共农业农村部党组关于脱贫攻坚专项巡视整改工作方案》，贯彻落实中央第十四巡视组传达的习近平总书记关于对农业农村部党组开展脱贫攻坚专项巡视的重要讲话精神，院党组制定了《中共中国农业科学院党组关于脱贫攻坚专项巡视整改工作方案》，进一步强化了使命担当和责任意识，明确了19项脱贫攻坚专项巡视整改措施，加大了科技扶贫工作力度，切实为贫困地区产业发展和脱贫致富贡献智慧和力量。

（二）组织专题会议和工作会议，明确整改落实责任，明确科技扶贫的目标和任务

2019年2月，院党组召开脱贫攻坚专项巡视整改专题民主生活会。围绕“为打赢脱贫攻坚战提供有力支撑”，认真学习习近平总书记关于扶贫工作的重要论述和中央脱贫攻坚重大决策部署，聚焦脱贫攻坚专项巡视中发现的问题，进行对照检查，进一步制定好打赢脱贫攻坚战整改落实方案，明确脱贫攻坚整改落实责任。

2019年3月，组织召开了全院脱贫攻坚与乡村振兴工作会议。总结近年来科技扶贫工作成效，部署下阶段的扶贫重点工作。院党组要求全院各级党组织、专家团队、科研人员积极面向“三农”一线，大力开展科技帮扶，为脱贫攻坚和乡村振兴提供强有力的科技支撑。院成果转化局、兰州畜牧兽药所、作物科学所、茶叶所与河北阜平县、甘肃临潭县、黑龙江桦川县、陕西紫阳县4个科技扶贫示范县签署了科技帮扶协议，进一步明确了科技扶贫的指导思想、总体目标、重点任务和保障措施，科技扶贫工作全面推进，成效显著。

2019年6月，院成果转化局和四川省甘孜藏族自治州共同组织召开了科技帮扶对接工作会。以“科技助力脱贫攻坚‘三区三州’精准帮扶”为主题，全面落实“三区三州”深度贫困县科技帮扶任务，推进与甘孜藏族自治州12个深度贫困县的对接帮扶。研究所专家团队和贫困县的同志一起，同乘一辆车，携手开赴科技扶贫第一线，开

展实地调研，制订扶贫计划，研究所领导亲力亲为，组织专家团队，开展系列现场培训指导和技术服务活动，得到当地政府和老百姓的拥护和称赞。

（三）认真组织好农业农村部定点扶贫县的科技扶贫工作

按照院党组印发的《中国农业科学院科技帮扶重点贫困县工作方案》，中国农业科学院对部 5 个定点扶贫县，每县安排 1 名院领导总负责、1 个机关部门统筹、1 个研究所牵头、2~4 个研究所参与、多个产业指导专家组（团队、支部）参加，组成科技帮扶团，构建起“3+N”扶贫工作体系。根据各地县自然资源基础条件，每县选择 2 ~ 3 个产业作为主导产业，重点开展新品种推广、绿色集成技术使用和技术培训服务。

蔬菜所：针对龙山县百合产业发展存在的问题，进行技术攻关和技术指导，安排专项资金 20 万元，已组培 50 万粒脱毒种球并在贵州兴义基地培育，再移种贵州兴义基地种球在龙山示范展示；将自育赏食兼用百合新品种“丹蝶”“京鹤”试验示范，推广百合轮作和土壤灭菌消毒二种解除连作障碍的生产技术，改变家庭小作坊生产方式，开展百合食品安全生产标准制定及标准化生产试验示范。

2019 年，中国农业科学院为 5 个定点扶贫县投入科技人员 57 人，专家团队 26 个，帮扶 178 人次；项目投入 2 个，资金 50 万元；选派 1 名处级干部挂职；开展实地调研 27 次，其中所局级调研 17 次；举办技术培训班 14 次，培训人数 656 人次；发放技术资料 35 册；制订规划 12 次；送技术下乡 32 人次；现场指导 50 人次；培养技术人才 81 人次；新建示范基地 13 个，面积 370 亩；推广新品种 2 个，面积 236 亩；新技术 5 个，推广 936 亩。被帮扶企业 4 个，专业合作社 7 个，种养大户 13 个，专业合作社增收 50 万元，种养大户增收 40 万元；党建共建开展活动 6 次；捐赠图书 314 册，其他农资 5 000 千克。

（四）全力组织部署科技帮扶“三区三州”深度贫困县

中国农业科学院党组印发了《中国农业科学院科技帮扶重点贫困县工作方案》，认真落实专项巡视整改的任务，筛选“三区三州”89 个国贫县作为院科技扶贫重点，每县分别安排了 1 个研究所的产业技术专家团队牵头帮扶，重点帮助国贫县引进新品种、新技术、新机械、新模式，明确责任团队，细化工作任务，确保每项科技扶贫任务落地落实。

棉花所：立足南疆，打造科技扶贫“众筹”模式。为推动南疆棉花提质增效和实现贫困人口快速脱贫，以棉花所和西部农业研究中心作为技术支撑单位，新疆中农优棉棉业公司、图木舒克银丰现代农业装备公司牵头，采取众筹合作模式，组建“科研院所+科技企业+合作社+农工农民”的规模化技术经济联合体。在兵团三师 51 团通过土地流转，与 154 户签订土地流转协议，实施面积 1 200 余亩，开展“双 30”优质棉新品种、机采种植新模式、全程农业机械化、农田精准作业、滴灌水肥智能化高产高效技术的集成与示范，辐射带动周边5万亩棉田实现提质增效。形成简约化、可持续、可复制、可推广的优质棉绿色高效综合技术体系，预计核心示范区3年将累计带动350户少数民族农工脱贫致富，每年每户增收1万元。项目引入中国农业科学院和北疆企事单位智力资源，采用线上线下结合的形式培训一线少数民族农工和技术人员1 000人次，创建新型南北疆植棉技术创新应用联合体，提高优良品种和成果转化率，实现少数民族聚集连队和团场的脱贫致富。

2019年，中国农业科学院投入89个国贫县科技人员累计677人，专家团队140个，帮扶4 927人次；投入项目77个，资金2 741万元，其中自筹资金699.5万元，带动其他单位经费1 249万元；选派7名挂职干部人，其中所级1人，处级6人；开展实地调研201次，其中所局级调研101次；举办各类技术培训班1 223次，培训人数3.2万人次；发放技术资料4.9万册；制定规划82次；送技术下乡3 105人次；现场指导8 113人次；培养技术人才1 091人次；展览展示203次；新建43个示范基地，面积1.1万亩；推广新品种92个，面积308.99万亩；推广新产品52个，推广面积1 510.1万亩；推广新技术68个，推广面积5.8万亩；被帮扶企业62个，专业合作社75个，种养大户978个。帮助企业增收3.4亿元，专业合作社增收367万元，种养大户增收1 066.79万元；党建支部共建10个，开展活动15次；院网宣传58次，社会媒体宣传75次；捐赠图书3万册，农资5万千克，水稻种子35 000千克。

（五）加大经费投入，把科技扶贫与扶智扶志有机结合起来

为科技扶贫工作的稳步推进，院里克服经费和各种困难，筹集400万元经费，专项支持4个重点示范县的扶贫工作。同时号召院属各单位想方设法筹措扶贫资金，2019年全院累计筹措扶贫相关资金1.1亿元，其中项目投入资金3 833.9万元，带动其他单位投入资金5 432万元。

基因组所：筹措经费1 303万元，在新疆塔什库尔干塔吉克县推进牦牛品种改良项目、在喀什地区开展盐碱稻种植示范项目、在广西巴马开展大健康农业技术帮扶和农产品助销项目。

茶叶所：作为技术支撑单位和紫阳县合作申报陕西省中央财政引导资金项目250万元，推进紫阳县茶产业科技成果集成转化工作。

郑果所：筹集投入经费390万元，主要用于科技特派员的工作。蜜蜂所沟通北京西城区、保定银行等单位，研究所专家规划设计的河北阜平县马兰村蜂蜜加工厂项目，落实项目资金450万元，大大促进了蜂业扶贫的工作进程。

（六）进一步落实扶贫团队专家人员，一批科技骨干奋战在扶贫主战场

2019 年，根据院属各单位学科分布和专业特点，结合贫困地区的区域特点和产业需求，开展精准帮扶。院属各单位根据本专业特点和优势学科，按照贫困地区的区域特点和产业需求，开展精准帮扶工作，全院累计 642 次扶贫专家团队，2 896 人次科技人员奋战在不同区域扶贫的主战场（包括 8 名院士深入扶贫第一线），累计帮扶 2. 8 万人次；贫困地区开展实地调研 1 283 人次，其中所局级以上领导 415 人次。院所两级选派 57 名精干力量到贫困地区帮扶挂职，其中所级 4 人，处级 43 人，加大统筹协调，形成了脱贫攻坚、科技帮扶“桥梁”和“纽带”的合力。

（七）加强宣传交流，树立典型榜样，引领广大科技人员提升正能量扶贫

院网设立科技扶贫专栏，及时报道中国农业科学院专家团队扶贫工作，2019 年扶贫报道 280 篇，其中要闻 15 篇，扶贫行动 100 篇，典型案例 10 篇，媒体报道 14 篇，图说扶贫 33 篇。建立全院扶贫微信群，及时沟通和报送科技帮扶进展。

中国农业科学院获得 2019 年陕西省安康市“社会扶贫先进集体”荣誉称号。

蔬菜花卉所金黎平研究员荣获 2019 年全国脱贫攻坚奖的创新奖。院党组书记张合成在中央电视台《决不掉队》栏目，就中国农业科学院专家团队投身于脱贫攻坚主战场的扶贫工作，从派专家、送技术、订规划、做示范进行了精彩总结，栏目对兰州牧药所周学辉驻临潭县科技扶贫特派员驻村扶贫事迹进行跟踪报道。

三、科技扶贫和帮扶活动形式多样，先进人物和先进事迹不断涌现，彰显科技扶贫成效

（一）对帮扶对象全面开展技能培训，提高内生动力，带动稳定脱贫致富

针对贫困地区贫困农牧民数量多，难脱贫，农业专业技能人才和企业技术支撑匮乏，我院以技能培训、贫困企业技术帮扶为抓手，带动农民学技术，帮助企业发展新产品、新技术，科技助力脱贫。

2019 年全院开展培训 2 095 班次，培训人数 11. 7 万人次，发放技术资料 9. 82 万册；制定地区发展规划 486 项，参加科技下乡 1. 14 万人次，现场指导 1. 7 万人次，培养技术人才 9 789 人次，展览展示新技术、新产品 545 项。帮助和培育生产经营主体规模经营，带动农民就业增收，增强农业农村发展新动能，促进“稳定脱贫，绝不返贫”。

信息所：2019 年派出 6 个调研组，对青海、云南等“三区三州”贫困地区，进行了“两不愁、三保障”情况调研；建立了援疆援藏专题服务平台，服务申请量 1.2 万篇；举办“科技信息服务西藏发展——NSTL 援疆援藏系列培训活动”，培训西藏 120 余位科研、管理、信息服务专业人员。

院科技培训中心：与共青团中央签署合作协议，共同推动“一懂两爱”人才建设，打造“青年+互联网+乡村振兴”线上继续教育平台，2019 年培训贫困县第一书记、村两委干部、致富带头人、新农人等涉农人员 5 000 多人次，充分发挥农业科研国家队的人才优势作用。

郑果所：2019 年举办各种瓜果技术培训班 100 多次，现场会 10 余次，培训果农 1.6 万余人。组织林果专家 200 多人次深入“三区三州”等推广苹果、梨、桃、葡萄、西瓜等新品种 146 个，累计推广面积 3 万余亩；其中早熟苹果“华硕”满足了西藏林芝地区的果品供销，填补了 8 月初云南苹果的空白，果农人均每亩增收 800 元。

（二）实施科技项目，加强成果转化，建立示范基地，辐射带动脱贫

2019 年全院在贫困地区实施各类项目 321 个，建立示范基地 255 个，集成展示辐射面积 27.5 万亩；推广新品种 377 个，推广面积 5 674.87 万亩；推广新产品 187 个，推广面积 1 623.5 万亩；帮扶企业 346 个，累计增收 50 427.8 万元；帮扶专业合作社 1 299 个，累计增收 5 025.15 万元；帮扶种养大户 3 021 个，增收 8 046.69 万元。

针对贫困地区农业生产发展的瓶颈问题，中国农业科学院不断强化院地合作，项目合作、建立示范基地等多种形式，引领贫困地区创新创业，推进产业持续发展，辐射带动贫困地区经济发展，实现贫困县和贫困人口脱贫致富。

兰牧药：联合蜜蜂所和兰兽研实施“临潭县生态畜牧业试验与示范”项目，安排资金 100 万元，建立 300 只高山美利奴羊种羊繁育示范基地 3 个，辐射带动甘肃临潭县细毛羊养殖户；建立了中天 1 号和甘农 3 号两个牧草示范基地，面积 300 亩；在甘肃古浪县建立 100 只高山美利奴羊种羊繁育示范基地；在甘肃环县引进优质肉用种羊 20 只，建立肉羊杂交模式优化筛选示范规模 2 000 只，建立杂交母本选育基础群 1 200 只，突破制约临潭县现代生态畜牧产业发展的技术瓶颈。

利用自主培育大通牦牛和阿什旦牦牛新品种，在青藏高原牧区 39 个县，辐射新疆、内蒙古、四川、甘肃等区域开展示范推广，牦牛品种及配套技术已成为牦牛产区推广应用的主要新品种和新技术，青海产区每年改良牦牛约 30 万头，覆盖我国牦牛产区的 75%，新增经济效益 15 亿元，推广区农牧民年增收 2 万元以上。

蜜蜂所：在甘肃临潭、湖北来凤、陕西宁陕等贫困县开展特色养殖扶贫，建立示范蜂场 8 个，推行“公司+村集体/创业者+农户”模式。2019 年临潭县蜂群 8 900 群，产蜜量 21.5 吨，实现销售 229.2 万元；来凤县新增中华蜜蜂 8 000 群，并辐射带动邻近 3 个贫困县；宁陕县发展蜂群 3 万箱，产蜜量 200 吨，收入 1 500 多万元，有 516 户贫困

户户均增收 4 000 元以上。蜂产业助力脱贫攻坚工作，得到了中共中央办公厅主任丁薛祥考察宁陕脱贫攻坚工作时的高度评价。

蔬菜所：中国农业科学院副院长王汉中带领专家团队，为农业农村部定点扶贫县湖南龙山县揭牌，建立蔬菜花卉所龙山百合良种繁育试验示范基地，蔬菜所筹措 40 万元百合扶贫专项经费，帮助该基地发展成为全国最大的百合生产基地，县域第一大支柱产业，种植面积 8. 3 万亩，产值 9. 8 亿元，带动就业 5 万种植户，覆盖全县建档立卡贫困户 1. 2 万户，4. 5 万人。在新疆和田地区示范种植大马士革玫瑰，解决玫瑰培养繁殖技术的关键问题，2019 年新增种植面积 10 万亩，并发展成为当地最具发展潜力的项目之一。

作科所：在黑龙江桦川县推广了稻米优质绿色生产、提高稻米品种的加工增值技术、鲜食玉米绿色标准化生产、玉米秸秆还田保护性耕作和功能型大豆窄行密植高效种植技术等 5 项技术。推广示范新品种（系）48 个，包括北方寒地优质特色水稻品种龙粳 1525、中农粳 179、龙粳 1740、中农粳 5 号等 12 个，鲜食玉米生产优质品种垦粘 1 号、金糯 262、万糯 2000 等 10 个，功能型大豆品种黑农 84、宾豆 1 号、东农豆 252 等 12 个，特色杂粮杂豆绿豆、小豆、红豆、豇豆等 14 个。

（三）立足当地特色产业和优势资源、推广成果技术、大力开展科技服务

以产业扶贫为引领，推动贫困地区要脱贫致富和农业发展，支持发展具有本地特色的产业，做大做强县域经济，我院持续不断地为贫困地区开展科技服务，从技术水平上支持特色产业发展，同时结合现有的绿色提质增效技术的研究与示范，持续助力贫困地区特色产业做大做强。

2019 年中国农业科学院大力开展贫技术服务活动，举办各类技术培训班 2 095 次，培训人数 11. 7 万人次；发放技术资料 9. 82 万册；制定规划 486 次；送技术下乡 1. 14 万人次；现场指导 1. 7 万人次；培养技术人才 9 789 人次；展览展示 545 次。推广新品种 377 个，推广面积 5 674. 87 万亩；推广新产品 187 个，推广面积 1 623. 49 万亩，其他牛羊 429 头；新技术 392 个，推广 4 922. 93 万亩。

烟草所：联合四川省烟草公司凉山州公司在凉山地区推广“清甜香优质烟叶研究与开发”项目成果，从气候灾害预警、区域布局、中棵烟培育等几个方面制定推广技术方案，推广 20 万亩，新增产值 1. 68 亿元，烟农增收 1. 28 亿元。

基因组所：2019 年发起成立了盐碱稻（海水稻）研究中心，在新疆喀什地区成立公司，种植海水稻 2 500 亩，带动 2 300 余户合作农户种植脱贫。积极参与深圳市 9 省 57 县市对口帮扶，对接深圳市科创委、对口办等部门，利用番茄、牦牛、海水稻等项目技术筹措资金 1 498 万元，共同推进帮扶地区科技脱贫。2019 年被评为广东省脱贫攻坚工作突出贡献集体。

（四）加强消费扶贫引领，畅通消费扶贫渠道，全方位精准帮扶，加快脱贫致富的步伐

中国农业科学院高度重视消费扶贫工作，积极落实农业农村部《关于在部系统开展消费扶贫活动的通知》精神，通过互联网、微信群等广泛宣传，帮助贫困地区销售农产品累计金额 1.7 亿元，个人及团体直接购买贫困地区农副产品达 87 万元。

宣传引导，自愿采购。推荐贫困地区农产品信息给职工，鼓励职工自发购买贫困地区农产品，工会集体优先采购。油料所干部职工个人消费扶贫湖北恩施田凤坪村 7.73 万元，工会购买 14.5 万元，帮助销售农产品 26.0 万元。

灵活方式，推介销售。院扶贫攻坚领导小组办公室加强全院消费扶贫工作引导，建立院扶贫工作微信群，可以委托驻村工作队员或利用调研、培训等机会团购、代购贫困地区农产品。通过“公益中国”App 在线上或实体店购买。水稻所工会将贵州凯里推荐为职工休假目的地之一。蜜蜂所通过国家优质蜂产品创新联盟等平台科技活动，帮助湖北恩施销售蜂产品 40 余万元。

发挥优势，培育品牌。营养所发挥食物营养方面的学科优势，对四川理塘县高原特色农产品的营养品质分析评价，支撑理塘县的品牌培育。2019 年帮助理塘县在甘孜农特产品产销对接会上签订了 1.7 亿元的高原特色农产品销售合同。

院企合作，精准对接。优先将农业农村部定点扶贫县、院帮扶的重点扶贫县遴选出的水果、畜禽、谷类杂粮、茶叶等优质农产品，作为全院优先选购重点。油料所 2019 年采购农户生产的油菜籽 4 万千克，消费扶贫 26 万元。

加强对接，连通供需。院组织 8 个示范县的 29 家品牌企业、200 多个主打产品，对接第四届京津冀品牌农产品产销对接活动，展览展示和销售县域代表性的品牌农产品，促进产销对接和农产品流通，有效地推动农产品的品牌建设。

四、典型案例

为激励广大干部职工在脱贫攻坚中作出新的更大的贡献，树立典型，中国农业科学院对 2019 年度脱贫攻坚先进集体和先进个人各 10 个予以表彰，其中典型案例如下。

（一）全国脱贫攻坚奖先进个人——金黎平

2019 年 10 月，蔬菜所金黎平研究员荣获国务院扶贫开发领导小组颁发的全国脱贫攻坚创新奖，以表彰其在脱贫攻坚战线上作出的突出贡献。

金黎平长期致力于科技精准扶贫，被多地政府聘请为科技专家和顾问，帮助制订产业发展规划、建立研发基地、推广新品种新技术、培养人才和培训技术人员，推动马铃

薯成为扶贫“金豆豆”。常年带领团队奔波在科技扶贫第一线，足迹遍布 14 个连片特困区的马铃薯主产县，配合制定了《全国马铃薯优势区域布局》规划和产业发展意见。组织带领产业技术体系专家在连片特困区开展了 200 多项试验示范，累计示范推广新品种新技术 500 多万亩、技术培训和指导 1 982 次，发放技术资料 17.46 万份。

注重农技人员培训和当地研究人才培养，多次参加中央人才工作协调小组和地方政府组织的各类科技咨询服务活动，培养“西部之光”学者、西藏和新疆特陪学员和推广硕士 20 多名，培养 2 个马铃薯研究方向的博士。向毕节慈善总会捐赠 50 万元，成立“毕节市慈善总会 · 金黎平 · 毕节助学基金”，每年资助 150 名农村贫困学生，完成学业。

（二）先进科技扶贫集体——油料所驻湖北恩施田凤坪村精准扶贫工作队

油料所驻恩施田凤坪村工作队，结合单位优势，探索出“三保障、五统一”的“油菜良种繁育与观花旅游”科技扶贫模式。“三保障”指品种技术保障、合作社种子生产保障和种业公司订单收购保障，“五统一”指统一免费供种、统一技术指导、统一质量标准、统一加价回收、统一花海打造。推动扶贫地区油菜品种更新换代，种植水平和产量大幅提升，良种使用率达 80%以上。2019 年根据繁育标准收购种子 3.5 万余千克，惠及 100 多贫困户。每年油菜种植收入 180 多万元。

工作队指导贫困户种植羊肚菌，成立羊肚菌专业合作社，打破了羊肚菌“投入大、技术不过关、种植入不敷出”的局面。通过“合作社+温棚促早+企业收购”的模式，羊肚菌每亩纯收入达 1 万元以上。播种的空档期，配套“西瓜—辣椒”“西瓜—茄子”等品种和技术，亩收入再增加 8 000 元，实现“食用菌—高山蔬菜”周年绿色高效目标。

油料所驻恩施田凤坪村工作队，立足油料产业发展，着眼脱贫攻坚与乡村振兴衔接，提出“三花两菜”农旅结合发展模式。在江西婺源春季“油菜花海”已初具规模，反季节油菜花示范成功。创新性提出“121X”发展模式。“1”指一个高山试验基地；“2”指前面两种产业模式；“1”指一种保障制度，即成立了农业科技服务队；“X”指多元配套发展，包括发展藤茶 500 亩实现亩收入过千元，探索“青贮玉米—牧草大豆种养结合增效”模式实现亩产高蛋白青贮饲料近万斤，完成马铃薯晚疫病和核桃炭疽病防治实现丰产丰收，整合电商平台资源等，带动产业多层次发展。

（三）扶贫工作突出的研究所——加工所

加工所依据云南永胜县贫困县的地域优势及产业结构特点，用甘薯一二三产业融合发展的扶贫模式科技帮扶。提供本地种植优质甘薯品种 10 个，种植面积 1 000 亩；带动当地甘薯产业发展，累计产值 800 余万元，120 多人脱贫致富。在南疆建立花生加工专用品种示范基地160亩；与新疆北合花生种植合作社在克拉玛依建立花生专用品种原料基地2 000亩，解决了新疆花生种收储运及品质劣变问题，带动了当地企业的发展，增加了农户种植花生的积极性，助力当地花生产业发展。

在第二十二届投洽会上，加工所为贫困地区企业免费提供展台展位，搭建科企对接平台推介特色产品、发布技术需求，现场科企对接签约金额810万元，有效助力贫困地区脱贫。组织开展培训基层农技人员、新型农业经营主体等各类人员1 000多人次。

王凤忠所长援藏期间，赴藏区40县对青稞、牦牛、藏猪、特色农产品加工进行调研，开发了年产4万吨青稞米的区内最大生产线，青稞米列入国家扶贫产品采购名录，达产产值8亿元，带动脱贫3 000余人；创新性地提出“飞地扶贫”的产业扶贫模式，为贫困区脱贫致富提出了一条有自治区特色的扶贫方案。

五、2020年科技扶贫重点工作

（一）进一步加强“三区三州”深度贫困县、部定点扶贫县、院重点帮扶贫困县的扶贫力度，科技赋能助力精准扶贫和脱贫致富

结合中国农业科学院科技创新和成果转化工作，全面推进《中国农业科学院科技帮扶重点贫困县工作方案》，对农业农村部5个定点扶贫县、院4个科技扶贫示范县、“三区三州”89个深度贫困县，发挥农业科研国家队作用，持续加大科技扶贫力度，重点做好引进新品种、新技术、新机械、新模式，开展产业扶贫技术咨询和科技服务活动，解决农业生产中的技术难题，指导当地主导产业发展，为打赢脱贫攻坚战提供科技支撑。

（二）继续争取扶贫资金支持力度，深挖贫困地区特色产业优势，为科技扶贫和乡村振兴插上翅膀

继续发挥中国农业科学院在人才资源、技术成果、创新联盟平台的科技优势，保证院基本科研业务费800万元作为扶贫资金经费、持续支持科技扶贫，做好产业扶贫。继续争取农业农村部、财政部在脱贫攻坚扶贫资金和乡村振兴项目支持，结合绿色增产增效模式、产业技术服务等工作，加强帮扶贫困地区农业企业、专业合作社等生产经营主体，带动社会资源，发展优势特色产业，科技支撑脱贫攻坚，助力乡村振兴。

（三）选派优秀科技人员，到脱贫攻坚和乡村振兴的第一线、主战场挂职工作，助力科技扶贫和乡村振兴

按照院党组《中国农业科学院关于进一步推进人才队伍建设的若干意见》部署，

进一步落实院脱贫攻坚与乡村振兴工作会和院人才工作会精神，继续推荐研究所专业特长和地方需求的科技骨干，择优选派到贫困地区挂职，建立援派挂职人员信息库，健全脱贫攻坚与乡村振兴有机衔接的人才培养长期有效制度机制，抽调精干力量到院 4 个科技帮扶示范县挂职，推进院重点示范县扶贫进程，当好当地政府的“参谋”，成为扶贫专家团队的好“助手”，形成科技帮扶的“桥梁”和“纽带”，锻造成为科技扶贫和乡村振兴的重要力量，推动脱贫攻坚决战决胜全面顺利完成。

（四）继续加强贫困地区技术人员的培训培养力度，提升贫困地区脱贫攻坚、稳定致富的内生动力

进一步发挥院科技培训中心的优势效能，推进扶贫扶智人才培养。一是安排举办 3 期高新技术讲习班：为陕西安康地区产业扶贫和贵州黔南地区现代农业发展分别举办 1 期；二是为江苏东海县和四川邛崃市分别举办 1 期乡村振兴培训，举办农村厕所改造工程培训 1 期；三是“西部之光”访问学者、少数民族特培学员的培养管理和服务，做好访问学者、新疆特培人员的访学培训；四是完成中国科学技术协会委托的、人社部委托的知识产权转化应用培训各 1 期。根据贫困县的生产实际和技术需求，组织开展针对性的技能培训，通过集中教学形式，提高贫困地区种养大户、专业合作社、涉农企业的技术与管理人员的综合能力和水平。

（五）进一步做好脱贫攻坚和乡村振兴的宣传工作，组织好 2019 年先进评选表彰工作

树立典型，表彰先进，激励广大干部职工在脱贫攻坚中作出更大贡献，组织 2019 年科技扶贫与乡村振兴先进集体和个人评选表彰工作。做好科技扶贫的宣传工作，大力宣传科技帮扶的新进展、新经验和新成效。深度发掘科技帮扶工作的典型事例和典型人物，加强宣传激励，引导更多团队、专家积极投身脱贫攻坚和乡村振兴。

湖南省人民政府　中国农业科学院
战略合作框架协议

为维护国家粮食安全和农产品有效供给，实施好乡村振兴战略，推动农业供给侧结构性改革，促进农业农村经济和一二三产融合发展，湖南省人民政府（以下简称湖南省政府）与中国农业科学院（以下简称中国农科院）经友好协商，达成以下战略合作框架协议。

一、合作目标

大力推进科技创新、成果孵化、人才培养和资源聚集，着力解决制约湖南农业发展的关键问题，推进区域农业结构调整、转型升级和提质增效，深入实施乡村振兴战略，加快推进湖南农业农村现代化、实现湖南由农业大省向农业强省跨越，为建设富饶美丽幸福新湖南提供有力的科技支撑。

二、合作内容

充分发挥双方的科技优势和资源优势，建立农业科技合作长效机制，实现优势互补、资源共享，提高湖南农业科技创新能力，促进科技与地方经济结合，构建布局合理、资源共享、运转高效的农业科技创新体系。

（一）共同开展农业农村重大战略研究。将湖南省农业农村发展重大战略和科技需求纳入中国农科院科技创新工程体系。双方围绕农业供给侧结构性改革、农业转型升级、精细农业发展等重大战略问题，共同组织有关专家，不定期开展政策研讨和咨询活动。中国农科院积极参与湖南省农业产业政策、发展规划、农业科技规划的研究制定和组织实施。

（二）共同组织申报国家重大科研项目。围绕国家粮食安全和乡村振兴战略，双方组织专家联合开展科技攻关。中国农科院每年派出相关领域专家到湖南工作，在组织申报国家科研项目时，优先考虑湖南农业科研机构作为协作单位；湖南省政府积极组织涉农科研、教学、企业等单位参与科技合作，利用双方各自优势，共同组织申报国家重大项目。

（三）共同组织开展农业重大技术协同创新。针对湖南亟须解决的关键技术瓶颈问题，启动设立农业科技协同创新专项或推动设立重点研发计划，中国农科院组织优秀专家与湖南省有关专家组成联合创新团队，开展协同攻关。重点在农田重金属污染治理与源头防控、南方特色农作物种质资源创新与利用、农业现代装备与全程机械化、农作物和畜禽品种改良与绿色高效生产等方面启动合作研究。

（四）共同建设农业科技创新平台与示范基地。在湖南省共建农田面源污染治理、天然纤维植物功能开发、华中地区特色蔬菜等农业重点实验室，特色果蔬、饲料植物、乳品等工程技术研究中心，国家农业大数据中心湖南分中心、红壤土生态数据中心、微生物资源中心等创新平台。结合湖南省实际，共同打造 2~3 个国家级现代农业科技创新与示范基地。集聚双方优势科技资源，开展深入合作，服务、支撑和带动地方产业发展。

（五）共同推进农业科技成果转移转化。中国农科院优先将成熟的农业产业化技术在湖南省推广应用，使中国农科院的科技成果和双方合作成果在湖南落地生根，在省内选择典型县市区，推进乡村振兴科技支撑示范点建设。以科技引领产业发展，助力乡村振兴和精准扶贫战略实施。湖南省政府为中国农科院成果转化在政策、平台、资金、人才等方面提供支持。

（六）共同组织实施农业科技人才培育计划。进一步加强人才交流与合作。中国农科院优先接收湖南选派的科技人员、管理人员、中高级人才到院属单位开展合作研究和挂职锻炼，推荐优秀科技和管理干部到湖南省市州或科技机构挂职，将最新的科研成果带到湖南转化落地，帮助解决当地农业产业发展的热点难点问题，将湖南建成中国农科院人才培养锻炼的基地。湖南省有关部门为中国农科院的挂职干部在工作和生活方面提供便利。

（七）共同支持中国农科院在湖南省的科研单位建设。充分发挥湖南省政府属地优势，在学科团队建设、平台基地建设、项目申报与成果奖励、科技成果转化、人才培养、党建和精神文明建设等方面，对中国农科院麻类研究所（南方经济作物研究中心）、中国农科院资源区划研究所祁阳试验站、中国农科院环境保护科研监测所湘潭试验站给予支持。

三、保障措施

（一）建立沟通交流机制。建立会商制度，定期或由一方提议召开联席会议，研究解决相关实际问题，并形成会议纪要或会议备忘录。

（二）建立项目执行机制。湖南省政府与中国农科院共同组织实施科技合作项目，双方依法提供优惠合作政策，保证科技合作项目顺利实施。

（三）落实合作保障条件。围绕具体合作内容，双方在人才团队、平台基地、经费投入等方面依法给予优先保障和支持，完善资金配套和相关支持政策，加大科技资源投入，加强协同创新团队建设，建立长期稳定和行之有效的保障机制，共同推进实施合作任务。双方共同确定的重大科技协作项目由双方共同安排项目经费。具体合作单位另行签署专项协议或合同。

四、附　则

（一）协议中未尽事宜，由双方研究商定。

（二）双方对本框架协议有关的讨论及谈判过程中涉及的保密信息，非经对方允许，不得向外披露。

（三）本协议一式四份，双方各持两份，具有同等法律效力。本协议自双方法定代表人（或授权代表）签字并加盖公章之日起生效，期限五年。

湖南省人民政府

法定代表人（或授权代表）：

2019 年 4 月 23 日

中国农业科学院

法定代表人（或授权代表）：

2019 年 4 月 23 日

湖北省人民政府　中国农业科学院 战略合作框架协议

为贯彻落实习近平总书记视察湖北重要讲话精神以及对中国农业科学院建院60周年的指示精神，做好农业科研“三个面向、两个一流、一个整体跃升”，维护国家粮食安全和农产品有效供给，实施好乡村振兴战略，推动农业供给侧结构性改革，促进农业农村经济和一二三产融合发展，湖北省人民政府与中国农业科学院共同决定建立长期稳定的农业科技合作关系，加强农业科技创新与务实合作，达成本协议。

一、合作宗旨

按照互惠互利和共同发展原则，充分发挥双方的科技优势和资源优势，建立农业科技合作长效机制，实现优势互补、资源共享，提高湖北农业科技创新能力，促进科技与地方经济结合，构建布局合理、资源共享、运转高效的农业科技创新体系，发挥科技创新、成果孵化、人才培养、资源聚集的多重功能，着力解决制约湖北农业发展的关键问题，推进区域农业结构调整、转型升级、提质增效，加快推进农业农村现代化、实现湖北由农业大省向农业强省跨越，为建设富饶美丽幸福新湖北提供有力的科技支撑。

二、合作内容

（一）共同组织开展农业重大技术协同创新

针对湖北亟须解决的关键技术瓶颈问题，启动设立农业科技协同创新专项或推动设立重点研发计划，中国农业科学院组织优秀专家与湖北省有关专家组成联合创新团队，开展协同攻关。重点开展动植物种质资源创新和新品种培育、农业生物技术、生态环境保护、农业机械化、农产品精深加工与食品安全、污染治理与循环利用等领域的协同创新。

（二）共同组织申报国家重大科研项目

围绕国家粮食安全和乡村振兴战略实施，双方组织专家联合开展科技攻关。中国农业科学院每年派出相关领域专家到湖北工作，在组织申报国家科研项目时，优先考虑湖北农业科研机构作为协作单位；湖北省人民政府积极组织涉农科研、教学、企业等单位参与科技合作，利用双方各自优势，共同组织申报国家重大项目。

（三）共同开展农业农村重大战略研究

将湖北省农业农村发展重大战略和科技需求纳入中国农业科学院科技创新工程体系。双方围绕农业供给侧结构性改革、农业转型升级、精细农业发展等重大战略问题，共同组织有关专家，不定期开展政策研讨和咨询活动。中国农业科学院积极参与湖北省农业产业政策、发展规划、农业科技规划的研究制定和组织实施。

（四）共同组织实施农业科技人才培育计划

进一步加强人才交流与合作。深化研究生教育合作，开展全方位、深层次、可持续的研究生培养合作，不断拓展合作领域和创新合作形式。建立学术交流与合作机制，通过定期组织学术交流活动、互派访问学者、短期培训和干部挂职等措施，促进双方的学术交流与人才培养方面的合作，将湖北建成中国农业科学院人才培养锻炼的基地。湖北省有关部门为中国农业科学院的挂职干部在工作和生活方面提供便利。

（五）共同建设农业科技创新平台与示范基地

在湖北省共建农业农村部重点实验室、科学观测站、工程技术中心、国家综合试验基地等重大科技平台建设。结合湖北省实际，共同打造 2~3 个国家级现代农业科技创新与示范基地。集聚双方优势科技资源，开展深入合作，服务、支撑和带动地方产业发展。

（六）共同推进农业科技成果转移转化

中国农业科学院优先将成熟的农业产业化技术在湖北省推广应用，使中国农业科学院的科技成果和双方合作成果在湖北落地生根，在省内选择典型县市，推进乡村振兴科技支撑示范点建设。以科技引领产业发展，助力乡村振兴和精准扶贫战略实施。湖北省人民政府为中国农业科学院成果转化在政策、平台、资金、人才等方面提供支持。

（七）共同支持中国农业科学院在湖北省的科研单位建设

充分发挥湖北省人民政府属地优势，对中国农业科学院油料作物研究所在学科团队建设、平台基地建设、人才培养、项目申报与成果奖励、科技成果转化、党建和精神文明建设等方面给予支持。

三、保障措施

（一）成立合作协调领导小组

湖北省人民政府与中国农业科学院成立由双方领导和有关部门负责人组成的领导小组，领导小组下设办公室，分别设在湖北省农业科学院和中国农业科学院成果转化局，具体负责双方农业科技合作的组织、协调、跟踪和督办等工作。

成员单位为湖北省农业农村厅、省财政厅、省发改委、省科技厅、省农业科学院，中国农业科学院成果转化局、科技管理局、国际合作局、油料作物研究所、环境保护科研监测所、蔬菜花卉研究所、畜牧兽医研究所等相关单位。

（二）建立沟通交流机制

建立会商制度，定期或一方提议召开联席会议，研究解决相关实际问题，并形成会议纪要等正式文件。

（三）建立项目执行机制

湖北省人民政府与中国农业科学院共同组织实施科技合作项目，双方提供优惠合作政策，保证科技合作项目顺利实施。

（四）落实合作保障条件

围绕具体合作内容，双方在人才团队、平台基地、经费投入等方面给予优先保障和支持，完善资金配套和相关支持政策，加大科技资源投入，加强协同创新团队建设，建立长期稳定和行之有效的保障机制，共同推进实施合作任务。双方共同确定的重大科技协作项目由双方共同安排项目经费；湖北省单独提出的科技协作项目由湖北省人民政府安排经费支持。具体合作单位另行签署专项协议或合同。

四、协议附则

协议中未尽事宜，由合作领导小组研究商定。

本协议有效期为五年，签字盖章后生效。期满后，双方可协商续约。

本协议一式四份，双方各执两份。

湖北省人民政府（盖章）

签字：

2019 年 8 月 5 日

中国农业科学院（盖章）

签字：

2019 年 8 月 5 日

四川省人民政府　中国农业科学院
战略合作协议

为全面贯彻习近平新时代中国特色社会主义思想和党的十九大精神，结合四川省资源生态禀赋，借力中国农业科学院的技术研发优势和人才优势，更好服务四川农业高质量发展和乡村振兴，推进四川由农业大省向农业强省跨越。经四川省人民政府与中国农业科学院友好协商，决定建立长期稳定农业科技合作关系，加强农业科技创新与务实合作，达成如下合作协议。

一、合作宗旨

按照互惠互利和共同发展原则，充分发挥双方的科技优势和资源优势，建立农业科技合作长效机制，实现优势互补、资源共享，提高四川省农业科技创新能力，促进科技与四川经济结合，构建布局合理、资源共享、运转高效的农业科技创新体系，发挥科技创新、成果孵化、人才培养、资源聚集的多重功能，着力解决制约四川省农业产业发展的瓶颈问题，推进区域农业结构调整和转型升级，促进四川农业高质量发展，进一步加快实现四川省由农业大省向农业强省跨越。

二、合作内容

（一）共同建立乡村振兴协同创新中心

双方围绕实施乡村振兴战略、农业供给侧结构性改革等重大问题，共同组织有关专家，开展常态化的政策研讨和咨询活动；针对四川省“10+3”现代农业产业体系建设、农民增收、农村生态环境安全等方面存在的重大技术难题，共同建立智慧农业、农业遥感、农业信息、油菜分子育种、水稻分子育种、马铃薯分子育种等农业重点实验室，国家农业大数据中心成都分中心、微生物资源中心、区域种质资源库等创新平台，启动设立农业科技协同创新专项，开展协作攻关，重点在农业遥感监测、数字农业与智慧农业研发及技术集成、农作物种质资源创新和优良品种选育及畜禽育种、耕地保护利用与施肥技术、农作物耕作栽培技术等方面开展合作；四川省政府积极组织涉农科研、教学、企业等单位参与科技合作，利用双方各自优势，共同组织申报国家重大项目，双方提供优惠合作政策，保证重大科技合作项目顺利实施。

（二）共同建立农业科技成果示范推广中心

深入实施“一干多支、五区协同”“四向拓展、全域开放”战略部署，依托四川省现代农业园区、农业科技园区（基地）以及四川省农业科学院、四川农业大学等科研院所的成果转化基地，积极组织中国农业科学院最新科研成果和高新技术以各种形式优先在四川省示范、推广应用，重点开展智慧农业、绿色优质高效、生态安全、高产栽培技术，畜禽繁育、标准化养殖、疫病防控技术集成示范与推广，促进农业科技成果与技术转化在四川落地生根；集聚双方优势资源，共同打造 2~3 个国家级现代农业科技创新与示范基地，联合打造“立足四川、服务西南”的现代农业科技示范推广高地，为四川乃至西南现代农业高质量发展提供技术支撑。

（三）共同建立农业科技人才培育中心

根据四川省乡村人才振兴需求，建立高层次人才交流与合作制度，四川省定期或不定期选派科技人员、管理人员等中高级人才和博士、硕士到中国农业科学院相关单位开展合作研究；积极推进中国农业科学院有关专家到四川开展讲学、举办学术报告等活动，组织、推荐优秀科技和管理干部按有关组织程序到四川省各市（州）、县（市、区）政府挂职；整合全省农业科研院所、大专院校，组建四川省农业科技创新联盟，与中国农业科学院各优势学科对接，将四川建成中国农业科技人才培养基地。

（四）共同支持中国农业科学院在四川省的科研单位建设

充分发挥四川省政府属地优势，大力支持中国农业科学院和成都市共建的西南中心建设和发展，大力支持沼气科学研究所与都市农业研究所的发展，在学科团队建设、平台基地建设、联合申报重大项目、科技成果转化等方面与中国农业科学院共同给予支持。

三、保障措施

（一）成立合作协调领导小组

四川省政府与中国农业科学院成立由双方领导和有关部门负责人组成的领导小组，领导小组下设办公室，分别设在四川省农业科学院和中国农业科学院成果转化局，具体负责双方农业科技合作的组织、协调、跟踪和督办等工作。

（二）建立沟通交流机制

建立会商制度，定期或一方提议召开联席会议，研究解决相关实际问题，并形成会议纪要等正式文件。

（三）建立项目执行机制

四川省人民政府与中国农业科学院双方提出的科技合作项目，由双方共同实施。具体合作单位另行签署专项协议，并负责项目的推进实施。

（四）落实合作保障条件

围绕具体合作内容，双方在人才团队、平台基地、经费投入等方面给予优先保障和支持，完善资金配套和相关支持政策，加大科技资源投入，加强协同创新团队建设，建立固定和行之有效的保障机制，共同推进实施合作任务。

四、协议附则

（一）协议中未尽事宜，由合作领导小组研究商定。

（二）本协议有效期为五年，自 2019 年 11 月至 2024 年 11 月。合同期满，双方可协商续约。

（三）本协议正式文本一式四份，双方各执两份，具有同等效力。

四川省人民政府

签字：

2019 年 11 月 11 日

中国农业科学院

签字：

2019 年 11 月 11 日

中国农业科学院　深圳市人民政府
关于建设深圳国家农业科技创新中心
全面战略合作框架协议

为深入贯彻落实习近平总书记关于“中国农业科学院要面向世界农业科技前沿、面向国家重大需求，面向现代农业建设主战场，加快建设世界一流学科和一流科研院所”和关于深圳市“朝着建设中国特色社会主义先行示范区的方向前行，努力创建社会主义现代化强国的城市范例”的重要指示精神，加快推动乡村振兴战略、创新驱动发展战略在华南地区落地，把握粤港澳大湾区建设、“一带一路”倡议等重大历史机遇，中国农业科学院和深圳市人民政府经友好协商，决定全面深化农业科技战略合作，开展协同创新，共同推进深圳国家农业科技创新中心建设，并达成如下协议。

一、合作宗旨

中国农业科学院是国家级综合性农业科研机构，具有人才、技术和成果等优势，在科技创新和解决我国农业领域重大科技问题等方面发挥着重要作用。深圳市拥有高新技术产业、科技金融、人才政策、创新生态环境等优势，已建设国家农业科技园区，现代农业发展基础条件好。2010 年，双方签订了《关于合作共建深圳现代农业生物育种创新示范区的框架协议》，在此基础上，双方共建了中国农业科学院深圳农业基因组研究所（以下简称基因组所），显著提升了深圳市在农业科技领域的国际地位。双方在前期战略合作的基础上，本着“优势互补、互利共赢、共同发展”的原则，吸引聚集国内外优势科技和产业资源，在深圳建成支撑粤港澳大湾区并辐射全国及“一带一路”的高端农业、食品科技和生态环境的科技创新和人才培养机构，打造政、产、学、研、资、用一体的创新生态环境，在深圳市建设具有世界一流水平的国家农业科技创新中心。

二、合作目标

（一）推进深圳国际科技产业创新中心城市建设

以先进科研条件建设、高水平人才引育为重点，打造深圳国家农业科技创新中心，进而探索我国现代农业、食品、生态发展的新模式，形成农业、食品、生态等领域的国家产业资源、科技资源配置中枢，提升深圳市在现代农业、食品科技、生态环境等产业方面的引领、辐射和集散作用，进一步提升深圳市国际影响力和竞争力，为深圳国际科技产业创新中心和可持续发展全球创新城市的整体建设贡献力量。

（二）助力深圳市落实乡村振兴战略

针对深圳市现代农业发展需求，以突破解决生物种业、智慧农业、都市农业等方面的科技共性问题为重点，将深圳在生物技术（BT）、信息技术（IT）等产业优势应用到现代农业领域，打造粤港澳大湾区现代农业科技创新高地。创新体制机制，集聚科技、产业、金融等各类创新要素，提升科技对农业质量效益竞争力的支撑水平，孵化培育服务型、创新型、社会化和工厂化等多种农业新业态。同时，对接深圳市对口帮扶地区的农业发展需求，为精准扶贫战略提供先行示范。

（三）保障大湾区食品安全

针对深圳市和粤港澳大湾区食品安全需求，以构建和发展食品产业体系为重点，开展食品营养、功能食品开发、食品溯源、食品加工等研究。同时，充分利用深圳市生物产业政策优势，发展知识密集型食品产业集群，推进食品研发、生产、物流、示范、服务等融合发展，创建国家食物营养科研教育示范基地，打造粤港澳大湾区生物产业新的增长极，保障农产品安全有效供给，支撑大湾区优质生活圈发展需要。

（四）保障大湾区生态环境可持续发展

针对深圳市建设可持续发展全球创新城市、国际森林城市、国际花园城市，以及粤港澳大湾区生态环境可持续发展需求，集成农业物联网、农业大数据、智能机器人、植物工厂、都市农业等技术，创建智慧农业产业体系，实现基本农田高标准生产、高效率利用和田园综合体的集约化、智能化，构建宜居多样的城市生态安全系统，打造具有深圳特色的休闲农业名片，建设“美丽深圳”，保障粤港澳大湾区生态环境可持续发展。

三、合作内容

（一）全面开展现代农业、食品和生态科技领域合作

（1）深化 BT+农业领域合作：将中国农业科学院在现代农业、食品科学和生态科技领域的优势，与深圳市在生物技术方面的优势有机结合，在农业基因组、食品营养与安全、海洋生物、绿色防控、生态治理等领域开展全面合作。

（2）深化IT+农业领域合作：依托中国农业科学院国家数字农业中心，发挥深圳市在互联网、大数据、机器人等信息领域的优势，发展农业移动互联网、农业物联网、农业大数据、农业智能机器人等领域科研和产业，建设“国家智慧田园”，支持基因组所牵头“深圳市国家农业科技园区”运行，参与开展对深圳市10万亩农用地（3万亩基本农田）、深汕合作区5万亩农用地的“天空地一体化”智能监测与管理，构建智慧农业发展方式。

（3）深化都市农业合作：针对粤港澳大湾区都市农业的巨大需求，将深圳市在信息、制造、物流等方面的产业优势与中国农业科学院在生态农业、都市农业和休闲农业方面的技术优势相结合，发展生态农业、植物工厂和都市农业技术，筹划建设深圳“鲜花谷”、深圳都市农业产业园，打造集科研、展示、科普教育、休闲体验、贸易于一体的都市农业产业体系，共同建设深圳农耕文明与科技馆、深圳农业和海洋研学基地，造就一批汇集农业新技术、生产与生态、休闲与体验、科普与文化的多种特色的现代农业示范区。

（4）充分发挥农业科研国家队作用：深圳市支持中国农业科学院参与综合性国家科学中心、国家基因库、国家实验室、广东省实验室等重大科技平台建设；支持中国农业科学院相关国家重大科学基础设施、国家科技基础条件平台、国家重点实验室等国家级平台基地在深圳设立分中心。

（二）共同推动基因组所建设成为世界一流院所

（1）保留基因组所地方事业法人性质。同时，按照国家对于基因组所的科技体制改革试点要求，共同组建基因组所理事会，由中国农业科学院、深圳市政府作为双理事长单位，探索理事会领导下的新型科研机构管理模式。

（2）中国农业科学院逐步提高对基因组所支持力度，3年内编制数达到500个，按照每年不低于15%的增量提高对基因组所稳定支持的科研经费；深圳市根据基因组所实际发展需要，连续5年给与1亿~2亿元/年的稳定支持经费，用于科技创新、人才引进与培养、科研平台建设，加快基因组所世界一流院所建设。

（3）合力改善基因组所科研条件，以一流的科研条件吸引全世界优秀人才。根据基因组所当前发展实际，深圳市结合现有政策先期提供3万平方米用房，解决基因组所过渡办公和科研用房需求。中国农业科学院在已有的50亩建设用地上，按照“创新引领、率先跨越”的要求建设“国家农业基因组研究中心”；深圳市安排资金和周边储备用地，支持基因组所面向粤港澳大湾区海洋、食品等领域重大需求开展创新研究与成果转化，按照“装备一流、支撑有力”的标准先行建设基因组所科研办公、学术交流和专家生活区。

（三）共建高端人才引育基地

（1）共同建设中国农业科学院深圳研究生院（以下简称研究生院），为国家农业科技创新中心建设提供人才保证、科技支撑和智力支持。中国农业科学院增加基因组所学生指标，3 年内逐步增加在深圳学生人数至 500 人；双方联合申请获得教育部办学许可后，深圳市按照市属高校标准落实支持政策。

（2）支持设立深圳院士工作站，共同建设现代农业、食品科学、生态领域的高端智库。

（3）建设中国农业科学院人才交流服务中心（深圳），中国农业科学院提供学科平台及科研启动经费支持，为深圳引进农业、食品、环境方面的高端人才。支持基因组所、研究生院的高端人才引进，按规定享受深圳市高层次人才有关待遇，享受人才住房保障政策。

（四）共建大湾区食品谷

（1）在国际生物谷共同建设"大湾区食品谷"，参考荷兰瓦赫宁根大学附近欧洲食品谷的运行方式，引进农业、食品、生态等领域的国内外优质企业设立研发总部，与基因组所等科研机构开展协同创新，推动食品谷成为大湾区产业发展新引擎。

（2）在国家食物与营养咨询委员会的指导下，共建深圳食物与营养高端智库，共同开展"健康中国—食物营养教育示范城市"试点建设，在"健康深圳""食物与营养安全""农产品营养品质标准库"等方面开展合作研究。

（3）在条件成熟时共同推动在深圳设立高等级生物安全实验室，加强对于人畜共患病害的检测、监测和预防，支撑大湾区生物安全。

（五）共同推进深圳市对口扶贫工作

（1）中国农业科学院整合相关科技力量，在农业科技服务与推广方面全力支持深圳市对口扶贫工作；双方投入科技、人才等资源，提升脱贫攻坚项目科技含量，建立长效共赢机制，共同促进对口帮扶对象提高"造血"能力。

（2）依托基因组所、研究生院等科研教育机构，与深圳相关机构合作，定向开展对口扶贫县市的县长、乡长、村委会主任培训班，推进学习培训工作向基层一线延伸，为对口帮扶县市提供智力支持。

（六）共建全国农业科技成果交易深圳国际中心

（1）中国农业科学院依托全国农业科技成果转移服务中心和国家种业科技成果产权交易中心，在深圳挂牌“全国农业科技成果转移与知识产权交易深圳国际中心”（以下简称成果交易中心），深圳市提供条件支持，共同促进成果交易中心产业孵化，并展示生物科技和都市农业新成果。

（2）依托成果交易中心，按市场化方式组建“现代农业科创基金”，吸引带动金融资本、社会资金大规模投入，促进现代农业创新链、产业链及金融链紧密结合，支持深圳未来农业科技创新和成果产业化。

四、附　则

本协议未尽事宜由双方另行协商决定。本协议涉及合作事宜的具体权利、义务及责任由双方或双方指定机构另行签署具体协议约定。

本协议自签字之日起生效。

本协议一式四份，双方各执两份。

中国农业科学院　　　　深圳市人民政府

代表（签字）　　　　代表（签字）

2019 年 4 月 19 日　　　　2019 年 4 月 19 日

中共中国农业科学院党组关于印发《中国农业科学院科技帮扶重点贫困县工作方案》的通知

农科院党组发〔2019〕28 号

院机关各部门、院属各单位：

《中国农业科学院科技帮扶重点贫困县工作方案》已经中国农业科学院 2019 年第八次党组会审议通过，现印发给你们，请遵照执行。

中共中国农业科学院党组

2019 年 4 月 16 日

中国农业科学院
科技帮扶重点贫困县工作方案

为贯彻落实中共中央、国务院和农业农村部关于脱贫攻坚的总体部署，全面推进《中国农业科学院科技扶贫行动实施方案（2018—2020）》的实施，加强对重点贫困县的科技帮扶工作，特制定如下方案。

一、切实提高脱贫攻坚的紧迫感和责任感

习近平总书记在2019年两会上强调，“打赢脱贫攻坚战，是今明两年必须完成的硬任务。要再接再厉，咬定目标，精准施策，精准发力，按时按质完成脱贫攻坚任务。”今后两年脱贫攻坚任务艰巨繁重，都是难啃的硬骨头。全院必须从政治站位和战略高度认识脱贫攻坚的重要性、必要性，进一步把思想和行动统一到中央决策部署上来，进一步强化使命担当和责任意识，进一步加大科技扶贫工作力度，切实为贫困地区产业发展和脱贫致富贡献智慧和力量。

二、全面落实科技帮扶任务

坚持以“三个面向”重要指示为指导，以“脱贫攻坚主战场在哪里，中国农业科学院专家团队就到哪里”担当精神为引领，结合我院科技创新和成果转化工作，对农业农村部定点扶贫县、院科技扶贫示范县、“三区三州”深度贫困县，开展派专家、送技术、出主意、做示范等扶贫活动，把科技扶贫与干部培养、支部共建协同推进，推动领导干部和科研人员深入农村，接地气，知农情，发挥农业科研国家队作用，助力重点贫困县主导产业发展，为打赢脱贫攻坚战提供科技支撑。

（一）明确帮扶团队，构建帮扶体系

优先对农业农村部5个定点扶贫县（湖南省永顺县、龙山县，贵州省剑河县，湖北省咸丰县、来凤县）、我院8个示范县（河北省阜平县、甘肃省临潭县、黑龙江省桦川县、陕西省紫阳县以及4个乡村振兴示范县）对接，每县分别安排1名副院长、1个机关部门、1个研究所、多个产业指导专家组（团队、党支部）开展科技帮扶，构建“3+N”的扶贫工作体系；对“三区三州”深度贫困县，每县分别安排1个产业指导专家组（团队、党支部）开展科技帮扶。对每个帮扶县，研究所党委、团队党支部要充

分发挥战斗堡垒作用和党员先锋模范作用，切实把党建工作优势转化为推动扶贫工作的成效。

（二）深入调查研究，制定工作计划

每个产业指导专家组（团队、党支部）要组织专家深入帮扶县开展调研，全面摸清帮扶县的区位条件、资源禀赋、人文特征、产业基础等基本情况，准确掌握帮扶县在科学技术、人才培训、产业发展等方面的实际需求，找准科技帮扶的着力点，因地制宜制定科技帮扶工作计划。每个产业指导专家组（团队、党支部）至少到当地调研 1 次，为产业“把 1 次脉，开 1 次方”，举办 1 次产业发展论证会，切实做到“出主意”准、“谋点子”实。每个产业指导专家组（团队、党支部）要与帮扶的贫困县共同制定科技扶贫工作方案，明确帮扶内容、落地措施，协同推进，取得实效。

（三）优先帮扶农业农村部定点扶贫县

围绕农业农村部定点扶贫县主导产业发展需求，调动我院科研力量，组建产业扶贫技术专家组，指导各县主导产业全产业链发展，提出产业提质增效的对策建议。

永顺县：由吴孔明副院长负责，机关党委组织协调，郑州果树所牵头，水稻所、茶叶所、麻类所等研究所协同参与，针对水稻、猕猴桃、茶叶等主导产业发展需求，重点开展技术培训 2~3 次，技术咨询与指导 3~5 次，提供优良品种、先进技术，促进形成优势特色产业，提高产品附加值和竞争力。

剑河县：由万建民副院长负责，科技局组织协调，资划所牵头，牧医所协同参与，围绕食用菌、生猪等主导产业，重点开展技术培训 2~3 次，技术咨询与指导 3~5 次，提供优良食用菌品种、生猪健康养殖技术，建立种养循环体系，实现产业可持续发展。

咸丰县：由李金祥副院长负责，基建局组织协调，牧医所牵头，茶叶所、蔬菜花卉所等研究所协同参与，围绕生猪、茶叶、蔬菜等主导产业，重点开展技术培训 2~3 次，技术咨询与指导 3~5 次，提供生猪健康养殖技术和优良茶叶、蔬菜新品种，开展茶叶深加工，延长产业链条，增加产品附加值。

龙山县：由王汉中副院长负责，成果转化局组织协调，蔬菜所牵头，蜜蜂所、柑桔所、麻类所等研究所协同参与，围绕百合、柑橘、中蜂等主导产业，重点开展技术培训 2~3 次，技术咨询与指导 3~5 次，扶持壮大百合和蓝莓种植、营销企业，强化龙山百合和蓝莓品牌建设，带动农民脱贫致富。

来凤县：由梅旭荣副院长负责，财务局组织协调，蜜蜂所牵头，蔬菜所、茶叶所等研究所协同参与，围绕蜜蜂、蔬菜、藤茶等主导产业，重点开展技术培训 2~3 次，技术咨询与指导 3~5 次，提供蜜蜂养殖和蔬菜种植技术，加强藤茶深加工，提高藤茶市场占有率，助力脱贫攻坚。

（四）重点开展院科技扶贫示范县建设

院科技扶贫示范县牵头单位和对接贫困县签署科技帮扶协议，由1名院领导负责，1个机关部门组织协调，1个研究所牵头，若干研究所协同参与，建立科技扶贫工作机制。派出专家团队，开展持续深入的政策咨询、技能培训、科技服务、产业指导，集成一批实用技术，加大示范推广力度，发展一批具有县域特色、符合市场需求的优势主导产业，构建适宜区域发展的可复制、可推广、可落地的农业综合生产技术模式。

阜平县：围绕设施蔬菜、特色林果（枣、核桃、苹果、晚熟桃等）、畜禽养殖等主导产业，重点开展技术培训，提供优良品种、先进技术，指导创建优势品牌，建立示范基地。

临潭县：围绕生态养殖（奶牛、牦牛、细毛羊）、蜜蜂、青稞等主导产业，重点开展牦牛新品种引进与养殖、旱生灌草新品种引进与试种、养殖新技术应用、重大疾病防控，开展技术培训，助力特色养殖产业发展。

桦川县：围绕水稻、玉米、农产品深加工等主导产业，开展绿色提质增效技术集成推广应用，提升粮食生产能力，提高特色产品品质和市场竞争力，延伸产业链条，为乡村振兴奠定基础。

紫阳县：围绕富硒茶叶、桃、食用菌等主导产业，协同安康富硒产业研究院和院士工作站，开展关键技术研发、中试、示范、应用，建立示范基地，开展技术培训，助力富硒产业发展。

（五）推进团队帮扶“三区三州”深度贫困县

发挥我院国家级综合性农业科研机构的科技支撑作用，为“三区三州”深度贫困县各安排1个产业技术专家团队，帮助贫困县引进新品种、新技术、新机械、新模式，开展产业扶贫技术咨询和科技服务，指导当地主导产业发展，解决产业发展技术难题，提升产业发展能力，为当地早日脱贫提供科技支撑。

每个研究所由领导带队，组织专业团队，深入“三区三州”深度贫困县开展实地调研，凝练优势主导产业，提出解决阻碍产业发展的关键技术和措施。遴选2~3个贫困村，开展技术集成与示范，培养致富带头人，带动辐射周边地区脱贫致富。

三、保障措施

（一）加强组织领导

院脱贫攻坚领导小组要加强统筹谋划、宏观指导、工作部署、督查督办，领导小组办公室负责日常工作的组织协调。院属各研究所所长、书记必须亲自抓扶贫工作，要成立领导机构，细化工作任务，明确责任团队，确保每项任务落地落实。院机关各部门要协助院领导，协调牵头研究所、参与研究所共同推动科技扶贫。

（二）强化党建引领

各级党组织要把脱贫攻坚作为一项重要政治任务，牢固树立脱贫攻坚是初心使命、是主责主业的意识，研究所党委、团队党支部要全力以赴，主动跟进、主动参战，为完成打赢脱贫攻坚战这项硬任务提供坚强组织保证。

（三）促进人才交流

通过派遣干部援疆援藏、贫困地区挂职锻炼、博士服务团，加强我院干部培养锻炼，促进干部深入了解农业农村和产业发展现状。在科技扶贫 4 个示范县，选派科技副县长挂职锻炼，推动建立院士专家工作站和博士后“三创”实践基地。通过西部人才培养、乡村干部高科技知识讲习班等形式，解决基层干部和技术人员开眼界、拓思路、转观念等问题。建立人才交流机制，搭建科技扶贫的桥梁纽带，促进“一懂两爱”农村人才队伍建设。

（四）落实考核激励

落实院党组关于科技扶贫的激励考核要求，加强过程控制，强化绩效考核，把扶贫考评结果纳入年度工作绩效考评体系。根据牵头研究所、参与研究所对接贫困县的数量和帮扶质量，以及帮扶团队对接“三区三州”深度贫困县的数量和帮扶质量，进行综合评估，给予相应分值。表彰在扶贫工作中表现突出的研究所、团队和个人，对获得表彰的人员在职务晋升和职称评聘等方面给予优先考虑。

（五）加大宣传力度

充分发挥媒体的宣传和舆论的引导作用，大力宣传在重点贫困县，尤其是“三区三州”深度贫困县脱贫攻坚中的新进展、新经验和新成效。深度发掘科技扶贫工作的典型案例，引导更多团队、专家积极投身脱贫攻坚。

附表：1. 农业农村部定点扶贫县科技帮扶表
2. 科技扶贫示范县科技帮扶表
3. 乡村振兴示范县科技共建表
4. “三区三州”深度贫困县科技帮扶表

附表 1

农业农村部定点扶贫县科技帮扶表

贫困县	牵头部领导	院领导	院机关	牵头研究所	主导产业
湖南省永顺县	余欣荣	吴孔明	机关党委	郑果所	水稻、猕猴桃、茶叶等
贵州省剑河县	韩　俊	万建民	科技局	资划所	食用菌、生猪等
湖北省咸丰县	张桃林	李金祥	基建局	牧医所	生猪、茶叶、蔬菜等
湖南省龙山县	屈冬玉	王汉中	转化局	蔬菜所	百合、柑橘、中蜂等
湖北省来凤县	于康震	梅旭荣	财务局	蜜蜂所	蜜蜂、蔬菜、藤茶等

附表 2

科技扶贫示范县科技帮扶表

示范县	院领导	院机关	牵头单位	帮扶研究所	负责人	创新团队	主导产业
河北省阜平县	唐华俊	转化局	转化局	蔬菜所、蜜蜂所、牧医所、环发所、资划所等	任庆棉	李衍素、安建东、张龙超、李峰、黄晨阳等	设施蔬菜、特色林果、食用菌等
甘肃省临潭县	张合成	人事局	兰牧药	蜜蜂所、兰兽研等	孙　研	李建科、窦永喜等	奶牛、牦牛、蜜蜂等
黑龙江省桦川县	吴孔明	机关党委	作科所	植保所、加工所等	范　静	李少昆、佟立涛等	水稻、玉米、农产品深加工等
陕西省紫阳县	王汉中	国合局	茶叶所	郑果所、资划所等	杨亚军	王新卫、张金霞等	富硒茶叶、桃、食用菌等

附表3

乡村振兴示范县科技共建表

示范县	院领导	院机关	牵头研究所	协同研究所	负责人	创新团队	主导产业
江苏省东海县	李杰人	转化局	环发所	蔬菜所、资划所、水稻所、郑果所等	朱昌雄	刘春、贺超兴、程瑞锋、李全新、陈惠哲、周厚成等	蔬菜花卉、草莓、淮猪等
四川省邛崃市	李金祥	基建局	沼科所	蔬菜所、茶叶所、农机化所等	胡国全	李瑞荣、张淑江、叶阳等	水稻、蔬菜花卉、茶叶等
河南省兰考县	万建民	科技局	郑果所	蔬菜所、环发所、牧医所、生物所、灌溉所、麻类所、油料所、甘薯所、研究生院等	刘崇怀	张莉、张春义、顾兴芳、翟国亮等	蜜瓜、蜜桃、肉羊等
江西省婺源县	梅旭荣	财务局	油料所	蜜蜂所、茶叶所、农机化所等	黄凤洪	付建玉、黄家兴、汤庆等	油菜、茶叶、蜜蜂等

附表 4

“三区三州”深度贫困县科技帮扶表

序号	三区三州	地州	深贫县	对接所	帮扶团队	首席
1	西藏	昌都市	察雅县	质标所	农业化学污染物残留检测及行为研究	王　静
2			八宿县	加工所	食品功能因子研究与利用	王凤忠
3			芒康县	郑果所	葡萄资源与育种	刘崇怀
4			贡觉县	农机化所	农业机械化技术系统优化与评价	曹光乔
5			左贡县		农业机械智能控制技术	金城谦
6		日喀则市	江孜县	作科所	特色作物种质资源创新利用	刁现民
7			南木林县	加工所	食品功能因子研究与利用	王凤忠
8			萨嘎县	质标所	农业化学污染物检测及行为研究	王　静
9			萨迦县	茶叶所	茶叶加工技术与工艺	江用文
10			谢通门县	上兽研	食源性病原生物学及食品安全	陈兆国
11			拉孜县	农机化所	耕整地机械	陈小兵
12		那曲地区	那曲县	饲料所	反刍动物饲料	刁其玉
13			双湖县	环发所	农业温室气体与减排固碳	高清竹
14			巴青县			
15			尼玛县	生物所	微生物功能基因组	林　敏
16			申扎县		微生物蛋白质工程	张志芳
17		阿里地区	革吉县	作科所	特色作物种质资源创新利用	刁现民
18			措勤县	蜜蜂所	蜜蜂遗传与育种	石　巍
19			改则县	茶叶所	茶叶质量与风险评估	鲁成银

（续表）

序号	三区三州	地州	深贫县	对接所	帮扶团队	首席
20	南疆四地州	和田地区	和田市	蔬菜所	盆栽及庭园花卉资源与育种	葛　红
21			和田县	牧医所	畜禽资源收集、保护与创新利用	马月辉
22			策勒县	加工所	薯类加工与品质调控	木泰华
23			于田县	农经所	财政金融创新与农村发展	吕开宇
24			墨玉县	水稻所	水稻高效栽培技术	陈惠哲
25			皮山县	郑果所	桃资源与遗传育种	王力荣
26			洛浦县		核果类栽培	王志强
27		阿克苏地区	乌什县	兰兽研	草食动物病毒病	张志东
28			柯坪县	农机化所	茎秆类收获机械	石　磊
29			岳普湖县	作科所	水稻分子设计技术与应用	徐建龙
30			疏勒县	饲料所	单胃动物饲料	刘国华
31		喀什地区	英吉沙县	农经所	县域经济发展理论与方法	吴永常
32			巴楚县	棉花所	植棉技术标准化	张西岭
33			伽师县			
34			莎车县			
35			疏附县	郑果所	桃资源与遗传育种	王力荣
36			叶城县			
37			麦盖提县	麻类所	多年生麻类作物育种遗传改良	朱爱国
38			塔什库尔干塔吉克县	基因组所	动物功能基因组学	张玉波
39			喀什市		超级稻分子设计和全基因组育种	向　勇

（续表）

序号	三区三州	地州	深贫县	对接所	帮扶团队	首席
40	南疆四地州	克孜勒苏柯尔克孜自治州	阿图什市	灌溉所	现代节水型灌区建设与改造	吕谋超
41			阿克陶县	水稻所	稻田生态与环境	章秀福
42	四省藏区	青海黄南藏族自治州	泽库县	牧医所	饲草育种与栽培	杨青川
43			同仁县	信息所	农业农村信息化	刘继芳
44			尖扎县	农机化所	农产品分级与贮藏装备	谢焕雄
45		青海海南藏族自治州	共和县	加工所	食品功能因子研究与利用	王凤忠
46		青海果洛藏族自治州	玛沁县	郑果所	特色果树资源育种	曹尚银
47			玛多县	兰兽研	草食动物病毒病	张志东
48			达日县	特产所	特种动物营养与饲养	李光玉
49			甘德县			
50		青海玉树藏族自治州	杂多县	资划所	农业布局与区域发展	罗其友
51			治多县	牧医所	优质功能畜产品	孙宝忠
52			曲麻莱县			
53			囊谦县	草原所	草地大数据技术	吴新宏
54		四川阿坝藏族羌族自治州	壤塘县	果树所	浆果类果树栽培与生理	刘凤之
55			阿坝县	上兽研	动物血吸虫病	程国锋
56			黑水县	环保所	乡村环境建设	郑向群
57		四川甘孜藏族自治州	炉霍县	植保所	草地有害生物监测与控制	张泽华
58			新龙县	资划所	农业布局与区域发展	罗其友
59			石渠县	沼科所	种植业废弃物能源化利用	胡国全
60			甘孜县	灌溉所	节水高效灌溉技术与装备	黄修桥

(续表)

序号	三区三州	地州	深贫县	对接所	帮扶团队	首席
61	四省藏区	四川甘孜藏族自治州	雅江县	油料所	油料作物营养与耕作栽培	张春雷
62			道孚县			
63			得荣县	麻类所	南方饲料作物种质资源与利用	戴求仲
64			巴塘县	兰兽研	外寄生虫与虫媒疫病	殷　宏
65			德格县	哈兽研	动物流行病学	蔡雪辉
66			白玉县		牛羊病	于　力
67			理塘县	营养所	食物营养与安全	柳　正
68			色达县	上兽研	食源性病原生物学及食品安全	陈兆国
69		四川甘南藏族自治州	舟曲县	兰牧医	奶牛疾病	杨志强
70			临潭县		牦牛资源与育种	阎　萍
71		云南迪庆藏族自治州	维西县	烟草所	植物保护	王凤龙
72	三州	四川凉山彝族自治州	甘洛县	作科所	特色作物种质资源创新利用	刁现民
73			美姑县		作物种质资源鉴定与发掘	任贵兴
74			雷波县		特色作物种质资源创新利用	刁现民
75			木里县	蔬菜所	盆栽及庭园花卉资源与育种	葛　红
76			金阳县	蜜蜂所	蜜蜂蛋白质组学	李建科
77			普格县		蜜蜂病虫害生物	刁青云
78			盐源县	果树所	果品质量安全风险监测与评估	聂继云
79			布拖县	哈兽研	动物细菌病研究	刘思国
80			昭觉县	草原所	牧草栽培与加工利用	孙启忠

（续表）

序号	三区三州	地州	深贫县	对接所	帮扶团队	首席
81	三州	四川凉山彝族自治州	喜德县	沼科所	种植业废弃物能源化利用	胡国全
82			越西县	烟草所	烟草栽培与调制	王树声
83		云南怒江傈僳族自治州	泸水市	蔬菜所	蔬菜虫害防控	张友军
84			福贡县	植保所	土壤有害生物防控	曹坳程
85			兰坪县	环保所	重金属生态毒理	刘仲齐
86			贡山县	沼科所	畜禽粪污沼气化处理利用	邓良伟
87		甘肃临夏回族自治州	东乡族自治县	信息所	农业农村信息化	刘继芳
88			积石山县	兰牧药	寒生旱生灌草新品种选育	田福平
89			永靖县	兰兽研	外寄生虫与虫媒疫病	殷　宏

中国农业科学院关于印发《成果转化收入目标考核办法（试行）》的通知

农科院转化〔2019〕222号

院机关各部门、院属各单位：

《中国农业科学院成果转化收入目标考核办法（试行）》已经中国农业科学院2019年第十四次常务会议审议通过，现予印发，请遵照执行。

中国农业科学院

2019年12月2日

中国农业科学院
成果转化收入目标考核办法（试行）

第一条　为深入推进中国农业科学院成果转化工作，强化院属研究所主体责任，激发成果转化潜力，提高成果转化效益，根据《中华人民共和国促进科技成果转化法》《中国农业科学院关于进一步推进人才队伍建设的若干意见》等法规制度，制定本办法。

第二条　加强成果转化是实施创新驱动发展战略的必然要求，是落实“三个面向”的具体行动，是建设“两个一流”的有效路径，是实现科研人员价值的现实需要。各研究所领导班子应切实担负起推动成果转化的责任和使命。

第三条　按照激励与约束并重的原则，对研究所开展成果转化收入目标考核，并根据目标完成情况实施奖惩。

第四条　本办法所称成果转化收入是指研究所当年到账的成果转化总收入，主要包括技术、专利、品种、产品等科技成果的转让、许可收入，科技成果作价入股形成的投资收益，以及技术开发、技术咨询、技术服务等其他技术类活动取得的收入。

第五条　研究所当年成果转化收入以研究所评价系统中报送的相关数据为准。以研究所前 3 年成果转化收入平均数作为该所当年成果转化收入的考核目标值。

第六条　根据研究所当年成果转化收入排名和增长率（当年成果转化收入与当年考核目标值相比较的增长率），确定奖励值，进行分档奖励。奖励值的标准如下。

第一档：研究所当年成果转化收入全院排前 2 名，且增长率达到 10%；

第二档：研究所当年成果转化收入全院排第 3~12 名，且增长率达到 20%；

第三档：研究所当年成果转化收入全院排第 13~22 名，且增长率达到 30%；

第四档：研究所当年成果转化收入全院排第 23~29 名，且增长率达到 50%；

第五档：研究所当年成果转化收入全院排后 5 名，且增长率达到 100%。

研究所当年成果转化收入达到奖励值，以当年院分配的该所 3% 成果转化收入的 30% 为奖金，奖励该所所领导班子成员。奖金最高为 100 万元。当年成果转化收入达到考核目标值，未达到奖励值的研究所不予奖励。当年成果转化收入低于 300 万元的研究所不予奖励。

第七条　院里负责统筹成果转化收入的奖金，按规定拨付各研究所。各研究所负责奖金的企业所得税缴纳和个人所得税代扣代缴工作。奖金的分配方案由研究所自行确定。研究所所领导班子以外人员的奖金由研究所另外统筹安排。

第八条　未完成成果转化收入考核目标值的研究所，取消所长评优资格，所领导班子绩效工资按照未完成的成果转化收入百分比给予相应扣减，由研究所具体落实。

第九条 成果转化局负责各研究所成果转化收入考核目标值和奖励值的测算与核准。财务局负责成果转化收入奖金的统筹发放和目标考核中数据瞒报虚报的审计判断。人事局负责领导班子绩效工资扣减的备案。监察局负责目标考核中数据瞒报虚报等弄虚作假行为的追责问责。

第十条 成果转化收入考核目标可根据各研究所发展情况动态调整。

第十一条 本办法由成果转化局负责解释。自发布之日起实施。

中国农业科学院关于深化体制机制改革全面提升成果转化能力的通知

农科院转化〔2019〕126 号

院机关各部门、院属各单位：

为贯彻落实国家创新驱动发展战略和习近平总书记“三个面向”指示精神，进一步激发科研人员创新创造创业的“三创”热情，推进“两个一流”科研院所建设，有效支撑乡村振兴战略全面实施，根据《关于实行以增加知识价值为导向分配政策的若干意见》《中华人民共和国促进科技成果转化法》《实施〈中华人民共和国促进科技成果转化法〉若干规定》等法规政策，结合院所实际，现将我院研究提出的深化体制机制改革、全面提升成果转化能力的有关要求通知如下。

一、深化对科技成果转化重要意义的认识

（一）推进科技成果转化必须进一步解放思想。解放思想是深化体制机制改革、破解成果转化难题的关键所在。我院成果转化工作面临着新形势、新挑战，必须冲破思想观念的障碍，自我革新，创新方法，全面提升成果转化能力。

（二）推进科技成果转化是落实创新驱动发展战略和“三个面向”指示精神的重要举措，是促进科技与经济结合的重要手段，是实施乡村振兴战略和农业高质量绿色持续发展的重要支撑。

（三）推进科技成果转化是落实我院科技创新和成果转化两大基石发展战略的必要手段，是农业科研国家队地位和作用的重要体现，是解决我院自身发展问题、促进我院良性发展的客观要求和根本保障。

二、强化科技成果有效供给

（四）优化学科建设。院属单位应加强基于市场需求的应用类、交叉类和综合技术类研究的布局，把学科打造成为深化基础研究、应用研究和农业产业需求对接融通的基础载体，发挥学科在引领科技成果向现实生产力转化中的源头驱动作用。加强与企业的合作，拓展学科建设的广度和深度，形成任务来源于产业、成果服务于产业、“产学研”深度融合的学科共建格局。

（五）深化立项机制改革。院所两级应用类项目的立项要聚焦农业产业需求、开展

应用性评估。邀请产业经济、企业管理、技术用户等专家参与论证，重点论证绩效目标、结果指标和产业需求的相符性及可应用性，确保项目产出符合产业需求，能够推广应用。院所两级自主支配的科研经费应设立中试熟化、推广应用等成果转化专项。

（六）改革项目验收机制。对应用研究、中试熟化、产业化等类型项目验收时，应邀请技术用户、市场营销、产业经济等专家参与验收评价。应用基础研究类项目重点评价成果的重大原创性和科学价值，以及支撑技术和产品开发的效果；技术和产品开发类项目重点评价新技术、新方法、新产品等的成熟度、稳定性、可靠性、转化应用和支撑产业发展等情况；应用示范类项目重点评价集成性、先进性、经济适用性、辐射带动作用及产生的经济社会效益。

（七）优化成果奖励制度。在院科技成果奖励中，杰出科技创新奖重点奖励在理论创新、技术产品创造、成果转化的全创新链中，取得显著成效的成果，突出成果对科学技术和经济社会的贡献；青年科技创新奖重点奖励在理论创新、技术产品创造中取得显著成效的成果。

三、重构成果转化工作体系

（八）建设综合性成果转化基地。院所两级在现有的试验示范基地基础上，新建、完善一批集成果中试熟化、科技培训、科普展示等功能于一体的综合性成果转化基地，构建全院布局合理、功能配套、保障有力的综合性成果转化基地体系。

（九）强化中试熟化工作。院属单位应根据成果转化的需求，强化新品种、新技术、新产品、新工艺等的中试熟化工作，提高科技成果的技术就绪度，提升科技成果的市场应用水平。

（十）加强科技培训工作。充分发挥中国农业科学院培训中心的作用，依托综合性成果转化基地体系，建立院所两级、覆盖全国的农业科技培训体系。依托我院师资队伍，针对各层次相关人员，强化农业科技培训，搭建成果扩散、科技服务、技术交流的平台，促进科技成果向农业农村转化。

（十一）开展科普展示工作。院属单位应依托综合性成果转化基地、国家重点实验室、重大科学工程、国家工程中心、专业博物馆等平台条件，开展公众开放日、大中小学生研学实践等活动，提供科技普及、科技咨询、技术指导等公益服务，加快农业科学技术普及和成果转化，提高单位的知名度。

（十二）开展全产业链集成转化。院属单位应根据所服务主导产业的产前、产中、产后各环节的技术需求，整合所内、院内、国内、国际先进技术，开展技术优化和集成创新，形成全产业链的整体技术解决方案，为主导产业的发展提供更好的技术支撑。

（十三）建设区域性技术集成示范基地。院属单位应基于学科和技术优势，在粮食生产功能区、重要农产品生产保护区、特色农产品优势区和不同农业生态区，选择具有积极性、代表性、带动性的县、市，以产业振兴为目标，以优势、特色产业为重点，搭建区域性科技成果转化平台，集成新品种、新技术、新产品、新工艺，示范推广绿色优质高效新技术，建立可推广、可复制的种养循环和绿色优质高效发展综合技术模式，有力支撑区域农业发展和乡村振兴。

（十四）建设科企联合研发体系。深化院属单位与科技企业的合作，充分发挥我院科技优势和企业市场优势，共建联合实验室等联合研发平台。开展具有市场竞争力的技术和产品研发，明确双方知识产权，形成共同研发的合力，加快成果与市场对接进程。

（十五）建设成果转化产业联合体。院所两级应联合全国农业科技企业、金融机构、中介机构、科研院所、大专院校等单位，以产业为单元，以产加销一体化和优势品牌创建为目标，建设成果转化产业联合体。开展成果评鉴、市场对接、品牌建设、金融支持、法律服务、媒体宣传等活动，建立开放合作、协同推进、利益共享的成果转化新机制，促进创新链、产业链、资金链的融合。

（十六）完善技术转移转化体系。院里要加强全国农业科技成果转移服务中心、国家种业科技成果产权交易中心的建设，重点开展知识产权管理、成果评价、市场推广、品牌推介、交易服务等工作，打造成人才、技术、产品、企业、金融、品牌、政策等要素集聚的科技成果转移服务高地。院属各单位要建立成果转化中心，配置高素质人员，为各团队提供知识产权管理、商业谈判、宣传展示、合同签订等各项服务，提高本单位成果转化效率和效益。

（十七）建设企业转化体系。有条件的院属单位可以创办科技型企业，大力开展科技成果的自主转化。建立股权多元、产权清晰、权责分明、管理科学的现代企业制度，做强做优做大科技企业，有效支撑本单位持续发展。

（十八）组建成果转化顾问委员会。院所两级应成立以主管部门、行业协会、大型企业、中介机构、技术用户等为主的成果转化顾问委员会。重点开展成果转化政策创设、重大成果凝练咨询、项目应用性评估、成果技术就绪度评判、成果市场前景分析、成果转化渠道拓展等工作，为我院科技成果产业化提供咨询和指导。

四、构建“三创”协同发展团队

（十九）打造“三创”一体化团队。“三创”团队应根据团队定位和使命，开展全创新链布局，围绕基础理论或“卡脖子”关键技术，创新理论、方法、技术；围绕产业需求，创造新材料、新品种、新产品、新工艺；围绕成果转化应用、实现研究所和科研人员自身价值，自主和支撑社会创业、增加社会财富。在创新团队、研究所和院三个层面对“三创”活动实行一体化布局、一体化支持、一体化运营、一体化管理、一体化考评，实现一体化发展。

（二十）加快“三创”团队领军人才队伍建设。院所两级建立灵活、完善的“三创”领军人才管理机制，推进“三创”团队领军人才培育、选拔、使用、管理工作。对于研究方向符合国家战略需求并处于世界前沿领域，解决行业、产业重大关键问题，推动成果产业化应用并取得显著社会经济效益的科技创新和成果转化领军人才，院所两级给予特别支持，加快建设一支勇于创新创造创业的领军人才队伍。

（二十一）优化“三创”团队人员结构。“三创”团队应以院创新工程的创新团队为基础，围绕团队定位和使命，以创新团队自身，或者整合本单位相关创新团队和成果转化管理部门人员，形成“三创”一体的组织结构，构建“三创”协同发展体系。“三创”团队应以学科领军人才为核心，以科研和成果转化骨干为主体，优化理论创新、技术产品创造、成果转化的人才布局，构建“三创”一体的紧密型群体。“三创”团队可因需设岗、依岗定责、按岗招聘。

（二十二）促进“三创”协同发展。创新驱动型“三创”团队应在面向国际农业科技前沿、勇攀科学高峰的基础上，按照“理论成果技术化、技术成果产品化、产品成果产业化”的理念，开展技术研发和成果转化。产业导向型“三创”团队应根据产业需求创造技术产品，根据技术产品的理论需求开展理论方法创新，突破制约产业发展的瓶颈问题。通过创新将财富转化为新的知识，通过创造、创业将新的知识转化为更多的社会财富，实现研究所、科研人员自身价值和社会经济财富增长的良性循环。

五、加强成果转化队伍建设

（二十三）加强成果转化机构建设。优化院成果转化管理部门的机构编制和职能设置，加强领导班子和干部队伍建设，强化统筹协调，提高管理水平。院属单位应根据本单位实际和成果转化工作需要，设置相关机构，明确工作职责，配强工作人员，提升能力水平。

（二十四）加强成果转化队伍建设。院所两级设置成果转化管理岗位，负责成果转化的管理、服务和保障工作；各团队内设置成果转化专业技术岗位，负责成果中试熟化、推介展示、产权交易、技术咨询、业务培训等工作。加快建设一支规模适度、素质优良、结构合理的院、所、团队三级成果转化人才队伍。

（二十五）加大转化人才培养力度。在院农科英才特殊支持框架下设立转化英才培育工程，采取院所两级共同投入的方式，培育一批优秀的转化人才。院所两级遴选转化英才，进行重点培养和特殊支持。对入选的转化英才，院所两级分别制定专门政策，在职称晋升、职业发展、激励保障、培训交流等方面给予特殊支持。

（二十六）引进成果转化高端人才。院属单位应积极引进具有丰富的成果转化经验、懂市场、善经营的高端转化人才。对达到转化英才标准的，可纳入转化英才培育工程管理。对高端人才探索实行年薪、协议工资、项目工资等灵活多样的薪酬制度，所需经费单独核定。

六、创新考核评价机制

（二十七）提高成果转化评价权重。大幅提高现代科研院所评价指标体系中成果转化相关指标的权重。增加成果转化评价指标，院属单位设立专门成果转化机构、配备专职人员的、建立完善的“三创”团队、转化科技成果并取得良好效果的，增加相应分值；构建中试熟化、技术转移等本意见要求的成果转化体系，每构建 1 个体系，增加相应分值。

（二十八）实行人员分类评价。建立分类科学、指标明确、方法规范、评价精准的人才分类评价体系。针对成果转化岗位特点，开展转化人才分类评价。突出市场评价，以社会效益、经济效益为主要考核指标，侧重评价成果转化效益，实现人才价值与转移转化绩效相匹配。改革职称评审机制，单独设置成果转化人员职称评审渠道，制定专门的职称评审标准。

七、落实国家政策

（二十九）强化我院政策落实。强化《中国农业科学院鼓励科研人员创新促进科技成果转化的实施办法（试行）》《中国农业科学院关于进一步加强科技成果转化工作的意见》中，关于科研人员成果转化现金和股权奖励、兼职兼薪、离岗创业，以及领导免责等各项政策的落实。

（三十）落实股权奖励新政策。根据中央有关规定，院级的正职领导、院属法人单位的正职领导、所属单位中担任法人代表的正职领导，在担任现职前因科技成果转化获得的股权，任职后应及时予以转让，逾期未转让的，任期内限制交易。限制股权交易的，在本人不担任上述职务一年后解除限制。

（三十一）落实兼职兼薪新政策。根据党中央和国务院有关政策，科研人员在履行好岗位职责、完成本职工作的前提下，经所在单位同意，可以到企业和其他科研机构、高校、社会组织等兼职并取得合法报酬。兼职取得的报酬原则上归个人，建立兼职收入的报告制度。院属单位应当规定或与科研人员约定兼职的权利和义务，实行科研人员兼职公示制度。担任领导职务的科研人员兼职及取酬，按中央有关规定执行。

（三十二）落实离岗创业新政策。院属单位科研人员离岗创业期间依法继续在原单位参加社会保险，工资、医疗等待遇由院属单位根据国家和地方有关政策结合实际确定。创业企业或所工作企业应当依法为离岗创业人员缴纳工伤保险费用，离岗创业人员发生工伤的，依法享受工伤保险待遇。离岗创业人员执行原单位职称评审、培训、考核、奖励等管理制度。

（三十三）落实为科研人员松绑政策。院属单位科研人员具有自主选择和调整技术路线的权利。科研项目申报期间，以科研人员提出的技术路线为主进行论证；科研项目实施期间，科研人员可以在研究方向不变、不降低申报指标的前提下自主调整研究方案和技术路线，报项目管理专业机构备案。科研项目负责人可以根据项目需要，按规定自主组建科研团队，并结合项目实施进展情况进行相应调整。

（三十四）落实资产评估新政策。院属单位将其持有的科技成果转让、许可或者作价投资给非国有全资企业的，由单位自主决定是否进行资产评估。

八、强化保障措施

（三十五）加强组织领导。院成立成果转化工作领导小组，由院长、党组书记担任组长，主管副院长担任副组长，负责成果转化重大事项决策。领导小组办公室设在成果转化局，负责成果转化日常管理和组织协调。院属单位成立成果转化工作领导小组，由研究所主要领导担任组长，主管副所长担任副组长，相关团队首席和职能部门负责人参加，配齐配强工作人员，负责本单位成果转化具体工作。

（三十六）加强制度保障。院机关有关部门应根据本意见的要求和职能权限，制定相关的管理办法，出台配套的实施措施。院属单位应研究本单位具体措施，细化相关政策，制定切实可行的实施细则。院所两级要不断完善成果转化工作机制和制度体系，保障成果转化工作有章可循，有据可依。

（三十七）建立督查机制。院成果转化工作领导小组不定期组织科技创新、成果转化、人事管理、巡视监察、财务审计等部门，针对院属单位成果转化政策落地、措施到位等工作开展督导检查，指导院属单位、团队准确把握国家政策，帮助解决实际问题，促进全院成果转化工作取得新成效。

（三十八）加大宣传力度。在全院范围内开展成果转化政策宣讲和培训活动，提高广大干部职工对成果转化重要性的认识，深刻理解、正确把握国家政策，营造“三创”良好氛围，形成全员参与、共同推动的良好局面。广泛宣传成果转化的成功模式、典型案例，以及在成果转化、产业发展、乡村振兴和脱贫攻坚中涌现出来的先进人物，充分发挥榜样引领作用。

中国农业科学院

2019 年 7 月 10 日

中共中国农业科学院党组
关于表彰 2018 年度成果转化贡献奖
先进集体和先进个人的决定

农科院党组发〔2019〕27 号

院机关各部门、院属各单位：

为全面贯彻落实乡村振兴战略、创新驱动发展战略和习近平总书记“三个面向”指示精神，有效支撑农业农村绿色发展，我院把科技创新与成果转化作为现代院所建设的两大基石，在强化顶层设计、创新体制机制、加强原始创新、加速成果转化、支撑产业发展等方面做了大量工作，取得了良好成效，涌现出了一批先进集体和先进个人。

为了表彰先进，树立典型，激励广大干部职工在科技成果转化中作出新的更大贡献，根据《中国农业科学院关于进一步加强科技成果转化工作的意见》，经研究所推荐申报、专家评选、公告公示和党组会议研究等程序，决定对中国农业科学院 2018 年度成果转化贡献奖先进集体和先进个人（名单见附件）予以表彰。

希望受到表彰的集体和个人珍惜荣誉，再接再厉。全院干部职工要以表彰的先进集体和先进个人为榜样，大力推进科技创新，强化成果落地应用，为加速农业农村现代化建设而奋斗。

附件：中国农业科学院 2018 年度成果转化贡献奖先进集体和先进个人名单

中共中国农业科学院党组

2019 年 4 月 16 日

附件

中国农业科学院 2018 年度成果转化贡献奖先进集体和先进个人名单

先进集体：植物保护研究所
哈尔滨兽医研究所
兰州兽医研究所
蔬菜花卉研究所甘蓝类蔬菜遗传育种创新团队
饲料研究所饲用酶工程创新团队

先进个人：周　阳　　作物科学研究所
吴永常　　农业经济与发展研究所
倪建平　　中国水稻研究所
曹尚银　　郑州果树研究所
薛飞群　　上海兽医研究所

中共中国农业科学院党组关于表彰 2018 年度脱贫攻坚先进集体和先进个人的决定

农科院党组发〔2019〕20 号

院机关各部门、院属各单位：

打赢脱贫攻坚战是党中央、国务院作出的重大战略部署，我院党组高度重视脱贫攻坚工作，全院上下深入贯彻落实习近平总书记关于扶贫的新理念新思想新战略，院属各单位主动出击，采取有效务实举措，扎实推进科技扶贫，聚焦环京津地区、秦巴山区、武陵山区以及“三区三州”国家深度贫困地区，派专家、送技术、出主意、做示范，开展形式多样的科技帮扶工作，发挥了科技在脱贫攻坚的支撑和引领作用，为贫困地区脱贫致富作出了积极贡献，取得了显著成效，涌现出了一批先进集体和先进个人。

为了表彰先进，树立典型，激励广大干部职工在脱贫攻坚中作出新的更大的贡献，根据《中共中央关于打赢脱贫攻坚战三年行动的指导意见》《中国农业科学院党组关于深入推进科技扶贫工作的意见》等规定，经研究，决定对中国农业科学院 2018 年度脱贫攻坚先进集体和中国农业科学院 2018 年度脱贫攻坚先进个人（名单见附件），予以表彰。

院属各部门和各单位，要以表彰的先进集体和先进个人为榜样，进一步深入学习贯彻习近平总书记扶贫工作重要论述，充分认识脱贫攻坚工作的艰巨性复杂性，切实提高政治站位，增强打赢脱贫攻坚战的责任感和使命感，突出围绕科技扶贫的重点任务，研究细化实施措施，集结科技力量向深度贫困地区攻坚，凝心聚力推进脱贫攻坚工作，坚定信心，强化落实，攻坚克难，奋力夺取脱贫攻坚战的全面胜利，为中华人民共和国成立 70 周年献礼！

附件：中国农业科学院 2018 年度脱贫攻坚先进集体和先进个人名单

中共中国农业科学院党组

2019 年 3 月 22 日

附件

中国农业科学院 2018 年度脱贫攻坚先进集体和先进个人名单

一、先进集体

作物科学研究所
植物保护研究所土壤有害生物防控创新团队
蔬菜花卉研究所
北京畜牧兽医研究所
蜜蜂研究所
油料作物研究所
郑州果树研究所
茶叶研究所
兰州畜牧与兽药研究所
烟草研究所

二、先进个人

刘召阳　院后勤服务中心
王金全　饲料研究所
王凤忠　农产品加工研究所
刘　平　农田灌溉研究所
任小平　油料作物研究所
王海波　果树研究所
刘济伟　郑州果树研究所
曾建明　茶叶研究所
黄连清　兰州兽医研究所
陈化琦　兰州畜牧与兽药研究所

中共中国农业科学院党组关于表彰 2019 年度脱贫攻坚与乡村振兴先进集体和先进个人的决定

农科院党组发〔2019〕91 号

院机关各部门、院属各单位：

2019 年，中国农业科学院深入贯彻落实习近平总书记关于脱贫攻坚和乡村振兴的战略思想，院属各单位采取了一系列务实有效的措施，开展了大量卓有成效的工作，取得了显著成绩，涌现出了一批先进集体和个人。

为表彰先进，树立典型，经院属各单位推荐，院里组织专家评审并经公示无异议，中共中国农业科学院党组决定授予植物保护研究所等 10 个单位和团队为 2019 年度脱贫攻坚与乡村振兴先进集体称号，授予李宝聚等 10 名同志为 2019 年度脱贫攻坚与乡村振兴先进个人称号。

院属各单位以及广大干部职工，要以这些先进集体和先进个人为榜样，深入学习贯彻党中央国务院的战略部署，进一步增强责任感、使命感和紧迫感，继续做好各项工作，为打赢脱贫攻坚战和推进乡村振兴战略作出新的更大的贡献。

附件：中国农业科学院 2019 年度脱贫攻坚与乡村振兴先进集体和先进个人名单

中共中国农业科学院党组
2019 年 12 月 31 日

附件

中国农业科学院2019年度脱贫攻坚与乡村振兴先进集体和先进个人名单

（排名不分先后）

一、先进集体

植物保护研究所
农产品加工研究所
深圳农业基因组研究所
作物科学研究所作物栽培与生理创新团队
北京畜牧兽医研究所鸭育种与营养创新团队
农田灌溉研究所韩堂村驻村扶贫工作队
油料作物研究所驻田凤坪村精准扶贫工作队
郑州果树研究所梨产业科技特派员服务团
茶叶研究所茶叶深加工与多元化利用团队
兰州畜牧与兽药研究所牦牛资源与育种创新团队

二、先进个人

李宝聚　蔬菜花卉研究所
韩胜明　蜜蜂研究所
张金霞　农业资源与农业区划研究所
李　俊　油料作物研究所
王文辉　果树研究所
涂洪涛　郑州果树研究所
李　强　茶叶研究所
牛春娥　兰州畜牧与兽药研究所
赖　欣　环境保护科研监测所
钟成义　南京农业机械化研究所

四、国际合作与交流

中国农业科学院 2019 年 国际合作与交流工作概况

2019 年是中华人民共和国成立 70 周年，也是全面建成小康社会、实现第一个百年奋斗目标的关键之年。一年来，在习近平总书记贺信精神指引下，中国农业科学院国际合作工作围绕国家“三农”工作重点和外交战略，持续优化农业科技国际合作布局，不断推进与全球重点农业科研机构的合作交流，积极发挥国际合作对科技创新和农业科技对农业“走出去”的支撑作用，全院国际合作发展取得积极成效，国际影响力进一步增强。

一、落实重点任务，打造国际合作新亮点

一是成功举办第六届国际农科院院长高层研讨会。11 月 12—14 日，中国农业科学院在成都成功举办了第六届国际农科院院长高层研讨会（GLAST)，全球五大洲 39 个国家的 400 余名代表参会。此次研讨会不仅是全院国际合作的重点工作，也是国际农业科技界的一次盛会。农业农村部副部长张桃林、FAO 总干事屈冬玉及国际农业磋商组织（CGIAR）主要负责人致辞。会议以“科技促进农业农村绿色发展”为主题，讨论通过了《成都宣言》，不仅彰显了我国在农业农村绿色发展方面的政策主张和成就经验，也为积极参与和推动落实联合国 2030 可持续发展目标作出具体行动计划。会议期间，举行了 20 余场双多边会见，为中国农业科学院乃至全国农业科研机构拓展和深化多双边合作关系搭建交流平台，进一步扩展了农业科技合作的范围。

会议从形式到内容、从议题设计到成果凝练、从组织筹备到宣传展示等都取得了很好效果。会议主题聚焦全球关注、推动协同创新，体现了国家级科研院所开放发展的担当。各个分议题设置主题报告和开放式讨论环节，首次专门安排中国农业科学院科学家主持和参与，并制作展板推介中国农业科学院 34 个研究所的绿色发展技术和产品，大幅提升了中国农业科学院科学家在国际高端对话中的参与度，也向国际社会充分展示了我国农业农村绿色发展方面取得的丰硕成果与经验。光明网对开幕式面向全球进行网络视频直播，实时观看量达到 47 万人次，主流媒体累计发布报道 40 余篇，进一步提升了会议的品牌影响力。GLAST 已被国际农业科技届公认为重要的多边议事论坛之一，也正成为中国农业科学院及国内涉农研究机构参与全球农业科技合作治理、谋求共赢发展和发挥引领作用的重要高端平台。

二是发起国际农业科学计划。中国农业科学院在第六届国际农科院院长高层研讨会

上正式宣布启动国际农业科学计划（CAASTIP），在未来 5 年内投入 1 000 万美元，着眼于未来全球农业科技创新与发展，围绕全球农业科技热点重点问题，推动建立稳定的国际合作协同攻关机制，鼓励和资助我院科学家与全球顶尖伙伴机构协作，促进全方位融入全球创新网络，掌握全球科技竞争先机、攻克“卡脖子”技术难题，通过全球协作共建农业科技命运共同体。这一计划得到了全球合作伙伴的广泛关注和积极响应，多家机构纷纷表示希望在国际农业科学计划框架下进一步深化与中国农业科学院的创新合作。

二、服务国家外交战略，积极参与国际农业科技治理

根据农业农村部、外交部等部门部署，中国农业科学院积极承办和参与了农业外交相关工作，包括：积极履行并参与落实 G20 农业部长工作机制下 G20 农业首席科学家倡议，牵头推动建立农业技术与知识共享平台，积极参与 G20 框架下农业科技合作议事规则的制定；积极参与粮农组织（FAO）总干事竞选材料准备和助选工作，为屈冬玉副部长成功当选作出贡献；作为全球“粮食可持续发展行动计划（Food Forever）”倡议人多次参与倡议系列活动和研讨，在农业生物多样性保护和利用等领域积极贡献中国智慧；代表中国政府成功筹备和主持在智利召开的亚太经合组织（APEC）农业技术合作工作组（ATCWG）第二十三届年会，并充分发挥技术支撑作用，配合主管部门稳妥处理好相关敏感问题，并协助部领导参加“第五届 APEC 粮食安全部长会议”和磋商《部长宣言》；与 CGIAR 密切合作，推动双方在非洲猪瘟、草地贪夜蛾等动植物疫病研究与防控领域开展合作，在我国举办 CGIAR 第九届理事会会议，积极推动增加对 CGIAR 的资金支持力度；认真落实国家领导人出访成果，多方筹措资金努力推动“智利—中国农业科技研发中心”技术方案对接；配合农业农村部、外交部①、中联部②、科技部等接待了秘鲁副总统以及朝鲜、乌拉圭、伊朗、乌兹别克斯坦、国际原子能机构等 21 个高级别代表团来访，促进农业科技交流和多双边合作关系发展。

鼓励和支持中国农业科学院科研人员在国际机构、国际学会以及国际合作项目和机制中任职。通过国际任职在国际学术领域贡献中国智慧，提出中国方案，有效提升我国农业科技在国际农业科技治理舞台的话语权和影响力。目前，中国农业科学院在相关机构及机制中担任理事、顾问、评审专家、委员等职务的有 203 人次，在知名国际期刊中担任主编、副主编、编委等职务的有 257 人次。

① 中华人民共和国外交部，全书简称外交部。

② 中共中央对外联络部，全书简称中联部。

三、多措并举，稳步提升科技创新支撑能力

一是申报竞争性国际合作项目取得较好成效。2019 年新增来自科技部、自然科学基金委等国内渠道及国外政府部门、国际组织等国外渠道的国际合作项目 107 项，新增经费总额 1.09 亿元。由此在研国际合作项目达 249 项，总经费 2.98 亿元。此外，积极与农业农村部国际合作司、FAO 南南合作办公室联系汇报，促成中国—FAO 南南合作基金二期项目草地贪夜蛾相关项目的立项。与先正达共同建立合作基金正在磋商中。

中国农业科学院安排 800 万元基本科研业务费专门支持农业科技国际合作创新，开展了国际联合实验室合作创新、农业科技国际合作研究、国际大科学计划培育三类项目，取得了良好成效。如“国际大科学计划培育”类别中的“G2P：农业基因资源阐析”项目，已由作科所牵头申报科技部重点研发计划，预申报书已经获批；“气候智慧型农业”项目已经实现与 CGIAR 综合性研究项目 CCAFS 充分对接。

二是组织丰富立体的学术交流活动。全院在华举办各类国际学术会议 40 场次，领域覆盖了中国农业科学院全部 9 个学科集群，如主办中德农业科技交流工作组第二十四次会议、第一届中国—新西兰农业科技合作研讨会、第二届国际茶学院所长会议、第六届“奶牛营养与牛奶质量”国际研讨会、第五届国际农业基因组会议暨深圳国际食品谷研讨会等，承办联合国粮食及农业组织政府间硬质纤维小组和政府间黄麻、槿麻及同类纤维小组联席会议等。结合学科优势，开展广泛的学术交流，围绕重点领域商定合作计划和项目，进一步提升了国际学术影响力。

三是积极拓展国际合作网络。派出出访团组近 900 个、1 750 多人次，邀请外宾来华访问 949 批、1 300 多人次，与国外合作伙伴共签署合作协议及谅解备忘录 128 份，不断加强与国外农业研究机构和国际组织的伙伴关系，有效构建农业科技国际合作布局。通过与国际高水平科研院所合作，联合发表高水平论文 80 余篇，国际合作高水平论文发表率达 27%。

四是大力推动国际合作平台建设。全年新增 17 个联合实验室等国际合作平台，如在法国建立“中国—法国植物保护国际联合实验室”、在瑞士建立“中国农业农村部—CABI 欧洲实验室”等，为深化中外合作研究、人才培养等提供支撑。获批国家引才引智示范基地 2 个。“中国—罗马尼亚农业合作‘一带一路’联合实验室”和“中国—哈萨克斯坦农业科学‘一带一路’联合实验室”成功列入科技部首批认证的 14 家“一带一路”联合实验室，占全国范围内农业领域的一半，充分展现了中国农业科学院在推进与“一带一路”国家开放合作中的国家队地位。

四、硬软兼顾，积极推动农业科技“走出去”

一是稳步实施创新工程国际合作专项任务。为积极响应农业“走出去”战略，中

国农业科学院2018年启动了创新工程国际合作协同创新项目，整合资源，推动优势技术和拳头产品走出国门，2019年项目经费增加到1 600万元。水稻所、棉花所、蔬菜所等加强境外联合实验室和试验示范基地建设，推动了水稻、棉花等7种作物和6种蔬菜新品种在东南亚、中亚、非洲等国家开展科技示范合作，整合6套相关技术模式，增产示范效益明显，获得乌兹别克斯坦、印度尼西亚等相关国家政府的重视和认可；拓展“走出去”渠道，哈兽研所属企业以技术入股方式成功在印度尼西亚建厂，开展禽病疫苗的生产和销售，截至2019年10月总销售额达到220万元；初步建立了动植物疫病防控预警防控机制，为开展跨境动植物疫病的联防联控打下良好基础。

二是开展战略研究和信息咨询服务。依托海外农业研究中心，积极发挥智库作用，为政府决策提供依据，为农业企业“走出去”提供科技支撑。成功召开第三届海外农业研究大会，发布了国别研究报告、农产品市场研究报告、农业对外合作公共信息服务平台3.0等一系列研究成果和大数据平台。启动《全国农业科技“走出去”联盟发展战略》研究，召开第二十四届全国农科院系统外事协作网会议暨全国农业科技“走出去”联盟会议，交流合作经验，研究联盟工作重点，积极推进联盟务实建设。

三是举办国际培训分享中国经验。举办援外国际培训班30个（包括在古巴、老挝、菲律宾、约旦举办的4个海外国际培训班），为66个发展中国家1 000余名学员提供了专项技术培训，内容涉及作物、兽医、育种、沼气等新能源技术、循环农业等多个领域，以培养农业科技协同创新人才为纽带，助力我国农业科技成果在“一带一路”沿线国家落地生根。

五、固本培元，推进国际化人才队伍建设

一是强化人才交流培训。积极争取各种项目和渠道鼓励支持中青年科研人员赴国际高水平大学和研究机构深造，提升自身科研实力。2019年通过国家留学基金委公派出国、外专局培训、CGIAR定向捐款等各类渠道，派出211人次到国外开展访学和培训。

二是大力引进国际智力资源。高端国际人才引进是我院科技创新的重要驱动力。全年共组织申报高端外国专家引进计划项目24项，批准7项，经费154万元。2019年来华长期工作的外国专家达31人。成功组织申报中国政府友谊奖1项。5名与中国农业科学院长期合作的外国专家还获邀参加了国庆70周年系列活动。

三是促进国际教育高质量发展。中外合作博士学位教育项目顺利推进，2019年招收40人，生源质量明显提升。中比项目毕业生累计30人，共发表论文133篇，其中SCI论文89篇，单篇最高影响因子9.236。录取外国留学生117人，涵盖33个博士学位授权专业，生源来自27个国家，“一带一路”沿线国家留学生占总数的53.0%。2019年毕业留学生100人，留学生教育工作获国家留学基金委高度认可。

六、提升管理和服务水平，为科研人员减负

按照中共中央关于推进科技领域“放管服”精神，特别是结合“不忘初心、牢记使命”主题教育的目标要求，进一步优化出访、邀请外宾来华、举办国际会议等审批流程，外事管理规范有序，为科研人员开展国际交流合作提供了更加高效便捷的服务。如将出国行程变更权限下放到研究所，并实行网上备案，减少了审批环节。调整出国计划申报方式，探索建立科研人员因需出访审批机制。进一步完善智慧农科出入境管理系统，针对出访任务变更实现了网上报批和报备，针对外宾邀请实现了网上自动分类推送，提高了工作效率。为落实驻部纪检组要求，与院监察局协调，在出入境管理系统为司局级领导因公出访设计了网上报备环节，减少了研究所的工作量。

中国农业科学院 2019 年合作谅解备忘录/协议签署清单

序号	中方签署机构	外方签署机构	合作谅解备忘录/协议名称	外方所在国家	签署时间
1	中国农业科学院	法国蒙彼利埃大学 University of Montpellier	中国农业科学院与蒙彼利埃大学科学合作框架协议 Framework Areement for Scientific Cooperation between University of Montpellier and CAAS	法国	2019 年 3 月
2	中国农业科学院	联合国粮食及农业组织 FAO	中国农业科学院和联合国粮食及农组织谅解备忘录续签及修正案 Extension and Amendement to the MOU between FAO and CAAS	意大利	2019 年 11 月
3	中国农业科学院	国际原子能机构 IAEA	国际原子能机构与中国农业科学院关于指定中国农业科学院为“国际原子能机构协作中心”的协议 Agreement between IAEA and CAAS Concerning the Designation of CAAS as an " IAEA Collaborating Centre"	奥地利	2019 年 11 月
4	中国农业科学院	乌兹别克斯坦共和国创新发展部 Ministry of Innovational Development of the Republic of Uzbekistan	中国农业科学院与乌兹别克斯坦共和国创新发展部关于棉花种植领域合作的谅解备忘录 Memorandum of Understanding between Chinese Academy of Agricultural Sciences and Ministry of Innovational Development of the Republic of Uzbekistan for Cooperation in Cotton Planting	乌兹别克斯坦	2019 年 7 月

（续表）

序号	中方签署机构	外方签署机构	合作谅解备忘录/协议名称	外方所在国家	签署时间
5	中国农业科学院	马来西亚农业研究和发展研究院 Malaysian Agricultural Research and Development Institute	马来西亚农业研究和发展研究院与中国农业科学院农业科技合作谅解备忘录 Memorandum of Understanding between Malaysian Agricultural Research and Development Institute and Chinese Academy of Agricultural Sciences on Agricultural Sciences and Technology Cooperation	马来西亚	2019 年 11 月
6	中国农业科学院	法国国家农业科学研究院 French National Institute for Agricultural Research	中国农业科学院与法国国家农业科学研究院关于共建小麦基因组学与育种国际联合实验室的协议 Agreement between the Chinese Academy of Agricultural Sciences（CAAS）and the French National Institute for Agricultural Research（INRA）for the Establishment of the International Associated Laboratory of Wheat Genomics and Breeding	法国	2019 年 3 月
7	中国农业科学院	法国国家农业科学研究院 French National Institute for Agricultural Research	中国农业科学院与法国国家农业科学研究院关于共建植物保护国际联合实验室的协议 Agreement between the Chinese Academy of Agricultural Sciences and the French National Institute for Agricultural Research, for the Establishment of the International Associated Laboratory for Plant Protection	法国	2019 年 3 月
8	中国农业科学院作物科学研究所、成都大学	玻利维亚圣西蒙市立大学 San Simón University（UMSS）	中国农业科学院作物科学研究所、成都大学、玻利维亚圣西蒙市立大学科技合作协议 Agreement Institute of Crop Sciences Chinese Academy of Agricultural Sciences（ICS-CAAS）and Chengdu University（CDU）and San Simón University（UMSS）	玻利维亚	2019 年 4 月

（续表）

序号	中方签署机构	外方签署机构	合作谅解备忘录/协议名称	外方所在国家	签署时间
9	中国农业科学院作物科学研究所	巴基斯坦农业研究委员会 Pakistan Agricultural Research Council（PARC）	中国农业科学院作物科学研究所与巴基斯坦农业研究中心签署关于绿色超级稻的意向备忘录 Memorandum of Intention（MOI）about Concerning Scientific and Technical Collaboration in Green Super Rice Research and Training	巴基斯坦	2019 年 4 月
10	中国农业科学院作物科学研究所	越南大田作物研究所 Field Crops Research Institute（FCRI）	中国农业科学院作物科学研究所与越南大田作物研究所签署关于绿色超级稻的谅解备忘录 Memorandum of Understanding about Concerning Scientific and Technical Collaboration in Green Super Rice Research and Training	越南	2019 年 4 月
11	中国农业科学院作物科学研究所	乌拉圭农业研究院 Instituto Nacional de Investigacion Agropecuaria, INIA	中乌大豆种质交换协议	乌拉圭	2019 年 3 月
12	中国农业科学院作物科学研究所	乌拉圭农业研究院 Instituto Nacional de Investigacion Agropecuaria, INIA	中乌大豆科技合作知识产权协议	乌拉圭	2019 年 6 月
13	中国农业科学院植物保护研究所	瑞士联邦农科院农业生态与环境研究所 Agroscope-AOU	瑞士联邦农科院农业生态与环境研究所与中国农业科学院植保所在外来入侵节肢动物害虫生物防治方面的合作协议 Agreement between Agroscope-AOU and IPP-CAAS Concerning Cooperation in "Biological Control of Exotic Arthropod Pests"	瑞士	2019 年 5 月

（续表）

序号	中方签署机构	外方签署机构	合作谅解备忘录/协议名称	外方所在国家	签署时间
14	中国农业科学院植物保护研究所	国际应用生物科学中心、巴基斯坦食品安全研究部 CABI，MNFS&R of Parkistan	联合行动协议备忘录 Joint Colloabration Activities to Action	国际组织、巴基斯坦	2019 年 9 月
15	中国农业科学院植物保护研究所	联合国粮农组织 FAO	联合国粮农组织与农科院植保所合作协议 Letter of Agreement between FAO and IPP-CAAS	国际组织	2019 年 11 月
16	中国农业科学院植物保护研究所	美国农业部 USDA	中国农业科学院植保所与美国农业部合作协议：探索中国及周围地区的入侵物种天敌 Cooperative agreement on Exploration for Natural Enemies of Invasive Species Originating from China and the Surrounding Areas	美国	2019 年 9 月
17	中国农业科学院植物保护研究所	美国农业部 USDA	中国农业科学院植保所与美国农业部合作协议：鉴定亚洲玫瑰藤鳞片的分布和天敌复合体 Non - Assistance Cooperative Agreement on Determining the Distribution and Natural Enemy Complex of the Roseau Cane Scale in Asia	美国	2019 年 9 月
18	中国农业科学院植物保护研究所	澳大利亚昆士兰州格里菲斯大学 Griffith University，Queensland，Australia	中国农业科学院植保所与澳大利亚昆士兰州格里菲斯大学合作谅解备忘录 MOU between Griffith University and IPP-CAAS	澳大利亚	2019 年 5 月
19	中国农业科学院植物保护研究所	国际玉米小麦改良中心 CIMMYT	跨境作物病虫害监测与防控国际合作伙伴协议 International Partnership for Cooperation on Transboundary Crop Pests Monitoring and Control	国际组织	2019 年 11 月

（续表）

序号	中方签署机构	外方签署机构	合作谅解备忘录/协议名称	外方所在国家	签署时间
20	中国农业科学院植物保护研究所	国际应用生物科学中心 CABI	跨境作物病虫害监测与防控国际合作伙伴协议 International Partnership for Cooperation on Transboundary Crop Pests Monitoring and Control	国际组织	2019年11月
21	中国农业科学院植物保护研究所	瑞士纳沙泰尔大学 Université de Neuchâtel	跨境作物病虫害监测与防控国际合作伙伴协议 International Partnership for Cooperation on Transboundary Crop Pests Monitoring and Control	瑞士	2019年11月
22	中国农业科学院植物保护研究所	挪威生物经济研究所 Norwegian Institute of Bioeconomy Research	跨境作物病虫害监测与防控国际合作伙伴协议 International Partnership for Cooperation on Transboundary Crop Pests Monitoring and Control	挪威	2019年11月
23	中国农业科学院植物保护研究所	孟加拉邦格班杜·谢赫·穆吉布·拉赫曼农业大学 Institute of Biotechnology and Genetic Engineering, BSMR Agricultural University	跨境作物病虫害监测与防控国际合作伙伴协议 International Partnership for Cooperation on Transboundary Crop Pests Monitoring and Control	孟加拉国	2019年11月
24	中国农业科学院植物保护研究所	美国俄亥俄州立大学 Ohio State University	跨境作物病虫害监测与防控国际合作伙伴协议 International Partnership for Cooperation on Transboundary Crop Pests Monitoring and Control	美国	2019年11月
25	中国农业科学院植物保护研究所	亚太农业研究机构协会 Asia-Pacific Association of Agricultural Research Institutions	跨境作物病虫害监测与防控国际合作伙伴协议 International Partnership for Cooperation on Transboundary Crop Pests Monitoring and Control	国际组织	2019年11月
26	中国农业科学院蔬菜花卉研究所	智利农业科学院 Agricultural Research Institute of Chile	蔬菜科技战略合作谅解备忘录	智利	2019年8月

（续表）

序号	中方签署机构	外方签署机构	合作谅解备忘录/协议名称	外方所在国家	签署时间
27	中国农业科学院蔬菜花卉研究所	詹姆斯哈顿研究所 The James Hutton Institute	谅解备忘录 MOU	英国	2019 年 8 月
28	中国农业科学院蔬菜花卉研究所	塞尔维亚农业部 Ministry of Agriculture, Forestry and Water Management, Serbia	谅解备忘录 MOU	塞尔维亚	2019 年 10 月
29	中国农业科学院农业环境与可持续发展研究所	京都大学 Kyoto University	学术交流协议书 General Memorandum for Academic Cooperation and Exchange	日本	2019 年 2 月
30	中国农业科学院农业环境与可持续发展研究所	北海道大学 Hokkaido University	学术交流协议书 General Memorandum for Academic Cooperation and Exchange	日本	2019 年 7 月
31	中国农业科学院农业环境与可持续发展研究所	鸟取大学 Tottori University	学术交流协议书 General Memorandum for Academic Cooperation and Exchange	日本	2019 年 4 月
32	中国农业科学院饲料研究所	挪威生命科学大学生命科学学院 Faculty of Biosciences, Norwegian University of Life Science	中国挪威饲料加工技术联合实验室 Sino-Norwegian Co-Laboratory of Animal Feed Processing Technology	挪威	2019 年 3 月

（续表）

序号	中方签署机构	外方签署机构	合作谅解备忘录/协议名称	外方所在国家	签署时间
33	中国农业科学院农产品加工研究所	美国农业部农业服务局食品过敏研究中心 USDA Agricultural Research Sevice-Food Allergy Research Center	合作协议 Cooperation Agreement	美国	2019 年 11 月
34	中国农业科学院农产品加工研究所	日本佐竹公司 日本株式会社サタケとの	中国农业科学院农产品加工研究所与日本佐竹公司及佐竹机械（苏州）有限公司共同研究协议	日本	2019 年 1 月
35	中国农业科学院农产品加工研究所	埃及开罗大学农学院 Faculty of Agriculture, Cairo University	甘薯茎叶多酚预防紫外线引起的皮肤损伤及其作用机制研究 Preventive Effect of Sweet Potato Leaf Polyphenols on Ultraviolet Radiation Damage and Its Mechanism	埃及	2019 年 6 月
36	中国农业科学院农产品加工研究所	益海嘉里集团全球研发中心 Wilmar Group Gloable R&D Center Co. LTD	合作协议 Cooperation Agreement	新加坡	2019 年 10 月
37	中国农业科学院农业经济与发展研究所	德国莱普尼茨农业经济转型研究所 Leibniz-Institute for Agricultural Development in Transition Economies	中国农业科学院农业经济与发展研究所与德国莱普尼茨农业经济转型研究所达成的合作谅解备忘录 Memorandum of Understanding Between Institute of Agricultural Economics and Development（IAED）, P. R. China, Leibniz-Institute for Agricultural Development in Transition Economies, Germany	德国	2019 年 12 月

（续表）

序号	中方签署机构	外方签署机构	合作谅解备忘录/协议名称	外方所在国家	签署时间
38	中国农业科学院农业资源与农业区划研究所	新西兰—中国水研究中心 New Zealand - China Water Research Centre（NZ-CN WRC）	关于成立中国—新西兰畜禽养殖污染防控联合实验室的备忘录 Memorandum of Establishing NZ-China Labortory on Mitigation on Water Pollution From Livestock Production Between NZ-CN WRC and IARRP，CAAS	新西兰	2019 年 4 月
39	中国农业科学院农业资源与农业区划研究所	澳大利亚昆士兰大学 The University of Queensland	农科院资划所与澳大利亚昆士兰大学合作谅解备忘录 Memorandum of Understanding Between IARRP，CAAS and UQ	澳大利亚	2019 年 8 月
40	中国农业科学院海外农业研究中心	蒙古生命科学大学 Mongolian University of Life Sciences	关于共建东北亚农业与农村发展研究院的合作协议 A Proposal for Establishing the Northeast Asian Institute for Agricultural and Rural Development	蒙古国	2019 年 3 月
41	中国农业科学院海外农业研究中心	非洲绿色革命联盟 Alliance for a Green Revolution in Afirca（AGRA）	中国农业科学院海外农业研究中心与非洲绿色革命联盟战略合作谅解备忘录 Memorandum of Understanding between CIAR-CAAS and Alliance for a Green Revolution in Afirca（AGRA）	加纳	2019 年 4 月
42	中国农业科学院海外农业研究中心	非洲农业研究论坛 Forum for Agricultural Research in Africa（FARA）	中国农业科学院海外农业研究中心与非洲绿色革命联盟战略合作谅解备忘录 Memorandum of Understanding between Forum for Agricultural Research in Africa （FARA） and CIAR-CAAS	肯尼亚	2019 年 4 月

（续表）

序号	中方签署机构	外方签署机构	合作谅解备忘录/协议名称	外方所在国家	签署时间
43	中国农业科学院农业信息研究所	国际应用生物科学中心 CABI	中国农业科学院农业信息研究所与国际应用生物科学中心 2019 年度关于中文科技文献英文文摘制作协议 Agreement between Agricultural Information Institute of Chinese Academy of Agricultural Sciences and CAB International Relating to Abstracting Chinese Technical Literature	英国	2019 年 5 月
44	中国农业科学院农业信息研究所	英国诺丁汉大学 University of Nottingham	诺丁汉大学未来食品卓越科研灯塔与中国农业科学院海外农业研究中心合作谅解备忘录 Memorandum of Understanding between Future Food Beacon of Excellence of the University of Nottingham and CIAR of CAAS	英国	2019 年 11 月
45	农业农村部食物与营养发展研究所	梅西大学 Massey University	新西兰食品安全保证交流网合作备忘录 New Zealand Food Safety Network Cooperation Memorandum	新西兰	2019 年 11 月
46	农业农村部食物与营养发展研究所	新鲁汶大学 UC Louvain	合作协议 Collaboration Agreement	比利时	2019 年 10 月
47	中国农业科学院农田灌溉研究所	尼泊尔农业研究组织 Nepal Agricultural Research Council	中国农业科学院农田灌溉研究所与尼泊尔农业研究组织合作备忘录 Memorandum of Agreement between Farmland Irrigation Research Institute，CAAS and Nepal Agricultural Research Council	尼泊尔	2019 年 10 月

（续表）

序号	中方签署机构	外方签署机构	合作谅解备忘录/协议名称	外方所在国家	签署时间
48	中国农业科学院农田灌溉研究所	信德农业大学 Sindh Agriculture University	中国农业科学院农田灌溉研究所与信德农业大学合作备忘录 Memorandum of Agreement between Farmland Irrigation Research Institute, Chinese Academy of Agricultural Sciences and Sindh Agriculture University (SAU)	巴基斯坦	2019 年 10 月
49	水稻所	国际水稻研究所 International Rice Research Institute	合作研究协议 Agreement on Joint Research	菲律宾	2019 年 4 月
50	水稻所	美国陶氏益农农业科技（中国）有限公司	农药试验协议书（中文）	中国	2019 年 6 月
51	水稻所	国际水稻研究所 International Rice Research Institute	国际水稻遗传评价 INGER（中国）合作协议 Germplasm MOA of IRRI and CNRRI on Sharing, Testing and Evaluation through the INGER Global Network	菲律宾	2019 年 4 月
52	水稻所	巴斯夫（中国）有限公司	农药药效评估试验协议书	中国	2019 年 7 月
53	水稻所	乌兹别克斯坦水稻研究所 Rice Research Institute (RRI) of Uzbekistan Scientific Production Center for Agriculture	建立中乌水稻联合研究中心合作备忘录 MOU of Scientific Research Cooperation in the Field of Agriculture	乌兹别克斯坦	2019 年 8 月

（续表）

序号	中方签署机构	外方签署机构	合作谅解备忘录/协议名称	外方所在国家	签署时间
54	水稻所	古巴农业集团、古巴谷物研究所 Cuba Agriculture Business Group，Grain Research institute	水稻新品种引进合作纪要（中文、西班牙文）	古巴	2019年9月
55	中国农业科学院麻类研究所	马沙 Mohamed Hanafi Musa，Malaysia	红麻脱粒机技术服务协议 Cooperation Agreement for Technical Service of Kenaf Mechanized Threshing	马来西亚	2019年01月
56	中国农业科学院麻类研究所	哈萨克斯坦农业技术大学 S. Seifullin Kazakh Agro-technical University	亚麻合作研究与品种试验 Contract for Performance of Project and Research Works on Flax Varieties Testing	哈萨克斯坦	2019年05月
57	中国农业科学院麻类研究所	意大利国家研究委员会生物科学与生物资源研究所 Institute of Biosciences and Bioresources National Research Council of Italy	标准材料转让协议 Standard Material Transfer Agreement	意大利	2019年2月
58	中国农业科学院麻类研究所	国际天然纤维组织 International Natural Fiber Organization	中国农业科学院麻类研究所与国际天然纤维组织合作备忘录 Memorandum of Understanding between Institute of Bast Fiber Crop，CAAS and International Natural Fiber Organization	荷兰	2019年9月

（续表）

序号	中方签署机构	外方签署机构	合作谅解备忘录/协议名称	外方所在国家	签署时间
59	中国农业科学院麻类研究所，浙江农林大学	澳大利亚乐卓博大学 La Trobe University	关于组建中澳植物细胞壁研究中心的框架协议 Framework Agreement on Joint Research of Plant Cell Wall between China and Australia	澳大利亚	2019年4月
60	中国农业科学院果树研究所	法国农业科学院园艺与种子研究所 Institute of Research on Horticulture and Seeds (IRHS)	关于建立中国—法国果树种质资源联合研究平台的双边谅解备忘录 Memorandum of Understanding for the Establishment of Sino-France Fruit Germplasm Resources Joint Research Plateform Between CAAS-RIP and INRA-IRHS	法国	2019年10月
61	中国农业科学院果树研究所	国际生物多样性中心中亚办事处 Bioversity International (IPGRI) Office for Central Asia	关于建立中国—中亚果树种质资源联合研究平台的双边谅解备忘录 Memorandum of Understanding for the Establishment of China-Central Asia Fruit Germplasm Resources Joint Research Plateform Between CAAS-RIP and Bioversity-CA	乌兹别克斯坦	2019年10月
62	中国农业科学院果树研究所	塔吉克斯坦农业科学院国家遗传资源中心 National Republic Center of Genetic Resourses Tajik	关于建立中国—塔吉克斯坦果树种质资源联合研究平台的双边谅解备忘录 Memorandum of Understanding for the Establishment of Fruit Germplasm Resources Joint Research Plateform Between CAAS-RIP and NRCGR-TAAS	塔吉克斯坦	2019年10月

（续表）

序号	中方签署机构	外方签署机构	合作谅解备忘录/协议名称	外方所在国家	签署时间
63	中国农业科学院果树研究所	吉尔吉斯斯坦农业大学园艺与林业部 Kyrgyzstan National Agrarian University Named after K. I. Skryabin, Horticulture and forestry department（KNAU-HFD）	关于建立中国—吉尔吉斯斯坦果树种质资源联合研究平台的双边谅解备忘录 Memorandum of Understanding for the Establishment of Pomology Joint Research Plateform between CAAS-RIP and KNAU-HFD	吉尔吉斯斯坦	2019 年 10 月
64	中国农业科学院果树研究所	乌兹别克斯坦园艺、葡萄栽培与酿酒研究所 Uzbek Institute of Horticulture, Viticulture and Wine-Making（UzRIHVWM）	关于建立中国—乌兹别克斯坦果树种质资源联合研究平台的双边谅解备忘录 Memorandum of Understanding for the Establishment of China-Uzbekistan Pomology Joint Research Plateform between CAAS-RIP and UzRIHVWM	乌兹别克斯坦	2019 年 10 月
65	中国农业科学院果树研究所、云南省农业科学院园艺作物研究所	巴基斯坦信德农业大学 Sindh Agriculture University of Pakistan（SAU Pakistan）	关于中国农业科学院果树研究所、云南省农业科学院园艺作物研究所、巴基斯坦信德农业大学建立中国—巴基斯坦果树可持续发展联合研究平台的谅解备忘录 Memorandum of Understanding for the Establishment of Sino-Pakistan Fruit Sustainable Development Joint Research Platform among IPCAAS, IHYAAS and SAU（Pakistan）	巴基斯坦	2019 年 10 月

（续表）

序号	中方签署机构	外方签署机构	合作谅解备忘录/协议名称	外方所在国家	签署时间
66	中国农业科学院果树研究所、云南省农业科学院园艺作物研究所	孟加拉希尔农业大学 Sher-e-Bangla Agricultural University of Bangladesh（SAU of Bangladesh）	关于中国农业科学院果树研究所、云南省农业科学院园艺作物研究所、孟加拉希尔农业大学建立中国—孟加拉果树可持续发展联合研究平台的双边谅解备忘录 Memorandum of Understanding for the Establishment of Sino-Bangladesh Fruit Sustainable Development Joint Research Platform among IPCAAS，IHYAAS and SAU（Bangladesh）	孟加拉	2019 年 10 月
67	中国农业科学院果树研究所、云南省农业科学院园艺作物研究所	保加利亚果树种植研究所 Bulgaria Fruit Growing Institute（BFGI）	关于中国农业科学院果树研究所、云南省农业科学院园艺作物研究所、保加利亚果树种植研究所建立中国—保加利亚果树可持续发展联合研究平台的双边谅解备忘录 Memorandum of Understanding for the Establishment of Sino-Bulgaria Fruit Sustainable Development Joint Research Platform among IPCAAS，IHYAAS and BFGI	保加利亚	2019 年 10 月
68	中国农业科学院果树研究所、云南省农业科学院园艺作物研究所	尼泊尔农业研究委员会 Nepal Agricultural Research Council（NARC）	关于中国农业科学院果树研究所、云南省农业科学院园艺作物研究所、尼泊尔农业研究委员会建立中国—尼泊尔果树可持续发展联合研究平台的多边谅解备忘录 Memorandum of Understanding for the Establishment of Sino-Nepal Fruit Sustainable Development Joint Research Platform among IPCAAS，IHYAAS and NARC	尼泊尔	2019 年 10 月

（续表）

序号	中方签署机构	外方签署机构	合作谅解备忘录/协议名称	外方所在国家	签署时间
69	中国农业科学院果树研究所、云南省农科院园艺作物研究所	意大利巴里大学、保加利亚果树种植研究所、巴基斯坦信德农业大学、尼泊尔农业研究委员会、孟加拉希尔农业大学 Bari University of Italy, Bulgaria Fruit Growing Institute (BFGI), Sindh Agriculture University of Pakistan (SAU Pakistan), Nepal Agricultural Research Council (NARC), Sher-e-Bangla Agricultural University of Bangladesh (SAU of Bangladesh)	关于“一带一路”沿线国家果树可持续生产合作的多边谅解备忘录 Multilateral Memorandum of Understanding Concerning the Cooperation among Belt and Road Countries for Sustainable Fruit Production	意大利、保加利亚、巴基斯坦、尼泊尔、孟加拉国	2019 年 10 月
70	中国农业科学院郑州果树研究所	加泰罗尼亚农业科学院 The Institute of Agriculture and Food Research and Technology	中—西果树科学与技术联合实验室 ZFRICAAS - IRTA Joint Laboratory on Fruit Science and Technology	西班牙	2019 年 11 月
71	中国农业科学院郑州果树研究所	塔吉克斯坦农业科学院园艺研究所、农业经济研究所 Institute of Horticulture, Tajikistan Academy of Agricultural Sciences; Institute of Agricultural Economics	中国—塔吉克斯坦果树综合试验站合作协议 Базаи омузиши ва озмоишии дарахтони мевадиҳандай Хумҳурии Мардуми Чин ва Хумҳурии Тоҷикистон дар ноҳияи Шурообод СОЗИШНОМАИ ТАРАФАЙН	塔吉克斯坦	2019 年 9 月

（续表）

序号	中方签署机构	外方签署机构	合作谅解备忘录/协议名称	外方所在国家	签署时间
72	中国农业科学院郑州果树研究所	新西兰皇家植物与食品研究院 The New Zealand Institute for Plant and Food Research Limited	中国农业科学院郑州果树研究所与新西兰皇家植物与食品研究院感官评价合作研究协议 ZRRI－CAAS and PFR Research Collaboration Agreement	新西兰	2019 年 4 月
73	中国农业科学院郑州果树研究所	美国西弗吉尼亚州立大学 West Virginia State University	中国农业科学院郑州果树研究所美国西弗吉尼亚州立大学谅解备忘录 Collaboration Memorandum of Agreement Between West Virginia State University，USA and Zhengzhou Fruit Research Institute of CAAS，China	美国	2019 年 10 月
74	中国农业科学院郑州果树研究所	陕西佳沛泽普果业有限公司 Shananxi Zespri Fresh Produce Company Limited	服务协议 Services Agreement	新西兰	2019 年 6 月
75	中国农业科学院茶叶研究所	美国加州大学戴维斯分校 University of California，Davis	中国农业科学院茶叶研究所与美国加州大学戴维斯分校合作研究协议 Agreement of Cooperation between Tea Research Institute of the Chinese Academy of Agricultural Sciences PRC and the Regents of the Univerity of California，on behalf of its Davis Campus USA	美国	2019 年 3 月
76	中国农业科学院哈尔滨兽医研究所	挪威兽医研究所	中国农业科学院哈尔滨兽医研究所与挪威国家兽医研究所合作谅解备忘录	挪威	2019 年 11 月

（续表）

序号	中方签署机构	外方签署机构	合作谅解备忘录/协议名称	外方所在国家	签署时间
77	中国农业科学院兰州兽医研究所	斯·赛弗林哈萨克斯坦农业技术大学 S. Seifullin Kazakh Agrotechnical University	斯·赛弗林哈萨克斯坦农业技术大学（哈萨克斯坦）与中国农业科学院兰州兽医研究所（中华人民共和国）合作协议 Agreement on Cooperation in the Field of Education and Science between S. Seifullin Kazakh Agrotechnical University（Republic of Kazakhstan） and Lanzhou Veterinary Research Institute，the Chinese Academy of Agricultural Sciences（People's Republic of China）	哈萨克斯坦	2019年9月
78	中国农业科学院兰州畜牧与兽药研究所	马托格罗索联邦大学	中国农业科学院兰州畜牧与兽药研究所与马托格罗索联邦大学（巴西）合作谅解备忘录 Memorandum of Understanding on Joint Programme between the Federal University of Mato Grosso，Brazil and Lanzhou Institute of Husbandry and Pharmaceutical Sciences of CAAS，China	巴西	2019年9月
79	中国农业科学院兰州畜牧与兽药研究所	匈牙利布达佩斯兽医大学	中匈动物疾病防控技术联合实验室 Agreement of Sino-Hungarian of Joint Laboratory on Animal Disease Control Technology	匈牙利	2019年8月
80	中国农业科学院兰州畜牧与兽药研究所	拉贾马拉理工大学兽医学院	中国农业科学院兰州畜牧与兽药研究所与拉贾马拉理工大学兽医学院合作谅解备忘录 Memorandum of Agreement between Lanzhou Institute of Husbandry and Pharmaceutical Sciences of CAAS and Faculty of Veterinary Medicine，Rajamangala University of Technology TAWAN-OK	泰国	2019年10月

（续表）

序号	中方签署机构	外方签署机构	合作谅解备忘录/协议名称	外方所在国家	签署时间
81	中国农业科学院兰州畜牧与兽药研究所	波兰华沙生命科学技术大学	与波兰华沙生命科学技术大学合作谅解备忘录 Memorandum of Understanding between Wydziałem Medycyny Weterynaryjnej SGGW Warszawie，Polska and Lanzhou Institute of Husbandry & Pharmaceutical Science of CAAS	波兰	2019 年 9 月
82	中国农业科学院兰州畜牧与兽药研究所	英国皇家兽医学院	与英国皇家兽医学院合作谅解备忘录 Memorandum of Understanding between the Royal Veterinary College and Lanzhou Institute of Husbandry & Pharmaceutical Science of CAAS	英国	2019 年 10 月
83	中国农业科学院上海兽医研究所	巴西南大河联邦大学 Federal University of Rio GrandeSul	巴西南大河联邦大学和中国农业科学院上海兽医研究所科研合作协议 Protocol of Intents Between the Federal University of Rio Grande Sul and Shanghai Veterinary Research Institute，Chinese Academy of Agricultural Sciences	巴西	2019 年 8 月
84	中国农业科学院上海兽医研究所	老挝科技部生态与生物技术研究所 Biotechnology and Ecology Institute，Ministry of Science and Technology	新型快速诊断技术在老挝动物疫病和动物源性食品安全防控中的应用 Application of Novel Rapid Diagnosis Technology in the Prevention and Control of Animal Diseases and the Safety of Animal-derived Food in Laos	老挝	2019 年 8 月
85	中国农业科学院特产研究所	哈萨克斯坦共和国国家工程科学院 National Academy of Engineering Sciences，Republic of Kazakhstan	国际科研合作研究协议 International Research Cooperation and Research Agreement	哈萨克斯坦	2019 年 8 月

（续表）

序号	中方签署机构	外方签署机构	合作谅解备忘录/协议名称	外方所在国家	签署时间
86	中国农业科学院特产研究所	哈萨克斯坦农业研究所 Agricultural Research Institute Ofkazakhstan	中国—哈萨克斯坦马鹿资源研究和利用联合实验室 Joint Laboratory for Research and Utilization of Red Deer Resources	哈萨克斯坦	2019 年 8 月
87	中国农业科学院特产研究所	韩国春川生物产业振兴院 Chuncheon Bioindustry Foundation，Korea	韩国春川生物产业振兴院和中国农业科学院特产研究所谅解备忘录 Memorandum of Understanding towards Cooperation in the Field of Biotech and Pharma Industry Between Chuncheon Bioindustry Foundation，Korea and Institute of Special Animal and Plant Sciences，China	韩国	2019 年 8 月
88	中国农业科学院特产研究所	耶鲁大学医学院癌症中心分子病毒学实验室 The Molecular Virology Laboratory of Department of Cancer Center，Yale School of Medicine，Yale University，USA	中国农业科学院特产研究所经济动物疫病实验室与耶鲁大学医学院癌症中心分子病毒学实验室合作意向书 Letter of Intent between the Molecular Virology Laboratory of Department of Cancer Center，Yale School of Medicine，Yale University，USA and the Laboratory of Prevention and Control of Special Animal Diseases，Institute of special Animal and Plant Sciences，Chinese Academy of Agricultural Sciences，China	美国	2019 年 5 月
89	中国农业科学院特产研究所	新西兰—中国非传染性疾病研究合作中心 New Zealand-China Non-Communicable Diseases Research Collaboration Centre，New Zealand	中国农业科学院特产研究所与新西兰—中国非传染性疾病研究合作中心谅解备忘录 Memorandum of Understanding between New Zealand-China Non-Communicable Diseases Research Collaboration Centre，New Zealand and Institute of Special Animal and Plant Sciences，Chinese Academy of Agricultural Science，China	新西兰	2019 年 11 月

（续表）

序号	中方签署机构	外方签署机构	合作谅解备忘录/协议名称	外方所在国家	签署时间
90	中国农业科学院特产研究所	韩国庆熙大学 Kyung Hee University	国际科研合作研究协议 International Research Cooperation and Research Agreement	韩国	2019 年 11 月
91	农业农村部环境保护科研监测所	比利时列日大学 University of Liège	农业农村部环境保护科研监测所与比利时列日大学让布卢农业科学与生物工程学院科技合作谅解备忘录 Memorandum of Understanding between Agro-Environmental Protection Institute, Ministry of Agriculture and Rural Affairs, P. R. China and Gembloux Agro-biotech, Belgium	比利时	2019 年 9 月
92	农业农村部环境保护科研监测所	瑞士联邦农业科学院 Swiss Federal Academy of Agricultural Sciences	农业农村部环境保护科研监测所与瑞士联邦农业科学院联合实验室共建协议 Agreement between the Agro-Environmental Protection Institute, Ministry of Agriculture and Rural Areas, P. R. China and the Swiss Confederation, Acting Through Agroscope, Switzerland on Establishing a Joint Laboratory In China	瑞士	2019 年 5 月
93	农业农村部沼气科学研究所	印度尼西亚瓦希德哈西姆大学	谅解备忘录 Memorandum of Understanding	印度尼西亚	2019 年 11 月
94	农业农村部沼气科学研究所	圣多美与普林西比农牧业技术改善中心	谅解备忘录 Memorandum of Understanding	圣多美与普林西比	2019 年 10 月

（续表）

序号	中方签署机构	外方签署机构	合作谅解备忘录/协议名称	外方所在国家	签署时间
95	农业农村部沼气科学研究所	塞内加尔石油与能源部户用沼气项目	谅解备忘录 Memorandum of Understanding	塞内加尔	2019 年 10 月
96	农业农村部沼气科学研究所	塞内加尔节能控能署	谅解备忘录 Memorandum of Understanding	塞内加尔	2019 年 10 月
97	农业农村部沼气科学研究所	塞内加尔能源与可再生能源开发部	谅解备忘录 Memorandum of Understanding	塞内加尔	2019 年 10 月
98	农业农村部沼气科学研究所	墨西哥杜隆戈科技研究学院	谅解备忘录 Memorandum of Understanding	墨西哥	2019 年 8 月
99	农业农村部沼气科学研究所	墨西哥恰帕斯州环境与自然历史秘书处	谅解备忘录 Memorandum of Understanding	墨西哥	2019 年 9 月
100	中国农业科学院烟草研究所	美国弗吉尼亚大学	中国农业科学院与美国弗吉尼亚大学“合成生物学”合作协议 Memorandum of Agreement between the Rector and Visitors of the University of Virginia（UVA）, and Chinese Academy of Agricultural Sciences（CAAS）	美国	2019 年 5 月 27 日
101	中国农业科学院农业基因组研究所	查尔斯特大学 Charles Sturt University	学术合作谅解备忘录 Memorandum of Understanding – Academiccollaboration	澳大利亚	2019 年 2 月

（续表）

序号	中方签署机构	外方签署机构	合作谅解备忘录/协议名称	外方所在国家	签署时间
102	中国农业科学院深圳农业基因组研究所	莫道克大学 Murdoch University	谅解备忘录 Memorandum of Understanding	澳大利亚	2019 年 4 月
103	中国农业科学院深圳农业基因组研究所	莫道克大学 Murdoch University	合作博士项目协议 Agreement on Collaborative PHD Program	澳大利亚	2019 年 4 月
104	中国农业科学院深圳农业基因组研究所	约翰英尼斯中心 John Innes Centre	谅解备忘录 Memorandum of Understanding	英国	2019 年 10 月
105	中国农业科学院深圳农业基因组研究所	澳大利亚联邦科学院健康与生物安全中心 CSIRO，Health and Bio-security	合作协议 Collaboration Agreement	澳大利亚	2019 年 11 月
106	中国农业科学院研究生院	新西兰林肯大学	中国农业科学院研究生院与新西兰林肯大学谅解备忘录 Memorandum of Understanding Between Graduate School of Chinese Academy of Agricultural Sciences and Lincoln University	新西兰	2019 年 4 月
107	中国农业科学院研究生院	荷兰瓦赫宁根大学	2014 年中国农业科学院研究生院与荷兰瓦赫宁根大学签订框架协议的补充协议 Supplementary Agreement on the Framework Agreement between the Graduate School CAAS and Wageningen University Signed in 2014	荷兰	2019 年 10 月

中国农业科学院 2019 年新建国际合作平台清单

一、海外平台

序号	中方机构	外方合作机构	国际合作平台	建立时间	所在地区	合作方向
1	中国农业科学院	法国国家农业科学研究院 French National Institute for Agricultural Research	中国—法国小麦基因组学与育种国际联合实验室 CAAS - INRA International Associated Laboratory of Wheat Genomics and Breeding	2019 年 3 月	法国巴黎	植物保护
2	中国农业科学院	法国国家农业科学研究院 French National Institute for Agricultural Research	中国—法国植物保护国际联合实验室 CAAS - INRA International Associated Laboratory for Plant Protection	2019 年 3 月	法国巴黎	小麦基因组学与育种
3	中国农业科学院农业环境与可持续发展研究所	布加勒斯特农业科学与兽医学大学 University of Agricultural Sciences and Veterinary Medicine, Bucharest	中国—罗马尼亚农业科技园 China - Romania Agricultural Science and Technology Park	2019 年 5 月	罗马尼亚布加勒斯特	设施农业
4	中国农业科学院麻类研究所	澳大利亚乐卓博大学 La Trobe University	中澳工业大麻分子育种实验室 China - Australia Joint Laboratory for Molecular Breeding of Industrial Hemp	2019 年 10 月	澳大利亚墨尔本	工业大麻分子育种

（续表）

序号	中方机构	外方合作机构	国际合作平台	建立时间	所在地区	合作方向
5	农业农村部沼气科学研究所	安哥拉威拉省理工学院	农业农村部沼气科学研究所安哥拉沼气技术研究培训中心	2019 年 11 月	安哥拉卢班戈市	沼气技术
6	中国农业科学院哈尔滨兽医研究所	斯·赛弗林哈萨克斯坦农业技术大学 S. Seifullin Kazakh Agro Technical University	中国—哈萨克斯坦农业科学“一带一路”联合实验室 China - Kazakhstan "Belt and Road" Joint Laboratory on Agricultural Sciences	2019 年 6 月	哈萨克斯坦国努尔苏丹（原阿斯塔纳）	预防兽医研究、跨境动物疫病防控
7	中国农业科学院郑州果树研究所	塔吉克斯坦农业科学院园艺研究所、农业经济研究所 Institute of Horticulture，Tajikistan Academy of Agricultural Sciences; Institute of Agricultural Economics	中塔果树综合试验站 Базаи омузиши ва озмоишии дарахтони мевадиҳандай Хумҳурии Мардуми Чин ва Хумҳурии Тоҷикистон дар ноҳияи Шурообод	2019 年 9 月	塔吉克斯坦杜尚别	

二、国内平台

序号	中方机构	外方合作机构	国际合作平台	建立时间	所在地区	合作方向
1	中国农业科学院	国际原子能机构 Internatioanl Atomic Energy Agency（IAEA）	国际原子能机构协作中心 Internatioanl Atomic Energy Agency Collaborating Centre	2019 年 11 月	北京	核农学技术与应用
2	中国农业科学院	国际热带农业研究中心 CIAT	中国农业科学院与国际热带农业研究中心关于建立可持续农业联合实验室	2019 年 5 月	北京	可持续农业

（续表）

序号	中方机构	外方合作机构	国际合作平台	建立时间	所在地区	合作方向
3	中国农业科学院	法国国家农业科学研究院 French National Institute for Agricultural Research	中国—法国小麦基因组学与育种国际联合实验室 CAAS - INRA International Associated Laboratory of Wheat Genomics and Breeding	2019年3月	北京	小麦基因组学与育种
4	中国农业科学院	法国国家农业科学研究院 French National Institute for Agricultural Research	中国—法国植物保护国际联合实验室 CAAS - INRA International Associated Laboratory for Plant Protection	2019年3月	北京	植物保护
5	中国农业科学院作物科学研究所	克莱门费朗小麦研究所 GDEC-INRA，Clermont-Ferrand	中法小麦基因组学与育种联合国际实验室 INRA - CAAS International Associated Laboratory of Wheat Genomics & Breeding	2019年3月	北京	小麦基因组学与育种
6	农业农村部—中国农业科学院作物科学研究所	国际玉米小麦改良中心 CIMMYT	农业农村部—国际玉米小麦改良中心玉米小麦联合实验室（MARA-CIMMYT Maize and Wheat Joint Lab）	2019年3月	北京	玉米小麦育种
7	中国农业科学院农业环境与可持续发展研究所	布加勒斯特农业科学与兽医学大学 University of Agricultural Sciences and Veterinary Medicine，Bucharest	中国—罗马尼亚农业合作“一带一路”联合实验室 "Belt And Road" Joint Laboratory for China - Romania Agricultural Cooperation	2019年6月	北京	
8	中国农业科学院北京畜牧兽医研究所	爱尔兰国立都柏林大学、爱尔兰农业与食品发展所 UCD；TEAGASC	中爱奶业可持续发展中心 China-Ireland Dairy Sustainable Development Center	2019年1月	北京	

（续表）

序号	中方机构	外方合作机构	国际合作平台	建立时间	所在地区	合作方向
9	中国农业科学院北京畜牧兽医研究所	世界混农林业中心、埃塞俄比亚农业研究所 ICRAF；EIAR	CAAS-ICRAF-EIAR 农林牧复合系统联合实验室 CAAS-ICRAF-EIAR Joint Laboratory on Integrated Tree-Crop-Livestock Systems	2019 年 1 月	北京	
10	中国农业科学院饲料研究所、中国农业大学动物医学院、中国奶业协会卫生保健专业委员会、奶牛产业技术体系北京市创新团队、中牧实业股份有限公司、广东温氏大华农生物科技有限公司、齐鲁动物保健品有限公司、利拉伐中国	日本全药工业株式会社 Zenoaq Animal Pharmaceutical Co.，Ltd.	国际奶牛疾病防治技术研究中心 International Dairy Cow Disease Control Technology Research Center	2019 年 8 月	北京	
11	中国农业科学院饲料研究所	挪威生命科学大学生命科学学院 Faculty of Biosciences，Norwegian University of Life Science	中国挪威饲料加工技术联合实验室 Sino - Norwegian Co - Laboratory of Animal Feed Processing Technology	2019 年 3 月	北京	
12	中国农业科学院麻类研究所	澳大利亚乐卓博大学 La Trobe University	中澳工业大麻分子育种实验室 China - Australia Joint Laboratory for Molecular Breeding of Industrial Hemp	2019 年 10 月	湖南长沙	
13	中国农业科学院兰州兽医研究所		OIE 囊尾蚴病参考实验室 OIE Reference Laboratory for Cysticercosis	2019 年 5 月	甘肃兰州	

（续表）

序号	中方机构	外方合作机构	国际合作平台	建立时间	所在地区	合作方向
14	中国农业科学院特产研究所	日本山形大学理学院 Faculty of Science of Yamagata University	中日梅花鹿演化生物学联合实验室/ Sina Japanese Joint Laboratory for Evolutionary Biology of Sika Deer	2019 年 7 月	吉林长春	
15	农业农村部环境保护科研监测所	瑞士联邦农业科学院 Swiss Federal Academy of Agricultural Sciences	中瑞生物多样性与生态农业联合实验室 The AEPI－Agroscope Joint Laboratory for Biodiversity and Ecological Agriculture	2019 年 5 月	天津	
16	中国农业科学院烟草研究所	美国弗吉尼亚大学 University of Virginia	中美合成生物学联合实验室 Sino-US Joint Laboratory of Synthetic Biology	2019 年 5 月	山东青岛	
17	中国农业科学院哈尔滨兽医研究所	斯·赛弗林哈萨克斯坦农业技术大学 S. Seifullin Kazakh Agro Technical University	中国-哈萨克斯坦农业科学“一带一路”联合实验室 China－Kazakhstan "Belt and Road" Joint Laboratory on Agricultural Sciences	2019 年 6 月	黑龙江哈尔滨	

中国农业科学院2019年在国内举办国际会议、双边会议及国际培训班清单（外宾30人以上）

序号	主办单位	活动类型	活动名称	主要参与国家、国际机构	举办地点	外宾人数	中宾人数	举办时间
1	中国农业科学院	国际会议	第六届国际农科院院长高层研讨会	FAO、IAEA、CGIAR、英国、法国、荷兰、印度、美国、日本、韩国、澳大利亚、新西兰、罗马尼亚、挪威、科尼亚、南非	四川成都	100人	300人	2019年11月12—14日
2	作科所	国际会议	“为非洲和亚洲资源贫瘠地区培育绿色超级稻”项目结题会议	印度、菲律宾、加拿大、尼日利亚、马里等	北京	30人	90人	2019年4月1—3日
3	作科所	国际会议	第一届亚太植物诱变育种协作网研讨会	孟加拉国、中国、印度、印度尼西亚、老挝、马来西亚、蒙古国、缅甸、巴基斯坦、菲律宾、斯里兰卡、泰国、越南13个成员国代表，澳大利亚、古巴、塞内加尔3个国家观察员代表	湖北荆州	120余人	120余人	2019年7月22—25日

（续表）

序号	主办单位	活动类型	活动名称	主要参与国家、国际机构	举办地点	外宾人数	中宾人数	举办时间
4	沼科所	培训班	2019 农村能源发展战略规划部级官员研讨班	埃塞俄比亚、尼日利亚、马拉维、吉布提、马达加斯加	成都	38 人		2019 年 11 月 11—20 日
5	信息所	国际会议	首届全球生猪产业大会	奥地利、保加利亚、德国、丹麦、西班牙	北京	30 人	270 人	2019 年 7 月 3—5 日
6	信息所	国际会议	上合组织及亚信电商扶贫机制与经验研讨培训会	俄罗斯、哈萨克斯坦、乌兹别克斯坦、塔吉克斯坦、吉尔吉斯斯坦	北京	40 人	101 人	2019 年 7 月 22—24 日
7	信息所	国际会议	亚太地区妇女赋权及农业发展培训研讨会	智利、日本、韩国、俄罗斯、菲律宾	北京	40 人	104 人	2019 年 7 月 25—27 日

中国农业科学院专家在2019年国际机构、知名国际期刊兼职清单

序号	单位	专家姓名	国际机构/国际知名期刊名称	担任职务	任职起止时间	备注
1	作科所	任贵兴	国际藜麦研究中心（玻利维亚）	顾问	2019年至今	
2	作科所	程须珍	亚太地区作物育种促进会（SABRAO）	理事	2016年至今	
3	作科所	刘春明	中日韩高峰论坛	理事	2016年至今	
4	作科所	刘　旭	国际小麦遗传大会	理事	2015年至今	
5	作科所	马有志	中日韩高峰论坛	理事	2016年至今	
6	作科所	毛　龙	中日韩高峰论坛	理事	2016年至今	
7	作科所	万建民	第八届国际作物学会	理事长	2016年至今	
8	作科所	万建民	中日韩高峰论坛	理事长	2016年至今	
9	作科所	邱丽娟	欧盟框架计划	评审专家	2017年至今	
10	作科所	任贵兴	欧盟框架计划	评审专家	2010年至今	
11	作科所	孙君明	欧盟框架计划	评审专家	2017年至今	
12	作科所	夏兰琴	欧盟框架计划	评审专家	2017年至今	

（续表）

序号	单位	专家姓名	国际机构/国际知名期刊名称	担任职务	任职起止时间	备注
13	作科所	陈晓玲	低温生物学学会（The Society for Cryobiology）	委员	2017 年至今	
14	作科所	刁现民	美国谷子遗传学会	委员	2017 年至今	
15	作科所	韩龙植	韩国北方农业研究所（Northern Agriculture Research Institute of Korea）	委员	2018 年至今	
16	作科所	何中虎	国际小麦协调委员会（Wheat Initiative）	委员	2012 年至今	
17	作科所	何中虎	美国农学会	委员	2012 年至今	
18	作科所	何中虎	美国作物学会	委员	2014 年至今	
19	作科所	贾继增	国际小麦基因组测序组织	委员	2013 年至今	
20	作科所	贾继增	国际种质资源基因研究会议	委员	2017 年至今	
21	作科所	金秀良	IEEE 国际计算智能在遥感领域的应用会议的组委会	委员	2019 年至今	
22	作科所	刘　斌	美国植物生理协会	委员	2015 年至今	
23	作科所	刘春明	第十九届国际植物学大会	委员	2017 年至今	
24	作科所	刘录祥	国际原子能机构 RCA 核技术合作项目指导委员会	委员	2017 年至今	
25	作科所	任贵兴	美国化学学会	委员	2008 年至今	

（续表）

序号	单位	专家姓名	国际机构/国际知名期刊名称	担任职务	任职起止时间	备注
26	作科所	任贵兴	美国食品科技学会会员	委员	2009 年至今	
27	作科所	任贵兴	*Journal of Traditional and Complementary Medicine*	委员	2011 年至今	
28	作科所	夏先春	小麦基因目录编委会	委员	2009 年至今	
29	作科所	杨庆文	联合国开发计划署（UNDP）	委员	2005 年至今	
30	作科所	张学勇	国际小麦协调委员会（Wheat Initiative）	委员	2012 年至今	
31	作科所	张宗文	国际生物多样性中心	委员	2003 年至今	
32	作科所	赵开军	第四届国际分子植物病理论坛	委员	2017 年至今	
33	作科所	周美亮	国际荞麦协会	委员	2016 年至今	
34	作科所	刁现民	谷子国际协作网	主席	2014 年至今	
35	作科所	刘春明	国际种业论坛	主席	2017 年至今	
36	作科所	万建民	第八届国际作物科学大会	主席	2016 年至今	
37	作科所	高用明	国际水稻研究所	咨询专家	2017 年至今	
38	作科所	何中虎	澳大利亚莫道克大学	咨询专家	2010 年至今	
39	作科所	何中虎	美国谷物学会	咨询专家	2017 年至今	
40	作科所	黎志康	国际水稻所	咨询专家	2015 年至今	

（续表）

序号	单位	专家姓名	国际机构/国际知名期刊名称	担任职务	任职起止时间	备注
41	作科所	黎志康	AfricaSeeds	咨询专家	2017 年至今	
42	作科所	李慧慧	国际玉米小麦改良中心	咨询专家	2017 年至今	
43	作科所	李新海	亚太区域农业生物技术研讨会（The Asia – Pacific Regional Symposium on Agricultural Biotechnologies）	咨询专家	2017 年至今	
44	作科所	邱丽娟	美国普度大学	咨询专家	2009 年至今	
45	作科所	王建康	国际玉米小麦改良中心	咨询专家	2015 年至今	
46	作科所	徐云碧	国际玉米小麦改良中心	咨询专家	2010 年至今	
47	作科所	杨庆文	联合国粮农组织（FAO）	咨询专家	2015 年至今	
48	作科所	张卫健	世界银行	咨询专家	2016 年至今	
49	作科所	张卫健	联合国粮农组织（FAO）	咨询专家	2017 年至今	
50	作科所	万建民	*The Crop Journal*	主编	2017 年至今	SCI 一区期刊
51	作科所	刘春明	*Journal of Integrative Plant Biology*	主编	2009 年至今	SCI 一区期刊
52	作科所	万建民	*Journal of Integrative Agriculture*	主编	2016 年至今	SCI 三区期刊
53	作科所	刘春明	*Frontiers in Plant Science*	副主编	2015 年至今	SCI 一区期刊
54	作科所	程维红	*The Crop Journal*	副主编	2017 年至今	SCI 一区期刊
55	作科所	李洪杰	*The Crop Journal*	副主编	2017 年至今	SCI 一区期刊

（续表）

序号	单位	专家姓名	国际机构/国际知名期刊名称	担任职务	任职起止时间	备注
56	作科所	毛　龙	*The Crop Journal*	副主编	2017 年至今	SCI 一区期刊
57	作科所	王建康	*The Crop Journal*	副主编	2017 年至今	SCI 一区期刊
58	作科所	夏先春	*The Crop Journal*	副主编	2013 年至今	SCI 一区期刊
59	作科所	徐建龙	*The Crop Journal*	副主编	2016 年至今	SCI 一区期刊
60	作科所	徐云碧	*The Crop Journal*	副主编	2014 年至今	SCI 一区期刊
61	作科所	张卫建	*The Crop Journal*	副主编	2017 年至今	SCI 一区期刊
62	作科所	周文彬	*The Crop Journal*	副主编	2017 年至今	SCI 一区期刊
63	作科所	徐云碧	*International Journal of Plant Genomics*	副主编	2008 年至今	SCI 三区期刊
64	作科所	李少昆	*Journal of Integrative Agriculture*	副主编	2017 年至今	SCI 三区期刊
65	作科所	张学勇	*Journal of Integrative Agriculture*	副主编	2017 年至今	SCI 三区期刊
66	作科所	赵　明	*Journal of integrative agriculture*	副主编	2010 年至今	SCI 三区期刊
67	作科所	刘春明	*Plant Molecular Biology Reporter*	副主编	2009 年至今	SCI 三区期刊
68	作科所	毛　龙	*Genomics，Proteomics & Bioinformatics*	编委	2011 年至今	SCI 一区期刊
69	作科所	贾继增	*International Journal of Plant genomics*	编委	2007 年至今	SCI 一区期刊
70	作科所	万建民	*Journal of Integrative Plant Biology*	编委	2009 年至今	SCI 一区期刊
71	作科所	贾继增	*Plant Biotechnology Journal*	编委	2007 年至今	SCI 一区期刊
72	作科所	何中虎	*The Crop Journal*	编委	2013 年至今	SCI 一区期刊

（续表）

序号	单位	专家姓名	国际机构/国际知名期刊名称	担任职务	任职起止时间	备注
73	作科所	刘春明	*The Crop Journal*	编委	2017 年至今	SCI 一区期刊
74	作科所	邱丽娟	*The Crop Journal*	编委	2017 年至今	SCI 一区期刊
75	作科所	吴传银	*The Crop Journal*	编委	2017 年至今	SCI 一区期刊
76	作科所	张学勇	*The Crop Journal*	编委	2017 年至今	SCI 一区期刊
77	作科所	赵　明	*The Crop Journal*	编委	2014 年至今	SCI 一区期刊
78	作科所	李慧慧	*Theoretical and Applied Genetics*	编委	2019 年至今	SCI 一区期刊
79	作科所	王建康	*Theoretical and Applied Genetics*	编委	2009 年至今	SCI 一区期刊
80	作科所	夏先春	*Theoretical and Applied Genetics*	编委	2007 年至今	SCI 一区期刊
81	作科所	徐云碧	*Theoretical and Applied Genetics*	编委	2007 年至今	SCI 一区期刊
82	作科所	叶兴国	*BMC Genomics*	编委	2018—2022 年	SCI 二区期刊
83	作科所	刘春明	*Food and Energy Security*	编委	2010 年至今	SCI 二区期刊
84	作科所	景蕊莲	*Frontiers in Plant Science*	编委	2016 年至今	SCI 二区期刊
85	作科所	赵开军	*Frontiers in Plant Science*	编委	2017 年至今	SCI 二区期刊
86	作科所	郑天清	*Frontiers in Statistical Genetics and Methodology*	编委	2011 年至今	SCI 二区期刊
87	作科所	何中虎	*Journal of Cereal Science*	编委	2004 年至今	SCI 二区期刊
88	作科所	何中虎	*Molecular Breeding*	编委	2018 年至今	SCI 二区期刊

（续表）

序号	单位	专家姓名	国际机构/国际知名期刊名称	担任职务	任职起止时间	备注
89	作科所	金秀良	*Remote Sensing*	编委	2017 年至今	SCI 二区期刊
90	作科所	金秀良	*Scientific Reports*	编委	2016 年至今	SCI 二区期刊
91	作科所	景蕊莲	*Scientific Reports*	编委	2016 年至今	SCI 二区期刊
92	作科所	黎志康	*The Plant Genome*	编委	2014 年至今	SCI 二区期刊
93	作科所	李桂英	*Bioenergy Research*	编委	2008 年至今	SCI 三区期刊
94	作科所	王建康	*Euphytica*	编委	2015 年至今	SCI 三区期刊
95	作科所	刘录祥	*Horticulture Environment and Biotechnology*	编委	2010 年至今	SCI 三区期刊
96	作科所	何中虎	*Journal of Integrative Agriculture*	编委	2017 年至今	SCI 三区期刊
97	作科所	景蕊莲	*Journal of Integrative Agriculture*	编委	2015 年至今	SCI 三区期刊
98	作科所	李新海	*Journal of Integrative Agriculture*	编委	2017 年至今	SCI 三区期刊
99	作科所	马有志	*Journal of Integrative Agriculture*	编委	2017 年至今	SCI 三区期刊
100	作科所	邱丽娟	*Journal of Integrative Agriculture*	编委	2017 年至今	SCI 三区期刊
101	作科所	黎志康	*Plant Breeding*	编委	2012 年至今	SCI 三区期刊
102	作科所	何中虎	*Plant Production Science*	编委	2016 年至今	SCI 三区期刊
103	作科所	傅彬英	*PLOS ONE*	编委	2014 年至今	SCI 三区期刊
104	作科所	金秀良	*The Journal of Agricultural Science*	编委	2017 年至今	SCI 三区期刊

（续表）

序号	单位	专家姓名	国际机构/国际知名期刊名称	担任职务	任职起止时间	备注
105	植保所	高玉林	国际生物防治组织—亚太地区	主席	2013年至今	
106	植保所	吴孔明	国际昆虫生理学和生态学中心	委员	2011年至今	
107	植保所	周雪平	国际植物保护科学学会（IAPPS）	执委	2015年至今	
108	植保所	高玉林	26届国际昆虫学大会组委会	委员	2016—2020年	
109	植保所	高玉林	美国昆虫学会国际奖励委员会	委员	2013年至今	
110	植保所	王桂荣	亚太地区化学生态学协会	委员	2017年至今	
111	植保所	王锡锋	国际植物病理学会（International Society for Plant Pathology）	理事	2008年至今	
112	植保所	袁会珠	国际农业与生物工程委员会精准农业航空工作组［International Commission of Agricultural and Biosystems Engineering（CIGR）-Precision Aerial Application Working Group］	委员	2015—2020年	
113	植保所	周雪平	国际植物病理学会（ISPP）	理事	2008年至今	
114	植保所	周雪平	国际病毒分类委员会（Tenuivirus Study Group）	成员	2014年至今	
115	植保所	曹坳程	联合国环境规划署甲基溴技术选择委员会	委员	2019—2022年	
116	植保所	彭德良	International Federation of Nematology Society	委员	2008—2022年	

（续表）

序号	单位	专家姓名	国际机构/国际知名期刊名称	担任职务	任职起止时间	备注
117	植保所	刘万学	国际生物入侵委员会	委员	2015—2020 年	
118	植保所	徐学农	国际生物防治组织亚太区“生物防治物捕食螨”工作组	召集人	2014 年至今	
119	植保所	王振营	国际玉米螟及其他玉米害虫研究协作组	主席	2007 年至今	
120	植保所	陈万权	欧洲和地中海禾谷类锈病基金会	执委	2009 年至今	
121	植保所	周益林	Subject Matter Committee on Biotic Constraints to Food and Fiber Production Biotic Constraints to Food and Fiber Production	委员	2013 年至今	
122	植保所	张朝贤	国际杂草学会	中国代表	2002 年至今	
123	植保所	张朝贤	亚太杂草学会	常务理事	2005 年至今	
124	植保所	张朝贤	Outlook on Pest Management	国际顾问委员会委员	2004 年至今	
125	植保所	徐学农	国际生物防治组织亚太区“生物防治物捕食螨”工作组	召集人	2014 年至今	
126	植保所	郑永权	国际食品法典委员会（CAC）农业工作组	专家	2015—2019 年	
127	植保所	李云河	International Society for Biosafety Research	委员	2017 年至今	

（续表）

序号	单位	专家姓名	国际机构/国际知名期刊名称	担任职务	任职起止时间	备注
128	植保所	郭立华	国际病毒分类委员会低毒病毒（Hypovirus）工作组	委员	2017 年至今	
129	植保所	王锡锋	国际病毒分类委员会黄症病毒（Luteovirdae）工作组	委员	2017 年至今	
130	植保所	曹坳程	ISHS 第九届国际土壤和基质消毒研讨会国际科学委员会	委员	2018—2019 年	
131	植保所	李世访	International Council for the Study of Virus and Other Graft Transmissible Diseases of Fruit Crops	委员	2017—2022 年	
132	植保所	李世访	ICTV－Avsunviroidae and Pospiviroidae Study Group	评审专家	2013 年至今	
133	植保所	刘晨曦	国际 DNA 条形码委员会	委员	2018—2025 年	
134	植保所	陈红印	第一届国际生物防治会议组委会	委员	2018 年至今	
135	植保所	张礼生	第一届国际生物防治会议天敌昆虫分会	主席	2018 年至今	
136	植保所	李香菊	亚太杂草学会	副主席	2019 年至今	
137	植保所	曹坳程	联合国开发计划署硫丹项目国家技术顾问	咨询专家	2018—2020 年	
138	植保所	李香菊	亚太杂草学会	委员	2017—2019 年	
139	植保所	刘万学	国际生物入侵委员会委员	委员	2017 年至今	

（续表）

序号	单位	专家姓名	国际机构/国际知名期刊名称	担任职务	任职起止时间	备注
140	植保所	刘万学	生物多样性和生态系统服务政府间科学政策平台	专家	2019 年至今	
141	植保所	王桂荣	亚太国际化学生态学会	主席	2019 年至今	
142	植保所	陈巨莲	*Jacobs Journal of Entomology and Zoological Studies*	编委	2016 年至今	SCI 三区期刊
143	植保所	陈巨莲	*Current Trends in Entomology and Zoological Studies*	编委	2018 年至今	SCI 三区期刊
144	植保所	陈万权	*Journal of Integrative Agriculture*	编委	2012 年至今	SCI 二区期刊
145	植保所	何晨阳	*The Crop Journal*	编委	2018—2020 年	SCI 三区期刊
146	植保所	何康来	*Scientific Reports*	编委	2017 年至今	SCI 三区期刊
147	植保所	江幸福	*Plant Protection News*	编委	2014 年至今	SCI 三区期刊
148	植保所	李世访	*Virology Journal*	编委	2017 年至今	SCI 三区期刊
149	植保所	李世访	*Canadian Journal of Plant Pathology*	编委	2017 年至今	SCI 三区期刊
150	植保所	李显春	*Scientific Reports*	编委	2012 年至今	SCI 一区期刊
151	植保所	李显春	*Journal of Insect Science*	编委	2012 年至今	SCI 三区期刊
152	植保所	李云河	*Frontiers in Plant Sciences*	编委	2017 年至今	SCI 一区期刊
153	植保所	刘世名	*BMC Genomics*	编委	2014 年至今	SCI 一区期刊

（续表）

序号	单位	专家姓名	国际机构/国际知名期刊名称	担任职务	任职起止时间	备注
154	植保所	刘文德	*Advances in Crop Science and Technology*	编委	2013 年至今	SCI 三区期刊
155	植保所	陆宴辉	*Bulletin of Entomological Research*	编委	2016—2019 年	SCI 一区期刊
156	植保所	万方浩	*Journal of Integrative Agriculture*	编委	2012 年至今	SCI 二区期刊
157	植保所	王桂荣	*Scientific Reports*	编委	2016 年至今	SCI 一区期刊
158	植保所	王桂荣	*Frontiers in Ecology and Evolution*	编委	2016 年至今	SCI 一区期刊
159	植保所	王桂荣	*Journal of Integrative Agriculture*	编委	2018 年至今	SCI 二区期刊
160	植保所	王桂荣	*Journal of Cotton Research*	编委	2018 年至今	SCI 三区期刊
161	植保所	王国梁	*Rice Science*	编委	2017 年至今	SCI 三区期刊
162	植保所	王国梁	*Rice*	编委	2011 年至今	SCI 一区期刊
163	植保所	王国梁	*Molecular Plant-Microbe Interactions*	编委	2015 年至今	SCI 二区期刊
164	植保所	王国梁	*Frontiers in Plant-Microbe Interaction*	编委	2011 年至今	SCI 一区期刊
165	植保所	王国梁	*Journal of Integrative Agriculture*	编委	2017 年至今	SCI 二区期刊
166	植保所	王国梁	*Phytopathology Research*	编委	2018 年至今	SCI 三区期刊
167	植保所	王锡锋	*Scientific Reports*	编委	2015 年至今	SCI 二区期刊
168	植保所	王锡锋	*Frontiners in Microbiology*	编委	2018 年至今	SCI 二区期刊
169	植保所	王锡锋	*Annals of Agricultural Sciences*	编委	2016 年至今	SCI 三区期刊

（续表）

序号	单位	专家姓名	国际机构/国际知名期刊名称	担任职务	任职起止时间	备注
170	植保所	王锡锋	*Plant Pathology Journal*	编委	2013 年至今	SCI 三区期刊
171	植保所	吴孔明	*Entomologia Experimentalis et Applicata*	编委	2013 年至今	SCI 二区期刊
172	植保所	吴孔明	*Journal of Cotton Research*	编委	2014 年至今	SCI 二区期刊
173	植保所	吴孔明	*Journal of Integrative Agriculture*	副主编	2012 年至今	SCI 三区期刊
174	植保所	吴孔明	*Entomologia Generalis*	编委	2015 年至今	SCI 三区期刊
175	植保所	徐学农	*Systematic and Applied Acarology*	编委	2015 年至今	SCI 二区期刊
176	植保所	张朝贤	*Crop Protection*	编委	2004 年至今	SCI 一区期刊
177	植保所	张　昊	*Tropical Plant Pathology*	编委	2017—2020 年	SCI 三区期刊
178	植保所	张　杰	*Archives of Insect Biochemistry and Physiology*	编委	2018 年至今	SCI 三区期刊
179	植保所	张礼生	*Frontiers in Physiology*	编委	2017 年至今	SCI 一区期刊
180	植保所	郑永权	*Journal of Integrative Agriculture*	编委	2015—2019 年	SCI 二区期刊
181	植保所	周焕斌	*BMC Plant Biology*	副主编	2018 年至今	SCI 二区期刊
182	植保所	周焕斌	*Frontiers in Genome Editing*	副主编	2019 年至今	SCI 三区期刊
183	植保所	周雪平	*Annual Review of Phytopathology*	编委	2016 年至今	SCI 一区期刊
184	植保所	周雪平	*Frontiers in Plant Science*	编委	2011 年至今	SCI 一区期刊
185	植保所	周雪平	*Journal of Integrative Agriculture*	编委	2015 年至今	SCI 二区期刊

（续表）

序号	单位	专家姓名	国际机构/国际知名期刊名称	担任职务	任职起止时间	备注
186	植保所	周雪平	*Journal of General Virology*	编委	2013 年至今	SCI 二区期刊
187	植保所	周雪平	*Virology*	编委	2013 年至今	SCI 二区期刊
188	植保所	周雪平	*Plant Protection Science*	编委	2016 年至今	SCI 二区期刊
189	植保所	周雪平	*Science in China Life Sciences*	编委	2010 年至今	SCI 三区期刊
190	植保所	周雪平	*Journal of Zhejiang University Science B*	编委	2004 年至今	SCI 三区期刊
191	植保所	周忠实	*Jacobs Journal of Agriculture*	编委	2014 年至今	SCI 三区期刊
192	植保所	杨　青	*Biofuels, Bioproducts and Biorefining*	编委	2010 年至今	SCI 一区期刊
193	植保所	杨　青	*Current Pharmaceutical Design*	副主编	2015 年至今	SCI 二区期刊
194	植保所	高玉林	*Pest Management Science*	主编	2017 年至今	SCI 一区期刊
195	植保所	高玉林	*Frontiers in Plant Science*	副主编	2017 年至今	SCI 一区期刊
196	植保所	高玉林	*PLoS ONE*	编委	2015 年至今	SCI 一区期刊
197	植保所	高玉林	*Journal of Pest Science*	编委	2016 年至今	SCI 一区期刊
198	植保所	高玉林	*Arthropod-Plant Interactions*	副主编	2015 年至今	SCI 一区期刊
199	植保所	高玉林	*Journal of Asia-Pacific Entomology*	副主编	2016 年至今	SCI 二区期刊
200	植保所	高玉林	*Journal of Economic Entomology*	编委	2019 年至今	SCI 一区期刊
201	植保所	高玉林	*Environmental Entomology*	编委	2019 年至今	SCI 一区期刊

（续表）

序号	单位	专家姓名	国际机构/国际知名期刊名称	担任职务	任职起止时间	备注
202	植保所	高玉林	*International Journal of Pest Management*	编委	2019 年至今	SCI 三区期刊
203	植保所	高玉林	*International Journal of Tropical Insect Science*	编委	2019 年至今	SCI 三区期刊
204	植保所	高玉林	*Journal of Cotton Research*	编委	2019 年至今	SCI 三区期刊
205	植保所	高玉林	*Journal of Applied Entomology*	编委	2015 年至今	SCI 二区期刊
206	植保所	高玉林	*Journal of Insect Science*	编委	2016 年至今	SCI 二区期刊
207	植保所	高玉林	*Biocontrol Science and Technology*	编委	2013 年至今	SCI 三区期刊
208	植保所	高玉林	*Ecotoxicology*	副主编	2015 年至今	SCI 三区期刊
209	植保所	高玉林	*Neotropical Entomology*	编委	2018 年至今	SCI 三区期刊
210	植保所	高玉林	*Entomologia Experimentalis et Applicata*	编委	2018 年至今	SCI 三区期刊
211	植保所	高玉林	*Insects*	编委	2018 年至今	SCI 三区期刊
212	植保所	侯茂林	*BioControl*	编委	2019 年至今	SCI 二区期刊
213	植保所	周益林	*Plant Pathology*	编委	2019 年至今	SCI 一区期刊
214	蔬菜所	孙日飞	国际园艺学会	理事	2018—2023 年	
215	蔬菜所	王晓武	*Horticulture Research*	副主编	2018—2020 年	一区
216	蔬菜所	王晓武	*Horticultural Plant Journal*	主编	2015 年至今	已被 SCI 收录，即时影响因子 1.4

（续表）

序号	单位	专家姓名	国际机构/国际知名期刊名称	担任职务	任职起止时间	备注
217	蔬菜所	张友军	*Frontiers in Physiology*	副主编	2018 年至今	JCR 二区期刊，中科院 SCI 期刊二区
218	蔬菜所	张友军	*Horticultural Plant Journal*	副主编	2018 年至今	已被 SCI 收录，即时影响因子 1.4
219	蔬菜所	张友军	*PLoS One*	编委	2013 年至今	JCR 二区期刊，中科院 SCI 期刊三区
220	蔬菜所	郭兆将	*Frontiers in Physiology*	编委	2018 年至今	JCR 二区期刊，中科院 SCI 期刊二区
221	蔬菜所	王少丽	*Frontiers in Physiology*	编委	2019 年至今	JCR 二区期刊，中科院 SCI 期刊二区
222	环发所	董红敏	联合国政府间气候变化专门委员会秘书处	咨询专家	2017—2020 年	
223	环发所	董红敏	联合国气候变化框架公约秘书处	评审组组长	2005—2020 年	
224	环发所	董红敏	全球农业温室气体研究联盟粪污管理协作网	评审组组长	2017 年至今	
225	环发所	董红敏	联合国粮食及农业组织（FAO）畜禽环境伙伴计划	咨询专家	2017 年至今	

（续表）

序号	单位	专家姓名	国际机构/国际知名期刊名称	担任职务	任职起止时间	备注
226	环发所	高清竹	政府间气候变化专门委员会	委员	2017 年至今	
227	环发所	顾峰雪	AsiaFlux Science 执行委员会	委员	2018 年至今	
228	环发所	李玉娥	联合国气候变化公约秘书处	咨询专家	2015 年至今	
229	环发所	李玉娥	《联合国环境规划署》国际资源专家委员会	咨询专家	2016 年至今	
230	环发所	李玉娥	全球农业温室气体研究联盟	咨询专家	2016 年至今	
231	环发所	刘　硕	《联合国气候变化框架公约》适应委员会	委员	2017—2019 年	
232	环发所	刘　硕	《联合国气候变化框架公约》下适应和损害议题	谈判专家	2016 年至今	
233	环发所	秦晓波	全球农业温室气体研究联盟	咨询专家	2011 年至今	
234	环发所	孙忠富	国际农业先进信息处理专业委员会（Advanced Information Processing in Agriculture）	理事	2014 年至今	
235	环发所	许吟隆	亚太适应气候变化组织指导委员会	委员	2014 年至今	
236	环发所	许吟隆	联合国环境署适应气候变化科学指导委员会	委员	2013 年至今	
237	环发所	许吟隆	UN Environment World Conservation Monitoring Centre	理事	2018 年至今	
238	环发所	严昌荣	国际农业塑料协会	主席	2018—2021 年	

（续表）

序号	单位	专家姓名	国际机构/国际知名期刊名称	担任职务	任职起止时间	备注
239	环发所	杨其长	国际园艺学会（ISHS）设施植物系统设计与控制工程专业委员会	主席	2018—2022 年	
240	环发所	杨其长	国际园艺学会（ISHS）温室工程专业委员会	主席	2017—2018 年	
241	环发所	王耀生	*Archives of Agronomy and Soil Science*	副主编	2018 年至今	SCI 一区期刊
242	环发所	林而达	*Climatic Change*	副主编	2014 年至今	SCI 二区期刊
243	环发所	李　涛	*Frontiers in Plant Science*	编委	2018 年至今	SCI 二区期刊
244	环发所	高清竹	*The Rangeland Journal*	副主编	2016 年至今	SCI 三区期刊
245	环发所	王耀生	*Frontiers in Sustainable Food Systems*	编委	2017 年至今	SCI 三区期刊
246	牧医所	罗绪刚	*Journal of Animal Physiology and Animal Nutrition*	主编	2018—2021 年	SCI 三区期刊
247	牧医所	赵圣国	*Animal*	编委	2018—2021 年	四区
248	牧医所	王加启	*Journal of Dairy Science*	编委	2017 年至今	一区
249	牧医所	李　奎	*Journal of Animal Science and Biotechnology*	编委	2015 年至今	一区
250	牧医所	苗向阳	*BMC Veterinary Research*	副主编	2013 年至今	一区

（续表）

序号	单位	专家姓名	国际机构/国际知名期刊名称	担任职务	任职起止时间	备注
251	牧医所	储明星	*Journal of Animal Science and Biotechnology*	编委	2018—2022 年	一区
252	牧医所	罗绪刚	*Journal of Integrative Agriculture*	副主编	2017—2021 年	四区
253	牧医所	李　奎	*Journal of Integrative Agriculture*	编委	2017—2021 年	四区
254	牧医所	熊本海	*Journal of Integrative Agriculture*	编委	2017—2021 年	四区
255	牧医所	马月辉	*Journal of Integrative Agriculture*	编委	2017—2021 年	四区
256	牧医所	朱鸿飞	*Journal of Integrative Agriculture*	编委	2017—2021 年	四区
257	牧医所	杨青川	*Journal of Integrative Agriculture*	编委	2017—2021 年	四区
258	牧医所	李　奎	*BioMed Research International*	编委	2015 年至今	二区
259	牧医所	卜登攀	*Canadian Journal of Animal Science*	副主编	2013 年至今	二区
260	牧医所	苗向阳	*Frontiers in Bioscience*	执行编委	2018—2020 年	SCI 三区期刊
261	牧医所	苗向阳	*Cloning & Transgenesis*	编委	2012 年至今	
262	牧医所	王加启	*Fine Focus*	编委	2015—2019 年	
263	牧医所	崔尚金	*World Journal of Virology*	编委会委员	2008 年至今	
264	牧医所	李　奎	*American Journal of Animal and Veterinary Sciences*	编委	2015 年至今	四区

（续表）

序号	单位	专家姓名	国际机构/国际知名期刊名称	担任职务	任职起止时间	备注
265	牧医所	卜登攀	AS-ICRAF 农用林业与可持续畜牧业联合实验室	主任	2014—2019 年	
266	牧医所	卜登攀	中爱奶业科学技术中心	主任	2014—2019 年	
267	牧医所	王加启	国际原子能机构核能应用战略顾问组	顾问	2017—2019 年	
268	牧医所	李向林	国际可持续纤维联盟（SFA）	科技委员会委员	2017 年至今	
269	牧医所	何　峰	国际可持续纤维联盟（SFA）	科技委员会委员	2017 年至今	
270	牧医所	马月辉	国际生物多样性计划中国委员会委员	委员	2010 年至今	
271	蜜蜂所	石　巍	icipe 非洲健康实验室	委员	2015—2019 年	
272	蜜蜂所	石　巍	欧盟“蜜蜂消失”组织	委员	永久	
273	蜜蜂所	石　巍	亚洲养蜂联合会（AAA）	理事	2015 年至今	
274	蜜蜂所	陈黎红	亚洲养蜂联合会（AAA）	秘书长	2016—2020 年	
275	蜜蜂所	陈　超	联合国粮食及农业组织（FAO）	顾问	2019 年至今	
276	蜜蜂所	李建科	亚太蛋白质组学	委员	2019 年至今	
277	蜜蜂所	安建东	国际自然保护联盟—熊蜂专家组委员会	理事	2011 年至今	

（续表）

序号	单位	专家姓名	国际机构/国际知名期刊名称	担任职务	任职起止时间	备注
278	蜜蜂所	安建东	国际植物—传粉者互作研究委员会	理事	2012 年至今	
279	蜜蜂所	吴　杰	亚洲养蜂联合会经济（AAA）专业委员会	副主席	2016—2020 年	
280	蜜蜂所	王　凯	*BMC Complementary and Alternative Medicine*	副主编	2019 年至今	二区
281	蜜蜂所	李建科	*Frontier in Genetics*	副主编	永久	二区
282	蜜蜂所	石　巍	*Apidologie*	编委	2015—2020 年	一区
283	饲料所	王建华	第十四届国际乳铁蛋白国际会议	国际委员	2009 年	
284	饲料所	王建华	*Frontiers in Microbiology*	编辑	2018 年	二区
285	饲料所	苏小运	*BMC Biotechnolog*	编委	2018 年	三区
286	饲料所	齐广海	*Poultry Science*	副主编	2019—2021 年	
287	饲料所	张海军	*Italian Journal of Animal Science*	编委	2017—2019 年	
288	饲料所	张海军	*International Journal of Health, Animal Science and Food Safety*	编委	2019—2021 年	
289	饲料所	薛　敏	*Animal Nutrition*	编委	2016—2020 年	
290	饲料所	周志刚	*Frontier in Microbiology*	编委	2018 年至今	二区
291	饲料所	周志刚	*Frontier in Marine Sciences*	编委	2018 年至今	

（续表）

序号	单位	专家姓名	国际机构/国际知名期刊名称	担任职务	任职起止时间	备注
292	饲料所	周志刚	*Aquaculture*	编委	2019 年至今	二区
293	饲料所	周志刚	国际鱼菌互作学术研讨会	委员	2019 年至今	
294	饲料所	周志刚	2019 荷兰科学研究组织（NOW）	特邀评审专家	2018 年至今	
295	饲料所	周志刚	2020 美国皮尤海洋学者项目（PEW）	提名专家	2019 年	
296	饲料所	周志刚	第十二届世界华人鱼虾营养学术大会	学术委员会委员	2019 年	
297	加工所	刘　阳	中国—欧盟真菌毒素论坛	主席	2016 年至今	
298	加工所	刘　阳	第十一届国际真菌毒素大会	组委会委员	2019 年	
299	加工所	木泰华	欧盟地平线 2020 项目评委会	项目评委	2016 年至今	
300	加工所	王　强	*Journal of Integrative Agriculture*（*JIA*）	执行主编	2017 年至今	二区
301	加工所	刘　阳	*Mycotoxin Research*	编委	2016 年至今	二区
302	加工所	王　强	*NPJ-science of Food*	编委	2018 年至今	
303	加工所	王　强	*Bioactive Carbohydrates and Dietary Fibre*	编委	2015 年至今	
304	加工所	木泰华	*Journal of Food Science and Nutrition Therapy*	编委	2017 年至今	
305	加工所	郑金铠	*Frontiers in Nutrition*	专刊主编、客座副主编	2019—2020 年	

（续表）

序号	单位	专家姓名	国际机构/国际知名期刊名称	担任职务	任职起止时间	备注
306	生物所	周晓今	*BMC Plant Biology*	审稿人	2018 年 11 月；2019 年 4 月	一区
307	生物所	陈茹梅	*Planta*	审稿人	2018 年 12 月	一区
308	生物所	王海洋	*Plant Molecular Biology*	副主编	2018 年至今	二区
309	生物所	王海洋	*Plant Communications*	编委	2019 年至今	新期刊，未知
310	生物所	王海洋	*aBIOTECH*	编委	2018 年至今	新期刊，未知
311	生物所	路铁刚	*Frontier in Genetics*	副主编	2015 年至今	二区
312	生物所	张治国	*Frontier in Genetics*	编委	2017 年至今	二区
313	生物所	张春义	国际农业生物技术应用服务组织（ISAAA）	ChinaBIC 主任	2016 年 3 月至今	
314	农经所	李先德	联合国粮安领域高级别专家组指导委员会	委员	2019—2021 年	
315	资划所	唐华俊	*Sustainable Agriculture*	编委	2000 年至今	SCI 一区期刊
316	资划所	李召良	*IEEE Transactions on Geoscience and Remote Sensing*	副主编	2014 年至今	SCI 一区期刊
317	资划所	李召良	*Remote Sensing*	副主编	2016 年至今	SCI 二区期刊
318	资划所	李兆君	*International Journal of Chemistry*	编委	2011 年至今	SCI 二区期刊
319	资划所	李兆君	*Journal of Convergence Information Technology*	编委	2012 年至今	SCI 三区期刊

（续表）

序号	单位	专家姓名	国际机构/国际知名期刊名称	担任职务	任职起止时间	备注
320	资划所	李兆君	*Journal of Integrative Agriculture*（*JIA*）	编委	2017 年至今	SCI 二区期刊
321	资划所	吴文斌	*Journal of Integrative Agriculture*	编委	2010 年至今	SCI 二区期刊
322	资划所	吴文斌	*Regional Environmental Change*	编委	2013 年至今	SCI 二区期刊
323	资划所	张　斌	*Agronomy Journal*	副主编	2012 年至今	SCI 二区期刊
324	资划所	张瑞福	*Journal of Integrative Agriculture*	编委	2017 年至今	SCI 二区期刊
325	资划所	张瑞福	*International Biodeterioration & Biodegradation*	编委	2018 年至今	SCI 二区期刊
326	资划所	魏海雷	*Frontiers in Microbiology*	副主编	2016 年至今	SCI 二区期刊
327	资划所	魏海雷	*Frontiers in Plant Science*	副主编	2016 年至今	SCI 一区期刊
328	资划所	白可喻	国际生物多样性中心（Bioversity International）东亚办事处	理事	2012 年至今	
329	资划所	蔡典雄	国际土壤与耕种学会（ISTRO）中国分会	主席	2012 年至今	
330	资划所	范丙全	亚洲核合作论坛生物肥料项目	理事	2012 年至今	
331	资划所	高　巍	国际蘑菇学会	委员	2014 年至今	
332	资划所	何　萍	国际植物营养研究所中国项目部	主席	2012 年至今	
333	资划所	何　萍	国际肥料科学中心	理事	2016 年至今	

（续表）

序号	单位	专家姓名	国际机构/国际知名期刊名称	担任职务	任职起止时间	备注
334	资划所	何英彬	澳大利亚昆士兰大学	咨询专家	2014 年至今	
335	资划所	宋　敏	东亚农业资源环境研究中心	理事	2012 年至今	
336	资划所	张　斌	国际土壤学会土壤物理学委员会	主席	2010 年至今	
337	资划所	张　斌	国际原子能机构项目和国际会议科学委员会	委员	2012 年至今	
338	资划所	张　斌	国际土壤学会土壤工程和技术委员会	理事	2014 年至今	
339	资划所	张　斌	中欧土地和土壤委员会	主席	2015 年至今	
340	资划所	张　斌	中德农业科技合作平台	理事	2015 年至今	
341	资划所	张　斌	全球土壤伙伴关系（GSP）秘书处开放性工作组（OEWG）	委员	2016 年至今	
342	资划所	张金霞	非洲开发银行	咨询专家	2012 年至今	
343	资划所	张金霞	国际蘑菇学会	委员	2012 年至今	
344	资划所	邵长亮	中美碳联盟（USCCC）	委员	2016—2020 年	
345	资划所	辛晓平	中美碳联盟（USCCC）	委员	2016—2020 年	
346	质标所	陈爱亮	*Aptamers*	编委	长期	
347	质标所	李　会	*Frontiers in Microbiology*	编委	2018 年至今	一区
348	水稻所	程式华	*Rice Science*	主编	2017 年至今	SCI 三区期刊
349	水稻所	阮刘青	*Rice Science*	副主编	2017 年至今	SCI 三区期刊

（续表）

序号	单位	专家姓名	国际机构/国际知名期刊名称	担任职务	任职起止时间	备注
350	水稻所	朱智伟	*Rice Science*	编委	2017 年至今	SCI 三区期刊
351	水稻所	王　磊	*Rice Science*	编委	2017 年至今	SCI 三区期刊
352	水稻所	胡培松	*Rice Science*	编委	2017 年至今	SCI 三区期刊
353	水稻所	钱　前	*Rice Science*	编委	2017 年至今	SCI 三区期刊
354	水稻所	庄杰云	*Rice Science*	编委	2017 年至今	SCI 三区期刊
355	水稻所	曹立勇	*Rice Science*	编委	2017 年至今	SCI 三区期刊
356	水稻所	杨长登	*Rice Science*	编委	2017 年至今	SCI 三区期刊
357	水稻所	朱德峰	*Rice Science*	编委	2017 年至今	SCI 三区期刊
358	水稻所	庄杰云	*Crop Journal*	编委	2013 年至今	SCI 二区期刊
359	水稻所	钱　前	*Breeding Science*	编委	2005 年至今	SCI 三区期刊
360	水稻所	钱　前	*Rice*	编委	2012 年至今	SCI 一区期刊
361	水稻所	钱　前	*PLoS One*	编委	2015 年至今	SCI 三区期刊
362	水稻所	钱　前	*Journal of Genetics and Genomes*	编委	2011 年至今	SCI 二区期刊
363	水稻所	钱　前	*Journal of Integrative Agriculture*	编委	2011 年至今	SCI 三区期刊
364	水稻所	郭龙彪	*Plant Growth Regulation*	编委	2016—2021 年	SCI 三区期刊
365	水稻所	王克剑	*BMC Plant Biology*	副主编	2018 年至今	SCI 一区期刊
366	水稻所	王克剑	*Abiotech*	编委	2019 年至今	

（续表）

序号	单位	专家姓名	国际机构/国际知名期刊名称	担任职务	任职起止时间	备注
367	水稻所	张　健	*BMC Development Biology*	编委	2019 年至今	SCI 三区期刊
368	水稻所	万品俊	*Frontiers in Physiology*	编委	2018 年至今	SCI 二区期刊
369	棉花所	袁有禄	国际棉花基因组委员会（International Cotton Genome Initiative，ICGI）	联合主席	2019—2022 年	
370	棉花所	叶武威	国际棉花基因组委员会（International Cotton Genome Initiative，ICGI）	共同主席（育种和应用基因组）	2019—2022 年	
371	棉花所	叶武威	*American Journal of Plant Biology*	编辑	2016 年至今	二区
372	麻类所	陈万权	国际天然纤维组织（International Natural Fiber Organization）	副主席	2019 年	
373	麻类所	徐建平	*Fungal Diversity*	副主编	2016 年至今	一区
374	麻类所	徐建平	*Genome*	副主编	2016 年至今	二区
375	麻类所	徐建平	*Mycology*	副主编	2016 年至今	二区
376	麻类所	粟建光	国际黄麻研究组（International Jute Study Group）私营部门咨询委员会（PSCB）	理事	2009 年至今	
377	麻类所	王玉富	粮农组织欧洲亚麻及其他韧皮纤维植物协作组织	中国区域代表	2017 年至今	
378	麻类所	王玉富	*Journal of Natural Fibers*	编委	2017 年至今	SCI 二区期刊
379	麻类所	肖建波	*Anti-Cancer Agents in Med Chemistry*	编委	2016—2021 年	三区

（续表）

序号	单位	专家姓名	国际机构/国际知名期刊名称	担任职务	任职起止时间	备注
380	麻类所	肖建波	*Industrial Crops and Products*	编委	2016—2021 年	一区
381	麻类所	肖建波	*Phytomedicine*	编委	2018—2020 年	二区
382	麻类所	肖建波	*Current Drug Metabolism*	编委	2016—2021 年	三区
383	麻类所	肖建波	*International Journal of Molecular Science*	编委	2017—2021 年	三区
384	麻类所	肖建波	*Phytochemical Analysis*	副主编	2015—2019 年	三区
385	果树所	聂继云	*Journal of Integrative Agriculture*	编委	2017—2020 年	农业综合三区
386	郑果所	方金豹	国际园艺学会猕猴桃品种登录委员会（International Cultivar Registration Authority for Actinidia）	权威专家	2019 年至今	
387	兰兽研	付宝权	国际旋毛虫病委员会（International Commission on Trichinellosis，ICT）	委员	2008 年至今	
388	兰兽研	朱兴全	*Trends in Parasitology*	编委	2007 年至今	一区（IF8. 020）
389	兰兽研	朱兴全	*Parasites & Vectors*	专题编辑	2015 年至今	一区（IF3. 031）
390	兰兽研	朱兴全	*Veterinary Parasitology*	编委	2019 年至今	二区（IF2. 009）
391	兰兽研	朱兴全	*Experimental Parasitology*	编委	2017 年至今	三区（IF1. 719）
392	兰兽研	朱兴全	*Journal of Helminthology*	编委	2016 年至今	三区（IF1. 436）
393	兰兽研	朱兴全	*Journal of Integrative Agriculture*	编委	2017 年至今	二区（IF1. 337）

（续表）

序号	单位	专家姓名	国际机构/国际知名期刊名称	担任职务	任职起止时间	备注
394	兰兽研	朱兴全	*Korean Journal of Parasitology*	编委	2018 年至今	四区（IF1. 167）
395	兰兽研	朱兴全	*Parasitology Research*	副主编	2018 年至今	二区（IF2. 067）
396	兰兽研	郑亚东	*Frontiers in Genetics*	编辑	2018 年至今	二区（IF3. 517）
397	兰兽研		*Frontiers in Veterinary Science*	编辑	2018 年至今	未定（IF2. 029）
398	兰兽研	张念章	*Frontiers In Cellular And Infection Microbiology*	专题副编辑	2019 年至今	二区
399	兰兽研	张　杰	*Bulletin of the Veterinary Institute in Pulawy*	编委	2017 年至今	未定（IF0. 501）
400	草原所	金　轲	联合国粮食及农业组织（FAO）	政府间土壤技术专家组（ITPS）专家	2018 年至今	
401	特产所	李春义	*Kenkyu in Stem cell and Regenerative Medicine*	编委	2015 年至今	
402	特产所	李春义	*SM Journal of Stem Cell Research*	编委	2015 年至今	
403	特产所	李春义	*Frontiers in Bioscience*	主编	2015 年至今	
404	特产所	李春义	*Journal of Regenerative Biology and Medicine*	编委	2019 年至今	
405	特产所	李春义	*Journal of Molecular Histology*	编委	2018 年至今	
406	特产所	王英平	韩国庆熙大学人参名品化事业团	名誉委员	2019—2022 年	

（续表）

序号	单位	专家姓名	国际机构/国际知名期刊名称	担任职务	任职起止时间	备注
407	特产所	朴向民	韩国庆熙大学人参名品化事业团	名誉委员	2019—2022 年	
408	特产所	张　浩	韩国人参种质中心	名誉委员	2019—2022 年	
409	环保所	李永涛	*Subject Editor for the Springer's Journal of Soils and Sediments*	执行编委	2017 年至今	三区
410	环保所	漆新华	*JSM Environmental Science & Ecology*	副主编	2017—2020 年	
411	农机化所	薛新宇	国际精准农业技术学会	副会长	2015 年至今	
412	烟草所	郭永峰	CORESTA 科学委员会	委员	2014—2018 年	
413	烟草所	郭永峰	CORESTA "Tobacco Alkaloid Genetics" 工作组	召集人	2018 年至今	
414	烟草所	郭永峰	*Journal of Bioinformatics and Comparative Genomics*	编委	2013 年至今	三区
415	烟草所	郭永峰	*American Journal of Plant Biology*	编委	2016 年至今	二区
416	都市所	甘人友	*Frontiers in Microbiology*	客座编辑、编委会成员	2018—2019 年	JCR 一区期刊
417	都市所	甘人友	美国食品科技协会（IFT）	会员	2019 年	
418	都市所	甘人友	国际天然产物科学专家组（INPST）	会员	2019 年至今	
419	都市所	任茂智	*Frontiers in Plant Science*	审稿编辑	2017 年至今	JCR 一区期刊
420	都市所	任茂智	*Frontiers in Cell Development*	审稿编辑	2017 年至今	JCR 一区期刊

（续表）

序号	单位	专家姓名	国际机构/国际知名期刊名称	担任职务	任职起止时间	备注
421	都市所	杨其长	国际园艺学会（ISHS）设施植物生产系统设计与智能化专业委员会	主席	2018 年至今	
422	信息所	柴秀娟	*Journal of Electronic Imaging*（*JEI*）	编委	2018 年至今	
423	哈兽研	李呈军	*Virology Journal*	副主编	2018—2021 年	SCI 三区期刊
424	哈兽研	陈化兰	*Virology*	编委	2016—2019 年	SCI 三区期刊
425	哈兽研	陈化兰	*Journal of Integrative Agriculture*	副主编	2017—2022 年	SCI 三区期刊
426	哈兽研	陈化兰	*Sci China Life Sci*	副主编	2018—2022 年	SCI 三区期刊
427	哈兽研	蔡雪辉	*Scientific Report*	编委	2018—2022 年	SCI 三区期刊
428	哈兽研	王笑梅	*Avain Pathology*	顾问委员会成员	2017 年至今	
429	哈兽研	王笑梅	国际禽病研究联盟（GARAD）	顾问委员会成员	2017 年至今	
430	基因组所	叶国友	国际水稻研究所	高级科学家	2017—2019 年	
431	基因组所	黄三文	国际黄瓜基因组计划	首席科学家	2009 年至今	
432	基因组所	黄三文	国际茄科基因组研究联盟	执行委员	2009 年至今	
433	基因组所	万方浩	生物多样性与生态系统服务政府间科学—政策平台	多学科专家委员会	2014 年至今	
434	基因组所	万方浩	国际植物保护公约	专家委员会	2011 年至今	

（续表）

序号	单位	专家姓名	国际机构/国际知名期刊名称	担任职务	任职起止时间	备注
435	基因组所	万方浩	IUCN Species Survival Commission	入侵生物专家组专家	2009 年至今	
436	基因组所	万方浩	Global Invasive Species Information Network（GISIN）	执行委员会委员	2005 年至今	
437	基因组所	黎志康	Africa Seeds	理事	2017 年至今	
438	基因组所	叶国友	*BMC Genetics*	编委	2014 年至今	三区
439	基因组所	唐中林	*Frontier in Bioscience-Landmark*	编委	2012 年至今	
440	基因组所	唐中林	*Molecular Biological Journal*	编委	2014 年至今	
441	基因组所	唐中林	*Genes*	编委	2018 年至今	三区
442	基因组所	张玉波	*Animal Models and Experimental Medicine*	编委	2017 年至今	
443	基因组所	张玉波	*Journal of Biological and Medical Sciences*	编委	2018 年至今	
444	基因组所	钱　前	*Breeding Science*	编委	2014 年至今	三区
445	基因组所	钱　前	*Journal of Integrative Plant Biology*	编委	2014 年至今	二区
446	基因组所	钱　前	*Journal of Genetics and Genomics*	编委	2015 年至今	二区
447	基因组所	钱　前	*Rice*	编委	2016 年至今	一区
448	基因组所	黄三文	*Euphytica*	编委	2007 年至今	三区

（续表）

序号	单位	专家姓名	国际机构/国际知名期刊名称	担任职务	任职起止时间	备注
449	基因组所	黄三文	*Journal of Integrative Plant Biology*	编委	2013 年至今	二区
450	基因组所	黄三文	*Theoretical and Applied Genetics*	编委	2016 年至今	二区
451	基因组所	黄三文	*Molecular Plant*	编委	2016 年至今	一区
452	基因组所	万方浩	*Journal of integrative Agriculture*	编委	2002 年至今	四区
453	基因组所	徐建龙	*Crop Journal*	执行副主编	2013 年至今	二区
454	基因组所	黎志康	*Plant Breeding*	编委	2014 年至今	三区
455	基因组所	黎志康	*Plant Genome*	编委	2014 年至今	三区

五、人事管理与人才建设

中国农业科学院2019年人事人才工作综述

2019年，人事局在院党组的坚强领导下，坚持学习贯彻习近平新时代中国特色社会主义思想和总书记“三个面向”“两个一流”指示精神，深刻践行新时代党的组织路线，围绕中心，突出重点，各项工作取得了新的进展。

一、锐意进取，人事人才工作取得新成效

（一）积极落实人才强院战略，人才工作再上新台阶

一是院第三次人才工作会顺利召开。紧扣“推年轻、强领军、补短板、优环境”的总目标，明晰当前中国农业科学院在人才体制机制、队伍结构、工作政策、环境氛围等方面的差距不足，研究提出进一步推进人才队伍建设的“新30条措施”。

二是高层次人才队伍建设成效显著。新增选两院院士4位，均为中国农业科学院自主培养且长期在院工作，创中国农业科学院院士增选数量和在院院士总人数两项新高。42人次入选各类国家级人才计划，其中“万人计划”19人、杰青与优青3人、百千万人才工程5人。新增补农科英才14人，调整特殊支持类型21人，分别遴选出“青年英才计划”培育工程和引进工程院级入选者22人和15人。截至2019年年底，全院农科英才331人，其中顶端人才17人、领军人才203人、青年英才111人，农科英才规模较去年增长12%。坚持精准、定向引进人才，增强引才工作的针对性实效性，高层次引才力度不断加强，完成32名“青年英才计划”引进工程所级入选者备案工作。开通转化岗位正高级专门渠道，统筹下放支撑、转化、管理人员正高级评审指标；继续实施优秀青年职称评审专门渠道，40岁以下晋升正高的占总数的37%，35岁以下晋升副高的占总数的44%。

三是扎实做好人才服务工作。发挥好院士候选人联络员和服务员职责，认真做好院士日常服务工作，为院士选配学术助理，指导研究所办好院士退休手续，保障院士退休后待遇。另外，落实好农科英才特殊支持政策和政府特殊津贴发放，做好人才松绑减负。

四是不断创新研修培训形式。对2017年度、2018年度704位新晋升高级职称人员开展集体谈话，为新晋升人员扣好职称晋升后开展工作的“第一粒扣子”。首次举办全院创新工程首席科学家研修班，全院团队首席、农科英才、优秀青年科研骨干和院所领导干部等共800余人参加研修。承办百千万人才工程创新大讲堂，做好“西部之光”

访问学者、特培学员教育培训，承办人社部专业技术人才知识更新工程高级研修项目，稳步开展院地培训研修合作，积极推动高层次专家研修和人才挂职锻炼。

五是博士后管理工作实现量质双升。生态学博士后科研流动站获批，实现中国农业科学院博士学位一级授权学科博士后流动站全覆盖。广开招收渠道，全院博士后在站人数达 531 人，居全国农业领域高校及科研机构首位。

（二）深化干部人事制度改革，干部工作开创新局面

一是打造高素质领导班子和干部队伍。围绕院党组“推年轻”工作部署，开展优秀年轻干部人才专题调研，形成院党组直接掌握、规模近 500 人的优秀年轻干部人才名单。研究制定《关于适应“三个面向”要求大力发现培养选拔优秀年轻干部的实施意见》《所长助理管理暂行办法》等制度，健全年轻干部“选育管用”全链条机制。全年共任免部、院党组管理干部 144 人次，其中任职 85 人次，免职 59 人次。任职中提任班子正职 11 人，提任班子副职 33 人（45 岁以下 17 人，其中 40 岁以下 7 人），完成 4 个单位党委纪委换届候选人预备人选批复，指导 4 个单位配备 5 名所长助理，完成 8 个单位处级干部竞聘方案审核，推动全院中层干部队伍年轻化。研究起草《院机关部门、院属单位领导班子配备情况分析研判报告》，为院党组决策提供参考。

二是推动干部人事制度改革走向深入。制定《中国农业科学院所局级领导干部选拔任用有关程序建议》，起草《领导人员选拔任用工作规定》《领导班子与领导人员管理办法》《中层领导人员选拔聘用和管理办法》等制度，优化干部选拔任用程序，提高选人用人质量水平。稳步推进事业单位分类改革，院 24 个非营利性科研机构、农业事业单位全部进入公益二类。积极推进国家成都农业科技中心、三亚国家南繁研究院、西部农业研究中心等区域性中心建设，推动“三亚中国农业科学院国家南繁研究院”批复成立，完成地方事业单位法人注册登记。

三是从严从实抓好干部监督管理。落实“凡提四必”，防止“带病提拔”，全年向院纪检组、监察局征求廉政意见 60 人次。指导完成全院 666 名副处级以上干部信息录入汇总及上报工作。完成 9 位所级领导干部企业兼职审批备案，完成 63 名所局级领导干部社团兼职审批备案，部署全院干部人事档案专项审核全覆盖和“回头看”。协助中组部、农业农村部完成院领导班子年度考核与测评及干部选拔任用“一报告两评议”工作。

四是促进干部德才素质和履职能力提升。做好上级调训，参加上级部门各类调训培训 245 人次。加强教育培训，举办全院组工干部能力建设培训班。强化实践锻炼，研究制定《关于进一步鼓励、支持优秀年轻干部人才踊跃投身乡村振兴一线挂职锻炼的意见》，鼓励优秀年轻干部投身乡村振兴一线，全年选派各类挂职干部人数达 66 名，其中援藏干部 7 名。

（三）稳步推进分配制度改革，劳资调配取得新进展

一是加大薪酬激励保障力度。研究制定《中国农业科学院关于实施“青年人才薪酬保障计划”的意见》，探索建立青年人才薪酬保障机制，缓解青年人才待遇偏低问题，稳定优秀青年人才队伍。研究制定《中国农业科学院创新工程重点支持科研团队首席科学家年薪制暂行办法》，健全更加符合高层次人才特点、体现高层次人才价值的薪酬激励机制。

二是推进养老保险制度改革平稳实施。组织京区单位完成准备期职业年金和利息缴纳归集、统筹外区域人员养老保险关系转入、2014—2019 年度养老保险缴费工资明细项目补充采集以及合同制职工参加企业保险情况调查摸底。完成院机关职工养老保险实际缴费。加强对京外单位的政策指导，积极协助 5 家京外单位完成参保登记。配合完成全院 2020 年养老保险缴费需求测算。

三是持续优化工资管理。严格执行国家政策，加强工资管理审批，认真做好部、院管干部工资核定及异动审批备案。规范异地交流任职人员工资管理，按规定将工资社保关系转移到任职单位。及时落实兑现各项福利政策。组织做好职工优抚、自雇服、抚恤金、防暑降温费以及护理费等各项福利政策的落实工作。扎实做好人事劳动统计工作，编印《2019 年人事劳动统计数据汇编》。

四是加强劳资队伍能力建设。开展“编外人员聘用情况”专题调研，全面梳理编外人员管理工作情况以及存在问题，掌握编外人员实际需求，为改进编外人员管理工作打好基础。多次组织相关人员参加上级部门组织的养老保险、绩效工资改革培训。

五是完成全年公开招聘工作。首次开展公开招聘校园宣讲，注重新媒体宣传，拓宽选才空间。依托基本科研业务费研究，研发“中国农业科学院公开招聘管理系统”，提高公开招聘工作效率。在部系统京外生源指标减少情况下，获批 45 个京外生源指标，全年招聘各类人员 302 人，为全院科技创新补充新生力量，高质量完成新入职人员岗前培训。

（四）多措并举确保服务质量，离退休工作实现新提升

一是着力加强思想政治建设。紧扣“不忘初心、牢记使命”主题教育总要求，通过总支定期理论学习、主题党日、专家辅导报告、培训班等形式，深入学习习近平新时代中国特色社会主义思想，增强党性，发挥余热。

二是精心组织增添正能量文体活动。围绕庆祝中华人民共和国成立 70 周年，开展“五个一”活动，通过开展宣讲访谈、座谈会、文艺会演、摄影书画作品展及体育比赛等方式，唱响主旋律，讴歌新时代。

三是认真抓好中央和部院精神落实。加强对院属单位离退休工作指导，对照中共中

央标准要求，对院属 24 个单位开展实地督导检查。举办院离退休工作培训班，提升做好新时代离退休工作能力水平。

四是细致做好老同志日常服务工作。高标准完成院机关离退休职工及院属京区单位 359 名享受高干医疗人员体检工作，全年组织医药费报销 2 100 余人次，累计走访慰问 500 余人次，协助办理发放车证、亲情卡 270 余人次，救助院机关困难人员 47 人。

（五）全面启动深化改革工作，院所发展增添新动能

一是深入开展科技体制机制改革调查研究。按照院深化现代院所改革领导小组要求，围绕深化落实党中央国务院关于科技体制改革、人才发展体制机制改革、促进科技成果转化等方面决策部署，成立 3 个调研组和 7 个专题研究组，选取 5 个典型案例单位，对中国科学院等 24 家单位深入开展调研工作，发挥统筹协调作用，形成调研报告和专题研究报告。

二是组织开展深化现代院所改革交流研讨。在长沙召开深化现代院所改革研讨会，邀请科技部、中国科学院等单位领导专家，分析新时期科研院所快速创新发展面临的主要问题，探讨改革的方向、目标与路径。召开调查与研究成果交流会，分析中国农业科学院在科技、人事、财务等管理中存在的差距和不足，研究实施科研导向评价、全员岗位聘用制等改革工作的可行性和可操作性。

三是积极探索中国农业科学院改革发展的方向目标和重点任务。坚持目标导向、问题导向和需求导向，把握好体制与机制的关系，改革、发展和稳定的关系，机关和研究所的关系，按照积极研究、少说多做、不立不破、突出重点、先易后难、先试再推的原则，加强统筹谋划和顶层设计，初步形成了全院深化现代院所改革的发展思路和重点任务。

二、提升本领，打造服务科研“新引擎”

（一）加强政治理论武装，打造组工部门新气象

根据中共中央要求和部院党组部署，按照守初心、担使命，找差距、抓落实的总要求，深入开展“不忘初心、牢记使命”主题教育，坚持做到学习教育、调查研究、检视问题、整改落实“四个贯穿始终”。通过主题教育的开展，全局党员干部深刻领会习近平总书记治国理政方略精神实质，增强“四个意识”，坚定“四个自信”，做到“两个维护”。

（二）加强组织力建设，开创党建工作新常态

一是强化党支部建设，认真执行党内制度。严格执行“三会一课”制度，全年召开支委会13次、党员大会9次、理论中心组（扩大）学习14次、主题党日14次，支部书记讲党课2次，与院直属机关党委开展联合党课学习2次，参加全院党课学习5次。及时增补支部委员2人。按时足额缴纳党费并在全局范围公示。

二是探索创新党内教育形式，加强自身建设。完善“互联共建”机制，与机关党委、环发所、蜜蜂所等单位联合开展集中学习党内条例、参观香山革命纪念馆等党建活动。围绕“百乡万户”调研、“新时代、新悦读、新成长”青年读书交流分享会等新形式创造性举办组工讲堂，发放《习近平关于“不忘初心、牢记使命”重要论述选编》《习近平关于“三农”工作论述摘编》等理论学习书籍，根据职工专业和兴趣购买图书116册，营造良好学习环境，号召全局干部读原著、学原文、悟原理。继续开展“美在四季”摄影比赛，创新局内文化建设。用好“两微一端”等新技术新媒体，探索支部学习有效方法，使学习教育贴近党员、贴近实际。

（三）坚持强化正风肃纪，树立作风建设新风尚

一是压实廉政建设责任。党支部书记履行第一责任人职责，分管局领导和部门负责人落实“一岗双责”，切实发挥支部纪检小组职责，逐级传导廉政压力，层层推动责任落实，注重内部控制管理和廉政风险防控双提升。

二是加大廉政教育力度。贯彻全面从严治党会议精神，传达学习总书记关于作风建设重要讲话精神，及时通报传达中央国家机关和部院违规违纪案例，进一步纠正“四风”，教育全局党员牢固树立红线意识和底线意识，增强全面从严治党自觉。

三是力戒“推拖等”，在转变机关作风上下足功夫。学习贯彻习近平总书记在中央和国家机关党的建设工作会议上的讲话精神，严格落实院工作会议、院机关工作会议和院常务（扩大）会议要求，聚焦宗旨意识、人民立场、使命担当，树牢优良作风，打造忠诚干净担当的高素质专业化组工队伍。

三、开拓创新，谋划2020年人事人才重点工作

2019年，人事局重点工作有突破，难点工作有创新，关键得益于部、院党组的正确领导，不断加大支持指导力度；得益于院机关各部门共同努力，形成了致力于服务农业科研发展的良好氛围与强大合力；得力于院属各单位协同配合与扎实工作，确保各项目标任务落实落细。2020年，人事局将在院党组的坚强领导下，进一步加强服务型组工部门建设，围绕全院中心工作，服务全院大局，为全面推进创新工程实施，加快推进

"三个面向""两个一流"建设提供坚强组织保证和人才支撑。

(一)人才工作方面，深入落实院第三次人才工作会精神，建设高水平人才队伍。

一是深化人才发展体制机制改革。坚持"推年轻、强领军、补短板、优环境"和统筹推进科研、管理、支撑、转化四支队伍建设的工作目标，抓好第三次人才会议精神贯彻落实，督促研究所，协调院机关按照落实方案和重点任务分工方案要求，及时出台各项制度。结合国家关于深化人才发展体制机制和科技体制改革各项要求，筹备好第四次人才工作会议，推进人才工作向纵深发展。编写院"十四五"人才发展规划，完善人才分类评价意见，推动完成院职称评审办法、高级专家延退、博士后工作管理办法、博士后队伍建设实施意见等制度制修订工作。

二是加强高层次人才引育工作。制定院 2020 年农科英才招聘计划，推进高层次人才精准定向引进。组织开展领军人才遴选，重点选拔没有"帽子"、承担重大科研任务、科技创新业绩突出、具有一定国际影响力、为院所发展作出重要贡献的高层次自有人才。组织好农科英才中期评估工作。

三是持续做好人才服务工作。加强院士工作办公室建设，完善信息报告、学习研修、拜访慰问三种制度，做好各项院士联系服务工作。加强与中组部、科技部等部门的沟通，了解各类人才评审程序和重点要求，指导院属单位做好高层次人才推荐工作。适时组织首批院所两级支撑英才、转化英才遴选推荐工作，并按照规定兑现特殊支持。

四是强化博士后"人才战略储备库"功能。指导院属单位积极推进 2020 年博士后招收计划，强化宣传工作，吸引优质生源，扩大进站规模。通过建立科研产出绩效奖励制度、组织基金申报经验分享、搭建科研实践平台、遴选优秀博士后和优农计划等，多措并举提高培养质量。积极争取具有博士学位一级学科授予权或建有国家重点科研平台的非设站学科，申报独立招收博士后人员资格，支持京外研究所申报博士后工作站，提升经费使用效益，创新流动站管理模式，提升博士后管理工作整体水平。

(二)干部工作方面，强化担当作为，建设忠诚干净担当高素质专业化干部队伍

一是加强领导班子和干部队伍建设。贯彻落实《2019—2023 年全国党政领导班子建设规划纲要》，研究制定领导班子和干部队伍建设"十四五"规划。充分用好《院机关部门、院属单位领导班子配备情况分析研判报告》成果，打造坚强有力领导班子。用好优秀年轻干部人才专题调研成果，建立优秀年轻干部人才"四个名单"日常发现、跟踪考核、优进绌退的动态管理机制。按照院主要领导指示要求，组织开展机关处级干部轮岗交流。

二是持续深化干部人事制度改革。制修订《领导人员选拔任用工作规定》《领导班子与领导人员管理办法》《中层领导人员选拔聘用和管理办法》等制度。开展公益二类政策研究，指导院属单位做好改革落地工作，积极推动12个拟转企研究所分类改革落地。围绕全院战略发展布局，对区域性中心在干部配备、机构编制管理等方面继续给予大力支持，推动科研布局持续优化。

三是加大干部实践锻炼和教育培训力度。贯彻落实《关于进一步鼓励、支持优秀年轻干部人才踊跃投身乡村振兴一线挂职锻炼的意见》，按照中央援疆工作部署，切实选好援疆干部，保质保量完成任务。拓展培训渠道、丰富培训方式，认真做好院系统干部选派和参训工作；举办青年干部能力建设培训班，办好“现代农业科研院所建设与发展”培训。

四是从严从实抓好干部监督管理。坚持抓早抓小、防微杜渐，加大作风教育、纪律教育力度，继续用好提醒、函询、诫勉等手段。贯彻落实“凡提四必”，坚决防止干部“带病提拔”，认真落实干部选拔任用工作纪实等各项监督制度，加强对干部选拔任用工作全程监督和倒查追责。建立企业兼职、社团兼职常态化管理机制，组织开展档案专项审核和“回头看”工作，继续抓好个人有关事项报告抽查核实，配合中组部开展领导干部配偶、子女及其配偶经商办企业排查。

（三）劳资调配方面，落实劳资调配改革制度，保障职工切身利益

一是健全多元薪酬体系。进一步完善岗位绩效工资制，试点高层次人才、急需紧缺人才年薪制、协议工资制、项目工资制等灵活多样的薪酬分配方式，强化增加知识价值的分配导向，确保一流人才、一流业绩、一流报酬。

二是完善绩效总量核定机制。对高层次人才以及经农业农村部核批的急需紧缺人才实行绩效总量单列。扩大院属单位工资管理自主权，院属单位可在绩效总量内，自主确定绩效结构、考核办法、分配范围和分配方式。

三是推进编内外人员“同工同酬”机制。倡导院属单位与关键、核心岗位编外人员直接签订聘用合同，与编内人员执行同一套考核制度和工资福利制度，实现同考核、同收入、同待遇，不断激发创新创造活力。

四是修订《中国农业科学院院公开招聘暂行办法》，优化院公开招聘管理系统。进一步改革招聘笔试、面试程序，优化选人流程，探索更加灵活的职工选聘模式，充分发挥院属单位、科研团队在选人用人等方面的自主。

（四）切实加强自身建设，努力打造坚强战斗堡垒

一是加强组工干部队伍政治建设。坚持政治引领，强化理论武装，深入学习贯彻习近平新时代中国特色社会主义思想，扎实开展“红旗党支部”创建，教育引导全局党

员干部自觉增强“四个意识”，坚定“四个自信”，做到“两个维护”，坚决贯彻落实中央和部院党组决策部署，持续建设“讲政治、重公道、业务精、作风好”的模范组工部门。

二是重点谋划好 2020 年全院人事人才工作要点。以习近平新时代中国特色社会主义思想为指导，深入贯彻党的十九大和十九届二中、三中、四中全会精神，贯彻全国组织工作会议、全国组织部长会议、农业农村部组织人事工作会议精神，按照农业农村部 2020 年人事工作部署，认真研究制定院 2020 年人事人才工作要点，建立重点工作督办机制，做到事事有部署、件件有着落，推动重点工作作出成效。

三是做好局内服务保障工作。结合全局工作实际，编制好经费预算和采购预算，按需调整预算，为全局工作开展提供经费和设备保障。牵头做好信息化建设工作，积极与农业信息研究所技术团队对接人事信息化系统建设需求，力争人事信息化系统尽早上线使用。另外，按照有关工作要求，保质保量做好公文运转、大事记、安全生产、保密、宣传、因私出国（境）审批及领导交办的其他工作。

中国农业科学院组织机构图

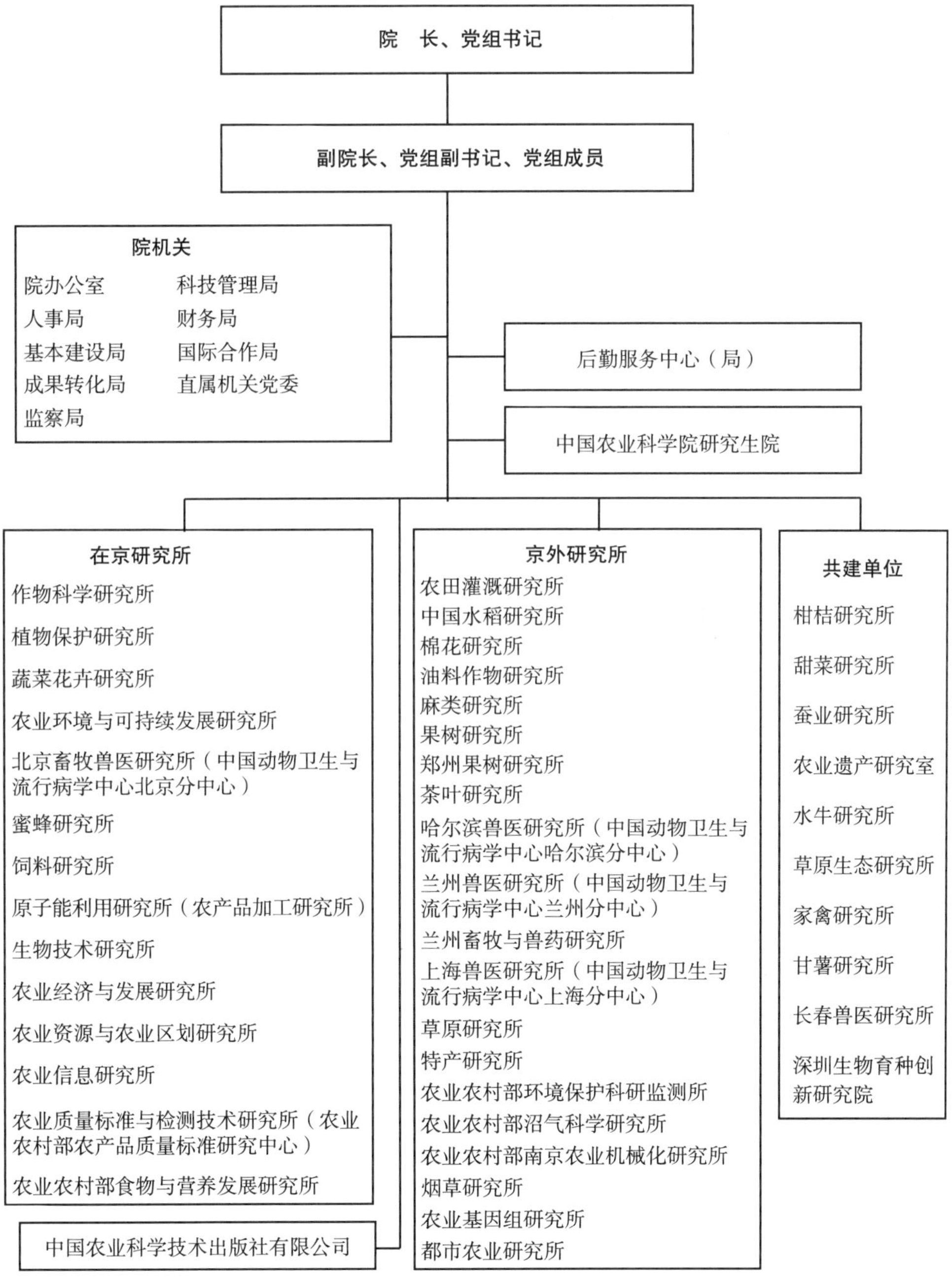

中国农业科学院及院直属单位（部门）领导人员名单

（截至 2019 年 12 月底）

院长、党组副书记：唐华俊
党组书记：张合成
党组副书记、副院长：吴孔明
副院长：冯忠武　王汉中　万建民　梅旭荣　孙　坦　刘现武
纪律检查组组长：李杰人
党组成员：张合成　唐华俊　吴孔明　冯忠武　李杰人　王汉中　梅旭荣
　　　　　孙　坦　刘现武　陈华宁

农业农村部巡视组

组　长：张逐陈（正局级）
副组长：胡　鸿（副局级）（女）

院办公室

主　任：王晓举
副主任：王济民　杨永坤　高　雷

科技管理局

局　长：任天志
副局长：周国民　熊明民

人事局

局　长：陈华宁（兼）
副局长：吴京凯　李巨光　季　勇

财务局

局　长：陈金强
副局长：韩小玲（女）　张士安

基本建设局

局　长：刘现武（兼）
副局长：夏耀西　王　欣

国际合作局

局　长：张亚辉
副局长：郝卫平　柯小华（女）

成果转化局

局　长：王述民
副局长：文　学　冯艳秋（女）　王宇鸿（女）　刘　洁（女）

直属机关党委

书　记：吴孔明（兼）
常务副书记：姜梅林
副书记、纪委书记：赵红梅（女）
副书记：韩　进

监察局

局　长：舒文华
副局长：李延青　吴限忠（女）

后勤服务中心（局）

主任、党委副书记：吕春生

党委书记：吴胜军
党委副书记、纪委书记：李滋睿
副主任：王　勇　张树清

研究生院

院　长：唐华俊（兼）
党委书记：方　军（女）
副院长：方海洋　张应禄　王春霞（女）　李哲敏（女）
党委副书记、纪委书记：罗长富

作物科学研究所

所长、党委副书记：刘春明
党委书记、副所长：范　静（女）
副所长：张春义　刘录祥　周文彬
党委副书记、纪委书记：马秀勇

植物保护研究所

所长、党委副书记：周雪平
副所长、纪委书记：郑永权
副所长：张　杰　沈银书　陆宴辉

蔬菜花卉研究所

所长、党委副书记：张友军
党委书记、副所长：周　霞（女）
副所长：张圣平
副所长、纪委书记：卢林纲

农业环境与可持续发展研究所

所长、党委副书记：张燕卿
党委书记、副所长：郝志强
副所长：董红敏（女）　朱昌雄

党委副书记、纪委书记：郝先荣（女）

北京畜牧兽医研究所
（中国动物卫生与流行病学中心北京分中心）

所长（主任）、党委副书记：秦玉昌
党委书记、副所长（副主任）：马　莹（女）
副所长（副主任）、党委副书记、纪委书记：文　杰
副所长（副主任）：韩雪松（援疆）　张军民　卓俊成　李俊雅

蜜蜂研究所

党委书记：谢双红（甘肃挂职）（女）
副所长：彭文君（主持工作）　徐　欢
党委副书记、纪委书记：严定春

饲料研究所

所长、党委副书记：戴小枫
党委书记、副所长：康　威（援疆）
党委副书记、纪委书记：项伯纯
副所长：吴子林

原子能利用研究所（农产品加工研究所）

所长、党委副书记：王凤忠
党委书记、副所长：王长江
副所长：王　强　张德权　邓红亮

生物技术研究所

所长、党委副书记：李新海
党委书记、副所长：李红康（女）
副所长、党委副书记、纪委书记：路铁刚
副所长：张洪岭　谷晓峰

农业经济与发展研究所

所长、党委副书记：袁龙江
党委书记、副所长：李思经（女）
副所长、纪委书记：孙东升
副所长：毛世平　朱铁辉

农业资源与农业区划研究所

所长、党委副书记：杨　鹏
党委书记、副所长：郭同军
副所长：王秀芳（女）

农业信息研究所

所长、党委副书记：周清波
党委书记、副所长：刘继芳
党委副书记、纪委书记：张蕙杰（女）
副所长：聂凤英（女）　赵瑞雪（女）

农业质量标准与检测技术研究所（农业农村部农产品质量标准研究中心）

所长（主任）、党委副书记：钱永忠
党委书记、副所长（副主任）：汪飞杰
副所长（副主任）：苏晓鸥　杜清海

农业农村部食物与营养发展研究所

所长、党委副书记：王加启
党委书记、副所长：柳　正
副所长：王东阳　孙君茂　王晓红

中国农业科学技术出版社有限公司

党委书记、执行董事、经理、社长：李祥洲（副所级）
总编辑：周　亮（副所级）
党委副书记、纪委书记、专职监事：李志平（副所级）（女）

农田灌溉研究所

所长、党委副书记：黄修桥
党委书记、副所长：陆建中
副所长：齐学斌
党委副书记、纪委书记：邓　祥

中国水稻研究所

所　长：胡培松
党委书记、副所长：高士军
党委副书记、纪委书记：方　向
副所长：钱　前　李国荣

棉花研究所

所长、党委副书记：李付广
党委书记、副所长：潘燕荣
党委副书记、纪委书记：宋国立
副所长：张西岭　马雄风　彭　军

油料作物研究所

所长、党委副书记：黄凤洪
党委书记、副所长：赵长军
副所长、党委副书记、纪委书记：廖　星
副所长：张　毅　张银波

麻类研究所

所长、党委副书记：陈万权
党委书记、副所长：邱化蛟
副所长：李德芳　吕江南　朱爱国

果树研究所

所长、党委副书记：曹永生
党委书记、副所长：丛佩华
副所长：程存刚
党委副书记、纪委书记：李建才

郑州果树研究所

所长、党委副书记：方金豹
党委书记、副所长：赵玉林
副所长：王力荣（女）　刘崇怀　曹　珂
党委副书记、纪委书记：高养杰

茶叶研究所

党委书记、副所长：姜仁华
副所长、纪委书记：江用文
副所长：鲁成银　阮建云

哈尔滨兽医研究所（中国动物卫生与流行病学中心哈尔滨分中心）

所长（主任）、党委副书记：步志高
党委书记、副所长（副主任）：王笑梅（女）
副所长（副主任）：赵国辉　刘胜旺　冯　力　孙百明
党委副书记、纪委书记：夏长友

兰州兽医研究所
（中国动物卫生与流行病学中心兰州分中心）

所长（主任）、党委副书记：殷　宏
党委书记、副所长（副主任）：孙　研
副所长（副主任）：罗建勋　刘湘涛

兰州畜牧与兽药研究所

所长、党委副书记：张永光
副所长、纪委书记：张继瑜
副所长：阎　萍（女）　李建喜
党委副书记：杨振刚

上海兽医研究所
（中国动物卫生与流行病学中心上海分中心）

所长（主任）：童光志
党委书记、副所长（副主任）：马志永
副所长（副主任）：丁　铲
党委副书记、纪委书记：王香平（女）

草原研究所

所长、党委副书记：金　轲
党委书记、副所长：王育青
副所长、纪委书记：李志勇
副所长：林克剑

特产研究所

所长、党委副书记：李光玉
党委书记、副所长：梁　波
党委副书记、纪委书记：田　欣
副所长：孔繁涛

农业农村部环境保护科研监测所

所　长：刘荣乐
党委书记、副所长：张国良
副所长：周其文　张克强
党委副书记、纪委书记：胡　梅（女）

农业农村部沼气科学研究所

所长、党委副书记：王登山
党委书记、副所长：李韶民（援藏）
副所长、纪委书记：胡国全
副所长：邓　宇　王　超

农业农村部南京农业机械化研究所

所长、党委副书记：陈巧敏
党委书记、副所长：胡志超
副所长：曹光乔
党委副书记、纪委书记：肖体琼（女）

烟草研究所

所长、党委副书记：王元英
党委书记、副所长：崔泽民
副所长：王树声　张忠锋
党委副书记、纪委书记：吴　洁

农业基因组研究所

所长、党委副书记：黄三文
党委书记、副所长：骆建忠
副所长：梁富昌　钱万强
副所长、纪委书记：饶敏杰

都市农业研究所

所　长：梅旭荣（兼）
副所长：杨其长　孙长伟　胡永松　段成立

院资产经营公司

董事长：陈　昶（副所级）

中国农业科学院2010—2019年院属单位人员情况统计表

（单位：人）

年份	从业人员	事业单位职工																								直属企业职工
		编制内																					编制外			
		合计	专业技术人员						管理人员								工勤技能人员						合计	直接聘用	劳务派遣	
			小计	在管理岗位上工作人员	职称				小计	相当副部	正司局级	副司局级	副所级	正处级	副处级	科级及以下	小计	技工一级	技工二级	技工三级及以下						
					正高级	副高级	中级	初级及以下																		
2010年	9 809	7 268	5 266	1 382	755	1 336	2 111	1 064	1 596	3	8	78	128	418	373	588	1 788	14	186	1 588			2 541			
2011年	9 722	7 278	5 347	1 438	788	1 385	2 199	975	1 661	4	7	79	135	425	394	617	1 708	13	195	1 500			2 424	2 018	406	20
2012年	9 765	7 272	5 480	1 494	842	1 429	2 291	918	1 680	5	8	79	122	442	409	615	1 606	16	196	1 394			2 460	1 866	594	33
2013年	10 061	7 274	5 644	1 469	914	1 488	2 351	891	1 639	5	8	81	122	440	415	568	1 460	14	191	1 255			2 754	1 918	836	33
2014年	9 777	7 057	5 573	1 454	978	1 552	2 267	776	1 613	6	9	89	112	413	402	582	1 325	14	210	1 101			2 684	1 799	885	36
2015年	10 349	7 101	5 743	1 447	1 041	1 634	2 311	757	1 598	5	12	86	102	388	413	592	1 207	16	206	985			3 208	1 716	1 492	40
2016年	10 601	7 066	5 838	1 443	1 074	1 714	2 393	657	1 587	6	9	84	103	379	437	569	1 084	14	176	894			3 496	1 446	20 50	39
2017年	10 670	7 026	5 911	1 443	1 142	1 811	2 395	563	1 575	5	11	86	118	390	446	519	983	14	198	771			3 606	1 598	2 008	38
2018年	10 921	6 920	5 921	1 453	1 083	1 767	2 612	459	1 577	4	10	88	114	381	451	529	875	15	187	673			3 935	1 845	2 090	66
2019年	11 323	6 933	6 032	1 485	1 296	1 965	2 359	412	1 609	5	15	84	128	409	452	516	777	12	171	594			4 319	1 882	2 437	71

注：1. 专业技术人员包含全部有技术职称的人员，与管理人员数据有交叉。

2. 管理人员指职能部门全体人员及研究室副处级以上人员。

3. 直属企业是指出版社。自2018年起，具有原事业编制身份的出版社职工不再统计在编制内人员中。

中国农业科学院 2019 年院属各单位专业技术人员情况统计表

（单位：人）

序号	单位	科技人员总数	职称情况				学历情况			学位情况		年龄情况						专家情况				
			正高级	副高级	中级	初级及以下	研究生	大学	大专及以下	博士	硕士	35 岁及以下	36~40 岁	41~45 岁	46~50 岁	51~54 岁	55 岁及以上	两院院士	国家级专家	部级专家	政府特贴	百千万人才
汇总	全院总计	6 032	1 296	1 965	2 359	412	4 684	1 091	257	2 965	1 719	1 797	1 392	815	715	561	752	12	78	81	113	68
	京内合计	2 738	721	921	957	139	2 268	401	69	1 638	630	753	619	371	344	266	385	7	53	52	77	46
	京外合计	3 294	575	1 044	1 402	273	2 416	690	188	1 327	1 089	1 044	773	444	371	295	367	5	25	29	36	22
	机关小计	184	42	54	77	11	136	46	2	53	83	55	39	14	24	15	37	6	1	3	8	4
1	院办公室	34	18	5	8	3	28	6		14	14	11	3	1	5	2	12	6	1	3	8	4
2	科技局	24	4	8	12		21	2	1	16	5	7	8	2	4	1	2					
3	人事局	22	1	7	13	1	15	7		4	11	7	7	1	3	1	3					
4	财务局	28	3	10	13	2	17	11		2	15	12	3	3	2	4	4					
5	基建局	12	1	4	6	1	9	3		2	7	5	4		2		1					
6	国合局	20	4	4	11	1	16	4		9	7	3	6	4	1	3	3					
7	转化局	19	7	6	5	1	12	6	1	5	7	3	1	3	4		8					
8	机关党委	11	2	3	5	1	9	2		1	8	3	4		2	1	1					
9	监察局	14	2	7	4	1	9	5			9	4	3		1	3	3					

（续表）

序号	单位	科技人员总数	职称情况				学历情况			学位情况		年龄情况						专家情况				
			正高级	副高级	中级	初级及以下	研究生	大学	大专及以下	博士	硕士	35岁及以下	36~40岁	41~45岁	46~50岁	51~54岁	55岁及以上	两院院士	国家级专家	部级专家	政府特贴	百千万人才
10	后勤中心	72	3	11	46	12	21	33	18	6	15	12	9	2	22	19	8					
11	研究生院	68	15	23	27	3	46	20	2	18	28	17	13	11	9	6	12			1	1	
12	作科所	335	102	127	91	15	291	34	10	235	56	72	74	40	39	42	68		8	12	19	8
13	植保所	225	72	94	53	6	195	27	3	182	13	44	57	37	34	18	35		12	5	7	4
14	蔬菜所	188	49	74	58	7	147	34	7	111	36	49	37	28	32	19	23		3	5	9	4
15	环发所	179	58	53	63	5	154	24	1	120	34	46	58	23	12	14	26		5	2	5	3
16	牧医所	190	51	60	72	7	177	10	3	140	37	57	48	26	18	19	22		7	4	8	7
17	蜜蜂所	105	26	29	44	6	72	32	1	52	20	34	31	14	8	6	12		1		1	
18	饲料所	111	33	43	30	5	96	10	5	71	25	14	19	21	29	14	14	1	3	3	6	3
19	加工所	160	23	38	81	18	133	25	2	87	46	85	31	12	12	6	14		2	2	2	1
20	生物所	139	51	42	41	5	120	13	6	101	19	25	30	26	21	15	22		3	4	6	6
21	农经所	115	38	37	35	5	104	10	1	87	17	36	31	10	12	8	18					
22	资划所	270	83	105	69	13	235	33	2	187	48	51	54	57	38	30	40		8	7	2	5
23	信息所	280	45	82	133	20	242	34	4	121	121	121	59	32	23	23	22			1	1	
24	质标所	81	20	35	26		66	13	2	42	24	21	20	15	9	7	9			2	1	
25	营养所	36	10	14	11	1	33	3		25	8	14	9	3	2	5	3			1	1	1
26	灌溉所	139	22	37	70	10	106	23	10	50	56	54	24	15	12	7	27					
27	水稻所	250	51	89	92	18	186	49	15	135	51	64	52	35	27	26	46	2	3	4	3	4
28	棉花所	310	50	71	135	54	187	101	22	83	104	146	46	16	34	39	29	1	3	4	6	5

（续表）

序号	单位	科技人员总数	职称情况				学历情况			学位情况		年龄情况						专家情况				
			正高级	副高级	中级	初级及以下	研究生	大学	大专及以下	博士	硕士	35岁及以下	36~40岁	41~45岁	46~50岁	51~54岁	55岁及以上	两院院士	国家级专家	部级专家	政府特贴	百千万人才
29	油料所	220	37	67	112	4	181	30	9	112	69	72	58	25	18	13	34	1	5	2	2	2
30	麻类所	114	21	41	39	13	79	31	4	49	30	43	27	15	8	6	15			3	1	
31	果树所	124	19	31	54	20	102	15	7	30	72	52	26	18	13	5	10				1	
32	郑果所	178	26	57	83	12	124	45	9	49	75	56	39	27	18	19	19			1	1	1
33	茶叶所	145	28	58	56	3	84	53	8	64	20	40	30	25	18	20	12			1		
34	哈兽研	312	58	114	131	9	237	62	13	179	58	39	102	69	52	34	16	1	5	2	5	3
35	兰兽研	167	48	67	50	2	137	24	6	103	34	20	22	45	31	21	28		3	1	3	1
36	兰牧药	147	25	55	59	8	105	30	12	50	55	29	38	21	21	11	27			1	6	3
37	上兽研	96	34	38	23	1	77	15	4	58	19	11	30	18	19	13	5		2	2	1	1
38	草原所	121	22	44	46	9	88	30	3	63	25	40	33	13	6	5	24					
39	特产所	273	22	60	138	53	195	52	26	68	127	88	85	18	36	29	17			1	1	
40	环保所	126	21	51	53	1	98	25	3	72	26	39	43	17	9	9	9		1	2	2	
41	沼科所	100	14	30	41	15	66	28	6	23	43	38	28	11	8	7	8			2		
42	农机化所	248	30	65	119	34	182	49	17	32	150	136	32	25	18	19	18				2	
43	烟草所	171	31	62	72	6	141	16	14	74	67	56	37	28	19	10	21				1	
44	基因组所	29	15	4	10		21	8		17	4	4	17	2	3	1	2		3	2	1	1
45	都市所	24	1	3	19	1	20	4		16	4	17	4	1	1	1				1		1

注：1. 本表数据以人员统计口径为准，即具有专业技术职务的全部人员。

2. 本表数据不含出版社。

中国农业科学院 2001—2019 年全院离退休人员变化情况统计表

（单位：人）

年份	离退休人员人数							中共党员	高级专业技术职务	
	小计	离休干部	退休干部	工人	退养	退职	街道代管		正高级	副高级
2001	5 567	436	3 062	1 878	84	53	63			
2002	5 653	416	3 123	1 907	85	62	60	2 021	823	1 230
2003	5 728	400	3 201	1 933	73	61	60	2 080	871	1 276
2004	5 866	389	3 299	1 980	72	73	53	2 079	873	1 285
2005	5 901	375	3 314	2 034	73	64	41	2 228	870	1 279
2006	5 363	331	3 054	1 810	71	56	41	2 028	771	1 164
2007	5 453	318	3 104	1 872	66	55	38	1 937	770	1 169
2008	5 486	300	3 141	1 879	65	64	37	1 875	821	1 221
2009	5 563	282	3 209	1 915	66	57	34	1 919	830	1 200
2010	5 647	268	3 281	1 955	56	56	31	2 084	829	1 225
2011	5 729	250	3 359	1 969	54	62	35	2 121	839	1 249

（续表）

年份	离退休人员人数							中共党员	高级专业技术职务	
	小计	离休干部	退休干部	工人	退养	退职	街道代管		正高级	副高级
2012	5 813	232	3 437	1 989	60	61	34	2 159	834	1 263
2013	5 970	222	3 532	2 067	53	61	35	2 183	839	1 281
2014	6 036	198	3 608	2 080	51	58	41	2 242	830	1 296
2015	6 131	177	3 690	2 117	48	55	44	2 247	859	1 306
2016	6 189	162	3 723	2 186	42	35	41	2 202	882	1 336
2017	6 298	143	3 816	2 230	37	36	36	2 235	886	1 318
2018	6 365	120	3 872	2 266	37	32	38	2 256	916	1 298
2019	6 413	98	3 904	2 310	32	32	37	2 345	926	1 270

中国农业科学院 2019 年院属各单位离退休人员情况统计表

（单位：人）

序号	单位	离退休人员数							高级职称人数		支部情况	
		合计	离休	退干	工人	退养	退职	街道代管	正高级	副高级	党员数	支部数
汇总	全院总计	6 413	98	3 904	2 310	32	32	37	926	1 270	2 345	67
	京内合计	2 396	57	1 848	446	30	3	12	525	636	1 079	38
	京外合计	4 017	41	2 056	1 864	2	29	25	401	634	1 266	29
1	院机关	458	16	297	123	16	2	4	55	77	266	10
2	作科所	385	11	295	75	2		2	94	117	155	6
3	资源所	213	8	190	11	4			51	84	80	4
4	信息所	228	4	179	44	1			51	72	100	2
5	蔬菜所	182	5	131	45			1	45	45	78	2
6	环发所	88	1	85	2				21	32	40	2
7	农经所	71		68	3				29	23	38	1
8	质标所	29		27	2				11	8	16	1
9	饲料所	24		23	1				8	4	10	1

（续表）

序号	单位	离退休人员数							高级职称人数		支部情况	
		合计	离休	退干	工人	退养	退职	街道代管	正高级	副高级	党员数	支部数
10	生物所	31		25	6				9	2	12	1
11	研究生院	53	4	41	7	1			16	7	33	1
12	植保所	165	3	133	24	2		3	40	44	53	2
13	畜牧所	173	3	133	32	4		1	38	46	67	2
14	加工所	137	2	105	29		1		24	42	67	1
15	蜜蜂所	96	0	75	20			1	20	27	40	2
16	出版社	20		19	1				11	2	10	
17	德祁两站	23		19	4				2	4	9	
18	廊坊基地	20		3	17						5	
	京内合计	2 396	57	1 848	446	30	3	12	525	636	1 079	38
1	哈兽研	343	5	175	163				30	47	93	0
2	特产所	390	5	185	175			25	17	43	116	1
3	兴果所	215	3	111	101				16	28	70	1
4	环保所	98	2	77	18		1		16	31	45	1
5	郑果所	174	6	103	64		1		20	38	46	2
6	灌溉所	120	3	78	39				17	34	44	1
7	棉花所	395	3	141	250		1		22	25	91	2
8	草原所	148		110	38				27	41	67	2

（续表）

序号	单位	离退休人员数							高级职称人数		支部情况	
		合计	离休	退干	工人	退养	退职	街道代管	正高级	副高级	党员数	支部数
9	烟草所	152		70	82				17	19	67	2
10	上兽研	75		55	20				16	15	29	1
11	农机化所	268	5	187	74	2			28	78	114	3
12	水稻所	712	1	159	534		18		34	34	135	5
13	茶叶所	118	1	76	34		7		24	22	46	1
14	油料所	223	3	119	101				25	41	77	2
15	麻类所	136		60	76				13	16	50	2
16	沼科所	109		97	12				15	34	59	1
17	兰兽研	158		109	48		1		33	37	43	1
18	兰牧药	183	4	144	35				31	51	74	1
	京外合计	4 017	41	2 056	1 864	2	29	25	401	634	1 266	29

中国农业科学院专家
2019 年获得各类奖项、荣誉称号

序号	单位	姓名	人才称号
1	作科所	钱　前	中国科学院院士
2	牧医所	姚　斌	中国工程院院士
3	水稻所	胡培松	中国工程院院士
4	油料所	李培武	中国工程院院士
5	作科所	李英慧	国家人才计划
6	作科所	王文生	国家人才计划
7	植保所	李方方	国家人才计划
8	植保所	陆宴辉	国家人才计划
9	植保所	李云河	国家人才计划
10	植保所	董丰收	国家人才计划
11	植保所	周焕斌	国家人才计划
12	环发所	张西美	国家人才计划
13	牧医所	赵桂苹	国家人才计划
14	牧医所	周正奎	国家人才计划
15	饲料所	周志刚	国家人才计划
16	生物所	林　浩	国家人才计划
17	资划所	易可可	国家人才计划
18	资划所	张文菊	国家人才计划
19	资划所	吴文斌	国家人才计划
20	水稻所	曾大力	国家人才计划
21	油料所	邓乾春	国家人才计划

（续表）

序号	单位	姓名	人才称号
22	哈兽研	高玉龙	国家人才计划
23	环保所	王瑞刚	国家人才计划
24	基因组所	萧玉涛	国家人才计划
25	饲料所	周志刚	杰出青年科学基金获得者
26	蔬菜所	杨学勇	优秀青年科学基金获得者
27	基因组所	左二伟	优秀青年科学基金获得者
28	资划所	李召良	创新研究群体科学基金获得者
29	蔬菜所	张圣平	人社部“百千万人才工程”国家级人选
30	环发所	魏灵玲	人社部“百千万人才工程”国家级人选
31	饲料所	李秀波	人社部“百千万人才工程”国家级人选
32	生物所	徐玉泉	人社部“百千万人才工程”国家级人选
33	资划所	刘宏斌	人社部“百千万人才工程”国家级人选
34	作科所	李学勇	科技部“推进计划”中青年领军
35	植保所	刘新刚	科技部“推进计划”中青年领军
36	蔬菜所	崔　霞	科技部“推进计划”中青年领军
37	油料所	张　奇	科技部“推进计划”中青年领军
38	哈兽研	安同庆	科技部“推进计划”中青年领军
39	植保所	陆宴辉	何梁何利基金科学与技术创新奖

中国农业科学院 2018 年度 晋升专业技术职务任职资格人员名单

作物科学研究所

研 究 员：赵林姝 张锦鹏 王 洁 杨 平 郭 勇
副研究员：陈红霖 张红伟 陈 隽 耿帅锋 尹广鹍 武婷婷 熊宏春
胡小娇 王雯玥 周升辉 张 俊
高级实验师：徐 琴
助理研究员：刘丽华 谷勇哲 徐彩龙 阚金红 段凤莹 崔 迪 高韵哲
农 艺 师：吕 南

植物保护研究所

研 究 员：黄文坤 韩兰芝 张 蕾 张 兰
副研究员：曹 冲 毛连纲 吴小虎 范 佳 吕佳乐 张艳艳 杨 斌
李祥瑞 赵鹏跃
高级农艺师：白树雄
助理研究员：佟 南
经 济 师：简翰雨

蔬菜花卉研究所

研 究 员：卞春松 石延霞 李 蕾 黄泽军 李 彦 徐东辉
副研究员：闫 妍 欧承刚 郭兆将 舒金帅
高级农艺师：冯锡刚
高级实验师：宋江萍
助理研究员：王 勇 刘志远 简银巧 徐雷锋 张金喆

农业环境与可持续发展研究所

研 究 员：万运帆 杜章留 张西美 马 欣

副 研 究 员：孙　琛　李　琨　杜克明　赵　翔　方　慧　郝先荣　李洪波
高级实验师：陕　红
助理研究员：高丽丽　干珠扎布　郭　亮　高静文

北京畜牧兽医研究所

研　究　员：王学敏　高　雪　李　明　徐凌洋　周正奎　王　珍
副 研 究 员：郭晓宇　李松励　廖秀冬　孙研研
高级畜牧师：赵连生
助理研究员：门洪凯　朱　波　汤超华　唐　静　赵善江　田秀芝

蜜蜂研究所

研　究　员：周金慧　周　军　刘永军　郝　悦　代平礼
副 研 究 员：王　凯　杨术鹏　韩　宾　王慧华
高级农艺师：罗　兵
助理研究员：齐烟舟　袁　媛

饲料研究所

研　究　员：滕　达　常文环　吴子林
副 研 究 员：涂　涛　彭　晴　何夙旭　岳洪源

农产品加工研究所

研　究　员：胡宏海　唐选明　王振宇
副 研 究 员：李　欣　张丹丹　张书文　朱　捷　孔志强　郭　芹
助理研究员：张辛欣　赵　玉　潘　腾　陆　畅　张娜娜　杨楠实　潘　娜
工　程　师：丁海东

生物技术研究所

研　究　员：宛煜嵩　张宇宏　张岐蜀　王　欢
副 研 究 员：柯秀彬　刘　扬　孟颖颖　王友华　徐欣欣
助理研究员：郑红艳　马梦迪

农业经济与发展研究所

研　究　员：张玉梅　贾　伟　杨　春
副 研 究 员：郭君平　陈珏颖　王晓君　牛坤玉　孙慧峰　闫　琰
助理研究员：张永勋

农业资源与农业区划研究所

研　究　员：王秀斌　孙　楠　王洪媛　雷秋良　王利民　庚　强　李　虎
副 研 究 员：吴会军　邹金秋　白金顺　李世贵　陈宝瑞　马鸣超　刘　爽
徐新朋
高级实验师：马晓彤

农业信息研究所

研　究　员：谢能付　柴秀娟　赵思健　孙志国
编　　　审：孙鲁娟
副 研 究 员：曹姗姗　毕洁颖　邸佳颖　王晶静　梁丹辉　卢　垚　胡亚南
田儒雅
副　编　审：王　宁
助理研究员：钱　然　张　夏　王晓丽　陈　丽　王　末　侯煜庐　仲跻亮
邵大富　聂　谦　朱孟帅　曹景军　原　婷　朱玉霞
工　程　师：田　乐
会　计　师：高　超

农业质量标准与检测技术研究所

研　究　员：王培龙　刘全吉
副 研 究 员：王珊珊　王瑞国　徐贞贞　翁　瑞　杨梦瑞
助理研究员：曹　振

农业农村部食物与营养研究所

研　究　员：王立平
副 研 究 员：卢士军　马云倩

助理研究员：黄泽颖

研究生院

研　究　员：赵百锁
副 研 究 员：赵铁洁　王仕龙
助理研究员：郭　毅　王　垚　张新红
经　济　师：涂超群

中国农业科学技术出版社

副 研 究 员：刘　建
助理研究员：侯丹丹
编　　　辑：刘　曦　金　迪

院机关

研　究　员：韩小玲　赵红梅　熊明民
副 研 究 员：邬震坤　翟　琳　邱国梁　廖卉荣
助理研究员：王梦春　杨　帅　贾兴永　刘洪卫　李　胜　高国永　陆　娜
会　计　师：袁　洋

农田灌溉研究所

研　究　员：冯俊杰　邓　祥　李中阳　高　阳
副 研 究 员：宁东峰　刘　源　赵　犇　贾艳辉　朱东海
助理研究员：李开阳　韩其晟　张　凯　王广帅　赵宇龙　秦京涛　李会贞
孙秀路　张伟强　连延浩

中国水稻研究所

研　究　员：占小登　张小惠　寇艳君　魏祥进
编　　　审：阮刘青
副 研 究 员：刘淑华　李凤博　杨窑龙　张晓波　邵雅芳　符冠富　章蓉蓉
陈　光
助理研究员：刘群恩　朱春权　李三峰　沈　兰　邱结华　陈中督

工　程　师：曾小娟

棉花研究所

研　究　员：马雄风　彭　军　雒珺瑜　庞朝友　陈　伟
副 研 究 员：郑苍松　雷亚平　葛晓阳　任相亮　王寒涛　朱海勇　张利娟
高级实验师：黎绍惠
助理研究员：史丽颖　王国鑫　王香茹　霍　鹏　陈修贵　郭丽雪　贺昆仑
胡沙沙　李小飞　王　丽　徐双娇　闫文利　沈　倩　张亚林
孙瑞斌　贵会平

油料作物研究所

研　究　员：郭瑞星　晏立英　丁小霞　金河成　郑明明　邓乾春　魏　芳
副 研 究 员：万楚筠　袁松丽　刘　芳　成洪涛　高桂珍　曾新华　李　慧
罗怀勇
高级农艺师：杨　庆
助理研究员：刘　念　顾炽明　李　超　吕　艳　杨泽宇

麻类研究所

研　究　员：栾明宝
副 研 究 员：陈坤梅　马　兰　龚文兵　郑　霞　刘亮亮
助理研究员：周映君　常　丽　邓灿辉　林　谦　余　旺　潘　根　杨媛茹

果树研究所

研　究　员：李　壮　王海波
副 研 究 员：范旭东　欧春青　袁继存　孟照刚
助理研究员：霍宏亮　徐家玉　张艳杰　闫　帅　周江涛　王小龙　刘红弟
王　阳　沈友明　李银萍　刘　刚
会　计　师：张建臻

郑州果树研究所

研　究　员：焦中高　周厚成　周增强

副 研 究 员：李　娜　潘　磊　罗　静　司　鹏　刘　慧　路绪强
高级实验师：张慧蓉
助理研究员：师亚菲　张培基　骆　翔　周　丹　贺玉花　程大伟　薛莹莹
和　静
会　计　师：李艳培

茶叶研究所

研　究　员：韦　康　付建玉
副 研 究 员：董春旺　朱　荫　阮　丽　郝心愿　李兆群
高级农艺师：郭　丽

哈尔滨兽医研究所

研　究　员：施建忠　陈建飞　李慧昕　姜　丽　孙百明　孙　元
副 研 究 员：张敏敏　张　宇　邵昱昊　李　刚　郭东春　戚　亭　王萍萍
张艳禾　潘　青
高级工程师：王　栋
高级实验师：刘慧敏　胡守萍
助理研究员：史丽欣

兰州兽医研究所

研　究　员：蒋　韬　潘　丽　白喜彩　张克山
副 研 究 员：祁林林　靳　野　陈胜利　杨吉飞　宫晓炜　周建华　杨　帆
王　帅
高级工程师：杨进才
助理研究员：闫　丹　王金磊　杨　洋　马旭升　李　坤

兰州畜牧与兽药研究所

研　究　员：李锦宇　孙晓萍　丁学智
副 研 究 员：尚小飞　刘　宇　郝宝成　刘希望　孙　研
高级实验师：周学辉
助理研究员：武小虎　张　康　赵　博
实　验　师：郝　媛

上海兽医研究所

研　究　员：郑　浩　单同领
副 研 究 员：杨健美　田明星　王霄旸
高级实验师：陈永军

草原研究所

研　究　员：阿拉木斯　林克剑*　张晓庆
副 研 究 员：石红霄　李西良　武自念　尹　强　戴雅婷　孔令琪
注：*为资格确认人员。

特产研究所

研　究　员：许世泉　郭　利　梁　波　许保增
副 研 究 员：王大涛　许培磊　孙　海　李志鹏　张　浩　彭英华　司方方
　　　　　　李珊珊
助理研究员：王丽英　刘可园　王　月　张然然　张　婷　关　磊
实　验　师：高　兵　常　彤　吴建勇

农业农村部环境保护科研监测所

研　究　员：赵玉杰　张贵龙　王瑞刚
副 研 究 员：赵丽霞　张艳伟　耿　岳　姚金玲
高级工程师：李佳佳　赖　欣
助理研究员：朱晓昱　沈仕洲　杜兆林　徐　艳

农业农村部沼气科学研究所

研　究　员：王文国　王登山
副 研 究 员：罗　涛　祝其丽
高级工程师：冉　毅
高级实验师：李　强
助理研究员：涂　波　杨　禄

农业农村部南京农业机械化研究所

研　究　员：凌小燕　金永奎　吴惠昌　杨晓文
副 研 究 员：曲浩丽　秦维彩　吴　萍　王　冰　宋志禹　钱震杰　张延化
　　　　　　谢居力　杨风波
助理研究员：翟　正　王叶萌　关卓怀　扈　凯　许斌星　施丽莉　陈　晨
　　　　　　朱　冰　高　雅　冯耀宁　江　涛　李　莹　孔凡婷　缪友谊
　　　　　　李　坤　付菁菁　李巧稚　张　鹏　夏倩倩

烟草研究所

研　究　员：张成省　杨金广
副 研 究 员：张　玉　王大伟　郭先锋　李依婷　吴新儒　张　鹏
高级农艺师：孙　鹏
助理研究员：徐宗昌

深圳农业基因组研究所

研　究　员：钱万强　汪　泉　萧玉涛
副 研 究 员：白立景
助理研究员：姚庆磊　杨　琼

中国农业科学院
关于进一步推进人才队伍建设的若干意见

农科院党组发〔2019〕72号

院机关各部门、院属各单位：

学习贯彻习近平新时代中国特色社会主义思想，特别是总书记关于人才工作、“三农”工作、科技创新的重要论述，贯彻落实全国组织工作会议精神，贯彻落实农业农村部组织人事工作会议部署安排，在总结中国农业科学院第一、第二次人才工作会议成效基础上，针对当前干部人才年龄结构老化、高层次人才数量不足和国际化程度偏低、人才引育准确性有效性不高、转化和支撑队伍发展滞后、人才成长环境优化不到位等问题，根据我院人才工作战略部署，结合当前实际，现提出如下意见。

一、工作思路

贯彻落实“三个面向”重要指示精神，尊重农业科研活动、干部人才成长、成果转移转化规律，大力实施人才强院战略，深化人才发展体制机制改革，健全人才制度体系，加快推进干部人才年轻化进程，积极拓展领军人才规模，统筹推进科研、管理、支撑、转化四支队伍建设，改进优化人才成长环境，充分调动各类人才的创新创造创业活力，为我院加快建设“两个一流”提供坚强的组织保障和人才支撑。

二、工作重点

（一）推进干部人才队伍年轻化

建立健全优秀年轻干部选拔任用机制，通过明确年轻干部选配举措、完善干部聘期制度、实施年轻干部挂职锻炼、优化内设机构设置及管理、优化团队首席年龄结构、建立优秀青年脱颖而出优先通道等各项措施，保证各层次各类型优秀年轻干部人才都占一定比例，在各个岗位上发挥中坚骨干作用。

（二）加强高层次领军人才引育

根据学科优先发展和重大科研任务攻关需要，面向海外内精准、定向引进一定数量的急需紧缺型高层次领军人才，达到夯实优势学科、提升亟须发展学科、攻克“卡脖子”关键核心技术等目的。从我院自有人才中遴选一批业绩突出、作用显著、行业内或国际上有较高影响力的创新人才，纳入我院农科英才领军人才队伍进行特殊支持。优化整合资源，坚持“走出去”与“引进来”，加快培养国际化领军型人才。

（三）补齐四支队伍建设短板

遴选一批在支撑、转化工作中业绩突出、具有较大培养潜力的人才队伍，并给予特殊支持，引导四支队伍协同发展，提升我院科技创新支撑能力和科技成果转化能力。加大科研产出和成果转化奖励力度，不断提升我院重大成果产出能力和科技成果推向市场能力。建立首席科学家研修机制和领导干部定期培训机制，提升把方向、谋大局、抓重点、保落实能力。

（四）优化干部人才成长环境

推进科研机构改革，淡化科研部门行政化色彩。深化科研导向改革，完善绩效评价制度体系和运行机制，树立以业绩、贡献为重点的评价导向。深化科研放管服，扩大科研自主权，准确把握中央改革精神，营造宽松的创新环境和活跃的创新氛围。强化宣传教育，大力弘扬新时代科学家精神，培养报国为民的“三农情怀”，传承发扬“农科精神”。进一步创新人才发展体制机制，逐步构建较为完备的干部人才制度体系。

三、具体举措

（一）大力推进领导班子和干部队伍年轻化

（1）明确优秀年轻干部配备目标。着眼领导班子和干部队伍建设、事业发展需要，统筹提出未来 3 到 5 年全院年轻干部选拔配备目标。机关部门、院属单位领导班子中，50 岁以下的党政正职要达到总数的 30%；逐步实现每个领导班子中，45 岁以下副职、40 岁以下副职各配有一名。对于未达到配备目标的领导班子，动议干部时优先考虑补充年轻干部。各单位 40 岁左右的处长、35 岁左右的副处长要分别达到处级干部总数的 15%；40 岁左右的正高级职称人员、35 岁左右的副高级职称人员要分别达到相应层级人员总数的 15%。

（2）分级分类储备优秀年轻干部。院党组定期部署开展优秀年轻干部调研，建立健全筹 50 岁以下提拔正所级干部、45 岁以下提拔副所级干部、40 岁以下提拔正处级干部以及 45 岁以下提拔团队首席”四个层次的优秀年轻干部储备库，总量保持在 500 人左右。院党组重点掌握正、副所级年轻干部人选，院属单位重点掌握正处级、团队首席年轻干部人选。对纳入储备库的年轻干部，建立院、所两级联动培养锻炼机制，逐人明确培养方向，提出培养措施，切实做到因人施教、“精准滴灌”。定期对纳入储备库的年轻干部进行分析研判，对不符合条件的及时调整出去，并通过日常工作发现、定期调研推荐等方式，及时发现补充新的人选，始终保持一池活水。

（3）大力推进优秀年轻干部选拔配备。领导班子换届或届中调整，未达到年轻干部配备要求的，须优先补充年轻干部；本单位一时难以产生适当人选的，通过交流解决；班子职数已满的，可以采取，可以采取可以采取拔团队首席”四个层次的优秀年轻干部储备库，总量保持在500人左右。院党组重点掌握正、副所级年轻干部人选，院属单位重点掌握正处级、团队首席年轻干部人选。1/2的岗位面向提拔40岁左右处长或35岁左右副处长，并应事先将方案报人事局审批；暂时无合适人选的，可由人事局统筹考虑、交流配备。

（4）打通优秀年轻干部职务上升通道。根据中央关于科研事业单位领导干部选拔任用有关要求，立足我院实际，进一步细化完善各层级领导干部任职资格条件，努力实现“三个打通”。打通专业技术人员提任领导干部通道，具有正高级职称的符合提拔所级干部基本资格条件；具有正高级职称，或副高级职称满两年的符合提拔正处级干部基本资格条件。打通团队首席提任所级领导干部通道，从专业技术人员中提拔所级领导干部的，应优先考虑具有团队首席、支部书记等一定管理岗位工作经历的干部。打通处级干部提任所级领导干部任职年限通道，担任正处级满两年的符合提拔副所级干部基本资格条件。

（5）健全完善任期制、聘期制。坚持执行任聘有期，为选拔使用优秀年轻干部创造条件和空间。强化领导班子和领导干部任期制，建立以任期为调节点的领导班子、领导干部新老交替机制。强化任期、连任限制和最高任职年限等规定执行，严格执行所级领导干部任期一般为5年、在同一岗位连续任职一般不超过两届或10年等有关规定，任职期满后距法定退休年龄不足3年的，原则上不再担任领导职务。建立健全所级干部离任颁发荣誉证书制度，肯定在所领导岗位为院、所发展作出的贡献。健全完善所级干部退出领导班子后续职业发展制度，在科研经费安排、学术交流培训等方面给予必要支持。院属单位原则上实行职能部门处级干部、研究部门负责人聘期制，聘期一般为5年，在同一岗位连续任职一般不超过两个聘期或10年。

（6）健全完善所长助理制度。坚持把所长助理岗位作为培养使用优秀年轻干部的快速通道，与院党组、院属单位发现培养选拔优秀年轻干部工作充分衔接。根据事业发展、班子结构需要，统筹考虑配备所长助理，每个研究所原则上可以配备1名所长助理，任职一般不超过5年；对于在编人员超过200名的研究所且有实际需要的，可考虑配备2名所长助理。从优化领导班子结构需要出发，近3年内原则上须配备40岁以下所长助理。采取原任职务继续担任、在所长助理岗位参与班子分工并“跟班学习”做法，积累领导经验和管理能力，条件成熟的适时增补进入领导班子。

（7）加大领导干部统筹交流力度。健全完善干部交流制度，明确交流年限要求。

对于所级干部，在同一职位任职满 5 年的，有计划地交流；任职满两届或 10 年的，如果工作需要继续任职的应当交流或在班子内调整职务。对于处级干部，探索实行一职位任职满 5 年的，有计划地交流；任职满两届或 10 年的，如果工作需要继续任职的应当交流或在班子内调整职务退出处级岗位；探索推进管理人员职员制，加快推进管理队伍职业化、专业化。坚持院机关部门、院属单位干部“一盘棋”，更广范围、更深层次、更大力度推动年轻干部交流。积极推进分管党务、纪检、行政的所级干部和专业相近的院属单位之间所级干部交流；建立院机关干部常态化交流机制，根据工作需要随时安排部门内、部门间干部交流，打破干部部门化、干部使用内循环，为优秀年轻干部成长创造有利条件。

（8）加大年轻干部挂职锻炼力度。实施百名年轻干部挂职锻炼计划，到 2020 年，全院选派一批有发展潜力的 45 岁左右优秀年轻干部参加各类挂职锻炼。积极选派业务管理型干部、青年科研骨干参加援疆援藏援青以及乡村振兴、脱贫攻坚挂职。选调综合管理型干部参与国家成都农业科技中心、西部农业研究中心、国家南繁研究院等新机构筹建以及巡视、选人用人检查等急难险重任务。坚持和完善院机关年轻干部到研究所实践锻炼、挂职锻炼制度。对挂职期间表现优秀且符合任职资格条件的，统筹把握，合理使用，树立干得好用得好的导向，在职数上予以支持，在职称上予以倾斜，在评奖上予以优先，在待遇上予以保障。对援藏援疆援青干部，援派期间不占本单位领导干部职数，每有 1 个集中考核结果为优秀等次的，晋升职级的任职年限缩短半年；可在受援地参加职称评审，无须派出单位确认直接有效，援派期为 3 年的，期满后可提前一年申报高一级别职称。

（9）加大年轻干部教育培训力度。始终把坚定理想信念、学习贯彻习近平新时代中国特色社会主义思想作为培养年轻干部的重中之重，积极争取中组部、中央党校、农业农村部等调训名额，优先选派有较大培养潜力的正、副所级优秀年轻干部人选。积极拓宽培训渠道，围绕“三个面向”“两个一流”要求，定期举办所级、处级干部任职培训班以及青年干部能力建设专题培训班，着力提高理论素养、工作本领和履职能力；定期举办青年科研骨干培训班、专题研修班等班次，提升青年科研骨干对科技政策、科研管理、业务知识、科学精神的了解和掌握；定期举办针对转化人才、支撑人才的专题培训班和支撑人才技能竞赛，培养有较强专业本领的内行人才；争取国家留学基金委、外专局等渠道资源，举办多双边培训合作项目，加大院配套支持力度，帮助年轻干部拓宽国际视野，提升参与国际合作与竞争的能力水平。

（二）强化科研领军型人才队伍建设

（1）精准定向引进领军人才。统筹安排 1 亿元经费，设立领军人才引进专项，开通领军人才引进通道，根据全院重点建设的前沿、新兴、交叉等学科发展和重点部署的重大科研任务需要，设置专门岗位，明确应聘条件，面向海内外全职引进一批具有国际

影响力的领军型人才，按照际合作与竞争的能力水平。研骨干对科技政策、科研管理、业务知识

（2）选拔培育自有领军人才。加大农科英才投入力度，拓展领军人才规模，组织开展领军人才遴选，重点选拔没有规模，作与竞争的能力水平。研骨干对科技政策、科具有一定国际影响力、为院所发展作出重要贡献的高层次自有人才。近期统筹安排经费3 000万元，遴选30人左右，按照农科英才领军人才兑现科研经费、岗位补助等待遇。

（3）加快培养国际化领军人才。在院统筹经费中设置专项资金，每年择优选派30名左右具有较大发展潜力的团队首席、执行首席、青年英才到对口世界一流研究机构访学3~6个月。加强各类人员国际化培训，除积极争取国家现有资源支持外，每年择优选派40名左右重点研究领域的科研、管理、支撑、转化人才参加国际培训。支持我院科研人员在世界重要科研机构兼职、在世界一流学术期刊执行编委会中担任职务，在职务晋升和研究所评价中予以倾斜考虑。

（4）建立资深首席—首席—执行首席接续机制。优化首席科学家年龄结构，创新团队首席科学家年满58周岁的，将不再担任首席职务，院里为其颁发资深首席证书；首席年满55岁的，须配备执行首席并加强培养，为接任首席做好准备。院属单位积极稳妥开展首席调整工作，力争5年内，45岁以下首席数量不低于本单位首席总量的1/3，40岁以下首席和执行首席数量不低于本单位首席和执行首席总量的1/5。

（5）开辟职称晋升优先通道。对优秀青年人才晋升高级职称，专门核定推荐职数，在常规渠道评审前先行选拔、统一答辩、差额评审，做到作，力争5年内，45岁以下首席数量不低于本单位首席总量的1/3，40岁以下首席和执高级职称评审。优化职称评审条件，在以德为先的前提下，对获得国家和我院科技奖励、产出重大成果，在科技推广或成果转化、脱贫攻坚和乡村振兴一线作出突出成绩的，相关完成人可直接参评高级职称。突出用人单位主体作用，在院职称常规渠道评审中试行等额评审。创新职称评价机制，在评审中推行科研进展评价和代表性成果评价。

（6）建立高层次专家研修制度。聚焦“高层次专家”重要指示精神，在科技创新中一以贯之地贯彻落实，立足发挥我院在现代农业发展中的引领带动作用，建立院所联动的高层次专家研修制度。院层面以团队首席科学家、农科英才为重点，每3年完成一轮研修培训；研究所以科研骨干和科研助理为重点，每3年组织一次集体研修。重点学习研讨国情社情、新时代国家农业发展战略、农业科技前沿、产业重大需求等内容，不断提高团队首席把方向、谋大局、抓重点、促落实能力，促进创新团队明确目标方向、凝练重点任务，推动创新工程出大成果、出大成效。

（三）实施支撑、转化人才专项

（1）实施支撑英才特殊支持措施。健全农科英才支持体系，院所两级持续选拔一批技术精湛、服务高效的支撑英才，给予特殊支持。计划未来5年，遴选院级支撑英才

100 名左右，所级支撑英才 200 名左右，编制内外支撑人员均可参评，支持政策一视同仁。院级支撑英才给予每年一定额度的岗位补助，并在职称评审、工作经费等方面给予倾斜。所级支撑英才的特殊支持政策参照院里有关政策执行。

（2）实施转化英才特殊支持措施。健全农科英才支持体系，结合农科英才支持体系，院所两级持续选拔一批熟悉产业和市场需求，在成果示范推广和转移转化、脱贫攻坚、乡村振兴、产权管理、企业运营等方面能力突出、社会效益显著的转化英才，给予特殊支持。计划未来 5 年，遴选院级转化英才 50 名左右，所级转化英才 100 名左右。院级转化英才每年给予一定额度的岗位补助，在职称晋升、人才举荐、工作经费、业务能力提升等方面给予倾斜。所级转化英才的特殊支持政策参照院里有关政策执行。

（四）加强人才激励保障工作

（1）实施激励保障策薪酬保障计划保障探索建立青年人才薪酬保障机制，拟于 5 年投入 6 000 万元左右，通过增设保障项目、提高津贴补贴标准、实行年度工资托底等方式，每年稳定保障 1 000 名左右的青年人才，予以特殊支持，使其薪酬水平与所在地经济、物价水平保持合理关系，有效缓解生活压力，为潜心科研创造有利条件。同时，鼓励院属各单位因地制宜，通过绩效奖励倾斜、支持参加成果转化工作等方式，提高青年人才薪酬待遇，不断激发创新创造内生动力。

（2）试点建立青年人才薪酬保障机积极配合院创新工程深入推进，在列入院创新工程重大科研项目的团队首席科学家以及 45 岁以下团队首席科学家范围试行年薪制。坚持保障与激励并重导向，设置基础年薪和绩效年薪，确保首席科学家在取得较高基础年薪的前提下，通过绩效年薪延迟支付、动态浮动、超额奖励等方式，强化中、长期聘期考核结果的应用，使首席科学家的收入水平与个人荣誉、业绩贡献、团队发展更加紧密地关联起来，不断激发创新创造活力。试行年薪制首席科学家所需绩效总量单列，相应增加所在单位当年的绩效工资总量。

（3）进一步发挥高级专家学术作用。坚持以发挥重要作用、论贡献不搞待遇为前提，让有能力、有情怀、讲奉献的高级专家继续发挥把握学科发展方向、解决重大科技问题、培养优秀人才等方面作用，明确主持国家和我院重大科研任务、处于重大科技成果培育或转化等关键阶段、服从组织安排在脱贫攻坚、乡村振兴一线挂职以及享受有关政治待遇等人员，可视情况延迟退休时间，延退年龄原则上不超过 65 周岁，延退期间不担任行政领导职务、团队首席和课题组长。

（五）夯实青年人才储备库功能

（1）大力推进博士后工作改革创新。实施优秀博士后进站资助政策，每年安排 400 万元经费，择优遴选 50~70 名新进站优秀博士后给予专项资助。对于业绩能力突出的优秀博士后，设立特别资助和重点资助，分别给予一定额度的生活补贴。对于进站到我院西部、偏远地区研究所的优秀博士后，给予一定额度的生活补贴。实施岗位补助和优秀奖励政策，合作导师每招收一名入选国家博士后人才计划或获得我院专门资助的博士后，给予适度的岗位补助；每培养一名优秀博士后，给予一次性奖励 5 000 元。加大优秀博士后奖励力度，奖励金额由 5 000 元提高到 10 000 元。强化博士后福利待遇落实到位，院里开展督导检查，增强博士后的归属感和认同感。

（2）推进研究生教育跨越发展。按照促进科教融合、拓展办学空间、提升培养质量的工作思路，探索推行“学院制”改革，按学科或区域组建二级学院，形成校区属地化管理、业务一体化管理的“研究生院—学院—研究所”三位一体的办学模式。在兽医学院的基础上，探索建设植保学院、食品学院、深圳研究生院等学院，在机构设置、干部职数及条件建设等方面给予牵头研究所政策倾斜。优化招生指标分配体系，指标分配重点向承担国家和院重大科研任务、院重点发展学科、考核优秀和重点支持的创新团队、农科英才倾斜。积极探索高质量研究生培养评价新机制，试点硕士生取消发表学术论文要求。

（六）健全成果与转化奖励制度

（1）加大重大科技成果奖励力度。院对国家科技奖最高奖的奖励由 400 万元增加到 800 万元，特等奖由 75 万元增加到 150 万元，一等奖由 15 万元增加到 30 万元，二等奖由 7.5 万元增加到 15 万元。发表 CNS 主刊及高影响力子刊论文奖励由 5 万元/篇增加到 10 万元/篇，其他入选院高水平论文的，新设奖励 3 万元/篇。获国家专利金奖的，新设奖励 5 万元/项。对重大农作物品种、畜禽新品种、一类新兽药等其他重大科技成果产出，每项给予一定额度的奖励。

（2）实施科技成果转化奖励制度。建立创新团队科技成果转化奖励机制，按照 9 个学科集群，根据年度成果转化收入情况，按年度评选出 30 个最佳成果转化团队和 10 个最佳知识产权转化奖，对其进行奖励表彰，同等条件下创新创造创业“三创”协调发展的团队优先考虑；对连续两年获得表彰的团队排名前三位的完成人，可等额评审高一级职称，不占所在单位下达职数。建立研究所科技成果转化奖扣机制，每年设定研究所成果转化增长目标，年底考核超过预期增幅的研究所，最高奖励领导班子绩效奖金 100 万元；年底考核未达到要求的，按差额比例核减领导班子成员当年绩效。

（七）优化助推人才成长的创新环境

（1）优化内设机构设置管理。在打通专业技术人员提任领导干部通道基础上，淡化科研部门行政化色彩，探索取消研究室等研究机构处级建制，减少管理层级，实现扁平化管理。向院属单位放权，赋予院属单位自主设置、变更和取消研究室等研究机构的权限。推动实施以创新团队为基本业务单元的科研管理组织模式改革，支持各研究所成立所层面创新团队，吸纳未进入院级科技创新团队的人员，充分调动、发挥各类人员作用。积极稳妥推进改革，实行造内生动力。交流；建立院机关干部常态化交流机制，根据工作需要随时安排部门内、部门成熟的适时增补进入领导班子。方面给予必要数主要用于年轻干部挂职锻炼、支部书记和团队支撑管理人员选配等。

（2）充分发挥绩效评价指挥棒作用。修订研究所评价体系，在人才队伍建设、成果转化工作、竞争性项目变化三个方面建立奖扣附加，分别根据研究所三项工作的成绩进行排序，每项工作排序前 10 名的，在原研究所总得分基础上再增加 10%，排位后 10 名的研究所减少 10%。在人才队伍建设方面，40 岁左右的处长和 35 岁左右的副处长达到处级干部总数 15%的加分，低于标准的减分。45 岁以下首席数量占本单位首席数量高于 1/3 的加分，低于标准的减分。增加支撑英才和转化英才的加分，流失的减分。获得年度优秀创新团队和优秀科学家奖项的加分。指标将会进一步细化，根据得分加总结果进行排序，并给予分数奖惩。在成果转化方面，根据各所当年人均成果转化收入增长率和总成果转化收入增长率权重各占 50%进行计算后所得的增长率排序，按照上述奖惩规则计分。在竞争性项目方面，根据各所人均经费增长率和总经费增长率各占 50%的权重计算的增长率，进行排序，然后按照上述奖惩规则计分。这些举措在 2019 年年底研究所评价中实施，适用期暂定 2~3 年，未来将根据情况变化再行修订。

（3）进一步试点科研人员减负松绑措施。优化基本科研业务费管理，院级统筹任务采取定向委托制和应急立项制，简化项目申报和过程管理，赋予科研人员更大技术路线决策权。建立院重大科研计划制度，加强科技发展战略研究与规划指导，统筹科技资源倾斜支持，建立跟踪服务机制，支持牵头研究所和首席科学家开展科技攻关。简化科研项目经费管理，向团队首席下放创新工程经费预算调剂权，基本科研业务费项目负责人可在相关规定范围内自行确定开支项目。简化采购流程，缩短科研仪器设备耗材采购周期，履行研究所领导班子集体决策程序后，对科研急需的设备和耗材，可不再走招投标程序。

（4）评选年度优秀创新团队和优秀科学家。赋予科研人员更大技术路线决大力弘扬新时代科学家精神，面向全院科技创新团队和科研人员，综合考虑科学道德、科技创新、成果转化、人才培养、国际合作、平台建设等业绩贡献，每年评选表彰 10 个优秀创新团队和 10 名优秀科学家，颁发荣誉证书，并入选同期院先进集体和先进个人。

（5）建立健全干部人才制度体系。打造农科英才品牌，进一步健全农科英才特殊支持体系。按照院党组关于干部人才工作部署，结合当前确定的各项重点任务，坚持制度先行，强化制度保障，重点围绕干部人才年轻化、加强领军人才队伍建设、统筹科研、管理、支撑、转化四支队伍发展、优化人才成长环境等重点内容，建立健全干部人才各项制度措施，不断创新人才发展体制机制，为院属单位扎实落实院党组部署要求，提供制度遵循和指导依据。

（6）营造风清气正的科技创新环境。各类人才要旗帜鲜明讲政治，始终同党中央保持高度一致，严格遵守党纪法规和各项制度要求。要德才兼备，以德为先，恪守科研道德、学术规范、师德师范。要发挥表率作用，把“四宽四严”原则落地落实。要坚持公私分明，做到公款公用、公权公用。要杜绝学术活动行政化，倡导团队内部促进思想碰撞、激发创新灵感、营造学术争鸣的良好氛围。

四、组织实施

（一）统一思想，提高认识

全院上下要进一步统一思想，凝聚共识，牢固树立“人才第一资源”工作理念，充分认识新形势下加强人才队伍建设的重要性，把推进干部人才年轻化、加强高层次领军人才引育、补齐人才队伍建设短板、优化人才成长环境等工作摆到最突出、最紧迫、最关键的位置，增强做好人才工作的政治责任感和历史使命感。

（二）明确责任，落实任务

院人才工作领导小组负责部署指导，强化政策措施落实。院机关各部门各司其职，人事局统筹协调，牵头制定任务分工方案；科技、财务、成果转化等部门密切配合，协同联动，按照分工方案，确保任务完成。院属单位要主动作为，扛起主体责任，制定落实配套政策，强化对人才的条件保障、经费保障及工作生活保障等。

（三）加强监督，强化考核

院人才工作领导小组适时组织开展全院范围内的人才工作专项督导工作，分等次评价，予以全院通报，总结推广好经验好做法。继续坚持人才工作目标责任制考核，将考核结果作为研究所评价、领导班子评优、干部评价等的重要依据。

中共中国农业科学院党组

2019 年 10 月 25 日

中国农业科学院关于印发《中国农业科学院异地任职领导人员有关待遇管理暂行办法》的通知

农科院人〔2019〕48 号

院机关各部门、院属各单位：

《中国农业科学院异地任职领导人员有关待遇管理暂行办法》已经 2019 年 2 月 18 日院党组会议审议通过，现予印发，请结合实际认真贯彻执行。

中国农业科学院

2019 年 3 月 1 日

中国农业科学院异地任职领导人员有关待遇管理暂行办法

第一章　总　则

第一条　为进一步完善异地任职领导人员工作生活保障机制，解决异地任职领导人员后顾之忧，根据中央和国家有关政策规定，结合我院实际，制定本办法。

第二条　本办法所称异地任职领导人员，是指因工作需要，经农业农村部党组、中国农业科学院党组研究决定异地交流任职，按照组织程序已办理调动手续，且原任职单位与新任职单位不在同一城市、全职在新任职单位工作、配偶子女未随调的所级领导人员（以下简称交流人员）。

交流任职单位，是指领导人员离开原任职地后新任职的单位（以下简称交流单位）。

第三条　对交流人员有关待遇管理遵循“以人为本、合理保障、关心爱护、规范管理”的原则，既要妥善解决交流人员的生活待遇问题，体现关心关怀，又要符合相关政策要求及财务制度，实现规范化管理。

第四条　交流人员要带头遵守中央八项规定精神和廉洁自律有关要求，认真履职尽责，集中精力抓管理，严格执行请假报告制度，坚决杜绝“走读”现象和违规违纪事件发生。

第二章　工资社保管理

第五条　交流人员原则上应当于接到任职通知 1 个月内迁转行政关系、工资关系和党的组织关系。对于仍在原任职单位承担科研任务的交流人员，可选择在原单位根据业绩贡献领取科研产出奖励，但不得同时在现单位、原单位领取。交流人员作为成果完成人或对科技成果转化作出重要贡献，可按照国家、部、院以及原单位有关规定享受科技成果转化奖励。

第六条　建立异地任职生活补助，补助标准参照援派挂职干部按月生活补助标准，由院里统筹考虑交流人员原任职单位、新任职单位总收入水平差异等研究确定。

第七条　异地任职领导人员生活补助经费从院人才发展专项资金列支。

第三章　住房管理

第八条　交流人员未在交流任职地购买住房，交流单位可按照国家及农业农村部相关政策，为其提供周转住房或租住房屋，按以下规定执行。

（一）交流单位如有空余的合适公有住房，可进行基本装修后供交流人员使用，住房的标准应当以满足基本工作和生活需要为原则，其中正所级不超过 120 平方米，副所级不超过 105 平方米，房间可以配备冰箱、空调、灶具等基本生活设施和家具等。交流单位如无空余合适的公有住房，可在当地租住社会房源。

（二）交流人员租住的房屋，无论是单位公有住房还是社会房源，交流单位均应根据当地公有住房租金标准向交流人员收取租金。其中，供暖费和物业费由交流单位支付；其他水、电、燃气、有线电视、通信、网络等费用由交流人员个人支付。

（三）交流人员调离交流单位后，应尽快腾退租住房屋，原则上最长不超过 3 个月。如因个人原因不能及时腾退的，交流人员应按市场价格缴纳房租。

第九条　交流人员在原任职地的房改房或政策性住房如果涉及供暖、物业费用，现任职地无相关补贴政策的，可由交流单位按其房改房或政策性住房所在地规定的职级标准为其报销供暖及物业费用。

第十条　交流人员在原任职地没有承租或购买政策性住房，以及按照规定退出原承租或购买的政策性住房的，在交流任职地购买公有住房前，可以按照交流单位所在地无房职工的有关规定，向交流单位申请领取购房补贴。

第十一条　提职交流的领导人员，按照新任职地规定由交流单位发放住房级差或差额补贴。

第四章　交通费用

第十二条　本办法所称交通费用是指交流人员或配偶及子女往返交流单位和户籍所在地或家庭所在地的交通费用。

第十三条　交流单位可根据实际情况，每年为交流干部本人或配偶及子女报销不超过 12 人次的交通费用。乘坐交通工具的等级标准参照我院同类人员执行，相关费用从交流单位人员经费列支。

第十四条　根据我院差旅费管理规定，交流人员经批准出差期间回家探亲，其城市间交通费按照不高于从出差地返回单位按规定乘坐相应交通工具的票价予以报销，超出部分由个人自理。由于休假活动发生的其他费用一律自理。

第五章　管理与服务

第十五条　出现以下情况之一，不再享受相应待遇：

（一）交流人员户口迁入任职地或结束交流免职后，不再符合第二条所规定情形的，停止上述交通和住房待遇。

（二）在交流任职地已经购买住房并具备入住条件的，停止上述住房待遇。

（三）其他不宜继续享受交通和住房待遇的情况。

第十六条　交流单位负责交流人员交通和住房保障等政策的具体落实，妥善安排，做好服务，为交流人员安心工作创造良好条件。

第十七条　具备条件的院属单位，在符合相关规定的情况下，可协助安排解决交流人员的用餐问题。

第十八条　交流单位要严格按照中央有关精神和院相关政策支出经费，严格履行程序。

第六章　附　则

第十九条　本办法由人事局负责解释。

第二十条　院属各单位异地任职人员有关待遇管理可参照本办法执行。

第二十一条　本办法自印发之日起施行。原《中国农业科学院交流任职干部工资管理办法》（农科院人〔2011〕40号）、《中共中国农业科学院党组纪检组关于异地任职干部周转住房有关问题的答复》（农科院党组纪检组〔2017〕4号）同时废止。

中国农业科学院

2019年3月1日

创新人才发展体制机制　统筹推进四支队伍建设 为实现“两个一流”目标提供全方位人才支撑

——唐华俊院长在中国农业科学院第三次人才工作会议上的讲话

2019年10月9日

同志们：

在举国上下热烈庆祝中华人民共和国成立70周年之际，今天，我们在天府之国成都召开中国农业科学院第三次人才工作会，主要任务是深入贯彻落实总书记“三个面向”重要指示精神，全面总结第一次人才工作会以来的经验成效，进一步分析当前我院在人才体制机制、人才队伍结构、人才工作政策、创新环境氛围等方面的差距和不足，按照“推年轻、强领军、补短板、优环境”的工作目标，进一步创新人才发展体制机制，着力推进干部人才年轻化，统筹推进科研、管理、支撑、转化四支队伍建设，不断优化人才成长环境，有效激发全院各类人才的创新创造创业活力，为加快建设“两个一流”、大力实施乡村振兴战略提供坚实的人才保障。下面，我讲四点意见。

一、充分肯定成绩，体制机制不断创新，人才工作取得阶段性成效

2017年5月，在韩长赋部长的亲自倡导和指导下，我院启动实施青年人才工程，确定了“优化结构、高端引领、完善机制、强化支持、营造环境”的人才发展思路。为确保工程顺利实施，两年多来，我院全面推进人才发展体制机制改革，实施人才强院战略，先后召开两次人才工作会，不断解放思想、凝聚共识，围绕人才引进、培养、评价、激励和考核等12个方面提出了30条改革举措，出台了农科英才特殊支持、人才跨所流动、柔性引进等一系列制度办法，人才工作成绩显著，有效支撑了我院各项事业快速健康发展。

（一）人才优先发展理念已经形成

两年多来，全院深入学习贯彻习近平新时代中国特色社会主义思想，牢固树立

“人才是第一资源”的思想，以全新的理念谋划人才工作，紧紧围绕我院发展大局，聚焦重点领域、重点任务、重点项目，把握关键，深入推进人才队伍建设，创新人才发展体制机制，以工作督办、研究所评价、班子考核等措施，将抓人才工作会议落实落地建立为常态化、长效化机制，让尊重人才、依靠人才、关爱人才成为中国农业科学院的主旋律和最强音。院属各单位坚决落实院人才工作各项部署；坚持“以人为本、以研立院”，结合实际针对性制定人才政策，配套出台措施办法近200项，初步构建了促进人才发展的制度体系；强化人才工作保障，在科研经费、实验条件、研究生招收等方面向优秀人才倾斜。通过一系列措施，人才优先发展的理念已深入人心，全院范围内大兴识才、敬才、用才、育才之风，努力营造出了积极的人才政策环境、工作环境、生活环境、文化氛围，充分激发出各类人才的工作热情。

（二）农科英才政策成效显著

两年多来，通过大力实施农科英才特殊支持政策，建立起高端引领、重点支持的人才发展机制，大力吸引、凝聚和培育高层次科研人才，取得了很好成效。

一是稳定了高层次人才队伍。在高等院校“双一流建设”、同行单位高薪“挖人”的背景下，我院人才流失的风险不断增大，一些有帽子、有称号、有潜力的高层次人才成为追逐对象，我院及时实施的特殊支持政策成为最大限度避免人才流失的坚实屏障。截至目前，全院农科英才总数327人，其中两院院士13人、领军人才203人、青年英才111人。不仅达到稳才效果，而且促进了人才成长，两年来新增农科英才92人。

二是引才数量和质量显著提升。从数量上看，近两年从美国康奈尔大学、德国马普学会等全职引进了60多名优秀人才，引才数量年均增长了20%左右。从质量上看，人才引进层次明显提高，引进人才中，近40%来自世界排名前100名的高校，有“外专千人”、杰青、优青、“万人计划”入选者，这些人才大部分都已成为团队首席或骨干。

三是优秀人才培育效果初显。坚持引进人才与自有人才、“有帽子”与“没帽子”的人才同等对待，遴选出一批“没帽子”的农科英才领军级人才和优秀青年英才。高层次人才举荐成绩显著，共培养出“万人计划”等国家级人才120名。注重人才阶梯式培养模式，引导人才勇攀高峰，再上台阶，两年多来，有30多名农科英才晋升到更高层级，成为国家奖、国家重点研发计划、杰青、优青等主力军。

四是农科英才科研产出成绩显著。两年多来，院所两级统筹安排资金，为农科英才提供科研工作经费3.6亿元。科研经费的稳定保障，促进了科研成果快速产出。从2018年度科技成果产出情况来看，支持期满一年的223名农科英才占全院科研人员总量的3.8%，但获国家奖数量占全院总数的75%，发表论文数量占20%，发表SCI论文数量占24%，获得专利占20%，获得农作物新品种占21%，较好地发挥出创新引领和带动示范作用。

（三）科技创新“表率”作用充分体现

作为农业科研国家队，我们大力实施人才强院战略的目的，是为在科技前沿占有一席之地，是为致力于产业重大需求，是为农业农村现代化服务。我院取得的各项成绩充分体现了国家队的使命担当，广大科研人才真正扛起了国家队大旗、作出了表率。

一是在勇攀科研高峰上作表率。2017 年和 2018 年，我院共发表 SCI 收录论文 5 374 篇，有 45 人以第一作者在 CNS 等顶级期刊发表论文，充分证明我院基础研究取得的快速进展，有力彰显了国家队的地位。

二是在服务国家重大需求上作表率。注重培养攻克原创性前沿技术、共性关键技术、产业瓶颈技术的科技人才。持续开展科技攻关，在家禽疫苗免疫、非洲猪瘟防控、草地贪夜蛾防控、油菜高效机械化移栽等方面取得了一批突破性成果，有效解决了一些制约农业技术发展的瓶颈问题。

三是在面向现代农业建设主战场上作表率。培养致力于示范推广、成果转化，促进农业增效、农民增收的科技人才。仅 2018 年我院派出 650 多个专家团队、3 300 多名科研人员开展脱贫攻坚。选派了 44 人进行援疆援藏、科技扶贫挂职，发挥了很好的科技支撑作用。

（四）人才体制机制改革持续推进

聚焦改革关键环节，坚持从制约人才发展最关键、最核心的问题改起。

一是积极推进科研机构改革。目前全院 24 个非营利性科研机构、农业事业单位改革已经落地，全部进入公益二类；还有 12 个拟转企研究所改革进展良好，科技部已将方案报送国务院。同时，通过院地合作等方式，积极推进国家成都农业科技中心、西部农业研究中心、三亚国家南繁研究院、北方水稻中心、深圳食品科学中心、雄安科技创新中心等几大中心建设，初步构建了符合“三个面向”要求和国际竞争需要的农业科技创新布局。

二是坚持分类评价，促进优秀人才脱颖而出。在人才推荐、职称评审中，根据人才不同岗位和层次特点进行分类评价；突出品德评价，建立学术道德和廉政情况一票否决制。坚决破除“四唯”，探索建立科研工作进展与代表性成果相结合的人才评价体系，将个人研究方向与团队研究定位的契合度作为评价的核心重点，将代表性成果评价作为人才评价的重要方式，并在青年英才院级入选者遴选、职称评审及岗位分级聘用等工作中探索实施。

三是破除“论资排辈”，优化人才队伍结构。在职称评审中，下放全院法人单位副高级职称评审权和科研、支撑、转化、管理四类人才职称评聘权；实施农科英才职称评审专门通道和优秀青年绿色通道，35 岁以下副高和 40 岁以下正高人数显著增长，人才结构不断优化。在导师遴选中，对于优秀的青年英才不受学历资历等条件限制，直接评为博导。要求55岁以上团队首席必须配备青年助理首席，新增青年助理首席近百余人。强化博士后"人才战略储备库"功能，博士后在站数量达到525人。大力推进干部队伍年轻化，组成9个调研组在全院范围开展优秀年轻干部专题调研，形成了全院500人规模的"四个优秀年轻干部名单"，很好地体现了推进干部年轻化的导向作用。

四是遵循成长规律，优化农科英才考评方式。注重过程评价和结果评价、短期评价和长期评价相结合，制定了基础性、培育性、应急性任务目标指标体系，建立3年中期和5年期满考核相结合的考评方式，鼓励持续研究和长期积累，克服评价考核过于频繁的倾向。避免人才贴上"永久牌"标签，建立能上能下、能进能出的考核管理机制，已有16名青年英才支持期满后，因没有到达到相关要求、没有晋升更高层级人才，而按一般性科研人员管理。

近年来我院人才工作取得的成绩，与党中央政策方针的正确指引密不可分，与农业农村部党组的坚强领导密不可分，与中组部、人社部、科技部、财政部等部门和研究所驻在地地方政府的大力支持密不可分，与全院广大干部职工的共同努力密不可分。在此，我代表中国农业科学院，向长期关心支持我院发展的各级领导、各界朋友、尤其是新闻媒体的同志们，以及付出辛勤汗水的全院广大干部职工，表示衷心的感谢和崇高的敬意！

二、认清形势，对照新任务新要求，检视人才工作存在的问题与挑战

形势清，则方向明。习近平总书记强调："综合国力竞争归根到底是人才竞争。"当今世界正处在大发展、大变革、大调整时期，新一轮科技革命和产业变革正在孕育兴起，人才全球流动、全球配置、全球定价愈演愈烈，世界各国对人才的争夺更为激烈，崇尚知识、尊重人才、招才纳贤、求贤若渴的氛围已经形成。党的十九大提出了加快建设创新型国家和实施乡村振兴的重大战略部署，中共中央对农业农村发展和创新型国家建设提出了明确目标，制定了新"三步走"战略。在2018年召开的全国组织工作会议上，对执行新时代党的组织路线、建设高素质干部队伍、集聚爱国奉献优秀人才、做好年轻干部工作作出重要部署。作为农业科研国家队，必须根据国家创新发展全局、世界农业科技前沿和现代农业建设需求，落实总书记"三个面向"重要指示精神，要求我们必须抢抓人才发展先机，牢牢掌握农业科技竞争主动权，提升我国农业科技国际竞争力；要求我们必须加快青年人才培养，努力为建设创新型国家储备核心力量；要求我们必须加快统筹各支人才队伍建设，不断激发创新创造创业活力，在农业农村现代化建设各个方面作出贡献。

面对新形势、新任务、新要求，尽管我院人才工作取得了突出成效、为"三农"事业发展提供了有力支撑，但与党中央赋予的使命相比，与"两个一流"建设的目标

相比，与我院科技创新和成果转化等各项工作快速发展的要求相比，在理顺体制、放活机制、完善措施上仍有很大差距，仍然存在领军人才数量不足，人才引育精准性有效性不够，干部人才年龄结构老化，转化、支撑队伍发展滞后，人才成长环境优化不到位等问题，这些问题亟待解决。

一是引进高层次领军人才的针对性还不够，一些领域人才竞争力还不强。引进人才的目的主要是推动我院相关学科发展、提升相关领域研究实力、完成国家重大科技任务等。近年来，我院共引进各级科研人才 185 人，大体按学科（研究领域）来看，作物科学 17 人，园艺科学 28 人，畜牧科学 18 人，兽医科学 15 人，植保科学 23 人，农业资源与环境 33 人，农产品质量与加工 7 人，农业信息 3 人，生物学、基因组学领域 41 人，各领域间还存在不平衡。截至目前，我院仍有 9 个研究所未引进人才，其中就包括了作为直接体现国家智库作用的农业经济研究领域和作为重要的综合性交叉学科的农业工程领域，没有引进人才就说明做得还不够，还需要深入思考。同时，我们的人才引进与单位自身实际需求匹配度也还不够精准，有些研究所为了引进而引进，而不是为了需要而引进，导致在作用发挥上不充分。

二是支撑、转化两支队伍发展相对滞后，对我院科技创新和成果转化的保障力度不足。支撑人才队伍是推动科技创新发展的重要力量，我院从事支撑工作的人员有 3 300 余人。支撑工作技术性强、重复性大，长期积累是提高技术能力水平的关键，但也存在着整体学历偏低、人员素质不高等客观现实。院属单位普遍对支撑队伍建设的重视程度不够，从事支撑工作的人员在职称评审、待遇保障等方面劣势明显，这也导致了支撑队伍流动性大、稳定性差，全院从事支撑工作 10 年以上的仅占 1/3 左右，特别是对于一些学历较高的新进编外人员，相当一部分在 2~3 年都离开了所在岗位。科技成果转化是确保我院持续稳定发展，有效解决“有钱打仗、没钱养兵”困境的重要举措，是有效解决我院财政保障不足的最有效路径。目前，我院主要从事成果转化工作的人员还不足 1 000 人，编制内还不足 600 人，队伍整体规模小，且各单位人员数量不均衡，个体转化能力也有较大差距，成果转化工作仍处于起步阶段。近年来，院里出台了多个文件，但一些院属单位在思想认识上和制度安排上仍然存在着重科研、轻转化的倾向，转化人员的成长通道也相对较窄，工作积极性不高，致使我院科技成果转化工作不力、不顺、不畅。客观来说，相对于较为完善的科研人才特殊支持政策，支撑、转化人才的培养措施和相关政策等一直没有出台，也对这两支队伍建设造成了较大影响。

三是相关政策措施仍需完善，人才成长环境优化不足。在已出台的人才政策举措上，引才的重点是 40 岁以下青年人才，还没有针对具有国际影响力的高层次领军人才制定专门的引进政策，配套措施也是缺位，与同等地位兄弟院校相比，引才力度偏弱，并且还出现了高层次人才流失现象。另外，在引进人才和自有人才特殊支持方面，有的措施还未完全做到“一视同仁”，相关支持措施偏重于引进人才。在优化科研环境上，还存在科研条件配备不完善、薪酬保障力度不够、给予人才自主权不够等问题。在科研条件配备方面，一些院属单位直到引进的人才到岗相当长时间了，还没准备好实验室、科研仪器等必需条件，还没有配备相关科研人员，招收的研究生数量也很少，未能营造出良好的用人工作环境。在薪酬保障方面，我院农科英才在特殊支持下，薪酬水平已基本与中国科学院、同地区主要科研机构持平，但相当一部分青年科研人员，特别是刚参加工作的年轻人，收入仍处于较低收入水平，存在较大生活压力，与国家队的地位不符；在充分发挥人才自主性方面，一些团队给予青年人才压担子不够，话语权不高，在承担重点项目、重大科研任务上有所欠缺，对青年人才的快速成长造成了影响；另外，一些院属单位对人才的党性教育、精神引领不足，部分科研人员“功利观”“待遇观”较重，缺少更高的事业发展和崇高精神追求，在科学家精神、“三农情怀”等方面欠缺。

四是年轻干部人才选拔任用力度偏弱，队伍梯次结构不合理，优秀年轻干部人才储备不足。从我院干部人才队伍现状来看，还存在非常严重的“老化”现象。目前我院所级干部平均年龄52.6岁，5年内将有超过1/3的所级干部退休。处级干部平均年龄48.4岁，其中40岁以下正处、35岁以下副处仅占全体处级干部总数的4.9%。创新团队首席与骨干年龄偏大，拟调整后的创新团队中，首席平均年龄51.3岁，45岁以下首席仅占全体首席总数的18.4%，未来5年有四成首席面临退休；团队骨干平均年龄43.5岁，45岁以上骨干仍占全体骨干总数的四成左右，比例相对较大。从年轻干部人才在院属单位间分布来看，还存在“扎堆”现象。重视年轻干部人才工作的单位，各层级年轻干部人才人数多、储备足；重视程度不够、缺少顶层设计和有力举措的单位，各层级年轻干部人数都偏少，有的单位出现“70后”副所和“75后”正处双“真空”，有的单位出现“80后”正处和“80后”副处双“真空”；领导干部在年龄层次上分布也不均衡，“60后”干部扎堆、“70后”干部断档现象比较突出，全院76%的所级干部和55%的处级干部为“60后”。从年轻干部人才综合能力来看，还存在“单一”现象。我院年轻干部不缺少知识学历、不缺少聪明才智，缺的是政治生活锻炼、困难挑战考验、艰苦环境磨炼，总结下来体现为“三个单一”问题：即经历相对单一，理论素养、党性修养、作风涵养和处理复杂问题能力需进一步增强；途径相对单一，从专技人员中直接提任领导人员的比较少；专业相对单一，农业相关专业干部多，复合型人才、综合性大学毕业的人才明显偏少。从院属单位年轻干部选拔任用思路上来看，还存在“保守”现象。总结下来体现为“三个不够”问题：系统谋划不够，缺乏战略思维和长远规划，时紧时松，想到了抓一抓，想不到了就放一边；思想解放不够，论资排辈、平衡照顾、求全责备等现象仍然存在，大胆使用年轻干部有顾虑；配套措施不够，综合使用评价、考核、监督、巡视、审计等结果不足，能下能出渠道不畅。

同志们，以上这些问题，既有我们体制机制不顺、不活的主观原因，也有因我院财政经费不足、不能给予人才相关待遇保障的客观现实，也是我院建设“两个一流”过程中必然遇到的困难，大家一定要合理区分问题、理性看待问题、真正重视问题。面对日趋激烈的人才竞争形势，不进就是退，慢进也是退。我们一定要站在全球竞争的高度，充分认识新形势下我院加强人才工作对农业农村发展的重大意义，主动争取、主动作为、主动出击，打造人才竞争比较优势，赢得发展先决优势。

三、聚焦重点，创新思路，大力推进人才强院战略实施

同志们，全院人才工作会这是第三次，一段时间以来，院党组一直在思考如何进一步深化干部人才改革，如何统筹推进四支队伍建设，尤其要在管理、支撑、转化三支队伍建设上拿出一些改革创新的举措，在科研人才队伍，尤其是高层次科研人才和青年科研人才队伍建设上拿出更加完善的政策措施。结合上面提到的问题与挑战，院里将紧紧围绕“推年轻、强领军、补短板、优环境”的目标，在干部队伍年轻化、人才引进与培养、支撑和转化队伍建设、人才激励保障、博士后量质提升等方面，院里又制定了新的“30 条措施”，这些措施院里下了很大功夫，都是实招硬招，也将在会上征求大家的意见，目的是营造出尊重人才、尊重知识的环境，充分激发各类人才的创新创造创业活力，为我院科技创新和成果转化等各项事业发展提供强有力的人才支撑。近期，重点做好以下几个方面的工作。

（一）大力推进领导班子和干部队伍年轻化

要建立健全优秀年轻干部选拔任用机制，明确机关各部门、院属各单位优秀年轻干部配备目标。未来 3~5 年，50 岁以下的党政正职要达到总数的 30%；每个领导班子中 45 岁以下副职、40 岁以下副职各配有 1 名。院属各单位 40 岁左右的处长、35 岁左右的副处长要分别达到处级干部总数的 15%。

一是加强优秀年轻干部选拔配备。在领导班子换届或届中调整时，未达到配备目标的，要优先补充年轻干部；班子职数已满的，可以采取“先进后出”的办法充实；院属单位处级年轻干部配备没有达到要求的，每次动议提拔干部时，须有 1/2 的岗位面向提拔 40 岁左右处长或 35 岁左右副处长。院属单位无合适人选的，可通过交流方式配备。

二是扩宽优秀年轻干部晋升途径。打通三个通道，即打通具有高级职称专业技术人员提拔处级、所级干部通道；打通团队首席提任所级领导干部通道；打通处级干部提任所级领导干部任职年限通道，明确担任正处级满两年的符合提拔副所级干部基本资格条件。将所长助理岗位作为培养使用优秀年轻干部的重要途径，采取所长助理参与班子分工、“跟班学习”做法，院属单位近 3 年内原则上须配备 40 岁以下所长助理。实施选派干部挂职锻炼计划，两年内全院选派一批有发展潜力的 45 岁左右年轻干部参加各类挂职锻炼，对挂职期间表现优秀且符合任职资格条件的，统筹把握，合理使用，树立干得好用得好的导向。

三是进一步完善配套举措，为选拔使用优秀年轻干部创造条件和空间。严格执行所级领导干部任期制，健全完善干部交流制度，非专业所级干部在同一职位任职满 5 年

的，有计划地交流；任职满两届或10年的，如果工作需要继续任职的应当交流或在班子内调整职务。建立健全所级干部离任颁发荣誉证书制度和退出班子后续职业发展制度，肯定其为院所发展所作贡献，并在科研经费安排、学术交流培训等方面给予必要支持；处级干部也要严格实行聘期制，在同一岗位聘用连续满5年的，有计划地交流；聘用连续满10年的，应当交流、轮岗或退出处级岗位。在干部、机构职数管理范围内，赋予院属单位下设调整研究室的权限，院属单位可自主设置、变更和取消研究室。

（二）强化科研领军型人才队伍建设

一是精准定向引进领军人才。开通领军人才引进特殊通道，统筹安排1亿元经费，设立领军人才引进专项，按照“缺什么、补什么”原则，及时填补“短板”和“缺口”。面向海内外精准、定向全职引进一定数量的具有国际影响力的急需、紧缺型高层次领军人才，设置专门岗位，明确应聘条件，按照“一事一议”方式提供薪酬待遇、科研经费和科研条件等支持措施。此项工作人事局和院属单位要密切配合，共同推进，必须要有严格的遴选条件和引进程序，必须要保证是院所发展急需紧缺人才。

二是加大农科英才投入力度，拓展领军人才规模。再拿出3 000万元经费，两年内从我院自有人才中遴选30名左右没有“帽子”、承担重大科研任务、科技创新业绩突出、为院所作出重要贡献的高层次人才，按照农科英才领军人才兑现科研经费、岗位补助等待遇。

三是建立团队首席培养和接班制度。明确团队首席年满58周岁将不再担任首席职务；首席年满55岁的，须配备执行首席并加强培养，为接任首席做好准备。稳妥进行首席调整，力争5年内，保证45岁以下首席数量不低于本单位首席总量的1/3，40岁以下首席和执行首席数量不低于本单位首席和执行首席总量的1/5。科技局、人事局要尽快出台指导性意见，院属各单位要对照目标要求，提前谋划、尽快行动。

四是开辟职称晋升优先通道。优秀青年人才晋升高级职称的，在常规渠道评审前，从院级层面先行选拔；青年执行首席直接推荐至院层面，参加青年通道正高级职称评审。对获得国家和我院重要奖励、重大成果产出或转化等相关完成人，可直接晋升高级职称；加大院属单位用人自主权，在院职称常规渠道评审中试行等额评审。力争3~5年，我院40岁左右的正高级职称人员、35岁左右的副高级职称人员要分别达到相应层级人员总数的15%。

（三）健全人才培养特殊支持政策

扩充农科英才特殊支持范围，未来5年，院所两级分别遴选一批支撑英才和转化英才，并给予特殊支持，将支撑英才和转化英才纳入农科英才体系。

一是实施支撑英才特殊支持措施。计划遴选出院级支撑英才80名左右，所级支撑英才 150 名左右，编制内、编制外支撑人员均可参评，支持政策一视同仁。院级支撑英才给予特别岗位补助，并在职称评审、工作经费等方面给予倾斜。所级支撑英才的特殊支持政策可参照院里有关政策执行。通过特殊支持，真正将技术精湛、服务高效的支撑人才留得住、用得好，稳定建立起一支支撑我院科技创新的人才队伍。

二是实施转化英才特殊支持措施。结合我院“三创一体”团队建设，计划遴选出院级转化英才 50 名左右，所级转化英才 100 名左右。院级转化英才给予特别岗位补助，在职称晋升、人才举荐、工作经费、业务能力提升等方面给予倾斜。所级转化英才的特殊支持政策参照院里有关政策执行。通过特殊支持，真正将熟悉产业和市场需求，在成果示范推广、转移转化、脱贫攻坚、乡村振兴、产权管理、企业运营等方面能力突出的转化人才用起来、育起来，建立起一支相对稳定的成果转化队伍，切实推动我院科技成果转化工作跨越式发展。关于支撑、转化英才的遴选工作要尽快启动，真正体现院里加强两支队伍建设的决心。

三是大力加强对优秀博士后特殊支持。每年安排专门经费，择优遴选 100 名新进站优秀博士后，给予一定的生活补助；加大优秀博士后奖励力度。强化博士后福利待遇落实到位，增强博士后的归属感和认同感。发挥对合作导师的激励作用，合作导师每招收一名入选国家博士后人才计划或获得我院特殊支持的博士后，给予一定的岗位补助；每培养一名优秀博士后，给予一次性奖励。通过特殊支持措施，不断提升博士后进站规模和培养质量，构建起我院青年人才成长储备库。

四是推进研究生教育跨越发展。2019 年恰逢研究生院建院 40 周年，在全面总结 40 年教育管理经验基础上深化改革，探索推行“学院制”，形成校区属地化管理、业务一体化管理的“研究生院—学院—研究所”三位一体的办学模式，在已建兽医学院的基础上，探索建设植保学院、食品学院、深圳研究生院等学院。进一步优化招生指标分配体系，指标分配重点向承担国家和院重大科研任务、院重点发展学科、考核优秀和重点支持的创新团队、农科英才倾斜。积极探索研究生培养评价机制，探索试点硕士生取消发表学术论文要求。

（四）完善人才激励保障机制

一是建立青年人才薪酬保障机制。院属各单位要通过增设保障项目、提高津贴补贴标准、实行年度工资托底等方式，设置 5 年保障期，每年全院稳定保障 1 000 名左右的青年人才，给予特殊支持，使其薪酬水平与所在地经济、物价水平保持合理关系，为潜心科研创造有利条件。

二是试点实施首席科学家年薪制。先行对一定范围内的团队首席试行年薪制，设置基础年薪和绩效年薪，在确保团队首席取得较高基础年薪的前提下，通过绩效年薪强化激励作用，使团队首席的收入水平与个人荣誉、业绩贡献、团队发展更加紧密地关联起来，不断激发创新创造创业内生动力。试行年薪制所需绩效总量单列，相应增加所在单位当年的绩效工资总量。

三是大幅度提高重大科技成果奖励。对获得国家奖的奖励额度，在现行各级奖励额度的基础上再提高一倍；大幅度提高发表 CNS 论文以及入选院高水平论文的奖励额度；新设对国家专利金奖的奖励项目；对其他重大科技成果产出，采取年度评审的方式评审出 10 项获奖成果，给予一定额度的奖励。

四是实施科技成果转化奖励。设置年度最佳成果转化团队奖和知识产权转化奖，根据年度成果转化收入情况，分别评选出 30 个最佳成果转化团队和 10 个最佳知识产权进行奖励表彰；对于连续两年获得表彰的团队排名前三位的完成人，可等额评审高一级职称。建立院属单位成果转化奖扣机制，合理设置预期增幅，对超过预期增幅的研究所，奖励领导班子绩效奖金 100 万元；未达到目标的，按差额比例核减领导班子成员当年绩效。

（五）优化干部人才成长环境

一是完善评价考核机制。将人才评价改革作为科研导向改革的重点内容，实施人才分类评价，遵循农业科研规律和人才成长规律，对科研、管理、支撑、转化四支队伍分别制定重点评价指标，院属各单位要结合实际，完善指标体系，合理确定各指标比重。强化结果应用，把四支队伍建设成效作为研究所评价的重要内容，尤其加大干部人才年轻化，转化、支撑队伍建设，以及成果转化业绩的评价指标权重，将人才工作实施成效作为院对各单位人事、科研、平台、绩效等方面倾斜的重要依据，切实激发各单位落实人才强院战略的积极性。

二是健全干部人才培训机制。拓宽培训渠道，院级定期举办所、处级干部任职培训班以及相关专题培训班，院属各单位也可结合自身情况，有针对性的选择年轻干部外出参加专题性培训；对于中组部等上级部门组织的相关调训，优先选派有较大培养潜力的所级优秀年轻干部参加。建立高层次专家研修制度，以推动创新工程出大成果、出大成效为目标，以创新团队首席（执行首席）、农科英才、优秀青年人才为培训主体，重点围绕国情社情、新时代国家农业发展战略、农业科技前沿、产业重大需求等进行学习研讨，院属各单位也要针对重点研究领域、研究方向等开展对本单位科研骨干、科研助理的研修培训。

三是深入推进科研“放管服”。落实六部委《关于扩大高校和科研院所科研自主权的若干意见》，结合院所实际，健全完善科研管理相关制度，加强科研管理信息化建设，提高科研管理服务效率；赋予团队首席更大的预算调剂自主权，缩短科研仪器设备、耗材等的采购周期，对于急需的设备耗材，采用特事特办、随到随办的采购机制。减少科研经费报销各类证明材料，简化财务报销流程，发挥好财务助理的作用，真正把科研人员从报表、报销等具体事务中解脱出来，切实解决“报销繁”问题。

四是大力开展创新文化建设。以弘扬新时代科学家精神，培养“三农情怀”为目的，开展年度优秀团队和科学家评选，综合考虑科学道德、科技创新、成果转化、人才培养、平台建设等业绩贡献，每年评选表彰 10 个优秀创新团队和 10 名优秀科学家，颁发荣誉证书，并入选同期院先进集体和先进个人。

以上提到的重点任务，是院里在深入分析问题、广泛开展调研、进行充分讨论的基础上形成的，有的已经有了较为成熟的落实措施，并形成了制度、方案，本次会上也将对相关制度、方案征求大家意见。希望大家高度重视，从切实加强全院人才队伍建设的大局出发，从院所发展的实际需要出发，认真研究、认真讨论，提出建设性的意见建议。

四、持续发力，久久为功，推动人才工作再上新台阶

同志们，今年是中华人民共和国成立 70 周年，是决胜全面建成小康社会、实施乡村振兴战略的关键之年，也是全面推进我院科技创新工程的关键之年。全院上下要牢记习近平总书记“三个面向”的殷切嘱托、牢记科技报国初心，以此次会议为契机，切实增强做好人才工作的责任感和紧迫感，切实深化人才发展体制机制改革，加快推进人才强院战略实施。

（一）坚持“一个目标”，统筹推进四支人才队伍建设

坚定不移实施人才强院战略，以科技创新工程作为推动全院科技创新工作的总抓手，以创新团队为基本科研单元，统筹推进科研、管理、支撑、转化四支队伍建设，实现各支队伍规模稳定、结构合理、素质优良的目标。要在现有团队架构下，合理配齐配强转化、支撑人员，开展全创新链条布局，构建起“三创”协同发展体系；要围绕重点领域、创新目标、重大任务等，有计划、有重点的引育一批高层次科研领军人才；要针对技术转移、科技推广和企业经营等不同类型转化人才特点，加大优秀转化人才选拔培养力度；要聚焦大型仪器及专用设施设备操作维护、野外基地（平台）运行保障等关键支撑岗位，培养一批技术精湛、敬业奉献的科技工匠；要强化院地合作，选派一批优秀年轻干部到基层一线实践锻炼，为创新驱动发展和乡村振兴战略实施提供科技支撑和人才保障。

（二）处理好“两个关系”，充分激发各类人才活力

一是处理好青年人才培养和发挥老专家作用之间的关系。当前，我院面临人才年龄结构老化的问题，同时也面临着一批有重要影响力的高层次专家即将退休的问题。我们要处理好推进干部人才队伍年轻化和发挥老专家作用之间的关系，在看到青年人才敢创新、有干劲、有活力的同时，也需要发挥好老专家把握学科发展方向、培养优秀人才等

方面的作用，实现老、中、青科技人才合理交替，保障我院人才队伍健康发展。

二是处理好编制内人员和编制外人员之间的关系。我院现有编内人员 7 000 人左右，编外人员 4 000 人左右，编外人员已然成为我院科技创新发展的重要力量。为此，需要我们进一步转变用人观念，处里好编内与编外人员之间的关系，健全完善编外人员管理制度，在薪酬待遇等方面加大保障力度。拓宽编外人员职业发展渠道和晋升通道，对于符合条件、特别优秀的可优先入编和参加职称评审，尽最大努力解决编外人员子女入托等问题。努力创造条件，做到编内编外一视同仁、同等对待。

（三）明确“三个责任”，保障人才改革工作落实到位

一是履行好人才工作领导小组的领导责任。在院党组领导下，强化人才工作领导小组牵头抓总作用，履行好管宏观、管政策、管协调、管服务的职责。协调、指导人才工作有关政策和制度的研究、制定与完善；健全人才工作目标责任制，将人才工作列为年终述职的重要内容。

二是落实好用人单位的主体责任。院属各单位党政一把手要切实负起抓好人才工作的领导职责，要加快完善与院人才工作政策相配套、相协调、相统一的人才制度体系，强化对人才的条件保障、经费保障及工作生活保障。要畅通各类人才反映情况的绿色通道，所领导要加强与重点人才联系，关心其工作与生活，协调解决实际困难。

三是落实好院机关各部门服务和监督责任。院机关各部门要各司其职、建立协同联动机制，及时落实院级科研工作经费、岗位补助、安家费补助等经费发放，为院属单位和各级人才提供服务保障。要建立定期督导检查机制，深入研究所、科研团队、科研一线进行调研，了解相关政策落实情况、执行情况，找准问题不足，督促指导用人单位不断完善政策举措等。

（四）推进“四项工作”，提升我院人才工作管理水平

一是加强人才工作制度化建设。全院上下要统筹谋划，坚持以制度建设为抓手，创新人才发展体制机制。本次会议结束后，院里将充分吸收大家对拟出台制度、政策等的讨论意见，对制度、政策进行修改完善后印发执行。院有关部门也要结合本次会议精神，针对性出台相关制度，建立健全人才培养、评价、选拔任用、流动配置、激励保障机制。

二是提升人才评价科学化水平。院所两级要加快实施人才分类评价，院有关部门要加快出台我院《关于人才分类评价工作的指导意见》，加快形成导向明确、科学合理、规范有序、竞争择优的人才分类评价机制，营造有利于人才成长成才和发挥作用的评价环境。

三是强化人才工作信息化管理。院所两级要提高人才工作的信息化水平，加快建立

人才工作系统，完善人才信息库、评审专家信息库、领导联系专家信息库、科技成果信息库等。将人才的日常管理、推荐评审、考核评价等工作尽快实现网络化、电子化，避免人才反复填表格，反复交材料，减轻科研人员负担。

四是保持人才政策常态化宣传。院所两级要定期组织开展人才工作经验交流活动，及时总结推广各单位好的经验和做法。各单位各部门要广泛宣传院所各项人才工作政策，释放我院“惜才、爱才、敬才、用才”“聚天下英才而用之”的人才工作导向，打造“农科英才”品牌，提高我院影响力。

同志们，人才工作是我院各项工作的重中之重，本次会议再次彰显全院深入实施人才强院战略、坚决推进人才队伍建设的决心和勇气，再次彰显人才工作一张蓝图绘到底的思路和定力。全院上下要更加紧密地团结在以习近平同志为核心的党中央周围，深入贯彻“三个面向”指示精神，紧盯“两个一流”建设目标，以全面实施科技创新工程为总抓手，不断解放思想，创新工作思路，聚焦重点任务，进一步推进人才发展体制机制改革，着力打造一支规模适度、结构优良、素质出众、贡献突出的农业科技创新国家队，为推动我国农业科技实现整体跃升，支撑引领现代农业发展，实现“两个一百年”奋斗目标、实现中华民族伟大复兴的中国梦作出新的更大贡献。

张合成书记在中国农业科学院第三次人才工作会议上的总结讲话

2019年10月10日

同志们，为期一天半的第三次人才工作会议已顺利完成各项议程，会议开得很成功、很有效，具体体现在以下几个方面。

一是前期准备工作充分。华俊院长在年初的院工作会议上对召开第三次人才工作会议进行了部署，并在多个场合要求在本次人才会上出实招硬招。人事局牵头机关有关部门、有关研究所开展了大量前期调研，为提出“新30条措施”、制定配套制度做了很好的铺垫。院党组、院人才工作领导小组、临时工作组多次召开会议，研讨论证制度措施，广泛征求各方意见，并多次修改完善。通过多个角度共同发力，为开好本次会议打下坚实基础。

二是会议主题十分明确。会议突出问题导向，华俊院长的主旨报告中，明确将本次会议的目标定为“推年轻、强领军、补短板、优环境”，年轻化是今年工作的首要主题，强领军是战略问题、根基问题，补短板是要弥补人才队伍建设中的不足，优环境是我院软实力建设所必须要做的工作，这12字目标是院党组立足国内外人才新形势、立足我院发展大局和当前人才队伍建设中的突出问题，作出的准确判断、凝聚出的思想共识，是近期我院大力推进实施人才强院战略的最主要发力点，是当前我院推进人才队伍建设的总要求。

三是典型交流发言有深度。4个研究所分别结合干部年轻化、内设机构改革、支撑和转化人才队伍建设，详细介绍了做法和经验，具有较强的代表性和可借鉴性，这些研究所在不同方向上走在了我院干部人才队伍建设的前列，为其他研究所提供了很好的样板。4位优秀科研人才代表虽然自身学术背景、科研经历各不相同，但从交流发言中，能深刻感受到他们深切的“三农”情怀，对农业科研事业的由衷热爱，对中国农业科学院的深厚感情和身为农科院人的自豪情感，听了很有现场感，很受启发，也很受感动。4个单位和4位代表的交流发言对今后院党组的决策、对我院人才队伍建设工作都有重要的参考作用。

四是会议组织紧凑高效。这次会议的内容很丰富，有相关部委和地方政府领导的指导，也有国家政策解读；华俊院长上午的主旨报告结束后，工作人员第一时间清稿整理印刷，并在下午开会前发到参会人员手中，提高了分组讨论质量。分组讨论结束后，各小组立刻形成了交流简报。昨天晚上，我们召开了人才工作会领导小组会议，邀请部分研究所的主要负责同志参加，第一时间研究讨论“新 30 条措施”的落实举措。各位参会同志都很辛苦，每位同志都在为会议开出高质量、取得真成效做着积极努力。下面，就落实本次人才工作会精神，我谈三点意见。

一、切实解决人才工作落实中存在的突出问题

2017 年以来，院里连续召开了 3 次人才工作会，充分体现了院党组对人才工作的高度重视，充分体现了全院上下对实施人才强院战略的坚定决心，昨天华俊院长的报告也充分肯定了人才工作取得的成绩。但一些单位思想上不重视、工作上不扎实、措施上不具体等问题仍然存在。我了解到在第二次人才工作会后很长一段时间，有的研究所居然连会议精神都没有传达，甚至有的所级领导都不了解会议情况。在落实本次人才会精神时，这些情况必须坚决杜绝，各部门、各单位要第一时间传达学习。

（一）工作落实中克服“3 个不足”

一是克服思想认识上的不足。个别研究所很重视，但没有看到紧迫性，“人才是第一资源”都在说，但工作部署不紧、推进速度不快，有时间的时候就做一做，忙起来就放一放，工作开展不及时、不连贯、不成体系。个别研究所认为很必要，但缺乏推进落实的方向性、目标性，顶层设计不够，看似制定了人才发展规划，但规划目标不清晰，规划内容不具体，规划作用得不到发挥。个别研究所很高调，说得很好，调门很高，但缺乏一些实际举措和办法，没有实招硬招。思想认识是否到位不在于唱得多高，关键在于做得多实。

二是克服工作思路上的不足。“等靠要”的问题还很突出：等政策，有的单位认为上级部门出了政策文件还不够，还要等细则方案，甚至要等针对研究所的具体政策，而不去主动思考谋划。靠重视，有的单位总是指望农业农村部重视，平时谋划不深、办法不多、争取不够，寄希望于主管部门重视自身的学科发展，等项目、等课题、等倾斜，靠天吃饭的情况大有存在。要支持，有的单位一想到人才工作，就想到向院里要支持，认为院里支持 70%的科研经费、60%的岗位补助还不够，希望农科英才经费院里要全额保障，而对所里的支持措施不去想、不去做。

三是克服工作部署上的不足。虚化、概念化、表面化问题突出，存在顾不上、坐不下、没经费、摆不平的现象。顾不上，主要是所长必须要统筹兼顾组织管理工作、学术研究工作和其他社会工作，绝不能把人才工作停留在口头上、传达在纸面上、就是不体现在落实行动上。坐不下，主要是所长要把第一责任人职责落实到位，要把人才工作作为思考、谋划、推进的重中之重。各部门、各单位要第一时间传达本次人才工作会议精神，并且还要沉下心来把“新 30 条措施”研究透。没经费，有的研究所把经费问题、

待遇问题当借口，引不来人是因为没经费，留不住人是因为没房子，但从来不想为什么有的研究所能引进那么多人才，培养那么多人才，看不到自身工作的差距，希望这些研究所的领导可以到兄弟所多走走、多看看、多学学。摆不平，有的研究所在人才工作上存在搞平衡的思想，人才引进、经费分配、职称评审等工作中搞团队平衡、搞年度平衡、搞论资排辈，怕提拔了年轻人得罪了老人，摆不平就拖，拖下去还是摆不平。昨天一位人才代表的发言中有句话我很认同，“平衡和纵容就是对卓越的伤害”。

（二）工作谋划中吃透“6 项原则”

各部门、各单位在落实本次会议部署的各项重点工作任务时，要把握以下原则。

一是要有创新、有突破。本次会议是在前两次人才会议基础上的集成再创新，提出的“新 30 条措施”也是再突破、再创新。各单位在制定有关制度时，在保证政策延续性的基础上，要进一步解放思想，制定更有力度、更富创新性的配套制度措施，必须要结合本单位实际，不能千篇一律。

二是要有力度、有含金量。力度是真刀真枪，含金量是真金白银，是等到真金白银打到你的账户上再干，还是马上干出真金白银，希望各位好好思考，拿出些实招硬招。

三是要易于理解，便于操作。各部门在制定有关制度时，要简单明了、一目了然，让所长、书记一看就明白该怎么去落实。各单位在制定配套措施时，也要坚持这个原则，制度出台前要充分征求职工意见建议，让他们了解制度在讲什么，应该怎么做，这是制度落地见效的前提。

四是兼顾学科差异，保持总体均衡。在各支人才队伍建设上，必须首先解决最实际的问题，优先考虑最大的短板；在推进人才工作时要体现学科差异性，一些工作要按照学科布局来考量，同行一起排序，同行一起排比，同行里头选拔。

五是给研究所放权压责，发挥主体作用。研究所是用人的主体，要把科研、人事、财务等管理权回归于研究所。要充分发挥它们的自主权，在引人、进人、用人、评人、奖人等方面，给予它们最大限度的决定权，压实做好人才工作的主体责任。

六是坚持全院“一盘棋”。“新 30 条措施”中很多任务都需要真金白银的投入，院里多方筹措、统筹科研经费和自有资金予以保证，院里收缴的成果转化经费，也主要用于人才的支持和奖励，真正做到“取之于所、用之于所”，兄弟所之间也要相互支持、相互帮助。

（三）工作推进中要算好“6 笔账”

一是要算好形势账。当前是国内外科技人才竞争最激烈时期，但也是国家及我院人才发展环境最好的时期。大家要算好人才工作的形势账，认识到不进则退、慢进也是退，要抓住这个最佳机遇期，打好人才工作基础，用好人才政策，壮大人才队伍，提高人才质量。

二是要算好人数账。要认真梳理研究所的人才队伍结构，要算好在哪些研究领域需要人才，需要什么样的人才，需要多少人才，做到心中有底数，引人有实数，育人有准数。

三是要算好岗位账。要明白国家、院里、所里最需要的岗位是什么，对于这些最稀缺、最紧迫、最需要的岗位，要敢于投入进行引才，但不能什么岗位都不计成本、不惜代价地引才，做到实事求是。

四是要算好经费账。要结合人才引育计划，算算到底需要哪些钱，需要多少钱，谋划钱从哪里来，花到哪里去。很多时候缺钱、没钱都是相对的，是“懒汉思想”在作怪，要多措并举筹措资金，保证对人才的承诺要加快兑现，经费要加快到位。

五是要算好困难账。算困难账不是没有困难找困难，而是看到了困难解决困难，绝对不能具体困难心中没数、困难在哪里心中没数，不能一提人才工作就提困难、一说人才队伍建设就皱眉头，要找出那些真困难、实困难，下定决心尽快解决。

六是要算好信心账。我们要算出决心来、算出恒心来，算出自身优势和方方面面给我们支持帮助的优势，这个信心一定能够算出来，要把自己算得信心倍增，增强做好人才工作的底气。

（四）处理好改革、稳定、发展方面的“5 个关系”

人才工作是改革工作，在推进人才工作改革中，首先要把握好几个底线：一是高质量发展的大好机遇不能错过；二是稳定发展的大好形势不能错过；三是研究所稳定和谐的局面不能改；四是科研人员奋发向上的积极性不能改。

在改革、稳定、发展方面，必须认真落实好“5 个关系”。

一要处理好老与少的关系。一方面，我们培育年轻人，提拔年轻人，另一方面，不能忘了老同志，让老同志吃亏。在延迟退休的问题上，要把学术活力作为决策的第一要素。

二要处理好引与育的关系。引进人才是一个重要措施，我们也有很成功的引进案例。但同时要把自有人才培育作为一个主体，绝不能引进工作没做好，还让自有人才伤了心。

三要处理好科研与转化的关系。现在院里正谋划创新工程的升级发展，关键内容之一是要充分利用科技成果转化最好的时机，把成果转化实质性提高。本次会议上大家对转化工作讨论得不多，对转化的聚焦力不够。

四要处理好稳与进的关系。原则上是稳中求进，以上的四条底线，就是稳中求进的具体要求，绝对不能因为要进，就搞得鸡飞狗跳，到处告状。

五要分清我要干和要我干的关系。要我干是从院里角度给大家遮风挡雨，给大家支持，给大家担责，给大家容错。关键是我要干，要主动干，要因地制宜地干，要结合实际地干，不可能院里一个政策就把各个研究所的问题解决好。

二、突出重点抓好会议精神落实

要将前两次人才会议精神与本次会议精神一以贯之、放在一起研究贯彻落实，要以“推年轻、强领军、补短板、优环境”12字目标和“新30条措施”为核心，具体从四个方面抓落实。

关于年轻化，关键抓好六个方面的落实。一是所、局班子正职的年轻化。要研究形成近期、中期、远期的班子正职战略梯队，各单位要研究合适人选，辅助院党组熟悉掌握优秀年轻后备人选，做到心中有数、了如指掌、及时推荐，形成后备力量。二是要尽快推进所、局班子副职的年轻化。人事局以及所、局领导班子，要承担起发现、培养、推荐优秀年轻干部担任班子副职的工作任务，按照“三个打通”落实“45岁以下、40岁以下副职各配一位”的工作要求，掌握重点培养人选，制定培养锻炼和调整配备的时间表，在条件成熟时及时向院党组提出建议人选。三是中层干部的年轻化。各单位党委要负起主体责任，也要建立所党委掌握的各类优秀年轻干部人才名单。要灵活运用干部人才晋升的各类通道，不拘一格地选拔优秀年轻干部，充实到中层干部队伍当中。对聘期已满的中层干部，要妥善安置，继续发挥作用，不能解决了年轻化，带来问题一大堆。四是团队首席的年轻化。首席年轻化势在必行，但也要做好思想工作，58岁的首席从岗位上退下来后，其学术带头人的作用不受影响。55岁首席必须配备执行首席，执行首席就是为接班准备的，不是安置性岗位。研究所要有长远打算，要有“十年树木、百年树人”的思想认识，不能到首席临近退休了再找接班人，造成揠苗助长的负面后果。五是高级职称人员的年轻化。院里将继续实行优秀年轻人才评审高级职称的绿色通道，而且不断优化评审方式，把真正优秀的人才选拔出来。未来3~5年，40岁左右的正高级职称、35岁左右的副高级职称达到相应层级人员总数15%的目标一定要达到。六是探索实施青年人才薪酬保障机制。各单位务必高度重视，提供专项、稳定的资金支持，落实好托底保障政策。与此同时，通过提供临时周转住房、发放安家费补助、绩效奖励倾斜、支持参加成果转化工作等多种方式，保障青年人才薪酬待遇，切实有效缓解他们的后顾之忧，稳定优秀青年人才队伍。

关于强领军，关键抓好四个方面的落实。一是制定岗位需求目录。各单位要根据学科发展和承担任务情况确定引进或培育领军人才的岗位，实行精准定向引进。对于没有明确岗位的，没有明确选拔条件要求的，院里不予支持。二是制定引进人才名录。各单位要坚持高标准，把所在学科领域世界一流的大学和科研机构作为引才的目标单位，重点引进岗位匹配度高、处于国际前沿、能够带动学科快速发展的知名科学家。所长、书记要有“三顾茅庐”的诚意和不达目的誓不罢休的决心，积极主动与意向人选对接洽谈，尤其对于至今没有人才引进的9个研究所，更要加大力度。三是制定培育人才名录。对单位内综合素质高、成长潜力大、有科技创新和服务“三农”热情、已初步崭露头角的优秀人才，要建立培育人才名录，对他们进行重点支持、重点培育，给他们搭台子、给位子、压担子。四是制定引进人才和培育人才支持措施清单。根据引进和培育的领军人才实际情况，按照“一人一策”“缺什么、给什么”的工作思路，因地制宜、量体裁衣，制定支持措施清单和兑现时间表，在科研经费支持、科研条件保障、科研助手配备等方面及早谋划，及时兑现。

关于补短板，关键抓好四个方面的落实。一是尽快补齐支撑和转化队伍建设的短板。人事局在前期调研的基础上，初步制定了支撑、转化两支队伍建设的方案，本次会议上也进行了讨论，会后方案要抓紧出台，今年年底前也要遴选、支持一批。研究所也要做到心中有数，要有共识，对于一些不可替代的支撑、转化人才，要重点支持他们的工作和成长。二是补齐干部人才培训的短板。在政治素质方面，院里定期举办所、处级干部培训班，优先选派有培养潜力的所级优秀年轻干部参加上级部门调训。坚持新晋升职称人员集体谈话制度，院层面重点组织高级职称人员，院属单位重点组织其他专技人员，实现各级专技人员的政治教育、廉政教育、科研道德与师德师风教育全覆盖。在业务提升方面，要建立高层次专家研修制度，院层面以创新团队首席、农科英才、优秀青年人才为培训主体，重点围绕国情社情、国家农业发展战略、农业科技前沿、产业重大需求等进行学习研讨，院属单位要针对重点研究领域、研究方向等对本单位科研骨干、科研助理进行培训。三是加快补齐博士后队伍建设的短板。按照博士后在站规模达到 1 500~2 000 人的目标，平均下来每个团队就是 5~7 名。要坚持扩大规模和提高质量双轮驱动，要优化各单位公开招聘机制，把招收博士后作为招聘科研人员的制度性安排，实现博士后规模增长和提高院属单位选人用人质量双赢的目标。四是加快补齐研究生教育的短板。当前重要的任务是加快推进二级学院建设进度，研究生院与相关牵头研究所要提高站位，站在全院发展大局的角度，加强与主管部门的沟通，努力破解建设中的瓶颈问题。另外，研究生的分配指标要向重点学科、重点专家倾斜。

关于优环境，关键抓好四个方面的落实。一是试点实施创新工程首席科学家年薪制。试点单位要进一步健全完善绩效考核制度，坚持以中、长期目标任务为导向，充分发挥好年薪延期支付、动态浮动、超额奖励的作用，强化考核结果与薪酬水平的关联，实现优绩优酬、优劳优酬，强化激励约束功能。要将试点经验总结出来，要能看到试点红利，然后扩大试点规模。二是加大重大科技成果奖励力度。为鼓励各单位多出成果、出高质量成果，院里决定在现有科技成果奖励的基础上，大幅提高奖励额度，同时拓展奖励范围，实现基础研究、应用研究、技术开发等创新链条上各环节、各领域重大成果全覆盖。三是建立科技成果转化奖励机制。为建设高质量的“三创一体”创新团队，同时兼顾学科差异，根据各学科成果转化收入情况，每年评选出一定数量的最佳成果转化团队。为鼓励创新团队提高成果转化质量，实现更大的经济效益，每年评出一定数量的最佳知识产权转化奖项。为引导研究所领导班子重视转化工作，实行研究所领导班子绩效激励政策，对达到目标要求的所班子进行绩效奖励，反之，核减绩效奖金。四是充分发挥评价指挥棒作用。当前一段时间内，在研究所评价基础上，实行人才队伍建设、成果转化工作、竞争性项目争取奖惩附加政策，对研究所三项工作进行打分排序，排名情况直接与研究所评价得分的增减挂钩，也就是说，做好这三项工作是研究所评价得分的“倍增器”。

会后，各部门、各单位要迅速行动起来，确保各项重点任务落实到位。2019 年 11 月底前，各单位要研究制订贯彻落实工作方案并报人事局，这是指标性安排。方案要结合单位实际制定针对性措施，不能照抄照搬院里文件，各项工作均要指定具体责任人、明确时间节点；一些政策制定等工作不要再等，可以先行开展。院机关有关部门也要在 2019 年 11 月底之前完成相关政策的制定、方案的完善、文件的下发、工作的部署。院办公室负责督办，抓好工作落实的进展；科技局负责科技成果奖励制度以及团队首席年轻化工作；制定按照学科开展相关评选的配套制度；人事局负责统筹协调，指导各单位做好工作方案的制订，并做好服务工作；财务局做好资金和相关财务政策的指导和服务；国合局负责国际视野、国际领军人才的培养目标指导；转化局的任务很重，涉及转化工作的几个方面都要推进落实；监察局负责专项督查，结合院里其他工作一并开展；机关党委负责开展优秀创新团队和优秀科学家评选。

三、扎实做好四大中心工作

同志们，2019 年还剩不到 3 个月时间，对照年初院工作会上提出的 5 项重点任务和 7 项具体工作，借本次人才工作会的机会，对于本年度下一阶段的几项重点工作，我再提几点要求。

（一）牢牢坚持“三个面向”和“国家队”使命，抓好重大科研任务落实

一要确保已启动实施的科研计划工作的顺利推进。2019 年年初，我们对标世界农业科技前沿理短板，对表国家农业重大需求明方向，明确农业科技创新重点，启动实施了“藏粮于技”、非洲猪瘟疫苗、畜禽良种化、牛奶优质化、绿色发展技术五项科研计划，要根据制定的路线图时间表，确保五项科研计划工作顺利推进。

二要超前谋划储备重大科研计划专项。基于全院学科设置，设立粮食安全、经济作物提质增效、优质动物产品有效供给等 10 个左右的科研计划，每个计划下设 50 项左右动态调整储备项目。要根据重大科研计划工作方案，按照前沿基础、产业需求、应急性 3 类重大科研项目“使命清单”，利用院统筹经费进行支持。要制定我院国家储备专项计划，与国家科技发展战略规划和涉农相关领域发展规划对标，在成熟基础上适时向科技主管部门提出国家科技计划专项立项建议。

三要谋划储备重大科研实验转化平台。现代农业需要现代科学实验基地引领，长期稳定的科研需要稳定运行的实验平台支撑，突破性的技术要经过高科技的实验设施验

证，亟待转化的科研成果需要熟化车间与交易平台的充分孵化。我们目前正在建设新的国家作物种质库，设计容量达 150 万份，将是世界最大规模，对今后 50 年全国作物育种、基础研究、产业发展与国际竞争力提升等具有重大意义，一定下大力气建好。

（二）建立“三创”一体的成果转化新机制，切实做好成果转化工作

为加快推动科技成果转化工作，中共中央制定并形成了支持科技成果转化的政策体系，科技成果转化迎来了最好的政策机遇期，我院也先后制定了《进一步加强科技成果转化工作的意见》等措施。为实质性推动科技成果转化，我院建立完善“三创一体”的成果转化新机制。

一要大力推进“三创一体”机制建设。各研究所应加快构建产学研一体科研链，要进一步完善成果转化奖励等配套制度，制定转化收入分配激励和奖励方案，建立“科学创新、技术创造、科技创业”三创一体的成果转化机制，充分激发科研人员成果转化的积极性。

二要加强“三创一体”队伍建设。以院科技创新工程团队为基础，以学科领军人才为核心，以科研和成果转化骨干为主体，构建创新创造创业一体化发展的团队。要建立首席科学家负责制，提高科技创新和成果转化效率。

三是创新团队首席要在“三创一体”中担负起主体责任。要做好选题应用性评价，选题既要有先进性又要有应用性，做好科研进展的应用性评价。要把科研工作延伸到创造环节，结合需求把创新成果产品化、材料化、技术化、专利化。做好对科研成果的就绪度评价，研发出的专利、产品要能孵化成产业、孵化成利润。首席科学家还要参与成果转化谈判，让首席科学家参与价格的制定，因为只有团队首席才能准确了解其成果的价值。

（三）积极推进科研体制机制改革，提升科技创新动力和活力

大力推进院所科研管理机制改革，全面落实科研“放管服”，充分尊重研究所所长和首席科学家的自主权，以打破“四唯”、实现分类评价为契机，开展科研导向评价制度改革，构建出既能准确反映科研发展水平，又能反映科技支撑能力和服务科技创新水平的研究所、团队、个人、项目四位一体的评价体系，释放科技创新活力。重点在以下四个方面下功夫。

一要把科研报告制度确立为科研评价的基本要素。重大奖励来自重大成果，重大成果的基础是突破性科研进展。探索建立科研进展报告制度，把科研进展，尤其是对体现国家队使命的国家重大需求和协同创新重大科研任务的进展作为研究所、团队、个人业绩考核的基本要素。

二要以科研导向改革统筹分类评价。既要统筹科研机构、科研项目、科技人才的评

价，也要统筹科研、转化、支撑、管理四类人员的评价，更要把基础研究、应用研究、开发研究赋予同等权重，大幅度提高成果转化占比。推行代表性成果评价制度，形成专利、论文重质量的取向，鼓励在院内学术刊物发表高水平文章。突出争先创优，对获得的各类奖项给予特别附加奖励。

三要让学术委员会回归学术功能。要切实强化院所两级学术委员会建设，充分发挥咨询评议、参谋顾问、学术引领、评审把关、监督指导等学术治理作用。

四要把科研自主权回归研究所和科研团队。通过考核指标、考核体系、分类评价把团队凝聚起来。

（四）旗帜鲜明讲政治，把党的政治建设摆在首位落到实处

政治建设是党的根本性建设，旗帜鲜明讲政治是我们党作为马克思主义政党的根本要求。我院各级党组织要坚定不移加强党的全面领导，把党的政治建设摆在首位落到实处。

一要在深入学习习近平新时代中国特色社会主义思想上下功夫。要坚持用党的创新理论武装头脑，在读原著、学原文、悟原理上下功夫，原原本本、原汁原味学习研读总书记重要讲话原著，增强用习近平新时代中国特色社会主义思想推动农业科研工作的本领。习近平总书记强调，要“把不忘初心、牢记使命作为加强党的建设的永恒课题，作为全体党员、干部的终身课题”。主题教育虽然结束了，但广大党员干部仍要继续坚持学习教育往深里走、往心里走、往实里走，真正做到学深悟透、融会贯通、真信笃行，防止初心教育阶段化、功利化。

二要夯实党建责任、加强党的领导。把党组织贯彻执行党的路线方针政策、加强党的建设的领导、履行全面从严治党责任、讨论和决定本单位的重大问题等职责落到实处。发挥党组织“把方向、管大局、保落实”的重要作用，坚持中心工作开展到哪里，党的建设就跟进到哪里，支持支部建在团队上，把党的领导落实到科研团队中。

三要营造纪律严明环境宽松的科研生态。严格落实以信任为基础的宽严相济的监督制度，大力弘扬科学家精神，大力弘扬优良学风，把软约束和硬措施结合起来，推动形成崇尚精品、严谨治学、注重诚信、讲求责任的优良学风，营造风清气正、互学互鉴、积极向上的学术生态。

四要学习我院老一辈科学家爱国敬农的情怀。习近平总书记指出，一代人有一代人的奋斗，一个时代有一个时代的担当。建院 60 多年来，涌现出一批潜心科研矢志报国的农业科学家。经过我院一代一代农业科学家的顽强拼搏和刻苦努力，形成了以祁阳站精神、中棉所精神等为代表的农科精神。我院广大科学家在科学前沿孜孜求索，在重大科技领域不断突破，建立了不朽功勋。

同志们，庆祝中华人民共和国成立 70 周年一系列活动还历历在目，通过这些活动，展现了 70 年来取得的伟大历史成就，彰显了中国民族实现伟大复兴的坚强决心。中国

农业科学院 62 年来的不懈发展，展现了农业科研国家队的丰厚底蕴和伟大贡献，彰显了在国家“三农”事业发展各个阶段的历史使命和责任担当。中国农业科学院的未来使命光荣、任务繁重，全院上下要紧密团结在以习近平同志为核心的党中央周围，始终坚持“三个面向”，坚持“两个一流”，以改革创新的精神，求真务实的作风，把人才这个科技创新中的第一资源建设好、使用好、发挥好，推动全院各项工作再上新台阶。

六、计划财务管理与条件建设

中国农业科学院2019年财务管理工作概况

2019年，中国农业科学院各级财务部门围绕部、院党组中心工作，对标“三个面向”“两个一流”要求，深入贯彻落实“放管服”，以争取资金保发展、强化管理保安全为主线，加强项目谋划和协调落实，强化绩效管理和财务资产监管，为全院科技创新和各项事业发展提供了有力支撑。

一、扎实做好资金争取和改革工作，保障全院各项事业顺利开展

围绕院党组确定的中心工作，积极谋划、协调落实，实现部门预算总规模持续扩大，经费结构更加合理。2019年全院决算总收入规模80.29亿元，其中一般公共预算财政拨款当年收入44.83亿元，较上年增幅分别为18.79%和18.29%。财政拨款中，科技创新工程和基本科研业务费分别为9.50亿元和2.85亿元，较上年增幅分别为11.76%和25%。积极做好资金统筹支持工作，分别安排经费用于确保西部农业研究中心、成都农业科技中心和南繁研究院的筹建、运行，筹措资金保障牧医所研究生宿舍楼的装修改造和海外中心建设需要，保障落实2019年全院人才建设经费。及时做好草地贪夜蛾等应急性研究任务，申请落实哈兽研非洲猪瘟研究应急等经费2 600多万元。协调落实马连洼研究生宿舍预算调整工作。开展全院2020—2022年部门预算开放式项目申报及项目评审，完成重大信息平台运行维护专项经费项目、科研设施专项运行费、农业农村部重大专用设施运行费和农业财政专项项目的申报工作。

积极推进院属单位养老保险缴费等财政补助政策落实。2019年部门预算安排京内10家非营利单位基本养老保险缴费支出6 440.33万元、职业年金缴费支出2 026万元。申请财政部追加养老保险改革实施准备期（2014年10月到2018年12月）京区单位个人调资补助5 588.78万元、职业年金单位缴费部分8 610.48万元。同时，根据实际需求并报经上级部门批准，调剂京外9个单位基本支出预算4 510.23万元，用于养老保险缴费3 224.49万元、职业年金缴费1 285.74万元。积极争取上级部门安排21家院属单位离退休医疗费补助经费共670.65万元。组织京外单位开展2020年和养老保险改革实施准备期的养老保险和医疗保险补助经费需求测算。

认真做好政府会计制度和院机关个税改革落地工作。2019年1月1日，政府会计制度正式实施，全院财务部门克服了软件服务公司服务跟不上等困难，及时完成了新旧会计制度转换，保障了科研经费使用、管理顺利开展。政府会计改革，增加了会计基础

工作的难度，也倒逼各单位加快财务信息化建设，目前大多数单位已经构建了较为完善的网上报销系统。推进院机关个税改革落地。随着提高起征点、优化调整税率结构、设立专项附加扣除等新一轮个税改革措施陆续实施，院机关认真研究个税新政，积极组织开展个人所得税专项附加扣除实施工作培训班，升级完善工资发放软件系统，主动传达并认真解答个税新政和职工个税问题，确保个税改革政策在院机关落地。

二、强化修购专项谋划和管理，全力保障院重点工作

一是超前谋划科学事业单位 2020 年修购项目申报，项目申报质量明显提高。在财政部、农业农村部统一部署项目申报工作前，组织院属各单位提前谋划申报 2020 年修购项目，在关键环节协调院机关有关部门和聘请经验丰富的专家进行审核把关，重点协调成都中心有关仪器设备购置项目申报，在主管部门评审等关键节点，主动跟踪，积极沟通，全院 29 个单位申报 2020 年修购项目 57 个、资金 4.57 亿元，55 个项目通过财政部评审。经过财政部评审，2020 年安排“一下”经费 2.76 亿元，落实项目 49 个。

二是完成农业事业单位 2020—2022 年部属预算单位修缮购置专项资金项目申报。院属 5 家单位共申报项目 26 个，资金 7 500 余万元，其中新设项目 15 个，资金约 4 500 万元。经农业农村部评审，院属 5 个单位纳入 2020—2022 年规划项目 23 个、资金约 6 400 万元，其中 2020 年项目 6 个、“一下”安排资金 1 186 万元。

三是积极推进修购项目验收工作，推动提升项目管理和资产管理水平。协调农业农村部科技发展中心，优先组织部级验收，通过部院联合验收和部级集中验收，集中安排时间分区域推进完成扫尾验收，并适时组织院级验收，努力推进验收工作进展。2019 年共组织 28 批次验收，完成验收 25 个单位 85 个项目、资金 5.12 亿元，超过历年年均完成验收项目数（66 个）。其中院级验收完成项目 64 个、资金 3.69 亿元。麻类所、上兽研、蜜蜂所、研究生院、兰牧药、茶叶所和草原所等 12 个单位已按要求完成 2018 年及以前年度项目验收任务。

三、做好国有资产管理绩效考核，强化国有资产监管

一是组织做好国有资产管理绩效考核，提升资产管理绩效。落实《农业部部属事业单位国有资产管理绩效考核暂行办法》，完成全院 2018 年度国有资产管理绩效自评并及时上报农业农村部，协调配合完成农业农村部对我院 7 个单位的现场重点考评，对自评和重点考评发现的问题积极进行整改，以评促建落实资产管理责任，提升国有资产管理绩效。

二是国有资产清查核实和产权登记工作顺利推进。中国农业科学院院本级和院属 17 个事业单位通过财政部审核，取得事业单位产权证书。参与农业农村部国有资产核实材料审核工作，推动中国农业科学院及部系统资产核实工作开展。为推进 2 号地项目

实施，加强院部大院土地房屋产权管理，启动开展院属大院不动产权籍调查工作。

三是着力规范科研仪器设备采购管理。印发《关于做好2019年科研仪器设备采购管理有关工作的通知》，指导全院开展科研仪器设备采购工作，突出落实“放管服”。组织开展全院2019年政府采购进口产品专家评审，预算批复数下达后立即组织开展集中报备，2019年6月中旬全院完成备案，在部属三院中首家完成该项工作。全院27个院属单位共申报2019年政府采购进口产品，申请采购科研仪器设备712台/套，采购金额28 395.87万元。同时，组织院属单位认真开展了2020年大型设备需求申报工作，经院初审后报农业农村部统一组织专家评审。全院共申报新购大型仪器设备294台/套，其中50万元以上通用设备197台/套、100万元以上专用设备97台/套。简化设备采购和资产处置流程，研究细化科研急需的4种具体情形，落实简化单一来源采购的要求。进一步下放科研设备处置权限，提高研究所已达报废年限科研仪器设备的审批权限到500万元。及时做好各单位处置事项的指导和管理系统审批权限调整对接等工作，简化业务流程提高办事效率，切实落实为科研人员松绑减负的要求。

四是加强房屋出租出借的管理和资产处置的审核审批工作。规范相关工作程序，推进房产出租出借信息公开，加强土地事项审核，提高国有资产使用效益，防止国有资产流失。

四、多措并举强化监管，资金监管效果显著

一是积极配合2018年预算执行等情况审计工作。按照审计署农业水利审计局对我院2018年预算执行审计工作安排，全程协调提供资料、动态跟踪审计动态，针对审计组提出的问题，积极研究政策，主动汇报、耐心解释和积极沟通，最终审计报告中共反映3类5个问题。同时积极谋划审计发现问题整改工作，推动压实整改责任，督办整改落实进展，确保整改取得实效。

二是开展2019年院属单位领导干部经济责任审计工作。克服人手少、任务重等各种困难，积极协调和统筹人员力量，先后分两批对16家院属单位组织开展任期经济责任审计工作，审计单位任务数量为历年最高。第一批任期审计6家单位的审计报告经征求研究所意见、局务会研究后，已提交院内审领导小组审议，发现问题103个，提出审计建议29条。第二批任期审计10家单位，目前已全部完成现场审计工作，审计报告正在陆续起草、审核、修改和征求意见中。

三是配合院巡视工作，探索开展“一审多果”“一审多用”。为规范巡视专项审计工作，进一步提高院巡视审计工作质量，精心编制《2019年院巡视专项审计培训手册》，并在巡视启动会上对巡视组工作人员进行了培训。同时，为充分发挥好巡视、审计、纪检的“组合拳”作用，减少监督检查次数，积极落实为科研单位松绑减负实施方案，探索开展“一审多果”“一审多用”，在对草原所等7家单位开展巡视专项审计的同时，同步对被巡视单位实施内部控制检查，并选取资划所、兰兽医、特产所同步开

展了科研经费管理与使用情况专项抽查，强化审计结果的信息共享和结果共用。形成巡视专项审计报告 7 份、内控检查报告 7 份、科研经费管理与使用情况检查报告 3 份。

四是牵头开展全院加油卡管理使用情况专项核查工作，推动规范使用加油卡和管理公务用车。组织完成全院 37 家预算单位 2013—2018 年加油卡自查自纠和专项核查，系统梳理全院加油卡使用疑点清单，督促院属单位核实疑点并及时整改，追回违规加油款 27.63 万元，注销加油卡 24 张，与公车绑定加油卡 231 张。

五、筹备成立院农业发展基金会，为争取社会资源提供平台支撑

一是加强沟通协调，如期成立院农业发展基金会。加强与北京市民政局、农业农村局、部人事司等主管部门沟通协调，北京中国农业科学院农业发展基金会于 2019 年 11 月 13 日如期登记成立，并成功举办了基金会成立启动仪式及捐赠仪式，相关工作得到社会广泛关注和院领导的认可。

二是积极组织募捐。经与有关单位和企业沟通协商，确认原始基金数额为人民币 500 万元，首批 8 家单位捐赠金额达到 1.08 亿元，其中 2019 年到账金额 3 360 万元。

三是确定了基金会组织机构。召开基金会第一届一次理事会，选举了理事长、副理事长和秘书长，确定了基金会章程，初步明确了基金会办事机构和人员，配备了办公条件，同时初步制定了基金会有关管理制度，基金会运行基本走上正轨。

六、持续改进工作作风，加强全院财务队伍和自身能力建设

按照 2019 年年初院机关工作会议和院党组《关于进一步加强和改进院机关工作作风的实施意见》要求，召开多次专题会议，传达学习会议精神和文件精神，研究如何进一步加强和改进工作作风的具体措施。

一是坚持问题导向，突出重点。针对不同程度存在的“推、拖、等”问题，加强工作指导、交流配合、督查督办，进一步提高工作效率。以能力建设为重点，加强干部队伍建设，鼓励干部参加部、院组织的能力建设培训班，组织干部深入科研一线和野外台站基地调研，接受思想洗礼，锤炼作风，不断增强责任感、使命感。强化全院财务工作“一盘棋”意识，关注了解院属单位工作中遇到的困难和问题，及时进行业务工作指导，积极向上级部门反映。

二是强化制度建设，推进“放管服”政策措施落地。积极参与起草院《关于进一步给科研人员做好服务和松绑减负的实施方案》，按照院松绑减负实施方案要求，根据最新的有关规定，结合我院实际，修订印发了《中国农业科学院差旅费管理办法》，充分考虑科研实际情况，同时兼顾严肃财经纪律要求，重点针对出差审批、特殊情况超标准乘坐交通工具、市内交通费实报实销、野外偏远住宿、出差伙食交通费管理等方面进

行了切合实际的修订。针对环发所科研人员对院物资采购平台管理的意见，多次与环发所科研人员、管理部门和所领导沟通交流，推动环发所修订完善了管理办法。督促、指导营养所及时落实“放管服”各项措施。实地指导植保所、资划所野外台站基地完善食宿相关管理制度。

三是加强调研，提升研究问题、解决问题的能力。“不忘初心、牢记使命”主题教育期间，先后组成 3 个调研组到院属 10 个单位，开展了完善创新工程管理办法、事企分开、加强期刊财务管理、养老保险改革、农业科研基地台站运行保障等多项调研。主题教育之后，又组织开展了多渠道争取资金、全成本核算等调研和研究，形成系列调研成果，积极将调研成果转化为政策建议和工作措施。

财务局

2019 年 12 月 26 日

中国农业科学院2019年公共预算财政拨款收入支出决算表

（单位：万元）

项目		年初结转和结余金额	本年收入金额			本年支出金额			年末结转和结余金额
支出功能分类科目编码	科目名称		合计	基本支出	项目支出	合计	基本支出小计	项目支出小计	
类 款 项	合计	38 749.62	448 274.95	139 091.99	309 182.96	442 713.05	139 266.19	303 446.86	44 311.52
202	外交支出	20.77	325.00	0.00	325.00	345.77	0.00	345.77	0.00
20299	其他外交支出	20.77	325.00	0.00	325.00	345.77	0.00	345.77	0.00
2029901	其他外交支出	20.77	325.00	0.00	325.00	345.77	0.00	345.77	0.00
205	教育支出	27.78	180.45	0.00	180.45	160.26	0.00	160.26	47.97
20508	进修及培训	27.78	180.45	0.00	180.45	160.26	0.00	160.26	47.97
2050803	培训支出	27.78	180.45	0.00	180.45	160.26	0.00	160.26	47.97
206	科学技术支出	26 914.74	337 000.39	90 142.80	246 857.59	337 090.46	90 277.45	246 813.01	26 824.67
20602	基础研究	10 967.27	48 267.36	1 036.77	47 230.59	47 074.27	933.50	46 140.77	12 160.36
2060201	机构运行	31.37	1 036.77	1 036.77	0.00	933.50	933.50	0.00	134.64
2060204	重点实验室及相关设施	10 935.90	37 825.25	0.00	37 825.25	36 735.43	0.00	36 735.43	12 025.72
2060299	其他基础研究支出	0.00	9 405.34	0.00	9 405.34	9 405.34	0.00	9 405.34	0.00
20603	应用研究	7 444.57	251 849.03	89 106.03	162 743.00	253 185.75	89 343.95	163 841.79	6 107.85

（续表）

项目		年初结转和结余金额	本年收入金额			本年支出金额			年末结转和结余金额
支出功能分类科目编码	科目名称		合计	基本支出	项目支出	合计	基本支出小计	项目支出小计	
类 款 项	合计	38 749.62	448 274.95	139 091.99	309 182.96	442 713.05	139 266.19	303 446.86	44 311.52
2060301	机构运行	2 048.55	89 106.03	89 106.03	0.00	89 343.95	89 343.95	0.00	1 810.62
2060302	社会公益研究	5 396.02	162 743.00	0.00	162 743.00	163 841.79	0.00	163 841.79	4 297.23
20605	科技条件与服务	7 402.08	36 360.00	0.00	36 360.00	35 529.53	0.00	35 529.53	8 232.55
2060503	科技条件专项	7 402.08	36 360.00	0.00	36 360.00	35 529.53	0.00	35 529.53	8 232.55
20609	科技重大项目	89.34	224.00	0.00	224.00	230.41	0.00	230.41	82.92
2060901	科技重大专项	89.34	224.00	0.00	224.00	230.41	0.00	230.41	82.92
20699	其他科学技术支出	1 011.49	300.00	0.00	300.00	1 070.51	0.00	1 070.51	240.98
2069999	其他科学技术支出	1 011.49	300.00	0.00	300.00	1 070.51	0.00	1 070.51	240.98
207	文化旅游体育与传媒支出	1 009.38	124.14	124.14	0.00	1 073.66	129.47	944.19	59.86
20701	文化和旅游	909.46	0.00	0.00	0.00	849.60	0.00	849.60	59.86
2070104	图书馆	909.46	0.00	0.00	0.00	849.60	0.00	849.60	59.86
20706	新闻出版电影	5.33	124.14	124.14	0.00	129.47	129.47	0.00	0.00
2070605	出版发行	5.33	124.14	124.14	0.00	129.47	129.47	0.00	0.00
20799	其他文化体育与传媒支出	94.59	0.00	0.00	0.00	94.59	0.00	94.59	0.00
2079903	文化产业发展专项支出	94.59	0.00	0.00	0.00	94.59	0.00	94.59	0.00
208	社会保障和就业支出	131.30	23 776.22	23 776.22	0.00	23 208.72	23 208.72	0.00	698.80
20805	行政事业单位离退休	131.30	23 776.22	23 776.22	0.00	23 208.72	23 208.72	0.00	698.80

（续表）

项目		年初结转和结余金额	本年收入金额			本年支出金额			年末结转和结余金额
支出功能分类科目编码	科目名称		合计	基本支出	项目支出	合计	基本支出小计	项目支出小计	
类 款 项	合计	38 749.62	448 274.95	139 091.99	309 182.96	442 713.05	139 266.19	303 446.86	44 311.52
2080502	事业单位离退休	0.00	2 189.18	2 189.18	0.00	2 189.18	2 189.18	0.00	0.00
2080505	机关事业单位基本养老保险缴费支出	131.30	9 664.82	9 664.82	0.00	9 174.20	9 174.20	0.00	621.92
2080506	机关事业单位职业年金缴费支出	0.00	11 922.22	11 922.22	0.00	11 845.34	11 845.34	0.00	76.88
211	节能环保支出	282.69	7 754.19	0.00	7 754.19	7 091.86	0.00	7 091.86	945.02
21103	污染防治	206.44	4 332.00	0.00	4 332.00	3 996.55	0.00	3 996.55	541.89
2110399	其他污染防治支出	206.44	4 332.00	0.00	4 332.00	3 996.55	0.00	3 996.55	541.89
21104	自然生态保护	76.25	3 422.19	0.00	3 422.19	3 095.31	0.00	3 095.31	403.13
2110402	农村环境保护	76.25	3 422.19	0.00	3 422.19	3 095.31	0.00	3 095.31	403.13
213	农林水支出	10 250.56	61 699.59	7 633.86	54 065.73	56 346.92	8 255.15	48 091.77	15 603.24
21301	农业	10 250.56	61 699.59	7 633.86	54 065.73	56 346.92	8 255.15	48 091.77	15 603.24
2130104	事业运行	285.78	9 915.89	7 373.96	2 541.93	10 162.67	7 373.96	2 788.71	39.00
2130106	科技转化与推广服务	484.56	10 151.21	0.00	10 151.21	3 974.10	0.00	3 974.10	6 661.66
2130108	病虫害控制	3 731.13	2 705.00	0.00	2 705.00	4 855.95	0.00	4 855.95	1 580.18
2130109	农产品质量安全	341.16	18 409.37	0.00	18 409.37	17 916.79	0.00	17 916.79	833.74
2130111	统计监测与信息服务	61.49	3 108.33	0.00	3 108.33	2 985.91	0.00	2 985.91	183.91
2130112	农业行业业务管理	57.92	1 308.20	0.00	1 308.20	1 336.45	0.00	1 336.45	29.67

（续表）

项目		年初结转和结余金额	本年收入金额			本年支出金额			年末结转和结余金额
支出功能分类科目编码	科目名称		合计	基本支出	项目支出	合计	基本支出小计	项目支出小计	
类 款 项	合计	38 749.62	448 274.95	139 091.99	309 182.96	442 713.05	139 266.19	303 446.86	44 311.52
2130114	对外交流与合作	19.87	2 503.22	0.00	2 503.22	1 850.36	0.00	1 850.36	672.72
2130126	农村公益事业	1.27	390.00	0.00	390.00	389.81	0.00	389.81	1.46
2130135	农业资源保护修复与利用	3 457.96	10 984.47	0.00	10 984.47	10 636.45	0.00	10 636.45	3 805.98
2130199	其他农业支出	1 809.44	2 223.90	259.90	1 964.00	2 238.43	881.19	1 357.24	1 794.92
221	住房保障支出	112.39	17 414.97	17 414.97	0.00	17 395.39	17 395.39	0.00	131.96
22102	住房改革支出	112.39	17 414.97	17 414.97	0.00	17 395.39	17 395.39	0.00	131.96
2210201	住房公积金	54.24	12 888.89	12 888.89	0.00	12 830.74	12 830.74	0.00	112.39
2210202	提租补贴	29.62	583.55	583.55	0.00	593.60	593.60	0.00	19.57
2210203	购房补贴	28.52	3 942.53	3 942.53	0.00	3 971.05	3 971.05	0.00	0.00

中国农业科学院 2019 年项目收入支出决算表

（单位：万元）

项目		资金来源					支出金额			年末结转和结余金额	
支出功能分类科目编码	科目名称（项目）	合计	年初结转和结余		财政拨款	其他资金	合计	财政拨款	其他资金	合计	其中：财政拨款结转和结余
			小计	其中：财政拨款结转和结余							
类 款 项	合计	783 521.31	319 989.25	35 750.03	309 182.96	154 349.10	449 854.75	303 446.86	146 407.89	41 486.13	40 618.71
202	外交支出	345.77	20.77	20.77	325.00	0.00	345.77	345.77	0.00	0.00	0.00
20299	其他外交支出	345.77	20.77	20.77	325.00	0.00	345.77	345.77	0.00	0.00	0.00
2029901	其他外交支出	345.77	20.77	20.77	325.00	0.00	345.77	345.77	0.00	0.00	0.00
205	教育支出	208.23	27.78	27.78	180.45	0.00	160.26	160.26	0.00	47.97	47.97
20508	进修及培训	208.23	27.78	27.78	180.45	0.00	160.26	160.26	0.00	47.97	47.97
2050803	培训支出	208.23	27.78	27.78	180.45	0.00	160.26	160.26	0.00	47.97	47.97
206	科学技术支出	693 383.96	301 428.32	24 834.83	246 857.59	145 098.05	383 286.52	246 813.01	136 473.51	24 879.41	24 016.99
20602	基础研究	119 463.64	53 232.26	10 935.90	47 230.59	19 000.79	63 445.60	46 140.77	17 304.83	12 025.72	11 815.52
2060203	自然科学基金	52 545.56	35 505.86	0.00	0.00	17 039.70	15 640.18	0.00	15 640.18	0.00	0.00
2060204	重点实验室及相关设施	49 733.10	11 907.85	10 935.90	37 825.25	0.00	36 976.11	36 735.43	240.68	12 025.72	11 815.52

（续表）

项目		资金来源					支出金额			年末结转和结余金额	
支出功能分类科目编码	科目名称（项目）	合计	年初结转和结余		财政拨款	其他资金	合计	财政拨款	其他资金	合计	其中：财政拨款结转和结余
			小计	其中：财政拨款结转和结余							
类 款 项	合计	783 521.31	319 989.25	35 750.03	309 182.96	154 349.10	449 854.75	303 446.86	146 407.89	41 486.13	40 618.71
2060299	其他基础研究支出	17 184.97	5 818.55	0.00	9 405.34	1 961.08	10 829.32	9 405.34	1 423.98	0.00	0.00
20603	应用研究	422 996.78	178 570.19	5 396.02	162 743.00	81 683.59	235 362.55	163 841.79	71 520.76	4 297.23	3 713.87
2060302	社会公益研究	422 996.78	178 570.19	5 396.02	162 743.00	81 683.59	235 362.55	163 841.79	71 520.76	4 297.23	3 713.87
20605	科技条件与服务	45 257.82	7 402.08	7 402.08	36 360.00	1 495.75	39 117.09	35 529.53	3 587.56	8 232.55	8 196.71
2060503	科技条件专项	43 762.08	7 402.08	7 402.08	36 360.00	0.00	35 529.53	35 529.53	0.00	8 232.55	8 196.71
2060599	其他科技条件与服务支出	1 495.75	0.00	0.00	0.00	1 495.75	3 587.56	0.00	3 587.56	0.00	0.00
20609	科技重大项目	104 354.23	61 212.31	89.34	224.00	42 917.92	44 290.76	230.41	44 060.35	82.92	49.91
2060901	科技重大专项	28 969.58	15 861.41	89.34	224.00	12 884.17	13 348.42	230.41	13 118.01	82.92	49.91
2060902	重点研发计划	75 384.65	45 350.90	0.00	0.00	30 033.75	30 942.34	0.00	30 942.34	0.00	0.00
20699	其他科学技术支出	1 311.49	1 011.49	1 011.49	300.00	0.00	1 070.51	1 070.51	0.00	240.98	240.98
2069999	其他科学技术支出	1 311.49	1 011.49	1 011.49	300.00	0.00	1 070.51	1 070.51	0.00	240.98	240.98
207	文化旅游体育与传媒支出	1 004.05	1 004.05	1 004.05	0.00	0.00	944.19	944.19	0.00	59.86	59.86
20701	文化和旅游	909.46	909.46	909.46	0.00	0.00	849.60	849.60	0.00	59.86	59.86
2070104	图书馆	909.46	909.46	909.46	0.00	0.00	849.60	849.60	0.00	59.86	59.86
20799	其他文化体育与传媒支出	94.59	94.59	94.59	0.00	0.00	94.59	94.59	0.00	0.00	0.00

（续表）

项目		资金来源					支出金额			年末结转和结余金额	
支出功能分类科目编码	科目名称（项目）	合计	年初结转和结余		财政拨款	其他资金	合计	财政拨款	其他资金	合计	其中：财政拨款结转和结余
			小计	其中：财政拨款结转和结余							
类 款 项	合计	783 521.31	319 989.25	35 750.03	309 182.96	154 349.10	449 854.75	303 446.86	146 407.89	41 486.13	40 618.71
2079903	文化产业发展专项支出	94.59	94.59	94.59	0.00	0.00	94.59	94.59	0.00	0.00	0.00
211	节能环保支出	8 036.88	282.69	282.69	7 754.19	0.00	7 091.86	7 091.86	0.00	945.02	945.02
21103	污染防治	4 538.44	206.44	206.44	4 332.00	0.00	3 996.55	3 996.55	0.00	541.89	541.89
2110399	其他污染防治支出	4 538.44	206.44	206.44	4 332.00	0.00	3 996.55	3 996.55	0.00	541.89	541.89
21104	自然生态保护	3 498.44	76.25	76.25	3 422.19	0.00	3 095.31	3 095.31	0.00	403.13	403.13
2110402	农村环境保护	3 498.44	76.25	76.25	3 422.19	0.00	3 095.31	3 095.31	0.00	403.13	403.13
213	农林水支出	75 863.44	13 737.14	9 579.91	54 065.73	8 060.57	57 677.84	48 091.77	9 586.08	15 553.88	15 548.88
21301	农业	75 863.44	13 737.14	9 579.91	54 065.73	8 060.57	57 677.84	48 091.77	9 586.08	15 553.88	15 548.88
2130104	事业运行	2 827.71	285.78	285.78	2 541.93	0.00	2 788.71	2 788.71	0.00	39.00	39.00
2130106	科技转化与推广服务	10 635.77	484.56	484.56	10 151.21	0.00	3 974.10	3 974.10	0.00	6 661.66	6 661.66
2130108	病虫害控制	6 436.13	3 731.13	3 731.13	2 705.00	0.00	4 855.95	4 855.95	0.00	1 580.18	1 580.18
2130109	农产品质量安全	18 750.53	341.16	341.16	18 409.37	0.00	17 916.79	17 916.79	0.00	833.74	833.74
2130111	统计监测与信息服务	3 169.82	61.49	61.49	3 108.33	0.00	2 985.91	2 985.91	0.00	183.91	183.91
2130112	农业行业业务管理	1 366.12	57.92	57.92	1 308.20	0.00	1 336.45	1 336.45	0.00	29.67	24.67
2130114	对外交流与合作	2 523.09	19.87	19.87	2 503.22	0.00	1 850.36	1 850.36	0.00	672.72	672.72

（续表）

项目		资金来源					支出金额			年末结转和结余金额	
支出功能分类科目编码	科目名称（项目）	合计	年初结转和结余		财政拨款	其他资金	合计	财政拨款	其他资金	合计	其中：财政拨款结转和结余
			小计	其中：财政拨款结转和结余							
类 款 项	合计	783 521.31	319 989.25	35 750.03	309 182.96	154 349.10	449 854.75	303 446.86	146 407.89	41 486.13	40 618.71
2130126	农村公益事业	391.27	1.27	1.27	390.00	0.00	389.81	389.81	0.00	1.46	1.46
2130135	农业资源保护修复与利用	14 442.43	3 457.96	3 457.96	10 984.47	0.00	10 636.45	10 636.45	0.00	3 805.98	3 805.98
2130199	其他农业支出	15 320.58	5 296.02	1 138.79	1 964.00	8 060.57	10 943.32	1 357.24	9 586.08	1 745.56	1 745.56
221	住房保障支出	4 678.98	3 488.49	0.00	0.00	1 190.48	348.30	0.00	348.30	0.00	0.00
22102	住房改革支出	2 061.31	2 005.74	0.00	0.00	55.57	39.36	0.00	39.36	0.00	0.00
2210203	购房补贴	2 061.31	2 005.74	0.00	0.00	55.57	39.36	0.00	39.36	0.00	0.00
22103	城乡社区住宅	2 617.66	1 482.75	0.00	0.00	1 134.91	308.95	0.00	308.95	0.00	0.00
2210399	其他城乡社区住宅支出	2 617.66	1 482.75	0.00	0.00	1 134.91	308.95	0.00	308.95	0.00	0.00

中国农业科学院 2019 年度修缮购置专项资金项目批复情况

序号	预算代码	单位名称	专项合计	
			数量（项）	金额（万元）
		全院合计	51	30 776.36
1	125161001	沼科所	1	655.00
2	125161002	环保所	1	655.00
3	125161003	院本级	1	1 650.00
4	125161004	研究生院	1	850.00
5	125161005	农经所	1	285.00
6	125161008	信息所	1	225.00
7	125161009	作科所	1	1 380.00
8	125161010	蔬菜所	1	415.00
9	125161012	环发所	1	1 910.00
10	125161013	资划所	4	1 155.00
11	125161014	植保所	3	720.00
12	125161015	加工所	1	800.00
13	125161016	棉花所	2	2 110.00
14	125161017	油料所	1	1 215.00
15	125161018	果树所	1	580.00
16	125161019	郑果所	3	925.00
17	125161021	茶叶所	1	880.00
18	125161023	烟草所	3	1 210.00

（续表）

序号	预算代码	单位名称	专项合计	
			数量（项）	金额（万元）
19	125161024	麻类所	1	330.00
20	125161028	牧医所	1	1 590.00
21	125161029	蜜蜂所	1	500.00
22	125161030	哈兽研	2	3 095.00
23	125161031	兰兽医	3	895.00
24	125161032	兰牧药	1	680.00
25	125161033	草原所	1	460.00
26	125161034	特产所	3	965.00
27	125161035	上兽医	1	725.00
28	125161036	水稻所	2	1 115.00
29	125161038	饲料所	1	280.00
30	125161039	生物所	2	1 485.00
31	125161007	质标所	1	289.00
32	125161026	灌溉所	1	199.36
33	125161037	农机化所	1	278.00
34	125161043	基因组所	1	270.00

中国农业科学院2019年基本科研业务费项目评审汇总情况

2019年，中国农业科学院获中央级公益性科研院所基本科研业务费支持28 520万元，36个单位共立项资助项目1 160个。院级统筹经费预算12 260万元，立项资助项目323个，其中应急任务经费2 255万元，立项资助应急项目14个，包括“草地贪夜蛾联合攻关重大科技任务”1 000万元、“非洲猪瘟联合攻关”470万元。

序号	预算编码	单位	2019年合计		院级统筹经费		所级统筹经费	
			项目数（项）	预算数（万元）	项目数（项）	预算数（万元）	项目数（项）	预算数（万元）
		合　计	1 160	28 520.0	323	12 260.0	837	16 260.0
1	125161001	沼科所	25	676.0	7	360.0	18	316.0
2	125161002	环保所	27	958.0	6	660.0	21	298.0
3	125161003	院本级	32	2 508.0	32	2 508.0		
4	125161004	研究生院	9	179.0	4	35.0	5	144.0
5	125161005	农经所	16	512.0	13	210.0	3	302.0
6	125161007	质标所	23	501.0	8	260.0	15	241.0
7	125161008	信息所	63	1 365.0	19	595.0	44	770.0
8	125161009	作科所	52	1 624.0	18	674.0	34	950.0
9	125161010	蔬菜所	35	930.0	13	418.0	22	512.0
10	125161012	环发所	48	1 061.0	14	545.0	34	516.0
11	125161013	资划所	83	1 313.0	16	595.5	67	717.5
12	125161014	植保所	40	1 025.0	16	455.0	24	570.0
13	125161015	加工所	22	685.0	8	210.0	14	475.0
14	125161016	棉花所	63	1 115.0	6	260.0	57	855.0
15	125161017	油料所	40	1 016.0	9	360.0	31	656.0
16	125161018	果树所	38	554.0	6	180.0	32	374.0

（续表）

序号	预算编码	单位	2019 年合计		院级统筹经费		所级统筹经费	
			项目数（项）	预算数（万元）	项目数（项）	预算数（万元）	项目数（项）	预算数（万元）
17	125161019	郑果所	30	858.0	9	309.0	21	549.0
18	125161021	茶叶所	34	637.0	7	216.5	27	420.5
19	125161023	烟草所	11	585.0	3	90.0	8	495.0
20	125161024	麻类所	11	401.0	4	110.0	7	291.0
21	125161026	灌溉所	18	459.0	6	178.0	12	281.0
22	125161028	牧医所	57	1 167.0	16	649.0	41	518.0
23	125161029	蜜蜂所	25	473.0	7	150.0	18	323.0
24	125161030	哈兽研	21	1 230.0	6	280.0	15	950.0
25	125161031	兰兽研	31	656.0	5	120.0	26	536.0
26	125161032	兰牧药	24	599.0	4	140.0	20	459.0
27	125161033	草原所	28	404.0	4	92.0	24	312.0
28	125161034	特产所	75	916.0	5	115.0	70	801.0
29	125161035	上兽研	30	370.0	3	100.0	27	270.0
30	125161036	水稻所	16	910.0	8	195.0	8	715.0
31	125161037	农机化所	61	1 002.0	11	280.0	50	722.0
32	125161038	饲料所	21	370.0	2	60.0	19	310.0
33	125161039	生物所	24	703.0	12	315.0	12	388.0
34	125161042	营养所	9	113.0	1	15.0	8	98.0
35	125161043	基因组所	3	125.0	2	50.0	1	75.0
36	125161044	都市所	15	520.0	13	470.0	2	50.0

中国农业科学院 2019 年度行政事业单位国有资产概况

根据《中国农业科学院 2019 年度行政事业单位国有资产报表》，中国农业科学院 2019 年年底资产总额达到 172.75 亿元，其中，流动资产 71.16 亿元、固定资产（净值）60.59 亿元、在建工程 28.60 亿元、长期投资 9.85 亿元、无形资产（净值）2.43 亿元、其他非流动资产 734.91 万元、受托代理资产 482.04 万元，分别占资产总额的 41.19%、35.08%、16.56%、5.70%、1.40%、0.04%和 0.03%（图）。全院共有 24 个单位资产总量超过 2 亿元，其中 10 个单位资产总量超过 5 亿元（表），全中国农业科学院国有资产规模持续扩大，为中国农业科学院“三个面向、两个一流”建设提供了坚实的物质基础支撑。

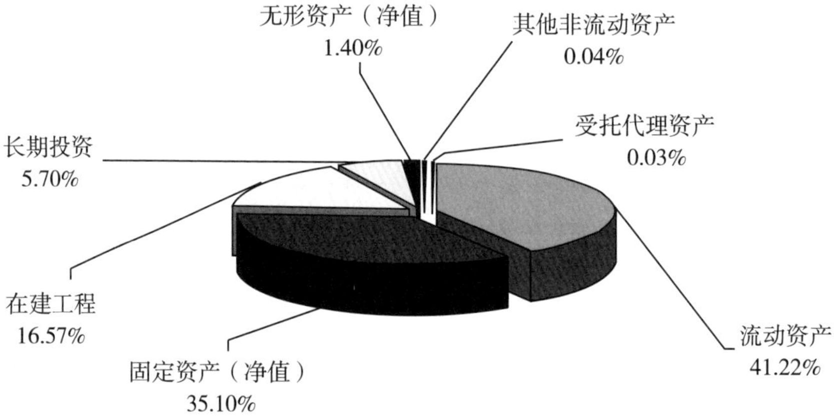

图　中国农业科学院 2019 年末行政事业单位国有资产构成

（数据来源：中国农业科学院 2019 年度行政事业单位国有资产报表）

表 中国农业科学院2019年末资产状况

（单位：万元）

序号	单位	资产合计期末数	流动资产期末数	固定资产净值期末数	无形资产净值期末数	长期股权投资期末数	在建工程期末数
	全院合计	1 727 481.32	711 584.34	605 923.24	24 251.39	98 478.54	286 026.84
1	中国农业科学院本级	206 662.69	60 142.54	51 345.18	3 433.43	3 480.00	88 261.54
2	农业农村部沼气科学研究所	9 706.60	4 289.13	4 478.70	626.18	285.86	26.74
3	农业农村部环境保护科研监测所	30 388.07	20 743.96	4 315.95	301.69	63.19	4963.29
4	中国农业科学院研究生院	24 996.93	15 625.40	9 160.03	52.29	140.00	19.21
5	中国农业科学院农业经济与发展研究所	13 697.18	9 766.77	2 188.88	1 741.53	0.00	0.00
6	中国农业科学院农业质量标准与检测技术研究所	19 214.80	12 110.05	6 661.75	114.57	0.00	328.42
7	中国农业科学院农业信息研究所	53 778.45	11 507.20	37 816.03	2 166.26	116.00	2 172.97
8	中国农业科学院作物科学研究所	84 310.52	57 266.89	21 484.36	785.42	276.21	4 497.63
9	中国农业科学院蔬菜花卉研究所	38 834.90	24 694.68	9 882.60	12.15	530.00	3 715.48
10	中国农业科学院农业环境与可持续发展研究所	32 514.49	17 842.45	10 774.51	1 346.98	244.38	2 306.17

（续表）

序号	单位	资产合计期末数	流动资产期末数	固定资产净值期末数	无形资产净值期末数	长期股权投资期末数	在建工程期末数
11	中国农业科学院农业资源与农业区划研究所	66 745. 50	34 041. 85	22 867. 25	1 616. 86	85. 00	8 134. 54
12	中国农业科学院植物保护研究所	73 773. 13	29 140. 97	20 393. 65	776. 84	1 160. 00	22 039. 93
13	中国农业科学院农产品加工研究所	44 880. 41	18 347. 67	19 398. 39	124. 37	4 254. 06	2 727. 96
14	中国农业科学院棉花研究所	46 652. 97	18 114. 10	16 742. 50	1 801. 16	2 239. 60	7 755. 61
15	中国农业科学院油料作物研究所	55 916. 37	13 175. 62	31 566. 72	2 857. 73	3 183. 08	5 133. 21
16	中国农业科学院果树研究所	11 903. 07	4 381. 57	7 313. 42	41. 69	120. 00	0. 00
17	中国农业科学院郑州果树研究所	21 183. 88	9 658. 08	8 471. 98	55. 13	50. 00	2 948. 18
18	中国农业科学院茶叶研究所	34 687. 03	17 270. 99	13 234. 78	904. 06	2 963. 04	314. 17
19	中国农业科学院烟草研究所	27 542. 23	11 720. 80	11 568. 22	709. 44	700. 00	2 843. 76
20	中国农业科学院麻类研究所	22 661. 67	8 628. 39	11 275. 21	562. 99	42. 06	2 153. 02
21	中国农业科学院农田灌溉研究所	12 164. 25	4 208. 83	5 627. 37	109. 31	62. 00	2 156. 73
22	中国农业科学院北京畜牧兽医研究所	75 706. 85	17 559. 72	51 970. 16	286. 89	80. 90	5 792. 33

（续表）

序号	单位	资产合计期末数	流动资产期末数	固定资产净值期末数	无形资产净值期末数	长期股权投资期末数	在建工程期末数
23	中国农业科学院蜜蜂研究所	14 709. 55	5 082. 13	5 784. 13	38. 61	238. 00	3 557. 98
24	中国农业科学院哈尔滨兽医研究所	230 212. 29	62 396. 04	98 529. 43	69. 65	5 580. 00	63 637. 17
25	中国农业科学院兰州兽医研究所	209 632. 52	102 314. 04	20 238. 58	654. 90	60 387. 62	25 916. 98
26	中国农业科学院兰州畜牧与兽药研究所	22 589. 27	7 946. 14	13 477. 41	26. 68	239. 57	899. 48
27	中国农业科学院草原研究所	12 812. 82	4 084. 89	7 006. 31	168. 21	489. 00	330. 00
28	中国农业科学院特产研究所	41 991. 68	9 623. 68	18 634. 86	811. 04	1 638. 00	11 284. 10
29	中国农业科学院上海兽医研究所	30 323. 10	12 959. 23	13 618. 10	390. 14	1 354. 84	2 000. 79
30	中国水稻研究所	73 178. 35	40 823. 19	22 209. 24	40. 94	3 808. 63	6 296. 35
31	农业农村部南京农业机械化研究所	19 680. 39	9 920. 35	6 657. 15	1 372. 79	1 730. 10	0. 00
32	中国农业科学院饲料研究所	14 592. 24	6 359. 51	7 531. 74	43. 00	655. 00	3. 00
33	中国农业科学院生物技术研究所	28 167. 77	14 886. 94	7 885. 86	138. 00	2 182. 40	3 074. 57
34	农业农村部食物与营养发展研究所	2 123. 51	1 305. 27	799. 45	18. 79	0. 00	0. 00

（续表）

序号	单位	资产合计期末数	流动资产期末数	固定资产净值期末数	无形资产净值期末数	长期股权投资期末数	在建工程期末数
35	中国农业科学院农业基因组研究所	18 741. 95	12 891. 69	4 963. 04	51. 70	100. 00	735. 52
36	中国农业科学院都市农业研究所	803. 88	753. 59	50. 28	0. 00	0. 00	0. 00

数据来源：中国农业科学院 2019 年度行政事业单位国有资产报表。

中国农业科学院2019年度政府采购情况

一、2019年政府采购工作开展情况

2019年，在农业农村部的正确领导下，在院属各单位和院机关各部门的密切配合下，中国农业科学院认真完成了政府采购预算、计划、执行情况和信息统计的填报，政府采购进口产品备案，批量转协议供货审核等各项政府采购管理工作。一是积极组织中国农业科学院各单位政府采购人员参加上级部门举办的政府采购培训班，并将学习文件在QQ群及微信群中发布，各单位学习交流政府采购经验。二是做好批量采购、其他计划申报、季报、年报等工作的统计、审核及相关采购咨询工作。三是做好材料及采购的验收把关、监督检查等工作。四是完善制度，组织修订《中国农业科学院科研仪器设备采购管理暂行办法》，并制定《中国农业科学院本级政府采购管理办法》。

通过多方面多角度的积极沟通、不断宣传，全院上下对政府采购管理工作的重视程度不断提高，政府采购制度不断完善，政府采购程序不断规范，保证了全院政府采购工作依法、合规、高效开展。

二、政府采购执行情况分析

（一）政府采购预算、计划、执行总体情况

2019年，中国农业科学院按照无预算不采购、无计划不执行采购和厉行节约的要求，强化预算约束，严格按程序执行政府采购，认真编制了政府采购预算、计划和执行情况报表，确保了全院计划不超预算，执行不超计划。根据中国农业科学院《2019年政府采购信息统计报表》，全院2019年政府采购计划金额68 445.20万元，实际采购金额64 602.23万元，全部使用财政性资金，较2018年（55 591.85万元）增加9 010.38万元，增幅13.16%。实际采购相对计划节约资金总额3 842.97万元。

（二）按采购资金构成分析

2019年实际采购金额中，货物类采购金额35 400.78万元，工程类采购金额26 775.24万元，服务类采购金额2 426.20万元，分别占采购总金额的54.80%、41.45%和3.76%。其中，工程类采购金额较2018年同期增加5 766.36万元，增幅为

21. 54%。工程类采购金额增加的主要原因是：基建项目与修购项目中修缮改造类项目增加。服务类采购金额较 2018 年同期增加 1 462. 94 万元，增幅为 60. 30%。服务类采购金额增加的主要原因是：物业服务、印刷及其他服务增加。货物类采购金额较 2018 年同期减少 1 054. 67 万元，减幅为 2. 98%，货物类采购金额减少的主要原因是：仪器设备共享共用提高，减少了部分仪器的购置。

（三）按组织形式分析

2019 年，全院实际采购金额中，集中采购金额 3 906. 89 万元，分散采购金额 60 695. 33 万元，分别占总采购金额的 6. 05% 和 93. 95%。其中，货物类集中采购金额 1585. 25 万元、分散采购金额 33 815. 53 万元，分别占货物类总采购金额的 4. 48% 和 95. 52%；工程类集中采购金额 736. 95 万元、分散采购金额 26 038. 29 万元，分别占工程类集中采购金额的 2. 75% 和 97. 25%；服务类集中采购金额 1 584. 70 万元、分散采购金额 841. 51 万元，分别占服务类总采购金额的 65. 32% 和 34. 68%。

（四）按采购方式分析

2019 年，全院实际采购金额中，公开招标采购金额 59 923. 15 万元，邀请招标采购金额 1 328. 88 万元，竞争性磋商采购金额 709. 51 万元，协议供货采购金额 1 022. 21 万元，定点采购金额 583. 45 万元，电子卖场采购金额 58. 17 万元，分别占采购总金额的 92. 76%、2. 06%、1. 10%、1. 58%、0. 90%、0. 09%。从以上数据来看，公开招标是中国农业科学院政府采购的主要采购方式，与《政府采购法》的管理要求相吻合。

（五）合同授予情况

2019 年，中国农业科学院实际采购金额中，授予国内厂商 42 485. 66 万元，授予国外厂商 22 116. 57 万元，分别占总采购总额的 65. 77% 和 34. 23%。其中，授予国外厂商的全部为货物类采购。

（六）按政府采购品目分析

货物类采购方面，2019 年全院共采购通用设备 2 624 台（套）金额 17 351. 80 万元（含汽车 7 辆 160. 94 万元），专用设备 685 台（套）金额 17 342. 73 万元，家具用具 74 台（套）12. 33 万元，办公消耗用品等 1 011 件134. 20 万元，其他品目货物 1 件 12. 13 万元；工程类采购方面，建筑物施工 8 852. 20 万元，构筑物施工 1 项 183. 5 万元，修缮工程 13 项 4 043. 32 万元，其他品目 59 项 12 920. 86 万元；服务类采购方面，维修和保养服务 97 项 65.02 万元，会议服务 57 项 691.85 万元，印刷和出版服务 136 027 项 273.83 万元，物业管理服务 4 项 546.63 万元，机动车保险服务 40 项 15 万元，其他品目 7 项 799.87 万元。

（七）节能节水和环保产品分析

全院 2019 年实际采购节能节水产品 972.15 万元，占同类产品采购总金额的 97.24%；实际采购环保产品 964.67 万元，占同类产品采购总金额的 95.81%。

中国农业科学院 2019 年基本建设工作总结

2019 年，中国农业科学院基本建设局坚持以习近平新时代中国特色社会主义思想为指引，深入贯彻党的十九大和十九届二中、三中、四中全会精神，按照“三个面向”重要指示，围绕“两个一流”建设目标，着力加强重大平台条件布局与建设。

一、2019 年重点工作情况

在院党组的坚强领导下，全局同志团结奋进，务实担当，以工作实绩和优良作风践行初心和使命。

（一）提高站位，加快推进成都中心等重大布局落地与前期谋划

强力推进国家成都农业科技中心建设。目前一期工程 10 万平方米建筑已完成总建设量的 60%，为 2020 年如期交付使用奠定基础。建设工作得到了韩长赋部长、尧斯丹副省长、唐华俊院长、张合成书记等领导的充分肯定。积极协调北方水稻研究中心初步设计评估及审批。经协调国家发展改革委、国家投资项目评审中心推进评审，目前正在国家发改委履行审批程序。牵头组织申报西部农业研究中心重大项目（总投资 2.7 亿元）。邀请余欣荣副部长赴现场调研指导，于 2019 年 8 月初通过部直属单位基本建设工作领导小组会议审议。加快谋划国家南繁研究院、国家农业科技创新中心（雄安）等前期工作。指导编制了南繁研究院 9 个建设项目可行性研究报告，并率先启动作物表型与基因型鉴定设施（海南）立项申请，加紧开展中国农业科学院研究生院（雄安校区）、国家农业科技创新中心（雄安）等前期工作，并向京津冀协同发展办公室报送了“十四五”重点建设项目清单。

（二）顶层设计，以规划引领全院条件平台建设

推进“十三五”规划任务落实，新争取国家数字农业创新中心、山东长岛迁飞昆虫科学观测站、中关村院区东区供暖改造等 27 个规划内项目落地，为抢占数字农业发展先机、夯实农业科技基础性工作、增强院区综合服务能力奠定基础。争取到国家农业科技创新园改造、河南兰考试验基地等 24 个项目增补进《农业科技创新能力条件建设规划（2016—2020 年）》支持，及时为农业科技成果转化与试验示范等提供精准保障。

全年获得国家投资 39 569 万元，是 2018 年的 1.68 倍；完成 23 个建设项目竣工验收，新建成近 10 万平方米科研设施条件，新增固定资产 3.5 亿元。超前谋划“十四五”发展建设规划，召开全院基本建设工作会，系统部署“十四五”全院科研平台布局与条件建设，加快谋划国家农业数字科研协同创新支撑平台、海南热带生物安全研究中心、国家畜禽种质资源库等重大项目，并纳入全国农业农村大数据平台、现代种业提升工程等“十四五”建设规划支持。提升院所区总体规划水平。完成了《京区土地总体概念性规划（2017—2035 年）》《中国农业科学院南口试验基地规划（2017—2035 年）》等重要成果，并积极争取市区两级规划主管部门认可，完成了《国家未来农业中心规划》《成都中心双流基地控制性详细规划》《植物保护学科试验基地建设规划》等重点区域、重点学科专项建设规划。

（三）突出重点，梯次推进重大科技基础设施建设

积极推进农业高等级实验动物创制、农业农村环境监测与样品保藏中心、脂质改良与营养科学中心等 7 个重大项目预研，其中 2 个完成可研报告初稿、5 个达到项目建议书深度。农业基因组学研究中心可研报告（总投资 3.8 亿元）已通过国家发改委委托评审，正在履行审批程序。高质量推进国家作物种质库建设。认真贯彻韩长赋部长现场调研时关于“一流项目、一流质量、一流管理”的讲话要求，严格管理，快速推进。2019 年 9 月 11 日以种质库为案例组织召开了部系统基建管理现场观摩会，目前国家种质库主体结构已近封顶。同时编制了《国家作物种质库项目管理办法》等，努力实现“出经验、出精品、出人才”目标，坚决把全院“一号建设工程”抓好抓实。针对国家口蹄疫参考实验室项目档案资料整理、财务决算审计、地方手续办理等收尾工作进展缓慢等突出问题，安排专人跟进，选派专家现场指导，现已通过档案专项验收和项目初步验收，获得中国合格评定国家认可委员会认证和农业农村部高致病性病原微生物实验活动批复，顺利投入试运行。

（四）紧盯目标，加快推进项目执行与规范管理

2019 年年初制定了全院基本建设项目 2019 年度进度目标并召开专题会议动员部署，通过开展定期调度通报、召开进度督导会等措施，明确目标、确定节点，加快新项目开工和在建项目进度。将执行进度与下年度投资计划安排、新项目申报与在建项目个数“双挂钩”举措，实施监督检查与进度督导相结合，业务调研与重点项目指导相结合，积极克服中央投资下达晚等困难，累计完成年度预算 3.3 亿元。通过基建管理全员培训、管理平台使用专项培训、一对一指导培训等方式，构建多层次培训体系。举办了 2019 年全院基本建设项目管理培训班，围绕合同关键条款及风险把控、实施关键节点把控、专业实验室建设等重点领域有的放矢，围绕“项目前期筹建、实验室设计、加

快竣工验收”等重点环节交流研讨，助力全院基本建设项目又好又快实施。

（五）敢于担当，切实抓好各项交办任务

配合中国农业科技国际交流中心建设。积极协助建昊公司完成 95 406 平方米建筑施工图设计，确保土方工程施工对周边扰动控制在毫米级，同时完成全部 25 万方土方开挖及外运，尽最大努力加快建设，争取 2020 年完成主体结构。应对科技培训楼违法建设及法律诉讼。专项工作组与律师团队通力合作，目前进入最高人民法院再审程序。同时坚持以诉讼和行政执法结果为前提，积极压缩对方谈判空间，先后与北宇公司法人代表进行 4 次会商，争取我院最大利益。应对图书馆工程结算诉讼。向最高人民法院、北京市高级人民法院反应情况，争取公平对待，获得立案受理，中止执行一审判决，目前根据 2019 年 10 月和 11 月两次开庭审理情况，加紧推进后续工作。

（六）服务为本，积极推动“放管服”政策落地

修订《中国农业科学院院属单位自有资金建设项目管理办法》（正在履行审定程序），将项目审批制改为备案制，赋予研究所更多自主决策权，落实六部委《关于扩大高校和科研院所科研相关自主权的若干意见》要求，改进基建项目中科研仪器设备采购管理。完成了《农业科研设施建设领域 PPP 模式应用研究》《我国农业建设项目管理政策研究》等专题研究，提高政策水平和执行能力。针对院所基建管理队伍流动性强、专业人员少等特点，编制基本建设局内部控制规程、建设项目流程图、项目管理人员岗位职责等，逐步实现基建管理的可视化、标准化，向主要领导提供一张“明白纸”、为工作人员提供“参考手册”。主动服务应对京区新增建设增量难、规划审批慢等突出矛盾，积极办理马连洼研究生宿舍、院部门诊楼改造等一批重点项目、民生工程的规划建设手续，马连洼研究生宿舍项目规划手续历时 71 个日历天，仅为同类项目平均用时（一般为 120 日历天）的 60%，以更精准指导帮助资划所、信息所、环发所、环保所等一批建设任务重、遗留问题多的单位解决项目瓶颈问题，加快项目执行和竣工验收，以更高效率推动院区公共基础设施建设，实现了中关村院区热力系统及东区综合改造项目当年筹划、当年申请、当年立项的良好成效。

二、2020 年重点工作部署

牢牢坚持“三个面向”战略定位，围绕全面建成小康社会、打赢脱贫攻坚战、迈进创新型国家等战略需求，以更高的站位、更强的作风、更实的举措，谋划好“十四五”发展建设大计，落实好重点建设任务，发展好全院基本建设事业。

一是加强战略研究。重点提高政策研判和指导工作能力，围绕乡村振兴、科技强

国、雄安新区等国家战略，深入开展全院区域性综合农业研究中心空间布局研究；围绕“学科建设、平台支撑、空间布局、项目建设”四大体系发展，梳理全院中长期平台条件布局与建设思路；围绕投资体制改革新形势新要求，探索多层次多渠道保障院所条件建设资金需求新途径。

二是强化顶层设计。组织编制全院“十四五”基本建设发展规划，引领全院科研平台条件建设；紧密衔接农业农村部“十四五”相关建设规划，争取更多建设项目获得支持；加强院所建设总体规划编制，提高院所事业规划、空间规划和项目规划的匹配度，特别是新中心、新所区、新基地等重点区域，真正实现一张蓝图干到底。

三是抓好重点任务。全力以赴抓好成都农业科技中心建设，确保2020年9月一期工程如期交付使用，二期工程全面启动；千方百计抓好国家作物种质库建设，2019年年底前项目全面竣工，将“下决心把民族种业搞上前去”的重要指示落到实处；加快一批重大建设项目建设，完成国家农业高等级实验动物创制重大科学工程可行性研究报告及农业基因组学研究中心重大项目初步设计报审，北方水稻中心开工建设，为抢占科技前沿和推动区域布局提供高点支撑；坚决落实农业科技国际交流中心、科技培训楼（艺海）、图书馆纠纷等交办事项和遗留问题，最大程度争取中国农业科学院利益、最强力度推动问题解决。

四是增强履职效能。按照推动中国农业科学院治理体系和治理能力现代化统一部署，重点从加强政治型机关建设、提高业务管理科学化水平、加强管理队伍建设、落实廉政风险防范和安全生产责任五个方面，加强基本建设局自身建设。

中国农业科学院 2019 年基本建设项目立项情况与投资计划概况

（一）基本建设项目立项情况

2019 年批复立项的基本建设项目共 27 个，批复总投资 42 779 万元，全部为中央预算内投资。

序号	项目名称	建设年限	项目单位	总投资（万元）
1	中国农业科学院中关村院区热力系统及东区综合改造建设项目	2 年	中国农业科学院	2 700
2	中国农业科学院草原研究所综合实验室建设项目	2 年	草原研究所	2 860
3	中国农业科学院哈尔滨兽医研究所场区基础设施改造项目	2 年	哈尔滨兽医研究所	2 360
4	中国农业科学院北京畜牧兽医研究所农业农村部畜禽遗传资源与种质创新重点实验室建设项目	2 年	北京畜牧兽医研究所	1 360
5	中国农业科学院山东长岛迁飞昆虫科学观测实验站建设项目	2 年	植物保护研究所	2 485
6	中国农业科学院哈尔滨兽医研究所农业农村部兽用药物与兽医生物技术重点实验室建设项目	2 年	哈尔滨兽医研究所	1 890
7	中国农业科学院茶叶研究所农业农村部茶树生物学与资源利用重点实验室建设项目	2 年	茶叶研究所	1 220
8	中国农业科学院农业环境与可持续发展研究所农业农村部休闲农业重点实验室建设项目	2 年	农业环境与可持续发展研究所	1 600
9	中国农业科学院蔬菜花卉研究所兰陵试验基地建设项目	2 年	蔬菜花卉研究所	2 370

（续表）

序号	项目名称	建设年限	项目单位	总投资（万元）
10	中国农业科学院上海兽医研究所国家血吸虫病参考实验室建设项目	2 年	上海兽医研究所	1 440
11	中国农业科学院农业环境与可持续发展研究所农业科技创新园改造项目	2 年	农业环境与可持续发展研究所	2 600
12	中国农业科学院郑州果树研究所河南兰考试验基地建设项目	2 年	郑州果树研究所	2 530
13	大豆全产业链大数据建设试点项目	2 年	农业信息研究所	1 222
14	茶叶全产业链大数据建设试点项目	2 年	茶叶研究所	1 188
15	油料（油菜、花生）全产业链大数据建设试点项目	2 年	油料作物研究所	1 214
16	高品质棉花全产业链大数据建设试点项目	2 年	棉花研究所	1 200
17	国家数字农业创新中心建设试点项目	2 年	农业资源与农业区划研究所	1 332
18	国家数字设施农业创新中心建设试点项目	2 年	农业环境与可持续发展研究所	1 310
19	农业农村部寿阳农业环境与作物高效用水科学观测实验站建设项目	2 年	农业环境与可持续发展研究所	1 068
20	国家植物保护甘谷观测实验站建设项目	2 年	植物保护研究所	1 000
21	国家植物保护廊坊观测实验站建设项目	2 年	植物保护研究所	1 000
22	国家植物保护桂林观测实验站建设项目	2 年	植物保护研究所	1 120
23	国家农业微生物鄂尔多斯观测实验站建设项目	2 年	草原研究所	1 080
24	国家农业微生物双流观测实验站建设项目	2 年	农业农村部沼气科学研究所	970

（续表）

序号	项目名称	建设年限	项目单位	总投资（万元）
25	国家土壤质量西湖观测实验站建设项目	2 年	茶叶研究所	1 000
26	国家农业环境商丘观测实验站建设项目	2 年	农田灌溉研究所	1 530
27	国家农业环境大理观测实验站建设项目	2 年	农业农村部环境保护科研监测所	1 130

（二）基本建设投资计划概况

2019 年中央预算内基本建设投资共下达 3 批计划，累计为 39 569万元。

中国农业科学院 2019 年建成项目一览表

序号	项目名称	项目单位	完成建设内容	实际完成总投资（万元）
1	农业农村部植物新品种测试杭州分中心建设项目	水稻所	建设防鸟网设施 45.5 亩，改造旱地喷滴灌溉系统 5 亩。购置仪器设备及农机具 36 台（套）	262
2	国家种质资源辽宁兴城梨苹果圃改扩建	果树所	新建水泥路 5 712 平方米、砂石路 1 400 平方米、涵洞桥 2 座，土地平整 158 亩，土壤改良 88 亩，建围栏 5 725 米、机井 1 眼、输水管线 3 519 米、看护房 54 平方米、装配式冷库 1 座（450 平方米）、标志石 1 块，购置仪器设备 36 台（套）	905
3	农业部园艺作物种质资源利用重点实验室建设	果树所	完成实验室改造 585.14 平方米，购置了全自动电泳仪、超高效液相—三重四级杆串联质谱仪、激光共聚焦显微镜、荧光定量 PCR 仪、生物大分子分析仪、遗传分析系统、人工气候室、植物荧光成像仪、凯氏定氮仪（含石墨消解炉）、超低温冰箱各 1 台	823
4	国家种质资源海南野生棉圃改扩建建设	棉花所	组培室改造 51 平方米，信息自动化工作间改造 53 平方米；建设核心圃滴管管网 9 亩，建设玻璃温室圃 1 515.9 平方米，玻璃温室圃 1 123 平方米，父本圃 2 906 平方米，检疫圃 896 平方米，嫁接扦插处理棚 100 平方米，发电机棚 23 平方米，水肥一体化主机房 29 平方米，土地平整 4 亩，核心圃道路 1 030 平方米，核心圃道路护坡 60 米，修复田埂 550.55 米，改建挡风墙 60 米，修复挡土墙 256.6 米；仪器设备及农机具购置共计 29 台（套）	1 250

（续表）

序号	项目名称	项目单位	完成建设内容	实际完成总投资（万元）
5	国家种质麻类资源圃建设	麻类所	改造工作用房 547.68 平方米，扩建大棚 10 912 平方米，日光温室 614.40 平方米，遮阴系统 5 664.00 平方米，新建门卫室（含基础及大门）26.46 平方米；资源圃土地整理与改良 135.10 亩，改造田间道路 7 795.00 平方米、排水渠 2 397.00 米，蓄水池护坡 2 080.00 平方米，建设田间给水管道 1 464.54 米，配套潜水给水泵 4 台（套），供水井及水池 1 套，场区围栏 1 460.00 米，晒场 950.00 平方米，场区供电工程 1 385.10 米，场区视频监控系统 1 项；购置仪器设备和农机具 29 台（套）	769
6	农业农村部北京大豆生物学重点实验室建设项目	作科所	购置遗传分析系统、超高效液相色谱、高分辨激光扫描共聚焦显微镜、植物荧光成像系统、全自动定氮仪、荧光定量 PCR 仪、荧光分光光度计、生物大分子分析仪、高速冷冻离心机、超低温冰箱及冻存管理系统、红光成像光谱仪、服务器各 1 台（套），共计 12 台（套）	799
7	农业农村部油料作物生物学与遗传育种重点实验室建设项目	油料所	购置透射电子显微镜、超高效液相色谱—四级杆—飞行时间质谱联用仪、生物信息与组学计算服务器和储存系统各 1 台（套）	1 165
8	中国农业科学院昌平区南口试验基地	中国农业科学院院部	改造科研辅助用房 750 平方米，温室工作间 1 772.9 平方米，实施基地大门、道路及人行道 3 435 平方米、雨污水管道及明沟 2 885 米、给水管线 1 075 米、护坡工程 110 米、毛石挡土墙 891 平方米、强电弱电、围墙等厂区工程，建设 27 972 平方米温室、大棚及露地试验的灌溉设施和田间道路工程；购置配套农机具和机械设备 16 台（套）	1 790

（续表）

序号	项目名称	项目单位	完成建设内容	实际完成总投资（万元）
9	国家马铃薯改良中心华北分中心建设项目	蔬菜所	新建综合实验室 1 261.25 平方米，综合库房 971.05 平方米、日光温室 766.94 平方米、农机具库 235.98 平方米、水泵房 18.23 平方米、消防水池 156.87 平方米、门卫室 16.6 平方米、围墙 100 米、种薯分拣场 600 平方米、道路 980 平方米、打井 1 眼、配套建设供电工程、给排水工程，购置仪器设备 22 台（套）等	810
10	中国农业科学院环境保护科研监测所综合实验室项目	环保所	完成新建综合实验室 6 828 平方米，框架结构，主体 5 层，局部 6 层，其中：一层层高 4.5 米，二层至六层层高 4.0 米，配套建设综合实验楼南侧道路 78.5 平方米、北侧道路 442.43 平方米，铺设室外电缆 400 米、室外给排水 617.24 米、室外供热管道 164.8 米	1 676.36
11	农业农村部农产品质量安全重点实验室建设项目	质标所	购置场发射扫描电子显微镜、数字 PCR 仪、合相色谱—液相色谱—双系统串联质谱仪和离子淌度超高分辨飞行时间质谱仪各 1 台（套）；招标获赠三重四级杆气相色谱质谱联用仪、紫外分光光度仪、三重四级杆质谱仪 3 台（套）	1 179.12
12	国家食用菌育种创新基地建设项目	资划所	改造试验车间 3 360 平方米，回填土方工程 3 993.3 立方米；完成仪器设备购置共 15 台套，包括安装净化系统、环控系统、智能中控系统各 1 套、大型灭菌锅 2 台、培养架及培养筐 1 批、叉车 1 辆、冷藏车 1 辆、灭菌中转架 1 批、余热回收系统 1 套、配气系统 1 套、单体接种机 1 台、木屑加工机 1 台、装载机 2 台	723

（续表）

序号	项目名称	项目单位	完成建设内容	实际完成总投资（万元）
13	国家种质资源小麦野生近缘植物圃改扩建项目	作科所	隔离池换填土 828 立方米，新建田间便道 388.92 平方米、田间道路 543 平方米、围栏（含大门）596 米，改造排水沟 214.20 米，修缮机井房工作间 72.40 平方米，安装工作台 16.59 米；购置全自动工作站、PCR 仪等仪器设备 37 台（套）	375
14	农业农村部麦类生物学与遗传育种综合性重点实验室建设项目	作科所	购置仪器设备 13 台（套）	1 195
15	农业农村部植物新品种测试北京分中心建设项目	蔬菜所	改造测试用房 480.88 平方米、农机具库棚 160 平方米、晒场 422 平方米和化粪池 10.2 立方米；建设智能温室 835.05 平方米、日光温室 2 215.71 平方米、试验地封闭围栏 22 延米、田间排灌系统 15.4 亩；购置仪器设备和农机具 24 台（套/辆）	555
16	农业农村部薯类作物生物学与遗传育种重点实验室建设项目	蔬菜所	改造实验室 115.3 平方米、马铃薯库房 81.24 平方米、南圃场温室和试验温室 362.19 平方米、组培室 36.5 平方米，建设物联网数据中心 26.04 平方米；购置薯类块茎块根表型鉴定专用装置、步入式植物培养室、全自动蛋白质分离鉴定定量分析系统、物联网数据中心系统、荧光定量 PCR 仪、特殊民用分体式柜机等仪器设备 6 台（套）	1 880
17	农业物联网技术应用综合服务平台建设项目	信息所	完成改造实验室 431.88 平方米建设施工；按照批复要求，完成购置实时高光谱成像仪、高速冷冻离心机、温度传感器检测设备等 66 台（套）仪器设备；定制开发了农业物联网“技术应用创新环境、仿真测试环境、技术服务”三大平台 14 个子系统并集成，系统功能齐全、系统参数符合要求	1 467

（续表）

序号	项目名称	项目单位	完成建设内容	实际完成总投资（万元）
18	国家口蹄疫项目	兰兽研	完成国家口蹄疫参考实验室建设项目总建筑面积 8 926 平方米，其中 56#生物安全实验室 5 937 平方米，57#强毒动物房 2 989 平方米；完成工艺设备购置 195 台（套）	19 695

七、研究生教育与管理

中国农业科学院 2019 年度研究生教育概况

2019 年，研究生院坚持以习近平新时代中国特色社会主义思想为指导，深入学习贯彻党的十九大和十九届二中、三中、四中全会精神、习近平给全国涉农高校的书记校长和专家代表的回信精神，按照习近平总书记提出的“三个面向”“两个一流”的总要求，在部、院党组的坚强领导和全体教职工的共同努力下，深入贯彻落实党委领导下的行政领导人负责制，服务农业科技创新，加快推进“一流学科”和“一流研究生院”建设，稳步增加规模，提高教育质量，强化内部管理，脚踏实地解决发展中存在的问题，圆满完成重点工作任务，推动研究生教育事业实现新的发展。

一、圆满完成建院 40 周年系列工作

2019 年 11 月 16 日，研究生院举办“研究生教育改革发展暨中国农业科学院研究生院建院 40 周年交流会”，农业农村部副部长张桃林、中国农业科学院院长兼研究生院院长唐华俊院士、院党组书记张合成出席大会并讲话，孟加拉国和坦桑尼亚大使、上级业务主管部门、杰出校友代表、兄弟院校、培训基地合作方代表、离退休老同志、国内外研究生代表 400 余人参加了交流会，大会全面回顾了建院 40 年的办学历程，系统梳理了研究生院在招生规模、教育质量、学科建设、师资队伍、社会服务等方面取得的瞩目成就。交流会上，“中国农业科学院校友之家”正式揭牌，“北京中国农业科学院农业发展基金会”正式启动并进行了捐赠仪式。当天还举办了“全球视野下研究生教育研讨会”以及“建院 40 周年文艺晚会”，邀请国内外知名学者围绕当前国际形势下研究生教育发展交流经验、座谈研讨，《人民日报》、新华社、《中国教育报》《农民日报》等多家媒体第一时间报道了研究生院建院 40 周年活动盛况。以建院 40 周年为契机，修订了《中国农业科学院研究生院院志（1979—2009）》，编纂了《中国农业科学院研究生院院志（2009—2019）》，拍摄了《大道为农》专题宣传片，制作建院 40 周年专题网站、建院 40 周年成就展及宣传册。通过建院 40 周年系列活动的开展，总结了成绩、统一了思想、凝聚了共识，大幅提高了研究生院办学声誉和知名度，为研究生院研究生教育事业新发展奠定了坚实基础。

二、招生规模稳中有增

2019 年共招收各类研究生 1 717名，其中硕士生 1 161名、博士生 394 名、在职申

请学位 4 名、中外合作办学项目 40 名、来华留学生 118 名。国内学历研究生招生规模较去年增长 4.6%。在校来华留学生规模达 522 人（其中博士生 466 人、硕士生 51 人、进修生 5 人），来自亚洲、非洲、美洲和大洋洲的 58 个国家，在校博士留学生规模位居全国第六、农林类高校首位。拓展招生渠道，在原 8 所国内合作高校基础上新增与“双一流”高校——浙江大学的联合培养博士生项目，已报教育部审批，力争实现 2020 年开始招生。

三、深化改革，不断提升教育质量

1. 创新管理机制，积极推进学院制改革

充分发挥优势学科的集中优势，在院党组的统一部署下，积极推进“学院制”改革，按学科或区域组建二级学院，形成校区属地化管理、业务一体化管理的“研究生院—学院—研究所”三位一体的办学模式。在兽医学院的基础上，探索建设植保学院、食品学院、深圳研究生院等 9 个学院。在前期调研和反复研讨论证的基础上，制定《中国农业科学院研究生教育学院制改革实施方案（征求意见稿）》。中国农业科学院第三次人才工作会已将学院制建设作为新 30 条措施之一，在全院范围内逐步落实。2020 年，部分京外所生物学、作物遗传育种专业硕士生将在深圳入学并进行课程学习。

2. 改革人才选拔机制，稳步提升生源质量

加强与高校交流对接，推进精准招生宣传。协调组织相关研究所赴西南大学、南京农业大学、云南农业大学等“双一流”高校或地方特色高校开展针对性招生宣讲，吸引优秀生源。继续深化人才选拔机制改革。兽医学院博士生招生“申请—考核制”试点工作顺利完成，显著提升了生源质量。增加直博生招生类别，首次招收直博生 6 名，选拔优秀本科生直接进入博士阶段贯通培养；优化硕博连读生选拔机制，规范选拔及审批程序，扩大优质生源比例。

3. 完善培养方案，提升教学管理水平

根据新增学科及专业学位类别情况，相应制订了大气科学、水产 2 个硕士一级学科及食品工程硕士领域、图书情报硕士培养方案，并新开 18 门课程。首次利用网络课程资源开展课程教学，完成 12 门课程录制并供学生免费学习。进一步规范教学组织与管理，完成 173 门课程集中教学任务，选课 1.5 万余人次。积极向北京教育考试院争取，首次获批成为北京地区英语四级、六级考试考点，彻底解决研究生院研究生英语四级、六级考试困难问题。制订《中国农业科学院专业学位研究生实践训练管理办法（试行）》，加强专业学位研究生实践训练管理，明确实践训练责任与要求。

4. 加强思政教育，提升研究生综合素养

继续强化思政工作，完善育人体系。邀请中国农业科学院党组书记张合成走进思政课堂，以“培养‘一懂两爱’的新时代农科学子”为题，为 2019 级全体博士新生讲授思想政治理论开学第一课。首次利用“中国大学生心理健康测评系统”对在校生进行

心理筛查，对部分学生进行跟踪干预，保障心理健康。组织学生参与中国研究生创新实践系列大赛并取得第三名的好成绩，系统举办了16期树人讲堂暨学术节讲座、研究生三分钟论文演讲比赛（3MT）、暑期社会实践等校园精品活动，提升学生综合素养，培养了学生社会责任感。

5. 强化师德师风建设，落实立德树人职责

深入落实《中国农业科学院全面落实研究生导师立德树人职责实施细则》要求，以“加强师德师风建设、落实立德树人职责”为主题举办导师培训班，对231名导师进行岗前培训，首次设置新增导师集体谈话环节，增设研究生思政工作专题，通报师德失范行为案例，加强警示教育、严明工作纪律。结合2020年招生资格审核，对全院2 100余名导师立德树人职责落实情况进行全面考核。

强化教师队伍师德师风建设，将立德树人及《新时代高校教师职业行为十项准则》等内容贯彻到日常教学工作当中，努力构建高水平教师队伍，2019年授课教师总计566人，新增135人，其中本院教师占68.4%，比例创历史新高。评选表彰教学名师、优秀教师，充分发挥先进典型引领示范作用。

6. 坚持内涵发展理念，推进一流学科建设

积极配合教育部完成2019年学位授权点合格评估抽评工作，我院被抽评的园艺学、兽医学、环境科学与工程3个学科全部顺利通过。开展食品科学与工程、林学学科建设专题调研，提前做好一级学科申报准备。面向各研究所广泛征集需求，积极推进“新农科”建设，为增设新兴交叉学科，奠定良好基础。

根据国务院学位委员会要求完成学位授权点对应调整工作，工程硕士对应调整为生物与医药硕士，及时做好培养方案及课程设置同步调整工作。经国务院学位委员会审议，研究生院获批建院以来首个博士专业学位授权类别——兽医博士，2020年开始招生。

7. 严把出口关，提升就业服务水平

严格学位论文评阅、答辩及学位申请材料审核等关键环节管理，对存在问题的学位论文重点审核、跟踪督查，制订兽医硕士、图书情报硕士2个专业学位授权类别学位授予标准，学位授予质量不断提升，共授予学位1 123人，其中博士282人、硕士841人。教育产出质量稳步提高，2019届毕业生以第一作者发表SCI论文460篇，生均0.53篇，总数较2018届增加79篇。2018—2019学年在校生以第一作者发表高水平论文65篇，较上一学年增加27篇，创历史新高。在2018年北京地区硕士学位论文抽检中，研究生院被抽检24篇论文全部合格。1人获“2018年北京地区学位授予信息报送工作先进个人”荣誉称号。

提高服务水平，搭建就业平台。举办2场大型双选会和12场专场双选会，为毕业生提供1 200多个高质量就业岗位；主动联系重点用人单位，推荐优秀毕业生；引导毕业生到西部、基层就业，持续帮扶特殊群体就业。毕业生共计900名，其中，博士247人，硕士653人，总体就业率达95.56%，位居京区科研单位前列。积极开拓校友工作，

构建校友交流平台。建立校友数据库，制作了年校友名录；开通校友之家微信公众号，开展系列宣传活动；组织北京、上海校友活动及座谈会。

8. 中外学生“趋同培养”，国际教育质量得到广泛认可

坚持提质增效促进内涵发展，不断完善国际教育质量保证机制。全面修订了《外国留学生手册》，制定《硕士/博士留学生培养方案（中文）》《硕士/博士留学生培养指南（中英文）》《留学生课程管理暂行规定（中英文）》《留学生课程考试纪律暂行规定（中英文）》和《留学生安全须知（中英文）》等，国际教育管理工作更加科学规范。组织完成留学生课程 29 门次，其中开设《动物营养与饲料科学专题》《农业遥感导论》等新课程 4 门。组织留学生参加昆明湖长走活动和北京国际健身交流大会，分别获得“最佳组织单位奖”。获“2019 年北京市高校来华留学生优秀管理干部”二等奖一项。研究生院顺利通过高等学校来华留学教育与管理质量认证，成为全国首批 22 所正式通过认证院校之一。

2019 年度毕业留学生 100 人，共计发表第一作者 SCI 论文 137 篇（生均 1. 37 篇），论文平均影响因子 2. 83，单篇最高影响因子 8. 738。10 名毕业留学生获研究生院优秀毕业生。5 名博士留学生获我院 2018—2019 学年“高水平论文奖”。毕业留学生人均发布论文数、单篇最高影响因子和在校生“高水平论文奖”篇数均创历史新高。中比项目（中国农业科学院研究生院与比利时列日大学合作举办博士学位教育项目）毕业 30 人，共发表论文 133 篇，其中以第一作者发表 SCI 论文 89 篇，人均 2. 97 篇，单篇最高影响因子 9. 236，首次将中外合作办学项目博士生纳入“高水平论文奖”评选范围，2 人获奖。在 2019 年全国来华留学工作培训会上，国家留学基金委员会生建学秘书长指出：“中国农业科学院以培养农业科技协同创新人才为纽带，助力中国农业走出去，促进了我国农业科学技术和成果在生源国落地生根。”

四、深化国内外交流合作，不断提升办学影响力

稳步推进中外合作办学项目，成功组织召开 2019 年中比项目年会，顺利完成中比项目和中荷项目（中国农业科学院与荷兰瓦赫宁根大学合作举办博士学位教育项目）年度报告审核备案。积极推进与澳大利亚默多克大学、爱尔兰都柏林大学和加拿大阿尔伯塔大学博士生联合培养，基本完成招生计划征集工作。2019 年引进荷兰瓦赫宁根大学、比利时列入大学和国际应用生物科学中心（CABI）英文课程 6 门。全年组织 7 个代表团 21 人次出访了 10 个国家，接待了来自欧洲、美洲、大洋洲、亚洲、非洲等 26 个国家的 15 个代表团 68 人次来访，成功接待了首次访华的所罗门群岛教育和人力资源发展部部长约翰 · 莫法特 · 甫癸（John Moffat Fugui），得到了教育部国际司的高度肯定。

深化与国内院校的交流合作。召开博士联合培养研讨会，分享联培经验，解决合作中的问题，不断提升联合培养博士生项目整体水平；与中国水产科学研究院签署战略合

作备忘录，加强水产学科建设，开展人才培养合作；与新疆农垦科学院、华中农业大学、呼伦贝尔学院加强沟通，在研究生招生、博士联合培养、导师交流及边疆地区人才培养等方面座谈交流，互通有无，共同发展。

五、发挥平台优势，服务农业发展与乡村振兴

发挥平台优势，服务精准扶贫与乡村振兴，贯彻落实院党组会议精神，积极推动“中国农业科学院乡村振兴学院”筹建工作。根据院党组要求，充分利用中国农业科学院优质科技人才资源，开展社会培训服务，助力我国乡村振兴和科教扶贫战略落地实施。全年完成科教扶贫及乡村振兴培训、“院地合作”培训、上级委派类培训、市场化培训班等28期，累计培训2 390人次，取得良好社会效益。顺利完成“西部之光”33名访问学者的培养管理和服务工作。继续做好阜平和其他贫困地区的扶贫培训工作，2019年共完成扶贫和乡村振兴培训班12期，683人次。探索“互联网+培训”的扶贫和乡村振兴的线上培训模式，依托中国国家人事人才培训网建立了“中国农业科学院继续教育网站”。积极拓展合作渠道，培训任务日益多元，与中国宋庆龄青少年科技文化交流中心等4家机构建立良好合作关系，在完成上级培训任务的同时争取到了人社部、中国科学技术协会、商务部等部委的培训项目，拓展了业务范围。结合培训需求，整合社会资源，分别在石家庄农林科学研究院、江西省农业科学院、小平干部学院和中国农业科学院西部农业研究中心等地建立培训基地，目前共有培训基地15个。

六、强化内部管理，服务教育大局

用技术手段提高管理效率。全面启用智慧农科（OA）系统，制作并上线档案管理信息系统及人事管理系统，成为中国农业科学院首家实现档案管理工作信息化的单位，大幅提升了行政、档案及人事管理工作效率，节约了办公成本，有效推进上级文件及会议决议的部署落实。多管齐下加大宣传力度，以建院40周年为契机，通过多家媒体的宣传报道，有效地提升了研究生院的社会知名度和影响力。

强化人事管理，建设高水平管理队伍。贯彻落实中国农业科学院第三次人才工作会精神，制订《研究生院贯彻落实第三次人才工作会议精神实施方案》并积极落实到具体工作中。加强管理队伍建设，调入职工7人，招聘编外管理岗3人，工勤岗2人。现有在编职工80人，编外聘用人员47人，总计127人。首次制订了研究生院《科学研究系列高级专业技术职务任职资格评审参考条件》，顺利完成2018年度职称评审、第六次分级评聘及第四次聘期考核工作，评审推荐正高级2人，通过副高级2人、中级4人。关注职工切身利益，制订研究生院科技成果转化收入奖励分配暂行办法和方案，核定2018年科技成果转化收入奖励并按时发放。

严格财务管理，保证预算执行。配合完成农业农村部计划财务司财务会计工作监督

检查暨国有资产管理绩效考核会计基础工作专项检查工作。完成财务核算软件升级及政府会计新旧账务系统转换，保证财务报销工作正常运行。利用交通银行“银校通”收费平台，首次实现学生住宿费网上自助缴费。严格按要求做好财务预决算工作，大额支出严格按照“三重一大”执行，预算执行进度居中国农业科学院前列。严格执行内控规程，规范关键节点管理活动，有效防控廉政风险和财务风险。

七、加强条件建设，狠抓安全生产

积极争取经费支持，强化条件建设。完成 2019 年“公共安全：研究生院校园安全及教学保障项目”，项目经费 850 万元，系统地解决了老旧建筑消防安全隐患，保障了教学实验安全，学习生活条件进一步改善。协助牧医所完成了产业楼装修改造项目，投入自有资金配备床具、公共健身房、无线网络等基础设施，为研究生提供了良好的生活条件。如期完成了 588 名二三年级硕士研究生从中关村院区到马连洼院区的宿舍搬迁工作。完成办公楼 4 个会议室多媒体设备的升级改造，显著改善了办公办学条件。

加大安全生产及保密工作力度。召开专题会部署安排安全及保密工作，院安全委员会主任与处室、教研室负责人签订责任书，明确任务分工，层层落实责任。按照中国农业科学院信息化领导小组要求，做好“护网 2019”、国庆 70 周年等重要时期网络安全保障，并组织第三方对网络软件硬件进行全面巡检，为机房和档案室配备七氟丙烷专业消防设备，完善实验室安全生产制度，组织开展安全生产大检查、实验室生物安全及危化品安全自查、计算机保密自查、消防安全讲座及现场演练，强化安全意识，及时发现并排除隐患，提高师生应对突发事件的能力，确保院区安全。督促研究所做好安全生产工作，参与突发事件应急处置，配合院工作组妥善处理学生溺水事件、聚集性布鲁氏菌抗体阳性等事件。

八、加强党的领导，深入推进党建和精神文明建设

加强党的领导，认真贯彻落实党委领导下的行政领导人负责制，坚持师生党建分类指导、齐抓共管。始终把党的政治建设摆在首位，深入学习贯彻习近平总书记关于加强党的政治建设的重要批示和论述精神，通过中心组学习、党支部学习、党课辅导报告、中华人民共和国成立 70 周年主题党日活动、为党员过“政治生日”等多种形式，教育引导广大师生党员树牢“四个意识”，坚定“四个自信”，坚决做到“两个维护”。

根据中共中央和部院党组统一部署，紧密结合研究生教育工作实际，扎实开展“不忘初心、牢记使命”主题教育。组织认真读原著学原文悟原理，与院党组同步集中一周时间召开理论学习中心组（扩大）学习会，强化理论武装。积极创新学习方式，结合纪念建党 98 周年，2019 年 7 月 1 日，组织全体党员到中国人民抗日战争纪念馆参加“不忘初心、牢记使命”民族先锋大讲堂活动，并开展党课教育，使全体党员受到

了一次深刻的党性教育和精神洗礼。成立青年理论学习小组并组织召开学习会，提升青年职工政治理论素养。紧密结合实际，围绕涉及全局性、战略性、改革性的课题和师生关心的热点难点问题，由院领导带队，走访加工所、资划所等6个研究生培养单位，深入开展调查研究。深入对照查摆问题，组织召开职工代表、京内研究所、学生座谈会5次，全方位、全视角听取干部职工、学生的意见建议，形成《研究生院“不忘初心、牢记使命”主题教育专项整治工作方案》，扎实做好整改落实，“回头看”成效显著，达到了理论学习有收获、思想政治受洗礼、干事创业敢担当、为民服务解难题、清正廉洁作表率的目标。

坚持用习近平新时代中国特色社会主义思想武装头脑、指导实践，切实加强党的思想建设。全年组织6次中心组学习会，深入学习习近平总书记关于“三农”、教育、乡村振兴和脱贫攻坚等方面的重要论述，以及习近平给全国涉农高校的书记校长和专家代表的回信。持续深入抓好党的十九届四中全会精神学习宣传贯彻工作，使党员干部真正做到学有所思、学有所获、推动工作。

加强组织建设，打造坚强战斗堡垒。从严落实党的组织生活各项制度，严格执行“三会一课”、组织生活会等基本制度。各党支部开展了观看电影《我和我的祖国》、参观香山革命纪念地和“伟大历程 辉煌成就——庆祝中华人民共和国成立70周年大型成就展”等丰富的主题党日活动，增强了支部凝聚力和战斗力。加强高素质党务干部队伍建设，积极组织各支部书记参加上级培训，提高党务工作水平。配合院直属机关党委选举出第七次代表大会代表13人，推荐委员候选人1人；认真筹备“两委”换届选举工作。严格按程序发展党员，共发展党员58人。

全面从严治党，加强党风廉政建设。开展经常性纪律教育，组织学习《中国共产党纪律处分条例》51期、案例转载12次，推动党规党纪教育融入日常、严在经常。在节假日等关键节点，提前发布廉政预警监督通知，及时转发廉政教育案例，要求党员干部严守八项规定、严防四风反弹。通过学习新修订的《中国共产党问责条例》、观看警示教育片《致命的决口》《叩问初心》等多种形式加强廉政教育，使党员干部明底线、守界限，增强纪律规矩意识，筑牢思想防线。扎实做好中国农业科学院巡视整改工作，绝大部分整改任务已完成，坚持以巡促改、以巡促建，切实把巡视整改成效体现到实际工作中。

深入推进精神文明建设，营造良好校园氛围。充分发挥工青妇、研究生会等群团组织在精神文明创建中的主体作用，与国防大学军事文化学院积极做好军民共建工作，开展丰富多彩的文化活动。组织职工参加农业农村部“我和我的祖国”职工歌咏大会、中国农业科学院“与时代同发展，与祖国共奋进”健步走、第四届职工羽毛球比赛等活动，荣获健步走“优秀组织奖”和羽毛球团体赛优秀竞赛奖，增强了职工凝聚力。培养处荣获中国农业科学院“巾帼文明岗”。

中国农业科学院 2019 年研究所研究生教育评价结果

为进一步贯彻落实《国务院学位委员会 教育部关于加强学位与研究生教育质量保证和监督体系建设的意见》（学位〔2014〕3 号）文件精神，走内涵式发展道路，为中国农业科学院建设世界一流学科和一流科研院所提供强有力的人才支撑，强化和规范研究所的研究生教育管理工作，提高研究生教育质量，根据中国农业科学院研究所评价工作统一安排，2019 年研究生院继续组织实施研究所研究生教育评价工作。

2019 年，《中国农业科学院研究所研究生教育考核评价指标体系》与 2018 年相比无变化。总体上，指标体系构建以环节管理和要素管理相结合，覆盖面全且突出重点，采取百分制分级量化打分，客观反映研究生教育管理水平，体现导向性、合理性、实用性，力争简便易行，可操作性强，评价结果作为研究所研究生教育评优和资源配置的重要依据。

一、评价结果

（一）数据采集

研究生教育评价数据来源可分为三类。

第一类数据来源于研究所，包括 12 个三级指标（研究生公寓、食堂、浴室、招生宣传、就业指导服务、学术活动材料、管理制度、管理队伍、奖学金、助研津贴、博士生发表论文、硕士生发表论文）。

第二类数据按照中国农业科学院对研究所年度评价中相应指标的评价结果进行换算，包括 3 个三级指标（高层次人才、科研立项、科研条件）。

第三类数据来源于研究生院，包括其余 27 个三级指标及 3 个加分项、4 个减分项。

2019 年研究生教育评价工作以研究生管理信息系统为依托，以研究生教育各业务管理部门专人负责的日常管理为基础，经过各部门多次计算、汇总与核对，数据采集具有较高的规范性和准确性，分析评价也在前期工作基础上有所完善。

（二）评价对象

2019 年，对 33 个研究所的研究生教育管理工作进行了评价，分别是（按拼音排序）：草原所、茶叶所、灌溉所、果树所、哈兽研、环发所、环保所、加工所、基因组所、兰牧药、兰兽研、牧医所、麻类所、蜜蜂所、棉花所、农机所、农经所、上兽研、生物所、蔬菜所、水稻所、饲料所、特产所、信息所、营养所、烟草所、油料所、沼科所、郑果所、植保所、质标所、资划所、作科所。

（三）综合排名

2019 年研究生教育评价综合排名前五名的研究所分别是哈兽研、牧医所、加工所、质标所、饲料所。

13 个研究所排名有所上升，上升幅度较大的研究所有烟草所、果树所（上升 14 名）、上兽研（上升 12 名）、饲料所、环保所（上升 11 名）、农经所（上升 10 名）、麻类所（上升 9 名）、蜜蜂所（上升 8 名）、加工所（上升 7 名）、水稻所（上升 6 名），以及茶叶所、草原所、信息所（上升 1 名）。

16 个研究所排名有所下降，下降幅度较大的研究所有资划所（下降 19 名）、生物所（下降 15 名）、兰兽研（下降 13 名）、环发所（下降 12 名）、沼科所、营养所（下降 8 名）、作科所（下降 7 名），以及郑果所、油料所（下降 5 名）。

4 个研究所排名无变化。具体排名如表 1 所示。

表 1　2019 年研究所研究生教育评价综合排名

排名	研究所	得分	排名变化	排名	研究所	得分	排名变化
1	哈兽研	98.18	无	18	兰兽研	68.50	↓13
2	牧医所	94.37	无	19	农经所	68.09	↑10
3	加工所	84.43	↑7	20	棉花所	66.80	↓3
4	质标所	83.42	↓1	21	生物所	66.11	↓15
5	饲料所	79.89	↑11	22	蔬菜所	64.55	↓2
6	上兽研	78.18	↑12	23	麻类所	64.46	↑9
7	植保所	76.24	↓3	24	油料所	63.20	↓5
8	烟草所	75.31	↑14	25	特产所	63.01	↓1
9	水稻所	74.52	↑6	26	环发所	62.81	↓12
10	茶叶所	73.90	↑1	27	灌溉所	62.68	无
11	兰牧药	72.82	↓3	28	农机化所	62.48	↓2
12	环保所	72.77	↑11	29	草原所	62.15	↑1
13	蜜蜂所	72.33	↑8	30	信息所	57.55	↑1
14	果树所	71.55	↑14	31	基因组所	57.39	无
15	沼科所	71.35	↓8	32	资划所	52.18	↓19
16	作科所	71.11	↓7	33	营养所	49.85	↓8
17	郑果所	68.87	↓5				

二、评价结果分析

（一）四个一级指标分析

1. 培养条件（权重 10%）

该指标主要反映研究所研究生教育投入的基本情况。2019 年该项指标的平均分为 4.67，低于 2018 年平均分 5.30。33 个研究所中，15 个研究所得分高于平均分，最高得分为基因组所；18 个研究所低于平均分，最低得分为信息所。相比 2018 年，12 个研究所排名有所上升，上升幅度较大的研究所有沼科所（上升 13 名）、郑果所（上升 9 名）、果树所（上升 9 名）、烟草所（上升 8 名）、草原所（上升 7 名）、水稻所（上升 4 名）、加工所（上升 4 名）；16 个研究所得分有所下降，下降幅度较大的研究所有作科所（下降 21 名）、生物所（下降 16 名）、资划所（下降 9 名）、哈兽研（下降 8 名）、棉花所（下降 7 名）、兰牧药（下降 6 名）；5 个研究所排名无变化。具体排名如表 2 所示。

表 2　2019 年研究所研究生教育评价培养条件排名

排名	研究所	得分	排名变化	排名	研究所	得分	排名变化
1	基因组所	7.80	无	18	果树所	4.62	↑9
2	草原所	6.00	↑7	19	资划所	4.58	↓9
3	油料所	5.60	无	20	烟草所	4.56	↑8
4	水稻所	5.41	↑4	21	灌溉所	4.52	↑3
5	植保所	5.21	↓3	22	作科所	4.47	↓21
6	牧医所	5.18	↓2	23	兰牧药	4.45	↓6
7	蜜蜂所	5.16	↓2	24	特产所	4.44	↓4
8	沼科所	5.10	↑13	25	蔬菜所	4.13	↓3
9	郑果所	4.91	↑9	26	饲料所	4.10	↑3
9	加工所	4.91	↑4	27	农机化所	4.06	↓1
11	茶叶所	4.90	无	28	环发所	3.97	↓5
11	上兽研	4.90	无	29	质标所	3.78	↓4
13	棉花所	4.89	↓7	30	农经所	3.56	无
14	兰兽研	4.76	↑1	31	营养所	3.45	↑1
15	哈兽研	4.74	↓8	32	生物所	3.33	↓16
16	麻类所	4.64	↓2	33	信息所	3.24	↓2
17	环保所	4.63	↑2				

2. 业务管理（权重40%）

该指标主要反映研究所在研究生教育全过程中严格执行制度和管理规定的规范程度。2019年该项指标的平均分为27.18，低于2018年的30.00。33个研究所中，16个研究所得分高于平均分，最高得分为哈兽研；17个研究所低于平均分，最低得分为营养所。相比2018年，13个研究所排名有所上升，上升幅度较大的研究所有植保所（上升19名）、果树所（上升18名）、环保所（上升11名）、特产所（上升11名）、资划所（上升10名）、农经所（上升7名）、蔬菜所（上升6名）；16个研究所得分有所下降，下降幅度较大的研究所有环发所（下降17名）、生物所（下降13名）、作科所（下降13名）、加工所（下降11名）、兰牧药（下降9名）；4个研究所排名不变。具体排名如表3所示。

表3 2019年研究所研究生教育评价业务管理排名

排名	研究所	得分	排名变化	排名	研究所	得分	排名变化
1	哈兽研	36.16	↑1	18	资划所	26.47	↑10
2	牧医所	35.70	↓1	19	兰牧药	26.09	↓9
3	质标所	35.08	无	20	郑果所	25.96	↓5
4	烟草所	33.94	无	21	灌溉所	25.86	↓3
5	上兽研	33.14	↑2	22	生物所	25.49	↓13
6	植保所	32.78	↑19	23	草原所	25.00	无
7	饲料所	32.31	↑1	24	加工所	24.92	↓11
8	茶叶所	31.44	↓2	25	沼科所	24.87	↓6
9	水稻所	31.18	↓4	26	麻类所	23.53	↑5
10	农经所	29.54	↑7	27	油料所	22.90	↓5
11	兰兽研	29.24	↑1	28	蜜蜂所	21.84	↓1
12	果树所	28.81	↑18	29	作科所	21.68	↓13
13	环保所	28.09	↑11	30	基因组所	20.57	无
14	蔬菜所	27.57	↑6	31	环发所	19.73	↓17
15	特产所	27.38	↑11	32	信息所	18.86	↓3
16	农机化所	27.21	↓5	33	营养所	16.69	↓1
17	棉花所	27.08	↑4				

3. 综合管理（权重10%）

该指标主要反映研究所在围绕研究生教育进行的辅助性管理的规范程度。2019年该项指标的平均分为 10. 22，高于 2018 年的 10. 19。33 个研究所中，23 个研究所得分高于平均分，最高得分为牧医所、加工所、质标所、饲料所、农经所、环发所、基因组所，得分均为满分 10. 60 分；10 个研究所得分低于平均分，最低得分为植保所。与 2018 年相比，12 个研究所排名有所上升，上升幅度较大的是加工所（上升 20 名）、农经所（上升 16 名）、牧医所（上升 14 名）、环发所（上升 13 名）、作科所（上升 12 名）、兰牧药（上升 8 名）、棉花所（上升 5 名）；16 个研究所排名有所下降，下降幅度较大的是植保所（下降 32 名）、麻类所（下降 19 名）、环保所（下降 12 名）、蔬菜所（下降 12 名）、郑果所（下降 11 名）、特产所（下降 10 名）、资划所（下降 9 名）；5 个研究所排名不变。具体排名如表 4 所示。

表 4　2019 年研究所研究生教育评价综合管理排名

排名	研究所	得分	排名变化	排名	研究所	得分	排名变化
1	牧医所	10. 60	↑14	15	兰牧药	10. 44	↑8
1	加工所	10. 60	↑20	15	沼科所	10. 44	↓3
1	质标所	10. 60	无	20	作科所	10. 43	↑12
1	饲料所	10. 60	无	20	麻类所	10. 43	↓19
1	农经所	10. 60	↑16	22	郑果所	10. 40	↓11
1	环发所	10. 60	↑13	23	棉花所	10. 27	↑5
1	基因组所	10. 60	无	24	茶叶所	10. 12	↓2
8	兰兽研	10. 55	无	25	信息所	10. 10	↑1
8	生物所	10. 55	无	26	蜜蜂所	9. 94	↓3
10	资划所	10. 53	↓9	26	果树所	9. 94	↓3
11	哈兽研	10. 48	↓1	28	蔬菜所	9. 93	↓12
11	特产所	10. 48	↓10	29	灌溉所	9. 89	↓2
13	环保所	10. 46	↓12	30	农机化所	9. 77	↑1
13	油料所	10. 46	↑7	31	草原所	9. 62	↓2
15	上兽研	10. 44	↑4	32	营养所	9. 12	↓3
15	烟草所	10. 44	↓3	33	植保所	7. 52	↓32
15	水稻所	10. 44	↑2				

4. 人才培养质量（权重 40%）

该指标主要反映研究生产出和生均发表学术论文质量。2019 年，这项指标的平均分为 25. 38，高于 2018 年的 24. 38。33 个研究所中，14 个研究所得分高于平均分，最高得分为加工所；19 个研究所低于平均分，最低得分为基因组所。相比 2018 年，13 个研究所排名有所上升，上升幅度较大的是烟草所（上升 24 名）、麻类所（上升 16 名）、加工所（上升 15 名）、上兽研（上升 14 名）、蜜蜂所、饲料所（上升 7 名）；15 个研究所得分有所下降，下降幅度较大的是营养所（下降 29 名）、特产所（下降 18 名）、兰兽研（下降 18 名）、生物所（下降 9 名）、资划所（下降 9 名）、蔬菜所（下降 8 名）、茶叶所（下降 8 名）；5 个研究所排名不变。具体排名如表 5 所示。

表 5　2019 年研究所研究生教育评价人才培养质量排名

排名	研究所	得分	排名变化	排名	研究所	得分	排名变化
1	加工所	38.11	↑15	18	哈兽研	23.50	↑2
2	牧医所	36.39	↑2	19	油料所	22.85	↑4
3	蜜蜂所	33.59	↑7	20	棉花所	22.66	↓1
4	烟草所	33.58	↑24	21	兰兽研	22.66	↓18
5	质标所	32.16	↓3	22	资划所	22.30	↓9
6	兰牧药	30.35	无	23	草原所	21.53	↑6
7	饲料所	29.28	↑7	24	环发所	21.51	↓2
8	植保所	29.13	无	25	生物所	21.44	↓9
9	沼科所	28.54	无	26	农机化所	21.04	无
10	环保所	28.49	↑5	27	农经所	20.89	↑4
11	上兽研	28.20	↑14	28	灌溉所	20.81	↓1
12	郑果所	26.10	↓5	29	特产所	20.72	↓18
13	果树所	26.08	↓4	30	营养所	20.59	↓29
14	作科所	25.93	↓2	31	信息所	19.15	↓1
15	水稻所	25.19	↑6	32	蔬菜所	18.42	↓8
16	茶叶所	25.04	↓8	33	基因组所	17.23	无
17	麻类所	24.25	↑16				

（二）部分重要指标分析

将 2019 年评价结果与 2018 年进行比较，选择具有显著变化或有代表性的二级、三级指标进行分析，具体情况如下。

1. 高层次人才（三级指标，权重 50%）

2019 年，该项指标平均得分为 0.36，低于 2018 年的 0.82。有 15 个研究所得分高于平均分，得分较高的研究所为基因所（1.75）、麻类所（0.64）、油料所（0.63）、作科所（0.62），有 18 个研究所得分低于平均分，得分较低的研究所为农机化所（0.15）、信息所（0.15）、上兽研（0.15）、加工所（0.14）、农经所（0.14）、灌溉所（0.03），果树所未得分。

2. 招生（二级指标，权重 20%）

2019 年，该指标体系下包含 3 个三级指标“招生宣传”“生源数量”“生源质量”，其中“招生宣传”和“生源数量”平均得分与 2018 年相比基本无变化。

“生源质量”三级指标中，2019 年平均得分为 2.19，高于 2018 年的 1.73。加工所、茶叶所、农经所、质标所、资划所、兰兽研、上兽研、烟草所、牧医所、作科所、饲料所、植保所、哈兽研、棉花所、蔬菜所、兰牧药等 19 个研究所得分高于平均分，有 14 个研究所低于平均分，得分较低的研究所为营养所（0.50）、沼科所（0.14）。

3. 就业（二级指标，权重 15%）

“就业”二级指标下包含“就业指导服务”和“毕业生实际就业率”2 个二级指标，权重分别为 40%、60%。2019 年，“就业”二级指标平均得分为 5.60，高于 2018 年的 5.54。有 23 个研究所得分高于平均分，其中加工所、质标所、上兽研、烟草所、水稻所、环保所、兰兽研、生物所、麻类所、特产所、环发所、草原所 12 个研究所得分为满分；有 10 个研究所得分低于平均分，得分较低的研究所为农机化所（4.37）、基因组所（3.00），资划所和营养所未得分。

4. 开题报告（二级指标，权重 15%）

“开题报告”二级指标下包含“文献综述”“开题报告材料”及“开题报告提交”3 个三级指标，权重分别为 30%、50%、20%。2019 年，“开题报告”二级指标平均得分为 3.54，低于 2018 年的 4.51。有 21 个研究所得分高于平均分，得分较高的研究所有上兽研（6.00）、哈兽研（5.94）、果树所（5.57）、水稻所（5.56）、质标所（5.54）、沼科所（5.54）、牧医所（5.48）；有 13 个研究所得分低于平均分，得分较低的研究所有营养所（0.60）、麻类所（0.38）、灌溉所（0.35）、作科所（0.06），环发所未得分。

5. 中期考核（二级指标，权重 15%）

“中期考核”二级指标下包含“中期考核材料”“中期考核材料提交”及“中期考核优秀生”3 个三级指标，权重分别为 60%、20%、20%。2019 年，“中期考核”二级指标平均得分为 3.07，低于 2018 年的 5.26。有 19 个研究所得分高于平均分，得分较高的研究所有哈兽研（5.90）、上兽研（5.57）、质标所（5.52）、饲料所（5.35）、灌溉所（5.26）、牧医所（5.07）；有 14 个研究所得分低于平均分，得分较低的研究所有资划所（0.71）、加工所（0.60）、生物所（0.60）、油料所（0.60），作科所未得分。

6. 管理制度（三级指标，权重40%）

2019年该项指标平均得分为0.76，与2018年持平。有29个研究所该项指标得分为满分0.80，有4个研究所得分低于平均分，分别为蔬菜所（0.56）、草原所（0.48）、茶叶所（0.48）、营养所（0.48）。

7. 导师培训（三级指标，权重20%）

2019年该项指标平均得分为0.91，高于2018年的0.86。有21个研究所得分高于平均分，其中牧医所、加工所、质标所、饲料所、上兽研、烟草所、水稻所、茶叶所、兰牧药、蜜蜂所、果树所、沼科所、兰兽研、农经所、生物所、环发所、草原所、信息所、基因组所等19个研究所得分为满分1.00；有13个研究所得分低于平均分，得分较低的研究所有郑果所（0.80）、蔬菜所（0.57）、灌溉所（0.50）、营养所（0.50）。

8. 发表论文（二级指标，权重50%）

“发表论文”二级指标下包含“博士生均发表论文”和“硕士生均发表论文”2个三级指标，权重分别为60%、40%。2019年，该项指标平均得分为7.08，显著高于2018年的6.02。有14个研究所得分高于平均分，得分较高的研究所有加工所（18.43）、牧医所（16.93）、烟草所（15.91）、蜜蜂所（13.59）、质标所（12.16）、环保所（10.82）、兰牧药（10.35）；有19个研究所得分低于平均分，得分较低的研究所有农经所（1.71）、信息所（1.69）、草原所（1.53）、营养所（0.59）。

9. 加减分项

加分项指标中，有30个研究所得分，较2018年增加1个研究所。按照得分多少的顺序依次是：哈兽研（23.30）、植保所（11.60）、作科所（8.60）、资划所（8.30）、环发所（7.00）、牧医所（6.50）、信息所（6.20）、加工所（5.90）、生物所（5.30）、蔬菜所（4.50）、饲料所（3.60）、农经所（3.50）、烟草所（2.80）、茶叶所（2.40）、沼气所（2.40）、水稻所（2.30）、果树所（2.10）、棉花所（1.90）、质标所（1.80）、蜜蜂所（1.80）、麻类所（1.60）、灌溉所（1.60）、上兽研（1.50）、兰牧药（1.50）、郑果所（1.50）、油料所（1.40）、兰兽研（1.30）、基因组所（1.20）、环保所（1.10）、农机化所（0.40），3个研究所未得分（草原所、营养所、特产所）。

3个研究所有减分项，其中植保所扣10分、烟草所扣10分、资划所扣20分。剔除加减分项后，排名发生较大变化，有14个研究所排名上升，上升幅度较大的研究所有资划所（上升12名）、烟草所（上升6名）、草原所（上升5名）；有12个研究所排名下降，下降幅度较大的研究所有作科所（下降7名）、生物所（下降7名）、蔬菜所（下降7名）、哈兽研（下降6名）；7个研究所排名无变化。具体如表6所示。

表 6　2019 年研究所研究生教育评价剔除加减分项后综合排名

排名	研究所	得分	排名变化	排名	研究所	得分	排名变化
1	牧医所	87.87	↑1	18	棉花所	64.90	↑2
2	烟草所	82.51	↑6	19	农经所	64.59	无
3	质标所	81.62	↑1	20	资划所	63.88	↑12
4	加工所	78.53	↓1	21	特产所	63.01	↑4
5	上兽研	76.68	↑1	22	麻类所	62.86	↑1
6	饲料所	76.29	↓1	23	作科所	62.51	↓7
7	哈兽研	74.88	↓6	24	草原所	62.15	↑5
8	植保所	74.64	↓1	25	农机化所	62.08	↑3
9	水稻所	72.22	无	26	油料所	61.80	↓2
10	环保所	71.67	↑2	27	灌溉所	61.08	无
11	茶叶所	71.50	↓1	28	生物所	60.81	↓7
12	兰牧药	71.32	↓1	29	蔬菜所	60.05	↓7
13	蜜蜂所	70.53	无	30	基因组所	56.19	↑1
14	果树所	69.45	无	31	环发所	55.81	↓5
15	沼科所	68.95	无	32	信息所	51.35	↓2
16	郑果所	67.37	↑1	33	营养所	49.85	无
17	兰兽研	67.20	↑1				

注：排名变动=2019 年综合排名-2019 年剔除加减分项后综合排名。

（三）综合分析

通过剔除加分项的比对，可对个别 2019 年综合排名变动较大的研究所进行大致归因分析。

牧医所 2019 年综合排名第二，剔除加减分项后排名为第一。在 42 个三级指标中（不含加减分项指标），该所有 34 个指标高于平均分，其中研究生公寓、食堂、浴室、就业指导服务、规范开设回所课程、学术活动组织、检查材料、管理办法规范性、中期考核优秀生、论文检测、答辩组织、材料提交、管理制度、管理队伍、党团组织和活动、学生组织和活动、奖学金、助研津贴、导师管理、导师履职、导师培训、硕士生均发表论文 22 个指标为满分。各项管理工作的规范，使得该所在 2019 年的研究生教育评价中取得优异成绩。

作科所 2019 年综合排名第十六，加分项得分 8.60 分（全院排名第二），剔除加减分项后排名第二十三。在 42 个三级指标中（不含加减分项指标），该所有 17 个指标低于平均分，分别是研究生公寓、食堂、浴室、招生宣传、就业指导服务、毕业生实际就业率、按时完成回所课程、文献综述、开题报告材料、开题报告材料提交、学术活动按时完成率、中期考核材料、中期考核材料提交、中期考核优秀生、导师培训、学位授予率、博士生均发表论文。由此可见，加分项在该所综合排名中起到了重要作用，而在规范环节管理等方面有待加强。

附件：评价指标说明

附件

评价指标说明

2019 年研究所研究生教育评价指标体系分为三级指标，包括培养条件、业务管理、综合管理及人才培养质量 4 个一级指标，导师队伍、科技资源、生活条件、招生、就业、回所课程管理、开题报告、学术活动、科研记录检查、中期考核、论文答辩、管理制度和队伍、党团学生组织、奖助学金、导师管理、学位论文质量、发表论文 17 个二级指标，以及 42 个三级指标。另外，还设置了 3 个加分项：招收外国留学生、研究所组织为研究生开设全院性课程、优秀学位论文；4 个减分项：复试录取、论文抽检/审查、学术道德及声誉影响、师德师风建设。各个指标的具体含义、统计内容、评分标准及数据来源说明如下。

一、培养条件（权重 10%）

重点评价研究所用于研究生教育条件情况，主要从导师队伍、科技资源、生活条件三个方面进行评价，该一级指标权重为 10%，包括 3 个二级指标、8 个三级指标。

（一）导师队伍（权重 35%）

1. 高层次人才（权重 50%）

具体含义：高层次人才的定义与中国农业科学院对研究所评价指标中的定义一致，主要测评生均高层次人才状况。

评分标准：得分 = 高层次人才得分/在校研究生数×（1/该指标最高生均得分）×权重，即按生均最高分归一。

数据来源：高层次人才得分来源于院办，在校生数量来源于研究生院。

2. 导师博士学位比例（权重 25%）

具体含义：评价导师队伍中具有博士学位导师的比例。

评分标准：得分 = 导师博士学位比例×权重。

数据来源：研究所、研究生院

3. 博士生导师比例（权重 25%）

具体含义：评价导师队伍中博士生导师的比例。

评分标准：得分 = 博士生导师比例×权重。

数据来源：研究生院

（二）科技资源（权重35%）

1. 科研立项（权重60%）

具体含义：科研立项的定义与中国农业科学院对研究所评价指标中的定义一致，主要测评生均科研投入状况。

评分标准：得分=（科研项目+科研经费）得分/研究生数×（1/该指标最高生均得分）×权重，即按生均最高分归一。

数据来源：科研立项得分来源于院办，在校生数量来源于研究生院。

2. 科研条件（权重40%）

具体含义：科研条件的定义与中国农业科学院对研究所评价指标中的定义一致，主要测评生均科研条件状况。

评分标准：得分=（科技平台+科研条件投入）得分/在校研究生数×（1/该指标最高生均得分）×权重，即按生均最高分归一。

数据来源：科研条件得分来源于院办，在校生数量来源于研究生院。

（三）生活条件（权重30%）

1. 研究生公寓（权重40%）

具体含义：评价研究生住宿情况。

评分标准：得分=此项得分×权重。自有研究生宿舍得满分，统一租房得60分，院部各研究所此项得60分。生均住宿面积标准为：硕士生12平米/人、博士生24平米/人。

数据来源：院部以外研究生住宿数据来源于研究所。

2. 食堂（权重40%）

具体含义：评价研究生食堂情况。

评分标准：得分=此项得分×权重。有研究生（职工）食堂或统一为学生解决用餐问题，得满分，否则不得分；院部各研究所此项计60分。

数据来源：院部以外研究生食堂数据来源于研究所。

3. 浴室（权重20%）

具体含义：评价研究生浴室情况。

评分标准：得分=此项得分×权重。有研究生（职工）浴室或研究生公寓有淋浴间，得满分，否则不得分；院部各研究所此项计60分。

数据来源：院部以外研究生浴室数据来源于研究所。

二、业务管理（权重 40%）

重点评价研究生培养环节管理情况，主要从招生、就业、回所课程管理、开题报告、学术活动、科研记录检查、中期考核、论文答辩八个方面进行评价，该一级指标权重为 40%，包括 8 个二级指标、21 个三级指标。

（一）招生（权重 20%）

1. 招生宣传（权重 20%）

具体含义：评价研究所自行组织开展招生宣传工作情况。

评分标准：得分=此项得分×权重。参加研究生院组织的招生宣传活动或自行组织招生宣传活动 4 次以上，一次计 20 分，共计 80 分；建有中英文网站，并对研究生教育动态及时进行新闻报道得 20 分。

数据来源：参加研究生院组织招生宣传活动数据来源于研究生院，自行组织招生宣传活动、新闻报道数据来源于研究所。

2. 生源数量（权重 30%）

具体含义：评价研究所报考研究生数量情况。

评分标准：得分=实考人数/招生计划数/3×权重。实际参加考试人数达到招生计划数的 3 倍及以上得满分。

数据来源：研究生院。

3. 生源质量（权重 50%）

具体含义：评价研究所报考研究生中达到国家录取分数线人数情况。

评分标准：得分=上线人数/招生计划数/2×权重。上线人数达招生计划数的 2 倍及以上得满分。

数据来源：研究生院。

（二）就业（权重 15%）

1. 就业指导服务（权重 40%）

具体含义：评价研究所组织开展就业指导服务情况。

评分标准：得分=此项得分×权重。通过招聘会、座谈会、讲座等形式组织开展就业指导和服务，一次计 50 分，两次及以上计满分。

数据来源：研究所。

2. 毕业生实际就业率（权重 60%）

具体含义：评价研究所毕业生就业情况。

评分标准：得分=实际就业人数/毕业生数×权重，以上报北京市教委数据为准。

数据来源：研究生院。

（三）回所课程管理（权重12%）

1. 规范开设回所课程（权重80%）

具体含义：按照回所课程管理有关办法，规范开设回所课程。

评分标准：得分=规范开设回所课程数/研究所应开设回所课程数×权重。比值超过1时按1计算。

数据来源：研究生院。

2. 按时完成课程（权重20%）

具体含义：组织研究生按时完成回所课程，按时提交有关材料。

评分标准：得分=按时完成课程数/研究所应完成回所课程数×权重。

数据来源：研究生院。

（四）开题报告（权重15%）

1. 文献综述（权重30%）

具体含义：评价研究生文献综述规范程度。

评分标准：得分=研究生文献综述通过研究生院检查或抽查份数/检查或抽查总份数×权重。

数据来源：研究生院。

2. 开题报告材料（权重50%）

具体含义：评价研究所组织开题报告材料的规范程度。

评分标准：得分=研究所研究生开题报告通过研究生院检查或抽查份数/检查或抽查总份数×权重。

数据来源：研究生院。

3. 开题报告材料提交（权重20%）

具体含义：评价研究所按时组织完成开题报告情况。

评分标准：得分=研究所按时组织完成开题人数/研究所当年应参加开题人数×权重。

数据来源：研究生院。

（五）学术活动（权重 3%）

1. 学术活动组织（权重 50%）

具体含义：评价研究所按要求组织研究生学术活动情况（每年不少于 10 次）。

评分标准：得分=此项得分×权重。研究所组织研究生学术活动 10 次及以上得满分，否则不得分。

数据来源：研究所。

2. 学术活动按时完成率（权重 50%）

具体含义：评价研究所按时完成学术活动的情况。

评分标准：得分=按时完成学术活动人数/研究所当年应完成学术活动人数×权重。材料不合格视同未按时完成。

数据来源：研究生院。

（六）科研记录检查（权重 5%）

1. 检查材料（权重 70%）

具体含义：按时提交科研记录检查报告与自查结果汇总表，检查报告真实、详细，自查结果汇总表完整，包含所有应查研究生。

评分标准：得分=此项得分×权重。按时提交检查材料且符合要求得满分，否则不得分。

数据来源：研究所。

2. 管理办法规范性（权重 30%）

具体含义：管理办法具体规定了研究生科研记录的形式、媒介、内容、记录规范，提出了导师定期检查研究生科研记录的要求。

评分标准：得分=此项得分×权重。管理办法规范得满分，否则不得分。

数据来源：研究所。

（七）中期考核（权重 15%）

1. 中期考核材料（权重 60%）

具体含义：评价研究所中期考核材料规范性。

评分标准：得分=研究所研究生中期考核通过研究生院检查或抽查份数/检查或抽查总份数×权重。

数据来源：研究生院。

2. 中期考核材料提交（权重 20%）

具体含义：评价研究所按时组织完成中期考核的情况。

评分标准：得分=研究所按时组织完成中期考核人数/研究所当年应参加中期考核人数×权重。

数据来源：研究生院。

3. 中期考核优秀生（权重 20%）

具体含义：评价研究所推荐中期考核优秀生的规范程度。

评分标准：得分=此项得分×权重。按规定推荐中期考核优秀生得满分；推荐比例不符合规定扣 50 分；推荐研究生不符合要求或出现投诉并经核查属实，不得分。

数据来源：研究生院。

（八）论文答辩（权重 15%）

1. 论文检测（权重 30%）

具体含义：评价研究生学术规范情况。

评分标准：对学位论文进行学术不端行为检测，检测结果全部合格得满分；不合格，每篇减 20 分。

数据来源：研究生院。

2. 答辩组织（权重 30%）

具体含义：评价研究所论文答辩组织情况和答辩过程的规范性。

评分标准：答辩组织有序，程序规范得满分，未按要求组织答辩或程序不规范，得 60 分。

数据来源：研究生院。

3. 所学位会审议（权重 30%）

具体含义：评价研究所学位会认真审议论文和答辩材料情况，特别是对评阅和答辩中提出建议和问题进行重点审核的情况。

评分标准：所学位会按要求进行认真审议，审议结果未被学科评议组否决，得满分；学科评议组评议时，要求修改论文每篇减 5 分，要求重新答辩每篇减 10 分，不授学位每篇减 20 分。

数据来源：研究生院。

4. 材料提交（权重 10%）

具体含义：评价研究所提交答辩材料的及时性和规范性。

评分标准：得分=提交材料合格率×权重。

数据来源：研究生院。

三、综合管理（权重 10%）

重点评价研究所对研究生综合管理情况，主要从管理制度和队伍、党团学生组织、奖助学金、导师管理四个方面进行评价，该一级指标权重为 10%，包括 4 个二级指标、9 个三级指标。

（一）管理制度和队伍（权重 20%）

1. 管理制度（权重 40%）

具体含义：评价研究所研究生管理制度健全程度和执行情况。

评分标准：得分=得分×权重。制定专门的研究生管理制度（内容涵盖招生、就业、开题、科研记录、中期、答辩、学位授予、生活管理、奖惩等方面。注：①可逐项制定，也可综合制定；②其中注明某项参照研究生院相关规定执行的，视为有）并认真规范执行，得满分；研究生管理制度缺项的，每一项扣 10 分；制定相关制度未按要求认真规范执行的，每一项扣 20 分。

数据来源：制度制定情况来源于研究所；制度执行情况来源于研究生自身判断和研究生院判断的综合结果。

2. 管理队伍（权重 60%）

具体含义：评价研究所设置研究生管理机构和管理人员配备情况。

评分标准：得分=此项得分×权重。有专门的研究生管理机构，按要求配备专职管理人员，得满分，未按要求配备专职管理人员减 50 分。按研究生 100：1 的标准配备，超过 300 人应设专职机构或部门。

数据来源：研究所。

（二）党团学生组织（权重 20%）

出现学生极端事件或发生学生群体事件，此项不得分。

1. 党团组织和活动（权重 40%）

具体含义：评价研究生回所后参加党的组织生活情况。

评分标准：得分=此项得分×权重。党员发展工作正常开展，学生党建工作有成效；学生能正常参加党组织生活，得满分，学生党团组织不健全，党员无法正常参加组织生活，不得分。

数据来源：研究所。

2. 学生组织和活动（权重 60%）

具体含义：评价研究生回所后学生组织建设情况。

评分标准：得分=此项得分×权重。有研究生分会，活动场所和经费有保障，能经常性开展活动得满分，没有学生组织或学生活动无法正常开展不得分。

数据来源：研究所。

（三）导师管理（权重50%）

1. 导师管理（权重20%）

具体含义：评价落实导师队伍建设主体责任，认真执行有关制度，强化对导师队伍的日常管理、教育培训和落实立德树人职责的评价考核的情况。

评分标准：得分=此项得分×权重。按要求完成导师管理工作，得满分；未达到上述要求，减50分。

数据来源：研究生院。

2. 导师履职（权重60%）

具体含义：评价导师按照《中国农业科学院全面落实研究生导师立德树人职责实施细则》的要求履行立德树人职责的情况。

评分标准：得分=此项得分×权重。导师按要求履行立德树人职责，得满分；出现导师不认真履行立德树人职责影响学生的培养和过程管理，或由于导师的原因造成师生矛盾突出导致学生退学或更换导师等，减50分；出现导师违反师德行为，不得分。

数据来源：研究生院。

3. 导师培训（权重20%）

具体含义：评价研究所的导师按照要求定期参加培训情况。

评分标准：得分=参加导师培训人数/应参加培训人数×权重。

数据来源：研究生院。

（四）奖助学金（权重10%）

1. 奖学金（权重50%）

具体含义：评价研究所自设奖学金情况。

评分标准：得分=此项得分×权重。有自设或企业设立的奖学金项目，得满分；否则不得分。

数据来源：研究所。

2. 助研津贴（权重50%）

具体含义：评价研究所助研津贴发放情况。

评分标准：得分=此项得分×权重。足额按时发放助研津贴（含非全日制非定向专业学位硕士研究生的学业奖学金、助研津贴等），得满分；没有则不得分。

数据来源：研究所。

四、人才培养质量（权重 40%）

重点评价研究所培养研究生的质量，主要从学位论文质量和发表论文两个方面进行评价，一级指标权重为 40%，包括 2 个二级指标、4 个三级指标。

（一）学位论文质量（权重 50%）

1. 盲审通过率（权重 70%）

具体含义：评价研究生学位论文双盲评阅一次性通过的情况。

评分标准：得分 = 盲审论文评阅一次通过的数量/盲审论文数×权重。

数据来源：研究生院。

2. 学位授予率（权重 30%）

具体含义：评价毕业生中获得学位的情况。

评分标准：得分 = 当年毕业生获得学位人数/毕业生数量×权重。

数据来源：研究生院。

（二）发表论文（权重 50%）

1. 博士生均发表论文（权重 60%）

具体含义：评价博士研究生发表论文的数量和质量。

评分标准：得分 = 博士生该指标得分/博士生数×1/（博士生该指标全院总得分/博士生在校总数）×权重。不同类型期刊的得分与院里评价研究所的标准一致。

数据来源：研究所。

2. 硕士生均发表论文（权重 40%）

具体含义：评价硕士研究生发表论文的数量和质量。

评分标准：得分 = 硕士生该指标得分/硕士生数×1/（硕士生该指标全院总得分/硕士生在校总数）×权重。不同类型期刊的计算分数与院里评价研究所的标准一致。

数据来源：研究所。

五、加减分项

（一）加分项

1. 招收外国留学生

具体含义：评价研究所招收外国留学生情况。

评分标准：研究所招收外国留学生，加 1 分，每招收 1 人，加 0.1 分。

数据来源：研究生院。

2. 研究所为研究生开设全院性课程

具体含义：评价研究所组织为研究生开设全院性课程情况。

评分标准：集中教学阶段，研究所组织开设 1 门中文课程加 0.4 分，组织开设 1 门英文课程加 0.6 分。

数据来源：研究生院。

3. 优秀学位论文

具体含义：评价研究生获优秀学位论文情况。

评分标准：院级优秀博士学位论文每篇加 1 分，优秀硕士学位论文每篇加 0.6 分。

数据来源：研究生院。

（二）减分项

1. 复试录取

具体含义：评价研究生复试录取工作情况。

评分标准：复试录取过程中违反教育部有关政策，出现投诉并经核查属实，视情节严重程度扣 5 分、10 分、20 分。

数据来源：研究生院。

2. 论文抽查/审查

具体含义：评价研究所接受院内和全国论文抽检结果情况。

评分标准：本院论文审查出现问题，每篇扣 5 分，全国论文抽检出现问题，每篇扣 20 分。

数据来源：研究生院。

3. 学术道德及声誉影响

具体含义：评价研究生学术诚信情况及声誉影响情况。

评分标准：在研究生科研和论文写作中发生学术不端行为，或出现重大责任事故，对我院声誉产生不良影响，经核查属实，视情节严重程度扣 10 分、20 分、30 分。

数据来源：研究生院。

4. 师德师风建设

具体含义：评价导师按要求履行立德树人职责的情况。

评分标准：导师出现《中国农业科学院全面落实研究生导师立德树人职责实施细则》中所列禁行行为的，视情节严重程度扣 10 分、20 分、30 分；对于导师严重违反师德行为监管不力、拒不处分、拖延处分或推诿隐瞒，造成不良影响或严重后果的，扣 30 分。

关于印发《中国农业科学院专业学位研究生实践训练管理办法（试行）》的通知

农科研生〔2019〕88号

院属各研究生培养单位：

为促进专业学位研究生实践训练、课程教学和学位论文工作的紧密结合，提高研究生解决实际问题的意识和能力，根据教育部有关文件精神，特制订《中国农业科学院专业学位研究生实践训练管理办法（试行）》，经2019年7月4日研究生院教学委员会四届二次会议审议通过，现予以印发，从2018级研究生开始试行。

附件：中国农业科学院专业学位研究生实践训练管理办法（试行）

中国农业科学院研究生院

2019年7月15日

附件

中国农业科学院专业学位研究生实践训练管理办法（试行）

第一条 为促进专业学位研究生实践训练、课程教学和学位论文工作的紧密结合，提高研究生解决实际问题的意识和能力，确保我院专业学位研究生培养质量，根据《教育部 人力资源社会保障部关于深入推进专业学位研究生培养模式改革的意见》（教研〔2013〕3号）和《教育部关于加强专业学位研究生案例教学和联合培养基地建设的意见》（教研〔2015〕1号）文件精神，特制订本办法。

第二条 实践训练是专业学位研究生培养的重要环节，是以提升职业能力为导向的专业学位研究生培养模式改革的基本要求。我院专业学位研究生实践训练由院属各研究生培养单位（以下简称研究所）负责具体实施。

第三条 专业学位研究生在中期考核前，必须完成不少于6个月的实践训练，可采取集中实践与分段实践相结合的方式。实践训练内容应面向本专业学位类别或领域的实际工作，包括科学研究、专业调研、专业实验及专业实习等。实践训练可采用以下几种形式：

（一）由研究所统筹安排，组织和选派研究生进入院外实践基地进行专业实践；

（二）由院内导师结合自身所承担的企事业单位项目，安排研究生到合作单位现场进行专业实践；

（三）利用全院现有教学科研资源，在院内科研试验基地、野外观测站、试验站等试验基地，以及实验室、研究中心等科研平台进行专业实践；

（四）由研究生自行联系，经导师、研究所审核同意后，进入实践单位进行专业实践。

第四条 研究所应高度重视研究生在学期间的实践工作，加强院内、所内实践基地建设和管理，建立优质资源共享机制，同时积极与专业相关的企事业单位、行业机构建立院外研究生联合培养实践基地，为研究生顺利完成实践训练提供长效稳定的条件保障。

第五条 研究生在研究所外实践，由研究所与实践单位签订相关协议，明确责权利和安全事项，各项具体工作由导师、研究所和实践单位共同负责。实践期间，研究所须安排专人带队。

第六条 研究生实践训练鼓励实行院内外双导师制，导师负责结合实践基地类型、实践方式或应用型论文研究内容，制定具体实践训练大纲，锻炼提高研究生的沟通协调能力、合作精神及独立解决生产实践问题的能力。

第七条 研究生在实践训练期间须遵守研究生院、研究所和实践单位相关规定与要求，服从院外导师和实践单位人员管理，认真学习实践业务，努力提高实践技能，及时向导师汇报实践进展。

第八条　研究生实践训练结束后应及时填写《专业学位研究生实践训练报告》，实践报告内容要有一定的深度、独到的见解。实践报告由实践单位和导师出具“写实性”评价意见后，交研究所审核、存档。同时研究生需在“研究生教育管理系统”如实填写、提交实践报告材料，由导师、研究所、研究生院依次审核通过后计 6 学分。

第九条　实践训练未通过者须限期整改或重新安排实践、重新考核，限期未整改者或再次考核不通过者，终止培养，按退学处理。

第十条　研究所应根据本办法，结合本所实际情况及不同学位类别（领域）特色，制定本所专业学位研究生实践训练管理细则，对实践训练的组织、实施、管理、考核、安全生产及应急预案等方面作出具体规定，并安排专门人员负责管理和联络。本所专业学位研究生实践训练管理细则须及时公布并报研究生院备案。

第十一条　本办法适用于中国农业科学院专业学位研究生。

第十二条　本办法自 2018 级研究生开始试行，由研究生院培养处负责解释。

关于印发《中国农业科学院研究生院研究生考试纪律及违纪处理办法（试行）》的通知

农科研生〔2019〕56号

院属各研究生培养单位：

为规范考试工作程序，严肃考风考纪，维护正常的考场秩序，根据教育部《国家教育考试违规处理办法》及有关法律法规规定，我院制定了《中国农业科学院研究生院研究生考试纪律及违纪处理办法（试行）》，现予以印发，请遵照执行。原有关规定同时废止。

附件：中国农业科学院研究生院研究生考试纪律及违纪处理办法（试行）

中国农业科学院研究生院
2019年5月10日

附件

中国农业科学院研究生院研究生考试纪律及违纪处理办法（试行）

第一章　总　则

第一条　为规范考试工作程序，严肃考风考纪，维护正常的考场秩序，参照教育部《国家教育考试违规处理办法》及有关法律法规规定，结合本院实际情况，制定本办法。

第二条　本办法适用于本院课程考试，以及本院全体在读研究生（以下简称考生）参加的各类考试。考生参加非本院组织的考试，违反考试纪律或者作弊的，除按照该考试有关规定予以处理外，同时适用本办法。

第二章　考试纪律

第三条　考生必须携带本人学生证或身份证按照规定的时间和考场参加考试。缺课学时超过课程总学时 1/3 以上者，取消参加该门课程考试的资格。

第四条　考生除自带必需文具及教师指定考试用具外，严禁携带手机、笔记本电脑或其他电子设备参加考试。

第五条　考生参加闭卷考试，不得携带与考试内容相关的材料进入座位，桌面、桌内、座位旁不得有考试内容相关材料，草稿纸由考试工作人员发放，不得自带；考生参加开卷考试可携带教师允许的教材、参考书、课堂笔记等相关纸质材料及不带有存储功能的计算器，不得相互传递和交换材料。

第六条　考生进入考场后必须将禁止带入考试座位的物品集中放置在考试工作人员指定的位置，服从考试座位安排，将学生证或身份证置于本人座位桌面外侧，接受考试资格核查。对不服从安排的考生，考试工作人员有权取消其考试资格。

第七条　考试时间由考试工作人员根据规定的考试时间宣布。考生应提前 10 分钟进入指定考场。考试开始 30 分钟后，迟到考生不得进入考场，视同“缺考”。考试开始 60 分钟后，考生方可提前交卷。

第八条　考生应自觉保持安静，不准喧哗，不准吸烟，不得以任何理由干扰考场秩序。考生有问题须举手后向考试工作人员提出。未经考试工作人员准许不得借用他人文具。

第九条　严禁考生以任何理由交头接耳、左顾右盼、打手势、做暗号，严禁夹带、旁窥、传递、抄袭或者有意让他人抄袭，严禁传抄试题、答案或者交换试卷、答题卡、答题纸，严禁由他人代替或者代替考生参加考试。

第十条 考生在考试过程中不得中途离开考场。如有特殊原因，必须举手示意，经考试工作人员准许后单人放行。未经批准中途擅自离开考场者，视为提前交卷，考生不得继续参加考试。

第十一条 考试工作人员宣布考试结束，考生必须立即停止答题，将试卷、答卷（含答题卡、答题纸等，下同）一并放于桌面，经考试工作人员核收后方可离开考场。试卷、答卷和发放的草稿纸等考试用纸不得缺损，不得带出考场。考生交卷后，严禁在考场内外逗留、喧哗。

第十二条 课程论文考试必须由考生独立完成。论文内容整段文字如与其他文献雷同300字以上视为抄袭。

第三章 考试违纪行为认定

第十三条 考生不遵守考场纪律，不服从考试工作人员的安排与要求，有下列行为之一的，认定为考试违纪，视情节轻重和本人态度给予口头批评或通报批评。

（一）规定以外的物品放在指定位置，但在考试过程中影响考场秩序的（手机发出铃声或振动等）；

（二）试卷、答卷、草稿纸等考试用纸因考生个人原因造成缺损的；

（三）在考试过程中私自记录考试试题的；

（四）考试开始信号发出前在试卷、草稿纸等考试用纸上做与考试内容相关记录的；

（五）其他违反考试纪律规定情节较轻的行为。

第十四条 考生不遵守考场纪律，不服从考试工作人员的安排与要求，有下列行为之一的，认定为考试违纪，视情节轻重和本人态度给予通报批评、警告处分或考试成绩以零分记。

（一）携带规定以外的物品（手机等）进入考场且未放在指定位置的；

（二）未在规定的座位参加考试的；

（三）考试开始信号发出前答题或者考试结束信号发出后继续答题的；

（四）在考试过程中旁窥、交头接耳、互打暗号或者手势的；

（五）在考场或者考场附近区域，喧哗、吸烟或者实施其他影响考场秩序的行为的；

（六）未经考试工作人员同意在考试过程中擅自离开考场的；

（七）将试卷、答卷、草稿纸等考试用纸带出考场的；

（八）用规定以外的笔或者纸答题或者在试卷规定以外的地方书写姓名、考号或者以其他方式在答卷上标记信息的；

（九）其他违反考试纪律规定但尚未构成作弊的行为。

第十五条　考生严重扰乱考场或者考试工作场所秩序的，属于情节严重违纪行为，考试成绩以零分记，视情况给予留校察看或开除学籍处分。

第四章　考试作弊行为认定

第十六条　考生违背考试公平、公正原则，在考试过程中有下列情形之一的，认定为考试作弊，考试成绩以零分记，视情节轻重和本人态度给予警告或以上处分。

（一）使用手机或者携带其他具有发送或接收信息功能的设备的；

（二）携带存储有与考试内容相关资料的电子设备或者携带规定以外的与考试内容相关的材料参加考试的；

（三）闭卷考试中，桌内、座位旁有考试内容相关材料，或桌面、身上等处写有考试相关内容的；

（四）抄袭或者协助他人抄袭试题答案或者与考试内容相关的资料的；

（五）借故暂离考场以获得答案的；

（六）传、接物品的；

（七）其他以不正当手段获得或者试图获得试题答案、考试成绩的行为。

第十七条　考生违背考试公平、公正原则，在考试过程中有下列行为之一的，认定为考试作弊，考试成绩以零分记，视情节轻重给予留校察看或开除学籍处分。

（一）抢夺、窃取他人试卷、答卷或者胁迫他人为自己抄袭提供方便的；

（二）故意销毁试卷、答卷或者考试材料的；

（三）传、接或者交换试卷、答卷、草稿纸的。

第十八条　考生违背考试公平、公正原则，有下列行为之一的，属于情节严重作弊行为，考试成绩以零分记，给予开除学籍处分。

（一）组织、参与团伙作弊的；

（二）考试过程中，向考场外发送、传递试题信息，或者使用有关设备接收考试内容相关信息的；

（三）由他人代替或者代替考生参加考试的；

（四）在答卷上填写与本人身份不符的姓名、考号等信息的；

（五）第二次作弊的；

（六）其他情节严重的作弊行为。

第十九条　考试工作人员、教师等发现下列行为之一的，认定相关的考生实施了考试作弊行为，考试成绩以零分记，视情节轻重和本人态度给予警告或以上处分。

（一）通过伪造证件、证明、档案及其他材料获得考试资格、加分资格和考试成绩的；

（二）评卷过程中被认定为答案雷同或抄袭的；

（三）考场纪律混乱、考试秩序失控，出现大面积考试作弊现象的；

（四）考试工作人员协助实施作弊行为，事后查实的；
（五）考试前以不正当手段获得考试试题或试题答案的；
（六）私自篡改原始考试成绩单的；
（七）其他应认定为作弊的行为。

第五章　违规行为的处理程序

第二十条　考试过程中发现违规情况，考试工作人员应在《考场记录表》详实记录，由违规考生签名确认。对考生用于作弊的材料、工具等，应予暂扣。考试结束后，考试工作人员将《考场记录表》及相关违规材料、工具报送研究生院。如考试成绩以零分记，考试工作人员应终止其考试，收回其试卷、答卷、草稿纸等考试用纸。

第二十一条　考试结束后认定考生实施了考试作弊行为的，考试工作人员或阅卷教师提供有关材料报送研究生院教学管理部门（培养处、国际教育处、学院，下同）。

第二十二条　课程考试违规通报批评由研究生院教学管理部门审核后执行（集中教学课程），或由研究所研究生管理部门审核后执行并报研究生院教学管理部门备案（回所课程）；纪律处分由研究生院教学管理部门审核后报研究生院学籍管理部门，按照研究生违纪处分有关条例执行。

第六章　附　则

第二十三条　课程测验、作业中违纪、作弊的认定与处理，参照本规定执行。

第二十四条　考生对违规处理决定有异议的，可按照研究生院相关规定提出申诉。

第二十五条　本办法自 2019 年 9 月 1 日起施行，之前相关规定同时废止，由研究生院培养处负责解释。

关于表彰中国农业科学院 2018 年度研究生管理工作先进集体和先进个人的决定

农科研生〔2019〕25 号

院属各研究生培养单位：

按照《关于评选中国农业科学院 2018 年度研究生管理工作先进集体和先进个人的通知》（农科研生〔2019〕1 号）文件精神，在各研究生培养单位申报的基础上，根据《中国农业科学院研究生院研究生管理工作先进集体和先进个人评选办法》，并结合 2018 年度中国农业科学院各研究所研究生教育考核指标体系考核评价结果，经研究生院 2019 年 3 月 1 日院务会研究决定，表彰哈尔滨兽医研究所等 10 个研究所为 2018 年度研究生管理工作先进集体（附件 1）；表彰高友兰等 27 位同志为 2018 年度研究生管理工作先进个人（附件 2）；授予在研究生管理工作岗位工作 10 年以上的刘益民、邱坤、宋国立 3 位同志研究生管理工作特别荣誉奖。

附件：1. 中国农业科学院 2018 年度研究生管理工作先进集体名单
　　　2. 中国农业科学院 2018 年度研究生管理工作先进个人名单

中国农业科学院研究生院

2019 年 3 月 5 日

附件 1

中国农业科学院 2018 年度研究生管理工作先进集体名单

哈尔滨兽医研究所
北京畜牧兽医研究所
农业质量标准与检测技术研究所
植物保护研究所
兰州兽医研究所
生物技术研究所
沼气科学研究所
兰州畜牧与兽药研究所
农产品加工研究所
茶叶研究所

附件 2

中国农业科学院 2018 年度研究生管理工作先进个人名单

高友兰　哈尔滨兽医研究所
王皓宇　北京畜牧兽医研究所
吴　伟　农业质量标准与检测技术研究所
王友华　生物技术研究所
邱　坤　沼气科学研究所
孟　培　作物科学研究所
周　磊　兰州畜牧与兽药研究所
徐倩倩　郑州果树研究所
彭慧珍　农业环境与可持续发展研究所
吴万灵　饲料研究所
宋国立　棉花研究所
顾惠明　上海兽医研究所
彭　睿　油料作物研究所
霍伶艳　蔬菜花卉研究所
杨　磊　蜜蜂研究所
侯婉莹　烟草研究所
周　莉　环境保护科研监测所
陈　曦　特产研究所
黄家章　农业部食物与营养发展研究所
张　萌　南京农业机械化研究所
沈菊艳　农田灌溉研究所
程少丽　果树研究所
毛世平　农业经济与发展研究所
胡海红　草原研究所
王　川　农业信息研究所
吕　拓　麻类研究所
刘益民　兽医学院

关于公布中国农业科学院 2019 年新增博士研究生指导教师名单的通知

农科学位〔2019〕5 号

院属各研究生培养单位：

根据《中国农业科学院研究生指导教师工作条例》的规定，严格按照个人申报、研究所学位评定委员会初审、研究生院组织院外同行专家通讯评议、学科评议组复审、院学位评定委员会终审的遴选程序，经中国农业科学院第九届学位评定委员会第四次会议审议并无记名投票表决，遴选 31 人为 2019 年新增博士研究生指导教师（其中农科英才 18 人、国家重点研发计划项目牵头人 9 人、农业工程博士学位授权一级学科科研人员 4 人）。新增博士研究生指导教师名单在中国农业科学院网站公示无异议，现予以公布（附件）。博士研究生指导教师资格从 2019 年 1 月 18 日起生效。

附件：中国农业科学院 2019 年新增博士研究生指导教师名单

中国农业科学院学位评定委员会

2019 年 3 月 5 日

附件

中国农业科学院
2019 年新增博士研究生指导教师名单
（按类型—专业—研究所—姓名排序）

序号	研究所	姓名	性别	出生年月	专业	类型
1	生物所	William Paul Quick	男	1958 年 4 月	生物化学与分子生物学	农科英才领军人才 A 类（千人计划外国专家项目入选者）
2	油料所	郑明明	男	1983 年 11 月	农产品加工利用	农科英才领军人才 B 类（万人计划青年拔尖人才入选者）
3	棉花所	庞朝友	男	1979 年 12 月	作物栽培学与耕作学	农科英才领军人才 B 类（万人计划青年拔尖人才入选者）
4	油料所	邓乾春	男	1979 年 10 月	农产品加工利用	农科英才领军人才 C 类（科技部创新人才推进计划中青年科技创新领军人才入选者）
5	沼科所	邓　宇	男	1963 年 8 月	微生物学	农科英才领军人才 C 类（农业农村部农业科研杰出人才培养计划入选者）
6	畜牧所	赵　峰	男	1977 年 9 月	动物营养与饲料科学	农科英才青年英才（青年英才培育工程院级入选者）
7	棉花所	杨作仁	男	1986 年 2 月	生物化学与分子生物学	农科英才青年英才（青年英才培育工程院级入选者）
8	生物所	张治国	男	1977 年 4 月	生物化学与分子生物学	农科英才青年英才（青年英才培育工程院级入选者）

（续表）

序号	研究所	姓名	性别	出生年月	专业	类型
9	环发所	韩东飞	男	1979年11月	农业水资源与环境	农科英才青年英才（青年英才引进工程所级入选者）
10	资划所	孙　晶	男	1982年7月	农业遥感	农科英才青年英才（青年英才引进工程所级入选者）
11	资划所	孙　亮	男	1982年4月	农业遥感	农科英才青年英才（青年英才引进工程所级入选者）
12	油料所	刘　军	男	1983年10月	生物化学与分子生物学	农科英才青年英才（青年英才引进工程所级入选者）
13	沼科所	白丽萍	女	1987年9月	微生物学	农科英才青年英才（青年英才引进工程所级入选者）
14	信息所	柴秀娟	女	1978年3月	信息技术与数字农业	农科英才青年英才（青年英才引进工程所级入选者）
15	哈兽研	王　琦	女	1986年11月	预防兽医学	农科英才青年英才（青年英才引进工程所级入选者）
16	植保所	李方方	女	1988年3月	植物病理学	农科英才青年英才（青年英才引进工程所级入选者）
17	资划所	吴庆钰	男	1983年5月	植物营养学	农科英才青年英才（青年英才引进工程所级入选者）
18	特产所	彭英华	女	1980年1月	特种经济动物饲养	农科英才青年英才（青年英才引进工程院级入选者）
19	茶叶所	韩文炎	男	1963年1月	茶学	国家重点研发计划项目牵头人

（续表）

序号	研究所	姓名	性别	出生年月	专业	类型
20	畜牧所	周正奎	男	1979 年 7 月	动物遗传育种与繁殖	国家重点研发计划项目牵头人
21	农机化所	曹光乔	男	1978 年 11 月	农业机械化工程	国家重点研发计划项目牵头人
22	环保所	张贵龙	男	1974 年 4 月	农业生态学	国家重点研发计划项目牵头人
23	植保所	刘万学	男	1972 年 12 月	入侵生物学	国家重点研发计划项目牵头人
24	牧医所	李金祥	男	1962 年 9 月	预防兽医学	国家重点研发计划项目牵头人
25	棉花所	王红梅	女	1966 年 12 月	作物遗传育种	国家重点研发计划项目牵头人
26	作科所	谢瑞芝	女	1972 年 1 月	作物栽培学与耕作学	国家重点研发计划项目牵头人
27	作科所	周美亮	男	1985 年 10 月	作物种质资源学	国家重点研发计划项目牵头人
28	环发所	朱志平	男	1978 年 3 月	农业生物环境与能源工程	农业工程博士学位授权一级学科科研人员
29	资划所	毕于运	男	1963 年 7 月	农业生物环境与能源工程	农业工程博士学位授权一级学科科研人员
30	灌溉所	王景雷	男	1972 年 1 月	农业水土工程	农业工程博士学位授权一级学科科研人员
31	灌溉所	周新国	男	1970 年 3 月	农业水土工程	农业工程博士学位授权一级学科科研人员

关于公布中国农业科学院2019年冬季新增博士研究生指导教师名单的通知

农科学位〔2020〕7号

院属各研究生培养单位：

根据《中国农业科学院研究生指导教师工作条例》的规定，严格按照个人申报、研究所学位评定委员会初审、研究生院组织院外同行专家通讯评议、院学科评议组复审、院学位评定委员会终审的遴选程序，经中国农业科学院第九届学位评定委员会第六次会议审议并无记名投票表决，遴选142人（其中农科英才等人员48人、其他在岗科研人员94人）为2019年冬季新增博士研究生指导教师。新增博士研究生指导教师名单在中国农业科学院网站公示无异议，现予以公布（附件1和附件2）。博士研究生指导教师资格从2019年12月31日起生效。

附件：1. 中国农业科学院2019年冬季新增博士研究生指导教师名单（农科英才等人员）

2. 中国农业科学院2019年冬季新增博士研究生指导教师名单（其他在岗科研人员）

中国农业科学院学位评定委员会

2020年2月27日

附件 1

中国农业科学院 2019 年冬季新增博士研究生指导教师名单

（农科英才等人员 48 人，按学科专业—单位—姓名排序）

序号	单位	姓名	性别	出生年月	学科专业
1	草原所	李　平	女	1979 年 4 月	草地资源利用与保护
2	茶叶所	叶　萌	女	1989 年 4 月	茶学
3	农经所	胡向东	男	1983 年 3 月	产业经济
4	兰牧药	郭　宪	男	1978 年 2 月	动物遗传育种与繁殖
5	郑果所	曾文芳	男	1985 年 6 月	果树学
6	蜜蜂所	彭文君	男	1970 年 1 月	农产品加工利用
7	质标所	王培龙	男	1979 年 12 月	农产品质量与食物安全
8	植保所	李远播	男	1986 年 3 月	农药学
9	环保所	王瑞刚	男	1979 年 12 月	农业环境学
10	植保所	刘　杨	男	1982 年 2 月	农业昆虫与害虫防治
11	环发所	姚宗路	男	1980 年 7 月	农业生物环境与能源工程
12	环发所	刘家磊	男	1982 年 5 月	农业水资源与环境
13	环发所	王建东	男	1978 年 10 月	农业水资源与环境
14	植保所	鲁　敏	男	1980 年 7 月	入侵生物学
15	基因组所	费启立	男	1989 年 10 月	生物化学与分子生物学
16	基因组所	刘毓文	男	1984 年 10 月	生物化学与分子生物学
17	基因组所	张翠军	男	1982 年 9 月	生物化学与分子生物学
18	基因组所	张新岩	男	1986 年 12 月	生物化学与分子生物学
19	基因组所	左二伟	男	1982 年 1 月	生物化学与分子生物学
20	棉花所	王　智	男	1978 年 12 月	生物化学与分子生物学

（续表）

序号	单位	姓名	性别	出生年月	学科专业
21	饲料所	张　杰	男	1983 年 12 月	生物化学与分子生物学
22	油料所	童超波	男	1984 年 4 月	生物化学与分子生物学
23	作科所	任玉龙	男	1982 年 1 月	生物化学与分子生物学
24	作科所	赵　磊	男	1985 年 10 月	生物化学与分子生物学
25	基因组所	程时锋	男	1983 年 12 月	生物信息学
26	基因组所	王　丽	女	1982 年 1 月	生物信息学
27	基因组所	武志强	男	1982 年 10 月	生物信息学
28	基因组所	易国强	男	1988 年 7 月	生物信息学
29	作科所	李慧慧	女	1982 年 10 月	生物信息学
30	饲料所	刘义明	男	1983 年 12 月	兽药学
31	蔬菜所	徐东辉	男	1979 年 2 月	蔬菜学
32	蔬菜所	杨学勇	男	1982 年 8 月	蔬菜学
33	蜜蜂所	侯春生	男	1978 年 12 月	特种经济动物饲养
34	环发所	苏世鸣	男	1983 年 1 月	土壤学
35	资划所	吴红慧	女	1978 年 3 月	土壤学
36	资划所	钱建平	男	1979 年 11 月	信息技术与数字农业
37	作科所	金秀良	男	1985 年 10 月	信息技术与数字农业
38	哈兽研	孟凡丹	女	1983 年 4 月	预防兽医学
39	哈兽研	钟功勋	男	1982 年 1 月	预防兽医学
40	兰兽研	朱紫祥	男	1985 年 10 月	预防兽医学
41	上兽研	刘长龙	男	1979 年 11 月	预防兽医学
42	加工所	陈捷胤	男	1980 年 6 月	植物病理学
43	烟草所	杨金广	男	1979 年 1 月	植物病理学
44	资划所	袁　亮	男	1982 年 1 月	植物营养学

（续表）

序号	单位	姓名	性别	出生年月	学科专业
45	植保所	李云河	男	1977 年 6 月	转基因生物安全学
46	棉花所	马雄风	男	1981 年 9 月	作物遗传育种
47	作科所	郝元峰	男	1981 年 8 月	作物遗传育种
48	作科所	王文生	男	1981 年 8 月	作物遗传育种

附件 2

中国农业科学院 2019 年冬季新增博士研究生指导教师名单

（其他在岗科研人员 94 人，按学科专业—单位—姓名排序）

序号	单位	姓名	性别	出生年月	学科专业
1	草原所	丁　勇	男	1980 年 8 月	草地资源利用与保护
2	茶叶所	石元值	男	1971 年 6 月	茶学
3	茶叶所	王丽鸳	女	1978 年 3 月	茶学
4	茶叶所	姚明哲	男	1975 年 5 月	茶学
5	牧医所	魏彩虹	女	1966 年 2 月	动物遗传育种与繁殖
6	中国水产科学研究院	马凌波	男	1972 年 11 月	动物遗传育种与繁殖
7	中国水产科学研究院	田永胜	男	1964 年 2 月	动物遗传育种与繁殖
8	牧医所	吕　林	女	1971 年 2 月	动物营养与饲料科学
9	饲料所	柏映国	男	1977 年 7 月	动物营养与饲料科学
10	饲料所	张海军	男	1976 年 3 月	动物营养与饲料科学
11	蔬菜所	张秀新	女	1972 年 8 月	观赏园艺
12	郑果所	齐秀娟	女	1978 年 5 月	果树学
13	郑果所	姚家龙	男	1963 年 7 月	果树学
14	哈兽研	何希君	男	1969 年 10 月	基础兽医学
15	兰牧药	蒲万霞	女	1964 年 9 月	基础兽医学
16	加工所	张　波	男	1978 年 4 月	农产品加工利用
17	蜜蜂所	张红城	男	1967 年 4 月	农产品加工利用

（续表）

序号	单位	姓名	性别	出生年月	学科专业
18	中国水产科学研究院	艾晓辉	男	1968 年 6 月	农产品质量与食物安全
19	中国水产科学研究院	陈胜军	男	1973 年 10 月	农产品质量与食物安全
20	中国水产科学研究院	谭志军	男	1978 年 11 月	农产品质量与食物安全
21	营养所	王　靖	男	1967 年 9 月	农产品质量与食物安全
22	质标所	金茂俊	男	1983 年 5 月	农产品质量与食物安全
23	环保所	杜连柱	男	1979 年 8 月	农业环境学
24	资划所	范洪黎	女	1969 年 9 月	农业环境学
25	资划所	张建峰	男	1979 年 9 月	农业环境学
26	加工所	高　雷	男	1981 年 10 月	农业经济管理
27	农机化所	张宗毅	男	1982 年 4 月	农业经济管理
28	农经所	刘现武	男	1969 年 12 月	农业经济管理
29	信息所	张　莉	女	1974 年 4 月	农业经济管理
30	营养所	程广燕	女	1977 年 8 月	农业经济管理
31	营养所	郭燕枝	女	1979 年 8 月	农业经济管理
32	营养所	孙君茂	男	1968 年 9 月	农业经济管理
33	草原所	林克剑	男	1976 年 12 月	农业昆虫与害虫防治
34	蔬菜所	王少丽	女	1975 年 11 月	农业昆虫与害虫防治
35	植保所	高玉林	男	1979 年 12 月	农业昆虫与害虫防治
36	环发所	李莲芳	女	1975 年 3 月	农业生态学

（续表）

序号	单位	姓名	性别	出生年月	学科专业
37	中国水产科学研究院	陈大庆	男	1964年4月	农业生态学
38	中国水产科学研究院	程家骅	男	1965年11月	农业生态学
39	中国水产科学研究院	毛玉泽	男	1969年10月	农业生态学
40	中国水产科学研究院	庄　平	男	1960年8月	农业生态学
41	资划所	李玉义	男	1978年9月	农业生态学
42	资划所	翟丽梅	女	1978年11月	农业生态学
43	环发所	郝卫平	男	1970年3月	农业水资源与环境
44	环发所	何文清	男	1974年9月	农业水资源与环境
45	信息所	董晓霞	女	1980年2月	农业信息分析学
46	信息所	王　川	男	1972年3月	农业信息分析学
47	信息所	吴建寨	男	1979年2月	农业信息分析学
48	信息所	赵俊晔	女	1978年12月	农业信息分析学
49	资划所	任建强	男	1974年10月	农业遥感
50	资划所	何英彬	男	1977年8月	区域发展
51	资划所	尤　飞	男	1972年8月	区域发展
52	棉花所	任茂智	男	1974年2月	生物化学与分子生物学
53	生物所	刘昱辉	女	1970年6月	生物化学与分子生物学
54	生物所	田　健	男	1979年4月	生物化学与分子生物学
55	生物所	王旭静	女	1974年7月	生物化学与分子生物学

（续表）

序号	单位	姓名	性别	出生年月	学科专业
56	生物所	徐妙云	女	1976 年 6 月	生物化学与分子生物学
57	中国水产科学研究院	陈松林	男	1960 年 10 月	生物化学与分子生物学
58	中国水产科学研究院	郝建华	男	1976 年 12 月	生物化学与分子生物学
59	中国水产科学研究院	邵长伟	男	1982 年 4 月	生物化学与分子生物学
60	作科所	赵光耀	男	1971 年 3 月	生物化学与分子生物学
61	蔬菜所	武　剑	女	1974 年 4 月	蔬菜学
62	草原所	王照兰	女	1964 年 12 月	饲草遗传育种与种子科学
63	牧医所	王　赞	男	1974 年 11 月	饲草遗传育种与种子科学
64	都市所	甘炳成	男	1968 年 9 月	微生物学
65	生物所	李铁女	女	1972 年 2 月	微生物学
66	资划所	黄晨阳	男	1977 年 12 月	微生物学
67	资划所	姜　昕	女	1969 年 11 月	微生物学
68	信息所	崔运鹏	男	1972 年 5 月	信息技术与数字农业
69	信息所	冯建中	男	1971 年 10 月	信息技术与数字农业
70	信息所	李世娟	女	1975 年 1 月	信息技术与数字农业
71	信息所	王　健	男	1971 年 1 月	信息技术与数字农业
72	哈兽研	姜永萍	女	1972 年 3 月	预防兽医学
73	哈兽研	李雁冰	女	1970 年 7 月	预防兽医学
74	哈兽研	刘　明	男	1968 年 12 月	预防兽医学
75	哈兽研	柳金雄	男	1979 年 2 月	预防兽医学

（续表）

序号	单位	姓名	性别	出生年月	学科专业
76	哈兽研	张　云	女	1967 年 8 月	预防兽医学
77	兰兽研	独军政	男	1976 年 11 月	预防兽医学
78	兰兽研	李志勇	男	1978 年 5 月	预防兽医学
79	兰兽研	张　强	男	1972 年 4 月	预防兽医学
80	兰兽研	周继章	男	1972 年 5 月	预防兽医学
81	上兽研	仇旭升	男	1981 年 11 月	预防兽医学
82	上兽研	金亚美	女	1973 年 5 月	预防兽医学
83	植保所	刘太国	男	1974 年 3 月	植物病理学
84	资划所	范分良	男	1977 年 5 月	植物营养学
85	资划所	李燕婷	女	1971 年 12 月	植物营养学
86	棉花所	吴建勇	男	1978 年 12 月	作物遗传育种
87	水稻所	童汉华	男	1972 年 10 月	作物遗传育种
88	水稻所	朱　丽	女	1978 年 11 月	作物遗传育种
89	作科所	孙　石	男	1973 年 4 月	作物遗传育种
90	麻类所	朱四元	女	1978 年 10 月	作物栽培学与耕作学
91	棉花所	马小艳	女	1981 年 11 月	作物栽培学与耕作学
92	水稻所	邵国胜	男	1974 年 9 月	作物栽培学与耕作学
93	水稻所	王丹英	女	1975 年 7 月	作物栽培学与耕作学
94	油料所	马　霓	女	1972 年 2 月	作物栽培学与耕作学

关于授予梁云涛等 38 人博士学位、孙兆凯等 99 人硕士学位的决定

农科学位〔2019〕2 号

院属各研究生培养单位：

中国农业科学院第九届学位评定委员会第四次会议于 2019 年 1 月 18 日在北京召开，根据《中国农业科学院学位授予工作实施细则》的规定，决定授予梁云涛等 38 人博士学位（含留学生 7 人）；授予孙兆凯等 99 人硕士学位，其中全日制学术学位硕士 3 人（含留学生 1 人），同等学力硕士 2 人，全日制专业学位硕士 3 人，非全日制专业学位硕士 91 人，授予学位日期为 2019 年 1 月 18 日。具体名单见附件。

附件：中国农业科学院 2019 年春季授予学位人员名单

中国农业科学院学位评定委员会

2019 年 1 月 18 日

附件

中国农业科学院 2019 年春季授予学位人员名单

一、授予博士学位人员名单（38 人）

梁云涛 刘　杨 朱爱科 佟继旭 张　莉 邵昱昊 汪德州 田　鹏 任　雯
梁悦萍 姚　骥 宋东霁 张　硕 陈秀灵 徐东东 许　琳 白　雪 于少雄
谷春阳 许　达 赵志荀 张成龙 王兴鹏 赵　滢 刘丹凤 魏迎辉 王竞晗
王子龙 杜　平 倪　旭 孙玉竹 Hirendra Nath Barman
Muhammad Zeeshan Shabbir Zareen Sarfraz
Ditta Allah Anwar Ali
Ghulam Hussain Jatoi Habtamu Abera Goshu

二、授予全日制学术学位硕士学位人员名单（3 人）

孙兆凯 路普 Shovon Chandra Sarkar

三、授予同等学力硕士学位人员名单（2 人）

姜一瞳 杨　东

四、授予全日制专业学位硕士学位人员名单（3 人）

郝陆洋 穆志生 郑　妍

五、授予非全日制专业学位硕士学位人员名单（91 人）

高弘毅 王化柱 赵春雷 赵翠丽 刘　芳 袁　洋 魏锦秀 王长希 李世楠
姚　璐 张　超 杨　丽 陈旭东 丁　力 张卫华 张　秋 张翼达 阚　峥
高哲颖 郭连文 丁建文 张晓芳 朱绍明 陈建国 刘烨波 裘晶晶 徐超红
周靖涵 王　瑜 潘　曦 傅曼溶 金　媛 刘洁琪 朱文凤 季亮亮 鲁珍珍
贾朝阳 王丽娜 温交通 于海飞 何宜燃 王晓玉 袁　成 张　磊 徐　腾
韩　烨 何九波 王永明 于冬梅 赵丽娜 郭利强 朱虹娴 王　远 张兆钰
刘小刚 朱子顺 姬小方 赵海军 王　冉 韩孟材 廖　清 曹亚杰 朱轩泽

孙毅民　王兴坤　金　鑫　曾　柳　付　丽　马　聪　王叶萌　何利宝　肖苏伟
许　萌　姚晓娟　张成龙　崔洁琼　宋翔宇　田立鹏　顾继岩　李建伟　吕　戈
孙　薇　许凌博　邹洪军　郑　杰　王　砾　吴玉蓉　李文红　郑巍巍　范　涛
田向学

关于授予陈强等 244 人博士学位、侯含等 742 人硕士学位的决定

农科学位〔2019〕9 号

院属各研究生培养单位：

中国农业科学院第九届学位评定委员会第五次会议于 2019 年 6 月 25 日在北京召开，根据《中国农业科学院学位授予工作实施细则》的规定，决定授予陈强等 244 人博士学位（含留学生 84 人）；授予侯含等 742 人硕士学位，其中全日制学术学位硕士 439 人（含留学生 7 人），同等学力硕士 1 人，全日制专业学位硕士 215 人，非全日制专业学位硕士 87 人，授予学位日期为 2019 年 6 月 25 日。具体名单见附件。

附件：中国农业科学院 2019 年夏季授予学位人员名单

中国农业科学院学位评定委员会

2019 年 6 月 25 日

附件

中国农业科学院 2019 年夏季授予学位人员名单

一、授予博士学位人员名单（244 人）

陈　强	师翠兰	王罕博	王卫锋	宋　健	范蓓蕾	刘珊珊	邹兴启	王　萌
徐　倩	魏中艳	刘国元	张　玉	王雅美	岳龙凯	朱发娣	杨亚军	张昆丽
王丽宁	刘盈盈	刘　盼	张雪莹	卢　霖	王银晓	徐　坤	崔晓玉	杨　虹
余小霞	白　净	刘　钊	樊双虎	盖霞普	李文超	张　婧	刘广周	顾丽姣
张　斌	余　宁	夏　菲	马慧慧	姜　博	刘旭洋	王凯强	许彦阳	武琳霞
彭　健	王红飞	宁　宇	蔡泽江	刘红梅	郭腾飞	王碧胜	殷　涛	强晓晶
徐大伟	吴尚蓉	焦　阳	王　惠	朱　亮	安兴奎	姜晓环	高毓晗	张跃博
钟儒清	孙伟丽	李　明	张家林	刘永振	李　琛	李婷婷	肖星星	冯　秀
马文静	高燕丽	杨欣然	马　晨	胡韵菲	吕　娜	梁晓贺	杨　娜	欧阳儒彬
郭玉杰	孙　晶	王春鑫	丛　萍	赵晓东	肖亚涛	张　鑫	白志刚	周培禄
蔡宇鹏	邓　勇	王文慧	李晓旭	王　萌	王俊杰	邱振楠	章孟臣	于利莉
颜朦朦	贾　琪	郁欢欢	周　亮	孙念霞	张金闯	高　源	李国亮	孙晓荣
魏云晓	季家磊	蔡岸冬	刘艺芸	宋书会	杨　璐	周丽平	林　伟	陈　迪
王　龙	曹　宁	张丹丹	高雪珂	陶　燕	方文生	张　虹	王玉生	聂海珍
王　巧	汤继顺	刘雪雪	崔耀明	王中成	辛海瑞	刘　振	付运星	黄美州
王西西	林　鹏	朱　杰	陈鹏飞	赵　款	任超超	胡　海	李　亮	霍　红
祝　瑶	张洪亮	崔保峰	毛　立	杨玉苹	李　治	李京栋	刘玮琳	熊　雪
张贵兰	马力阳	关　鑫	黄丹丹	林青宁	倪印锋	左　璇	Santosh Kc	

Anuj kumer Das	Mohammed Elasad Saad Ibrahim
Basheer Noman Mohammed Sallam	Coulibaly Krouhole Abdoul Salam
Tujuba Ayele Tesso	Sadaruddin Chachar
Ghulam Qanmber	Zaib-Ur-Rehman
Rezwan Tariq	Atul Prakash Sathe
Ahsan Irshad	Ali Akbar
Muhammad Sajid Iqbal	Adeel Riaz
Mohammad Abubakar Siddik	Rana Waseem Akhtar
Mohamed Diaby	Mohammed Mustafa Gumaa Mustafa
Talha Nazir	Bisma Riaz
Abdul Hanan	Samiullah
Adeel Abbas	Sajid Fiaz

Muhammad Amer Nazir
Ebissa Tchister Morrel
Muhammad Adeel Hassan
Waqas Ahmed
Nazia Rais
Sabir Hussain
Luu Ngoc Sinh
Tnsue Gebrekidan Bezabh
Muhammad Waqar
Muhammad Umar Shahbaz
Shahzad Ali Nahiyoon
Adel Khashaveh
Haftom Yemane Gebrechristos
Chandi Kanchana Deepali Wellala
Awraris Getachew Shenkute
Ameer Hussain
Seyed Ali Mirghasempour Khoshkroudi
Prerona Boruah
Shumaila Khan
Arslan Mehboob
Tahir Farooq
Naveed Hussain
Dileep Kumar
Kashif Hussain
Rana Imtiaz Ahmad
Safdar Ali Wahocho
Altaf Hussain
Muhammad Rashid
Ruth Nahurira
Esraa Abdallah Abas Mohamed
Richard Odongo Magwanga
Arif Husain
Mohamed Abdelghany Mohamed Ramadan Hamad
Farhana Alam Ripa
Moussa Tankari
Sayed Hussein Sayed Abdelgalil
Nguyen Manh Hung
Walter Trevor Shiba
Kanwar Kumar
Muhammad Haroon
Muhammad Umair Sial
Girma Debele Delelesse
Jakaria Chowdhury Onik
Muhammad Naeem
Faisal Mehmood
Umed Ali
Salman Ahmad
Haile Berihulay Gebreselase
Muhammad Ali Rasheed
Aftab Raza
Abdul Basit
Syed Abdul Wadood
Mian Noor Hussain/asghar Ali
Tahmina Shar
Hera Gul
Muhammad Irfan Malik
Iqbal Ahmad
Suleman
Vamougne Kourouma

二、授予全日制学术学位硕士人员名单（439 人）

侯　含　丁尊丹　李晓霞　李艳苓　卢玉秋　图雅日拉　齐利格娃　包小平
屈亚芳　张静静　李生斗　莫际仙　覃　诚　仲格吉　杨浏洋　孙　茹　汪东炎
向　杰　赵　霞　葛建忠　谢亚东　张玥琦　栗旭阳　戚义东　岳秀宏　来守超

张应刚	杜勇涛	葛林豪	韩佳楠	姜姗姗	荆叶醒	李亚楠	栗露露	穆若兰
齐　欣	徐　昕	郝珍珍	邱　锦	陈国鑫	丁　珊	高雅迪	韩佳慧	季文楷
梁明丽	柳景荣	谭　杰	王斐林	王文秀	邢　豹	张　叶	赵金彤	周钰芳
祝亚杰	王　平	姚雪妍	张晨曦	张一豪	黄玉敏	刘云云	杨　秀	王薇廷
廖子亚	王嘉翼	王晓丽	杨宇昕	唐　蝶	王恒超	谢海宽	杨雪玲	张宏媛
高　悦	李斌绪	尼雪妹	史思伟	肖美佳	邢　磊	陈智锴	霍星辰	李国鹏
李泽峰	刘　东	孙　袖	肖会涛	闫二伟	赵国栋	唐大华	崔永生	樊　凯
高剑民	韩　洋	胡　兰	景若瑶	臧华生	赵青青	和永康	李宗耕	刘庆鑫
魏晓然	冀拯宇	李俊改	李　影	孟　楠	孙　硕	廖仲彬	罗文文	马玉玲
杨培媛	占源航	邹梦圆	郭甜梦	尹高飞	黄方玉	张思洋	韩　晴	魏晨阳
崔　婧	洪思慧	戚　燕	宋　晓	张茜宁	白文强	许　腾	张慧娟	张夏秋
赵　峥	郑舒文	朱　嵩	刘玥佳	董　喆	许　倩	曹立创	李　芳	李　康
李肖静	秦晓洁	任　驰	王瑞睿	唐会会	许晓敏	张文倩	李琦瑶	宋晓培
孙　榕	张　烨	曾　丹	房裕东	李燕敏	李致伟	史金卉	王　静	徐佳亮
徐小婷	张东民	张姣姣	刘媛媛	孙　宽	王俊宜	张　凯	张　琪	蔡　鑫
邱西克	王岩岩	陈　渊	付　雪	刘　嶺	刘新勇	牛世朋	徐　鹏	张　越
周伟民	朱安东	薄韶云	姜　山	周世奇	高晨曦	刘谢香	杨　秀	盛　晨
赵春艳	黄　苑	宋晓莹	孙明辉	王　爽	汪丹丹	王慧婷	张　铭	何　巧
张涵彤	方倩囡	尚宪超	尹　锐	郑　璇	葛春雨	冯耀培	赵立春	韩　晴
王　企	王　雁	杨亚蒙	韩先焱	舒　楠	庞国成	裴健翔	赵亚楠	白锐琴
曹琼文	柴　琳	邓娇燕	董　昕	郭　佳	李　倩	李　情	孙娇娇	王茜茹
王伟平	魏　爽	袁亚钦	朱　玉	陈　美	董　方	金莉莉	林　琴	刘关华
庞丹丹	沈思言	苏　威	魏吉鹏	严　寒	杨清霖	高　洁	唐玉超	闫　菲
丛　聪	徐丽萍	陈　洁	李　格	李艳玲	孙静悦	张　鑫	刘　秀	王雅静
段丁丁	刘　斌	沈贝贝	谭建灿	项铭涛	高　艺	胡经煌	杜真真	郝泽芸
李　雪	麻金金	任玉红	孙少双	王　宁	吴　航	吴林娜	杨美欣	张美惠
马妮妮	王宝丽	尹春梅	姜桦韬	刘笑玮	王　丹	王　钢	徐丹丹	陈　琳
寇俊凤	刘　欢	刘娟娟	米　娜	王　婵	王　琪	杨　宸	杨　景	张　倩
张兴瑞	张亚坤	周　燕	高赛超	马　畅	任立瑞	王献礼	王晓宁	翁爱珍
郑静格	郑妍婕	赵丹丹	张　蓉	高彦杰	胡晓云	崔栋楠	何永娟	李长慧
梁颖博	吕　静	孙晓晓	鲍晶晶	范一萍	黄子妍	解领丽	李　青	李业芳
刘家鑫	任　玲	孙　庆	王小巧	王洋洋	谢珊珊	徐　玲	张凯艺	张天留
张艳敏	赵亚涵	朱　波	陈　将	付　宇	李　媛	刘邦民	吕小康	马炫炫
张凤丽	张嘉琦	周建民	高庆涛	黄荣才	廖朝勇	吕　娜	马丹丹	谭晓冬
魏　杰	魏婧雅	邢　磊	詹腾飞	张　闯	唐裕杰	杨大贺	陈双双	董世武
白玉彬	牛　彪	刘　琪	韩　坤	李　爽	尹　坤	陈新武	陈宗超	董丹丹

李先斌 刘 辉 刘茜倩 陆 艳 屈孟锦 王 璐 武 炜 杨永胜 张 倩
张 婷 赵艳珍 周莎莎 陈运通 范 振 韩舒雨 黄山雨 霍琳琳 贾云慧
李德栋 李继清 李 梅 李奇兵 林朝辉 刘虹秀 刘 烨 孟 兴 宋丹丹
宋 欢 王 磊 王亚林 王怡平 熊俊垚 许嘉宇 姚晓雨 于蒙蒙 张 峰
张 莹 张永莉 张越秀 赵丹丹 白梦捷 冯 倩 付绍祖 龚 青 吉 果
梁盼红 龙朝琳 谯 雨 王艺凝 杨 静 张富东 张 雨 张智慧 朱国强
张 敏 曹俊国 穆琳琳 李振松 曹红芳 李 怡 王菊萍 张智琦 张仲鹃
刘 露 郭以馨 连煜阳 田家榛 崔晓婷 丁娇娇 杨志青 李 莉 陈 静
贾利娟 刘 伟 邸 菲 聂秀萍 薛欢欢 李 媛 杨艳丽 王晶晶 王美玲
张小允 Anum Safdar Sokea Tum Juan Pablo Albornoz Ruy
Fatou Ndoye Fall Avuyile Xabadiya Keren Agyekumwaa Addo
Rosline James Muku Baba

三、授予同等学力硕士学位人员名单（1人）

郑 科

四、授予全日制专业学位硕士人员名单（215人）

黎 业 秦 薇 符 超 李 玲 李 腾 李姚姚 聂宁宁 牛亚楠 王志伟
吴 磊 许 睿 张仁梁 张顺麟 张馨月 雷 康 李 丹 曲玉杰 王康丽
王 准 杨笑敏 田姗姗 袁淑培 陈 婷 陈文强 刘西西 方 宁 林姗姗
刘跃东 芦伟龙 宋 健 孙 阳 王晓萌 郑业强 曹健冉 雷慧霞 吕 林
高闰飞 都真真 郭欢欢 孔枞枞 李 幸 刘佳鹤 刘星雨 杨锦坤 张晓雪
智晓娜 周梦迪 白丹凤 郭丹丹 李兵兵 欧点点 郭玲玲 刘玉飞 刘 超
马凤丽 黄成珍 黄升财 马 想 王齐齐 王树会 叶 豆 张银杰 王 超
郭新蕾 韩潇潇 刘瑞雪 王祖光 吴霄霄 王建强 段国唯 付嫣然 曹鸿一
闫文雪 安小康 杜素洁 郭隆隆 李而涛 李志康 刘晨晨 刘丹丹 刘 莹
苗少明 牛红杰 潘立婷 王 明 许云霄 薛 祺 杨远坤 张 川 张洪志
张 杰 张刘萍 周连柱 庄慧千 张 婷 刘 美 陈吉祥 崔丽芳 李亚荣
王秀珍 高 健 宋大伟 刘金燕 张 维 黄皓琰 李 解 王宏磊 谢静静
侯浩宾 刘秋凤 邱乙卿 孙福昱 王雪洁 王 亚 吴绪伦 朱婉婉 马昌盛
郭跃跃 陈来运 曹愉夏 张 涵 赵浩波 刘建艺 孙鑫帅 段 梦 韩 敏
李 丹 王一杰 杨宗辉 杨 帆 逄学思 周晓雨 王丽娜 崔雪妍 李 鹏
李婷婷 尹致丹 张文焕 高晓莉 甲承立 李仙仙 刘子毅 王 童 姚梦迪
张 彪 张晓文 郑 旭 乔江涛 吴 伟 程 晨 洪梦佳 杨代斌 张 杏

姚月凤　谢　晋　吴映彤　秦飞燕　孙　杰　韦　韬　陈　静　程雪飞　段倩玉
姜维雨　李慧民　毛玉丹　唐亚兰　王帅勇　王亚磊　袁　晓　赵焕之　柴冬华
单玲玲　梁雨萌　梁真洁　刘　聪　刘晓晓　鲁国涛　邵增玉　史智宾　王明霞
王文骞　吴姣姣　吴甜甜　向文杰　杨贝贝　张经伟　张　琳　张文立　赵　谦
赵爽爽　赵玉博　朱可蒙　高　雪　黄彩云　雷　垚　李　禤　刘绒欢　汪　亮
汪肖肖　王　省　王文青　王　咏　徐建林　杨文婷　翟肖辉　张莉萍　赵　鹭
赵亚茹　周亚红　白东东　董　朕　梁子敬　祁晓晓　邵　丹　徐　结

五、授予非全日制专业学位硕士人员名单（87 人）

杨　哲　单　堃　赵　宏　王　玉　黄崇春　李大瑞　景晓亮　褚继文　李崇顺
姜　娅　尹毓良　徐凤伟　徐思明　张　浩　李德均　饶正光　马　元　杜文忠
蒋艺涵　吴佳圆　谢晓君　於　榕　金斐君　杨　刚　叶子杨　周晓飞　陈　琳
童小芬　陈朱侃　胡建平　李怡鹏　王　剑　朱丹泱　陈方舒　李燕文　田　伟
王忠钰　杨莉莉　王　慧　李　岩　景睿松　朴日晨　李　玲　欧昌恒　李冬刚
麦合木提江·木塔力甫　盛志强　段　峰　缪骏奇　瞿　毅　梁　铖　杨　娣
陈巧燕　何海燕　范　珺　齐　帆　陈　文　刘媛媛　蒋晓薇　武　斌　周建颖
刘　佳　刘　琼　薛春子　李　涛　辛　博　次仁旦珍　陈　兵　谢铭露　杨　叶
徐　宁　焦　阳　李　跃　钱　坤　沈永鑫　刘晓静　童　荣　张道李　周　彬
吴以军　蒋凤玲　周先林　李和林　刘秋杉　袁雪涛　刘子嘉　王军杰

关于授予赵润等 73 人博士学位、曹晓晴等 75 人硕士学位的决定

农科学位〔2019〕15 号

院属各研究生培养单位：

中国农业科学院第九届学位评定委员会第六次会议于 2019 年 12 月 31 日在北京召开，根据《中国农业科学院学位授予工作实施细则》的规定，决定授予赵润等 73 人博士学位（含留学生 32 人）；授予曹晓晴等 75 人硕士学位，其中全日制学术学位硕士 2 人（含留学生 1 人），非全日制专业学位硕士 73 人，授予学位日期为 2019 年 12 月 31 日。具体名单见附件。

附件：中国农业科学院 2019 年冬季授予学位人员名单

中国农业科学院学位评定委员会
2019 年 12 月 31 日

附件

中国农业科学院 2019 年冬季授予学位人员名单

一、授予博士学位人员名单（73 人）

赵　润　孙　楠　王积栋　谢　礼　董雪丽　阴　涛　王立伟　陈志军　董星光
柳开楼　韩　亚　秦　旭　李俊娇　孔思远　杨怀谷　王刘豪　李燕荣　李　鹤
毛箬青　杨文萍　张　伟　陈韦韦　王雁伟　安江勇　李豫婷　李　静　叶孟亮
段艳凤　郑　超　杨向德　张睿彬　张　凯　吴　帆　刘利利　马树杰　刘爱晶
马　勇　王玉杰　王泽东　孙　浩　高志强　Suyash Bhimgonda Patil

Syed Adeel Zafar　Rasheed Ahmed
Mehmood Ali Noor　Abolore Adijat Ajadi
Mahendar Kumar　Adnan Rayit
Ali Aslam　Raheel Suleman
Ammar Saad Khalid Al-Sammarraie　Muhammad Amjad Bashir
Farheen Solangi　Babar Hussain
Nazir Ahmed Abro　Waris Mehmood
Ayesha Noreen Akram　Zubair Hussain
Afusat Yinka Aregbe　Muhammad Azeem
Muhammad Shehzad　Kashif Shahzad
Muhammad Yasir　Quaid Hussain
Silivano Edson Mwakinyali　Qamar U Zaman
Noushin Jahan　Saqib Farooq
Muddassar Hameed　Sawar Khan
Muhammad Abid　Urooj Fatima
Muhammad Uzair Mukhtar

二、授予全日制学术学位硕士人员名单（2 人）

曹晓晴　Guillermo Andrés Larre

三、授予非全日制专业学位硕士人员名单（73 人）

李　蕊　周紫华　张艳丽　柴宗文　李国臣　刘建友　赵延勃　黄盈莹　肖志文
周　楠　隋冬华　肖　娇　周　晟　刘　舒　罗俊威　刘孝良　杨金琛　于庭洪

赵世文	王忠迪	刘成德	安　昊	窦山德	吴月明	李　辉	杨　娜	翁洁羽
李　琪	梅航赛	汤　安	唐玲燕	侯建军	林　海	李佩儒	王曰明	任晋楷
黄建新	韩小云	李惠林	任　朋	邓　阳	王鹏鹏	杨　鹤	张连菊	仲　华
景瑞雪	张　超	张　莉	朱　岩	王佰成	熊　孜	袁春颖	王颖辰	田春艳
窦保乾	黄继光	李　萍	马森涛	王　静	王　瑞	王　伟	王晓峰	康志龙
刘文仙	尚卫琼	史冰蔚	谭　铮	许露琳	金　月	徐　娴	缪晓丹	盛　强
孙海军								

关于公布中国农业科学院 2018 年度优秀学位论文名单的通知

农科学位〔2019〕6 号

院属各研究生培养单位：

根据《中国农业科学院优秀学位论文评选及奖励办法》的规定，严格按照个人申请、研究所学位评定委员会推荐、研究生院资格审查、学科评议组初审、院学位评定委员会审议确定候选论文、候选论文院外同行专家通讯评议、学科评议组复审、院学位评定委员会终审的程序，经中国农业科学院第九届学位评定委员会第四次会议审议并无记名投票表决，评选出 2018 年度优秀博士学位论文 8 篇、优秀硕士学位论文 17 篇。优秀学位论文名单在中国农业科学院网站公示无异议，现予以公布（附件 1 和附件 2）。表彰事宜另行通知。

附件：1. 中国农业科学院 2018 年度优秀博士学位论文名单

2. 中国农业科学院 2018 年度优秀硕士学位论文名单

中国农业科学院学位评定委员会

2019 年 3 月 5 日

附件 1

中国农业科学院 2018 年度 优秀博士学位论文名单

（按专业/领域代码—培养单位—姓名排序）

序号	姓名	培养单位	专业/领域代码及名称	导师	学位论文题目
1	崔学安	生物所	071010 生物化学与分子生物学	路铁刚	控制水稻维管束发育基因 *TWI*1 的图位克隆和功能研究
2	衡月芹	作科所	090102 作物遗传育种	程治军	水稻穗顶部颖花退化基因 *PAA*1 的图位克隆与功能分析
3	汪精磊	蔬菜所	090202 蔬菜学	李锡香	萝卜抽薹开花相关基因鉴定及抽薹时间的 QTL 定位分析
4	胡　琼	资划所	0903Z2 农业遥感	唐华俊	基于时序 MODIS 影像的农作物遥感识别方法研究
5	孙航军	烟草所	090401 植物病理学	王凤龙	马铃薯 Y 病毒侵染过程中烟草 CLC-Nt1 蛋白的功能研究
6	潘兴鲁	植保所	090403 农药学	郑永权	手性杀菌剂啶菌噁唑和苯酰菌胺对映体生物活性、生态毒性及环境行为研究
7	游　帅	饲料所	090502 动物营养与饲料科学	蔡辉益	高比活嗜热木聚糖酶 XYL 10C-ΔN 结构与功能关系的研究
8	王　增	哈兽研	090602 预防兽医学	陈化兰	EAH1N1 亚型猪流感病毒在豚鼠间飞沫传播的分子机制及其抗原变异的研究

附件 2

中国农业科学院 2018 年度
优秀硕士学位论文名单

（按专业/领域代码—培养单位—姓名排序）

序号	姓名	培养单位	专业/领域代码及名称	导师	学位论文题目
1	李占占	饲料所	071010 生物化学与分子生物学	王建华	新型穿膜嵌合肽的分子设计及其对胞内沙门氏菌的杀灭作用研究
2	冯　禹	环发所	082802 农业水土工程	龚道枝	黄土高原东部旱作玉米田耗水过程与模拟
3	杨　莹	加工所	083201 食品科学	郑金铠	柑橘油纳米乳液体系的构建及其表征
4	姜奕圻	沼科所	083001 环境科学	王文国	藻菌协同净化沼液系统的构建与优化
5	王　霜	沼科所	083002 环境工程	邓良伟	PN-Anammox 同步脱氮工艺处理猪场废水厌氧消化液调控策略研究
6	董　乐	作科所	090102 作物遗传育种	谢传晓	基因编辑创制玉米母体孤雌生殖单倍体诱导系与高效双荧光蛋白单倍体鉴定体系构建
7	王玉娇	果树所	090201 果树学	聂继云	坚果和干果真菌毒素污染及风险评估研究
8	穆　兵	茶叶所	090203 茶学	林　智	茶叶中挥发性成分对映异构体研究
9	王　杰	加工所	090401 植物病理学	戴小枫	大丽轮枝菌 *VdDfs* 基因簇调控寄主落叶性状的分子机制研究
10	田雪莹	烟草所	090401 植物病理学	张成省	砂引草内生菌多样性及一株内生菌 *Alternaria* sp. P8 次级代谢产物研究

（续表）

序号	姓名	培养单位	专业/领域代码及名称	导师	学位论文题目
11	周召路	植保所	090403 农药学	黄啟良	农药助剂调控雾滴在典型作物上的蒸发、沉积及弹跳行为研究
12	李　媛	牧医所	090501 动物遗传育种与繁殖	苗向阳	两品种猪不同脂肪组织中环状RNA 的鉴定及其功能分析
13	马　乐	哈兽研	090602 预防兽医学	华荣虹	SPCS1 影响乙型脑炎病毒复制的分子机制研究
14	时　静	哈兽研	090602 预防兽医学	郑永辉	HIV-1Nef 拮抗新型宿主限制性因子 SERINC5 分子机理的研究
15	杨丽君	哈兽研	090602 预防兽医学	王玉娥	表皮生长因子受体 EGFR 在 PEDV 感染中的调控作用及机制研究
16	胡熙璕	水稻所	095101 作物	王克剑	水稻 CRISPR 基因组编辑系统的拓展及优化
17	李　凤	牧医所	095105 养殖	杜卫华	外源谷胱甘肽通过 γ-谷氨酰循环促进牛早期胚胎内 GSH 的合成

关于公布中国农业科学院 2019 年度优秀学位论文名单的通知

农科学位〔2020〕6 号

院属各研究生培养单位：

根据《中国农业科学院优秀学位论文评选及奖励办法》的规定，严格按照个人申请、研究所学位评定委员会推荐、研究生院资格审查、学科评议组初审、院学位评定委员会审议确定候选论文、候选论文院外同行专家通讯评议、学科评议组复审、院学位评定委员会终审的评选程序，经中国农业科学院第九届学位评定委员会第六次会议审议并无记名投票表决，评选出中国农业科学院 2019 年度优秀博士学位论文 8 篇、优秀硕士学位论文 17 篇。优秀学位论文名单在中国农业科学院网站公示无异议，现予以公布（附件 1 和附件 2）。表彰事宜另行通知。

附件：1. 中国农业科学院 2019 年度优秀博士学位论文名单
　　　2. 中国农业科学院 2019 年度优秀硕士学位论文名单

中国农业科学院学位评定委员会

2020 年 2 月 27 日

附件 1

中国农业科学院 2019 年度优秀博士学位论文名单

（按专业/领域代码—培养单位—姓名排序）

序号	姓名	学位类别	培养单位	专业/领域代码及名称	导师	学位论文题目
1	崔晓玉	理学博士	作科所	071010 生物化学与分子生物学	马有志	小麦 BES/BZR 转录因子和 CIPK 蛋白激酶介导的干旱胁迫响应机制研究
2	盖霞普	理学博士	资划所	0713Z1 农业生态学	任天志	华北平原不同有机物料投入对农田碳氮协同转化及环境效应研究
3	邱振楠	农学博士	水稻所	0901Z1 作物种质资源学	郭龙彪	水稻高温高光敏感突变体 *ls*1 的筛选及基因功能研究
4	张金闯	农学博士	加工所	0901Z4 农产品加工利用	王　强	高水分挤压过程中花生蛋白构象变化及品质调控
5	董星光	农学博士	果树所	090201 果树学	曹玉芬	梨基因组构建分析与果肉质地形成分子机理研究
6	陶　燕	农学博士	植保所	090403 农药学	郑永权	基于代谢组学的新烟碱类杀虫剂吡虫啉的人体暴露特征研究
7	刘雪雪	农学博士	牧医所	090501 动物遗传育种与繁殖	马月辉	中国家马进化历史及优良性状基因挖掘
8	张昆丽	农学博士	哈兽研	090602 预防兽医学	翁长江	DDX19 负调控 RLRs 介导 Ⅰ 型干扰素产生的分子机制研究

附件 2

中国农业科学院 2019 年度优秀硕士学位论文名单

（按专业/领域代码—培养单位—姓名排序）

序号	姓名	学位类别	培养单位	专业/领域 代码及名称	导师	学位论文题目
1	荆叶醒	理学硕士	作科所	071010 生物化学与分子生物学	孙加强	小麦 *TaJAZ1* 基因的克隆及其调控小麦白粉病抗性机理的研究
2	唐　蝶	理学硕士	基因组所	0710Z1 生物信息学	黄三文	马铃薯自交衰退的遗传基础
3	张宏媛	理学硕士	资划所	0713Z1 农业生态学	李玉义	基于 CT 技术秸秆隔层与亚表层培肥的水盐调控机制研究
4	董　喆	工学硕士	油料所	083201 食品科学	郑明明	介孔碳脂肪酶微阵列的制备与应用
5	路　普	农学硕士	棉花所	0901Z1 作物种质资源学	刘　方	棉花 *GPCR* 及 *MATE* 基因家族全基因组分析和非生物胁迫功能鉴定
6	赵春艳	农学硕士	水稻所	0901Z1 作物种质资源学	郭龙彪	水稻弱势早衰突变体 *wls5* 的鉴定及其基因克隆
7	李　情	农学硕士	蔬菜所	090202 蔬菜学	张忠华	黄瓜果实早期发育中基因的时空表达与调控
8	项铭涛	农学硕士	资划所	0903Z2 农业遥感	吴文斌	耕地复种提升潜力研究
9	王献礼	农学硕士	植保所	090403 农药学	王秋霞	二甲基二硫土壤中迁移及大气散发规律与调控研究
10	梁颖博	农学硕士	植保所	0904Z4 生物防治学	杨秀芬	Nbnrp1 蛋白介导大丽轮枝菌激发子 PevD1 诱导本生烟抗病性的分子机制

（续表）

序号	姓名	学位类别	培养单位	专业/领域代码及名称	导师	学位论文题目
11	马丹丹	农学硕士	牧医所	090502 动物营养与饲料科学	张敏红	基于蛋白组研究热应激影响肉鸡固有免疫的分子机制以及薄荷提取物的调节作用
12	张越秀	农学硕士	哈兽研	090602 预防兽医学	仇华吉	E3 泛素连接酶 RNF114 通过泛素化降解 NS4B 蛋白抑制猪瘟病毒复制
13	白梦捷	农学硕士	兰兽研	090602 预防兽医学	朱兴全	弓形虫致密颗粒蛋白基因缺失株的构建及其生物学特性研究
14	李兵兵	农业硕士	郑果所	095102 园艺	刘文革	西瓜高密度遗传图谱构建及三个果实性状相关候选基因的精细定位
15	杨远坤	农业硕士	植保所	095104 植物保护	邱德文	大丽轮枝菌果胶裂解酶 VdPEL1 诱导植物免疫和致病性的功能分析
16	黄皓琰	农业硕士	饲料所	095105 养殖	薛　敏	N-氨甲酰谷氨酸在花鲈饲料中的有效性和耐受评价及其调控营养代谢的机制研究
17	李婷婷	农业硕士	质标所	095113 食品加工与安全	陈爱亮	基于 DNA 检测的羊肉掺假鉴别技术研究

中国农业科学院研究生院关于表彰 2018—2019 学年“高水平论文奖”获得者的决定

农科研生〔2019〕99 号

院属各研究生培养单位：

为促进创新性科研成果的产出和拔尖人才的培育，鼓励研究生潜心开展科研工作，进一步提高我院研究生教育质量，根据《中国农业科学院研究生院学生奖励条例》的有关规定，经 2019 年 9 月 4 日研究生院 2019 年第 11 次党政联席会审议通过，对 2018—2019 学年以研究生为第一作者、所在培养单位为第一单位在《中国科学院文献情报中心期刊分区表》中各学科大类一区期刊上发表学术论文的研究生进行表彰（共 65 篇），每篇论文奖励人民币 1 万元，并颁发荣誉证书。

特此表彰，以资鼓励。

附件：2018—2019 学年“高水平论文奖”名单

中国农业科学院研究生院

2019 年 9 月 5 日

附件

2018—2019 学年“高水平论文奖”名单

序号	培养单位	姓名	学生类别	专业/领域	导师	发表论文名称	期刊名称	中科院大类分区	近三年平均影响因子
1	作科所	于利莉	博士	农产品质量与食物安全	王步军	Identification and dissipation of omethoate and its main metabolite DMP in wheat determined by UPLC-QTOF/MS	*Journal of Agricultural and Food Chemistry*	农林科学一区	3.141
2	作科所	董慧雪	博士	生物化学与分子生物学	孙加强	TaCOLD1 defines a new regulator of plant height in bread wheat	*Plant Biotechnology Journal*	生物一区	6.613
3	作科所	何冠华	博士	生物化学与分子生物学	孙加强	The blue-light receptor CRY1 interacts with BZR1 and BIN2 to modulate the phosphorylation and nuclear function of BZR1 in repressing BR signaling in *arabidopsis*	*Molecular Plant*	生物一区	8.432
4	作科所	李少雅	博士	生物化学与分子生物学	夏兰琴	Precise gene replacement in rice by RNA transcript-templated homologous recombination	*Nature Biotechnology*	工程技术一区	40.168
5	作科所	Rezwan Tariq	博士	作物遗传育种	赵开军	RNA-Seq analysis of gene expression changes triggered by *Xanthomonas oryzae* pv. *oryzae* in a susceptible rice genotype	*Rice*	农林科学一区	3.398
6	作科所	Syed Adeel Zafar	博士	作物遗传育种	李学勇	*Degenerated panicle and partial sterility* 1 (*DPS1*) encodes a CBS domain containing protein required for anther cuticle and panicle development in rice	*New Phytologist*	生物一区	7.324

（续表）

序号	培养单位	姓名	学生类别	专业/领域	导师	发表论文名称	期刊名称	中科院大类分区	近三年平均影响因子
7	作科所	蔡宇鹏	博士	作物遗传育种	侯文胜	Mutagenesis of *GmFT2a* and *GmFT5a* mediated by CRISPR/Cas9 contributes for expanding the regional adaptability of soybean	*Plant Biotechnology Journal*	生物一区	6.613
8	作科所	Abdul-kareem Raheem	博士	作物栽培学与耕作学	张卫建	Greenhouse gas emissions from a rice-rice-green manure cropping system in South China	*Geoderma*	农林科学一区	3.544
9	资划所	黄显雷	博士	农业经济管理	尹昌斌	Sustainability of returning wheat straw to field in Hebei, Shandong and Jiangsu provinces: A contingent valuation method	*Journal of Cleaner Production*	环境科学与生态学一区	5.442
10	资划所	杨晓梅	博士	农业经济管理	尹昌斌	Urban residents' willingness to pay for corn straw burning ban in Henan, China: Application of payment card	*Journal of Cleaner Production*	环境科学与生态学一区	5.442
11	资划所	蔡岸冬	博士	土壤学	徐明岗	Manure acts as a better fertilizer for increasing crop yields than synthetic fertilizer does by improving soil fertility	*Soil & Tillage Research*	农林科学一区	3.311
12	资划所	柳开楼	博士	土壤学	张会民	Response of soil aggregate-associated potassium to long-term fertilization in red soil	*Geoderma*	农林科学一区	3.544
13	资划所	任凤玲	博士	土壤学	张淑香	Changes in soil microbial biomass with manure application in cropping systems: A meta-analysis	*Soil & Tillage Research*	农林科学一区	3.311
14	资划所	王庆峰	博士	微生物学	李　俊	Long-term N fertilization altered ^{13}C-labeled fungal community composition but not diversity in wheat rhizosphere of Chinese black soil	*Soil Biology & Biochemistry*	农林科学一区	4.645

（续表）

序号	培养单位	姓名	学生类别	专业/领域	导师	发表论文名称	期刊名称	中科院大类分区	近三年平均影响因子
15	资划所	戴相林	博士	植物营养学	周　卫	Soil C/N and pH together as a comprehensive indicator for evaluating the effects of organic substitution management in subtropical paddy fields after application of high-quality amendments	*Geoderma*	农林科学一区	3.544
16	资划所	栾好安	博士	植物营养学	黄绍文	Partial substitution of chemical fertilizer with organic amendments affects soil organic carbon composition and stability in a greenhouse vegetable production system	*Soil & Tillage Research*	农林科学一区	3.311
17	资划所	周国朋	博士	植物营养学	曹卫东	Non-additive responses of soil C and N to rice straw and hairy vetch (*Viciavillosa Roth* L.) mixtures in a paddy soil	*Plant and Soil*	农林科学一区	3.109
18	环发所	林　伟	博士	植物营养学	李玉中	Partitioning of sources of N_2O from soil treated with different types of fertilizers by the acetylene inhibition method and stable isotope analysis	*European Journal of Soil Science*	农林科学一区	3.181
19	环发所	强晓晶	博士	植物营养学	李玉中	Alleviation of the detrimental effect of water deficit on wheat (*Triticum aestivum* L.) growth by an indole acetic acid-producing endophytic fungus	*Plant and Soil*	农林科学一区	3.109
20	环发所	郑　莉	硕士	农业资源利用	张晴雯	Spatiotemporal characteristics of the bearing capacity of cropland based on manure nitrogen and phosphorus load in mainland China	*Journal of Cleaner Production*	环境科学与生态学一区	5.442
21	蔬菜所	胡博文	博士	蔬菜学	黄三文	Engineering non-transgenic gynoecious cucumber using an improved transformation protocol and optimized CRISPR/Cas9 system	*Molecular plant*	生物一区	8.432

（续表）

序号	培养单位	姓名	学生类别	专业/领域	导师	发表论文名称	期刊名称	中科院大类分区	近三年平均影响因子
22	蔬菜所	刘　鹏	博士	蔬菜学	蒋卫杰	A new perspective on the effect of UV-B on L-ascorbic acid metabolism in cucumber seedlings	*Journal of Agricultural and Food Chemistry*	农林科学一区	3.141
23	蔬菜所	张　磊	博士	蔬菜遗传育种	王晓武	Improved *Brassica rapa* reference genome by single-molecule sequencing and chromosome conformation capture technologies	*Horticulture Research*	农林科学一区	3.961
24	蔬菜所	李　倩	硕士	蔬菜学	张忠华	A chromosome-scale genome assembly of cucumber（*Cucumis sativus* L.）	*Giga Science*	生物一区	7.200
25	蔬菜所	辛同旭	硕士	蔬菜学	黄三文	Genetic regulation of ethylene dosage for cucumber fruit elongation	*Plant Cell*	生物一区	8.497
26	饲料所	高　飞	博士	生物化学与分子生物学	苏小运	A versatile system for fast screening and isolation of *Trichoderma reesei* cellulase hyperproducers based on DsRed and fluorescence - assisted cell sorting	*Biotechnology for Biofuels*	工程技术一区	5.715
27	饲料所	黄皓琰	硕士	养殖	薛　敏	Dietary N-Carbamylglutamate（NCG）alleviates liver metabolic disease and hepatocyte apoptosis by suppressing ERK1/2 - mTOR - S6K1 signal pathway via promoting endogenous arginine synthesis in Japanese seabass（*Lateolabrax japonicus*）	*Fish & Shellfish Immunology*	农林科学一区	3.119
28	生物所	张　倩	博士	生物化学与分子生物学	谷晓峰	N^6-methyladenine DNA methylation in *Japonica* and *Indica* rice genomes and its association with gene expression, plant development, and stress responses	*Molecular Plant*	生物一区	8.432

（续表）

序号	培养单位	姓名	学生类别	专业/领域	导师	发表论文名称	期刊名称	中科院大类分区	近三年平均影响因子
29	生物所	谢李楠	博士	微生物学	徐玉泉	Methylglucosylation of phenolic compounds by fungal glycosyltransferase - methyltransferase functional modules	*Journal of Agricultural and Food Chemistry*	农林科学一区	3.141
30	质标所	李婷婷	硕士	食品加工与安全	陈爱亮	Rapid authentication of mutton products by recombinase polymerase amplification coupled with lateral flow dipsticks	*Sensors and Actuators B - Chemical*	工程技术一区	5.275
31	植保所	方文生	博士	农药学	曹坳程	Biochemical pathways used by microorganisms to produce nitrous oxide emissions from soils fumigated with dimethyl disulfide or allyl isothiocyanate	*Soil Biology & Biochemistry*	农林科学一区	4.645
32	植保所	方文生	博士	农药学	曹坳程	Evidences of N_2O Emissions in Chloropicrin-Fumigated Soil	*Journal of Agricultural and Food Chemistry*	农林科学一区	3.141
33	植保所	吴长才	博士	农药学	宁　君	Modeling of the *Phytophthora capsici* cellulose synthase 3 and its inhibitors activity assay	*Pest Management Science*	农林科学一区	3.104
34	植保所	李　迁	博士	农业昆虫与害虫防治	陈巨莲	Plant-mediated horizontal transmission of *Hamiltonella defensa* in the wheat aphid *Sitobion miscanthi*	*Journal of Agricultural and Food Chemistry*	农林科学一区	3.141
35	植保所	杨　龙	博士	农业昆虫与害虫防治	陆宴辉	Mixed effects of landscape complexity and insecticide use on ladybeetle abundance in wheat fields	*Pest Management Science*	农林科学一区	3.104
36	植保所	张丹丹	博士	农业昆虫与害虫防治	吴孔明	Field monitoring of *Helicoverpa armigera*（Lepidoptera：Noctuidae）Cry1Ac insecticidal protein resistance in China（2005—2017）	*Pest Management Science*	农林科学一区	3.104

（续表）

序号	培养单位	姓名	学生类别	专业/领域	导师	发表论文名称	期刊名称	中科院大类分区	近三年平均影响因子
37	植保所	高赛超	硕士	农药学	闫晓静	Water-soluble food dye of Allura Red as a tracer to determine the spray deposition of pesticide on target crops	*Pest Management Science*	农林科学一区	3.104
38	植保所	任宗杰	硕士	农药学	李　园	Evaluation of allyl isothiocyanate as a soil fumigant against soil-borne diseases in commercial tomato (*Lycopersicon esculentum* Mill.) production in China	*Pest Management Science*	农林科学一区	3.104
39	加工所	刘　欢	博士	农产品加工利用	张德权	Characterization of key aroma Compounds in Beijing Roasted Duck by gas chromatography olfactometry mass spectrometry, odoractivity values, and aroma-recombination experiments	*Journal of Agricultural and Food Chemistry*	农林科学一区	3.141
40	加工所	赵少杰	博士	农产品加工利用	郑金铠	Citrus oil emulsions stabilized by citrus pectin: The influence mechanism of citrus variety and acid treatment	*Journal of Agricultural and Food Chemistry*	农林科学一区	3.141
41	蜜蜂所	李强强	博士	农产品质量与食物安全	吴黎明	Bee pollen extracts modulate serum metabolism in lipopolysaccharide-induced acute lung injury mice with anti-inflammatory effects	*Journal of Agricultural and Food Chemistry*	农林科学一区	3.141
42	蜜蜂所	马昌盛	硕士	养殖	罗术东	Impact of acute oral exposure to thiamethoxam on the homing, flight, learning acquisition and short-term retention of *Apis cerana*	*Pest Management Science*	农林科学一区	3.104

（续表）

序号	培养单位	姓名	学生类别	专业/领域	导师	发表论文名称	期刊名称	中科院大类分区	近三年平均影响因子
43	环保所	赵晓东	博士	农业生态学	任天志	Shifting interactions among bacteria, fungi and archaea enhance removal of antibiotics and antibiotic resistance genes in the soilbioelectrochemical remediation	*Biotechnology for Biofuels*	工程技术一区	5.715
44	环保所	邓迎璇	博士	土壤学	翁莉萍	Understanding major NOM properties controlling its interactions with phosphorus and arsenic at goethite-water interface	*Water Research*	环境科学与生态学一区	6.661
45	郑果所	李　勇	博士	果树学	王力荣	Genomic analyses of an extensive collection of wild and cultivated accessions provide new insights into peach breeding history	*Genome Biology*	生物一区	12.145
46	郑果所	王小贝	博士	果树学	王志强	PpERF3 positively regulates ABA biosynthesis by activating *PpNCED2/3* transcription during fruit ripening in peach	*Horticulture Research*	农林科学一区	3.961
47	棉花所	张　震	博士	作物遗传育种	袁有禄	Genome-wide quantitative trait loci reveal the genetic basis of cottonfibre quality and yield-related traits in a *Gossypium hirsutum* recombinant inbred line population	*Plant Biotechnology Journal*	生物一区	6.613
48	油料所	Silivano E. mwakinyali	博士	农产品质量与食物安全	李培武	Investigation and characterization of *Myroides odoratimimus* strain 3J2MO aflatoxin B_1 degradation	*Journal of Agricultural and Food Chemistry*	农林科学一区	3.141

（续表）

序号	培养单位	姓名	学生类别	专业/领域	导师	发表论文名称	期刊名称	中科院大类分区	近三年平均影响因子
49	油料所	谢华里	博士	农产品质量与食物安全	张　奇	Monitoring metabolite production of aflatoxin biosynthesis by orbitrap fusion mass spectrometry and a doptimal mixture design method	*Analytical Chemistry*	化学一区	6.083
50	油料所	许　琳	博士	农产品质量与食物安全	李培武	Binding - induced DNA dissociation assay for small molecules：Sensing aflatoxin B_1	*ACS Sensors*	工程技术一区	5.711
51	油料所	高鸿飞	博士	生物化学与分子生物学	华　玮	A portable electrochemical immunosensor for highly sensitive point - of - care testing of genetically modified crops	*Biosensors & Bioelectronics*	工程技术一区	7.810
52	油料所	李书宇	博士	作物遗传育种	王汉中	A systematic dissection of the mechanisms underlying the natural variation of silique number in rapeseed germplasm	*Plant Biotechnology Journal*	生物一区	6.613
53	水稻所	蔡怡聪	博士	作物遗传育种	胡培松	*OsPK2* encodes a plastidic pyruvate kinase involved in rice endosperm starch synthesis，compound granule formation and grain filling	*Plant Biotechnology Journal*	生物一区	6.613
54	水稻所	向小娇	博士	作物遗传育种	曹立勇	*LSSR*1 facilitates seed setting rate by promoting fertilization in rice	*Rice*	农林科学一区	3.398
55	水稻所	邱振楠	博士	作物种质资源学	郭龙彪	DNA damage and reactive oxygen species cause cell death in the rice*local lesions* 1 mutant under high light and high temperature	*New Phytologist*	生物一区	7.324
56	水稻所	王俊杰	博士	作物种质资源学	王克剑	xCas9 expands the scope of genome editing with reduced efficiency in rice	*Plant Biotechnology Journal*	生物一区	6.613

（续表）

序号	培养单位	姓名	学生类别	专业/领域	导师	发表论文名称	期刊名称	中科院大类分区	近三年平均影响因子
57	水稻所	赵春艳	硕士	作物种质资源学	郭龙彪	A 3－bp deletion of*WLS5* gene leads to weak growth and early leaf senescence in rice	*Rice*	农林科学一区	3.398
58	茶叶所	郑　超	博士	茶学	陈　亮	Regulation of growth and flavonoid formation of tea plants（*Camellia sinensis*）by blue and green light	*Journal of Agricultural and Food Chemistry*	农林科学一区	3.141
59	茶叶所	郑　超	博士	茶学	陈　亮	Gene coexpression networks reveal key drivers of flavonoid variation in eleven tea cultivars（*Camellia sinensis*）	*Journal of Agricultural and Food Chemistry*	农林科学一区	3.141
60	沼科所	王　虹	硕士	环境科学	王文国	Microalgalinterstrains differences in algal-bacterial biofloc formation during liquid digestate treatment	*Bioresource Technology*	工程技术一区	5.458
61	沼科所	段国唯	硕士	农业资源利用	胡国全	Replacing waterandnutrients forethanolproduction by ARTP derived biogas slurrytolerant *Zymomonas mobilis* strain	*Biotechnology for Biofuels*	工程技术一区	5.715
62	果树所	常维霞	博士	果树学	聂继云	Systemic stereoselectivity study of etoxazole: Stereoselective bioactivity, acute toxicity, and environmental behavior in fruits and soils	*Journal of Agricultural and Food Chemistry*	农林科学一区	3.141
63	果树所	董星光	博士	果树学	曹玉芬	*De novo* assembly of a wild pear（*Pyrus betuleafolia*）genome	*Plant Biotechnology Journal*	生物一区	6.613

（续表）

序号	培养单位	姓名	学生类别	专业/领域	导师	发表论文名称	期刊名称	中科院大类分区	近三年平均影响因子
64	兰兽研	Niyokwi-shimira Alfred	博士	预防兽医学	张志东	Detection and molecular characterization of Peste des Petits Ruminants virus from outbreaks in Burundi，December 2017-January 2018	*Transboundary and Emerging Diseases*	农林科学一区	3.268
65	兰兽研	毛立	博士	预防兽医学	骆学农	Epidemiological investigation and phylogenetic analysis of caprine parainfluenza virus type 3 in sheep of China	*Transboundary and Emerging Diseases*	农林科学一区	3.268

中国农业科学院2019年国家奖学金获奖名单

博士研究生国家奖学金获奖名单

序号	姓名	性别	民族	基层单位	专业	入学年份
1	吴 楠	女	汉族	植物保护研究所	植物病理学	2018
2	许春丽	女	汉族	植物保护研究所	农药学	2018
3	黄 斌	男	汉族	植物保护研究所	农药学	2017
4	马 勇	男	汉族	哈尔滨兽医研究所	预防兽医学	2016
5	王玉杰	女	汉族	哈尔滨兽医研究所	预防兽医学	2016
6	黄显雷	男	壮族	农业资源与农业区划研究所	农业经济管理	2018
7	周国朋	男	汉族	农业资源与农业区划研究所	植物营养学	2017
8	王安琪	女	汉族	农业环境与可持续发展研究所	生物物理学	2017
9	刘 欢	男	汉族	农产品加工研究所	农产品加工利用	2017
10	张 伟	女	汉族	兰州兽医研究所	预防兽医学	2015
11	刘盼娆	女	汉族	上海兽医研究所	预防兽医学	2017
12	刘 鹏	男	汉族	蔬菜花卉研究所	蔬菜学	2017
13	何 超	男	汉族	蔬菜花卉研究所	农业昆虫与害虫防治	2017
14	刘小宁	男	汉族	环境保护科研监测所	农业环境学	2017
15	赵晨晨	女	汉族	棉花研究所	农业昆虫与害虫防治	2017
16	高海秀	女	汉族	农业经济与发展研究所	产业经济	2017
17	王晓婧	女	汉族	生物技术研究所	生物化学与分子生物学	2014
18	张 倩	女	汉族	生物技术研究所	生物化学及分子生物学	2018
19	王晓璐	男	汉族	饲料研究所	生物化学与分子生物学	2017
20	谢华里	男	汉族	油料作物研究所	农产品质量与食物安全	2017

（续表）

序号	姓名	性别	民族	基层单位	专业	入学年份
21	贺　彦	男	汉族	中国水稻研究所	生物化学与分子生物学	2017
22	郑　超	男	汉族	茶叶研究所	茶学专业	2016
23	范　伟	男	汉族	深圳农业基因组研究所	生物信息学专业	2017
24	王　坤	男	汉族	北京畜牧兽医研究所	动物营养与饲料科学	2016
25	潘建飞	男	汉族	北京畜牧兽医研究所	动物遗传育种与繁殖专业	2017
26	李晶莹	女	汉族	作物科学研究所	生物化学与分子生物学	2018
27	张　智	男	汉族	作物科学研究所	作物种质资源学	2018
28	安怡昕	女	汉族	作物科学研究所	作物种质资源学	2018
29	王俊欢	女	汉族	研究生院	微生物学	2017
30	吴　帆	男	汉族	蜜蜂研究所	特种经济动物饲养	2016

硕士研究生国家奖学金获奖名单

序号	姓名	性别	民族	基层单位	专业	入学年份
1	李仔博	女	汉族	植物保护研究所	农业昆虫与害虫防治专业	2017
2	朱佳红	女	汉族	植物保护研究所	农药学	2017
3	蔡　霓	女	汉族	植物保护研究所	生物防治学	2017
4	李一梅	女	汉族	植物保护研究所	植物保护	2017
5	朱红振	男	汉族	哈尔滨兽医研究所	预防兽医学	2017
6	范林进	男	汉族	哈尔滨兽医研究所	兽医	2017
7	昝亚楠	女	汉族	哈尔滨兽医研究所	预防兽医学	2016
8	邹　茸	女	汉族	农业资源与农业区划研究所	环境科学	2017
9	张晓丽	女	汉族	农业资源与农业区划研究所	生态学	2017
10	曹小霞	女	汉族	农业环境与可持续发展研究所	土壤学	2017
11	刘　杨	男	汉族	农业环境与可持续发展研究所	农业水资源与环境	2017

（续表）

序号	姓名	性别	民族	基层单位	专业	入学年份
12	耿栋辉	男	汉族	农产品加工研究所	食品科学专业	2017
13	任文博	女	汉族	农产品加工研究所	食品科学	2017
14	许肖枫	女	汉族	兰州兽医研究所	兽医	2017
15	王立群	女	汉族	兰州兽医研究所	预防兽医学	2017
16	易正飞	男	汉族	上海兽医研究所	兽医	2017
17	李雪雁	女	汉族	上海兽医研究所	兽药学	2017
18	李宏博	男	汉族	蔬菜花卉研究所	蔬菜学	2017
19	何艳艳	女	汉族	蔬菜花卉研究所	植物保护	2017
20	张晓林	男	汉族	环境保护科研监测所	环境科学	2017
21	荣梦杰	女	汉族	棉花研究所	作物专业	2017
22	陈芙蓉	女	汉族	农业经济与发展研究所	农业经济管理	2017
23	郭位军	男	汉族	生物技术研究所	生物化学与分子生物学专业	2017
24	蒲伟军	男	汉族	生物技术研究所	生物化学与分子生物学专业	2017
25	刘云龙	男	汉族	饲料研究所	养殖	2017
26	郝夏晖	男	汉族	油料作物研究所	微生物学	2017
27	倪妍霞	女	汉族	中国水稻研究所	农产品质量与食物安全	2017
28	罗伟文	男	汉族	南京农业机械化研究所	农业机械化工程	2017
29	代金霞	女	汉族	茶叶研究所	茶学专业	2017
30	褚　程	女	回族	烟草研究所	农产品质量与食物安全	2017
31	黄瑞环	男	汉族	烟草研究所	植物病理学	2017
32	路晓荣	女	汉族	兰州畜牧与兽药研究所	基础兽医学	2017
33	刘美娟	女	汉族	蜜蜂研究所	特种经济动物饲养	2017
34	尚世龙	男	汉族	农田灌溉研究所	农业水土工程	2017

（续表）

序号	姓名	性别	民族	基层单位	专业	入学年份
35	肖顺夫	男	汉族	农业信息研究所	信息技术与数字农业	2017
36	王　虹	女	汉族	沼气科学研究所	环境科学	2017
37	解昆仑	男	汉族	郑州果树研究所	植物病理学	2017
38	曹　静	女	汉族	农业质量标准与检测技术研究所	食品科学	2017
39	宫瑞泽	男	汉族	特产研究所	野生动植物保护与利用	2017
40	张艳丽	女	汉族	北京畜牧兽医研究所	动物遗传育种与繁殖	2017
41	张壮彪	男	汉族	北京畜牧兽医研究所	动物遗传育种与繁殖专业	2017
42	邢　爽	女	汉族	北京畜牧兽医研究所	养殖	2017
43	高　媛	女	汉族	作物科学研究所	生物化学与分子生物学	2017
44	赵梦洁	女	汉族	作物科学研究所	生物化学与分子生物学	2018
45	罗金满	女	汉族	作物科学研究所	生物化学与分子生物学	2018
46	肖友乾	女	汉族	沼气科学研究所	环境工程	2017

中国农业科学院
2019年度“先正达奖学金”获奖名单

姓名	培养单位	专业	攻读学位
李如男	植物保护研究所	农药学	博士
史素娟	烟草研究所	作物栽培学与耕作学	博士
张佳佳	农业资源与农业区划研究所	植物营养学	博士
程晓宇	农业经济与发展研究所	农业经济管理	博士
邢苗苗	蔬菜花卉研究所	蔬菜学	博士

农业农村部张桃林副部长在研究生教育改革发展暨中国农业科学院研究生院建院 40 周年交流会上的讲话

各位嘉宾、各位校友，亲爱的老师们、同学们：

大家上午好！

辛勤耕耘四十载，科教兴农育英才。值此研究生教育改革发展暨中国农业科学院研究生院建院 40 周年交流会之际，我谨代表农业农村部向中国农业科学院全体职工、研究生院师生员工和海内外校友表示热烈的祝贺和诚挚的问候！向莅临本次交流会的各位嘉宾，表示热烈的欢迎和良好的祝愿！向长期关心支持高等农业教育的社会各界人士表示衷心的感谢并致以崇高的敬意！

借此机会，我与大家交流三方面体会和看法。

一、中国农业科学院研究生院的办学实践，走出了一条科研机构培养农业高层次人才的成功之路

1979 年，中国农业科学院研究生教育乘着改革的春风应运而生。40 年来，研究生院紧紧围绕党和国家农业农村工作大局，认真贯彻落实党的教育方针，以立德树人为根本、强农兴农为己任，充分发挥“院所结合、两段式培养”的特色优势，深入推进研究生教育综合改革，探索出一条国家级科研机构办研究生教育的发展道路，形成了独具农科特色的办学理念、学科布局、培养模式、管理制度和质量保证监督体系，实现了研究生教育的跨越发展，为我国农业科技创新和现代农业发展培养了大批高层次人才，为全面建成小康社会和社会主义现代化建设作出积极的贡献。

党的十八大以来，中国农业科学院以习近平新时代中国特色社会主义思想为指引，全面贯彻落实习近平总书记致中国农业科学院建院 60 周年贺信精神，面向世界农业科技前沿、面向国家重大需求、面向农业现代化建设主战场，坚持“顶天立地”的创新方向，坚持科教融合的发展理念，组织实施农业科技创新工程，大力推进“世界一流农业科研院所”和“一流学科”建设，“十三五”期间以第一完成单位获国家级奖项 22 项，实现了国家三大奖项的全覆盖，取得一大批达到国际先进水平的重大原创成果，培养造就了一大批农业科技领军人才，为我国“三农”事业发展作出重要贡献。这些成绩承载了几代“农科人”科教报国的辛勤奉献，体现了中国农业科学院的高度政治

责任感、大局意识和科教兴农使命担当，彰显了科研机构研究生教育的独特优势，为建设具有农科特色、国内一流、国际知名的研究生院奠定了坚实的基础。

二、坚定不移围绕国家需求和产业需要培养高层次人才，谱写农科研究生教育崭新篇章

教育决定着人类的今天，也决定着人类的未来。当前，国际形势错综复杂，知识创新和科技变革日新月异，高端人才在经济增长和科技创新中的战略作用进一步凸显。从国内看，传统意义上的基础研究、应用研究、技术开发和产业化边界日益模糊，学科交叉融合加速，新兴学科不断涌现，前沿领域不断延伸，对农业科技创新和研究生教育提出新的命题和挑战。从国际看，许多国家把研究生教育特别是博士生教育作为培养和吸引优秀人才的重要途径，研究生教育越发达，科教融合越紧密，科研育人机制越完善，服务社会经济发展的内生动力就越强。研究生教育作为国民教育的顶端和国家创新体系的生力军，承担着“高端人才供给”和“科学技术创新”的双重使命，是高层次拔尖创新型人才的主要来源和科学研究潜力的重要标志，是科技第一生产力、创新第一动力、人才第一资源的重要结合点，是支撑、推动和引领国家现代化发展的重要基础和引擎。

近年来，中央先后出台了《国家教育事业发展“十三五”规划》《关于深化教育体制机制改革的意见》《中国教育现代化 2035》等一系列重要文件，推进教育综合改革向纵深发展，激发教育的生机活力。党的十九大提出“加快一流大学和一流学科建设，实现高等教育内涵式发展”，开启了我国高等教育发展新征程。中国农业科学院研究生院作为我国农业科技创新人才特别是拔尖创新人才培养的重要阵地，要主动适应国家发展需要和产业发展需求，深刻认识新时代研究生教育内涵式发展面临的新挑战，以深化改革为动力，不断推动体制机制创新，推进研究生教育迈上新台阶，继续书写独具特色的科研机构办研究生教育新篇章。

三、以习近平总书记回信精神为指引，全面提升办学和服务“三农”能力

“中国现代化离不开农业农村现代化，农业农村现代化关键在科技、在人才。新时代，农村是充满希望的田野，是干事创业的广阔舞台，我国高等农林教育大有可为。”习近平总书记给全国涉农高校党委书记校长和专家代表的回信，充分体现了习近平总书记对高等农业教育工作的高度重视和殷切希望。中国农业科学院要认真总结研究生教育 40 年的宝贵经验，不忘初心，牢记使命，进一步贯彻落实“三个面向”“两个一流”和“回信”重要精神，努力做好四方面工作。

一要加强党的领导。以习近平新时代中国特色社会主义思想为指引，树牢“四个

意识”，坚定“四个自信”，坚决做到“两个维护”，全面加强党对研究生教育工作的领导，认真贯彻落实党的教育方针，深入贯彻习近平总书记给全国涉农高校书记校长和专家代表的回信精神，坚持党委领导下的行政领导人负责制，始终保持正确办学方向，掌握思想政治工作主导权，做培养社会主义事业建设者和接班人的坚强阵地。

二要坚持立德树人。始终坚持立德树人这一根本，用习近平新时代中国特色社会主义思想武装学生头脑，为学生成长奠定科学的思想基础。要坚持不懈培育和弘扬社会主义核心价值观，引导广大学生做社会主义核心价值观的坚定信仰者、积极传播者、模范践行者，不断提高学生思想水平、政治觉悟、道德品质、文化素养，努力培养德才兼备、知农爱农的复合型、应用性、国际化高层次人才。

三要推进内涵式发展。科学把握新时代研究生教育的发展内涵和要求，深入推进研究生教育综合改革，构建符合现代教育规律、人才成长规律的研究生教育治理体系。改革招生选拔制度，创新人才培养模式，坚持科教协同创新发展，坚持开放办学，统筹用好国内国际两种资源，不断强化办学特色，建立创新激励机制，健全导师责任机制，完善教育评价机制，强化办学条件保障机制，将全院科技、人才、平台等资源优势转化为教育优势，着力办好研究生教育，打造新时代中国农业科学院研究生教育的“升级版”。

四要服务“三农”事业。以强农兴农为己任，进一步明确办学使命和方向，积极推进“新农科”建设，不断完善人才培养体系，探索构建“产学研用”深度融合的全链条、网络化、开放式协同创新联盟，大力弘扬北大荒精神、祁阳站精神、南沙精神和中棉所精神，主动服务乡村振兴、脱贫攻坚和生态文明建设，拿出更多科技成果，为推进农业农村现代化，确保国家粮食安全，为打赢脱贫攻坚战，实现乡村全面振兴，积极贡献智慧和力量。

农业农村部将一如既往地关心和支持中国农业科学院的改革发展，在科研立项、国际合作、人才培养和条件建设等方面进一步加大支持力度，更好地发挥中国农业科学院“国家队”和“领头羊”的作用，全力支持中国农业科学院办好做强研究生教育。

四十载不忘初心桃李芬芳，新时代砥砺奋进再铸辉煌。让我们更加紧密地团结在以习近平同志为核心的党中央周围，全面贯彻落实党的教育方针，坚持社会主义办学方向，弘扬优良传统，不断开拓创新，为全面建成小康社会、实现中华民族伟大复兴作出新的更大贡献。

谢谢大家！

中国农业科学院院长、研究生院院长唐华俊在研究生教育改革发展暨中国农业科学院研究生院建院40周年交流会上的讲话

尊敬的各位领导、各位嘉宾、各位校友，老师们、同学们：

大家上午好！

刚刚闭幕的党的十九届四中全会，开启了国家治理新征程。在此之际，我们召开“研究生教育改革发展暨中国农业科学院研究生院建院40周年交流会”，纪念中国农业科学院研究生院建院40周年。首先，我谨代表中国农业科学院和研究生院全体师生员工，向莅临大会的各位领导、各位来宾、各位校友表示热烈的欢迎和衷心的感谢！向长期以来关心、支持中国农业科学院研究生教育的各界朋友们致以崇高的敬意！向全球中国农业科学院学子致以节日的祝贺和诚挚的问候！

四十年奋力登攀，四十载风雨兼程。1978年，全国科学大学的召开，迎来了科学的春天。加速实现我国农业现代化和农业科学技术现代化，大力培养高层次农业科技人才成为中国经济社会发展的迫切愿望、农业战线的光荣使命。中国农业科学院审时度势，克服重重困难，在两间活动板房里开启了研究生教育的不凡征程。

40年来，作为我国首批博士学位与硕士学位授予单位，中国农业科学院举全院之力，坚持立德树人这一根本，以“立足科研、质量为本、科教兴农”为己任，秉承“明德格物、博学笃行”的院训，积极发挥“院所结合、两段式培养”的优势，围绕“三农”事业发展需要，艰苦创业，在几代农科人的不懈努力下，招生规模不断扩大，培养质量稳步提升，教育实力显著增强，形成了学科优势突出、办学特色鲜明的科研机构办研究生教育的新模式，为我国农业科技创新培养了大批高层次人才，在我国研究生教育史上留下了多彩的篇章。

40年来，培养类型不断丰富，招生规模不断扩大。作为国内最早开展研究生教育的科研机构之一，建院之初只招收了46名硕士生，经过40年的不懈努力，目前已经形成了硕士、博士，学术学位、专业学位、留学生等多层次、多类型、国际化的人才培养体系。为了解决招生规模难以满足农业科技创新人才需求的矛盾，通过农业农村部、教育部共建研究生院等措施，积极争取国家招生计划支持；通过开展与中国农业大学等国内知名高校联合培养博士生项目等途径，努力拓宽招生渠道；通过推进与国外高水平大学开展合作办学项目、实行来华留学生春秋两季入学等方法，不断提升研究生教育国际

化规模和水平。建院至今，培养了 15 000余名高层次人才，为我国农业科技创新和中国农业科学院科研工作顺利开展提供了有力的支撑。

40 年来，课程教学不断加强，培养质量不断提升。研究生教育始终坚持“服务需求，提高质量”的内涵式发展道路，结合农科院科技创新及学科发展需求，凝聚全院优质人才资源，不断深化研究生教育改革，加强课程教学、提高培养质量，增强研究生的创新与实践能力。建院初期的前五批研究生，是在兄弟院校“借读”完成课程学习的，1984 年中国农业科学院首次自主组织开设课程，聘请院内外知名专家学者授课，结束了研究生全部外送上课的状况。2015 年，成立了兽医学院，使课程教学和人才培养向专业化、精细化方向迈出了重要一步。

40 年来，思政工作不断强化，育人体系不断完备。全面贯彻党的教育方针，坚持社会主义办学方向，坚持立德树人这一根本，遵循思想政治工作规律、教书育人规律、学生成长规律，着力培养德智体美劳全面发展的社会主义事业建设者和接班人。通过强化党团组织建设、创办“树人讲堂”、丰富团学活动、健全奖助体系、加强心理疏导等措施，提高了学生思想水平、政治觉悟、道德品质和文化素养，提升了学生自我教育、自我管理、自我发展的能力，营造了健康和谐、积极向上的校园文化氛围。

40 年来，学科专业布局不断优化，学科体系不断完善。围绕国家战略、经济社会需求和中国农业科学院总体发展规划，紧跟国家研究生教育及农业农村改革步伐，依托并整合全院科教资源，积极谋划、科学布局，逐步形成了理学、工学、农学、管理学四大学科门类协调发展、优势突出的研究生教育学科体系，为高层次农业科技创新人才培养搭建了良好的学科平台。学位授权点从初期的 3 个博士专业、15 个硕士专业发展到今天的 11 个博士一级学科、16 个硕士一级学科、5 个专业学位授权类别，实现了农学门类下的 9 个一级学科全覆盖，学科体系日趋完善。在全国第四轮学科评估中，作物学、植物保护、畜牧学、兽医学 4 个学科被评为 A+，生物学、农业资源与环境 2 个学科被评为 A-，A 类学科占参评时博士一级学科的 60%，A+学科数在全国所有高校中与北京航空航天大学等院校并列第十二位。

40 年来，师资规模不断扩大，教师队伍水平不断提高。教师是学生健康成长的指导者和引路人。40 年来，充分利用全院各研究所人才资源，逐步建立了一支力量雄厚、结构合理、素质优良的高水平师资队伍，由建院初期的 40 余名导师增加到现在的 2 100余名；逐步建立了一支以本院教师为主体、专兼结合的任课教师队伍，目前本院任课教师占教师总数的 56%。大力加强师德师风建设，实施新增导师岗前培训、在岗导师轮训和导师招生资格年审等制度，强化导师教书育人的责任感、使命感。制定了《中国农业科学院全面落实研究生导师立德树人职责实施细则》，划定导师禁行行为十三条，建立健全导师考核激励、督导问责、监督反馈机制，多措并举强化导师立德树人责任，提高教师队伍质量。

40 年来，开放办学进程不断加快，形成了国际化教育新格局。从建院初期的人员互访、校际交流、合作研究，逐步形成了以农业和生命科学为优势、以全日制研究生学历教育为主体、以博士教育为重点的特色化国际教育新格局。2019 年 10 月成为全国首批来华留学质量认证院校。在校留学生来自全球 57 个国家，博士留学生规模位于全国农林类高校首位。围绕“高层次、研究型、国际化、有特色”的办学目标，积极探索国际合作新机制，先后与比利时列日大学和荷兰瓦赫宁根大学合作开展博士学位教育项目，其中中比项目成为国内农业领域首个中外合作办学项目，实现了高层次国际化人才培养模式的新突破。全面拓展国际合作伙伴，持续提升国际合作水平，现与 100 多个国家及国际组织签署了合作协议，拥有 70 个国际联合实验室、7 个国际参考实验室和 5 个海外联合实验室，有力支撑了中国农业科学院高层次国际化创新人才培养。

40 年来，继续教育不断发展，社会服务能力不断增强。充分发挥和利用中国农业科学院农业科研国家队的资源优势，积极开展继续教育和培训工作，服务“三农”、服务社会。近年来，围绕我国现代农业发展和农业科技创新对专业技术人才的需求，依托国家级专业技术人员继续教育基地和中国农业科学院培训中心科技传播平台，开展了科研人员素质提升、党政干部能力建设、“一带一路”科技援外、新型农业经营主体、精准扶贫和乡村振兴等方面的培训工作，形成了创新团队首席、青年课题组长、创新联盟和中组部“西部之光”、人社部“三支一扶”等培训体系，累计培训学员 14 500余人次。目前，继续教育工作已全面纳入中国农业科学院科技发展战略，深度融入中国农业科学院科技扶贫实施计划。

40 年来，党的领导不断加强，党建成效不断显现。根据农业农村党组的决定，自 2016 年 6 月起，研究生院实行党委领导下的行政领导人负责制。领导体制的转变，为坚持党对教育工作的全面领导、全面贯彻党的教育方针、坚定社会主义办学方向、坚持立德树人、加快“两个一流”建设、实现内涵式发展，提供了坚强的政治保障。研究生院党委高度重视思想建党，严格按照党中央和部、院党组的部署，教育引导全体党员补足精神之“钙”，筑牢信仰之“基”；高度重视组织建设，定期开展入党积极分子培训班，严格按照“坚持标准，保证质量，改善结构，慎重发展”的原则，积极培养和吸收优秀研究生和教职工加入党组织，累计培训入党积极分子 3 700余人，发展党员 2 000余人；高度重视作风和纪律建设，严格落实党委全面从严治党主体责任，严格落实中央八项规定，加强党风廉政教育；高度重视发挥工青妇、研究生会等群团组织的桥梁和纽带作用。研究生院先后荣获“中央国家机关文明单位”“农业农村部文明单位”“农业农村部先进基层党组织”等荣誉称号。

40 年来，我们培养出一批批具有较高影响力的杰出校友，他们当中有开展“顶天”科研的院士、专家学者；有“立地”基层一线的农技推广人员；有国际国内政治舞台上的重要角色；有心系“三农”的企业家；有默默耕耘在各条战线的农科人。15 000余名校友是中国农业科学院研究生教育对社会的贡献，他们在各自的岗位上散发着自己的光和热，他们用农科人特有的执着与坚忍，勤奋工作，无私奉献，用满腔热血为民族复兴、祖国繁荣描绘壮美华章。

新时代、新要求、新使命、新征程。我们必须坚持以习近平新时代中国特色社会主义思想为指引，全面贯彻落实党的教育方针，把牢社会主义办学方向。从 40 年光辉历程中汲取智慧和力量，不忘初心、牢记使命，坚持农科教育服务“三农”、服务社会、服务发展，加快推进“两个一流”建设，办好中国农业科学院研究生教育，扛起为党育人、为国育才的重任，不负党和人民的重托与厚望。

我们将坚持立德树人，着力培养国家栋梁之材。人无德不立，育人的根本在于立德。我们将守好为党育人、为国育才的初心使命，坚持弘扬优良学风校风，着力培育健康向上的校园文化，努力建设政治素质过硬、师德师风高尚、业务素质精湛的师资队伍，积极引导学生树立共产主义远大理想，厚植社会主义核心价值观，加强思想品德修养，培养以德为先、能力为重、全面发展、勇于创新、堪当民族复兴大任的新时代农科学子。

我们将坚持内涵发展，着力构建一流学科体系。学科是人才培养的基础和依托，学科建设水平是研究生教育综合实力的重要标志。我们将遵循“三个面向”的总要求，抓住“两个一流”建设的发展机遇，按照“质量为先、重点突出、统筹兼顾”的总原则，谋划学科发展方向、提高建设水平。以服务国家重大需求为目的，以农业与生命科学为主体，以“新农科”建设为方向，以交叉融合、跨界发展为突破口，聚焦学科内涵、优化学科布局、创新学科管理机制，着力打造立足农科优势、彰显农科特色、适应时代要求的一流学科体系。

我们将坚持开放办学，着力构建具有农科特色的国际教育新格局。坚持以服务国家科教外交需求为导向，以来华留学生教育和中外合作博士项目为抓手，按照“扩大规模、优化结构、提升质量、特色发展”的思路，整合全院科技、教育和国际合作资源，优化全球国际教育合作布局，创新国际教育管理机制，办好国际教育学院，提升国际教育软实力、竞争力和影响力，培养更多知华友华的“和平使者、科技使者”和具有国际化视野的高层次人才，更好地服务农业科技创新和乡村振兴战略，为“一带一路”、农业“走出去”和构建人类命运共同体贡献农科智慧。

我们将立足“三农”事业，全面推进治理体系与治理能力现代化。全面贯彻落实党中央和部、院党组有关乡村振兴、脱贫攻坚工作部署，不断强化院地合作、院企合作，服务地方，服务“三农”，着力提升社会服务能力。“两个一流”建设目标的实现离不开一流的治理体系。我们将全面加强党的领导，坚持党委领导下的行政领导人负责制。加快推进研究生教育“学院制”改革，形成“校区属地化管理、业务一体化管理”“资源整合、特色明显、高效互动”的“研究生院—学院—研究所”三位一体的新的办学模式，进一步提升教育管理专业化、科学化、精细化水平。通过现代教育管理体系建设，提升治理能力，释放创新活力。

四十年栉风沐雨，四十载征程漫漫。习近平总书记强调：“新时代，农村是充满希望的田野，是干事创业的广阔舞台，我国高等农林教育大有可为。”让我们牢记总书记“三个面向”“两个一流”的总要求，站在新的历史起点，扛起培养德智体美劳全面发展的社会主义事业建设者和接班人的神圣使命，带着科教兴农的执着坚守，怀着教书育人的满腔热忱，沿着社会主义办学方向，昂首阔步，奋勇前进，为实施乡村振兴、加快推进农业农村现代化、全面建成小康社会、实现“两个一百年”奋斗目标和中华民族伟大复兴而努力奋斗！

风雨砥砺，培育英才四十载；薪火相传，谱写教育新篇章。我们坚信，中国农业科学院研究生教育的明天一定会更加美好！

谢谢大家！

唐华俊院长在 2019 届研究生毕业典礼暨学位授予仪式上的讲话

尊敬的各位来宾、各位老师、亲爱的同学们：

大家上午好！今天，我们在这里隆重举行 2019 届研究生毕业典礼暨学位授予仪式，与 220 名博士研究生、648 名硕士研究生共同分享毕业的喜悦和感动，我代表全院师生员工，向全体毕业生同学表示热烈的祝贺！向圆满完成学业的 91 名留学生致以特别的祝福！回望来时路，你们能够取得今天的成绩，离不开传道授业的老师，离不开含辛茹苦的父母，也离不开相互支持的同学，在这个特殊的时刻，让我们用最热烈的掌声向他们致以衷心的感谢！

同学们，在学期间，你们用拼搏与汗水挥洒青春，用辛勤和智慧浇灌梦想，时间见证了你们的成长。我为中国农业科学院能向国家输送一批如此优秀的人才感到骄傲和自豪！

2019 年，是中华人民共和国成立 70 周年，也是中国农业科学院研究生院建院 40 周年，你们是第四十届从中国农业科学院走出的毕业生，这对母校和你们而言都具有特殊的历史意义。中国农业科学院建院以来，有这样一群农业科技工作者，他们懂农业、爱农村、爱农民，他们立志科学，坚持真理，以饱满的热情、昂扬的斗志和拼搏的精神积极投身国家农业科技事业伟大实践，他们中既有厚德博学的两院院士，辛勤耕耘的农科专家，也有默默献身农业科研的农科师生，他们有一个共同的名字——“农科人”。同学们，从今天起，你们的身份将迎来“农科学子”向“社会人”的转变，迈入新的人生阶段。求学路上，严谨求实的科学精神、潜心科研的执着精神、勇攀高峰的创新精神和爱国为民的奉献精神，已深深根植于你们心中，也将作为不朽的农科精神在未来伴随一生，成为所有农科人奋斗不息的精神动力。在此，我代表中国农业科学院向你们完成学业并即将踏上新的征途送上美好的祝福！未来在新的工作岗位上，你们也将面临全新的挑战，希望你们再接再厉，再创辉煌！此时，我想与你们分享三点感悟，希望能为你们成长成才提供一些思考和借鉴。

一是厚植爱国底色，坚定理想信念，为筑梦新时代中国特色社会主义事业培育精神力量。

“繁霜尽是心头血，洒向千峰秋叶丹。”正如习近平总书记所强调的：“长期以来，一代又一代科学家怀着深厚的爱国主义情怀，凭借深厚的学术造诣、宽广的科学视角，为祖国和人民作出了彪炳史册的重大贡献。”他们将科学家精神写在祖国大地上，为我国成为一个有世界影响的科技大国奠定了重要基础。党的十八大以来，广大科技工作者不忘科技报国的初心与使命，继承弘扬科学家精神，把个人理想自觉融入国家发展伟业，为我国科技事业发展创造了辉煌业绩。

中国农业科学院的知识分子历来有浓厚的家国情怀和强烈的社会责任感。庄巧生院士不为清寒所困，不因荣辱扰心，用尽毕生心智呵护最爱的麦田，用自己的坚持为祖国广袤的田野编织了一幅丰收的金色画卷。范云六院士几十年执着奋斗，为我国农业生物技术的发展作出了重要贡献，她在耄耋之年设立“范云六院士青年科技创新奖”，无私培养青年科研人员成长。老一辈农业科研先驱身体力行为我们作出了最好的榜样。

爱国不是一句口号，更不是一句空谈，而是一种情怀和担当。习近平总书记寄语我们，要把爱家和爱国统一起来，把实现个人梦、家庭梦融入国家梦、民族梦之中，把对祖国的情感深藏在中华民族伟大复兴的理想里。爱国主义是一个历史范畴，在社会发展的不同阶段、不同时期有不同的内涵。在当下，爱国主义必须与中国特色社会主义统一起来，使爱国主义融入中国特色社会主义伟大实践中。在座的各位毕业生中，有些同学会继续在农业领域深耕；有些同学会离开本专业领域，从事其他方面工作。不管身在何处，希望你们秉承中国农业科学院薪火相传的农科精神，坚定理想信仰，厚植爱国情怀，为实现中华民族伟大复兴的中国梦而奋斗！

二是面向国家需求，勇于创新实践，用科技力量打造强国之路。

科技兴则民族兴，科技强则国家强。当今时代，全球科技创新进入空前密集活跃的时期，新一轮科技革命和产业变革正在重构全球创新版图、重塑全球经济结构，我国已经成为具有重要影响力的科技大国。今天，我们比历史上任何时期都更接近中华民族伟大复兴的目标，我们比历史上任何时期都更需要建设世界科技强国，也更需要大力弘扬科学家精神。当前，我国科技创新总体发展势头良好，重大科技成果层出不穷。2019年全国科技工作会议发布：2018 年，中国科技进步贡献率达 58.5%，发明专利申请量居全球第一，国际科技论文总量和被引次数稳居世界第二。农业方面，2018 年中国农业农村科技发展高峰论坛发布，我国农业科技进步贡献率达 57.5%，取得了超级稻、转基因抗虫棉、禽流感疫苗等一批突破性成果。

但是，我国原始创新和关键核心技术相比发达国家还有较大的提升空间，关键领域核心技术受制于人的格局没有从根本上改变。当今国与国之间的竞争，虽然没有硝烟，却不失为一场硬仗。要打赢这场硬仗，需要诸多方面的软实力。科技创新实力是国际化竞争的核心，也是能否在国际竞争中取胜的关键。当今现实热点中美经贸摩擦以生动案例告诫我们，没有科技创新的实力和储备，便没有挺直腰杆的底气。科技创新怎样才能不断突破，为我国高质量发展提供强大动力？这是需要长期思考和解决的问题，对此我们重任在肩，责无旁贷。同学们，希望你们秉承农科人的底色，弘扬科学家精神，把握大势、抢占先机，直面问题、迎难而上，瞄准世界科技前沿，引领科技发展方向，勇做新时代科技创新的排头兵，肩负起历史赋予的重任！

三是加强德性修养，锤炼高尚品格，用实际行动践行社会主义核心价值观。

国无德不兴，人无德不立。习近平总书记指出，道德之于个人，之于社会，都是具有基础性意义，做人做事第一位的是崇德修身。蔡元培先生说过："若无德，则虽体魄智力发达，适足助其为恶。"一个人只有明大德、守公德、严私德，其才方能用得其所。

"小成靠智，大成靠德。"有大作为的人，往往都是德行高尚的人。纵观历史，我国上下五千年的灿烂文明积累了宝贵的精神财富，为实现中华民族伟大复兴的中国梦提供思想保证、精神力量和道德滋养。历史上许多人物为当代人提供了典范，曾国藩的"克己慎独"告诫后人严于律己、洁身自好、不逾矩，于谦"粉身碎骨全不怕，要留清白在人间"的刚正清廉，文天祥"人生自古谁无死，留取丹心照汗青"的高风亮节，都是品德高尚的真实写照。在纷繁复杂、诱惑频出的价值多元的时代，加强自身道德修养，绝非一件易事。青年人必须善学，善于向品格高尚的人学，善于吸收传统文化中的真善美，并坚持求真向善。同学们，愿你们铭记和传承古今中外以德正身的典范，树立德才兼备、以德为先的人才观，厚德善行，崇德向善，无论身处何职，愿你们保持正义感，克己慎独，养成积极的人生态度，健康的生活情趣，良好的道德品质，并将其贯穿到自己的青春奋斗历程中，贯穿到自己的为人处世中！

"聚是一团火，散是满天星。"相聚时，你们像一簇燃烧的火焰发出炽热光芒；分开后，相信大家也能像漫天的灿烂星斗，在各自的领域里发光，点亮属于自己的一片天！作为实现乡村振兴战略的生发力量，母校翘首以盼，盼望着你们在今后的人生中发光发热，在祖国各地生根发芽，培植出一片广袤天地。

花开有度，聚散有时。在离别之际，请带上母校对你们最真诚的祈盼和最美好的祝愿，开启新的征程，母校将永远牵挂着每一位农科学子，祝福你们明天会更好！最后，祝愿同学们身体健康，事业有成，生活幸福，前程似锦！

谢谢大家！

唐华俊院长在2019级新生开学典礼上的讲话

各位来宾、老师、同学们：

大家好！

今天，我们在这里隆重举行2019级研究生开学典礼。首先，我代表中国农业科学院党组和研究生院，向在百忙之中应邀光临本次典礼的各位来宾表示热烈的欢迎！向2019级394名博士研究生、1161名硕士研究生表示热烈的欢迎和衷心的祝贺，祝贺大家成为中国农业科学院的新主人！也正是在今天，我院迎来了首位“00后”新生，成为中国农业科学院大家庭最年轻的一员。因为你们的到来，让农科校园充满了勃勃生机。

跨越60余载的中国农业科学院，作为国家综合性农业科研机构，建院以来始终以解决我国农业发展重大科技问题为己任，在创造先进科研原创成果、培育农业科技领军人才和贡献“三农”事业中发挥着重要作用。在国际学术评价上亦有卓越表现，2019年中国科研院所ESI学科排名中，中国农业科学院有7个学科进入ESI全球前1%，总数位列全国科研院所第三位；一年一度的中国高被引学者榜单中，中国农业科学院有10位学者榜上有名，在全国农业科研领域位列前茅。

作为我国农业科研的主力军，无论是在探索建院之初，还是在蓬勃发展的新时代，一代代农科人扎实践行“求真笃行、敬农致用”的院训，以高远的学术追求、坚毅的学术品格和丰硕的学术成就，铸就了中国农业科学院深厚的学术根基和浓郁的学术气息。从为国人解决温饱问题到为世界消灭贫困与饥饿，从科技创新以跟踪为主到诸多领域领跑全球，中国农业科学院肩负着中国农业科技创新国家队、改革排头兵和决策智囊团的光荣使命，在祖国大地上写下壮丽诗篇。爱国为民、严谨求实、潜心科研、勇攀高峰的优良作风已深深根植于历代农科人心中，成为不变的坚守。尤其在全面贯彻落实习近平总书记建院60周年贺信精神两周年以来，我院以“三个面向”“两个一流”和“一个整体跃升”的贺信精神为引领，以科技创新工程为支撑，体制机制创新取得突破性进展、创新能力大幅提升、各项科研产出、重大突破性成果加速涌现。面向世界科技前沿，取得了黄瓜苦味基因、水稻自私基因等多项领跑国际的原创性科学发现；面向国家重大需求，突破了大豆分子标记鉴定、黄曲霉毒素检测等一批关键核心技术，为提高产业竞争力提供了有效支撑；面向农业农村主战场，创制了高产水稻春优927、优质强筋小麦中麦1062、瘦肉型北京鸭品系等一批具有国际领先水平的作物与畜禽新品种，为促进农业提质增效提供了有力支撑。

2019年，是中华人民共和国成立70周年，也是中国农业科学院研究生院建院40

周年。40 年前，中国农业科学院正式开启研究生教育，迎来了第一届 46 名硕士研究生，他们作为首批农科学子载入史册；40 年后，在座的你们怀着对中国农业科学院的向往和未来的憧憬，站在新的历史起点上播种希望，踏入新的人生旅程，开启研究生阶段探索求知、夯实本领的关键时期。40 年的风雨兼程，我院研究生教育规模逐渐扩大。日益增强的学科实力、稳步提升的核心竞争力和不断拓展的国际影响力，也将为你们在研究生阶段的深造提供丰富而宝贵的教育资源。同学们，在未来几年的时光里，科研将成为你们青春之歌的主旋律，实验室、试验基地将成为你们青春奋斗的主战场。既有无限的知识等待你们去汲取，也有广袤的天地等待你们去探索。在即将开启新征程的起点，我想向同学们提出几点希望。

一是爱国奋斗，科技兴农，坚守报国为民的初心本色和使命担当。阿拉伯作家纪伯伦曾说："不要因为走得太远而忘记为什么出发。"时代的潮流浩浩荡荡，历史的车轮滚滚向前，人类探索前进的脚步从未停息。不忘初心，回首来时路才能守得云开见月明。

习近平总书记在党的十九大报告中指出，为中国人民谋幸福，为中华民族谋复兴，是中国共产党人的初心和使命，是激励一代代中国共产党人前赴后继、英勇奋斗的根本动力。对于奋战在"三农"战线的农业科技工作者而言，报国为民兴农则是其初心本色和使命担当。中华民族上下五千年，报国为民血脉传承，它从来不是一句空洞的口号，而是脚踏实地的行动。"科研疯子"黄大年、"太行山上的新愚公"李保国、"天眼之父"南仁东，这些时代楷模无一不将爱国之情、报国之志融入祖国改革发展的伟大事业之中，融入人民创造历史的伟大奋斗之中，在实现中华民族伟大复兴的历史征程中实现自我价值。

同学们，"不忘初心，方得始终"，希望你们立足当下，着眼未来，"不驰于空想，不骛于嘘声"，把崇高的爱国理想融入生活、融入行动，勇挑科技强国的使命担当，敢于挑战科技难题，甘坐冷板凳，肯下苦功夫，在科研实践中丰富生命的内涵，在奋斗中提升人生的境界。

二是勇攀高峰，积极开拓，弘扬敢为人先的自主意识和创新精神。纵观世界文明史，人类先后经历了农业革命、工业革命、信息革命，每一次产业技术革命都给人类生产生活带来了巨大而深刻的影响，开辟出历史新纪元。在世界发展日新月异的今天，新一轮科技革命和产业变革风起云涌，世界经济格局重塑之势已不可阻挡。只有坚持创新发展理念，抓住科技自立时机，在独创独有上下功夫，尤其在解决受制于人的重大瓶颈问题上创出新路来，才能把主动权牢牢掌握在自己手中。

中国工程院院士、我院茶叶研究所原所长陈宗懋是我国茶学界的第一位工程院院士，86 岁高龄的他从 20 世纪 60 年代就开始从事茶叶农残研究。茶虽源于中国，但长期以来，茶叶农残标准制定的话语权都由外国人所掌控。陈宗懋院士认为，发展我国茶产业，要先做好科技，而做好科技，需要的不仅仅是埋头苦干，还要有创新思维和自信。在一次次跨越式思维和一场场科学实验后他首次提出农药水溶解度是决定茶叶饮用安全性的重要参数，获得联合国粮农组织的认可；并攻克多个农药残留检测技术难题，让我国茶叶的农药残留检测技术与国际比肩，也在茶叶国际标准的制订上掌握了一定的话语权。

同学们，当今世界各国的竞争主要是科技力量的竞争，走别人的路永远只能做追随者，掌握核心技术，敢于开拓自己的路，才能走在别人的前面。希望你们树立独立自主的意识，具备独立思考的能力和批判性思维，在夯实基础的同时，求真探索，开拓创新。

三是严谨自律，健全人格，争做德智体美劳全面发展的新时代青年。青年时期是人生最具朝气、最富生命力的时期，拥有无限可能，也往往更容易伴随急功近利的焦躁情绪。但科学是求真求实的学问，要在科研上取得哪怕一点点成绩，都需要下足功夫，来不得半点虚假。这就需要你们养成高度的自律精神和严谨的治学作风，在个人未来的学术生涯中坚持学术标准、遵循学术规范、履行学术责任、严守学术道德、捍卫学术伦理，永葆敬畏之心。

同学们，没有一代人的青春是容易的，未来的学习生涯中，踏着晨曦而来，披着月光而去的日子可能会成为你们生活的常态。导师的严格教诲、实验的推倒重来、SCI 的文章要求和家人的殷殷期待都会在无形之中带来种种压力，如何释放压力，与自己和平相处，也将成为你们破茧成蝶的必修课。对于你们而言，论文、专利、奖项固然重要，但更重要的是美丽心灵和健全人格的养成。正如爱因斯坦所言："青年人离开学校时，是作为一个和谐的人，而不是作为一个专家。"在你们成长为真正的专家、成为德智体美劳全面发展的社会主义建设者和接班人之前，首先需要成为一个人格健全的人。

亲爱的同学们，目标不会自行抵达，奔跑才能到达远方。希望正值青春年华的你们，尽情挥洒智慧的汗水，在农科沃土上茁壮成长，在实现中华民族伟大复兴中国梦的征程中实现个人理想和人生价值，不负时代，不负年华！

最后，衷心祝愿大家在农科院学业顺利，学有所成！并在第三十五个教师节即将来临之际，向辛勤工作在教学、科研第一线的教师们致以诚挚的问候和崇高的敬意！谢谢大家！

八、综合政务管理

深入贯彻“三个面向”重要指示 加快一流科研管理机关建设

——唐华俊院长在2019年院机关工作会议上的讲话

2019年2月15日

同志们：

院机关作为全院的管理中枢，是中国农业科学院的“司令部”，承担着服务院党组决策、指导研究所改革发展的重任，其工作质量、工作效率和工作作风，直接决定着全院创新发展的速度、水平和质量。今年我们召开院机关工作会议，这在中国农业科学院属于首次，主要目的是全面贯彻落实2019年院工作会议精神，检查各部门的工作任务是否聚焦、工作部署是否到位、工作方法是否创新、工作责任是否压实，促进部门之间增进了解、凝聚共识、加强协同，提升全院的管理水平和效率，加快一流科研管理机关建设。根据安排，院机关各部门及有关单位对2019年重点工作作了汇报，院领导对分管部门及工作作了点评和交流。大家讲得都很好，说明会前都进行了认真思考，作了充分准备。下面，我讲三点意见。

一、充分认识院机关在农科院改革发展中的地位和作用

在中国农业科学院60多年的发展历程中，院机关作为管理机构，也经历了不断优化调整的过程。建院之初，按照“办公室+专业组”的形式设置，由院长室、学术秘书室、行政办公室、党团办公室4个办公室，以及粮食工艺、园艺、畜牧兽医、农机化、土肥农化、植保、农经7个专业组组成。1970年，打破原有设置，设办事、政工、生产、后勤4个组。“文革”后，院机关进行重大调整，到1980年先后设置院办公室、科研部、人事局、后勤部、机关党委、纪检组等，基本涵盖了现在机关的大部分职能。1995年，经部党组同意，院内设机构以“局”命名。21世纪以来，随着经济社会和农业科技不断发展，先后成立了国际合作局、财务局、基本建设局和成果转化局。机关各部门在我院不同阶段，在服务科技创新上都发挥了重要作用，为全院持续发展和改革创新作出了重要贡献。

作为国家级农业科研单位的机关，在设置与管理上跟其他机关有共性、也有区别，既要体现党和国家对事业单位管理的统一要求，又要遵循农业科技创新的特点和规律。其职能作用主要体现在五个方面。一是“二传手”。作为中央批准设立的、隶属于农业

农村部的科研机关，要第一时间将中央、部党组和其他部委各项政令传达至院属各单位，确保上级决策部署不折不扣地贯彻执行，做到令行禁止、步调统一。“二传手”作用发挥得是否及时、到位，直接决定全院的工作秩序和效率。二是“参谋部”。中国农业科学院是学术机构，院机关是学术机关。一方面要根据农业农村和农业科技实际情况，开展战略研究和分析研判，为国家政策制定提供咨询服务。另一方面要做好前瞻布局和规划引领，制定符合我院特色的政策和制度，切实发挥好院党组的决策支持和参谋助手作用。参谋职责履行得好不好，既影响我国“三农”和农业科技政策的制定，也关系着我院发展的战略和方向。三是“火车头”。“火车跑得快，全靠车头带。”院机关的很多部门是专业机关，肩负着引领全院各项业务改革发展的重任。各部门引领发展的方向要对，推动研究所改革创新的动力要足，还要根据形势变化和任务调整，能刹得住车、及时纠偏。四是监督协调员。既要监督上级部门的政策是否在研究所得到落实，又要检查院党组决策部署是否落地，还要加强预防和教育，确保干成事、不出事，协调和解决各种问题。五是创新服务员。要把服务研究所科技创新与成果转化作为第一要务，具体服务对象是研究所和广大职工。要想方设法营造良好环境，让科研人员心无旁骛做科研，让研究所沿着正确方向健康发展。

今明两年是全面建成小康社会的关键时期，是打赢脱贫攻坚战和实施乡村振兴战略的历史交汇期。新时代新形势给农业科技创新赋予了新任务，也对院机关建设提出了新要求。一是落实贺信精神对机关建设提出新要求。习近平总书记“三个面向”指示精神，是我院农业科技创新的总方向、总目标、总任务、总要求、总抓手。贯彻落实好“三个面向”，是全院首要的政治任务。世界一流科研机构、一流学科、一流成果，必须有一流的科研管理来支撑。二是实施创新驱动发展战略和乡村振兴战略对机关建设提出新要求。应对国内外形势的深刻变化，稳住“三农”基本盘，实现农业创新发展、绿色发展、高质量发展，对农业科技提出了新任务、新需求和新挑战。院机关必须充分把握世界发展大势、国家战略需求、农业科研规律，在学科体系、科研布局、研发重点等方面，看得远、跟得紧、抓得准，及时引领全院发展。三是科技体制机制改革对机关建设提出新要求。新一轮科技体制改革中，大幅压减整合各类科技计划，出台了科研“放管服”松绑减负、促进科技成果转化、加强项目和资金管理、实行以增加知识价值为导向的分配政策、改革项目人才机构评价制度等系列新政，对科技管理提出了新任务，院机关必须深入研究，有效对接，认真落实。四是加强党的领导和全面从严治党对机关建设提出新要求。党的十九大提出了新时代党的建设总要求，以党的政治建设为统领，全面推进党的政治建设、思想建设、组织建设、作风建设、纪律建设，对推动全面从严治党向纵深发展作出新部署。如何根据科研机构的特点，建立符合农业科研特色的党组织建设和纪检监察制度，将党的方针政策、条例纪律、规章制度落实为具体的管理措施，是一个需要继续深入研究的重大课题。

回顾历史，院机关工作取得了较好成绩，但对照新形势新任务新要求，我们必须清醒认识到，院机关在作用发挥和自身建设上还存在着一系列问题。一是落实贺信精神不够深入。自觉贯彻落实“三个面向”的意识尚未完全确立，组织引导研究所和科研人员对标“三个面向”的方法不多，与世界一流院所的差距仍然没有找准，与国家重大需求、现代农业建设主战场的结合仍不够紧密，对“两个一流”发展战略和评价标准研究还不透彻。二是科技管理不够精准。创新工程实施已进入第六个年头，在学科方向定位、管理机制、团队建设、协同创新等方面还不同程度地存在着问题，需要认真总结，及时改正。三是科技创新与成果转化“双轮驱动”的工作格局不够完善。重创新、轻转化的问题没有得到根本改变，促进科技创新的内生动力还不够充沛。四是解决人才队伍结构性问题的政策不够充分。人才发展体制机制还不够灵活，人才政策与农业科技创新规律融合还不够紧密，充分发挥研究所用人主体作用的力度还不够、办法也不多。干部和人才队伍老化问题比较严重，接班人培养问题比较突出。五是营造宽松创新环境的举措不够有力。“上面千条线，下面一根针。”落实科研“放管服”的思想还不够解放，对研究所的指导还不到位，机关如果不敢放、管不好、服务不到位，研究所的能动作用就发挥不好，就会导致接不住、落不实、松不了。六是服务党组决策的能力还不够强。作为国家农业科研战略力量的机关，研究氛围不浓，学术性不强，思维碰撞不够活跃，支持决策的准备工作有时不够充分，决策会变成了研讨会，导致决策效率不高。七是工作作风还不够过硬。表率作用不突出，仍然不同程度地存在管理理念陈旧、担当意识不强、服务意识差、办事拖沓推诿等问题。抓落实不够有力，院常务会、党组会议定的有些事项推进不及时、措施不到位。以上这些问题，机关各部门、各位同志要高度重视。

二、全面落实 2019 年院机关重点工作

2019 年，院机关要坚持以习近平新时代中国特色社会主义思想为指导，全面贯彻落实党的十九大和十九届二中、三中全会及中央经济工作会议、中央农村工作会议精神，坚持稳中求进总基调，落实农业农村优先发展总方针，牢牢坚持“三个面向”，以建设“两个一流”为目标，将院工作会议部署的各项重点工作抓紧抓细抓实，确保中国农业科学院创新改革发展呈现新气象、取得新进展。

（一）持续深入学习贯彻习近平总书记贺信精神

要始终把贯彻落实贺信精神作为全院最大的政治任务，把“三个面向”指示要求落到每个部门、每个处室、每个岗位，融入日常，抓在经常，体现在各项工作当中。要持续开展贺信精神的理论研讨，发挥院党组理论学习中心组的示范引领作用，机关带头学，带动全院学，推动院、所、基层党支部三级党组织深入学。要深刻理解和把握“三个面向”的重大意义和实质内涵，把思想摆进去，把工作摆进去，落实到具体工作和实际行动上。要把理论学习、学科调整和农科院建设发展结合起来，深入研究农业科

技前沿趋势，找准国家重大需求，在现代农业建设主战场中发挥战略性作用。要对标国际一流科研院所，研究制定我院“两个一流”建设发展战略和规划，真正将“两个一流”落到实处。

（二）以创新工程为抓手，夯实科技创新与成果转化两大基石

作为农业科研国家队，基础研究、应用基础研究、应用研究三方面缺一不可；既要有基础性、原创性的重大发现，又要服务于国家产业重大需求，二者不可偏废。要以创新工程为抓手，牢固树立“一号工程”理念，继续调整优化科研团队，聚焦研究任务，实施一批重大项目，新建一批重大平台，培育一批高端人才，推出一批重大成果。要加快创新联盟实体化进程，推动联盟在协同创新中发挥更大作用。要高度重视成果转化，充分把握当前的好时期、好政策，贯彻落实好 2018 年院里两个成果转化文件，建立创新与转化并重的评价机制。依托创新团队、院所办企业和全国中心等平台，打造“三创”团队。做大做强院所办企业，不断增强内生动力。要深入研究，充分利用中关村国家创新园区的相关政策，推动我院科技创新、成果转化和人才队伍建设工作。

（三）落实中央和农业农村部有关部署，强化“三农”硬任务科技攻关和支撑

要组织优势科研力量，加强经费和条件保障，围绕中央和部党组部署的“三农”硬任务加快攻关，以实际行动体现国家队的使命担当。全面强化乡村振兴的科技支撑，进一步夯实产业兴旺的科技基础，在支持推动生态宜居、乡风文明、治理有效、生活富裕等方面加大科技创新和政策研究力度。深入推进科技扶贫，抓好“三区三州”、重点扶贫县对口帮扶，加强 4 个示范县建设，打造样板，探索整建制推进模式。落实“藏粮于技”战略，保障小麦、水稻、玉米、大豆、油菜五大作物稳产高产。实施好非洲猪瘟防控科技攻关联合行动，以疫苗研制为重点，加快诊断、消毒、灭虫等技术与产品研发。落实农村人居环境整治行动的要求，加强农村“厕所革命”、生活垃圾和污水治理、畜禽养殖废弃物资源化利用、村庄清洁等方面技术、标准和模式研究。要落实好我院与雄安新区、河北省农业科学院、河北农业大学签署的战略合作协议，推动国家农业科技创新中心建设。

（四）加强战略研究，建立宏观战略研究体系

进一步加强战略研究的组织领导，成立专门队伍，围绕“三农”领域重大问题开展战略性、前瞻性、综合性咨询研究，畅通重大政策建议上报渠道，打造国家高端智库，进一步提升我院影响力。要充分发挥中国农业发展战略研究院的骨干引领作用，撬

动各研究所的宏观战略研究力量，形成统一协调的宏观战略研究体系。机关各部门要深入研究分析我院建成世界一流农业科研院所的差距，要有超前意识和前瞻意识，研究谋划今后5年、10年甚至20年我院的发展方向和总体定位，为“两个一流”建设谋思路、想手段、提举措。

（五）深化科研学术机关改革，推动科研“放管服”改革落地

要全面贯彻落实中央关于科研管理“放管服”政策，完善我院各类科技项目财务管理办法等，切实减轻科研人员负担。落实好我院出台的《关于进一步给科研人员做好服务和松绑减负的实施方案》，加强政策宣传解读，对落实情况开展实地督导检查，总结推广一批政策落实中的好经验、好做法、好案例。不断完善研究所评价、人才分类评价、科技评价等工作，对标“三个面向”要求调整评价指标，发挥好综合评价的导向作用，充分调动研究所和科技人员积极性。

（六）坚持信任不能替代监管，建立符合农业科研特色的监管体系

按照新时代全面从严治党的总体部署，准确把握落实“三个面向”和实施创新工程中面临的新形势新要求，遵循农业科研特点和规律，在体制性安排、制度性设置、针对性举措等方面提出创新监督机制的对策措施。要针对重点问题、重点领域，切实加强院所办企业、房屋出租、京外所主要负责人的管理。切实强化科研人员严守科研诚信和学术道德规范、研究生导师以德立身和以德立学的自觉性和主动性，严惩学术造假、抄袭剽窃、篡改侵吞他人成果、师德失范等行为，发现一起严肃查处一起，在评奖评优、职务晋升、职称评定、年度考核、招生资格等方面实行“一票否决”。制定简明扼要的纪律红线清单，努力营造从严治党与“放管服”一体推进、信任激励与监督保障有机结合、纪律严明又环境宽松的创新氛围。

工作任务已经明确，关键是抓好落实。韩长赋部长在农业农村部2019年重点工作汇报交流会上明确指出，抓落实要“五个到位”，即思想认识到位、职能转变到位、方式方法转变到位、能力素质到位、精神状态到位。这里我再具体强调三点。一要层层压实责任。各部门要将重点工作细化成具体任务，逐项制定实施方案或工作要点，落实到承办处室和具体岗位。部门主要负责人要切实履行第一责任人职责，把每个领域、每个环节的工作抓具体、抓深入，做到亲自部署、亲自过问、亲自协调、亲自检查。二要力求工作实效。要坚持干字当头、实字为要，绝不能满足于一般性安排和要求。要针对重要任务和关键环节，突出重点，精准发力，一个环节一个环节抓，一个节点一个节点推，把纸面上的一条条举措转化为一个个实际行动，最终才能把目标变成实效。三要抓好督促检查。要加快建设网上督办系统，实行全程跟进式督办，工作任务在哪里、督办就跟进到哪里，实现年初有部署、过程有督办、办结再销号。会后要梳理各部门重点工

作，建立全年督办计划，围绕中央和部领导重要批示、院工作会议确定的重点工作，院常务会、党组会决定的重要事项，院“两则”、给科研人员松绑减负等重大制度建设等开展督办。要把落实好中央和部党组决策部署、院党组重要安排作为政治建设的重要体现，列入纪检监察和巡视内容。

三、努力建设现代高效服务型机关

步入新时代，院机关更要主动适应新形势、新变化、新要求和新挑战，不断加强自身建设，努力提高工作水平，把院机关建设成为现代高效服务型机关。

（一）建设“五型机关”，打造一流科技管理机构

一要把院机关建设成为政治机关。作为国家级农业科研机构，中国农业科学院姓“党”，院机关首先是政治机关，必须旗帜鲜明讲政治，要坚定不移以习近平新时代中国特色社会主义思想为指导，牢固树立“四个意识”，坚定“四个自信”，自觉做到“四个服从”，坚决做到“两个维护”。机关各部门和全体干部要在深入学习贯彻习近平新时代中国特色社会主义思想上、在始终同以习近平同志为核心的党中央保持高度一致上、在坚决贯彻落实党中央和部院党组决策部署上为全院作好表率。要做到步调统一、令行禁止，确保党中央决策部署第一时间传达贯彻、久久为功、落到实处，确保部院党组工作部署第一时间迅速执行、见人见事见效。

二要把院机关建设成为学术机关。院机关作为服务科技创新的管理部门，既要履行好机关工作职责，也要区别于一般的行政机关，要有学术氛围、有“学术味道”。要运用科学方法。把如何落实好“三个面向”作为一项重大课题来研究，认真谋划工作思路、目标、任务、时间表和路线图，科学回答如何围绕“三个面向”进行科研布局、学科建设、制度创设、资源配置等问题。要尊重科研规律。掌握调查研究这一项基本功，熟悉国情农情、院情所情，了解农业科研知识，知道科研人员所思所想所盼，遵循农业科研规律，实事求是开展工作，有的放矢解决问题。要坚持科学决策。涉及学术管理、科研人员切身利益的决策事项，要充分征求科研人员的意见建议，做到程序规范、过程民主、结果科学。

三要把院机关建设成为服务机关。机关每个部门、每位同志、每项工作，都必须坚持以人为本、以研为先。要服务大局。机关的一切工作都要从全院大局出发，围绕中心工作开展，任何干部都不能置身事外做局外人，任何工作都不允许有局中局、局外局。要服务决策。机关职能之一就是服务院党组决策，各项任务在提请党组决策前，要做好工作预研、全面调研、方案可研、专家论证、征求意见等各方面工作，为党组决策做好准备。要服务创新。机关服务创新的本质就是服务研究所和科研人员，对于研究所和科研人员遇到的问题，机关同志要主动关心、积极上心、开动脑筋用心帮助解决。要服务

群众。要学会并用好现代化办公手段，改进工作方式，提高服务效率。特别是我们大多数研究所在京外，到院里办一次事要花费很长时间，不能让人来回折腾，争取做到只填一次表、只填一张表、只进一扇门、只跑一次腿。

四要把院机关建设成为法治机关。要做到严格依法、依规、依程序办事，职权由法定，有权必有责，用权受监督，违法受追究。总体上讲，中国农业科学院和下属研究所的法治意识都不够强，在这方面是有深刻教训的。全院必须高度重视，要下大力气建设符合现代院所发展要求的法治机关。机关各部门要切实转变理念，树立和强化依法办事的意识。要抓好制度建设，构建科学完善的制度体系，用制度管权管事管人。要提升制度执行力，领导干部要在制度执行中发挥表率作用，坚持高标准严要求，一级抓一级，一级带一级，确保制度行得通、管得住、用得好。

五要把院机关建设成为模范机关。机关部门要做职能部门的模范，机关干部要做管理干部的模范。要有良好的精神风貌。机关是全院的窗口，是全院广大职工形象的代言人。要从细节抓起，严格遵守工作纪律，着装干净整洁，举止有度。要有严谨的作风。机关工作常常是大事小事交织、急事难事叠加，必须恪尽职守、认真负责，任何麻痹松懈、偏差纰漏，都可能影响工作运转，甚至影响大局。要有奉献精神。机关的收入不高，约束又多，压力又大，在这样的环境中工作是要讲奉献的。要有廉洁自律的道德操守。机关干部要时刻把自己的所作所为、一举一动同机关的形象、全院的形象联系起来，始终坚持底线思维，树立红线意识，保持如临深渊、如履薄冰的态度。

（二）提升“五个能力”，造就一流的管理队伍

一要提升学习能力。机关干部必须有较强的政策理解能力。对中央决策精神、部院党组的工作部署，只有深刻领会了，才能接得住、落实得好。要学习领会“三个面向”精神，沉下心来了解哪些是世界科技前沿、哪些是国家重大需求、哪些是农业领域最新成果，对标一流科研院所找问题找差距，思考如何提升管理效益和服务水平。

二要提升沟通能力。机关工作涉及方方面面，上下联络、左右协调、内外互动非常重要。必须加强与上级部门、兄弟单位包括内部局办所之间的沟通协调，畅通渠道、经常交流、增进理解，对上争取政策、对外寻求支持、对内凝聚共识，才能把既定工作落到实处，确保事事有回音、件件有落实。

三要提升文字能力。这是机关干部的一项基本功。虽然我们不是行政机关，但日常的办文办会、计划总结、调研报告还是不可少的。要多积累、常思考、勤动手，才能不断提高。一篇文稿最基本的要求，是要有逻辑性，有理有据，前后贯通，文字要站得住脚，经得起推敲。

四要提升执行能力。对于上级决策部署和交办的重要任务，机关各部门和每名干部要时时放在心上、紧紧抓在手上，想方设法落实落地，在执行速度和效能上作表率。要大胆创新管理方法和服务手段，主动加强调查研究，努力谋新、谋深、谋远，推出一批

有份量的调研成果，为院所发展决策提供依据。

五要提升协作能力。要不断增强大局意识、责任意识、合作意识，站在全院的角度去考虑和谋划工作，发现问题不回避不遮掩、不扯皮不推诿，敢担当、敢作为，讲格局、讲胸怀、讲规矩，加强部门内部、部门之间的协作，形成工作合力。

（三）强化“四个保障”，为创新发展营造良好环境

一要加强机关党的建设，强化政治保障。充分发挥好党支部的战斗堡垒作用和党员的先锋模范作用，推动党支部全面进步、全面过硬，为机关各项工作开展提供坚强的思想、政治和组织保障。进一步压实各支部纪检小组的教育监督责任，强化履职担当，把纪律保障工作做到处室中去、做到工作人员身边。

二要加强创新文化建设，强化精神保障。树立体现农科精神的科研道德和学术风气，鼓励自由探索，发扬学术民主，把各类人才的创新积极性充分调动起来。改进“农科讲坛”举办方式，鼓励各研究所举办形式多样的学术论坛，广泛开展学术活动，形成促进思想碰撞、激发创新灵感、营造学术争鸣的良好氛围。

三要加强信息化建设，强化服务保障。加快党务政务信息化建设步伐，建立健全党员教育、科技管理、人事人才、财务管理、成果转化、国际合作、后勤服务等管理信息系统。充分运用信息化手段，特别是利用好“智慧农科协同平台”，提升管理效率和管理精细化水平，减少事务性工作，让科研人员仅填一张表、仅填一次表。

四要加强新闻宣传，强化舆论保障。新闻宣传要为中心工作服务。要以落实中共中央战略决策和部院党组重大任务为主线，以重大宣传策划为抓手，不断加大工作力度，把握住“一网两号一端”平台的新媒体形势，大力宣传全院科技创新的新进展、新成就、新举措，让农科声音传播得更开、更广、更深入。

同志们，2019 年是中华人民共和国成立 70 周年，是决胜全面建成小康社会的关键之年。我们要认真贯彻落实中央决策部署，抢抓机遇，深化改革，勇于担当，转变工作作风，提升管理效率，推动我院改革创新发展取得新成效，为决胜全面建成小康社会、推进乡村全面振兴作出新的更大贡献。

张合成书记在2019年院机关工作会议上的讲话

2019年2月14日

同志们：

今天，我们在这里召开2019年机关工作会议，目的是为了统一思想认识，统一行动步骤，重点是贯彻落实院工作会议精神，统筹谋划2019年机关工作思路，明确工作任务。此次会议有3个关键词："服务""高效"与"学术"，要进一步强化机关服务意识和效率意识，提高对全院科研产出的集成能力，塑造机关浓厚的学术氛围，推动我院农业科技创新工作再上新水平。

我认为院机关有3个重要定位："指挥中枢""服务机关""学术殿堂"。"指挥中枢"是指全院改革、稳定、发展的中枢机关，承担着四个方面的功能：一是政治领导机关，全面领导院属各单位落实党中央、部党组的各项决策部署；二是科研业务的决策机关，系统谋划、设计、决策、实施农业科研工作；三是改革的指挥机关，科研体制改革永远在路上，进一步创新体制机制是我们的重要任务；四是作风上的模范机关，做政治上的关键少数，为全院干部职工起好示范、表率、带头作用。"服务机关"是指全院科研人员的服务机关、保障机关，有三个方面的功能：一是服务一线科研人员贴心担当，只有服务研究所、一线科研人员贴心担当，才是信得过、指得上、靠得住的机关；二是超前服务产业，科技工作要引领产业发展、要驱动经济发展，才能让全国农民、产业界、企业界有获得感，中国农业科学院才能有影响力；三是及时服务党和政府的决策，通过院机关强大的战略研究引导能力和成果，支持农业农村部等各级政府机关，使"三农"决策更加科学、经济社会发展更加科学。"学术殿堂"是指引领全国农业科技的公共学术平台，院机关作为院训的主要践行者，要有崇尚学术的精神境界、要有科研为本的思想基础、要有强大的学术集成能力、要有活跃的学术氛围，把院机关建成全院乃至全国的学术交流中心。下面我就分管工作谈几点想法，同时也对有关部门提几点要求。

第一，发挥带头作用，建设政治机关。

机关全体同志一要做到讲政治、讲奉献、讲担当。要深入学习贯彻党的十九大会议精神和习近平新时代中国特色社会主义思想，牢固树立"四个意识"，坚定"四个自信"，坚持"两个维护"，在机关坚决不许出现与中央不一致的声音，这是讲政治最基本的依据。院办作为党政领导班子的办公室、人事局作为组织人事部门、直属机关党委作为党的基层组织，要充分发挥带头作用。机关各部门必须加强政治理论学习，提高政治敏锐性、工作预见性、处置果断性，遇事不能推、不能拖，更不能顶，确保各项工作与党中央保持一致，做到第一时间报告、第一时间提意见建议、第一时间作出部署。二要令行禁止。现在有些指令出不了大楼、出不了大院、出不了北京，问题就出在机关。政令畅通要以落实为本，做到对上件件有回音，对下事事有结果。三要纪律严明。只有严的纪律才有宽松的环境，要杜绝“四风”问题、不迟到不早退、处理好与合作企业的“亲”“清”关系，营造一个团结紧张、严肃活泼的机关作风、机关风气、机关精神状态；要精神饱满、追求高远，真正成为“两员一专家”（院里的高级管理人员、战略研究员，科技管理专家）；要活泼气氛，活泼是氛围、是环境，严管不是为了增加压力，是提高工作节奏，学术活动要活泼，文体活动要活跃，院机关要以良好的工作状态、良好的业绩展现给大家。

第二，发挥带头作用，践行院训精神。

一是坚持“服务一流”。机关是院里的指挥调度中心，起着承上启下、上传下达、协调左右、联系各方的重要作用。但管理就是服务，机关同时也是服务部门，建设一流的科研院所，需要一流服务水平的机关，这就要求机关进一步树牢服务各所、服务一线科研人员的思想。通过服务，让领导同志和一线科研人员踏实放心。二是坚持“运转高效”。除了提供好服务以外，机关还要做到统筹协调精准有力，运转保障高效有序，队伍建设有为有位。对标“三个面向”要求，充分发挥“坚强前哨”“巩固后院”和“核心智库”作用，确保文少会精、办事高效，不断提升影响力，优化院机关政治生活。三是提高“学术素质”。作为科研单位，学风就是作风，机关同志作为战略研究员，负责全院的学术产出，要在学术思想的传承、学术精神的弘扬上下功夫，把机关的学术功能、学术作为、学术殿堂的地位体现出来。

第三，发挥带头作用，落实“三个面向”的重要指示。

一是以科研导向改革引领“三个面向”。要建立以人为本、以研为先的工作原则，以绩效考评改革作为切入点，坚持科研导向，推进学科评价、研究所评价、职称评价改革。发挥各类考评的指挥棒作用，引导各研究所进一步加强科技创新工程建设，在创新方向、创新目标和创新任务上，更加符合“三个面向”的要求。

二是以战略研究主导“三个面向”。要加快组建专门队伍加强战略研究。院战略规划办公室要做好政策建议和院所发展关键问题的规划，针对经济社会热点、农业农村优先发展、农业科技发展政策、科技发展战略研究等问题作出判断、发出声音，增强我院学术竞争力和影响力，为我院发展提供战略支撑。

三是以国家最紧迫的需求带动“三个面向”。树立、扩大、奠定全院的基础，首先要扩大院机关的影响力。中央最关心的事，我们要有行动、有声音、有作为，包括“非洲猪瘟”“藏粮于技”的路线图和实践图、绿色技术革命性的变化方案、畜禽良种的国产化、牛奶品质的提升，还有一些前沿技术，要始终能够保持在世界前沿位置。

四是以职责清晰、精干高效为目标，积极探索院机关改革。这是为谋划机关持续发展而作出的长远打算，要制度先行，尽早启动。通过优化组织结构、理顺工作职能、配强干部队伍，切实把院机关打造成符合国家队战略定位、符合农业科研特点和规律、符合“三个面向”要求、符合世界一流院所需要的服务型、高效型、学术型机关。

五是以干部年轻化为重点，加强高层次高素质人才队伍建设。要制度先行，健全制度体系，制定管用的、可行的、能落地见效的制度。要创建工作机制，按照顶层设计的工作思路，将各项政策贯彻的好，执行的到位，达到预期的目标。要大力支持符合条件的同志积极申报院士，促进人才全面发展。

六是以提升科研人员获得感为标准，抓好科研“放管服”政策落实。院里制定并通过了《关于进一步给科研人员做好服务和松绑减负的实施方案》，院办公室及有关部门要根据分工逐项落实，对上要随时了解掌握国家相关政策措施，对下要进一步听取一线科研人员的需求、体察一线科研人员的痛点，边整边改，不断拿出给科研人员松绑减负的真举措，切实提高科研人员的获得感，全力营造有利于科技创新的宽松环境。年中监察局要根据要求进行专项督查。

七是以确保我院各项政务工作高效开展为目标，增强综合政务水平。要强化综合协调能力，组织实施好政治性强、涉及面广、影响力大的会议活动。要策划重大主题宣传活动，引导广大干部职工把思想和行动统一到中央、部院党组的重大部署上来。要围绕科研导向改革，探索建立科研进展报告、影响力评价等制度。要系统推进电子政务，加快开发建设网上督办系统，建立全程跟进式网上督办流程，真正让领导重点关心的全院性的重点工作，有安排、有跟进、有进展。要进一步增强忧患意识、风险意识，坚持问题导向和底线思维，抓研判、抓重点、抓统筹、抓内控，绝不能在实验室安全、对台交流、保密和信访维稳方面出现重大失误，营造干事创业的良好氛围和环境。

八是协助好相关院领导做好有关重大工作。对关系我院全局性、战略性的重点工作要加强统筹协调和督促跟进，加速推进区域性战略布局落地。重点推进雄安农业科技中心（中国农业科学院大学）、南繁硅谷（南繁研究院）、西部中心、成都中心、基因组所科研布局等工作。

中国农业科学院关于印发《中国农业科学院危险化学品安全管理办法》的通知

农科院办〔2019〕108 号

院属各单位：

为进一步落实国务院和农业农村部关于安全生产的各项工作部署，促进加强我院实验室安全管理工作，根据《中国农业科学院平安建设管理办法》，结合我院工作实际，院安委会组织修订了《中国农业科学院危险化学品安全管理办法》，进一步明确了危险化学品的管理职责，细化了日常管理工作流程，以强化我院危险化学品的安全管理工作。

现将办法印发给你们，请遵照执行。并请根据实际工作，制定本单位危险化学品安全管理办法实施细则，完善实验室安全管理制度。相关实施细则及实验室安全管理制度请报院安委会办公室备案。

中国农业科学院

2019 年 5 月 27 日

中国农业科学院危险化学品安全管理办法

第一章　总　则

第一条　为了加强危险化学品的安全管理，预防和减少危险化学品事故发生，保障国家财产和职工生命财产及科研生产安全，保护环境，依据《危险化学品安全管理条例》《中华人民共和国消防法》《易燃、易爆化学物品消防安全监督管理办法》《中国农业科学院平安建设管理办法》等有关文件，结合我院科研生产实际，制定本办法。

第二条　本规定所称危险化学品，是指具有易燃易爆、有毒有害及有腐蚀特性，会导致人身中毒或伤害事故、环境造成伤害并使财产受到毁坏的化学物品，包括爆炸品、压缩气体和液化气体、易燃液体、易燃固体、自燃物品和遇湿易燃物品、氧化剂和有机过氧化物、毒害品和腐蚀品等，具体界定范围参照《危险化学品名录》。针对有些物品虽不属于危险物品，但具有一定的危险性也应加强管理。

第三条　危险化学品安全管理，应遵循安全第一、预防为主、查究结合、综合治理的原则。应严格执行国家《爆炸物品管理规则》《化学危险品安全管理条例》等规定，强化和落实单位主体责任。

第四条　中国农业科学院属各单位（以下简称单位）主要负责人应对本单位的危险化学品安全管理工作全面负责，建立健全安全管理规章制度，完善科研生产的安全条件，强化和落实逐级岗位安全责任制。

第五条　单位应对采购、运输、储存、出入库、使用危险化学品及其废弃物处置全过程实行统一管理，确定安全管理部门，配备专（兼）职的安全监督管理人员，履行安全管理职责，且必须遵守本办法。

第二章　职责分工及责任履行

第六条　单位要构建主要负责人为危险化学品安全管理第一责任人，单位分管领导为直接负责人，职能部门和实验室主任（或创新团队首席、研究室主任、中心负责人）、实验室管理人员、科研作业人员等责权分明的危险化学品安全管理责任体系。

第七条　明确单位内安全生产管理职能所在的部门是危险化学品安全监督主管部门，应履行下列职责：

（一）依照《危险化学品安全管理条例》建立健全安全管理规章制度和岗位责任制度，并监督落实。

（二）负责单位化学危险品采购审批手续的申报及备案。

（三）制定单位内危险化学品事故应急预案，并组织演练。

（四）组织从事危险化学品相关工作的人员进行安全、法制教育、岗位技术培训和考核。

（五）监督检查危险化学品的采购、运输、储存、出入库、使用及其废弃物的处置。对采购易制爆、易制毒化学品和剧毒化学品的用途进行审核。

（六）对在检查中发现的安全隐患问题，应及时向有关领导提出整改意见或建议，并监督整改落实。

第八条　各单位危险化学品安全管理工作本着“谁使用，谁负责”的原则，管理和使用危险化学品的科研部门包括实验室、中心及创新团队等，其部门主要负责人对本部门的危险化学品安全管理工作负主要责任。应履行下列职责：

（一）负责提出本部门采购危险化学品申请计划并确认。

（二）负责制定本部门危险化学品具体管理制度、安全操作规程及事故应急预案并负责落实和监督检查。

（三）负责落实本部门危险化学品具体安全管理人员及责任。

（四）负责本部门危险化学品贮存使用环境相关条件符合国家及相关管理部门的安全管理要求。

（五）负责本部门从事危险化学品工作人员的安全防护。

（六）负责本部门危险化学品的日常监督检查。

第九条　明确使用危险化学品的科研部门（实验室、中心及创新团队等），必须设置至少 1 名安全员负责本部门日常危险化学品安全管理工作。应履行下列职责：

（一）定期参加单位内外相关安全管理部门组织的安全培训。

（二）负责本部门各种危险化学品日常管理及检查。

（三）负责本部门危险化学品各种制度、措施和应急预案等落实。

（四）本部门有危险化学品类事故发生时，应及时向主管部门报告并协助领导按照应急预案采取措施做好各项处置工作。

第十条　危险化学品安全监督主管部门应对本单位储存、使用危险化学品的场所进行督促检查。采取定期督查和日常巡查相结合的方式组织实施检查。

（一）定期督查：安全监督主管部门应根据实际情况，确定例行检查周期和时间，拟定检查方案，组织专业人员，开展监督检查，对不符合法规和国家标准、行业标准要求的设备、设施、装置、器材、运输工具，责令停止使用，限期整改。

（二）日常巡查：安全监督主管部门根据实际情况，随机巡视检查，纠正或要求限期改正影响危险化学品安全的违法违规行为，责令立刻消除或限期消除事故隐患。

（三）对涉密危险化学品作业场所实施检查，应遵守国家及我院有关保密规定。

（四）被检查部门和个人对监督检查应当予以配合，不得拒绝、阻碍。

第十一条　单位危险化学品管理人员、作业人员都应当了解和掌握相关危险化学品的危险特性和安全防护技能，严格遵守危险化学品安全规章制度和岗位操作规程；熟悉突发事故应急预案，能够正确佩戴和使用安全防护用品，及时清理作业场所的危险化学品，妥善处理过期、失效和无标识的危险化学品，积极配合安全检查。

第十二条 单位危险化学品管理人员、作业人员不得违规使用国家有限制性使用规定的危险化学品；不得生产、经营、使用国家禁止生产、经营、使用的危险化学品，并有责任向安全管理部门举报危险化学品使用违法违规行为。

第三章 危险化学品采购、运输、储存、出入库、使用及废弃物处置

第十三条 不得向不具备危险化学品经营许可证的单位采购危险化学品；安全管理员需根据危险化学品的使用数量进行统一采购，经安全管理责任部门批准后，方可采购危险化学品；不得擅自出借、转让危险化学品。

第十四条 采购的危险化学品应有供应单位提供的化学品安全技术说明书，危险化学品包装（包括外包装件）上粘贴或者拴挂与包装内危险化学品相符的化学品安全标签；包装物、容器应保持完整性，发现安全隐患，应立即更换。

第十五条 运输危险化学品应选择具有危险化学品运输资质的单位运输。

第十六条 单位内部运输、搬运或装卸危险化学品，应严格遵守安全作业标准、规程和制度，采取相应安全防护措施，配备必要防护用品和应急救援器材。

第十七条 危险化学品储存方式、方法以及储存数量应符合国家标准或国家有关规定。

（一）危险化学品应当储存在专用库房，配备专人管理，管理人员须持证上岗，建立危险化学品出入库检查、核查、登记制度。

（二）剧毒化学品储存应在专用库房内单独存放，按照国家有关规定设置相应技术防范设施，实行双人保管、双人收发制度。

（三）化学性质、防护或灭火方法相互抵触或相互有影响的化学危险物品，绝对不允许贮存在同一库内，设置一定的安全距离，并保证道路通畅。

（四）对于危险化学品与剧毒化学品应当尽量控制和减少其库存量。危险化学品存储场地要严格按规范要求设置相应的防爆、泄压、防火、防雷、报警、防晒、调温、消除静电、防火围堤等安全装置和设施。

（五）单位存储危险化学品品种和数量构成重大危险源，应报当地安全生产监督管理部门和中国农业科学院安全生产委员会（以下简称院安委会）备案。

第十八条 单位应对危险化学品仓库设施进行经常性安全检查，及时排除安全隐患；及时维修或者更换存在安全隐患的危险化学品包装物、容器。对包装破损，安全标签不规范、危险化学品标志缺失的危险化学品货物，以及不符合安全要求的罐体，没有瓶帽、阀门密封不严的气体钢瓶（如氢气、氨气、氧气、氯气、氮气、乙炔、硫化氢等钢瓶）不得装运、接收。

第十九条 对已采购的危险化学品进行入库检查时，需保证危险化学品包装完整、

数量准确、标识清晰，符合相关安全规定。化学品性质不清时严禁入库，验收合格后，由安全保管员签字接收，并将化学品存放在专用库房内，做好登记记录。

第二十条 单位应真实记录储存的剧毒化学品、易制爆和易制毒化学品数量、流向，采取必要安全防范措施，防止丢失或者被盗。若发生丢失或者被盗，应当立即向当地公安机关和院安全主管部门报告。剧毒化学品储存数量、储存地点以及管理人员情况需上报所在地公安机关和院安全主管部门备案。

第二十一条 单位应当对安全设施、设备进行经常性维护保养，保证正常使用。应当对使用、放置危险化学品的作业场所设置明显安全警示标志。严禁在不符合安全科研生产条件的作业场所从事危险化学品作业。

第二十二条 单位应当根据当天使用危险化学品的种类、危险特性等因素，严格控制领用量。剩余危险化学品应当根据其易燃、易爆等危险特性退回库房。可安装监控系统进行实时监控危险化学品的领取与使用。

第二十三条 单位应对涉及危险化学品的昼夜连续作业，应加强安全管理，安排人员值守，单位内安全监督主管部门应建立相关工作台账。

第二十四条 单位应根据实际工作需要成立由安全监督主管部门、科技管理部门和科研部门等相关人员组成的安全评价小组，对具有较高危险性的实验，应进行安全评价，配备安全保护设备设施。对于特别危险的实验，应由具有安全评价资质的机构进行安全评价，对评价中提出的问题应制定和落实安全防范措施，安全管理责任部门负责监督检查。

第二十五条 易燃易爆物品禁止使用明火加热，在高温反应或蒸馏等操作过程中，若必须采用烟道气、有机热载体、电热或照明等加热时，应采取严密隔离措施。使用强腐蚀性试剂时，应做好防护措施，且必须在通风橱内进行操作。

第二十六条 单位在科研项目完成、中止或机构撤并时，应当采取有效措施，及时、妥善处置危险化学品及相关设备设施。

第二十七条 单位要根据国家环境保护有关法律法规，妥善、安全处置科研和生产中产生的废水（气）、有毒、有害气体蒸汽、废渣和粉尘的排放等必须符合国家有关规定的标准处理。用途不同的工作气体（液体）管道不应联通。单位内部不得擅自处理废弃危险化学品，严禁随意丢弃、埋入地下或排入下水管道中。

第二十八条 若需转移危险化学品废弃物时，应由单位内相关负责部门按国家有关规定将废弃物转移至指定相应场所，并履行备案手续。

第四章　应急救援及责任处理

第二十九条 单位（实验室）应制定危险化学品事故应急预案，培训应急救援人员，配备应急救援设备，定期组织应急救援演练。

第三十条 科学实验中发生危险化学品事故，单位主要负责人应立即组织救援并向有关部门报告。在确保安全的前提下，及时组织营救、疏散受害人员和危害区域内的人员，迅速控制危害源，减少事故损失，防止事故蔓延、扩大；积极配合、协助有关部门对事故的处置和调查工作。

第三十一条 对在安全检查中发现存在有重大安全隐患或安全隐患没有及时进行整改的单位，院安委会视情节通报全院或研究处理。

第三十二条 发生危险化学品事故的单位，按《生产安全事故报告和调查处理条例》调查处理，向院安委会提交书面事故报告。

第三十三条 单位从事采购、运输、储存、使用危险化学品及其废弃物处置工作的法律责任，按照《危险化学品安全管理条例》执行。

第五章　附　则

第三十四条 属于特种设备的危险化学品容器，安全管理按照特种设备的有关法律、行政法规执行。

第三十五条 单位（实验室）应根据使用危险化学品的实际情况，制定实施细则或管理办法。

第三十六条 单位、院区内，严禁将房屋出租给从事采购、运输、储存、使用危险化学品及其废弃物处置工作的单位或个人使用。

第三十七条 本办法由院安委会办公室负责解释。

第三十八条 本办法自发布之日起施行，2015 年 11 月 14 日中国农业科学院印发的《中国农业科学院危险化学品管理办法》〔2015〕272 号同时废止。

中国农业科学院办公室
2019 年 5 月 27 日印发

中国农业科学院关于印发《中国农业科学院平安建设管理办法》的通知

农科院办〔2019〕107 号

院机关各部门、院属各单位：

《中国农业科学院平安建设管理办法》已经中国农业科学院 2019 年第八次常务会审议通过，现印发给你们，请认真贯彻落实，并根据实际工作，制定本单位平安建设实施细则，报院安委会备案。

中国农业科学院

2019 年 5 月 22 日

中国农业科学院平安建设管理办法

第一章　总　则

第一条　为切实加强我院平安建设工作，不断提升全院治理社会化、法治化、智能化、专业化水平，根据《中华人民共和国安全生产法》《中共中央关于加强国家安全工作的意见》《农业部“平安单位”创建活动实施细则》《农业部安全生产事故隐患排查治理办法》《危险化学品安全管理条例》等法律法规，制定本办法。

第二条　本办法所称平安建设，主要指科研活动中以安全生产、保密、维稳工作为主的由各单位组织全体职工参与预防和减少重特大安全生产事故，防止严重危害人民群众生命财产安全的群死群伤事故发生；预防和减少矛盾纠纷，努力化解不和谐因素，维护社会治安秩序，防止严重危害职工安全感的重大治安问题发生的一项创建活动。

第三条　平安建设管理包括管理体系建设、安全制度、督导与检查、责任追究、监督管理、应急处理措施等方面内容。

第四条　院属各单位、院机关各部门（以下统称单位）开展平安建设管理活动，应当遵守本办法。有关法律、法规对平安建设工作另有规定的，适用其规定。

第二章　责任体系

第五条　平安建设工作贯彻“以人为本、安全第一、预防为主、综合治理”的方针，坚持“属地管理、分级负责”“党政同责”和“谁主管、谁负责”的原则，严格构建分级负责、责权分明的平安建设管理责任体系。

第六条　院平安建设中涉及安全生产、保密、维稳等方面的具体工作，由院安全生产委员会、保密委员会等相关委员会或领导小组牵头具体负责。院办公室统筹协调指导全院平安建设日常工作。各单位按照各自的职责任务，结合科研业务工作的特点，负责落实本单位的平安建设工作。

第七条　院机关相关部门和研究所对应职责分工，牵头统筹负责全院平安建设涉及到的信访、保卫、消防、网络信息等安全生产、保密、维稳方面的日常管理工作。各单位作为责任主体，需构建相应的隐患防控体系，认真做好本单位维护安全和稳定的各项工作，推进各项平安建设工作落到实处。

第八条　各单位主要负责人是本单位平安建设工作第一责任人，负有领导责任，应当履行以下职责：

（一）加强对平安建设工作的领导，将单位科研活动中以安全生产、保密工作为主的平安建设工作纳入单位重要议事日程，定期组织召开工作会议，每年至少研究安全生产或保密工作 2 次以上，部署安排安全生产、保密事项及平安建设其他相关重点工作；

（二）建立健全本单位平安建设方面的工作责任制并督导落实。

（三）组织制定本单位平安建设规章制度和应急预案。

（四）保证本单位平安建设经费的合理安排和有效利用。

（五）督促、检查本单位平安建设工作，及时消除各类事故隐患。

第九条　各单位是平安建设工作的责任落实主体，对平安建设工作负有主体责任，应当履行以下职责：

（一）认真贯彻执行平安建设法律法规和上级关于平安建设工作的方针政策和决策部署，建立健全安保、消防、交通、网络信息等涉及安全生产、保密方面的各项安全规章制度，落实各项防范措施。

（二）全面履行平安建设责任，建立健全平安建设责任体系，每年逐级签订安全生产、保密等安全责任书，加强对平安建设责任制落实情况的监督检查，严格平安建设责任追究。

（三）将平安建设中的安全生产、保密管理工作纳入单位绩效管理，建立目标责任考核体系，逐级分解下达考核指标，严格考核奖惩。

（四）将安全生产、保密管理工作开展情况和工作成效作为部门、单位领导班子和领导干部考核的重要内容，并组织实施。

（五）健全管理机构，加强人才队伍建设，人员配备齐全，充实平安建设工作的监管力量，加强对所属部门履行职责的监督检查，支持职能部门依法依规履行单位平安建设管理工作职责。

（六）高度重视平安建设宣传教育和培训工作，切实将安全生产、保密宣传教育和培训工作纳入单位总体工作规划统筹推进。

（七）组织开展平安建设专项整治及隐患排查治理工作，严肃查处不符合平安建设条件的生产经营行为，对涉密人员、问题户及要害部位、贵重物品、物资仓库等明确责任重点管理，确保措施有效。

（八）完善平安建设相关工作的应急处置预案，定期组织安全生产应急救援演练，不断提高应急救援能力。

（九）建立健全资金保障制度，把平安建设工作资金投入纳入预算管理，加大对安全设施、应急救援装备、事故隐患治理、安全教育培训和应急演练等的经费投入，全面加强平安建设能力和基础建设。

（十）注重党建引领。充分发挥党组织总揽全局、协调各方的作用，推动平安建设工作融入单位发展事业中；组织工会、共青团、妇联等群团组织围绕平安建设工作开展相关活动，引导广大干部职工广泛参与、积极支持平安建设工作。

第十条　各单位平安建设工作相关职能部门是落实平安建设责任的管理部门，负有管理责任，应当履行以下职责：

（一）负责研究、部署、协调、检查本单位平安建设工作。

（二）定期分析平安建设形势，研究、协调和解决本单位平安建设工作中的重大问题。

（三）制定单位平安建设工作中涉及保卫、信访、网络、治安、消防、交通等方面的工作规章制度并督促落实。

（四）制定平安建设工作目标管理考核办法，并组织实施。

（五）要害部门、部位的人防、物防和技防，办公场所及生产施工现场的技防、物防和消防要整体防控有效；经常组织开展安全生产、保密工作检查，实施安全隐患“排查、整治、验收、销号”全过程闭环管理模式，及时整改安全隐患。

（六）准确掌握单位内部重点人和事情况，有针对性采取相应措施，认真做好内部矛盾疏导工作，缓解和防止矛盾激化，消除不安全因素，预防和减少各类事故发生，确保单位安全稳定。

（七）加强宣传教育和培训工作，认真组织开展法律法规及安全生产、保密知识等各类安全宣传教育活动，提升全员安全素质。

（八）制定单位各类应急处置预案，每年至少组织一次安全生产应急预案演练，不断充实完善应急处置预案。

（九）及时报告单位发生的生产安全事故及存在的重大事故隐患。

（十）建立健全单位平安建设工作档案。

（十一）认真落实院平安建设工作部署，及时汇总并上报单位安全生产、保密等平安建设工作信息。

第三章　工作制度

第十一条　责任制度。各单位要加强对平安建设工作的组织领导，落实工作责任制，要加强对平安建设重点领域全员、全过程、全方位的安全管理，建立健全分级负责、到人到岗的责任体系。

第十二条　会议制度。各单位要结合实际，认真落实院平安建设总体部署及各相关安全、保密委员会等工作要求，定期召开会议，及时开展工作部署，研究解决平安单位创建事项。

第十三条　规章制度。各单位要建立健全平安建设工作中涉及安全生产、保密等方面的各项安全制度及防范措施，确保单位平安建设管理规范，内容齐全。

第十四条　考核制度。各单位要认真组织开展“平安单位”创建活动，每年要与所属部门签订安全生产、保密目标责任书；要将平安建设工作纳入单位绩效考核内容，建立健全平安建设工作奖励机制，对长期工作在服务保障安全岗位并作出突出贡献的干部在教育培训、评先评优、选拔任用等方面优先考虑。

第十五条　隐患排查制度。各单位应建立平安单位定期隐患排查制度，每年至少开展一次全面自查，及时排查和处理安全检查发现的任何问题和隐患，研究所要及时落实专人采取措施进行整改。对严重的安全隐患或一时无法解决的安全隐患，须向院里报告，并按照相关部门的要求采取措施积极整改。

第十六条　督（检）查制度。各单位要在年初制定经常性安全检查计划，结合重要时期、重大活动开展经常性检查，单位主要领导每年带队检查安全生产工作不少于 1 次，分管领导每年带队检查安全工作不少于 2 次；遇重大节假日、重要工作时段和重要工作环节时，单位领导要深入基层进行安全工作检查，对出租房、实验室等重大安全隐患和重大危险源，主要领导要亲自过问，亲自督办。

第十七条　宣传培训制度。各单位每年结合所内开展的实验活动，要不定期开展安全方面的培训，组织科研人员、管理人员进行有针对性的安全培训、应急演练、安全考核，保证其掌握基本安全知识、救助知识与技能，并将培训、考核记录和资料规范存档。充分利用网络、微信、宣传栏等多种形式对干部职工进行普法教育和安全、保密知识教育，强化安全、保密知识的普及和宣传，切实增强安全和保密防范意识。

第十八条　情况通报制度。院属单位至少每半年要对本单位平安建设工作开展、宣传培训、监督检查、信息报送等情况进行一次通报。院办公室要视情对各单位平安建设重点工作落实情况，以及重大安全隐患和安全事故予以通报。

第十九条　信息报送制度。各单位要及时向院办公室报送贯彻落实党中央国务院以及部党组、院党组关于安全生产、保密等方面的重要决策部署、平安建设重点工作开展、存在的突出问题及对策措施建议等情况。

第二十条　考核和通报制度。院办公室依据院“平安单位”创建活动实施细则，每年组织平安建设工作涉及的安委会、保密委员会或相关领导小组成员，对全院“平安单位”考核并评选表彰优秀平安单位，相关考核结果经院常务会议审议后在院年度工作会议上予以通报。

第四章　平安建设重点领域

第二十一条　各单位认真贯彻安全生产有关法规，严格落实单位消防安全责任制，加强安全生产监督管理，构建安全生产事故防控体系。人防、物防、技安、防火、安全保卫措施落实，消防设施设备、器材齐全完好，专职或义务消防队健全，重点要害部位物防措施落实率达到 100%，着力提高四个能力建设（单位消除火灾隐患能力、扑救初起火灾能力、组织人员疏散逃生能力和消防宣传教育能力），构筑消防安全“防火墙”。

第二十二条　各单位要切实加强实（试）验室安全管理工作。进一步完善实（试）验室危化品的监控措施，保证危化品管理双人双锁，建立完善的领用、使用、管理制度及监管措施。在采购、运输、储存、使用剧毒化学品和其他化学品及其废弃物处置过程中，要切实履行管理职责，严格建立和健全安全管理规章制度，完备安全科研生产条件，稳定资金投入，强化和落实各部门、各层级安全责任，确保科研活动安全。

第二十三条　加强安全保密管理。各单位要加强对出国（境）、涉密、涉外人员的教育与管理，严格做好涉密人员因公出国（境）保密审查、离职离岗、临时借调人员保密等管理；对涉及国家秘密的大型活动和重要项目，按规定办理审查或保密，并采取专项保密措施；健全保密制度体系，落实领导干部工作责任制，坚持监督检查与教育培训并举，确保无泄密窃密事件发生。

第二十四条 规范本单位信息化及计算机网络安全管理。坚持“谁上网，谁负责”原则，指定专人负责接入网络的安全管理，并对上网信息进行保密检查，不得在聊天室、网络新闻上发布、谈论和传播国家秘密信息，不得利用电子函件传递、转发或抄送国家秘密信息，切实做好保密防范工作。对涉及国家秘密的要害部门、部位，涉密计算机系统和涉密通讯设备，组织采取技术防范；对涉密存储介质、计算机设备的管理与维修等进行严格管理，严防泄密和不合理使用，确保信息化网络、计算机设备安全有效运行。

第二十五条 各单位要建立完善矛盾纠纷化解体系，把预防和化解矛盾纠纷作为各单位的基础工程、民心工程。全面排查单位内部各类矛盾隐患，认真了解和征求群众对单位管理中涉及民生问题的意见和建议。对来信来访的群众要耐心做好解答和沟通，对久拖不决的事项要及时研究解决，及时做好各类隐患和矛盾的化解工作，真正把矛盾纠纷化解在基层，消除在萌芽状态。

第二十六条 全面落实平安单位建设职责制，对重点单位、重点部门和部位进行专项整治和检查，加大监管力度，防范重特大事故的发生。积极营造安全和谐的工作环境，使院属单位发案率控制在最低限度，平安单位达标率在90%以上。

第五章 应急处置

第二十七条 应急处置适用于我院受到自然灾害、疫情、事故灾难、公共卫生事件、社会安全事件、实验室安全事故、网络安全事件、重大失泄密事件等突发事件造成或者可能造成重大人员伤亡、财产损失和严重社会危害，危及公共安全的紧急事件的预防、预警和处置。

第二十八条 各单位应根据实际情况围绕安全、保密、网络、维稳等平安建设工作各项领域制定具有科学性、针对性和可操作性的应急管理制度；制定明确应急组织体系、职责分工以及应急救援程序和措施的安全事故应急预案，并建立应急值班制度，配备应急值班人员。

第二十九条 各单位应当对应急专（兼）职从业人员进行专业教育和培训，保证从业人员具备必要的应急知识，掌握风险防范技能和事故应急措施。

第三十条 发生生产安全事故、消防安全事故、重大实验室安全事故、重大人身安全事故等后，各单位应迅速启动安全事故应急预案，设立由有关部门负责人、事故发生单位负责人等人员组成的应急现场指挥部，并指定总指挥，启动应急抢险救援措施，控制危险源，防止事故危害扩大和次生、衍生灾害发生，有效控制损失，保障干部职工生命财产安全。

第三十一条　发生重大失泄密安全事件后，各单位要迅速启动保密安全应急预案，根据涉密事件的性质内容，以及涉密单位和人员情况，设立保密工作应急指挥领导小组，并指定总指挥，及时掐断泄密源头，控制事态发展，最大限度地减少失泄密安全事件所造成的损害。

第三十二条　发生网络安全事件后，要立即启动网络安全应急预案，设立网络安全事件应急处理小组，并委派相关负责人，根据事态发展，及时对应急救援方案的调整作出决策，控制网络安全事件造成的不良影响，向提供技术支持和相关安全部门人员提供必需的后勤保障。

第三十三条　发生群体性安全事件后，要迅速启动群体性事件应急预案，设立群体性安全事件应急管理领导小组，并指定总指挥，耐心化解矛盾，做好调解疏导工作，积极与公安机关等有关部门沟通，防止事态进一步恶化。

第三十四条　院机关各部门、院属各单位发生安全事故，应在 1 小时内将事故情况报告院办公室。京外院属单位发生生产安全事故，应按有关规定及时将事故情况上报当地安全生产监督管理部门，同时抄报院办公室。

第六章　监督管理

第三十五条　院办公室及相关部门和属地监督管理部门依法对平安建设工作进行监督检查，各单位要按要求及时上报事故隐患排查治理情况。

第三十六条　各单位要主动接受群众监督，对群众举报的事故和安全隐患，一经核实应立即组织整改，并及时反馈整改情况。

第三十七条　单位平安建设管理部门要开展经常性的事故隐患排查治理监督检查工作。在监督检查中发现事故隐患的，应当做好记录，并责令相关部门立即排除；一时难以排除的，应当落实整改责任，抓好复查验收。

第三十八条　各单位要认真组织开展“平安单位”创建活动，明确所属各部门平安建设工作责任和要求；单位应当将平安建设管理工作纳入对部门、岗位以及干部考核的重要依据，建立完善奖惩措施。

第三十九条　院机关相关部门要对重大事故隐患进行督办，单位自收到督办通知书后，应按规定要求在 10 个工作日内提交重大事故隐患治理方案。

第七章　责任追究

第四十条　根据党内规章和国家有关法律法规建立平安建设工作责任追究机制。

第四十一条　责任追究应当遵循以下原则：

（一）尊重事实，依法依规实施。

（二）失职追责，尽职减责，责任与过错程度相适应。

（三）教育与惩处相结合。

（四）追究责任与改进工作相结合。

第四十二条 单位有下列情形之一的，应当逐级进行责任倒查依法依纪追究单位及相关责任人的责任：

（一）不重视平安建设工作，工作措施落实不力，平安建设基层基础工作薄弱，存在重大安全隐患的。

（二）一年内累计发生两起及以上一般生产安全事故的，或发生一起较大及以上生产安全事故的。

（三）平安建设隐患长期未整改或被院相关委员会挂牌督办整改的安全隐患逾期未整改到位的。

（四）迟报、谎报或隐瞒不报生产安全事故，阻碍上级平安建设领导机构调查的。

（五）平安建设工作职责落实不到位，严重失职、渎职的。

（六）其他需要追究的事项。

第四十三条 单位发生特别重大生产安全责任事故，应追究相关责任人的责任。

第四十四条 对党政领导、单位和相关责任人进行责任追究的方式包括：

（一）约谈。单位约谈事项由院相关委员会主任或委托副主任约谈单位主要领导或分管领导，具体由院安委会办公室或保密办负责组织实施。

（二）通报。需要通报的事项由院里发文通报督促整改。

（三）实行重大责任事件一票否决权制。向有关部门建议取消责任单位或相关责任人评优评先等资格。

（四）取消“平安单位”考评资格。

第八章 附 则

第四十五条 院属各单位应当依据本办法，制定本单位相应办法并组织实施。

第四十六条 本办法由院办公室负责解释。

第四十七条 本办法自印发之日起施行。

中国农业科学院办公室

2019 年 5 月 24 日印发

中国农业科学院办公室关于表彰 2017—2018 年度科技传播工作先进单位与优秀通讯员的通知

农科办办〔2019〕181 号

院属各单位、院机关各部门：

2017—2018 年度，是改革开放 40 周年的历史节点，更是中国农业科学院继往开来的重要纪年，中国农业科学院科技传播工作坚持党的领导，牢牢把握正确的舆论导向，紧紧围绕全院中心工作开展新闻宣传，充分发挥新闻通讯员队伍主力军作用和各方面专业人才优势，围绕科技创新，以院所重要活动、重大进展、重点事项为抓手，与新闻媒体交相呼应，凝练总结工作亮点，唱响科技创新主旋律。

两年里，在科技创新工程、国家农业科技创新联盟、绿色增产增效技术集成模式研究与示范、国家科技奖励成果等系列专题宣传中取得可喜成绩；在我院甲子华诞之际，与中央媒体共同回顾了我院的光辉历程。习近平总书记发来贺信、李克强总理作出批示，汪洋副总理专程来院考察调研；十九大盛会上，代表们面向中外媒体发出中国农业科技创新的铿锵之声；围绕“院庆 60 周年”“回顾十八大　喜迎十九大”“解读十九大报告”“油菜与人类健康”“乡村振兴科技支撑行动”“中国农业展望大会”“院人才工作推进会议”等主题，开展重点宣传，得到了社会与行业的广泛关注；提供、撰写新闻素材，结合社会热点适时推送科技新闻，得到中央媒体的高度关注和刊载。两年累计被中央及有关部委重要媒体刊登达千余篇次，《新闻联播》黄金时段，以及《人民日报》、新华社、《科技日报》《光明日报》等各大央媒重要版面刊发了中国农业科学院的辉煌成就与科技创新成果，充分展现了中国农业科学院科研综合实力与科技工作者的优良形象，为加快世界一流农业科研院所建设提供了有力的舆论支持与精神动力。

为激励先进、推动全院科技传播工作持续提升，院办公室依照《中国农业科学院信息宣传工作考核奖励办法》等有关文件精神，开展了 2017—2018 年度科技传播工作先进单位、优秀通讯员的评选。评选综合考虑了各单位科技传播绩效评分及进步程度、通讯员实际发挥的作用等因素，评选出 18 个先进单位和 18 名优秀通讯员。

希望获奖单位和个人珍惜荣誉，继续努力，再创佳绩。各单位及通讯员要以获奖单位和个人为榜样，进一步增强科技传播意识，加大工作力度，提升传播影响力，开创科技传播工作新局面，以“三个面向”“两个一流”和“一个整体跃升”为总指引，为早日实现世界一流院所建设，推动我国农业科技创新能力整体跃升，营造良好的舆论氛围、作出更大的贡献。

附件：中国农业科学院 2017—2018 年度科技传播工作先进单位与优秀通讯员名单

中国农业科学院办公室
2019 年 12 月 31 日

附件

中国农业科学院 2017—2018 年度科技传播工作先进单位和优秀通讯员名单

一、中国农业科学院 2017—2018 年度科技传播工作先进单位名单（18 个）

中国农业科学院办公室
中国农业科学院科技管理局
中国农业科学院国际合作局
中国农业科学院人事局
中国农业科学院作物科学研究所
中国农业科学院农产品加工研究所
中国农业科学院植物保护研究所
中国农业科学院农业资源与农业区划研究所
中国农业科学院郑州果树研究所
中国农业科学院北京畜牧兽医研究所
中国农业科学院农业经济与发展研究所
中国农业科学院农业信息研究所
中国农业科学院蔬菜花卉研究所
中国农业科学院油料作物研究所
中国水稻研究所
中国农业科学院农业环境与可持续发展研究所
中国农业科学院棉花研究所
中国农业科学院生物技术研究所

二、中国农业科学院 2017—2018 年度优秀通讯员名单（18 名）（排名按姓氏笔画为序）

卫　斐　王　佳　王　珑　刘明娜　刘晋婧　时舒慧　杜　坷　邹仕乔　陈鎏琰
郑钊光　官　涛　查　静　赵　倩　高冰清　曹　柠　梁　冰　崔　艳　雷　洁

中国农业科学院办公室
2019 年 12 月 31 日印发

九、党的建设、思想政治和党风廉政工作

中国农业科学院
2019 年党建工作要点

2019 年，中国农业科学院党的建设总体要求是：以习近平新时代中国特色社会主义思想为指导，深入贯彻党的十九大和十九届二中、三中全会、十九届中央纪委三次全会精神，全面贯彻落实新时代党的建设总要求和新时代党的组织路线，贯彻《关于加强和改进中央和国家机关党的建设的意见》，以党的政治建设为统领，以提升组织力为重点，以支部建在科研团队为抓手，聚焦“服务中心、建设队伍”两大核心任务，全面推进党的各项建设，不断提高党的建设质量，推动基层党组织全面进步、全面过硬，成为农业科技创新的坚强战斗堡垒，为扎实落实习近平总书记“三个面向”重要指示要求、全面推进创新工程、全面支撑乡村振兴和脱贫攻坚提供坚强保障，以优异成绩庆祝中华人民共和国成立 70 周年。

一、坚持把党的政治建设摆在首位，扎实落实习近平总书记“三个面向”重要指示要求

（一）坚决做到“两个维护”

深入学习贯彻习近平总书记关于加强党的政治建设的重要批示和论述精神，认真贯彻落实《中共中央关于加强党的政治建设的意见》《关于新形势下党内政治生活的若干准则》，严肃党内政治生活，创新组织生活方式，着力解决“三会一课”存在的“四多四少”问题（传达宣讲多、思想碰撞少，表扬肯定多、批评与自我批评少，讲别的单位问题多、说身边的问题少，就政治谈政治多、政治与业务结合少），牢固树立“四个意识”，坚定“四个自信”，坚决做到“两个维护”。继续将党的政治建设作为党建综合督查的首要内容，切实加强对贯彻落实党中央决策部署、党内政治生活以及民主集中制等执行情况的监督检查。把脱贫攻坚作为重大政治任务，纳入党建综合督查和巡视工作。利用庆祝建党、新中国成立等重要节点开展主题党日活动，组织党员重温入党誓词、过“政治生日”等，增强活动的政治仪式感。

（二）扎实落实“三个面向”指示要求

把全面贯彻落实“三个面向”重要指示要求作为当前和今后一个时期全院最大的

政治任务，持续推动解决贯彻落实中存在的“上热中温下凉”现象。院长、院党组书记，所长、所党委书记，科研团队首席、党支部书记齐抓共管，确保创新工程方向不偏离“三个面向”，确保党中央决策部署第一时间传达贯彻、久久为功落到实处，确保部、院党组工作部署第一时间得到迅速执行、见人见事见效。强化问题意识，通过请进来讲解、分学科研修、按岗位培训、逐团队梳理等四大措施，学习好、领会好、践行好“三个面向”重要指示精神，有效解决“三不两没有”问题（不了解世界农业科技前沿、不知道国家重大需求、不清楚现代农业建设主战场，没有对世界一流学科和世界一流科研院所进行战略研究、没有凝练目标成果）。

（三）认真落实民主集中制

坚持和完善院属单位党委工作规则与“三重一大”决策制度，进一步细化明确“三重一大”事项范围、决策主体、决策程序、监督保障、责任追究等内容，加强制度执行的监督检查。坚持集体领导和个人分工负责相结合，凡属“三重一大”事项，都要按照个别酝酿、会议决定的原则，由所务会（所常务会）和党委会集体研究决定，切实发挥党组织“把方向、管大局、保落实”的重要作用，把充分发扬民主和正确实行集中有机统一起来。

（四）严守党的政治纪律和政治规矩

深入开展党的政治纪律和政治规矩学习教育，自觉遵守党章、贯彻党章、维护党章，坚决防止“七个有之”，切实做到“五个必须”，使党员干部在政治立场、政治方向、政治原则、政治道路上同以习近平同志为核心的党中央保持高度一致。培育积极健康的党内政治文化，坚持“三严三实”，弘扬和践行忠诚老实、公道正派、实事求是、清正廉洁等价值观，营造风清气正的良好政治生态。严肃查处违反党的政治纪律和政治规矩问题。

二、强化思想引领，以习近平总书记“三个面向”重要指示引领全院党员干部思想行动

（一）认真开展“不忘初心、牢记使命”主题教育

按照中共中央和农业农村部党组统一部署，结合中国农业科学院中心工作和党员队伍实际，制定实施方案，召开动员部署会，认真开展以学习贯彻习近平新时代中国特色社会主义思想，特别是习近平总书记关于“三农”、科技创新和扶贫工作的系列重要论述为主要内容的主题教育，引导党员干部悟初心、守初心、践初心，在从严要求、创新

方法、务求实效上下功夫，力戒形式主义，以好的作风确保好的效果。

（二）强化创新理论武装

创新理论学习方式方法，组织深入学习《习近平谈治国理政》《习近平关于科技创新论述摘编》《习近平“三农”论述摘编》《习近平扶贫论述摘编》等，加强对学习工作的指导，充分利用“互联网+党建”等手段，突出抓好“关键少数”和青年干部、青年人才。坚持和完善理论中心组和“三会一课”学习制度，组织召开理论中心组学习经验交流会。贯彻落实《关于推进中央和国家机关年轻干部深入学习习近平新时代中国特色社会主义思想的意见》，推动成立青年学习小组，选树学习标兵，充分发挥领学促学作用。

（三）深化理想信念教育

围绕庆祝中华人民共和国成立70周年、纪念五四运动100周年等重大政治活动，加强党史、国史、改革开放史学习教育。深入推进社会主义核心价值观建设，发现、选树先进典型，弘扬新风正气。通过举办学习贯彻习近平新时代中国特色社会主义思想专题辅导讲座、党组织负责人讲党课等多种形式，积极开展形势政策教育和理想信念教育。

（四）深入推进创新文化建设

持续推进创新文化建设和精神文明创建，制定出台《关于进一步加强创新文化建设的意见》，引导广大干部职工践行“求真笃行、敬农致用”的院训，构建形成制度完善、学风优良、宽容失败、环境和谐的创新文化氛围。以“弘扬爱国奋斗精神 建功立业新时代”为主题，举办先进事迹报告会，开展“农科心声”微视频大赛，大力宣传农科人的爱国奋斗故事。改进“农科讲坛”举办方式，打造中国农业科学院学术殿堂的标志性项目。

三、坚持大抓基层、大抓支部，推动基层党组织全面进步、全面过硬

（一）大力推进支部建在科研团队

深入学习贯彻《中国共产党支部工作条例（试行）》，制定出台《关于加强和改进基层党建工作的若干意见》，加强党支部标准化、规范化建设。创新优化组织设置，尽

快实现一个团队建立一个党支部。选优配强党支部书记，团队首席是党员的原则上要担任党支部书记。健全完善工作机制，强化支部议事决策功能。切实把党的领导落实到科研团队，把“三个面向”指示要求落实到创新方向和创新任务上，坚持中心工作开展到哪里，党建工作就跟进到哪里；乡村振兴和脱贫攻坚主战场在哪里，中国农业科学院专家团队就到哪里。

（二）扎实推进“红旗党支部”创建

制定“红旗党支部”考评办法，把落实“三个面向”和推动中心工作的成效作为重要考评指标，通过分类指导、培育提升、表彰宣传等措施，打造一批落实“三个面向”成绩突出的红旗党支部和优秀党支部书记，选树推送先进典型案例，宣传推广品牌支部工作法，激励引导团队科研人员潜心科研、勇攀科学高峰，引导支部带领团队专家踊跃投身农业建设主战场，助力乡村振兴和脱贫攻坚，把党建工作优势转化为推动中心工作的成效。

（三）严格落实党的组织生活各项制度

严格执行“三会一课”、民主生活会、组织生活会、谈心谈话、党员民主评议、主题党日等基本制度，以“两学一做”为主要载体，坚持政治、业务两手抓、两手硬。“三会一课”要突出政治建设、创新强国、乡村振兴、脱贫攻坚、高质量发展、绿色发展等重大战略的专题学习和研讨。主题党日要聚焦“三个面向”，围绕创新工程、乡村振兴和脱贫攻坚等重大任务。开展“优秀主题党日”评选活动，鼓励基层党支部探索、实践、总结具有农业科研特色的“三会一课”和主题党日活动方式。加强对组织生活特别是“三会一课”落实情况的检查督导，对执行不到位的党支部负责人进行提醒谈话。

（四）坚持和完善基层党组织换届制度

严格落实党章和《中国共产党基层组织选举工作暂行条例》规定，制定《基层党组织换届工作实施办法》，建立健全按期换届提醒督促指导机制，提前 6 个月以书面形式对任期届满的基层党组织进行提醒。加强对基层党组织换届选举工作的指导督导，推动换届工作制度化，确保任期届满党组织按期换届。做好直属机关党委、纪委的换届选举工作。

四、坚持党管干部、党管人才原则，着力加强高素质干部人才队伍建设

（一）深入实施人才强院战略，建设高水平人才队伍

召开全院第三次人才工作会议，探索构建四支队伍的分类评价机制。加大优秀青年科技人才引进和培养力度，组织青年英才择优遴选。着力强化支撑人才和转化人才队伍建设，适时出台培育工程实施方案。深化职称制度改革，探索建立以当量法与代表作制度相结合的职称参考评价体系。计划举办 7 期创新团队首席科学家研修班。

（二）突出政治标准，建设高素质专业化干部队伍

落实农业农村部组织人事工作会议要求，围绕“三个面向”选优配强领导班子，落实新时期好干部标准，把政治标准放在首位，坚持事业为上、以事择人，严格执行领导干部任期制，推动所级干部“能下能出”，结合班子换届或届中调整，做好干部交流和补充。着力加强优秀年轻干部选拔培养，研究出台发现培养选拔优秀年轻干部的实施意见，健全完善优秀年轻干部选拔、培育、管理、使用的全链条机制。抓好培养锻炼，选派新提拔的所级干部参加上级部门调训，重点选派优秀年轻干部到吃劲岗位、关键岗位历练，到困难艰苦地方实践磨炼。

五、坚持抓常抓细抓长，持之以恒推进作风建设

（一）严格落实中央八项规定精神

认真落实中央八项规定及其实施细则精神和部、院党组实施办法，一个节点一个节点盯住，坚持不懈、化风成俗。立足落细落小，聚焦公务接待和差旅、公务用车、食堂、公司、试验基地等重点领域突出问题，往深里抓、往实里做，着力在抓具体、补短板、防反弹上下功夫，精准发力、持续加压。紧盯年节假等重要时间节点，第一时间转发、印发通知，推送提醒监督信息，落实值班、报告制度，巩固拓展落实中央八项规定精神成果。

（二）驰而不息纠“四风”树新风

大力整治形式主义、官僚主义，严肃查处空泛表态、应景造势、敷衍塞责、出工不出力等隐性变异“四风”问题。坚持问题导向，以抓好巡视整改和五个领域专项整治

整改为契机，认真查找制度漏洞，举一反三，建章立制，扎牢制度笼子。立足科研管理“放管服”政策落实和创新工程实际，进一步转变工作作风，强化服务意识，完善保障制度。大兴调查研究之风，围绕《关于进一步给科研人员做好服务和松绑减负的实施方案》，深入基层调研，落实好领导干部基层联系点制度，推动调研成果转化为可落地的政策措施，为科研人员松绑减负、撑腰说话，激发科研人员创新的积极性。

六、突出纪律教育，坚持不懈加强纪律建设

（一）加强经常性纪律教育

以学习贯彻《中国共产党纪律处分条例》为重点，坚持既突出领导干部这个“关键少数”，也抓住广大党员干部、科研人员这个大多数，采取具体、精准、差异化的教育方式，不断增强纪律教育的针对性和有效性，使广大党员干部和科技人员明底线、守界限。制定面向科研人员的纪律红线清单，编发典型案例，用身边事教育身边人。坚持正面示范教育、岗位廉政教育和反面警示教育并重，充分利用新媒体、新阵地、新方法，加强廉政文化宣传教育，努力营造不敢腐、不能腐、不想腐的政治生态。推进党支部设立纪检监察小组，把教育监督的触角延伸到每个团队和每位科研人员身边，当好科研人员的纪律宣传员、政治安全员。

（二）严格监督执纪问责

构建科学规范的责任落实机制，不断完善工作报告、工作约谈、述职考核等制度，加强对落实“两个责任”的监督。建立健全廉政风险防控机制，制定思想政治、科研学术、财务资产三大重点领域十四个方面风险防控指南，加强风险管理，突出事前防范。贯通运用“四种形态”，强化对第一种形态的运用，推动形成监督与接受监督的浓厚氛围。严格执行《中国共产党纪律检查机关监督执纪工作规则》，对违反政治纪律政治规矩和中央八项规定精神、学术不端、师德失范、假公济私等触碰纪律红线的 4 类行为“零容忍”，在项目申报、评奖评优、职务晋升、职称评审、年度考核、招生资格 6 个方面“一票否决”。

七、加强群团和统战工作，为“两个一流”建设凝聚人心汇聚力量

（一）充分发挥群团组织的桥梁纽带作用

贯彻党中央关于群团改革的决策部署要求，指导群团组织加强自身建设。加强群团干部队伍建设，举办工会和青年干部培训班，强化政治引领和业务培训，不断增强群团组织的政治性、先进性和群众性，打牢高举旗帜、维护核心、紧跟党走的思想政治根基，提升围绕科技创新等重大任务开展工作的自觉性和积极性。开展职工思想状况调查，做好“送温暖”工作，增强干部职工归属感和幸福感。

（二）开展“与时代同发展 与祖国共奋进”主题活动

围绕“三八”“五四”“七一”“十一”等重大纪念日与节日，组织参观主题展、红色教育、征文演讲比赛、岗位建功等系列主题活动，教育引导广大职工立足岗位、建功立业。加强职工文体俱乐部组织领导，完善运行管理机制，举办职工文艺汇演、健步走、羽毛球赛等系列文体活动，增强广大干部职工的凝聚力向心力。

（三）加强对党外知识分子的政治引领和团结引导

组织党外人士参加各类培训研讨，落实好党委委员联系统战对象、定期通报、走访慰问等制度。支持民主党派加强自身建设，做好组织换届、成员发展、教育培训等工作。大力培养举荐优秀党外人士担任各级人大代表、政协委员、政府参事等重要职务，支持他们结合农业科研优势开展调查研究，充分发挥参政议政和建言献策作用。

八、强化干部队伍建设和责任落实，提升党建工作质量

（一）加强基层党组织和党务、纪检监察干部队伍建设

按照有关规定和要求统筹设立党务、人事、纪检、监察等相关机构，选优配强党务干部，坚持把党建业务“双强”干部和优秀年轻干部放到党务岗位培养锻炼。加强党务和纪检监察干部培训，举办党支部书记培训班，并对新任党支部书记进行任前业务培训，提升政治素质和履职能力，打造政治、作风、本领、纪律过硬的党务和纪检监察干部队伍。加强调查研究，围绕党建重点任务，组织开展专题研究，注重成果应用，指导推动工作。

（二）严格落实党建工作责任制

充分发挥院党的建设工作领导小组作用，统筹推进院属京内外单位党建工作。各级党组织要强化责任意识，认真履行全面从严治党主体责任，党组织书记要当好“第一责任人”，班子成员要落实好“一岗双责”，纪检组织主要负责人要认真履行监督责任，党委委员、纪委委员分工负责落实责任。充分发挥考核“指挥棒”作用，严格落实《中国农业科学院基层党建述职评议考核实施办法（试行）》，构建形成长效机制，促进党建工作与业务工作深度融合。

中国农业科学院2019年直属机关党委工作总结

2019年，直属机关党委在院党组和农业农村部直属机关党委的坚强领导下，以习近平新时代中国特色社会主义思想为指导，以党的政治建设为统领，以支部建在创新团队为抓手，大力弘扬新时代科学家精神，全面推进党的各项建设，顺利完成全年各项工作任务，为扎实落实“三个面向”指示精神、支撑乡村振兴和脱贫攻坚提供坚强保证，以优异成绩庆祝中华人民共和国成立70周年。

一、坚定不移推进党的政治建设，确保“三个面向”指示精神落地落实

旗帜鲜明加强党的政治建设，严肃党内政治生活，着力解决“三会一课”存在的“四多四少”问题，进一步增强“四个意识”，坚定“四个自信”，做到“两个维护”。把全面贯彻落实“三个面向”重要指示要求作为全院最大的政治任务，稳步推进支部建在创新团队，切实解决“三不两没有”问题。扎实推进支部结对帮扶助力乡村振兴和脱贫攻坚，深入推进“三个面向”指示精神和党的领导落实到创新团队。

一是坚决做到“两个维护”。深入学习贯彻习近平总书记关于加强党的政治建设的重要批示和论述精神，认真学习贯彻落实《中共中央关于加强党的政治建设的意见》，起草中国农业科学院《关于加强和改进院属单位党的建设的意见》，对加强和改进中国农业科学院党建工作明确了方向，提出了要求。严肃党内政治生活，协助做好院党组3次民主生活会各项工作，对院属45个单位（部门）的民主生活会召开情况进行了全程督导，组织开展好院属京区各部门、各单位2018年度组织生活会和民主评议党员工作，确保党内政治生活质量。着力提高“三会一课”质量和效果，加强对“三会一课”和主题党日落实情况的检查督导。印发《关于进一步规范主题党日的通知》《关于到驻地外开展党建活动的意见》，不断规范党支部的主题党日。积极挖掘凝练、推广普及典型案例和品牌支部工作法，1个支部工作法入选《中央和国家机关党支部工作法100例》、4个主题党日案例荣获农业农村部示范和优秀案例。

二是“三个面向”指示要求落地落实。全面推进支部建在创新团队，深入到11个研究所开展调研，推动一个团队建立一个党支部。目前已有18个研究所按照要求完成支部设置，取得阶段性成果。支部结对帮扶助力乡村振兴和脱贫攻坚取得新进展，明确要求党支部要主动跟进、主动参战，针对4个乡村振兴示范县和98个重点扶贫县开展

科技帮扶；深入研究所调研党支部进行组织对接、开展科技帮扶情况，采用“解剖麻雀”方式，对作科所作物栽培和生理创新团队党支部结对共建典型做法进行总结凝炼并积极推广。目前，创新团队党支部大多已采用实地调研、人员培训、技术示范等多种方式深入扶贫县开展科技帮扶工作，有力推进把党的政治和组织优势转化为服务中心工作的成效。

二、强化思想引领，“不忘初心、牢记使命”主题教育取得显著成效

中国农业科学院贯彻落实“守初心、担使命、找差距、抓落实”的总要求，始终坚持问题导向、坚持需求导向、坚持目标导向，确保主题教育质量高、成效实。全院 36 个党委、410 个党支部，8 339 名党员参加了主题教育。中央指导组王辉忠组长“对农科院前一段的工作给予充分肯定”，农业农村部第一指导组组长岳金凤多次对中国农业科学院主题教育给予赞扬，农业农业部主题教育领导小组第五期简报专题刊登了我院主题教育的做法成效。通过主题教育，全体党员党性修养得到进一步锤炼，理想信念进一步坚定，干事创业的精气神进一步增强，达到了理论学习有收获、思想政治受洗礼、干事创业敢担当、为民服务解难题、清正廉洁作表率的目标。

一是及时跟进谋划，及早部署安排。年初，把开展“不忘初心、牢记使命”主题教育列入全年党建设工作要点，及时关注、快速跟进。中央主题教育工作会议召开后，第一时间起草主题教育实施方案、做好全院动员部署会各项工作，确保全院顺利部署。

二是加强组织领导，明确工作责任。成立院主题教育领导小组及办公室，制定领导小组和办公室工作规则，认真履行主题教育办公室职责，加强综合协调和工作指导，及时了解情况、研究解决问题、总结经验做法，扎实推进各项工作。

三是统筹协调推进，强化理论武装。确保院机关各部门、院属各单位与院党组同步开展集中学习研讨，统筹安排革命传统教育、形势政策教育、先进典型教育和警示教育，举办习近平新时代中国特色社会主义思想辅导报告会。组织各基层党支部结合“三会一课”和组织生活会强化集中学习，充分利用“学习强国”和支部工作 App 等平台，以中心组学习、“三会一课”、青年理论学习小组等多种方式开展学习。

四是组织深入基层开展调研，讲好专题党课。制定印发调研方案，院领导带头开展调研和成果交流，院所两级领导班子成员深入研究所、农业农村一线，广泛听取意见建议，召开调研视频成果交流会，一批专题党课得到普通党员好评。

五是组织全面对照查摆问题，推动整改落实。安排部署检视问题工作，要求通过设置征求意见箱、发放征求意见函、召开座谈会等方式，广泛听取群众意见。协助院党组积极推进专项整治，制定方案，提出重大问题清单。督促指导院所两级召开专题民主生活会，基层党支部召开专题组织生活会。

六是抓好整改落实和专项整治，开展“回头看”工作。组织召开院主题教育总结

暨抓落实工作会议，向承担整改整治任务的责任部门和单位及时提醒督促，组织梳理盘点进展并通报情况，听取职工代表建议，确保整改整治任务逐条逐项落实到位。

三、庆祝中华人民共和国成立70周年，“与时代同发展 与祖国共奋进”系列主题活动蓬勃开展

国之大典，伟力凝聚，一系列主题活动作为我院爱国主义精神的集中展示，不断激励着全院广大干部职工同追梦、共奋斗，在农业科技创新事业中，奋发有为，再立新功，支撑乡村振兴和助力脱贫攻坚，为全面建成小康社会目标奋进凝聚起强大动力。

一是升国旗仪式隆重举行。根据上级党组织部署，在国庆节前夕，组织院部升国旗仪式，院领导班子成员和院部近200名干部职工手举国旗、高唱国歌，激发了广大干部职工爱国主义热情，不断激励大家奋进新时代、共筑中国梦。

二是“与时代同发展 与祖国共奋进”系列主题活动振奋人心。举办“农科巾帼心向党 科研建功新时代”表彰大会和“发扬五四精神主题学习交流会”主题活动，组织院直属党组织参观“庆祝中华人民共和国成立70周年大型成就展”，不断引导广大干部职工立足岗位、建功立业，以优异的成绩庆祝新中国成立70周年。

三是群众性文体活动丰富多彩。以院文体俱乐部为依托，组织开展了全院职工健步走、乒乓球、羽毛球团体赛以及各具特色的足球、瑜伽、朗诵、棋牌等群众性文体活动，组织参加中央和国家机关职工运动会、农业农村部“我和我的祖国”歌咏大会和职工广播体操比赛并取得优异成绩。

四、深入学习宣传贯彻习近平新时代中国特色社会主义思想，理论武装不断强化

把学习宣传贯彻习近平新时代中国特色社会主义思想贯穿始终，落实到每一个基层党组织、每一个创新团队、每一名党员干部，马克思主义理论武装不断强化，理论强党不断推进，党的团结统一思想不断巩固。

一是党的十九届四中全会精神深入推进。第一时间作出部署、系统安排、提出要求。院属各单位党组织以中心组为龙头，以党支部为主体开展了丰富多样的学习贯彻活动。通过院党组以上率下带头学，院所两级统筹安排同步学，制定学习计划全面系统学，邀请知名专家专题辅导深入学，撰写学习体会促进学，开展交流活动互相学等方式，引导全院广大党员干部把思想和行动统一到全会精神上来，确保全会确定的各项决策部署和工作要求落到实处。

二是理论武装更加夯实。对各单位政治理论学习情况，通过党建信息等手段，及时进行跟踪了解和督查，每年通报一次中心组学习情况。组织开展所局级领导干部撰写论文评选工作，全体所局级领导均撰写了学习论文共193篇，通过严格评审，有61篇论

文获奖。通过此项工作进一步推动各级领导干部深度思考、梳理思路，把实践上升为理论、再用理论指导实践，奠定做好工作的扎实基础。

三是党建课题研究结出新硕果。全国党建研究会科研院所专委会 2019 年度启用轮值制度，中国农业科学院作为首家轮值单位组织召开了 3 次会议及活动，得到专委会的高度评价。牵头完成的 2 项已经结束，分别获专委会 2018 年度课题研究成果一等奖、二等奖，1 项课题获得部直属机关党委 2019 年度优秀党建课题。

五、坚持抓基层、抓支部，基层党组织建设全面进步、全面过硬

质量强党，首重基层，以全面实施“红旗党支部”创建行动为实践载体，抓基层、打基础，责任落实体系不断强化，党支部标准化、规范化建设不断加强，基层党组织建设得以高质量推进。

一是“红旗党支部”创建行动扎实推进。起草“红旗党支部”考评指标，把落实“三个面向”和推动中心工作的成效作为重要考评指标，引导院属各单位将“红旗党支部”创建作为加强基层党组织建设的重要举措，通过分类指导、培育提升等措施，努力打造落实“三个面向”成绩突出的红旗党支部和优秀党支部书记。

二是党建工作责任制全面落实。发挥考核“指挥棒”作用，严格落实基层党建述职评议考核实施办法，按照“现场述职、书面述职”相结合，每 3 年轮述一遍的原则，在全院范围内开展 2018 年度党建述职评议考核，各级党组织落实履行抓基层党建主体责任、“一岗双责”持续强化。

三是基层党组织换届制度不断完善。扎实推进院直属机关第七届委员会换届选举工作，严格按照规定程序，部署工作，召开会议，反复酝酿，拟于 12 月下旬召开第七次党代会。加强对基层党组织换届选举工作的指导督促，对 2 个任期届满的基层党组织以书面形式进行提醒，推动 6 个党组织完成换届，指导 1 个党组织完成组建工作，全面落实基层党组织换届制度。

四是党务干部能力建设不断提升。举办了 2 期基层党支部书记培训班和 1 期工会干部培训班，根据党务群团干部特点设置教学内容，开展工作经验交流，不断提升党务群团开展工作的理论素养和业务能力。牵头组织参加部纪检干部监督执纪业务知识竞赛活动，获得团体二等奖，1 人三等奖、2 人优秀奖。

五是统战工作扎实推进。组织召开院党组 2019 年迎新春党外人士座谈会，通报情况，听取意见。做好党外人士举荐工作，向中央统战部推荐全国无党派人士重点人选，并储备了一批拟推荐的优秀党外人士人选，为党外人士发挥作用搭建平台。

六、持续抓好作风纪律建设，纠“四风”树“新风”不断深入

加强作风，严明纪律，通过制度建设抓落实、纪律教育方式不断拓展，强化思想认

识和纪律意识，作风建设不断向纵深发展，全面从严治党持续深化，营造了风清气正的政治生态。

一是作风建设扎实推进。认真落实部、院全面从严治党工作会议精神和有关规定，紧盯年节假期等重要时间节点，及时转发廉洁过节通知，实行节日期间值班和报告制度，公布举报电话，接受群众监督，坚决杜绝“节日腐败”。部署在脱贫攻坚中进一步整治形式主义官僚主义问题工作，深挖思想根源、深剖问题危害、深研整治措施。

二是纪律教育抓在经常、融入日常。大力学习宣传贯彻新修订的《中国共产党纪律处分条例》和《中国共产党问责条例》，明确纪检组织主要负责同志要围绕加强纪律建设带头讲党课，要求各级党组织本年度至少一次组织党员干部参观廉政警示教育基地，及时转发中纪委关于违反八项规定等典型案例通报，形成全面从严治党的浓厚氛围。

三是充分履行监督执纪职责。会同监察局组织开展对党的十八大以来党政纪处分决定执行情况专项检查，监督执纪 4 人次。认真做好信访举报办理，收到来电来信举报 6 件，移交 4 件，妥善处理 2 件。

七、大力弘扬科学家精神，尊重人才、尊崇创新的科研生态逐步形成

以“弘扬新时代科学家精神”为主旋律的创新文化建设开创新局面。通过先进典型引路、农科精神再挖掘、创新文化制度建设，全院的主旋律更加响亮、正能量更加强劲，广大干部职工团结奋斗的思想基础更加巩固，不断凝聚起“两个一流”建设的磅礴力量。

一是弘扬科学家精神工作大力推进。开展“新乡综合实验基地科学家精神展览馆”建设，组织召开加强基地党建工作座谈会，深入各有关研究所调研挖掘展示新乡基地 60 多年来在中国农业取得突出成就和一代代农科人可贵精神和感人故事，力争将其打造成为全院弘扬科学家精神的重要窗口。开拓传播渠道，持续推进与中央电视台农业农村频道合作，遴选、推荐我院优秀专家作为《大地讲堂》栏目主讲嘉宾，参与《大国粮仓》电影纪录片拍摄。研究起草《关于进一步加强创新文化建设的意见》《弘扬科学家精神工作方案》，力争在全院形成激发创新精神、推动创新实践、激励创新事业的良好氛围。

二是先进典型引路工作常抓常新。举办弘扬科学家精神、“时代楷模”等系列先进事迹报告会，组织召开“讲述院史院风、牢记初心使命”座谈会，开展传承老一辈科学家精神宣讲和科技成果转化宣讲等活动，引导广大干部职工自觉践行“求真笃行 敬农致用”的院训。开展“农科心声”微视频展示宣传活动，以新媒体的形式充分展现中国农业科学院广大科研人员潜心科研、服务三农的鲜活案例和生动场景。

三是宣传阵地建设更加夯实。通过开设“不忘初心、牢记使命”主题教育、“庆祝

中华人民共和国成立 70 周年”和“光荣榜”专栏，坚持政治引领和科技价值观引领，拓展主流思想传播内容。组织通过权威党刊党媒对方智远、刘继伟、金黎平等重大典型广泛开展宣传，发展和运用新渠道讲好农科人的故事。积极推荐先进典型，2 个集体分获“全国青年文明号”“全国巾帼文明岗”，1 人获“全国巾帼建功标兵”，10 人次获部级党群系统先进集体和个人。

八、加强自身队伍建设，以好作风保障各项工作任务高质量完成

机关党委结合“不忘初心、牢记使命”主题教育，不断加强自身建设，以好的作风推进贯彻落实各项工作任务，在指挥中枢、政治机关、服务机关、学术殿堂建设中走在前、作表率。

一是机关党委“不忘初心、牢记使命”主题教育成效显著。在确保全院主题教育顺利开展的同时，扎实推进自身主题教育，做到走在前、作表率。严格按照要求制定实施机关党委主题教育实施方案、学习方案、调研方案，开展 8 次专题调研并形成调研报告，进行问题检视和整改，扎实推进承担院党组的整改任务和自身的整改落实“回头看”工作，确保取得实效。机关党委的主题教育多次得到院第一指导组的赞扬。

二是党支部建设更加坚强有力。积极开展“红旗党支部”创建，创新组织生活方式方法，总结凝练了“三抓三强三提升”支部工作法，强化政治理论学习，严格做好规定动作，不断创新方式方法，做好“四学”，即充分发挥理论中心组作用，班子成员率先垂范，领导带头做好“领学”；与院人事局、办公室有关党支部互学互促，充分调动各种资源，共建共享开展“联学”；设立“党建讲堂”，邀请专家作辅导、组织党员讲专题，结合岗位职责积极推动“深学”；认真开展党建研究，围绕热点、难点、重点和党员干部普遍关心的问题进行调研，以深入钻研“促学”。

三是工作作风更加扎实。进一步提高政治站位，在推动各项工作落实中，更加积极作为、主动担当。严格落实“牵头主责、首问主办”原则，统筹各项工作，优化工作流程，激发全体党员干部进一步增强担当意识和责任意识，对照 2019 年党建工作要点和院领导有关部署要求，逐条梳理工作任务并抓好落实。坚持服务基层、服务科研，领导班子成员带头利用举办或参加各类会议培训、专项督导、党日活动等契机，到基层党组织了解指导工作，听取意见建议，及时掌握广大科研人员的真实诉求和存在困难，并将调研结果积极运用到工作中、体现到制度中、落实到实践中。

中共中国农业科学院党组关于印发《中共中国农业科学院党组关于开展“不忘初心、牢记使命”主题教育的实施方案》的通知

农科院党组发〔2019〕48号

院机关各部门、院属各单位：

《中共中国农业科学院党组关于开展“不忘初心、牢记使命”主题教育的实施方案》已经2019年第12次院党组（扩大）会议审议通过，并经农业农村部“不忘初心、牢记使命”主题教育第一指导组审阅同意。现予印发，请结合实际认真贯彻执行。

中共中国农业科学院党组

2019年6月28日

中共中国农业科学院党组关于开展“不忘初心、牢记使命”主题教育的实施方案

党中央决定，以县处级以上领导干部为重点，在全党开展“不忘初心、牢记使命”主题教育。根据《中共中央关于在全党开展“不忘初心、牢记使命”主题教育的意见》（中发〔2019〕19 号）和《中共农业农村部党组关于在部系统开展“不忘初心、牢记使命”主题教育的实施方案》（农党组发〔2019〕71 号）部署要求，结合我院实际，现就院系统开展“不忘初心、牢记使命”主题教育，制定如下实施方案。

一、重大意义

为中国人民谋幸福，为中华民族谋复兴，是中国共产党人的初心和使命。今年是中华人民共和国成立 70 周年，开展“不忘初心、牢记使命”主题教育，是以习近平同志为核心的党中央统揽伟大斗争、伟大工程、伟大事业、伟大梦想作出的重大部署，是用习近平新时代中国特色社会主义思想武装全党、推进新时代党的建设、保持党同人民群众血肉联系、实现党的十九大确定的目标任务的迫切需要，对统筹推进“五位一体”总体布局、协调推进“四个全面”战略布局，实现“两个一百年”奋斗目标、实现中华民族伟大复兴的中国梦，具有十分重大的意义。

党的十九大绘就了决胜全面建成小康社会、夺取新时代中国特色社会主义伟大胜利的宏伟蓝图，作出加快建设创新型国家和实施乡村振兴战略的重大部署。作为农业科研国家队，加快农业科技创新，为实施乡村振兴战略提供强有力科技支撑，责无旁贷、使命光荣。院系统开展这次主题教育，就是要坚持思想建党、理论强党，推动各级党组织和广大党员干部用习近平新时代中国特色社会主义思想和党的十九大精神武装头脑、指导实践、推动工作，认真学习习近平总书记关于“三农”工作和科技创新的重要论述，学习领会好习近平总书记致我院建院 60 周年贺信精神，为稳住“三农”基本盘、完成全面建成小康社会各项硬任务提供强大科技支撑夯实思想基础；就是要全面贯彻新时代党的建设总要求，坚决同一切影响党的先进性、弱化党的纯洁性的问题作斗争，教育引导全院党员牢记党的宗旨，直面风险挑战，勇担职责使命，焕发干事创业的精气神，对表对标全面建成小康社会农业农村领域必须完成的硬任务和“三个面向”重要指示要求，大力推进创新工程，促进成果转化，支撑服务乡村振兴和脱贫攻坚，为加快农业农村现代化和维护经济社会大局稳定作出应有贡献，以优异成绩庆祝中华人民共和国成立 70 周年。

二、目标任务

全院开展“不忘初心、牢记使命”主题教育，根本任务是深入学习贯彻习近平新时代中国特色社会主义思想，锤炼忠诚干净担当的政治品格，团结带领全体党员干部在落实“三个面向”指示要求，大力推进创新工程和促进成果转化，全面支撑乡村振兴、脱贫攻坚和农业农村现代化中不断取得新成效，为书写好中华民族伟大复兴的“三农”新篇章提供强大科技支撑。全院各级党组织和广大党员干部必须在学懂弄通做实习近平新时代中国特色社会主义思想上下功夫、作表率，确保始终与以习近平同志为核心的党中央保持思想意志统一、行动步调一致。要将力戒形式主义、官僚主义作为主题教育重要内容，教育引导党员干部牢记党的宗旨，坚持实事求是的思想路线，树立正确政绩观，尊重科研规律和科研管理规律，不断增强推动农业科技创新的本领，真抓实干，转变作风。

这次主题教育要贯彻守初心、担使命，找差距、抓落实的总要求。守初心，就是要守好报国为民的科研初心，时刻牢记共产党人全心全意为人民服务的根本宗旨，牢记为谁搞科研这个核心问题，为农业科技进步做贡献，为农业农村发展出力，以坚定的理想信念为中国人民谋幸福，为中华民族谋复兴。担使命，就是要勇挑科技强国的使命担当，牢记农业科研国家队的使命责任，紧紧围绕习近平总书记“三个面向”指示要求，针对农业领域“卡脖子”的科技问题，敢于挑战、勇于攻坚，以时不我待、只争朝夕的精神，开拓进取、奋起直追，尽快补上短板、突破瓶颈，增强应对风险挑战的勇气和能力。找差距，就是要对照习近平新时代中国特色社会主义思想，对照党章党规，对照“三个面向”指示要求，对照中共中央和部院党组各项决策部署，对照先进典型、身边榜样，高标准、严要求查找差距和不足，有的放矢进行整改，实实在在解决各类问题。抓落实，就是要把初心使命变成全院党员干部锐意进取、开拓创新的精气神和埋头苦干、真抓实干的自觉行动，把主题教育成果转化为推动工作的实际成效，以钉钉子精神贯彻落实党的十九大精神和中共中央、部院党组决策部署，坚决完成院所改革发展各项任务，加快推进新时代农业科技创新，为乡村振兴、脱贫攻坚和农业农村现代化提供坚实支撑。

这次主题教育，要采取有力措施，达到以下目标。

（一）理论学习有收获

在原有学习的基础上取得新进步、达到新高度，不断加深对习近平新时代中国特色社会主义思想重大意义、科学体系、丰富内涵的理解，进一步学习领会习近平总书记致我院建院60周年贺信精神、习近平总书记关于科技创新的重要论述、关于“三农”工作的重要论述，学深悟透、融会贯通、真信笃行，增强贯彻落实的自觉性坚定性，提高运用党的创新理论指导实践、推动工作的能力。

（二）思想政治受洗礼

坚定对马克思主义的信仰、对中国特色社会主义的信念，传承红色基因，增强“四个意识”，坚定“四个自信”，做到“两个维护”，扎扎实实落实“三个面向”指示精神，自觉在思想上、政治上、行动上同以习近平同志为核心的党中央保持高度一致，始终忠诚于党、忠诚于人民、忠诚于马克思主义。确保中共中央决策部署第一时间传达贯彻、久久为功、落到实处，确保部院党组工作部署第一时间迅速执行、见人见事见成效。

（三）干事创业敢担当

勇于直面矛盾，增强斗争精神，苦干实干、开拓进取，知重负重、攻坚克难，勇攀高峰、率先跨越，以钉钉子精神贯彻落实党的十九大精神和中共中央、部院党组决策部署，全面推进创新工程，解决考核评估中发现的问题，确保创新工程快见成效、快见实效；大力推进科技成果转化，强化科技成果的有效供给，促进创新、创业、创造协同发展，在农业科技自主创新、成果转化和高水平人才队伍建设上走在前、做表率，坚决完成院所改革发展各项任务，努力创造经得起实践、人民、历史检验的实绩。

（四）为民服务解难题

坚守人民立场，把人民对美好生活的向往作为奋斗目标，自觉同人民想在一起、干在一起，引导科研人员潜心科研，走出实验室、走出大院大所，走进乡村农户、走进田间地头，积极投身乡村振兴和脱贫攻坚主战场，以农民群众的期盼、需求为努力方向，重农、爱农、为农、兴农，厚植“三农”情怀，着力解决广大职工和农民群众的操心事、烦心事、揪心事，真心实意帮助农民群众解决生产生活中的实际困难，让科技创新成果惠及于民，不断增强人民的获得感、幸福感、安全感。

（五）清正廉洁作表率

保持为民务实清廉的政治本色，警钟长鸣，知敬畏、存戒惧、守底线，公私分明，“亲”“清”分开，清白做人、干净做事，坚持公正用权、依法用权、为民用权、廉洁用权，营造风清气正的政治生态。既要把全面从严治党严紧硬的要求传导到每名党员干部，也要把中央为科研人员“松绑减负”、大力激励创新、释放科研活力的精神传达到每位科研人员，着力构建信任与监督相统一、严管与厚爱相结合、宽严相济、激励相当、符合农业科研特色的监督体系，为农业科技创新营造良好环境、提供政治保证。

三、工作安排

院党组带头开展“不忘初心、牢记使命”主题教育，以身作则、严格要求，推进全院主题教育深入开展。院系统主题教育以处级以上领导干部为重点，带动全体党员积极主动参加主题教育，从2019年6月初开始，9月初基本结束，每个单位开展集中教育时间不少于3个月。

这次主题教育不划阶段、不分环节，要把学习教育、调查研究、检视问题、整改落实贯穿主题教育全过程。

（一）学习教育的基本要求

要将学习贯彻始终，推动学习贯彻习近平新时代中国特色社会主义思想往深里走、往心里走、往实里走。深入学习贯彻习近平总书记“三个面向”指示精神、习近平总书记关于科技创新、关于“三农”工作的重要论述，提升做好农业科技创新工作和服务“三农”的本领，学以致用，用有所成，把学习成效体现到增强党性、提高能力、改进作风、推动农业科技创新工作上来。

一是坚持原原本本学。党员领导干部要以自学为主，认认真真学原著悟原理，学习党的十九大报告和党章，学习《习近平关于“不忘初心、牢记使命”重要论述选编》《习近平新时代中国特色社会主义思想学习纲要》《习近平关于“三农”工作论述摘编》《习近平关于科技创新论述摘编》《习近平扶贫论述摘编》，跟进学习习近平总书记最新重要讲话文章，学深学透习近平总书记“三个面向”重要指示精神、习近平总书记关于农业农村、科技创新工作的重要讲话和指示精神，理解其核心要义和实践要求，自觉对表对标、及时校准偏差。

二是集中学习研讨。各单位领导班子要集中安排一周时间，采取理论学习中心组学习等形式，列出专题，交流研讨，发挥中心组成员“关键少数”的示范和表率作用。成立青年理论学习小组，组织学习《习近平关于“三农”工作论述摘编》交流会。集中学习研讨既可以连续安排，也可以按专题分段安排，但总的时间5~7天。参会人员如有极特殊情况，例如出国出访、参加农业农村部、属地省委省政府等重要会议、国际会议等需按程序请假，事后安排补学。

三是创新学习方法。各单位党组织要严格落实“三会一课”等制度，举办形式多样的理论学习活动，增强理论学习的吸引力，组织广大党员干部深入思考学、联系自身学、结合实际学，做到学思用贯通、知信行统一。要以支部为单位，依托“三会一课”、组织生活会等，组织全体党员开展学习教育，严格组织生活，加强组织建设。要创造充分的学习条件，引导党员利用好共产党员网、支部工作App、学习强国App、微信、手机报、电视栏目和远程教育等开展自主学习、互动交流。

四是开展专题教育。各单位党组织要建立完善支部主题党日制度，丰富活动形式，开展好革命传统教育、形势政策教育、先进典型教育和警示教育，教育引导广大党员守好报国为民的科研初心，继承和发扬党的光荣传统、优良作风，把握国际国内两个大势，切实增强推动农业科技创新、支撑现代农业发展的信心和决心。注重学习运用攻坚克难的典型案例，发挥先进典型在科技创新、成果转化、人才培养、支撑乡村振兴和脱贫攻坚中的引领示范作用，增强学习教育的针对性、实效性和感染力。主题教育期间原则上要就近、就便用好教育资源，一般不搞跨省（区、市）的参观学习和党员、党务干部培训。

结合中国农业科学院实际，院党组将适时举办传承科学家精神辅导报告会，开展学习“两弹一星”精神等革命传统教育。依托领导干部、创新团队首席科学家研修班，邀请领导、专家作辅导报告，从乡村振兴战略、世界农业科技前沿、成果转化等方面开展形势政策教育。举办先进典型事迹报告会，安排坚守初心使命、敢于担当作为的先进典型作报告，形成学先进、当先进的良好风尚。以案例通报、视频会议通报、到重点单位进行案例宣讲的形式在全院范围内开展警示教育。

（二）调查研究的基本要求

对照中央和习近平总书记对科技创新工作和“三农”工作的要求，对照“三个面向”重要指示精神，把大力推进创新工程和促进成果转化，全面支撑乡村振兴、脱贫攻坚作为主题教育的实践载体，着眼解决落实“三个面向”、加快农业科技创新、促进成果转化、加强高水平人才队伍建设、服务农业农村发展等方面的实际问题，深入开展调查研究。院领导同志和各单位领导班子成员都要确定1~2个重点专题，走出实验室、走出大院大所，走进试验基地、走进乡村农户、走进田间地头，深入基层、深入群众，沉下去调查研究所发展现状、了解创新团队建设实情，沉下去调查农情、了解民情，拿出破解制约院所改革发展和推动农业科技创新的实招、硬招，推动党中央“三农”决策部署和部院党组各项要求落实落地。

一是把握调研重点。围绕贯彻落实党中央“三农”决策部署和习近平总书记“三个面向”重要指示精神，围绕解决推进创新工程、支撑乡村振兴战略、完成脱贫攻坚任务等过程中存在的突出问题和农业农村发展中最基础、最突出、最“卡脖子”的重大产业科技问题，围绕解决本部门本单位存在的突出问题和职工群众反应强烈的热点难点问题，围绕解决我院基层党的建设面临的紧迫问题，围绕坚决打好三大攻坚战、应对和化解各种风险挑战等，到联系单位、支部联系点、农业科研一线（实验室、试验基地）、农业农村基层一线等进行调研。要树立鲜明的问题导向，对职工群众最盼、最急、最忧的问题，要主动调研，抓住不放，深入研究。

二是严格调研要求。调研要接地气，真正拜人民为师、向基层学习、向科学家问计，做到察实情、出实招、求实效，坚决防止形式主义，要使调研的过程成为加深对党的创新理论领悟的过程，成为密切同职工群众血肉联系的过程，成为推动院所改革发展和农业科技创新的过程。要落实院脱贫攻坚与乡村振兴工作会议精神，注重深入产业扶贫、定点扶贫一线调研，接地气、知农情，要一竿子插到底，切实掌握第一手材料，真正把情况摸清楚，把症结分析透，研究提出解决问题、改进工作的办法措施。要严格遵守中央八项规定精神和有关财务要求，轻车简从，不搞层层陪同，不增加基层负担。各单位要认真研究制定调研工作方案，统筹安排，不扎堆调研。

三是用好调研成果。调研结束后，要及时梳理调研情况，形成观点鲜明、素材扎实、论证科学、建议可行、能够切实推动解决问题的高质量调研报告，要及时把调研成果转化为解决院所改革发展问题、推动农业科技创新、支撑乡村振兴和脱贫攻坚的具体行动，形成政策措施。要切实推动研究所学科优化调整、体制机制创新、人才队伍建设取得新的进展，要重点加强对重点贫困县、“三区三州”深度贫困地区的结对帮扶和科技服务，全面开展派专家、送技术、出主意、做示范等科技扶贫工作。各单位要结合实际组织开展调研成果交流活动，推动创新理论实际运用，促进优秀成果共享、优良作风传承。

四是讲好专题党课。在学习调研基础上，领导班子成员要讲专题党课。主要负责同志带头讲，其他班子成员到联系单位或基层支部讲。党课要突出党性教育，突出针对性，讲学习体会收获，讲运用习近平新时代中国特色社会主义思想指导实践、破解难题和改进工作的思路措施。

（三）检视问题的基本要求

对照习近平新时代中国特色社会主义思想、中共中央“三农”决策部署，对照贯彻落实“三个面向”指示精神，对照党章党规，对照初心使命，对照院巡视组整改要求，直奔问题，查摆自身不足，查找工作短板，深刻检视剖析。

一是广泛听取意见。结合调查研究，通过多种方式，充分听取一线科研、管理、支撑、转化岗位人员和研究生，地方农业农村部门、农民群众、工作服务对象等对领导班子、领导干部存在突出问题的反映，对改进作风、改进工作的意见和建议。上级党组织要结合巡视督查、干部考察、工作考核等情况，对领导班子和各级领导干部提出意见。

二是认真检视反思。党员领导干部要对照《中国共产党章程》，对照《关于新形势下党内政治生活的若干准则》《中国共产党廉洁自律准则》《中国共产党纪律处分条例》等进行检视分析。要联系思想实际，联系保障创新工程快见成效、快见实效和推动院所改革发展的实际，联系科研服务“三农”，支撑乡村振兴和脱贫攻坚的实际，实事求是检视自身差距，把问题找实、把根源找深，并明确努力方向。领导班子要聚焦党的政治建设、思想建设、作风建设存在的突出问题进行检视反思。特别要检视在学深悟透习近平新时代中国特色社会主义思想、联系实际、推动解决问题方面是否还不够扎实，在落实“三个面向”重要指示方面是否认识不够深入、行动不够到位，在全面推进创新工程、推动院所改革发展方面是否主动性和创造性不足、担当作为不够，科学问题是否凝练不够、科技有效供给不足，科研与产业是否存在“两张皮”，在贯彻落实各项决策部署方面是否表态快、调门高、行动少，在严明纪律、宽松环境方面是否还不够落地落实等。检视剖析材料要一条一条列出问题，不搞官样文章，不硬性规定字数。

（四）整改落实的基本要求

突出主题教育的实践性，坚持边学边查边改，对调研发现的问题、职工群众反映强烈的问题、巡视督查反馈的问题等，列出清单，逐项整改。

一是开展专项整治。重点整治对贯彻落实习近平新时代中国特色社会主义思想和党中央决策部署置若罔闻、应付了事、弄虚作假、阳奉阴违的问题，贯彻落实“三个面向”指示要求存在的“三不两没有”问题；整治干事创业精气神不够，患得患失，尤其是对大力推进创新工程和促进成果转化，全面支撑乡村振兴、脱贫攻坚等硬任务不担当不作为的问题；整治违反中央八项规定精神的突出问题；整治形式主义、官僚主义，层层加重基层负担，文山会海突出，督查检查考核过多过频的问题；整治领导干部配偶、子女及其配偶违规经商办企业，甚至利用职权或者职务影响为其经商办企业谋取非法利益的问题；整治基层党组织建设质量不高乃至软弱涣散，党员教育管理宽松软，基层党建主体责任缺失的问题。各单位要结合脱贫攻坚专项巡视、反对形式主义、为基层减负等专项治理的整改任务，结合自身实际，有针对性地列出需要整治的突出问题，进行集中治理。专项整治情况要以适当方式向党员干部群众进行通报。对专项整治中发现的违纪违法问题要严肃查处。整改措施要针对问题、落细落小，能改的立即改，一时解决不了的盯住改、限期改，一件一件整改到位。

二是召开领导班子专题民主生活会和支部专题组织生活会。主题教育结束前，院党组和各单位领导班子要召开专题民主生活会，党支部（党小组）要召开专题组织生活会，运用学习调研成果，针对检视反思的问题，联系整改落实情况，红脸出汗，认真开展批评和自我批评。

三是巩固扩大成果。要从领导干部自身素质提升、解决问题成效、群众评价反映等方面，客观评估主题教育效果。把开展主题教育同树立正确用人导向结合起来，及时选拔使用忠诚干净担当的好干部，建设高素质科技创新人才队伍。弘扬“求真笃行　敬农致用”的院训精神，加强创新文化建设，大力选树宣传全院秉持理想信念、保持崇高境界、坚守初心使命、敢于担当作为的先进典型，形成学先进、当先进的良好风尚，为农业科技创新营造良好氛围。注重健全制度，把主题教育中形成的好经验好做法用制度形式固定下来、坚持下去。

四、组织领导

（一）强化责任落实

全院“不忘初心、牢记使命”主题教育在院党组领导下开展。成立中国农业科学院“不忘初心、牢记使命”主题教育领导小组，院长唐华俊、院党组书记张合成担任组长；院党组副书记、副院长吴孔明，院纪检组组长李杰人，院党组成员、人事局局长贾广东担任副组长；院办公室主任高士军、直属机关党委常务副书记王晓举、监察局局长舒文华为成员。院主题教育领导小组下设办公室，组建综合调研组、学习宣传组、指导协调组，负责日常工作和督促指导工作。各位院领导要坚持“一岗双责”，对分管部门、联系单位主题教育加强督促指导。各单位按照院党组的部署，结合本部门本单位实际，成立相应领导机构和工作机构，研究制定具体实施方案，统筹安排、有序推进主题教育。各单位党组织主要负责同志要履行第一责任人职责，首先抓好领导班子自身的教育，作出表率。对开展主题教育消极对待、敷衍应付的要严肃批评，对走形变样、问题严重的要给予组织处理。

挂职的党员干部原则上参加党组织关系所在挂职单位的主题教育，并及时向原单位报告参加主题教育情况。主题教育期间，参与中国农业科学院 2019 年第二轮巡视工作的党员干部，参加被巡视单位领导班子的集体学习，现场巡视结束后，按原单位安排继续参加主题教育。主题教育期间，参加各级党校培训的党员干部，培训期间按有关要求参加主题教育，培训结束后，按原单位安排参加主题教育。借调超过 1 个月且与借调单位开展主题教育时间大体一致的，原则上在借调单位参加主题教育。借调工作时间与主题教育开展交叉时间短于 1 个月的，按照原单位安排参加主题教育。参加指导组工作的党员干部按有关要求参加原单位主题教育。抽调参加领导小组办公室工作的党员干部，参加院直属机关党委的主题教育相关学习研讨，回原单位参加专题组织生活会，做到学习、工作两手抓、两促进。

（二）强化督促指导

院“不忘初心、牢记使命”主题教育领导小组组建指导组，采取巡回指导、随机抽查、调研访谈等方式，对各单位开展主题教育进行督促指导，确保主题教育质量。要把开展主题教育同推进“两学一做”学习教育常态化制度化结合起来，同推动中心工作结合起来，防止“两张皮”。

各单位党组织要加强分类指导，针对科研、管理、学生、离退休、流动党员等不同情况，具体安排好教育内容和方式。学生党员参加主题教育，要结合学生党员特点，以支部为单位，组织好学习研讨，开好专题组织生活会；离退休党员干部参加主题教育，不降低标准和质量。在具体安排中，要充分考虑离退休党员干部年龄、身体、居住等情况，对处级以上和其他离退休党员干部提出具体要求。要以支部为单位，结合推进“两学一做”学习教育常态化制度化进行。流动党员原则上参加现所在单位的主题教育。结合我院干部队伍特点，党支部书记、团队首席要全程参加主题教育，研究员、副研究员、研究生导师和党外人士中的处级干部也要参加学习教育。

（三）强化宣传引导

运用新闻报道、言论评论、典型宣传、先进事迹宣讲等形式，发挥院网、院刊、院微信公众号等媒体作用，深入宣传党中央精神和部院党组具体要求，及时反映全院开展主题教育的进展成效，宣传先进典型，加强正面引导，强化舆论监督，为主题教育营造良好氛围。

（四）确保扎实有效

以好的作风开展主题教育，坚决防止形式主义。学习教育不对写读书笔记、心得体会等提出硬性要求；调查研究不搞“作秀式”“盆景式”调研和不解决实际问题的调研；检视问题不大而化之、隔靴搔痒，不避重就轻、避实就虚，不以工作业务问题代替思想政治问题；整改落实不能口号喊得震天响、行动起来轻飘飘，不虎头蛇尾、久拖不决。要严格控制简报数量，重点刊发指导性强和反映突出问题的简报。不随意要求基层填报材料，不将有没有领导批示、开会发文发简报、台账记录、工作笔记等作为主题教育各项工作是否落实的标准。

附件：1. 中国农业科学院“不忘初心、牢记使命”主题教育领导小组组成人员名单

2. 中国农业科学院“不忘初心、牢记使命”主题教育指导组组成人员名单

附件1

中国农业科学院“不忘初心、牢记使命”主题教育领导小组组成人员名单

组　长：唐华俊　部党组成员、院长
张合成　院党组书记
副组长：吴孔明　院党组副书记、副院长
李杰人　院纪检组组长
贾广东　院党组成员、人事局局长
成　员：高士军　院办公室主任
王晓举　直属机关党委常务副书记
舒文华　监察局局长
办公室主任：吴孔明（兼）
副主任：李杰人（兼）　王晓举（兼）

领导小组办公室下设综合调研组、学习宣传组和指导协调组。
综合调研组组长：赵红梅
学习宣传组组长：杨永坤
指导协调组组长：李延青

附件 2

中国农业科学院“不忘初心、牢记使命”主题教育指导组组成人员名单

第一组

组　　长：罗长富　研究生院党委副书记、纪委书记
组　　员：张岐蜀　生物所人事处处长、党办主任
　　　　　张玉胜　研究生院党办副主任
　　　　　刘明娜　植保所办公室副主任
指导单位：院办、科技局、人事局、财务局、基建局、国合局、转化局、机关党委、监察局、后勤中心

第二组

组　　长：江用文　茶叶所副所长、纪委书记
组　　员：郑　彦　牧医所科技处正处级
　　　　　缴　旭　人事局综合（劳资）处副处长
指导单位：上兽研、农机化所、蔬菜所、资划所

第三组

组　　长：赵俊辉　加工所党委副书记、纪委书记
组　　员：李　刚　加工所综合办副主任
　　　　　康乃馨　监察局八级职员
指导单位：沼科所、都市所、生物所、环发所

第四组

组　　长：张蕙杰　信息所党委副书记、纪委书记
组　　员：李志强　信息所党办主任
　　　　　高　于　财务局七级职员
指导单位：灌溉所、棉花所、郑果所、牧医所

第五组

组　　长：李建萍　科技局（副所级）
组　　员：朱丽丽　区划所党办副主任
　　　　　郑钊光　院办七级职员
指导单位：哈兽研、特产所、果树所、饲料所

第六组

组　　长：邓　祥　灌溉所党委副书记、纪委书记
组　　员：张志刚　灌溉所正处级纪检员

范昕悦　国合局七级职员

指导单位： 草原所、烟草所、出版社、营养所

第七组

组　　长： 李建才　果树所党委副书记、纪委书记

组　　员： 姜淑苓　果树所党办主任

桑春果　后勤中心正处级

指导单位： 油料所、麻类所、蜜蜂所、加工所

第八组

组　　长： 夏长友　哈兽研党委副书记、纪委书记

组　　员： 彭凤华　哈兽研国资办副主任（正处级）

张　冰　基建局七级职员

指导单位： 兰兽医、兰牧药、植保所、信息所

第九组

组　　长： 王香平　上兽研党委副书记、纪委书记

组　　员： 解小慧　监察局监察一处处长

宋　斌　上兽研综合办副主任

指导单位： 水稻所、茶叶所、农经所、质标所

第十组

组　　长： 肖体琼　农机化所党委副书记、纪委书记

组　　员： 程高祥　转化局正处级

殷　娟　农机化所党办副主任

指导单位： 环保所、基因组所、作科所、研究生院

中共中国农业科学院党组关于印发《中国农业科学院“不忘初心、牢记使命”主题教育月度重点工作安排》的通知

农科院党组发〔2019〕49 号

院机关各部门、院属各单位：

《中国农业科学院“不忘初心、牢记使命”主题教育月度重点工作安排》已经 2019 年 6 月 24 日中国农业科学院“不忘初心、牢记使命”主题教育领导小组第一次会议审议通过，并报农业农村部主题教育第一指导组审核同意。现印发给你们。请院机关各部门照此安排执行，院属各单位结合实际制定月度重点工作安排，报院主题教育领导小组办公室备案。

联 系 人：李月明　马　骁

联系电话：010-82109721　82109396

中共中国农业科学院党组

2019 年 6 月 28 日

中国农业科学院
“不忘初心、牢记使命”主题教育
月度重点工作安排

根据党中央“不忘初心、牢记使命”主题教育、农业农村部“不忘初心、牢记使命”主题教育有关部署和我院主题教育实施方案，按照学做结合、查改贯通、相互嵌入、一体推进的工作思路，院主题教育领导小组办公室研究制定了《中国农业科学院“不忘初心、牢记使命”主题教育月度重点工作安排》（以下简称《工作安排》），具体内容如下。

6月

（一）院党建工作领导小组召开主题教育专题会。6月4日，院党建工作领导小组召开主题教育专题会，审议《中共中国农业科学院党组关于开展“不忘初心、牢记使命”主题教育的实施方案》，提出主题教育近期工作安排的意见建议。（已完成）

（二）院党组召开主题教育专题会。6月6日，院党组书记张合成主持召开院党组（扩大）会议，传达学习中央“不忘初心、牢记使命”主题教育工作会议、农业农村部“不忘初心、牢记使命”主题教育动员部署会议精神，审议院党组主题教育实施方案，研究全院贯彻落实工作。（已完成）

（三）召开主题教育领导小组办公室会议。6月11日，院主题教育领导小组副组长、领导小组办公室副主任李杰人主持召开院主题教育领导小组办公室第一次办公会议，会议通过了《中国农业科学院“不忘初心、牢记使命”主题教育领导小组办公室组成人员名单》《中国农业科学院“不忘初心、牢记使命”主题教育领导小组办公室职责》《中国农业科学院“不忘初心、牢记使命”主题教育领导小组办公室会议制度》《中国农业科学院“不忘初心、牢记使命”主题教育领导小组公文处理制度》，建立了相关工作制度。（已完成）

（四）召开主题教育动员部署会。6月14日，召开院“不忘初心、牢记使命”主题教育动员部署会议。（已完成）

（五）唐华俊同志讲专题党课。6月14日，部党组成员、院长唐华俊以“创新体制机制优化战略布局 切实加快‘两个一流’建设步伐”为题作专题党课报告。（已完成）

（六）组织参加农业农村部主题教育指导组人员培训。组织院主题教育领导小组办公室指导协调组组长和10名指导组组长参加部里指导组人员培训，重点学习研讨习近平总书记在中央主题教育工作会议上的讲话精神、中央主题教育有关要求、农业农村部主题教育有关安排及对各单位加强有效指导监督等内容。（已完成）

（七）召开主题教育领导小组会议。6月24日，院党组书记张合成主持召开院主题教育领导小组会议，审议《中国农业科学院“不忘初心、牢记使命”主题教育学习方案》《中共中国农业科学院党组“不忘初心、牢记使命”主题教育调研方案》，研究部署院主题教育近期工作安排。院主题教育领导小组、领导小组办公室全体成员参加。(已完成)

（八）制定主题教育实施方案。根据中央《关于在全党开展“不忘初心、牢记使命”主题教育的意见》和农业农村部党组《关于在部系统开展“不忘初心、牢记使命”主题教育的实施方案》有关要求，研究制定我院“不忘初心、牢记使命”主题教育实施方案，报农业农村部第一指导组审核同意后印发执行。(已完成)

（九）指导院机关各部门、院属各单位制定主题教育实施方案，安排好主题教育各项工作。根据我院主题教育实施方案有关要求，院机关各部门、院属各单位结合自身实际，研究制定主题教育实施方案。各指导组按照分工对各自联系单位实施方案进行审核把关，指导召开会议，开展好主题教育。(已完成)

（十）围绕主题教育认真开展集中学习研讨。院党组组织一次理论学习中心组（扩大）学习会，集中学习规定书目及习近平总书记致我院建院60周年贺信精神等，结合实际开展学习研讨（6月25日—7月2日）。指导各单位开展理论学习中心组等集中学习，列出专题，交流研讨，确保集中学习时间在一周以上。为全院副处以上干部配发《习近平关于“不忘初心、牢记使命”重要论述选编》《习近平新时代中国特色社会主义思想学习纲要》等学习资料，要求原原本本学，认认真真学原著悟原理。

（十一）开展形势政策教育。依托中国农业科学院创新工程首席科学家研修班，邀请中央农村工作领导小组办公室副主任，农业农村部党组副书记、副部长韩俊、中国工程院副院长邓秀新等领导、院士、专家作报告，从乡村振兴战略、世界农业科技前沿、成果转化等方面开展形势政策教育。(6月已完成2期研修班，7月底前共完成6期研修班)

（十二）选树宣传先进典型。在全院遴选秉持理想信念、保持崇高境界、坚守初心使命、敢于担当作为的先进人物或先进集体，采取先进事迹报告会方式宣传其先进事迹，形成学先进、当先进的良好风尚。(6月底前完成遴选，8月上旬举行报告会)

（十三）开展形式多样的青年学习教育活动。院机关各部门、院属各单位成立青年理论学习小组，推动青年持续深入学习习近平新时代中国特色社会主义思想，习近平总书记关于“三农”、科技创新重要论述，习近平总书记“三个面向”重要指示要求等，促进学深悟透、融会贯通。(6月中旬至8月下旬)

（十四）围绕主题教育认真开展调查研究。把握调研重点，制定院党组调研方案，明确调研主题和调研形式，细化调研工作安排，提出调研要求，经院主题教育领导小组审议、提交院党组审定，报农业农村部第一指导组审核后实施。(6月下旬至8月中旬)

（十五）认真检视问题。院主题教育领导小组办公室就检视问题印发通知，明确检视问题的方式和具体要求。领导班子成员通过书面、实地调研、面对面谈心等方式，广泛听取研究所党员干部对改进作风改进工作的意见和建议。按照“对照”要求，查摆自身不足、查找工作短板，深刻检视剖析，列出问题清单。(6月中旬至8月下旬)

7月

(一) 举办传承科学家精神辅导报告会。邀请中国科学院领导专家围绕传承弘扬“两弹一星”科学家精神作辅导报告，邀请河南科技学院教授茹振钢和新乡市农业科学院蔬菜研究所所长原连庄作报告，进一步弘扬“两弹一星”精神和科学家精神。(7月1日)

(二) 开展主题党日活动。院领导带头深入基层党支部联系点或组织关系所在党支部参加主题党日活动，或与党员群众进行学习座谈，了解下情，掌握实情。院属各单位党组织自主开展形式多样的主题党日活动，接受革命传统教育、形势政策教育和警示教育。(7月1日前后)

(三) 领导带头讲专题党课。在深入学习调研的基础上，院领导围绕习近平总书记“三个面向”重要指示精神，习近平总书记关于“三农”工作、科技创新的重要论述，结合实际调研情况，到联系单位或基层党支部讲党课。各单位主要负责同志及领导班子成员结合实际工作在本单位或相关范围讲党课。(7月中旬至8月下旬)

(四) 继续开展形势政策教育。继续依托中国农业科学院创新工程首席科学家研修班，邀请领导、院士、专家作报告，开展形势政策教育。(7月完成4期研修班)

(五) 开展警示教育。制定警示教育方案，以案例通报、视频会议通报的形式在全院范围内开展警示教育，并到重点单位进行案例宣讲。(7月全月)

(六) 开展专项整治工作。各单位根据学习调研发现的问题、征求意见中发现的问题、群众反映强烈的问题、巡视审计、党建督查反馈的问题等，列出问题清单，制定整改方案报指导组审核，逐项整改。(贯穿7月、8月)

(七) 继续开展学习教育、调查研究、检视问题和整改落实。(7月全月)

8月

(一) 举办先进事迹报告会。邀请资划所祁阳站相关人员，以及我院先进个人作报告，进一步践行“祁阳站精神”，宣传我院在落实“三个面向”重要指示精神、科技创新、成果转化、乡村振兴和脱贫攻坚过程中涌现出的先进事迹。(8月上旬)

(二) 院主题教育领导小组对各单位领导班子和领导班子成员提出意见。各指导组通过巡回指导、随机抽查、调研访谈等方式，结合院内巡视、干部考察、工作考核等情况，了解掌握所联系单位主题教育进展情况，对联系单位领导班子和领导班子成员提出书面意见建议，报院主题教育领导小组。(8月底前)

(三) 组织召开领导班子专题民主生活会和支部专题组织生活会。院主题教育领导小组印发通知，就院党组和各单位领导班子召开专题民主生活会，以及党支部召开专题组织生活会作出具体安排（8月下旬左右）。各单位认真组织开好专题民主生活会和组织生活会。

(四) 继续开展学习教育、调查研究、检视问题和整改落实。(8月全月)

9月

（一）巩固主题教育成果，对主题教育进行总结。召开总结交流会，总结宣传好经验好做法，主题教育中形成的成果以制度的形式固定下来，坚持下去。(9 月上中旬)

（二）开展主题教育效果评估。通过问卷调查等方式，对院党组、院机关各部门和院属各单位主题教育效果进行客观评估。(9 月上中旬)

《工作安排》将根据农业农村部主题教育领导小组、农业农村部主题教育第一指导组和院主题教育领导小组新要求及时进行调整。

中共中国农业科学院党组关于印发《中共中国农业科学院党组成员及院领导“不忘初心、牢记使命”主题教育调研方案》的通知

农科院党组发〔2019〕51号

院机关各部门、院属各单位：

根据中央和农业农村部党组关于开展“不忘初心、牢记使命”主题教育的有关部署要求，按照《中共中国农业科学院党组关于开展“不忘初心、牢记使命”主题教育的实施方案》有关安排，院主题教育领导小组办公室研究制定了《中共中国农业科学院党组成员及院领导“不忘初心、牢记使命”主题教育调研方案》，已经2019年6月24日院主题教育领导小组第一次会议审议通过，并报农业农村部“不忘初心、牢记使命”主题教育第一指导组审阅同意。现予印发，请各部门、各单位依据本方案精神，结合实际制定调研方案，抓好贯彻落实工作。

中共中国农业科学院党组

2019年7月12日

中共中国农业科学院党组成员及院领导“不忘初心、牢记使命”主题教育调研方案

根据中央和农业农村部党组关于开展“不忘初心、牢记使命”主题教育的有关部署要求，按照《中共中国农业科学院党组关于开展“不忘初心、牢记使命”主题教育的实施方案》有关安排，院党组带头开展好调查研究，现制定调研方案如下。

一、调研主题

院领导同志应坚持问题导向，重点围绕以下方面，确定 1 ~ 2 项专题，带头深入开展调查研究。

一是围绕贯彻落实习近平总书记“三个面向”重要指示精神和党中央“三农”决策部署。

二是围绕解决推进创新工程、促进成果转化、支撑乡村振兴战略、完成脱贫攻坚任务等过程中存在的突出问题和农业农村发展中最基础、最突出、最“卡脖子”的重大产业科技问题。

三是围绕解决联系单位改革发展、分管工作中存在的突出问题和职工群众反应强烈的热点难点问题等。

二、时间安排

6 月中旬至 8 月中旬。

三、调研地点

院领导同志应到院属研究所调研，为研究所改革发展问诊把脉；或到基层联系点调研，为支撑服务乡村振兴和脱贫攻坚谋划思路举措。

四、调研形式

深入研究所调研，要与研究所党政主要负责人个别谈话，与科研、管理、支撑、转化岗位人员代表等进行座谈交流，视情况深入实验室、试验基地等基层一线现场考察；深入基层联系点调研，应注重通过与地方农业农村部门、产业指导专家组、挂职干部以

及农民群众等面对面交流座谈、深入农业农村一线现场考察等方式，广泛听取对推动院所改革发展、支撑乡村振兴和脱贫攻坚、改进作风的意见和建议。

五、调研安排

调查研究要与学习教育、检视问题、整改落实有机融合、统筹推进，贯穿主题教育全过程。

（一）带头深入开展调查研究

着眼解决实际问题，有针对性地开展调查研究，把调查研究与履职尽责、完成党中央部署的任务和当前正在做的事情结合起来。要一竿子插到底，切实掌握第一手材料，真正把情况摸清楚，把症结分析透，研究提出解决问题、改进工作的思路和办法措施。对调研发现的问题，能解决的马上就办。要把基层调研与基层宣讲结合起来，在深入基层调研过程中带头宣讲习近平新时代中国特色社会主义思想、习近平总书记致我院建院60周年贺信精神、习近平总书记关于科技创新、关于“三农”工作重要论述等。在调研中要注重查摆工作短板和自身不足，检查自己对群众的感情和态度。

调研结束后，要及时梳理调研情况，形成观点鲜明、素材扎实、论证科学、建议可行、能够切实推动解决问题的高质量调研报告。调研报告要注重用具体事例和数据说话，突出问题导向，要讲主要问题、具体问题、与院所发展和职工利益切实相关的问题以及支撑服务乡村振兴和脱贫攻坚中存在的突出问题，对院所存在的突出问题和职工群众反应强烈的热点难点问题要深刻剖析原因，提出解决问题的思路要宽、措施要实。调研报告应包括调研的基本情况、存在问题及原因分析、解决问题的思路举措等。

要在领导班子中集体交流调研成果，把调研中查找的问题和形成的对策建议作为整改的内容和措施。注重把调研成果转化为解决院所改革发展问题、推动农业科技创新、促进成果转化、支撑服务乡村振兴和脱贫攻坚的具体行动，形成政策措施，推动部、院党组各项决策部署落实。主题教育领导小组办公室应及时汇编院领导同志的调研成果，促进成果交流共享。

（二）带头讲好专题党课

在深入学习理论和扎实开展调研基础上，院领导同志要带头讲好专题党课。院长、党组书记带头讲，院领导班子成员到联系研究所、联系党支部、分管部门、所在党支部讲。党课要突出党性教育，突出针对性，紧密结合学习和调研成果，重点讲自己学习习近平新时代中国特色社会主义思想，特别是习近平总书记关于“不忘初心、牢记使命”重要论述的认识体会，讲存在的差距和不足，讲指导实践、推动改进工作的思路措施，讲悟初心、担使命的感悟。

六、调研要求

一是调研要注重从实际出发，着眼发现问题、解决问题，哪些方面问题突出就聚焦到哪些方面调研，问题出在哪个环节就重点在哪个环节调研。要坚持实事求是，深入具体接地气、知农情，真正拜人民为师、向基层学习，做到察实情、出实招、求实效，切忌一刀切、表面化，坚决防止形式主义、为调研而调研。要使调研的过程成为加深对党的创新理论领悟的过程，成为密切同职工群众血肉联系的过程，成为推动院所改革发展和农业科技创新的过程。

二是调研应结合工作开展，加强统筹协调，合理确定调研的主体、时间、地点等，对次数和天数不做硬性规定。调研过程中要严格遵守中央八项规定精神和有关财务要求，轻车简从，不搞层层陪同，不增加基层负担。要统筹安排，不扎堆调研。

三是院机关各部门、院属各单位根据本方案有关精神要求，结合实际制定领导班子调研方案，并严格执行。要坚持问题导向，注重从实际出发，紧密结合中心工作，走出实验室、走出大院大所，走进乡村农户、走进田间地头，到科研一线、农业农村一线等基层一线开展调研，在深入学习理论和扎实开展调研基础上讲好专题党课。要明确调研主题、细化工作安排、严格调研要求，确保调研工作取得实效。

中共中国农业科学院党组关于在“不忘初心、牢记使命”主题教育中深入开展学习教育工作的通知

农科院党组发〔2019〕52号

院机关各部门、院属各单位：

为提升“不忘初心、牢记使命”主题教育质量和效果，根据中央部署和院党组《关于开展“不忘初心、牢记使命”主题教育的实施方案》（农科院党组发〔2019〕48号）的有关要求，现就深入开展学习教育工作通知如下。

一、基本要求

开展主题教育要将学习教育贯彻始终，推动学习贯彻习近平新时代中国特色社会主义思想往深里走、往心里走、往实里走。要深入学习贯彻习近平总书记关于“三农”工作、扶贫工作、科技创新工作重要论述，坚持学以致用、用有所成，进一步提升做好“三农”工作的素质和能力，不断增强推动农业科技创新的本领，把学习成效体现到增强党性、提高能力、改进作风、推动创新工程和促进成果转化、助力乡村振兴、脱贫攻坚和农业农村现代化建设上来。要自觉对标对表、及时校准偏差，做到边学习边对照边思考边改正。

二、坚持原原本本学

（一）突出学习重点

各部门、各单位要紧紧围绕学习习近平总书记“不忘初心、牢记使命”重要论述等，用好中央印发的指定学习材料，重点学习《习近平关于“不忘初心、牢记使命”重要论述选编》《习近平新时代中国特色社会主义思想学习纲要》《习近平关于“三农”工作论述摘编》《习近平扶贫论述摘编》《习近平关于科技创新论述摘编》等，通过互联网、报纸、文件等跟进学习习近平总书记最新重要讲话文章，不能偏离主题搞泛泛学习。要注意结合实际，对学习习近平总书记关于农业农村工作、科技创新工作的重要讲话和指示精神作出安排。

（二）认真开展自学

各部门、各单位要根据主题教育的要求，组织党员干部认真开展自学，指导党员干部制定详细的自学计划，明确自学内容、时间、进度、要求等。主题教育期间，党员干部每人每天自学时间原则上不少于 1 个小时。主题教育结束前，应通读中央指定的学习内容，对与思想实际、工作实际相关的内容要认真研读、反复学习、深入领会，做到学深悟透、融会贯通、真信笃行。

三、集中学习研讨

（一）理论学习中心组集中学习

2019 年 7 月底前，各部门、各单位要采取理论学习中心组学习形式，围绕党的政治建设、全面从严治党、理想信念、宗旨性质、担当作为、政治纪律政治规矩、党性修养、廉洁自律等列出专题，交流研讨。主要负责同志要精心组织设计学习主题，审定学习研讨计划，列出思考研讨题目，做好交流发言安排，组织深入学习和讨论。班子成员要按照学习主题和计划，深入开展自学，认真准备交流讲稿，充分参与讨论。班子集中学习总的时间 5~7 天，既可以集中安排，也可按专题分段安排。理论学习主要以自学研讨为主，专家讲座理论辅导不能代替自学研讨。要注意统筹安排好业务工作与集中学习。在集中学习前，应报告院主题教育指导组，邀请参加指导。

（二）所局级干部带头宣讲

所局级干部在深入学习习近平新时代中国特色社会主义思想基础上，选取《习近平关于“不忘初心、牢记使命”重要论述选编》《习近平新时代中国特色社会主义思想学习纲要》《习近平关于“三农”工作论述摘编》中有关专题在本部门（单位）、所在支部或有关领域开展集中宣讲，帮助党员干部加深理解、提升认识。

（三）正所局级干部集中轮训

2019 年 7 月底前，各部门、各单位正所局级干部参加部里组织的《习近平关于“三农”工作论述摘编》读书班（轮训班）。轮训班分 6 期，每期 3 天。各部门、各单位要认真做好组织参训工作，报名不能缺额，学员不能缺课。参训党员干部要认真学习《习近平关于“不忘初心、牢记使命”重要论述选编》《习近平新时代中国特色社会主义思想学习纲要》《习近平谈治国理政》（第一卷、第二卷）、《习近平关于“三农”工作论述摘编》等，深入思考，积极研讨。

（四）所局级干部撰写理论学习论文

所局级干部在学习《习近平关于“不忘初心、牢记使命”重要论述选编》《习近平新时代中国特色社会主义思想学习纲要》《习近平关于“三农”工作论述摘编》等文件材料过程中，要努力做到全面把握其理论体系，深刻认识其价值理念，学习领会其科学方法，深刻感悟其蕴含的深厚“三农”情怀，进一步提升运用科学理论指导实践、破解难题和改进工作的能力。通过学习思考，每人撰写1篇理论文章，2019年8月12日前报送直属机关党委。

（五）青年干部认真开展学习教育活动

各部门、各单位成立青年理论学习小组，推动青年持续深入学习习近平新时代中国特色社会主义思想，习近平总书记关于“三农”、科技创新重要论述，习近平总书记“三个面向”重要指示要求等，促进学深悟透、融会贯通。

四、创新学习方法

（一）把开展学习教育作为党组织生活的重要任务

各部门、各单位要依托支部“三会一课”、组织生活会等开展学习教育。主题教育期间，“三会一课”频率可以适当增加，内容要以学习习近平新时代中国特色社会主义思想为主。党支部书记、委员、党小组组长带头示范、主动领读、交流心得，党员干部积极参与、认真学习、加快提升。在召开专题民主生活会和专题组织生活会前，党员干部要按照全面系统学、深入思考学、联系自身学、结合实际学的要求加强学习，在学习中认真对照检查问题、提出整改思路，切实推动学思用贯通、知信行统一。

（二）把学习教育融入科技创新工作和相关活动

各部门、各单位在教育引导党员干部勇担使命、攻坚克难，推动实施乡村振兴战略，助力脱贫攻坚，开创农业农村工作新局面的过程中；在组织隆重庆祝新中国成立70周年群众性宣传教育等活动中；在开展调查研究、检视问题、整改落实工作中，要把学习好、领悟好、运用好习近平新时代中国特色社会主义思想融入其中。

（三）用好互联网等新型学习平台载体和辅导讲座

各部门、各单位要引导党员干部特别是青年干部利用好共产党员网、旗帜网、“学习强国”学习平台、支部工作App、微信、手机报、电视栏目和远程教育等，开展自主学习、互动交流。

五、开展专题教育

（一）开展革命传统教育

各部门、各单位要通过组织党员干部前往革命纪念馆、历史博物馆、烈士陵园、英烈故居、相关遗迹遗址等红色基地开展革命传统教育，也可通过组织观看革命传统教育题材电影、邀请离退休老领导老同志讲党课等形式开展，引导党员干部感悟党的初心使命，铭记党的奋斗历史，传承红色基因。其间，党员要佩戴党徽，怀有崇敬之心、敬仰之情、怀念之意，体现庄重严肃的气氛。要组织预备党员入党宣誓和党员重温入党誓词，引导党员干部坚守我院“报国为民的科研初心，勇挑科技强国的使命担当”，牢记自己入党的初心使命。要就近就便用好红色资源，一般不搞跨省（区、市）参观学习。

（二）开展形势政策教育

各部门、各单位要积极组织党员干部参加院里统一开展的形势政策教育，以及院创新工程首席科学家研修班，引导党员干部认识形势、掌握政策，把思想和行动统一到党中央、部院党组的要求部署上来。各部门、各单位也可自行组织开展形式多样的形势政策教育，引导党员干部加深对实施乡村振兴战略形势任务、世界农业科技前沿等问题的理解和认识。

（三）开展先进典型教育

各部门、各单位要积极组织党员干部参加院里统一开展的先进典型教育，引导党员干部向“三农”领域、“科技创新”领域先进人物学习，做到心系群众、扎实苦干、奋发作为、无私奉献。要传承发扬我院老一辈科学家优良传统，选树身边秉持理想信念、保持崇高境界、坚守初心使命、敢于担当作为的先进典型，注重学习宣传攻坚克难的典型案例，通过身边的典型教育引导身边的人，形成学先进、当先进的良好风尚。

（四）开展警示教育

各部门、各单位要通过组织参观廉政教育基地、观看警示教育片、上廉政党课、研读文件规定、学习名言警句、开展知识竞答等方式开展警示教育，注意增强警示教育的吸引力、感染力、针对性，注意结合本部门、本单位曾经发生的违规违纪案例或中央纪委、纪检监察工委、驻部纪检监察组、院巡视组、院监察局通报的典型案例进行教育，以案为鉴，举一反三，吸取教训。要着重引导党员干部知敬畏、存戒惧、守底线，切实增强纪律和规矩意识，进一步筑牢思想防线。

各部门、各单位要加强与主题教育指导组沟通联系，及时报告开展学习教育的具体安排，指导组根据工作需要加强统筹，视情况派人参加指导。要认真总结学习教育中的好做法好经验，注意及时把亮点工作形成书面材料，报送院主题教育领导小组办公室。

院主题教育工作邮箱：ztjycaas@ 163. com

附件：中国农业科学院“不忘初心、牢记使命”主题教育学习方案

中共中国农业科学院党组
2019 年 7 月 15 日

附件

中国农业科学院“不忘初心、牢记使命”主题教育学习方案

一、学习主题

深入学习贯彻习近平新时代中国特色社会主义思想，在学懂弄通做实上下功夫、作表率，锤炼忠诚担当的政治品格，力戒形式主义、官僚主义，教育引导党员干部牢记党的宗旨，坚持实事求是的思想路线，树立正确政绩观，守初心，担使命，找差距，抓落实，确保始终与习近平同志为核心的党中央保持思想意志统一、行动步调一致，深化落实“三个面向”指示要求，不断增强推动农业科技创新的本领，真抓实干，转变作风，为大力推进创新工程和促进成果转化，助力乡村振兴、脱贫攻坚和农业农村现代化建设，书写好中华民族伟大复兴的“三农”新篇章提供强大科技支撑。

二、学习内容

院机关各部门、院属各单位要根据主题教育的目标要求，将深化学习贯穿始终，组织全体党员干部自6月14日至9月14日，以个人自学、集中学习、集中研讨等多种形式，深入学习领会、反复研读原文原著，准确理解其内涵要义，推动学习往深里走、往心里走、往实里走，做到入脑入心、知行合一。

学习内容：

（1）《习近平关于“不忘初心、牢记使命”重要论述选编》

（2）《习近平新时代中国特色社会主义思想学习纲要》

（3）《习近平关于“三农”工作论述摘编》

（4）《习近平扶贫论述摘编》

（5）《习近平关于科技创新论述摘编》

（6）决胜全面建成小康社会　夺取新时代中国特色社会主义伟大胜利——党的十九大报告

（7）《中国共产党章程》

（8）习近平总书记在“不忘初心、牢记使命”主题教育工作会议上的讲话

（9）习近平总书记在《人民日报》上发表的文章《认真学习党章，严格遵守党章》

（10）习近平总书记在2013年中央农村工作会议上的讲话

（11）习近平总书记在2013年中央城镇化工作会议上的讲话

（12）领导干部要在改进作风上发挥示范作用——习近平总书记在河南兰考县委常委扩大会议上的讲话

（13）加强纪律建设，把守纪律讲规矩摆在更加重要的位置——习近平总书记在十八届中央纪委五次会议上的讲话

（14）坚持和巩固党对意识形态工作的领导——习近平总书记2015年5月至2016年6月期间讲话节录

（15）忠于党、忠于人民、无私奉献是共产党人的优秀品质——习近平总书记2015年7月至2018年8月期间文稿节录

（16）不忘初心，继续前行——习近平总书记在庆祝中国共产党成立95周年大会上的讲话

（17）弘扬伟大长征精神，走好今天的长征路——习近平总书记在纪念红军长征胜利八十周年大会上的讲话

（18）坚定不移推进全面从严治党——习近平总书记在中共十八届六中全会第二次全体会议上的讲话

（19）习近平总书记在2017年中央农村工作会议上的讲话

（20）习近平总书记在打好精准脱贫攻坚战座谈会上的讲话

（21）习近平总书记出席十三届全国人大一次会议山东代表团审议时的讲话

（22）习近平总书记在中国科学院第十九次院士大会、中国工程院第十四次院士大会上的讲话

（23）习近平总书记在主持中共十九届中央政治局第六次集体学习时的讲话

（24）习近平总书记在2018年全国组织工作会议上的讲话

（25）习近平总书记在主持中共中央政治局第八次集体学习时的讲话

（26）习近平总书记在十九届中央纪委三次全会上的讲话

（27）习近平总书记出席十三届全国人大二次会议河南省代表团审议时的讲话

（28）习近平总书记致中国农业科学院建院60周年贺信

三、集中学习研讨

1. 院党组理论学习中心组集中学习

6月25—28日、7月1日下午、7月2日上午，院党组召开2019年第三次理论学习中心组学习会，集中学习安排详见学习计划表。

牵头负责：院主题教育领导小组办公室学习宣传组

2. 院机关各部门、院属各单位集中学习

院机关各部门、院属各单位理论学习中心组集中学习与院党组同步进行（6月25—28日、7月1日下午、7月2日上午），按照院党组集中学习计划自行组织开展集

中学习、交流研讨，参加院辅导报告会等学习活动。院机关各部门处级干部，院属各单位处级干部、党支部书记、团队首席均需参加本部门、本单位理论学习中心组的集中学习。院机关各部门处级干部参加本部门理论学习中心组的交流研讨。

责任单位：院机关各部门、院属各单位

3. 支部学习与交流研讨

各支部要根据主题教育相关要求，认真组织普通党员开展学习，学习形式以个人自学为主。根据工作安排，于 7 月底前组织本支部全体党员集中交流学习体会。院属各单位处级干部、党支部书记、团队首席只参加本支部组织的交流研讨。

牵头负责：各党支部

四、专题教育

1. 开展革命传统教育

邀请中国科学院专家围绕传承弘扬“两弹一星”精神作辅导报告，邀请河南科技学院教授茹振钢作报告，进一步弘扬科学家精神。院领导，院属京区各单位领导班子成员，院机关全体干部参加；院属各单位设视频分会场组织全体党员收看报告会。（6—8 月）

牵头负责：院主题教育领导小组办公室学习宣传组

2. 开展形势政策教育

依托中国农业科学院创新工程首席科学家研修班，邀请中央农村工作领导小组办公室副主任，农业农村部党组副书记、副部长韩俊，中国工程院副院长邓秀新等领导、院士、专家作报告，从乡村振兴战略、世界农业科技前沿、成果转化等方面开展形势政策教育。（6—7 月）

牵头负责：院主题教育领导小组办公室综合调研组，院机关有关部门、院属有关单位

3. 开展先进典型教育

邀请资划所祁阳站相关人员，以及我院先进个人作报告，进一步践行“祁阳站精神”，引导党员干部树立“幸福源自奋斗、成功在于奉献、平凡造就伟大”的价值理念。院领导，院属京区各单位领导班子成员，院机关全体干部参加；院属各单位设视频分会场组织全体党员收看报告会。（8 月上旬）

牵头负责：院主题教育领导小组办公室学习宣传组

4. 开展警示教育

制订警示教育方案，以案例通报、视频会议通报的形式在全院范围内开展警示教育，并到重点单位进行案例宣讲。（7 月全月）

牵头负责：院主题教育领导小组办公室指导协调组

五、相关要求

（1）请按方案要求准备好学习辅导书籍，有关书面材料将统一印发。

（2）院主题教育领导小组办公室学习宣传组负责集中学习期间的组织协调工作，以及辅导报告会的组织协调和新闻宣传工作。综合调研组负责邀请农业农村部“不忘初心、牢记使命”指导组有关负责同志参会。

（3）在中央党校、农业农村部党校学习的党员领导干部，在党校学习期间参加党校组织的“不忘初心、牢记使命”主题教育学习。

（4）请各部门、各单位按照要求，提前安排好工作，组织好理论学习中心组、支部集中学习研讨，原则上不允许请假。离退休党支部要充分考虑离退休党员干部年龄、身体、居住等情况，按要求做好主题教育期间的学习安排。

中共中国农业科学院党组“不忘初心、牢记使命”主题教育暨2019年第3次理论学习中心组学习计划表

学习时间	学习形式和内容	
	上午	下午
6月25日（周二）	理想信念、宗旨性质专题： （1）习近平总书记在“不忘初心、牢记使命”主题教育工作会议上的讲话 （2）决胜全面建成小康社会　夺取新时代中国特色社会主义伟大胜利——党的十九大报告 （3）中国共产党章程 （4）习近平总书记在《人民日报》上发表的文章《认真学习党章，严格遵守党章》 张合成书记领读领学以上学习内容 （5）其他党组成员、院领导结合学习《习近平新时代中国特色社会主义思想学习纲要》（以下简称《纲要》），以理想信念、宗旨性质为主题交流学习体会	理想信念、宗旨性质专题： （1）不忘初心，继续前行——习近平总书记在庆祝中国共产党成立95周年大会上的讲话 李杰人组长领读领学以上学习内容 （2）弘扬伟大长征精神，走好今天的长征路——习近平总书记在纪念红军长征胜利80周年大会上的讲话 冯忠武副院长领读领学以上学习内容 （3）其他党组成员、院领导结合学习《纲要》，以理想信念、宗旨性质为主题交流学习体会 （4）梅旭荣副院长结合当日学习内容作主题发言

（续表）

学习时间	学习形式和内容	
	上午	下午
6 月 26 日（周三）	全面从严治党、廉洁自律专题： （1）加强纪律建设，把守纪律讲规矩摆在更加重要的位置——习近平总书记在十八届中央纪委五次会议上的讲话 （2）坚定不移推进全面从严治党——习近平总书记在中共十八届六中全会第二次全体会议上的讲话 （3）习近平总书记在十九届中央纪委三次全会上的讲话 李杰人组长领读领学以上学习内容 （4）其他党组成员、院领导结合学习《纲要》，以全面从严治党、廉洁自律为主题交流学习体会	党的政治建设、政治纪律政治规矩专题： （1）习近平总书记在主持中共十九届中央政治局第六次集体学习时的讲话 （2）习近平总书记在 2018 年全国组织工作会议上的讲话 贾广东局长领读领学以上学习内容 （3）坚持和巩固党对意识形态工作的领导——习近平总书记 2015 年 5 月至 2016 年 6 月期间讲话节录 梅旭荣副院长领读领学以上学习内容 （4）把党建设得更加坚强有力——关于新时代坚持和发展中国特色社会主义的政治保证 王汉中副院长领读领学以上学习内容 （5）其他党组成员、院领导结合学习《纲要》，以党的政治建设、政治纪律政治规矩为主题交流学习体会 （6）贾广东局长结合当日学习内容作主题发言

（续表）

学习时间	学习形式和内容	
	上午	下午
6月27日 （周四）	宗旨性质、党性修养专题： （1）坚持以人民为中心——关于新时代坚持和发展中国特色社会主义根本立场 贾广东局长领读领学以上学习内容 （2）领导干部要在改进作风上发挥示范作用——习近平总书记在河南兰考县委常委扩大会议上的讲话 冯忠武副院长领读领学以上学习内容 （3）忠于党、忠于人民、无私奉献是共产党人的优秀品质——习近平总书记2015年7月至2018年8月期间文稿节录 王汉中副院长领读领学以上学习内容 （4）其他党组成员、院领导结合学习《纲要》，以宗旨性质、党性修养为主题交流学习体会	理想信念专题： （1）习近平新时代中国特色社会主义思想是党和国家必须长期坚持的指导思想 李杰人组长领读领学以上学习内容 （2）当代中国发展进步的根本方向——关于新时代坚持和发展中国特色社会主义 万建民副院长领读领学以上学习内容 （3）实现中华民族伟大复兴的中国梦——关于新时代坚持和发展中国特色社会主义奋斗目标 梅旭荣副院长领读领学以上学习内容 （4）其他党组成员、院领导结合学习《纲要》，以理想信念为主题交流学习体会 （5）冯忠武副院长结合当日学习内容作主题发言
6月28日 （周五）	担当作为专题： （1）习近平总书记在2013年中央农村工作会议上的讲话 （2）习近平总书记在2013年中央城镇化工作会议上的讲话 万建民副院长领读领学以上学习内容 （3）其他党组成员、院领导结合学习《纲要》和《习近平关于“三农”工作论述摘编》，以担当作为为主题交流学习体会	担当作为专题： （1）习近平总书记在2017年中央农村工作会议上的讲话 （2）习近平总书记在打好精准脱贫攻坚战座谈会上的讲话 梅旭荣副院长领读领学以上学习内容 （3）其他党组成员、院领导结合学习《纲要》和《习近平关于“三农”工作论述摘编》《习近平扶贫论述摘编》，以担当作为为主题交流学习体会 （4）李杰人组长结合当日学习内容作主题发言

（续表）

<table>
<tr><td rowspan="2">学习时间</td><td colspan="2">学习形式和内容</td></tr>
<tr><td>上午</td><td>下午</td></tr>
<tr><td>7 月 1 日
（周一）
下午</td><td colspan="2">担当作为专题：
（1）习近平总书记出席十三届全国人大一次会议山东代表团审议时的讲话
（2）习近平总书记在主持中共中央政治局第八次集体学习时的讲话
冯忠武副院长领读领学以上学习内容
（3）其他党组成员、院领导结合学习《纲要》和《习近平关于“三农”工作论述摘编》，以担当作为为主题交流学习体会
（4）王汉中副院长结合当日学习内容作主题发言</td></tr>
<tr><td>7 月 2 日
（周二）
上午</td><td colspan="2">担当作为专题：
（1）习近平总书记出席十三届全国人大二次会议河南省代表团审议时的讲话
（2）习近平总书记在中国科学院第十九次院士大会、中国工程院第十四次院士大会上的讲话
（3）习近平总书记致中国农业科学院建院 60 周年贺信
王汉中副院长领读领学以上学习内容
（4）其他党组成员、院领导结合学习《纲要》和《习近平关于科技创新论述摘编》，以担当作为为主题交流学习体会
（5）张合成书记、万建民副院长结合当日学习内容作主题发言</td></tr>
</table>

备注：请自行准备好相关学习辅导书籍，研讨发言结合农科人的初心和使命，结合我院实际和工作岗位实际，提前做好发言准备。集中学习后提交一篇学习体会。

关于在“不忘初心、牢记使命”主题教育中做好检视问题工作的通知

直党字〔2019〕38号

院机关各部门、院属各单位党组织：

为提升我院“不忘初心、牢记使命”主题教育质量和效果，根据农业农村部党组安排部署和院党组《关于开展“不忘初心、牢记使命”主题教育的实施方案》（农科院党组发〔2019〕48号）有关要求，经院主题教育领导小组会议研究，现就在主题教育中做好检视问题有关工作通知如下：

一、检视内容

各单位要按照这次主题教育守初心、担使命，找差距、抓落实的总要求，对照习近平新时代中国特色社会主义思想、习近平总书记关于“三农”工作的重要论述、习近平总书记关于科技创新的重要论述、习近平总书记致我院建院60周年贺信精神和党中央“三农”决策部署，对照习近平总书记在“不忘初心、牢记使命”主题教育工作会议上的重要讲话中指出的突出问题，对照《中国共产党章程》《中国共产党党内重要法规汇编》，对照初心使命，对照职工群众新期待，对照先进典型、身边榜样，结合征求到的意见建议，坚持高标准、严要求，找一找在增强“四个意识”、坚定“四个自信”、做到“两个维护”方面存在哪些差距，找一找在做到“不忘初心、牢记使命”方面存在哪些差距，找一找在群众观点、群众立场、群众感情、服务群众方面存在哪些差距，找一找在知敬畏、存戒惧、守底线方面存在哪些差距，找一找在思想觉悟、能力素质、担当作为、道德修养、作风形象方面存在哪些差距，认真全面检视本单位、本领域、本系统存在的突出问题。党员领导干部要联系思想工作实际，把自己摆进去、把职责摆进去、把工作摆进行，检视自身差距，把问题找准查实、把根源剖深析透，并明确努力方向。领导班子要聚焦政治建设、思想建设、作风建设存在的突出问题进行深刻检视反思。

二、检视方式

（一）通过学习研讨检视

自我学习的过程是思想接受洗礼的过程，集中研讨的过程是认识不断升华的过程。要通过原原本本学原著、开展集中学习研讨，深入思考、直触内心，坦诚交流、相互点评，找问题，找差距，提高思想认识，提升能力素质。

（二）通过基层调研检视

结合基层调查研究，真心诚意听取一线科研人员、基层党员干部、地方农业农村部门、产业指导专家组、农民群众等对院党组、各单位领导班子、领导干部存在突出问题的反映，对改进作风、改进工作的意见和建议。

（三）通过征求意见检视

各单位党组织要针对主题教育目标要求，通过个别访谈、召开座谈会、设立意见箱、发放征求意见表、新媒体留言等方式，把本单位党员干部和工作服务对象对院党组、本单位领导班子和领导班子成员的意见建议充分收集起来、反映上来。领导班子成员之间、领导班子成员同分管部门负责同志之间要开展谈心谈话，相互听取意见建议。对征求到的意见，要按要求原汁原味反馈，不能过筛子。

（四）通过巡视督察等反馈问题和开展组织生活检视

领导班子和领导干部要梳理上级党组织在巡视、干部考察、工作考核、审计、党建督查中反馈的问题和提出的意见，梳理在近年召开领导班子民主生活会、支部（党小组）组织生活会过程中查找到而尚未整改到位的问题，扎扎实实、开诚布公地查摆自身不足，查找工作短板，深刻检视问题。

三、检视要求

各单位要把检视反思突出问题作为开展好主题教育的关键内容，贯穿主题教育全过程，要列出问题清单，不搞官样文章，不硬性规定字数。对检视到的问题，能改的立即改，一时解决不了的盯住改、限期改。

各单位领导班子和班子成员要发扬刀刃向内的自我革命精神，认真检视反思，针对工作短板、具体问题，从思想、政治、作风、能力、廉政方面进行深入剖析。领导班子要联系本单位、本领域、本系统发生的重大事件、典型案件和信访积案，集体讨论，共同查找问题，剖析原因。各单位检视问题要防止“大而空、小而碎”，大而化之、隔靴搔痒、避重就轻、避实就虚；防止“自我循环”、只出题不答题，以上级指出的问题代替自身查找的问题、以班子问题代替个人问题、以工作业务问题代替思想政治问题、以旧问题代替新问题；防止新官不理旧账，防止把问题“甩锅”到基层和下级。要出真心、动真格，力求实效，对问题找得不实、剖析反思不深刻的，要及时指出、督促纠正。

请各单位将检视收集的各类问题、意见和建议进行汇总分类，形成问题清单，及时报院主题教育指导组了解掌握。其中涉及院党组及院领导的意见和建议需单独列出，直接报送院主题教育办公室（邮箱：ztjycaas@163.com）。

中国农业科学院直属机关党委
2019年7月10日

中共中国农业科学院党组关于报送“不忘初心、牢记使命”专题民主生活会情况报告的函

农科院党组函〔2019〕22 号

农业农村部主题教育领导小组办公室、农业农村部直属机关党委：

按照中央部署，根据《关于认真开好部系统各单位“不忘初心、牢记使命”专题民主生活会的通知》（农主题教育组〔2019〕15 号）有关要求，8 月 28 日，中国农业科学院党组召开了“不忘初心、牢记使命”专题民主生活会，现将《中共中国农业科学院党组关于“不忘初心、牢记使命”专题民主生活会情况的报告》等材料报上。

请审阅。

附件：中共中国农业科学院党组关于“不忘初心、牢记使命”专题民主生活会情况的报告

中共中国农业科学院党组

2019 年 9 月 5 日

附件

中共中国农业科学院党组关于“不忘初心、牢记使命”专题民主生活会情况的报告

按照中共中央部署和农业农村部要求，2019年8月28日，中国农业科学院党组召开了“不忘初心、牢记使命”专题民主生活会。现将有关情况报告如下。

一、基本情况

中国农业科学院党组对开好此次专题民主生活会高度重视，严肃认真做好各环节各方面的准备工作。会前，院党组紧密围绕主题研究制定了具体工作方案，认真开展学习研讨，深入学习领会习近平新时代中国特色社会主义思想，主要负责同志和班子成员紧扣主题开展谈心谈话，沟通思想、听取意见，打牢开好民主生活会的思想基础。院长唐华俊同志和院党组书记张合成同志共同主持起草了领导班子检视剖析材料。

会上，张合成同志代表院党组作对照检查，对主题教育总体情况和取得成效进行了总结回顾，实事求是查找问题，深刻剖析原因，提出整改措施。各位院党组成员聚焦主题，认真检视剖析，严肃开展批评和自我批评。大家准备充分，自我批评不回避不遮掩，敢于解剖自己、揭短亮丑，见人见事见思想；相互批评不敷衍不马虎，从具体事情、具体问题入手，实事求是提意见、真心实意帮同志。大家普遍感到，此次专题民主生活会开出了高质量，既有个人严肃深刻的检视剖析，又有同志之间真心实意的提醒帮助，在政治上做了一次全面体检，在思想上经受了一次精神洗礼，为坚守初心使命、履职尽责、担当作为，推动主题教育取得更大成效、推动农业科技自主创新、成果转化和高水平人才队伍建设再上新台阶打下了坚实基础。农业农村部主题教育第一指导组组长岳金凤、中纪委驻部纪检监察组副组长叶春秀等出席会议并做点评讲话，对院党组专题民主生活会给予充分肯定，认为院党组对此次会议高度重视、准备充分，批评和自我批评不回避矛盾，主要负责同志带头真点问题、点真问题，达到了预期效果。同时，对民主生活会整改工作提出了明确要求，对下一步院所有关工作提出了意见建议。

二、主要做法

院党组此次专题民主生活会紧扣学习贯彻习近平新时代中国特色社会主义思想这一主线，聚焦“不忘初心、牢记使命”这一主题，突出力戒形式主义、官僚主义这一重要内容，围绕理论学习有收获、思想政治受洗礼、干事创业敢担当、为民服务解难题、

清正廉洁作表率的目标，按照习近平总书记关于“四个对照”“四个找一找”的要求，盘点收获、检视问题、深刻剖析，开展批评与自我批评，明确努力方向和改进措施。

一是持续深入学习领会习近平新时代中国特色社会主义思想。在主题教育集中学习研讨的基础上，院党组继续深入学习、认真领会习近平总书记关于主题教育的系列重要讲话、习近平总书记致我院建院60周年贺信精神，深入学习党章党规，认真学习党史、新中国史以及党中央关于民主生活会的有关要求等，深化认识、统一思想，打牢了开好民主生活会的思想基础。

二是紧扣主题深入开展谈心谈话。院领导班子成员之间，班子成员与分管部门负责同志、与本人组织关系所在党支部党员代表之间深入开展了谈心谈话，沟通思想、听取意见。

三是梳理检视问题，认真准备班子和个人检视剖析材料。院党组和党组成员按照要求，对主题教育期间查摆的问题、上级党组织在巡视巡察、干部考察、工作考核中反馈的问题意见，以及2018年度民主生活会和巡视整改专题民主生活会提出需要整改尚未整改到位的问题进行了系统梳理，在此基础上，唐华俊院长和张合成书记共同主持起草领导班子检视剖析材料，对主题教育工作进行总结回顾，查摆在守初心、担使命方面存在的差距不足，深入剖析原因，明确整改措施。班子成员撰写了个人剖析材料，张合成书记都一一审阅，提了修改意见。

四是切实开好专题民主生活会。专题民主生活会上，张合成书记代表院党组作检视剖析，院领导班子成员进行了逐一评议。然后，院领导班子成员依次作了个人检视剖析，每位班子成员发言后，其他成员对其提出批评意见。院党组按照习近平总书记关于“四个对照”“四个找一找”的要求，切实把自身摆进去、把职责摆进去、把工作摆进去，认真查找差距和不足，深入剖析问题根源，从主观上、思想上进行深刻检视。院领导班子成员按要求深刻查摆主题教育检视的问题，既找理论短板、工作弱项，又找思想差距、作风不足，深入剖析原因，深挖思想根源，坦诚开展批评和自我批评，明确努力方向和改进措施，还对主题教育专项整治中领导干部配偶、子女及其配偶经商办企业情况，对本人重大事项报告、巡视反馈、组织约谈函询等问题作出了说明。

五是从一而终狠抓整改落实。会后，院党组按照主题教育指导组要求，进一步完善了检视剖析材料，作为抓整改落实的重要依据。针对主题教育各环节发现的问题，逐条梳理归纳，形成了整改落实方案和专项整治方案，明确整改任务，细化工作措施，明确责任部门，确保问题解决到位；在2019年9月5日召开的院“不忘初心、牢记使命”主题教育总结暨抓落实工作会议上，院党组将召开专题民主生活会情况向全院党员干部进行了通报，专门就巩固主题教育成果、落实整改措施作出部署安排，确保主题教育善始善终善作善成，推动全院各项工作再上新台阶。

三、取得的成效

一是思想政治水平进一步提升。通过本次专题民主生活会，院党组进一步深入学习领会习近平新时代中国特色社会主义思想，进一步提升了党性修养，更加牢固树立了“四个意识”，增强了“四个自信”，坚定了“两个维护”的自觉和决心。院领导班子成员一致表示，要持续深化学习习近平新时代中国特色社会主义思想，特别是习近平总书记致中国农业科学院建院60周年贺信精神、关于“三农”工作和科技创新的重要论述，继续在读原著、学原文、悟原理上下功夫，在理论指导实践上下功夫，在终身学习上下功夫，坚持用以武装头脑、指导实践、推动工作，进一步增强推动农业科技创新工作的本领。

二是责任担当进一步强化。通过主题教育期间征求意见建议、认真对照查摆问题、深刻检视剖析、认真制定整改措施等环节，各位院领导班子成员联系贯彻落实“三个面向”指示精神和党中央、部党组决策部署的实际，联系农业科技创新工作，联系分管、联系单位工作，深入剖析了履职尽责方面存在的问题，深刻认识到与中共中央、国务院的要求之间的差距和不足，进一步增强了扎扎实实落实“三个面向”重要指示精神、大力推进农业科技创新和成果转化、服务支撑乡村振兴和脱贫攻坚的紧迫感和使命感，提振了担当尽责、奋发进取、狠抓落实的精气神。院党组表示，要持续守好报国为民的科研初心、勇挑科技强国的使命担当，努力为农业农村高质量发展提供更加坚实有力的科技支撑。

三是作风建设进一步加强。通过本次专题民主生活会，班子成员进一步增强了严格遵守党章党规，严格执行中央八项规定精神，知敬畏、存戒惧、守底线的自觉，进一步认识到在落实“放管服”精神，减轻基层负担，防止文山会海、督查检查考核过多过项方面存在的差距和不足。大家一致表示，要始终做到知敬畏、存戒惧、守底线，严格落实中央八项规定精神和“放管服”要求，牢固树立“一线为本、科学家为本”的理念，传承弘扬科学家精神，弘扬优良作风，努力营造纪律严明、环境宽松的创新文化氛围。

四、下一步打算

中国农业科学院党组把此次专题民主生活会作为统一思想、提高认识、改进作风、推动工作的重要契机，弘扬真抓实干作风，坚持明确责任抓落实、聚焦重点抓落实、严格要求抓落实、改进作风抓落实，不断巩固深化“不忘初心、牢记使命”主题教育成果。

院党组将持续深入学习贯彻习近平新时代中国特色社会主义思想，特别是习近平总书记致我院建院60周年贺信精神，始终把习近平总书记“三个面向”指示精神作为全院改革发展的总方向、总目标、总任务、总要求、总抓手，把“两个一流”作为抓落实的重点任务、具体目标、考核指标。立足“三个面向”“两个一流”，坚持问题导向，紧盯国家最紧迫的重大需求和世界前沿，凝练推进创新工程核心任务；坚持需求导向，支撑服务现代农业主战场，提升成果转化能力；坚持目标导向，积极探索现代院所体制机制，以改革推动发展；坚持党的领导，坚持党的创新理论武装头脑，构建农科特色党建工作体系，守初心、担使命，努力在农业科技自主创新、成果转化和高水平人才队伍建设上走在前、作表率，以永远奋斗的精气神为早日实现农业农村现代化作出新的更大贡献。

特此报告。

以习近平总书记“三个面向”重要指示为引领在脱贫攻坚和乡村振兴工作中贡献巾帼力量

——张合成书记在纪念“三八”国际劳动妇女节暨表彰大会上的讲话

2019 年 3 月 7 日

同志们、各位女同胞们：

今天，我们在这里隆重集会，纪念“三八”国际劳动妇女节，表彰我院的妇女先进集体和先进个人。在此，我代表院党组向全院妇女同志致以节日的问候！向受到表彰的先进集体和个人致以热烈的祝贺！向全院妇女工作者和关心支持妇女工作的同志们表示衷心的感谢！多年来，农业农村部妇工委对我院妇女工作高度重视和大力支持，今天部妇工委副主任张广卿同志亲自到会参加大会，在此，我代表院党组向部妇工委表示衷心感谢！

2018 年是全面贯彻党的十九大精神的开局之年，也是深入学习贯彻习近平总书记“三个面向”重要指示精神一周年，我院广大干部职工深入学习贯彻习近平新时代中国特色社会主义思想，在习近平总书记贺信精神指引下，牢固树立“四个意识”，坚定“四个自信”，坚决做到“两个维护”，在农业农村部党组的正确领导下，以高度政治责任感，认真贯彻落实党中央、国务院以及农业农村部的各项工作部署，团结一致，奋力拼搏，全面完成 2018 年院工作会议提出的各项工作任务，取得显著成效，获得了八项国家大奖，取得了十大科技进展，在基础研究和理论创新取得了 22 项重大成绩，按照国家和外交部安排，承办了 30 场重大的国家外交活动，其中 6 场为元首级国家外交活动，遴选、推荐和认定的 100 个高层次的科研人才（21 位为女科学家），2018 年全年在脱贫攻坚和乡村振兴的主战场上，院里有 3 300名科研人员在基层乡村振兴和脱贫攻坚一线，全院成果转化收入 6. 18 亿元。刚才受到表彰的先进集体和优秀个人，她们立足岗位，在创新工程、乡村振兴和脱贫攻坚各项工作中艰苦奋斗，无私奉献，体现了全院广大女干部职工不忘初心，牢记使命的精神风貌，体现了全院广大女干部职工艰苦奋斗，甘于奉献的价值追求，体现了全院广大女干部职工脚踏实地，真抓实干的责任担当。这些荣誉既是她们长期不懈努力的结果，更是党组织重视、关心、培养的结果。希望大家以荣誉为动力，奋发进取，努力拼搏，影响和带动更多女同志做先进、争上游。

2019 年是中华人民共和国成立 70 周年，是全面建成小康社会关键之年。我院各级妇女组织和各研究所要认真学习习近平新时代中国特色社会主义思想，习近平总书记对“三农”工作、乡村振兴、脱贫攻坚、科技创新及妇女家庭等重要论述，认真贯彻习近平总书记“三个面向”指示精神，结合贯彻落实中国妇女十二大会议精神，把握机遇，积极进取，全面贯彻落实部、院党组的部署要求和工作安排，推进全院各项工作取得新成绩。2019 年落实习近平总书记“三个面向”指示精神是首要任务，七项重大任务的核心是创新工程，是一号工程，希望我们今年的工作能更进一步，更高一层，更有突破性，为国家和党中央最关注的问题拿出我们的科研进展。在此，我提 4 点希望。

第一，希望广大女干部职工旗帜鲜明讲政治，坚定听党话、跟党走的信心和决心。全院广大女干部职工要提高政治站位，深入学习贯彻习近平新时代中国特色社会主义思想，树牢“四个意识”，坚定“四个自信”，坚决做到“两个维护”，在思想上政治上行动上与以习近平同志为核心的党中央保持高度一致。当前，落实“三个面向”是全院最大的政治任务，今年是习近平总书记提出“三个面向”重要指示两周年，目前个别研究所还存在“三不两没有”的问题，今年一定要尽早解决，要将思想和行动统一到贯彻落实“三个面向”的要求和目标上，落实到科研的选题、经费、人才、平台上，落实到评价考核、激励机制上。我们的科研工作要面向世界农业科技前沿、服从服务国家重大需求和现代农业建设主战场，攀登世界科学高峰，把“三个面向”落实到每一个处室，每一个科研团队，每一个科技成果上，变成全体女干部职工的具体行动。

第二，希望广大女职工立足岗位，在创新工程、脱贫攻坚和乡村振兴中建功立业。目前，全院在职女职工 2 614人，占全院在职职工总数的 38%。其中女性所局级领导干部 34 人，占比 18%，女性处级领导干部 116 人，占比 23%。331 个科研团队中，女首席科学家有 37 人，占 11%；1 856名科研骨干中，女职工有 596 人，占 32%；1 907名科研助理中，女职工有 884 人，占 46%。2 850名高级职称人员中，女性 1 013人，占比 36%。在管理和支撑岗位中，女职工的比例更高。她们在各自岗位上勤勉敬业，扎实工作，充分发挥半边天的作用，始终是促进农业科技创新和院所和谐发展的重要力量。

当前，抓紧抓实抓细科技创新工程是我院的工作大局，广大女科技工作者要力争解决农业农村“最基础、最突出、最卡脖子”的关键科技问题，这“三个最”也是“三个面向”的核心要求，现阶段我们科研人员能不能抓住这“三个最”是考验“三个面向”落实的最核心的职责，广大女科研人员要积极走出研究所、走出实验室，走进农户家庭和田间地头，要深化“农科巾帼心向党　科研建功新时代”主题实践活动，继承和弘扬艰苦奋斗，无私奉献的农科精神，在脱贫攻坚主战场要求县县有科研团队，要优先保障农业农村部 5 个定点县的科技服务，优先保证定点扶贫，实现科技支撑，这是农科院义不容辞的责任，同时要把院的 4 个脱贫攻坚示范县真正办成科技示范点，要在脱贫攻坚主战场，乡村振兴第一线，立足岗位、奋发作为，建功立业。

第三，希望广大女职工更加注重家庭、家教、家风，积极践行文明健康和谐的院所新风尚。习近平总书记指出，做好家庭工作，发挥妇女在社会生活和家庭生活中的独特作用，是妇女组织服务大局、服务妇女的重要着力点，要注重家庭、注重家教、注重家风，认真研究家庭领域出现的新情况和新问题，把推进家庭工作作为一项长期工作抓实抓好。院妇工委要不断深化“美丽家庭”评选工作，抓好时间节点的主题策划，推出各具特色的家庭典型。广大妇女同志要发挥好“两个独特作用”，不断完善自我，支撑起家庭的半边天，带头建设文明家庭，带头开展科学家教，带头传承优良家风。我理解，优良家风的第一个关键词是“勤俭”，“勤”和“俭”是两个词，“勤”，一是家庭要整洁，二是要勤学、勤奋；“俭”，是家庭中最基础的家风，就是要有节俭的意识。优良家风的第二个词是“孝老”，一是在家孝敬父母，在社会孝敬长辈和孝敬老人，在单位尊敬领导，尊敬长辈，就是有年龄次序的“孝”；二是与每位女同志息息相关的婆媳关系，能将婆媳关系处理得很好是事业发展和家庭和睦的最大的红利点。优良家风的第三个词是“爱亲”，夫妻、兄弟、姐妹之间，一定要体现在“爱”上。第四个词是“严教”，教不严父之过，父母是第一任老师，母亲是天然的老师，父母所有的行为都是孩子的示范。父母不在日常小事上加以提醒，小孩会误以为是正确的。引导孩子正确做人应作为现阶段做母亲、做家长的重要任务，这也是为国家、为民族做贡献。贯彻落实好习近平总书记“三个注重”的重要论述，培养良好的家风也是对我们科研品质、学术风格砥砺品行的“磨刀石”，是我院拒腐防变，提高干部作风的“防火墙”，是我院潜心科研的“孵化器”，也是我院按照习近平总书记要求，勇攀高峰的“助推器”。全院广大女高级知识分子，广大女科学家要发挥好学术涵养、感性认知、形象思维、细节把握等方面的优势，弘扬正能量，做文明风尚的倡导人和推动者，为营造浓厚的农科文化氛围作出应有的贡献。积极践行“求真笃行、敬农致用”的院训，鼓励支持发扬尊老爱幼、夫妻和睦、勤俭持家、勇于团结的优秀品德，以良好的家风支撑起良好的社会风气。

第四，希望各级妇女组织锐意创新，切实增强政治性、先进性、群众性。习近平总书记指出，要引导妇女发扬爱国奉献精神，自尊自信自立自强，以行动建功新时代，以奋斗创造美好生活，在祖国改革发展的伟大事业中实现自身发展，在人民创造历史的伟大奋斗中赢得出彩人生。走进新时代，全院各级妇女组织要把政治建设摆在首位，深入学习贯彻《中共中央关于加强党的政治建设的意见》，认真落实 2019 年院工作会议精神，在妇女工作活动设计、内容策划、成果展示上一体化安排，把妇女组织建设成为宣传党的政策，落实党中央以及部、院党组工作部署的坚强阵地。深入拓展“农科巾帼心向党　科研建功新时代”等主题实践活动，注重从科研一线、基层岗位发现典型，发挥妇女先进典型的示范引领作用，形成“培育一个、带动一批、影响一片”的辐射效应。要积极探索新形势下做好农业科研院所妇女工作的新方式方法，帮助她们解决最关心最直接最现实的利益问题，“三个最”是作为妇女工作的考核指标，把妇女工作做实，帮在实处，例如设立母婴室等，引导广大妇女职工兴趣更广泛，更多元化，兴趣更多元化，生活就越丰富多彩。同时加强妇女工作干部队伍建设，真正成为院所改革发展的重要力量。

最后，我再强调一点，就是要切实加强党对妇女工作的领导。妇女工作始终是党的群众工作的重要内容。我院妇女工作的顺利开展离不开各级党组织和党政领导干部的重视和支持，今天受表彰的“妇女之友”和各位党政领导干部要多听听、多问问，不要辜负广大女干部职工的期望，下一步要把支持妇女工作、坚持为女职工办实事、办好事的男性团队首席吸纳到“妇女之友”的队伍中。希望各位“妇女之友”要为我们的“半边天”当好后勤部长。

同志们，今年我们将隆重庆祝中华人民共和国成立 70 周年，让我们紧密团结在以习近平同志为核心的党中央周围，坚持以“三个面向”为指引，以昂扬的精神面貌和饱满的工作热情，坚定信心，勇于担当，扎实工作，勇攀高峰，加快“两个一流”建设，推动我院创新发展取得新成效，用实际行动迎接中华人民共和国成立 70 周年！

最后，祝全院的妇女同胞们节日快乐！

谢谢大家！

张合成书记在中国农业科学院“不忘初心、牢记使命”主题教育动员部署会上的讲话

2019年6月14日

同志们：

根据党的十九大部署，党中央决定，以县处级以上领导干部为重点，在全党开展“不忘初心、牢记使命”主题教育。近日，中央印发《中共中央关于在全党开展“不忘初心、牢记使命”主题教育的意见》（以下简称《意见》）。2019年5月31日，中央召开“不忘初心、牢记使命”主题教育工作会议，习近平总书记出席会议并作重要讲话，对主题教育工作进行全面部署安排。6月4日，农业农村部召开动员部署会，对部系统开展“不忘初心、牢记使命”主题教育工作进行全面动员部署，提出明确要求。

今天，我们召开中国农业科学院“不忘初心、牢记使命”主题教育动员部署会，主要任务是认真学习贯彻习近平总书记关于“不忘初心、牢记使命”的系列重要讲话和指示精神，学习贯彻中央主题教育工作会议精神，贯彻落实中央《意见》，正式启动和全面部署我院主题教育各项工作，推动主题教育扎实有序开展。

刚才，杰人同志传达学习了中央主题教育工作会议精神，习近平总书记及中央领导同志的重要讲话精神，农业农村部主题教育工作会议的精神及长赋部长的重要讲话精神。全院各级党组织和广大党员要认真学习领会、自觉贯彻落实。接下来，农业农村部第一指导组组长岳金凤同志还要对我院开展主题教育提出工作要求，我们要认真贯彻落实。

下面就我院如何进一步提高认识、突出工作重点、突出农科院特色，以及强化工作措施，讲四方面的认识和三点工作部署。

一、深刻认识开展“不忘初心、牢记使命”主题教育的重大意义，迅速把思想和行动统一到中央决策部署上来

为中国人民谋幸福，为中华民族谋复兴，是中国共产党人的初心和使命，这是对初心和使命最简洁的表述。习近平总书记对初心和使命有系统论述。在2016年7月1日庆祝中国共产党成立95周年大会上，习近平总书记首提初心，指出“面向未来，面对挑战，全党同志一定要不忘初心、继续前进”。在党的十九大报告中，总书记对“初心”的内涵作了深刻阐述，指出“中国共产党人的初心和使命，就是为中国人民谋幸

福，为中华民族谋复兴。这个初心和使命是激励中国共产党人不断前进的根本动力”。在党的十九届一中全会上强调“要时刻不忘这个初心，永远把人民对美好生活的向往作为奋斗目标”。此后，总书记在许多场合进一步提及和阐释“初心”。2017 年 10 月，总书记在南湖革命纪念馆参观结束时指出：“唯有不忘初心，方可告慰历史、告慰先辈，方可赢得民心、赢得时代，方可善作善成、一往无前。事业发展永无止境，共产党人的初心永远不能改变。”2018 年 11 月，总书记在纪念刘少奇同志诞辰 120 周年座谈会上进一步指出：“共产党人坚持的初心，就是对共产主义理想的坚定信仰，就是对党和人民事业的永远忠诚。”2019 年 5 月 20 日，总书记在会见于都县红军后代和革命烈士家属代表时说：“记住他们，最重要的就是不忘初心，继续高举这面革命的旗帜向前走，将来我们的后代也要继续往前走，奋力实现‘两个一百年’奋斗目标、实现中华民族伟大复兴的中国梦。”

今年是中华人民共和国成立 70 周年，也是打赢脱贫攻坚战、向全面建成小康社会攻坚冲刺的关键之年。中央决定在这个关键时刻开展主题教育，决策英明，正当其时。我们要深刻理解和体会，做到四个充分认识。

一要充分认识开展主题教育对于坚持用习近平新时代中国特色社会主义思想武装党员干部的重大意义。思想建党是马克思主义政党建设的基本原则。当前，推进思想建党、理论强党的首要任务就是要深入学习领会习近平新时代中国特色社会主义思想，努力学深悟透、融会贯通、真信笃行。我院始终高度重视学习贯彻习近平新时代中国特色社会主义思想，特别是认真学习贯彻总书记关于“三农”、科技创新的重要论述和致我院贺信精神，推动入脑入心、真学真懂真信真用。习近平新时代中国特色社会主义思想系统宏大，学思践悟没有止境，对标高要求，我们在学习教育方面还存在不少差距，比如听报告听传达多，学原著学原文还不够；学习主动性还不够，有的同志把理论学习当负担，不愿意下功夫；学习的全面系统完整性不够，理论学习方式方法创新不够；理论指导实践、学以致用不够等，这些问题还不同程度存在。开展主题教育，必须坚持把学习教育贯穿始终，提升用习近平新时代中国特色社会主义思想武装头脑、指导实践、推动工作的能力水平，筑牢信仰之基、补足精神之钙、把稳思想之舵，牢固树立“四个意识”、坚定“四个自信”、做到“两个维护”。

二要充分认识开展主题教育对于新时代加强党的建设的重大意义。勇于自我革命，从严管党治党，是我们党最鲜明的品格。党的十八大以来，我们党先后开展了群众路线、“三严三实”“两学一做”等专题教育，有力解决了管党治党失之于宽、失之于软的问题。近年来院党组带头严抓严管，持续推动全面从严治党向纵深发展，但从实际情况看，还存在一些不容忽视的问题，有的单位管党治党责任落实不够到位，压力层层递减；有的党组织组织生活缺乏创新手段，针对性不够，方式枯燥，缺少吸引力和生机活力，质量有待提升；有的党员领导干部对党建重要性认识不足，存在重业务、轻党建的现象；有的党员干部纪律规矩意识淡薄，违规违纪问题还有发生。开展主题教育，就是要树立问题导向，奔着问题去、瞄着不足改，努力把全院各级党组织和党员干部队伍建设得更加坚强有力，切实把党对农业科研工作的领导落到实处。

三要充分认识开展主题教育对于坚持农业科研国家队定位、立足“三个面向”建设“两个一流”的重大意义。习近平总书记在致我院贺信中提出的面向世界农业科技前沿、面向国家重大需求、面向现代农业建设主战场的“三个面向”指示精神，是中国农业科学院农业科技创新的总方向、总目标、总任务、总要求、总抓手。按照“三个面向”重要指示要求，我们围绕当前最紧迫的重大国家需求，扎实开展科研工作。近期，我们深入实施院“一号工程”——科技创新工程；举办了“科技创新支撑乡村振兴”报告会，韩长赋部长为全院干部职工做专题辅导报告；举办了创新工程首席科学家研修班；首次举办了全国农业科技成果转化大会；制定了“藏粮于计”等系列重大科研计划；举办了新晋升高级职称人员集体谈话，集体重温了习近平总书记“三个面向”重要指示要求；大力谋划乡村振兴、脱贫攻坚科技支撑系列行动，以一系列扎实有力的部署和行动，确保“三个面向”落实落地。但在贯彻落实“三个面向”中，仍存在“上热中温下凉”现象，仍存在“三不两没有”问题；有的研究所领导班子对“三个面向”精神实质没有认真学习领会，认识不高、落得不实，领导作用发挥不充分，缺少研究部署；有的研究所科研、成果转化、人才建设等发展基础较薄弱，在科学前沿突破、满足国家重大需求或推动产业技术进步等方面还缺少重要建树、重大成果，学术地位和行业影响力下降，国家队的作用弱化，距离“两个一流”还有较大差距。开展主题教育，就是要引导党员干部牢记农业科研国家队的使命，对贺信精神进行持续再学习、再思考、再落实，深刻学习领会“三个面向”精神实质，悟初心、守初心、践初心，在“三个面向”征程中冲锋在前，带头勇挑重担，带头攻坚克难，带头培育重大成果，把学习教育的成果切实转化为推动中心工作的成效。

四要充分认识开展主题教育对于推动科技支撑服务乡村全面振兴的重大意义。当前，我国处在脱贫攻坚和乡村振兴战略实施的交汇期，全院上下正在按照中央各项决策部署，围绕农业农村部重点工作，贯彻落实“三农”工作硬任务，积极投身稳定粮食生产、脱贫攻坚、乡村产业振兴、农村人居环境整治等重点工作。但面向现代农业建设主战场、面对新时代乡村振兴的科技需求，我们还存在有的同志认识不到位、与工作结合不紧密，政治站位不够高、主责意识不够强，主动服务乡村、服务一线的精神还不够，脱贫攻坚工作有些不够扎实，技术与产业还需要再进一步结合。需要迎难而上，直面重大迫切需求，攻坚克难解决关键核心问题。开展主题教育，就是要教育引导广大党员干部和科研人员切实增强科技服务“三农”的使命感、责任感、紧迫感、荣誉感，守好报国为民的科研初心，鼓足干劲、锐意进取，为实现农业农村现代化提供有力科技支撑。

二、准确把握主题教育目标任务，科学筹划、逐项落实好主题教育部署安排

中共中央对“不忘初心、牢记使命”主题教育的总要求、目标任务、工作安排都有明确要求，我们要不折不扣落实好、执行好，做到“三个明确”。

一要明确“四个总要求”。总书记指出，“守初心、担使命，找差距、抓落实”是这次主题教育的总要求。我们要全面准确把握好这个总要求，结合农业科研工作实际把这个总要求贯穿主题教育全过程。守初心，就是要守好报国为民的科研初心，时刻牢记共产党人全心全意为人民服务的根本宗旨，牢记为谁搞科研这个核心问题，为农业科技进步做贡献，为农业农村发展出力，以坚定的理想信念为中国人民谋幸福、为中华民族谋复兴。担使命，就是要勇挑科技强国的使命担当，牢记农业科研国家队的使命责任，紧紧围绕习近平总书记“三个面向”指示要求，针对农业领域“卡脖子”的科技问题，敢于挑战、勇于攻坚，切实增强我们应对风险挑战的勇气。找差距，就是要对照习近平新时代中国特色社会主义思想及总书记关于“三农”工作重要论述、党中央决策部署，对照党章党规，对照“三个面向”指示要求，对照先进典型和身边榜样，高标准、严要求查找差距和不足，有的放矢进行整改，实实在在解决各类问题。抓落实，就是要埋头苦干、真抓实干，以钉钉子精神坚决完成院所改革发展的各项重点任务。要完成好今年院工作会上院长报告提出的“5 个要求”“7 项重点任务”，加快推进新时代农业科技创新，为乡村振兴、脱贫攻坚和农业农村现代化提供坚实支撑。

二要明确“五个目标任务”。这次主题教育，中央明确提出了五个方面具体目标。我们要一一对照，有针对性地采取有力措施，坚决完成任务。第一个目标任务是理论学习方面。要教育引导党员干部在原有学习的基础上，不断加深对习近平新时代中国特色社会主义思想和中共中央“三农”决策部署的理解，学深悟透习近平总书记关于“三农”工作重要论述，努力在运用理论指导实践上取得新进步、达到新高度。第二个目标任务是思想政治方面。要坚定对马克思主义的信仰、对中国特色社会主义的信念，传承红色基因，树牢“四个意识”，坚定“四个自信”，做到“两个维护”，自觉在思想上政治上行动上同以习近平同志为核心的党中央保持高度一致。第三个目标任务是干事创业方面。要勇于面对困难和挑战，带着感情、饱含热情、充满激情推进各项工作，全力贯彻落实好总书记贺信精神和中央决策部署。第四个目标任务是为民服务方面。进一步加深对农民群众的感情，争做懂农业、爱农村、爱农民的模范，扎根基层搞科研，真心实意帮助农民群众解决生产生活中的实际困难。第五个目标任务是清正廉洁方面。要深入推进全面从严治党，构建信任与监督相统一、严管与厚爱相结合、宽严相济、激励担当、符合农业科研特点的监督体系，营造风清气正的良好政治生态和纪律严明、环境宽松的创新氛围，教育引导党员干部始终保持为民务实清廉的政治本色，知敬畏、存戒惧、守底线，做到“为学有道、为人有德”。要严格执行中央八项规定精神，坚决防止

和反对“四风”，努力做到忠诚、干净、担当。

三要明确“四项工作安排”。按照中央部署和农业农村部第一指导组的要求，集中教育时间不少于3个月。我院的教育活动从2019年6月初开始，9月初基本结束，不划阶段、不分环节，各个时段要突出特点，学习教育、调查研究、检视问题、整改落实在不同时段也都要突出特点。要明确4项工作安排：第一是要抓好学习教育。以《习近平关于“不忘初心、牢记使命”重要论述选编》《习近平新时代中国特色社会主义思想学习纲要》《习近平关于“三农”工作论述摘编》《习近平关于科技创新论述摘编》《习近平扶贫论述摘编》为重点，组织全院深入学习领会，反复研读原文。院所两级领导班子要安排不少于1周时间，采取理论学习中心组学习等形式，进行集中学习研讨。第二是要抓好调查研究。坚持目标和问题导向，做好调研工作。院领导和院机关各部门的调研，要以深入研究所、创新团队和研究室为主，了解一线科学家的所感所悟、所诉所求，突出解决研究所的实际问题。各研究所的领导同志和团队首席、支部书记，调研中要深入一线乡村，调研农业产业和农民需要解决的实际问题，关注农民的所思、所想、所盼，要真正深入基层，问计于民，解剖麻雀，总结经验，研究提出务实管用的措施，帮助解决实际问题。院所两级领导班子成员还要在学习调研的基础上讲好党课，这方面要有具体和硬性要求。第三是抓好问题检视。对照职责任务和初心使命，紧密联系思想和工作实际，充分听取各方面意见建议，实事求是检视领导班子在政治、思想、作风建设等方面存在的突出问题和领导干部自身差距，把问题找实、把根源挖深，明确努力方向。这方面要真查真究真找问题，一条一条列出来。根据部指导组的要求，要制定问题清单，班子是班子的问题，个人是个人的问题，问题不一样，清单也不一样。院所两级班子要对照总书记的要求，查找在落实“三个面向”方面还有什么差距；对照总书记“一懂两爱”的要求，在懂农业、爱农民、爱农村方面还有什么差距；在深入基层方面，对基层诉求了解情况还有什么差距；在领导方法和院所改革发展方面，还有哪些措施不够实，还有哪些问题亟待解决。院机关各部门领导班子，要在机关作风方面找差距，在服务态度、工作效率、学术思想方面找问题，还有没有官僚主义和形式主义，还有没有“庸懒散木推”，这些问题要一条一条列出来，不搞表面文章，也不硬性规定字数，但要准确具体。第四项是抓好整改落实。把“改”字贯穿始终，坚持边学边查边改。针对查摆的突出问题，列出清单，能改的立即改，一时解决不了的，要制定整改方案，盯住改、限期改，确保整改到位。整治情况要以适当方式向党员干部群众进行通报，对整治中发现的违纪违法问题，要严肃查处。主题教育结束前，要按照部党组统一要求，认真开好专题民主生活会和党支部专题组织生活会，并通报情况。

三、聚焦主题，突出特色，充分发挥党组织和党员在科技创新中的作用

中国农业科学院开展主题教育要立足“三个面向”，围绕科研工作，充分发挥基层

党支部的战斗堡垒作用和党员在科技创新中的先锋模范作用，把科研初心和使命担当落实到创新团队和创新任务上，从党的基层组织做起，从每一个党员做起。全院科研人员特别是科研人员中的党员，在这次主题教育活动中要突出做好“四个扎实”。

一要扎实学习总书记“三个面向”指示精神。全面贯彻落实“三个面向”重要指示精神，是当前和今后一个时期全院最大的政治任务。要对标“三个面向”，强化考评结果运用，加快调整优化科研团队，强化团队任务实施管理，针对国家重大需求和农业农村主战场需要，凝练完善重点任务，组织优势科研力量积极开展协同攻关，强化重大科技成果培育，加快破解技术难题，提升产出水平，力争在短期内有大的突破。

二要扎实发挥共产党员在科技创新中的先锋模范作用。按照中共中央要求，坚持一切工作到支部的鲜明导向，充分发挥基层党组织的战斗堡垒作用和党员先锋模范作用。革命战争年代，我们党提出把党支部建在连上，充分发挥连队支部的战斗堡垒作用、发挥战士中党员的先锋模范作用，极大地提高了部队的战斗力。在科研工作中，就要充分发挥创新团队党支部的战斗堡垒作用，发挥党员科技人员的先锋模范作用，实施好创新工程。要重点抓好两件事：一是全面落实党支部建在创新团队。一个创新团队建立一个党支部，充分发挥支委会作用，全面提升团队的管理水平。二是扎实开展“红旗党支部”创建。打造一批落实“三个面向”成绩突出的红旗党支部，选树推送示范案例，宣传推广品牌支部工作法。

三要扎实体现我院作为农业科研国家队走在前、做表率的作用。韩长赋部长给我院作报告时指出，中国农业科学院要在三个方面充分发挥国家队“走在前、做表率”的作用：一是在科技自主创新上要走在前、做表率；二是在成果转化上要走在前、做表率；三是在培育高水平人才队伍上要走在前、做表率。通过这次主题教育活动，我院要认认真真践行这三个“走在前、做表率”。

四要扎实传承弘扬科学家精神。长期以来，我院的科学家和科技工作者初心不改、百折不挠、勇攀高峰、乐于奉献，在农业科研一线十几年甚至几十年如一日，创造了“祁阳站精神”“中棉所精神”，指引和激励着一代又一代农业科技工作者。近日，中办、国办印发了《关于进一步弘扬科学家精神加强作风和学风建设的意见》，指出要自觉践行、大力弘扬新时代科学家精神，包括六个方面：一是胸怀祖国、服务人民的爱国精神；二是勇攀高峰、敢为人先的创新精神；三是追求真理、严谨至学的求实精神；四是淡泊名利、潜心研究的奉献精神；五是集智攻关、团结协作的协同精；六是甘为人梯、奖掖后进的育人精神。韩长赋部长的报告中也强调了要弘扬科学家精神。前段时间我院印发的《中国共产党中国农业科学院党组工作规则》《中国农业科学院工作规则》正式提出了“求实笃行、敬农致用”的院训，体现的是具有我院特色的科学精神，是践行“三个面向”的农业科学家的精神。在传承弘扬科学家精神方面，我们要通过这次主题教育活动，守好报国为民的科研初心、勇挑科技强国的使命担当、弘扬勇于探索的创新精神。

四、精心组织，压实责任，确保我院主题教育质量高、成效实

一要强化组织领导。全院主题教育在院党组领导下开展，成立院主题教育领导小组，由华俊院长和我担任组长，孔明同志、杰人同志、广东同志担任副组长，院办公室、机关党委、监察局为成员单位。各成员单位要密切配合，形成齐抓共管合力。院党组要先学一步、学深一点，先改起来、改实一点，努力作出表率，切实扛起领导全院主题教育的主体责任。各级党组织要统筹安排、有序推进主题教育，一级抓一级、层层抓落实，主要负责同志要切实负起政治责任。各级党员领导干部要以高标准、严要求，组织和参加好所在单位主题教育；院机关各部门要发挥示范作用，指导带动全院主题教育，形成以上率下、整体联动的良好局面。

二要强化督促指导。院党组及机关各部门、院属各单位要自觉接受农业农村部指导组的监督检查，及时检视整改指导组提出的问题，全力做好各项工作。本次主题教育院里组建了10个指导组，将采取巡回指导、随机抽查、调研访谈等方式，对各部门各单位开展主题教育进行督促指导。要加强宣传引导，深入挖掘宣传身边可信可学的先进典型。注重健全制度，把主题教育中形成的好经验好做法用制度形式运用好、坚持好。对消极对待、敷衍应付主题教育的要严肃批评，对走形变样、问题严重的要给予组织处理。

三要强化两手抓两促进。各级党组织要不断推动主题教育与农业科技创新工作互融互促。要找准主题教育和中心工作的结合点和着力点，对标中央关于乡村振兴和脱贫攻坚的重大部署，对标科技创新工程和成果转化重大任务，对标年初既定的各项目标，努力开创院所改革发展新局面。

四要强化作风保障。要坚持以好的作风开展主题教育，力戒形式主义、官僚主义，防止“两张皮”。要坚持加强分类指导，针对管理部门、科研部门、所办企业及学生和离退休党员等的不同特点，具体安排好教育内容和方式。学习教育要注重实际效果，不对写读书笔记、心得体会等提出硬性要求；调查研究要注重发现和解决问题，不搞“作秀式”“盆景式”调研；检视问题不大而化之、隔靴搔痒、避重就轻、避实就虚，更不能以工作业务问题代替思想政治问题；整改落实不能口号喊得震天响、行动起来轻飘飘，防止虎头蛇尾、久拖不决。10个指导组要创新检查考核方式，严格控制简报数量，不将有没有领导批示、开会发文发简报、台账记录、工作笔记等作为主题教育各项工作是否落实的标准。

开展好“不忘初心、牢记使命”主题教育，是当前中国农业科学院的重要政治任务，院党组将切实担负起主体责任，认真学习贯彻习近平总书记重要讲话精神，以高度的政治自觉、思想自觉、行动自觉，从院党组自身做起、以上率下，做到6个带头：带头学习原著、带头集中研讨、带头调查研究、带头讲好党课、带头检视问题、带头开好民主生活会，以6个带头促进全院主题教育各项工作扎实落实，不断推动农业科技创新

取得新成效、党建工作再上新台阶。这是院党组的态度和落实的决心，在这里给大家做个承诺。

同志们，让我们更加紧密地团结在以习近平同志为核心的党中央周围，振奋精神、扎实工作，努力推动“不忘初心、牢记使命”主题教育取得新成效，促进做好创新工程、成果转化、乡村振兴和脱贫攻坚各项工作，以优异成绩庆祝中华人民共和国成立70周年！

唐华俊院长　张合成书记“不忘初心、牢记使命”主题教育专题党课报告

（中国农业科学院情况通报第16期）

中国农业科学院办公室

2019年9月20日

编者按：

我院“不忘初心、牢记使命”主题教育期间，院长唐华俊、党组书记张合成同志在学习调研基础上，带头讲好专题党课，既讲学习习近平新时代中国特色社会主义思想的体会收获，讲守初心、担使命的感悟，又讲存在的差距和不足，讲用党的创新理论指导实践、破解难题和推动改进工作的思路措施。

唐华俊同志围绕学习领会习近平总书记致我院建院60周年贺信精神，加快推进农业科技自主创新、成果转化和高水平人才队伍建设，以“坚守科研初心　践行国家使命　切实加快‘两个一流’建设步伐”为题为全院党员干部作专题党课报告；张合成同志以“学原著　守初心　践行科技强农使命担当”为题作专题党课报告，教育引导全院党员干部持之以恒在学习习近平新时代中国特色社会主义思想上下功夫，筑牢信仰之基、补足精神之钙、把稳思想之舵。

现将以上党课报告予以印发，请认真组织学习，深刻领会精神实质，切实抓好贯彻落实。

坚守科研初心　践行国家使命
切实加快“两个一流”建设步伐
——“不忘初心、牢记使命”主题教育党课报告

农业农村部党组成员、中国农业科学院院长　唐华俊

同志们：

值此全院上下学习贯彻习近平总书记致我院建院60周年贺信精神两周年之际，根据院“不忘初心、牢记使命”主题教育安排，我讲一次党课，主要是深入学习贯彻习近平新时代中国特色社会主义思想，学习贯彻习近平总书记关于“三农”工作、科技创新的重要论述特别是致我院贺信精神，促进院机关各局办、各研究所、各团队和全体科研人员坚守科研初心、践行国家使命，切实加快“两个一流”建设步伐，为乡村振兴提供更加有力的科技与人才支撑。

2019年5月15日以来，我按照中央和部党组有关安排，参加了中央党校省部级干部现代经济进修班学习和党校进修一部、部党组的主题教育，原原本本学习了《习近平新时代中国特色社会主义思想学习纲要》《习近平关于“不忘初心、牢记使命”重要论述选编》以及习近平总书记关于“三农”工作、扶贫工作和科技创新等重要论述读本，结合赴农业农村、脱贫攻坚一线以及院属单位调研情况，对如何坚守农业科研工作者的初心、践行国家队的使命、加快农业科技创新、支撑乡村振兴和创新强国建设，特别是科技创新布局问题作了认真思考。下面，我讲三个方面内容，与大家作个交流。

一、认清形势、把握要求，深入查找全院科技创新布局存在的问题与不足

习近平总书记在中央“不忘初心、牢记使命”主题教育工作会议上讲话指出，要全面把握“守初心、担使命，找差距、抓落实”的总要求，贯穿到主题教育的全过程。从我们农业科研单位、科研人员来看，就是要守好报国为民的科研初心，深刻认识农业科研国家队的使命担当，对照总书记贺信指示要求和“三农”发展需求找准自身差距，要时刻牢记“为谁搞科研”这个核心问题，扎扎实实做好科技创新工作。

（一）从科技发展的历史经验看，我们正处于大有可为的重要历史机遇期

人类社会的发展历史，本质上是科技创新和进步的历史。特别是近现代社会的每一

次重大变革，都与科技的革命性突破密切相关。到目前为止，已经发生了5次科技革命。第一次科技革命发生在16世纪的英国，以近代物理学的诞生为标志。第二次科技革命发生在18世纪初的英国，以蒸汽机和机械技术革命为标志，引发了第一次产业革命即“蒸汽机革命”。第三次科技革命发生于19世纪的美国，以电力发明和运输技术革命为标志，引发了第二次产业革命即“电力革命”。第四次科技革命始于20世纪初，以相对论和量子力学的诞生为标志。第五次科技革命始于20世纪中期，以电子、计算机和信息网络的广泛应用为标志，引发了第三次产业革命即“信息产业革命”。可以说，历次科技革命都给人类社会带来深刻影响。

在农业领域，每一次农业科技的革命性突破，都会带来重大的农业产业升级。1840年德国化学家李比希提出了植物矿质营养学说，促进了化肥工业的发展，具有划时代意义。1914年工业合成氨技术以及尿素、复合肥的生产技术突破，促进了世界粮食成倍增长。1930年代美国育成了杂交玉米，开启了粮食生产由靠扩大面积到提高单产的重要转变。1940年合成农药的诞生和使用，使农作物的病虫害降低了10%~20%。1950年代第一次绿色革命，借助于“矮秆基因”，解决了很多发展中国家粮食自给问题。1953年克里克和沃森发现DNA双螺旋结构后，生物技术的快速发展把全球农业发展推进到新的历史阶段。

有学者预测，第六次科技革命有可能是一次“新生物学革命”。这次革命以生物学为基础，交叉融合其他学科，在健康、农业、能源、环境等与人类自身可持续发展密切相关的方向上产生重大技术变革，推动众多科学领域协同创新和交叉发展，并最终引发产业上的一次“生物经济革命”。其中在农业农村科技领域，有几个重点方向：一是生物组学、基因编辑等生物技术成为动植物品种精准定向选育的必然选择；二是资源节约、节本降耗、环境友好等生产新技术成为现代农业绿色发展的关键支撑；三是安全、营养、健康、优质农产品生产新技术成为提升农业质量效益和竞争力的根本途径；四是智能设施装备、自动控制等农业新技术成为智慧农业发展的核心动力；五是物联网、云计算、大数据等信息新技术成为提升农业现代化经营管理水平的必由之路。

从科技发展史可以看出，科技革命都是以科学的新发现、技术的新突破为先导，引发各学科领域群发性、系统性的突破，进而带来技术的持续进步，最终推动传统产业升级、新兴产业发展。历史反复证明，科技革命在国家发展进程中起到了关键作用，只有抓住科技革命的重大机遇、找到重点方向、抓住关键领域，才有可能站在世界发展的潮头，成为世界的科学中心、经济中心和产业中心。因此，我们必须牢牢抓住世界新一轮科技革命和产业变革历史交汇期的机遇，把握大势、瞄准方向、直面问题、迎难而上，才能真正做好新时代农业科技创新的排头兵。

（二）从新时代农业农村发展形势看，我们正面临一系列新使命新任务新需求

党的十九大描绘了新时代中国特色社会主义建设的宏伟蓝图。在新的历史方位下，我国农业农村发展和创新型国家建设的战略目标十分明确，2020 年要全面建成小康社会、进入创新型国家行列，2035 年要基本实现农业农村现代化、跻身创新型国家前列，2050 年要成为现代化农业强国和世界科技创新强国。中国农业科学院作为国家队，必须科学研判农业农村和农业科技发展态势，准确把握科技需求，才能担负起创新驱动农业农村发展的新使命。

一是建设世界科技强国的历史重任，要求我们履行农业科研国家队的新使命。中国农业科学院是国家战略科技力量，是我国农业科技综合竞争力的主体力量。新时代的职责使命，就是要致力于国家长期性、基础性科学领域，致力于世界农业科技前沿必争领域，致力于解决国家粮食安全、经济安全、生态安全的重大需求，率先建设国家重大创新平台、国际农业大科学计划平台，建设国家农业科技创新人才高地，以此带动我国农业科技实力整体跃升。

二是乡村振兴和农业农村现代化发展，要求我们肩负起引领农业竞争力提升的任务担当。当前和今后一段时期，实施乡村振兴战略和推进农业农村现代化，就是我院面向的国家重大需求和现代农业建设主战场。我们要持续产出更具影响力的重大成果，大幅提升高质量科技供给。要不断强化农业智库在国家决策中的战略核心地位，加强乡村振兴制度建设和政策创设等方面的研究，率先建成服务国家决策的高水平智库。

三是国家农业产业结构与布局调整，要求我们及时跟进和完善科研战略布局。当前，国家大力推进农业供给侧结构性改革和农业产业布局调整，在粮食生产功能区和重要农产品生产保护区建设、在满足人民对营养健康食品和绿色生态发展需求方面，对我院提出了更高要求，迫切需要我院适应新形势，调整优化学科布局，不断增加质量导向型农业科技供给，突破资源环境瓶颈，有力支撑农业生产方式转变和质量兴农战略实施。

（三）从贯彻落实“三个面向、两个一流”要求看，我们还存在一系列差距与不足

两年来，全院上下认真贯彻总书记贺信精神，在科研产出、人才培育、能力建设、国际合作、支撑发展等方面，取得了一系列新突破新成效。同时我们也要看到，工作中存在的诸多问题。习近平总书记在中央“不忘初心、牢记使命”主题教育工作会议上强调，要自觉对标对表，对照中共中央决策部署，对照人民群众新期待，坚持高标准、严要求，以刀刃向内的自我革命精神，认真检视反思，明确努力方向和改进措施。作为

中国农业科学院，最重要的就是对照“三个面向、两个一流”，查找差距与不足。

一是对标世界农业科技前沿，部分学科设置未能适应世界农业科技的发展趋势。世界农业科学技术发展迅猛，新兴学科、交叉学科不断涌现。例如，农业生物组学、计算生物学、合成生物学、系统生物学等领域快速发展；纳米农业、工厂化农业、都市农业等新兴学科快速兴起；智慧农业、农业大数据、互联网+农业等新兴交叉学科蓬勃发展。然而，我院在前沿学科和新兴交叉学科的布局还不到位，并且受编制、机构等因素制约，成立新的研究机构难度较大。

二是对标国家重大需求，部分研究所的学科设置已不符合农业农村现代化发展要求。建院60多年来，我国国民经济迅速发展，农业生产经营方式和农业产业结构不断发生变化，过去设立的一些专业性研究所，其功能与作用已滞后于农业产业的变迁，不能很好地适应农业农村现代化发展需要。例如，有些产业，尤其是粗加工产业对于国家的支撑作用不断下降，种植面积也大幅萎缩，相关研究所的发展定位和学科布局亟待优化拓展；而在一些亟需农业科技供给的重要粮食主产区、典型生态区等，我院还没有研究机构布局，相关学科研究力量还比较薄弱。

三是对标现代农业建设主战场，部分研究所的区域布局未能跟上国家优势农产品主产区转移步伐。我院在各地设立的部分专业性研究所，已不能适应产业结构调整与优势农产品的区域布局变化和要求。例如，棉花主产区呈现“西进北扩东移”态势，新疆成为棉花主产区，长江流域和黄河流域的种植面积逐年下降；苹果等主产区出现了“西移北扩”，从辽宁、山东等地区向新疆、陕西等地区转移；烟草主产区从山东、河南等地整体向云贵川地区转移。

四是对标世界一流学科，部分学科偏弱、总体不强问题仍然突出。纵观国际上的一流学科，都有以下特征：具有优势突出的特色学科方向，具有原始创新能力持续引领学科发展，拥有国际水平的战略科技人才和领军人才，拥有一流平台支撑学科发展，不断产出重大成果解决科技和产业关键问题，具有全球知名度和影响力。对比我院学科，部分学科具备了建设世界一流学科的良好基础，但总体仍有较大差距，特别是原始创新能力不强，缺少突破性的重大科技成果，缺乏具有国际影响力的战略科学家和领军人才。

五是对标世界一流农业科研机构，在创新能力和科研条件方面仍存在较大差距。对比美国农业研究局、法国农科院、国际农业研究磋商组织等国际一流科研机构，我院还存在不少差距。在组织管理机制方面，存在运行效率较低、决策自主权不足问题；在经费支持方面，科研经费总量以及政府稳定投入占比较低，使用自主权也不高（例如，我院2017年科研经费总额约为30亿元，而美国农业研究局2017财年用于农业研究项目的预算总额约12亿美元，同时，美国、法国、巴西等国的国立农业科研机构中政府稳定投入的研发经费占到70%~80%，并且在资金使用上有较高的自主权）；在重大科技设施方面还有许多空白（例如，大规模高通量表型鉴定平台的建设和高效运转，在一定程度上反映出现代种业的竞争实力，目前我院还是空白，而澳大利亚、欧盟、法国、美国、国际玉米小麦改良中心等已先后建立了相关重大平台）；在人才管理机制方面，还缺乏具有竞争性、灵活性、开放性的人员管理和薪酬体系；在评价制度方面，还缺乏一套行之有效的完整、科学的院所评价体系；在自主谋划国际大科学项目方面，我院主动发起的农业领域国际大科学项目还是空白，国际话语权不高。

二、提高站位、统一思想，加快推动“两个一流”建设战略布局

我们要立足国家队职能定位，从“三个面向”要求出发，从农业农村发展新形势和乡村振兴新要求出发，从创新工程做大做强的新目标出发，再思考、再谋划、再定位，每个学科领域、每个研究所、每个团队都必须对标定位、研究措施、巩固优势、补齐短板，跟不上的就要调整、要转型、要淘汰，存在空白的就要填补、要加强、争取后来居上。通过战略布局调整，使一批学科和研究所尽快跻身世界先进行列。

（一）围绕区域重大需求，布局一批创新中心

近年来，我院强化顶层设计，按照“前瞻规划、科学布局、突出重点、稳步推进”的原则，通过院地合作，在一些地方政府的积极配合和大力支持下，建成或正在建设一批区域性综合研究中心。

一是在新疆昌吉建立西部农业研究中心。西部中心坚持“立足新疆、服务西部、连通中亚”的建设目标，定位为具有公共平台特征的新型农业研究机构，以服务我国西部农业产业重大需求、解决西部农业发展重大科技问题为使命，在支撑服务西部乡村振兴战略实施、区域产业提质增效和“一带一路”倡议中发挥国家队的作用。

二是在深圳依托基因组所与深圳市共建国际农业食品科学中心。与深圳市政府开展全面战略合作，共同谋划建设大湾区食品谷、深圳研究生院等创新和教育中心，在现代农业、食品科技、生态环境等领域，为粤港澳大湾区可持续发展和全球创新城市的整体建设贡献力量。

三是在成都市建设成都中心。面向西南特色农业和都市农业发展主战场，重点开展西南特色农业资源与品种选育、特色农产品加工与产业化技术创新、都市农业技术创新与产业化、山地农业机械与装备研发，打造成为面向西南、面向海上丝绸之路的特色生态农业硅谷和综合型研究平台。

四是在青岛谋划建设青岛中心。按照“立足青岛、服务山东、面向东部沿海、辐射东北亚”的发展要求，充分利用青岛在区位、资源、产业、政策等方面优势，组建青岛科技创新中心，提升我院和青岛市科技创新能力，支撑东部现代农业发展，成为东部农业现代化的先遣队。

五是在海南三亚谋划建设南繁研究院。贯彻落实习近平总书记关于建设“南繁硅谷”的指示精神和农业农村部部署要求，由我院牵头中国热带农业科学院、中国水产

科学研究院，在海南三亚谋划建设国家南繁研究院，比照国家实验室要求，谋划建设国家种业创新实验室，打造南繁育种创新引擎和全球种业科学中心。

六是积极参与雄安新区建设。我院已与河北雄安新区、河北农业大学和河北省农林科学院签署了农业科技战略合作协议，牵头负责国家农业科技创新中心等建设任务，充分发挥我院科技资源和人才资源优势，建设农业科技人才培养高地，力争打造一个真正集产学研一体的创新样板。

七是在黑龙江建设北方水稻中心。面向东北规模化现代化农业和粮食主产区的主战场，重点开展水稻和特色作物育种、现代智能农机装备研制、农机农艺融合技术研发，进行现代农业新技术集成示范，对提升我国粮食综合生产能力、保障国家粮食安全具有重要战略意义。

（二）聚焦科学前沿、国家战略和产业需求，调整研究所布局

一是围绕重大战略需求设立一批前沿基础类研究所。按照国际农业科技创新高地的定位，依据农业生产关键环节，设立一批前沿高新技术研究所。主要从事体现国家意志的农业科学发现和理论方法创新，重点承担战略性、基础性、前瞻性、长期性的重大科学任务研究。

二是以服务主产区为导向调整一批专业研究所。按照重大产业需求设立专业研究所，按照主产区布局谋划专业研究所的空间布局，按照全产业链设置专业研究所的学科方向。专业研究所的研究方向涵盖种质资源、育种方法与新品种培育、栽培和养殖、植保和疾病防控、农产品加工等，形成完整的创新链条，为主产区提供成熟、成套、可直接熟化示范的集成技术，提供系统解决方案，形成新工艺、新标准、新模式。例如，可以按全产业链条重组粮棉油、果菜花茶、特种作物、草业等种植业所以及猪牛羊、特种动物等畜牧业所。

（三）适应农业科技形势，进一步完善学科体系

结合未来农业学科前沿走向和发展重点预测，依据产业重大需求和我院学科发展基础，探索将我院中长期一流学科建设的总目标，细化分解成“四批学科”建设。

一是建设一批国际一流学科。以满足农业重大科技需求和产业需求、提升原始创新能力为目标，力争在作物遗传育种、作物病虫害防控、预防兽医等一些已具备国际领先优势的领域或方向，加快建成一批能够突显我院在产业发展和科技创新中的优势占位及影响力的“重中之重”学科。一方面，通过统筹安排创新工程、基本科研业务费等自主经费，组织相关优势科研力量开展系列重大科技任务攻关，近期重点深入实施非洲猪瘟防控、“藏粮于技”、农业绿色发展、牛奶优质化和畜禽良种化等科研计划，争取尽快取得突破性、革命性重大基础理论成果，加快破解核心技术难题。另一方面，通过开

展战略性、全局性、前瞻性科学问题的储备研究，及时组织凝练重大研究选题，争取获得国家相关科技计划的支持。同时，加强高水平重大科研成果培育，推动高级别重大学科平台建设，提升创新团队国际影响力，争做国际科技前沿“并行者”乃至“领跑者”。

二是建设一批国内一流学科。以解决本领域内关键科学问题或突破核心技术为目标，力争在作物种质资源、动物资源与育种、土壤肥料等国内领先的领域或方向，建成一批能够引领辐射本领域科技进步和产业升级的核心学科。一方面，通过加强团队任务管理，强化跨领域、跨学科的协同创新，组织研究所围绕产业瓶颈问题和区域重大需求，对团队任务进行再论证、再凝练、再聚焦，成为本领域国内“领跑者”和服务产业重大需求的核心科技力量。另一方面，加强行业共性关键技术、新品种、新产品和新装备等科研成果培育，强化可复制可推广的全产业链综合技术模式集成，重点提升对农业农村产业振兴的服务支撑能力。

三是建设一批特色学科。以体现我院特色、拓展农业多功能为目标，建成一批能够引领本领域产业升级、在国内具有核心优势的特色学科。一方面，针对蜂业、茶叶、特色果品、特种动植物等乡村振兴特色产业发展急需的、但难以纳入国家科技计划资助的特色学科，在积极向国家相关部委反映建议的同时，统筹利用各种自主经费资源，加强这些急需特色学科的实用技术研发示范和集成推广，打造一批产业脱贫样板，满足人民美好生活对农业多元化发展的重大需求。另一方面，针对麻类等产业逐步萎缩的弱小学科，要下决心发挥市场作用、按照产业需求调整科研力量布局，对不符合“三个面向”的科研创新工作，原则上不再利用院稳定经费进行支持。

四是建设一批新兴交叉学科。以引领培育现代农业产业发展新生长点为目标，力争在合成生物学、表观遗传学、生物信息学等新兴领域，建成一批能够加强多学科交叉融合、促进各学科互相渗透、具有重大发展前景的前沿学科。一方面，加强新兴学科发展前景分析和战略研究，精准把握农业学科领域的研究前沿布局。另一方面，在院层面，通过统筹安排创新工程、基本科研业务费等自主经费设立一批基础前沿研究项目；在所层面，加强相关领域的优秀中青年学术带头人的引进培养，组建新兴交叉学科所级创新团队，形成一批农业产业经济新增长点，为农业供给侧结构性改革提供科技支撑。

（四）结合创新工程评估整改，加快推进团队调整

创新工程科研团队是我院各学科方向的核心力量，科研团队建设是一流学科建设的核心内容。2018 年我院对 331 个创新团队进行了评估，评估结果基本反映了团队总体状况，相当一部分团队在学科方向、重点任务、首席履职、团队建设等方面，存在不同程度的问题。各研究所要以这次评估为契机，分析本学科领域发展趋势和需求，明确学科方向，找准团队问题，以更大的勇气和担当，加大调整优化力度，要定目标、定学科、定团队、定任务、定机制，形成研究所团队调整方案，进一步加快研究所学科布局

调整。

一是团队方向不聚焦“三个面向”的，要坚决调整。部分研究所和科研团队研究方向分散、没抓住共性学科问题、没找到主攻目标、重点任务不清。有的团队自娱自乐，研究任务脱离国家需求，不清楚本领域的前沿态势，满足于发文章、评职称，对重点科研攻关没有作出部署。有的团队进取精神不足，牵头组织凝练重大专项、组织申报国家科技计划、参与国内外交流合作的积极性、主动性不高。各研究所和科研团队必须按照“三个面向”要求，立足国家队定位，致力于占领世界农业科技前沿，确保占位优势；致力于推动“藏粮于技”等重大战略实施，满足国家重大需求；致力于服务现代农业建设主战场，支撑农业农村现代化发展。

二是团队松散拼凑的，要坚决整改甚至淘汰。有的科研团队组织松散，首席凝聚力、领导力不强，团队内部仍然以小课题组为主，没有形成有机统一的整体，对这类团队要加大整改力度，强化首席权责，加强团队建设，形成整体合力，提升团队创新能力和创新水平。有小部分团队是虚建拼凑，以团队的名义得到创新工程经费支持，实际上是几个小课题组各干各的，这类团队要坚决整改甚至淘汰。有部分团队首席未能充分履行职责，研究所要新遴选学术水平和管理能力双达标的专家担任首席，在学术上能够引领学科方向发展，在管理上能够凝聚团队力量。

三是团队人员结构不合理的，要加大人才引育力度。目前，我院大部分研究所存在领军人才总量不足、总体年龄偏大、后继无人等问题。未来5年将有近40%的首席要退休，全院人才分布也极不平衡，有近一半的科研团队一名农科英才都没有。必须加强优秀青年人才的引进和培育，尤其是京外所和非优势学科，要积极创造条件，补充团队力量，优化年龄结构和学科结构，保障科研团队创新工作持续开展。部分新兴交叉学科方向，如生物组学技术、农业智能机器人、乡村环境治理等存在明显人才缺口，急需加快引进与培养。

四是团队研究方向交叉重复的，要调整方向错位发展。创新工程实施以来，一直引导各研究所解决研究方向交叉重复问题，但在个别领域，如在兽医、资源环境、作物育种等领域，还存在所间重复的问题。对于此类问题，院里将协调相关研究所，发挥各自优势特点，把院内竞争转为协同合作，形成合力共同解决重大关键问题。如有些研究所内部科研团队间分工不明确，研究方向与研究内容严重重叠，对于此类问题，研究所必须组织团队进一步厘清侧重点，错位发展，避免所内无序竞争。

同志们，战略布局的调整不是目的，而是我院贯彻落实中央重大决策部署、全面对标“三个面向、两个一流”、履行好国家队职责使命的根本举措。通过区域、学科、团队等一系列布局调整，可以使我院的研究方向更加聚焦、重点任务更加具体、支撑乡村振兴更加有力。院里对建设“两个一流”的阶段目标和进程进行了规划：第一个阶段是到2020年，初步建成一批世界一流现代农业科研院所，全院自主创新能力、创新效率和创新活力明显提升，科技竞争力和国际影响力显著增强，引领和支撑现代农业发展的能力持续提高，符合农业科技发展规律的体制机制创新取得突破。第二阶段是到

2035 年，全院 2/3 研究所建成世界一流科研院所，一半以上创新团队成为世界一流水平的科研团队，一半以上学科领域达到世界一流学科水平。第三阶段是到 2050 年，我院在科学研究水平、成果培育水平、人才产出水平、科研管理水平、创新文化建设等方面达到世界一流，全面建成世界一流院所和一流学科，科研综合实力和国际影响力在全球居于领先水平。

三、创新机制、激发效能，强化“两个一流”建设的制度保障

要实现布局调整的效果最大化、最优化，体制机制创新是关键。改革历来是块硬骨头，过程中都会遇到这样那样的问题，但新任务新使命倒逼我们必须调整、必须加快发展，这就要求我们要创新管理体制机制。具体来说，主要包括成果转化、人才发展、薪酬激励和考核评价四方面的机制创新。

（一）创新成果转化机制

推进科技成果转化，是落实“三个面向”和实施创新驱动发展战略的重要举措，也是解决我院自身发展、调动职工创新积极性的重要途径，是有效解决“有钱打仗、没钱养兵”问题的主要发力点。在成都召开的全院成果转化工作会议，已经对成果转化工作作了全面部署。在此，我再强调三点。

一是研究所要站在落实国家战略、推动单位发展、提高职工待遇的高度，抓好成果转化。成果转化与科技创新是保障我院持续稳定发展的两大基石，是充分调动科技人员积极性和创造力的重要手段，是实现院所、团队、科技人员三方利益的连接点。所长、书记是抓成果转化的直接责任人，要像抓科技创新一样，抓成果转化；要像抓创新团队一样，抓“三创”团队建设；要像抓重点实验室等创新平台一样，抓中试孵化等成果转化工作体系。绝不能把工作推给团队、推给部门，更不能停留在文件中，落实在文字里。研究所要认真落实国家以及院里的政策，全面建设成果转化工作体系、“三创”协同发展团队、成果转化人才队伍，构建我院成果转化新机制，开拓成果转化工作新局面。

二是团队要站在实现成果价值、实现团队价值、实现自身价值的高度，做好成果转化。团队特别是首席，不能认为成果转化是科研处、成果转化处的事，自己做好科研任务就万事大吉了。推行团队首席负责机制，首席作为团队发展的主心骨，要面向产业需求凝练目标任务，开展有针对性的研究，不是不能搞探索性研究，但我们更多的时间和精力要放在解决产业瓶颈问题上来，这是国家赋予我们的职责和使命。首席还要和企业家、技术用户交朋友，把他们的技术需求转化为科研任务，真正做到课题从基层中来、到生产中去。让专业的人做专业的事，首席要在团队中设置知识产权、成果转化岗位，安排专人从事转化工作，提升团队成果转化效率，争取最大效益。

三是院所两级要进一步创新思路，从制度和组织安排上，保障好成果转化。要冲破思想观念的障碍，研究所党政一把手、团队首席，要带头树立“创新创造的劳动成果必须实现应有价值”的工作理念。成果转化工作还要有制度上、组织上的保障，院所两级必须不断完善成果转化收益分配、持股兼职、离岗创业等制度，探索建立激励、保障、免责等工作机制，让研究所和团队踏踏实实做好成果转化工作，合法合规地实现“名利双收”。还要发挥成果转化工作领导小组的决策作用，为本单位成果转化工作定向把舵。

（二）创新人才发展机制

人才是我院各项事业持续稳定发展的根本保障，没有人，科技创新、乡村振兴就是一句空话。近年来，院里实施人才强院战略，不断深化人才发展体制机制改革，改善人才发展的工作环境、生活环境、制度环境，使各类人才创新有平台、发展有空间，形成了近者悦、远者来的人才发展生态。下一步，院里将继续着眼于人才体制机制创新，不断加强科研、管理、转化、支撑四支队伍和后备人才队伍建设，着力释放人才创新创造创业活力。

一是引育并举，打造农业科技创新人才高地。实施人才引进和培养“双轮驱动”，坚持按需精准引才，推行不为所有、但为所用的柔性引才，拓宽协同引才和人才流动的渠道和方式，满足事业发展对高质量人才的迫切需求。在此我想强调一下，研究所领导、团队首席不但要有识才的慧眼，更要有容才的雅量，如果有的研究所因为人才过于优秀、担心不好管理而放弃引进，这是十分错误的。要加大自有优秀人才培养力度，深入实施青年英才计划和农科英才特支政策（农科英才特殊支持政策实施以来，我院已有 339 人入选），加大国家高层次人才举荐力度，有计划有重点地引育一批引领学科发展、突破关键技术的科技创新人才，保持我院农科英才总数在 300 人以上，不断提高我院人才队伍质量。

二是健全制度，统筹推进四支人才队伍建设。逐步建立面向科研、管理、转化、支撑的全方位人才制度体系，出台人才分类评价指导意见，将人才分类评价覆盖到各类人才的选拔和考评。加强博士后队伍建设和研究生培养工作，通过提高待遇、强化激励等多措并举，扩大博士后和研究生规模，夯实导师责任、提高培养质量，建立创新人才“储备库”。探索实施转化英才和支撑英才两个培育工程，院所两级有重点地遴选和支持一批优秀的转化人才和支撑人才，营造人人皆可成才的良好氛围。研究制定职称管理办法，探索建立科学的院所两级评审体系。

三是优化结构，大力加强青年人才队伍建设。深入实施青年人才工程，开通农科英才职称评审绿色通道，加大力度推行 35 岁以下人员评副高、40 岁以下人员评正高的特殊通道（在 2018 年的职称评审中，40 岁以下晋升正高的占正高总数的 37%，35 岁以下晋升副高的占副高总数的 44%）。加强团队首席接班人培养，严格落实助理首席配备制度，重点培养一批 45 岁左右的团队首席，农科英才作为优先人选，确保我院人才队伍持续健康发展。

四是投身一线，建设“一懂两爱”科技人才队伍。落实我院脱贫攻坚与乡村振兴工作会议精神，实施乡村振兴科技支撑十大行动方案，结合“三区三州”、农业农村部 5 个定点扶贫县、我院 8 个科技扶贫和乡村振兴示范县需求，加强院士专家工作站建设，组织专家服务团解决一线生产中的科学问题，建立博士后“三创”实践基地，引导广大干部职工投身脱贫攻坚、乡村振兴主战场。

（三）创新薪酬激励机制

薪酬激励是最能调动积极性的措施之一，也是解决现实生活压力的最有效的手段。我们要充分利用深化科技体制改革的政策红利，打破平均主义“大锅饭”的收入分配方式，建立突出绩效和奖励贡献的薪酬制度体系，让有能力、做贡献、肯付出的人才有获得感、成就感和幸福感。

一是探索建立具有竞争力的薪酬激励体系。当前人才竞争愈演愈烈。在这场人才争夺战中，中国农业科学院拥有学科优势、平台优势、项目优势，但薪酬待遇与高校相比，总体水平还是偏低。我们的科研人员特别是年轻人，生活负担非常重，这就要求院所两级的人事、财务、科技、转化等部门加强协同配合，共同开展政策研究，摸清政策导向和边界，创新工作思路，制定出符合我院实际、具有一定竞争力和吸引力的薪酬激励体系。

二是建立完善成果转化收入分配机制。成果转化奖励分配是国家鼓励的、受法律保护的收入分配制度，是科研单位提高薪酬待遇水平的最佳方式。院里对成果转化活动作出了界定，内涵比较丰富，研究所和团队要充分利用好现有政策，立足本职和主业拓展成果转化收入来源，而且要把转化收入分配好。同时，研究所也要发挥统筹作用，对于因为学科性质导致转化能力不强的，比如从事基础研究的人员，研究所应当给予倾斜考虑。

三是探索建立多元的收入分配形式。当前各研究所主要实行以基本工资、岗位津贴、绩效奖励为主的“三元”工资。在此基础上，院所要积极探索知识、技术和管理要素参与分配的多种分配形式，对“高精尖缺”人才，探索实行年薪、协议工资、项目工资等灵活多样的收入分配机制，适应现代科研院所参与全球人才竞争的需要。

四是研究建立针对青年人员的薪酬保障机制。受限于现行的薪酬体系和社保制度，刚参加工作的年轻人，试用期工资普遍偏低，而且因为科研产出少导致绩效奖励少，扣除社保、公积金后到手工资就很少了，各研究所要建立针对青年人员的收入分配“托低”机制，缓解优秀青年人才后顾之忧，稳定人才队伍。

（四）全面改革考核评价制度

评价是“指挥棒”，引导着院所发展的方向，院里正在开展评价制度改革方面的研究工作，以研究所评价改革为统领，探索构建更加注重科技产出、突出价值导向、强化能力提升和影响力提升的研究所分类评价体系，并统筹推进全院评价体系改革，引导科技资源配置，促进学科布局调整。

一是探索建立科研进展管理与评价制度，对研究所、科研团队、科研人员确定的重点任务和任务进展情况开展评价。科研进展评价的前提首先是明确重点科研任务，形成任务清单。根据“三个面向”要求，院、所、团队、个人要谋划设计重点科研任务，各项任务分解到团队、到具体科研人员，构建院—所—团队—人员四级任务管理模式。引导研究所、团队和科研人员持续围绕重点任务开展工作，及时掌握重大科研进展，及时发现苗头性重大成果产出，对发现的问题及时调整，保证科研创新方向不偏离科研任务目标。实施科研进展评价的方式是考核年度进展，院里将制定具体的评价方案，明确科研人员、科研团队、研究所等不同层级的考核内容，各层级选取最具代表性的年度科研进展，逐级评价。还要加强评价结果应用，科研进展评价结果将作为评选年度十大科研进展、研究所评价、团队绩效考核、人才评价以及资源分配的重要依据。

二是探索实施人才分类评价，激发人才创新创造创业活力。区分科研工作属性，科学界定人才类别，明确各类人才评价重点。要破除完全以“四唯”论英雄的倾向，作为科研单位，论文、专利当然是评价人才的重要指标，但绝不是唯一指标，对不同人才类别必须加以区别。要树立以品德、能力、业绩、贡献为重点的评价导向，探索实施科研进展和代表性成果相结合的人才评价制度，完善以同行评价为基础的业内评价机制。强化个人工作与团队任务的一致性，注重个人评价与团队评价相结合，实行以合作解决重大科技问题为重点的整体性评价。实行高层次人才聘期管理，签订管理协议，明确聘期内任务目标，采取中期和期满考核的方式，建立“能上能下、能进能出”的动态管理机制。

三是健全成果转化评价体系，提升成果转化能力水平。要提高指标权重，将研究所评价中成果转化的指标权重提高到30%~40%，增加成果转化工作体系、“三创”团队建设等指标，促进研究所构建体系健全、功能齐备的成果转化综合平台，加强结构合理、业务过硬的成果转化队伍建设。要改革评价方向，实行对已转化的专利、品种计分，将评价重点由“成果数量”改为“已转化的成果数量”，实现“重数量”到“重质量”的转变。开展对所办科技企业经营管理的评价，引导研究所加强对所办科技企业的管理，提升企业盈利能力，增强所办科技企业快速自主转化成果、支撑研究所发展的作用。要突出国家队使命，充分认识脱贫攻坚、乡村振兴是农业科研国家队义不容辞的职责，对于获得脱贫攻坚、乡村振兴奖励的集体和个人，要给予相应的加分，倡导研究所、团队、科研人员扎根基层，服务“三农”，服务国家战略。

同志们，今天我们院所领导、各个创新团队的首席都来了，希望通过主题教育学习，大家能够进一步加深对习近平总书记“三农”工作重要论述的理解，加深对农业农村经济形势、产业重大需求、前沿科学问题的了解，做到院、所、团队三级统一思想、统一方向、统一步调，加快建设“两个一流”，夯实农业科研国家队地位，带动我国农业科技整体跃升。借此机会，我再对各位首席提几点希望。

一要坚持学习引领，准确把握时代发展方向。大家不能只是低头干活，还要抬头看路，最好的方式就是学习。当前，要认真参加“不忘初心、牢记使命”主题教育活动，深入系统学习习近平新时代中国特色社会主义思想，学习习近平总书记关于“三农”工作、科技创新重要论述和贺信精神，用科学的理论武装头脑。要认真学习韩部长在我院科技创新支撑乡村振兴报告会上的讲话精神，准确把握农业科技创新的方向和重点，把这些要求落实到科研的具体行动上。只有方向找对了、思路清晰了、重点明确了，团队的科研工作才会越走越顺、越来越好，否则就会被边缘化，直至淘汰。

二要崇农敬农爱农，传承宝贵农科精神。中国农业科学院建院 62 年来，一代代农科人牢记使命、勇于担当，以解决我国农业发展重大科技问题为己任，取得一大批重大原创成果，涌现出一大批著名科学家，也创造了具有农业科研特色的农科精神。要传承励志报国、创新为民的农科情怀。要坚持把国家战略需要、产业发展的需求、广大农民的期盼作为农业科研的出发点和落脚点，把“三农”硬任务、“卡脖子”技术作为主攻方向，积极投身到创新型国家建设、脱贫攻坚、乡村振兴的实践中去。要传承勇于探索、敢为人先的创新精神。要紧紧抓住新一轮科技革命和产业变革的重大机遇，勇于创设新理论、开拓新领域、探寻新方法，不畏挫折、大胆试错，想他人之不敢想，为他人之不敢为，才有可能在科技竞争和未来发展中抢得先机。要传承淡泊名利、甘于奉献的高尚情操。农业科研周期长、风险高、不确定性强、工作环境差，有的成果培育需要几十年时间，更需要潜心静气、力戒浮躁，坐得住冷板凳。更需要跨学科、跨领域的联合协作，依靠集体的力量，取长补短，共克难关。

三要践行国家队使命，在各自学科领域走在前作表率。各研究所和创新团队要有明确定位。中国农业科学院是全国农业科技创新的国家队，各研究所和创新团队则是各学科领域和研究方向的国家队。作为国家队，必须能够代表国家在该领域科学研究的最高水平，应当是国家在该领域里最倚仗的科技力量。各研究所和创新团队要做科技创新的排头兵。要主动抢占重大科学理论发现的先机，要敢于挑战最前沿的科学问题，要在战略必争的农业基础科学和前沿技术领域占据主导地位，要在关键核心技术攻关上发挥带头作用。团队首席作为产业技术体系内的科学家，要充分利用我院的资源优势，积极发挥引领带动作用。各研究所和创新团队要做成果转化的领头羊。在农业主产区要有主导品种和解决生产问题的综合技术方案，在重大动物疫情防治方面要有拳头产品，并占据相当的市场份额；要努力成为企业、地方政府、国际机构等购买农业科技服务的首选客户；要在技术咨询服务中提供最权威的科学方案；要做大做强所办企业，打造具有一定社会知名度的商标和品牌。

四要强化内部管理，打造充满活力和战斗力的创新团队。团队首席不仅是某研究领域的带头人，还是创新团队的管理者，既要提高学术水平和影响力，也要提高“带兵打仗”的组织领导能力。要加强团队自身建设。一个团队加上博士后、研究生差不多20多人，有的甚至更多。团队首席要做人力资源管理的行家，引人进人要立足需求、宁缺毋滥；选人用人要人岗相宜，最大限度发挥每位成员的作用。要加强任务目标管理。团队要根据科研任务按需设岗，根据岗位要求选拔人才，要将团队承担的科研任务细分到每个岗位上，让人人有事做、人人有任务，并作为团队成员考核的依据，任务完成情况直接与绩效分配挂钩。要培养高水平人才。团队首席要注重接班人培养，摒弃“教会徒弟饿死师傅”的狭隘想法，为年轻人成长创造机会、搭建平台。研究所要赋予团队首席选人用人权力，在人才的引进、推荐、考核等方面具有审核权。同时，将人才培养情况作为首席考核的重要内容，人才培养不力的，将作为首席调整的重要依据。

同志们，新时代赋予新任务，新使命要有新作为，让我们更加紧密地团结在以习近平同志为核心的党中央周围，坚守科研初心，牢记国家使命，紧紧把握“三个面向”，加快建设“两个一流”，为推动乡村振兴和创新型国家建设作出新的更大的贡献！

学原著　守初心　践行科技强农使命担当
——“不忘初心、牢记使命”主题教育党课报告

中国农业科学院党组书记　张合成

2019 年是中华人民共和国成立 70 周年，也是打赢脱贫攻坚战、向全面建成小康社会攻坚冲刺的关键之年。党中央决定在这个关键时刻开展“不忘初心、牢记使命”主题教育，决策英明、正当其时。我院主题教育活动学得实、调研深、对照细、进展好，党性修养得到进一步锤炼，理想信念进一步坚定，干事创业的精气神进一步增强。针对我院党员干部、团队首席思想状况，结合学习习近平新时代中国特色社会主义思想的体会，以及调研中发现的一些问题，就我院处级以上领导干部、首席科学家、共产党员守初心、担使命、抓落实的相关认识和实践问题谈以下三点看法。

一、学原著，守初心，筑牢农业科学家信仰之基

初心是我们党作为马克思主义政党的本色体现。在新时代，我们党顺应时代发展新要求，创立了习近平新时代中国特色社会主义思想。理论创新每前进一步，理论武装就要跟进一步。通过党的基本理论、基本路线、基本方略学习，坚持思想建党、理论强党，坚持学思用贯通、知信行统一，不断增强“四个意识”、坚定“四个自信”、做到“两个维护”，筑牢信仰之基、补足精神之钙、把稳思想之舵。中国农业科学院党员干部学原著读原文需要突出把握好 9 个重点。

（一）学习《共产党宣言》关于马克思主义政党的“初心”

习近平总书记指出：“我们党的初心和使命是建立在马克思主义科学理论基础之上的。”我们党初心的起点，就是《共产党宣言》。《共产党宣言》庄严宣告：“过去的一切运动都是少数人的，或者为少数人谋利益的运动。无产阶级的运动是绝大多数人的，为绝大多数人谋利益的独立的运动。”心两个少数”和“两个绝大多数”的鲜明对比，深刻说明了马克思主义政党最根本的立场是人民立场，也就是为绝大多数人谋福利。《共产党宣言》阐明了共产主义的崇高理想：“代替那存在着阶级和阶级对立的资产阶级旧社会的，将是这样一个联合体，在那里，每个人的自由发展是一切人的自由发展的条件。”同时，《共产党宣言》指出，在实现共产主义的奋斗过程中，无产阶级政党“没有任何同整个无产阶级的利益不同的利益”。当年党的许多领导者和创始人就是通过《共产党宣言》的启蒙，本着为人民谋幸福、为民族谋复兴的信念而建立了中国共

产党。而中国共产党自诞生以来，就是《共产党宣言》的忠实信仰者和实践者，始终坚定共产主义理想信念，把全心全意为人民服务作为宗旨信条。中国共产党“除了工人阶级和最广大人民群众的利益，没有自己特殊的利益”。这是中国共产党党章诠释的我们党的初心，这与《共产党宣言》是一以贯之、一脉相承的。

（二）学习习近平总书记关于“初心”的系统论述

总书记在党的十九大报告中明确指出：“中国共产党人的初心和使命，就是为中国人民谋幸福，为中华民族谋复兴。这个初心和使命是激励中国共产党人不断前进的根本动力。”在党的十九届一中全会上强调“要时刻不忘这个初心，永远把人民对美好生活的向往作为奋斗目标。”习近平总书记主持中央政治局第十五次集体学习时，再次强调：“我们党是用马克思主义武装起来的政党，始终把为中国人民谋幸福、为中华民族谋复兴作为自己的初心和使命，并一以贯之体现到党的全部奋斗之中。”总书记还意味深长地指出，这是我们党永葆斗志、攻坚克难，不断取得辉煌成就的根本原因，强调“忘记这个初心和使命，党就会改变性质、改变颜色，就会失去人民、失去未来”。习近平总书记不忘初心，常谈初心。他指出：“不忘初心，方得始终。对马克思主义的信仰，对社会主义和共产主义的信念，是共产党人的政治灵魂，是共产党人经受住各种考验的精神支柱。”

（三）学习贯彻党的基本理论、基本路线、基本方略

习近平新时代中国特色社会主义思想是马克思主义中国化的最新成果，是21世纪中国的马克思主义，是全党全国人民为实现中华民族伟大复兴而奋斗的行动指南。党的基本路线是党和国家的生命线，在党的基本路线中，以经济建设为中心是兴国之要，四项基本原则是立国之本，改革开放是强国之路，建设社会主义现代化强国是奋斗目标。党的十九大提出了新时代坚持和发展中国特色社会主义的基本方略，即“十四个坚持”：坚持党对一切工作的领导，坚持以人民为中心，坚持全面深化改革，坚持新发展理念，坚持人民当家作主，坚持全面依法治国，坚持社会主义核心价值体系，坚持在发展中保障和改善民生，坚持人与自然和谐共生，坚持总体国家安全观，坚持党对人民军队的绝对领导，坚持“一国两制”和推进祖国统一，坚持推动构建人类命运共同体，坚持全面从严治党。这“十四个坚持”，是实现“两个一百年”奋斗目标的“路线图”和“方法论”。党的基本理论、基本路线、基本方略是我们党带领人民推进改革开放的历史进程中形成的，必须不断深化认识，切实增强贯彻落实党的基本理论、基本路线、基本方略的思想自觉和行动自觉。

（四）学习贯彻习近平总书记“三农”工作重要论述

习近平“三农”思想，是习近平新时代中国特色社会主义思想的重要组成部分，是我们党“三农”理论创新发展的重要成果，是做好新时代“三农”工作的行动指南。必须掌握 8 个要点：一是推动农业农村优先发展。中国要强，农业必须强，中国要美，农村必须美，中国要富，农民必须富；任何时候都不能忽视农业、不能忘记农民、不能淡漠农村；要实施乡村振兴战略，坚持农业农村优先发展。二是把中国人的饭碗牢牢端在自己手中。抓农业农村工作，首先要抓好粮食生产；中国人的饭碗任何时候都要牢牢端在自己手中，饭碗里必须主要装中国粮；要坚持以我为主、立足国内、确保产能、适度进口、科技支撑的国家粮食安全战略，确保谷物基本自给、口粮绝对安全。三是大力提高农民的获得感幸福感。党中央的政策好不好，要看乡亲们是哭还是笑，要是笑，就说明政策好要坚持，要是哭，说明政策还要完善和调整；检验农村工作成效的一个重要尺度，就是看农民的钱袋子鼓起来没有；小康不小康，关键看老乡，关键看贫困老乡能不能脱贫。四是增强农业农村发展活力。解决好农业农村发展面临的各种矛盾和问题，根本靠深化改革；新形势下深化农村改革，主线仍然是处理好农民和土地的关系；最大的政策，就是必须坚持和完善农村基本经营制度。要有历史耐心，农村改革决不能犯颠覆性错误。五是加快推进农业农村现代化。要以构建现代农业产业体系、生产体系、经营体系为抓手，加快推进农业现代化；农业现代化关键在科技进步和创新，真正让农业插上科技的翅膀；要培育新型农业经营主体，发展多种形式适度规模经营，促进农村一二三产业融合发展。六是不断提高农业供给体系质量和效率。要把增加绿色优质农产品供给放在突出位置，推动质量兴农。七是要坚持农业绿色发展。绿水青山就是金山银山；推进农业绿色发展是农业发展观的一场深刻革命，要推动形成同环境资源承载力相匹配、生产生活生态相协调的农业发展格局。让美丽乡村成为美丽中国的底色。八是要坚持推动城乡融合发展，让广大农民平等参与现代化进程、共同分享现代化成果。

（五）学习贯彻习近平总书记科技创新重要论述

习近平总书记坚持和发展马克思主义科学技术论，形成了以“创新是引领发展的第一动力”为核心观点的习近平科技创新思想。重点把握好八个方面：一是提出创新是引领发展的第一动力。抓经济社会发展全局，就必须牵住创新这个“牛鼻子”；抓全面创新，就必须紧紧抓住科技创新这个“牛鼻子”。二是提出创新强国三步走的战略部署。我国科技事业发展的目标是，到 2020 年时使我国进入创新型国家行列，到 2030 年时使我国进入创新型国家前列，到中华人民共和国成立 100 年时使我国成为世界科技强国。三是提出科技创新“三个面向”的总方针。2014 年，习近平总书记强调要面向世界科技前沿、面向国家重大需求、面向国民经济主战场，“三个面向”被确立为《国家创新驱动发展战略纲要》中的基本原则。2017 年 5 月 26 日，习近平总书记在致我院 60 周年贺信中对农业科研事业作出“三个面向”的重要指示。四是要求打通科技和经济转移转化的通道。科研与经济“两张皮”是我国多年来存在的一大痼疾。要深化科技体制改革，坚决扫除阻碍科技创新能力提高的体制障碍，有力打通科技和经济转移转化的通道。五是要求尊重科研规律。科学发现是有规律的，要容忍在科学问题上的“异端学说”。不要以出成果的名义干涉科学家的研究，不要动辄用行政化的“参公管理”约束科学家。要尊重科学研究灵感瞬间性、方式随意性、路径不确定性的特点。不要以出成果的名义干涉科学家的研究，不要用死板的制度约束科学家的研究活动。科学研究要着眼长远，不能急功近利，欲速则不达。要让领衔科技专家有职有权，有更大的技术路线决策权、更大的经费支配权、更大的资源调动权，防止瞎指挥、乱指挥。既要用事业激发其创新勇气和毅力，也要重视必要的物质激励，使他们“名利双收”。名就是荣誉，利就是现实的物质利益回报，其中拥有产权是最大激励。要着力改革和创新科研经费使用和管理方式，让经费为人的创造性活动服务，而不能让人的创造性活动为经费服务。六是关于学术道德和科研伦理的论述。当前，学术浮夸、学术不端、学术腐败现象不同程度存在，有的急功近利、东拼西凑、粗制滥造，有的逃避现实、闭门造车、坐而论道，有的剽窃他人成果甚至篡改文献、捏造数据。为此，要大力弘扬优良学风，把软约束和硬措施结合起来，推动形成崇尚精品、严谨治学、注重诚信、讲求责任的优良学风，营造风清气正、互学互鉴、积极向上的学术生态。七是提出真正让农业插上科技的翅膀的战略要求。粮食生产根本在耕地，命脉在水利，出路在科技。一粒种子可以改变一个世界，一项技术可以创造一个奇迹。要舍得下气力、增投入，注重创新机制，激发活力，着重解决好科研和生产“两张皮”的问题，真正让农业插上科技的翅膀。八是关于农业科研“三个面向”的重要指示。习近平总书记在致中国农业科学院 60 周年的贺信中指出，60 年来，中国农业科学院牢记使命、勇于担当，以解决我国农业发展重大科技问题为己任，取得一大批具有国际先进水平的重大原创成果，培养造就了一大批农业科技领军人才，为我国“三农”事业发展作出重要贡献。中国是农业大国，有着悠久农耕历史和灿烂农耕文化。农业现代化关键在科技进步和创新。要立足我国国情，遵循农业科技规律，加快创新步伐，努力抢占世界农业科技竞争制高点，牢牢掌握我国农业科技发展主动权，为我国由农业大国走向农业强国提供坚实科技支撑。作为农业科研国家队，中国农业科学院要面向世界农业科技前沿、面向国家重大需求、面向现代农业建设主战场，加快建设世界一流学科和一流科研院所，勇攀高峰，率先跨越，推动我国农业科技整体跃升，为实现“两个一百年”奋斗目标、实现中华民族伟大复兴的中国梦作出新的更大的贡献。

（六）学习贯彻习近平总书记人才与知识分子重要论述

重点学习 6 个要点：一是人才是支撑发展的第一资源。创新驱动实质上是人才驱动。知识分子是生产力的开拓者、文化的创造者、知识的传播者，必须把他们紧紧团结在党的周围，发挥他们的智慧和才能。总结中华人民共和国成立以来我们党处理知识分子问题的历程，可以看出，什么时候处理得好，党和人民事业就蓬勃发展；什么时候处理得不好，党和人民事业就容易遭受挫折。这是一条历史经验，一定要牢牢记取。二是知识分子勇立潮头、引领创新的品格。既奇思妙想、“无中生有”，努力追求原始创新，又兼收并蓄、博采众长，善于进行集成创新和引进消化吸收再创新；既甘于“十年磨一剑”，开展战略性创新攻关，又对接现实需求，及时开展应急性创新攻关；既尊重个人创造，发挥尖兵作用，又注重集体攻关，发挥合作优势。三是知识分子天下为公、担当道义的情怀。我国知识分子历来有浓厚的家国情怀，有强烈的社会责任感。“修身齐家治国平天下”“为天地立心、为生民立命、为往圣继绝学、为万世开太平”“先天下之忧而忧，后天下之乐而乐”，这些思想为一代又一代知识分子所尊崇。现在，党和人民更加需要广大知识分子发扬这样的担当精神。这是一份沉甸甸的责任。四是知识分子有思想、有主见、有责任。对来自知识分子的意见和批评，只要出发点是好的，就要热忱欢迎，对的就要积极采纳。即使一些意见和批评有偏差，甚至不正确，也要多一些包容、多一些宽容，坚持不抓辫子、不扣帽子、不打棍子。五是要正确区分学术问题和政治问题，不要把一般的学术问题当成政治问题，更不要把政治问题当作一般学术问题，既反对打着学术研究旗号从事违背学术道德、违反宪法法律的假学术行为，也反对把学术问题和政治问题混淆、用解决政治问题的办法对待学术问题的简单化做法。六是提高做好知识分子思想政治工作的本领。一些单位知识分子工作只抓业务不抓思想，甚至以物质刺激代替政治引导；有的虽然也做思想工作，但只是读读报纸、念念文件，没有什么实效。要加强对人才的政治引领，做好各类人才教育培训、国情研修等工作，增强他们的政治认同感和向心力。要做好联系服务人才工作，政治上充分信任、工作上创造条件、生活上关心照顾，多为他们办实事做好事解难事。

（七）学习我院老一辈科学家爱国敬农的情怀

习近平总书记指出，一代人有一代人的奋斗，一个时代有一个时代的担当。我院广大科学家在科学前沿孜孜求索，在重大科技领域不断突破。建院 60 多年来，涌现出一批潜心科研矢志报国的农业科学家。向矢志科学救国拓荒者学习：首任院长丁颖院士，年轻时就立志科学救国，3 次赴日本研修，学成毅然归国，投身水稻研究。出任我院第一任院长后，严谨治学，晚年罹患肝癌，仍坚持下田试验。老院长金善宝先生留美归来后，抗战期间鉴定筛选出最好的小麦品种支援延安革命事业。中华人民共和国成立后育成了多个高产小麦品种。向立志科学兴国引领者学习：庄巧生院士在推动数量遗传学和计算机在中国作物育种中的应用研究及倡导改良小麦加工品质等方面作出了贡献。方智远院士育成了我国第一个甘蓝一代杂种。张子仪院士是我国动物营养与饲料科学界有口皆碑的铺路人。范云六院士带领团队实现了将植酸酶基因转入玉米并获得稳定遗传的转基因玉米纯合体。陈宗懋院士先后提出的 18 项标准被采纳为国家标准，主导茶叶农残检测标准制定。向致力科学强国奋斗者学习：何中虎研究员致力于小麦品质研究、育种可用分子标记发掘与应用、新品种培育。刘济伟研究员科技支持阜平脱贫，被誉为苹果县长。金黎平研究员创建了马铃薯高效育种技术体系。陆宴辉研究员坚守田间地头 12 年突破了棉花害虫绿色防控技术瓶颈。作科所“小麦种质资源与遗传改良创新团队”2016 年荣获国家科学技术奖创新团队奖，这是该奖设立以来我国农业领域首次获此殊荣。北京畜牧所反刍动物营养研究团队被授予全国青年文明号荣誉称号。经过我院一代一代农业科学家的顽强拼搏和刻苦努力，形成了以祁阳站精神、中棉所精神等为代表的农科精神。

（八）学习习近平总书记全面从严治党论述

8 个重点：一是从严治党永远在路上。从严治党要贯穿于改革开放和现代化建设全过程，贯穿于党的建设和党内生活各方面。二是把纪律挺在前面，党纪严于国法，使纪律成为管党治党的尺子、党员不可逾越的底线。只有坚持纪严于法，才能突出强调广大党员和各级党组织区别于普通公民的政治意识和政治责任，体现对于党组织、党员更高更严的要求。三是关键少数作表率，形成头雁效应。在党内政治生活中突出“关键少数”，就是要发挥领导干部的表率作用，把标杆立起来、把“范儿”亮出来，一级做给一级看、一级带着一级干，形成上行下效的正向效应。四是信任与监督，一个不能少。信任是党员干部干事创业的必要前提，而监督又是党员干部正常履职尽责的重要保证。基于监督的信任才是真正可靠的信任，基于信任的监督才是真正的关心爱护。觉得接受党和人民监督很不舒服的人，就不具备当领导干部的起码素质。五是必须正确处理干净和担当的关系，绝不能把反腐败当成不担当、不作为的借口。干净和担当、勤政和廉政，是完全统一的。干事但不干净不行，干净却不干事也不行；勤而不廉必出事，廉而不勤必误事。我们正处于改革攻坚时期，发展任务艰巨，利益诉求多元，党员干部在其位就要谋其事、尽其责，把干净和担当、勤政和廉政统一起来，勇于挑重担、能啃硬骨头、敢接烫手山芋。六是党内要保持健康的党内同志关系，倡导清清爽爽的同志关系、规规矩矩的上下级关系，坚决抵制拉拉扯扯、吹吹拍拍等歪风邪气。要带头建立健康的工作关系，不把管理的公共资源用于个人或者单位结“人缘”、拉关系、谋好处。七是家庭、家教和家风。家庭是人生的第一个课堂，家风是一个家庭的精神内核，家风是社会风气的重要组成部分，妇女在树立良好家风方面具有独特作用。领导干部的家风，不是个人小事、家庭私事，而是领导干部作风的重要表现。八是公私关系。公私分明是基本操守，公而忘私是崇高境界。争当一名大公无私、公私分明、先公后私、公而忘私的党员干部。只有一心为公，事事出于公心，才能有正确的是非观、义利观、权力观、事业观，才能把群众装在心里，才能坦荡做人、谨慎用权，才能光明正大、堂堂正正。

（九）学习习近平新时代中国特色社会主义思想要下真功夫

一要在读原著、学原文上下功夫。“读原著、学原文”是学习的传统，领会的钥匙，宣讲的前提，做实的根基。要原原本本、原汁原味学习研读习近平总书记的重要讲话原著、党的十九大报告和党章。不要以看看手机、查查标题代替读原著、学原文。二要在悟原理上下功夫。做到学而思、学而用，增强用习近平新时代中国特色社会主义思想推动农业科研工作的本领。不要把学习初心和科研工作看成两件事、做成两张皮，你学你的初心，我做我的科研。三要在理论指导科研实践上下功夫。农业科研的选题在农村，农业科学的问题在生产中，农业经济和社会运行的难题在乡村，广大农户生产经营中的难点痛点亟待我们去解决。要走出实验室、走出大院大所，走进乡村农户、走进田间地头，到农业农村一线发现需求、凝练选题、解决问题，切实做到乡村振兴和脱贫攻坚主战场在哪里，中国农业科学院的专家团队就到哪里。我们要防止科研选题只凭兴趣与产业无关、科研成果只为获奖与转化无关、科研论文只求高分与应用无关。四要在终身学习上下功夫。习近平总书记强调，要“把不忘初心、牢记使命作为加强党的建设的永恒课题，作为全体党员、干部的终身课题”。这次主题教育只有 3 个月的时间，但广大党员干部要始终保持干事创业的精气神不放松，常怀危机意识。要防止初心教育阶段化、功利化，诸如，主题教育结束了学习材料、著作报告就束之高阁了，提拔晋升了初心学习就告一段落了，位高权重、资望深厚了理想信念自然就坚定了，科研任务紧张了学习就可以先放一放了，退休离职了初心学习就可以不参加了，等等，这些做法想法要不得。

二、找差距，知信行统一，勇担科技强农光荣使命

总书记“三个面向”的指示精神是我院科技创新的总方向、总目标、总任务、总要求、总抓手。我院处级以上领导干部、首席科学家、共产党员，在这次主题教育中要系统学习、系统领悟、系统对照，把落实“三个面向”重要指示作为检验我院各级组织主题教育活动的政治考核指标、检验我院科学家干事创业敢担当的业务考核指标、检验我院创新工程为民服务解难题的群众满意度考核指标。

（一）在学习中查摆推进“三个面向”的差距

改革开放以来，特别是党的十八大以来，我国农业农村经济发生了历史性变化、取得了历史性成绩，农业科技进步的贡献十分显著。但对标世界农业科技前沿和国家最紧迫的重大需求，落实“三个面向”重要指示仍然存在一些突出问题。

一是战略研究滞后，科研学科布局跟不上产业转移趋势。这些年来，我国水稻、棉

花、大豆、糖料、马铃薯及生猪生产，主产区布局发生了重大变化，生产方式发生了重大变化，而我院的研究所仍然布局在老地方，学科布局仍然沿用前苏联时期的框架。一些研究所对本所学科领域和研究方向没有很好规划，没有对服务国家重大产业需求和现代农业建设主战场作出系统的谋划和布局。

二是前沿技术科研的稳定性、持续性不足。没有长期的稳定的基础研究就不可能产生颠覆性前沿性的科研成果。这些年来，由于过度强调竞争性立项，农业资源保护、种质资源研究等基础性长期性科研工作很难得到稳定性支持。现代生物技术、信息技术、材料技术在农业领域的应用研究也得不到专项支持。一些交叉学科未能得到应有重视。

三是科技支撑保障作用弱化，国家重大需求没有完全转化为科研选题。资源节约、绿色发展、种质资源、核心种源、营养健康等重大国家需求与科研专项对接不足。有些科研团队没有抓住当前我国农业科技创新亟须解决的关键性问题、亟须攻克的关键性技术，没有紧扣本研究领域最基础、最突出、最卡脖子的重大产业科技问题。

四是科技成果转化能力尚显不足。近期，国家出台一系列成果转化政策，鼓励科研单位加快成果转化，但农业科研单位在成果转化过程中面临着诸多难题。例如，科学家和科研团队普遍缺少成果转化经验，市场供需把握程度低，成果市场价值估算能力不足。又如，国家对农业科技成果转化的税收优惠政策、风险保障政策、平台支持政策等缺少配套，极大影响政策执行效果。由于绝大多数科研人员和科研团队承担不起成果转化失败风险，在很大程度上阻碍了成果转化工作的快速推进。

五是过分强调论文导向，降低了科研人员面向现代农业建设主战场的主动性。考核指标就是指挥棒，一些研究所、科研团队、科研人员忙于完成考核指标，忙于报项目、评成果、评职称（有的科研人员提出，团队首席真正将时间用在科研上的时间只占1/3，一般忙于各种会议，比如学术会，党政会，各种检查、各种评审、各种报表、各种接待），没有将自己的选题聚焦到国家政策部署的重点问题上来，没有充分发挥我院农业科研国家队的服务作用。

（二）在生产一线寻找与“三个面向”的差距

今年上半年，我先后赴新疆、甘肃、黑龙江、河南、四川等多地开展调研。尤其在新疆、甘肃调研时，政府部门、龙头企业、合作社、农牧民等不同主体迫切希望解决生产科技问题。

一是农产品主产区迫切需要布局国家科技力量。改革开放40余年来，农业农村新形势新任务发生巨大变化，部分研究所的区域布局已不能适应主产区转移和产业结构调整步伐。比如，目前我国棉花主产区呈现“西进北扩东移”态势，新疆已成为全国最大的棉花产区，2018年，新疆棉花产量511.09万吨，占全国的83.8%，占全球的19.6%，种植面积、单产、总产等指标连续多年位居全国首位，“世界棉花看中国，中国棉花看新疆”的局面已基本形成。面对美棉、澳棉激烈竞争和挤压，高起点、高标准加快建设我院西部中心成为当务之急。因此，我们要积极推进以产业布局引领科研布局，在四川成都建设国家成都农业科技中心，在新疆昌吉建设西部农业研究中心，在海南三亚建设南繁研究院，在黑龙江建设北方水稻中心，与深圳市共建国际农业食品科学中心等。

二是三产融合发展迫切需要创新科企融合模式。在新疆调研时，天莱牧业公司董事长张胜说："像我们企业靠粗放经营和管理发展到目前这种地步，想要进一步做大做强，提升产品和产业国际竞争力，没有科技和人才的有力支撑，是完全不可能的。"广东温氏集团就是人才和科技助推企业发展、实现科企融合的一个经典案例。温氏集团初创于 1983 年，现已发展成为跨地区的现代农牧企业上市集团公司。该集团产学研融合发展先后经历了 3 个阶段：1992 年以前是顾问式松散型，主要聘请大学老师担任技术顾问。1992—2006 年改为单一学科、学校合约型紧密合作模式。2006 年发展成为多学校、多学科产学研全面协作模式，科企成果共有、利益共享。这种模式值得我们去学习、去思考、去借鉴，创新适合我院特点的科企融合新模式。

三是基层对全产业链技术模式需求迫切。我国棉花产业发展中"高等级棉严重短缺、低等级棉严重过剩"，为此，新疆等棉花主产区打造全产业链绿色技术集成模式迫在眉睫，但由于存在技术融合集成创新程度低、高品质新品种短缺、绿色化技术水平低、优棉不能优用、优质不能优价等一系列问题，阻碍了全产业链技术集成模式的形成。要打造这种模式，中国农业大学的科技小院经验很值得我们学习借鉴。2009 年中国农业大学在河北曲周建立了第一个科技小院，到目前已在全国 23 个省市区建起了 127 个科技小院。如今，这种模式已成为全产业链技术服务"三农"的一个典范模式。

四是市县迫切需要长期稳定的专家团队。在甘肃调研时，临潭县农业农村局负责人提出："希望中国农业科学院从产业发展、动物疫病防控、人员培训、专家院士工作站建设等方面派出科研团队，为临潭县发展牛、羊、菜、中药四大产业以及蜂、驴、鸡、藜麦四小产业提供长期稳定的技术支撑。"博乐市、临泽县农业、畜牧、科技等部门和乡镇领导同志反映，希望我院为当地科技人员提供长期、系统技术培训，解决牛羊死亡率居高不下影响脱贫增收难题。为此，我们必须坚持"脱贫攻坚和乡村振兴主战场在哪里，中国农业科学院专家团队就到哪里"的理念，持续向特困地区派出专家团队和科研人员，以院属研究所为依托，建立面向"三区三州"贫困地区的院士专家工作站，开展长期稳定的科技服务工作。

（三）对标国家需求国际前沿查找落实"三个面向"的差距

一是把国家需求转化为科研选题不够。如何突出"藏粮于技"、非洲猪瘟疫苗、畜禽良种化、牛奶优质化、绿色发展技术、防控草地贪夜蛾等重大问题联合公关，系统梳理各领域"卡脖子"关键核心技术及供应链风险，组织攻关突破研究不够。

二是在短板领域培育"撒手锏"技术不够。如何重点在重大育种价值关键基因挖掘、主要园艺作物优质品种国产化育种、畜禽核心种质育种、新化学实体农药兽药创制、新型肥料与化肥替代、农业传感器、智能化大型农机装备研发等方面加快突破，建设战略性技术创新高地研究不够。

三是突出前沿科学问题的引领作用不够。如何重点在农业合成生物学技术、作物高光效育种理论与技术、马铃薯二倍体育种技术、动物干细胞与生殖调控技术、立体农业技术、农业大数据与云计算技术等战略必争的农业基础科学和前沿技术领域实现率先跨越，打造全球农业科学珠峰研究不够。对未来农业科技、形态研究不够。

（四）对照党章准则查找精神状态上的差距

习近平总书记指出，一些党员干部为民服务不实在、不上心、不尽力、脱离群众。有的群众感情淡漠，难以同群众打成一片，更没把群众当亲人。有的高高在上，对群众反映强烈的问题消极应付、推诿扯皮。有的习惯以会议落实会议、以文件落实文件，党的主张在一片落实声中落了空。最近，院党组和院部各单位对表总书记的要求，查摆了影响院内工作效率的主要问题，一些同志存在“推、拖、等”的问题。一是遇事先推。推上、推下、推外，实在不行推给制度，推给前任，最后推给“人手少”。据反映，有的同志面对一些难啃的骨头，不是迎难而上，而是遇到矛盾就想往上交、往外推，要么就等着领导下指示。二是难事拖久变坏事。对于院党组明确部署的工作任务，有的部门、有的同志既不担当也不负责，需要对外统筹协调推动的，不去主动谋划开展工作，缺乏积极作为，甚至能推就推、能拖就拖、能挡就挡。三是等待中耽误了大事。我们提出科技成果转化是“三创一体”，我们院的政策文件都已颁布，很多人还在观望。没有落实方案，没有落实措施。针对有些按规定不能办的事，有的同志对当事人不是做耐心、细致的解释说明工作，而是往上推，说领导不同意，或是说只要领导同意就能办。出现这些问题究其原因有三。一是不会，不了解政策、不熟悉方法，不知道基层情况。有的同志不了解基层情况，对一线科研人员没感情。二是不想。船到码头车到站，来农科院工作只是职业不是事业，没追求目标，没奋斗思想。有的领导干部满足于参加研讨会、出席论坛、各种会议仪式致辞，日程表满满当当，基层同志难得见面。三是“不敢”。有同志借巡视、审计、纪检纪律提出过问题，不敢干事、不愿干事。一些工作无进展、效果差，背后的问题是严重的责任担当、干事创业的精气神不足。院党组将把改进作风，提高效率做为这次主题教育活动的检视问题重点、专项整改重点、落实重点，完善落实牵头主责制、首问主办制、重大事项报告制，重要工作即时沟通汇报制等制度，切实提高我院各级领导的服务意识、管理效率、发展实力、学术能力。

三、见行动，学思用贯通，践行首席科学家责任担当

我院的 330 个创新团队是我国农业科研学术思想、科学精神形成、发展、传承的基

本功能单元，是我院改革稳定发展的基本功能单元。今天我想以党组书记的角度，与领导干部、创新团队首席、基层支部书记、高级专家谈一谈践行责任担当的具体问题。

（一）科研选题要紧扣最紧迫的国家需求

一是要了解什么是国家需求。有一些年轻科学家从家门到校门再进实验室门，对国家需求、产业需求、市场需求、消费者需求、生产者需求不了解、没感受，不少科研选题闭门造车、脱离需求。二是要了解什么是最紧迫和卡脖子的问题。“关键核心技术是要不来、买不来、讨不来的”，一定要认真梳理本领域的关键技术、卡脖子问题。目前，优良动植物品种、农业信息化核心设备、大型智能化农机装备都受制于人。畜禽水产养殖、农业资源环境等节本优质绿色核心技术还严重短缺。三是要把国家需求转化成科学问题。深挖制约产业发展所面临的科技需求与短板，找到科学问题的实质，明确科研选题，列出路线图、时间表。

（二）学科建设要对标世界科技前沿

一是要切实了解本学科领域的世界前沿。科研主管领导、首席科学家一定要了解本学科领域内的世界前沿是谁、中间还有谁、比我们先进多少，要知己知彼。绝不能“踩西瓜皮”，滑到哪里是哪里。二是以“十年磨一剑”之毅力盯紧世界前沿。要持续开展应用基础研究，坚持原始创新，甘于寂寞，甘于清贫，防止急功近利。三是高新技术应用一定要跟上时代的步伐。没有高新技术应用就没有农业现代化。要在现代生物技术、现代信息技术、现代材料技术尽快实现突破。四是在交叉学科领域要有建树。在一些重大的交叉领域要提倡强化研究、要有突破。要以推动重大科技项目为抓手，在尚未布局的新兴学科、短板技术等急需领域，加快组建新兴交叉学科团队。

（三）要超前谋划储备重大科技专项

一是善于把重大需求转变成重大科研专项。需要从产业中不断凝练，从国家重大需求出发，把思路变成专项、变成项目、变成实施方案。二是专项设计要有“功成不必在我”的战略眼光。在一些需要长时间积累才能产生成果的学科，要甘于做长周期的项目。三是小打小闹解决不了“卡脖子”问题。不能满足于当参与者，搞小项目，做眼前事，小富即安。四是谋划重大专项要有储备而非临渴掘井。各级领导、领导首席科学家一定要站在全国的高度，站在历史的高度，为全国农业科技创新做好战略研究。

（四）要谋划储备重大科研实验转化平台

各所、各学科有这个责任与义务把平台建设好、管理好、使用好。现代农业需要现代科学实验基地引领，长期稳定的科研需要稳定运行的实验平台支撑，突破性的技术要经过高科技化的实验设施验证，亟待转化的科研成果需要熟化车间与交易平台的充分孵化。我们目前正在建设新的国家作物种质库，设计容量达150万份，将是世界最大规模，对今后50年全国作物育种、基础研究、产业发展与国际竞争力提升等具有的重大意义。但我们在农作物种质资源挖掘上还存在很大差距，既无大型的作物表型和基因型鉴定设施，也无基因组大数据与表型组大数据联合智能分析能力。

（五）努力构建“三创一体”创新链

“三创一体”的创新链是解决科研和产业“两张皮”最基本的改革举措。团队首席要深刻认识“三创一体”的重要性，要在“三创一体”中担负起自身责任。一是做好选题应用性评价。选题不能只有先进性没有应用性，要考虑到选题的应用价值。二是做好科研进展应用性评价。要把科研工作延伸到创造环节，结合需求把创新的成果产品化、材料化、技术化、专利化，并进行应用性评价。三是做好对科研成果的就绪度评价。没有就绪度的成果只能得零分。研发出的专利、产品要能孵化成产业、孵化成利润。四是参与成果转化的谈判。不是让首席科学家成为商人、谈判家，而是让首席科学家参与价格的制定，只有团队首席才能准确了解其成果的价值。

（六）强化协同落实重大科研计划

组织开展重大关键技术的协同攻关，是我院国家队的重要职责。近期，我院梳理凝练出“藏粮于技”系列科研计划，将举全院之力持续开展攻关，各团队首席要将其作为一项重要的政治任务。要加强创新协作，避免重复研究，克服单打独斗，强化设备开放，突出成果共享，推进全院一盘棋。首席科学家要注意处理好团队同原研究室、课题组之间的关系，处理好课题组和研究室的关系，实现资源、设备、信息的共享。

（七）努力探索科研导向和改革方向。

院所主要在以下四个方面下功夫：一是把科研进展确立为科研评价的基本要素。重大奖励来自重大成果，重大成果的基础是突破性科研进展。院里将探索建立科研进展报告制度，把科研进展作为研究所、团队、个人业绩考核的基本要素。二是多维度统筹分类评价。既要统筹科研机构、科研项目、科技人才的评价，也要统筹科研、转化、支撑、管理四类人员各行其道、各得其所，更要把基础研究、应用研究、开发研究赋予同等权重，大幅度提高成果转化的占比。探索代表作制度，形成专利、论文重质量的取向，鼓励在院内学术刊物里发表高水平文章。突出争先创优，对获得的各类奖项给予特别附加奖励。三是让科学评价功能回归学术委员会。要切实强化院所两级学术委员会建设，充分发挥咨询评议、参谋顾问、学术引领、评审把关、监督指导等学术治理作用。四是把科研评价权还给研究所和科研团队。通过考核指标、考核体系、分类评价把团队凝聚起来，还权于研究所和科研团队才能从根本上破“四唯”、实现“放管服”。

（八）弘扬新时代科学家精神走在前

团队首席科学家是科研学术工作实践者、领导者，是农业科学创新的领头雁、排头兵，是学术思想科研道德传承人、守护人，是本学科、本团队的旗帜。一是要带头弘扬新时代科学家精神。要在追求科学真理，把“爱国、创新、求实、奉献、协同、育人”的新时代科学家精神传承下去。二是要争做甘为人梯的孺子牛。做好科研团队建设规划，并按岗位需要精准引人育人，摒弃“教会徒弟饿死师傅”的狭隘想法，要胸怀宽广、甘为人梯，为年轻人成长创造机会、搭建平台。三是争做新时代学术道德守护人。坚守科研诚信的底线，要以德立身和以德立学。反对浮夸浮躁、投机取巧、“圈子”文化。四是争做优秀团队文化的引领者。“求真笃行，敬农致用”是我院的院训，也是我们院所文化的重要代表。首席科学家作为文化建设的重要力量，要打造“团结紧张，严肃活泼”优秀团队文化。

（九）胜任公私分明克己奉公的关键少数

一是做到公私分明。作风问题有的看起来不大，几顿饭，几杯酒，几张卡，但都与公私问题有联系，都与公款、公权有关系。公款姓公，一分一厘都不能乱花；公权为民，一丝一毫都不能私用。二是营造宽松环境。要防止学术活动行政化、学术交流一言堂、团队首席像首长。在团队内部形成促进思想碰撞、激发创新灵感、营造学术争鸣的良好氛围。三是发挥关键少数的表率作用。带头遵纪守法。把“四宽四严”原则落地落实，私要严、公要宽，关键少数要严、专家学者要宽，作风建设要严、学术氛围要宽，重点人重点事上要严、一般性科研探索要宽。

（十）首席科学家把党的领导落实到科研团队

一是要讲政治。有的专家认为自己是自然科学家，不需要关心政治；有的同志认为自己不是党员，不需要讲政治。首席科学家、高级研究人员要旗帜鲜明讲政治，始终在思想上政治上行动上同以习近平同志为核心的党中央保持高度一致。二是服务国家、造福人民的信念要坚定。脚上沾满泥土、扎根基层搞科研，心中装着“三农”，把论文写在大地上，把成果送进农民家，把科研目标定位在“两个一流”。三是要讲党的领导。坚持中心工作开展到哪里，党的建设就跟进到哪里，支持支部建在团队上，把党的领导落实到科研团队中，把党员在科研攻关中的先锋模范作用发挥出来，把支部在创新团队中的战斗堡垒作用发挥出来。

新时代思想是行动指南，基层一线实践十分鲜活，国家需求十分紧迫，中国农业科学院的使命更加光荣。建院 60 年，中国农业科学院贡献卓著，进入新时代，中国农业科学院迈入最具活力的发展时期。我们坚信，全院党员、干部、职工一定不辜负中央的好政策，以永远奋斗的精气神投入新时代，为早日实现农业农村现代化，为早日实现世界科技强国目标，为早日实现伟大的中国梦作出历史性贡献。

唐华俊院长　张合成书记在中国农业科学院“不忘初心、牢记使命”主题教育总结暨抓落实工作会议上的讲话

（中国农业科学院情况通报第 18 期）

中国农业科学院办公室

2019 年 10 月 18 日

编者按：

自“不忘初心、牢记使命”主题教育开展以来，我院认真贯彻落实中央部署和部党组要求，精心组织谋划、扎实有序推进，按时、保质完成了主题教育各项工作。为进一步梳理总结主题教育取得的成效、特色与亮点，安排部署后续整改落实任务，我院于 2019 年 9 月 5 日召开了“不忘初心、牢记使命”主题教育总结暨抓落实工作会议。会上，唐华俊院长就我院 2019 年下一阶段工作重点提出要求；张合成书记总结了我院“不忘初心、牢记使命”主题教育取得的显著成效，并部署抓落实整改工作。现将以上讲话予以印发，请认真组织学习，深刻领会精神实质，切实抓好贯彻落实。

中国农业科学院“不忘初心、牢记使命”主题教育总结暨抓落实工作会议总结讲话

农业农村部党组成员、中国农业科学院院长　唐华俊

（2019年9月5日）

同志们：

农业农村部“不忘初心、牢记使命”主题教育总结大会将于今天下午召开。院机关各部门、院属各单位要深入学习贯彻部党组主题教育总结大会精神，按照部第一指导组和院党组的要求，系统总结梳理主题教育做法成效，大力宣传和推广好经验好做法，高标准高质量抓好整改落实，巩固整改成果，确保落实到位。2019年已过大半，下面我就扎实推进2019年下一阶段重点工作提四点要求。

一、聚焦最紧迫最重大国家需求，作为科技创新核心任务抓好落实

为深入贯彻落实“三个面向”指示精神，更好发挥国家队引领带动作用，我院建立了重大科技任务联合攻关机制，聚焦最紧迫最重大的国家需求，通过创新工程经费稳定支持和组织优势科研力量持续攻关，加快破解技术难题，引领农业农村高质量发展。比如，为应对非洲猪瘟疫情突发重大问题，紧急启动了非洲猪瘟防控科研攻关任务，为应对粮食生产重大外来害虫草地贪夜蛾入侵，紧急启动了草地贪夜蛾应急性防控任务。近期，我们正在梳理凝练在技术前沿、关键核心技术、重大品种与机械装备等领域的一些重大短板、卡脖子的一些技术，并组织好院里的相关团队围绕这些重点开展联合攻关，力争取得重大突破。希望重大任务牵头单位要发挥好真正的牵头作用，在2019年最后的几个月能够组织好、实施好，争取取得一些重大进展。

二、推动落实“三创一体”战略，实质性提升成果转化能力和水平

“三创一体”是在现有的体制机制条件下落实“三个面向”精神，既勇攀科学高峰、又兼顾研究所和科技人员自身生存发展的现实选择和有效途径。我们要在进一步强化科技成果有效供给、重构成果转化工作体系、构建“三创”协同发展团队、加强成果转化队伍建设、创新考核评价体系等方面进行全方位的改革，真正实现院所和创新团队从科学到技术，到产品，到产业，再到科学的良性发展，把我们在科学技术上的重大

进展、重大发现变成关键技术，关键技术有进展以后变成产品，在产业中能够发挥作用，在这个过程中回到科学与技术，解决“两张皮”的问题。下一步还要进一步建立奖惩机制，刚才张书记也谈到，对研究所的科技成果转化工作院里要给压力、给指标。我院在抓科技成果转化方面是弱项，成都中心产业区域科技创新中心建立的目的就是要作为一个科技成果转化的平台，来推动科技成果转化，目前进展顺利，基础很好，但是距离农业农村部领导的要求还有很大差距。因此，我们在抓成果转化上还要有实招，能够更多地推动好的成果、好的技术落地。成果转化做好了，也就意味着我们的科技能够更好地为经济服务。

三、全面深化科研院所改革，充分调动科研人员积极性和激发创新活力

要深入学习领会中央关于科技体制改革决策部署，加强服务中国农业科学院改革的战略研究，做好协同谋划。统筹推进各项改革工作，持续推动科研“放管服”落实落地，落实好中央赋予科研机构和人员更大自主权的部署安排，以培育重大成果、促进转化应用为目标，优化项目和资金管理，完善绩效考核体系和激励政策。要进一步大力弘扬科学家精神，营造鼓励创新、宽容失败的创新文化。

四、构建具有农业科研特色的党建体系，不断夯实党的基层组织建设

加强党对科技工作的全面领导，切实发挥党组织“把方向、管大局、保落实”的重要作用。切实把“三个面向”指示要求落实到创新方向和创新任务上，进一步探索建立适合农业科研院所特点的党建工作体制机制，不断创新“三会一课”方式方法，推动党建工作与科研业务互融互促，切实把党建工作优势转化为推动中心工作的成效。

同志们，让我们紧密团结在以习近平同志为核心的党中央周围，坚持“三个面向”，以更加务实的作风抓好各项工作落实落地，为全面建成小康社会硬任务提供强大科技支撑，以优异成绩迎接新中国成立 70 周年。

守牢初心使命　建设科技强国　为实现农业农村现代化伟大中国梦勇立新功

——张合成书记在中国农业科学院“不忘初心、牢记使命”主题教育总结暨抓落实工作会议上的讲话

（2019年9月5日）

同志们：

开展“不忘初心、牢记使命”主题教育，是党的十九大作出的重大部署，决策英明，正当其时。院党组认真贯彻落实中央部署和部党组要求，在部第一指导组指导下，全面加强领导、精心组织谋划、扎实有序推进，全面完成了主题教育各项工作。总体看，原著学得实、调研走得深、对照查得细、落实决心大。今天的会议，既是全院主题教育的总结会，更是巩固主题教育成果，落实整改措施的部署安排会。下面，我讲3点意见。

一、突出学理论，深刻找差距，主题教育收获实实在在

我院主题教育落实“守初心、担使命，找差距、抓落实”的总要求，突出学习贯彻习近平新时代中国特色社会主义思想，学做结合、查改贯通。院党组、36个党委、410个党支部、8 339名党员参加了主题教育。通过主题教育，全体党员党性修养得到进一步锤炼，理想信念进一步坚定，干事创业的精气神进一步增强，达到了理论学习有收获、思想政治受洗礼、干事创业敢担当、为民服务解难题、清正廉洁作表率的目标。全院党员干部更加坚定自觉地树牢“四个意识”，坚定“四个自信”，做到“两个维护”，更加坚定自觉在思想上、政治上、行动上同以习近平同志为核心的党中央保持高度一致。决心建设让党中央放心、人民群众满意的农业科研国家队，努力创造经得起实践、人民、历史检验的实绩。

（一）院所同步联动，层层压实责任，做到高起点启动、高标准推进、高质量完成

一是加强组织领导，院所同步，以上率下。院主题教育领导小组由唐华俊院长和我同时担任组长，切实扛起主体责任，各位院领导履行“一岗双责”。院党组带头学习原著、带头研讨交流、带头调查研究、带头讲好党课、带头检视问题、带头整改落实。院

10 个指导组对院部 10 个部门和院属 36 个单位巡回督促指导，院所同步联动、一体推进。二是注重分类指导，适合科研特色，科研学习两促进。加强对在职、离退休、学生、流动党员的分类指导和对专家群体的教育，党支部书记、团队首席全程参加主题教育，研究员、副研究员、研究生导师和党外人士中的处级干部也一并参加学习教育。三是突出“四个扎实”，见人见事见效。扎实学习落实“三个面向”指示，强化团队任务管理，提升产出水平；扎实发挥党员在科技创新中的先锋模范作用，落实党支部建在创新团队，开展“红旗党支部”创建；扎实体现国家队在科技自主创新、成果转化、培育高水平人才队伍上走在前、做表率作用；扎实传承科学家精神，弘扬勇于探索的创新精神。

（二）强化理论武装，推动习近平新时代中国特色社会主义思想入脑入心，增强对初心使命的认识和理论联系实际的能力

2019 年 7 月 3 日中央指导组来院调研，王辉忠组长特别指出，中国农业科学院开展院所同步集中学习，组织领学、领读、专题研讨等多种形式，取得了良好学习效果。一是读原著学原文悟原理原汁原味。根据科研工作特点和要求，通读《习近平新时代特色社会主义思想学习纲要》等 5 本学习书目，遴选 30 篇总书记讲话原文，分 8 个专题，集中一周时间，采取集中自学、专人领学、研讨交流、主题发言等方式，院所同步召开理论学习中心组（扩大）学习会，研读原文原著。二是实践教育、榜样教育、警示教育入心入脑。统筹安排革命传统教育、形势政策教育、先进典型教育和警示教育，举办弘扬科学家精神先进事迹报告会和讲述院史院风、牢记初心使命座谈会，依托领导干部、创新工程首席科学家研修班作形势政策专题辅导，宣传选树了田伯英、方智远、刘济伟、金黎平等一批先进典型，通报违纪违法典型案例开展警示教育。三是支部带着党员学学深悟透。各基层党支部结合“三会一课”和组织生活会，支部书记和支委带头示范、主动领读、交流心得。充分利用“学习强国”支部工作 App 等平台，组织青年理论学习小组以多种方式开展学习。

（三）深入基层开展调研，强化使命担当，推进解决农业科技创新和院所改革发展重大问题

一是开展了一次规模空前的基层调研。院所两级领导班子成员深入研究所、农业农村一线，广泛听取意见建议，掌握第一手情况材料。二是一些长期搁置的重点热点难点问题得到重视。面向国家重大需求承担国家使命，梳理凝练出藏粮于技系列科研计划，作为院级科研计划，举全院之力持续开展攻关。专题召开加强机关作风建设会议，传导压力、压实责任，提振精气神，院部作风实现好转。三是一批专题党课得到普通党员的好评。不少所长书记紧密结合学习和调研成果，突出党性教育和针对性，从认识体会、

差距不足、思路措施、感悟收获等方面讲专题党课，讲人生感悟，与党员科技人员实现零距离接触思想沟通。

（四）全面对照查摆问题，深刻检视反思主观和思想上的不足，明确努力的目标和方向

一是院所领导干部的政治思想受到了深度透视。院党组和各所领导班子聚焦政治、思想、作风建设存在的突出问题进行深刻检视反思，党员领导干部联系思想工作实际，把自己摆进去、把职责摆进去、把工作摆进去，自我检视不足，查找自身差距。二是全方位、全视角听取了一次群众意见。通过设置征求意见箱、发放征求意见函、召开征求意见座谈会等方式，广泛征求干部职工意见，再次梳理中央巡视、审计和党建综合督查等反馈的问题，列出 42 条问题，已完成 31 项整改任务，其余 11 项也提出 22 条举措，制定 53 条具体措施。三是提出了事关全院改革发展的难点问题清单。比如，科研布局“三个面向”、成果转化激励机制、干部年轻化、高层人才培育、“放管服”政策落实、研究生教育、科研改革、院部作风与效率等，一系列涉及全院改革发展的难点问题有了清单，也会有优先序，也会有责任人，也会有时间表。四是专题民主生活会起到咬耳朵扯袖子的目的。各级党组织主要负责同志切实承担起第一责任人职责，亲自抓，发挥示范带动作用。各基层党支部也结合主题召开专题组织生活会，党员领导班子成员以普通党员身份参加所在支部的专题组织生活会。

二、立足“三个面向”，把抓落实的目标放在“两个一流

我们贯彻落实习近平新时代中国特色社会主义思想和党中央决策部署，首要的就是要落实习近平总书记对我院的指示批示，就是要深入贯彻习近平总书记贺信精神，扎实落实“三个面向”重要指示精神。“三个面向”指示精神是我院改革发展的总方向、总目标、总任务、总要求、总抓手，“两个一流”则是主题教育活动抓落实的重点任务、具体目标、考核指标。

（一）坚持问题导向，紧盯国家最紧迫的重大需求和世界前沿，凝练推进创新工程核心任务

对标国家最紧迫的重大需求，我们还存在一些问题：战略研究滞后，科研学科布局跟不上产业转移趋势；科技支撑保障作用弱化，国家重大需求没有完全转化为科研选题；没有抓住当前我国农业科技创新亟须解决的关键性问题、亟须攻克的关键性技术，没有紧扣本研究领域最基础、最突出、最卡脖子的重大产业科技问题；对前沿技术科研的稳定性、持续性支持不足，现代生物技术、信息技术、材料技术在农业领域的应用研

究也没有得到重视。因此，抓好落实，就要积极推进以产业布局引领科研布局。在四川成都建设国家成都农业科技中心，在新疆昌吉建设西部农业研究中心，在海南三亚建设南繁研究院等。抓好落实，就要把国家需求转化为科研选题。当前要落实院级科研计划，落实“藏粮于技”、非洲猪瘟疫苗、畜禽良种化、牛奶优质化、绿色发展技术、防控草地贪夜蛾等重大问题攻关任务。抓好落实，就要系统梳理各领域“卡脖子”关键核心技术及供应链风险，列出具体清单，储备重大专项，建设试验平台，组织攻关突破。抓好落实，就要落实全院“一盘棋”的思想，强化院部的学术集成功能、专业咨询功能。突出前沿科学问题的引领作用，重点在战略必争的农业基础科学和前沿技术领域实现率先跨越，打造全球农业科学珠峰。

（二）坚持需求导向，支撑服务现代农业主战场，提升成果转化能力

当前，地方政府、农业企业、农民群众等不同主体都有迫切希望解决的科技问题。国家也出台了一系列促进成果转化的优惠政策。但是，不少科学家和团队普遍缺少市场经验，市场供需把握程度低，成果的市场价值估算能力不足，承担风险能力弱，科研与转化两张皮的问题仍然十分突出。我们要抓落实，就要面向现代农业建设主战场，适应产业融合的新趋势，打造“三创一体”的研究所、科研团队、科研链条。科研团队抓落实，要善于提出全产业链服务的技术集成模式，提升技术融合集成创新水平，提升产业竞争力。研究所抓落实，要推进科企融合，探索产学研全面协作模式，实现科企成果共有、利益共享。院里正在研究鼓励成果转化的措施，例如，研究所成果转化增长指标，提高成果转化考评权重，所领导成果转化奖励办法，团队“三创一体”试点示范支持措施等。国家队抓落实，举全院之力为基层提供稳定的科技和人才支持。我们必须坚持“脱贫攻坚和乡村振兴主战场在哪里，中国农业科学院专家团队就到哪里”的理念，持续向特困地区派出专家团队和科研人员，开展长期稳定的科技服务工作。

（三）坚持目标导向，积极探索现代院所体制机制，以改革推动发展

不少农业科研单位期待中国农业科学院在科研改革走在前、做表率，使农业科研少点被动改革，多点自我革命。习近平总书记指出，要深化科技体制改革，坚决扫除阻碍科技创新能力提高的体制障碍，有力打通科技和经济转移转化的通道。不要以出成果的名义干涉科学家的研究，不要动辄用行政化的“参公管理”约束科学家。要尊重科学研究灵感瞬间性、方式随意性、路径不确定性的特点，不要用死板的制度约束科学家的研究活动。科学研究要着眼长远，不能急功近利，欲速则不达。要让领衔科技专家有职有权，有更大的技术路线决策权、更大的经费支配权、更大的资源调动权，防止瞎指挥、乱指挥。主题教育之后抓落实，就是要在学习总书记科技改革论述上有所作为，强化国家队在院所改革方面的使命和责任担当。当前看，改革科研导向是第一要务，纠正

过分强调论文倾向，纠正研究所、科研团队、科研人员忙于完成考核指标，引导科研人员将自己的选题聚焦到国家需求，有效解决科研选题与产业需求脱节、科研成果与市场需求脱节的问题。长远看，改革管理机制是根本任务，大力减负松绑，还管理权于研究所，还科研权于科研团队，充分调动科研人员的积极性和创造力，聚精会神搞科研。院里近期将专题研讨改革工作，总结基因组所试点成果，系统谋划科研单位改革方向、任务、措施，提出我院改革的具体安排。

（四）坚持党的领导，坚持党的创新理论武装头脑，构建农科特色党建工作体系

一是在终身学习党的创新理论上下功夫。习近平总书记强调，要“把不忘初心、牢记使命作为加强党的建设的永恒课题，作为全体党员、干部的终身课题”。这次主题教育只有三个月的时间，但广大党员干部要始终保持干事创业的精气神不放松，常怀危机意识。要防止初心教育阶段化、功利化，诸如，主题教育结束了学习材料、著作报告就束之高阁了，提拔晋升了初心学习就告一段落了，位高权重、资望深厚了理想信念自然就坚定了，科研任务紧张了学习就可以先放一放了，退休离职了初心学习就可以不参加了，等等，这些做法想法要不得。二是夯实党建责任、加强党的领导。把党组织贯彻执行党的路线方针政策、加强党的建设的领导、履行全面从严治党责任、讨论和决定本单位的重大问题等职责落到实处。发挥党组织“把方向、管大局、保落实”的重要作用，坚持中心工作开展到哪里，党的建设就跟进到哪里，支持支部建在团队上，把党的领导落实到科研团队中。三是营造纪律严明环境宽松的科研生态。严格落实以信任为基础的宽严相济的监督制度，大力弘扬科学家精神，大力弘扬优良学风，把软约束和硬措施结合起来，推动形成崇尚精品、严谨治学、注重诚信、讲求责任的优良学风，营造风清气正、互学互鉴、积极向上的学术生态。四是学习我院老一辈科学家爱国敬农的情怀。习近平总书记指出，一代人有一代人的奋斗，一个时代有一个时代的担当。建院60多年来，涌现出一批潜心科研矢志报国的农业科学家。经过我院一代一代农业科学家的顽强拼搏和刻苦努力，形成了以祁阳站精神、中棉所精神等为代表的农科精神。我院广大科学家在科学前沿孜孜求索，在重大科技领城不断突破，建立了不朽功勋。

三、强化职责，严格要求，不断扩大主题教育成果

一要明确责任抓落实。刚才，杰人同志通报了院党组民主生活会的情况，孔明同志介绍了院党组《关于“不忘初心、牢记使命”主题教育抓整改落实工作的意见》。各责任单位要不折不扣、凝心聚力抓落实，大胆推进工作，积极主动作为，相关单位和部门要全力支持配合。要不走过场、不搞形式，高质量完成任务，确保落实到位。

二要聚焦重点抓落实。中央和部党组等要求十分明确，院党组的重点十分突出，各

部门、各单位也要明确本部门本单位抓落实的重点，把整改落实和推动中心工作结合起来，把整改落实与建章立制结合起来，坚决堵住漏洞、补齐短板、管住源头、巩固成果，增强抓落实工作的针对性和有效性。

三要严格要求抓落实。针对问题清单，整改落实一件销一件，做到问题不解决不松劲、整落实不到位不放手，确保条条有整改、件件有着落。各部门、各单位都要召开抓落实工作会议，认真部署推进抓落实工作。院里将适时进行检查，及时加大通报力度，确保整改落实取得实效。

四要改进作风保落实。作风决定作为。最近，院党组和院部各单位查摆了影响工作效率的主要问题，集中表现在"推、拖、等"，遇事先推，难事拖久变坏事，等待中耽误了大事。有同志借巡视、审计、纪检纪律提出过问题，不敢干事、不愿干事。一些工作无进展、效果差，背后的问题是严重的责任担当、干事创业的精气神不足。院党组将把改进作风、提高效率作为抓落实的根本措施。

同志们，"不忘初心、牢记使命"主题教育活动更加坚定了信念宗旨，守初心、担使命的责任永远激励我们前行。建院 60 多年，中国农业科学院贡献卓著，进入新时代，中国农业科学院迈入最具活力的发展时期。我们坚信，全院党员、干部、职工一定不辜负中央的好政策，以永远奋斗的精气神投入新时代，为早日实现农业农村现代化，为早日实现世界科技强国目标，为早日实现伟大的中国梦作出历史性贡献。

关于中共中国农业科学院党组2018年度民主生活会情况的报告

农科院党组函〔2019〕7号

农业农村部人事司、直属机关党委：

根据党中央部署和农业农村部党组要求，2019年1月29日，中国农业科学院党组召开了2018年度民主生活会。现将有关情况报告如下。

一、基本情况

中国农业科学院党组将开好2018年民主生活会作为一项重要政治任务，严肃认真做好民主生活会各环节各方面的准备工作。会前，院党组紧密围绕主题研究制定了具体工作方案，通过召开理论中心组（扩大）学习会和专题会议等方式，深入开展学习研讨，广泛征求意见建议，院党组成员相互之间、与分管部门负责同志、与本人组织关系所在党支部党员代表之间深入开展了谈心谈话，沟通思想、听取意见，打牢开好民主生活会的思想基础。院长唐华俊同志和院党组书记张合成同志共同主持起草了院党组对照检查材料。院党组还在一定范围内通报了2017年民主生活会整改措施落实情况。

会上，张合成书记代表院党组作对照检查，按照中央和部党组有关要求，紧密结合思想工作实际深入查摆存在的突出问题，提出了下一步的努力方向和改进措施。各位院党组成员紧扣民主生活会主题，把班子摆进去、把职责摆进去、把自己摆进去，聚焦存在的问题，深刻进行党性分析，深入剖析原因，深挖思想根源，坦诚直率开展批评与自我批评。院党组成员的发言查摆严格，意见坦诚，大家普遍感到，民主生活会开出了高质量，既有严肃认真查摆问题的辣味、又有同志之间相互帮助的真情，开出了凝聚共识、团结奋斗，干事创业、狠抓落实的好气氛好效果，经受了一次严格的党性锻炼和党内政治生活锤炼。中纪委驻农业农村部纪检监察组副组长刘柏林、农业农村部科教司副巡视员张文等出席会议并作点评讲话，充分肯定了此次院党组民主生活会的成效，认为会议准备充分扎实，查摆问题联系实际，思想根源剖析深刻，批评与自我批评严肃认真，整改措施针对性、操作性强，同时，对民主生活会后续安排提出了明确要求，对下一步院所有关工作提出了意见建议。

二、主要做法

一是深化学习研讨。院党组紧扣本次民主生活会主题，通过印发学习资料、召开理论中心组（扩大）学习会和专题会议等方式，持续深入学习贯彻习近平新时代中国特色社会主义思想和党的十九大精神，紧密联系农业科研工作实际，坚持问题导向，及时跟进学习贯彻习近平总书记在庆祝改革开放 40 周年大会上的重要讲话精神、十九届中央纪委三次全会精神和中央农村工作会议、全国农业农村厅局长会议精神等，深化认识、统一思想，为开好民主生活会打牢了思想基础。

二是通报 2018 年度民主生活会整改落实情况并开展群众满意度测评。2019 年 1 月 16 日，院党组召开通报会，通报院党组 2018 年度民主生活会整改措施落实情况，并在通报范围内进行满意度测评。群众满意率和比较满意率 99. 07%，整改落实情况得到全院干部职工的充分认可。

三是广泛征求群众的意见和建议。院党组围绕“强化创新理论武装，树牢‘四个意识’，坚定‘四个自信’，做到‘两个维护’，勇于担当作为，以求真务实作风坚决把党中央决策部署和部党组具体要求落到实处”主题，通过向院属 45 个单位和部门党组织以及院机关离退休党总支发放征求意见函、在院网开通征求意见邮箱、在院办公楼设置征求意见箱等方式广泛征求了各级党组织和党员群众的意见建议。2019 年 1 月 9 日和 1 月 10 日，院长唐华俊同志、党组书记张合成同志还分别主持召开座谈会，听取我院基层十九大代表、科研人员代表、统战人士和工青妇代表等各方面代表意见建议。对于征求到的意见和建议，归纳梳理为 56 条，并及时向院党组及领导班子成员进行了反馈。

四是深入开展谈心谈话。院党组高度重视开展谈心谈话工作，唐华俊院长和张合成书记带头，院党组成员相互之间、与分管部门负责同志、与本人组织关系所在党支部党员代表之间深入开展了谈心谈话，沟通思想、听取意见，为开展批评和自我批评打好基础。

五是认真准备对照检查材料。院党组的对照检查材料由唐华俊院长和张合成书记共同主持起草，征求党组成员的意见后确定。院党组严格根据党章和《关于新形势下党内政治生活的若干准则》等党内有关规定，聚焦主题，对照《中共中央政治局关于加强和维护党中央集中统一领导的若干规定》《中共中央政治局贯彻落实中央八项规定实施细则》精神，联系农业科研工作，联系贯彻落实习近平总书记指示精神和党中央、部党组决策部署的实际，立足找准问题、解决问题，重点从思想政治、精神状态、工作作风三个方面深入查找存在的差距和不足，明确整改措施和努力方向。

院领导聚焦主题，紧密结合思想工作实际，联系分管、联系单位工作，结合征求到的意见建议，切实把班子摆进去、把职责摆进去、把自己摆进去，深入查摆突出问题，深刻剖析思想根源，深入具体地进行党性分析，自己动手撰写了个人发言提纲，做到了落细落小、见人见事见思想。会前，张合成书记对每位院领导个人发言提纲都一一进行了审阅把关，提出了修改意见。

六是切实开好民主生活会。民主生活会上，张合成书记代表院党组作对照检查，9位院领导班子成员进行了逐一评议。然后，9位院领导班子成员依次作了个人对照检查，每位班子成员发言后，其他成员对其提出批评意见。

院党组对2018年度民主生活会整改措施落实情况作出了报告，院领导班子成员聚焦本次民主生活会规定的三个方面内容，开展党性分析，查找存在的问题，深入剖析原因，深挖思想根源，坦诚开展批评和自我批评，明确努力方向和改进措施，还对本人重大事项报告、配偶子女从业情况以及巡视反馈、组织约谈函询等问题逐一作出了报告，并对是否存在利用管辖范围内名贵特产类特殊资源以权谋私、搞利益输送的情况作出了说明。院领导直面问题，既从工作中找问题差距，又从思想上、党性上深挖根源，开展了深刻的自我批评；相互批评直截了当，实事求是提意见、真心实意帮同志，形成了互动交流的良好氛围。

七是认真制定整改落实方案。会后，院党组针对征求到的职工群众意见和民主生活会上查找的问题，明确整改重点，各位院领导按照职责分工，组织分管部门有针对性地制定了具体的整改措施，形成了《中共中国农业科学院党组2018年度民主生活会整改落实方案》。会后，院党组适时将民主生活会情况在一定范围内进行通报。

三、取得的成效

一是思想政治水平进一步提升。通过本次民主生活会，院党组进一步深入学习了习近平新时代中国特色社会主义思想和党的十九大精神，进一步提升了党性修养，更加牢固树立了“四个意识”，增强了“四个自信”，坚定了“两个维护”的自觉和决心。院领导班子成员一致表示，要不断强化思想武装，带头继续深入学习习近平新时代中国特色社会主义思想，经常对表对标，及时校准偏差，特别是深入学习贯彻习近平总书记关于做好“三农”工作、关于实施乡村振兴战略、关于科技创新工作的重要论述，坚持读原著、学原文、悟原理，切实在学懂弄通做实上下功夫，推动学习贯彻往深里走、往实里走、往心里走，进一步增强推动农业科技创新工作的本领。

二是责任担当进一步强化。通过广泛征求意见建议、认真对照查摆问题、深刻剖析产生原因、认真制定整改措施等环节，各位院领导班子成员联系贯彻落实“三个面向”指示精神和党中央、部党组决策部署的实际，联系农业科技创新工作，联系分管、联系单位工作，深入剖析了履职尽责方面存在的问题，深刻认识到与中共中央、国务院的要求之间的差距和不足，进一步增强了扎实落实“三个面向”指示要求、大力推进创新工程、人才工程和创新联盟建设、深入推进全面从严治党的紧迫感和使命感，提振了担当尽责、奋发进取、狠抓落实的精气神。

三是作风建设进一步加强。通过本次民主生活会，班子成员进一步增强了贯彻落实中央八项规定精神及实施细则，扑下身子、狠抓落实，持之以恒纠“四风”树新风的自觉性。院党组高度重视抓好本次民主生活会的整改落实工作，在会上进一步明确了努力方向和改进措施。会后，针对征求到的职工群众意见和民主生活会上查找的问题，认真研究制定了整改落实方案，拿出了过硬措施。大家一致表示，要继续严格落实中央八项规定精神，弘扬优良作风，进一步纠正“四风”，坚决防止不良风气反弹回潮，切实强化经常性纪律教育，营造风清气正的科研环境。

四、存在不足及下一步打算

中国农业科学院党组严格落实中央要求和部党组《关于认真开好 2018 年度部系统各单位党员领导干部民主生活会的通知》（农党组发〔2018〕99 号）部署，紧扣主题做好各项工作，但在对院属各单位党组织民主生活会督查过程中，我们发现，有的单位在学习研讨的系统性、深入性上需要继续下功夫，在推动学习习近平新时代中国特色社会主义思想往深里走、往实里走、往心里走方面有待进一步加强；个别领导干部个人对照检查材料存在查摆问题不够具体、剖析不够深刻的情况。

为进一步组织好民主生活会，院党组将带头持续深入推进“两学一做”学习教育常态化制度化，教育引导广大党员干部坚持用习近平新时代中国特色社会主义思想武装头脑，学习好、领会好、践行好习近平总书记“三个面向”指示精神，坚持读原著、学原文、悟原理，探索创新学习教育方式方法，切实在学懂弄通做实上下功夫。继续严格执行党章和《关于新形势下党内政治生活的若干准则》《县以上党和国家机关党员领导干部民主生活会若干规定》等党内有关规定，进一步严肃党内政治生活。对院属各单位民主生活会加强督导，督促抓好整改落实，在提高民主生活会质量上加强探索。

特此报告。

中共中国农业科学院党组

2019 年 2 月 18 日

关于2018年度组织生活会和民主评议党员工作开展情况的报告

直党函〔2019〕1号

农业农村部直属机关党委：

根据《关于认真开好2018年度基层党组织组织生活会和开展民主评议党员的通知》（农党委〔2018〕75号）要求，中国农业科学院直属机关党委高度重视，结合单位实际作出具体安排，向各直属党委、总支、支部印发《关于认真开好2018年度基层党组织组织生活会和开展民主评议党员的通知》（直党字〔2018〕68号），指导各直属党组织做好有关工作。我院各级党组织按照《中国共产党支部工作条例（试行）》等规定要求，紧紧围绕强化创新理论武装，树牢“四个意识”，坚定“四个自信”，勇于担当作为，以求真务实作风坚决把党中央“三农”决策部署和部、院党组要求落到实处，大力推进创新工程、人才工程和创建联盟建设，全面支撑脱贫攻坚、乡村振兴战略实施，扎实做好农业科技创新各项工作，明确会议主题，结合工作实际，作出工作部署，有序组织实施，扎实抓好党员集体学习、谈心谈话、对照查摆问题、党员自我评议与相互评议、评定等次等程序和环节。截至2019年2月底，我院京区党支部全部认真开展了组织生活会和民主评议党员工作。现将有关情况报告如下。

一、主要做法

（一）突出重点，组织集中学习

会前，各党支部通过党员自学、领学宣讲、党课辅导、交流讨论等多种形式，结合工作实际和职能职责，重点学习领会了习近平总书记关于加强党的政治建设，坚决贯彻党中央决策部署，敢于担当负责，狠抓工作落实，突出基层党组织政治功能，提高基层党建工作质量，防止和克服形式主义、官僚主义等重要指示精神，学习了《中国共产党纪律处分条例》《中国共产党支部工作条例（试行）》等党内规章制度。通过深化学习，各党支部进一步把握了中央要求和党章规定，搞清了党支部职责任务与合格党员的标准，为开好组织生活会打牢了思想基础。对因事、病假等未能参加集中学习的党员，党支部及时通过QQ、微信等途径向他们发放了学习材料，传达了相关要求。

（二）普遍开展谈心谈话，沟通思想

各党支部委员之间、支部委员与党员之间普遍开展谈心谈话，诚恳听取党员对支部工作和班子成员的意见建议，着重了解党员工作生活情况、思想状况和心理状态，肯定成绩、指出不足，沟通思想、交换意见。党支部委员特别是支部书记对家庭生活困难党员、遭遇重大变故党员、身心健康存在问题的党员等，重点进行了谈心谈话，表达组织关怀，作出心理疏导，针对思想实际给予帮助和引导。

（三）紧扣主题要求，述职评议查摆问题

各党支部以党员大会或者党小组会形式，召开组织生活会，并组织开展民主评议党员。党支部书记代表党支部委员会向党员大会述职，党员对党支部委员会的工作、作风等进行评议。党支部委员会着重从发挥政治引领作用、贯彻落实上级党组织工作部署、定期开展党的组织生活、严格党员日常教育管理监督、联系服务群众、改进工作作风等方面，查摆存在的问题。党员着重从认真学习贯彻习近平新时代中国特色社会主义思想，树牢“四个意识”、坚定“四个自信”、坚决做到“两个维护”和履职践诺、担当作为、真抓实干、遵规守纪等方面，查找差距和不足，并采取个人自评、党员互评的方式开展批评和自我批评。同时按照有关规定，对谈话函询情况作出说明。院长唐华俊同志、党组书记张合成同志以及其他院领导同志分别以普通党员身份参加了所在党支部组织生活会，开展了批评与自我批评，各直属单位党员领导干部也分别参加了所在党支部组织生活会。

（四）客观公正作出组织评定，做好结果运用

党支部根据民主评议情况和党员日常表现，经支委会集体讨论研究，按照“优秀”“合格”“基本合格”“不合格”4 个等次实事求是地对每名党员提出评定意见。我院京区共 3 195 名党员参加本次民主评议工作，934 名党员评议为优秀，占比 29.23%，2 251名党员评议为合格，占比 70.45%。党委（支部）对评定结果以适当方式进行了公示，征求党员本人意见，并报上级党组织进行备案。民主评议评出的优秀党员，党委（支部）将作为评选“两优一先”的重要依据，并以适当方式表扬奖励。对“不合格”的党员，按照要求及时进行组织处置。同时，各支部认真组织党员对党支部班子工作、作风等进行了评议，评议结果报上级党组织，作为考核党支部班子的重要依据。

（五）制定整改措施，抓好落实

各党支部根据查摆出的问题和党员群众的意见建议，制定了整改措施，明确党支部书记是党支部委员会整改第一责任人，党员认真查找分析问题，作出整改承诺。党委和各党支部抓好督促、检查工作。

（六）加强组织指导，层层传导压力

院直属机关党委派员对直属党支部进行了列席指导，同时要求各直属党委按要求列席指导下属党支部组织生活会和民主评议党员工作，切实保证组织生活会和民主评议党员质量。各党组织还注重加强对离退休党支部的指导，帮助他们采取简便灵活方式进行。重视防止和纠正形式主义，不要求党支部搞工作方案、报表台账、总结报告等材料，不要求党员撰写个人发言材料，不搞“痕迹管理”，让党员更多精力放在评议的“内容”上，而不是材料的“形式”上。

二、取得成效

（一）思想政治水平进一步提升

为开好本次组织生活会，各党支部组织党员重点学习了习近平总书记关于加强党的政治建设，坚决贯彻党中央决策部署，敢于担当负责，狠抓工作落实，突出基层党组织政治功能，提高基层党建工作质量，防止和克服形式主义、官僚主义等重要指示精神和《中国共产党纪律处分条例》《中国共产党支部工作条例（试行）》等党内规章制度，进一步提升了党性修养，更加牢固树立了“四个意识”，增强了“四个自信”，坚定了“两个维护”的自觉和决心。广大党员纷纷表示，要不断强化思想武装，继续深入学习习近平新时代中国特色社会主义思想，切实在学懂弄通做实上下功夫，进一步增强工作本领。

（二）责任担当进一步强化

通过谈心谈话、对照剖析、述职评议等环节，各党支部联系贯彻落实“三个面向”指示精神和上级党组织决策部署的实际，深入剖析了支部班子在履职尽责方面存在的问题；广大党员结合科研业务工作，重点剖析了在履职践诺、担当作为、真抓实干等方面存在的差距。各党支部和广大党员深刻认识到在扎实落实“三个面向”指示要求、充分发挥党支部战斗堡垒作用和党员先锋模范作用方面的差距和不足，增强了加快农业科

技创新的紧迫感和使命感，提振了担当尽责、奋发进取的精气神。

（三）作风建设进一步加强

组织生活会上，广大党员自觉联系个人思想工作实际，查找了在遵规守纪、加强自身作风建设方面存在的差距，进一步明底线、知界限，强化了纪律意识，增强了党性观念。大家严肃认真提意见，满腔热情帮同志，经历了一次严格的党内政治生活锻炼。通过严肃认真地组织好民主评议工作，党员干部进一步密切了群众关系，党支部的政治生态得到进一步净化，教育管理监督党员和组织宣传凝聚群众的作用有效发挥，凝聚力、战斗力进一步增强。

三、存在的不足及意见建议

在本次民主生活会和民主评议党员工作中，各党支部都按要求组织开展了集中学习，但个别党支部存在学习系统性不强、学习深度不够的情况，在学习形式上也有待进一步丰富和创新；有的党支部会前谈心谈话、交换意见不足；在对照查摆问题方面，个别存在讲成绩多，查摆问题、剖析原因不够深刻具体的情况。

开展好组织生活会及民主评议党员工作是严肃党内政治生活的重要环节，也是提升基层党的建设质量的重要内容。下一步，将深入学习贯彻《中国共产党支部工作条例（试行）》，深入实施“红旗党支部”创建行动，以支部建在创新团队为抓手，着力提升基层党组织建设质量，进一步夯实支部从严教育管理监督党员、组织宣传凝聚群众的作用，推动党支部全面进步、全面过硬，为扎实落实“三个面向”指示要求，大力推进创新工程、人才工程和创新联盟建设，全面支撑乡村振兴和脱贫攻坚打造坚强战斗堡垒。

中国农业科学院直属机关党委

2019 年 3 月 1 日

关于支部建在创新团队及发挥作用情况的调研报告

中国农业科学院办公室

（中国农业科学院情况通报第 14 期）

编者按：

为深入贯彻落实《中国共产党支部工作条例（试行）》，加强党对农业科研工作的领导，切实把“三个面向”指示要求落实到每个党支部和每个创新团队，充分发挥党支部战斗堡垒作用和党员先锋模范作用，2019 年 3 月下旬至 4 月上旬，院直属机关党委围绕“支部建在创新团队及发挥作用情况”深入开展调研，形成了《关于支部建在创新团队及发挥作用情况的调研报告》。调研报告得到院党组书记张合成同志的充分肯定，并经各位院领导阅。张合成书记指出，支部建在团队是我院党建工作的组织基础，这个报告及机关党委的这次调研全面系统地反映了这项工作的进展、问题，提出了很好的建议，要推进相关建议制度化。

现将调研报告予以印发，供学习交流。请各单位进一步统一思想认识，全面推进支部建在创新团队上，充分发挥支委会功能作用，不断提升党支部建设质量，为大力推进科技创新和成果转化，支撑乡村振兴和脱贫攻坚提供坚强政治、思想和组织保证。

关于支部建在创新团队及发挥作用情况的调研报告

为落实好院党组关于支部建设的安排部署，大力推进支部建在创新团队，进一步加强党支部标准化规范化建设，确保“三个面向”指示要求落实到每个党支部和每个创新团队，2019 年 3 月下旬至 4 月下旬，直属机关党委组织调研组，到京内外 11 个研究所就“支部建在创新团队及发挥作用情况”进行调研。有关调研情况报告如下。

一、调研形式

此次调研采用调查摸底、座谈交流和个别谈话的方式进行。实地调研前，调研组向全院 33 个研究所（不含都市农业所）发放调查表，了解支部建在创新团队的推进情况。在此基础上，深入 11 个研究所，围绕“支部建在创新团队及发挥作用情况”，与所党政班子成员、党办负责人和党支部书记、创新团队首席、助理首席代表座谈，进行广泛深入交流研讨。据统计，共有 141 人参与调研座谈，其中研究所党政班子成员 22 人、团队首席 31 人（9 人兼任支部书记）、支部书记或委员 54 人、助理首席或科研骨干 21 人、党办负责人及专职党务干部 22 人。调研期间，调研组还就有关问题与部分所长、党委书记、纪委书记进行了个别谈话，交换了意见建议。

二、调研情况

大家对此次调研工作高度重视，会前认真准备，会上畅所欲言、深入交流研讨。一致认为，调研不仅是院党组充分发扬民主、广泛征求意见建议的过程，也是宣讲政策、统一思想的过程，还是回应研究所问题关切、坚定做好党建工作信心的过程。大家围绕支部如何更好地建在创新团队、支委会如何更好地发挥职能作用等提出了许多好的意见建议。经认真梳理，主要体现在以下几个方面。

（一）关于支部建在创新团队情况及存在问题

从统计结果来看，目前，34 个研究所中，有 9 个研究所已经全部实现一个创新团队建立一个党支部（蜜蜂所、资划所、果树所、茶叶所、上兽研、草原所、特产所、环保所、沼科所）；有 7 个研究所实现 1/2 以上创新团队一对一建立党支部；有 3 个研究所实现 1/3 以上创新团队一对一建立党支部；还有 15 个研究所仍是 2 个及以上创新团队联合，甚至与行政部门混搭设立党支部。

在座谈交流中，大家普遍认为“支部建在创新团队上，一个团队建立一个支部”，继承了“党支部建在连上”的优良传统，有利于党建工作与科研工作的紧密结合，有利于党支部各项活动的组织开展，有利于党支部战斗堡垒作用的充分发挥。大家认为党员团队首席科学家担任党支部书记，更有利于加强团队支部党建工作。但对于一个创新团队建立一个党支部还存在以下担心和困惑。

(1) 对“支部建在团队上”的理解还没有完全到位。部分人员对此存在认识偏差，认为将支部建在研究室（中心）或课题组上，就是建在科研团队上。为此，调研组向大家做了解释说明，指出“支部建在团队上”是指建在我院创新工程团队上，一个创新团队建立一个党支部。

(2) 创新团队动态调整会对支部稳定性带来影响。有的研究所提出，创新工程中期考核评估结束后，研究所根据院里统一安排，要对创新团队进行调整报批，是否等团队调整到位后，再进行党支部的调整？以后，如果创新团队每年都有调整，党支部是否也会随着一起调整？少数人员反映，对于党员人数较少的团队，是否可以本着团队大小、学科方向相近等原则设立联合党支部？

(3) 未进入创新团队的党员如何编入党支部问题。有的人员提出，《中国农业科学院科技创新工程岗位管理办法》规定，研究所现有正式在职职工进入创新岗位的比例一般不超过60%，有一部分科研人员没能进入创新团队，这其中的党员应该归入哪个党支部？

(4) 兼任支部书记的团队首席科学家任务太重。有的首席科学家提出，团队首席兼任支部书记，优势在于更好地统筹资源、开展工作。但也感觉任务确实有点重，虽然想去做党务工作，但由于精力有限，更多时候还是会以业务为主，存在党务工作做不到位的情况。

(5) 支部书记、委员的能力素质有待提升。有的支部书记、委员虽然重视党建工作，想尽力做好党务工作，但在一定程度上还存在不懂、不会、不知道怎么抓支部建设的情况。

（二）关于支委会职能作用发挥情况及存在问题

大家认为，支部目前在传达贯彻落实上级党组织部署要求、组织好“三会一课”、做好党员思想政治工作、为科研团队增强凝聚力等方面发挥着积极作用。大家普遍认可，如果党支部一对一建在创新团队上，支部书记由党员团队首席来担任的话，支委会就能更好地完成保证监督改革发展正确方向、参与重要决策、服务人才成长、促进事业发展的重点任务，但也提出以下建议和问题。

(1) 支委会职能作用需要进一步明确。大家认为，支部工作不能面面俱到，参与决策时应具有可操作性，如职务职称晋升、课题结题等具有完备的程序和制度，无须再增设支委会决策环节。绩效考核方面，研究所和团队均采用定量评价体系，一般以工作业绩得分为依据进行年度考核，但绩效分配原则一般由团队提出，支委会可参与讨论。在岗位设置方案、人员聘用条件、评优推优人选方面，大家认为支委会可事先讨论，与首席科学家一起加强本团队人才队伍建设。但也要处理好支委会议事决策与团队首席科学家负责制之间的关系，不能造成权责冲突。

（2）支部书记、团队首席分设可能影响支委会职能作用发挥。大家认为，如果团队首席科学家是所领导或者非中共党员担任，无法兼任党支部书记，支委会议事决策职能难以有效发挥。特别是支委会在要求没有担任党支部书记的团队首席科学家列席支委会、参与重要事项讨论存在难处。

（3）应进一步明确纪检小组功能作用。大家认为，设立纪检小组，有利于支部教育监督功能的发挥，有利于让科研人员明白底线、不碰红线。但大家对纪检小组设立后，如何发挥作用还存在疑惑，对宣传教育的内容尚不明确、对纪律红线清单还不清楚。大家提出，试剂、耗材采购绝大多数通过我院试剂采购平台完成，个别需要线下采购的也需根据权限层层审批，这个方面支委会监督空间不大。但纪检小组可以参与创新团队科研经费支出审核和使用情况的监督。

三、关于推进支部建在创新团队、发挥支委会职能作用的意见建议

（1）大力推进支部建在创新团队上。通过调研，我们认为院党组关于支部建在创新团队上的决策正确可行，建议继续推动 25 个未完成支部调整的研究所将党支部一对一建在创新团队上。允许党员人数过少的创新团队，本着学科方向相近的原则，2 个团队联合设立党支部。对于在创新工程考核评估中，创新团队调整较大的研究所，可以等创新团队调整结束后，再将党支部建在创新团队上。对于没有进入创新团队的党员，本着便于学习和工作的原则，分别编入相应的党支部，不建议将这些党员单独设立一个党支部。

（2）党支部书记原则上由党员团队首席科学家担任。建议党支部书记原则上由党员团队首席科学家担任，履行党建第一责任人职责。为保证团队首席科学家投入科技创新的时间和精力，建议选配副书记，协助做好党务工作。对于团队首席科学家任所党政负责人或非中共党员的，应选配青年助理首席科学家、课题组长或核心科研骨干担任党支部书记。为帮助支部书记熟悉党务工作和提升工作能力，建议定期对支部书记进行培训，同时对新任党支部书记进行任职培训。

（3）充分发挥支委会职能作用。根据《中国共产党支部工作条例（试行）》中事业单位党支部承担重点任务的规定，建议结合院所实际，进一步明确支委会职能作用，支委会要参与创新团队科研方向和选题设置的讨论，确保符合“三个面向”指示要求；参与团队岗位设置方案、人员聘用条件、绩效分配原则、评优推荐人选的讨论，确保正

确选人用人导向；参与创新团队科研经费支出审核和使用情况监督，加强纪律宣传教育，当好科研人员的政治安全员和纪律宣传员。没有担任党支部书记的团队首席科学家要列席支委会，参与重要事项讨论。

（4）充分发挥支部纪检小组教育监督作用。建议尽快印发“科研人员纪律红线清单”，帮助纪检小组成员明底线、知红线。充分发挥纪检小组在教育、监督上的主力军作用，当好科研人员的纪律宣传员、政治安全员，对于底线、红线、安全线，及时宣传、及时提醒、传达到位，让科研人员及时知晓，把教育监督的触角延伸到每位科研人员身边。

（5）出台院党组《关于加强和改进院属单位党的建设的意见》。建议根据近期印发的《中共中央关于加强党的政治建设的意见》《中共中央关于加强和改进中央和国家机关党的建设的意见》《中国共产党支部工作条例（试行）》精神，对院党组即将出台的《关于加强和改进院属单位党的建设的意见》进行补充完善，明确要求支部建在创新团队、进一步细化支委会职能作用，作为各单位加强党建工作特别是支部建设的依据和遵循。

关于中共中国农业科学院党组专题民主生活会情况报告

农业农村部直属机关党委：

根据农业农村部直属机关党委《关于认真开好脱贫攻坚专项巡视整改专题民主生活会的通知》（农党委〔2019〕8 号）精神，2019 年 2 月 28 日，中国农业科学院党组召开了专题民主生活会。院党组书记张合成同志主持会议，院党组成员出席会议，有关部门负责人列席会议。现将有关情况报告如下。

一、基本情况

院党组紧紧围绕专题民主生活会主题，按照部党组有关要求，在深入开展学习调研、找准找实突出问题的基础上，紧密结合思想工作实际深入查摆存在的突出问题，提出了下一步的努力方向和改进措施。院党组成员坚持把班子摆进去、把职责摆进去、把自己摆进去，聚焦存在的问题，深入剖析原因，坦诚开展批评与自我批评，提出了改进工作的意见和建议，进一步增强了打赢脱贫攻坚战的责任心和推动科技扶贫的自觉性。

二、主要做法

（一）深入开展学习，提高思想认识

为开好这次专题民主生活会，院党组成员紧扣此次民主生活会主题，认真学习习近平新时代中国特色社会主义思想，突出学习习近平总书记关于扶贫工作的重要论述和中央脱贫攻坚决策部署精神，坚持读原著、学原文、悟原理，进一步提高对打赢脱贫攻坚战重要性、艰巨性的认识，增强脱贫攻坚责任感使命感。

院党组全体同志都深刻地认识到，打好脱贫攻坚战是党的十九大提出的三大攻坚战之一，对如期全面建成小康社会、实现我们党的第一个百年目标具有十分重要的意义。发挥科技优势、助力脱贫攻坚是党和人民赋予我院一项光荣而艰巨的任务，也是我们义不容辞的责任。大家深刻认识到，脱贫攻坚是全党的重要使命，是各级党组织的重要任务，要以总书记提出的“要把扶贫开发同基层组织建设有机结合起来”为根本遵循，以党的坚强领导推动脱贫攻坚。产业扶贫是脱贫攻坚的根本之策、必由之路，在脱贫攻坚中把产业扶贫放在重要位置，切实通过产业发展提高贫困地区自我发展能力，保证脱

贫效果可持续性。科技扶贫是脱贫攻坚的有力支撑、坚强保障，要提高认识、聚焦精准、深化帮扶、确保实效，全面打赢科技扶贫攻坚战。决战决胜脱贫攻坚是当前必须完成的硬任务，院党组要一鼓作气，用更大的担当作为、更加坚定的信心，重点聚焦实现“两不愁三保障”面临的突出问题，加大“三区三州”等深度贫困地区科技扶贫力度，全力以赴完成打赢脱贫攻坚硬任务。

（二）批评与自我批评，认真严肃深刻

各位党组成员认真对照中央巡视中指出的问题，围绕落实岗位职责，履行“一岗双责”，站在落实中央脱贫攻坚决策部署的政治高度，紧密联系思想和工作实际，认真查摆存在问题和差距，深刻反思和剖析问题根源，进行了深刻的自我批评。

通过对照中央巡视指出的问题，看到了自己在履职尽责方面、从严要求方面还存在差距，主动参战的意识和示范表率作用还不强。有的同志谈到，学习领会习近平总书记关于扶贫工作的重要论述还不够深入。有的同志认为，自己调研不够，深入深度贫困地区少，对贫困地区了解得不够全面。有的同志谈到，在系统把握研究所参与脱贫攻坚上还没有形成全面指导意见，在产业扶贫方面措施不多，对科研人员反映的导向考评问题关心和指导还不够。有的同志谈到，参与扶贫工作积极性和责任意识还有待进一步增强，从工作职责看，没有主动与全院扶贫工作更好地统筹结合，对扶贫工作大力支持不够。有的同志坦诚地说，由于自己不分管扶贫工作，主责意识还不够强，一定程度上还存在“帮忙为主”的思想，虽然参与一些扶贫工作，但服务扶贫工作不够。有的同志谈到，对脱贫攻坚认识还不够深，关注还不够多，做得也还不够。有的同志坦言，主动谋划不够，没有建立起符合我们院实际情况的脱贫攻坚体制机制，在资源争取方面还不够，有效手段和举措还不多。有的同志谈到，对扶贫工作重要性认识不足，参与扶贫工作力度不够。有的同志谈到，在扶贫工作上投入时间、精力还不够，在重点扶贫地区开展工作不够。

各位党组成员不仅逐一作了深刻的自我批评，相互之间也开展了坦诚、善意的批评。例如，“要系统谋划向贫困地区选派专家、派干部工作，建立院地合作机制，把选派干部与干部培养有机结合起来，确保派得出、用得好”“要主动作为，推进考评制度改革，把扶贫工作作为重要指标，发挥考核指挥棒的作用”“要建立合理的工作机制，在分类定位、分类设岗、分类支持、分类评价上下功夫”“要在人财物方面给予强有力支持”“要把派专家、送技术、出主意、做示范四项措施落到实处”等等。大家直截了当，讲到根子上，被批评的同志认真聆听、虚心接受。通过推心置腹地交流意见、沟通思想，大家凝聚了共识，形成了互动交流、民主和谐、推动工作的良好氛围。

部党组成员、院长唐华俊同志，院党组书记张合成同志带头开展了批评和自我批评，对下一步工作提出了明确要求。唐华俊同志指出，要站在全局的高度，全力做好科技扶贫工作；强化科技创新对产业的支撑，引导相关科研团队与地方产业积极对接，把

创新与扶贫结合起来、务求实效；要集中精力把阜平、安康等扶贫示范点打造好，将示范工作做的更有显示度，更加有利于展示科技在扶贫中的作用。张合成同志强调，要进一步加强学习，提高思想认识，加强对脱贫攻坚工作的组织领导，强化扶贫工作措施，引导研究所全力以赴投入脱贫攻坚主战场。

三、取得成效

院党组成员普遍感到，民主生活会开得很好、很成功，既严肃认真、又团结和谐，起到了提高认识、推动工作和改进作风的作用。

一是提高了思想认识，提升了政治站位。通过对习近平总书记关于扶贫工作的重要论述和中央脱贫攻坚重大决策部署的再学习、再领会，进一步增强了决战决胜脱贫攻坚的责任感和使命感，切实提高了政治站位，提升了参与脱贫攻坚工作的积极性和主动性。

二是确定了帮扶重点，明确了整改方向。通过开展批评和自我批评，院党组和党组成员牢固树立了“脱贫攻坚主战场在哪里，中国农业科学院专家团队就到哪里”理念，明确将主动加强与主产区和深度贫困地区对接，做好示范带动，开展产业扶贫；要帮扶重点地区，打造扶贫亮点；要突出我院优势，强化科技帮扶，确保扶贫工作取得实效。

三是强化了责任意识，强化了工作措施。通过此次专题民主生活会，院党组要进一步加强对全院脱贫攻坚工作的组织领导，支持院脱贫攻坚领导小组及其办公室工作，进一步完善院长、院党组书记，所长、所党委书记，科研团队、党支部齐抓共管脱贫攻坚的工作格局。进一步强化工作措施，建立扶贫定点县的联系机制，推进考评制度改革，把扶贫工作作为重要指标，发挥考核指挥棒的作用，鼓励和号召全院干部职工积极参与到脱贫攻坚中去。

四、存在不足和意见建议

根据《中共农业农村部党组关于脱贫攻坚专项巡视整改工作方案》和农业农村部直属机关党委《关于认真开好脱贫攻坚专项巡视整改专题民主生活会的通知》（农党委〔2019〕8 号）精神，院党组紧扣主题做好各项工作，但在调动研究所、科研人员全力以赴投入扶贫工作方面还需要继续下功夫。

建议部党组按照脱贫攻坚专项巡视整改工作的整体安排，在产业扶贫、定点扶贫、科技扶贫和扶贫干部队伍建设等方面给予中国农业科学院更为细致的指导，以便全院能够顺利完成既定的各项整改任务。

中国农业科学院党组

2019 年 3 月 14 日

关于印发《关于到驻地外开展党建活动的意见》的通知

直党字〔2019〕37号

院机关各部门、院属各单位：

为进一步规范和控制我院党组织到驻地外开展主题党日和党务干部培训等党建活动，根据有关规定，直属机关党委起草了《关于到驻地外开展党建活动的意见》，该意见已经第十三次院党组会审议同意，现予以印发，请遵照执行。

中国农业科学院直属机关党委

2019年7月5日

关于到驻地外开展党建活动的意见

为进一步规范和控制我院党组织到驻地外开展主题党日和党务干部培训等党建活动，依据《中国共产党支部工作条例（试行）》《中央和国家机关严格党的组织生活制度的若干规定（试行）》《中央和国家机关基层党组织党建活动经费管理办法》等规定，提出如下意见。

（一）党建活动要充分利用本地条件。确需到驻地外开展的党建活动，要严格控制活动规模、时间和数量，原则上每两年不超过一次。主题党日原则上以党支部为基本单位组织开展。

（二）党建活动必须纳入本单位党建工作计划和年度经费预算，并要有明确的活动主题和实质性工作内容。

（三）到驻地外开展党建活动，要坚持“谁组织、谁负责，谁审批、谁负责”的原则，院机关各部门由支委会研究、主要负责人审批，院属各单位由所党委研究审批。

（四）支持创新工程团队党支部与农村党支部结对共建、助力乡村振兴和脱贫攻坚，结对帮扶活动要注重实效，力戒形式主义。

（五）开展党建活动，必须坚持厉行节约、反对浪费。集体出行确需租用车辆的，应当视人数多少租用大巴车或中巴车，不得租用轿车（5 座及以下），不得将活动委托旅行社组织。到驻地外开展党建活动，一般不得乘坐飞机。

（六）要严格遵守中央八项规定精神。严禁借党建活动名义安排公款旅游；严禁到党中央、国务院明令禁止的风景名胜区开展党建活动；严禁借党建活动名义组织会餐或安排宴请；严禁组织高消费娱乐健身活动；严禁开支与党建活动无关的其他费用；严禁发放任何形式的个人补助；严禁转嫁党建活动经费。

（七）根据《中国农业科学院领导干部外出与单位集体外出报告制度》（农科办办〔2010〕110 号）规定，凡组织 10 人以上的集体外出活动（包括市内），还须向院办公室履行备案程序。

关于中国农业科学院工会第十六届委员会调整结果的通知

农科工会〔2019〕9号

院属京区各单位工会：

为进一步加强党对工会组织的领导，经中国农业科学院工会第十六届委员会第二次全体会议增补和改选，并报农业农村部直属机关工会委员会批准，中国农业科学院工会第十六届委员会组成人员名单如下。

主　席：吴孔明

常务副主席：王晓举

副主席：赵红梅、吴京凯、刘　燕

常　委（以姓氏笔画为序）：王　欣、王晓举、刘　燕、杨永坤、吴孔明、吴京凯、佟继旭、沈银书、赵红梅、郝志强、郭同军

委　员（以姓氏笔画为序）：王　欣、王长江、王晓红、王晓举、刘　燕、刘继芳、李志平、李克民、李思经、杨永坤、吴孔明、吴京凯、佟继旭、沈银书、宋　斌、张之宣、项伯纯、赵红梅、郝志强、胡　鸿、郭同军、赖燕萍

特此通知。

中国农业科学院工会

2019年5月6日

关于同意中国农业科学院工会改选结果的批复

农工组［2019］4 号

中国农业科学院工会：

2019 年 4 月 2 日的报告收悉。

经研究，同意中国农业科学院工会增补、改选结果，同意吴孔明为工会主席，王晓举为常务副主席，赵红梅、吴京凯、刘燕为副主席。请按规定程序宣布。

此复。

农业农村部直属机关工会

2019 年 4 月 16 日

关于中国农业科学院参加中央和国家机关职工运动会获奖情况的通报

农科工会〔2019〕20号

院机关工会、院属各单位工会：

2019年4—10月，中央和国家机关举办“健身你我他，奋进新时代”首届职工运动会。我院组队代表农业农村部在跳绳、田径、羽毛球、篮球、乒乓球等多项比赛中取得了优异成绩，得到部、院领导充分肯定和赞誉。现对参赛单位和个人予以通报表扬。

本次活动得到了院领导的高度重视，院属各单位大力支持，干部职工踊跃参与。院职工文体俱乐部主动作为，植保所、生物所、出版社、饲料所分别承担了跳绳、羽毛球、乒乓球和田径等比赛项目的组织选拔和训练工作。参赛运动员克服困难，利用业余时间赛前刻苦训练，赛场上奋力拼搏，经过激烈的角逐，分别获跳绳比赛亚军、田径团体第七名、羽毛球中年团体第七名、女子篮球团体第七名、乒乓球中年团体第八名。质标所张苏、吴伟分别获得女子、男子中年组跳高第二名、第三名，张苏、作科所王兰芬分别获得女子中年组跳远第三名、第五名，蔬菜所赵志伟分获男子中年组跳高、跳远第六名，蔬菜所崔芳获女子中年组跳高第八名，蔬菜所赵志伟获羽毛球中年组男子单打第五名。运动员们在赛场上充分展示了我院干部职工拼搏进取、昂扬向上的精神风貌，为我院增添了光彩，为农业农村部赢得了荣誉。

希望院属各单位以此次运动会为契机，培养广大干部职工以多种方式积极健身的良好习惯，引导和激励大家始终保持奋力拼搏、奋发作为的精气神，以更加饱满的热情投身到各项工作中，为推动农业科技实现整体跃升作出新的更大贡献。

附件：参赛运动员名单

中国农业科学院工会
2019年12月27日

附件

参赛运动员名单

一、跳绳参赛运动员名单

植 保 所：徐　军　周云峰　韩　旭　纪斌斌　孙明闯　狄　佳　田珊珊　魏雪梅　张　楠　段军莹　吴　娟　张力卜　陈　昶　周　乐

二、田径参赛运动员名单

院 机 关：李　胜
后勤中心：管　庆
作 科 所：王兰芬　王山荭　黄素华　陈四胜
植 保 所：王秋霞　陈秀萍
蔬 菜 所：赵志伟　崔　芳　马泽馨　张　慧　杨丛林　李向前
环 发 所：张馨月
牧 医 所：杨述林
饲 料 所：王彦华
加 工 所：杨欣男
信 息 所：马晓敏　张　晶　王燕军　岳福菊
质 标 所：张　苏　吴　伟

三、羽毛球参赛运动员名单

院 机 关：张合成　王晓举　姜梅林
蔬 菜 所：赵志伟
环 发 所：王　扬
牧 医 所：赵连生
生 物 所：宋　斌
资 划 所：李春花
质 标 所：赵小阳

四、篮球参赛运动员名单

作 科 所：黄素华
植 保 所：折冬梅　王秋霞
信 息 所：邵大富

五、乒乓球参赛运动员名单

院 机 关：陈华宁　高　岩
作 科 所：陈四胜
植 保 所：冯　洁
资 划 所：申华平
出 版 社：徐　毅　王红军

关于中国农业科学院参加农业农村部职工歌咏大会和广播体操比赛情况的通报

农科工会〔2019〕21 号

院机关工会、院属各单位工会：

2019 年 9—10 月，农业农村部先后举办庆祝中华人民共和国成立 70 周年职工歌咏大会和广播体操比赛。我院分别获得歌咏大会优秀奖和广播体操比赛一等奖，得到部、院领导和全院干部职工的充分肯定和赞誉。现对组队参赛单位和个人予以通报表扬。

本次活动院领导高度重视，院党组张合成书记、院纪检组李杰人组长亲自登台参加演出。农经所、院舞蹈俱乐部依托单位研究生院承担了歌唱的组织和训练工作，院机关、后勤中心、蔬菜所、蜜蜂所、饲料所、出版社等单位积极选派职工参加。院瑜伽俱乐部依托单位作科所组织了 40 位女职工的广播体操代表队。参演参赛队员们克服困难，利用业余时间刻苦训练，赛场上、舞台上出色的表现充分展示出我院广大干部职工积极进取、昂扬向上的精神风貌。

希望院属各单位积极开展寓教于乐的文体活动，活跃、健康职工身心，进一步凝聚创新力量，为扎实落实“三个面向”，推进“两个一流”建设作出新的更大贡献。

附件：参演参赛单位及人员名单

中国农业科学院工会
2019 年 12 月 27 日

附件

参演参赛单位及人员名单

一、歌咏大会参演单位和人员名单

院 领 导：张合成 李杰人

院 机 关：于 辉

后勤中心：梁 升 张永林 史天楠

研究生院：牛 星 张 博 杨建玲 张红宜 李然嫣 杨 静 白 雪 王 妮 莫寅虹 刘丽娜 王 垚 邹瑞霞 高滋艺 赵怡斐 张艳华 张 纯 涂超群

蔬 菜 所：孟玉芬

蜜 蜂 所：杨国鑫 李春妮 赵晓蒙

饲 料 所：王吉峰 彭 晴

农 经 所：李思经 毛世平 钟 钰 张宁宁 王海东 胡向东 李玉勤 王明利 郭阳爽 曹新明 崔伟华 方 静 陈沧客 郭君平 张崇尚 谢玲红 韩昕儒 项 诚 臧良震 林青宁 刘 丽 黄圣男 张 宇 陈珏颖 陈秧分 张永勋 曹芳芳 孙致陆 贾 伟 杨东群 朱 宁 韩 炜 周向阳 辛翔飞 王国刚 杨 春 周 慧 石自忠 陈 静 陈学渊 安 岩 韦文珊 张 琳 牛坤玉 刘明月 李元鑫 王淑彬 张田野 刘 爽 尚青松 于 琳 骆家昕 周 超

出 版 社：朱 绯 曹雨桐 高 鋆 李冠桥 王 霏 李瑞智 姜义伟 马广洋 周丽丽 张国锋 徐一津 田 静 贾海霞 陈 卓 金 迪 张诗瑶 姚 欢 王思文 李 玲 刘 建

二、广播体操参赛单位和人员名单

作 科 所：范 静 王山荭 杨 华 李文迪 李今顺 周红立 杨光明 王艳杰 段凤莹 张金梅 辛 霞 何娟娟 黄雪琦 张 欣 郭秀平 李超男 张晓玫 刘立宏 古佳玉 胡小娇 朱金洁 武婷婷 刘玲娜 高 雅 侯清阁 刘 凌 卓淑燕 黄素华 张 慧 程云连 史梦莎 赵 攀 赵伟娜 李旭芳 高永鹤 高思琪 李小新 吴培培 田媛媛 王金玉

中国农业科学院获得全国青年文明号、农业农村部直属机关十佳青年、五四红旗团组织表彰名单

2017—2018 年度全国青年文明号：

资划所呼伦贝尔草原生态系统国家野外科学观测研究站

第七届农业农村部直属机关“十佳青年”：

蔬菜所程锋研究员

农业农村部直属机关 2017—2018 年度五四红旗团组织：

研究生院团委

关于表彰 2016—2018 年度中国农业科学院青年文明号、五四红旗团组织、优秀共青团员和优秀共青团干部的决定

农科团〔2019〕2 号

院属各单位团组织、院机关团支部：

三年来，全院各级团组织和广大团员青年、团干部深入学习贯彻习近平总书记系列重要讲话精神，特别是认真学习贯彻习近平新时代中国特色社会主义思想和党的十九大精神，按照习近平总书记“三个面向”重要指示要求，紧紧围绕院所中心任务，立足岗位、扎实工作，涌现出了一大批先进典型。

为表彰先进，激励各级团组织和广大团员青年、团干部更加奋发进取，为加快建设世界一流学科和一流科研院所贡献力量，中国农业科学院团委决定，授予蔬菜花卉研究所功能基因课题组等 11 个青年集体 2016—2018 年度“中国农业科学院青年文明号”称号，授予院机关联合团支部等 12 个团组织 2016—2018 年度“中国农业科学院五四红旗团组织”称号，授予程晨等 11 名同志 2016—2018 年度“中国农业科学院优秀共青团员”称号，授予王莹等 10 名同志 2016—2018 年度“中国农业科学院优秀共青团干部”称号。

这次表彰的青年文明号是我院众多青年集体的杰出代表，他们集体成员政治素质好、大局意识强，爱岗敬业、能力过硬，工作作风优良、精神风貌好，在本职工作中体现出良好的专业素养和文明素养，工作业绩突出。这次表彰的五四红旗团组织是我院广大基层团组织的先进典型，他们讲政治、作风实，能够认真贯彻上级团组织工作部署，根据青年需求开展工作，在团员青年中具有较高威信，具有较强吸引力和凝聚力。这次表彰的优秀共青团员是我院广大团员中的优秀分子，他们牢固树立“四个意识”，坚定“四个自信”，坚决做到“两个维护”，积极参加团的活动，能够发挥模范带头作用，在本职岗位取得了较好成绩。这次表彰的优秀共青团干部是我院广大团干部的优秀代表，他们政治素质好，忠诚党的事业，热爱青年工作，积极进取、敢于担当，在本职岗位和共青团工作中取得了良好成绩，在团员青年中有影响力和号召力。

希望这次受到表彰的集体和个人以此为新起点，再接再厉、积极开拓、锐意进取、再创佳绩。希望全院各级团组织和广大团员青年、团干部以他们为榜样，扎实工作、无私奉献，在本职工作岗位上创造更好业绩，取得更大进步。

附件：1. 2016—2018 年度中国农业科学院青年文明号
　　　2. 2016—2018 年度中国农业科学院五四红旗团组织
　　　3. 2016—2018 年度中国农业科学院优秀共青团员
　　　4. 2016—2018 年度中国农业科学院优秀共青团干部

中国农业科学院团委
2019 年 4 月 26 日

附件 1

2016—2018 年度中国农业科学院青年文明号（11 个）

蔬菜花卉研究所功能基因课题组
农业环境与可持续发展研究所环境工程研究室
北京畜牧兽医研究所奶产品质量与风险评估创新团队
农产品加工研究所加工有害生物防控创新团队
农业经济与发展研究所“一带一路”研究中心
农业资源与农业区划研究所智慧农业创新团队
农业质量标准与检测技术研究所风险监测与评估研究室
水稻研究所水稻基因资源挖掘与利用课题组
哈尔滨兽医研究所国家动物疫病防控高级别生物安全实验室
南京农业机械化研究所农产品收获与产后加工工程技术团队
深圳农业基因组研究所农业昆虫基因组学创新团队

附件 2

2016—2018 年度中国农业科学院五四红旗团组织（12 个）

院机关联合团支部
后勤服务中心团支部
研究生院团委
植物保护研究所团支部
农产品加工研究所团支部
农业资源与农业区划研究所团支部
农业质量标准与检测技术研究所团支部
油料研究所团支部
哈尔滨兽医研究所团支部
特产研究所团支部
环境保护科研监测所团支部
烟草研究所团支部

附件 3

2016—2018 年度中国农业科学院优秀共青团员（11 名）

程　晨　人事局
袁　洋　后勤服务中心
门洪凯　北京畜牧兽医研究所
房　悦　农业经济与发展研究所
刘海华　农业质量标准与检测技术研究所
王思文　中国农业科学技术出版社
陈　飞　棉花研究所
林常春　草原研究所
金雪婷　南京农业机械化研究所
孙婧媛　烟草研究所
周　倩　深圳农业基因组研究所

附件 4

2016—2018 年度中国农业科学院优秀共青团干部（10 名）

王　莹　后勤服务中心
宋　振　农业环境与可持续发展研究所
顾今吾　农产品加工研究所
赖婧滢　生物技术研究所
肖碧林　农业资源与农业区划研究所
寇远涛　农业信息研究所
许彦阳　农业质量标准与检测技术研究所
任淑敏　茶叶研究所
刘益民　哈尔滨兽医研究所
王云锋　草原研究所

关于表彰2017—2018年度中国农业科学院巾帼文明岗、巾帼建功标兵、先进基层妇女组织、优秀妇女工作干部、五好文明家庭和妇女之友的决定

院属各单位、院机关妇女组织：

2017年以来，我院各级妇女组织和广大女职工在院党组、院直属机关党委和各级党组织的领导下，根据上级妇女组织的工作部署，以习近平新时代中国特色社会主义思想为指导，牢固树立“四个意识”、坚定“四个自信”，坚决做到“两个维护”，扎实推进新时代妇女工作创新发展，不断加强基层妇女组织建设，提升女职工综合素质，在推动贯彻落实“三个面向”重要指示、全面扎实推进创新工程、实施乡村振兴和脱贫攻坚工作中作出了积极贡献，涌现出一批爱岗敬业、团结奉献、开拓创新、锐意进取的先进集体和优秀个人。为表彰先进、树立典型、激励创新、激发干劲，经各单位申报、院妇工委评选，公示无异议后报院党组批准，决定授予中国水稻研究所水稻生物学国家重点实验室女职工创新团队等10个集体为2017—2018年度中国农业科学院“巾帼文明岗”称号，授予王静等10名同志为2017—2018年度中国农业科学院“巾帼建功标兵”称号，授予植物保护研究所妇女委员会等10个妇女组织为2017—2018年度中国农业科学院“先进基层妇女组织”称号，授予王琤等10名同志为2017—2018年度中国农业科学院“优秀妇女工作干部”称号，授予朱爱国家庭等10个家庭为2017—2018年度中国农业科学院“五好文明家庭”称号，授予王加启等36名同志为2017—2018年度中国农业科学院“妇女之友”称号。

希望受到表彰的先进集体和优秀个人把荣誉作为新起点，谦虚谨慎，再接再厉，充分发挥示范引领作用；希望院各级妇女组织要向受到表彰的先进基层妇女组织学习，结合农业科研特点，不断创新工作思路，团结带领广大女干部职工积极投身到“农科巾帼心向党、科研建功新时代”主题实践中，作出新贡献，展现新作为；希望全院广大女干部职工要以受到表彰的先进集体和优秀个人为榜样，继续发扬艰苦奋斗精神，带头践行，求真笃行，敬农致用的院训精神，以锲而不舍、驰而不息的决心和毅力，在全面落实“三个面向”“两个一流”奋斗目标中书写巾帼精彩人生。

附件：2017—2018年度中国农业科学院巾帼文明岗、巾帼建功标兵、先进基层妇女组织、优秀妇女工作干部、五好文明家庭和妇女之友名单

中国农业科学院妇工委

2019年2月22日

附件

2017—2018 年度中国农业科学院 巾帼文明岗、巾帼建功标兵、先进基层妇女组织、优秀妇女工作干部、五好文明家庭和妇女之友名单

一、巾帼文明岗（10 个，排名不分先后）

后勤服务中心幼儿园
研究生院培养处
植物保护研究所杂草研究组
蔬菜花卉研究所盆栽及庭园花卉资源与育种创新团队
农业信息研究所海外农业与国际情报创新团队
中国农业科学技术出版社农业传媒与传播研究中心
中国水稻研究所水稻生物学国家重点实验室女职工创新团队
郑州果树研究所科研管理处
兰州畜牧与兽药研究所农业农村部动物毛皮及制品质量监督检验测试中心（兰州）
农业农村部环境保护科研监测所农田有机污染生物消减创新团队

二、巾帼建功标兵（10 名，以姓氏笔画为序）

王　静　农业质量标准与检测技术研究所研究员
刘　洁　成果转化局产业发展处处长
邱丽娟　作物科学研究所研究员
张　锐　生物技术研究所研究室主任、研究员
金黎平　蔬菜花卉研究所研究室副主任、研究员
周智修　茶叶研究所研究员
夏　英　农业经济与发展研究所研究室主任、研究员
董红敏　农业环境与可持续发展研究所副所长、研究员
蔡　萍　农业农村部沼气科学研究所党委书记、副所长、研究员
魏　芳　油料作物研究所副研究员

三、先进基层妇女组织（10 个，排名不分先后）

植物保护研究所妇女委员会
生物技术研究所妇女委员会
农业质量标准与检测技术研究所妇女委员会
中国水稻研究所女工委
麻类研究所妇女委员会
果树研究所妇女委员会
哈尔滨兽医研究所女工委员会
兰州兽医研究女工委
上海兽医研究所妇女工作委员会
农业农村部环境保护科研监测所妇女联合会

四、优秀妇女工作干部（10 名，以姓氏笔画为序）

王　琤　院机关妇委会委员
王爱辰　北京畜牧兽医研究所妇委会主任
白春雨　草原研究所妇工委委员
朱　玛　农业农村部南京农业机械化研究所女工委主任
乔冬梅　农田灌溉研究所妇工委主任
吴冬梅　棉花研究所女工委主任
张亚玉　特产研究所妇委会主任
范　静　院妇工委常委、作物科学研究所党委书记
周闲容　农产品加工研究所妇委会代理主任、委员
屈宝香　农业资源与农业区划研究所妇委会主任

五、五好文明家庭（10 名，以姓氏笔画为序）

朱爱国家庭　麻类研究所
李呈军家庭　哈尔滨兽医研究所
辛晓平家庭　农业资源与农业区划研究所
陈　凯家庭　农业基因组研究所
武江利家庭　蜜蜂研究所
居　辉家庭　农业环境与可持续发展研究所
秦　方家庭　研究生院

曾凡瑞家庭　后勤服务中心
穆玉红家庭　中国农业科学技术出版社
戴培刚家庭　烟草研究所

六、妇女之友（36 名，以姓氏笔画为序）

王加启　蜜蜂研究所所长
方　向　中国水稻研究所党委副书记
卢玉明　后勤服务中心正所级
刘大群　院党组成员、研究生院党委书记、院长
刘春明　作物科学研究所所长、党委副书记
刘继芳　农业信息研究所党委书记、副所长
刘雅学　草原研究所基地管理处处长
齐广海　饲料研究所所长、党委副书记
许发辉　烟草研究所党委书记、副所长
孙　研　兰州畜牧与兽药研究所党委书记、副所长
孙日飞　蔬菜花卉研究所所长、党委副书记
孙百明　哈尔滨兽医研究所所长助理、人事处处长
李华伟　农业基因组研究所基本建设处副主任
李建才　果树研究所党委副书记、纪委书记
李德芳　麻类研究所副所长
汪飞杰　农业质量标准与检测技术研究所党委书记
沈银书　植物保护研究所副所长
宋国立　棉花研究所党委副书记、纪委书记
张应禄　中国农业科学技术出版社社长
张国良　农业农村部环境保护科研监测所党委书记、副所长
张春义　生物技术研究所副所长
陆建中　农田灌溉研究所党委书记
陈永生　农业农村部南京农业机械化研究所党委委员、研究室主任
陈金强　院财务局局长
赵玉林　郑州果树研究所党委书记、副所长
郝志强　农业环境与可持续发展研究所党委书记、副所长
姜仁华　茶叶研究所党委书记、副所长
秦玉昌　北京畜牧兽医研究所所长、党委副书记
袁龙江　农业经济与发展研究所所长、党委副书记
贾广东　院党组成员、人事局局长

殷　宏　兰州兽医研究所所长、党委副书记
郭同军　农业资源与农业区划研究所党委书记、副所长
梁　波　特产研究所党委书记、副所长
童光志　上海兽医研究所所长
廖　星　油料作物研究所副所长、党委副书记、纪委书记
戴小枫　农产品加工研究所所长

中共中国农业科学院党组关于表彰 2019 年度中国农业科学院优秀创新团队和优秀科学家的决定

院机关各部门、院属各单位：

自 2013 年创新工程实施以来，院属各研究所和广大科技工作者以习近平新时代中国特色社会主义思想为指导，认真贯彻落实党中央各项决策部署，牢固树立“四个意识”，坚定“四个自信”，坚决做到“两个维护”，以深厚的“三农”情怀，扎根一线，艰苦奋斗，锐意进取，无私奉献，在科技创新、成果转化、人才培养、平台建设、文化建设等方面取得了丰硕成果，充分发挥了农业科研国家队的领头羊作用，为我国“三农”事业的发展提供了强有力的科技支撑。

为大力弘扬新时代科学家精神，发挥“身边人、身边事”的典型示范作用，激励、引领全院广大科技工作者将目标任务进一步聚焦到实现“三个面向”“两个一流”的指示精神，激发广大科技工作者的创新创造热情，引导广大科技工作者投身创新争先行动，在各单位申报、评委会评审的基础上，经公示和院党组审定，决定授予蔬菜花卉研究所甘蓝类蔬菜遗传育种创新团队等 10 个团队“优秀创新团队”荣誉称号，授予油料作物研究所李培武等 10 名同志“优秀科学家”荣誉称号。

希望受表彰的团队和个人珍惜荣誉，不忘初心，牢记使命，继续发挥先锋模范作用，再接再厉，再创佳绩。全院各个创新团队和广大科技工作者要向先进典型学习，更加紧密地团结在以习近平同志为核心的党中央周围，深入贯彻习近平总书记“三个面向”重要指示，自觉弘扬爱国奋斗精神，迸发爱国之情、报国之志，将个人理想融入建设世界科技强国和社会主义现代化强国的伟大事业，自强不息、砥砺前行，进一步加强自主创新，强化产学研融合，积极服务脱贫攻坚和乡村振兴，在建设世界一流学科和一流科研院所的征程中不断改革创新、开拓进取，为决胜全面建成小康社会作出新的更大贡献。

附件：1. 2019 年度中国农业科学院优秀创新团队名单
　　　2. 2019 年度中国农业科学院优秀科学家名单

中共中国农业科学院党组

2020 年 1 月 7 日

附件 1

2019 年度中国农业科学院优秀创新团队名单
（排名不分先后）

作物科学研究所　作物功能基因组研究创新团队
植物保护研究所　经济作物虫害监测与控制创新团队
蔬菜花卉研究所　甘蓝类蔬菜遗传育种创新团队
农产品加工研究所　肉品加工与品质调控创新团队
农业资源与农业区划研究所　智慧农业（农业遥感）创新团队
棉花研究所　分子遗传改良创新团队
油料作物研究所　油菜遗传育种创新团队
郑州果树研究所　桃资源与育种创新团队
哈尔滨兽医研究所　国家动物疫病防控高级别生物安全实验室支撑创新团队
深圳农业基因组研究所　经济作物的全基因组设计育种创新团队

附件 2

2019 年度中国农业科学院优秀科学家名单
（排名不分先后）

张友军　蔬菜花卉研究所研究员
董红敏　农业环境与可持续发展研究所研究员
侯水生　北京畜牧兽医研究所研究员
周　卫　农业资源与农业区划研究所研究员
王　静　农业质量标准与检测技术研究所研究员
李培武　中国工程院院士、油料作物研究所研究员
阎　萍　兰州畜牧与兽药研究所研究员
胡志超　南京农业机械化研究所研究员
杨其长　都市农业研究所研究员
阮　珏　深圳农业基因组研究所研究员

中央纪委国家监委驻农业农村部纪检监察组组长、农业农村部党组成员吴清海同志在 2019 年中国农业科学院全面从严治党工作会议上的讲话

2019 年 2 月 22 日

2018 年，中国农业科学院坚持以习近平新时代中国特色社会主义思想为指导，在习近平总书记贺信精神指引下，以高度的政治责任感，认真贯彻落实党中央、国务院的部署要求，8 项成果荣获国家大奖，再次实现三类大奖全覆盖，彰显农业科技国家队的精神风貌和担当作为。全院各级党组织强化党的领导，加强党的建设，落实“两个”责任，深入推进“五个领域专项整治”，全面从严治党取得了积极成效，应予充分肯定。

同时，我们必须清醒地认识全面从严治党工作中存在的问题。从日常监督、信访举报、党组巡视、审查调查反映的情况看，中国农业科学院在党的领导、党的建设、管党治党方面与中央的要求和人民群众的期待仍然有差距，在落实中央八项规定精神、科研经费管理、企业监管、选人用人等方面仍然存在一些薄弱环节，个别领域多人发生职务违法和职务犯罪问题。纪检监察方面大体有一个“432”的概念，中国农业科学院系统司局级干部占农业农村部系统司局级干部总数的 1/4，但局级干部问题线索数量超过农业农村部系统总量的 1/3，审查调查和给予党政纪处分人数约占部系统总量 1/2。这表明，中国农业科学院党风廉政建设和反腐败斗争形势依然严峻复杂，全面从严治党永远在路上，依然任重而道远，必须一以贯之、坚定不移，“严”字当头、长期坚持，任何时候都放松不得，绝不能有差不多了，该松口气、歇歇脚的想法，绝不能有打好一仗就一劳永逸的想法，绝不能有初见成效见好就收的想法。

按照党中央对派驻纪检监察组的职责定位，结合中国农业科学院实际，我讲五点意见。总的要求是：2019 年，中国农业科学院各级党组织和广大党员干部，要以习近平新时代中国特色社会主义思想为指导，深入贯彻落实十九届中央纪委三次全会工作部署，按照新时代的形势和任务要求，进一步把自己摆进去，担当作为抓落实。

一、以政治建设为统领，在提高政治站位上把自己摆进去，坚决把中央各项决策部署落到实处

增强“四个意识”、坚定“四个自信”、做到“两个维护”，都是具体的而不是抽象的，归根结底，就是要看一个领导班子、一个党员领导干部在贯彻落实党中央决策部署上的实际表现，看其是否做到了知行合一、坚定坚决、不折不扣。中国农业科学院作为农业科研国家队，为实施乡村振兴战略、农业农村发展、农业现代化提供科技支撑和智力支持，肩负着艰巨任务和光荣使命。习近平总书记提出的三个面向、两个一流和一个整体跃升，既是殷切希望，更是政治要求。讲政治是具体的不是抽象的，中国农业科学院各级党组织讲政治，就要体现在这些方面，就要体现于科研工作全过程，将党中央的要求、总书记的殷切希望转化成广大科研工作者的思想自觉和行动自觉，主动围绕贯彻党的“三农”决策部署，开展重大科研活动。

从中国农业科学院存在的具体问题看，有的党组织在落实中央决策部署和“三农”方针政策方面还不够坚决、不够到位，停留在简单传达和喊口号上，没有结合自身实际真正“落地”；有的对强化党的领导、全面从严治党认识不到位、意识缺乏，党员观念淡漠，党组织政治功能作用发挥不够，基层组织的组织力薄弱；有的淡忘了自己的使命担当，眼里只有自己的小日子，胸中少了“大格局”，片面追求经济效益；有的片面强调自己单位是搞科研的，习惯以专业干部自居，忘记了科研业务首先是党领导下的，首先是党的事业，“重业务，轻党建”的思想没有得到彻底纠正。

习近平总书记指出，要以党的政治建设为统领全面推进党的建设，确保党的十九大精神和中央重大决策部署坚决贯彻落实到位。中国农业科学院各级党组织和党员干部都要把自己摆进去，增强“四个意识”，坚定“四个自信”，做到“两个维护”，站稳政治立场，坚持政治原则，经常对表对标，及时校准偏差。坚定理想信念宗旨，坚守政治担当，严守政治纪律，扎实开展“不忘初心，牢记使命”主题教育活动，增强党的凝聚力和战斗力。院党组要对全院政治生态状况、各所党组织要对干部队伍政治生态状况定期研判，综合分析，做到心中有数。

二、弘扬优良作风，在驰而不息纠“四风”上把自己摆进去，巩固拓展落实中央八项规定精神成果

党的十八大以来，党中央以实施八项规定精神作为全面从严治党的开篇之作，持之以恒，盯住不放，成效显著。党的十九大闭幕后第三天，中央政治局审议了实施细则，对八项规定的内容做了进一步规范、细化和完善，为全党作出表率，继续给全党全社会以信心和力量，释放了越往后越严的强烈信号。对此，全院党员干部务必要有清醒认识。

从监督执纪情况看，中国农业科学院系统仍有一些党员干部，政治意识淡漠，心无戒惧、不守底线、不知敬畏，甚至在十九大后仍然不收敛、不收手。有的接受下属单位、下属企业和合作对象的宴请、旅游、消费娱乐活动；有的单位和党员干部把所办企业当成“钱袋子”，以办公用品、食品等五花八门的名义报销费用；有的在2018年春节期间，还在接受吃请，参加高消费娱乐活动，收受下属以及合作单位的红包礼金、名贵特产、高档烟酒；有的公务用车管理方面仍然存在漏洞，特别是“私车公养”问题没有引起重视。在形式主义、官僚主义表现上，有的“新官不理旧账”，不敢直面矛盾和历史遗留问题，喜欢另起一套打造自己的亮点；有的简单传达，照本宣科，上级要求不落地，雷声大、雨点小，功夫都用在上报材料上了。这些表现本质上都是党性和宗旨意识缺失。

上述问题的发生，究其原因，主要是少数同志面对党中央全面从严治党、持之以恒正风肃纪的高压态势不以为然，对中央八项规定精神毫无敬畏之心，把组织提醒告诫当耳旁风。对这些同志，驻部组坚持教育挽救干部，以纪律审查的威严破解其戒备心，以党章党规的标准唤醒其进取心，以推心置腹的真诚感化其悔过心，既核实了问题，更收复其对党忠诚初心，使其真正知错悔错改错。

习近平总书记指出，要把刹住“四风”作为巩固党心民心的重要途径，对“四风”隐形变异新动向要时刻防范，对享乐主义、奢靡之风等歪风陋习要露头就打。近期组织开展的名贵特产类特殊资源清理工作，需要站在政治的高度仔细甄别，深刻领会中央精神，绝不能利用掌握的资源和特产的幌子搞靠山吃山、假公济私、以权谋利、利益输送。在反对形式主义、官僚主义上，韩长赋同志列出了农业农村部系统存在的形式主义、官僚主义10个倾向性问题，中国农业科学院也要把自身摆进去，刀刃向内，找准自身存在的症结，把准脉，对症施策，不要盲目自信自己身上不存在，结合中国农业科学院各单位的实际，拿出更有针对性和有效性的方法。

60余年来，中国农业科学院一代代科学家、科研人员坚持科学精神，诚实守信、崇尚创新、勇攀高峰、无私奉献，形成了以“祁阳站精神”“中棉所精神”为代表的中国农业科学院文化。与这个主流格格不入的是，我们在监督工作中发现的一些不良倾向和苗头，有的同志身在管理岗位，却不集中精力抓管理，而是热衷于与其他科研人员抢成果，喜欢在课题组、科研团队挂名，想着在别人发表的论文上挂上自己的名字。甚至还要排在前面；有的领导对自己单位的事情不上心，热衷于参加外面的评审、论证、论坛，赚取劳务费等。这些倾向和苗头与科学精神都是背道而驰的，值得引起重视。现在，国家出台了不少科技成果转化方面的政策，既要积极研究，用好用足这些政策，充分享受政策红利，又要防止踩到纪律的红线，更不要踩到法律的底线。对于科研院所党员领导干部来说，执行党的纪律没有特殊，遵守国家法律更没有例外。

三、聚焦重点领域和薄弱环节，在严格管理上把自己摆进去，从体制机制上一体推进不敢腐、不能腐、不想腐

从 2018 年信访举报、审查调查中反映的情况看，中国农业科学院在管理中还存在一些问题，比如科研经费管理的问题、房屋出租出借的问题，驻部组以多种方式给予了提醒、指出或者建议，需要继续高度重视，抓实抓紧、持续发力，不断完善监管制度并加强监管。今天，我主要就以下三个方面问题讲些意见。

一是关于企业监管。目前，中国农业科学院及下属大部分研究所开办了 89 家企业，企业数量和资产总额均超过部系统总量的一半，这还不包括对外投资又成立的孙子重孙子企业。有全资、控股、参股等不同形式，为探索农业事业发展道路、推动科研成果转化、补充事业发展经费不足等发挥了积极作用。从监督执纪掌握的情况看，有的事企不分，债权债务关系不清，资产、人事管理比较薄弱；有的片面强调自主经营，脱离监管，成为滋生腐败和“四风”问题的“法外之地”；有的企业改制和股份转让不规范，造成国有资产流失，引发群众不满，给企业和单位发展埋下隐患。特别是个别企业向部机关司局和直属单位、各省农业部门党员领导干部请客、送礼、送红包，拉拢腐蚀党员干部，呈现明显行业性特点，成为影响部系统和农业行业党风廉政建设的“污染源”。

在企业经营监管中，既要确保国有资产保值增值、不流失，也要贯彻落实全面从严治党的要求，院所党组织义不容辞、责无旁贷。企业绝不能成为全面从严治党的盲区，党建工作要持续加强，决不能成为全面从严治党的盲点。春节前，驻部组审查调查中发现了多起机关司局党员干部接受部属企业宴请、礼品礼金、高消费娱乐活动等违纪问题，其中“污染源”就有中国农业科学院系统所办企业。近期，部机关党委采纳驻部纪检监察组的建议，专门向各单位发出通知，要求对下属企业提出纪律要求，不能以汇报工作、年关节假走访等名义到机关司局及事业单位请吃送礼。驻部组还对部分部属企业主管单位党组织负责人进行约谈，严禁利用节假日向机关请客送礼、严禁利用内部招待场所请吃吃请。推动构建“亲清”新型政商关系，中国农业科学院也要把自己摆进去，坚持抓下去，直到抓成习惯。在这方面发生大的问题，不仅要追究党员干部当事人的责任，还要追究该企业所属单位党组织的监管责任。

二是关于选人用人。这方面的反映，既有与部系统其他单位类似的共性问题，也有体现中国农业科学院特点的个性问题。有的反映亲亲疏疏、选人用人不公、违规调入亲朋好友、利益输送；有的反映单位提拔干部公信度和群众认可度不够，领导干部帮助做工作，群众意见大；有的所长在一个单位任“一把手”时间比较长，群众反映作风不那么民主，甚至有点儿霸道。驻部组查处的案例证明，确实有的党员领导干部优亲厚友，在选人用人中接受上级领导和关系单位打招呼，个别单位甚至呈现出亲属多、关系户多、小圈子多的现象。能否公道正派选人用人，是对各级党组织和党员领导干部政策水平、领导能力的考验，要严格执行组织人事制度和相关规定。各级纪检组织要把好选

人用人政治关、廉洁关、形象关，深入了解日常表现，从日常表现和问题线索两个角度，坚决防止干部“带病提拔”。这个方面驻部纪检监察组去年做了一些探索，今年将继续加强。

三是关于京外干部日常管理。当前，中国农业科学院京外研究所的领导干部有一些是异地交流的，院党组和职能部门要不断建立和完善相关制度，既要关心和解决他们面临的实际困难，又要从严管理，不能搞特殊。驻部组在案件审查调查中发现，一个从北京派到京外研究所的所长，连续多年在所里工作生活的时间不到一半时间，其他大部分时间以各种理由滞留北京，所里人员普遍反映，一般看不到所长。这也是一种不担当、不作为，这样的精神状态，怎么能履行好当前繁重的工作职责？这样的个案引起了中国农业科学院党组的高度重视，正在组织实施专项检查。一定要举一反三，加强管理，坚决防止类似问题再次发生。

习近平总书记指出，要深化标本兼治，夯实治本基础，一体推进不敢腐、不能腐、不想腐。中国农业科学院各级党组织要严格监管，坚决堵塞滋生腐败和作风问题的管理漏洞。坚持抓早抓小，重点运用好“第一种形态”，对苗头性倾向性问题，及时“咬耳扯袖、红脸出汗”，防止小问题演变成大问题。院系统发生党的领导弱化、党的建设缺失、全面从严治党不力、党内政治生活不严肃的问题，表现在下面，但还是要从院所党组织，特别是主要负责同志这个“关键少数”履行主体责任上找根子。作为党员领导干部，打铁必须自身硬，要以身作则、以上率下，真正发挥“关键少数”的模范带头作用，形成“头雁效应”。要切实履行主体责任和监督责任，深入了解掌握每个单位的政治生态情况，把握好“树木与森林”的关系，加强对各单位“一把手”和关键少数的监督。对干部要从严要求、从严管理，特别是要加强日常监督，对一些苗头性倾向性问题和轻微违纪行为，要敢于“猛击一掌”让其警醒，“大喝一声”促其止步，防止小错酿成大错。

四、坚守底线思维，在严守党纪国法中把自己摆进去，不断巩固和发展反腐败斗争压倒性胜利

监察体制改革是党中央审时度势作出的重大决策，是健全党和国家监督体系的重要部署，是推进国家治理体系和治理能力现代化的一项重要改革，实现了对所有行使公权力公职人员的监察全覆盖，根本目的在于加强党对反腐败工作的集中统一领导。作为科研单位，中国农业科学院也有为数不少行使公权力的党外干部。按照《中华人民共和国监察法》，这些党外干部也属于驻部组的监督对象，今天召开的全面从严治党工作会议的主要精神和要求，对于这些党外干部也是适用的。

按照《中华人民共和国监察法》及相关规定，驻部组进一步明确为国家监委的组成部分，相应增加国家监察职能，更名为驻部纪检监察组。新的驻部组既有依照党章党规履行监督执纪问责的职责，又有依照宪法监察法履行监督调查处置的职能，既负责查

办违纪案件，又负责办理职务违法和职务犯罪案件。包括京外研究所在内的中国农业科学院系统行使公权力的职务违法犯罪，由驻部纪检监察组管辖。这一重大调整，充分体现了加强党对反腐败工作的统一领导，将有利于部党组、院党组加强对系统全面从严治党工作和反腐败工作的统一领导。驻部组对涉嫌违法犯罪的行为，将发现一起，查处一起，绝不姑息。

从驻部组查处的职务违法犯罪的情况看，中国农业科学院个别京外单位所办企业管理比较薄弱，发生职务违法和职务犯罪，令人触目惊心。兰州兽医研究所控股企业中农威特公司就是一个典型。包括董事长、总经理、副总经理在内的 8 名党员干部被依法采取留置措施，其中 7 人移送司法机关依法起诉，初步查实上述人员涉嫌受贿、职务侵占等违法犯罪，涉案金额超过 2 500万元，同时还存在严重违反政治纪律、组织纪律、廉洁纪律、生活纪律等违纪问题。这些党员干部办事拿金钱开路，有的集受贿行贿于一身，既收钱也送钱，送钱巧言令色，收钱毫无底线，一次单笔受贿就达上百万元，还订立攻守同盟对抗组织调查；有的处心积虑，短短几个月就侵占公款 900 多万元，胆大妄为；有的生活作风败坏，腐化堕落，吃喝、赌博，甚至包养情妇，毫无道德底线。个人贪婪、胆大妄为与监管缺位共存，是这些党员干部走向违法甚至犯罪的主要原因，暴露出该企业政治生态上出了严重问题。草原研究所 1 名出纳员，在长达 20 年时间里，采取现金支票取现、伪造银行对账单“蚂蚁搬家”的方式，累计贪污公款 730 余万元，直到 2018 年初案发，当事人畏罪跳楼自杀，给国家造成重大经济损失，该单位财务监管失控可见一斑，相关党组织和领导的管理薄弱到了何种程度？

习近平总书记指出，坚决惩治腐败，巩固发展压倒性胜利，要坚持靶向治疗、精确惩治，发现一起坚决查处一起。反腐败斗争形势依然严峻复杂，零容忍的决心丝毫不能动摇，打击腐败的力度丝毫不能削减。要坚持无禁区、全覆盖、零容忍，坚持受贿行贿一起查，严肃查处违纪违法腐败问题，严厉惩治严重职务违法和职务犯罪，重点查处政治问题和经济问题相互交织的问题。同时发挥查办案件的警示教育作用，达到查处一个教育一片的作用。中国农业科学院系统监察部门虽然属于内部监察，也要根据自身职责，创造性的开展工作，重要情况要及时向驻部纪检监察组主动报告，做好沟通。全体党员干部和行使公权力的公职人员务必要坚守底线，严守党纪国法，切实把自己摆进去，并积极支持驻部组坚持靶向治疗，精准惩治，聚焦重点对象和重点领域，紧盯事关发展全局的重点领域关键岗位。

五、强化责任担当，在自觉接受监督中把自己摆进去，推动全面从严治党向纵深发展

作为一名党员领导干部，洁身自好是远远不够的，还要带好班子、管好队伍。有权就有责，失责受追究。从群众反映和监督执纪情况看，中国农业科学院“两个责任”的落实，与党中央的要求还有差距，突出反映在责任传导上存在着层层递减的现象，大

院内单位与大院外单位有落差，京内单位与京外单位有落差。具体表现在：部分院属单位党委，特别是党委书记发挥作用不够，单纯把党委书记当成待遇，对职务职责把握不清，主要精力放在“副所长”，习惯于把自己摆在“副手”位置，不敢抓，不敢管，有职责无作为；有的所长对“党政同责”认识不到位、把握不准，把党委主体责任片面理解为党委书记主体责任，不能把全面从严治党融合于业务工作之中。有的所纪委书记怕得罪人，只栽花、不拔刺，不敢说话，不愿监督，遇到问题绕着走或大事化小，甚至当了隐形人，监督责任落空。

习近平总书记指出，各级党委党组特别是书记要强化政治担当，履行主体责任，把每条战线每个环节的党建工作抓具体抓深入。院党组及其成员要以身作则，做好表率。院各级党组织、纪检组织要抓住关键问题和薄弱环节，注重层层传导压力，推动两个责任落实，特别要突出京外单位全面从严治党责任的落实。要严肃问责，只有抓住了问责这个要害，才能以问责促担当，层层传导压力，把全面从严治党责任有效延伸到每一个单位、每一个党支部，落实到每一位党员、干部身上。综合运用“四种形态”，重在日常监督，力争用常态管住大多数。

课题组是中国农业科学院最基本的组织细胞，也是最基本的战斗团队。既要压实各级领导干部的责任，还要落实好课题组组长的责任，继续落实好把党支部建在科研团队上的好做法，课题组长不仅要担当科研业务领头人责任，还要担当好党支部书记的责任，既要担当完成好科研任务、用好课题经费的监管责任，也要担当带好队伍、管好人员的管理责任。

为切实履行监督职责，驻部组调整了内设机构，专门设立两个监督检查室，专门印发日常监督指引，就是要强化日常监督，使定位向监督聚焦，责任向监督压实，力量向监督倾斜，使纪律法律处分处理极少数与派驻监督监察监督管住大多数整体推进。现在驻部组应用谈话函询等第一种形态工作量比较大，成为一种常态，发挥了很好地提醒、警示作用，今后还要长期坚持大量使用，目的就是要让党员干部感到日常监督就在身边，使接受监督成为一种习惯和自然，始终保持对纪律和法律的敬畏。按照协调机制，驻部纪检监察组约谈中国农业科学院司局级干部将日常化、经常化，发现一般性违规违纪问题及时向本人提出，日常监督中发现的普遍性问题或者突出问题，在及时通报部党组的同时，也将及时抄送院党组。

最后，我在这里表个态，驻部组将带头从严教育和管理干部，以更高要求加强自身建设，坚决做到在行使权力上慎之又慎，在自我约束上严之又严，防止“灯下黑”。请中国农业科学院各级党组织、广大党员干部和全体职工对我们进行监督。

纵深推进全面从严治党
为实现“三个面向”提供坚强保证

——张合成书记在院 2019 年全面从严治党工作会议上的讲话

2019 年 2 月 22 日

同志们：

今天这次会议，是我院继 2018 年之后第二次以“全面从严治党”为主题召开的重要大会，体现了中国农业科学院一以贯之落实党中央全面从严治党方针，一以贯之坚持和加强党对科研工作的领导。会议传达了十九届中央纪委三次全会精神和农业农村部全面从严治党工作会议精神；8 个单位和部门主要负责同志围绕我院全面从严治党工作中面临的共性的、代表性的问题、易发高发的风险点，同时也是部党组、驻部纪检监察组关注的重点问题，作了工作交流，目的是坚决做到直面问题、直面矛盾，扛得住责任，抓得好整改。同时，院党组对 11 个纪检工作先进集体进行表彰，体现了院党组对纪检工作的高度重视，与各项业务工作一起抓，同研究、同部署、同奖励。会议下发 3 个讨论文件，目的是群策群力、共同思考实践，推动我院全面从严治党和党风廉政建设工作取得新的成效。

为贯彻落实十九届中央纪委三次全会、农业农村部全面从严治党工作会议以及刚才清海组长的讲话精神，我就 2018 年全面从严治党工作总结及 2019 年工作部署讲 3 点意见。

一、深入学习贯彻十九届中央纪委三次全会精神

十九届中央纪委三次全会，是在中华人民共和国成立 70 周年、全面建成小康社会和实现第一个百年奋斗目标的关键之年召开的一次重要会议。习近平总书记在全会上的讲话，站在新时代党和国家事业发展全局的高度，充分肯定党的十九大以来全面从严治党取得新的重大成果，深刻总结改革开放 40 年来党进行自我革命、永葆先进性纯洁性的宝贵经验，强调坚定不移推进全面从严治党，巩固发展反腐败斗争压倒性胜利，为决胜全面建成小康社会提供坚强保障。我院各级党组织和广大党员干部要把学习贯彻习近平总书记重要讲话精神作为重要政治任务，切实把思想和行动统一到总书记讲话精神上来，紧密团结在以习近平同志为核心的党中央周围，坚定信念，奋发作为，扎实推进我

院全面从严治党和党风廉政建设不断取得实实在在成效。

一要深刻认识领会反腐败斗争取得压倒性胜利这一重大判断，增强全面从严治党自觉性坚定性。党的十八大以来，以习近平同志为核心的党中央一以贯之、坚定不移推进全面从严治党，反腐败斗争取得压倒性胜利，成效有目共睹、振奋人心，充分彰显了我们党“把伟大自我革命进行到底”的坚定决心，标志着全面从严治党站在了新的历史起点，为继续深入推进奠定更加坚实的基础。同时，我们也要全面理解把握，对反腐败斗争形势的严峻性和复杂性一点也不能低估，决不能半途而废、松劲懈怠，决不能刀枪入库、马放南山，必须把“严”字长期坚持下去，不断巩固发展压倒性胜利重大成果。

二要深刻认识领会新形势下管党治党宝贵经验，坚持在实践中深化运用。习近平总书记关于坚持“五个必须”、实现“四个自我”的重要论述，深刻阐释了党的伟大自我革命的精髓要义，是对坚持党的领导、从严管党治党规律性认识的重要提升，是新时代继续推进全面从严治党、继续推进党风廉政建设的重要遵循。我们要在实践中深化学习领会和运用，切实提高政治站位，敢于直面问题，敢于较真碰硬，坚决同一切损害党的先进性和纯洁性的问题做斗争。

三是深刻认识领会全面从严治党重大决策部署，坚决贯彻落实到位。全院各级党组织要全面贯彻落实党的十九大精神，以永远在路上的执着把从严治党引向深入。要把管党治党政治责任作为最根本的政治担当，旗帜鲜明坚持和加强党对科技工作的全面领导，强化“四个意识”、坚定“四个自信”，做到“两个维护”，严守政治纪律和政治规矩，认真贯彻落实新形势下党内政治生活若干准则，坚持以上率下，狠抓落实，为落实总书记对我院“三个面向”指示精神，开展农业科技创新工作、落实乡村振兴和脱贫攻坚等重大任务做好坚强政治保障。

二、2018 年全面从严治党工作情况

2018 年，在党中央和农业农村部党组坚强领导下，在驻部纪检监察组关心指导下，中国农业科学院深入学习贯彻习近平新时代中国特色社会主义思想和党的十九大精神，紧紧围绕党中央、中央纪委全面从严治党战略部署，扛牢抓实“两个责任”，加强重点领域监督，突出经常性纪律教育，努力推动我院全面从严治党取得实效。

（一）以政治建设为统领，旗帜鲜明坚持和加强党对科研工作的领导

一是坚决做到“两个维护”。全院党员干部和广大科技人员牢固树立“四个意识”，坚定“四个自信”，做到“两个维护”，认真贯彻落实党中央、国务院和农业农村部工作部署，确保党中央决策部署第一时间传达贯彻、久久为功、落到实处，确保部院党组工作部署第一时间迅速执行、见人见事见效。

二是深入贯彻落实习近平总书记“三个面向”重要指示精神。院党组带动全院各

级党组织认真学习贯彻习近平总书记关于“三农”工作和乡村振兴战略部署，把落实“三个面向”指示精神作为我院最大的政治，成立贺信理论学习研究组，加强党组理论中心组学习，组织召开 4 次专题研讨会；突出抓好乡村振兴、创新强国、脱贫攻坚等重大战略专题学习；以“深入学习习近平科技创新重要论述加快新时代农业科技创新改革步伐”为主题，举办全院主题党课报告会；对全院党委书记、纪委书记开展“以习近平总书记三个面向重要指示引领全院党员干部思想行动”主题培训，对贺信精神再学习、再思考、再落实。紧密围绕 10 个最紧迫的国家需求，深入实施创新工程，大力谋划实施乡村振兴科技支撑十大行动，深入推进科技精准扶贫，全面推进绿色发展技术集成模式研究示范，积极参与雄安新区建设，谋划建设“南繁国家实验室”重大平台，成立中国农业发展战略研究院，开展非洲猪瘟防控科研联合攻关，深入推进创新联盟建设等等，通过一系列行动部署，确保“三个面向”方针落实落地。

三是严肃党内政治生活，发挥“头雁”效应。院党组带头贯彻落实新形势下党内政治生活若干准则，严肃认真召开民主生活会，加强对院属 46 个单位和部门领导班子民主生活会全程督导。严格落实“三会一课”制度，加强组织生活的严肃性、规范性。“现场述职、书面述职”相结合，加大党建述职评议考核力度，2019 年，从 15 个单位现场述职情况看，各单位管党治党、从严治党意识明显增强，主体责任到位率更高，政治、业务两手硬，齐抓共管的良好局面进一步形成。

四是坚持把党的领导落实到科研团队，发挥团队党支部战斗堡垒作用和基层党员先锋模范作用。大力推进支部建在创新团队上，坚持科研工作开展到哪里，党建工作就跟进到哪里；谋划实施“红旗党支部创建行动”，深化“院地支部共建服务农村基层”主题实践，推动基层党支部在科研一线的战斗堡垒作用充分发挥，推动广大党员在扶贫攻坚、乡村振兴主战场的先锋模范作用充分发挥。我院有一批党支部与地方党组织结对共建，“院地支部共建服务农村基层”案例被中央和国家机关工委评为示范案例。

（二）落实落细“两个责任”，确保全面从严治党压力向基层传导

一是政治纪律一刻不放松。院党组坚持贯彻民主集中制，制定《中国农业科学院党组工作规则》，修订《中国农业科学院工作规则》，完善会议制度和重大事项决策机制。建立重大工作报告制度，要求各级党组织及时报告中央重大决策部署落实情况，研究所、科研团队及时报告重大成果和重要科研进展，特别是及时报告我院一号工程创新工程科研进展，把重大事项报告作为政治任务和工作制度严格执行。不折不扣落实中央八项规定精神，驰而不息纠“四风”、树新风，坚决克服形式主义、官僚主义。改进领导干部和机关作风，大兴深入科研一线调研之风；坚持转变文风会风，严格控制发文简报数量；深入开展公务用车及加油卡使用管理自查清理工作；扎实开展管理效益年活动，院领导带队 10 个督导组，对 5 项重点工作开展检查督导。

二是以上率下夯实主体责任，强化政治担当。年初召开全面从严治党工作会议，签

订党风廉政建设责任书，制定全面从严治党工作任务分工意见。及时召开院党风廉政建设工作领导小组会议，对重点工作、重要环节强化部署要求、强化监督检查，推动工作落地见效。开展纪委书记述职考核，召开2批纪委书记述职会，现场提问、当面点评、测评打分、表彰奖励，激发履职尽责内生动力，有效推动全面从严治党向基层延伸。

三是把巡视整改作为“四个意识”试金石，全面加强巡视工作。主动对标中央要求，迎难而上，下大力气解决部分干部住房分配、基地建设管理等历史遗留问题。中央巡视反馈意见中指出的37个具体问题中，除个别历史遗留问题尚处于收尾阶段，其余问题已经整改落实，并有针对性地举一反三、建立和完善了一批规章制度。实现院属单位巡视全覆盖。加强对巡视工作的研究部署和指导推进，全年分4批组成20个巡视组，对20个单位开展为期1个月的巡视，发现约900个问题。院党组聚焦突出问题，专题研究整改方案，做好巡视“后半篇文章”，做到发现问题、形成震慑，推动改革、促进发展。

（三）加大党风廉政监督力度，强化重点领域风险防范

坚持问题导向，紧盯易发高发风险领域，强化日常监督。持续深化五个领域专项整治，进一步聚焦了问题和风险，强化了责任，建立了一批管理制度，同时，我们也清醒地看到，在院所办企业监管等方面，仍存在一些深层次的风险隐患，需要下力气研究解决，风险防控永远在路上，专项整治一定要持续抓下去。着力加强院所办企业监管，加强所办企业制度建设，严格审核审批，规范科技成果作价入股程序，促进出资人职责履行到位。加强房屋、土地等国有资产经营管理，出台《京区房产出租出借管理暂行办法》。持续抓好科研经费监管，以草原所案例为鉴，在全院开展财务大检查，全面强化财务内控机制建设。加强基建领域风险防范，对全院55个在建项目开展专项检查。严格干部选拔任用监督，不折不扣执行“凡提四必”要求，建立112名领导干部廉政档案，全年出具廉政意见函224人次，加强领导干部个人事项申报的学习宣传和贯彻执行，强化干部廉政监督。

（四）坚持标本兼治，突出纪律教育

抓好经常性纪律教育。院党组专题研究加强经常性纪律教育，印发《关于开展经常性纪律教育的通知》，在全院广泛开展学习贯彻《中国共产党纪律处分条例》活动，着手研究“科研人员纪律红线清单”，下发2起典型案例通报，用身边事教育身边人，对29名新任职所局级领导干部集体廉政谈话。紧盯年节假期等重要时间节点，紧盯公款吃喝、公款旅游、公车私用等易发问题，编发《案例转载》《学习园地》，加强警示教育，传播正风肃纪正能量。充分运用监督执纪“第一种形态”，注重抓早抓小。依规办理信访举报。全年收到来信、来电、来访44件。认真分析研判问题线索，注重运用

"第一种形态"，开展所局级干部函询 10 人次，对 2 名所局级干部诫勉谈话，2 名所局级干部提醒谈话，对 4 个研究所领导班子集体约谈。同时，"二三四种形态"不放松，对逾越底线、触碰红线的行为严肃处理，4 人受到党纪、政纪处分。

（五）推进学风建设和"放管服"落地

院党组坚持党要管党、全面从严治党，在从严管理党员领导干部的同时，同步推进学风建设和"放管服"落实落地，为科技创新营造风清气正的良好氛围。严管学术不端和师德失范问题。贯彻落实中共中央办公厅、国务院办公厅印发的《关于进一步加强科研诚信建设的若干意见》，出台我院《科研诚信与信用管理暂行办法》和《学术道德与学术纠纷问题调查认定办法》。严肃处理一起师德失范、师风不正行为，出台导师禁行行为"红十三条"，构建立德树人长效机制。推进"放管服"，激励创新作为。研究提出进一步服务科研、落实"放管服"改革的 6 项具体措施，为科研人员潜心科研营造宽松环境。

同志们，在部党组坚强领导下，我院各级党组织、纪检组织坚定不移推进全面从严治党，不断推动党风廉政建设全覆盖，总体来看，成效是好的，但是从监督检查、巡视、信访举报、审计情况看，我们的工作中还有一些环节很薄弱，与新时代党的建设总要求和纪检监察工作高质量发展新要求还有不小的差距。主要存在以下六个方面问题。

一是全面加强党的建设存在薄弱环节。有的单位党委的政治核心作用和所长负责制没有有效协调，党委把方向、管大局、保落实的重要作用没有充分发挥；有的单位贯彻落实民主集中制还有差距，重大事项决策制度不健全；有的单位领导班子民主生活会、组织生活会质量有待提高。有的研究所大局意识不强，没有完全形成全院一盘棋发展的思想。

二是"两个责任"落实不够到位。有些单位领导班子落实全面从严治党的政治敏锐性和加强廉政建设的主动性、自觉性不强，主体责任扛不起来，监督责任做不到位，班子"一岗双责"压力传导不够，作风建设、纪律建设、内控制度建设存在不严不实现象，党委书记、纪委书记直面问题、直面矛盾的政治担当和勇气不够，发现问题、抓早抓小、风险防控的意识和能力还比较薄弱。

三是落实中央八项规定精神力度还不够。有的单位和党员干部仍然没有从政治的高度认识贯彻落实中央八项规定精神、反对"四风"的极端重要性，对纪律的刚性认识不足，在执行公务接待、公务用车等制度上还存在不严格、不到位现象；形式主义、官僚主义在一定程度上存在，个别领导干部被群众反映作风粗暴，有的单位领导班子担当精神不足，以会议贯彻会议、以文件落实文件，调查研究不深入，担当作为、攻坚克难意识不足。

四是落实"三个面向"有差距。有些研究所领导班子在推动"三个面向"落实方面领导作用发挥不充分，落实"三个面向"认识不高、落得不实，存在"三不两没有"现象，即不了解世界农业科技前沿，不知道国家重大需求，不清楚现代农业建设主战场；没有对世界一流学科和世界一流科研院所进行战略研究，没有凝练目标成果，停留在喊口号，对“三个面向”精神实质没有认真学习领会，思想重视不够，缺少研究部署，知识储备不足，方法手段不多，责任层层下移。有的研究所科研、成果转化、人才建设等发展基础较薄弱，在科学前沿突破、满足国家重大需求或推动产业技术进步方面，长期缺少重要建树，学术地位和行业影响力下降，国家队的作用弱化。在这些问题上，党委班子没有好好思考，没有和所班子一起认真研究加以解决的措施。

五是财务资产管理领域的潜在风险仍然较大。一些单位财务管理存在潜在风险。如草原所发生的银行资金丢失问题，反映出研究所党政领导班子风险防范意识缺失，主体责任和监督责任缺位，单位内控机制极不健全，对关键岗位人员失去监督，从而导致发生严重的财务管理问题，造成国有资产严重损失，教训惨痛。所办企业监管薄弱。院所办企业面临的问题和潜在的廉政风险需要我们高度重视，单位对企业的监管不到位，管理松懈，党建薄弱，是违规违纪甚至违法的高危领域。如兰兽研的所办企业出现了严重的违纪违法问题，多人被留置移交司法就是一个极为深刻的教训。房屋出租管理不到位。一些单位对加强国有资产管理的重视不够，房屋出租出借管理制度不完善，合同不规范，程序不健全，存在违规隐患和资产流失风险。

六是科研诚信和师德师风管理制度有待完善。这两方面，我院都有案例发生。个别导师师德师风不正，个别科研人员出现抄袭论文、专利侵权等学术不端行为。我院初步搭建了科研诚信管理体系和导师立德树人机制，但是在学术不端和师德失范问题的制度预防、调查处理、结果运用、警示教育等方面还有待进一步加强。

各单位领导班子对于上述问题和清海组长指出的问题，一定要高度重视，保持清醒头脑，切实把自己、单位和职责摆进去，认真对照检查、坚决整改到位。党政一把手要履行第一责任人职责。党委一定要进一步提升政治敏感性，同所班子一起，同所长一道，有针对性地解决本单位存在的突出问题，把本单位重点领域、高发风险的防控牢牢抓在手上，管住管好。

三、狠抓落实 2019 年重点工作

2019 年，我院全面从严治党工作要按照十九大和十九届中央纪委三次全会精神，以及农业农村部全面从严治党会议的部署要求，一以贯之以习近平新时代中国特色社会主义思想为指导，一以贯之树牢“四个意识”、坚定“四个自信”、做到“两个维护”，一以贯之落实全面从严治党方针，以政治建设为统领，强化“两个责任”落实，严肃党内政治生活，突出纪律教育，全面加强重点领域风险防控，营造良好政治生态。重点做好以下工作。

（一）坚持以党的政治建设为统领，坚决贯彻中央决策部署

我院全体党员干部和科研人员，要始终把学习贯彻习近平新时代中国特色社会主义思想作为重大政治任务，持续深入学习习近平总书记关于“三农”工作、扶贫工作、实施乡村振兴战略和科技创新战略的重要论述，把党中央决策部署在我院坚决贯彻落实到位。院党组和各级党组织、各级领导干部要旗帜鲜明讲政治，严守政治纪律和政治规矩，把“两个维护”落实到具体行动上，始终同以习近平总书记为核心的党中央保持高度一致。要持之以恒严格落实中央八项规定精神，坚决反对、时刻防范“四风”隐形变异，坚决防止和克服形式主义、官僚主义 10 种表现，坚决做到令行禁止。严格落实重大事项请示报告制度，重大工作、重大成果、重要科研进展报告制度和领导干部请假报告制度，强化纪律规矩意识。严格执行新形势下党内政治生活若干准则，保持清清爽爽的党内同志关系，维护风清气正的良好科研生态和政治生态。

（二）以高度的政治责任感，全力保障“三个面向”落实落地

进一步深刻学习领会习近平总书记“三个面向”精神实质，切实把“三个面向”作为我院农业科技创新的总方向、总目标、总任务、总要求、总抓手。全院党组织和纪检组织要把保障“三个面向”落实落地作为重大政治任务。一是认真查摆解决“三个面向”落实中存在的“三不两没有”等问题，把“三个面向”要求落实到每个处室、每个科研团队、每项科技成果上。二是院长与党组书记、所长与党委书记、团队首席与团队支部书记要齐抓共管，确保创新工程不偏离“三个面向”方向，推动创新工程快见成效、出大成果。纪检监察部门要开展监督，对不担当、不作为、慢作为、假作为的问题提出问责建议，倒逼责任落实。三是切实发挥团队党支部战斗堡垒作用和基层党员先锋模范作用。按照中央统一部署，扎实开展“不忘初心 牢记使命”主题教育，贯彻落实《中国共产党支部工作条例（试行）》，加快推进支部建在科研团队，形成大抓基层大抓支部的态势。要探索创新具有科研团队特色的支部工作定位、制度、职责和方法，在“红旗党支部”创建中，树立落实“三个面向”的典型、科技攻关战斗堡垒的典型和科研一线党员先锋模范的典型，加大宣传力度，唱响唱高主旋律，发挥典型引领作用。

（三）持续压实全面从严治党主体责任和监督责任

把主体责任一贯到底。构建党组领导班子齐抓共管的责任机制。院党组承担全院全面从严治党的主体责任，院长、党组书记是第一责任人。党组成员一岗双责，管人管事管监督相统一，督促分管单位领导班子特别是党政主要负责人承担起党建和全面从严治

党主体责任，党建工作、业务工作一体谋划、一体部署、一体推进、一体考核，切实保证“两个责任”落地落实、取得实效、促进工作。各单位领导班子要强化政治担当，把全面从严治党主体责任牢牢扛在肩上，党政同责，履行第一责任人职责。关于履行监督责任，韩长赋部长在部全面从严治党大会上专门重点强调，党组织在党内监督中负主体责任，书记是第一责任人，纪检组织是党内监督的专责机关。从一些单位发生的违纪情况看，党组织落实监督主体责任不到位是一条重要原因。这一点，各单位党政主要领导要进一步强化认识，不能认为监督就是纪委的事，所长不能“大撒手”，书记不能等待所长“拿主意”，要党政同责；所长、书记一定要扛起责任，敢于斗争、敢于亮剑，严管理、严要求、严监督。院里今年要建立“工作约谈”机制，每年约谈 1/3 左右研究所党政主要领导，掌握全面从严治党、党风廉政建设、“放管服”落实等重点工作开展情况，强化责任落实。要强化纪委书记述职考核，督促纪委协助党委落实主体责任。

（四）聚焦三大重点领域十四个方面，加大风险防控力度

院党风廉政建设工作领导小组，根据掌握的各方面情况，认真分析研判、梳理明确了我院三大重点领域十四个方面易发高发风险：思想政治领域，包括“三个面向”落实、中央八项规定精神执行、“四风”问题、网站安全；科研学术领域，包括学术道德、师德师风、期刊、社团（学会协会）、外事；财务资产领域，包括科研经费使用、院所办企业、房屋出租出借、基建安全、试验基地，初步建立了《中国农业科学院三大重点领域十四个方面风险防控指南》（以下简称《指南》），供大家讨论。各单位要依据《指南》，结合实际研究制定本单位的防控措施，切实负起责任，将其作为日常监督的重要抓手。要抓实五个领域专项整治的整改，与风险防控工作统筹谋划推进，建章立制，强化责任，持续推进。要高度重视院所办企业监管和房屋出租监管，对兰兽研所办企业的案例和审计、检查、巡视中发现的问题引以为鉴，强化纪律教育、警示教育；要有计划地组织对公司企业的审计，加强审计整改和结果运用；要进一步建立健全企业监管和房屋出租管理制度，强化落实廉政责任，严格落实中央八项规定精神和各项纪律规定。

（五）深化政治巡视，抓好巡视整改

充分认识落实巡视整改是践行“两个维护”的具体行动，保持巡视利剑高悬、震慑常在，进一步抓好我院巡视和巡视整改工作。中国农业科学院具有典型的“大院文化”“熟人社会”特点，开展巡视工作、监督工作确实面临很多困难，但是，再难也要干，“宁让他骂，不让他哭”。要持续加大巡视工作力度。把发现问题作为“生命线”，把解决问题作为“落脚点”，着力检查“三个面向”要求是不是落实到位，“三不两没有”问题是不是得到解决，创新工程、创新联盟、乡村振兴、脱贫攻坚工作是不是有

效开展，使巡视成为推动全院中心工作的有力手段。认真落实 2018 年巡视整改。强化院领导对分管单位落实巡视整改的责任意识，带队反馈巡视整改意见；对各单位存在的问题，根据问题情况分类进行反馈，对存在问题较多的单位，由院党组对党政主要领导和领导班子进行约谈。各单位要提高政治站位，切实担起整改责任，不容有半点马虎，更不能应付了事，要见真章、动真格、求实效。

（六）加强对研究所主要领导干部管理监督

“榜样是看得见的哲理”。习近平总书记在中纪委三次全会上，对领导干部贯彻新形势下党内政治生活若干准则提出明确要求，强调领导干部特别是高级领导干部必须从知行合一的角度审视自己、要求自己、检查自己。我们今天在座的各单位领导干部，就要为中国农业科学院全体党员干部职工带好头、做表率。院党组要对各单位领导班子特别是党政一把手强调几点要求：一是严守政治纪律和政治规矩，严格落实中央八项规定精神，坚决做到令行禁止；二是认真贯彻落实民主集中制原则，落实好“三重一大”制度，既要防止“一言堂”，也要防止“老好人”；三是严格执行请假报告制度，强化组织纪律观念，自觉接受监督。由院办公室负责，定期将各单位领导干部请假情况晒一晒，监察局随机抽取核实，督促落实请假和考勤制度。

（七）贯通运用“四种形态”，特别是用好用足“第一种形态”，在抓早抓小上下功夫

强化谈话函询的作用，接到对干部一般性问题的反映，要及时找本人核实，谈话提醒、约谈函询，让干部把问题讲清楚；对存在轻微违纪问题的严肃批评教育，使咬耳扯袖、红脸出汗成为常态。建立谈话函询采信了结机制，强化组织生活会、民主生活会上情况说明机制。这里我想强调一下，我们要加强党的政策宣传，要让党员干部充分认识到谈话函询是一种重要的日常监督手段，是体现组织对党员干部的信任，党员干部必须严肃认真、实事求是地对函询问题作出说明，这是体现党员干部对组织的忠诚和老实。同时，“二三四种形态”不放松，坚决做到“4 个零容忍”“6 个一票否决”，即对违反政治纪律政治规矩和中央八项规定精神、学术不端、师德失范、假公济私等触碰纪律红线的四类行为零容忍，在项目申报、评奖评优、职务晋升、职称评审、年度考核、招生资格六个方面一票否决，释放“信任不能代替监督”的强烈信号，以案示警，举一反三，从严治党，从严管理关键少数。

坚持不懈抓好经常性纪律教育。基层纪检监察工作很重要的任务是，要做扁鹊式的医生，善于防病于未病，通过突出纪律教育，防止科研人员在毫不知情的情况下触碰红线，让科研人员知红线、守底线、远离高压线，安安全全、心无旁骛搞科研。编印《科研经费管理使用违法违规案例选编》，用身边事警示身边人。盯住重要节点、重点

岗位、重点事、重点人，在重要节日节点来临前、领导干部任职前、职称评审聘任前、导师上岗前、职工入职前、出国（境）前、重要项目开工前、新生报到前，提要求、讲规矩、敲警钟，扣好纪律规矩“第一粒扣子”。

（八）监督推动“放管服”政策落实落地

各级党组织要把推动落实党中央、国务院关于科研“放管服”政策作为重要政治任务，监督实施好我院“关于进一步给科研人员做好服务和松绑减负的实施方案”，近期要实现4个目标，即“报销减审批、学术访问减审批、耗材采购减审批、监督检查减次数”，切实减少繁文缛节，提高管理效率，提升科研人员满意度。

（九）切实加强纪检监察干部队伍建设

继续加强纪委班子建设，推行纪委委员分工负责制，让纪委委员明责知责履责，充分发挥作用。加强专职纪检干部能力建设，绝不允许把纪检干部作为安置性岗位对待。加强纪委委员、纪检监察干部业务和纪律培训，提高工作能力。推动基层党支部成立纪检监察小组，使之成为科研人员身边的政治安全员和纪律宣传员。

（十）研究构建符合农业科研特色的监督体系

作为国家级农业科研单位，中国农业科学院要坚定不移把全面从严治党向纵深推进，既要把全面从严治党严紧硬的要求传导到每名党员领导干部，也要把中央为科研人员“松绑减负”、营造宽松环境、大力激励创新、释放科研活力的精神传达到每位科研人员。这就要求我们必须把党纪的刚性和农业科研的特性，如未知性、不确定性、多样性、自然属性、社会属性等，密切协调统一起来，建立以信任为基础的监督体系。在对党员领导干部坚持严紧硬、防止宽松软的基础上，落实好“四严四宽”，即对私要严、对公要宽，对党员领导干部要严、对专家学者要宽，作风建设要严、学术氛围要宽，对重点人重点事上要严、对一般性工作要宽；要充分利用现代信息手段，建立精准、透明、高效的技术体系，实现监督全覆盖、监督结果运用全方位。围绕这些方面，我们初步形成一份《构建农业科研特色监督机制研究报告》印发给大家，大家共同研究、共同讨论，在实践中去不断探索、创新和完善。

同志们，2019年是中华人民共和国成立70周年，是全面建成小康社会关键之年。让我们紧密团结在以习近平同志为核心的党中央周围，坚持落实“三个面向”重要指示精神，不忘初心，牢记使命，勇于担当，扎实工作，坚定不移向纵深推进我院全面从严治党，为创新工程实施和全面支撑乡村振兴、脱贫攻坚等各项重大战略提供坚强的政治和纪律保障。

唐华俊院长和张合成书记在中国农业科学院构建农业科研特色监督体系工作交流会上的讲话

为深入贯彻落实党的十九大、十九届四中全会和十九届中央纪委三次全会精神，落实农业农村部和我院全面从严治党工作部署要求，我院于 2019 年 11 月 29 日召开构建农业科研特色监督体系工作交流会，对一年来有关探索实践进行阶段性总结，对进一步推进农业科研特色监督体系建设作出部署。会上，唐华俊院长对构建农业科研特色监督体系提出了要求；张合成书记肯定了我院在构建农业科研特色监督体系实践方面取得的成效，并就进一步推进农业科研特色监督体系重点强调了六个方面问题。现将两位领导同志的讲话印发，请各部门、各单位认真组织学习，深刻领会精神实质，切实抓好贯彻落实。

中国农业科学院办公室
2019 年 12 月 16 日

唐华俊院长在中国农业科学院构建农业科研特色监督体系工作交流会上的讲话

2019年11月29日

同志们：

为深入贯彻落实党的十九大、十九届中央纪委三次全会精神，落实农业农村部和我院全面从严治党工作会议部署要求，按照院党组安排，今天在这里召开构建农业科研特色监督体系工作交流会。这是一项非常重要的工作。从去年开始，驻部纪检监察组和我院就新形势下农业科研单位如何加强全面从严治党工作共同进行了探讨。科研单位与机关不一样，与企业不一样，与普通的事业单位也不一样。全面从严治党没有例外，但要体现科研单位的特色。前段时间，院里进行了调研，做了很多工作，也取得了一定成效，一会儿还要进行交流。可以说，构建农业科研特色监督工作体系，是党组落实全面从严治党政治责任的战略主题，也是政治担当。

近年来，中国农业科学院党组和各级党组织坚持以习近平新时代中国特色社会主义思想为指导，树牢“四个意识”、坚定“四个自信”、做到“两个维护”，以“三个面向”指示精神为统领，深入推进重大改革发展举措，科研产出成果丰硕，一批重大科技成果获得国家奖励。前不久，在农业农村科技发展高峰论坛上发布的《2019中国农业科学重大进展》，10项能够充分代表2018年我国农业科技前沿研究水平的基础科学研究成果中，我院有5项成果入选，充分彰显了农业科技国家队的创新水平与产业贡献。在非洲猪瘟疫苗研制、草地贪夜蛾防控等重大技术攻关中也取得了很好的进展和重要的成绩。特别是在刚刚公布的2019年两院院士增选名单中，我院有4人当选，这在中国农业科学院的发展历史上也是前所未有的。应该说，2019年是中国农业科学院院士增选的“丰收年”。借此机会，我对4位当选院士表示热烈祝贺，同时也特别感谢今天在座的所长、书记、纪委书记在增选全程给予的支持和增添正能量的相关工作。一个单位的发展，关键要有好的风气、正气。从严治党严要求与捕风捉影乱告状是两码事。如果查实确有违规违纪问题，要严肃处理，绝不姑息，但如果是捕风捉影、造谣诬陷，希望在座的书记、纪委书记也要给予严肃处理。可以说，从最近这几年的发展看，中国农业科学院已经步入了发展的“快车道”。这些成绩的取得离不开党中央对农业科技创新事业的高度重视和坚强领导，离不开国家出台的一系列深化科技领域“放管服”的利好政策，离不开全院各级党组织坚持从严管党治党、建好班子、带好队伍，为院所改革发展营造了良好的政治生态和干事创业的新风正气。

在取得成绩的同时，我们也要清醒地认识到，要干成事，首先就得能干事、会干事，还得不出事，这是对我们大家的考验。中国农业科学院这么大一个单位，机构多、单位多、职工多，遗留的问题多，管理的层级多、链条长，涉及的领域广、情况复杂，风险管控难度大，监管任务责任繁重，从日常监督、信访举报、巡视、审计反映的情况看，我院在对党员干部、研究生导师以及研究生的教育管理方面，在对所办企业、财务资产等重点领域的监管方面，仍存在许多不容忽视的问题和薄弱环节，科研单位全面从严治党的形势依然十分严峻。

例如，我们兰兽研中农威特公司因发生严重违纪违法案件，先后有 24 人受到党纪国法及组织处理，涉案人数之多，涉案金额之大，涉案情节之重，教训惨痛，令人触目惊心。发生这样重大的问题，我们的所长、书记值得深刻反思，这其中除了企业自身的管理责任，作为企业所属的单位党组织，你们的监管责任哪儿去了？党的领导体现在哪儿？党建工作是怎么开展的？出了问题，要承担什么责任？该不该问责？该问谁的责？怎么问责？自己心里要有个数。再如，草原所财务监管失控的重大问题，研究所在长达 20 年的时间都没有发现，直到 2018 年年初案发，当事人畏罪跳楼自杀，给国家、给研究所的发展造成重大经济损失，可见研究所党组织和党员干部的监督管理薄弱到了何种程度？还有，在中央发出大力弘扬新时代科学家精神，加强学风建设和作风建设号召的今天，我们仍有个别研究所出现了违反学术道德、师德失范等问题，有科研人员伪造资格证书骗取国家项目经费被判处有期徒刑，有的导师骚扰女学生被予以党纪政纪处分，今年还有 2 名党员干部接连发生醉驾被处以刑罚、开除党籍、降职降级，等等。这都对个人和单位造成重大损失、影响极坏。上面这些就是红线底线，就是科研单位没有“例外”，党纪国法面前人人平等。类似这些问题，我们也应该问一问在座的各位书记们，党组织是怎么履行教育管理责任的？主体责任、监督责任、一岗双责是怎么体现的？落到实处了没有？

同志们，从严管党治党，是党章赋予各级党组织和领导干部的政治责任，丝毫不能懈怠。我们有的所长、书记管自己管得挺好，修身养性，洁身自好，对班子成员、干部队伍中出现的小问题、小苗头视而不见，对单位发生的重大问题不重视、不分析、不研究，不担责任，不抓落实，不了了之；干起自己领域的工作是满天飞、赶场子，全面从严治党、党风廉政工作一说就是忙科研、没时间、没精力，等一等、靠一靠、放一放。在这里，我再强调一下，有权必有责，有责必担当，失责必问责。院党组和各级党组织要认真学习贯彻新修订的“问责条例”，对于此类问题，一律从严问责追责，既追直接责任，又追领导责任；既追主体责任，又追监督责任，用严肃问责倒逼责任落实。对于触碰纪律红线、底线的问题，一经查实一律严肃处理，点名道姓通报曝光，不留情面、不搞例外，坚决维护党规党纪的权威性、严肃性。在座的各位书记们，要拿出实实在在的行动，把思想教育体现在日常工作中，把严明纪律体现在日常管理中，抓早抓小，较真碰硬，该咬耳朵的咬耳朵，该扯袖子的扯袖子，该打的“板子”必须打，让红脸出汗成为常态。

同志们，中国农业科学院在一代一代人的努力下，现在的发展形势还是不错的，上述问题看似“小事”，但影响极坏，必须引起高度重视。下面，我就构建农业科研特色监督体系提三点要求。

一要正确分析研判全面从严治党新形势新任务。党的十九大以来，以习近平同志为核心的党中央一以贯之、坚定不移推进全面从严治党，党内政治生态呈现新气象，反腐败斗争取得压倒性胜利，全面从严治党取得重大成果。2019 年 1 月召开的十九届中央纪委三次全会作出了“反腐败斗争取得压倒性胜利”的重大政治判断，同时告诫我们“形势依然严峻复杂”，明确提出“取得全面从严治党更大战略性成果，巩固发展反腐败斗争压倒性胜利”的任务要求。这时刻提醒我们，全面从严治党是一场输不起的硬仗，决不能有松口气、歇歇脚的想法，决不能有打好一仗就一劳永逸的想法，决不能有初见成效见好就收的想法，必须一以贯之，坚定不移，严字当头，长期坚持。

全面从严治党是对全党提出的要求，没有特殊，没有例外。中国农业科学院是在党的全面领导下，实施和推进农业科技创新，我们从事的行业、领域虽然与行政机关、一般事业单位有差异，但决不能成为全面从严治党的“特区”，更不能成为监督的“盲区”，这是任何时候都毋庸置疑的。当前我院正逢深化科技体制改革的大好形势，处于全面落实习近平总书记“三个面向”指示精神、加快建设“两个一流”、科技助力乡村振兴和脱贫攻坚的紧要关头，面临的大事多、新事多、难事多，有很多大仗、硬仗、攻坚战要打，这些都离不开一支忠诚干净担当、干事创业的干部队伍。严管就是厚爱，信任不能代替监督，这一点特别重要。我们的书记、纪委书记平时要多点“婆婆嘴”，多说一点，让大家脑子里多一根弦，不说，大家可能就把红线底线忘记了。只有保证我们的干部和人才能干事、干成事、不出事，才能确保党中央关于科技创新重大决策部署在中国农业科学院正确贯彻执行。

二要正确认识当前科技体制改革的新变化新要求。习近平总书记指出，要深化科技体制改革，坚决扫除阻碍科技创新能力提高的体制障碍，有力打通科技和经济转移转化的通道，优化科技政策供给，完善科技评价体系，营造良好创新环境。李克强总理在多个场合强调，要通过深化体制机制改革，充分激发科研人员的创造力。近年来，国务院接续出台了一系列优化科研管理，扩大科研人员自主权，释放创新活力的利好政策。前不久，科技部等 6 部门就扩大高校和科研院所科研相关自主权提出了更为具体的落实要求。我院按照党中央、国务院关于深化科技体制改革的总体部署，于 2019 年 10 月启动了深化现代院所改革工作，陆续出台了为科研人员松绑减负、推进人才队伍建设、加强科研诚信管理、弘扬新时代科学家精神等一系列配套政策措施。

有关职能部门、院属单位要主动适应改革需要，及时调整工作思路，要把构建农业科研特色监督体系放在农业科技体制改革和机制创新大局中去谋划和推进，通过深入调研、实践论证，进行系统设计、统筹谋划，重点在以下方面，突出农业科研单位落实全面从严治党要求的特色和优势。一是强化纪律教育。坚持新晋职称人员、新任导师集体谈话制度，从院所两个层面，加强对各级专技人员、研究生导师的政治教育、廉政教育、科研道德与师德师风教育，实现纪律教育全覆盖。二是强化底线管理。严格落实我院《科研道德规范》《科研诚信与信用管理暂行办法》《学术道德与学术纠纷问题调查认定办法》《全面落实研究生导师立德树人职责实施细则》《科研人员重点纪律红线》等制度，从预防、管理、惩治、保障等多个环节加强管理，对科研人员违背学术道德、科研诚信及师德失范问题，要一查到底，发现一起、查处一起、通报一起。三是强化风险防控。在深化五个领域专项整治整改的基础上，突出问题导向，以点带面，逐一梳理排查公司企业、财务资产、基建项目等风险隐患，加强内控建设，规范管理行为，增强服务能力，切实发挥好在科技创新中的支撑平台作用。

三要正确把握严明纪律与宽松环境的辩证关系。按照中共中央、国务院关于推进科技领域“放管服”改革、建立完善以信任为前提的科研管理机制的要求，近年来，院里逐步下放了科研项目管理、资源配置、人事人才、科技评价等方面的各项权利，给了研究所充足的创新经费支持和相关政策支持，但仍有的研究所、有的领导干部心里存在顾虑，在经费管理、成果转化等方面畏首畏尾，放不开手脚，究其原因就是怕失误、怕担责、怕踩到“雷区”。科研单位如何加强党的纪律建设？既要把全面从严治党的要求落实到位，严明纪律和规矩；又要体现科研特点，保持宽松氛围和创新活力。我认为两者并不矛盾，而是相辅相成的。党纪的约束对象是党组织和党员，特别是对党员领导干部列出“负面清单”，指明“禁区”“红线”“底线”，这些绝对不能逾越。但对于政策鼓励的、发展需要的，应该大胆地试、大胆地闯。从严管理监督党员干部是大原则大方向，但涉及科技人才时，要明确哪些是针对党员干部的，哪些是约束科研人员的，要具体问题具体分析，不能搞“齐步走”。创新创造需要宽松自由的环境，让人才心无旁骛潜心钻研、放开手脚释放才智。

我们的巡视、审计、纪检监察、组织人事等部门在具体工作中，要把“三个区分开来”作为根本原则，把干部在推进改革中因缺乏经验、先行先试出现的失误和错误，同明知故犯的违纪违法行为区分开来；把上级尚无明确限制的探索性试验中的失误和错误，同上级明令禁止后依然我行我素的违纪违法行为区分开来；把为推动发展的无意过失，同为谋取私利的违纪违法行为区分开来，除此之外，还要将领导干部与专家学者的日常管理区别开来，建立以信任为前提的监督体系，做到“四严四宽”，即对私要严、对公要宽，对党员领导干部要严、对专家学者要宽，作风建设要严、学术氛围要宽，对重点人重点事要严、对一般性工作要宽。当然，对于那些政治敏感性不强、违反中央八项规定精神，以改革或者创新名义弄虚作假、营私舞弊，假公济私、中饱私囊等违纪违规行为，必须从严监管整治，这是我们的底线，决不能突破。

关于如何构建农业科研特色监督体系，做到严明纪律、宽松环境，下面合成书记还要具体提要求，我就讲到这里，谢谢大家！

构建农业科研特色监督体系为实现“三个面向”营造纪律严明环境宽松创新氛围

——张合成书记在中国农业科学院构建农业科研特色监督体系工作交流会上的讲话

2019 年 11 月 29 日

同志们：

今天这个会十分重要，院党组十分重视，华俊同志出席会议，并做重要讲话，对当前我院改革发展的好形势做了全面地分析，对当前我院从严治党、风险防控的严峻形势也做了系统地分析，对下一步推动从严治党、从严执纪，加强风险防控意识，提出了明确的要求，同志们要认真贯彻落实。

这次会议是我院历史上规模最大的一次党风廉政建设专题会议。这是一次形势分析会。唐院长给大家分析了当前改革、稳定、发展的好形势，科技创新的好形势。之所以要分析这个好形势，因为这个好形势的取得，是在座的同志们作出来的，是与每一位的勤奋努力分不开的。这是一次风险认识会。院长点了风险，刚才 9 位发言的同志，都从不同角度分析了当前的风险，有针对性也有普遍性，大家要对照分析。这是一次责任强化会。按照主题教育“找差距、抓落实”的要求，把责任砸实，把院里的改革、发展、稳定的好形势维护好、持续好，这是我们当前的重要职责。这是一次教训吸取会。在院主题教育大会上，我们通报了发生在身边的典型案例，今天发言的 9 个单位，有些也是介绍教训的，大家要认真对照、吸取教训。这也是一次警示教育会。要深刻吸取这些发生在我们身边的，甚至付出生命代价的血的教训，以案示警，教育身边人。这次会还是一次加油鼓劲会。我院当前之所以取得这么好的发展成绩，在座的同志们功不可没，大家要继续发挥更大的作用，加油鼓劲，为院所改革、稳定、发展保驾护航。

刚刚 9 个单位分别围绕企业风险防控、纪律红线执行、纪委委员分工落实责任、发挥纪检监察小组作用、强化审计监督以及典型案例教训等方面情况进行了汇报交流，既有举措、有特色、有成效，又讲问题、讲责任、讲整改，敢于刀刃向内、揭短亮丑，敢于自我革命、创新工作，讲得很好、很到位、很实在。哈兽研对所办企业负责人进行约谈，体现了抓主体责任落实。院所办企业的安全发展，是院所必须狠抓的重点，哈兽研采取一系列措施就是防患未然，是主动作为。环保所总结了研究所纪委职责定位的“五句话”，很准确。烟草所支部纪检监察小组聚焦责任，发挥“三个作用”，为科学家系好了“安全带”。棉花所设立审计岗位，从 2016 年起对所办企业进行轮流审计，严防风险；蔬菜所第二党支部加强“三管三不”（管住手，不该拿的不拿；管住嘴，不该吃的不吃；管住腿，不该去的不去）的监督；信息所第三党支部副书记兼任纪检监察小组组长，把好科研经费廉洁关，这些做法都值得推广借鉴。作科所找到了领导班子建设的“三点不足”，农机化所分析了“三个教训”，需要勇气，体现了敢于担当。植保所汇报材料中一句“深表愧疚”，反映出班子的深刻反思，同时对保持与企业亲清关系作了经验介绍。领导不安排亲友到院所办企业工作，这是保持与企业亲清关系的关键，这点处理不好，管企业的腰杆子就不正。

同志们，当前我院正处于前所未有的重要发展机遇期，创新工程深入实施，院所改革发展步入新阶段，2019 年创历史同时有 4 位科学家当选两院院士，5 项科技成果进入 2019 中国农业科学 10 项重大进展，非洲猪瘟疫苗研制、草地贪夜蛾防控等重大技术攻关取得重要成绩，中国农业科学院已经步入发展的“快车道”。这些成绩的取得，离不开全院各级党组织坚持从严管党治党，建好班子、带好队伍，防控风险、完善制度，营造改革发展的良好政治生态和干事创业的新风正气。一年来，我们密切结合农业科研实际，立足深化“放管服”改革，把纪律的刚性和农业科研的特性协调统一，夯实管党治党政治责任，在对党员领导干部坚持严紧硬、防止宽松软的前提下，积极探索构建信任与监督相统一、严管与厚爱相结合，宽严相济、激励担当，符合农业科研特色的监督机制。从今天交流的情况来看，我院构建农业科研特色监督体系的实践取得了阶段性成效。

一、院所团队三级责任落实有了新进展

在院层面，院党组牵牢主体责任“牛鼻子”，发挥“头雁效应”，院长、党组书记履行第一责任人职责，班子成员落实“一岗双责”，管人管事管监督，发现问题及时纠正，在咬耳扯袖、抓早抓小上作表率。建立全面从严治党工作约谈机制，以谈促改、拧紧发条，督促研究所党政主要负责同志切实担负起管党治党的政治责任。开展纪委书记述职考评，考评优秀的 11 个单位予以表彰奖励，履职不力的 2 个单位进行约谈提醒，实现了责任与压力的“双传递”。统筹协调巡视、审计、纪检、监察等方面监督力量，发挥巡视利剑作用，加强监督检查，推动“两个责任”一体落实。

在研究所层面，所长、书记既履行主体责任，又担负监督责任，支持所纪委履行监督职责。推行纪委委员分工负责制，纪委委员各负其责、履职尽责，做实做细日常监督。研究所党委、纪委的履责意识明显增强，投入党建的精力更多了，管党治党的措施更实了。

在科研团队层面，认真贯彻落实《中国共产党支部工作条例（试行）》，把支部建在科研团队，团队首席、支部书记认真履行主体责任、监督责任的意识明显增强了。党支部成立纪检监察小组，发挥教育监督作用，成为一线科研人员的“政治安全员”“纪律宣传员”。

二、常态化纪律教育有了新抓手

一是抓早抓小，坚持正面教育引导。以“不忘初心、牢记使命”主题教育为契机，加强党章党规党纪教育，对新入职职工、新晋升高级职称人员、新晋升导师、新提任所局级领导干部集体廉政谈话，系好职业职称职务晋升后的“第一粒扣子”。出台《科研人员重点纪律红线（试行）》（简称“红八条”），围绕科研人员常涉及的业务领域、易触及的纪律规矩，把底线、红线、高压线划出来，让科研人员一目了然，便于科研人员熟知熟记、入脑入心，知畏知止、安全科研。

二是以案为鉴，用身边事警示身边人。梳理剖析近年来发生在我院的违纪违法案例，印发《党风廉政警示教育案例选编》，使广大干部职工从反面教材中接受洗礼、受到警醒。在年节假期等重要时间节点，及时发布违反八项规定精神案例通报，传播正风肃纪的正能量。主题教育期间，组织召开警示教育大会，通报了发生在我院草原所、兰兽研中农威特公司的两起严重违纪违法案件以及两名党员干部醉驾问题，以案明纪，强化知敬畏、存戒惧、明底线、守规矩。

三、做实做细日常监督有了新措施

一是深化重点领域专项监督。在深化院所办企业、试验基地、期刊杂志、学会协会、检测中心“五个领域”整治整改的基础上，以点带面，逐一排查梳理我院在思想政治、科研学术、财务资产三大领域存在的十四个方面风险隐患，形成《风险防控指南》，初步建立了以院、所、团队为主体的三级风险防控体系。针对驻部纪检监察组指出的关于我院公司企业、房屋出租监管、领导干部监督等方面的突出问题，深入研判、提出对策、立行立改，及时查漏补缺，注重举一反三、建章立制。就中农威特公司部分人员严重违纪违法问题，专门成立整改整顿工作组，对涉案人员严肃执纪、以儆效尤，同时，深刻剖析案例，深挖问题根源，集体约谈院所办企业负责人，以案为鉴，促进依规依纪依法管理。

二是加强党员领导干部日常监督。加强党员领导干部作风建设，出台《关于进一步加强和改进院机关工作作风的实施意见》，从院领导班子成员做起，以身作则、率先垂范，带动全体机关干部切实改进工作作风，杜绝“推拖等”现象发生。突出“关键少数”，强化领导干部外出请假报告制度，严格所长、书记出差、请休假、出国（境）审批程序。综合运用信访受理、线索处置、约谈提醒、谈话函询、个人事项核查、参加民主生活会等方式，强化常态化、近距离、可视化的日常监督，抓早抓小，防微杜渐。

四、营造纪律严明、环境宽松的氛围有了新作为

一是贯通运用“四种形态”，特别是用好用足第一种形态，对苗头性问题早发现、早提醒、早纠正，避免干部出问题、犯错误。同时，对违反政治纪律政治规矩和中央八项规定精神，学术不端、师德失范、假公济私等触碰红线底线问题一律从严，发现一起、查处一起、通报一起，强化纪律规矩的刚性约束。二是把宽严相济、严管厚爱体现到执纪工作中，在深入调研基础上，下发“进一步为科研人员松绑减负做好服务的实施方案”，大力推进科研“放管服”政策落实落地。坚持“三个区分开来”，落实“四严四宽”，坚持全面客观地分析问题，精准研判，区别对待，纠错容错，为干事者撑腰，为担当者担当，形成了激励干部干事创业、改革创新、促进发展的良好氛围。

同志们，在取得成绩的同时还应该看到，我院在落实全面从严治党责任方面还不平衡、还有差距，从严监督一刻也不能松懈。如有的研究所风险意识淡薄，对所办企业这一重点领域监督管理缺位，所办企业政治生态恶化、党建工作被边缘化、企业党员领导干部党性观念丧失，造成了大面积违法违纪问题。有的研究所落实中央八项规定精神意识还不够强，公车及加油卡管理不规范，缺少有效监督。有的研究所领导班子缺乏担当精神，“放管服”政策落实不到位，为科研人员“松绑减负”做的不够实。个别领导干部对自己要求不够严格，酒驾醉驾、以身试法，受到严肃处理。

对于上述问题，一定要高度重视，保持清醒头脑。风险是可以解决的，建立符合农业科研特色的监督体系，就是要做到问题早发现、早消灭。不出问题难，关键是要有风险意识，要有解决问题的决心、信心，要有解决问题的机制、办法。

下面，我就进一步推进农业科研特色监督体系，重点讲六个方面问题。

（一）强化风险防控问题

我院摊子大、层级多，全面从严治党工作点多面广，涉及重点领域多，廉政风险高，风险防控意识一刻也不能松懈。2019 年，制定了《中国农业科学院三大领域十四个方面风险防控指南》，从院、所、团队层面查找了风险点，制定了防控措施，对于完善风险防控体系，强化风险防控责任，提高风险防控能力具有很强的指导性、操作性。各级党组织、纪检组织要以贯彻落实好《中国农业科学院三大领域十四个方面风险防控指南》为抓手，深化对重点领域、重要事项等的风险防控。

一是要强化院所办企业的风险防控。我院有 93 家院所办一级企业，2018 年全院决算企业资产合计 41.6 亿元，负债合计 12.5 亿元，所有者权益合计 29.1 亿元，营业总收入 19.6 亿元，净利润合计 2.8 亿元。长期以来我院企业存在的普遍问题就是定位不清、管理不强，尚未完全建立现代企业制度，是违规违纪甚至违法的高危领域。从兰兽研中农威特公司案例看，存在的主要问题有：党的建设弱化、虚化、边缘化，内控体系

不健全、不管用，监督体系极为薄弱、形同虚设，风险防控意识淡化，政治生态恶化，部分党员干部生活作风腐化，以至于出现多人违纪违法的恶性事件，对我院造成了很不好的影响，教训极其深刻。必须举一反三、引以为鉴，从中吸取深刻教训，从根本上强化院所办企业风险防控，促进院所办企业在改革创新中健康发展。这里需要强调的是，坚持党的领导、加强党的建设，是我国国有企业的光荣传统，是国有企业的“根”和“魂”，是我国国有企业的独特优势。中国农业科学院和各研究所作为出资人，要按照习近平总书记的要求，加强企业党的建设，确保党对企业的领导。要履行好出资人的职责，把企业党的建设纳入院所整体工作部署和党的建设总体规划，加强企业党风廉政建设和反腐败工作，把纪律规矩挺在前面，持之以恒落实中央八项规定精神，抓好巡视发现问题整改，严肃查处侵吞国有资产和利益输送等问题。要加快推进院所办企业建立现代企业制度，完善公司治理结构，督促企业建立以风险管理为导向、合规管理监督为重点，严格、规范、全面、有效的内控体系，树立和强化管理制度化、制度流程化、流程信息化的内控理念，健全内控机制，强化管理责任，强化审计监督，强化风险防控，通过“强监管、严问责”，发挥好把方向、管大局、保落实的作用，确保企业健康发展，发挥好成果转化平台的作用。

二是强化财务资产领域风险防控。财务资产管理一直是问题易发高发领域，特别是草原所发生银行存款丢失案件，再次为我们敲响了警钟。该案件是一起出纳郜某利用职务便利和单位监管漏洞，采取空白支票提现、伪造银行票据等方式实施的挪用公款犯罪行为，连续作案时间长达20年，令人触目惊心。分析原因，主要是研究所党政领导班子风险防范意识缺失，主体责任和监督责任缺位。用信任代替了监督，对关键岗位人员失去监督；对上级审计、联合检查等发现的问题，整改落实不力。有制度不落实，内控机制形同虚设，财务印章管理长期失控，从而导致发生严重的财务管理问题，造成国有资产严重损失，教训惨痛。各研究所要对照草原所案件，认真反思，对照问题查摆自身不足，对会计基础工作及内控制度进行认真、全面的梳理，查找漏洞，完善整改措施，加强财务监管，确保财务安全、资金安全。再就是资产安全。中央巡视组和驻部纪检监察组指出的突出问题之一，就是房屋土地出租出借问题，这也是我院巡视关注的重点问题。存在的普遍问题是，房屋土地出租出借风险防控意识薄弱，有的不经过集体研究，有的不签订合同或者合同签订不规范，有的不遵守规定、不向上级报告、不履行资产管理程序、擅自签订合同，有的合同一签就是十几年甚至更长，有的对承租单位疏于管理监督、任其胡作非为，直至生米做成熟饭、才悔之晚矣，再想解决、终止合同，动员大量人力、物力诉诸法律，也已经很难作为，造成局面失控，给单位造成很不好的社会影响，甚至造成重大经济损失，也严重影响科技创新事业的发展。这些都需要各单位吸取深刻教训，一定要牢固树立风险意识，任何时候都要按规章制度办事，都要严格遵守“三重一大”制度，都要公开公正公平，都要自觉接受监督，时时刻刻防控廉政风险。

三是强化作风建设的风险防控。作风问题本质上是党性问题。作风的好坏关系着党的生死存亡。对此大家必须提升政治敏感性。目前我院还存在着作风建设不严不实的问题，比如工作中存在着推拖等现象，还有慵懒散木问题，有的干部工作抓得不紧、效率不高、措施不实；有的不作为、慢作为，只当和尚不撞钟；有的喜欢说大话空话套话，不抓落实、不干实事；有的上班不准时，下班提前走；有的干部拿着单位工资，不为单位干事，到处当顾问、干私活；有的干部生活作风庸俗散漫，大吃大喝、酒后失德，影响党的形象等。作风建设永远在路上，绝不能抓一抓、放一放。各级党组织，特别是党政主要负责人，一定要有风险意识，坚决纠“四风”、树新风，一定要教育引导干部职工严守八项规定精神，一定要咬定青山不放松，以钉钉子精神将作风建设一抓到底。

四是强化科研学术领域的风险防控。科研作风、学风是科技工作的生命线。近年来，社会上科研学术领域的问题接连不断、高发频发，造成很不好的影响。最近两年，我院在科研学术领域也出现了一些不好的现象、有高发的苗头。比如，个别科研人员变造国家证件骗取政府项目经费被依法惩处；个别导师骚扰女学生被予以党纪政纪处分并停止招生资格；个别科研人员论文抄袭，被予以政纪处分、停止项目资格；个别导师因指导的学生学术不端被撤稿通报、停止招生资格；还有博士生嫖娼问题、研究生涉毒问题等等。出现这些问题，说明我们对党员干部、科研人员的政治思想教育工作还不到位，说明我们的导师没有尽到教书育人的责任，说明我们对科研学术领域的风险防控还没有足够重视。科学殿堂是神圣的，绝不能受到任何玷污。中国农业科学院是农业科研国家队，科研学术上来不得半点马虎。各级党组织要切实负起责任，对于科研学术领域的苗头性、倾向性问题，对于小抄袭、小毛病问题，要早发现、早提醒、早纠正，防患于未然之中。要加强科研人员的科研诚信与学术道德教育，加强导师的师德师风教育，大力弘扬新时代科学家精神，继承发扬农科院光荣传统，大力倡导严谨求实的学风，脚踏实地的作风，发挥国家队的表率作用。

（二）加强经常性纪律教育问题

加强经常性纪律教育至关重要。党的十九大报告强调，“加强纪律教育，强化纪律执行，让党员、干部知敬畏、存戒惧、守底线，习惯在受监督和约束的环境中工作生活”。十九届中纪委二次全会要求“开展经常性纪律教育，发挥先进典型引领示范和反面典型警示教育作用”。近年来，我院在抓经常性纪律教育方面，做了一些尝试，取得一定成效，但是也存在一些不足，主要体现在与农业科研单位特点、科研人员特性结合不够，灌输多、解释少，传达文件多、结合实际少，形式单一、不够灵活，内容枯燥、实效性不够，纪律宣传员、政治安全员的作用发挥不够充分。那么，怎么样开展纪律教育才能产生好的效果？怎么样帮助广大科研人员增强纪律意识，使纪律条文入脑入心，使科技人才不触底线、不越红线、不碰高压线？如何建立纪律教育长效机制？这些需要大家去认真思考、认真探索。从刚才信息所第三党支部、蔬菜所第二党支部、烟草所纪委等的发言中，我们可以得到几点启示。

一是注重加强正面教育引导。以方智远院士等优秀科学家不忘科研报国初心、牢记服务人民使命的先进事迹，教育广大科研人员弘扬新时代科学家精神，树立正确的世界观、人生观、价值观，自觉抵制不良思想，自觉树立纪律意识，筑牢不想腐的思想防线。

二是注重加强警示教育，用身边事教育身边人。要以案为鉴、强化纪律意识。今年我院编辑的《党风廉政警示教育案例选编》，就是把发生在我院的13个活生生的案例告诉大家，让大家知道，案例就在身边，纪律就在身边，必须时刻警醒，形成不敢腐的震慑。

三是建立负面清单，强化红线底线意识。把日常监督执纪中经常发现的问题总结归纳，形成负面清单，告诉大家哪些不能做、不能碰，筑牢不能腐的制度堤坝。这里重点强调一下“红八条”的学习贯彻。“红八条”这八个方面都是大家在日常工作生活中容易忽视、容易触犯的问题，把这些纪律问题高度概括、以浅显易懂的语言表述出来，就是让大家知道哪些是红线底线高压线，告诉大家这些线绝对不能碰，否则就会违纪，就会付出惨重代价，就会在项目申报、职称评审、职务晋升、人才评选、年度考核、招生资格、评奖评优等方面受到严厉惩戒。需要说明的是，“红八条”是对一般科研人员的基本纪律要求，是为了帮助科研人员增强纪律意识，防止在不知情的情况下违纪违规受到纪律处理，影响科研事业。对于党员特别是党员领导干部要有更高的标准、更严的要求，要严格遵守党纪，一点都不能松软。

预防为主，教育为先。各位党委书记、纪委书记、纪委委员，要切实担起纪律教育的主体责任，利用不同场合，采取多种形式，抓好弘扬新时代科学家精神的学习教育，抓好“红八条”的宣传贯彻，抓好《党风廉政警示教育案例选编》的警示教育。要有一张婆婆嘴，要有爱心、耐心，要不厌其烦反复讲、多提醒，使红线意识、底线意识烙印在科研人员的脑海中，当好科研人员的纪律宣传员、政治安全员，为科研人员潜心科研系好纪律的安全带。

（三）做实做细日常监督问题

十九届中央纪委三次全会要求把日常监督实实在在地做起来、做到位，敢于监督、善于监督、规范监督，抓早抓小、防微杜渐，咬耳扯袖、红脸出汗，贯通运用“四种形态”，使监督更加聚焦、更加精准、更加有力。从哈尔滨兽医所等单位的发言中，可以看出这方面的工作已经初见成效，监督体系已经基本构建、监督与被监督已经形成常态。但还存在着一些不容忽视的问题，比如抓早抓小的意识还不够强，对“关键少数”的监督还不够有力，对落实中央和部院党组重大部署落实情况的监督还不够坚决，对巡视整改落实的监督还不够到位等等。

践行日常监督的关键是直面问题。我们有的党委书记、纪委书记，抓苗头、抓典型、抓关键的思路招法及工作力度有所欠缺，对于日常监督中发现的问题缺乏斗争精神，奉行“好人主义”，不敢动真碰硬、红脸出汗，怕得罪人，畏首畏尾。俗话说：小病不治、大病难医。思想上的"小病"得不到及时医治，等小错一步步发展成大错后才得到处理，既是个人的悲哀，也是党组织不希望看到的结局。我理解，教育和监督都是防于未病的重要手段，但教育具有普遍性和基础性，监督则具有鲜明的问题导向，巡视监督、审计监督、干部监督、信访监督还有日常监督等等，都是奔着问题去的，不是没事找事，不能走走过场就完了。刚才，华俊院长点了几个所的问题，各单位回去后要对照查摆，认真把当前工作中存在的问题再清一清，工作再捋一捋，责任再压一压，做到心里有数、行动有方、落实有力。

践行日常监督还要善于抓早抓小。"小"是什么？"早"要多早？我在多个场合都强调过了，对干部思想、工作、生活中存在小问题、小毛病、小现象、小抄袭，比如上班迟到早退、开会玩手机、打电话、外出不请假等不能视而不见，要多念念"紧箍咒"，多亮亮"黄牌"，多扯扯"袖子"，防止我们的干部"一步错"走向"步步错"，小毛病养成大毛病，这就是"抓小"。在干部职工晋职晋升前，在重要节点到来前、重要工程上马前、因公出国（境）行前、研究生入学前等，提要求、讲规矩、敲警钟，抓好事前预警，扣好"第一粒扣子"，这就是"抓早"。

那么，怎么抓早抓小？今年我院首次为新晋升高级职称人员、新导师上了廉政课，华俊院长和我对他们提出了纪律要求。我还为新入学的研究生上了思想政治第一课，教育他们从迈入农科院大门，就要树立"一懂两爱"的思想，就要拧紧理想信念总开关。另外，院纪检组还对新晋升领导干部进行集体廉政谈话，对新入职职工进行廉政教育，这些都是抓早，从一开始就帮助他们系好纪律规矩的第一粒扣子。我们的纪检部门着力在谈话函询上深化，主动跟踪被谈话函询的党员干部在民主生活会或组织生活会上作出说明的情况，发挥采信告知的激励作用等等，这些"抓早抓小"的好做法、好经验，还要继续完善、继续发扬，形成长效机制。各单位所长、书记、支部书记也要在抓早抓小上下功夫，要知道什么是"小"、什么是"早"，要知道怎么去抓？所长书记不能总热衷于到外面讲课、高谈阔论，而对干部职工的教育不闻不问、放任不管。所长、书记、支部书记要定期在所里讲党课，党课内容不能照搬照抄、从网上下载，要密切结合单位工作实际，结合干部职工思想实际，要既有高度、又切实际，时刻引导干部职工提高政治站位、严守纪律规矩、不忘科研报国的初心使命，立足本职、建功立业，作出贡献。

（四）建立健全监督体制机制问题

一年来，我院在建立党组纪检组、所纪委、纪检监察小组三级监督体系上作了很多努力，取得了初步成效。但监督资源分散、监督力量薄弱等问题依然存在，一定程度上影响了监督效果。今年，院里将巡视工作与纪检监察进行了整合，把巡视工作纳入监察局的职责范围，监察局局长、副局长担任院巡视工作领导小组办公室的主任、副主任，巡视与纪检监察实现无缝对接，巡视发现问题，监察随即跟上，既加强了巡视工作，也增加了监督手段，效果不错。棉花所将审计监督与纪检监督融为一体，是一个很好的实践，各单位可以借鉴。

院层面要继续在统筹纪检、巡视、监察、纪委、干部监督、审计监督、科研道德监督、师德师范监督这“八条线”上下功夫，最大限度形成监督合力。所层面要加强所纪委建设，选拔优秀干部担任纪委书记、纪委委员，纪委委员要分工负责落实监督责任，使纪委这“一根针”越磨越亮，越来越尖，越来越有战斗力。团队要建立纪检监察小组，选拔优秀科技骨干从事纪检监察小组工作，同科研人员谈心谈话、了解掌握干部思想动态，有针对性宣传党的政策、提供纪律服务。

还要强调的是，监督是党章赋予各级党组织纪检组织的职责，是全面从严治党的重要手段，纪检监察队伍力量必须保证，绝不能把纪检监察岗位作为安置性岗位，要选拔优秀年轻干部从事监督工作，给职责、给舞台、给待遇，要把纪检监察干部作为重要的后备干部力量培养，大胆使用、提拔重用，激励纪检监察干部敢于担当、敢于斗争、做党和人民的忠诚卫士。

（五）夯实责任问题

责任重于泰山。“两个责任”是履行党章要求，落实党风廉政建设责任制，推进全面从严治党，解决党委不想抓、不会抓、不敢抓，纪委抓不狠、抓不准、抓不实的问题的关键。无数事实证明，任何一个单位出现问题，都是责任不清、责任没落实或者责任落实不到位造成的，这方面我院有很多教训。兰兽研中农威特公司发生部分人员严重违法违纪问题，草原所发生重大财务问题等，归根到底，是单位主要领导管党治党主体责任落实不力、教育监督不到位问题。尽管院党组一再强调，各单位党政主要负责人要落实好“两个责任”、班子成员要履行“一岗双责”，但仍然存在领导班子落实责任主动性、自觉性不强，主体责任扛不起来，监督责任做不到位，班子“一岗双责”压力传导不够的问题。有的单位对巡视和经济责任审计等发现问题的整改，思想上不重视、行动上不迅速、措施上不得力，以各种借口拖着不改，使巡视和审计的效果大打折扣。有的单位出现违纪违规问题，遮遮掩掩，不及时上报情况，不愿意严肃处理，不及时开展警示教育，不查找原因，不举一反三、亡羊补牢。有的单位党的基层组织建设薄弱，支部“三会一课”不到位，不按规定缴纳党费等。出现这些问题，反映出我院有些单位没有很好地扛起管党治党的政治责任，在座的党委书记、纪委书记必须高度重视，从中吸取深刻教训。我们要清醒认识到，全面从严治党永远在路上，必须一以贯之、坚定不移把“严”字长期坚持下去，把责任落实下去。

第一，要建立完善党委领导班子齐抓共管的责任体系，落实好主体责任。所党委要强化政治担当，把全面从严治党主体责任牢牢扛在肩上。所长、书记是第一责任人，要党政同责，守土有责，看好自己的门，管好自己的人。班子成员要一岗双责，管人管事管监督，督促分管部门特别是主要负责人承担起党建和全面从严治党主体责任，党建工作、业务工作一体谋划、一体部署、一体推进、一体考核，切实保证“两个责任”落地落实、取得实效、促进工作。

第二，要建立完善党组纪检组、所纪委、纪检监察小组三级监督体系，强化监督责任。党组织在党内监督中负主体责任，书记是第一责任人，各单位党政主要领导要进一步强化认识，不能认为监督就是纪委的事，所长、书记一定要扛起责任，敢于斗争、敢于亮剑，严管理、严要求、严监督。纪委要在党委的领导下切实担负起监督主责，要提高监督能力和监督水平，敢监督、善监督，敢发现问题，敢红脸出汗，敢抓早抓小。要学习水稻所、环保所的好做法，落实好纪委委员分工负责制，抓学习、建机制、搭平台、压担子，纪委委员各负其责，从各个方面把好监督关口，履行监督责任。要发挥纪检监察小组工作在一线熟悉科研和科研人员的优势，密切结合科研工作实际，履行好教育监督责任，确保我院全面从严治党延伸到基层，落实到每个支部、每个团队、每名党员。

第三，领导干部要做落实责任的表率。“两个责任”能否落实到位，领导干部特别是主要领导这个“关键少数”是决定因素。在巡视中发现，有的领导没有正确处理领导工作、科研工作和社会工作的关系，投入领导工作、管理工作精力少，在单位工作时间少、研究单位发展大事的时间少，整天地到处飞，当顾问、作报告、站台子、拿咨询费，对单位的工作敷衍应付、对班子队伍疏于管理、对存在的问题得过且过，把领导的责任抛到脑后，这样下去，怎么能履行好领导职责、怎么能把单位搞好？还有的党员干部对自身要求不高，连民主生活会发言材料也懒得写，几年下来大同小异，不认真反思问题、不认真解决问题，党委书记也没有履行把管责任，任其发展，这样下去，单位凝聚力能好吗？这些问题值得反思、值得警醒。路线确定后，干部是决定因素。有责要担当，失责必问责。各单位党政主要负责人，一定要首先保证把领导职责放在第一位，在其位谋其政，严于律己、以身作则，一定要敢于担当、发挥头雁效应，带头扛起责任、落实责任，以实际行动念好责任经，带动班子紧起来、严起来，切实履行好主体责任、一岗双责，营造压实责任、落实责任的良好氛围，使责任落地生根、开花结果。

（六）宽松创新环境问题

习近平总书记强调，要营造良好创新环境，加快形成有利于人才成长的培养机制、有利于人尽其才的使用机制、有利于竞相成长各展其能的激励机制、有利于各类人才脱颖而出的竞争机制，培植好人才成长的沃土，让人才根系更加发达，形成天下英才聚神州、万类霜天竞自由的创新局面。这就要求我们要培植好沃土、为人才健康茁壮成长营造良好环境。团结紧张，严肃活泼。严明纪律与宽松环境是辩证统一的关系，宽松的环境需要严明的纪律作保证。只有纪律严明，才能构建风清气正的政治生态。这里我着重讲讲科研环境，也就是如何为科研人员营造心无旁骛、潜心研究的宽松环境。这个问题很大，既然是农业科研特色监督体系的会议，那我就从监督的角度来讲。2018 年，国务院出台了《关于优化科研管理提升科研绩效若干措施的通知》，提出建立完善以信任为前提的科研管理机制，这是我国科研管理理念和实践的一次重大变革，充分体现了以习近平同志为核心的党中央回应科技人员关切、深化科技体制改革、深入实施创新驱动发展战略、推动经济高质量发展、建设世界科技强国的坚定决心。其中，监督是科研管理的重要一环，构建以信任为前提的监督机制是科研院所落实“放管服”政策、强化自我约束的必要环节。在这方面，我们也做了一些探索。比如，在组织形式上，院里通过巡视队伍组建，纪检、监察、审计、党务、人事、科技等方面的力量有机结合，建立“一体化”监督体系，做到“一体化”部署、“一体化”推进、“一体化”共享结果，既减少了多头检查、重复检查，不给研究所增加负担，又实现了监督一盘棋、一张网、一组拳、一本账，大大提升了监督成效。在方式方法上，院里要求将监督工作纳入全院信息化建设的总盘子，以内部流程控制为基础，以信息网络技术为支撑，形成内部自我约束、过程信息公开、外部监督检查有机结合的全方位监督模式。另外，2019 年年初，经党组慎重研究，提出了“四严四宽”的工作思路，要求我们的相关部门，不能把从严管理党政领导干部的规定简单套用在科研人员身上，要坚持“三个区分开来”，按照国家科技体制改革要求和科技创新规律进行创新，合理区分改革创新、探索性试验、推动发展的无意过失与明知故犯、失职渎职、谋取私利等违纪违法行为。各单位在全面从严治党各项工作中，也要按照“四严四宽”的要求来落实，做到实事求是、客观公正，支持实干、激励创新，敢于担当，敢于负责。

同志们，构建符合农业科研特色监督机制，是院党组落实全面从严治党政治责任的战略主题和政治担当；是新形势下与时俱进推进纪检监察各项制度创新，提高院所治理能力的有益实践；是我院落实习近平总书记“三个面向”重要指示精神的现实需要。构建符合科研规律的监督体系，要正确认识科研规律，把握以下 8 个主要关系：一是教育与惩处的关系。这是常态，核心是要把教育抓好。二是自学与宣讲的关系。现阶段我们自学得多，讲得不够，特别是用自己语言讲得不够。三是信任与监督的关系。信任不能代替监督，信任也决不能是放任。四是宽与严的关系。主要是严明纪律与环境宽松的关系，核心是严明纪律是环境宽松的前提。五是纪律的刚性与科研的特性的关系。光强调特性，不强调刚性，或者光强调刚性，不强调个性，都是问题。六是领导干部与普通群众的关系。我们的普通群众就是普通科学家。有科学家精神，有工匠精神，有支撑专家，有管理专家，对这些群众的监督要区别于党员领导干部。七是政治与学术关系。不能用政治的方法去管理学术，不能动不动就对学术问题上纲上线，同时，也不能用学术的方法去讨论政治问题。八是大院文化、熟人社会与道德教育、群众约束的关系。大院文化、熟人社会，容易让我们的领导干部拉不下脸来，批评不了人，但也有好处。只要还是大院里的人，就要受到群众约束，干坏事就要受到指责，就要抬不起头来。我们要用好这种环境，把纪律环境和氛围培养好。

同志们，今天这个会非常重要，请各单位党委书记、纪委书记回去后认真研究，在所领导班子、理论中心组成员、党委委员、纪委委员、支部书记范围内进行传达和研讨，特别要围绕六个问题进行研讨，让大家觉得这是一件跟我们本身，跟我们每一个科学家成长进步，跟我们每一个科研团队发展，跟我们研究所“两个一流”建设，息息相关的事。要将构建符合农业科研特色监督体系当成一个根本性的、基础性的、战略性的，跟我们科学家、科研事业密切相关的事去研究，认真组织研讨，真正让这件事对大家有帮助。

谢谢各位同志！

中国农业科学院党组纪检组关于认真履行脱贫攻坚监督责任　扎实推动脱贫攻坚专项巡视整改任务落实的通知

院机关各部门、院属各单位：

为认真贯彻落实《中共农业农村部党组关于脱贫攻坚专项巡视整改工作方案》（农党组发〔2019〕10号）和农业农村部直属机关纪委《关于认真履行脱贫攻坚监督责任扎实推动脱贫攻坚专项巡视整改任务落实的通知》（农纪委〔2019〕1号）精神，督促各单位党组织、纪检组织认真履行脱贫攻坚监督责任，扎实推动脱贫攻坚专项巡视整改任务落实到位、取得实效，现就有关要求通知如下。

一、提高政治站位，充分认识履行脱贫攻坚监督责任的重要意义

（一）履行脱贫攻坚监督责任是深入学习贯彻习近平新时代中国特色社会主义思想、坚决做到“两个维护”的具体体现

党的十九大把精准脱贫作为全面建成小康社会三大攻坚战之一，习近平总书记就打赢脱贫攻坚战发表一系列重要讲话，作出一系列重要指示。各单位党组织、纪检组织要坚持以习近平新时代中国特色社会主义思想为指导，把落实脱贫攻坚专项巡视整改作为重大政治任务，把履行脱贫攻坚监督责任作为树牢“四个意识”、坚决做到“两个维护”的具体行动，切实加强对贯彻落实习近平总书记关于扶贫工作重要论述、指示批示精神和党中央、国务院以及部院党组决策部署情况的监督检查，为脱贫攻坚提供坚强纪律和作风保障。

（二）履行脱贫攻坚监督责任是扎实推动脱贫攻坚专项巡视整改任务落实的重要任务

中央第十四巡视组向农业农村部党组反馈脱贫攻坚专项巡视情况，既充分肯定部系统脱贫攻坚工作取得的明显成效，也指出了一些问题，包括纪检监察机构发挥作用不充分，对脱贫攻坚工作的监督不到位，监督检查发现的问题还有一些没有整改落实等。各单位党组织、纪检组织要从加强政治建设的高度，认真贯彻落实部院党组工作部署，结

合院地合作、科技扶贫，在全面支撑乡村振兴和脱贫攻坚主战场中充分发挥政治监督作用。

（三）履行脱贫攻坚监督责任是进一步提升院系统党组织、纪检组织监督能力的有效抓手

各单位党组织、纪检组织要坚持问题导向，主动担当作为，切实加强对扶贫工作的监督，把全面从严治党要求贯彻到脱贫攻坚全过程，推动全面从严治党向基层延伸。要以落实脱贫攻坚专项巡视整改为契机，着力做实做细日常监督，与其他监督结合起来，相互配合、形成合力，进一步提升监督能力和效果，让党员、干部习惯在受监督约束的环境下工作生活。

二、强化经常性纪律教育与监督执纪问责，扎实推动脱贫攻坚专项巡视整改任务落实

（一）加强经常性纪律教育，强化日常监督

认真抓好廉洁自律准则和纪律处分条例的学习贯彻，教育引导党员干部严格遵守政治红线、纪律高压线和廉洁底线。围绕科技创新、全面支撑乡村振兴和脱贫攻坚重点任务，创新方式方法，开展有针对性的经常性纪律教育，加强警示教育，以身边事教育身边人，强化不敢腐的震慑。细化监督措施，建立专题研究、沟通会商、日常检查等工作机制，扎实推动脱贫攻坚等党中央重大决策部署不折不扣落实到位。积极深入定点帮扶县、结对帮扶村和基层党组织走访调研，了解脱贫攻坚工作开展情况、经验做法、存在问题及意见建议等，推动解决问题。

（二）坚持问题导向，强化督促检查

各单位要针对中央巡视指出的学习贯彻习近平总书记关于扶贫工作的重要论述存在差距，对打赢脱贫攻坚战艰巨性复杂性认识不够，对脱贫攻坚工作淡漠被动，激发担当作为不够有力，存有畏难情绪、缺乏积极作为、片面强调不利因素，以及在脱贫攻坚工作中存在的形式主义、官僚主义等问题，制定可行措施，认真扎实整改。重点围绕落实脱贫攻坚决策部署，督促相关部门、科研团队对照查摆、防止克服形式主义、官僚主义种种问题表现，持续推动转作风、改作风。要坚持问题导向，强化扶贫工作廉政风险动态防控，及时梳理风险点，完善防控制度，扎紧织密制度的笼子。

（三）注重抓早抓小，强化执纪问责

把整治形式主义、官僚主义作为一项重要政治任务，紧盯对脱贫攻坚等党中央重大决策部署不敬畏、不在乎、喊口号、装样子的错误表现，持续整治空泛表态、应景造势、光说不做、敷衍塞责、冷硬横推、重留痕轻效果、出工不出力等问题，确保令行禁止。通过完善“信、访、网、电”举报平台、日常检查、线索排查等，进一步拓宽问题线索来源，提高发现和解决扶贫工作问题的能力。深化运用监督执纪“四种形态”特别是第一种形态，对扶贫工作的问题线索，优先研判处置，及时谈话提醒、约谈函询，防止小毛病酿成大问题。坚决整治群众身边的腐败和作风问题，对违规违纪问题发现一起、严查一起，决不姑息。贯彻落实《中国共产党问责条例》及院党组实施细则，坚持“一案双查”，对扶贫工作失职失责行为严肃问责。

三、有关要求

（一）积极主动学习

各单位要认真贯彻落实部院党组工作部署，带头深入学习贯彻习近平总书记关于扶贫工作的重要论述和中央脱贫攻坚决策部署，切实提高政治站位，强化政治担当，进一步提高履行脱贫攻坚监督责任的自觉性、针对性和有效性，以实际行动带头践行“两个维护”。

（二）层层落实责任

各单位要把履行脱贫攻坚监督责任作为重要政治责任，督促相关部门、科研团队发挥科技优势，助力脱贫攻坚，确保脱贫攻坚推进到哪里，监督责任就跟进到哪里。党组织、纪检组织主要负责人作为第一责任人，要带头把脱贫攻坚监督责任扛在肩上、抓在手上、落实到行动上。

（三）及时总结报告

建立脱贫攻坚任务落实重要情况报告制度。各单位要认真总结脱贫攻坚监督责任落实情况、分析存在问题、抓好问题整改，将其作为报告半年和年度履行党风廉政建设监督责任情况的重要内容之一。对于本单位履行脱贫攻坚任务中的重要情况，包括监督执纪中发现的问题线索和处置情况，及时报告院监察局、院直属机关纪委。

（四）确保监督效果

各单位要结合实际采取切实有效措施，创新监督方式方法，通过明确目标任务、及时督促提醒、强化日常检查、开展专题调研等形式，努力推动脱贫攻坚监督责任落实到位。院监察局、院直属机关纪委要认真落实部院党组部署要求，通过调研座谈、督促检查、约谈提醒、纪委书记年度述职、追责问责等，进一步督促脱贫攻坚监督责任落地落实。

中国农业科学院党组纪检组

2019 年 3 月 15 日

中共中国农业科学院党组纪检组关于开展退（离）休干部在社会团体兼职有关问题专项检查的通知

院属各单位：

近期，中央纪委国家监委驻农业农村部纪检监察组在核查有关问题线索中发现，部系统个别直属单位和部业务主管社会组织对中央组织部《关于规范退（离）休领导干部在社会团体兼职问题的通知》（中组发〔2014〕11号）、部办公厅《关于退（离）休领导干部社会组织兼职不得取酬有关事项的通知》（农办人〔2016〕39号）的理解和执行有明显偏差，存在个别退（离）休领导干部违反“据实报销”规定、在协会兼职期间按月领取固定数额补贴、未落实每年年底以书面形式向所在单位党组织报告履职、取酬情况和报销有关工作经费等问题。为进一步规范我院退（离）休领导干部在社会组织兼职工作，按照农业农村部直属机关党委《关于开展退（离）休干部在社会团体兼职有关问题专项检查的通知》（农党委〔2019〕21号）要求，经院领导同意，决定对全院退（离）休领导干部在社会组织兼职情况进行一次专项检查。现就有关事项通知如下。

一、专项检查对象

2014年6月25日以来在社会组织中兼职的院机关各部门、院属各单位处级及以上退（离）休领导干部。

二、专项检查内容

重点检查兼职人员是否落实在社会组织兼职审批和备案程序，是否落实兼职不得领取薪酬、奖金、津贴等报酬和获取其他额外利益、不得领取各种名目的补贴，是否落实“据实报销”相关费用，是否落实每年年底以书面形式向所在单位党组织报告兼职期间履职、取酬情况和报销有关工作经费的规定等，以及相关单位是否认真落实《关于退（离）休领导干部社会组织兼职不得取酬有关事项的通知》（农办人〔2016〕39号）的要求等。

三、专项检查方式

此次专项检查由各单位党组织组织实施，单位人事部门负责组织兼职人员自查填报，并审核、汇总信息，形成专项检查书面报告，经单位主要负责人审阅同意后，上报院党组纪检组。

四、专项检查工作安排

（一）院监察局负责此次专项检查的组织、汇总、上报工作。

（二）院人事局负责组织退（离）休院领导、院机关各部门退（离）休干部个人填报《退（离）休领导干部社会组织兼职情况登记表》（附件 1），经审核、汇总，填报《退（离）休领导干部在社会组织兼职情况专项检查汇总表》（附件 2），并形成专项检查报告。

（三）院属各单位负责组织本单位退（离）休领导干部个人填报《退（离）休领导干部社会组织兼职情况登记表》（附件 1），经审核、汇总，填报《退（离）休领导干部在社会组织兼职情况专项检查汇总表》（附件 2），并形成专项检查报告，经单位主要负责人审核后报送院监察局。

五、有关要求

（一）提高政治站位，精心组织实施。各单位党组织要进一步提高政治站位和政治觉悟，本着对组织负责的态度，充分认识这次专项检查工作的重要性、严肃性，严格按照专项检查内容全面梳理，认真组织退（离）休兼职领导干部如实填报相关表格，不得隐瞒不报或漏报。要将此次专项检查相关要求通知到每位退（离）休兼职领导干部。

（二）严格审核把关，及时整改落实。各单位要严肃认真开展专项检查，单位主要负责人对填报情况进行审核把关，确保工作质量。对于检查中发现执行相关规定不到位、不规范的问题，要及时进行整改。

（三）严明纪律要求，认真履行责任。各单位要严明纪律和规矩，认真履行职责，确保退（离）休领导干部社会组织兼职专项检查情况全覆盖。凡没有如实填报，一经发现，将依规依纪追究单位主要负责人和相关人员的责任。如有把握不准情况，及时请示报告。

请各单位于 2019 年 4 月 17 日下班前，将相关表格、专项检查报告（包括专项检查的组织领导、方式方法、查到的问题及整改情况等内容）以书面（须签字盖单）及电子版形式报送院监察局。如无专项检查涉及的情况，请在附件 2 表格中填写“无”，盖章上报。

有关涉及退（离）休干部社会组织兼职政策的解释问题，请各单位向院人事局咨询。

附件：1. 退（离）休领导干部社会组织兼职情况登记表

2. 退（离）休领导干部在社会组织兼职情况专项检查汇总表（院人事局、院属各单位填报）

中共中国农业科学院党组纪检组

2019 年 4 月 8 日

附件 1

退（离）休领导干部社会组织兼职情况登记表

<table>
<tr><td>姓　名</td><td></td><td>性　别</td><td></td><td>出生年月</td><td></td></tr>
<tr><td>原单位、所任职务及主管业务</td><td colspan="5"></td></tr>
<tr><td>兼职社会组织名称、职务</td><td colspan="5"></td></tr>
<tr><td>兼职时间</td><td colspan="2"></td><td colspan="2">社会组织
挂靠单位</td><td></td></tr>
<tr><td>兼职是否经过审批</td><td colspan="2"></td><td colspan="2">兼职期间
是否取酬</td><td></td></tr>
<tr><td>领取何种报酬</td><td colspan="2"></td><td colspan="2">是否“据实报销”
相关费用</td><td></td></tr>
<tr><td>取酬金额（如领取，可另附说明）</td><td colspan="5"></td></tr>
<tr><td>是否按要求报告兼职期间履职、取酬和报销经费情况</td><td colspan="5"></td></tr>
<tr><td colspan="2">本人签字：

年　月　日</td><td colspan="2">社会组织签章：
经办人签章：
联系电话：
年　月　日</td><td colspan="2">所在单位签章：

年　月　日</td></tr>
</table>

填报说明：1. 此表由退（离）休兼职领导干部个人填报，经人事关系所在单位审核后报院监察局，退（离）休院领导、院机关各部门退（离）休干部登记表由院人事局审核报送。此表格一式两份，一份由人事关系所在单位备案，一份报院监察局。

2. 取酬包括薪酬、奖金、津贴、其他额外利益以及各种名目领取的补贴。

3. 表格中未尽事项，可另附说明。

附件 2

退（离）休领导干部在社会组织兼职情况专项检查汇总表
（院人事局、院属各单位填报）

单位名称（盖章）：　　　　　　　　　　　　填报时间：　　年　月　日

姓名	现（原）任职单位及职务	兼职社团名称及职务	兼职是否经过审批	兼职时间	是否取酬	领取何种报酬	取酬时间	取酬金额	是否“据实报销”相关费用	是否按要求报告兼职期间履职、取酬和报销经费情况	备注

主要负责人签字：　　　　　　填报人签字：　　　　　　联系电话：

填报说明：1. 此表由院人事局、院属各单位汇总，经单位主要负责人审核后报院监察局。
2. 取酬包括薪酬、奖金、津贴、其他额外利益以及各种名目领取的补贴。
3. 表格未尽事项和需要对相关事项进一步说明的，请在专项检查报告中详细说明。

中共中国农业科学院党组纪检组
关于脱贫攻坚监督责任落实情况报告

农业农村部直属机关纪委：

为进一步贯彻落实部党组脱贫攻坚专项巡视整改任务，院纪检组在部院党组的坚强领导下，按照《关于认真履行脱贫攻坚监督责任 扎实推动脱贫攻坚专项巡视整改任务落实的通知》（农纪委〔2019〕1号）要求，从树牢“四个意识”、践行“两个维护”的政治高度，对标脱贫攻坚专项巡视发现的问题，把自己摆进去，把职责摆进去，把工作摆进去，不等不靠，立行立改，推动脱贫攻坚监督责任落实，为脱贫攻坚提供纪律和作风保障。

一、强化理论武装，学懂弄通中央脱贫攻坚政策要求

院党组始终把脱贫攻坚作为重要职责和政治任务，采取干部大会、理论中心组、专题民主生活会等形式，深入学习贯彻习近平总书记关于“三农”工作、脱贫攻坚与乡村振兴重要论述，按照中央、农业农村部脱贫攻坚与乡村振兴的战略部署，强化理论武装，提高政治站位，做到以知促行，更加精准有效、求真务实地履行好脱贫攻坚政治责任。在2019年3月26日召开的脱贫攻坚与乡村振兴工作会议上，院党组书记张合成同志特别强调，要加强督查督办，建立统筹协调机制，加强过程控制，做到一月一调度，一月一督办，建立督促检查台账，抓好工作落实，保证脱贫攻坚和乡村振兴的每件事项落实到位、取得成效。院纪检组按照部院党组部署，第一时间将农纪委〔2019〕1号文件主要精神、院脱贫攻坚与乡村振兴工作会议精神传达到院属各单位纪检组织，要求各单位纪检组织把履行脱贫攻坚监督责任作为树牢“四个意识”、做到“两个维护”的具体行动，围绕科技扶贫、院地合作、乡村振兴示范县建设等重点任务，切实增强工作的使命感、责任感和紧迫感，推动脱贫攻坚监督责任落实。

二、强化纪律教育，确保脱贫攻坚纪律要求深入人心

院纪检组坚持把脱贫攻坚作为“不忘初心、牢记使命”主题教育的重要实践载体，把每一个基层党支部、每一个科研团队、每一名党员摆进去，采取党支部会议、集中学习、廉政培训等多种形式，聚焦脱贫攻重点工作加强经常性纪律教育。为进一步筑牢纪律防线，不断创新教育方式方法，通过研究制定《科研人员纪律红线清单》，编印《党

风廉政警示教育案例选编》，利用微信平台定期推送中央纪委通报曝光的脱贫攻坚典型案例等，强化日常纪律教育和警示教育，正反结合，教育引导广大党员干部严格遵守政治红线、纪律高压线和廉洁底线，充分发挥在乡村振兴、脱贫攻坚中的先锋模范作用。

三、强化监督检查，确保脱贫攻坚政策严格执行

为防止脱贫攻坚政策执行走样、打擦边球，院纪检组采取多种形式，做细做实日常监督，确保脱贫攻坚推进到哪里，纪律监督就覆盖到哪里。一是把脱贫攻坚落实情况纳入巡视监督重点内容，发挥巡视利剑作用。2019 年计划对 7 个研究所开展专项巡视，重点检查中央脱贫攻坚方针政策精准落实情况、党组织履行脱贫攻坚主体责任情况、纪检组织履行脱贫攻坚监督责任情况、各类监督检查发现脱贫攻坚过程中问题整改落实情况等。二是把脱贫攻坚责任落实情况作为“两委书记”年度述职重要内容，发挥考核“指挥棒”作用。围绕脱贫攻坚责任落实、监督管理、制度执行、作风建设，全面压实主体责任、工作责任、监督责任，确保脱贫攻坚各项工作任务落到实处。三是力量下沉，关口前移，主动深入到联系地区和研究所调研。通过谈心谈话，进行常态化、多角度、面对面的精准监督，发现苗头性和一般性问题，及时批评教育和提出工作要求，做到早发现、早提醒、早纠正、早处置。

四、强化执纪问责，确保脱贫攻坚重点工作落到实处

认真贯彻落实习近平总书记关于坚决整治形式主义、官僚主义系列重要讲话和指示批示精神，坚持把纪律挺在前面，全面把握运用监督执纪“四种形态”，严肃查处扶贫工作中的违纪违规行为，对在脱贫攻坚工作中作风不务实、过程不扎实、结果不真实，存在不作为、慢作为、乱作为等违纪行为，以及发现问题不整改的，发现一起、查处一起，切实发挥震慑作用，促进全院脱贫攻坚工作顺利推进。

近 3 年来，中国农业科学院院属单位共选派 654 个专家团队，合计 3 344名科研人员投身到科技扶贫一线，组织参加扶贫工作 14 多万人次。为贫困地区制定规划、开展咨询 3 347次，现场指导农业生产 6 417次，展览展示科技成果 419 次，为脱贫攻坚提供技术支撑。组织专家开展培训活动 2 427次，累计培训各类基层技术人员和农牧民 171 万人次，发放技术资料 315 万份，极大提高了贫困地区生产经营主体的科技水平。全院共帮扶 7 974个企业、专业合作社、种养大户、家庭农场等生产经营主体，通过科技扶贫，使所帮扶的企业、专业合作社、种养大户、家庭农场增收总计超过 52 亿元，帮扶成效显著。

2019 年，中国农业科学院将对河北省阜平县、甘肃省临潭县、黑龙江省桦川县、陕西省紫阳县 4 个贫困县开展科技帮扶，在江苏省东海县、江西省婺源县、河南省兰考县、四川省邛崃市 4 个县市开展乡村振兴示范县共建，为“三区三州” 89 个深贫县每

县安排 1 个产业技术专家团队，帮助引进新品种、新技术、新机械、新模式，开展产业扶贫技术咨询和科技服务。

专此报告。

中共中国农业科学院党组纪检组
2019 年 4 月 9 月

中共中国农业科学院党组纪检组关于进一步抓好五个领域专项整治整改工作的通知

院机关各部门、院属各单位：

自2017年10月我院开展院所办企业、试验基地、学会协会、期刊编辑部、检测中心五个领域专项整治工作以来，各单位坚持问题导向，提高政治站位，强化责任担当，注重风险防控，建立健全了一批管理制度，对于五个领域规范管理、健康发展起到了重要作用。但从日常监督检查、纪律审查、巡视、专项审计等情况来看，五个领域仍然存在一些风险隐患，需要各单位党组织继续努力，不停步、不歇脚、不松劲，把职责摆进去、把自己摆进去、把问题摆进去，与三大重点领域十四个方面风险防控工作统筹推进，下大力气、持之以恒抓好整改工作，确保责任履行到位、制度完善到位、风险管控到位，以五个领域整改成效促进“两个一流”院所建设。

为帮助各单位进一步抓好五个领域专项整治整改工作，使整改更有针对性，现将五个领域中发现的问题予以下发，请各单位结合自身实际，进一步对照检查，按照要求严格整改落实。

一、存在问题

（一）院所办企业方面

（1）主办单位对所办企业管理不重视，缺乏管理制度，履行监管责任不到位。

（2）对外投资决策资料缺失，缺乏明确的决策程序，论证不充分。

（3）企业重大事项决策机制不健全，缺乏内控制度或内控不力。

（4）企业基层党组织建设和作用发挥不足。中央八项规定精神执行不到位，在公务接待、公车管理等方面存在薄弱环节。

（5）部分技术咨询等小型企业事企不分，研究所与企业之间资产、资金管理界限不清；经营管理不独立，财务管理不规范，如收支未附相应合同、协议或缺少审批手续，固定资产采购审批手续不全，财务人员配置不全，记账手段落后等。

（6）法纪教育薄弱，存在违法违纪等不正当手段经商的行为。

（二）试验基地方面

（1）基地管理运行规章制度不完善；管理松散，课题自管的试验基地管理人员配置不足，管理水平相对较低；日常运行保障水平不高，标准化服务不够，服务科研效率低，距“两个一流”要求有较大差距。

（2）基地土地、实验室、养殖场等利用率不高。

（3）基地试验所需饲料、疫苗、实验动物等物资采购存在监管漏洞。

（4）科研副产品处置缺乏制度安排或有效监督管理，台账不清、登记欠规范。

（5）对外合作经营中风险防范意识差；对委托合作管理基地的公司财务情况缺少有效监管。

（6）食堂管理制度不健全，经费收支管理不到位。

（三）学会协会方面

（1）对学会协会相关管理政策理解掌握不够；未按照“谁挂靠谁负责”的原则加强对学会协会的管理，未明确日常管理责任部门和人员等。

（2）对学会协会业务开展、会议会展管理、经费管理、财务监管缺少配套内控制度和工作规程。

（3）学会协会内部管理制度不健全或管理制度陈旧，缺乏会议制度、会员管理办法、会费收取使用管理办法等。

（4）财务管理未严格按照非盈利社会组织的财务制度进行；财务管理程序不完善。

（5）没有按照要求成立党组织，党建工作开展不力。

（6）对处级干部在学会协会兼职审批不严格。

（7）对学会协会下设分支机构管理、建设和监督措施不到位。

（8）对研究所科技工作的支撑作用不够；活力不足，学术影响力较弱。

（四）期刊编辑部方面

（1）对刊发稿件政治把关意识及措施不强，相关审核制度不完善，责任不明确；对文章出刊流程把控不够；未成立编委会。

（2）内部制度不健全或规章制度陈旧。

（3）公章管理制度不健全、执行不规范；以编辑部章代替研究所公章签订合同。

（4）发行、印刷、广告、组稿等合作行为缺乏管理制度和决策程序。

（5）广告刊登未按规定程序履行审批，不按经济活动签订合同或签订合同不规范。

（6）版面费、审稿费标准制定不规范，版面费减免存在随意性，缺少审核监督。

（7）收支管理不规范，如通过个人账户收支审稿费、版面费；汇款单交接手续不符合财务制度规定；现金版面费入账手续不完善；审稿费和稿酬发放不及时，存在提取大额现金的风险。

（五）检测中心方面

（1）监督机制不完善，检测结果、报告形成和提供的审核把关不严格。

（2）样品检验完成后原始记录未及时归档。

（3）用章记录信息不完整、登记不规范。

（4）纵向任务、横向任务间成本核算界限不清、分摊不合理。

（5）对从业人员法制、廉洁教育、职业培训不到位。

二、整改要求与监督检查

各单位要围绕以上问题，对照检查本单位是否存在相应问题，整改是否到位，逐一销账。要建章立制，堵塞漏洞，建立有效管用的风险防控机制，以钉钉子精神抓好整改落实。要坚持所长、书记亲自挂帅、班子成员分工负责、责任部门具体落实的工作机制，落实工作责任，严肃工作纪律，注重工作实效。院里将结合 2019 年巡视、重点工作调研、“放管服”督查调研、纪委书记述职、党建工作考核等，对各单位五个领域专项整治整改工作进行督查评价。

请各单位于 2019 年 9 月底前将整改情况工作报告（盖章纸质版和电子版）报监察局。工作报告须对照上述存在问题和各自问题清单，逐条报告是否存在该问题及整改情况。

联系人：宋盛杰　王　琤

电话：010-82105620　010-82106044

电子邮箱：jcj001@ caas. cn

中共中国农业科学院党组纪检组

2019 年 6 月 19 日

中共中国农业科学院党组纪检组关于转发《关于督促整改脱贫攻坚工作中形式主义官僚主义问题的通知》的通知

院机关各部门、院属各单位：

近日，农业农村部直属机关纪委印发了《关于督促整改脱贫攻坚工作中形式主义、官僚主义问题的通知》。现转发给你们，请认真组织学习，领会文件精神，对照脱贫攻坚工作中形式主义、官僚主义的突出表现，查摆问题，落实整改，为我院脱贫攻坚工作提供作风保障。

附件：关于督促整改脱贫攻坚工作中形式主义、官僚主义问题的通知

中共中国农业科学院党组纪检组

2019 年 5 月 6 日

附件

关于督促整改脱贫攻坚工作中形式主义、官僚主义问题的通知

机关各司局、派出机构、部直属各单位纪检组织：

为认真贯彻落实《中共农业农村部党组关于脱贫攻坚专项巡视整改工作方案》（农党组发〔2019〕10号），督促部系统纪检组织整改脱贫攻坚专项巡视工作中的形式主义、官僚主义问题，依据直属机关纪委《关于认真履行脱贫攻坚监督责任 扎实推动脱贫攻坚专项巡视整改任务落实的通知》（农纪委〔2019〕1号）要求，我们对照中央脱贫攻坚专项巡视问题责任清单，梳理出我部脱贫攻坚工作中形式主义、官僚主义的突出表现，现印发你们，请在实际工作中抓好整改。

（一）学习研究不够深入

学习贯彻习近平总书记关于扶贫工作重要论述和中央决策部署抓得不实，压力传导不到位。

（二）思想认识不够到位

部分单位和党员干部对脱贫攻坚工作未做到狠抓不放，常抓不懈。

（三）对脱贫攻坚工作淡漠被动

部分党员干部满足于开会发文、搞试点，工作时紧时松，只重当下、不顾长远。

（四）缺乏攻坚克难精神

部分党员干部主观努力不够，对产业扶贫的重点研究少，片面强调贫困地区发展产业的不利因素。

（五）统筹协调、指导督促、服务保障不够有力

协调推动相关部门支持扶贫产业发展缺乏主动性和钉钉子精神；部分党员干部对内统筹、对外协调、对下推动时有畏难情绪，缺乏积极作为。

（六）有些政策措施存在不完善、针对性不强、出台滞后的问题

各单位纪检组织要针对以上脱贫攻坚工作中形式主义、官僚主义的表现和本单位在脱贫攻坚专项巡视整改工作中自查出的问题，加强经常性纪律教育，坚持问题导向，强化日常监督，推动脱贫攻坚专项巡视整改措施和各项扶贫工作落地落实，切实做到脱贫攻坚推进到哪里，监督执纪问责就跟进到哪里，严肃整治形式主义、官僚主义，坚持不懈，管出习惯，抓出成效，化风成俗。

农业农村部直属机关纪委
2019 年 4 月 29 日

中国农业科学院党组纪检组关于进一步加强党纪政务处分执行工作的通知

院机关各部门、院属各单位：

今年上半年，按照上级纪检组织部署要求，院纪检监察部门牵头，对党的十八大以来全院党纪政纪处分决定执行情况开展了自查和检查。综合来看，我院党政纪处分决定执行工作总体上落实情况较好，但也存在一些不规范和不到位的问题，处分决定执行工作存在职责分工不清的情况。为维护纪律的权威性和严肃性，确保监督执纪“最后一公里”不折不扣落实到位，现就有关要求通知如下。

（一）统一思想、提高认识

依规依纪执行党纪政纪处分决定是全面从严治党的重要举措，是一项政治性、政策性很强的工作。全院各级党组织、纪检组织和组织人事部门要提高政治站位，从全面从严治党的政治高度充分认识做好处分决定执行工作的重大意义，熟悉掌握处分决定执行方面的有关政策法规，严格程序，严肃执纪，确保党纪政纪处分决定执行到位，做好监督执纪“后半篇文章”。

（二）明确责任、分工负责

党纪政纪处分决定执行工作在各单位党组织的领导下进行。党组织主要负责人是第一责任人，履行主体责任；纪委书记履行监督责任。纪检监察部门、党务和组织人事部门要按照各自的职责和分工，密切配合，互相支持，共同做好处分决定的落实工作。

（三）建立制度，抓好落实

建立处分决定“三联单”制度。处分决定材料一式 3 份，分别由纪检监察部门、党务、组织人事部门签收、留存。组织人事部门要及时将处分决定归入本人档案，其中涉及职务、工资变动的，要及时办理相关手续，并根据有关规定落实受处分人员的年度考核等工作。纪检监察、党务部门要按照要求，分别做好相应纪律处分材料的案卷整理和归档工作，并作为廉政档案的重要内容。

（四）监督检查，确保落实

各级纪检组织对处分决定执行情况进行督促检查，及时了解掌握情况，发现处分决定不落实或执行不到位的，要及时纠正；对执纪工作中失职渎职的有关责任人，要追究责任；对拒不执行处分决定或拒绝纠正存在问题的，要严肃查处，切实维护党纪政纪的权威性和严肃性。

中共中国农业科学院党组纪检组
2019 年 6 月 24 日

中共中国农业科学院党组纪检组关于中国农业科学院2019年上半年全面从严治党任务落实及党风廉政建设纪检组织脱贫攻坚监督责任落实情况工作报告

农业农村部直属机关纪委：

2019年以来，中国农业科学院一以贯之学习贯彻习近平新时代中国特色社会主义思想，一以贯之树牢“四个意识”、坚定“四个自信”、做到“两个维护”，一以贯之贯彻落实全面从严治党的方针，按照《农业农村部2019年全面从严治党工作任务的分工意见》要求，扎实推进我院全面从严治党各项工作顺利开展，为科技创新、科技支撑乡村振兴和脱贫攻坚等各项工作提供坚强保证。

一、以政治建设为统领，坚决把中央各项决策部署落到实处

（一）认真部署、扎实开展“不忘初心 牢记使命”主题教育

按照中央部署和农业农村部党组的要求，第一时间成立院长、党组书记任组长的“不忘初心、牢记使命”主题教育活动领导小组和30名优秀干部组成的10个主题教育指导组，密切结合农业科研实际，研究制定《中共中国农业科学院关于开展“不忘初心、牢记使命”主题教育的实施方案》，召开“不忘初心、牢记使命”主题教育动员部署会，认真传达学习贯彻习近平总书记重要讲话精神和中央“不忘初心、牢记使命”主题教育工作会议、农业农村部“不忘初心、牢记使命”主题教育动员部署会精神，全面安排部署中国农业科学院主题教育各项工作。农业农村部党组成员、中国农业科学院院长唐华俊以“创新体制机制优化战略布局　切实加快‘两个一流’建设步伐”为主题，为全院党员干部上了“不忘初心、牢记使命”主题教育的第一堂党课，发挥了领导干部的表率作用。院党组、各单位党组织严格按照要求，以习近平新时代中国特色社会主义思想为指导，在学懂弄通做实上下功夫，学原文、读原著、悟原理，开展一周的集中学习，进一步坚定了党员干部理想信念，坚定了为人民谋幸福、为中华民族谋复兴的初心和使命，为“不忘初心、牢记使命”主题教育活动扎实开展打下了坚实思想基础。

（二）以学习贯彻习近平总书记贺信精神和“三农”工作论述摘编为重点，增强科技支撑“三农”工作的责任感

院党组坚持以习近平新时代中国特色社会主义思想为指导，深入学习贯彻习近平总书记关于“三农”工作重要论述摘编，不断深化习近平总书记致我院建院60周年贺信精神的学习贯彻，时刻与习近平总书记贺信精神对标对表，检视问题，明确方向，努力解决“三个面向”落实中存在的“三不两没有”问题，更加强化科技支撑脱贫攻坚、乡村振兴意识，以实际行动往深里学、往心里学、往实里学。

举办“科技创新支撑乡村振兴”报告会，韩长赋部长亲自出席会议并作报告，全院认真贯彻落实报告要求，进一步凝聚共识、振奋精神，增强农业科研国家队的责任感使命感。召开以学科发展战略为主题的院党组中心组（扩大）学习会暨习近平总书记贺信精神理论学习研究组研讨会，分析世界农业科技发展形势和战略趋势，对标国家中长期关键需求和重大任务，审视全院“两个一流”建设的难得机遇和严峻挑战，谋划院所跨越发展的优先方向和战略措施。举办“创新工程首席科学家研修班”，统一思想，提高认识，对照“三个面向”“两个一流”“整体跃升”，找差距，明方向，抓落实，不忘科技报国为民的初心和使命，坚定为“三农”提供科技支撑的信心与决心。

通过上述活动，形成院长与党组书记、所长与党委书记、团队首席与党支部书记齐抓共管的局面，进一步把全院干部职工和科研人员的思想统一到“三个面向”指示精神上来，把全院智慧、力量凝聚到科技前沿、重大需求和主战场上来，确保创新工程不偏离“三个面向”方向。

（三）提高政治站位，确保党中央决策部署不折不扣贯彻落实

树牢“四个意识”，坚定“四个自信”，围绕贯彻党的“三农”决策部署开展重大科研活动，把科技支撑乡村振兴和脱贫攻坚作为重大政治任务，以实际行动落实“两个维护”。聚焦最紧迫最重大的国家需求，建立重大科技任务联合攻关机制，围绕非洲猪瘟防控、“藏粮于技”、农业绿色发展、牛奶优质化、畜禽良种化五大攻关任务，编制科研计划，集中全院力量开展持续攻关，加快破解技术难题，力争早日取得重大突破，引领农业农村高质量发展。

构建支撑服务乡村振兴全院一盘棋工作格局，按照“脱贫攻坚主战场在哪里，中国农业科学院专家团队就到哪里”的行动方针，充分发挥科技、成果、人才、平台等优势资源的作用，深化实施中国农业科学院科技精准帮扶行动，助力贫困地区脱贫奔小康。一是优先保障农业农村部5个定点扶贫县的科技帮扶工作，构建“3+N”的结对帮扶体系，每个县分别安排1名副院长、1个机关部门、1个研究所和多个产业指导专家组，出专家、出技术、出对策，把帮扶落到实处。二是深入开展科技扶贫与乡村振兴示

范县建设，加大示范推广力度，将示范县打造成为国内领先的农业高新技术集聚园、先行先试试验田、绿色发展先行区，为全国乡村振兴战略实施提供智慧和样板。三是开展“三区三州”深贫县团队帮扶，为“三区三州”89个深度贫困县各安排1个产业技术专家团队，开展产业扶贫技术咨询和科技服务，为当地早日脱贫提供科技支撑。

（四）以支部建在创新团队为抓手，全面加强党的基层组织建设

以政治建设为统领，全面加强党的思想建设、组织建设、作风建设、纪律建设，严格执行党内政治生活制度，认真贯彻民主集中制，在科技创新各项工作中发挥党组织“把方向、管大局、保落实”的重要作用。树立一切工作到支部的鲜明导向，创新优化组织设置，把支部建在科研团队，推动实现一个团队建立一个党支部，选优配强支部书记，切实把党的领导落实到科研团队，把“三个面向”指示要求落实到创新方向和创新任务上，做到中心工作开展到哪里，党建工作就推进到哪里，乡村振兴和脱贫攻坚主战场在哪里，中国农业科学院专家团队就到哪里，充分发挥党支部的战斗堡垒作用，为创新工程、乡村振兴和脱贫攻坚提供坚强的思想、政治和组织保证。目前，33个研究所中已有7个研究所完成将党支部建在创新团队的调整，其他研究所都在积极推进。

（五）全面落实科研管理“放管服”政策

认真落实中办、国办《关于进一步完善中央财政科研项目资金管理等政策的若干意见》和国务院《关于优化科研管理提升科研绩效若干措施的通知》精神，在充分调研基础上，制定下发了《中国农业科学院关于印发进一步给科研人员做好服务和松绑减负的实施方案的通知》。明确提出了优化科研管理、加强人事人才工作、改进财务管理、提升国际合作工作服务质量等六个方面23项51个具体要求，有效实现“报销减审批、学术访问减审批、耗材采购减审批、监督检查减次数”，切实减少繁文缛节，提高管理效率，为科研人员松绑减负，营造良好的创新氛围，激发科技人员创新的积极性、主动性、创造性。

二、弘扬优良作风，驰而不息纠正“四风”，巩固拓展落实中央八项规定精神成果

（一）严格落实中央八项规定精神

以钉钉子精神落实中央八项规定精神，不松劲、不停歇、不偏离。大兴调查研究之风，要求领导干部和机关部门深入基层、深入一线、深入科研人员中间开展工作调研，解决实际问题，拿出调研成果；严格“三公”经费管理，加强公款吃喝、公款旅游、

公务用车和加油卡使用监督管理；严防院所办企业“四风”问题；加强食堂、试验基地等重点领域廉政监督；紧扣逢年过节重要时间节点，向全院转发 6 期有关违反中央八项规定精神的典型案例或案例通报，及时开展警示教育，强化底线红线意识；从严审核审批出访团组，严格控制团组人数和在国外的停留时间，坚决取消无实质性内容的考察团组和不符合规定的团组；起草《关于到驻地外开展党建活动的意见》，要求开展党建活动必须严格遵守中央八项规定精神，厉行节约，廉洁自律，严禁借党建活动名义安排公款旅游，严禁到党中央、国务院明令禁止的风景名胜区开展党建活动，严禁组织会餐、安排宴请、组织高消费娱乐健身活动，严禁发放任何形式的个人补助等。

（二）加强科研诚信和学风建设

认真贯彻中办、国办《关于进一步加强科研诚信建设的若干意见》，全面加强科研诚信建设。在全面从严治党工作会议上进行《中国农业科学院科研诚信建设》的宣讲；将学术不端、科研诚信作为重点领域纳入《中国农业科学院三大重点领域十四个方面风险防控指南》；把科研诚信和学风表现纳入评价体系；邀请杨卫院士做科研道德专题报告；对学术不端、科研诚信零容忍，将我院一位科研人员纳入全国科研诚信严重失信行为数据库；对 2 个科研诚信案例予以通报。通过以上措施，进一步提高了各单位和广大科研人员对科研诚信重要性的思想认识，加强了组织领导，明确了管理责任，强化了内部监督，加强了教育预防，推进科研诚信建设各项工作落到实处。

三、聚焦重点领域和薄弱环节，严格管理，从体制机制上推进不敢腐、不能腐、不想腐

（一）持续深化五个领域专项整治整改落实

坚持问题导向，一锤接着一锤敲，深化五个领域专项整治整改。对五个领域专项整治中发现的问题进行再梳理、再分析、再聚焦，结合巡视、审计、检查中发现的问题，下发《中共中国农业科学院党组纪检组关于进一步抓好五个领域专项整治整改工作的通知》，列出院所办企业、试验基地、学会协会、期刊编辑部、检测中心管理方面存在的 32 个问题，要求各单位重视风险隐患，不停步、不歇脚、不松劲，把职责摆进去、把自己摆进去、把问题摆进去，进一步对照自查，逐一销账，下大力气、持之以恒抓好整改工作，确保责任履行到位、制度完善到位、风险管控到位。

（二）制定《中国农业科学院三大重点领域十四个方面风险防控指南》

树牢风险意识，聚焦重点领域和薄弱环节，制定风险防控指南。围绕“三个面向”

落实、中央八项规定精神执行、“四风”问题、网站安全；学术道德、师德师风、期刊、社团（学会协会）、外事；科研经费使用、院所办企业、房屋出租出借、基建安全、试验基地等十四个方面，组织专家研讨交流、征求意见、反复论证，形成《风险防控指南》（审议稿）从院所两级角度查找易发高发风险，制定防控措施，增强防控指南的针对性、可操作性、有效性，进一步夯实各部门各单位全面从严治党主体责任，健全内控机制，加大风险防控力度。

（三）加强对一把手和关键少数监督

严格选人用人监督。认真贯彻执行《科研事业单位领导人员管理暂行办法》《党政领导干部选拔任用工作条例》，坚持公正用人，突出政治标准，注重选拔理想信念坚定，有战略眼光、国际视野，熟悉农业科研的领导干部进入班子。严格执行《中国农业科学院领导人员选拔任用纪实工作实施办法》，加强选人用人全程监督和倒查追责。研究起草《关于适应“三个面向”要求 大力发现培养选拔优秀年轻干部的实施意见》，印发《关于进一步激励院系统广大干部新时代新担当新作为的通知》，激励院系统广大干部担当作为。

加强对领导干部的管理监督。严格落实部院党组请假报告制度，充分运用办公信息化，对领导干部请假情况进行统计分析，发现问题及时督促整改，强化领导干部组织纪律观念。对领导干部报告个人有关事项工作常抓不懈，组织对21名所级干部、48名处级干部进行随机抽查，从严从实开展核实认定。严格在职党政一把手因私出国（境）管理。

强化重点人的廉政监督。进一步加强“廉政档案”建设，对现有建档对象中的17名副所局级领导干部廉政档案内容进一步完善。严格审核干部廉政情况。2019年上半年，为先进工作者、巾帼建功标兵、青年英才计划入选者、百千万人才入选对象、院机关职称评审推荐人选共计172人出具了廉政情况说明，为31名拟提任干部出具了廉政意见函。

（四）加强院所办企业监管

召开落实院所办企业严防“四风”问题视频会。传达农业农村部直属机关党委《关于对部属单位所办企业重申纪律要求　严防“四风”问题的通知》精神，对院有关部门领导班子、36个院属单位的领导班子成员、党委委员、纪委委员、所办企业主管部门全体人员、院所办企业领导人员共400余人进行集体约谈，强化纪律意识，严防“四风”问题。

强化企业审计整改。在对部分院所办企业开展专项审计工作基础上，认真分析审计报告，督促整改落实。对泛太公司、中固公司、中寰科安公司等企业存在的违规报销职工旅游等各种福利费、停车费等历史问题，严肃认真清理和纠正，组织清退了违规报销费用26 160元；加强车辆管理，落实车改制度，将违规使用的公车退回公司统一管理；强化对中央八项规定精神和纪律规矩的学习，制定完善公司公务接待管理办法、职工福利支出管理办法，切实加强公司廉政制度建设。

对中农威特公司问题举一反三。在全面从严治党工作会议上，兰兽研作为主要出资人，对中农威特公司出现的系统性违纪违法问题进行了深刻反思，用身边事教育身边人，强化了全院各单位、各级领导干部加强企业监管的责任意识。哈尔滨兽医所结合中农威特案例和信访反映问题，对维科公司进行了专项审计，针对发现的问题，所党委、纪委对维科公司主要负责人进行约谈，责令维科公司就有关问题立行立改。哈尔滨兽医所还专门制定《加强企业监督管理工作实施细则》，进一步强化国资委的作用，坚持问题导向，突出管资本、管监督、管企业重大决策，提升监督效能，防范廉政风险。

（五）进一步规范房产出租出借监管

严格执行《中国农业科学院京区房产出租出借管理暂行办法》，加强房产出租出借事项审核审批管理，所有出租出借房产采取公开招租形式确定出租价格和承租方。加强合同管理，监督实施履约、跟踪统计、及时登记合同执行台账，确保所有合同不漏签、费用不漏收。在进一步深入调研基础上，起草了《中国农业科学院京区房产委托出租出借管理实施细则》，目前正在进一步征求意见。

（六）持续加强科研经费监管

打好科研经费监管“组合拳”。利用专项巡视，对被巡视单位实施内部控制检查和专项审计，推动被巡视单位健全内控体系，提高管理水平。对资源区划所等单位开展科研经费管理与使用情况抽查、开展全院横向经费管理自查检查等，不断强化科研经费管理使用监督。针对兰州牧药所一创新团队利用创新工程和基本科研业务费，租车偏多、费用偏高问题，院监察局对兰州牧药所发出了“工作提醒函”，要求加强对科研团队租车情况的监督提醒，确保科研项目经费使用高效安全、合理节约。

（七）持续加强基建领域风险防范

坚持问题导向，认真梳理总结基建项目管理存在的有关问题，起草了“中国农业科学院基建项目管理易发问题库”“工程建设项目全套流程图”和“项目管理人员岗位职责”。在日常项目监管过程中，采取多种方式督导建设单位依法依规建设，对重大项目，指定专人负责跟踪督导服务，对项目个数多、管理力量薄弱的单位进行有针对性的指导，进一步规范管理行为、提高风险防范能力。

四、坚守底线思维，严守党纪国法，不断巩固和发展反腐败斗争压倒性胜利

（一）严肃认真做好纪检监察日常工作

组织开展党政纪处分决定执行情况专项检查。针对政纪处分解除不及时、影响期内违规评定考核等次、违规晋升工资等问题，向 8 个单位发出《关于对党政纪处分决定执行有关情况说明的函》，要求严格按照规定整改落实。同时，下发《进一步加强党政纪处分执行工作的通知》，要求各级党组织提高政治站位，强化责任，明确分工，严格执行纪律处分规定，维护纪律的严肃性。组织完成全院监察对象摸底工作。制定监察对象摸底统计方案，如期完成全院 8 000余人信息审核、上报工作。组织开展退（离）休干部社会组织兼职专项检查。对 2014 年 6 月 25 日以来全院处级及以上退（离）休领导干部在社会团体兼职情况全面排查，基本摸清了我院退（离）休领导干部社团兼职情况。

认真做好信访举报办理工作。2019 年上半年，登记信访举报件 79 件（包括 33 件重复件），其中部转 37 件，外单位转 11 件，自收 31 件。去除重复件，径送驻部纪检监察组 9 件，了结 14 件，处理中 23 件。按时按要求向部纪委报送信访情况月报、季报、半年报等。

（二）贯通运用“四种形态”

严管就是厚爱，充分用好第一种形态。针对信访反映问题，对 10 个单位、个人予以函询，对 3 名干部予以提醒谈话，红脸出汗，防止小问题变成大问题。坚持重遏制、强高压、长震慑，严格执纪。协助驻部纪检监察组核实兰兽研中农威特公司案件，给予中农威特公司原董事长兼总经理张云德党政纪处分；指导兰兽研对中农威特公司 6 名违法犯罪人员进行党政纪处分；综合运用党政纪处分、诫勉谈话、组织处理等方式对其他 16 人进行了处理。针对出版社 1 名中层干部在纸张管理中存在工作失职和廉洁问题，对其予以了降职及减发奖金处理，并就出版社在管理中存在公章及合同管理不规范、风险防控缺失、主体责任不到位等突出问题发出监察建议，督促整改落实。

（三）突出抓好经常性纪律教育

坚持把纪律教育挺在前面，努力探索科研人员乐于接受、生动形象的警示教育方式方法，逐步使纪律意识在全院职工中内化于心，外化于行。定期转发部机关纪委编辑的“学习《中国共产党纪律处分条例》”宣传片，加强党规党纪宣传教育，强化党员干部

纪律规矩意识。编辑中国农业科学院近年典型违纪违规案例，印发《党风廉政警示教育案例选编》，做到以身边事教育身边人，提升教育效果。不定期转载有针对性的违规违纪案例，强化对重点人群、重点领域、关键节点的警示教育和提醒。编辑《科研人员纪律红线清单》，本着聚焦主要问题、体现科研特色、内容一目了然的原则，归纳凝练出政治松软、作风不实、假公肥私、学术不端、师德失范、泄露秘密六个方面 19 条纪律红线。积极探索推进院属单位党支部建立纪检监察小组，使之成为广大党员干部和科研人员身边的纪律宣传员、政治安全员。

（四）抓早抓小、防微杜渐

注重抓早抓小，防病于未病。在重要节日节点来临前、领导干部任职前、职称评审聘任前、导师上岗前、职工入职前、出国境前、重要项目开工前、新生报到前，讲规矩、提要求、敲警钟。首次组织“2017 年度新晋升高级职称人员集体谈话”和“2019 年新任研究生导师集体谈话”，分别由唐华俊院长、李杰人组长语重心长谈话，使新晋升人员进一步提升政治意识、纪律意识、使命意识、学风意识、师德师风意识，扣好职务职称晋升后纪律规矩“第一粒扣子”。汇编《因公出国（境）行前教育手册》，结合典型事例，加强因公出访人员行前外事纪律、财务纪律、安全保密等方面的教育，强化规矩意识。北京畜牧兽医研究所、哈尔滨兽医研究所、兰州兽医研究所等单位分别结合典型案例，对党员干部、科研人员、公司企业人员进行集体谈话，不断强化干部职工的底线意识、红线意识。

五、强化责任担当，自觉接受监督，推动全面从严治党向纵深发展

（一）压紧压实主体责任

院党组把主体责任牢牢扛在肩上，抓在手上，发挥头雁效应，重要工作亲自部署、重大事项亲自过问、重要环节亲自协调、重要问题亲自督办，自上而下推动压力传导，督促责任落实。召开中国农业科学院 2019 年全面从严治党工作会议，深入学习贯彻习近平总书记重要讲话和十九届中央纪委三次全会精神，总结 2018 年全面从严治党工作，部署 2019 年重点任务。强调政治站位和使命担当，坚决贯彻中央决策部署，确保“三个面向”指示精神落地；聚焦薄弱环节和风险领域，加强风险防控和制度建设；坚持抓好关键少数监督，发挥领导干部带头作用；着力构建符合农业科研特色的监督体系，结合实际，务求实效，为全年工作打下坚实基础。召开院党风廉政建设工作领导小组会议，研究制定《中国农业科学院 2019 年全面从严治党工作要点及分工意见》，细化落实分工任务，措施具体，责任到位，压实各部门领导班子“一岗双责”，压实各单位党

委主体责任。天津环保所成立全面从严治党和党风廉政建设责任制领导小组，突出“廉政责任落实”这个主题，党政主要负责人严格落实第一责任人职责，班子成员认真落实“一岗双责”要求，部门主要负责人、团队首席、所属企业负责人认真落实党风廉政建设直接领导责任，创建落实全面从严治党政治责任长效机制。

（二）强化落实监督责任

强化纪委书记考核结果运用，对 2018 年度 11 个纪检工作优秀单位予以表彰奖励，对 2 个纪检工作较差的单位予以批评。同时，总结纪委书记述职成效和不足，实行院属单位纪委年初向院纪检组报备年度工作计划制度，把工作计划、工作目标作为考核的主要目标，推动研究所党委纪委明确工作任务目标，落实落细监督责任。积极探索建立“工作约谈”机制，综合巡视、纪检、干部监督、审计、日常检查以及 14 个重点领域方面有关问题，每年定期约谈 1/3 左右研究所党政主要负责人，针对苗头性、倾向性问题及时提醒，既强化院属单位“两个责任”落实，又强化院机关部门“一岗双责”意识，统筹监督资源，形成监督合力，做实做细日常监督。加强纪检监察干部队伍建设。举办院 2019 年度纪检监察干部培训班，邀请驻部纪检监察组刘建华主任等专家领导为 90 名干部授课，选送 5 名纪检干部参加农业农村部直属机关纪委培训，不断提高纪检监察干部政治素质、业务能力，增强监督本领。推行水稻所纪委委员分工负责的好做法，充分发挥纪委委员作用，立足不同岗位、发挥专业优势、履行监督责任。

（三）严肃认真开展巡视工作

院党组深入学习贯彻习近平总书记关于巡视工作重要论述，深化政治巡视，强化政治监督，着力发现和纠正政治偏差。召开院巡视工作领导小组会议，详细听取 2018 年巡视工作汇报，指出问题，改进落实，整改提高。研究制定 2019 年巡视工作计划，召开 2019 年巡视工作动员部署会，要求强化各级党组织政治责任，重点围绕党的政治建设、思想建设、组织建设、纪律建设、作风建设和夺取反腐败斗争压倒性胜利开展政治巡视，检查贯彻习近平总书记贺信精神和中央决策部署以及推进部、院党组中心任务落实情况，加强对巡视整改落实情况的监督检查，着力纠正形式主义和官僚主义问题，通过发现问题督促整改，进一步提升、规范院属各单位的管理水平，促进研究所各项事业发展。目前已完成对水稻所、资划所的巡视任务。

六、认真落实脱贫攻坚监督责任

坚决贯彻落实农业农村部《关于认真履行脱贫攻坚监督责任 扎实推动脱贫攻坚专项巡视整改任务落实的通知》精神。通过干部大会、理论中心组、专题民主生活会等形式，深入学习贯彻习近平总书记关于“三农”工作、脱贫攻坚与乡村振兴重要论述，强化理论武装，学懂弄通中央脱贫攻坚政策要求，做到以知促行，更加精准有效、求真务实地履行好脱贫攻坚政治责任。在江西婺源县召开全院脱贫攻坚与乡村振兴工作大会，对全院脱贫攻坚工作作出全面部署、周密安排，强化责任、强化监督。下发《院党组纪检组关于认真履行脱贫攻坚监督责任 扎实推动脱贫攻坚专项巡视整改任务落实的通知》《关于督促整改脱贫攻坚工作中形式主义官僚主义问题的通知》；把脱贫攻坚落实情况纳入巡视监督重点内容，作为“两委书记”年度述职重要内容，发挥考核“指挥棒”作用；组织纪检干部到河南兰考县实地调研，强化纪检干部落实脱贫攻坚监督责任。院监察局深入河北省阜平县、北京市密云区郝家台村脱贫攻坚一线，同科研人员、挂职干部、当地百姓、村镇干部交流访谈，增进同科研人员、同农民群众的感情，增强脱贫攻坚的政治责任。

七、下半年工作重点

全面贯彻落实党的十九大和中纪委三次全会精神以及部、院全面从严治党工作会议精神，以习近平新时代中国特色社会主义思想为指导，牢固树立“四个意识”，坚定“四个自信”，扎实开展“不忘初心、牢记使命”主题教育活动，落实全面从严治党政治责任，突出经常性纪律教育，强化政治巡视，持之以恒正风肃纪和落实中央八项规定精神，深化重点领域和关键环节的日常监督和风险防控，抓好科技支撑乡村振兴和脱贫攻坚等重大决策部署的监督检查，督促落实好“放管服”政策，营造纪律严明、环境宽松的良好科研氛围，为科技创新和实施乡村振兴科技支撑行动提供作风和纪律保证。

中共中国农业科学院党组纪检组关于印发《中共中国农业科学院党组讨论和决定党员党纪处分工作流程（试行）》的通知

农科院党组纪检组发〔2019〕33号

院机关各部门、院属各单位党组织和纪检组织：

《中共中国农业科学院党组讨论和决定党员党纪处分工作流程（试行）》已经2019年第16次院党组会议审议通过。现印发给你们，请认真贯彻执行。

中共中国农业科学院党组纪检组

2019年10月15日

中共中国农业科学院党组讨论和决定党员党纪处分工作流程（试行）

根据中共中央办公厅《党组讨论和决定党员处分事项工作程序规定（试行）》（厅字〔2018〕134号）、《中共农业农村部党组讨论和决定党员干部党纪处分工作流程（暂行）》精神以及农业农村部直属机关纪委《关于党组讨论和决定党员干部党纪处分有关工作的通知》（2019年8月30日）要求，结合我院实际，制定本流程。

（一）院系统副所局级及以下违纪党员的党纪处分，由院党组按照规定程序集体讨论决定。党纪处分决定以院党组名义作出并自院党组讨论决定之日起生效。

（二）院纪检组监察局对院系统副所局级及以下党员涉嫌违纪问题进行立案审查、审理。

其中，院属单位党组织对所发现的处级及以下党员涉嫌违纪问题，应组织进行核实和处理。对认为应给予党纪处分的，由党员所在单位党委将核实情况及处理建议报院纪检组监察局，由院纪检组监察局进行立案审查、审理。

党员依法受到刑事责任追究或依法受到政务处分、行政处罚的，党员所在单位党组织依照《中国共产党纪律处分条例》第四章第三十二、第三十三条规定，对应给予党纪处分的，报院纪检组监察局。

（三）院纪检组监察局审理并经院党组纪检组组务会研究，提出对违纪党员党纪处分建议，其中，涉及撤销党内职务及以上党纪处分的，书面征求农业农村部直属机关纪委和驻农业农村部纪检监察组意见。处分建议以签报形式报院党组主要负责同志审定。

（四）院纪检组监察局将审理报告和处分意见移交违纪党员所在单位党组织。

（五）违纪党员所在单位党组织按照规定履行党员的处分程序，由违纪党员所在党支部讨论决定，单位纪委、党委研究，形成处分决定文本及相关材料。

京区单位党组织将对违纪党员党纪处分的相关材料报院直属机关纪委、院直属机关党委常委会审议。审议后，由院纪检组监察局提请院党组会议讨论决定。

京外单位党组织将对违纪党员党纪处分的相关材料直接报院纪检组监察局，由院纪检组监察局提请院党组会议讨论决定。

（六）院党组召开会议，讨论决定对违纪党员的党纪处分，以院党组名义作出对违纪党员的党纪处分决定。

（七）院纪检组监察局起草院党组处分决定文件（附件1）。通知受处分党员所在单位党组织，由其在一个月内向受处分党员所在党支部中的全体党员及本人宣布，是领导班子成员的还应当向所在党组织领导班子宣布，并将处分决定材料分别报院纪检组监察局、院直属机关纪委备案（附件2、附件3、附件4）。京外违纪党员的处分决定材料同时报属地上级党组织备案。

（八）违纪党员所在单位党组织要将处分决定材料，分送本单位纪检监察、党务、组织人事部门签收、留存。组织人事部门要将处分决定材料归入受处分党员档案，对于受到撤销党内职务以上（含撤销党内职务）处分的，应当在一个月内办理职务、工资、工作及其他有关待遇等相应变更手续。纪检监察、党务部门要按照规定分别做好党纪处分决定和相关材料的案卷整理和归档工作，并作为廉政档案的内容。

（九）院纪检组监察局在处分决定生效之日起30日内，将违纪党员党纪处分决定和相关材料报农业农村部直属机关纪委备案。

附件：1. 党纪处分决定文书式样

2. 受处分人对党纪处分决定的意见式样

3. 党纪处分决定执行情况报告表式样

4. 送达回证式样

附件 1
党纪处分决定文书式样

中共中国农业科学院党组文件

农科院党组发〔20××〕×号

关于给予×××（同志）××处分的决定

×××，性别，×族，×年×月出生，×××人，××文化程度，×年×月参加工作，×年×月加入中国共产党。×年×月任××，×年×月任××。（主要是把被处分党员的基本情况描述清楚）

经审查，×××（同志）存在以下违纪违法和涉嫌犯罪的问题。

根据纪检监察机关审理认定的主要违纪事实，按照违反政治纪律（和政治规矩）、违反中央八项规定精神、违反组织纪律、违反廉洁纪律、违反群众纪律、违反工作纪律、违反生活纪律、违反国家法律法规、涉嫌××犯罪等顺序依次进行描述。

×××（同志）身为党员领导干部，×××（对其违纪违法行为的本质和特点进行概括描述和评价）。依据《中国共产党纪律处分条例》第×条第×款第×项之规定，经×××会议研究，决定给予×××（同志）××处分；收缴其违纪所得。

本处分决定自×年×月×日起生效。如不服本处分决定，可向×××党组（党委）、中央纪委直至中共中央提出申诉。

中共中国农业科学院党组（印章）
年　月　日

主送：（被处分党员所在单位党组织）（被处分党员）

抄送：农业农村部直属机关纪委、中央纪委国家监委驻农业农村部纪检监察组

中国农业科学院办公室　共印：　份

附件2

受处分人对党纪处分决定的意见式样

受处分人对党纪处分决定的意见

受处分人：×××，×××（受处分人姓名和职务）

受处分种类：×××

处分文号：农科院党组发〔20××〕×号

宣布人：

宣布地点：

受处分人意见（可另附页）：

受处分人签名：

年　月　日

附件 3

党纪处分决定执行情况报告表式样

党纪处分决定执行情况报告表

<table>
<tr><td>姓　名</td><td></td><td>年　龄</td><td></td><td>性　别</td><td></td></tr>
<tr><td>职　务</td><td colspan="5"></td></tr>
<tr><td>处分决定
送达本人
时间</td><td colspan="5"></td></tr>
<tr><td>宣布处分
决定的时间、
范围</td><td colspan="5"></td></tr>
<tr><td>其他事项
执行情况</td><td colspan="5"></td></tr>
<tr><td>报告单位</td><td colspan="5">（盖章）
年　月　日</td></tr>
</table>

附件4

送达回证式样

中国农业科学院党组给予党员党纪处分
送达回证

农科纪送字〔20××〕×号

被送达人：________________

送达时间：____年　月　日　时____

送达地点：________________

送达文件名称：《关于给予×××（同志）××处分的决定》（农科院党组发〔20××〕×号）________________

送达单位（盖章）：

年　月　日

被送达人签字：

年　月　日

中共中国农业科学院党组纪检组
关于 2019 年度纪委书记述职工作的通知

院属各单位：

为进一步强化全面从严治党政治责任，压实“两个责任”，坚持不懈推进我院全面从严治党向纵深发展，营造纪律严明、环境宽松的创新氛围，经研究，现就 2019 年度纪委书记述职工作有关事项通知如下。

一、组织形式

2019 年度纪委书记述职工作采取现场述职和书面述职相结合的方式进行。现场述职时相关单位党委书记同时参会，院党风廉政建设领导小组成员听取述职并予以测评。

二、述职主要内容

认真对照院党组要求，重点围绕落实 2019 年院全面从严治党工作会议精神、《中国农业科学院 2019 年全面从严治党工作要点及分工意见》和各单位年初纪委工作计划等进行述职。主要包括以下内容。

（一）“两个责任”落实情况

党委、纪委加强政治建设，落实全面从严治党和党风廉政建设主体责任、监督责任的部署情况和措施；落实中央八项规定精神，纠“四风”、树新风情况；巡视整改及重点问题查摆整改情况等。

（二）重点工作及日常监督的研究部署、执行落实情况、具体做法和成效

落实“三个面向”要求和科研“放管服”政策；科研诚信建设；对所办企业、试验基地、学会协会、期刊杂志、检测中心以及房屋出租出借、基建安全、科研经费等重点领域规范管理；履行脱贫攻坚监督责任；运用监督执纪“四种形态”，特别是针对苗头性、倾向性问题抓早抓小、红脸出汗的情况和效果；受理信访举报问题线索及研究处理情况；纪委履职和纪检监察小组建设等方面。

（三）存在问题、改进措施及工作建议

结合单位实际，围绕履职工作，指出存在的问题并分析原因，提出改进措施和工作建议。

三、有关要求和说明

纪委书记述职是对各单位落实全面从严治党政治责任、加强党风廉政建设、促进科技创新工作成效的检验，各单位党委、纪委要高度重视，认真总结回顾一年来的主要工作，把握工作重点，总结经验，查找不足。

述职报告要结合单位工作实际，突出重点，不要求面面俱到，有事例、讲效果，篇幅掌握在3 000字左右。

现场述职的单位、时间、地点等另行通知。

各单位述职报告（包括电子版）请于2019年11月15日前报送院监察局。

联系人：李　昕　吴限忠
邮　箱：lixin01@caas.cn
联系电话：010-82106678　010-82105166

中共中国农业科学院党组纪检组
2019年10月29日

中国农业科学院党组纪检组关于2019年全面从严治党任务落实及党风廉政建设工作情况的报告

农业农村部直属机关纪委：

2019年，中国农业科学院一以贯之学习贯彻习近平新时代中国特色社会主义思想，树牢“四个意识”、坚定“四个自信”、做到“两个维护”，认真学习贯彻党的十九届四中全会精神和十九届中央纪委三次全会精神，按照《农业农村部2019年全面从严治党工作任务的分工意见》要求，扎实推进我院全面从严治党各项工作顺利开展，为农业科技创新、支撑乡村振兴和脱贫攻坚等各项工作提供坚强保证。现将我院2019年全面从严治党工作任务落实及党风廉政建设工作情况汇报如下。

一、以政治建设为统领，坚决把中央各项决策部署落到实处

（一）深入学习贯彻党的十九届四中全会精神

2019年11月1日上午，院党组第一时间召开专题学习会，带头学习贯彻十九届四中全会精神，要求全院把学习宣传和贯彻落实好四中全会精神作为当前和今后一个时期重大政治任务，切实提高政治站位，作出专项安排，采取扎实有效措施，开展调查研究，结合谋划明年工作，提高学习成效。根据中央和部党组的部署，院党组下发了《中共中国农业科学院党组关于做好党的十九届四中全会精神学习宣传贯彻工作的通知》，制定了《中国农业科学院学习宣传贯彻党的十九届四中全会精神学习培训计划》，举办了首场“党的十九届四中全会精神解读”专题辅导报告会，全院通过主会场、视频分会场参加了学习。并计划于2020年上半年前围绕10个专题，邀请有关部委领导和中央党校、大学知名专家举办7场系列辅导报告会。

为把学习贯彻党的十九届四中全会精神引向深入，切实增强政治自觉和思想自觉，2019年12月5日，院党组与院属各单位领导班子同步召开理论中心组（扩大）学习交流会，再次集中学习党的十九届四中全会精神。全体院领导和机关各部门主要负责同志、各单位领导班子成员重点围绕坚持和完善党的领导制度体系、坚持和完善社会主义基本经济制度、完善科技创新体制机制等19个专题，结合分管工作和部门实际作交流发言。通过领学导读，达到了提高认识，促进思考，推动工作的目的，进一步坚定了坚持和完善中国特色社会主义制度、推进国家治理体系和治理能力现代化的信心与决心，

坚定了实现“三个面向”“两个一流”、加快农业科技创新、为实现“两个一百年”宏伟目标作出贡献的责任感、紧迫感。

（二）认真部署、扎实开展“不忘初心、牢记使命”主题教育

按照中央部署和农业农村部党组的要求，第一时间成立院长、党组书记任组长的“不忘初心、牢记使命”主题教育活动领导小组和40名优秀干部组成的10个主题教育指导组，研究制定《中共中国农业科学院关于开展“不忘初心、牢记使命”主题教育的实施方案》，召开“不忘初心、牢记使命”主题教育动员部署会，认真传达学习贯彻习近平总书记重要讲话精神和中央“不忘初心、牢记使命”主题教育工作会议、农业农村部“不忘初心、牢记使命”主题教育动员部署会精神，全面安排部署我院主题教育各项工作。

院党组带头学习原著、带头研讨交流、带头调查研究、带头讲好党课，以上率下。全院各级党组织集中开展为时1周的学习研讨，深入学习指定书目、精选原文，真正做到学原文、读原著、悟原理。农业农村部党组成员、中国农业科学院院长唐华俊以“创新体制机制优化战略布局 切实加快‘两个一流’建设步伐”为主题，为全院党员干部上了“不忘初心、牢记使命”主题教育第一堂党课；深入革命老区河北阜平县调研考察扶贫工作，为革命老区脱贫攻坚出谋划策。院党组书记张合成以“学原著、守初心，践行科技强农使命担当”为主题，作专题党课报告；深入新疆博州、甘肃临潭等地调研，为西部中心建设、科技扶贫等工作谋划思路举措，带动院领导班子学思践悟，深入调研。

院党组带头开好“不忘初心、牢记使命”专题民主生活会，认真检视问题、抓牢整改落实。紧扣学习贯彻习近平新时代中国特色社会主义思想这一主线，突出力戒形式主义、官僚主义这一重要内容，检视问题，开展批评与自我批评，作出整改工作安排。召开“不忘初心 牢记使命”警示教育大会，通报典型案例，进一步强化管党治党政治责任，引导党员干部把遵纪守法、廉洁自律作为落实“不忘初心、牢记使命”的实际行动。坚持一体推进，边查边改。按照“一开始就改起来”的要求，认真梳理中央巡视、审计和党建综合督查等反馈的问题，列出问题清单，制订整改方案，明确整改时限，逐项抓好整改。开展“不忘初心、牢记使命”主题教育“回头看”，督促检查全院各级党组织以钉钉子精神落实各项整改任务，确保整改工作取得实实在在成效。

全院36个党委、410个党支部，8 339名党员参加了主题教育，全体党员党性修养得到了进一步锤炼，理想信念进一步坚定，干事创业的精气神进一步增强，达到了理论学习有收获、思想政治受洗礼、干事创业敢担当、为民服务解难题、清正廉洁作表率的目标。

（三）以学习贯彻习近平总书记贺信精神和“三农”工作论述摘编为重点，增强科技支撑“三农”工作的责任感

院党组坚持以习近平新时代中国特色社会主义思想为指导，深入学习贯彻习近平总书记关于“三农”工作重要论述摘编、习近平关于科技创新论述摘编、习近平扶贫论述摘编等书目，不断深化习近平总书记致我院建院 60 周年贺信精神的学习贯彻，时刻与习近平总书记贺信精神对标对表，努力解决“三个面向”落实中存在的“三不两没有”问题，更加强化科技支撑脱贫攻坚、乡村振兴意识，以实际行动往深里学、往心里学、往实里学。

举办“科技创新支撑乡村振兴”报告会，韩长赋部长亲自出席会议并作报告，全院认真贯彻落实报告要求，进一步凝聚共识、振奋精神，增强农业科研国家队的责任感使命感。召开以学科发展战略为主题的院党组中心组（扩大）学习会暨习近平总书记贺信精神理论学习研究组研讨会，分析世界农业科技发展形势和战略趋势，对标国家中长期关键需求和重大任务，审视全院“两个一流”建设的难得机遇和严峻挑战，谋划院所跨越发展的优先方向和战略措施。举办“创新工程首席科学家研修班”，邀请包括 52 名省部领导、院士、司局级干部在内的专家授课，讲形势、讲任务、讲方向，全院 800 多名首席专家、青年英才、领导干部分别通过 7 个班、57 场报告会的学习培训，对照“三个面向”“两个一流”“整体跃升”，找差距，明方向，抓落实，统一思想，提高认识，为解决“三不两没有”打下坚实思想基础，进一步增强了为“三农”工作提供科技支撑的责任感。举办“弘扬科学家精神先进事迹报告会”，大力号召全院广大科技工作者弘扬“胸怀祖国、服务人民，勇攀高峰、敢为人先，追求真理、严谨治学，淡泊名利、潜心研究，集智攻关、团结协作，甘为人梯、奖掖后学”的新时代科学家精神，进一步补足精神之钙，筑牢信仰之基，为我国农业科技进步和“三农”改革发展作贡献。

通过上述活动，形成院长与党组书记、所长与党委书记、团队首席与党支部书记齐抓共管的局面，进一步把全院干部职工和科研人员的思想统一到“三个面向”指示精神上来，把全院智慧、力量凝聚到科技前沿、重大需求和主战场上来，确保创新工程不偏离“三个面向”方向。

（四）把“两个维护”体现在坚决贯彻党中央决策部署的行动上

树牢“四个意识”，坚定“四个自信”，围绕贯彻党的“三农”决策部署开展重大科研活动，把科技支撑乡村振兴和脱贫攻坚作为重大政治任务，以实际行动落实“两个维护”。聚焦最紧迫最重大的国家需求，建立重大科技任务联合攻关机制，围绕非洲猪瘟防控、草地贪夜蛾防控、“藏粮于技”、农业绿色发展、牛奶优质化、畜禽良种化

等攻关任务，集中全院力量开展持续攻关，加快破解技术难题，力争早日取得重大突破，引领农业农村高质量发展。

构建支撑服务乡村振兴全院一盘棋工作格局，按照“脱贫攻坚主战场在哪里，中国农业科学院专家团队就到哪里”的行动方针，充分发挥科技、成果、人才、平台等优势资源的作用，深化实施中国农业科学院科技精准帮扶行动，助力贫困地区脱贫奔小康。一是优先保障农业农村部5个定点扶贫县的科技帮扶工作，构建“3+N”的结对帮扶体系，每个县分别安排1名副院长、1个机关部门、1个研究所和多个产业指导专家组，出专家、出技术、出对策，针对每县的产业特点，重点开展新品种推广、绿色集成技术使用和技术培训服务，把帮扶落到实处。二是深入开展科技扶贫与乡村振兴示范县建设，加大示范推广力度，将示范县打造成为国内领先的农业高新技术集聚园、先行先试试验田、绿色发展先行区，为全国乡村振兴战略实施提供智慧和样板。三是开展“三区三州”深贫县团队帮扶，为“三区三州”89个深度贫困县各安排1个产业技术专家团队，开展产业扶贫技术咨询和科技服务。2019年，我院为“三区三州”89个贫困县投入科技人员379人，累计培训3 648人次；推广新品种87个、推广新产品17个；帮扶市场主体839个，为当地早日脱贫提供了科技支撑。

2019年10月17日，全国脱贫攻坚奖表彰大会上，我院蔬菜花卉研究所金黎平研究员荣获全国脱贫攻坚创新奖。2019年，我院共为贫困地区提供现场指导生产1 286次，累计培训各类技术人员1.4万人次；累计推广新产品95个，应用7.1万亩，新技术133个，推广39.2万亩；累计实施各类项目445个，合计经费4 898.9万元，共帮扶1 514个企业等生产经营主体，增收累计8 219.9万元；特招来自少数民族地区高层次骨干人才34名；累计科技扶贫报道113篇。

（五）大力推进支部建在创新团队上，把党的领导落实到科研团队

以政治建设为统领，全面加强党的思想建设、组织建设、作风建设、纪律建设，严格执行党内政治生活制度，认真贯彻民主集中制，在科技创新各项工作中发挥党组织“把方向、管大局、保落实”的重要作用。树立一切工作到支部的鲜明导向，大力推动实现一个团队建立一个党支部，超过50%的研究所实现了支部建在团队上，党员团队首席科学家担任党支部书记，履行党建第一责任人职责，切实把党的领导落实到科研团队，把“三个面向”指示要求落实到创新方向和创新任务上，做到中心工作开展到哪里，党建工作就推进到哪里，乡村振兴和脱贫攻坚主战场在哪里，中国农业科学院专家团队就到哪里，充分发挥党支部的战斗堡垒作用，为创新工程、乡村振兴和脱贫攻坚提供坚强的思想、政治和组织保证。

（六）全面监督落实科研"放管服"政策

认真落实中办国办《关于进一步完善中央财政科研项目资金管理等政策的若干意见》、国务院《关于优化科研管理提升科研绩效若干措施的通知》和科技部等 6 部门《关于扩大高校和科研院所科研相关自主权的若干意见》精神，制定下发了《中国农业科学院进一步给科研人员做好服务和松绑减负的实施方案》（以下简称《实施方案》），从"优化科研管理、加强人事人才工作、改进财务管理、提升国际合作工作服务质量"等方面提出 23 项 51 个"松绑减负"具体要求。

为确保《实施方案》措施落地生根，院监察局牵头开展"放管服"专项督查。深入研究所、深入科研人员中间开展专题调研，总结研究所落实科研"放管服"的经验做法，供各单位交流参考；下发《关于抓紧落实好"进一步给科研人员做好服务和松绑减负的实施方案"的工作提醒函》，督促强化主体责任，主动担当作为，抓紧落实院党组各项"放管服"措施；开展"放管服"专题问卷调查，了解各单位工作进展，测评科研人员满意度，征求广大科研人员的意见建议，形成专题调研报告和督查工作报告，提出有关工作建议。通过履行督查职责，督促研究所切实减少繁文缛节，提高管理效率，为科研人员松绑减负，营造良好的创新氛围。

二、弘扬优良作风，驰而不息纠正"四风"，巩固拓展落实中央八项规定精神成果

（一）严格落实中央八项规定精神

以钉钉子精神落实中央八项规定精神，不松劲、不停歇、不偏离。大兴调查研究之风，领导干部和机关部门深入基层、深入一线、深入科研人员中间开展工作调研，解决实际问题，拿出调研成果；严格"三公"经费管理，加强公款吃喝、公款旅游、公务用车和加油卡使用管理监督，开展了加油卡专项审计，对中央专项巡视以前院本级涉及的因私使用加油卡的违规费用进行了纠正和退赔，结合发现的问题，组织院属单位认真自查自纠，落实整改；召开落实院所办企业严防"四风"问题视频会，对院所办企业严明纪律、严防"四风"提出明确要求；紧扣逢年过节重要时间节点，向全院转发 12 期有关违反中央八项规定精神的典型案例或案例通报；发放《关于领导干部利用名贵特产类特殊资源谋取私利问题的廉政提醒》《中秋国庆廉政提醒》等；从严审核审批出访团组，严格控制团组人数和在国外的停留时间，坚决取消无实质性内容的考察团组和不符合规定的团组；起草《关于到驻地外开展党建活动的意见》，要求开展党建活动必须严格遵守中央八项规定精神，厉行节约，廉洁自律，严禁借党建活动名义安排公款旅游，严禁到中共中央、国务院明令禁止的风景名胜区开展党建活动，严禁组织会餐、

安排宴请、组织高消费娱乐健身活动，严禁发放任何形式的个人补助等。

（二）强化机关和领导干部作风建设

持之以恒狠抓作风建设。出台《关于进一步加强和改进院机关工作作风的实施意见》，按照“指挥中枢”“服务机关”“学术殿堂”的定位，以强化责任担当、创新管理机制、转变工作方式为重点，切实加强机关领导干部和工作人员思想作风、领导作风、工作作风建设，建设一流作风和一流机关。院领导班子成员强化责任、以身作则，带动院机关和全院干部主动担责，坚决克服形式主义、官僚主义，杜绝“推拖等”现象发生，提升工作效率、改进服务质量；对各部门各单位领导班子高标准严要求，严格执行领导干部外出请假报告等制度，严格所长、书记出差、请休假、出国（境）审批程序；对机关工作人员严格考勤管理、严肃上班纪律、严肃会议纪律、严格保密规定，做到抓早抓小、抓细抓常。

（三）加强科研诚信和学风建设

认真贯彻中办、国办《关于进一步加强科研诚信建设的若干意见》，全面加强科研诚信建设。在全面从严治党工作会议上进行《中国农业科学院科研诚信建设》的宣讲；将学术不端、科研诚信作为重点领域纳入《中国农业科学院三大重点领域十四个方面风险防控指南》；把科研诚信和学风表现纳入评价体系；邀请杨卫院士做科研道德专题报告；对学术不端、科研诚信零容忍，将我院一位科研人员纳入全国科研诚信严重失信行为数据库；对 2 个科研诚信案例予以通报；加强风险预警研判，监督撤稿论文动态，启动对国际期刊撤稿论文的全面调查核实工作。通过以上措施，进一步提高了各单位和广大科研人员对科研诚信重要性的思想认识，加强了组织领导，明确了管理责任，强化了内部监督，加强了教育预防，推进科研诚信建设各项工作落到实处。

三、聚焦重点领域和薄弱环节，强化风险防范，从体制机制上推进不敢腐、不能腐、不想腐

（一）制定《中国农业科学院三大重点领域十四个方面风险防控指南》

树牢风险意识，聚焦重点领域和薄弱环节，制定我院风险防控指南。围绕“三个面向”落实、中央八项规定精神执行、“四风”问题、网站安全；学术道德、师德师风、期刊、社团（学会协会）、外事；科研经费使用、院所办企业、房屋出租出借、基建安全、试验基地等十四个方面，组织专家研讨交流、征求意见、反复论证，形成《中国农业科学院三大重点领域十四个方面风险防控指南》（审议稿）。从院、所、团队

三级查找易发高发风险，制定防控措施，突出强调责任落实、监督到位、制度健全和人员教育，增强防控指南的针对性、可操作性，进一步夯实各部门各单位全面从严治党主体责任，健全内控机制。

（二）持续深化五个领域专项整治整改落实

坚持问题导向，一锤接着一锤敲，深化五个领域专项整治整改。对五个领域专项整治中发现的问题进行再梳理、再分析、再聚焦，结合巡视、审计、检查中发现的问题，下发《关于进一步抓好五个领域专项整治整改工作的通知》。各单位对照院所办企业、试验基地、学会协会、期刊编辑部、检测中心管理方面存在的32个问题，进一步对照自查，逐一销账，下大力气、持之以恒抓好整改工作，确保责任履行到位、制度完善到位、风险管控到位。

（三）加强对一把手和关键少数监督

严格选人用人监督。认真贯彻执行《党政领导干部选拔任用工作条例》《科研事业单位领导人员管理暂行办法》，坚持公正用人，突出政治标准，注重选拔理想信念坚定，有战略眼光、国际视野，熟悉农业科研的领导干部进入班子。严格执行《中国农业科学院领导人员选拔任用纪实工作实施办法》，加强选人用人全程监督和倒查追责。研究起草《关于适应“三个面向”要求 大力发现培养选拔优秀年轻干部的实施意见》，印发《关于进一步激励院系统广大干部新时代新担当新作为的通知》，激励干部担当作为。

加强对领导干部的管理监督。严格落实请假报告制度，充分运用办公信息化，对领导干部请假情况进行统计分析，发现问题及时督促整改，强化领导干部组织纪律观念。对领导干部报告个人有关事项工作常抓不懈，组织对21名所级干部、48名处级干部进行随机抽查，从严从实开展核实认定。严格在职党政一把手因私出国（境）管理，加强正所局级领导干部因公出国（境）行前审核、报备制度。落实“凡提必审”要求，严格审核拟提任干部廉政情况。建立完善副所局级领导干部廉政档案。通过信访受理、线索处置、约谈提醒、谈话函询、参加民主生活会等多种方式，强化常态化、近距离、可视化的日常监督，抓早抓小，防微杜渐。

（四）加强院所办企业监管

认真贯彻农业农村部直属机关党委《关于对部属单位所办企业重申纪律要求 严防“四风”问题的通知》精神，对院有关部门领导班子、36个院属单位的领导班子成员、党委委员、纪委委员、所办企业主管部门全体人员、院所办企业领导人员共400余人进行集体约谈，强化纪律意识，严防“四风”问题。

强化企业审计整改。在对部分院所办企业开展专项审计工作基础上，认真分析审计报告，督促整改落实。对泛太公司、中固公司、中寰科安公司等企业存在的违规报销职工旅游等各种福利费、停车费等历史问题，严肃认真清理和纠正，组织清退违规报销费用26 160元；加强车辆管理，落实车改制度，将违规使用的公车退回公司统一管理；强化对中央八项规定精神和纪律规矩的学习，制定完善公司公务接待管理办法、职工福利支出管理办法，切实加强公司廉政制度建设。

对中农威特公司问题举一反三。在全面从严治党工作会议上，兰州兽医研究所作为主要出资人，对中农威特公司出现的系统性违纪违法问题进行了深刻反思，用身边事教育身边人，强化了全院各单位、各级领导干部加强企业监管的责任意识。哈尔滨兽医研究所结合中农威特案例和信访反映问题，对维科公司进行了专项审计，针对发现的问题，所党委、纪委对维科公司主要负责人进行约谈和岗位调整，责令维科公司就有关问题立行立改。哈尔滨兽医研究所还专门制定《加强企业监督管理工作实施细则》，进一步强化国资委的作用，坚持问题导向，突出管资本、管监督、管企业重大决策，提升监督效能，防范廉政风险。院监察局牵头有关部门深入到研究所和公司，开展驻点调研，对中农威特公司出现的问题认真查找和剖析原因，深入研判、提出对策，形成了《关于中农威特公司部分工作人员严重违纪违法案件原因的调研报告》，促进立行立改、查漏补缺，注重举一反三、建章立制，得到驻部纪检监察组主要领导的充分肯定。

首次组织举办中国农业科学院所办企业管理培训班，深入贯彻习近平总书记“三个面向”指示精神，全面实施科技创新和成果转化两大基石发展战略，针对院所办企业发展实际情况和现阶段存在的主要短板、问题，设计培训课程，开展交流研讨，推动三创一体协同发展，促进院企业规范管理、健康发展。

（五）进一步规范房产出租出借监管

严格执行《中国农业科学院京区房产出租出借管理暂行办法》，加强房产出租出借事项审核审批管理，所有出租出借房产采取公开招租形式确定出租价格和承租方。加强合同管理，监督实施履约、跟踪统计、及时登记合同执行台账，确保所有合同不漏签、费用不漏收。在进一步深入调研基础上，起草了《中国农业科学院京区房产委托出租出借管理实施细则》。

（六）持续加强科研经费监管

打好科研经费监管“组合拳”。利用专项巡视，对被巡视单位实施内部控制检查和专项审计，推动被巡视单位健全内控体系，提高管理水平。对资源区划所等单位开展科研经费管理与使用情况抽查、开展全院横向经费管理自查检查等，不断强化科研经费管理使用监督。针对兰州牧药所一创新团队利用创新工程和基本科研业务费，租车偏多、费用偏高问题，院监察局对兰州牧药所发出了“工作提醒函”，要求加强对科研团队租车情况的监督提醒，确保科研项目经费使用高效安全、合理节约。

（七）持续加强基建领域风险防范

坚持问题导向，对图书馆工程建设和管理中存在的问题梳理分析，认真总结基建项目管理中存在的相关问题，起草了我院基建项目管理易发问题库、工程建设项目全套流程图和项目管理人员岗位职责。在日常项目监管过程中，采取多种方式督导建设单位依法依规建设，对重大项目，指定专人负责跟踪督导服务，对项目个数多、管理力量薄弱的单位进行有针对性的指导，进一步规范管理行为、提高风险防范能力。

四、坚守底线思维，严守党纪国法，不断巩固和发展反腐败斗争压倒性胜利

（一）严肃认真做好纪检监察日常工作

组织开展党政纪处分决定执行情况专项检查。对涉及政纪处分解除不及时、影响期内违规评定考核等次、违规晋升工资等问题的 11 个单位，督促即刻整改、严肃纠正。下发《关于进一步落实党政纪处分执行的通知》，对党政纪处分执行予以规范，强化纪律处分的严肃性。组织完成全院 8 000余名监察对象的摸底审核工作。组织开展退（离）休干部社会组织兼职专项检查，严格落实党员领导干部社会兼职规定。

依规依纪做好信访举报办理工作。出台《党组讨论和决定党员党纪处分工作流程（试行）》，严格纪律处分程序，落实备案制度。截至 11 月中旬，院监察局登记信访件 107 件，去除重复件 38 件，实际 69 件。其中，径送驻部纪检监察组、地方纪委 12 件，了结 35 件，22 件正在办理中。按时按要求向部纪委报送 2019 年院党风廉政建设工作总结、信访情况月报、季报、半年报、廉政工作信息等。

（二）运用“四种形态”强化监督执纪

严管就是厚爱，充分用好第一种形态。针对信访反映问题，对 16 个单位和个人予以函询，对 3 名干部予以提醒谈话，对 22 名干部进行诫勉谈话，取消考察资格 5 人，向 2 个单位发放《监察意见书》，红脸出汗，防止小问题变成大问题。坚持重遏制、强高压、长震慑，严格执纪，13 人受到党政纪处分，其中，处分党员 10 人（开除党籍 8 人）。

攻坚克难履行监督执纪职责。认真办理驻部纪检监察组来函来电交办事项，就中农

威特问题、个别领导干部住房清退问题、特产所整改问题、“三重一大”制度修订等问题，协调财务、基建、人事、成果转化、后勤等部门，按照职责分工，分工协作，落实整改。协助驻部纪检监察组开展纪律审查工作，对中农威特公司16名涉案人员有关情况进行核实，分别予以党政纪处分和组织处理；配合内蒙古纪委监委就草原所财务重大问题进行取证调查；配合开展对我院基因组所、灌溉所、加工所等单位政治生态情况调研监督；协助开展对河北阜平、湖南郴州等地落实脱贫攻坚任务监督检查，起草相关调研报告；落实驻部纪检监察组《关于反馈谈话函询情况的函》，督促9个被函询单位、个人在民主生活会、组织生活会上对接受函询情况作出说明，督促4个函询对象就函询反馈意见予以整改落实。

（三）突出抓好经常性纪律教育

坚持把纪律教育挺在前面，努力探索科研人员乐于接受、生动形象的警示教育方式方法，逐步使纪律意识在全院职工中内化于心，外化于行。出台《科研人员重点纪律红线（试行）》（“红八条”），围绕科研人员常涉及的业务领域、易触及的纪律规矩，从政治纪律、廉洁纪律、财经纪律、科研诚信、科研伦理、外事纪律、保密纪律、师德师风八个方面，筑牢安全科研的底线、红线、高压线。加强党章党规党纪教育，转发“学习《中国共产党纪律处分条例》”宣传漫画51期。编辑我院近年典型违纪违规案例，印发《党风廉政警示教育案例选编》，做到以身边事教育身边人，提升教育效果。召开全院警示教育大会，通报草原所、兰兽研中农威特公司的两起违纪违法案件以及两名党员干部醉驾问题，以案明纪，强化知敬畏、存戒惧、明底线、守规矩。

（四）抓早抓小、防微杜渐

注重抓早抓小，防病于未病。在重要节日节点来临前、领导干部任职前、职称评审聘任前、导师上岗前、职工入职前、出国境前、重要项目开工前、新生报到前，讲规矩、提要求、敲警钟。首次组织“2017年度新晋升高级职称人员集体谈话”，唐华俊院长亲自谈话；张合成书记以“培养‘一懂两爱’的新时代农科学子”为题，为研究生院2019级博士新生讲授思想政治理论开学第一课；李杰人组长对2019年新任研究生导师进行集体谈话，使学术队伍进一步提升政治意识、纪律意识、使命意识、学风意识、师德师风意识，扣好职务职称晋升后纪律规矩“第一粒扣子”；坚持对新提任所局级领导干部、新入职职工开展廉政谈话，讲好廉政第一课。汇编《因公出国（境）行前教育手册》，结合典型事例，加强因公出访人员行前外事纪律、财务纪律、安全保密等方面的教育，强化规矩意识。北京畜牧兽医研究所、哈尔滨兽医研究所等单位分别结合典型案例，对党员干部、科研人员、公司企业人员进行集体谈话，不断强化干部职工的底线意识、红线意识。

五、强化责任担当，建立院、所、团队三级责任机制，探索构建农业科研特色监督体系

（一）自上而下压紧压实主体责任

院党组把主体责任牢牢扛在肩上，抓在手上，发挥头雁效应。院长、党组书记履行第一责任人职责，重要工作亲自部署、重大事项亲自过问、重要环节亲自协调、重要问题亲自督办，自上而下推动压力传导，督促责任落实；班子成员落实“一岗双责”，管人管事管监督。召开中国农业科学院 2019 年全面从严治党工作会议，深入学习贯彻习近平总书记重要讲话和十九届中央纪委三次全会精神，总结 2018 年全面从严治党工作，部署 2019 年重点任务。强调政治站位和使命担当，坚决贯彻中央决策部署，确保“三个面向”指示精神落地；聚焦薄弱环节和风险领域，加强风险防控和制度建设；坚持抓好关键少数监督，发挥领导干部带头作用；着力构建符合农业科研特色的监督体系，结合实际，务求实效，为全年工作打下坚实基础。

召开院党风廉政建设工作领导小组会议，研究制定《中国农业科学院 2019 年全面从严治党工作要点及分工意见》，细化落实分工任务，措施具体，责任到位，压实各部门领导班子“一岗双责”，压实各单位党委主体责任。天津环保所成立全面从严治党和党风廉政建设责任制领导小组，突出“廉政责任落实”这个主题，党政主要负责人严格落实第一责任人职责，班子成员认真落实“一岗双责”要求，部门主要负责人、团队首席、所属企业负责人认真落实党风廉政建设直接领导责任，创建落实全面从严治党政治责任长效机制。

出台《中共中国农业科学院党组全面从严治党工作约谈暂行规定》，由院长、书记、纪检组长或分管副院长作为主谈人，对院属单位全面从严治党工作开展常规约谈和问题约谈，督促研究所党政主要负责同志切实担负起管党治党政治责任。

（二）强化研究所党委纪委履职尽责

印发《中国农业科学院党组关于贯彻落实〈中共农业农村部党组关于进一步加强部系统纪律检查工作的意见〉的通知》，从牢牢把握政治监督定位、强化理论武装、抓好作风建设、加强纪律教育、增强责任意识、加强队伍建设等方面，进一步明确党委主责监督和纪委专责监督职责。

强化研究所党委责任意识，所长、书记既履行主体责任，又担负监督责任，支持所纪委履行监督职责。落实纪委述职制度，强化纪委书记考核结果运用，对 2018 年度 11 个纪检工作优秀单位予以表彰奖励，对履职不力 2 个单位进行约谈提醒。同时，总结纪委书记述职成效和不足，实行院属单位纪委年初向院纪检组报备年度工作计划制度，把

工作计划、工作目标作为考核的主要目标，推动研究所党委纪委明确工作任务目标，落实落细监督责任。推行纪委委员分工负责制，充分发挥纪委委员作用，立足不同岗位、发挥专业优势、履行监督责任。

（三）发挥支部纪检监察小组的教育监督作用

结合推进支部建在科研团队，在对全院纪检监察小组建立情况、发挥作用情况进行调研分析的基础上，起草《基层党支部纪检监察小组建设指导意见》（征求意见稿），推动和指导纪检监察小组规范化建设，为发挥好科研人员身边的政治安全员、纪律宣传员、作风监督员的重要作用提供制度保障。

（四）严肃认真开展巡视工作

整合监督资源，发挥监督合力。强化巡视工作的组织领导，把巡视工作作为监察局的重要工作职责，监察局局长、副局长担任院巡视工作领导小组办公室的主任、副主任，巡视与纪检监察实现无缝对接，促进巡视工作规范化、制度化，发挥巡视利剑作用。在统筹纪检、巡视、监察、纪委、干部监督、审计监督、科研道德监督、师德师范监督这“八条线”上下功夫，最大限度形成监督合力，同时，在强化所纪委履职尽责、担当作为上下功夫，使纪委“一根针”的作用得到充分发挥。

深化政治巡视，强化政治监督。院党组深入学习贯彻习近平总书记关于巡视工作重要论述，深化政治巡视，着力发现和纠正政治偏差。召开院巡视工作领导小组会议，详细听取 2018 年巡视工作汇报，指出问题，改进落实，整改提高。研究制定 2019 年巡视工作计划，召开 2019 年巡视工作动员部署会，要求强化各级党组织政治责任，重点围绕党的政治建设、思想建设、组织建设、纪律建设、作风建设和夺取反腐败斗争压倒性胜利开展政治巡视，检查贯彻习近平总书记贺信精神和中央决策部署以及推进部、院党组中心任务落实情况，加强对巡视整改落实情况的监督检查，着力纠正形式主义和官僚主义问题，通过发现问题督促整改，进一步提升、规范院属各单位的管理水平，促进研究所各项事业发展。2019 年共部署开展了水稻所、资划所、兰兽研、特产所、烟草所、沼科所、棉花所等 7 个单位的政治巡视。同时，把巡视整改作为检验“四个意识”的试金石，严肃认真督促做好巡视整改后半篇文章，在强化作物所等 20 个单位巡视整改监督的基础上，约谈饲料所、蜜蜂所、草原所等重点单位，听取巡视整改工作汇报，要求对整改要求再重温、对整改问题再检视、对整改工作再部署、对整改措施再落实，确保巡视整改取得实实在在的成效。

（五）构建农业科研特色监督体系

密切结合农业科研单位实际和农业科研单位特点，适应科研“放管服”改革需要，在 2019 年全面从严治党工作会议上作出构建符合农业科研特色监督体系的工作部署，在对党员领导干部坚持严紧硬、防止宽松软的前提下，积极探索构建信任与监督相统一、严管与厚爱相结合、宽严相济、激励担当的监督机制，营造纪律严明、环境宽松的创新氛围，为实现“三个面向”“两个一流”提供作风和纪律保证。

一年来，院所密切结合农业科研实际，立足深化“放管服”改革，把纪律的刚性和农业科研的特性协调统一，夯实管党治党政治责任，在建立院、所、团队三级责任落实机制上有了新进展，在建立常态化纪律教育机制上有了新抓手，在做实做细日常监督上有了新措施，在运用“四种形态”，落实“四严四宽”，营造纪律严明、环境宽松的创新氛围上有了新作为，构建农业科研特色监督体系取得阶段成效。

召开构建农业科研特色监督体系工作交流会。有针对性地选择 7 个研究所和 2 个科研党支部围绕纪律红线执行情况、企业风险防控情况、纪委分工责任制落实情况、纪检监察小组发挥作用情况以及吸取典型案例教训等情况作了交流，确保从研究所党委、纪委到基层党支部、纪检监察小组，既有可供参考的经验借鉴，又有举一反三的警示提醒，把目标再明确，把措施再细化，把责任再夯实，打通全面从严治党“最后一公里”，营造纪律严明、环境宽松的创新氛围。

（六）加强纪检监察干部队伍建设

举办院 2019 年度纪检监察干部培训班，邀请驻部纪检监察组刘建华主任等专家领导为 90 名干部授课；选派 23 名纪检监察干部参加上级纪检组织轮训，不断提高纪检监察干部政治素质、业务能力，增强监督本领；3 名干部参加部直属机关纪委监督执纪问责业务知识竞赛，荣获团体二等奖；11 人次参加驻部纪检监察组联合核查或调研；40 人次参加专项巡视。

六、认真落实脱贫攻坚监督责任

坚决贯彻落实农业农村部《关于认真履行脱贫攻坚监督责任 扎实推动脱贫攻坚专项巡视整改任务落实的通知》精神。通过干部大会、理论中心组、专题民主生活会等形式，深入学习贯彻习近平总书记关于“三农”工作、脱贫攻坚与乡村振兴重要论述，强化理论武装，学懂弄通中央脱贫攻坚政策要求，做到以知促行，更加精准有效、求真务实地履行好脱贫攻坚政治责任。在江西婺源县召开全院脱贫攻坚与乡村振兴工作大会，对全院脱贫攻坚工作作出全面部署、周密安排，强化责任、强化监督。下发《院党组纪检组关于认真履行脱贫攻坚监督责任 扎实推动脱贫攻坚专项巡视整改任务落实的通知》《关于督促整改脱贫攻坚工作中形式主义官僚主义问题的通知》；把脱贫攻坚落实情况纳入巡视监督重点内容，作为“两委书记”年度述职重要内容，发挥考核“指挥棒”作用；组织纪检干部到河南兰考县实地调研，强化纪检干部落实脱贫攻坚监督责任。院纪检部门深入河北省阜平县、北京市密云区郝家台村脱贫攻坚一线，同科研人员、挂职干部、当地百姓、村镇干部交流访谈，增进同科研人员、同农民群众的感情，增强脱贫攻坚的政治责任。

七、2020 年工作思路

全面贯彻落实党的十九大、十九届四中全会和中纪委全会精神，坚持以习近平新时代中国特色社会主义思想为指导，牢固树立“四个意识”，坚定“四个自信”，做到“两个维护”，坚持以政治建设为统领，全面加强党的组织建设、思想建设、作风建设和纪律建设，认真落实部、院党组关于 2020 年全面从严治党工作的部署和要求，夯实全面从严治党政治责任，构建完善农业科研特色监督体系，营造纪律严明、环境宽松创新氛围。一是强化风险防控，着力强化院所办企业、财务资产领域、作风建设、科研学术领域的风险防控；二是加强经常性纪律教育，注重加强正面教育引导，注重加强警示教育，注重强化红线底线意识；三是做实做细日常监督，直面问题，抓早抓小，抓细抓常；四是建立健全监督体制机制，整合监督资源，统筹监督力量，强化监督效果；五是夯实责任，强化履职担当的主动性、自觉性，建立齐抓共管的责任体系；六是宽松创新环境，构建以信任为前提的监督机制，坚持“三个区分开来”原则，遵循“四严四宽”的工作思路，探索宽严相济的工作方法，营造潜心科研的良好氛围；七是强化政治巡视，持之以恒正风肃纪和落实中央八项规定精神；八是加强对科技支撑乡村振兴和脱贫攻坚、科研管理“放管服”、院人才工作会精神落实等重大决策部署的监督检查，为科技创新和实施乡村振兴科技支撑行动提供作风和纪律保证。

中共中国农业科学院党组纪检组

2019 年 12 月 13 日

十、人物介绍

稻亦有道

——记中国科学院院士钱前

2019年和2020年，在科睿唯安公布的交叉学科和植物与动物科学领域全球“高被引科学家”名单中连续两年都出现了“钱前”这个名字，他是中国科学院院士、中国农业科学院作物科学研究所所长、水稻生物学国家重点实验室主任。但他自我介绍时却从来都说：“我是个搞水稻的。”从事水稻科研近40年，钱前院士带领团队发掘了近5万份基因功能研究和遗传分析材料，在国际主流学术刊物发表通讯和共同通讯作者论文120余篇，获得国家发明专利授权和新品种权30余项，在我国种质资源的发掘创新、遗传群体的构建、重要农艺形状基因克隆及分子育种领域取得了显著的成绩，彰显了一位农业科研工作者的使命与担当。

不懈的坚持，才有丰满的收获

1983年炎夏，钱前从南开大学毕业，来到中国水稻研究所，从事作物种质资源学和遗传育种研究，从此与水稻结下了不解之缘。工作中他善于继承老一辈科研人员的经验，并加以拓展，同时注重理论与实践的结合，从农业生产中存在的关键问题出发，通过遗传资源开发利用与现代生物技术相结合的策略，在水稻遗传种质资源发掘创新、重要农艺性状解析与分子育种等领域开展了系统深入的研究，形成了鲜明的研究特色。

在水稻种质资源和遗传材料的发掘创制研究中，钱前率先利用遗传诱变获得与重要农艺性状相关的遗传变异材料与突变体库，发掘近5万份基因功能研究和遗传分析材料，包括7大类、39个亚类共2 386份水稻遗传材料，并建立了4 000余份高产、优质、高抗水稻分子育种的亲本资源库。构建了水稻全基因组测序籼稻模式材料、国际上第一套籼稻背景的近等基因系、粳稻/籼稻等永久遗传群体等，被国内外100余家单位广泛使用，成为水稻遗传学的经典材料，相关成果发表在*Cell*、*Nature*、*Science*、*Nat Genet*、*PNAS*、*Plant Cell*等国际主流学术期刊上，为我国水稻功能基因组学研究走在世界前列作出了重大贡献。

在开展相关研究的同时，钱前还编写了专著《水稻遗传学与功能基因组学》，系统总结了相关领域的重要进展。通过重要种质资源的创新性挖掘及遗传群体的构建，为我国水稻遗传学与功能基因组学研究奠定了重要的材料基础，丰富了水稻育种的亲本资源，在我国超级稻高产育种、水稻分子育种研究及水稻功能基因组学研究中发挥了不可替代的重要作用。

长期坚持不懈的努力换来了硕果累累，上述系统性成果“水稻重要种质创新及其应用”获得 2010 年国家科技进步二等奖（排名第一）。

生产的需求，就是研究的选题

38 年来钱前把自己全部的心思，都赋予水稻科研事业。长期科研一线的实践，练就了他敏锐的洞察力和脚踏实地的执行力。针对我国水稻生产的重大需求，他率先将遗传学理论与田间实践相结合，提出并实践品种分子设计的理念。在水稻分子设计育种领域进行了前瞻性、创新性地尝试。

杂交稻技术为解决我国粮食安全作出了重大贡献，但因制种环节多、周期长，混杂时有发生，成为杂交稻生产中提高纯度的主要制约因素之一。钱前研究员瞄准这一问题，20 世纪 90 年代在国内就率先将 DNA 分子标记技术引入杂交稻品种鉴定研究，相关研究结果在《中国水稻科学》等期刊发表，为我国农作物品种相关检测技术的发展奠定了基础。

在上述工作基础上，钱前研究员及其团队先后分离鉴定了调控水稻复杂重要农艺性状形成的关键基因 120 多个，为高产、优质品种的培育奠定了重要理论基础并提供了重要基因资源。解析了美国稻长粒 *GL7* 基因协同调控水稻粒长和品质的遗传学基础和分子机制，为选育高产优质水稻新品种提供了新理论基础。利用优异地方品种“宝大粒”发掘出增加产量基因 *GS2*，为超级稻品种的产量进一步提高奠定了基础。与李家洋院士合作解析了控制水稻株型的关键基因 *MOC1* 和 *IPA1* 的功能，相关成果得到 *Nat Rev Genet*、*Nat Biotechnol*、*Nat Genet*、*Science Now* 等的专文评述，先后入选中国十大科技进展（2 次）和中国十大科学进展，并获国家自然科学二等奖（排名第二）。

2003 年，钱前研究员提出“水稻基因设计育种将成为第三次水稻育种突破口”，2007 年，主编《水稻基因设计育种》，系统介绍了水稻转基因和分子标记辅助育种的基本原理与方法，阐述了水稻主要性状遗传分析及分子育种的最新进展和基因设计育种的展望；2012 年，主编《水稻分子育种技术指南》，从技术与应用的层面，对水稻分子设计育种的具体实施进行阐述，加强对应用的指导。在长期的育种实践和理论思考基础上，与李家洋院士等共同提出了理想株型与籼—粳杂种优势相结合的未来超级杂交稻分子设计模型，阐述了基于籼粳亚种间杂种优势利用的分子育种学理论并奠定了未来超级杂交稻设计的理论基础，为水稻生产的第三次产量飞跃提供了指导性思路。

在开展水稻分子育种理论研究的同时，钱前研究员还积极将分子设计育种应用于生产实践。选择利用生产上广泛应用的杂交水稻品种两优培九，利用所构建的重组自交系和全基因组重测序信息，解析了超级杂交稻产量相关位点；在分析籼稻 9311 基因组精细结构的基础上，阐明了其产量性状形成的调控机理。通过分子设计育种技术，将粳稻中 28 个控制稻米品质的优异等位基因导入到食用品质较差的超高产籼稻品种“特青”

中，培育出优质、高产的新品种，同时也建立了高效、精准、定向水稻分子设计育种的技术与平台。以此为基础分子设计选育了粳质籼型杂交稻广两优7203等10个水稻新品种，其中6个已获国家品种审定，在浙、湘、赣、桂等南方稻区大面积应用，相关成果获2017年度国家自然科学一等奖（排名第三）。

踏实的作风，总有曙光在前头

“手把青秧插满田，低头便见水中天。六根清净方为道，退步原来是向前。”“做科研就是要耐得住寂寞，守得住初心，脚踏实地才能作出好东西!”多年来钱前研究员是这么说，也是这么做！他总说，几十年干水稻，最彷徨无助的是刚开始到水稻所的那两年，刚毕业的学生，自己带着几十亩地的任务，从整地到播种，从插秧到收获，全都是自己一个人干，干不好就看，看完了再回去干，凭着一股不服输的劲头，他在水稻田里一扎就是近40年。1986—1989年，他赴日本攻读硕士学位，取得学位后，立即回国投身科研事业。1996年再次赴日进行博士后研究，一年后学有所成，如期归来，更是全身心投入水稻研究中。

钱前不但对自己要求严格，更注重锻炼和培养团队的合作精神。他通过承担国家杰出青年基金、“973”计划、国家基金委创新群体等项目，汇聚优秀的科研人才，充分发挥团队成员的特长，多学科协作攻关，共同取得重要成果。他总是强调，每一次获奖，每一篇优秀论文，都是合作的成果。

在注重合作的同时，他还积极促进学科的开放和交流。从2005年起，组织举办了4届“全国水稻突变体、功能基因组及生物技术育种研讨会”，受到国内外同行的普遍支持和好评。2009年起，组织3届“中日水稻形态建成国际研讨会”，促进了水稻遗传学研究强国中日科学家在水稻遗传学和分子育种领域的学术交流。2017年组织举办了国家自然科学基金委员会—国际水稻研究所“水稻科学国际研讨会”，为促进水稻科学发展作出了具有国际影响力的重要贡献。在本职科研工作中刻苦攻关、奋力创新的同时，钱前研究员还担任九三学社中央委员、浙江省委副主委，浙江省人大常委会委员等职务，他充分发挥科研专家和民主党派的身份优势，积极为促进浙江省乡村振兴和“三农”工作的高质量发展献计献策，多次带队到浙江基层一线开展科技帮扶和专题考察，多次就浙江省人才培养、农业科技创新和乡村振兴等问题向浙江省委、省政府领导坦陈进言，得到了省委省政府领导的高度肯定。

多年的辛苦付出，成果和荣誉纷至沓来，3项国家级科技奖励、10项省部院级科技奖励纳入囊中；发表SCI论文274篇，其中在*Nat Genet*、*Nat Commun*、*Nat Plant*、*PNAS*等高水平学术刊物发表通讯和共同通讯作者论文120篇；论文总引用25 862次，其中SCI引用19 189次，国内刊物主要论文CNKI引用6 000余次；获发明专利32项；主持育成品种10个（6个国审）并在生产上推广应用。获国务院特殊津贴、国家杰出青年基金资助、百千万人才工程领军人才等学术荣誉，领衔团队获国家基金委创新研究群体资助。

然而，对他来说，成绩只代表对过往工作的总结，下一个目标，仍须脚踏实地地一步步去实现。作为一个纯粹的水稻人，他的目光永远放在水稻科研的第一线，争取为保障国家粮食安全、满足人民生活需求作出自己贡献！

科技创新　开创"酶"好新生活

——记中国工程院院士姚斌

姚斌是我国微生物与酶工程领域新一代的学科带头人。近30年来，他面向国家重大需求，聚焦产业技术难题，带领团队潜心钻研，创建了酶蛋白基因规模化挖掘、构效机理与性能改良、高效表达与生产这一完整研发链条的理论和技术体系，为推动我国饲料酶产业迅速发展成为具有国际竞争力的高新技术产业作出了突出贡献。

薪火相传　开启"酶"好生活

1988年，姚斌从华中农业大学微生物专业本科毕业，为继续深造，考取了中国农业大学植物病理学专业硕士研究生，之后又于1991年进入中国农业科学院攻读博士学位，师从农业分子生物学家范云六院士。读博期间，姚斌不但接受了规范严格的科学思维和实验技能训练，同时被范云六院士渊博的专业知识、严谨的治学态度和孜孜不倦的敬业精神深深影响，始终将范先生提出的"敬业执着，严谨探索，继承开拓"作为自己科研工作的准则和方向。1994年博士毕业后姚斌加入中国农业科学院饲料研究所，开始了自己的科研生涯，并逐渐确立了面向生产实践、解决重大产业问题的科研定位。

20世纪90年代初国内养殖业还处在小规模、家庭化、传统饲料喂养的初级阶段，新型饲料添加剂市场基本被国外大公司垄断。姚斌通过深入调研将饲料酶作为自己的研究方向，在范云六院士的大力支持下在国内率先开展分子生物学与饲料科学的交叉学科研究，并确立了从酶的分子生物学基础问题入手来系统性地解决其瓶颈问题的研究思路，针对性地解决了酶基因资源高效获取和知识产权问题、酶的应用性能和生产成本等问题。通过深入分析和技术评估，姚斌瞄准了具有成为饲料业第一大酶种潜力的植酸酶作为攻关的重点。植酸酶可将饲料中含量丰富却不能被动物吸收的植酸及其络合物分解为无机磷和肌醇，从而大幅提高单胃动物对磷、矿物质、蛋白质等营养物质的利用率，还可降低粪便中磷的排放量，减少环境污染。

面对既没基础又没经费的局面，姚斌迎难而上，刻苦攻关，将先进的分子生物学技术应用到植酸酶的研发中，从构建载体、转化菌株到规模化生产，每一个细节都反复摸索，不断实验。研发过程一波三折，坎坷艰辛，但姚斌浑然不觉，忘我地乐在其中，成功创制了国内首个基因工程植酸酶产品，1998年植酸酶技术成功产业化。自主研发的植酸酶价格较进口商品下降了10倍，开创了我国第一个饲料酶制剂的生产，成为饲料酶国产化的起点，受到国内同行的广泛关注和高度认可。2001年，姚斌主持的科技成果“利用基因工程酵母生产植酸酶”获得国家科技进步奖二等奖。面对荣誉姚斌并没有沾沾自喜放慢前进的脚步，而是加大研发力度，着手创建饲料酶资源挖掘，性能改良及高效表达技术平台，开始了植酸酶产品的升级改造及多种新型饲料酶的研发工作。2003 年，植酸酶的研发又迎来了质的飞跃，高比活植酸酶投入产业化生产，酶的添加成本进一步降低，全面实现了植酸酶在我国饲料中的普及应用。2005 年，美国著名饲料酶公司主动找到姚斌，提出引进植酸酶专利技术，由此“植酸酶高效生产技术”走出国门，实现向美国的技术转让，标志着我国饲料酶生产技术达到世界先进水平，得到国际同行的认可。2016 年，团队又开发出全能型植酸酶产品，植酸酶已形成完整的系列产品，在不同种类不同环境的动物养殖中发挥着重要作用。

迄今为止，姚斌团队研发的植酸酶技术获得多项国际专利授权，产品活性从 500 单位，一路攀升到 10 万单位，生产水平提高 200 倍，价格和应用成本下降近百倍，产品应用于全球主要养殖大国，已成为常规饲料原料。植酸酶技术和系列产品的研发开创了我国自主知识产权的基因工程饲料酶的先河，彻底打破了国外企业的垄断，成为研发—产业—应用高度系统化的成功示范。

牢记使命　勇攀科研高峰

我国是养殖大国，养殖行业长期面临着饲料粮严重短缺，环境污染严重，抗生素超标等问题。面对国家重大需求和产业瓶颈，姚斌深感责任重大。因此，他并没有止步于植酸酶的成功，而是将目光放到了更广阔的领域。为了解决行业“卡脖子”问题，他深入养殖场和发酵工厂调研，了解养殖过程存在的问题和需求，比对大规模发酵生产与实验室研究的差异。通过调研和思考，他深刻认识到：“一定要突破饲料酶制剂综合性能差、成本高的瓶颈，研发自有产品，才能使我国从酶制剂的使用大国跃升为生产强国，才能有效提升养殖业现代化和绿色水平，在国际市场占据一席之地。”他制定了从理论创新到产品创制的战略思想，带领团队创建了国际先进的饲料酶研发技术平台，从酶基因资源的挖掘、蛋白结构和功能关系及菌株高产机理的解析等基础理论入手，通过机理的解析、理论的创新来指导新技术的创建，相继建立了酶基因规模化挖掘技术，酶蛋白智能设计和改良技术，酶产品高效表达与生产技术等一系列自主研发体系，目前已成功创制了葡聚糖酶、木聚糖酶、甘露聚糖酶等 20 余种具有自主知识产权的系列饲料酶，并实现产业化生产和推广应用，成为市场主导产品。有效解决了我国饲料酶性能差、成本高、知识产权受限等瓶颈问题。

统计表明，姚斌团队研发的饲料酶年产量居世界首位，实现了我国饲料酶产品从最初全部需要进口到国产饲料酶占据国内市场份额 90% 以上的转变，国外大公司产品基本退出中国市场，真正在饲料酶行业做到了“人无我有，人有我优”。姚斌团队创制的“用得好、用得起、用得放心”的自主新产品得到了国家和同行的高度认可，树立了姚斌在饲料酶研发和创制领域的地位，为饲料酶的可持续研发奠定了雄厚基础。多年的奋斗结出了硕果，2012年，姚斌获批国家杰出青年科学基金项目资助；2013年，“饲料用酶技术体系创新及产品创制”项目获得大北农科技奖特等奖，“新型饲料用非淀粉多糖酶制剂产品的创制”项目获得北京市科技进步奖一等奖；2014年，姚斌牵头申报的“饲料用酶技术体系创新及重点产品创制”项目，获得国家科技进步奖二等奖，这是团队继2001年度获得国家科技进步奖二等奖后再次在此领域获此殊荣。

不断进取　引领创新方向

光辉与荣誉虽然耀眼，但只属于过去，怎样打造世界一流的科研技术和创新团队，引领饲料酶的发展方向，才是姚斌不断思考的主题。按照国家农业发展战略方针，实现无抗绿色健康养殖是养殖业未来发展方向，更是社会关注的食品安全和消费者健康的焦点。姚斌抓住机遇率先研发了以葡萄糖氧化酶为代表的用以减少抗生素使用、调节动物免疫功能、拓展饲料资源等多个领域的全新酶种，成为市场先导产品，占据了世界饲料酶的主导地位。同时，他又把眼光放到了一直被国外跨国企业垄断的工业酶种上，工业酶制剂市场远比饲料酶的市场大，其大宗酶产品如糖化酶、淀粉酶、蛋白酶等因无自主知识产权而长期受制于人。姚斌团队运用独创的酶基因挖掘技术、酶蛋白综合改良和高效生产技术，创制了综合性能优异的糖化酶、宽温淀粉酶、碱性蛋白酶和过氧化氢酶等产品，突破了国际大公司的知识产权壁垒，打破了工业大宗酶被国外垄断的局面，增强了工业酶的国际竞争力。

姚斌从事科研工作近30年，先后入选国家级人才计划、农业科研杰出人才、科技北京百名领军人才、农业部有突出贡献的中青年专家、中国农业科学院一级杰出人才，获政府特殊津贴。带领团队荣获国家科技进步奖二等奖2项，北京市科技进步奖一等奖1项、大北农科技奖励特等奖1项，中华农业英才奖，中国发明专利优秀奖4项。发表研究论文200余篇，为免疫和微生物学领域的中国高被引学者。获得授权发明专利100余项，其中技术转让/专利许可60余项。领导的饲用酶工程创新团队有2名国家级创新人才，2名省部级人才，并入选了全国农业科研杰出人才及其创新团队和科技部重点领域创新团队。

2019年姚斌当选中国工程院院士，面对鲜花和掌声，他感到肩上的担子更重了。“我们要有危机意识，要保持创新精神。”这是他给自己和团队提出的目标和方向。如何利用日新月异的新兴技术，打造前沿学科交叉的科研平台，创新技术和产品，扩大研究范围，引领酶制剂和生物活性制剂产业的发展方向，是今后团队努力的方向。让我们期待姚斌在国家乡村振兴战略的指引下，在农业科技的主战场上披荆斩棘，为我国养殖业健康绿色发展贡献更大的力量！

只为国人吃得更香更安全

——记中国工程院院士胡培松

胡培松，中国工程院院士，现任中国水稻研究所所长。俯首田间近 30 载，胡培松潜心耕耘在水稻品质遗传改良研究领域。他挖掘创制多份稻米品质改良骨干材料，广泛应用于育种实践；创建稻米品质高效评价技术体系，大大提高选择效率；育成优质专用主导品种 12 个，累计推广面积达上亿亩，为我国籼稻品质遗传改良作出重要贡献。如今，放眼湖南、湖北、江西、浙江等地，田间稻花香里皆浸润着院士与其团队成员的心血与汗水。寒冬酷暑，晨起夜归，一心只为中国人手中的饭碗端得更牢，吃得更香、更安全……

与农结缘，踏上水稻育种之路

1964 年，胡培松出生于浙江桐庐农村，后来选择农业有些机缘巧合。胡培松报考大学的那一年，正是袁隆平院士领衔的杂交水稻科研协作组获国内首个特等发明奖的那一年，杂交水稻的横空出世，获得了国内外同行的高度认同，也吸引了全世界惊羡的目光。胡培松深受鼓舞，加上小时候挨饿和对粮食需求的深刻记忆，高考就填报了浙江农业大学种子专业。

大学毕业后，胡培松在杭州农校教了两年书，但总觉得教书和培育产量高又好吃的水稻品种相比，后者能亲眼见证它落地出芽、抽穗开花，到结出大米的那种喜悦和满足感。因此，在工作两年后，胡培松报考了中国农业科学院的遗传育种专业的研究生，开始了新的求学生涯。读研期间，胡培松进入中国水稻研究所当时新创建的遗传组，这个研究小组当时有“水稻所黄埔军校”之称，后来产生了多位院士和所长。在这里，胡培松遇到了人生中最重要的两位导师——时任中国水稻研究所所长的熊振民老师和副所长闵绍楷老师，他们将胡培松领入水稻育种研究的大门，胡培松开始正式走上水稻遗传育种的道路。

聚焦品质，填补优质大米空缺

为解决口粮问题，我国长期聚焦如何提高水稻产量，水稻高产育种始终处于世界领先水平，而我国稻米品质研究相对落后。1991 年胡培松硕士毕业时，正值我国第二次优质米发展高峰前夕，粮食结构性问题非常突出，优质粮源主要依靠进口，尤其是南方，像泰国“茉莉香米”级别的优质香稻品种还是空白。因此，胡培松硕士研究生一毕业，就追随我国著名优质水稻育种家黄发松老师，在他带领下组建成立了中国水稻研究所“优质稻育种”团队。胡培松主持的第一个国家育种攻关课题——一级籼型香稻品种培育，正是为了解决当时国内高端优质大米空缺问题。很快到1993年，由于国内稻谷种植面积和产量均急剧减少，优质米发展的“春天”短暂结束，但胡培松及其团队还是将选育优质米作为育种目标，克服了种质匮乏、技术短缺等育种难题，埋头苦干并长期坚持了下来。通过不懈努力，最终培育出了中香1号、中健2号等系列一级香稻品种，在外观和口感上能够和泰国香米媲美，但产量和抗倒伏性远优于泰国香米，填补了国内空白，极大地促进了我国优质稻米产业的发展。2009年，“籼型系列优质香稻品种选育及应用”获国家科技进步奖二等奖。

随着团队的不断发展壮大，胡培松对培育优质水稻品种的追求从未停歇。近年来，胡培松团队又育成华浙优261、泰优553等一级优质水稻新品种。2020年第三届中国黑龙江国际大米节，华浙优261在726份参比大米中脱颖而出，以籼稻组总分第一的成绩荣获金奖；泰优553于2019年荣获第二届全国优质稻品种食味品质鉴评金奖。

改良早籼，走出加工型早稻新路子

对于水稻育种者来说，食用早籼的优质化是籼稻品种改良的难点。长江中下游早稻不仅生长周期较短，还要经历“倒春寒”和梅雨季这样的气候条件，前期低温冷害和灌浆结实期的高温逼熟，不利于优质米的形成。为此，胡培松带领团队首次提出并发掘利用稻米品质温度钝感材料改良早籼稻，建立了品质高效评价技术体系，经过20年的努力，培育出了我国第一个年应用面积达百万亩的香型二级优质早籼稻品种中鉴99-38。2012年“优质早籼高效育种技术研创及新品种选育应用”获国家科技进步奖二等奖。

在解决了食用早稻优质化的问题后，胡培松团队没有停下或者放缓前进创新的脚步，他们清醒地意识到育种研究必须顺应和贴近百姓生活需求，又瞄准早稻的加工用途和南方人喜食米粉（米线）的生活习惯，选育出了米粉加工突破性品种中嘉早17。中嘉早17具有高直链淀粉含量和长胶稠度兼顾的特性，加工出来的米粉弹性好、不断条、不糊汤，凭借其极优的米粉加工特性，中嘉早17迅速风靡南方稻区，连续7年被农业部推荐为主导品种，并成为近30年来唯一单年推广面积达千万亩的早稻品种。因此，“超高产专用早稻中嘉早17的选育和应用”于2016年获浙江省科技进步一等奖，2020年获得国家科技进步奖二等奖。

情系三农，为水稻科研探索不止

育种是热情、毅力、耐力和体力的持续考验，水稻品种性状的稳定耗时长，至少需要 6 年。冬季大陆气温低，水稻无法正常生长，胡培松及其团队成员需要到海南岛去加代繁殖。从杭州到海南，近 30 年，年年像“候鸟”一样往返……而早稻选种季节，就是一年中最苦最累的时候。七八月的高温，早上 5 时，胡培松起床到田里，干两小时活上来吃早饭，全身已经湿透，换好衣服又下到田里，等再上来的时候，刚才的湿衣服已经被电风扇吹干了，就又可以重新穿上……一天下来要换上三四套衣服。但当最终研究成果出来时，看到磨米机里碾磨出来的亮晶晶的米粒，想到农民种植并因此能卖个好价钱，胡培松就很开心，感觉一切都是值得的。

正是凭着这股劲头，胡培松先后取得多项令人瞩目的科技成果。以第一完成人获得国家科技进步奖二等奖 3 项、省部级二等以上奖励 10 余项，第二完成人获国家发明四等奖 1 项。先后获全国农业科技杰出人才、中国作物学会科学技术成就奖、国家“万人计划”科技创新领军人才等荣誉称号，2018 年入选浙江省特级专家，2019 年 11 月当选中国工程院院士。

研无止境，胡培松还在科研的道路上不停探索，同时不忘培养年轻人投身水稻科研。胡培松认为对于年轻农业科研工作者的培养，尤其需要言传身教。因此，他常常引导年轻人要适当离开实验台桌，主动投身于田间地头，才能保证研究贴近生产实际需求。他经常鼓励和肯定年轻的育种工作者，让他们能够感受到育种的乐趣。胡培松认为，比起育种经验和技术的传承，对育种情感和精神的传承更为重要。

如今，国际形势复杂多变，全球粮食安全仍然存在较大不确定性，尤其是新冠疫情带来的全球性危机，这对水稻科研人是磨砺，也是激发其自力更生、奋发向前的磅礴动力。作为水稻科研工作者，胡培松表示，选育绿色优质好品种，把科研成果写到祖国大地上，为口粮绝对安全保驾护航，让中国人把饭碗牢牢端在自己手里，而且端得更牢，端得更好，这就是水稻科研人对农业科研使命的最有力践行！

领航农产品质量安全研究

——记中国工程院院士李培武

“民以食为天，食以安为先，食品安全的源头在农产品，而农产品质量安全关乎社稷民生。”30年如一日带领团队坚守在科研、生产与检测第一线的李培武就是这个领域科学研究的带头人。君子不虚行，行必有正，他品德高尚，治学严谨，凝心聚力，共克难关，推动我国农产品质量安全学科从创建到逐渐发展壮大，为提高我国粮油质量，保障粮油食品安全作出了突出贡献。

丹心报国献科研　立足产业破瓶颈

立志粮油安，月是故乡明。1986年7月，李培武从南京农业大学研究生毕业后，被分配到中国农业科学院油料作物研究所工作。当时，我国的农产品质量安全研究还处于起步阶段，研究基础薄弱。为追赶国际先进水平，李培武多次赴丹麦、芬兰、德国等国外大学和研究机构访学。期间，丹麦皇家农业大学等机构希望李培武能留下来。李培武谢绝了国外机构的多次挽留，以拳拳赤子之心毅然回到祖国。

“要创新就得敢为天下先。”20世纪90年代，我国双低油菜混种、混收、混加现象严重，陷入了优质产品既卖不出优价也无法优用的尴尬局面。面对挑战，李培武带领团队自2001年起在国内率先开展了油菜质量安全监控，研制出双低油菜速测技术和芥酸硫甙速测仪，创建了双低油菜全程质量控制技术，并成功实现标准化，破解了双低油菜产业发展中质量控制的系列复杂技术难题，被列为全国油料主推技术，成果在苏、皖、赣、鄂、湘、川等我国油菜主产区广泛应用，获得显著社会经济效益，提升了油菜产品质量，促进了双低油菜行业科技进步，分别于2004年和2008年荣获国家科技进步奖二等奖。

放眼国际攀高峰　热血攻坚创佳绩

奋楫笃行十五载，惟实励新破难题。黄曲霉毒素是人类迄今发现污染农产品毒性、致癌性最强的一类真菌毒素，粮油奶产品最易受到污染，威胁消费安全。由于毒性极强，免疫活性位点不明、杂交瘤极易衰亡丢失、抗体亲和力低、检测灵敏度低等问题一直是国内外研究热点和难以攻克的国际难题之一。李培武带领团队历经15年的持续艰苦攻关，发现了黄曲霉毒素分子免疫活性位点及其对抗体亲和力的靶向诱导效应，创制出系列高灵敏抗体、重组抗体和纳米抗体，创建了高灵敏现场快速检测技术体系，并研制出高灵敏试剂盒、亲和柱及荧光检测仪、单光谱成像和时间分辨荧光检测仪等系列产品，灵敏度比同类技术提高 10 倍以上，检出率同比提高 50%以上，广泛应用于农产品及食品、饲料等领域原料与产品监控，及时发现黄曲霉毒素污染，降低了毒素进入食物链的风险，有效保障了食品安全。

这些研究成果不仅打破了国外长期技术与产品垄断，部分产品还销往美国、印度、巴基斯坦、斯里兰卡等国，解决了粮油等农产品从农田到餐桌各环节全程控制毒素现场快速检测与筛查的技术难题，在国家粮油质量安全普查、风险监测、风险评估等政府监管中广泛应用，推动了农产品质量安全从终端到全程科学管控的技术跨越，使我国跃居本领域国际领先行列。2015 年，该项成果获国家技术发明奖二等奖，李培武也因此受到习近平总书记的亲切接见。

聚焦难点再突破　振兴产业促发展

粮油安则天下安。油料是食用植物油、植物蛋白和饲料的重要来源，随着农业供给侧结构性改革和乡村振兴战略的实施，油料产业因其高附加值迎来了快速发展的大好机遇。然而，由于油脂分子结构类似、特质成分含量低富集难、品质参数种类多，油料质量长期仅能检测含油、蛋白等宏量常规品质指标，对特异品质检测灵敏度低、标准匮乏，油脂分子只能水解后测定脂肪酸，导致食用植物油优劣与真假难辨，品质难以评价，不能满足人民对高质量食用油鉴别的需求，严重制约了油料品质提升与产业高质量发展。

长算远略，放眼乾坤悟真知。为了破解以上困境，李培武带领团队提前布局，围绕油料中油脂分子、植物甾醇、白藜芦醇、芝麻素、多酚等特质营养成分的发掘和利用开展先导性研究。功夫不负有心人，先后发现了植物油分子离子树裂解规律，创建出原位识别直接检测技术，破解了植物油只能测脂肪酸、难测油脂分子的难题，攻克了制约油料品质提升与产业提质增效的关键核心技术。在此基础上，李培武带领团队又研发出油脂分子及特质成分高灵敏检测方法，构建特异品质检测技术标准体系，在油菜、花生、芝麻等主要油料脂肪酸改良、生产、收储、加工、流通、食用油监管与检验检测及特质功能产品研发等领域推广应用，显著提高了油料油脂品质，保障了油料安全，推动了产业提质增效。2019 年 4 月，该技术成果荣获湖北省技术发明奖一等奖，为我国油料由高产量向高产高质发展的战略转变提供了强有力的关键技术支撑。

科研协作创平台　国际影响大提升

一家独大不是春，百花齐放春满园。李培武深知农业科研领域协同创新的重要性，为此他牵头组建了国家农业检测基准实验室、农业农村部生物毒素检测重点实验室、国家粮油检测示范推广基地和国家农产品安全检测与控制技术成果示范推广基地；联合全国30余家优势单位，凝聚了全国粮油安全的重要骨干，连续8年牵头完成了国家粮油产品质量安全风险评估重大专项，摸清了我国主要粮油产品质量安全风险隐患，探明了危害因子消长变化规律，绘制了花生黄曲霉毒素等消长动态分布地图，促进了我国粮油产品质量安全的科学精准监管水平提升，诠释了农科精神的大格局“团结就是力量”。2016年李培武主持完成的风险评估结果得到农业农村部和国务院相关部门采纳，提升了我国油菜、大豆等进出口贸易措施的针对性和主动性，增强了国际谈判话语权。

海纳百川，有容乃大。随着科研水平的不断提升，我国科学家在国际社会的话语权与日俱增。擅长“放眼世界”的李培武带领团队与美国、加拿大、德国、意大利、丹麦、日本、韩国等国的科研机构建立了密切的合作关系，组建了中国—德国和中国—ICRISAT国际联合实验室，以及欧盟地平线计划（H2020）国际真菌毒素检测技术培训基地，并举办了9届粮油质量安全与风险控制国际研讨会，多次作为我国及联合国粮食及农业组织（FAO）亚洲专家代表参加食品添加剂联合专家委员会（JECFA）、国际食品法典委员会（CAC）等国际会议。

传道授业育英才　砥砺奋进担使命

甘为人梯，奖掖后学。李培武十分注重人才培养和团队建设。他作为中国农业科学院首批入选农产品质量与食物安全专业的博士生导师，对每一位研究生都亲自指导，授业解惑。曾获得百篇优博论文提名奖的张道宏博士，多年后提起导师李培武院士，仍热泪盈眶。她难以忘记在2010年春节前夕，为了指导博士论文中的一个技术难点，李老师和她一起反复试验，优化方案，直到大年三十才得以解决问题。“李老师为我购买了机票，还亲自送到机场，我才能及时回家过年。”

类似的事情还有很多，“言传身教”是李培武指导学生的准则。他先后培养了博士22名，其中1篇博士论文获全国百篇优秀博士论文提名奖，3篇博士论文获中国农业科学院优秀博士论文奖。在团队建设中，他培养出数十名研究员、副研究员和高级实验师、高级农艺师等优秀创新人才，形成了年龄、职称、专业搭配合理，竞争力、创造力“双优”的创新团队，先后获得中华农业科技优秀创新团队奖、湖北省红旗党支部、农业部创新团队，中国农业科学院青年文明号等荣誉称号。

新时期新担当新作为。面向未来，李培武将带领团队继续坚持以“四个面向”“两个一流”为目标，以“捍卫百姓舌尖上的安全、提升农产品营养品质”为使命，向着更高、更远的方向扬帆起航！

勇攀科技高峰　誓保舌尖上的安全

——记国家技术发明奖二等奖获得者王静

王静，女，1963 年生。中国农业科学院农业质量标准与检测技术研究所研究员，博士生导师，第十三届全国政协委员、民盟中央农业工作委员会委员、国务院特贴专家、中国农业科学院农科英才领军人才、农业化学污染物残留检测与行为研究创新团队首席科学家，兼任食品安全国家标准审评委员会委员、中国仪器仪表协会分析仪器分会副理事长及快速检测技术及仪器专业委员会主任委员等。长期从事农产品质量安全与检测技术研究工作，她带领团队在科技创新、学科建设及保障我国农产品质量安全等方面作出了突出贡献。

艰苦创业，守得云开见月明

2005 年，王静研究员作为杰出人才，从哈尔滨工业大学引进到中国农业科学院质标所工作。当时的质标所仅有一临时办公的二层小楼，王静研究员在没有实验室、没有任何仪器设备、没有助手，两年里没有任何科研项目资助的艰苦条件下，凭借着坚韧与执着，以及对自己所从事事业的责任感与使命感，带领仅仅 2 名客座研究生在外省实验室打游击，开始了她为保障我国农产品质量安全的科研创新之路。2007 年年底，她迎来了科研工作的春天，“863”计划、国家基金、科技基础性专项、农业科技成果转化、“948”等项目相继获得立项。16 年过去了，团队从无到有，如今已发展成为一支拥有 50 余人的创新队伍，实验室具备开展农业化学污染物残留检测及行为研究的国际一流条件，成为一个具有重要影响力的农产品质量安全研究基地。

王静研究员多年来与多家科研院所及企业通力合作，通过成果转化和共同攻关，极大地促进了食品/农产品安全科学检测试剂和仪器的国产化及应用。研究成果已用于我国农产品质量安全监管和保障工作，为保障广大人民舌尖上的安全提供了重要的技术支撑。

赤子之心，殚精竭虑保安全

农产品作为食品的源头，保障其安全意义重大。近年来，我国农产品质量安全不断向好，然而农药超范围超量使用、违禁添加物非法添加及迁移污染等现象仍然存在，一直是影响农产品质量安全的最重要因素。实现典型化学污染物的快速精准识别，是第一时间发现问题、政府实施有效监管的重要抓手。

面对国家战略需求，针对我国农产品质量安全领域薄弱环节，王静研究员带领团队以检得准、检得快、检得多为目标，开展联合攻关，在分子印迹聚合物设计、核心识别材料创制、免疫检测增敏等核心技术上取得了系列突破，完成了覆盖5大类600余种化学污染物的快速检测技术、产品及确证方法，为我国农产品质量安全风险隐患排查与管控、快速应急处置发挥了重要作用。2020年，基于免疫层析试纸条和移动终端的智能图像识别污染物快速检测技术和系统再获突破，这一技术和系统特别适合流通领域政府监管、企业自查、消费者自检，预计未来这一发明结合前期的快速检测产品会有更广泛的应用前景。

农药助剂问题是一个事关农产品质量安全的重大问题，然而在2007年以前，我国对农药助剂的危害关注甚少。王静研究员在前期研究中发现部分农药乳化剂对野生生物的繁殖发育、个体健康以及种群安全都存在一定的危害，具有类雌激素作用。认识到这一问题的严重性后，她忧心忡忡，多次向科技部及农业部建议要高度关注农药助剂及其对人类健康可能存在的风险。2008年，王静研究员作为首席专家带领11家单位共同申请的科技部科技基础性工作专项“高风险农药助剂残留水平及动态变化调查”正式启动。在项目执行过程中，项目组人员赴江苏、浙江、山东、贵州、湖南、黑龙江等18个省份，调查研究我国主要农产品及其产地环境中农药助剂的残留及动态变化。研究结果表明，多类农药助剂具有高风险，研究成果被列入国家“十一五”科技基础性工作回顾和总结报告，同时形成专报上报科技部、农业部，引起了相关部门的高度重视。2013年，科技部继续支持王静研究员主持承担了科技基础性工作专项重点项目，进一步深入研究我国农药助剂残留调查、安全性评价及包括1 000余种助剂按毒性分类的目录。她开创性的工作为我国农药助剂禁限用清单发布及管理办法的制定提供了科学依据。

上述研究成果被列为“舌尖上的安全”六大成果之一，分别在“国家‘十二五’科技创新成就展”“全国农业科技重大成果展”上展出。主持完成的“农产品中典型化学污染物精准识别与检测关键技术”等先后获包括国家科技发明二等奖、北京市科学技术奖一等奖、中国专利优秀奖等奖励15项，授权发明专利40余项，多项成果实现转化落地，组织完成国家/行业标准制定150余项，主编或副主编《食品安全学》《食品安全科普100问》等著作10部，发表论文260余篇。

2016年4月，在中央第八巡视组巡视中国农业科学院期间，王静研究员在中国农业科学院第19期“农科讲坛”上做了“我国农产品质量安全现状及检测技术发展”学术报告，中国农业科学院党组将此作为科学家服务“三农”、保障农产品质量安全的典型写成信息专报呈报给中央第八巡视组。2017年5月，时任国务院副总理汪洋亲临她所在实验室，听取了王静研究员的汇报，并对其工作给予了充分肯定。作为全国政协“委员讲堂”第四期主讲嘉宾录制的“舌尖上的安全”和央视“大地讲堂”主讲嘉宾录制的“科技创新守护舌尖上的安全”节目积极传播正能量，她还多次参加“两会议食厅”“科普开放日”活动，为讲好中国故事、增强消费信心起到积极作用。

胸怀宽广，俯首甘为后人梯

王静研究员一直把建设高绩效的和谐团队作为首要工作来抓，审时度势，量才用人，努力给年轻人展示和锻炼的机会，不让一个人掉队。2017 年 6 月，正当个人事业和团队处于黄金期时她主动辞去研究室主任职务让位给年轻人，正像她当初岗位述职时承诺的那样：要甘为人梯。如今，她带领的团队已成长为一支个人价值诉求与团队发展同步的团队，一支信念坚定、团结创新、懂得感恩的团队。在她的带领和感召下，年轻人积极进取，努力拼搏，多名已成为行业专家，在本领域显露头角。她带领的团队分别获得全国妇联授予的“巾帼文明岗”、中国农业科学院“巾帼文明岗”荣誉称号，她本人获得首都精神文明建设奖，三度获中国农业科学院巾帼建功标兵称号，被评选为中国农业科学院先进工作者、中国农业科学院文明职工，三度获教学名师称号，连续多年获研究生院优秀教师称号。

16 年来她走过了一条艰辛的科研之路，然而凭借着对事业的坚守、严谨的学风、扎实的工作，始终怀着一颗感恩之心，为院所学科建设、科研工作、成果转化、人才培养等默默地发光发热。“非淡泊无以明志，非宁静无以致远”，她用亲身的经历告诉我们，一个人只有踏踏实实做人，勤勤恳恳做事，胸怀宽广，追求崇高，才能无悔于人生。

潜心玉米育种

——记国家科技进步奖二等奖获得者黄长玲

黄长玲长期从事玉米遗传育种工作，现任中国农业科学院作物科学研究所遗传育种中心主任，二级研究员，政府特贴专家，中国农业科学院领军人才。他曾担任第二、第三届国家农作物品种审定委员会玉米专业委员会委员和第三届副主任委员，第三届农业部植物新品种复审委员会委员，第七、第八届北京市作物品种审定委员会委员，第八届主任委员会委员；现任第十一届中国作物学会理事，中国作物学会理事玉米专业委员会副秘书长，第一届中国绿色产业发展委员会理事，国家玉米产业技术创新战略联盟副理事长。

与玉米结下不解之缘

1962 年 12 月，黄长玲出生在武夷山南麓的千年古城潭城（现为福建省南平市建阳区），小时候并未接触过玉米，但在他过去的 30 多年大部分时间都行走于玉米育种田里和实验室，与玉米朝夕相伴的时光使他从一个玉米“小白”变成了一位经验丰富的玉米育种专家，他的人生注定要献给玉米育种事业。

1981 年他以优异成绩考入北京农业大学（现为中国农业大学）农学系作物遗传育种专业，全面学习该专业的基础理论课程，参加小麦、玉米、水稻、大豆等作物的育种栽培实习之后，开始真正接触神奇的玉米，大学毕业后，继续攻读研究生，师从我国著名玉米栽培和遗传育种专家郑长庚教授，开始系统深入学习玉米遗传育种的理论知识，在导师的精心指导下，经过刻苦学习与研究，硕士研究生毕业之际，他的研究生论文写成两篇文章，分别在我国顶级的农业科学期刊《中国农业科学》和《作物学报》上发表，对于一名硕士研究生来说这是很难做到的。

1988 年，他被分配到中国农业科学院作物育种栽培研究所（现为中国农业科学院作物科学研究所）工作，就职于我国著名玉米遗传育种李竞雄院士团队，作为潘才暹先生的助手，开启了他的玉米遗传育种生涯。在李竞雄院士和潘才暹先生的精心指导下，熟练掌握玉米育种大田管理和实际操作经验，练就了育种扎实的基本功。他拿起一穗玉米棒，掂一掂就了解有多少克；抓一把玉米籽粒，就知道有多少籽粒数；到田间地头走一圈，就能讲出种植密度并估计出产量，甚至分析出杂交种的血缘。在实际工作中，他渐渐懂得了玉米育种对保障国家粮食安全的重要性和“三农”工作的意义；1992 年被派到国际玉米小麦改良中心（CIMMYT）学习玉米遗传育种，这是他第一次出国，见识了代表国际先进水平的玉米研究，开阔视野、学到了先进科学管理知识经验，此后又参加了美国、德国、巴西等多个国际学术会议，参观了孟山都、先锋、先正达等多个国际巨头种业公司和研发中心，目睹了亚洲、欧洲、南北美洲、非洲最好的玉米品种，在国内，他走遍了中国大江南北的玉米主产区，了解国内外的玉米科研生产情况，与玉米结下不解之缘，玉米事业融入了他的血液。

攻克玉米技术难关，育成系列玉米新品种

针对我国玉米品种产量低、耐密抗逆性差、适应性窄等关键问题，黄长玲带领团队开展创新高效育种新技术，选育优良自交系工作，育成耐密高产广适新品种中单 808 和中单 909 等新品种，创建生产技术体系，实现了品种的大面积推广。

一是以“三高三抗”耐密高产广适育种为指导，开发紧密连锁分子标记，结合常规育种技术，构建高效育种技术体系，创制优良新自交系 15 个。他确立高密度、高穗粒重、高结实率、抗倒伏、抗病、抗旱（三高三抗）育种新思路，创建基于茎秆拉力及穿刺力的玉米抗倒性检测方法；创新基于 *Dhn*1、*Gln*1 和 *Dwarf*8 等功能基因的耐旱性、耐低氮、高收获指数分子标记选择技术；结合早代耐密性选择、多环境穿梭鉴定、杂种优势分群和增密配合力测定等技术，形成高效育种技术体系，他利用外引抗逆亚热带种质和耐密温带种质，选育出耐低氮高收获指数自交系 NG5、耐密耐旱自交系 CL11、耐密耐低氮自交系 HD568 等 15 个新自交系。

二是育成全国农业主导品种中单 808 和中单 909 等品种，解决了玉米“密植与大穗”“密植与抗倒伏”之间的矛盾，实现了耐密高产广适品种新突破。利用高效育种技术体系优化 P 群×旅大红骨杂优模式，选用 CL11 与 NG5 育成中单 808 品种，该品种在国家西南区试增产幅度最高（19.7%）；在贵州较常规种植密度高 30%的情况下，增产 39.3%；每亩 4 400 株高密度下，单株产量 193.7 克，较西南主栽品种临奥 1 号高 18.3%；耐旱性强，耐旱指数比农大 108 高 35.8%，抗茎腐病、中抗纹枯病，适宜全国 10 省份推广。中单 808 克服了大穗品种不耐密的矛盾，实现了单株产量与耐密抗逆性的协同改良，引领了大穗密植育种方向。改良瑞德×唐四平头杂优模式，选用郑 58 与 HD568 育成中单 909。该品种在河南每亩 6 000株高密度下比郑单 958 增产 11.4%，在新疆每亩 8 000株密度下创 1 376千克/亩高产典型；在国家生产试验中倒伏倒折率 1.5%，低于郑单 958（3.9%）；在河南每亩 6250 株的高密度下倒伏倒折率 1.6%，低于郑单 958（3.6%）；抗大斑病、弯孢菌叶斑病和瘤黑粉病，适宜 11 省份推广。中单 909 克服了密植和抗倒伏的矛盾，实现了群体产量和耐密抗逆性的协同改良。

三是创建中单 808 和中单 909 高效种子生产和精准栽培推广技术体系，实现大面积应用。创建亲本繁育、杂交制种、种子加工、质量控制的种子精益生产技术体系，保障基础种子纯度>99.99%，亲本种子纯度>99.9%，商品种子纯度>99%；创建环境评价、品种认知、精细区划的品种精准栽培推广技术体系；至 2018 年两品种累计推广 1.004 亿亩，增收粮食 53.1 亿千克，增创产值 80.3 亿元；5 家种子企业开发品种销售额 23.6

亿元。中单808连续9年被遴选为全国农业主导品种，连续4年位居贵州、四川、重庆推广面积第一，是我国西南平坝区推广持续时间最长、面积最大的主栽品种；中单909连续5年为全国农业主导品种。

四是在基础理论方面，开展重要农艺性状的遗传基础研究，并取得显著进展。利用“组学”的手段，揭示了控制杂种优势的关键位点以及基因和蛋白表达调控网络，初步揭示了该品种高产的分子机理。在细胞壁组分、消化品质及茎秆强度上定位178个QTL，开发了分子标记，为细胞壁组分含量、抗倒性及消化品质性状的分子标记辅助选择奠定了基础。已建立了全基因组选择方面模型，可以为实际GS辅助育种材料选择和杂种优势的预测提供参考。

取得诸多成绩和荣誉

黄长玲现主持国家“十三五”七大作物重点研发计划项目，曾主持、参加、完成的攀登计划、支撑计划、“863”计划、“973”计划、国家自然基金、转基因重大专项、跨越计划、成果转化、农科院创新工程等国家重点课题20多项；获得国家植物品种权6项，带领课题组选育了中单909、中单808等21个玉米新品种，累计推广面积超过1亿亩，为国家增产粮食超过50亿千克，增创产值超过100亿元。在BMC等国内外核心期刊发表研究论文篇65篇，主编出版玉米著作6部，副主编1部，参编3部，专利4项，培养研究生20名、博士后2名、西部之光访问学者2名。

2016年入选北京市“首都科技盛典人物”，2017年获中华农业科技奖一等奖，2018年获中国农业科学院科技进步杰出奖，2019年获国家科技进步奖二等奖，2020年获全国第二届创新争先奖；2018年获“2012—2017年度中国种业十大杰出人物”称号，2019年被评为“2018年度科学中国人”；并带领作物科学研究所作物遗传育种中心获得“全国农业先进集体”“中央国家机关五一劳动奖状”和“全国工人先锋号”等集体荣誉。

征途漫漫，奋斗永远在路上。黄长玲不断地革新育种技术，从传统技术加经验到结合现代分子技术，单倍体诱导选系，从RFLP到SNP标记、再到GS（全基因组选择）、基因编辑技术……通过更先进的技术改良创造种质、提升育种效率。他说育种方法法既要有传统的方法和经验相结合，还必须加上现代分子育种技术，才可提高育种效率。他说对科研高峰的攀登永远在路上。与黄长玲谈起玉米，他眼中尽是抹不去的笑意与自豪。到中国农业科学院工作以来，他一直都潜心致力于从事玉米遗传育种工作，凭借“为国家粮食发展出一份力”的朴素信念，在玉米育种和生产中作出了突出贡献。干一行、爱一行，曾经不知为何物的玉米已成为他的心头爱，他愿用一生的时间揭开玉米育种背后的秘密，对其一探究竟。“只要是有关玉米育种、对国家粮食生产有意义的事，我都愿意去了解、研究。”在黄长玲朴实话语的背后，是说不完的深深玉米情，更是道不尽的浓浓家国情。

智慧畜牧为现代养殖业插上腾飞的翅膀

——记国家科技进步奖二等奖获得者熊本海

熊本海，男，1963 年生，农业工程硕士，动物营养博士，现任中国农业科学院北京畜牧兽医研究所智慧畜牧业创新团队首席，农业农村部中国饲料数据库情报网中心主任，中国畜牧兽医学会信息技术分会理事长，中国农业工程学会畜牧工程分会副理事长，中国农学会计算机农业应用分会副理事长、中国畜牧兽医学会动物营养学分会常务理事等。长期从事信息技术与饲料及动物营养的交叉学科研究、物联网技术与家畜精准饲养融合技术研究、饲料数据库构建、数字畜牧业及智能装备研究。

2019 年，由熊本海领衔科研团队完成的“家畜养殖数字化关键技术与智能饲喂装备创制及应用”成果荣获国家科学技术进步奖二等奖。该项研究开始于 1990 年，针对我国家畜精细养殖全面数字化的需求，开展了“饲料营养数据库与家畜营养动态模型构建”“家畜电子标识及智能饲喂设备创制”及“环境精准控制及养殖过程数字化平台研发”三方面的研究，取得了多项创新性研究成果，成果应用可综合提高饲料转化率 8%~15%，降低死淘率 10%以上，减少劳动力成本 30%以上，提高畜产品增值 15%~50%。经中国农业科学院农业经济研究所评估，项目成果 1995—2018 年已经累计新增产值 1 275. 09亿元，累计新增利税 94. 55 亿元。

不忘初心，致力于为饲料及养殖行业提供数据服务

随着我国畜禽养殖体量的不断增加，我国饲料数量安全及质量问题不断凸显的矛盾，粮食进口屡创新高，科学合理利用一切可以利用的包括非粮饲料资源成为缓解饲料资源紧张的主要技术途径。在中国饲料数据库创始人张子仪院士的指导下，熊本海带领团队锲而不舍、兢兢业业，秉持初心，以“吟安一个字，捻断数茎须”的精神，长期坚持收集、整理、补测补遗、标引及入库不断出现的新的饲料原料养分数据，分类构建了涉及 731 项属性数据的 79 个核心数据集，建成了标准化的“中国饲料样本数据库”及“中国饲料实体数据库”，网络化贮存管理 5 971种饲料实体及 62 万套以上不同年代及种次、具有饲料描述及属性数据的饲料原料样本。结合饲料原料营养成分大样本分析数据，构建了 352 套单一及分类饲料原料的有效养分预测模型，包括 105 种单一饲料总能（GE）、35 套消化能（DE）、33 套代谢能（ME）、45 套净能（NE）及其他 132 套养分预测模型。通过对预测模型的长期验证与广泛应用，预测精度高达 93%以上，年节省养分检测费用达 1 200万元以上，全面实现了饲料样

本数据的升值应用。

二十九年如一日，熊本海带领团队建成了世界上饲料种类最丰富、数据产生最规范、数据类型最完整、数据贮存量最大、数据更新与发布时间最长的具有全、新、稳、准的国家级行业基础性数据库，《中国饲料数据库》的建设与运行，全面支撑了我国饲料工业及养殖业的长期发展。从1990年开始，通过《中国饲料》杂志、“中国饲料数据库”及“国家动物科学数据共享分中心”2个门户网站，代表行业连续29年发布“中国饲料成分及营养价值表”，为我国3 700余家大中型饲料加工企业及养殖企业设计饲料配方解决了基础性数据支撑问题。

破解“卡脖子”，实现电子芯片国产化及标签产业化重大突破

面对养殖领域电子芯片和标签长期依赖进口和相关技术受制于人的问题，熊本海瞄准国际同类技术的发展态势，甩掉跟踪，弯道超车，率先采用世界最先进的0.18微米芯片工艺技术，实现了在8inch的硅晶片面积上生产出4万枚RFID芯片的突破，芯片成本降低60%，芯片应答工作电流（700纳安）比进口低30%，应答灵敏度提高10%，促进了该产品和技术在养殖领域的广泛应用；基于自主芯片研制的家畜标签（工作频率134.2千赫）通过ISO11785：1996（E）验证和国家电子检测中心（NCTC）8项指标检验，如空气介质识读距离（≥20厘米）、拉伸断裂力等符合质量要求，实现产业化生产的各种标签成本是进口同类产品的1/8～1/5；研发的阅读器符合ISO 11784（编码规则）及ISO 11785（数据传输接口）标准，并全部通过国际动物编码协会（ICAR）的ISO 24631-1及ISO 24631-3的性能检测及认证；创制的多种外挂式、注射式无源电子标签及阅读器，均获得江苏省高新技术产品认证。创制的22个种类已全面产业化，为家畜养殖的数字化监控提供了重要支撑。研发的核心标识产品已经出口到五大洲的94个国家，实现了出口创汇，成为我国少有的进入国际市场的家畜标识产品。

从模仿到自主创新，开启智能饲喂设备国产化制造新篇章

随着物联网、大数据及人工智能的快速发展，我国畜禽养殖业面临着转型升级的巨大压力，针对我国智能养殖设备空白及养殖劳动率低下的困境，熊本海带领团队从解剖国际上的VLOES、TEAM等智能饲喂设备入手，不断探索，反复调试与更新思路。经过长达15年的智能饲喂设备的引进消化、仿制再到自主创新，探索出了适合我国养殖模式及管理特点的家畜精准饲喂管理理论与设备制造工艺。结合机电控制及传感器技术、采食量动态模型及采食行为特性，创制了主要家畜精准饲喂控制技术、智能饲喂设备及配套关键装备共47种代次，创建了家畜环境精准控制系统，形成了家畜养殖数字化管控和畜产品溯源的理论与技术体系，基本填补了我国在家畜智能饲喂领域的技术与设备

空白。创制的七大核心智能饲喂设备，包括第二代种猪性能测定站，第四代及第五代母猪电子饲喂站，第二代产床母猪个体饲喂站，第三代保育猪粥料饲喂器，第二代育肥猪饲喂站及第二代奶牛个体精准饲喂站均通过国家认证检验检测委员会的检测，并实现了国产化及推广应用，代表了我国畜牧智能制造的领先水平。

情系“三农” 心怀“绿梦”

——记国家科技进步奖二等奖获得者张友军

他，4次获得国家科技进步奖二等奖，先后受到胡锦涛同志和习近平同志的亲切接见。他，践行“三个面向”，紧盯世界农业科技前沿、始终瞄准国家重大农业产业需求，为“菜篮子”工程研发出系列具有国际先进水平的重大原创成果。他，言传身教，培养造就了一大批农业科技领军人才。他就是中国农业科学院蔬菜花卉研究所所长、研究员，我国著名的蔬菜害虫防治专家张友军。

学成毅然归国，聚焦“绿色”需求

20年前，张友军凭借出色的科研成绩，受到国外同行的高度认可与挽留。虽身在异乡，却情系桑梓，他毅然选择了回国。他坚定地说：“学成必归，报效祖国，匹夫有责。”在工作中，张友军自觉将科研方向与习近平总书记提出的“三个面向”相结合，聚焦世界蔬菜生产科技前沿，聚焦百姓“菜篮子”需求，聚焦蔬菜“绿色”安全需求，全力以赴投入蔬菜害虫生物生态学特性、发生规律、灾变机制以及生态防控新技术研发中，取得了多项重大科技成果。韭菜是人们喜食的特色蔬菜。然而，有一种叫“韭蛆”的害虫，可造成韭菜减产40%~60%，严重时导致韭菜绝收。传统的“农药灌根”方法，不但效果不佳，反而频发“毒韭菜”事件，给消费者造成身心恐慌，严重制约了我国韭菜产业的可持续发展。为解决菜农们的心头“大害”，张友军带领团队走遍了我国韭菜主产区，进行了大量调研和信息采集，将田间数据带回实验室进行系统研究，再将研究成果返回田间进行跟踪验证。无论数九寒冬还是炎热盛夏，他常常住在田间地头观察韭蛆的生物生态学特性。他说：“科研关乎亿万人手中的菜篮子安全，我们是在为中国的蔬菜安全而奋斗。”正是这份“三农”情怀，让他几十年如一日奋斗在中国蔬菜“绿色”事业一线。“坚持不懈是对农科精神最好的注解。”功夫不负有心人，经过17年的苦心钻研，无数次的悲喜交集，张友军团队终于研发出“日晒高温覆膜”绿色防治韭蛆新技术，完全不用农药就可实现防效100%，颠覆了害虫防治必用农药的“瓶颈”，解决了“毒韭菜”问题和制约韭菜产业发展的“卡脖子”难题，让老百姓吃上了放心韭菜。该技术被农业农村部认定为“革命性”“颠覆性”害虫防治新技术，并以第一完成人获得2019年国家科技进步奖二等奖。

聚焦产业问题，助力“绿色”扶贫

张友军不仅致力于科学研究，而且注重“让科技成果走出实验室”，常常亲自带领团队推广韭蛆防控新技术。“评价一项防控技术的好与坏，研发人员说了不算，菜农们最有发言权。”张友军自信地说。团队成员史彩华博士说：“一开始，老百姓从来没有听过这项技术，要想打破传统的防治观念，并非容易的事。”

为了将韭蛆防控新技术早日惠及菜农，张友军团队每到一处，都会先与当地政府或农业主管部门联系，选择小面积土地示范，并由当地电视台全程跟踪报道其示范效果。通过组织现场观摩会、技术培训会、媒体宣传等途径，菜农们很快在理念上接受了这项新技术。以“日晒高温覆膜法”为核心的韭蛆防控技术体系在山东等 13 个省市韭菜主产区得到了推广应用，推广面积 1 100万亩次，累计增加菜农收入 72.53 亿元；同时，将韭菜质量合格率从不足 30%提高到 97%。

山东省寿光市化龙镇综合服务站站长张利焕说：“用日晒高温覆膜法彻底解决了韭蛆的问题，不仅节省了成本，提高了产量，最重要的是保障了韭菜质量安全，再也不用谈韭‘色’变了。”菜农担心的问题解决了，消费者也能吃上绿色蔬菜了，张友军才满意地说：“聚焦国家需求、人民需要，才是我们农科人的科研本色。”

潜心基础研究，力克绿色科技“珠峰”

潜心静气做科研，厚积薄发终有时。近几年，张友军牢记习近平总书记“面向世界农业科技前沿”的嘱托，攻克了一个个技术“瓶颈”，取得了诸多原创性的成果。是他，填补世界空白，研发了重大外来入侵害虫烟粉虱的综合防治技术体系，力克全球唯一被冠以“超级害虫”的害虫，为我国设施蔬菜生产提供了技术支撑，并以第一完成人获得国家科技进步奖二等奖，被国家自然科学基金委评定为“面向国家重大战略需求提供基础支撑作用的典型创新案例”。是他，率先阐明烟粉虱暴发危害与广泛寄主适应性和高抗性有关，在国际昆虫适应性进化研究领域取得重大突破性研究进展，创新了害虫种群暴发危害理论，以封面文章形式在《细胞》（*Cell*）发表的论文，是该刊物国际蔬菜害虫领域的首篇论文，也是我国农业昆虫研究领域在该刊物发表的首篇论文。是他，揭示了小菜蛾灾变机制，其中有关苏云金芽孢杆菌（Bt）抗性机制的成果被国际权威专家评价为“里程碑”式的成就，推动害虫抗药性研究进入基因网络调控时代。是他，构建了性诱剂，结合依据抗性监测科学用药为核心的十字花科蔬菜害虫防控体系，可显著减少化学杀虫剂使用量 50%以上，并相继以第二和第五完成人获得 2009 年和 2015 年国家科技进步奖二等奖。

在科研工作之余，张友军还着手蔬菜害虫防治理论的总结与归纳，以通讯作者在 *Cell*（封面文章）、*Nature Communications*、*Science Advances*、*PNAS* 等发表 SCI 论文 130

余篇，论文被引 5 600余次，H 指数 39，是爱思唯尔中国高被引学者，担任 3 个 SCI 期刊副主编，授权国家发明专利 30 余项，出版中英文著作 9 部，任中国植保学会副理事长和北京昆虫学会副理事长、中国昆虫学会药剂毒理专业委员会主任委员，先后获得国家杰青、中国工程院“光华奖”、全国创新争先奖、首批“万人计划”领军人才、新世纪百千万人才工程国家级人选、国务院政府特殊津贴等荣誉，在蔬菜害虫防治领域留下了坚实的脚步，是我国蔬菜植保领域的主要学科带头人。

培养年轻后生，传道授业育英才

“桃李不言，下自成蹊”几乎是每个实验室带头人具备的个人魅力。张友军不仅自己积极投身“绿色”科技研究，还将毕生所学毫无保留地传授给学生、团队。在团队成员眼中，张友军不仅是蔬菜花卉所所长、害虫防控团队的领头人，更是治学严谨、学识渊博、德才兼备的良师益友。

20 多年来，张友军认真传道授业解惑，培养出了 120 多位博士后、博士、硕士研究生，他们已成长为各级大专院校的教授、科研院所的研究员，甚至不乏国家优青等国家级高层次人才等。作为农业植保领域的核心力量，他们承载着中国蔬菜害虫绿色防控的希望，也在用实际行动谱写着现代农业的新篇章。

下一步，张友军将带领一批朝气蓬勃、情系“三农”、心怀“绿梦”的年轻农业科技工作者，不断践行习近平总书记“三个面向”的重要指示，以解决农业生产实际难题为导向，为国家绿色植保事业继续发光发热。

茶叶质量安全的奠基人

——记中国工程院院士、国家科学技术进步奖二等奖获得者陈宗懋

陈宗懋，茶学专家，曾任中国农业科学院茶叶研究所长。2003 年当选为中国工程院院士。1960 年，陈宗懋进入中国农业科学院茶叶研究所工作，从此与茶叶结缘，如今，88 岁的陈宗懋仍然活跃在茶学研究的道路上。

陈宗懋在国内外率先开创了茶叶农药残留和茶园化学生态防治研究两个领域，为我国茶叶事业作出了卓越的贡献。他主持制定了 18 项国家标准，制定修订了 6 项国际 MRLs 标准；创制了多项茶树害虫的绿色防控技术和产品；主编出版《中国茶经》和《中国茶叶大辞典》，发表论文 200 余篇，译文 100 万字以上；获得国家科技奖 5 项，省部级奖励 12 项；获全国优秀科技工作者、新中国成立 60 周年“三农”模范人物、中国工程院光华奖、“科学精神奖”等多项荣誉。2020 年 1 月，陈宗懋带领团队完成的“茶叶中农药残留和污染物管控技术体系创建及应用”项目荣获 2019 年度国家科学技术进步奖二等奖，该项目构建的“MRLs 制定、残留控制、识别检测”为核心技术的“源头保证、过程控制、产品保障”管控体系技术，取得了显著的经济效应、社会效益和生态效益。此外，项目成果在全球范围内得到应用，不仅提升了我国茶叶标准制定的国际话语权，也推动了我国茶产业绿色发展的科技进步。

专心茶业　标准引领

陈宗懋刚刚调入茶叶所不久，就受命解决出口茶叶残留超标的问题。1961 年前后，多批次茶叶因为农残超标在广州海关被退回，茶农损失惨重。如何解决这些问题，对于刚刚从甜菜研究转到茶叶研究的陈宗懋来说是个挑战。“如何正确安全的使用农药”就是关键所在，而这又是个世界难题，从 20 世纪起就一直被讨论。经过几年的观察和研究，在总结茶树生长、采收和加工特征的基础上，陈宗懋渐渐在心中形成了一套茶园中适用农药的定性理论，如何能让这个理论上升到定量的水平，达到即使是一个普通茶农也能确定要使用的农药是否合适，陈宗懋开展了大量细致的研究工作。从 20 世纪 80 年代开始，陈宗懋前后开展了几十种农药的研究，形成了基于半衰期、蒸汽压、农药水溶解度、农药的每日允许摄入量 ADI 值、大鼠急性致死中量（LD_{50}）、农药对蜜蜂和鱼的生态毒性参数的茶园农药安全分级评价和选用指标，并且明确了施药浓度、使用次数和施药后的采收时间（安全间隔期）与茶叶中农药残留量的关系，制定了 18 种农药制剂

防治茶园主要病虫害的使用准则，成为指导我国茶区农药使用的第一准则。

要想使中国这个产茶和制茶大国赢得长远的发展，陈宗懋认为，一定要争取更多的国际话语权。长久以来，茶叶农药残留限量标准制定的话语权都是由国外掌控。按以往的惯例，欧盟及其他国家对于茶叶中农药残留限量的制定，是以干茶中的农药残留含量为依据进行的。陈宗懋则提出：茶叶是用来泡水喝的，测定干茶叶的农药残留有失公允，对饮用的茶汤进行农药测定才符合实际。2010 年和 2011 年，他以中国代表团的名义，两次将该提议递交到联合国食品法典农药残留委员会（CCPR），供 70 多个国家的科学家讨论，并将 5 种农药在茶汤中的浸出率的实验结果做成了一段录像送给他们。一年后，欧洲同人的实验得出相似结果：不同水溶性的农药在茶汤中的浸出率相差高达 330 倍。在 2016 年的国际食品法典农药残留委员会（CCPR）大会上，由中国代表团提出的“茶叶中的农药最大残留限量标准应以茶汤中的农药残留水平作为制定干茶中 MRL 的基础”在大会通过。依据陈宗懋团队的研究成果，我国制修订了硫丹、联苯菊酯、氰戊菊酯、茚虫威等 6 项国际 MRLs 标准。这是我国首次制定的农产品中国际 MRLs 标准。以上研究填补了我国在使用技术、限量准则和检测标准方面的空白，显著提升了我国在茶叶国际标准制定方面的话语权。

开拓创新　科学控虫

如何更好地解决茶树害虫防治问题，少用甚至不用农药，从源头上降低化学农药使用量是陈宗懋一直思考的问题。20 世纪 90 年代陈宗懋创立了茶树害虫化学生态学。针对我国茶园重要害虫缺乏高效绿色防控技术的问题，研发出了精准诱虫板、天敌友好型杀虫灯、鳞翅目害虫性诱剂等绿色防控系列产品及使用技术，实现了茶园害虫的精准高效诱杀和保护天敌的双重效果。

2010 年前后，陈宗懋团队发现我国茶园常用的黄色粘虫板颜色差异大，缺乏靶标针对性，不同产品的诱杀效果参差不齐。他提出通过可数字化的颜色筛选茶小绿叶蝉最佳诱捕色，研发出了茶小绿叶蝉、茶棍蓟马等害虫的数字化色板，并获中国专利优秀奖。经过大面积应用之后，数字化单色板暴露出“杀敌一千自损八百”的缺点，在使用过程中会杀伤一定数量的天敌昆虫。为了解决这个问题，陈宗懋团队从昆虫视觉生理出发，创制出天敌友好型双色诱虫板，降低了 40%的天敌误杀量。茶树害虫性信息素的研究也取得系列成果。近年来，陈宗懋团队先后解析了茶尺蠖、灰茶尺蠖、茶毛虫、茶蚕、湘黄卷蛾等多种鳞翅目害虫的性信息素成分，并配套形成了性信息素诱杀技术。以灰茶尺蠖为例，每亩茶园使用 4 毫克性息素，可诱杀 50%的一代灰茶尺蠖雄成虫；连续诱杀 2 代，防效可达 67%，其诱蛾效果是同类商品的 4~200 倍。为进一步精准使用性诱杀技术提供依据，基于两种尺蠖 COI 基因酶切位点差异，建立了一套快速鉴定茶尺蠖、灰茶尺蠖两相似种的方法，基本摸清两近缘种尺蠖在我国的地理分布。

甘于奉献　服务产业

从事茶叶研究多年，他把自己奉献给了中国茶产业。他是中国茶业界的学术泰斗，也是政府的参谋，茶农的贴心人。自从陈宗懋 1984 年任职中茶所所长，开始关注整个茶叶产业的发展，并把产业上的事情作为自己的事，无论是政府的重要论坛、企业的技术援助，还是普通培训，只要时间允许，往往都是有求必应。耄耋之年的陈宗懋，仍然奔波在路上。有时候出差刚刚回来，椅子还没坐热乎，就要赶下一个行程了。行业内都知道陈宗懋怕热，但是 2018 年夏天，在湖南大湘西的绿色防控技术指导现场，他戴着草帽，冒着中午 40℃的高温，全身汗湿，仍然在茶园中与技术人员交流。2018 年冬，突然下起冰雪，他不顾飞机晚点、顶着严寒参加古丈县绿色防控的线上启动，并且给当地茶农做了线下培训。他常说，把实用的创新技术推广到产业中应用，是科研创新的最终目的，是一个科研工作者的职责所在，累一点没关系。“十三五”期间，陈宗懋团队形成的系列技术在我国茶园示范应用 20 万亩，茶园农药平均减施 70%，示范区内茶叶中高风险农药零检出，对保障我国茶叶质量安全和茶园生态安全发挥了重要作用。

除了奔波在出差的路上，他把大部分时间都奉献给了茶叶所和团队。为了给茶叶所增添新的优秀成果，他倾尽全力，牺牲了大部分的休息时间。他清晨很早就去单位上班，午休时间也用来处理具体事务，在出差的火车上也在阅读文献。2019 年，86 岁高龄的陈宗懋院士又获得了国家科技进步奖，为我国茶叶质量安全和茶树保护领域学科的发展指明了方向，为我国茶产业培养了一大批茶叶科技工作者。

六十年如一日，茶早已成为陈宗懋生命中必不可少的一部分。不论是喝茶品茶，还是茶科研茶产业，陈宗懋都很关心，他将自己的追求和中国茶业的发展紧密联系在一起。而今，他依旧纯粹、专注地行走在“茶”路上，向茶科学的新高峰昂首阔步地迈进。饮茶一辈子的他亲身印证自己说过的那句话：“饮茶一分钟，解渴；饮茶一小时，休闲；饮茶一个月，健康；饮茶一辈子，长寿。”

科学普及种麦技术　促进优质小麦生产

——记国家科技进步奖二等奖获得者赵广才

小麦是我国主要粮食作物，常年播种3.6亿亩左右，约占全国粮食面积的22%。优质专用小麦是指适合制作某种优质食品和专用粉的小麦，特指制作面包的优质强筋和制作饼干、糕点的优质弱筋小麦。近年来，随着人们生活水平的不断提高，专用面粉和高档食品的市场需求逐渐增大，导致优质专用小麦的需求量剧增。我国并不缺少专用小麦的优良品种，但为何产量和品质普遍达不到国家标准，每年都需要进口大量优质专用面粉？国家科技进步二等奖的第一完成人赵广才研究员多年生产实践中发现，在于优质小麦的田间管理无法及时跟进，生产技术存在诸多问题。农民种植优质小麦采用和普通小麦一样的水肥措施和田间管理，这样种出的小麦依然“强筋不够强，弱筋不够弱”。因此，迫切需要科学普及优质专用小麦生产的新理念、推广应用先进生产技术，以提高技术到位率，加速优质专用小麦生产。

奋斗四十载，情系第一线

“一个好的小麦品种能否实现高产和优质，不仅取决于品种的基因型，栽培环境和管理措施往往发挥更大作用，大量研究表明科学的栽培技术可以有效的提高产量和改善品质。”赵广才研究员表示。

赵广才研究员自1979年进入中国农业科学院作物科学研究所（前期为作物育种栽培研究所）以来，一直从事小麦生长发育规律及优质高产栽培理论与技术研究，主持完成多项国家及省部级科研项目。以第一作者发表论文135篇，以通讯作者发表论文92篇。主编出版科技著作10部；主编出版《小麦绿色高产高效技术模式图》41幅。主持完成并通过审定发布实施农业农村部行业标准5项。已累计获各种科技奖励17项，其中以第一完成人获国家科技进步奖二等奖1项、省部级科技奖9项、中国农业科学院科技成果奖2项，地厅级科技进步奖3项；以主要完成人获省部级科技奖2项。赵广才研究员四十年如一日奋战在小麦栽培研究第一线，经常深入田间地头、农户家中进行调研，指导农民科学种麦，耐心详细讲解小麦生产技术和田间管理知识，帮助农民解决生产中遇到的问题，把先进的栽培技术传播到了千家万户，足迹遍布了我国30余个省、市、自治区。在担任农业部小麦专家指导组成员及国家小麦产业技术体系岗位科学家期间，承担小麦生产关键技术的科研、推广和科技服务工作，带领团队长期深入全国小麦主产区，广泛了解优质专用小麦生产中存在的问题，切实感受到业界对先进生产理念和新技术的迫切需求。

作为获国务院表彰的“全国粮食生产突出贡献农业科技人员（全国劳模）”，赵广才研究员想国家之所想，急国家之所急，面对我国优质专用小麦生产严重滞后、农民种麦知识需求迫切的问题，身负指导小麦优质高产生产的责任感，深深感到普及科学种麦知识的重要性，立志创作一本普及科学种麦知识，推广先进生产技术，让读者“一看就懂，一听就明，一学就会，一用就灵”的科普作品，为广大种麦农民、基层科技人员及相关科研工作者提供科学种麦的先进理念与技术方法，增加农民收入，满足市场需求，促进我国优质专用小麦生产的发展。

克服重重困难，创作科普图书

优质专用小麦在我国分布广泛，各地生态条件、种植模式和技术需求差异大；同时，优质专用小麦产业链涉及栽培、耕作、土壤、肥料、育种、植保、农机、加工等多个环节，系统性强，涉及面广。因此，要将先进理念和技术融会贯通，创作出适合受众阅读、喜爱、又能提升其科技素养的实用作品，具有较大难度，另外，从组建不同区域由专家、技术人员、农民等“顶天立地”人员构成的团队，到开展政府、企业、种植户需求的调研，针对主要生产问题的原创关键技术研发，多渠道资料收集，再到反复研讨、重印修订、完善作品等各环节，均需要克服重重困难。

赵广才研究员带领团队历时 15 年，在我国 10 个小麦生态区开展生产需求调研，范围涉及 100 余个典型县、500 余名科技人员、1 000余个示范户和种麦农民，精心创作了《优质专用小麦生产关键技术百问百答》系列科普图书。该套作品包括 3 个版本的《优质专用小麦生产关键技术百问百答》（2005 年第一版、2009 年第二版、2013 年第三版）及其精简版《小麦优质高效栽培答疑》。书中结合科研团队的原创技术，采用设问设答的方式，图、表、公式配合文字表述，系统介绍了小麦的基础知识与实用技术，包括小麦基本知识、品质概念及其与栽培措施的关系，小麦高产优质实用栽培技术，麦田常见病虫草害防治技术，麦田调查记载和测定方法，主要高产优质新品种及其栽培技术要点等内容，便于不同层面优质专用小麦生产从业者参考对照，进行技术操作和田间管理，是指导农民开展科学种麦的重要参考。

作品的主要内容不仅来源于其带领团队研发的原创性技术，如小麦优势蘖利用超高产栽培技术（全国农牧渔业丰收奖），冬小麦高产高效应变栽培技术研究与应用（中华农业科技奖），中国小麦种植生态区划（中华农业科技奖）；还筛选国家及省部级主推技术，增强作品生命力，包括小麦叶龄指标促控法（国家科技进步奖二等奖）、小麦精播高产栽培技术（国家科技进步奖二等奖）、小麦沟播集中施肥技术（农业部科技进步奖）等。每次再版都紧跟科技发展，引入最新成果，问答数量由 118 个增加到 160 个，并及时更新新品种介绍。

多种渠道宣传，服务小麦生产

自2005年问世以来，《优质专用小麦生产关键技术百问百答》已累计出版印刷17次，发行15.3万册，并通过多种媒体开展了广泛的宣传普及，赵广才的科普书和先进的栽培技术，像一粒科学的种子，种到了农民的心中。2006—2010年，2015年被列为“农家书屋”重点推荐图书，发放到全国范围内的乡村书屋，惠及广大农民。其主要内容在中央电视台，中央人民广播电台，河北、宁夏、山东等地方电视台，人民网，中央电大三农远程教育网，全国农技推广服务中心举办的技术培训班，《农民日报》，田间现场培训，微信公众号，小程序及各类网站等多平台传播150余次，普及面和阅读范围在国内同类科普作品中处于领先水平。

此外，《优质专用小麦生产关键技术百问百答》被列为国家重点图书，2005—2018年先后发行3版，该书与其精简版《小麦优质高效栽培答疑》于2006年被中央宣传部、新闻出版总署和农业部推荐为“三农”优秀图书。

经过广泛发行和宣传，本套科普作品产生了显著的社会经济效益，一是提高了农技人员和种麦农民的科技素质，为广大小麦生产者迅速掌握科学种麦技能提供指导，对优质专用小麦科学技术领域的发展和人才培养起到了重要作用；二是促进优质专用小麦生产，提高了产量，改善了品质；三是同时增加了农民收入，助推精准扶贫工作。全国十佳农民李素敏表示，通过学习本套图书内容，参考书中的技术指导小麦管理，生产成本可降低5%~10%，亩收入增加100元以上；四是对科普作品创作的示范带动作用明显。作品促进了小麦生产领域后续科普作品的创作，推动了我国农业科普作品创作事业的发展。

不忘初心　牢记使命　作科学研究的灵敏触角

——记中国农业科学院呼伦贝尔草原生态系统国家野外科学观测研究站

呼伦贝尔草原生态系统国家野外科学观测研究站（以下简称呼伦贝尔站）是农业农村部和呼伦贝尔地区唯一的国家级草原野外台站，其研究定位：一是开展草原生态系统长期定位观测，获取呼伦贝尔草原生态系统变化的第一手资料；二是基于长期定位实验，认识自然与人为干扰下草地生态系统响应规律，开展草地生态学科前沿探索；三是面向国家和区域草原生态产业发展需求，创新草牧业关键技术，通过科技成果示范与技术咨询服务，支撑区域生态安全和经济发展；四是建立开放、共享的野外实验平台，形成区域草地生态创新研究中心、交流合作中心和人才培养基地。自建立以来，呼伦贝尔站始终牢记作为野外台站的使命，以建成中国的“洛桑试验站”为目标，严格按照台站定位有序开展研究和基地建设工作，取得了显著成绩。目前台站共有正式科研人员20名，其中博士13人、硕士5人，35岁以下青年职工占35%。

延续历史传承，孕育台站积累

野外台站作为科学的触角，是科学研究和技术创新的重要基石。呼伦贝尔站以温性草甸草原为研究对象，其研究历史可追溯到1956年，李继侗院士主持开展“谢尔塔拉种畜场的植被调查”，这是呼伦贝尔草原定位观测研究的萌芽。1997年呼伦贝尔站依托中国农业科学院农业资源与农业区划研究所建站，2005年成为最年轻的国家野外站。进入国家站序列以来，走上发展快车道，2008年入选国家牧草产业体系综合试验站，2016年入选国防科工委高分遥感地面站并获批农业部草地资源监测评价与创新利用重点实验室，2018年入选中国资源卫星地面定标场、美国宇航局Landsat Sentinel 2和欧空局VENμS等国际卫星验证站，牵头“国家草原监测与数字草业国家创新联盟”。

数据和样品是野外台站的基础，呼伦贝尔站构建了草甸草原数据与样品库，收集了1956年以来的长时间序列数据2 000万条、土壤和植物样品22 000余份，采集植物标本1 000余种、3 000余份。项目和成果是科研水平的体现，呼伦贝尔站先后承担国家自然科学基金项目、“973”计划、“863”计划等科研项目116项，获奖励15项，其中国家奖1项，省部级奖10项；获各类人才与荣誉称号19项，其中国家级8项；出版著作21部，发表研究论文433篇，授权专利42项，其中发明专利13项，软件著作权65项，行业与地方标准8项。

开展立体监测，实现智慧管理

定位观测是立站之本。呼伦贝尔站建立了标准样地系统，包括 7 个长期观测样地和 6 个长期试验平台，系统而完整地代表了呼伦贝尔草原的生态类型和利用类型，针对植物个体、种群、群落和生态系统等多个尺度开展了水土气生等方面的系统观测，每年人均驻站试验时间超过 7 个月，采集数据 20 万条，植物和土壤样品 1 100份，科考总行程近 20 万千米。

区域调查是生态系统评估和地方政府决策的重要依据。呼伦贝尔草原地域辽阔，是开展立体监测的最佳载体。呼伦贝尔站基于陆地生态系统遥感监测技术和数据产品，结合草原生态系统多平台测量，研究草原生态系统环境、结构和功能关键参数的信息提取技术、监测模型及多参量耦合技术，利用近空间和地基观测技术开展星—空—地多平台综合遥感观测科学试验，进行草原生态系统特征参数立体监测模型及相关产品真实性检验，实现草原生态系统的立体监测。

呼伦贝尔站围绕牧场智慧管理需求，紧扣“精准监测—定量管理—应用服务”这一主线，创新了牧场监测管理数字化理论，重点突破了牧场生产监测管理中“监测精度低、管理效果差、应用产品缺乏”三大技术难题，创建了多尺度、高精度、定量化的牧场监测管理数字技术系统，填补了我国同领域的软硬件产品空白，在同类研究中达到国际先进、国内领先水平，对于促进现代草地畜牧业跨越式发展、提升国际竞争力具有重要意义。

面向国家重大需求，聚焦草地恢复与产业集成

相对于干旱区草地，温性草甸草原利用方式更加多元，退化过程和机制也更加复杂，但由于高生产力、高物种多样性的表观特征，其实际退化程度往往被低估。呼伦贝尔草原作为我国的黄金奶源带，主要奶牛饲养基地均坐落在温性草甸草原区，而奶牛场粪污的资源化利用更是摆在科研工作者面前的重要课题。呼伦贝尔站整合国内优势资源，面向突破温性草甸草原生态恢复与持续利用的技术瓶颈，以创建可复制、可移植、系统性的综合治理技术及生态产业技术模式为目标，从理论探索、技术研发及产业模式构建 3 个层次，开展我国北方退化温性草甸草原生态治理到产业培育的整套技术研究与集成示范，为草牧业与生态环境和谐发展、牧民稳定增收提供技术支撑。

呼伦贝尔站围绕草地生态恢复、高效饲养、粪污资源化利用和生态产业模式构建等主题，在呼伦贝尔、锡林郭勒、科尔沁、松嫩平原和寒地黑土等区域开展了联合研究，初步确立了温性草甸草原退化评估标准，创立了可复制、可推广的草原疏松改良配套技术模式，利用牛粪种植蘑菇技术取得突破，在高寒地区利用牛粪养殖蚯蚓成功越冬，每一项成果都将对产业发展起到重要带动作用。

加强团队建设，挖掘人才潜能

科研事业发展离不开一流的科研团队，呼伦贝尔站审时度势，合理配置人才梯队，压实责任，为不同年龄科研人员的成长成才创造发展空间。首任站长唐华俊 2015 年当选中国工程院院士，现任站长辛晓平 2017 年入选万人计划领军人才、2018 年当选 CCTV 十大科技创新人物，学术带头人张瑞福 2017 年入选万人计划领军人才。全站固定人员获国家级荣誉 4 人次、省部级表彰 3 人次，有 9 人晋升职称，培养硕士、博士研究生 30 余名。呼伦贝尔站每年召开“草地生态系统监测管理技术研讨会”，为学术交流搭建平台。积极开展国际合作，每年国外专家来华开展学术交流 50 余人次，鼓励成员出国进行学术交流和短期培训，拓宽国际视野，并与相关领域国际知名学者建立合作机制，为科研人员的成长创造有利条件和环境。

面向新时代，呼伦贝尔站将不忘初心、牢记使命，充分发挥野外台站的科学触角功能，以一流的队伍、一流的科研，建设一流野外台站、创造一流科研业绩！

十一、大事记

中国农业科学院2019年大事记

1月

1月2日 中国农业科学院召开党组会议，深入学习领会习近平总书记关于“三农”工作重要指示精神、中央农村工作会议精神以及韩长赋部长在农业农村厅局长会议上讲话精神，研究部署全院下一步工作重点。院长唐华俊作重要讲话。院党组书记张合成主持会议。

1月3日 中国农业科学院召开干部大会，传达学习中央农村工作会议和全国农业农村厅局长会议精神，院机关各部门和京区各单位领导班子以及处级干部和团队首席参加。

1月3日 中国农业科学院党组书记张合成到棉花研究所调研，强调棉花所要面向棉花主产区，引领产业高质量发展。副院长梅旭荣，院党组成员、人事局局长贾广东等陪同调研。

1月4日 中国农业科学院党组书记张合成到农田灌溉研究所进行调研，强调灌溉所要加强水资源战略研究，保障农田农村水利高质量发展。院党组成员、人事局局长贾广东等陪同调研。

1月4日 中国农业科学院召开2019年安全生产委员会第一次全体会议，会议通报了我院2018年安全生产工作情况，研究部署2019年安全生产重点工作。院党组成员、纪检组组长、安委会主任李杰人出席会议并讲话。

1月7日 农业农村部发展规划司司长魏百刚一行到中国农业科学院调研基本建设工作情况和国家作物种质库等重点工程进展情况。院党组书记张合成出席座谈会并讲话。会议由副院长李金祥主持。

1月8日 从2018年度国家科学技术奖励大会上获悉，由作物科学研究所李立会研究员牵头完成的“小麦与冰草属间远缘杂交技术及其新种质创制”获国家技术发明奖二等奖；哈尔滨兽医研究所“猪传染性胃肠炎、猪流行性腹泻、猪轮状病毒三联活疫苗创制与应用”和蔬菜花卉研究所黄三文研究员牵头完成的“黄瓜基因组和重要农艺性状基因研究”2项成果荣获技术发明奖二等奖，5项成果荣获国家科学技术进步奖二等奖，获奖总数为创新工程启动以来的最好成绩，时隔5年再次实现三大奖全覆盖。

1月8日 中国农业科学院蔬菜花卉研究所党委第四党支部召开2018年度组织生活会。中国农业科学院党组书记张合成同志以普通党员身份参加支部组织生活会。

1 月 11 日　由中国农业科学院作物科学研究所和山东省济宁市农业科学研究院共同筹建的黄淮海现代农业研究中心在济宁市揭牌。中国农业科学院副院长王汉中出席活动并讲话。济宁市副市长任庆虎及相关部门主要负责人参加了活动。

1 月 16 日　中国农业科学院发布了 2018 年十大科技进展。其中，关键科学问题类 4 项、重大品种与产品类 2 项、重大关键技术与装备类 4 项，分别是：全面解析亚洲栽培稻基因组遗传多样性，发现稻瘟菌致病性和水稻抗病性新机制，家禽疫苗免疫成功阻断人感染 H7N9 病毒，多重组学研究揭示番茄育种历史，中畜草原白羽肉鸭新品种通过国家审定，一类抗球虫新兽药沙咪珠利研制与产业化生产，油菜毯状苗机械化高效移栽技术，水稻叠盘出苗育秧技术，“中 641”与“宽早优”相结合的高品质棉生产技术模式，韭蛆防治技术标准化产业化应用。

1 月 16 日　中国农业科学院 2019 年工作会议在京召开。会议以习近平新时代中国特色社会主义思想为指导，深入贯彻党的十九大和十九届二中、三中全会以及中央经济工作会议、中央农村工作会议和全国农业农村厅局长工作会议精神，总结分析 2018 年成绩和问题，梳理明确面临的新形势新问题新任务，研究部署 2019 年重点工作。科学技术部副部长、党组成员、国家外国专家局局长张建国出席会议并致辞。农业农村部党组成员、中国农业科学院院长唐华俊作工作报告。会议由院党组书记张合成主持。

1 月 18 日　中国农业科学院直属机关党委党支部召开 2018 年度组织生活会。农业农村部党组成员、中国农业科学院院长、党组副书记、直属机关党委书记唐华俊同志以普通党员身份参加支部组织生活会。

1 月 18 日　中国农业科学院召开新春媒体座谈会，表彰新闻宣传优秀单位，研讨全院新闻宣传工作。中国农业科学院党组书记张合成，以及新华社、人民日报等主流媒体参加座谈会。

1 月 18 日　中国农业科学院党组书记张合成赴院新乡综合试验基地察看科研工作情况，看望慰问一线工作人员。院党组成员、人事局局长贾广东等陪同考察。

1 月 21 日　全国政协委员、农业农村部院党组成员、原中央纪委驻农业部纪检组组长宋建朝到中国农业科学院质标所调研农产品质量安全速测产品创新与示范应用协同创新任务研究进展情况。院党组书记张合成陪同调研并出席座谈会。

1 月 23 日　十二届全国政协副主席王钦敏、联合国粮农组织原副总干事何昌垂一行到中国农业科学院调研数字农业科研工作。农业农村部党组成员、中国农业科学院院长唐华俊，副院长吴孔明陪同调研并出席座谈会。

1 月 24 日　农业农村部副部长余欣荣到中国农业科学院调研并主持召开国家作物种质库建设项目调度会。农业农村部党组成员、中国农业科学院院长唐华俊，院党组书记张合成出席会议。农业农村部发展规划司司长魏百刚，计划财务司司长陶怀颖，科技教育司副司长汪学军，种业管理司副司长吴晓玲，中国农业科学院副院长李金祥，院党组成员、人事局局长贾广东等主要领导和有关专家参加了会议。

1 月 24 日　中国农业科学院召开落实院所办企业严防“四风”问题集体约谈会。

约谈范围为院有关部门领导班子，36个院属单位的领导班子成员、党委委员、纪委委员、所办企业主管部门全体人员，院所办企业领导人员共400余人。院纪检组组长、党组成员李杰人代表院党组就坚决贯彻落实好农业农村部直属机关党委“通知”精神和院党组的相关要求作了讲话。

1月24日 中国农业科学院北京畜牧兽医研究所召开所领导班子民主生活会，开展批评与自我批评。中国农业科学院党组书记张合成参加会议并讲话。

1月25日 中国农业科学院召开离退休职工迎新春团拜会，向老同志通报工作、恭贺新春。农业农村部党组成员、中国农业科学院院长唐华俊通报工作，院党组书记张合成主持会议并讲话。

1月27日 中国农业科学院召开2019年第四次党组会议，农业农村部党组成员、中国农业科学院院长唐华俊及院党组书记张合成带领全体领导班子成员，传达学习习近平总书记在中央党校省部级干部培训班上的讲话精神以及在十九届中央纪委三次全会上的重要讲话精神，交流学习体会，研究贯彻落实工作。

1月29日 中国农业科学院西部农业研究中心理事会暨年度工作会在新疆昌吉召开。会议听取西部中心2018年工作进展汇报，审议了2019年重点工作计划和发展战略规划，研究了地方科技需求，部署2019年重点工作任务，并与昌吉市人民政府签署了现代农业战略合作协议，整县推进乡村振兴科技示范。中国农业科学院副院长梅旭荣对西部中心2018年取得的成效给予充分肯定。

1月29日 根据党中央部署和农业农村部党组要求，中国农业科学院党组召开2018年度民主生活会，以强化创新理论武装，树牢“四个意识”，坚定“四个自信”，做到“两个维护”，勇于担当作为，以求真务实作风坚决把党中央决策部署和部党组具体要求落到实处为主题，进行了对照检查、党性分析，开展了批评和自我批评，进一步统一思想，明确方向，凝聚力量，推动工作。农业农村部党组成员、中国农业科学院院长唐华俊出席会议。会议由院党组书记张合成主持。

1月29日 经农业农村部党组研究，决定：唐华俊兼任中国农业科学院研究生院院长；免去唐华俊同志的中国农业科学院直属机关党委书记职务；吴孔明同志任中国农业科学院党组副书记、直属机关党委书记，列张合成同志之后。

1月30日 中央农办主任、农业农村部部长韩长赋到雄安新区调研并主持召开座谈会，研究支持雄安新区农业农村发展的政策措施。农业农村部副部长余欣荣，农业农村部党组成员、中国农业科学院院长唐华俊，院党组书记张合成，副院长梅旭荣，院党组成员、研究生院院长刘大群陪同调研与座谈。

1月30日 中国农业科学院召开2019年党外人士迎新春座谈会。院党组书记张合成，院纪检组组长李杰人出席座谈会，院各民主党派基层组织负责人、侨联中国农业科学院小组和无党派人士代表应邀参加座谈会。

2 月

2 月 1 日　己亥猪年春节前夕，农业农村部党组成员、中国农业科学院院长唐华俊，院党组书记张合成，院领导李金祥、李杰人、吴孔明、王汉中、万建民、梅旭荣、刘大群、贾广东分别看望了院级老领导、老院士、红军时期老干部以及部分老同志遗属，向他们致以节日的慰问和新春的祝福。

2 月 2 日　农业农村部党组成员、中国农业科学院院长唐华俊，院党组书记张合成，副院长李金祥，院纪检组组长李杰人，院党组成员贾广东一行，来到院后勤服务中心基层部门和院办公室，看望慰问春节期间坚守岗位的干部职工，给他们送去了新春的祝福和美好的祝愿。

2 月 14 日　中国农业科学院召开 2019 年机关工作会议。农业农村部党组成员、中国农业科学院院长唐华俊出席会议并讲话，强调要深入贯彻“三个面向”重要指示，加快一流科研管理机关建设。会议由院党组书记张合成主持。

2 月 15 日　中国农业科学院召开院基层党建述职评议考核现场述职会。

2 月 18 日　中国农业科学院召开 2019 年第 5 次党组会议，全面传达学习农业农村部 2019 年全面从严治党工作会议精神，深入学习贯彻十九届中央纪委三次全会特别是习近平总书记在全会上的重要讲话精神，进一步领会韩长赋部长、余欣荣副部长、吴清海组长讲话精神，并部署下一步全面从严治党重点工作。会议由院党组书记张合成主持。

2 月 20 日　中国农业科学院和中国农业大学领导班子成员在我院举行座谈交流会。双方就深化合作、共谋发展进行了深入探讨。农业农村部党组成员、中国农业科学院院长唐华俊，院党组书记张合成，中国农业大学党委书记姜沛民、校长孙其信都表达了双方深入加强合作的愿望，描绘了合作前景。

2 月 20 日　农业农村部党组成员、中国农业科学院院长唐华俊，院党组书记张合成会见了深圳市副市长王立新一行。双方就加强全面战略合作事宜进行了座谈交流，并在农业基因组、智慧农业、都市农业研究，高层次人才引进与培养等方面达成合作共识。座谈会由副院长吴孔明主持。

2 月 21 日　中国农业科学院党组书记张合成主持召开院党组（扩大）会议，宣布农业农村部党组关于吴孔明同志任中国农业科学院党组副书记、直属机关党委书记的决定。农业农村部党组成员、中国农业科学院院长唐华俊出席会议并讲话。中国农业科学院领导班子成员、院机关各部门、后勤服务中心主要负责同志以及直属机关党委领导班子成员参加会议。

2 月 22 日　中国农业科学院召开 2019 年全面从严治党工作会议，深入学习贯彻习近平总书记重要讲话和十九届中央纪委三次全会精神，总结 2018 年全面从严治党工作，部署 2019 年重点任务。中央纪委委员、中央纪委国家监委驻农业农村部纪检监察组组长、农业农村部党组成员吴清海出席会议并讲话。农业农村部党组成员、中国农业科学院院长唐华俊主持会议。中国农业科学院党组书记张合成同志作《纵深推进全面从严治党　为实现“三个面向”提供坚强保证》工作报告。

2月24日　中国农业科学院与潍坊市人民政府召开院地合作共建座谈会。农业农村部党组成员、中国农业科学院院长唐华俊，潍坊市委书记、市人大常委会主任惠新安出席会议并讲话。双方围绕深入实施乡村振兴战略，强化院地合作，创新提升“诸城模式”“潍坊模式”“寿光模式”开展座谈并达成了合作共识。座谈会由副院长万建民主持。

2月25日　在第十四届中国—法国科技联委会上，中国农业科学院党组副书记、副院长吴孔明和法国农业科学研究院国际事务局局长赛格伦 哈莉·黛丝·方丹(Segolen Halley-des Fontaines）女士共同为“中国—法国植物保护国际联合实验室”揭牌，中国科技部部长王志刚和法国高等教育、研究与创新部部长弗雷德里克·维达尔共同见证揭牌仪式。

2月25日　中国农业科学院信息化工作领导小组召开工作会议，专题研究部署2019年信息化重点工作。院党组书记、院信息化工作领导小组组长张合成出席会议并讲话。会议由副院长、院信息化工作领导小组副组长梅旭荣主持。

2月26日　农业农村部部长韩长赋、副部长余欣荣到中国农业科学院调研指导国家作物种质库项目建设情况，实地考察了项目建设现场，详细了解了项目规模、规划、进度计划、重点难点等情况，与建设单位进行了深入交流。农业农村部党组成员、中国农业科学院院长唐华俊，院党组书记张合成陪同调研。

2月28日　中国农业科学院党组召开脱贫攻坚专项巡视整改专题民主生活会。会议围绕“为打赢脱贫攻坚战提供有力支撑”主题，聚焦脱贫攻坚专项巡视中发现的问题，进行对照检查，开展批评和自我批评，进一步提高思想认识。农业农村部党组成员、中国农业科学院院长唐华俊出席会议。会议由院党组书记张合成主持。

3月

3月4—8日　中国农业科学院副院长梅旭荣率团赴法国蒙彼利埃访问了国际农业研究磋商组织总部（CGIAR)、蒙彼利埃大学、法国国家科学中心（CNRS)、法国可持续发展研究中心（IRD)、法国热带农业研究中心（CIRAD)，就深化与CGIAR合作、拓展与法国研究网络合作关系，推进与法方在温室气体排放、粮食安全和环境质量等领域合作开展交流。

3月7日　中国农业科学院举办纪念“三八”国际劳动妇女节暨表彰大会。院党组书记张合成，农业农村部妇工委副主任张广卿，院党组成员、人事局局长贾广东等出席会议。

3月9日　中国农业科学院副院长梅旭荣会见了来访的英国洛桑研究所所长阿奇

姆·杜伯曼（Achim Dobermann）一行，双方就继续推进中英农业集约化可持续发展联盟中心（CSIA）合作交换了意见。

3 月 13 日 中国农业科学院党组书记张合成到农业经济与发展研究所调研并指导工作。院党组成员、人事局局长贾广东等陪同调研。

3 月 14 日 中国中化集团农业事业部党委书记、总裁覃衡德一行到访中国农业科学院，就深入实施乡村振兴战略、加强院企合作开展交流研讨。农业农村部党组成员、中国农业科学院院长唐华俊出席了座谈会。会议由副院长王汉中主持。

3 月 19 日 以巴基斯坦执政党正义运动党的核心委员会成员、国民议会副议长卡西姆·苏里为团长的巴基斯坦正义运动党干部代表团，以巴基斯坦穆盟（谢）领导人、参议院外事委员会主席穆沙希德和人民党常务副主席、参议院中巴经济走廊委员会主席雪莉·拉赫曼为联合团长的巴基斯坦政党干部代表团，以巴基斯坦俾路支省省督阿马努拉·汗·亚辛扎伊为团长的巴基斯坦西部政党友好人士代表团访问中国农业科学院。中国农业科学院党组书记张合成会见来访代表团。

3 月 19 日 湖北荆门市委举办油菜产业发展论坛，中国农业科学院副院长、油料作物研究所油菜遗传育种创新团队首席科学家王汉中院士出席论坛并作《油菜的多重功能及发展战略》报告。

3 月 20 日 中国农业科学院党组书记张合成到农业经济与发展研究所调研，就如何落实“三个面向”、加强党的政治引领等问题，与所领导班子成员、团队首席、科研骨干、支部书记进行了座谈交流。院党组成员、人事局局长贾广东等陪同调研。

3 月 21 日 国家食物与营养咨询委员会 2018—2019 年度工作会议在京召开。农业农村部党组成员、中国农业科学院院长唐华俊，国家食物与营养咨询委员会名誉主任万宝瑞，国家食物与营养咨询委员会主任陈萌山等出席会议。

3 月 21 日 中国农业科学院召开重大科技任务专题会议，研讨全院藏粮于技、农业绿色发展等重大科研任务攻关。张合成书记主持会议，院机关有关部门、相关研究所主要负责同志及专家参加会议。

3 月 22 日 中国农业科学院被评为 2018 年度农业农村部绩效管理优秀单位。在 35 个事业单位排名中位列第四名，相较 2017 年的第二十名，提升了 16 个名次。

3 月 22 日 中国农业科学院召开传达贯彻全国两会精神干部大会。院党组书记张合成强调，院各级党组织和广大党员干部要认真学习领会习近平总书记两会期间重要讲话和政府工作报告、两会精神及农业农村部干部大会上韩长赋部长讲话精神，进一步树牢“四个意识”、坚定“四个自信”、做到“两个维护”，不断增强做好“三农”工作和科技创新工作的责任感使命感，深化落实“三个面向”指示要求，不断推动中国农业科学院各项事业的改革、创新和发展，确保乡村振兴取得新进展，脱贫攻坚取得新成效。副院长李金祥传达全国两会主要精神，纪检组组长李杰人主持会议。

3 月 24—31 日 中国农业科学院副院长梅旭荣率团出访比利时和瑞士，为促进对欧农业科技合作开展对话交流活动。

3月24—28日 正值习近平主席对法国进行国事访问期间，农业农村部党组成员、中国农业科学院院长唐华俊率代表团访问法国农科院，全面推动与法国农科院的科技合作。

3月25日 中国农业科学院副院长王汉中会见了来访的科迪华农业科技候任首席执行官柯林斯（James Collins）一行，并代表双方签署合作备忘录。

3月26日 中国农业科学院在江西省婺源县召开脱贫攻坚与乡村振兴工作会议。中国农业科学院党组书记张合成代表院党组向全院干部职工发出号召，要求全院各级党组织、专家团队、科技人员面向“三农”一线，大力开展科技帮扶活动，为脱贫攻坚和乡村振兴提供强有力的科技支撑。会议表彰中国农业科学院2018年脱贫攻坚工作先进集体和先进个人，相关研究所与阜平、紫阳、临潭、桦川4个科技扶贫示范县，东海、婺源、兰考、邛崃4个乡村振兴示范县（市）签订共建协议，会议全面部署2019年全院脱贫攻坚与乡村振兴工作。中国农业科学院副院长王汉中主持会议。

3月27日 由中国农业科学院油料作物研究所主办的功能型油菜产业发展论坛在江西省婺源县举行。中国工程院院士、中国农业科学院副院长王汉中等有关专家作了专题报告。中国农业科学院有关研究所、江西省农业科学院和陕西省安康市等单位共计200余人参加了论坛。

3月31日 国家农业科技创新联盟交流评议会在北京召开。中国农业科学院副院长梅旭荣出席会议并讲话。

4月

4月1日 中国农业科学院副院长梅旭荣会见了比尔及梅琳达·盖茨基金会项目主管加里·阿特林（Gary Atlin）。双方回顾了过去10年的合作情况及项目成果，并就未来合作重点和意向达成共识。

4月2日 中国农业科学院举行党组中心组2019年第一次（扩大）学习会，深入学习贯彻习近平总书记关于“三农”工作、科技创新等系列重要讲话和“三个面向”指示要求，聚焦实施“三创一体”战略，全面提升院所成果转化能力，提高成果转化收益，研究部署贯彻落实的工作举措，为加快“两个一流”建设提供有力支撑和保障。农业农村部党组成员、中国农业科学院院长唐华俊出席会议并讲话。会议由院党组书记张合成主持。在家院领导，院机关各部门负责人，院巡视组负责同志参加了会议。

4月2日 由我国主导的最大的国际农业科技扶贫项目“为非洲和亚洲资源贫瘠地区培育绿色超级稻”在京结题。“绿色超级稻”（Green Super Rice，GSR）项目是在中国政府与比尔·梅琳达盖茨基金会联合资助下，由中国农业科学院主导，作物科学研究所黎志康研究员牵头，联合国内外58家水稻研究单位，历时11年，采用创新的绿色超级稻分子育种技术和策略，为中国和亚非国家培育了高产、优质、多抗（抗旱、耐盐、耐淹、养分高效等）的GSR新品种140个，累计推广面积1 033万公顷，为“一带一路”沿线国家创造巨大社会经济效益。盖茨基金会高级项目官员加里·阿特林（Gary Atlin），中国农业科学院副院长梅旭荣等出席会议，来自 16 个国家的项目代表参会。

4 月 3 日 中国农业科学院在京发布我国农业绿色发展首部绿皮书《中国农业绿色发展报告 2018》。农业农村部副部长余欣荣出席会议并讲话。报告由中国农业科学院党组书记张合成发布。来自农业农村部、各级农业部门各省农科院等单位代表共计 300 余人参加会议。

4 月 3 日 中国农业科学院党风廉政建设工作领导小组召开 2019 年第一次会议，审议通过《中国农业科学院 2019 年全面从严治党工作要点及分工意见》，部署 2019 年全面从严治党重点任务和工作安排。农业农村部党组成员、中国农业科学院院长唐华俊出席会议。会议由院党组书记张合成主持。院党风廉政建设工作领导小组全体成员出席会议。

4 月 8 日 十届全国人民代表大会常务委员会副委员长蒋正华一行暨中国生产力学会专家组到中国农业科学院调研，实地考察了国家作物种质库建设现场和国家农业科技创新园。院党组书记张合成、副院长李金祥、院纪检组组长李杰人、副院长王汉中、研究生院党委书记刘大群先后陪同调研座谈。

4 月 9 日 农业农村部党组成员、中国农业科学院院长唐华俊到烟草研究所调研，强调要精准对标“三个面向”，稳步推进转型创新发展。中共青岛市委市直机关工委副书记郑建明，中国农业科学院党组成员、人事局局长贾广东等领导参加了座谈交流。

4 月 10 日 农业农村部部长韩长赋一行到中国农业科学院作物科学研究所海南试验站调研，考察南繁育种工作。农业农村部党组成员、中国农业科学院院长唐华俊陪同调研。海南省副省长刘平治出席调研活动。农业农村部办公厅主任广德福、发展规划司司长魏百刚、计划财务司司长陶怀颖、科技教育司司长廖西元、种业管理司司长张延秋等陪同调研。

4 月 10 日 中国农业科学院人才交流服务中心（深圳）建设研讨会在深圳农业基因组研究所举行。院人事局、植保所等 12 个研究所的主要负责同志参加了研讨会。会议由院党组成员、人事局局长贾广东主持。

4 月 11 日 中国农业科学院举办习近平新时代中国特色社会主义思想辅导报告会，邀请中央党校科学社会主义教研部孟鑫教授作专题辅导。报告会由院党组成员、纪检组组长李杰人主持。报告会采取了视频会议形式，在家院领导、院机关各部门全体党员、干部等 450 余名党员干部在主会场参加报告会。

4 月 11 日 中国农业科学院举行“与时代同发展，与祖国共奋进”职工健步走活动。农业农村部党组成员、中国农业科学院院长唐华俊宣布开启健步走活动。院党组书记张合成出席活动并致辞。副院长李金祥，院党组成员、纪检组组长李杰人，院党组成员、研究生院院长刘大群，院党组成员、人事局局长贾广东出席此次活动。开幕式由副院长王汉中主持。

4 月 12 日 农业农村部定点支持湖北省来凤县扶贫工作推进会在湖北省来凤县召

开。农业农村部副部长于康震、中国农业科学院副院长梅旭荣等出席会议并讲话。

4月15日 农业农村部党组成员、中国农业科学院院长唐华俊会见来访的乌拉圭国家农牧研究院（INIA）董事会主席兼院长何塞·路易斯·雷佩托一行。双方就进一步加强农业科技合作深入交换了意见。副院长梅旭等领导和专家参加了会见。

4月15日 中国农业科学院召开2019年巡视工作动员部署会。院党组书记张合成、中央纪委驻农业农村部纪检组副组长蔡晓出席会议。会议由院纪检组组长李杰人主持。

4月16日 院党组书记张合成一行到成都市农林科学院开展农业应用科研和科技成果转化情况调研。张合成在座谈会上强调，要紧紧抓住当前成果转化政策最宽松的机遇，探索协同创新机制，推动农业科研事业快速发展。

4月17日 中国农业科学院党组书记张合成到国家成都农业科技中心调研，实地考察核心区一期工程建设进展情况，重点听取成都中心工作进展汇报，强调筹建工作提速提效，重点抓推进抓落实抓成效。中国农业科学院副院长李金祥，院党组成员、人事局局长贾广东等陪同调研。

4月17日 中国农业科学院党组书记张合成到农业农村部沼气科学研究所调研指导工作，强调要抓住当前历史机遇，在农村人居环境整治重大战略中体现价值。院党组成员、人事局局长贾广东等陪同调研。

4月17—19日 2019年全国马铃薯主食化产业联盟第五届年会在山东省滕州市举办，中国农业科学院党组成员、纪检组组长李杰人对联盟5年来在马铃薯主食化产业引导方面开展的工作给予高度肯定来自全国马铃薯产业的科研院所各界代表600余人参加活动。

4月19日 中国农业科学院与深圳市人民政府在中国农业科学院深圳农业基因组研究所签署全面战略合作框架协议。农业农村部党组书记、部长韩长赋，广东省委副书记、深圳市委书记王伟中，中国农业科学院党组书记张合成、广东省委常委叶贞琴见证签约。深圳市委副书记、市长陈如桂，农业农村部党组成员、中国农业科学院院长唐华俊代表双方签署协议。

4月20日 2019中国农业展望大会在北京开幕，农业农村部市场预警专家委员会发布了《中国农业展望报告（2019—2028）》。农业农村部副部长韩俊作主旨报告。中国农业科学院党组书记张合成参会并致辞，大会开幕式由中国农业科学院副院长吴孔明院士主持。

4月20日 在第二十届中国（寿光）国际蔬菜科技博览会开幕式上，中国农业科学院副院长梅旭荣、潍坊市人民政府副市长马清民为“中国农业科学院寿光蔬菜研发中心”揭牌并签署战略合作协议，标志着强强联手的蔬菜学科政产学研深度融合平台正式启动。

4月22日 中国农业科学院副院长万建民应邀率团出访澳大利亚、新西兰和日本，就加强科技合作、依靠科技促进我国农业绿色发展脱贫攻关和乡村振兴，与三国农业领域领导和专家进行了深入的交流。

4月22日　农业农村部2018年度“西部之光”访问学者和少数民族特培学员培养中期评估会在深圳召开。院党组成员、研究生院党委书记刘大群出席会议。会议由院人事局副局长李巨光主持。

4月22日　农业农村部党组成员、中国农业科学院院长唐华俊会见来访的国际原子能机构（IAEA）副总干事纳贾特·莫克塔（Najat Mokhtar），双方就加强在核农学领域的合作交换意见。副院长梅旭荣等陪同会见。

4月22日　农业农村部科技教育司联合科学技术部成果转化与区域创新司、外国专家服务司、引进国外智力管理司及中国农学会、中国农业科学院农业环境与可持续发展研究所等6个单位党组织在国家农业科技创新园共同举办了“党建引领科技创新”主题党建联建活动。农业农村部党组成员、中国农业科学院院长唐华俊会见了参加人员。院党组成员、纪检组组长李杰人代表院党组致辞。座谈交流会议由农业农村部科技教育司司长、党支部书记廖西元主持。

4月23日　由国家国防科技工业局重大专项工程中心、中国农业科学院、中国航天基金会主办，中国农业科学院农业资源与农业区划研究所、中国农业资源与区划学会承办的第二届“中国高分杯”美丽乡村大赛（创新应用类）决赛在中国农业科学院举行。中国农业科学院党组书记张合成出席大赛开幕式并讲话。来自全国科研院所、高校、企事业单位的25支赛队参加了此次现场决赛。

4月23日　中国农业科学院与湖南省人民政府在长沙签署战略合作框架协议，农业农村部党组成员、中国农业科学院院长唐华俊与湖南省人民政府副省长隋忠诚出席签约仪式并代表双方在协议上签字。湖南省人民政府副秘书长欧阳煌、中国农业科学院副院长王汉中等领导专家出席了签约仪式。

4月24日　中国农业科学院副院长梅旭荣会见来访的哥斯达黎加农牧业部长路易斯·阿尔瓦拉多一行。双方就进一步加强农业科技合作深入交换了意见。

4月24日　农业农村部党组成员、中国农业科学院院长唐华俊赴基层联系点四川省简阳市贾家镇快乐村调研，强调要充分发挥科技支撑作用，继续巩固脱贫攻坚成果，有机衔接乡村振兴战略实施，全力助推农村主导产业发展。

4月25日　由中国农业科学院和成都市人民政府主办，全国农业科技成果转移服务中心、国家种业科技成果产权交易中心等机构承办的2019（首届）全国农业科技成果转化大会暨第七届成都国际都市现代农业博览会，中国乳业创新发展大会暨第十七届中国国际奶业展览会在成都召开。农业农村部党组成员、中国农业科学院院长唐华俊致辞并讲话。成都市委副书记、市长罗强，四川省委常委曲木史哈，四川省副省长尧斯丹，主宾国俄罗斯代表、亚洲工业企业家联合会副主席刘维宁出席大会开幕式及高级别全体会议。

4月29日　中国农业科学院与山东省农业科学院协同创新“名优农产品”项目在山东省寿光市召开了科技支撑品牌农产品建设对接活动。中国农业科学院副院长梅旭荣，山东省农科院副院长张立明出席会议。

4月29日 中国农业科学院副院长梅旭荣会见了来访的法国农业食品部教育与研究局副局长瓦莱丽·巴杜埃勒（Valérie Baduel）一行，双方就加强中法农业科技及教育培训领域的合作交换了意见。

4月29日 农业农村部党组成员、中国农业科学院院长唐华俊调研麻类研究所，要求进一步对标“三个面向”，梳理研究所定位，在新的历史起点谋划更快更好发展。副院长王汉中等陪同参加了座谈会。

4月29日 经农业农村部党组研究，决定：冯忠武同志任中国农业科学院党组成员、副院长；梅旭荣同志兼任中国农业科学院都市农业研究所所长。

5月

5月3—5日 中国农业科学院北京畜牧兽医研究所、美国奶业科学学会、新西兰初级产业部和中国奶业协会共同主办的第六届“奶牛营养与牛奶质量”国际研讨会在北京召开。中国农业科学院党组书记张合成、新西兰驻华大使傅恩莱、农业农村部农产品质量安全监管司司长肖放、农业农村部畜牧兽医局副局长王俊勋、中国奶业协会常务副会长与秘书长刘亚清、美国奶业科学学会主席杰夫·达尔、中国农业科学院牧医所所长秦玉昌等专家出席大会开幕式并致辞。中国农业科学院副院长李金祥、北京大学朱作言院士、新西兰皇家科学院奈吉尔·法郎士院士出席开幕式。

5月5日 营养型农业产业发展论坛暨国家营养型农业科技创新联盟成立大会在成都召开。中国农业科学院副院长、国家农业科技创新联盟秘书长梅旭荣出席会议并讲话。

5月7日 中国农业科学院成果转化工作会议在成都召开。农业农村部党组成员、中国农业科学院院长唐华俊出席会议并讲话，全面总结分析了全院科技成果转化的成绩与问题，就进一步加强中国农业科学院科技成果转化工作、努力提升科技服务“三农”能力和水平提出了明确要求。副院长王汉中主持会议。农业农村部科技教育司副巡视员李芹，中国农业科学院纪检组组长李杰人，副院长梅旭荣，院党组成员、研究生院党委书记、院长刘大群，院党组成员、人事局局长贾广东等出席会议。

5月7日 中国农业科学院农业经济与政策顾问团召开2019年度工作会议。会议由顾问团团长、原农业部常务副部长万宝瑞主持。农业农村部党组成员、中国农业科学院院长唐华俊、中国农业科学院党组书记张合成出席会议并讲话。

5月8日 中国农业科学院副院长梅旭荣会见来访的瑞士联邦农业科学院首席执行官伊娃·莱茵哈德（Eva Reinhard）一行，双方就加强两院合作进行交流。

5月8—9日 中国农业科学院举行党组中心组2019年第二次（扩大）学习会暨习近平总书记贺信精神理论学习研究组研讨会。农业农村部党组成员、中国农业科学院院长唐华俊出席会议并讲话。会议由院党组书记张合成主持。

5 月 10 日　农业农村部党组成员、中国农业科学院院长唐华俊对全院 2017 年度新晋升高级职称人员进行集体谈话。院党组书记张合成主持谈话活动。

5 月 13 日　中国农业科学院 2019 年国家重点实验室工作研讨会在杭州召开。副院长万建民出席会议并讲话。

5 月 13 日　中国农业科学院和国际食物政策研究所共同举办中国和全球农业政策论坛。农业农村部党组成员、中国农业科学院院长唐华俊出席论坛并致辞。中国农业科学院副院长梅旭荣发布了《中国农业产业发展报告 2019》。

5 月 13—16 日　中国农业科学院在河南兰考焦裕禄干部学院举办 2019 年纪检监察干部培训班。院纪检组组长李杰人出席会议并讲话，院属各单位（部门）纪委书记、纪检监察干部 90 余人参加培训。

5 月 15 日　中国农业科学院团委举办“与时代同发展 与祖国共奋进——中国农业科学院发扬五四精神主题学习交流会”，院党组书记张合成出席会议并讲话。会议由副院长王汉中主持。

5 月 15—17 日　由中国农业科学院茶叶研究所与中国茶叶学会共同主办的第二届国际茶学院所长会议在杭州召开。会议主题为“茶和世界，创新发展”。中国农业科学院党组书记张合成出席开幕式并致辞。

5 月 21 日　蔬菜科技创新助力乡村振兴座谈会暨甘蓝规模化制种与新品种展示会在河南省济源市举行。中国农业科学院党组书记张合成，中国工程院院士方智远，农业农村部种业管理司副司长孙好勤、科教司副司长张文出席会议。会议由中国农业科学院副院长王汉中主持。

5 月 24 日　中国农业科学院召开科研进展通报会。副院长万建民发布创新工程实施进展与成效，向媒体通报了全院贯彻贺信精神两周年以来，在推进创新工程实施中取得的进展与成效，发布了“中国农业科学院十大科技进展”，介绍了“藏粮于技”、绿色发展、畜禽良种化、牛奶优质化、非洲猪瘟 5 项重大科研计划。

5 月 27 日　中国农业科学院油料作物研究所联合安徽省农业农村厅主办、望江县人民政府和安徽省农业科学院承办的油菜绿色高效发展现场观摩会在安徽省望江县举办。中国农业科学院副院长、中国工程院院士王汉中出席会议。

5 月 27 日　中国农业科学院与新乡科技合作 60 年暨院基地建设 10 周年成果展示大会在河南召开。中国农业科学院副院长王汉中、新乡市政府副市长武胜军、中共新乡县委书记申乐民出席大会并讲话。中国农业科学院原院长、中国农业国际促进会会长翟虎渠出席活动。

5 月 27 日　农业农村部部长韩长赋在中国农业科学院出席“科技创新支撑乡村振兴”报告会并作报告。农业农村部党组成员、中国农业科学院院长唐华俊主持报告会。院党组书记张合成等院领导班子成员，翟虎渠、薛亮等院级老领导，范云六院士、方智远院士出席会议。院属京区各单位领导班子成员等 8 000 余人通过视频同步收看大会实况。

5月28日 中国农业科学院植物保护研究所吴孔明院士研究团队利用历史气象数据，对中国热带和南亚热带地区草地贪夜蛾春、夏两季的迁飞轨迹以及主要降落和波及地区进行了模拟预测。研究分析已定殖中国热带和南亚热带地区草地贪夜蛾的迁飞路径，对指导监测预警和防控工作有重要的意义。相关研究结果在线发表在《植物保护》(*Plant Protection*) 上。

5月29日 农业农村部直属机关党委常务副书记潘学峰一行来中国农业科学院调研，就党支部建设情况进行座谈交流。院党组书记张合成主持会议并介绍全院工作情况。

6月

6月3日 中国农业科学院信息化工作领导小组召开第二季度工作会议，专题听取2019年信息化重点任务进展情况并研究部署下一步计划。院党组书记张合成出席会议并讲话。会议由副院长梅旭荣主持。

6月4日 中国农业科学院举办2019年研究生指导教师培训班，培训以“加强师德师风建设、落实立德树人职责”为主题，对新晋导师进行职业晋升后首次集体谈话。中国农业科学院纪检组组长李杰人对新晋升导师进行了集体谈话，研究生院常务副院长刘瀛弢主持开班仪式。

6月5日 中国农业科学院党组书记张合成到农业质量标准与检测技术研究所调研并指导工作。院机关有关部门负责同志陪同调研。

6月12—14日 中国农业科学院“创新工程首席科学家研修班”正式开班，中央农村工作领导小组办公室副主任，农业农村部党组副书记、副部长韩俊和农业农村部党组成员、中国农业科学院院长唐华俊作主旨报告。院党组书记张合成对研修学习提出要求。

6月14日 中国农业科学院成立内部审计工作领导小组并召开第一次会议，进一步强化中国农业科学院内部审计工作。院党组书记、领导小组组长张合成及领导小组成员出席会议。会议由副院长梅旭荣主持。院纪检组组长李杰人，院党组成员、人事局局长贾广东等参加会议。

6月14日 中国农业科学院召开“不忘初心、牢记使命”主题教育动员部署会，农业农村部党组成员、中国农业科学院院长唐华俊主持会议，院党组书记张合成作动员讲话，农业农村部第一指导组组长岳金凤同志出席会议并讲话。

6月14日 中国农业科学院召开党组（扩大）会议，传达学习中央“不忘初心、牢记使命”主题教育工作会议、农业农村部“不忘初心、牢记使命”主题教育动员部署会精神，审议通过中国农业科学院主题教育实施方案并研究部署全院主题教育工作。农业农村部党组成员、中国农业科学院院长唐华俊出席会议。会议由院党组书记张合成主持。在家院领导、院部机关主要负责同志参加会议。

6月14日 农业农村部党组成员、中国农业科学院院长唐华俊以“创新体制机制 优化战略布局 切实加快‘两个一流’建设步伐”为题讲党课。院党组书记张合成主持党课。全体院领导，院主题教育领导小组、指导组成员，院机关和后勤中心全体党员干部，院属各单位领导班子成员、党办主任、团队首席、在职党支部书记在主会场和分会场参加党课学习。

6月17—22日 中国农业科学院党组书记张合成一行赴赴新疆昌吉回族自治州、博尔塔拉蒙古自治州，甘肃甘南藏族自治州等地开展“不忘初心、牢记使命”主题教育调研活动，广泛听取基层党员群众意见建议。他强调，要把开展主题教育同推进研究所中心工作结合起来，坚守初心使命、强化担当实干，全面提升党建引领研究所改革发展的实效。

6月22日 中国农业科学院组织召开草地贪夜蛾应急防控项目论证会。会议邀请中国农业科学院副院长吴孔明院士、中国农业大学高希武教授、中国科学院动物研究所张润志研究员、农业农村部种植业管理司植保植检处调研员王建强和全国农技推广服务中心刘万才研究员组成论证专家组，对中国农业科学院组织编写的草地贪夜蛾应急防控项目实施方案进行了论证。

6月25日—7月2日 中国农业科学院党组开展“不忘初心、牢记使命”主题教育集中学习研讨暨2019年第三次理论学习中心组学习会。集中学习研讨紧紧围绕贯彻落实习近平新时代中国特色社会主义思想，习近平总书记关于“三农”工作、扶贫工作、科技创新工作的重要论述等。院党组书记张合成主持学习会，农业农村部主题教育第一指导组到会指导。

7月

7月1日 在建党98周年之际，为扎实推进“不忘初心、牢记使命”主题教育，中国农业科学院举办弘扬科学家精神先进事迹报告会，邀请中国科学院文献情报中心党委书记、副主任何林与河南农业科技学院茹振钢教授作专题报告。院党组书记张合成出席报告会。院党组成员、副院长冯忠武主持会议。院党组成员王汉中、梅旭荣、贾广东出席会议。

7月3日 中央主题教育第二十五指导组组长王辉忠一行到中国农业科学院开展“不忘初心、牢记使命”主题教育调研并召开座谈会。农业农村部党组成员、中国农业科学院院长唐华俊陪同调研。院党组书记张合成主持座谈会并做汇报。中央第二十五指导组副组长冯远，成员刘虹、卢君、孙强，农业农村部直属机关党委常务副书记潘学峰、农业农村部主题教育第一指导组组长岳金凤，中国农业科学院院领导冯忠武、李杰人、万建民、梅旭荣出席会议。

7月5—12日 为推动“一带一路”沿线国家农业合作，特别是加强中国农业科学院与乌兹别克斯坦和俄罗斯的农业科技合作，应乌兹别克斯坦创新发展部和俄罗斯科学院的邀请，中国农业科学院党组书记张合成率团访问乌俄两国并取得积极成效。

7月9日 中国农业科学院举行2019届研究生毕业典礼暨学位授予仪式。农业农村部党组成员、中国农业科学院院长、研究生院院长唐华俊，中国农业科学院党组书记张合成，中国农业科学院党组副书记、副院长吴孔明，中国农业科学院党组成员、人事局局长贾广东，乌拉圭驻华大使馆领事塞尔西奥·德亚巴列等出席毕业典礼。典礼由研究生院党委书记方军主持。

7月13日 根据中共中央和农业农村部党组"不忘初心、牢记使命"主题教育工作会议有关要求和工作安排，中国农业科学院党组书记张合成带头赴新疆昌吉、博尔塔拉等地开展"不忘初心、牢记使命"主题教育调研活动。

7月16日 中国农业科学院党组书记张合成会见乌兹别克斯坦农场经营者和附属土地所有者理事会主席哈伊托夫·阿克塔木·阿赫马多维奇及乌兹别克斯坦农业部副部长哈德扎耶夫·萨伊卡马尔·萨伊德卡里莫维奇一行。双方就共同感兴趣的农业科技合作领域相关问题展开深入交流。副院长吴孔明出席座谈会。

7月17日 农业农村部发展规划司司长魏百刚一行到中国农业科学院开展"不忘初心、牢记使命"主题教育调研，听取意见建议，并签署战略合作备忘录。中国农业科学院党组书记张合成出席调研座谈会并讲话。副院长梅旭荣参加活动。

7月18—19日 农业农村部党组成员、中国农业科学院院长唐华俊带领院调研小组到河北省阜平县，围绕"农业科技如何支撑脱贫攻坚"专题，开展"不忘初心、牢记使命"主题教育调研活动。

7月20—22日 由中国农业科学院郑州果树研究所和蒙阴县人民政府共同主办的"全国桃产业绿色技术交流现场会"在山东蒙阴举行，旨在总结交流桃产业绿色发展技术，共商科技支撑产业发展大计。中国工程院副院长邓秀新、中国农业科学院副院长万建民出席会议。会议由中国农业科学院成果转化局局长王述民主持。

7月24日 中国农业科学院第八届学术委员会第四次会议在北京召开。农业农村部党组成员、中国农业科学院院长唐华俊出席会议并讲话，主任委员万建民作学术委员会工作报告。科技部农村司副司长蒋丹平作中长期农业科技发展主题报告。15位两院院士、100余位委员出席会议。

7月24日 农业农村部党组成员、中国农业科学院院长唐华俊会见伊朗伊斯兰共和国农业圣战部部长马哈茂德·霍贾提（Mahmoud Hojjati）率领的高级别代表团。双方就推动农业科技合作进行了深入交流。中国农业科学院副院长吴孔明出席座谈会。

7月25日 中国农业科学院党组组织京区部分研究所领导、专家代表、青年人才代表、女科技人员代表、年轻干部代表召开座谈会，广泛听取干部职工对院党组和党组成员的意见建议。农业农村部党组成员、中国农业科学院院长、院主题教育领导小组组长唐华俊出席座谈会。座谈会由院党组书记、院主题教育领导小组组长张合成主持。

7月28日 科学技术部农村科技司副司长蒋丹平，农业农村部种植业管理司司长潘文博、科技教育司副司长张文等赴中国农业科学院植物保护研究所，专题调研草地贪夜蛾防控科技创新工作。中国农业科学院党组副书记、副院长吴孔明主持调研活动。

7 月 29 日　中国农业科学院副院长吴孔明会见了来访的印度尼西亚茂物农业大学校长阿里夫·萨特里亚一行，双方就开启农业科技合作交换了意见。

7 月 29 日　中国农业科学院领导班子召开“不忘初心、牢记使命”主题教育调研成果交流会。农业农村部党组成员、中国农业科学院院长、院主题教育领导小组组长唐华俊发言并点评，院党组书记、院主题教育领导小组组长张合成主持会议。农业农村部第一指导组组长岳金凤出席会议并讲话。

7 月 29 日　中国农业科学院召开 2019 年院务扩大会议，听取院机关各部门和有关单位上半年工作汇报，部署下半年工作。农业农村部党组成员、中国农业科学院院长唐华俊出席会议并讲话，院党组书记张合成主持会议。农业农村部“不忘初心、牢记使命”主题教育第一指导组组长岳金凤出席会议。

7 月 29 日　《2018 全球农业研究热点前沿》报告在京发布，揭示农业领域的最新进展和发展方向，有侧重地分析研究热点前沿。中国农业科学院副院长梅旭荣出席发布会。

8 月

8 月 2 日　中国农业科学院举办讲述院史院风、牢记初心使命座谈会，回顾学习老院长和科学家事迹精神。院党组书记张合成主持座谈会。院党组原书记薛亮出席座谈会。

8 月 2 日　全国党建研究会科研院所专委会“不忘初心、牢记使命”主题教育研讨会在中国农业科学院召开。全国党建研究会常务理事、专委会主任委员王庭大出席会议并讲话。中国农业科学院党组书记张合成会见王庭大一行。院党组副书记、副院长吴孔明出席会议并致辞。

8 月 4—5 日　由国家棉花产业联盟、安阳市人民政府联合主办的国家棉花产业联盟（CCIA）高品质棉花可持续发展暨纺织服装产业升级高峰论坛在安阳召开。中国农业科学院副院长梅旭荣出席主论坛开幕式并致辞。国家棉花产业联盟理事长、中国农业科学院棉花研究所所长李付广及安阳市政府副市长田海涛作主旨报告。

8 月 4—6 日　由中国农业科学院郑州果树研究所、中国园艺学会西甜瓜专业委员会、《中国瓜菜》编辑部共同主办的“全国西瓜甜瓜绿色发展观摩研讨会暨全国西瓜甜瓜科研生产协作活动 60 周年大会”在新疆昌吉举行。中国工程院院士吴明珠、李天来，中国农业科学院副院长冯忠武出席会议。

8 月 6 日　中国农业科学院“不忘初心、牢记使命”主题教育领导小组在油料作物研究所开展主题教育交流，听取院相关部门和单位“不忘初心、牢记使命”主题教育阶段性情况汇报，安排部署全院主题教育下一阶段重点工作。院党组书记张合成出席会议并讲话。

8月6日 成都服务全川农业科技创新联盟成立大会在成都举行。中国农业科学院副院长王汉中，中国农业科学院副院长、联盟理事长梅旭荣，成都市人民政府副市长刘旭光，四川省农业农村厅巡视员舒军等领导和专家出席会议。会议由成都市农业农村局副局长李晓东主持。

8月8日 中国农业科学院直属机关党委召开全委（扩大）会议，传达学习中央和国家机关党的建设工作会议、中央有关通报以及部党组《关于进一步加强部系统纪律检查工作的意见》精神，部署安排贯彻落实工作，进一步统一思想、凝聚力量，推动提升全院党的建设质量。会议由院党组成员、人事局局长贾广东主持。

8月8—9日 中国农业科学院组织人事干部能力建设培训班在京举办。院党组成员、人事局局长贾广东出席开班仪式并讲专题党课。

8月12日 农业农村部部长韩长赋调研哈尔滨兽医研究所，了解非洲猪瘟疫苗研究进展情况，对前期工作进展给予肯定。韩长赋要求，哈兽研在非洲猪瘟疫苗研究中承担战略性任务、探索解决世界性难题、取得了阶段性成果，下一步要再接再厉、顽强拼搏，力争继续取得突破。农业农村部党组成员、中国农业科学院院长唐华俊，中国农业科学院党组书记张合成陪同调研。

8月18日 中国农业科学院副院长万建民率调研组到草原研究所开展“不忘初心、牢记使命”主题教育调研活动，围绕研究所改革创新发展遇到的瓶颈问题，广泛听取意见建议。

8月20日 中国农业科学院召开“不忘初心、牢记使命”主题教育交流会。会议强调，要持续深入推进主题教育，确保全院主题教育高质量完成。院党组书记、院主题教育领导小组组长张合成出席会议，院纪检组组长、院主题教育领导小组副组长李杰人主持会议。

8月20日 中国农业科学院党组书记、院主题教育领导小组组长张合成以“学原著、守初心，践行科技强农使命担当”为主题，作专题党课报告。他强调：要学原著守初心，筑牢农业科学家信仰之基；找差距，知信行统一，勇担科技强农光荣使命；见行动，学思用贯通，践行首席科学家责任担当。院纪检组组长、院主题教育领导小组副组长李杰人主持报告会。

8月20日 中国农业科学院开展“不忘初心、牢记使命”警示教育活动。院党组书记张合成出席会议，院党组成员、纪检组组长李杰人主持会议。

8月26日 中国农业科学院党组成员、纪检组组长李杰人对新提任的20名所局级干部进行集体廉政谈话。

8月26日 中国农业科学院党组召开对照党章党规找差距专题会议。农业农村部党组成员、中国农业科学院院长、院主题教育领导小组组长唐华俊出席会议，院党组书记、院主题教育领导小组组长张合成主持会议，农业农村部第一指导组组长岳金凤到会指导。

8月28日 中国农业科学院党组召开“不忘初心、牢记使命”专题民主生活会，紧扣学习贯彻习近平新时代中国特色社会主义思想这一主线，聚焦“不忘初心、牢记使命”这一主题，突出力戒形式主义、官僚主义这一重要内容，围绕理论学习有收获、思想政治受洗礼、干事创业敢担当、为民服务解难题、清正廉洁作表率的目标，按照习近平总书记关于“四个对照”“四个找一找”的要求，盘点收获、检视问题、深刻剖析，开展批评与自我批评，明确努力方向和改进措施。农业农村部党组成员、中国农业科学院院长唐华俊出席会议，院党组书记张合成主持会议，农业农村部主题教育第一指导组组长岳金凤、中纪委驻农业农村部纪检监察组副组长叶春秀到会指导。

8 月 29 日 《中国食物与营养发展纲要（2021—2035 年）》研究编制启动会在京召开。会议强调，编制出台新时代的食物营养纲要，是贯彻落实习近平总书记重要指示精神和中央决策部署的重要举措，是推进农业高质量发展、保障重要农产品有效供给的重要内容，也是优化居民膳食结构、推进实施健康中国战略的重要抓手，要充分认识编制食物营养纲要的重要意义，切实增强责任感紧迫感荣誉感使命感，编制一份指导引领未来 15 年我国食物与营养事业高质量发展的好纲要。纲要编制由农业农村部和国家卫生健康委牵头组织。农业农村部部长韩长赋出席会议并讲话。

9 月

9 月 1 日 由中国农业科学院蔬菜花卉研究所和中国园艺学会共同主办的全国园艺学科“十四五”科技发展战略研讨会在京召开。中国工程院方智远、刘旭、邓秀新、王汉中、万建民、李天来、邹学校 7 位院士，科技部农村科技司副司长蒋丹平，农业农村部种植业管理司副司长杨礼胜等出席会议。会议由蔬菜花卉所所长张友军主持。

9 月 1 日 农业农村部党组成员、中国农业科学院院长唐华俊与秘鲁副总统梅赛德斯·阿劳斯、国际马铃薯中心（CIP）主任魏蓓娜共同出席北京世界园艺博览会秘鲁—CIP 联合荣誉日有关活动。

9 月 2—3 日 农业农村部部长韩长赋在国家成都农业科技中心调研并主持召开座谈会强调，要认真贯彻落实习近平总书记重要指示精神和中央决策部署，建设一批现代农业产业科技创新中心，打造各类资源要素集聚的“农业硅谷”，推进科技与产业、企业、人才、金融等深度融合，形成区域性农业农村科研中心、转化中心、研发中心、人才中心和科技体制机制创新中心，支撑引领乡村振兴和农业高质量发展。农业农村部党组成员、中国农业科学院院长唐华俊陪同调研，副院长梅旭荣，院党组成员、人事局局长贾广东参加座谈。

9 月 3 日 由中国农业科学院北京畜牧兽医研究所、草原研究所和内蒙古农业大学共同主办的“奶牛绿色发展技术集成模式研究与示范项目现场观摩会”在内蒙古呼和浩特召开。中国农业科学院副院长冯忠武等出席会议。

9 月 5 日 中国农业科学院召开“不忘初心、牢记使命”主题教育总结暨抓落实工作会议。会议强调，要守牢初心使命，建设科技强国，为实现农业农村现代化伟大中国梦永立新功。农业农村部党组成员、中国农业科学院院长唐华俊主持会议，院党组书记张合成作总结讲话，农业农村部第一指导组组长岳金凤出席会议并讲话。会议通报了院党组专题民主生活会情况和抓落实工作安排。

9月6日 由中国农业科学院作物科学研究所牵头发起的首届作物科学青年学者论坛在京举办。中国农业科学院副院长万建民，院党组成员、人事局局长贾广东出席开幕式。论坛由作科所所长刘春明主持。

9月6日 中国农业科学院举办2019级研究生开学典礼。农业农村部党组成员、中国农业科学院院长、研究生院院长、院学位评定委员会主席唐华俊出席典礼并勉励学子要永葆科研初心，点亮青春梦想。院党组副书记、副院长吴孔明，院党组成员、人事局局长贾广东等出席典礼。

9月6日 “2019畜禽种业发展研讨会暨国家畜牧科技创新联盟工作会”在甘肃平凉召开。中国农业科学院党组书记张合成，农业农村部总畜牧师马有祥，甘肃省副省长常正国，甘肃省政协副主席、平凉市委书记郭承录，中国工程院院士李德发等出席会议。

9月10日 中国农业科学院召开非洲猪瘟防控与生猪复养技术推介会。针对稳定和恢复生猪生产的迫切需求，在科技创新工程经费稳定支持下，中国农业科学院哈尔滨兽医研究所联合大北农集团，基于对非洲猪瘟的科学认知，以高级别生物安全实验室的生物安全理念为理论基础，研究形成了“规模化猪场生物安全防控技术体系”，制定了《猪场复养技术要点》，已在黑龙江大北农所有猪场推广，相关措施和标准操作程序可为养猪企业复养及非洲猪瘟防控提供有益借鉴。

9月16日 中国农业科学院党组书记张合成以“培养‘一懂两爱’的新时代农科学子”为题，为研究生院2019级博士新生讲授了思想政治理论开学第一课。

9月18日 农业农村部党组成员、中国农业科学院院长唐华俊赴三亚出席海南自由贸易试验区建设项目集中开工和签约活动，并与三亚市主要领导座谈。副院长万建民代表中国农业科学院与三亚市人民政府、海南省农业农村厅、南繁科技城有限公司签署共建南繁研究院合作协议。海南省农业农村厅厅长许云，三亚市委副书记、市长阿东等出席相关活动。

9月21—22日 时值农业农村部环境保护科研监测所建所40周年之际，“农业农村环境保护与可持续发展国际学术研讨会”和“第八届全国农业环境科学学术研讨会”在天津同时召开。会议聚力科技创新，共商农业农村环境保护与可持续发展，明确科研攻关方向。中国农业科学院党组书记张合成，中国工程院原副院长刘旭院士等领导出席会议。开幕式由中国农业科学院党组副书记、副院长吴孔明院士主持。

9月23日 中国农业科学院召开离退休职工庆祝中华人民共和国成立70周年座谈会，共话70年沧桑巨变，共祝中华人民共和国70岁华诞。院党组成员、纪检组组长李杰人，院党组成员、人事局局长贾广东，院机关、京区各单位老同志代表、离退休职工党支部书记和离退休工作人员60余人参加会议。

9 月 25 日　国家农业科技创新联盟理事会在北京举行。会议对联盟成立 5 年来取得的成绩予以肯定，审议通过了《国家农业科技创新联盟章程》（2019 年修订版），讨论了《农业科技创新联盟建设指导意见》，并通报了联盟 2019 年第三方评估结果。农业农村部党组成员、中国农业科学院院长、国家农业科技创新联盟理事长唐华俊，农业农村部科技教育司司长、国家农业科技创新联盟秘书长廖西元出席会议，中国农业科学院副院长、国家农业科技创新联盟秘书长梅旭荣主持会议。

9 月 26 日　中国农业科学院党组副书记、副院长吴孔明率队到湖南省永顺县开展定点科技扶贫工作调研并召开会议，强调中国农业科学院相关所要充分发挥科技优势，扎扎实实做好永顺县帮扶工作，助力脱贫攻坚。

9 月 26 日　农业农村部举办“我和我的祖国”庆祝中华人民共和国成立 70 周年歌咏大会。部系统 60 个司局、单位的 1 100 多名干部职工代表共同唱响新时代的壮美豪情，歌颂党的光辉历史和丰功伟绩。中国农业科学院党组书记张合成、院纪检组组长李杰人同干部职工一起参加了演出。

9 月 30 日　在举国欢庆中华人民共和国成立 70 周年之际，农业农村部党组成员、中国农业科学院院长唐华俊，院党组书记张合成带头走访慰问了新中国成立前参加革命工作的我院老干部、老党员。

9 月 30 日　中国农业科学院“不忘初心　礼赞祖国”离退休职工庆祝中华人民共和国成立 70 周年文艺汇演在京举行。农业农村部党组成员、中国农业科学院院长唐华俊，中国农业科学院党组书记张合成，农业农村部离退休干部局党委书记、局长陶永平，国防大学军事文化学院副政治委员姜锡贞以及其他在家院领导到场指导并观看了演出。

9 月 30 日　中国农业科学院在国庆节前夕隆重举行庆祝中华人民共和国成立 70 周年升国旗仪式。农业农村部党组成员、中国农业科学院院长唐华俊等在家院领导出席仪式，院党组书记张合成主持仪式。

10 月

10 月 1 日　中国农业科学院院党组成员、院安委会主任李杰人等看望慰问在院区一线值班值守的工作人员和保安人员。

10 月 9—10 日　中国农业科学院第三次人才工作会在成都召开。会议主要任务是深入贯彻落实“三个面向”重要指示精神，全面总结近两年来经验成效，深刻分析差距不足，持续创新人才发展体制机制，着力推进干部人才年轻化，统筹推进科研、管理、支撑、转化四支队伍建设，不断优化人才成长环境，为加快建设“两个一流”、大力实施乡村振兴战略提供坚实的人才保障。会上发布了推进干部人才年轻化、统筹四支队伍建设的“30 条措施”。四川省人民政府副省长尧斯丹出席会议开幕式并致辞，农业农村部党组成员、中国农业科学院院长唐华俊作大会主报告，院党组书记张合成主持会议并作总结讲话。

10月11—12日 由中国农业科学院、四川省农业科学院、国家智慧农业科技创新联盟、中国农学会农业信息分会共同主办的“2019年智慧农业科技创新研讨会暨示范观摩会”在四川成都召开。农业农村部党组成员、中国农业科学院院长唐华俊，中国农业科学院党组书记张合成，中国农业科学院副院长王汉中，中国科学院院士周成虎，中国工程院院士荣廷昭、李坚、赵春江，自然资源部原副部长曹卫星，俄罗斯宇航科学院外籍院士龚克，欧洲科学院院士兰玉彬出席大会。

10月15日 中国农业科学院召开干部大会。农业农村部人事司司长潘显政同志宣布了部党组任免决定：孙坦、刘现武同志任中国农业科学院党组成员、副院长，陈华宁同志任中国农业科学院党组成员、人事局局长，免去贾广东同志的中国农业科学院党组成员、人事局局长职务。农业农村部党组成员、中国农业科学院院长唐华俊同志出席会议并讲话。院党组书记张合成同志主持会议。

10月16日 2019年中关村论坛“未来农业 拥抱新科技变革”分论坛在中关村国家自主创新示范区展示中心会议中心举办。论坛首次将“未来农业”平行论坛加入中关村论坛，围绕未来农业前沿科技和未来产业展开研讨。此次论坛由中国农业科学院、海淀区人民政府、北京市农林科学院共同主办，中国农业科学院党组书记张合成，副院长王汉中出席论坛。

10月21日 “国家玉米良种重大科研联合攻关暨籽粒低破碎机收技术现场会”在河南省漯河市舞阳县召开。中国农业科学院党组书记张合成，农业农村部种业管理司司长张延秋、农业机械化管理司司长张兴旺等出席活动。

10月22日 “中国园艺学会2019年学术年会暨成立九十周年纪念大会”在郑州市召开，会议围绕“牢记使命勇于登攀 继承传统开创未来”主题，开展学科学术交流并谋划园艺产业高质量发展大计。农业农村部党组成员、中国农业科学院院长唐华俊，中国工程院原副院长刘旭出席会议。

10月22日 第三届海外农业研究大会在京发布了海外中心国别研究、品种研究2019年研究进展、农业全球化模型体系阶段性研究进展和农业对外合作公共信息服务平台3. 0等系列研究成果和大数据平台，并就“一带一路”农业建设支撑政策、国际做法和经验以及全国农业科技走出去实践进行了圆桌讨论。中国农业科学院副院长孙坦、农业农村部国际合作司一级巡视员谢建民等出席会议。

10月23日 第二届中国烤鸭产业高峰论坛暨肉鸭绿色发展技术集成模式研究与示范现场观摩会在河北献县召开。会议旨在进一步推进我国烤鸭产业和肉鸭养殖绿色发展，发挥中国农业科学院在京津冀一体化协同发展和乡村振兴战略中的科技引领作用。农业农村部党组成员、中国农业科学院院长唐华俊出席会议并讲话。

10月24日 农业农村部党组成员、中国农业科学院院长唐华俊会见来访的内蒙古自治区呼伦贝尔市政府副市长郝桂娟一行。双方就进一步深化升级合作新常态，拓展院地合作进行了座谈交流。座谈会由副院长王汉中主持。

10 月 24 日　中国农业科学院副院长孙坦会见了来访的国际盐碱农业研究中心主任伊斯玛罕·埃洛阿菲（Ismahane Elouafi）和理事王韧，双方就深化农业科技合作交换了意见。

10 月 25 日　中国农业科学院在长沙召开深化现代院所改革交流研讨会。会议围绕深化落实党中央国务院关于科技体制改革、赋予科研机构科研人员自主权、科技评价体制改革、人才发展体制机制改革、促进成果转化和营造良好创新生态六个方面决策部署。中国农业科学院党组书记张合成，中国科学院战略咨询研究所、科技部中国科学技术发展战略研究院、湖南农业大学和湖南省农业科学院等单位专家参加会议。

10 月 25 日　以“农产品质量与农业气象”为主题的中国农学会农业气象分会 2019 年学术年会在新疆召开。中国农业科学院副院长、中国农学会农业气象分会理事长梅旭荣以“品质气象学理论与方法”为题作特邀学术报告。

10 月 25—26 日　由国家食物与营养咨询委员会主办、农业农村部食物与营养发展研究所和中国疾控中心营养健康所等 6 家单位承办的“食物与营养国际研讨会”在北京召开。农业农村部党组成员、中国农业科学院院长唐华俊，国家食物与营养咨询委员会主任陈萌山，联合国粮食及农业组织驻华、驻朝代表文森特·马丁，中国农业科学院副院长梅旭荣等出席开幕式。会议得到联合国粮食及农业组织、国际食物政策研究所支持。

10 月 28 日　中国农业科学院党组书记张合成到农业农村部食物与营养发展研究所调研并指导工作。中国农业科学院副院长梅旭荣等陪同调研。

10 月 28 日　中国农业科学院党组副书记、副院长吴孔明到新乡基地调研基地建设情况，并就科学家精神展览馆建设和加强基地党建工作召开座谈会。新乡县委书记申乐民陪同调研。

10 月 28 日　中国农业科学院 2019 年新入职人员岗前培训班在京举行。培训班主要目的是增进新入职人员对院情了解，帮助其更好更快地适应新环境，积极投身于农业科技创新事业。院党组书记张合成出席开班仪式，院党组成员、人事局局长陈华宁主持开班仪式。

10 月 30 日　中国农业科学院党组书记张合成到生物技术研究所调研并指导工作。中国农业科学院机关有关部门负责同志陪同调研。

10 月 31 日　中国农业科学院 2019 年科研管理工作会议在苏州召开。会议主要任务是贯彻落实“三个面向”重要指示，明确“院—所—团队”三级任务模式，聚焦实施院级重大计划，推动标志性科技成果产出。副院长万建民出席会议并讲话。

10 月 31 日　中国农业科学院党组书记张合成到饲料研究所调研并指导工作。中国农业科学院机关有关部门负责同志陪同调研。

10 月 31 日　中国农业科学院副院长孙坦会见了来访的国际家畜研究所理事长林德赛·法尔威（Lindsay Falvey）和所长吉米·史密斯（Jimmy Smith）一行，双方就进一步深化合作进行了交流。

11月

11月1日 中国农业科学院召开院党组专题学习会，传达贯彻党的十九届四中全会精神。农业农村部党组成员、中国农业科学院院长唐华俊出席并讲话，院党组书记张合成主持会议。

11月3日 中国农业科学院召开院党组专题学习会，传达贯彻习近平总书记在中央政治局第十八次集体学习时的讲话精神。农业农村部党组成员、中国农业科学院院长唐华俊出席并讲话，院党组书记张合成主持会议。

11月7日 中国农业科学院2019年财务工作会在北京召开。会议分析了当前财务管理工作面临的新形势新任务，明确了当前和今后一段时期全院财务管理工作的思路和工作重点，持续推动财务管理工作在全院科技创新和发展中发挥更大的支撑和保障作用。副院长梅旭荣、孙坦参加会议。

11月10—11日 中国农业科学院作物科学研究所以“聚焦人才与成果转化，深化创新机制改革”为主题召开创新发展战略研讨会。会议针对干部队伍年龄结构老化、高层次领军人才及青年后备力量不足、转化和支撑队伍建设薄弱、成果转化能力不足等突出问题进行集中研讨。中国农业科学院党组书记张合成、副院长万建民出席会议。

11月11日 中国农业科学院与四川省人民政府在成都签署战略合作协议，双方将进一步加强农业科技合作，共同推动四川由农业大省向农业强省跨越。农业农村部党组成员、中国农业科学院院长唐华俊，四川省委常委曲木史哈分别致辞。唐华俊与四川省副省长尧斯丹分别代表双方在协议上签字。

11月11—12日 由农业农村部沼气科学研究所主办的“国际生物质能源利用技术交流研讨会”在成都召开。会议以“绿色、创新、合作、共赢”为主题进行研讨，旨在促进学术进步、加强国际合作、推动生物质能源发展。农业农村部党组成员、中国农业科学院院长、中国工程院院士唐华俊出席会议。

11月12日 由中国农业科学院与联合国粮农组织（FAO）、国际农业研究磋商组织（CGIAR）、国际原子能机构（IAEA）和成都市人民政府共同主办的第六届“国际农科院院长高层研讨会（GLAST-2019）在成都开幕。FAO总干事屈冬玉发来视频致辞。农业农村部副部长张桃林，农业农村部党组成员、中国农业科学院院长唐华俊，四川省副省长尧斯丹，成都市市长罗强，CGIAR执行主任埃尔温·格兰杰，FAO/IAEA粮食和农业核技术联合司司长梁劬等出席开幕式并致辞，中国农业科学院副院长梅旭荣作大会主旨报告，副院长刘现武出席会议，大会开幕式由副院长孙坦主持。

11月13日 中国农业科学院蔬菜花卉研究所甘蓝新品种示范、黄瓜育种试验观摩活动在中国农业科学院寿光蔬菜研发中心基地举行。现场展示了抗病优质甘蓝新品种和黄瓜新品种等。中国农业科学院副院长、中国工程院院士王汉中，中国工程院院士方智远等出席活动。

11月14日　中国农业科学院副院长孙坦会见了来访的挪威农业部部长奥劳格·博莱斯塔德一行，双方就开展农业科技合作进行了深度交流。

11月16日　研究生教育改革发展暨中国农业科学院研究生院建院40周年交流会在国家农业图书馆召开。农业农村部副部长张桃林，农业农村部党组成员、中国农业科学院院长、研究生院院长唐华俊出席会议。会议由中国农业科学院党组书记张合成主持。

11月18—27日　应联合国粮农组织、国际原子能机构和世界贸易组织邀请，农业农村部党组成员、中国农业科学院院长唐华俊率团赴意大利、奥地利和瑞士访问，与上述国际组织负责人进行深入交流，达成多项共识，进一步深化同国际组织间农业科技合作。

11月20日　2019中国农业农村科技发展高峰论坛在南京举办，农业农村部副部长张桃林、中共江苏省委副书记任振鹤、中国农业科学院党组书记张合成等出席论坛。论坛发布《2019中国农业科学重大进展》《2019中国农业农村重大新技术、新产品和新装备》《公益性农业科研机构科技创新与支撑产业发展》《2019全球农业研究热点前沿》《2019中国农业科技论文与专利全球竞争力分析》5个专项研究报告等。

11月22日　由中国农业科学院油料作物研究所和国家油菜产业技术体系共同主办的“硒高效菜用油菜新品种现场观摩会”在武汉召开，展示了油料所王汉中院士团队培育的全球首个硒高效蔬菜杂交种硒滋圆1号。中国工程院院士方智远、傅廷栋、万建民等与会专家认为，利用现代科学技术培育的硒滋圆1号将富硒蔬菜市场带入了一个新的时代，既能满足人们追求高端生活品质的需求，也有利于提升油菜全产业链社会经济效益，促进“健康中国”和乡村振兴战略实施。

11月25日　中国农业科学院与浙江省金华市人民政府签署战略合作协议，双方将进一步加强农业科技合作，助力金华乡村振兴和农业高质量发展。中国农业科学院副院长王汉中和金华市委书记陈龙分别致辞，王汉中与金华市副市长张伟亚代表双方在协议上签字。

11月25日　中国农业科学院举行“中国农业科学院—国际原子能机构协作中心”揭牌和分中心授牌仪式。院党组书记张合成出席并讲话。国际原子能机构副总干事纳贾特·莫克塔（Najat Mokhtar）、联合国粮农组织与国际原子能机构粮食和农业核技术联合司司长梁劬等出席活动。

11月25日　农业农村部主题教育“回头看”第三指导组到中国农业科学院召开“不忘初心、牢记使命”主题教育整改落实情况“回头看”工作座谈会，实地督查主题教育整改整治工作情况。会议由院党组书记张合成主持，指导组组长陈江凡作总结讲话。

11月26日　中国农业科学院2019年基本建设工作会在武汉召开。会议主要任务是坚持“三个面向”总方针，统筹谋划全院基本建设工作，为加快实现“两个一流”建设目标提供更有力支撑。副院长刘现武出席会议。

11月29日 北京市副市长卢彦一行到中国农业科学院调研高效设施农业利用和都市农业发展并座谈。农业农村部党组成员、中国农业科学院院长唐华俊，院党组书记张合成陪同调研。座谈会由院党组副书记、副院长吴孔明主持。

11月29日 中国农业科学院召开构建农业科研特色监督体系工作交流会。会议对我院探索构建农业科研特色监督体系进行阶段性总结，结合违纪违法案例深刻分析和吸取教训，查找问题和不足，对进一步推进农业科研特色监督体系建设提出要求。农业农村部党组成员、中国农业科学院院长唐华俊出席并讲话；院属9个研究所分别围绕企业风险防控、纪律红线执行、纪委委员分工落实责任、发挥纪检小组作用、强化审计监督及典型案例教训等方面进行工作交流；院党组书记张合成作总结讲话。

12月

12月3日 中国农业科学院与广安市人民政府签署战略合作协议，双方将加强院地合作，促进成果转化，共同建设乡村振兴示范样板。院党组书记张合成、广安市委书记李建勤出席签约仪式并讲话。副院长王汉中与广安市人民政府副市长肖伟华分别代表双方在协议上签字。

12月3日 中国农业科学院收到兰州兽医研究所关于26名学生布鲁氏杆菌血清学检测阳性的报告。农业农村部党组成员、中国农业科学院长唐华俊，院党组书记张合成第一时间部署启动应急处置预案，派遣工作组赴兰州兽医研究所指导和督促做好处置工作。

12月4日 由中国农业科学院与英国《自然·遗传学》杂志共同举办的第五届国际农业基因组会议暨深圳国际食品谷研讨会在深圳市大鹏新区召开。大会主席李家洋院士、中国农业科学院副院长吴孔明院士、深圳市副市长黄敏、农业农村部种业管理司一级巡视员周云龙等出席。

12月4日 由中国农业资源与区划学会主办，中国农业科学院农业资源与农业区划研究所承办的“中国农业资源与区划学会第七届会员代表大会”在京举行。大会产生了新一届理事会，农业农村部党组副书记、副部长余欣荣当选第七届理事会理事长。农业农村部党组成员、中国农业科学院院长唐华俊到会致辞，开幕式由中国农业科学院党组书记张合成主持。

12月4—16日 中国农业科学院副院长冯忠武率领院工作组，在兰州兽医研究所现场指导布鲁氏杆菌抗体阳性聚集性事件处置工作，开展血清学检测阳性人员诊疗救治、流行病学调查、实验室生物安全和疫源自查、学生心理辅导等工作。

12月5日 中国农业科学院举办学习党的十九届四中全会精神辅导报告会，邀请中央党校科学社会主义教研部主任刘海涛教授以“党的十九届四中全会精神解读”作专题辅导报告。院党组书记张合成出席报告会。会议由院党组副书记、副院长吴孔明主持。

12 月 5 日　在及时组织专题学习的基础上再次集中学习党的十九届四中全会精神，切实增强政治自觉和思想自觉，把学习贯彻全会精神引向深入在及时组织专题学习的基础上，中国农业科学院党组召开理论中心组 2019 年第四次（扩大）学习交流会，再次集中学习党的十九届四中全会精神。农业农村部党组成员、中国农业科学院院长唐华俊出席并讲话，院党组书记张合成主持会议并带头作专题发言。

12 月 7—8 日　农业农村部党组成员、中国农业科学院院长唐华俊在兰州兽医研究所现场指导布鲁氏菌抗体阳性聚集性事件处置工作，与甘肃省副省长何伟、常正国进行会谈，主持召开处置工作协调会，并看望抗体检测阳性学生。

12 月 8 日　中国农业科学院党组书记张合成在北京主持召开专题会议，听取相关单位情况汇报，分析研判形势，研究部署兰州布鲁氏菌抗体阳性聚集性事件处置工作。

12 月 9 日　中国农业科学院信息化工作领导小组召开第三季度工作会议，专题听取 2019 年信息化重点任务总体进展和系统演示，并研究部署 2020 年院信息化工作计划。院党组书记张合成出席会议并讲话。会议由副院长孙坦主持。

12 月 9 日　北京中国农业科学院农业发展基金会第一届一次理事会在京召开。副院长梅旭荣主持会议。北京市民政局、农业农村局主管部门负责同志出席。会议回顾基金会筹备情况，审议通过《章程》《议事规则》，表决同意第一届理事会理事、监事名单，选举梅旭荣为理事长、法定代表人，方军为副理事长，陈金强为秘书长，办公室设在院财务局。会议还讨论了 2019 年工作安排。

12 月 11 日　中国农业科学院组织召开专题会议，传达学习中央领导同志关于兰州布鲁氏菌抗体阳性聚集性事件的批示精神，研究部署处置工作安排。农业农村部党组成员、中国农业科学院院长唐华俊出席会议，院党组书记张合成主持会议。

12 月 12 日　中国农业科学院副院长孙坦会见了来访的马来西亚农科院院长穆罕默德·罗夫·莫哈末·努尔一行，双方签署了合作谅解备忘录。

12 月 12 日　农业农村部部长韩长赋、副部长于康震分别主持召开专题会议，分析研判兰州布鲁氏菌抗体阳性聚集性事件形势，研究部署处置工作安排。部党组成员、中国农业科学院院长唐华俊出席会议。

12 月 12—15 日　中国农业科学院党组书记张合成在兰州现场指导布鲁氏菌抗体阳性聚集性事件处置工作，拜会甘肃省省长唐仁健，先后与甘肃省副省长常正国、国家卫生健康委疾病预防控制司司长常继乐、中国疾控中心主任高福院士、农业农村部畜牧兽医局副局长王功民、中国兽医卫生监察所副所长吴晗等进行会谈，并主持召开工作协调会，看望抗体检测阳性学生与职工。

12 月 12—18 日　中国农业科学院党组副书记、副院长吴孔明 4 次主持召开工作调度会，传达农业农村部部长韩长赋关于兰州布鲁氏菌抗体阳性聚集性事件的指示精神，听取相关单位和有关工作组情况汇报，研究部署处置工作安排。

12 月 13 日　中国农业经济学会第十次会员代表大会暨 2019 年学术研讨会在北京召开。北京市副市长卢彦、中国农业经济学会第九届理事会会长尹成杰、农业农村部政策与改革司一级巡视员赵鲲出席开幕式并讲话，中国农业科学院纪检组组长李杰人出席会议。

12月13日 中国农业科学院保密管理工作会议在京召开。院属各单位分管保密工作的所领导、干部、团队首席代表、涉密科研项目组有关同志以及院机关各部门机要员120余人参加了会议。院保密委员会副主任、院纪检组组长李杰人作了讲话。

12月16日 中国农业科学院举办工会干部培训班，深入学习党的十九届四中全会精神，全面贯彻落实习近平总书记关于工人阶级和工会工作的重要指示和要求，提高全院工会干部的政治素养和业务能力。院党组书记张合成出席开班式，对全院工会工作在新时代的定位和职能提出了明确要求。院党组副书记、副院长吴孔明主持开班式，并作总结讲话。

12月16日 中国农业科学院在家领导班子成员赴中国农业大学，就进一步深入贯彻落实习近平总书记“三个面向”指示精神和给全国涉农高校书记校长和专家代表回信精神，深化院校合作，推进农业农村现代化进行交流座谈。全国人大常委会副委员长、中国农业大学学术委员会主任武维华，农业农村部党组成员、中国农业科学院院长唐华俊，院党组书记张合成，中国农业大学党委书记姜沛民、校长孙其信等出席座谈会。

12月16日 农业农村部副部长于康震主持召开农业农村部兰州布鲁氏菌抗体阳性事件处置工作领导小组会议，中国农业科学院党组书记张合成、副院长冯忠武参加。

12月17日 中国农业科学院党组书记张合成主持召开专题会议，传达农业农村部兰州布鲁氏菌抗体阳性事件处置工作领导小组会议精神，研究部署处置工作。院党组副书记、副院长吴孔明，副院长冯忠武出席会议。

12月18日 农业农村部党组成员、中国农业科学院院长唐华俊会见来访的苏州市委副书记朱民一行。双方就深化院地合作、共同推进苏州率先基本实现农业农村现代化进行了座谈交流。座谈会由副院长刘现武主持。

12月18日 中国农业科学院党组成员、纪检组组长李杰人听取院兰州布鲁氏菌抗体阳性聚集性事件调查组工作汇报，指导开展调查工作，要求进一步加强普通动物房、实验动物中心以及生物安全操作规程和个人防护等方面调查。

12月23日 中国农业科学院召开常务（扩大）会议，深入学习领会习近平总书记关于“三农”工作重要指示精神、中央农村工作会议精神以及韩长赋部长在全国农业农村厅局长会议上讲话精神，研究部署全院下一步工作。农业农村部党组成员、中国农业科学院院长唐华俊主持会议。

12月23日 中国农业科学院党组召开党组专题会议，听取院机关各部门作风建设阶段性进展情况汇报，研究进一步加强和改进作风建设工作举措。院党组副书记、副院长吴孔明主持会议。院党组成员、纪检组组长李杰人，院党组成员、人事局局长陈华宁出席会议。

12月23日 中国农业科学院2019年国际合作工作会议在深圳召开。会议全面总结 2019 年院国际合作工作成效，分析面临的形势和挑战，交流经验，查找不足，并研究部署 2020 年院国际合作重点任务。农业农村部国际合作司司长隋鹏飞、科技教育司副司长汪学军出席会议并致辞。中国农业科学院副院长孙坦出席会议并讲话。

12 月 25 日　农业农村部副部长于康震主持召开农业农村部兰州布鲁氏菌抗体阳性事件处置工作领导小组会议，中国农业科学院党组书记张合成、副院长冯忠武参加。

12 月 26 日　甘肃省卫生健康委员会公布《中国农业科学院兰州兽研所布鲁氏菌抗体阳性事件调查处置情况通报》，明确 2019 年兰州布鲁氏菌抗体阳性聚集性事件疫源与中牧股份兰州生物药厂直接相关。

12 月 31 日　受农业农村部党组成员、中国农业科学院院长唐华俊，院党组书记张合成委托，副院长冯忠武与中国农业发展集团有限公司副总经理曹恒真，中牧实业股份有限公司党委书记、董事长王建成等举行会商，就兰州布鲁氏菌抗体阳性聚集性事件处置进行交流。

十二、附　　录

中国农业科学院科技期刊及报纸一览表

序号	刊物名称	主办单位	主管单位	创刊年份	类别	学科	主编	编辑部主任	电话	刊号	联系人	联系人电话	电子邮件	网址	刊期
1	中国农业科学	中国农业科学院（信息所承办）	农业农村部	1960	学术类	综合	万建民	孙雷心	010-82109808	CN 11-1328/S ISSN 0578-1752	孙雷心	010-82109808	sunleixin@ caas. cn	www.ChinaAgriSci. com	半月
2	*Journal of Integrative Agriculture*	中国农业科学院（信息所承办）	农业农村部	2002	学术类	综合	万建民	张以民	010-82105098	CN 10-1039/S ISSN 2095-3119	张以民	010-82105098	zhangyimin@ caas. cn	www.ChinaAgriSci. com	月
3	农产品质量与安全	中国农业科学院（质标所承办）	农业农村部	2003	学术类	质量安全与加工	翟虎渠	钱永忠	010-82106522	CN 11-5896/S ISSN 1674-8255	李 艳	010-82106522	aqs@ caas. cn	www.iqstap.com/sites/iqt/	双月
4	农业科技通讯	中国农业科学院（信息所承办）	农业农村部	1972	技术类	综合	侯连德	刘 东	010-82109664	CN 11-2395/S ISSN 1000-6400	刘 东	010-82109664	tongxun@ caas. cn tongxuna@ 126. com	aii. caas. net. cn	月
5	中国食物与营养	中国农业科学院/国家食物与营养咨询委员会（信息所承办）	农业农村部	1995	技术类	质量安全与加工	许世卫	刘 宏	010-82109761	CN 11-3716/TS ISSN 1006-9577	刘 宏	010-82109761	foodandn@ 263. net	aii. caas. cn	月
6	作物学报	中国作物学会/作科所	中国科协	1950	学术类	作物	万建民	程维红	010-82108548	CN 11-1809/S	程维红	010-82108548	chengweihong@ caas. cn	zwxb. chinacrops. org/	月
7	*The Crop Journal*	中国作物学会/作科所/中国科技出版传媒股份有限公司	中国科协	2013	学术类	作物	万建民	程维红	010-82108548	CN 10-1112/S	程维红	010-82108548	chengweihong@ caas. cn	www.journals. elsevier.com/the-crop-journal/	双月

（续表）

序号	刊物名称	主办单位	主管单位	创刊年份	类别	学科	主编	编辑部主任	电话	刊号	联系人	联系人电话	电子邮件	网址	刊期
8	作物杂志	中国作物学会/作科所	中国科协	1985	技术类	作物	赵　明	姚　杰	010-82108790	CN 11-1808/S	姚　杰	13681491781	yaojie@ caas.cn	zwzz.cbpt.cnki.net zwzz.chinacrops.org/magas.asp?menuid=22	双月
9	中国种业	作科所/中国种子协会	农业农村部	1982	技术类	作物	王述民	陈丽娟	010-82109494	CN 11-4413/S ISSN 1671-895X	陈丽娟	13683272938	chenlijuan@ caas.cn	www.chinaseedqks.cn	月
10	植物遗传资源学报	作科所/中国农学会	农业农村部	2000	学术类	作物	刘　旭	陈丽娟	010-82109494	CN 11-4996/S ISSN 1672-1810	陈丽娟	13683272938	chenlijuan@ caas.cn	www.zwyczyxb.cn	双月
11	植物保护	中国植物保护学会，中国农业科学院植物保护研究所	中国科协	1963	学术类	植物保护	陈万全	王　音	010-62819059	CN 11-1982/S ISSN 0529-1542	王　音	13581952263	zwbh1963@ 263.net	www.plantprotection.ac.cn	双月
12	中国蔬菜	蔬菜所	农业农村部	1981	技术类	园艺	孙日飞	龚一帆	010-82109550	CN 11-2326/S ISSN 1000-6346	龚一帆	13718787897	zgsc@ caas.cn	www.cnveg.org	月
13	园艺学报	中国园艺学会/蔬菜所	中国科协	1962	学术类	园艺	杜永臣	赵　华	010-62192388	CN 11-1924/S ISSN 0513-353X	陈　洁	010-62192388	yuanyixuebao@ 126.com	http：//www. ahs.ac.cn	月
14	*Horticultural Plant Journal*	中国园艺学会/蔬菜所/中国农业科技出版社	中国科协	2015	学术类	园艺	王晓武	赵　华	010-62192388	CN 10-1305/S ISSN 2095-9885	陈　洁	010-82109523	ivfyyxb@ caas.cn	网站正在建设中	双月
15	中国生物防治学报	植保所/中国植物保护学会	农业农村部	1985	学术类	植物保护	张　杰	张　莹	010-62815625	CN 11-5973/S ISSN 2095-039X	张　莹	010-62815625	bj _ zhangying @ 163.com	www.zgswfz.com.cn	双月
16	中国农业气象	环发所	农业农村部	1979	学术类	资源与环境	梅旭荣	雷水玲	010-82109774	CN 11-1999/S ISSN 1000-6362	雷水玲 高志平	010-82109774 010-82109772	leishl@ ieda.org.cn gaozhiping @ ieda.org.cn	zgnyqx.ieda.org.cn	双月

（续表）

序号	刊物名称	主办单位	主管单位	创刊年份	类别	学科	主编	编辑部主任	电话	刊号	联系人	联系人电话	电子邮件	网址	刊期
17	畜牧兽医学报	中国畜牧兽医学会	中国科协	1956	学术类	畜牧、兽医	文　杰	任　鹏	010-62815987	CN 11-1985/S ISSN 0366-6964	任　鹏	010-62815987	xmsyxb@ 263.net	www.xmsyxb.com	月
18	中国畜牧兽医	畜牧所	农业农村部	1974	技术类	畜牧、兽医	李　琍	晋大鹏	010-62816020	CN 11-4843/S ISSN 1671-7236	李　琍	010-62811226	zgxmsy@ caas.cn	www.chvm.net	月
19	中国蜂业	蜜蜂所/中国养蜂学会	农业农村部	1934	综合类	畜牧	方兵兵		010-62598244	CN 11-5358/S ISSN 0412-4367	刘世丽	010-62595931	zgyf2008@ 126.com	www.bee1934.org	月
20	中国农业科技导报	中国农村技术开发中心（生物所承办）	科技部	1999	学术类	综合	范云六	蔡晶晶	010-82109845	CN 11-3900/S ISSN 1008-0864	温小杰	010-82109848	nykjdb@ 163.com comnkdb@ caas.cn	www.nkdb.net	月
21	核农学报	中国原子能学会/原子能所	农业农村部	1987	学术类	作物	刘录祥	杨　洋	010-62811654	CN 11-2265/S	杨　洋	010-62811654	hnxb5109@ 126.com	www.hnxb.org	月
22	农业经济问题	中国农业经济学会/农经所	农业农村部	1980	学术类	信息与经济	王东阳	李玉勤	010-82108705	CN 11-1323/F	张宁宁	010-82109789	zhangningning@caas.cn	www.iaecn.cn	月
23	农业技术经济	中国农业技术经济研究会/农经所	农业农村部	1982	学术类	信息与经济	王济民	李玉勤	010-82108705	CN 11-1883/S	张宁宁	010-82109789	zhangningning@caas.cn	www.iaecn.cn	月
24	中国土壤与肥料	资划所/中国植物营养与肥料学会	农业农村部	1964	学术类	资源与环境	徐明岗	张　华	010-82109637	CN 11-5498/S ISSN 1673-6257	单秀枝	010-82108656	trfl@ caas.cn	chinatrfl.alljournal.net.cn	双月
25	植物营养与肥料学报	中国植物营养与肥料学会	农业农村部	1994	学术类	资源与环境	白由路	张　华	010-82109637	CN 11-3996/S ISSN 1008-505X	徐晓芹	010-82108653	zwyf@ caas.ac.cn zwyf@ chinajournal.net.cn	www.plantnutrifert.org	双月
26	中国农业资源与区划	资划所/全国农业资源区划办公室	农业农村部	1980	学术类	资源与环境	唐华俊	张　华	010-82109637	CN 11-3513/S ISSN 1005-9121	李　刚	010-82109628	quhuabjb@ caas.cn	www.cjarrp.com	月

（续表）

序号	刊物名称	主办单位	主管单位	创刊年份	类别	学科	主编	编辑部主任	电话	刊号	联系人	联系人电话	电子邮件	网址	刊期
27	中国农业信息	资划所	农业农村部	1989	技术类	信息与经济	王道龙	张　华	010-82109637	CN 11-4922/S ISSN 1672-0423	李　刚	010-82109628	zgnyxx001@126.com nyxxbjb@caas.cn	www.cjarrp.com	半月
28	农业图书情报学刊	信息所	农业农村部	1984	学术类	信息与经济	贾善刚	刘　东	010-82109667	CN 11-2711/G2	孔晔晗	010-82109667	xuekan@caas.cn	nytsqb.caas.cn	月
29	中国乳业	信息所	农业农村部	2002	技术类	畜牧	冯艳秋	赵京颐	010-82109890	CN 11-4768/S ISSN 1671-4393	聂迎利	010-82109890	zhgry@caas.cn	www.ryzxw.com	月
30	生物技术通报	信息所	农业农村部	1985	学术类	综合	路铁刚	李　楠	010-82109903	CN 11-2396/Q ISSN 1002-5464	李　楠	010-82109903	biotech@caas.cn linan@caas.cn	biotech.caas.cn	月
31	农业网络信息	信息所	农业农村部	1986	技术类	信息与经济	刘世洪	赵京颐	010-82109657	CN 11-5065/TP ISSN 1672-6251	陈晓明	010-82109657	nywlxx@caas.cn	aii.caas.net.cn/	月
32	农业展望	信息所	农业农村部	2005	技术类	信息与经济	许世卫	潘月红	010-82109913	CN 11-5343/S ISSN 1673-3908	潘月红	010-82109913	nyzy@caas.cn	aii.caas.net.cn/	月
33	中国园艺文摘	信息所	农业农村部	1985	技术类	园艺	赵瑞雪	李文炬	010-82109897	CN 11-4921/S	李文炬	010-82109897	zgyywz@caas.cn	aii.caas.net.cn/	月
34	中国猪业	信息所	农业农村部	2006	技术类	畜牧	冯艳秋	赵京颐 彭　华	010-82106275	CN 11-5435/S	彭　华	010-82106275	zhuye@caas.cn	aii.caas.net.cn/	月
35	中国畜牧兽医文摘	信息所	农业农村部	1985	技术类	畜牧 兽医	刘继芳	刘　斌	010-82109897	CN 11-4919/S ISSN 1672-0857	刘　斌	010-82109924	zgxmsywz@126.com	zxwa.cbpt.cnki.net/WKD/WebPublication/index.aspx?mid=zxwa	月
36	中国畜禽种业	信息所	农业农村部	2005	技术类	畜牧	孟宪学	杨　碚	010-82106255	CN 11-5342/S	张跃武	010-82106255	zgxq010@126.com	aii.caas.cn	月
37	农业科研经济管理	中国农学会	中国科协	1993	学术类	信息与经济	史志国	张　华	010-82109637	CN 11-3801/S ISSN 2095-3577	李　刚	010-82109628	nykygl@126.com	www.cjarrp.com	季

（续表）

序号	刊物名称	主办单位	主管单位	创刊年份	类别	学科	主编	编辑部主任	电话	刊号	联系人	联系人电话	电子邮件	网址	刊期
38	灌溉排水学报	灌溉所	水利部/农业部	1982	学术类	工程与机械	段爱旺	乔冬梅	0373-3393346	CN 41-1337/S ISSN 1672-3317	刘春成	0373-3393346	gfid@ sina.com	ggps.cbpt.cnki.net	双月
39	中国水稻科学	水稻所	农业农村部	1986	学术类	作物	程式华	阮刘青	0571-63370480	CN 33-1146/S ISSN 1001-7216	夏小东	0571-63370278	cjrs@ 263.net ruanlq@ 163.com	www.ricesci.cn	双月
40	*Rice Science*［水稻科学（英文版）］	水稻所	农业农村部	1990	学术类	作物	程式华	阮刘青	0571-63370480	CN 33-1317/S ISSN 1672-6308	李　冠	0571-63371017	li@ ricescience.org	www.ricescience.org	双月
41	中国稻米	水稻所	农业农村部	1995	技术类	作物	钱前	庞乾林	0571-63370368	CN 33-1201/S	庞乾林	13388608073	zgdm@ 163.com	www.zgdm.net	双月
42	中国棉花	棉花所	农业农村部	1958	技术类	作物	李付广	刘全义	0372-2525362/9	CN 41-1451/S ISSN 2096-5044 eISSN 2523-3254	曾志平	0372-2525369	journal@ cricaas.com.cn cottonsci@ gmail.com	journal.cricaas.com.cn	月
43	棉花研究（英文）	棉花所/中国农学会	农业农村部	2017	学术类	作物	李付广	刘全义	0372-2525362/9	CN 41-1451/S ISSN 2096-5044 eISSN 2523-3254	曾志平	0372-2525369	journal@ cricaas.com.cn cottonsci@ gmail.com	journal.cricaas.com.cn	季
44	棉花学报	中国农学会	中国科协	1989	学术类	作物	李付广	刘全义	0372-2525362/9	CN 41-1163/S ISSN 1002-7807	曾志平	0372-2525369	journal@ cricaas.com.cn cottonsci@ gmail.com	journal.cricaas.com.cn	双月
45	中国油料作物学报	油料所	油料所	1979	学术类	作物	廖伯寿	肖唐华	027-86813823	CN 42-1429/S ISSN 1007-9084	吴克力	13147160655	ylxb@ oilcrops.cn	www.jouroilcrops.cn	双月
46	中国油料作物学报（英文）	油料所	油料所	2014	学术类	作物	廖伯寿	肖唐华	027-86813823	CN 42-1861/S	董彩华	18907148250	ocs@ oilcrops.cn		季

（续表）

序号	刊物名称	主办单位	主管单位	创刊年份	类别	学科	主编	编辑部主任	电话	刊号	联系人	联系人电话	电子邮件	网址	刊期
47	中国麻业科学	麻类所	农业农村部	1979	学术类	作物	熊和平		0731-88998521	CN 43-1467/S ISSN 1671-3532	黎　宇	18900710623	csibfc@ sina.com	www.chinaibfc.com/zyzz/&i=46&comContentId=46.html	双月
48	中国果树	果树所	农业农村部	1959	技术类	果树	赵进春		0429-3598131	CN 21-1165/S ISSN 1000-8047	郝红梅	0429-3598131	zggsbjb@ vip.163.com	www.zggskj.com	双月
49	果树实用技术与信息	果树所	农业农村部	1994	科普类	果树	赵进春		0429-3598131	CN 21-1342/S	郝红梅	0429-3598131	gsjsxx@ 126.com	www.zggskj.com	月
50	果树学报	郑州果树所	农业农村部	1984	学术类	园艺	王志强	陈新平	0371-65330928	CN 41-1308/S ISSN 1009-9980	王　珂	0371-65330927	chinagsxb@ 163.com	gskk. cbpt. cnki.net/WKA/Web-Publication/index.aspx? mid=gskk	双月
51	中国瓜菜	郑州果树所	农业农村部	1988	技术类	园艺	刘君璞	陈新平	0371-65330928	CN 41-1374/S	代　军	0371-65330927	zggc@ 163.com	www.zzgss.cn/Qk/QkDefault.aspx?tid=3	双月
52	果农之友	郑州果树所	农业农村部	2000	技术类	园艺	陈新平	陈新平	0371-65330928	CN 41-1343/S	李艳萍	0371-65330949	gnzy@ 163.com	www.zzgss.cn/Qk/QkDefault.aspx?tid=1	月
53	中国茶叶	茶叶所	农业农村部	1979	学术类	园艺	黄　飞		0571-86650375	CN 33-1117/S	黄　飞	0571-86650375	zjf@ mail.tricaas.com	http://www.caayee.com/	月
54	茶叶科学	中国茶叶学会	中国科协	1964	学术类	园艺	朱永兴	朱永兴	0571-86651902	CN 33-1115/S	朱永兴	0571-86651902	cykx@ vip.163.com	www.tea-science.com	双月
55	生物技术进展	茶叶所/生物所	农业农村部	2011	学术类	生物	林　敏	蔡晶晶	010-82109845	CN 33-1375/Q ISSN 2095-2341	刘　莹	010-82106118-802	curr _ biotech @ 163.com prog _ biotech @ caas.cn	www.swjsjz.cn	双月
56	中国预防兽医学报	哈尔滨兽医所	农业农村部	1979	学术类	兽医	步志高	赵晓岩	18946066140	CN 23-1417/S ISSN 1008-0589	赵晓岩	18946066140	zhaoxiaoyan2080@ aliyun.com	www.zgyfsyxb.com	月

（续表）

序号	刊物名称	主办单位	主管单位	创刊年份	类别	学科	主编	编辑部主任	电话	刊号	联系人	联系人电话	电子邮件	网址	刊期
57	畜牧兽医科技信息	哈尔滨兽医所	农业农村部	2002	技术类	畜牧、兽医	王笑梅	秦红丽	0451-51997179	CN 23-1501/S ISSN 1671-6027	秦红丽	0451-51997179	Xmsykjxx2004@sohu.com		月
58	中国兽医科学	兰州兽医所	农业农村部	1971	学术类	兽医	殷　宏	张文举	0931-8342195	CN 62-1192/S ISSN 1673-4696	张文举	13919450537	zgsykx@zgsykx.com	www.zgsykx.com	月
59	中国草食动物科学	兰州牧药所	农业农村部	1981	学术类	畜牧	阎　萍	魏云霞	0931-2115279	CN 62-1206/Q ISSN 2095-3887	肖玉萍	0931-2115279	xumuchj@163.com	zgcsdw.periodicals.net.cn/	双月
60	中兽医医药杂志	中兽医所	农业农村部	1982	学术类	兽医	杨志强	赵四喜	0931-2115280	CN 62-1063/R ISSN 1000-6354	王华东	0931-2115280	zsyyyzz@periodicals.net.cn zhaosixi@sina.com		双月
61	中国动物传染病学报	上海兽医所	农业农村部	1993	学术类	兽医	童光志		021-34293142	CN 31-2031/S ISSN 1674-6422	郑海红	021-34293142	bianjibu@shvri.ac.cn	www.shvri.ac.cn/zazhi/	双月
62	中国草地学报	草原所	农业农村部	1979	学术类	作物	侯向阳	刘天明	0471-4926880	CN 15-1344/S ISSN 1673-5021	刘天明	0471-4926880	zgcdxb@126.com	www.gricaas.net/web/news.asp?nc=13.80	双月
63	特产研究	特产所/中国农学会特产学会	农业农村部	1962	技术类	综合	杨福合	刘艳环	0431-81919588	CN 22-1154/S ISSN 1001-4721		13804326623	tcyjbjb@126.com		季
64	特种经济动植物	特产所	农业农村部	1982	技术类	综合	杨福合	周淑荣	0431-81919599	CN 22-1155/S ISSN 1001-4713		15943088623	tzjjdzw@126.com		月
65	农业资源与环境学报	环保所/中国农业生态环境保护协会	农业农村部	1984	学术类	资源与环境	任天志	李无双	022-23611149	CN 12-1437/S ISSN 2095-6819	肖　洁	022-23611102	caed@vip.163.com	www.aed.org.cn	双月
66	农业环境科学学报	环保所/中国农业生态环境保护协会	农业农村部	1982	学术类	资源与环境	李文华	李无双	022-23674336	CN 12-1347/S ISSN 1672-2043	潘淑君	022-23674336	caep@vip.163.com	www.aes.org.cn	月

（续表）

序号	刊物名称	主办单位	主管单位	创刊年份	类别	学科	主编	编辑部主任	电话	刊号	联系人	联系人电话	电子邮件	网址	刊期
67	中国沼气	沼科所/中国沼气学会	农业农村部	1983	学术类	工程与机械	张凤桐	任晓斌	028-85230681	CN 51-1206/S ISSN 1000-1166	杨雅涵	13880092462	zhongguozhaoqi1983@ vip.163.com		双月
68	中国农机化学报	农机化所	农业农村部	1957	学术类	工程与机械	陈巧敏		025-84346296	CN 32-1123/S ISSN 1006-7205	凌小燕	025-84346270	jcam@ vip.163.com		双月
69	农业开发与装备	农机化所	农业农村部	1995	学术类	工程与机械	陈巧敏	胡进鑫	025-84346221	CN 32-1779/TH ISSN 1673-9205	胡进鑫	025-84346221	njjzy2189@ sina.com	www.nriam.com/njjzy	月
70	中国烟草科学	烟草所	农业农村部	1979	学术类	作物	王树声	梁晓芳	0532-88703238	CN 37-1277/S ISSN 1007-5119	梁晓芳	13515327122	liangxiaofang@caas.cn	www.zgyckx.com.cn	双月

中国农业科学院通信录

单位名称	通信地址	邮编	区号	电话	传真
院办公室	北京市海淀区中关村南大街 12 号	100081	010	82105101	82103005
科技管理局	北京市海淀区中关村南大街 12 号	100081	010	82109427	82105534
人事局	北京市海淀区中关村南大街 12 号	100081	010	82109437	82109431
财务局	北京市海淀区中关村南大街 12 号	100081	010	82105658	82105668
基本建设局	北京市海淀区中关村南大街 12 号	100081	010	82105586	82105581
国际合作局	北京市海淀区中关村南大街 12 号	100081	010	82106756	62174060
成果转化局	北京市海淀区中关村南大街 12 号	100081	010	82105192	82105540
直属机关党委	北京市海淀区中关村南大街 12 号	100081	010	82105707	82105707
监察局	北京市海淀区中关村南大街 12 号	100081	010	82105096	82109502
后勤服务中心	北京市海淀区中关村南大街 12 号	100081	010	82109668	82109668
研究生院	北京市海淀区中关村南大街 12 号	100081	010	82109689	82106609
作物科学研究所	北京市海淀区中关村南大街 12 号	100081	010	82109715	82105819
植物保护研究所	北京市海淀区圆明园西路 2 号	100193	010	62815905	62895365

（续表）

单位名称	通信地址	邮编	区号	电话	传真
蔬菜花卉研究所	北京市海淀区中关村南大街 12 号	100081	010	82109520	62146160
农业环境与可持续发展研究所	北京市海淀区中关村南大街 12 号	100081	010	82109567	82109567
北京畜牧兽医研究所	北京海淀区圆明园西路 2 号	100193	010	62815851	62895372
蜜蜂研究所	北京市海淀区香山北沟 1 号	100093	010	62596028	62596122
饲料研究所	北京市海淀区中关村南大街 12 号	100081	010	82109812	82106054
农产品加工研究所	北京市海淀区圆明园西路 2 号	100193	010	62815836	62895382
生物技术研究所	北京市海淀区中关村南大街 12 号	100081	010	82106405	82106405
农业经济与发展研究所	北京市海淀区中关村南大街 12 号	100081	010	82109801	62187545
农业资源与农业区划研究所	北京市海淀区中关村南大街 12 号	100081	010	82109640	82106225
农业信息研究所	北京市海淀区中关村南大街 12 号	100081	010	82109915	82103127
农业质量标准与检测技术研究所	北京市海淀区中关村南大街 12 号	100081	010	82106515	82106500
农业部食物与营养发展研究所	北京市海淀区中关村南大街 12 号	100081	010	82105179	82105184
中国农业科学技术出版社	北京市海淀区中关村南大街 12 号	100081	010	82109700	82109700
农田灌溉研究所	河南省新乡市牧野区宏力大道（东）380 号	453002	0373	3393354	3393344
中国水稻研究所	浙江省杭州市富阳区新桥水稻所 28 号	310006	0571	63370235	63370989

（续表）

单位名称	通信地址	邮编	区号	电话	传真
棉花研究所	河南省安阳市黄河大道西段 38 号	455000	0372	2562200	2562256
油料作物研究所	湖北省武汉市武昌区徐东二路 2 号	430062	027	86811837	86816451
麻类研究所	湖南省长沙市岳麓区咸嘉湖西路 348 号	410205	0731	88998505	88998528
果树研究所	辽宁省兴城市兴海南街 98 号	125100	0429	3598299	3598288
郑州果树研究所	河南省郑州市未来路南端	450009	0371	65330901	65330987
茶叶研究所	浙江省杭州市梅灵南路 9 号	310008	0571	86650115	86650056
哈尔滨兽医研究所	黑龙江省哈尔滨市香坊区哈平路 678 号	150069	0451	51997177	51997166
兰州兽医研究所	甘肃省兰州市城关区盐场堡徐家坪 1 号	730046	0931	8342489	8340977
兰州畜牧与兽药研究所	甘肃省兰州市七里河区硷沟沿 335 号	730050	0931	2164180	2115191
上海兽医研究所	上海市闵行区紫月路 518 号	200241	021	54082828	54081818
草原研究所	内蒙古呼和浩特市新城区乌兰察布东街 120 号	010010	0471	4961330	4961330
特产研究所	吉林省长春市净月经济开发区聚业大街 4899 号	130112	0431	81919856	81919800
环境保护科研监测所	天津市南开区复康路 31 号	300191	022	23613820	23613820
沼气科学研究所	四川省成都市人民南路四段 13 号	610041	028	85230685	85230685
南京农业机械化研究所	江苏省南京市玄武区中山门外柳营 100 号	210014	025	84346267	84432672

（续表）

单位名称	通信地址	邮编	区号	电话	传真
烟草研究所	山东省青岛市崂山区科苑经四路 11 号	266101	0532	88701806	88702056
深圳农业基因组研究所	广东省深圳市大鹏新区鹏飞路 7 号	518120	0755	23250160	23251430
都市农业研究所	四川省成都市天府新区科学城湖畔西路 99 号天府青蓉 D 区 B1 栋 2 楼	610213	028	80203183	80203191
家禽研究所	江苏省扬州市邗江区仓颉路 58 号	225125	0514	85599000	85599010
柑橘研究所	重庆市北碚区歇马镇柑橘村 15 号	400712	023	68349709	68349709
农业遗产研究室	江苏省南京市卫岗 1 号南京农业大学院内	210095	025	84396771	84396771
水牛研究所	广西南宁市邕武路 24－1 号	530001	0771	3338589	3338814
草原生态研究所	甘肃省兰州市嘉峪关西路 768 号	730020	0931	8913074	8913074
甘薯研究所	江苏省徐州市经济技术开发区徐海路高铁站北	221131	0516	82189208	82189209
蚕业研究所	江苏省镇江市四摆渡	212018	0511	85616572	85628183
军事兽医研究所	吉林省长春市净月经济开发区柳莺西路 666 号	130122	0431	86985807	86985889
中国农业科学院资产经营公司	北京市海淀区中关村南大街 12 号	100081	010	62189180	62189189
甜菜研究所	黑龙江省哈尔滨市南岗区学府路 74 号	150080	0451	86609312	86609312

各省、自治区、直辖市农（牧、林）业科学院通信录

单位名称	通信地址	邮编	区号	电话	传真
北京市农林科学院	北京市海淀区曙光中路11号	100097	010	51503241	51503300
天津市农业科学院	天津市南开区白堤路268号	300192	022	23678666	23678667
河北省农林科学院	河北省石家庄市和平西路598号	050051	0311	87652019	87066140
山西省农业科学院	山西省太原市龙城大街81号	030031	0351	7073032	7040092
内蒙古自治区农牧业科学院	内蒙古呼和浩特市玉泉区昭君路22号	010031	0471	5295455	5295644
辽宁省农业科学院	辽宁省沈阳市沈河区东陵路84号	110161	024	31027396 31023112 （一楼大厅收发室）	31027397
吉林省农业科学院	吉林省长春市生态大街1363号	130033	0431	87063015 87063030	87063028
黑龙江省农业科学院	黑龙江省哈尔滨市南岗区学府路368号	150080	0451	86662295	86662295
黑龙江省农垦科学院	黑龙江省哈尔滨市香坊区香福路101号	154007	0451	55399306	55399306
上海市农业科学院	上海市奉贤区金齐路1000号	201403	021	62200183	62201221
江苏省农业科学院	江苏省南京市孝陵卫钟灵街50号	210014	025	84390012	84392233

（续表）

单位名称	通信地址	邮编	区号	电话	传真
浙江省农业科学院	浙江省杭州市德胜中路 298 号	310021	0571	86404011	86400481
安徽省农业科学院	安徽省合肥市庐阳区农科南路 40 号	230031	0551	65160537	62160337
福建省农业科学院	福建省福州市五四路 247 号	350003	0591	87884606	87884262
江西省农业科学院	江西省南昌市南昌县莲塘北大道 1738 号	330200	0791	87090310	87090001
山东省农业科学院	山东省济南市工业北路 202 号	250100	0531	83179224	88604644
河南省农业科学院	河南省郑州市花园路 116 号	450002	0371	65729140 65723784	65711374
湖北省农业科学院	湖北省武汉市洪山区狮子山街南湖大道 29 号	430064	027	87389499	87389499
湖南省农业科学院	湖南省长沙市芙蓉区远大二路 892 号	410125	0731	84691212 84691327	84691624
广东省农业科学院	广东省广州市天河区金颖路 29 号	510640	020	85516501 87511099	87503358
广西壮族自治区农业科学院	广西南宁市大学东路 174 号	530007	0771	3243866 3248710	3244521
海南省农业科学院	海南省海口市兴丹路 14 号	571100	0898	65369365 65231208	65314539
四川省农业科学院	四川省成都市锦江区静居寺路 20 号	610066	028	84504011	84504198
重庆市农业科学院	重庆市九龙坡区白市驿镇农科大道	401329	023	65705208	65703532
贵州省农业科学院	贵州省贵阳市花溪区金欣社区	550006	0851	83761026	83761504

（续表）

单位名称	通信地址	邮编	区号	电话	传真
云南省农业科学院	云南省昆明市北京路2238号	650200	0871	65136637	65136633
西藏自治区农牧科学院	西藏拉萨市金珠西路130号	850000	0891	6862174	6862174
西北农林科技大学（陕西省农业科学院）	陕西省杨陵示范区	712100	029	87082809 87080678	87082810
甘肃省农业科学院	甘肃省兰州市安宁区农科院新村1号	730070	0931	7616187	7616187
青海省农林科学院	青海省西宁市城北区宁大路253号	810016	0971	5311151	5311192
宁夏农林科学院	宁夏银川市黄河东路590号	750002	0951	6886710	6886712
新疆农业科学院	新疆乌鲁木齐市南昌路403号	830091	0991	4502057 4500711	4516057
新疆畜牧科学院	新疆乌鲁木齐市经济技术开发区阿里山街468号	830011	0991	3075180	3075183
中国热带农业科学院（华南热带农业大学）	海南省海口市城西学院路4号	571101	0898	66962965 66968965	66962904

农业农村部有关司局及直属单位电话号码

单位	电话	单位	电话	单位	电话
办公厅值班室	010-59192316	渔业渔政管理局	010-59192936	中国农业电影电视中心	010-82101700
中央农办秘书局	010-59191884	农垦局	010-59192648	农民日报社	010-85834842
人事司	010-59192510	种业管理司	010-59192813	中国农业出版社	010-59195133
法规司	010-59192730	农业机械化管理司	010-59192822	中国农村杂志社	010-68250953
政策与改革司	010-59193108	农田建设管理司	010-59191293	中国农民体育协会	010-59194391
发展规划司	010-59192532	机关党委	010-59192416	管理干部学院、党校、中央农业干部教育培训中心	010-81706299 010-81708543
计划财务司	010-59191178	驻部纪检监察组	010-59192480	人力资源开发中心（农学会）	010-59194203
乡村产业发展司	010-59191899	离退休干部局	010-59192411	农村经济研究中心	010-66115901
农村社会事业促进司	010-59192668	长江流域渔政监督管理办公室	010-59193091	农产品质量安全中心	010-59198500
农村合作经济指导司	010-59193160	机关服务局	010-59192225	中国绿色食品发展中心	010-62122266
市场与信息化司	010-59193146	农业农村部信息中心	010-59192709	规划设计研究院	010-59196868

（续表）

单位	电话	单位	电话	单位	电话
国际合作司	010-59192440	农业农村部国际交流服务中心	010-59191510	工程建设服务中心	010-59193925
科技教育司	010-59193024	农林水利审计局	010-59192601	财会服务中心、中华农业科教基金会	010-59194361
农产品质量安全监管司	010-59193168	中国水产科学研究院	010-68673938	对外经济合作中心	010-59194805
种植业管理司	010-59192806	中国热带农业科学院	0898-66962965	农业贸易促进中心	010-59194627
畜牧兽医局	010-59191873	全国农业展览馆	010-65919095	中央农业广播电视学校	010-59196013
科技发展中心	010-59199373	农业机械化技术开发推广总站	010-59198610	农村社会事业发展中心	010-59199656
农业生态与资源保护总站	010-59196397	全国畜牧总站、中国饲料工业协会	010-59194609	全国水产技术推广总站	010-59195075
全国农业技术推广服务中心	010-59194544	中国动物疫病预防控制中心	010-59194743	中国水产学会	010-59199606
农药检定所	010-59194067	中国兽医药品监察所	010-62160625	华龙实业发展有限责任公司	010-59194432
农业机械试验鉴定总站	010-59199017	中国农垦经济发展中心	010-59199506		

有关单位通信录

单位	通信地址	邮编	区号	电话	电子邮件
科学技术部	北京市复兴路乙15号	100862	010	58881800	
国家发展和改革委员会	北京市西城区月坛南街38号	100824	010	68502000	bgt@ ndrc. gov. cn
国家机关事务管理局	北京市西城区西安门大街22号	100017	010	66036447	webmaster@ ggj. gov. cn
中国农业大学	北京市海淀区圆明园西路2号	100094	010	62736673	xbglq@ cau. edu. cn
中国农学会	北京市朝阳区麦子店街22号	100125	010	59194203	
中国科学技术协会	北京市海淀区复兴路3号	100863	010	68571878	